FÍSICA IV

ÓTICA E FÍSICA MODERNA

14e

YOUNG & FREEDMAN
SEARS & ZEMANSKY

FÍSICA IV

ÓTICA E FÍSICA MODERNA

14e

YOUNG & FREEDMAN

SEARS & ZEMANSKY

Hugh D. Young

Roger A. Freedman

Universidade da Califórnia, Santa Bárbara

Colaborador

A. Lewis Ford

Universidade A&M do Texas

Tradutor:

Daniel Vieira

Revisão técnica:

Adir Moysés Luiz

Doutor em ciência

Professor associado aposentado do Instituto de Física da Universidade Federal do Rio de Janeiro

Pearson

MISTO
Papel | Apoiando o manejo florestal responsável
FSC® C103535

Gerente editorial	Thiago Anacleto
Supervisora de produção editorial	Silvana Afonso
Coordenador de produção editorial	Jean Xavier
Editor de aquisições	Vinícius Souza
Editora de texto	Sabrina Levensteinas
Editores assistentes	Marcos Guimarães e Karina Ono
Preparação	Renata Siqueira Campos
Revisão	Norma Gusukuma
Capa	Solange Rennó
Projeto gráfico e diagramação	Casa de Ideias

Dados Internacionais de Catalogação na Publicação (CIP)
(Câmara Brasileira do Livro, SP, Brasil)

Young, Hugh D. Física IV: Sears e Zemansky: ótica e física moderna / Hugh D. Young, Roger A. Freedman; colaborador A. Lewis Ford; tradução Daniel Vieira ; revisão técnica Adir Moysés Luiz. – 14. ed. – São Paulo: Pearson Education do Brasil, 2016.

Título original: Sear and Zemansky`s University physics with modern physics.
Bibliografia
ISBN 978-85-430-0671-0

1. Física 2. Ótica física 3. Propagação de luz I. Freedman, Roger A. II. Ford, A. Lewis. III. Luiz, Adir Moysés. IV. Título.

15-10747 CDD-530

Índice para catálogo sistemático:
1. Ótica : Física 530

Printed in Brazil by Reproset RPSA 230127

Direitos exclusivos cedidos à
Pearson Education do Brasil Ltda.,
uma empresa do grupo Pearson Education
Avenida Santa Marina, 1193
CEP 05036-001 - São Paulo - SP - Brasil
Fone: 11 2178-8609 e 11 2178-8653
pearsonuniversidades@pearson.com

Distribuição
Grupo A Educação
www.grupoa.com.br
Fone: 0800 703 3444

SUMÁRIO

FÍSICA IV
ÓTICA E FÍSICA MODERNA

FÍSICA I

MECÂNICA

FÍSICA II

TERMODINÂMICA E ONDAS

FÍSICA III

ELETROMAGNETISMO

REFERÊNCIA DE CLAREZA E RIGOR

Desde a sua primeira edição, o livro *Física* tem sido reconhecido por sua ênfase nos princípios fundamentais e em como aplicá-los. O texto é conhecido por sua narrativa clara e abrangente, e por seu conjunto amplo, profundo e ponderado de exemplos funcionais — ferramentas-chave para o desenvolvimento do conhecimento conceitual e das habilidades para a solução de problemas.

A **décima quarta edição** melhora as características essenciais do texto, enquanto acrescenta novos recursos influenciados pela pesquisa acadêmica em física. Com foco no aprendizado visual, novos tipos de problemas encabeçam as melhorias elaboradas para criar o melhor recurso de aprendizagem para os alunos de física de hoje.

FOCO NA SOLUÇÃO DE PROBLEMAS

EXEMPLO 34.10 FORMAÇÃO DA IMAGEM POR UMA LENTE DIVERGENTE

Você dispõe de uma lente delgada divergente e verifica que os raios paralelos incidentes divergem depois de passar pela lente, como se emanassem de um ponto situado a uma distância de 20,0 cm do centro dela. Você deseja usar essa lente para formar uma imagem virtual direita com altura igual a $\frac{1}{3}$ da altura do objeto. (a) Onde o objeto deve ser colocado? (b) Faça um diagrama dos raios principais.

SOLUÇÃO

IDENTIFICAR E PREPARAR: o resultado com os raios paralelos mostra que a distância focal é $f = -20,0$ cm. Desejamos que a ampliação transversal seja $m = +\frac{1}{3}$ (o valor positivo foi usado porque o objetivo é que a imagem seja direita). Nossas incógnitas são a distância do objeto s e a distância da imagem s'. Na parte (a), resolvemos a equação da ampliação, Equação 34.17, para determinar s' em função de s; depois usamos a relação objeto-imagem com a Equação 34.16 para encontrar s e s' individualmente.

EXECUTAR: (a) de acordo com a Equação 34.17, $m = +\frac{1}{3} = -s'/s$; portanto, $s' = -s/3$. Substituímos esses resultados na Equação 34.16 e resolvemos para determinar a distância do objeto s:

$$\frac{1}{s} + \frac{1}{-s/3} = \frac{1}{s} - \frac{3}{s} = -\frac{2}{s} = \frac{1}{f}$$

$$s = -2f = -2(-20,0 \text{ cm}) = 40,0 \text{ cm}$$

O objeto deve estar a 40,0 cm da lente. A distância da imagem será

$$s' = -\frac{s}{3} = -\frac{40,0 \text{ cm}}{3} = -13,3 \text{ cm}$$

Como a distância da imagem é negativa, o objeto e a imagem estão do mesmo lado da lente.

(b) A **Figura 34.38** é um diagrama de raios principais que pode ser usado neste problema, traçando-se os raios numerados de modo semelhante ao indicado na Figura 34.36b.

AVALIAR: você deve ser capaz de desenhar um diagrama de raios principais como o da Figura 34.38 sem consultar a figura. Com seu diagrama, você pode confirmar nossos resultados na parte (a) para as distâncias do objeto e da imagem. Você também pode conferir nossos resultados para s e s' substituindo-os novamente na Equação 34.16.

Figura 34.38 Diagrama dos raios principais para uma imagem formada por uma lente delgada divergente.

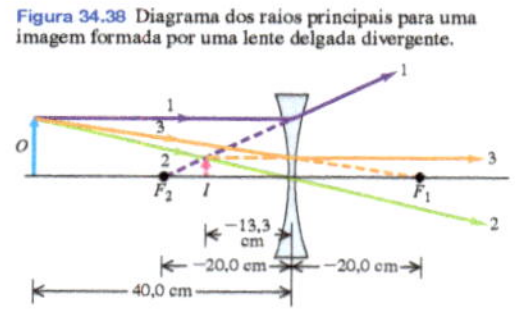

◀ O FOCO NA SOLUÇÃO DE PROBLEMAS baseado em pesquisa — IDENTIFICAR, PREPARAR, EXECUTAR, AVALIAR — é utilizado em cada Exemplo. Essa abordagem consistente ajuda os alunos a enfrentarem os problemas de modo ponderado, em vez de partir direto para o cálculo.

ESTRATÉGIAS PARA A SOLUÇÃO DE PROBLEMAS ▶ fornecem aos alunos táticas específicas para a resolução de determinados tipos de problema.

ESTRATÉGIA PARA A SOLUÇÃO DE PROBLEMAS 34.2 FORMAÇÃO DA IMAGEM USANDO LENTES DELGADAS

IDENTIFICAR *os conceitos relevantes:* a estratégia para a solução de problemas 34.1 (Seção 34.2) para espelhos é igualmente aplicável aqui. Assim como nos espelhos, você deve resolver problemas envolvendo a formação de imagens por lentes usando *ambas* as equações e um diagrama dos raios principais.

PREPARAR *o problema*: identifique as incógnitas.

EXECUTAR *a solução* da seguinte forma:

1. Desenhe um diagrama grande dos raios principais quando as informações dadas permitirem, usando papel gráfico ou quadriculado. Oriente seu diagrama de forma coerente fazendo os raios incidirem da esquerda para a direita. Desenhe os raios com uma régua e meça as distâncias com cuidado.
2. Desenhe os raios principais de modo que desviem no plano médio das lentes, como mostrado na Figura 34.36. Em uma lente existem apenas três raios principais em comparação aos quatro raios de um espelho. Desenhe todos os três raios sempre que possível; a interseção de quaisquer dos dois raios determina a posição da imagem, mas o terceiro raio deve passar pelo mesmo ponto.
3. Se os raios emergentes principais divergirem, você deve prolongar esses raios em linha reta para trás para achar o ponto imagem virtual, que se encontra do mesmo lado da lente no qual os raios *incidem*, como na Figura 34.27e.
4. Use as equações 34.16 e 34.17, conforme apropriado, para determinar as incógnitas. Use cuidadosamente as regras de sinais fornecidas na Seção 34.1.
5. A *imagem* formada por uma primeira lente ou espelho pode servir de *objeto* para uma segunda lente ou espelho. Ao determinar as distâncias do objeto e da imagem para essa imagem intermediária, certifique-se de ter incluído corretamente as distâncias entre os dois dispositivos (lentes e/ou espelhos).

AVALIAR *sua resposta:* seus resultados calculados precisam ser coerentes com seus resultados no diagrama de raios. Verifique se eles apresentam a mesma posição e tamanho de imagem e se concordam quanto ao fato de a imagem ser real ou virtual.

Problema em destaque Formação de imagem por uma taça de vinho

Uma taça de vinho de paredes espessas pode ser considerada uma esfera de vidro oca com raio externo de 4,00 cm e raio interno de 3,40 cm. O índice de refração do vidro da taça é de 1,50. (a) Um feixe de raios luminosos paralelos entra horizontalmente na lateral da taça vazia. Onde será formada uma imagem, se é que será formada? (b) A taça está cheia de vinho branco ($n = 1,37$). Onde a imagem será formada?

GUIA DA SOLUÇÃO

IDENTIFICAR E PREPARAR

1. Como a taça *não é* uma lente delgada, você não pode usar a fórmula da lente delgada. Em vez disso, você deve pensar nas superfícies interna e externa das paredes da taça como superfícies de refração esféricas. A imagem formada por uma superfície age como o objeto para a superfície seguinte. Desenhe um diagrama que mostra a taça e os raios luminosos que entram nela.
2. Escolha a equação apropriada que relaciona as distâncias de imagem e objeto para uma superfície de refração esférica.

EXECUTAR

3. Para a taça vazia, cada superfície de refração possui vidro em um lado e ar no outro. Descubra a posição da imagem formada pela primeira superfície, a parede externa da taça. Use essa imagem como o objeto para a segunda superfície (a parede interna do mesmo lado da taça) e encontre a posição da segunda imagem. (*Dica*: certifique-se de considerar a espessura da parede da taça.)
4. Continue o processo da etapa 3. Considere as refrações nas superfícies interna e externa do vidro no lado oposto da taça e determine a posição da imagem final. (*Dica*: certifique-se de levar em conta a distância entre os dois lados da taça.)
5. Repita as etapas 3 e 4 para o caso em que a taça está cheia de vinho.

AVALIAR

6. As imagens são reais ou virtuais? Como você pode afirmar isso?

◀ PROBLEMAS EM DESTAQUE, que ajudam os alunos a passarem de exemplos resolvidos de um único conceito para problemas multiconceituais ao final do capítulo, foram revisados com base no feedback dos revisores, garantindo que sejam eficazes e estejam no nível de dificuldade apropriado.

INFLUENCIADO PELO QUE HÁ DE MAIS NOVO EM PESQUISA ACADÊMICA

PEDAGOGIA INSPIRADA POR DADOS E PESQUISA

DADOS MOSTRAM

Formação de imagem por espelhos

Quando os alunos recebiam um problema sobre a formação de imagem por espelhos, mais de 59% davam uma resposta incorreta. Erros comuns:

- Não usar a lei da reflexão corretamente. Para um espelho (plano ou curvo), os raios incidentes e refletidos formam o mesmo ângulo com a normal ao espelho.
- Confusão sobre a ampliação transversal. A ampliação transversal m depende apenas da relação entre a distância da imagem s' e a distância do objeto s. Se s' e s tiverem valores diferentes, mas a mesma relação nas duas situações, então o valor de m é o mesmo.

◄ NOTAS DADOS MOSTRAM alertam os alunos para os erros estatisticamente mais comuns cometidos na solução de problemas de determinado tópico.

Equação do fabricante de lentes para uma lente delgada:

$$\frac{1}{f} = (n - 1)\left(\frac{1}{R_1} - \frac{1}{R_2}\right) \qquad (34.19)$$

Índice de refração do material da lente (n); Distância focal (f); Raio de curvatura da primeira superfície (R_1); Raio de curvatura da segunda superfície (R_2)

▲ Todas as EQUAÇÕES PRINCIPAIS AGORA ESTÃO COMENTADAS para ajudar os alunos a fazer uma ligação entre entendimento conceitual e matemático da física.

34.103 •• **DADOS** É o seu primeiro dia de trabalho como estagiário em uma ótica. Seu supervisor lhe entrega uma lente divergente e lhe pede para medir sua distância focal. Você sabe que é possível medir a distância focal de uma lente *convergente* colocando um objeto a uma distância s à esquerda da lente, suficientemente longe dela para que a imagem seja real, e então visualizando a imagem em uma tela que esteja à direita da lente. Ajustando a posição da tela até que a imagem esteja bem nítida (em foco), você pode determinar a distância s' da imagem e usar a Equação 34.16 para calcular a distância focal f da lente. Mas esse ... o não funcionará com uma lente divergente — por ...nte divergente produz apenas imagens virtuais, que ...er projetadas em uma tela. Portanto, para determinar ...ocal de uma lente divergente, você precisa fazer o ...meiro, você apanha uma lente *convergente* e a posi...do que um objeto 20,0 cm à esquerda dela produza

◄ PROBLEMAS DE DADOS aparecem em cada capítulo. Esses problemas de raciocínio baseados em dados, muitos deles ricos em contexto, exigem que os alunos usem evidência experimental, apresentada no formato de tabela ou gráfico, para formular conclusões.

Problemas com contexto

BIO **VISÃO ANFÍBIA.** Os olhos dos anfíbios, como sapos e rãs, possuem uma córnea muito mais plana, mas uma lente mais curva (quase esférica), que os olhos dos mamíferos que vivem no ar. Nos olhos dos mamíferos, a forma (e, portanto, a distância focal) da lente modifica-se para permitir que o olho focalize as imagens em diferentes distâncias. Nos olhos dos anfíbios, a forma da lente não se altera. Os anfíbios focalizam objetos em diferentes distâncias usando músculos especializados para mover a lente para mais perto ou mais longe da retina, como o mecanismo de foco de uma câmera. No ar, a maioria das rãs é míope; corrigir a visão à distância de uma rã normal no ar exigiria lentes de contato com uma potência de cerca de −6,0 D.

34.108 Uma rã pode ver um inseto claramente a uma distância de 10 cm. Nesse ponto, a distância efetiva entre a lente e a retina é 8 mm. Se o inseto se mover 5 cm mais para longe da rã, em quanto

◄ Cada capítulo inclui de três a cinco PROBLEMAS COM CONTEXTO, que seguem o formato usado nos testes de medicina MCAT. Esses problemas exigem que os alunos investiguem diversos aspectos de uma situação física da vida real, normalmente biológica por natureza, conforme descrito em um texto inicial.

PREFÁCIO

Para o professor

Este livro é o resultado de seis décadas e meia de liderança e inovação no ensino da física. A primeira edição do livro *Física*, de Francis W. Sears e Mark W. Zemansky, publicada em 1949, foi revolucionária dentre os livros-texto baseados em cálculo por dar ênfase aos princípios da física e suas aplicações. O êxito alcançado por esta obra para o uso de diversas gerações de alunos e professores, em várias partes do mundo, atesta os méritos desse método e das muitas inovações introduzidas posteriormente. Tornou-se famoso pela clareza das aplicações e pela solução de exemplos e problemas fundamentais para a compreensão da matéria.

Ao preparar esta décima quarta edição, incrementamos e desenvolvemos o livro, de modo a incorporar as melhores ideias extraídas de pesquisas acadêmicas, com ensino aprimorado de solução de problemas, pedagogia visual e conceitual pioneira e novas categorias de problemas de final de capítulo, além de melhorar as explicações de novas aplicações da Física oriundas das pesquisas científicas recentes.

Novidades desta edição

- **Todas as equações principais agora incluem anotações** que descrevem a equação e explicam os significados dos símbolos. Essas anotações ajudam a promover o processamento detalhado da informação e melhoram a assimilação do conteúdo.
- **Notas de DADOS MOSTRAM** em cada capítulo, com base em dados capturados de milhares de alunos, advertem sobre os erros mais comuns cometidos ao resolver problemas.
- **Conteúdo atualizado da física moderna** inclui seções sobre medição quântica (Capítulo 40) e entrelaçamento quântico (Capítulo 41), bem como dados recentes sobre o bóson de Higgs e radiação básica cósmica (Capítulo 44).
- **Aplicações adicionais da biociência** aparecem por todo o texto, principalmente na forma de fotos, com legendas explicativas, para ajudar os alunos a ver como a física está conectada a muitos avanços e descobertas nas biociências.
- **O texto foi simplificado**, com uma linguagem mais concisa e mais focada.
- **Revendo conceitos de...** relaciona os conceitos passados essenciais, no início de cada capítulo, para que os alunos saibam o que precisam ter dominado antes que se aprofundem no capítulo atual.

Principais recursos de *Física*

- **Problemas em destaque** ao final dos capítulos, muitos deles revisados, oferecem uma transição entre os Exemplos de único conceito e os problemas mais desafiadores do final do capítulo. Cada Problema em Destaque impõe um problema difícil, multiconceitual, que normalmente incorpora a física dos capítulos anteriores. Um **Guia da Solução** de modelo, consistindo em perguntas e dicas, ajuda a treinar os alunos para enfrentar e resolver problemas desafiadores com confiança.
- **Grupos de problemas** profundos e extensos abordam uma vasta gama de dificuldade (com pontos azuis para indicar o nível de dificuldade relativo) e exercitam tanto a compreensão da física quanto a habilidade para a solução de problemas. Muitos problemas são baseados em situações complexas da vida real.
- Este livro contém mais **Exemplos** e **Exemplos Conceituais** que a maioria dos outros principais livros baseados em cálculo, permitindo que os alunos explorem desafios para a solução de problemas que não são tratados em outros livros-texto.

- Uma **abordagem para a solução de problemas (Identificar, Preparar, Executar e Avaliar)** é usada em cada Exemplo, bem como nas Estratégias para a Solução de Problemas e nos Problemas em Destaque. Essa abordagem consistente ajuda os alunos a saber como enfrentar uma situação aparentemente complexa de modo ponderado, em vez de partir direto para o cálculo.
- **Estratégias para a Solução de Problemas** ensinam os alunos a tratar de tipos específicos de problemas.
- As **figuras** utilizam um estilo gráfico simplificado, com foco na física de uma situação, e incorporam mais **anotações explicativas** que na edição anterior. As duas técnicas têm demonstrado um forte efeito positivo sobre o aprendizado.
- Os populares **parágrafos de "Atenção"** focalizam as principais ideias erradas e as áreas problemáticas do aluno.
- As perguntas de **Teste sua compreensão**, ao final da seção, permitem que os alunos verifiquem se entenderam o material, usando um formato de exercício de múltipla escolha ou de ordenação, para descobrir problemas conceituais comuns.
- **Resumos visuais** ao final de cada capítulo apresentam as principais ideias em palavras, equações e imagens em miniatura, ajudando os alunos a revisarem de forma mais eficiente.

Para o aluno

Como aprender física para valer

***Mark Hollabaugh**, Normandale Community College, Professor Emérito*

A física abrange o pequeno e o grande, o velho e o novo. Dos átomos até as galáxias, dos circuitos elétricos até a aerodinâmica, a física é parte integrante do mundo que nos cerca. Você provavelmente está fazendo este curso de física baseada em cálculo como pré-requisito para cursos subsequentes que fará para se preparar para uma carreira de ciências ou engenharia. Seu professor deseja que você aprenda física e que goste da experiência. Ele está muito interessado em ajudá-lo a aprender essa fascinante matéria. Essa é uma das razões para ter escolhido este livro-texto para o seu curso. Também foi por isso que os doutores Young e Freedman me pediram para escrever esta seção introdutória. Desejamos seu sucesso!

O objetivo desta seção é fornecer algumas ideias que possam auxiliá-lo durante a aprendizagem. Após uma breve abordagem sobre hábitos e estratégias gerais de estudo, serão apresentadas sugestões específicas sobre como usar o livro-texto.

Preparação para este curso

Caso esteja adiantado em seus estudos de física, você aprenderá mais rapidamente alguns conceitos, por estar familiarizado com a linguagem dessa matéria. Da mesma forma, seus estudos de matemática facilitarão sua assimilação dos aspectos matemáticos da física. Seu professor poderá indicar alguns tópicos de matemática que serão úteis neste curso.

Aprendendo a aprender

Cada um de nós possui um estilo próprio e um método preferido de aprendizagem. Compreender seu estilo de aprender ajudará a focar nos aspectos da física que podem ser mais difíceis e a usar os componentes do seu curso que o ajudarão a superar as dificuldades. Obviamente, você preferirá dedicar mais tempo estudando os assuntos mais complicados. Se você aprende mais ouvindo, assistir às aulas e conferências será muito importante. Se aprende mais explicando, o trabalho em equipe vai lhe ser útil. Se a sua dificuldade está na solução de problemas, gaste uma parte maior do seu tempo aprendendo a resolver problemas. Também é fundamental desenvolver bons hábitos de estudo. Talvez a coisa mais importante que você possa fazer por si mesmo seja estabelecer uma rotina de estudos, em horários regulares e em um ambiente livre de distrações.

Responda para si mesmo as seguintes perguntas:

- Estou apto a usar os conceitos matemáticos fundamentais da álgebra, da geometria e da trigonometria? (Em caso negativo, faça um programa de revisão com a ajuda de seu professor.)
- Em cursos semelhantes, qual foi a atividade na qual tive mais dificuldade? (Dedique mais tempo a isso.) Qual foi a atividade mais fácil para mim? (Execute-a primeiro; isso lhe dará mais confiança.)
- Eu entendo melhor a matéria se leio o livro antes ou depois da aula? (Pode ser que você aprenda melhor fazendo uma leitura superficial da matéria, assistindo à aula e depois relendo com mais atenção.)
- Eu dedico tempo adequado aos meus estudos de física? (Uma regra prática para um curso deste tipo é dedicar, em média, 2h30 de estudos para cada hora de aula. Para uma semana com 5 horas de aula, deve-se dedicar cerca de 10 a 15 horas por semana estudando física.)
- Devo estudar física todos os dias? (Distribua as 10 ou 15 horas de estudos durante a semana!) Em que parte do dia meus estudos são mais eficientes? (Escolha um período específico do dia e atenha-se a ele.)
- Eu estudo em um ambiente silencioso, que favorece minha concentração? (As distrações podem quebrar sua rotina de estudos e atrapalhar a assimilação de pontos importantes.)

Trabalho em grupo

Cientistas e engenheiros raramente trabalham sozinhos e preferem cooperar entre si. Você aprenderá melhor e com mais prazer estudando física com outros colegas. Alguns professores aplicam métodos formais de aprendizagem cooperativa ou incentivam a formação de grupos de estudo. Você pode, por exemplo, formar seu próprio grupo de estudos com os colegas de sala de aula. Use e-mail para se comunicar com outros colegas. Seu grupo de estudos será um excelente recurso quando estiver fazendo revisões para os exames.

Aulas e anotações

Um componente importante de seu curso são as aulas e conferências. Na física isso é especialmente importante, porque seu professor geralmente faz demonstrações de princípios físicos, executa simulações em computador ou exibe vídeos. Todos esses recursos ajudam você a entender os princípios fundamentais da física. Não falte a nenhuma aula, e caso, por algum motivo, isso seja inevitável, peça a algum colega do seu grupo de estudos suas anotações e explique o que aconteceu.

Faça anotações das aulas sob a forma de tópicos e deixe para completar os detalhes do conteúdo mais tarde. É difícil anotar palavra por palavra, portanto, anote apenas as ideias básicas. O professor pode usar um diagrama contido no livro. Deixe um espaço em suas notas para inserir o diagrama depois. Após as aulas, revise suas anotações, preenchendo as lacunas e anotando os pontos que devem ser mais desenvolvidos posteriormente. Anote as referências de páginas, equações ou seções do livro.

Faça perguntas em classe ou procure o professor depois da aula. Lembre-se de que a única pergunta "tola" é aquela que não foi feita. Sua instituição poderá ter assistentes de ensino ou outros profissionais disponíveis para ajudá-lo com alguma dificuldade.

Exames

Fazer uma prova gera um elevado nível de estresse. Contudo, estar bem preparado e descansado alivia a tensão. Preparar-se para uma prova é um processo contínuo; ele começa assim que a última prova termina. Imediatamente depois de uma prova, você deve rever cuidadosamente os eventuais erros cometidos. Se tiver resolvido um problema e cometido erros, proceda do seguinte modo: divida uma folha de papel em duas colunas. Em uma delas, escreva a solução correta do problema. Na outra, coloque sua solução e, se souber, onde foi que errou. Caso não consiga identificar o erro com certeza, ou não souber como evitar cometê-lo novamente, consulte seu professor. A física se constrói a partir de princípios básicos e é necessário corrigir imediatamente qualquer interpretação incorreta. *Atenção*: embora você possa passar em um exame deixando para estudar na última hora, não conseguirá reter adequadamente os conceitos necessários para serem usados na próxima prova.

AGRADECIMENTOS

Desejamos agradecer às centenas de revisores e colegas que ofereceram valiosos comentários e sugestões para este livro. O sucesso duradouro de *Física* deve-se, em grande medida, às suas contribuições.

Miah Adel (U. of Arkansas at Pine Bluff), Edward Adelson (Ohio State U.), Julie Alexander (Camosun C.), Ralph Alexander (U. of Missouri at Rolla), J. G. Anderson, R. S. Anderson, Wayne Anderson (Sacramento City C.), Sanjeev Arora (Fort Valley State U.), Alex Azima (Lansing Comm. C.), Dilip Balamore (Nassau Comm. C.), Harold Bale (U. of North Dakota), Arun Bansil (Northeastern U.), John Barach (Vanderbilt U.), J. D. Barnett, H. H. Barschall, Albert Bartlett (U. of Colorado), Marshall Bartlett (Hollins U.), Paul Baum (CUNY, Queens C.), Frederick Becchetti (U. of Michigan), B. Bederson, David Bennum (U. of Nevada, Reno), Lev I. Berger (San Diego State U.), Angela Biselli (Fairfield U.), Robert Boeke (William Rainey Harper C.), Bram Boroson (Clayton State U.), S. Borowitz, A. C. Braden, James Brooks (Boston U.), Nicholas E. Brown (California Polytechnic State U., San Luis Obispo), Tony Buffa (California Polytechnic State U., San Luis Obispo), Shane Burns (Colorado C.), A. Capecelatro, Michael Cardamone (Pennsylvania State U.), Duane Carmony (Purdue U.), Troy Carter (UCLA), P. Catranides, John Cerne (SUNY at Buffalo), Shinil Cho (La Roche C.), Tim Chupp (U. of Michigan), Roger Clapp (U. of South Florida), William M. Cloud (Eastern Illinois U.), Leonard Cohen (Drexel U.), W. R. Coker (U. of Texas, Austin), Malcolm D. Cole (U. of Missouri at Rolla), H. Conrad, David Cook (Lawrence U.), Gayl Cook (U. of Colorado), Hans Courant (U. of Minnesota), Carl Covatto (Arizona State U.), Bruce A. Craver (U. of Dayton), Larry Curtis (U. of Toledo), Jai Dahiya (Southeast Missouri State U.), Dedra Demaree (Georgetown U.), Steve Detweiler (U. of Florida), George Dixon (Oklahoma State U.), Steve Drasco (Grinnell C.), Donald S. Duncan, Boyd Edwards (West Virginia U.), Robert Eisenstein (Carnegie Mellon U.), Amy Emerson Missourn (Virginia Institute of Technology), Olena Erhardt (Richland C.), William Faissler (Northeastern U.), Gregory Falabella (Wagner C.), William Fasnacht (U.S. Naval Academy), Paul Feldker (St. Louis Comm. C.), Carlos Figueroa (Cabrillo C.), L. H. Fisher, Neil Fletcher (Florida State U.), Allen Flora (Hood C.), Robert Folk, Peter Fong (Emory U.), A. Lewis Ford (Texas A&M U.), D. Frantszog, James R. Gaines (Ohio State U.), Solomon Gartenhaus (Purdue U.), Ron Gautreau (New Jersey Institute of Technology), J. David Gavenda (U. of Texas, Austin), Dennis Gay (U. of North Florida), Elizabeth George (Wittenberg U.), James Gerhart (U. of Washington), N. S. Gingrich, J. L. Glathart, S. Goodwin, Rich Gottfried (Frederick Comm. C.), Walter S. Gray (U. of Michigan), Paul Gresser (U. of Maryland), Benjamin Grinstein (UC, San Diego), Howard Grotch (Pennsylvania State U.), John Gruber (San Jose State U.), Graham D. Gutsche (U.S. Naval Academy), Michael J. Harrison (Michigan State U.), Harold Hart (Western Illinois U.), Howard Hayden (U. of Connecticut), Carl Helrich (Goshen C.), Andrew Hirsch (Purdue U.), Linda Hirst (UC, Merced), Laurent Hodges (Iowa State U.), C. D. Hodgman, Elizabeth Holden (U. of Wisconsin, Platteville), Michael Hones (Villanova U.), Keith Honey (West Virginia Institute of Technology), Gregory Hood (Tidewater Comm. C.), John Hubisz (North Carolina State U.), Eric Hudson (Pennsylvania State U.), M. Iona, Bob Jacobsen (UC, Berkeley), John Jaszczak (Michigan Technical U.), Alvin Jenkins (North Carolina State U.), Charles Johnson (South Georgia State C.), Robert P. Johnson (UC, Santa Cruz), Lorella Jones (U. of Illinois), Manoj Kaplinghat (UC, Irvine), John Karchek (GMI Engineering & Management Institute), Thomas Keil (Worcester Polytechnic Institute), Robert Kraemer (Carnegie Mellon U.), Jean P. Krisch (U. of Michigan), Robert A. Kromhout, Andrew Kunz (Marquette U.), Charles Lane (Berry C.), Stewart Langton (U. of Victoria), Thomas N. Lawrence (Texas State U.), Robert J. Lee, Alfred Leitner (Rensselaer Polytechnic U.), Frederic Liebrand (Walla Walla U.), Gerald P. Lietz (DePaul U.), Gordon Lind (Utah State U.), S. Livingston (U. of Wisconsin, Milwaukee), Jorge Lopez (U. of Texas, El Paso),

Elihu Lubkin (U. of Wisconsin, Milwaukee), Robert Luke (Boise State U.), David Lynch (Iowa State U.), Michael Lysak (San Bernardino Valley C.), Jeffrey Mallow (Loyola U.), Robert Mania (Kentucky State U.), Robert Marchina (U. of Memphis), David Markowitz (U. of Connecticut), Philip Matheson (Utah Valley U.), R. J. Maurer, Oren Maxwell (Florida International U.), Joseph L. McCauley (U. of Houston), T. K. McCubbin, Jr. (Pennsylvania State U.), Charles McFarland (U. of Missouri at Rolla), James Mcguire (Tulane U.), Lawrence McIntyre (U. of Arizona), Fredric Messing (Carnegie Mellon U.), Thomas Meyer (Texas A&M U.), Andre Mirabelli (St. Peter's C., New Jersey), Herbert Muether (SUNY, Stony Brook), Jack Munsee (California State U., Long Beach), Lorenzo Narducci (Drexel U.), Van E. Neie (Purdue U.), Forrest Newman (Sacramento City C.), David A. Nordling (U.S. Naval Academy), Benedict Oh (Pennsylvania State U.), L. O. Olsen, Michael Ottinger (Missouri Western State U.), Russell Palma (Minnesota State U., Mankato), Jim Pannell (DeVry Institute of Technology), Neeti Parashar (Purdue U., Calumet), W. F. Parks (U. of Missouri), Robert Paulson (California State U., Chico), Jerry Peacher (U. of Missouri at Rolla), Arnold Perlmutter (U. of Miami), Lennart Peterson (U. of Florida), R. J. Peterson (U. of Colorado, Boulder), R. Pinkston, Ronald Poling (U. of Minnesota), Yuri Popov (U. of Michigan), J. G. Potter, C. W. Price (Millersville U.), Francis Prosser (U. of Kansas), Shelden H. Radin, Roberto Ramos (Drexel U.), Michael Rapport (Anne Arundel Comm. C.), R. Resnick, James A. Richards, Jr., John S. Risley (North Carolina State U.), Francesc Roig (UC, Santa Barbara), T. L. Rokoske, Richard Roth (Eastern Michigan U.), Carl Rotter (U. of West Virginia), S. Clark Rowland (Andrews U.), Rajarshi Roy (Georgia Institute of Technology), Russell A. Roy (Santa Fe Comm. C.), Desi Saludes (Hillsborough Comm. C.), Thomas Sandin (North Carolina A&T State U.), Dhiraj Sardar (U. of Texas, San Antonio), Tumer Sayman (Eastern Michigan U.), Bruce Schumm (UC, Santa Cruz), Melvin Schwartz (St. John's U.), F. A. Scott, L. W. Seagondollar, Paul Shand (U. of Northern Iowa), Stan Shepherd (Pennsylvania State U.), Douglas Sherman (San Jose State U.), Bruce Sherwood (Carnegie Mellon U.), Hugh Siefkin (Greenville C.), Christopher Sirola (U. of Southern Mississippi), Tomasz Skwarnicki (Syracuse U.), C. P. Slichter, Jason Slinker (U. of Texas, Dallas), Charles W. Smith (U. of Maine, Orono), Malcolm Smith (U. of Lowell), Ross Spencer (Brigham Young U.), Julien Sprott (U. of Wisconsin), Victor Stanionis (Iona C.), James Stith (American Institute of Physics), Chuck Stone (North Carolina A&T State U.), Edward Strother (Florida Institute of Technology), Conley Stutz (Bradley U.), Albert Stwertka (U.S. Merchant Marine Academy), Kenneth Szpara-DeNisco (Harrisburg Area Comm. C.), Devki Talwar (Indiana U. of Pennsylvania), Fiorella Terenzi (Florida International U.), Martin Tiersten (CUNY, City C.), David Toot (Alfred U.), Greg Trayling (Rochester Institute of Technology), Somdev Tyagi (Drexel U.), Matthew Vannette (Saginaw Valley State U.), Eswara Venugopal (U. of Detroit, Mercy), F. Verbrugge, Helmut Vogel (Carnegie Mellon U.), Aaron Warren (Purdue U., North Central), Robert Webb (Texas A&M U.), Thomas Weber (Iowa State U.), M. Russell Wehr (Pennsylvania State U.), Robert Weidman (Michigan Technical U.), Dan Whalen (UC, San Diego), Lester V. Whitney, Thomas Wiggins (Pennsylvania State U.), Robyn Wilde (Oregon Institute of Technology), David Willey (U. of Pittsburgh, Johnstown), George Williams (U. of Utah), John Williams (Auburn U.), Stanley Williams (Iowa State U.), Jack Willis, Suzanne Willis (Northern Illinois U.), Robert Wilson (San Bernardino Valley C.), L. Wolfenstein, James Wood (Palm Beach Junior C.), Lowell Wood (U. of Houston), R. E. Worley, D. H. Ziebell (Manatee Comm. C.), George O. Zimmerman (Boston U.)

Além disso, gostaria de agradecer aos meus colegas do passado e do presente da UCSB, incluindo Rob Geller, Carl Gwinn, Al Nash, Elisabeth Nicol e Francesc Roig, pelo dedicado apoio e pelas valiosas discussões. Expresso minha gratidão especial aos meus primeiros professores, Willa Ramsay, Peter Zimmerman, William Little, Alan Schwettman e Dirk Walecka, por me mostrarem como é claro e envolvente o ensino da física, e a Stuart Johnson, por me convidar a participar deste projeto como coautor deste livro a partir da nona edição. Meus especiais agradecimentos a Lewis Ford, por criar diversos novos problemas para esta edição, incluindo a nova categoria de problemas DADOS; a Wayne Anderson, que revisou cuidadosamente todos os problemas e os resolveu, com Forrest Newman e Michael Ottinger; e a Elizabeth George, que forneceu a maior parte da nova categoria de Problemas com Contexto. Agradeço em particular a Tom Sandin, por suas diversas contribuições para os problemas de final de capítulo, incluindo a verificação cuidadosa de todos eles e a escrita de outros novos. Também tiro meu chapéu e dou as boas-vindas a Linda Hirst, por colaborar com uma série de ideias que se tornaram novos recursos de Aplicação nesta edição. Quero expressar meu agradecimento especial à equipe editorial da Pearson norte-americana: a Nancy Whilton, pela visão editorial; a Karen Karlin, por sua leitura atenta e cuidadoso desenvolvimento desta edição; a Charles Hibbard, pela cuidadosa leitura das provas; e a Beth Collins, Katie Conley, Sarah Kaubisch, Eric Schrader e Cindy Johnson, por manter a produção editorial fluindo. Acima de tudo, desejo expressar minha gratidão e meu amor à minha esposa, Caroline, a quem dedico minhas contribuições a este livro. Alô, Caroline, a nova edição finalmente saiu – vamos comemorar!

Diga-me o que você pensa!

Gosto de receber notícias de alunos e professores, especialmente com relação a erros ou defeitos que vocês encontrarem nesta edição. O falecido Hugh Young e eu dedicamos muito tempo e esforço para escrever o melhor livro que soubemos escrever, e espero que ele o ajude à medida que você ensina e aprende física. Por sua vez, você pode me ajudar avisando sobre o que ainda precisa ser melhorado! Por favor, fique à vontade para entrar em contato eletronicamente ou pelo correio comum. Seus comentários serão muito bem recebidos.

Agosto de 2014

Roger A. Freedman
Department of Physics
University of California, Santa Barbara
Santa Barbara, CA 93106-9530
airboy@physics.ucsb.edu
http://www.physics.ucsb.edu/~airboy/
Twitter: @RogerFreedman

Material de apoio do livro

No site www.grupoa.com.br professores e alunos podem acessar os seguintes materiais adicionais:

Para professores:

- Apresentações em PowerPoint;
- Manual de soluções;
- Exercícios adicionais (em inglês).

Esse material é de uso exclusivo para professores e está protegido por senha. Para ter acesso a ele, os professores que adotam o livro devem entrar em contato através do e-mail divulgacao@grupoa.com.br.

Para estudantes:

- Exercícios adicionais.

? Quando um diamante é iluminado com luz branca, ele reflete brilhantemente com um espectro de cores vivas. Para explicar essas propriedades visuais únicas podemos dizer que: (i) a luz viaja muito mais lentamente no diamante que no ar; (ii) a luz, de cores diferentes, viaja com velocidades diferentes no diamante; (iii) o diamante absorve a luz de determinadas cores; (iv) as opções (i) e (ii) estão corretas; (v) todas as opções estão corretas.

33 NATUREZA E PROPAGAÇÃO DA LUZ

OBJETIVOS DE APRENDIZAGEM

Ao estudar este capítulo, você aprenderá:

33.1 O que são raios de luz e como eles se relacionam com as frentes de onda.

33.2 As leis que governam a reflexão e a refração da luz.

33.3 As circunstâncias em que a luz é totalmente refletida em uma interface.

33.4 As consequências de a velocidade da luz em um material ser diferente para diferentes comprimentos de onda.

33.5 Como criar luz polarizada a partir de luz comum.

33.6 Como o espalhamento da luz explica a cor azul do céu.

33.7 Como o princípio de Huygens nos ajuda a analisar a reflexão e a refração.

Revendo conceitos de:

1.3 Velocidade da luz no vácuo.

21.2 Polarização de um corpo por um campo elétrico.

29.7 Equações de Maxwell.

32.1-32.4 Radiação eletromagnética; ondas planas; frentes de onda; índice de refração; intensidade de onda eletromagnética.

A cor azul dos lagos, o ocre dos desertos, o verde das florestas e as diversas cores de um arco-íris podem ser apreciados por qualquer um que tenha olhos para vê-los. Contudo, estudando um ramo da física chamado **ótica**, que trata do comportamento da luz e de outras ondas eletromagnéticas, podemos apreciar o mundo visível de modo mais profundo. O conhecimento das propriedades da luz nos permite explicar por que o céu é azul, além de entender o funcionamento do olho humano e de dispositivos como telescópios, microscópios, câmeras e óculos. Os mesmos princípios da ótica também desempenham papel preponderante em muitas inovações modernas, como o laser, a fibra ótica, os hologramas e as novas técnicas para obter imagens médicas.

A importância da ótica para a física e para a ciência e a engenharia de um modo geral é tão grande que dedicaremos os próximos quatro capítulos a estudá-la. Neste capítulo, começaremos com um estudo das leis da reflexão e da refração, bem como dos conceitos de dispersão, polarização e espalhamento da luz. No decorrer desse estudo, vamos comparar as diversas descrições possíveis da luz em termos de partículas, raios ou ondas e introduziremos o princípio de Huygens, um elo importante entre o ponto de vista ondulatório e a descrição por meio de raios. No Capítulo 34, usaremos a descrição de raios da luz para entender como funcionam os espelhos e as lentes e mostraremos como eles são utilizados em instrumentos óticos como telescópios, microscópios e câmeras. Exploraremos as características ondulatórias da luz mais detalhadamente nos capítulos 35 e 36.

33.1 NATUREZA DA LUZ

Até a época de Isaac Newton (1642-1727), a maioria dos cientistas imaginava que a luz era constituída por feixes de partículas (chamadas *corpúsculos*) emitidas pelas fontes de luz. Galileu e outros pesquisadores tentaram (sem êxito) medir a velocidade da luz. Por volta de 1665, surgiram as primeiras evidências das propriedades *ondulatórias* da luz. No início do século XIX, as evidências de que a luz é uma onda tinham se tornado bastante convincentes.

Em 1873, James Clerk Maxwell previu a existência das ondas eletromagnéticas e calculou a velocidade de propagação dessas ondas, conforme aprendemos na Seção 32.2. Esse desenvolvimento, com o trabalho experimental de Heinrich Hertz iniciado em 1887, mostrou de maneira irrefutável que a luz realmente é uma onda eletromagnética.

Os dois aspectos da luz

Figura 33.1 Um aquecedor elétrico emite principalmente ondas infravermelhas. No entanto, quando sua temperatura está suficientemente elevada, ele também emite uma quantidade substancial de luz visível.

A natureza ondulatória da luz, entretanto, não é suficiente para explicar tudo. Diversos efeitos associados à emissão e absorção da luz revelam a natureza corpuscular da luz, no sentido de que a energia transportada pela onda luminosa é concentrada em pacotes distintos conhecidos como *fótons* ou *quanta*. Os aspectos ondulatórios e corpusculares da luz aparentemente contraditórios foram conciliados em 1930, com o desenvolvimento da eletrodinâmica quântica, uma teoria abrangente que explica *simultaneamente* essas duas propriedades. A *propagação* da luz pode ser mais bem descrita usando-se um modelo ondulatório; porém, para explicar a emissão e a absorção da luz, é necessário considerar sua natureza corpuscular.

As fontes fundamentais de todos os tipos de ondas eletromagnéticas são cargas elétricas aceleradas. Todos os corpos emitem uma radiação eletromagnética, resultado do movimento térmico de suas moléculas; essas ondas constituem a chamada *radiação térmica* e apresentam uma mistura de comprimentos de onda diferentes. Em temperaturas suficientemente elevadas, todos os corpos emitem bastante luz visível para se tornarem luminosos; um corpo muito quente pode tornar-se "vermelho incandescente" (**Figura 33.1**) ou "branco incandescente". Portanto, qualquer forma de matéria quente é uma fonte de luz. Exemplos comuns são a chama de uma vela, a brasa em uma fogueira e as espiras de um aquecedor ou de uma tostadeira elétrica.

A luz também é produzida durante descargas elétricas em gases ionizados. Exemplos são a luz azul de uma lâmpada com arco de mercúrio, a luz laranja-amarelada de uma lâmpada de vapor de sódio e as diversas cores emitidas em anúncios de "neônio". Uma variante da lâmpada com arco de mercúrio é a lâmpada *fluorescente* (Figura 30.7). Essa fonte de luz usa um material chamado *fósforo* para converter a radiação ultravioleta de um arco de mercúrio em luz visível. Essa conversão direta faz com que uma lâmpada fluorescente seja mais eficiente na conversão da energia elétrica em luz que uma lâmpada incandescente.

Figura 33.2 Cirurgiões oftálmicos utilizam laser para corrigir descolamentos de retina e para cauterizar vasos sanguíneos nas cirurgias de retina. Pulsos de luz azul-esverdeada de um laser de argônio são ideais para esse propósito, já que atravessam a parte transparente do olho sem causar danos, embora sejam absorvidos pelos pigmentos vermelhos da retina.

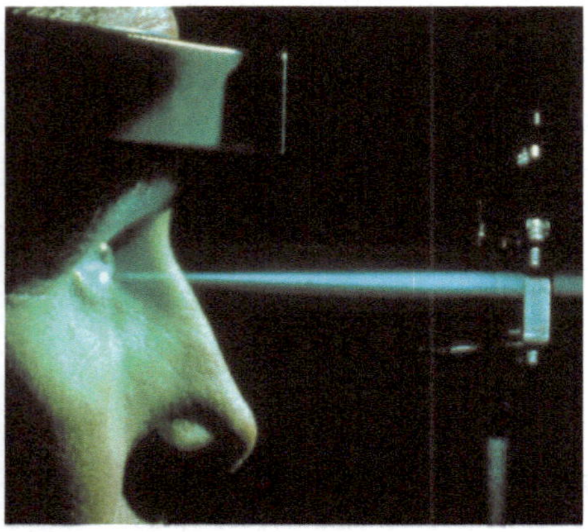

Em quase todas as fontes luminosas, a luz é emitida independentemente por átomos diferentes no interior da fonte; contudo, no caso de um *laser*, os átomos são induzidos para emitir luz de modo organizado e consistente. O resultado é que o feixe do laser pode ser muito intenso e fino, além de muito mais *monocromático* — com frequência única — que o feixe produzido por qualquer outra fonte de luz. O laser é usado por médicos para fazer microcirurgias, na reprodução do som de um DVD ou Blu-ray para ler as informações codificadas em discos compactos, na indústria para cortar aço ou fundir materiais que possuem um ponto de fusão elevado e em muitas outras aplicações (**Figura 33.2**).

Qualquer que seja o tipo da fonte, as ondas eletromagnéticas propagam-se no vácuo com a mesma velocidade c. Como vimos nas seções 1.3 e 32.1, essa velocidade é definida como

$$c = 2{,}99792458 \times 10^8 \text{ m/s}$$

ou $3{,}00 \times 10^8$ m/s com três algarismos significativos. A duração de um segundo é baseada em um relógio de césio (veja a Seção 1.3); logo, um metro é definido como a distância percorrida pela luz em 1/299.792.458 s.

Onda, raio e frente de onda

Geralmente usamos o conceito de **frente de onda** para descrever a propagação de uma onda. Introduzimos esse conceito na Seção 32.2 para descrever a extremidade inicial de uma onda. De modo mais geral, podemos definir a frente de onda como *o lugar geométrico de todos os pontos adjacentes em que a fase da vibração de uma grandeza física associada com a onda é a mesma*. Ou seja, em qualquer instante, todos os pontos sobre uma frente de onda estão na mesma parte do ciclo de sua variação.

Quando deixamos uma pedra cair em um lago calmo, os círculos que se expandem formados pelas cristas das ondas, bem como os círculos formados nos vales entre as cristas, são exemplos de frentes de onda. Da mesma forma, quando ondas sonoras se espalham no ar parado a partir de uma fonte puntiforme, ou quando as ondas eletromagnéticas se espalham a partir de uma fonte emissora puntiforme, qualquer superfície concêntrica com a fonte é uma frente de onda, como mostra a **Figura 33.3**. Nos diagramas de movimentos ondulatórios, geralmente desenhamos apenas partes de algumas frentes de onda, normalmente escolhendo as consecutivas que tenham a mesma fase e, portanto, estejam a um comprimento de onda de distância, como, por exemplo, duas cristas de onda consecutivas na superfície da água. Analogamente, um diagrama de ondas sonoras deve mostrar somente "cristas de pressão", ou seja, as superfícies nas quais a pressão torna-se máxima, e um diagrama de ondas eletromagnéticas deve mostrar somente as "cristas" nas quais o campo magnético e o campo elétrico atingem seus valores máximos.

Figura 33.3 As frentes de onda sonoras esféricas se espalham uniformemente em todas as direções a partir de uma fonte puntiforme situada em um meio em repouso, como o ar parado, que apresenta as mesmas propriedades em todas as regiões e em todas as direções. As ondas eletromagnéticas também se espalham no vácuo da maneira aqui indicada.

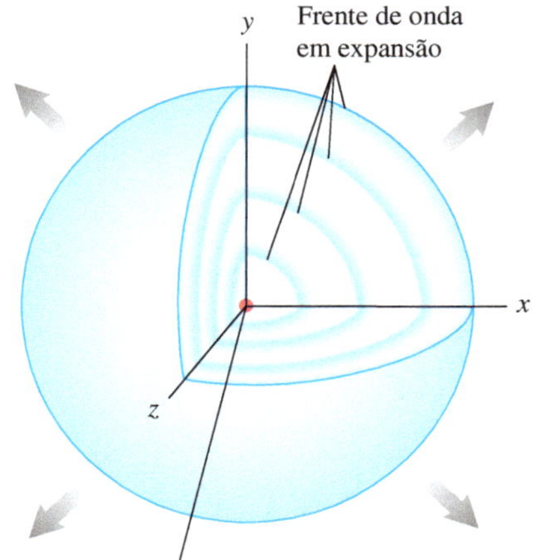

Frequentemente usaremos diagramas que mostram as formas das frentes de onda ou suas seções transversais em algum plano de referência. Por exemplo, quando ondas eletromagnéticas são irradiadas por uma pequena fonte luminosa, podemos representar as frentes de onda por meio de esferas concêntricas com a fonte ou então, como na **Figura 33.4a**, pelas interseções circulares dessas superfícies com o plano do diagrama. Em pontos muito afastados da fonte, quando os raios das esferas se tornam muito grandes, podemos supor que a seção reta de cada superfície esférica seja um plano, obtendo-se uma onda *plana* como as que foram discutidas nas seções 32.2 e 32.3 (Figura 33.4b).

Para descrever as direções da propagação da luz, em geral é mais conveniente representar uma onda de luz por meio de um **raio** em vez de usar uma frente de onda. Na descrição corpuscular da luz, os raios são as trajetórias das partículas. Do ponto de vista ondulatório, *um raio é uma linha imaginária ao longo da direção de propagação da onda*. Na Figura 33.4a, os raios são as linhas retas na direção radial das frentes de onda esféricas; na Figura 33.4b, os raios são as linhas retas perpendiculares às frentes de onda. Quando uma onda se propaga em um material homogêneo e isotrópico (ou seja, um material que possui as mesmas propriedades em todas as regiões e em todas as direções), os raios sempre são linhas retas perpendiculares às frentes de onda. Na superfície que separa dois materiais, como a superfície de uma placa de vidro no ar, a velocidade da onda e a direção dos raios podem variar, mas os segmentos dos raios no ar e no vidro são sempre linhas retas.

Nos capítulos seguintes, você terá muitas oportunidades de ver as relações existentes entre as descrições de raio, onda e partícula da luz. O ramo da ótica em que a abordagem por meio de raios é mais adequada denomina-se **ótica geométrica**; o ramo que trata especificamente das propriedades ondulatórias da luz é a **ótica ondulatória**. Este capítulo e o seguinte tratam principalmente da ótica geométrica. Nos capítulos 35 e 36, estudaremos os fenômenos ondulatórios e a ótica ondulatória.

Figura 33.4 Frentes de onda (azuis) e raios (roxos).

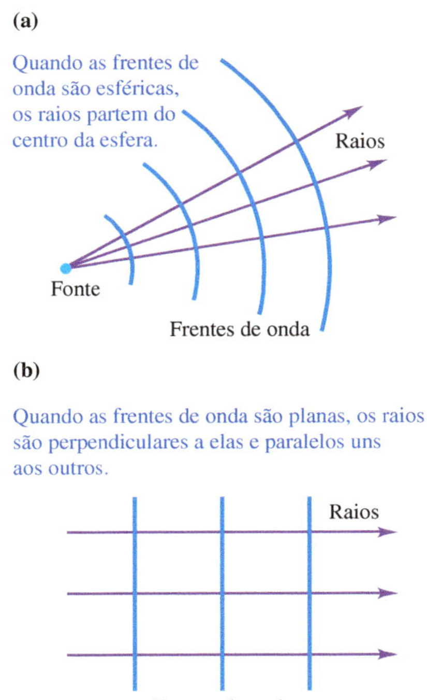

TESTE SUA COMPREENSÃO DA SEÇÃO 33.1 Alguns cristais *não* são isotrópicos: a luz atravessa o cristal com uma velocidade maior em certas direções que em outras. Em um cristal em que a luz viaja na mesma velocidade nas direções dos eixos x e z, mas com uma velocidade maior na direção y, qual seria a forma das frentes de onda produzidas por uma fonte de luz na origem? (i) Esférica, como as mostradas na Figura 33.3; (ii) elipsoidal, achatada sobre o eixo y; (iii) elipsoidal, alongada sobre o eixo y. ❙

33.2 REFLEXÃO E REFRAÇÃO

Nesta seção, usaremos o modelo de *raios* luminosos para estudar dois dos aspectos mais importantes da propagação da luz: a **reflexão** e a **refração**. Quando uma onda de luz atinge uma superfície lisa separando dois meios transparentes (como o ar e o vidro ou a água e o vidro), em geral a onda é parcialmente *refletida* e parcialmente *refratada* (transmitida) para o outro material, como mostra a **Figura 33.5a**. Por exemplo, quando você está na rua e olha para o interior de um restaurante através de uma janela de vidro, você observa o reflexo de alguma cena da rua; porém, uma pessoa que está no interior do restaurante pode olhar para fora e ver a mesma cena, já que a luz atinge a pessoa pela refração.

Os segmentos de ondas planas indicados na Figura 33.5a podem ser representados por conjuntos de raios que formam *feixes* de luz (Figura 33.5b). Para simplificar, geralmente desenhamos somente um raio para cada feixe (Figura 33.5c). A representação dessas ondas por meio de raios é a base da ótica geométrica. Começamos nosso estudo mostrando o comportamento de um único raio.

Descrevemos as direções dos raios incidentes, refletidos e refratados (transmitidos) em uma interface lisa separando dois meios transparentes em relação aos ângulos que esses raios formam com a *normal* (perpendicular) à superfície no ponto de incidência, como mostra a Figura 33.5c. Quando a superfície é rugosa, os raios transmitidos e refletidos são espalhados em diversas direções e não existe um único ângulo de reflexão ou de refração. Dizemos que ocorre **reflexão especular** (da palavra em latim para "espelho") em uma superfície lisa quando existe um único ângulo de reflexão; quando os raios refletidos são espalhados em diversas direções em uma superfície rugosa, dizemos que ocorre **reflexão difusa** (**Figura 33.6**). Esses dois tipos de reflexão ocorrem tanto no caso de materiais transparentes quanto no caso de materiais *opacos*, ou seja, aqueles que não transmitem luz. Quase todos os objetos ao nosso redor (como plantas, pessoas e este livro) tornam-se visíveis porque refletem a luz de maneira difusa em suas superfícies. Contudo, vamos nos concentrar principalmente no estudo da reflexão especular em

Figura 33.5 (a) Uma onda plana é parcialmente refletida e parcialmente refratada na interface entre dois meios (neste caso, o ar e o vidro). A luz que atinge o interior do restaurante é refratada duas vezes: a primeira quando ela penetra no vidro e a segunda quando ela sai do vidro. (b), (c) Como a luz se comporta na interface entre o ar dentro do café (material *a*) e o vidro (material *b*). No exemplo mostrado aqui, o material *b* possui um índice de refração maior que o do material *a* ($n_b > n_a$), e o ângulo θ_b é menor que θ_a.

(a) Ondas planas refletidas e refratadas através de uma janela

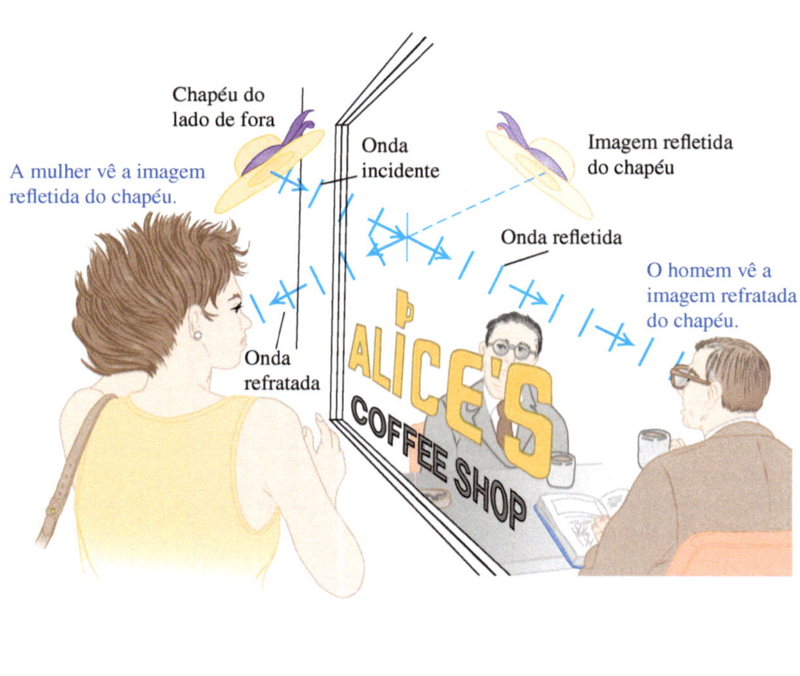

(b) As ondas no ar e no vidro externos representadas por raios

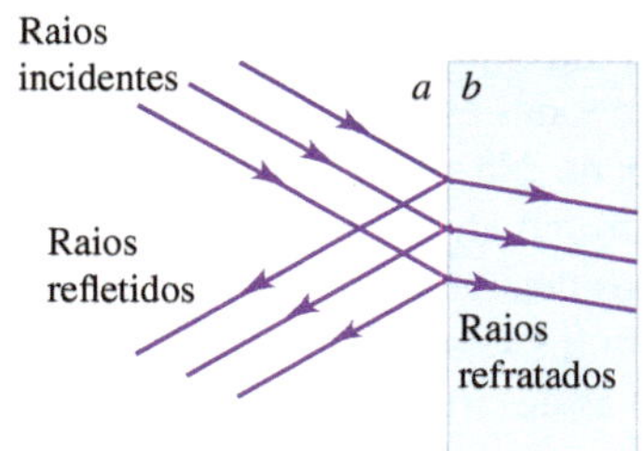

(c) A representação simplificada para mostrar apenas um conjunto de raios

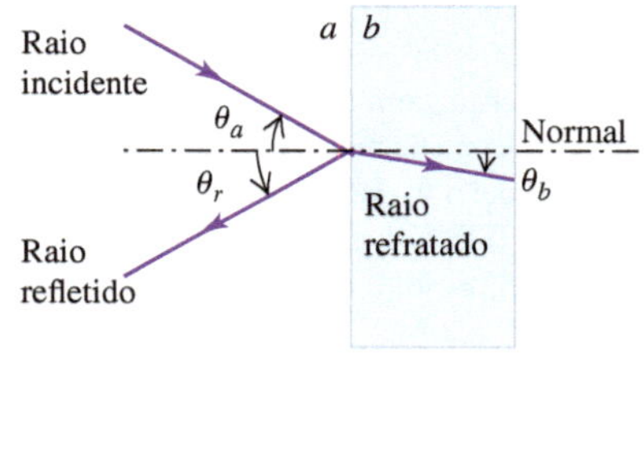

superfícies muito lisas, como vidros ou metais altamente polidos. A menos que se diga o contrário, sempre mencionaremos a palavra "reflexão" para nos referirmos à reflexão *especular*.

O **índice de refração** de um material ótico (também chamado de **índice refrativo**), designado pela letra n, desempenha um papel fundamental na ótica geométrica:

Índice de refração de um material ótico → $$n = \frac{c}{v} \qquad (33.1)$$
c ← Velocidade da luz no vácuo; v ← Velocidade da luz no material

A luz sempre se propaga *mais lentamente* através de um material que no vácuo; portanto, o valor de n em qualquer meio material é sempre maior que 1. No vácuo, $n = 1$. Como n é a razão entre duas velocidades, ele é um número puro sem unidades. (A relação entre n e as propriedades elétricas e magnéticas de um material foi descrita na Seção 32.3.)

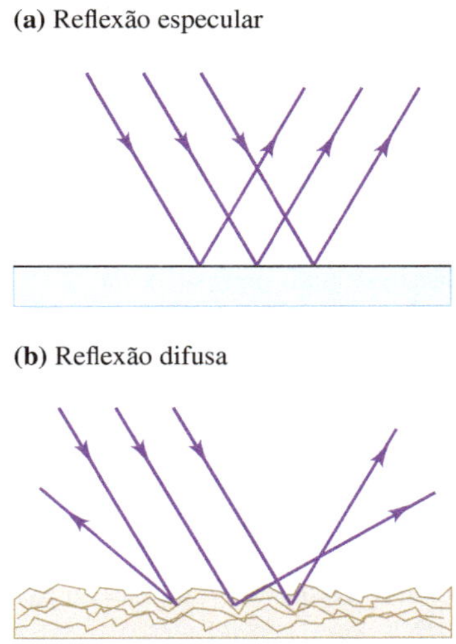

Figura 33.6 Dois tipos de reflexão.

ATENÇÃO Velocidade da onda e índice de refração Lembre-se de que a velocidade da onda é *inversamente* proporcional ao índice de refração n. Quanto maior for o índice de refração de um material, *menor* será a velocidade da onda nesse material.

Leis da reflexão e da refração

Os estudos experimentais de reflexão e refração em uma interface lisa entre dois meios óticos conduziram às seguintes conclusões (**Figura 33.7**):

1. **Os raios incidente, refletido e refratado e a normal à superfície no ponto de incidência estão sobre um mesmo plano.** Esse plano, chamado **plano de incidência**, é perpendicular ao plano da interface entre os dois materiais. Sempre desenhamos diagramas de modo que os raios incidente, refletido e refratado estejam contidos no plano do diagrama.
2. **O ângulo de reflexão θ_r é igual ao ângulo de incidência θ_a para todos os comprimentos de onda e para qualquer par de materiais.** Ou seja, na Figura 33.5c,

Lei da reflexão: $$\theta_r = \theta_a \qquad (33.2)$$
θ_r: Ângulo de reflexão (medido a partir da normal); θ_a: Ângulo de incidência (medido a partir da normal)

Essa relação, com a observação de que os raios incidente e refletido e a normal estão todos sobre o mesmo plano, constitui a chamada **lei da reflexão**.

3. Para a luz monocromática e para um determinado par de materiais, a e b, em lados opostos da interface, **a razão entre o seno dos ângulos θ_a e θ_b, em que os dois ângulos são medidos a partir da normal à superfície, é igual ao inverso da razão entre os dois índices de refração**:

$$\frac{\operatorname{sen}\theta_a}{\operatorname{sen}\theta_b} = \frac{n_b}{n_a} \qquad (33.3)$$

ou

Lei da refração: $$n_a \operatorname{sen}\theta_a = n_b \operatorname{sen}\theta_b \qquad (33.4)$$
θ_a: Ângulo de incidência (medido a partir da normal); θ_b: Ângulo de refração (medido a partir da normal); n_a: Índice de refração para materiais com luz incidente; n_b: Índice de refração para materiais com luz refratada

Figura 33.7 Leis da reflexão e da refração.

1. Raios incidente, refletido e refratado e a normal à superfície estão todos sobre o mesmo plano.

Os ângulos θ_a, θ_b e θ_r são medidos a *partir da normal*.

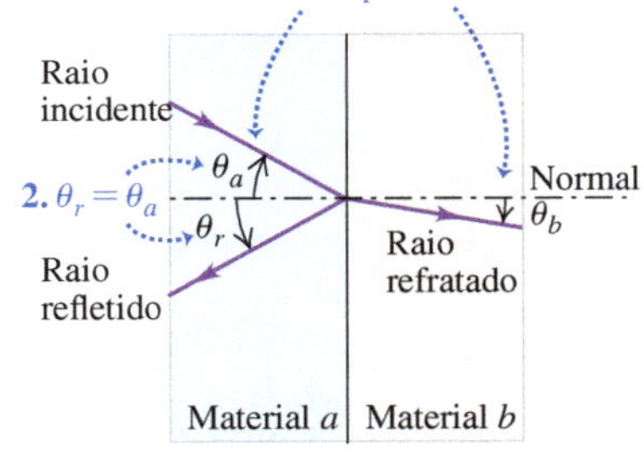

3. Quando um raio de luz monocromática atravessa a interface entre dois materiais a e b, os ângulos θ_a e θ_b estão relacionados aos índices de refração de a e b por

$$\frac{\operatorname{sen}\theta_a}{\operatorname{sen}\theta_b} = \frac{n_b}{n_a}$$

Esse resultado, com a observação de que os raios incidente e refratado e a normal à superfície no ponto de incidência estão todos sobre o mesmo plano, constitui a chamada **lei da refração**, ou **lei de Snell**, em homenagem ao cientista holandês

Willebrord Snell (1591-1626). Na verdade, essa lei foi descoberta no século X pelo cientista persa Ibn Sahl. A conclusão de que $n = c/v$ surgiu muito depois.

Embora esses efeitos tenham sido observados pela primeira vez de modo experimental, eles podem ser deduzidos teoricamente a partir da descrição da luz como onda. Faremos isso na Seção 33.7.

As equações 33.3 e 33.4 mostram que, quando um raio passa de um material a para um material b que tenha um índice de refração maior ($n_b > n_a$) e, consequentemente, uma velocidade de onda menor, o ângulo θ_b com a normal no segundo material é *menor* que o ângulo θ_a com a normal no primeiro material; logo, o raio se desvia *aproximando-se* da normal (**Figura 33.8a**). Quando o segundo material possui índice de refração *menor* que o índice de refração do primeiro material ($n_b < n_a$) e, consequentemente, uma velocidade de onda maior, o raio se desvia *afastando-se* da normal (Figura 33.8b).

Qualquer que seja a natureza do material dos dois lados de uma interface, o raio transmitido não sofre nenhum desvio quando a incidência ocorre na direção da *normal* da interface (Figura 33.8c). Nesse caso, $\theta_a = 0$ e sen $\theta_a = 0$; logo, pela Equação 33.4, θ_b também é igual a zero e o raio transmitido também é normal à interface. Como a Equação 33.2 mostra que θ_r também é igual a zero, o raio refletido volta pelo mesmo caminho do raio incidente.

A lei da refração explica por que uma régua parcialmente submersa ou um canudo em um copo de suco parece dobrado; a luz proveniente da parte submersa muda de direção quando atravessa a interface ar-água, dando a impressão de que os raios estão vindo de uma posição acima de seu ponto de origem real (**Figura 33.9**). Um efeito semelhante explica a aparência do sol poente (**Figura 33.10**).

Um caso especial importante é a refração que ocorre na interface que separa um corpo do vácuo, em que o índice de refração é igual a 1 por definição. Quando um raio sai do vácuo e penetra em um material b, de modo que $n_a = 1$ e $n_b > 1$, o raio sempre se desvia *aproximando-se* da normal. Quando um raio sai de um material e passa a se propagar no vácuo, de modo que $n_a > 1$ e $n_b = 1$, o raio sempre se desvia *afastando-se* da normal.

Figura 33.8 Reflexão e refração em três casos. (a) O material b possui um índice de refração maior que o material a. (b) O material b possui um índice de refração menor que o material a. (c) O raio luminoso incidente é normal à interface entre os materiais.

(a) Um raio entrando em um material de índice de refração *maior* se desvia *aproximando-se* da normal.

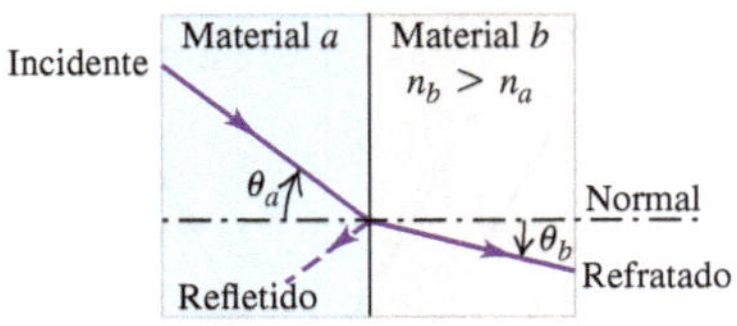

(b) Um raio entrando em um material de índice de refração *menor* se desvia *afastando-se* da normal.

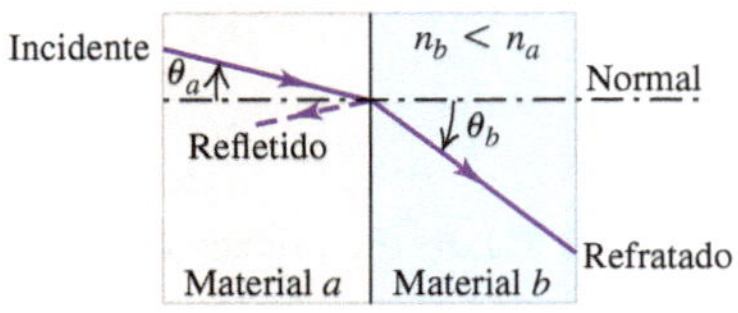

(c) Um raio com a mesma orientação da normal não sofre desvio, independentemente dos materiais.

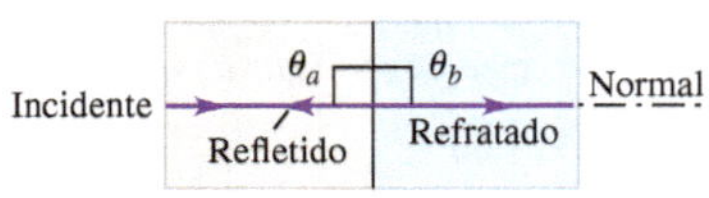

Figura 33.9 (a) Esta régua na verdade é retilínea, mas parece estar dobrada na superfície da água. (b) Os raios de luz provenientes de um objeto submerso se desviam da normal quando eles saem para o ar. Quando visto por um observador situado acima da superfície da água, o objeto parece estar muito mais perto da superfície do que realmente está.

(a) Uma régua reta parcialmente imersa em água

(b) Por que a régua parece dobrada

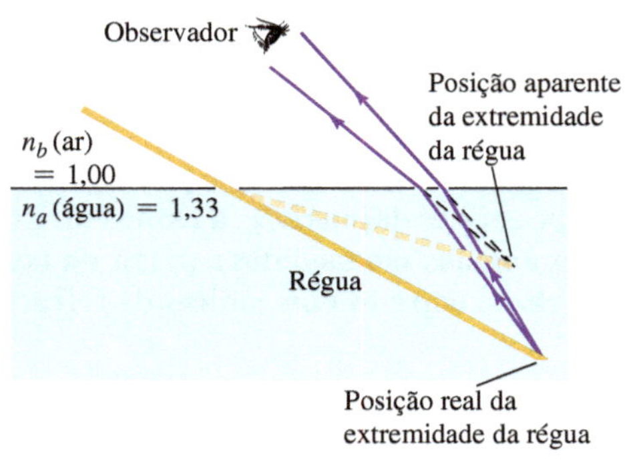

Figura 33.10 (a) O índice de refração do ar é pouco maior que 1, de modo que a luz proveniente do sol durante o poente se desvia ligeiramente quando atravessa a atmosfera e atinge nossos olhos (o efeito está exagerado na figura). (b) A refração é mais acentuada para os raios provenientes da parte inferior do sol (o lado mais próximo do horizonte), que atravessa o ar mais denso da parte inferior da atmosfera. Em virtude desse efeito, o sol parece mais achatado verticalmente (veja o Problema 33.51).

(a)

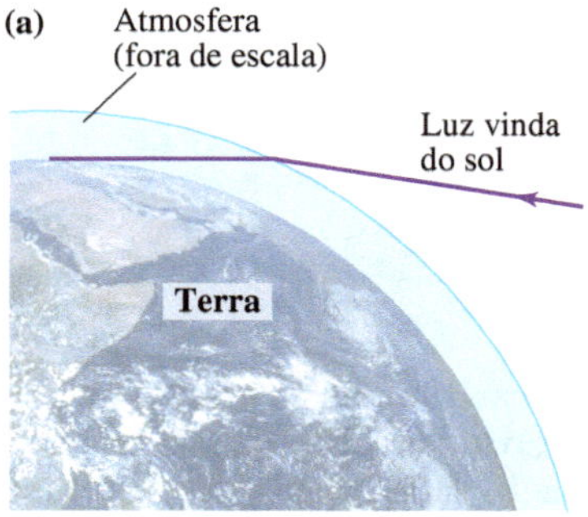

(b)

BIO Aplicação Transparência e índice de refração Uma enguia em seu estágio larval é quase tão transparente como a água do mar na qual ela nada. A larva nesta foto, no entanto, é fácil de ver, porque seu índice de refração é superior ao da água do mar, de modo que uma parte da luz que incide nela é refletida, em vez de transmitida. A larva parece particularmente brilhante em sua volta porque a luz que atinge a câmera a partir desses pontos atingiu a larva em uma incidência rasante ($\theta_a = 90°$), o que resulta em quase 100% de reflexão.

As leis da reflexão e da refração se aplicam independentemente do lado da interface de onde provém o raio incidente. Se um raio de luz se aproximar da interface ilustrada na Figura 33.8a ou na Figura 33.8b, vindo do lado direito em vez do esquerdo, novamente existirão raios refletidos e raios refratados; esses dois raios estão dispostos no mesmo plano como o raio incidente e a normal à superfície. Além disso, a trajetória seguida por um raio refratado é *reversível*; ou seja, quando vai de a para b, ele segue o mesmo caminho de b para a. (Você pode verificar essa afirmação usando a Equação 33.4.) Como o raio refletido forma com a normal o mesmo ângulo do raio incidente, a trajetória do raio refletido também é reversível. É por isso que, quando você vê os olhos de uma pessoa em um espelho, ela também vê você.

As *intensidades* dos raios refletidos e refratados dependem do ângulo de incidência, dos dois índices de refração e do estado de polarização (ou seja, da direção do vetor campo elétrico) da luz incidente. A fração refletida é mínima quando a incidência é perpendicular à superfície ($\theta_a = 0°$); por exemplo, no caso de uma interface ar-vidro, a fração é da ordem de 4%. Essa fração aumenta com o ângulo de incidência até atingir 100% quando a incidência é rasante, quando $\theta_a = 90°$. (É possível usar as equações de Maxwell para prever a amplitude, a intensidade, a fase e os estados de polarização dos raios refletido e refratado. Contudo, essa análise foge aos objetivos deste livro.)

O índice de refração depende não só da substância, mas também do comprimento de onda da luz. Essa dependência denomina-se *dispersão* e iremos estudá-la na Seção 33.4. Os índices de refração de diversos sólidos e líquidos estão listados na **Tabela 33.1** para um comprimento de onda particular da luz amarela.

O índice de refração do ar em condições normais de temperatura e pressão é aproximadamente igual a 1,0003, e em geral vamos considerá-lo exatamente igual a 1. O índice de refração de um gás aumenta quando sua densidade se eleva. Muitos vidros usados em instrumentos de ótica possuem índice de refração com valores aproximados entre 1,5 e 2,0. Poucas substâncias transparentes apresentam índices de refração mais elevados; um exemplo é o diamante, com índice de refração igual a 2,417 (veja a Tabela 33.1).

TABELA 33.1 Índice de refração para a luz de sódio amarela ($\lambda_0 = 589$ nm).

Substância	Índice de refração, n
Sólidos	
Gelo (H_2O)	1,309
Fluorita (CaF_2)	1,434
Poliestireno	1,49
Sal (NaCl)	1,544
Quartzo (SiO_2)	1,544
Zircônio ($ZrO_2 \cdot SiO_2$)	1,923
Diamante (C)	2,417
Fabulita ($SrTiO_3$)	2,409
Rutilo (TiO_2)	2,62
Vidros (valores típicos)	
Crown	1,52
Flint leve	1,58
Flint médio	1,62
Flint denso	1,66
Flint lantânio	1,80
Líquidos a 20 ºC	
Metanol (CH_3OH)	1,329
Água (H_2O)	1,333
Etanol (C_2H_5OH)	1,36
Tetracloreto de carbono (CCl_4)	1,460
Turpentina	1,472
Glicerina	1,473
Benzeno	1,501
Dissulfeto de carbono (CS_2)	1,628

Índice de refração e aspectos ondulatórios da luz

Vimos como a direção de um raio de luz varia quando ele passa de um material para outro com índice de refração diferente. Que aspectos das características *ondulatórias* da luz são alterados quando isso acontece?

Em primeiro lugar, a frequência f da onda *não* varia quando ela passa de um material para outro. Ou seja, o número de ciclos que chega por unidade de tempo deve ser igual ao mesmo número que sai por unidade de tempo; isso decorre da constatação de que uma superfície de contorno não pode criar nem destruir uma onda.

Em segundo lugar, o comprimento de onda λ da luz geralmente *é* diferente quando a onda passa de um material para outro. Isso porque, para qualquer material, $v = \lambda f$; como f em qualquer material é a mesma que no vácuo e a velocidade é sempre menor que a velocidade c no vácuo, o valor de λ também fica reduzido de modo correspondente. Logo, o comprimento de onda λ da luz em um material é *menor que* o comprimento de onda λ_0 da mesma luz no vácuo. De acordo com o que vimos anteriormente, $f = c/\lambda_0 = v/\lambda$. Combinando com a Equação 33.1, $n = c/v$, temos

$$\underbrace{\lambda}_{\text{Comprimento de onda da luz em um material}} = \frac{\overbrace{\lambda_0}^{\text{Comprimento de onda da luz no vácuo}}}{\underbrace{n}_{\text{Índice de refração do material}}} \qquad (33.5)$$

Quando uma onda passa de um material para outro com índice de refração maior, de modo que $n_b > n_a$, a velocidade da onda diminui. O comprimento de onda $\lambda_b = \lambda_0/n_b$ no segundo material é então menor que o comprimento de onda $\lambda_a = \lambda_0/n_a$ no primeiro material. Quando, ao contrário, o segundo material possui índice de refração inferior, de modo que $n_b < n_a$, a velocidade aumenta. Então o comprimento de onda λ_b no segundo material é maior que o comprimento de onda λ_a no primeiro material. Intuitivamente vemos que isso faz sentido: quando a velocidade da onda diminui, ela é "comprimida" (o comprimento de onda torna-se menor) e, quando a velocidade aumenta, a onda se "dilata" (o comprimento de onda torna-se maior).

ESTRATÉGIA PARA A SOLUÇÃO DE PROBLEMAS 33.1 REFLEXÃO E REFRAÇÃO

IDENTIFICAR *os conceitos relevantes:* você precisa utilizar as ideias desta seção referentes à ótica geométrica sempre que a luz (ou a radiação eletromagnética de *qualquer* frequência e comprimento de onda) encontrar um limiar entre dois materiais diferentes. Em geral, parte da luz é refletida de volta para o primeiro material e parte é refratada para o segundo.

PREPARAR *o problema* por meio das seguintes etapas:

1. Nos problemas de ótica geométrica envolvendo raios e ângulos, comece sempre desenhando um diagrama grande e organizado. Marque no diagrama todos os ângulos e índices de refração.
2. Determine as incógnitas do problema.

EXECUTAR *a solução* conforme segue:

1. Aplique as leis da reflexão, Equação 33.2, e refração, Equação 33.4. Lembre-se sempre de medir os ângulos de incidência, reflexão e refração a partir da *normal* da superfície onde ocorrem reflexão e refração, *nunca* a partir da própria superfície.
2. Você precisará usar com frequência alguns princípios simples da geometria e da trigonometria quando estiver considerando grandezas angulares. Lembre-se de que a soma dos ângulos agudos de um triângulo retângulo é 90° (eles são *complementares*) e a soma dos ângulos internos de qualquer triângulo é igual a 180°.
3. Lembre-se de que a frequência da luz não se altera quando ela passa de um material para o outro, mas o comprimento de onda varia de acordo com a Equação 33.5, $\lambda = \lambda_0/n$.

AVALIAR *sua resposta:* em problemas que envolvem refração, verifique se seus resultados estão de acordo com a lei de Snell (n_a sen $\theta_a = n_b$ sen θ_b). Se o segundo material possuir um índice de refração maior que o primeiro, o raio refratado se inclina na direção da normal e o ângulo refratado é *menor* que o ângulo de incidência. Se o primeiro material tiver um índice de refração maior, o raio refratado se afasta da normal e o ângulo refratado é maior que o ângulo de incidência.

EXEMPLO 33.1 REFLEXÃO E REFRAÇÃO

Na **Figura 33.11**, o material *a* é a água e o material *b* é um vidro com índice de refração igual a 1,52. Se o raio incidente forma um ângulo de 60° com a normal, estabeleça as direções dos raios refletido e refratado.

SOLUÇÃO

IDENTIFICAR E PREPARAR: este é um problema de ótica geométrica. Conhecemos o ângulo de incidência $\theta_a = 60°$ e os índices de refração $n_a = 1{,}33$ e $n_b = 1{,}52$. Precisamos encontrar os ângulos de reflexão e de refração θ_r e θ_b; para fazer isso, usamos as equações 33.2 e 33.4, respectivamente. A Figura 33.11 mostra os raios e ângulos; n_b é ligeiramente maior que n_a, de modo que, pela lei de Snell (Equação 33.4), θ_b é ligeiramente menor que θ_a.

EXECUTAR: de acordo com a Equação 33.2, o ângulo que o raio refletido descreve com a normal é o mesmo do raio incidente; portanto, $\theta_r = \theta_a = 60°$.

Figura 33.11 Reflexão e refração da luz passando da água para o vidro.

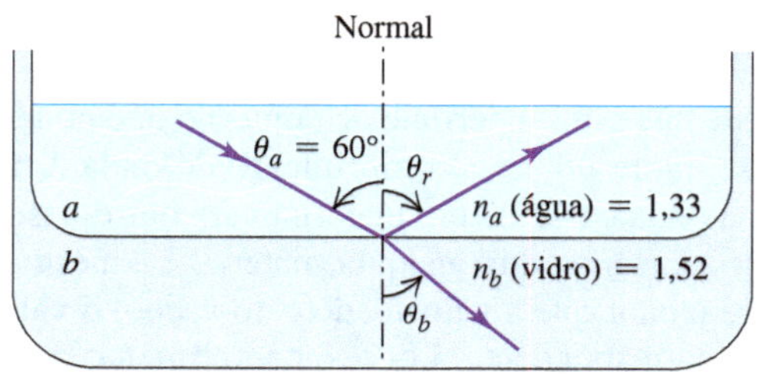

(Continua)

(Continuação)

Para encontrar a direção do raio refratado, usamos a lei de Snell, Equação 33.4:

$$n_a \operatorname{sen} \theta_a = n_b \operatorname{sen} \theta_b$$

$$\operatorname{sen} \theta_b = \frac{n_a}{n_b} \operatorname{sen} \theta_a = \frac{1{,}33}{1{,}52} \operatorname{sen} 60° = 0{,}758$$

$$\theta_b = \operatorname{arcsen}(0{,}758) = 49{,}3°$$

AVALIAR: o segundo material possui um índice de refração maior que o do primeiro, como mostra a Figura 33.8a. Logo, o raio refratado se desvia em direção à normal e $\theta_b < \theta_a$.

EXEMPLO 33.2 ÍNDICE DE REFRAÇÃO NO OLHO

O comprimento de onda da luz vermelha emitida por um laser hélio-neônio é 633 nm no ar, mas, no humor aquoso no interior do globo ocular, é 474 nm. Calcule o índice de refração do humor aquoso e a velocidade e frequência da luz nesse líquido.

SOLUÇÃO

IDENTIFICAR E PREPARAR: as ideias básicas aqui são (i) a definição do índice de refração n em função da velocidade da onda v em um meio e a velocidade c no vácuo e (ii) a relação entre o comprimento de onda λ_0 no vácuo e o comprimento de onda λ em um meio de índice n. Usamos a Equação 33.1, $n = c/v$; a Equação 33.5, $\lambda = \lambda_0/n$; e $v = \lambda f$.

EXECUTAR: o índice de refração do ar é aproximadamente igual a 1, de modo que consideramos iguais os comprimentos de onda λ_0 no ar e no vácuo, 633 nm. Portanto, pela Equação 33.5,

$$\lambda = \frac{\lambda_0}{n} \qquad n = \frac{\lambda_0}{\lambda} = \frac{633\ \text{nm}}{474\ \text{nm}} = 1{,}34$$

que é aproximadamente igual ao índice de refração da água. Como $n = c/v$ e $v = \lambda f$, encontramos

$$v = \frac{c}{n} = \frac{3{,}00 \times 10^8\ \text{m/s}}{1{,}34} = 2{,}25 \times 10^8\ \text{m/s}$$

$$f = \frac{v}{\lambda} = \frac{2{,}25 \times 10^8\ \text{m/s}}{474 \times 10^{-9}\ \text{m}} = 4{,}74 \times 10^{14}\ \text{Hz}$$

AVALIAR: embora o comprimento de onda e a velocidade possuam valores diferentes no ar e no humor aquoso, a *frequência* no ar, f_0, é a mesma frequência f no humor aquoso:

$$f_0 = \frac{c}{\lambda_0} = \frac{3{,}00 \times 10^8\ \text{m/s}}{633 \times 10^{-9}\ \text{m}} = 4{,}74 \times 10^{14}\ \text{Hz}$$

Quando a luz passa de um material para outro, a velocidade e o comprimento de onda mudam, mas a frequência da onda não se altera.

EXEMPLO 33.3 UM RAIO REFLETIDO DUAS VEZES

Considere dois espelhos perpendiculares um ao outro. Um raio deslocando-se em um plano perpendicular aos dois espelhos é refletido por um espelho em P e depois pelo outro em Q, como mostra a **Figura 33.12**. Qual é a direção final em relação à sua direção original?

SOLUÇÃO

IDENTIFICAR E PREPARAR: este problema envolve apenas a lei da reflexão, que precisamos aplicar duas vezes (uma para cada espelho).

EXECUTAR: para o espelho 1, o ângulo de incidência é θ_1, que é igual ao ângulo de reflexão. A soma dos ângulos internos no triângulo PQR é igual a 180°; logo, notamos que os ângulos de incidência e de reflexão no espelho 2 são ambos iguais a $90° - \theta_1$. A variação total da direção do raio incidente depois de sofrer a segunda reflexão é, portanto, igual a $2(90° - \theta_1) + 2\theta_1 = 180°$. Ou seja, a direção final do raio é oposta à sua direção original.

AVALIAR: uma solução alternativa pode ser obtida mostrando que a reflexão especular produz inversão do sinal do componente da velocidade da luz perpendicular à superfície, mas mantém os outros componentes inalterados. Convidamos você a demonstrar essa afirmação em detalhe. Demonstre também que, quando um raio luminoso é sucessivamente refletido em três espelhos perpendiculares entre si que formam o vértice de um cubo (o chamado "refletor de canto"), o raio que sofre a última reflexão retorna na mesma direção, porém com sentido de propagação oposto ao do raio incidente inicial. Esse princípio é largamente usado nas lanternas traseiras de veículos e nas sinalizações existentes em autoestradas para aumentar a visibilidade durante a noite. Os astronautas da nave Apollo deixaram uma rede de refletores de canto na superfície da lua. Usando um feixe de laser refletido por esses espelhos, a distância entre a Terra e a lua tem sido medida com erro inferior a 0,15 m.

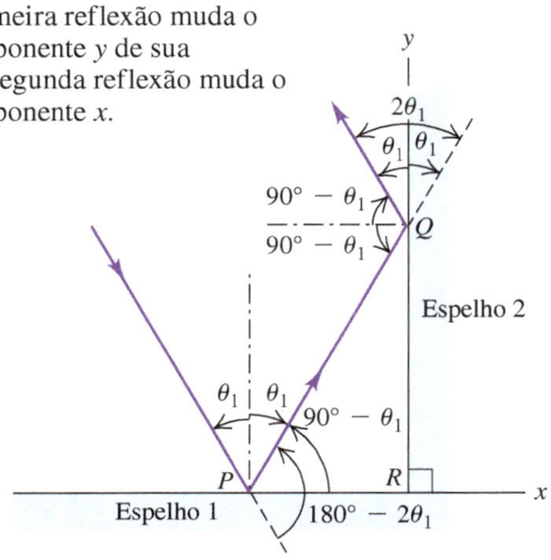

Figura 33.12 Um raio deslocando-se no plano xy. A primeira reflexão muda o sentido do componente y de sua velocidade e a segunda reflexão muda o sentido do componente x.

TESTE SUA COMPREENSÃO DA SEÇÃO 33.2 Você está em pé às margens de um lago e avista um peixe suculento nadando alguma distância abaixo da superfície dele. (a) Se quiser lancetar o peixe, você deve mirar a lança (i) acima, (ii) abaixo ou (iii) diretamente na posição aparente do peixe? (b) Se, em vez disso, você utilizasse um laser de alta potência para matar e cozinhar o peixe simultaneamente, deveria mirar o laser (i) acima, (ii) abaixo ou (iii) diretamente na posição aparente do peixe? ❙

33.3 REFLEXÃO INTERNA TOTAL

Descrevemos como a luz é parcialmente refletida e transmitida em uma interface entre dois materiais com índices de refração diferentes. Contudo, em certas circunstâncias, a luz pode ser *totalmente* refletida de uma interface e nenhuma luz ser transmitida, mesmo quando o segundo material é transparente. A **Figura 33.13a** mostra como isso pode ocorrer. A figura contém diversos raios que emanam de uma fonte puntiforme no seio de um material a com índice de refração n_a. Os raios incidem sobre a superfície de outro material b com índice de refração n_b, sendo $n_a > n_b$. (Por exemplo, o material a pode ser a água e o material b, o ar.) De acordo com a lei de Snell da refração,

$$\text{sen}\,\theta_b = \frac{n_a}{n_b}\text{sen}\,\theta_a$$

Como n_a/n_b é maior do que 1, sen θ_b é maior do que sen θ_a; o raio é desviado e *se afasta* da normal. Logo, deve existir algum valor de θ_a *menor do que* 90° para o qual a lei de Snell forneça sen $\theta_b = 1$ e $\theta_b = 90°$. Isso ocorre com o raio 3 mostrado no diagrama, que emerge tangenciando a superfície com um ângulo de refração de 90°. Compare o diagrama da Figura 33.13a com a fotografia dos raios na Figura 33.13b.

O ângulo de incidência em que o raio refratado emerge tangenciando a superfície denomina-se **ângulo crítico**, designado por $\theta_{\text{crít}}$. (Uma análise mais detalhada, baseada nas equações de Maxwell, mostra que, à medida que o ângulo de incidência se aproxima do ângulo crítico, a intensidade do raio transmitido se aproxima de zero.) Se o ângulo de incidência fosse *maior* que o ângulo crítico, o seno do ângulo de refração, sen θ_b, seria maior que 1, o que é impossível. Para qualquer ângulo maior que o ângulo crítico, *nenhum* raio pode passar para o material existente na parte superior; nesse caso, o raio fica retido no material da parte inferior, sendo completamente refletido na interface entre os dois materiais. Essa situação, chamada de **reflexão interna total**, ocorre somente quando um raio proveniente de

Figura 33.13 (a) Reflexão interna total. O ângulo de incidência para o qual o ângulo de refração é igual a 90° denomina-se ângulo crítico; isso ocorre no caso do raio 3. Para maior clareza, as partes refletidas dos raios 1, 2 e 3 não são mostradas. (b) Raios de um laser entram na água de um aquário vindos de cima; eles são refletidos no fundo do aquário por espelhos inclinados em ângulos levemente diferentes. Um raio sofre reflexão interna total na interface ar–água.

(a) Reflexão interna total

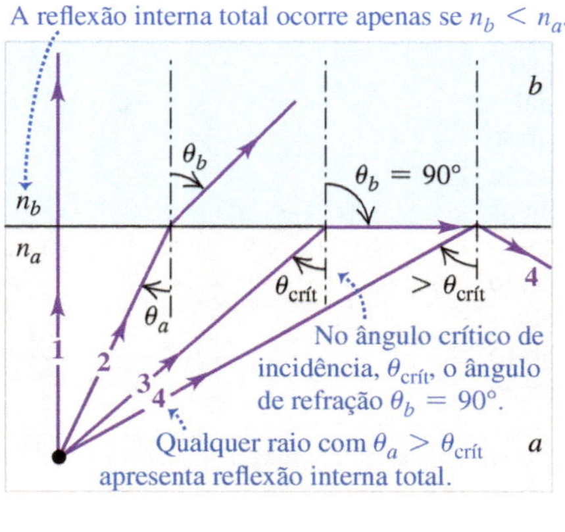

(b) Um feixe de luz entra na parte superior esquerda do aquário e, depois, reflete na parte inferior dos espelhos inclinados em diferentes ângulos. Um feixe sofre reflexão interna total na interface ar-água.

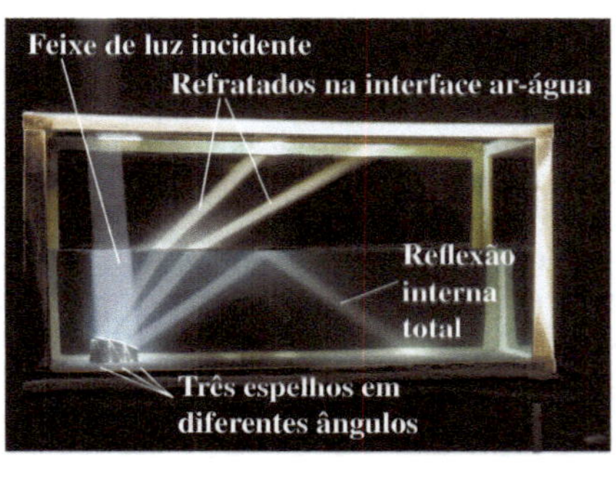

um material a incide sobre a interface que o separa de um segundo material b cujo índice de refração é *menor* que o índice de refração do primeiro (ou seja, $n_b < n_a$).

Podemos encontrar o ângulo crítico para dois materiais específicos a e b fazendo $\theta_b = 90°$ (sen $\theta_b = 1$) na lei de Snell. Obtemos

Ângulo crítico para **reflexão interna total**

$$\text{sen}\,\theta_{\text{crít}} = \frac{n_b}{n_a} \tag{33.6}$$

n_b: Índice de refração do segundo material
n_a: Índice de refração do primeiro material

Ocorre reflexão interna total sempre que o ângulo de incidência θ_a é igual ou superior ao ângulo crítico $\theta_{\text{crít}}$.

Aplicações da reflexão interna total

A reflexão interna total tem muitas aplicações na tecnologia ótica. Como exemplo, considere o vidro com um índice de refração $n = 1{,}52$. Se a luz que se propaga dentro desse vidro encontra uma interface vidro–ar, o ângulo crítico é

$$\text{sen}\,\theta_{\text{crít}} = \frac{1}{1{,}52} = 0{,}658 \qquad \theta_{\text{crít}} = 41{,}1°$$

A luz que se propaga no interior do vidro será *totalmente refletida* quando ela incidir sobre a interface vidro–ar em um ângulo igual ou superior a 41,1°. Sendo o ângulo crítico ligeiramente menor que 45°, podemos usar um prisma com ângulos 45°–45°–90° como uma superfície totalmente refletora. Como refletores, os prismas que usam a reflexão interna total apresentam algumas vantagens em relação às superfícies refletoras metálicas, como os espelhos comuns, que possuem uma película metálica revestindo o vidro. Se, por um lado, nenhuma superfície metálica reflete 100% da luz que incide sobre ela, por outro a superfície de um prisma pode refletir *totalmente* a luz que incide sobre ele. Além disso, as qualidades refletoras de um prisma apresentam a propriedade adicional de se manter inalteradas pela absorção.

Um prisma com ângulos 45°–45°–90°, como o mostrado na **Figura 33.14a**, é denominado prisma de *Porro*. Nesse prisma, a luz entra e sai, formando um ângulo de 90° com a hipotenusa, sendo totalmente refletida nas faces menores. O ângulo de desvio total entre o raio incidente e o raio emergente é igual a 180°. Os binóculos geralmente usam uma combinação de dois prismas de Porro, como indicado na Figura 33.14b.

Quando um feixe de luz penetra através da extremidade de uma barra transparente (**Figura 33.15**), a luz pode sofrer reflexão interna total se o índice de refração da barra for maior que o índice de refração do material existente em seu exterior.

DADOS MOSTRAM

Reflexão e refração

Quando os alunos recebiam um problema sobre reflexão e refração, mais de 55% davam uma resposta incorreta. Erros comuns:

- Esquecer que os trajetos dos raios refletidos e refratados são reversíveis. Se um raio luminoso percorre um trajeto do ponto A ao ponto B, ele também percorrerá um trajeto do ponto B ao ponto A.
- Confusão sobre ângulos. Os ângulos de incidência, reflexão e refração são sempre medidos a partir da *normal* à interface entre dois materiais. Além disso, o ângulo de refração não pode exceder 90°.

Figura 33.14 (a) Reflexão interna total em um prisma de Porro. (b) Uma combinação de dois prismas de Porro usada em binóculos.

(a) Reflexão interna total em um prisma de Porro

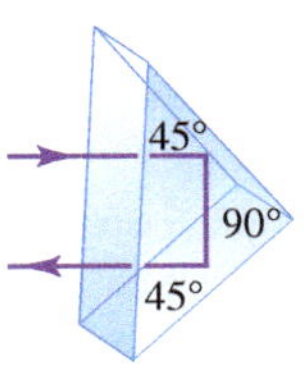

Se o feixe incidente for orientado como mostrado, a reflexão interna total ocorre nas faces que formam 45° com a superfície em que o raio incide (porque, em uma interface vidro-ar, $\theta_{\text{crít}} = 41{,}1$).

(b) Binóculos usam prismas de Porro para refletir a luz de cada lente

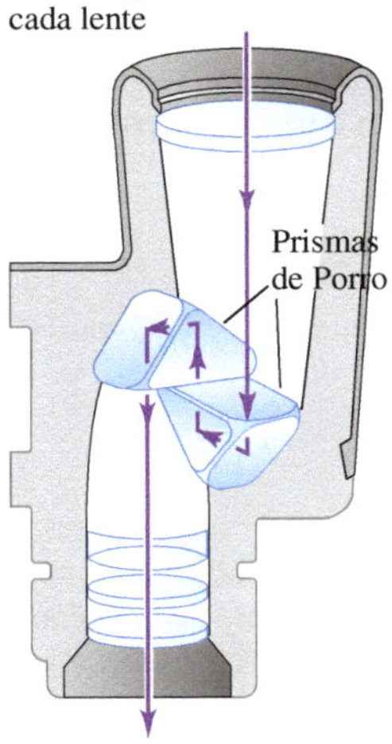

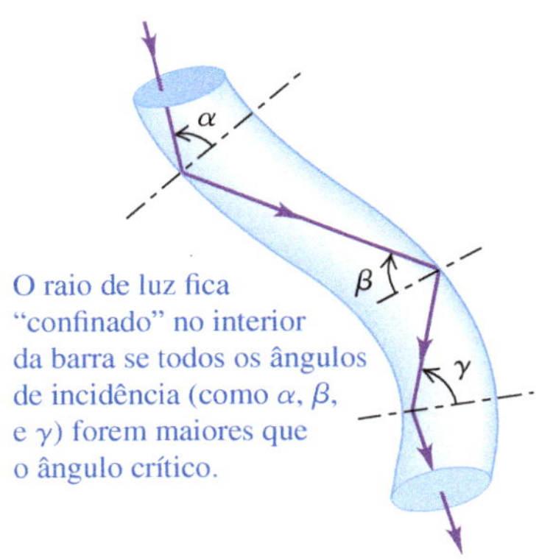

Figura 33.15 Uma barra transparente cujo índice de refração é maior que o índice de refração do material em seu exterior.

Figura 33.16 Esta imagem de raio X colorida do abdome de um paciente mostra um endoscópio penetrando o cólon.

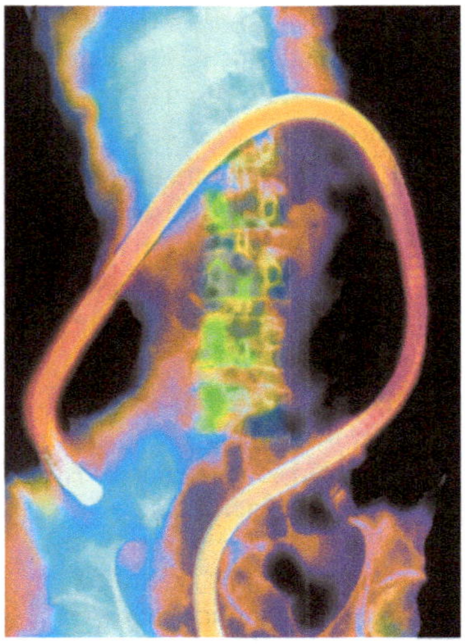

O raio de luz fica "confinado" no interior da barra mesmo quando esta é curva — desde que a curvatura não seja muito acentuada. Feixes de fibras de vidro ou de plástico podem se comportar de modo semelhante, com a vantagem de serem flexíveis. Tal feixe pode ser constituído por milhares de fibras individuais, cada uma com diâmetros da ordem de 0,002 até 0,01 mm. Quando as fibras são agrupadas em um feixe de tal modo que uma das extremidades tenha a mesma geometria da outra (formando imagens especulares), o feixe pode transmitir uma imagem.

Dispositivos feitos com fibras óticas são amplamente aplicados na medicina em instrumentos chamados *endoscópios*, que podem ser introduzidos diretamente nos brônquios, na bexiga, no cólon e em outros órgãos para realizar exames visuais (**Figura 33.16**). Um feixe de fibras pode até mesmo ser encerrado em uma agulha hipodérmica para estudar tecidos e vasos sanguíneos muito afastados da pele.

As fibras óticas também são aplicadas em sistemas de comunicação. A taxa com a qual a informação pode ser transmitida por uma onda (de luz, de rádio ou de qualquer outro tipo) é proporcional à frequência. Para entender conceitualmente a razão disso, imagine que você module (modifique) a onda cortando algumas cristas de onda. Suponha que cada crista represente um dígito binário, e uma crista cortada representa o zero e uma crista não modificada indica o algarismo 1. O número de algarismos binários que podemos transmitir por unidade de tempo é, portanto, proporcional à frequência da onda. A luz infravermelha e a luz visível possuem frequências muito maiores que as frequências de rádio, de modo que um feixe de laser modulado pode transmitir uma quantidade muito grande de informações através de um único cabo de fibras óticas. Muitas empresas de telefonia no Brasil utilizam sistemas conectados por cabos de fibras óticas.

Outra vantagem das fibras óticas é que elas podem ser mais finas que os fios de cobre convencionais, de modo que mais fibras podem ser agrupadas em um cabo de determinado diâmetro. Assim, mais sinais variados (por exemplo, linhas telefônicas diferentes) podem ser enviados pelo mesmo cabo. Como os cabos de fibra ótica são isolantes elétricos, eles não sofrem interferências produzidas por relâmpagos e outras fontes e não permitem que correntes indesejadas surjam entre a fonte e o receptor. Por essas e outras razões, esses cabos estão desempenhando um papel cada vez mais importante na telefonia de longa distância, na televisão e nas comunicações pela internet.

A reflexão interna total também desempenha um papel importante no design de joias. O brilho do diamante se deve, em grande parte, a seu alto índice de refração ($n = 2{,}417$) e correspondente pequeno ângulo crítico. A luz que entra em um diamante lapidado sofre reflexão interna total nas faces de sua superfície posterior e depois emerge à superfície frontal (veja a fotografia que abre este capítulo). Os "diamantes de imitação", como a zircônia cúbica, são feitos com materiais cristalinos mais baratos, com índices de refração comparáveis.

EXEMPLO CONCEITUAL 33.4 UM PERISCÓPIO COM VAZAMENTO

O periscópio de um submarino usa dois prismas com ângulos 45°–45°–90°, que produzem reflexão interna total nas faces adjacentes aos ângulos de 45°. Explique por que o periscópio deixa de funcionar se ocorrer um vazamento e o prisma inferior ficar imerso na água.

SOLUÇÃO

O ângulo crítico para uma interface entre a água ($n_b = 1{,}33$) e o vidro ($n_a = 1{,}52$) é

$$\theta_{\text{crít}} = \text{arcsen}\frac{1{,}33}{1{,}52} = 61°$$

O ângulo de incidência de 45° sobre um prisma com reflexão total é *menor* que o ângulo crítico de 61°; logo, não ocorre reflexão interna total na interface entre a água e o vidro. A maior parte da luz é transmitida para a água e uma porção muito pequena é refletida de volta para dentro do prisma.

TESTE SUA COMPREENSÃO DA SEÇÃO 33.3 Em qual das seguintes situações há reflexão interna total? (i) Luz se propagando na água ($n = 1{,}33$) incide em uma interface água–ar com um ângulo de incidência de 70°; (ii) luz se propagando no vidro ($n = 1{,}52$) atinge uma interface vidro–água com um ângulo de incidência de 70°; (iii) luz se propagando na água atinge uma interface água–vidro com um ângulo de incidência de 70°. ❙

33.4 DISPERSÃO

A luz branca comum é uma superposição de ondas cujos comprimentos abrangem todo o espectro visível. A velocidade da luz no *vácuo* é a mesma para todos os comprimentos de onda, mas, no interior de um material, ela varia com o comprimento de onda. Portanto, o índice de refração de um material depende do comprimento de onda. A **dispersão** indica como a velocidade da onda e o índice de refração dependem do comprimento de onda.

A **Figura 33.17** mostra como o índice de refração n varia com o comprimento de onda para alguns materiais comumente usados na ótica. Observe que o eixo horizontal refere-se ao comprimento de onda λ_0 da luz *no vácuo*; o comprimento de onda em dado material pode ser obtido pela Equação 33.5, $\lambda = \lambda_0/n$. Em quase todos os materiais, o valor de *n diminui* quando o comprimento de onda aumenta e a frequência diminui, e portanto *n aumenta* quando o comprimento de onda diminui ou a frequência aumenta. Nesses materiais, a luz que possui comprimento de onda maior se desloca com velocidade superior à que possui comprimento de onda menor.

Figura 33.17 Variação do índice de refração n em função do comprimento de onda para alguns materiais transparentes. O eixo horizontal mostra o comprimento de onda λ_0 da luz *no vácuo*; o comprimento de onda no material é dado por $\lambda = \lambda_0/n$.

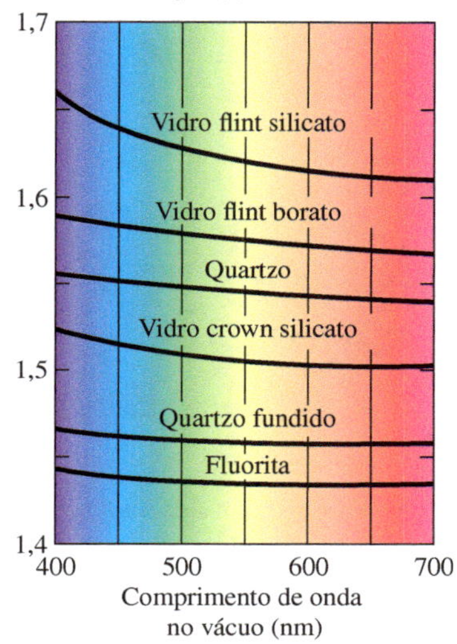

A **Figura 33.18** mostra um feixe de luz branca que incide sobre um prisma. O desvio (mudança de direção) produzido pelo prisma se eleva com o aumento do índice de refração e frequência e com a diminuição do comprimento de onda. Assim, a luz violeta sofre o maior desvio e a luz vermelha é a que se desvia menos; as demais cores sofrem desvios entre esses dois extremos. Quando a luz emerge do prisma, ela se espalha e as cores são separadas. Dizemos que a luz sofre *dispersão* e forma um espectro. A quantidade de dispersão depende da *diferença* entre o índice de refração da luz violeta e o índice de refração da luz vermelha. Na Figura 33.17, notamos que, em uma substância como a fluorita, que possui uma diferença pequena entre o índice de refração da luz violeta e o índice de refração da luz vermelha, a dispersão também é pequena. Se você deseja escolher um material, entre os indicados na figura, para fazer um prisma que produza uma grande dispersão, o melhor é o vidro flint silicato, que apresenta a maior diferença entre os valores de n do vermelho e do violeta.

Conforme dissemos na Seção 33.3, o brilho do diamante é produzido, em parte, por seu elevado índice de refração; outro fator importante é sua grande dispersão, que permite que a luz branca saia do diamante formando um espectro multicolorido. Os cristais de rutilo e de titanato de estrôncio, que podem ser produzidos sinteticamente, apresentam uma dispersão oito vezes maior que a do diamante.

Figura 33.18 Dispersão da luz por um prisma. A faixa de cores é chamada de espectro.

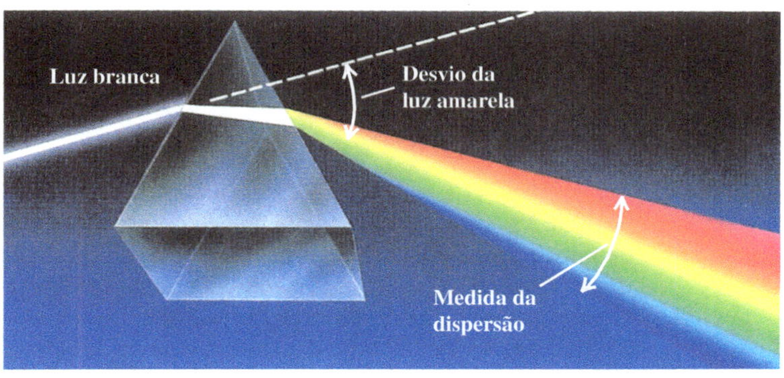

Arco-íris

Ao apreciar a beleza de um arco-íris, você está vendo os efeitos combinados de dispersão, refração e reflexão (**Figura 33.19a**). O sol está atrás do observador e entra em uma gotícula de água; a seguir, ela é (parcialmente) refletida na superfície de trás da gotícula e finalmente refratada, saindo da gotícula (Figura 33.19b). Um raio de luz que entra no meio da gota é refletido diretamente sobre si mesmo. Todos os outros raios saem da gotícula formando um ângulo Δ com esse raio central, com muitos raios acumulando-se no ângulo Δ. O que você vê é um disco de luz de raio

Figura 33.19 Como os arco-íris são formados.

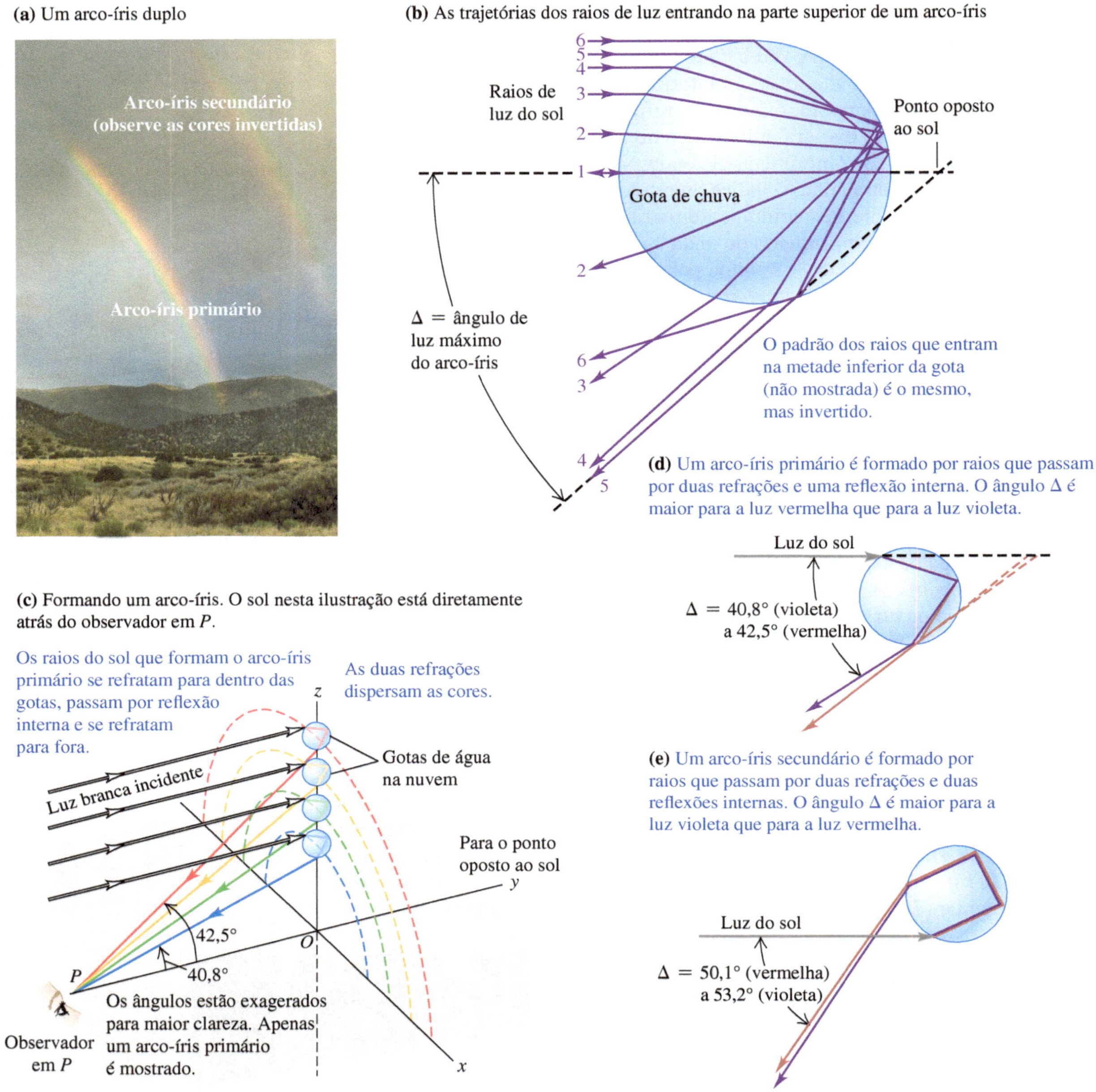

angular Δ centralizado no ponto do céu oposto ao sol; em decorrência do acúmulo de raios de luz, o disco é mais brilhante em sua periferia, que é o que vemos como um arco-íris (Figura 33.19c). Como nenhuma luz chega aos seus olhos a partir de ângulos maiores que Δ, o céu parece mais escuro ao redor do arco-íris (veja a Figura 33.19a). O valor do ângulo depende do índice de refração da água que compõe as gotículas, que, por sua vez, depende do comprimento de onda (Figura 33.19d). O disco brilhante de luz vermelha é ligeiramente maior que o da luz laranja, que, por sua vez, é ligeiramente maior que o da luz amarela, e assim por diante. Em consequência, você vê o arco-íris como uma faixa de cores.

Muitas vezes você vê um segundo arco-íris, ligeiramente maior. Ele é o resultado da dispersão, da refração e de *duas* reflexões que ocorrem na parte interna posterior da gotícula (Figura 33.19e). Sempre que um raio de luz atinge a superfície posterior, parte da luz é refratada para fora da gota (não mostrado na Figura 33.19); depois de dois raios desse tipo, pouca luz sobra dentro da gota. Essa é a razão pela qual o arco-íris secundário é mais fraco que o primário. Assim como um espelho diante de um livro inverte as letras impressas, a segunda reflexão inverte a sequência de cores no arco-íris secundário. Você pode ver esse efeito na Figura 33.19a.

33.5 POLARIZAÇÃO

A *polarização* é uma característica de todas as ondas eletromagnéticas. Este capítulo descreve a luz; contudo, para introduzir certos conceitos básicos sobre polarização, vamos relembrar alguns conceitos sobre ondas transversais em uma corda vibrante que estudamos no Capítulo 15. Em uma corda em equilíbrio ao longo do eixo x, os deslocamentos podem ocorrer ao longo do eixo y, como na **Figura 33.20a**. Nesse caso, a corda sempre fica contida no plano xy. No entanto, os deslocamentos também poderiam ocorrer ao longo do eixo z, como na Figura 33.20b; nesse caso, a corda sempre fica contida no plano xz.

Quando uma onda possui somente deslocamentos y, dizemos que ela é **linearmente polarizada** ao longo da direção y; uma onda apenas com deslocamentos z é linearmente polarizada ao longo da direção z. Para ondas mecânicas, podemos criar um **filtro polarizador**, ou simplesmente **polarizador**, o qual deixa passar somente componentes da onda com polarização em determinada direção. Na Figura 33.20c, a corda pode deslizar verticalmente na fenda sem atrito, porém nenhum movimento horizontal pode ocorrer. Esse filtro deixa passar ondas polarizadas na direção y, mas bloqueia as polarizadas na direção z.

Podemos usar esse mesmo tipo de linguagem para as ondas eletromagnéticas, que também apresentam polarização. Conforme vimos no Capítulo 32, qualquer onda eletromagnética é uma onda transversal; os campos elétricos e magnéticos flutuam em direções perpendiculares à direção de propagação da onda e em direções perpendiculares entre si. Sempre definiremos a direção de polarização de uma onda eletromagnética como a direção do vetor *campo elétrico* $\vec{E}$, e não a direção de polarização do campo magnético, pois quase todos os detectores de ondas eletromagnéticas funcionam pela ação da força elétrica sobre os elétrons do material, e não pela ação da força magnética. Logo, diz-se que a onda eletromagnética descrita pela Equação 32.17,

$$\vec{E}(x, t) = \hat{\jmath}E_{\text{máx}}\cos(kx - \omega t)$$
$$\vec{B}(x, t) = \hat{k}B_{\text{máx}}\cos(kx - \omega t)$$

é polarizada na direção y porque o campo elétrico possui apenas o componente y.

ATENÇÃO O significado de "polarização" Infelizmente, a palavra "polarização", usada para descrever a direção de $\vec{E}$ em uma onda eletromagnética, também é usada para designar o deslocamento da carga elétrica ligada no interior de um corpo, como a indução produzida por um corpo carregado nas proximidades desse corpo; descrevemos esse último tipo de polarização na Seção 21.2 (veja a Figura 21.7). Não confunda esses dois conceitos!

Figura 33.20 (a), (b) Ondas polarizadas em uma corda. (c) Fazendo uma onda polarizada em uma corda a partir de uma onda não polarizada com um filtro polarizador.

(a) Onda transversal polarizada linearmente na direção y

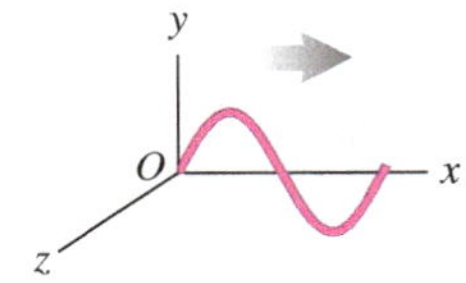

(b) Onda transversal polarizada linearmente na direção z

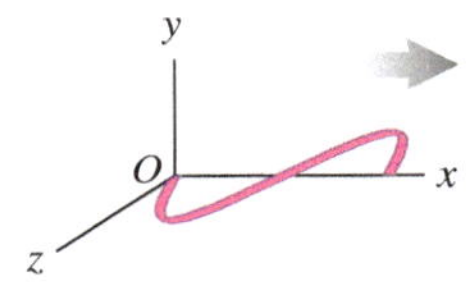

(c) A fenda funciona como um filtro polarizador, deixando passar somente as ondas polarizadas na direção y.

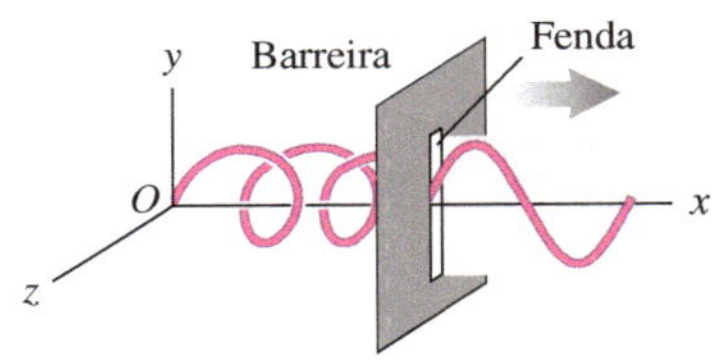

Filtros polarizadores

As ondas produzidas por uma emissora de rádio são, em geral, linearmente polarizadas. A antena vertical de um telefone celular emite ondas contidas em um plano horizontal em torno da antena e que são polarizadas em uma direção vertical (paralela à antena) (**Figura 33.21a**).

Para a luz visível, a situação é diferente. As fontes comuns, como uma lâmpada incandescente ou fluorescente, emitem luz que *não* é polarizada (Figura 33.21b). As "antenas" que emitem ondas luminosas são as moléculas que constituem as fontes de luz. A luz emitida por uma única molécula pode ser linearmente polarizada como a onda emitida por uma antena de rádio. Contudo, qualquer fonte de luz contém um número extremamente grande de moléculas com orientações caóticas, de modo que a luz emitida inclui ondas polarizadas aleatoriamente em todas as direções transversais possíveis. Essa luz é chamada de **luz natural** ou **luz não polarizada**. Para produzir um feixe de luz polarizada a partir de um feixe de luz natural, é necessário um filtro análogo ao filtro de fenda para ondas mecânicas exibido na Figura 33.20c.

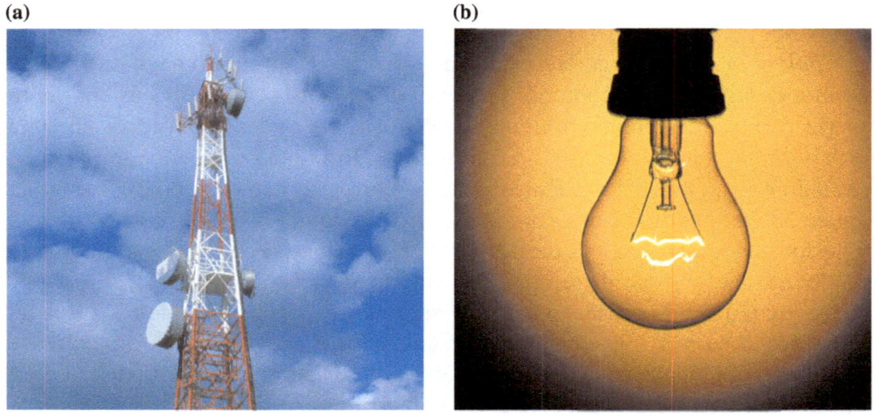

Figura 33.21 (a) Os elétrons na antena de transmissão oscilam verticalmente, produzindo ondas eletromagnéticas polarizadas verticalmente que se propagam a partir da antena na direção horizontal. (As pequenas antenas servem para retransmitir sinais de telefone celular.) (b) Independentemente da orientação desse bulbo, o movimento aleatório dos elétrons no filamento produz ondas de luz não polarizadas.

Figura 33.22 Um filtro polaroide é iluminado por luz natural não polarizada (representada pelos vetores $\vec{E}$ que apontam em todas as direções perpendiculares à direção de propagação). A luz transmitida é linearmente polarizada ao longo dos eixos de polarização (representada pelos vetores $\vec{E}$ que apontam apenas na direção da polarização).

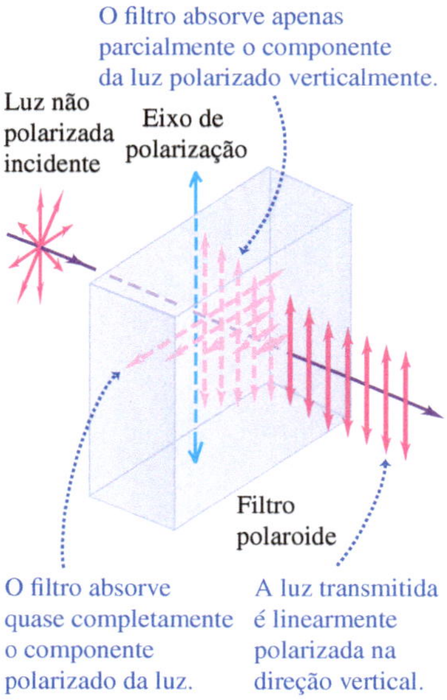

Os filtros usados para polarizar ondas eletromagnéticas apresentam diferentes detalhes de construção, que dependem do comprimento de onda. Para micro-ondas com comprimentos de onda da ordem de alguns centímetros, um bom filtro polarizador é uma grade de fios condutores próximos e paralelos, isolados entre si e igualmente espaçados. (Imagine uma grelha de churrasqueira com a moldura de ferro externa substituída por outra de material isolante.) Os elétrons podem se mover livremente ao longo dos fios em resposta a uma onda com um campo $\vec{E}$ paralelo aos fios. A corrente resultante que percorre os fios dissipa calor com a taxa I^2R; a energia dissipada é oriunda das ondas, de modo que as ondas que atravessam a grade de fios paralelos possuem amplitudes menores que as amplitudes das ondas incidentes. As ondas com um campo $\vec{E}$ perpendicular aos fios atravessam a rede praticamente sem nenhuma alteração, visto que os elétrons não podem se mover através do ar entre os fios. Logo, um feixe de ondas que passa através desse tipo de filtro emerge polarizado perpendicularmente ao plano dos fios.

No caso da luz visível, o filtro polarizador mais comum é conhecido como polaroide — nome derivado da marca registrada Polaroid —, amplamente usado em óculos de sol e como filtros polarizadores em câmeras fotográficas. Esse material apresenta uma propriedade chamada de **dicroísmo**, uma absorção seletiva na qual um dos componentes da onda é absorvido muito mais acentuadamente que o outro (**Figura 33.22**). Um filtro polaroide transmite 80% ou mais da intensidade da luz polarizada em uma direção paralela a certo eixo do material, chamado de **eixo de polarização**, mas transmite menos de 1% quando a luz é polarizada perpendicularmente a esse eixo. Em um tipo comum de filtro polaroide, longas cadeias de moléculas dentro do filtro orientam-se em uma direção perpendicular ao eixo de polarização; elas absorvem preferencialmente a luz polarizada com direção paralela ao comprimento dessas moléculas, desempenhando um papel análogo ao da grade de fios condutores que funcionam como filtro de micro-ondas.

Usando filtros polarizadores

Um filtro polarizador *ideal* (chamado simplesmente de "polarizador") deixa passar 100% da luz que é polarizada na mesma direção do eixo de polarização e bloqueia completamente a luz polarizada na direção perpendicular a esse eixo. Tal dispositivo é uma idealização inatingível, porém é um conceito útil para esclarecer as ideias básicas. Nas discussões a seguir, vamos supor que todo polarizador seja ideal. Na **Figura 33.23**, uma luz não polarizada incide sobre um disco polarizador. O vetor $\vec{E}$ do feixe incidente pode ser decomposto nos componentes paralelo e perpendicular ao eixo de polarização (mostrado em azul); somente o componente de $\vec{E}$ paralelo ao eixo do polarizador é transmitido. Portanto, a luz que emerge do polarizador é linearmente polarizada na direção paralela ao eixo do polarizador.

Quando um feixe de luz não polarizada incide sobre um polarizador ideal, como na Figura 33.23, a intensidade da luz transmitida é *exatamente a metade* da in-

Figura 33.23 Luz natural não polarizada incidindo sobre um filtro polarizador. A fotocélula mede a intensidade da luz linearmente polarizada transmitida.

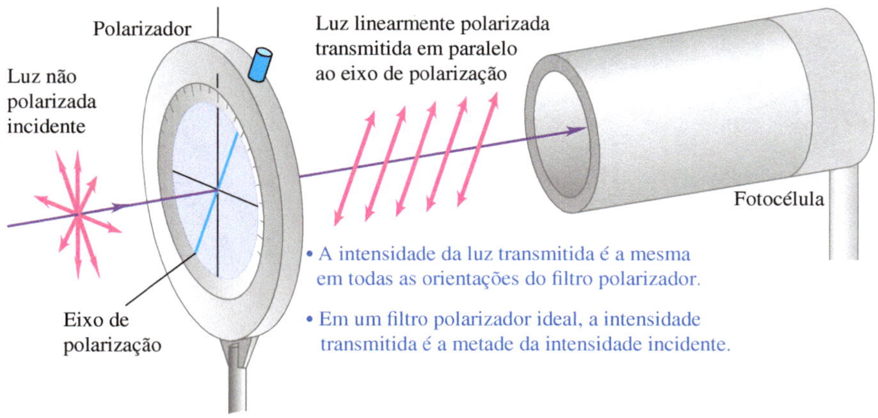

tensidade da luz não polarizada incidente, qualquer que seja a direção do eixo de polarização. A explicação é a seguinte: podemos decompor o campo $\vec{E}$ em um componente paralelo e outro perpendicular ao eixo do polarizador. Como a luz incidente apresenta estados de polarização aleatórios, podemos dizer que, na média, os dois componentes são iguais. Como o polarizador ideal transmite apenas o componente paralelo a seu eixo, concluímos que somente metade da intensidade incidente é transmitida.

O que acontece quando a luz linearmente polarizada que emerge de um polarizador incide sobre um segundo polarizador, ou *analisador*, como indicado na **Figura 33.24**? Suponha que o eixo do analisador forme um ângulo ϕ com o eixo de polarização do primeiro polarizador. Podemos decompor a luz linearmente polarizada transmitida pelo primeiro polarizador em dois componentes, como mostra a Figura 33.24 — um paralelo e o outro perpendicular ao eixo do analisador. Somente o componente paralelo, com amplitude $E \cos \phi$, será transmitido pelo analisador. A intensidade do feixe transmitido será máxima quando $\phi = 0$ e igual a zero quando o eixo do polarizador estiver *cruzado* com o do analisador, ou seja, quando $\phi = 90°$ (**Figura 33.25**). Para determinar a direção da polarização da luz transmitida pelo primeiro polarizador, gire o analisador até que a fotocélula mostrada na Figura 33.24 indique intensidade igual a zero; nessa posição, o eixo do primeiro polarizador é perpendicular ao eixo do analisador.

Para calcular a intensidade transmitida para valores intermediários do ângulo ϕ, lembre-se de que, de acordo com a Seção 32.4, a intensidade de uma onda ele-

Figura 33.24 Um analisador ideal transmite somente os componentes do campo elétrico paralelos à sua direção de transmissão (ou seja, ao seu eixo de polarização).

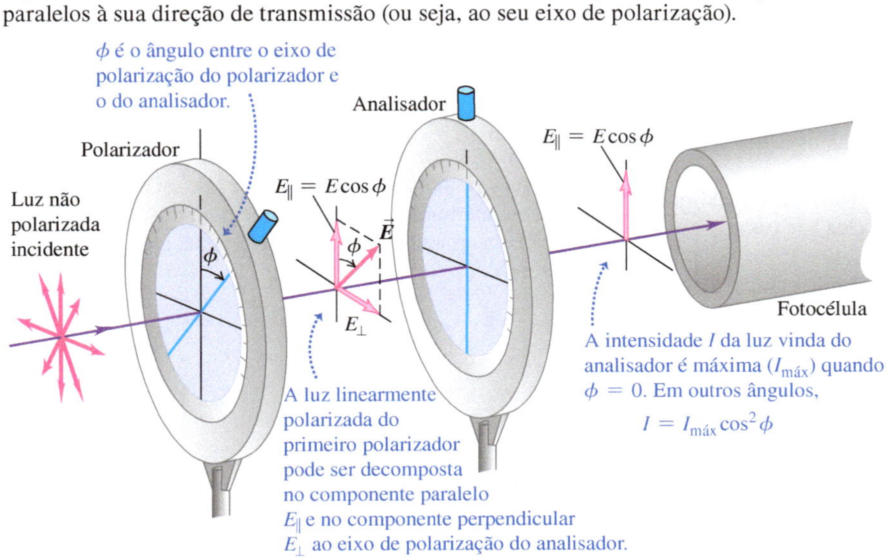

Figura 33.25 Estas fotos mostram a visão através de dois óculos de sol com lentes polaroides cujos eixos de polarização estão alinhados ($\phi = 0$, à esquerda) e perpendiculares ($\phi = 90°$, à direita). A intensidade transmitida é máxima quando os eixos estão alinhados; ela é igual a zero quando os eixos são perpendiculares.

tromagnética é proporcional ao *quadrado* da amplitude da onda (veja a Equação 32.29). A razão entre a *amplitude* da onda transmitida e a amplitude da onda incidente é igual a cos ϕ; portanto, a razão entre suas *intensidades* é igual a $\cos^2 \phi$. Logo, a intensidade transmitida é

Lei de Malus:

$$I = I_{\text{máx}} \cos^2 \phi \qquad (33.7)$$

- I: Intensidade de luz polarizada transmitida por um analisador
- $I_{\text{máx}}$: Intensidade transmitida máxima
- ϕ: Ângulo entre o eixo de polarização da luz e o eixo de polarização do analisador

Essa relação, descoberta experimentalmente por Étienne-Louis Malus em 1809, é chamada **lei de Malus** e vale *somente* quando o feixe que incide sobre o analisador já está linearmente polarizado.

ESTRATÉGIA PARA A SOLUÇÃO DE PROBLEMAS 33.2 POLARIZAÇÃO LINEAR

IDENTIFICAR *os conceitos relevantes:* em todas as ondas eletromagnéticas, inclusive as ondas luminosas, a direção da polarização é a direção do campo $\vec{E}$ e é perpendicular à direção de propagação. Ao deparar com problemas sobre polarizadores, você, na verdade, está lidando com os componentes paralelo e perpendicular de $\vec{E}$ ao eixo de polarização.

PREPARAR *o problema* por meio das seguintes etapas:

1. Comece desenhando um diagrama organizado e grande. Marque todos os ângulos conhecidos, inclusive os de todo e qualquer eixo de polarização.
2. Determine quais são as incógnitas.

EXECUTAR *a solução* conforme segue:

1. Lembre-se de que um polarizador deixa passar apenas os componentes do campo elétrico paralelos a seu eixo de polarização.
2. Se a luz incidente for linearmente polarizada e tiver uma amplitude E e uma intensidade $I_{\text{máx}}$, a luz que passa por um polarizador ideal apresenta uma amplitude $E \cos \phi$ e uma intensidade $I_{\text{máx}} \cos^2 \phi$, onde ϕ é o ângulo entre a direção da polarização incidente e o eixo de polarização do filtro.
3. Um feixe de luz não polarizada é composto pela mistura aleatória de todos os estados de polarização possíveis, de modo que podemos dizer que, na média, eles possuem uma quantidade igual de componentes em duas direções perpendiculares entre si. Ao passar por um polarizador ideal, a luz não polarizada se torna linearmente polarizada com a metade da intensidade da luz incidente. Um feixe de luz parcialmente polarizado é composto pela mistura de luz linearmente polarizada com luz não polarizada.
4. A intensidade (potência média por unidade de área) de uma onda é proporcional ao *quadrado* da amplitude da onda. Se você souber que as duas ondas diferem em amplitude por um determinado fator, a diferença entre suas intensidades será igual ao quadrado desse fator.

AVALIAR *sua resposta:* veja se não cometeu nenhum erro óbvio. Se seus resultados dizem que a luz que sai de um polarizador tem uma intensidade maior que a luz incidente, algo está errado: um polarizador não pode fornecer energia a uma onda luminosa.

EXEMPLO 33.5 COMBINAÇÃO DE DOIS POLARIZADORES

Na Figura 33.24, a luz não polarizada incidente possui intensidade I_0. Determine as intensidades dos feixes transmitidos pelos dois polarizadores, sabendo que o ângulo entre seus eixos é 30°.

SOLUÇÃO

IDENTIFICAR E PREPARAR: este problema envolve um polarizador (um filtro polarizador em que a luz não polarizada brilha,

(Continua)

(*Continuação*)

produzindo luz polarizada) e um analisador (um segundo filtro polarizador em que a luz polarizada brilha). São dados a intensidade I_0 da luz incidente e o ângulo $\phi = 30°$ entre os eixos dos polarizadores. Usamos a lei de Malus (Equação 33.7) para encontrar as intensidades da luz que emerge de cada polarizador.

EXECUTAR: como a luz incidente é não polarizada, a intensidade da luz linearmente polarizada transmitida pelo primeiro polarizador é igual a $I_0/2$. De acordo com a Equação 33.7, com $\phi = 30°$, o segundo polarizador reduz a intensidade por um fator igual a $\cos^2 30° = \frac{3}{4}$. Portanto, a intensidade do feixe transmitido pelo segundo polarizador é dada por

$$\left(\frac{I_0}{2}\right)\left(\tfrac{3}{4}\right) = \tfrac{3}{8}I_0$$

AVALIAR: note que a intensidade diminui após cada passagem por um polarizador. A única situação em que a intensidade transmitida *não* diminui é quando o polarizador é ideal (e, portanto, não absorve nada da luz que passa por ele) e quando a luz incidente é linearmente polarizada ao longo do eixo de polarização, de modo que $\phi = 0$.

Polarização por reflexão

A luz não polarizada pode ser parcial ou totalmente polarizada por meio da *reflexão*. Na **Figura 33.26**, um feixe de luz natural não polarizada incide sobre uma superfície refletiva entre dois materiais óticos transparentes. Na maior parte dos ângulos de incidência, as ondas em que o campo elétrico $\vec{E}$ é perpendicular ao plano de incidência (ou seja, paralelo ao plano da interface refletora) são refletidas mais acentuadamente que as ondas com $\vec{E}$ paralelo ao plano de incidência. Nesse caso, as ondas são *parcialmente polarizadas* na direção perpendicular ao plano de incidência.

Contudo, para determinado ângulo de incidência, denominado **ângulo de polarização** θ_p, a luz para a qual $\vec{E}$ se encontra no mesmo plano de incidência *não é refletida*, mas é completamente refratada. Para esse mesmo ângulo de incidência, os componentes de $\vec{E}$ perpendiculares ao plano de incidência são parcialmente refletidos e refratados. A luz *refletida* é, portanto, *totalmente* polarizada em um plano perpendicular ao plano de incidência, como mostra a Figura 33.26. A luz *refratada* (transmitida) é *parcialmente* polarizada paralelamente a esse plano; logo, a luz refratada é composta pela mistura da luz com o campo elétrico paralelo ao plano de incidência, cujos componentes são todos refratados, superpostos com os componentes perpendiculares restantes.

Em 1812, o cientista inglês sir David Brewster descobriu que, quando o ângulo de incidência é igual ao ângulo de polarização θ_p, o raio refletido é perpendicular ao raio refratado (**Figura 33.27**). Nesse caso, o ângulo de refração θ_b torna-se igual a $90° - \theta_p$. De acordo com a lei da refração,

$$n_a \operatorname{sen} \theta_p = n_b \operatorname{sen} \theta_b = n_b \operatorname{sen} (90° - \theta_p) = n_b \cos \theta_p$$

Figura 33.26 Quando a luz incide sobre uma superfície refletora, formando com a normal o ângulo de polarização, a luz refletida é linearmente polarizada.

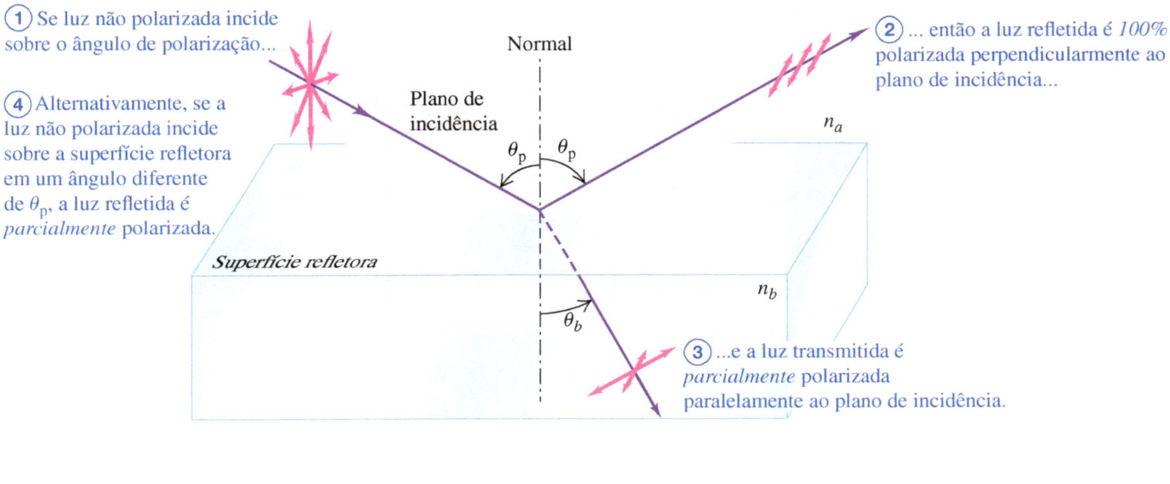

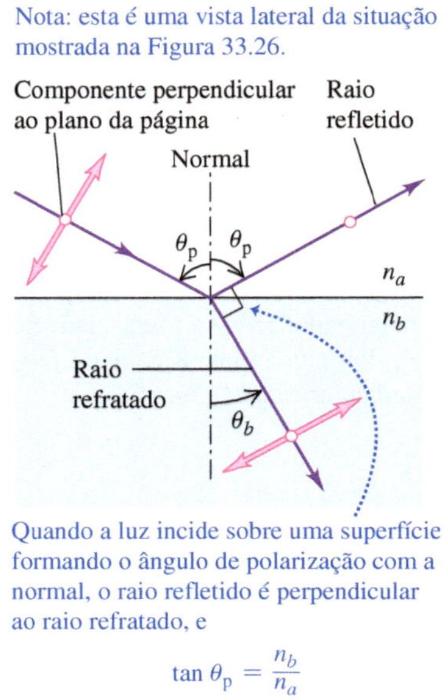

Figura 33.27 A importância do ângulo de polarização. Os círculos brancos representam componentes de $\vec{E}$ perpendiculares ao plano da figura (o plano de incidência) e paralelos à superfície que separa os dois materiais.

Como (sen θ_p)/(cos θ_p) = tan θ_p, então podemos reescrever essa equação como

Lei de Brewster para o ângulo de polarização:

$$\tan\theta_p = \frac{n_b}{n_a} \tag{33.8}$$

Ângulo de polarização (ângulo de incidência para o qual a luz refletida é 100% polarizada)

n_b: Índice de refração do segundo material

n_a: Índice de refração do primeiro material

Essa relação é conhecida como **lei de Brewster**. Embora ela tenha sido descoberta experimentalmente, podemos *deduzi-la* de um modelo de onda usando as equações de Maxwell.

A polarização por reflexão é o motivo pelo qual os filtros polarizadores são amplamente usados em óculos de sol (Figura 33.25). Quando a luz solar é refletida por uma superfície horizontal, o plano de incidência é vertical e a luz refletida contém preponderantemente luz polarizada na direção horizontal. Quando a reflexão ocorre na superfície lisa do asfalto de uma estrada ou na superfície de um lago, ela produz um ofuscamento indesejável. A visão pode ser melhorada se o excesso de luz responsável pelo ofuscamento for eliminado. O fabricante de óculos produz lentes com eixo de polarização na direção vertical, de modo que a maior parte da luz refletida com polarização horizontal não atinge seus olhos. Além disso, os óculos também reduzem em cerca de 50% a intensidade global da luz não polarizada que incide sobre as lentes.

EXEMPLO 33.6 REFLEXÃO NA SUPERFÍCIE DE UMA PISCINA

A luz solar se reflete na superfície calma de uma piscina sem banhistas. (a) Qual é o ângulo de reflexão para que a luz refletida seja completamente polarizada? (b) Qual é o ângulo de refração correspondente? (c) Durante a noite, uma lâmpada no fundo da piscina permanece acesa. Refaça os itens (a) e (b) para a luz que incide na superfície da piscina a partir dessa lâmpada.

SOLUÇÃO

IDENTIFICAR E PREPARAR: este problema envolve polarização por reflexão em uma interface ar–água nos itens (a) e (b), e em uma interface água–ar no item (c). A **Figura 33.28** mostra nossos esboços. Nos dois casos, primeiro queremos encontrar o ângulo de polarização θ_p; para isso, usamos a lei de Brewster, Equação 33.8. Para esse ângulo de reflexão, o ângulo de refração θ_b é o complemento de θ_p (ou seja, $\theta_b = 90° - \theta_p$).

EXECUTAR: (a) a parte superior da Figura 33.28 mostra a situação durante o dia. Como a luz passa do ar para a água, temos $n_a = 1{,}00$ (ar) e $n_b = 1{,}33$ (água). De acordo com a Equação 33.8,

$$\theta_p = \arctan\frac{n_b}{n_a} = \arctan\frac{1{,}33}{1{,}00} = 53{,}1°$$

(Continua)

(Continuação)

(b) O ângulo de incidência é igual ao ângulo de polarização; portanto, o raio refletido é perpendicular ao raio refratado; logo,

$$\theta_b = 90° - \theta_p = 90° - 53{,}1° = 36{,}9°$$

(c) À noite (parte de baixo da Figura 33.28), a luz se move na água em direção ao ar; portanto, agora $n_a = 1{,}33$ e $n_b = 1{,}00$. Usando novamente a Equação 33.8, temos

$$\theta_p = \arctan\frac{1{,}00}{1{,}33} = 36{,}9°$$

$$\theta_b = 90° - 36{,}9° = 53{,}1°$$

AVALIAR: podemos conferir nossa resposta ao item (b) por meio da lei de Snell, $n_a \operatorname{sen}\theta_a = n_b \operatorname{sen}\theta_b$, para descobrir θ_b:

$$\operatorname{sen}\theta_b = \frac{n_a \operatorname{sen}\theta_p}{n_b} = \frac{1{,}00 \operatorname{sen} 53{,}1°}{1{,}33} = 0{,}600$$

$$\theta_b = \operatorname{arcsen}(0{,}600) = 36{,}9°$$

Note que a soma dos ângulos de polarização encontrados nos itens (a) e (c) é 90°. Esse resultado não é casual; você sabe por quê?

Figura 33.28 Nosso esboço para este problema.

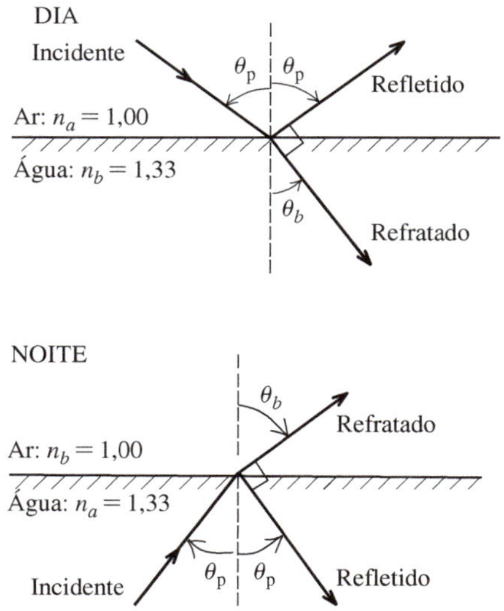

Polarização circular e elíptica

A luz e outras ondas eletromagnéticas também podem sofrer polarização *circular* ou *elíptica*. Para introduzir esses conceitos, vamos retornar mais uma vez ao estudo das ondas mecânicas em uma corda esticada. Suponha que as duas ondas linearmente polarizadas representadas nas partes (a) e (b) da Figura 33.20 estejam em fase e tenham a mesma amplitude. Quando elas se superpõem, cada ponto da corda apresenta deslocamentos simultâneos nos eixos y e z iguais em módulo. Não é difícil concluir que a onda resultante está contida em um plano, formando um ângulo de 45° com os eixos y e z (ou seja, um plano que forma um ângulo de 45° com os planos xy e xz). A amplitude da onda resultante é $\sqrt{2}$ vezes maior que a amplitude de cada onda componente, e a onda resultante é linearmente polarizada.

Vamos supor agora que as duas ondas mencionadas apresentem uma diferença de fase de um quarto de ciclo. Então, o movimento resultante de cada ponto corresponde a uma superposição de dois movimentos harmônicos simples ortogonais, com uma diferença de fase de um quarto de ciclo. O deslocamento y em um dado ponto é máximo quando o deslocamento z é igual a zero e vice-versa. O movimento resultante da corda não está mais contido em um único plano. Podemos mostrar que cada ponto descreve uma *circunferência* contida em um plano paralelo ao plano yz. Os pontos sucessivos da corda apresentam diferenças de fase consecutivas, e o movimento resultante da corda se assemelha a um movimento helicoidal. Isso é mostrado no lado esquerdo do polarizador na Figura 33.20c. Esse tipo particular de superposição de duas ondas linearmente polarizadas denomina-se **polarização circular**.

A **Figura 33.29** mostra a situação análoga para uma onda eletromagnética. Duas ondas senoidais de mesma amplitude, polarizadas nas direções y e z e com uma diferença de fase de um quarto de ciclo, estão superpostas. Na onda resultante, o vetor $\vec{E}$ em cada ponto possui módulo constante, porém *gira* em torno da direção de propagação da onda. A Figura 33.29 ilustra o caso de uma onda propagando-se em sua direção. Como o vetor $\vec{E}$ parece estar girando no sentido horário, essa onda eletromagnética é chamada de *circularmente polarizada dextrógira*. Se, em vez disso, o vetor $\vec{E}$ de uma onda eletromagnética que se propaga em sua direção parece estar girando no sentido anti-horário, ela é chamada de *circularmente polarizada levógira*.

Aplicação A polarização circular e os filmes 3D As lentes dos óculos especiais que usamos para assistir a um filme 3D são filtros de polarização circular. A lente sobre um olho permite passar apenas luz circularmente polarizada dextrógira. O projetor alternadamente projeta as imagens destinadas ao olho esquerdo e as destinadas ao olho direito. Um filtro especial sincronizado com o projetor e em frente à sua lente polariza circularmente a luz projetada, com polarização alternada para cada quadro. Desse modo, imagens alternadas são emitidas aos seus olhos esquerdo e direito, com um intervalo de tempo curto o suficiente para produzir a ilusão de ver com os dois olhos simultaneamente.

Figura 33.29 Polarização circular de uma onda eletromagnética aproximando-se de você paralelamente ao eixo x. O componente y de $\vec{E}$ está um quarto de ciclo atrasado em relação ao componente z. Essa diferença de fase produz luz circularmente polarizada dextrógira.

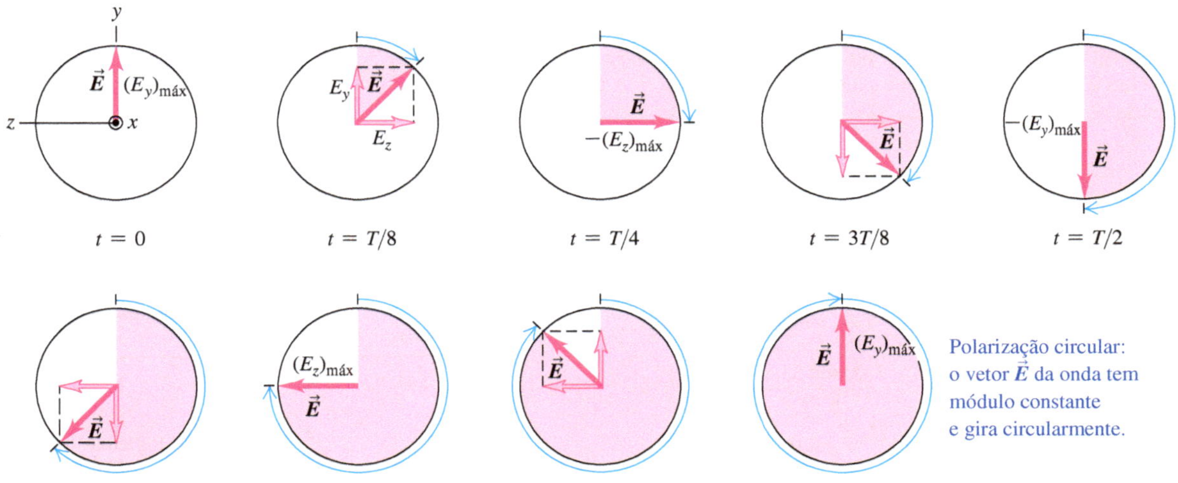

Se a diferença de fase entre as ondas componentes não é um quarto de ciclo, ou se as duas ondas componentes possuem amplitudes diferentes, então cada ponto da corda, em vez de descrever uma circunferência, passa a descrever uma *elipse*. A onda resultante é chamada de **elipticamente polarizada**.

Para as ondas eletromagnéticas na faixa de radiofrequências, a polarização circular ou elíptica pode ser produzida usando-se duas antenas perpendiculares, alimentadas pelo mesmo transmissor, porém com circuitos projetados para produzir as diferenças de fase apropriadas. No caso da luz, a diferença de fase necessária pode ser obtida usando-se um material com *birrefringência* — ou seja, com índices de refração diferentes em direções de polarização diferentes. Um exemplo comum é a calcita ($CaCO_3$). Quando um cristal de calcita está orientado convenientemente em relação a um feixe de luz não polarizada, seu índice de refração (para um comprimento de onda de 589 nm) é 1,658 para uma onda polarizada em determinada direção e 1,486 para uma onda polarizada na direção perpendicular à primeira. Quando duas ondas com amplitudes iguais e polarizadas em planos perpendiculares

Aplicação A birrefringência e os LCDs Em cada pixel de uma tela de LCD existe um material birrefringente chamado de cristal líquido. Esse material é composto de moléculas em forma de bastão que se alinham para produzir um fluido com dois índices de refração diferentes. O cristal líquido é posicionado entre os filtros de polarização linear com eixos de polarização perpendiculares, e o sanduíche dos filtros com o cristal líquido é iluminado por trás. Os dois polarizadores, por si só, não transmitiriam luz, mas, como o objeto birrefringente na Figura 33.30, o cristal líquido permite que a luz transpareça. A variação da voltagem que atravessa um pixel liga e desliga o efeito de birrefringência, mudando o pixel de claro para escuro e vice-versa.

Imagem microscópica de um cristal líquido

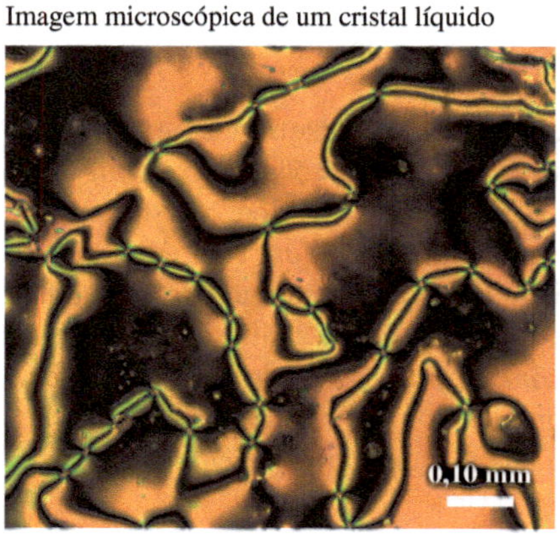

Tela de cristal líquido

entre si penetram nesse material, elas se propagam no interior dele com velocidades diferentes. Se elas estão em fase ao penetrar no material, geralmente não estão em fase quando dele emergem. Quando o material possui espessura apropriada o suficiente para produzir uma diferença de um quarto de ciclo, o cristal converte luz linearmente polarizada em luz circularmente polarizada. Esse tipo de cristal é chamado de *lâmina de um quarto de onda*. Essa lâmina também pode converter luz circularmente polarizada em luz linearmente polarizada. Você é capaz de demonstrar essa afirmação?

Fotoelasticidade

Alguns materiais que normalmente não são birrefringentes passam a sê-lo quando submetidos a tensões mecânicas. Essa é a base de uma ciência denominada *fotoelasticidade*. Tensões em vigas, nas paredes de caldeiras e nos pilares de uma catedral podem ser analisadas construindo-se um modelo transparente do objeto, geralmente de um material plástico, submetendo-o a tensões e analisando-o com luz polarizada entre um polarizador cruzado com um analisador. Distribuições de tensões extremamente complicadas podem ser analisadas com esses métodos óticos.

Na **Figura 33.30** mostramos a fotografia de um modelo fotoelástico submetido a uma tensão mecânica. Pode-se considerar que a luz polarizada que entra no modelo tenha um componente em cada uma das duas direções do plástico birrefringente. Como esses dois componentes atravessam o plástico com velocidades diferentes, a luz que emerge do outro lado do modelo pode ter uma direção geral de polarização diferente. Assim, parte dessa luz transmitida conseguirá passar pelo analisador mesmo que seu eixo de polarização forme um ângulo de 90° com o eixo de polarização, e as áreas sob tensão no plástico surgirão como pontos brilhantes. A quantidade de birrefringência é diferente para diferentes comprimentos de onda e essa é a razão das diversas cores de luz; a cor que aparece em cada uma das áreas da Figura 33.30 é aquela em que a luz transmitida tem mais tendência a se polarizar ao longo do eixo de polarização do analisador.

Figura 33.30 Este modelo plástico de uma articulação do quadril foi fotografado entre dois filtros de polarização (um polarizador e um analisador) com eixos de polarização perpendiculares. O padrão de interferência colorido revela a direção e a amplitude das tensões no modelo. Os engenheiros usam esses resultados para ajudar a projetar a articulação real (usada em cirurgias de prótese de quadril), que é feita de metal.

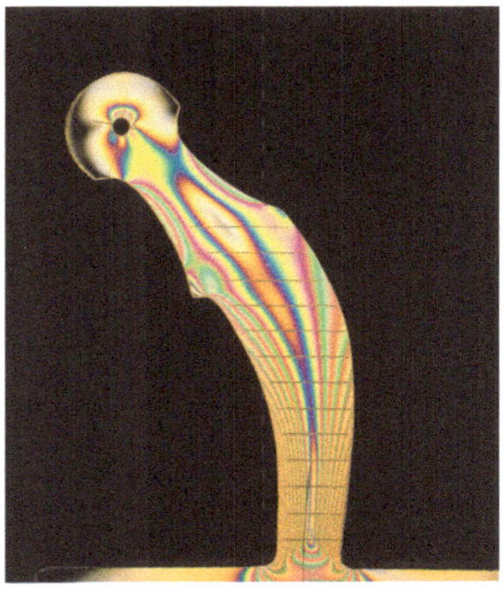

TESTE SUA COMPREENSÃO DA SEÇÃO 33.5 Você está tirando uma fotografia de um edifício comercial no nascer do sol, de modo que o ângulo de incidência é praticamente horizontal. A fim de minimizar os reflexos das janelas do edifício, você coloca um filtro polarizador sobre a lente da câmera. Como você deve orientar o filtro? (i) Com o eixo de polarização na vertical; (ii) com o eixo de polarização na horizontal; (iii) qualquer das duas orientações reduzirá os reflexos da mesma maneira; (iv) nenhuma das duas orientações surtirá efeito. ❙

33.6 ESPALHAMENTO DA LUZ

O céu é azul. O pôr do sol é vermelho. A luz do céu é parcialmente polarizada; é por isso que, quando olhamos para o céu usando óculos com lentes polaroides, notamos que em certas direções ele parece mais escuro que em outras. Como veremos, um mesmo fenômeno é responsável por todos esses efeitos.

Ao olhar para o céu durante o dia, a luz que você vê é a luz solar que foi absorvida e depois retransmitida em muitas direções. Esse fenômeno denomina-se **espalhamento**. (Se a Terra não possuísse atmosfera, o céu seria tão negro durante o dia quanto à noite, tal como é visto por um astronauta no espaço ou na lua.) A **Figura 33.31** mostra alguns detalhes do processo do espalhamento. A luz solar, que não é polarizada, incide da esquerda para a direita ao longo do eixo x e passa sobre um observador que está olhando verticalmente de baixo para cima ao longo do eixo y. (Estamos vendo a cena lateralmente.) Considere as moléculas da atmosfera terrestre localizadas no ponto O. As cargas elétricas de cada molécula oscilam por causa da ação do campo elétrico da luz solar. Como a luz é uma onda transversal, a direção do campo elétrico de qualquer componente do feixe da luz solar permanece sobre o plano yz, e o movimento das cargas deve ocorrer sobre esse plano. Não existe nenhum campo e, portanto, nenhum movimento, ao longo do eixo x.

Figura 33.31 Quando o banhista deitado que se encontra à esquerda olha para cima, ele vê a luz solar azul, polarizada, espalhada pelas moléculas do ar. O observador à direita vê luz avermelhada, não polarizada, quando olha para o sol.

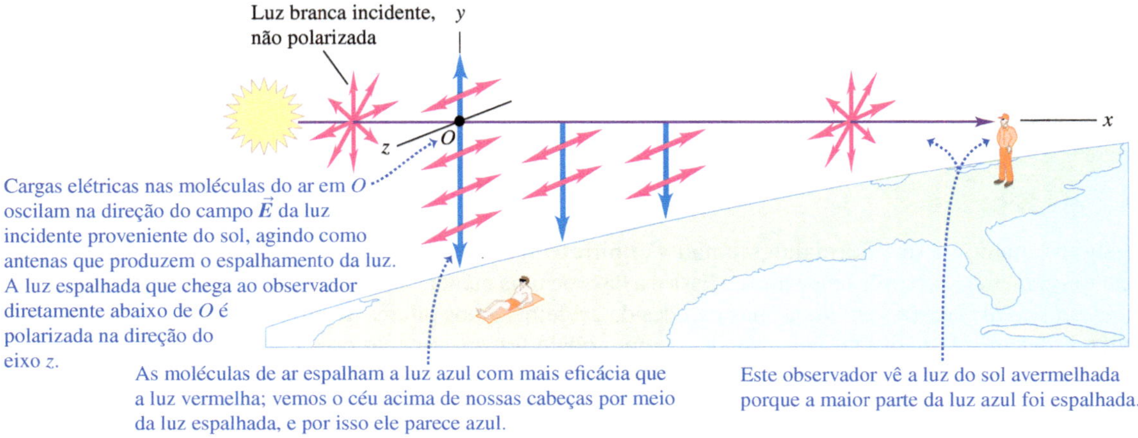

Uma onda de luz incidente faz as cargas elétricas nas moléculas no ponto O vibrarem ao longo da direção de $\vec{E}$. Podemos decompor essa vibração em uma vibração ao longo do eixo y e outra ao longo do eixo z. Cada componente da luz incidente produz efeito semelhante ao de uma "antena", oscilando com a mesma frequência da luz incidente e situada sobre os eixos y e z.

No Capítulo 32, dissemos que uma carga oscilante, como a de uma antena, não irradia na direção de sua oscilação. (Veja a Figura 32.3 na Seção 32.1.) Portanto, a "antena" ao longo do eixo y não emite nenhuma luz para o observador que está diretamente abaixo, embora ela emita luz nas outras direções. Assim, a luz que atinge o observador deitado é proveniente de outras "antenas" moleculares correspondentes às cargas que oscilam do eixo z. Essa luz é linearmente polarizada, com seu campo elétrico ao longo do eixo z (paralelo à "antena"). Os vetores vermelhos no eixo y abaixo do ponto O na Figura 33.31 mostram a direção da polarização da luz que incide sobre o observador deitado.

Como o feixe original da luz solar passa através da atmosfera, sua intensidade diminui à medida que a energia passa para a luz espalhada. Uma análise rigorosa do processo de espalhamento mostra que a intensidade da luz espalhada pelas moléculas do ar aumenta com a quarta potência da frequência (é inversamente proporcional à quarta potência do comprimento de onda). Logo, a razão entre as intensidades dos dois extremos do espectro visível é $(750 \text{ nm}/380 \text{ nm})^4 = 15$. Fazendo uma aproximação, podemos dizer que a luz espalhada contém 15 vezes mais luz azul que vermelha. É por isso que o céu é azul.

As nuvens contêm uma alta concentração de gotículas de água e pequenos cristais de gelo que também espalham a luz. Por causa disso, a luz que passa através das nuvens possui mais centros de espalhamento de tipos diferentes do que no caso

BIO Aplicação A visão da abelha e a luz polarizada do céu Os olhos de uma abelha podem detectar a polarização da luz. As abelhas usam essa capacidade quando navegam entre a colmeia e as fontes de alimento. Como a Figura 33.31 sugere, uma abelha vê a luz não polarizada se ela olhar na direção do sol e vê a luz completamente polarizada se olhar a 90° do sol. Como essas polarizações não são afetadas pela presença de nuvens, uma abelha pode navegar em relação ao sol mesmo em um dia nublado.

do céu sem nenhuma nuvem. Portanto, a luz com *todos* os comprimentos de onda acaba sendo espalhada para fora da nuvem, de modo que esta pareça branca (**Figura 33.32**). O leite parece branco pela mesma razão; todas as cores são espalhadas pelos glóbulos de gordura nele existentes.

Perto do pôr do sol, quando a luz solar atravessa uma extensa camada da atmosfera terrestre, uma grande quantidade da luz azul é removida pelo espalhamento na atmosfera. A luz solar sem a cor azul parece ser vermelha ou amarela. Isso explica por que você geralmente vê a luz solar com um tom amarelado ou avermelhado durante o poente (e isso é visto pelo observador no lado direito da Figura 33.31).

Figura 33.32 As nuvens são brancas porque espalham eficientemente a luz solar de todos os comprimentos de onda.

33.7 PRINCÍPIO DE HUYGENS

As leis de reflexão e refração da luz, que estudamos na Seção 33.2, foram descobertas experimentalmente muito tempo antes de a natureza ondulatória da luz ser de fato comprovada. Contudo, podemos *deduzir* essas leis a partir de considerações ondulatórias e mostrar que elas são consistentes com a natureza ondulatória da luz.

Vamos começar com um princípio conhecido como **princípio de Huygens**. Esse princípio, formulado originalmente pelo cientista holandês Christiaan Huygens em 1678, é um método geométrico para determinar, a partir de uma forma conhecida de uma frente de onda em certo instante, a forma da frente de onda em um momento posterior. Huygens afirmou que **todos os pontos de uma frente de onda podem ser considerados fontes de ondas secundárias que se espalham em todas as direções com uma velocidade igual à velocidade de propagação da onda**. A nova frente de onda em um instante posterior pode ser determinada construindo-se uma superfície que *tangencie* as ondas secundárias, ou, como se costuma dizer, traçando-se o *envoltório* das ondas secundárias. Todos os resultados obtidos a partir da aplicação do princípio de Huygens também podem ser obtidos com as equações de Maxwell, mas o modelo simples de Huygens é mais fácil de usar.

Figura 33.33 Aplicação do princípio de Huygens na frente de onda AA' para construir uma nova frente de onda BB'.

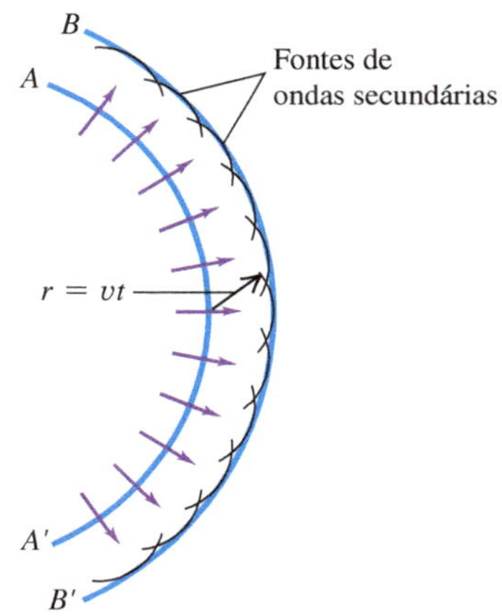

O princípio de Huygens é ilustrado na **Figura 33.33**. A frente de onda AA' original está se deslocando a partir de uma fonte, como indicam as setas. Queremos determinar a forma da frente de onda depois de um intervalo de tempo t. Consideramos que v, a velocidade de propagação da onda, seja igual em todos os pontos. Então, no intervalo de tempo t, ela se desloca a uma distância vt. Construímos diversas circunferências (interseções das ondas secundárias esféricas com o plano) centralizadas nos pontos da frente de onda AA' com raios $r = vt$. O envoltório dessas ondas secundárias, que fornece a nova frente de onda, é a curva BB'.

A reflexão e o princípio de Huygens

Para deduzir a lei da reflexão a partir do princípio de Huygens, consideramos uma onda plana aproximando-se de uma superfície refletora plana. Na **Figura 33.34a**, as linhas AA', OB' e NC' representam posições sucessivas das frentes de onda que se aproximam da superfície MM'. O ponto A da frente de onda AA' acaba

Figura 33.34 Usando o princípio de Huygens para deduzir a lei da reflexão.

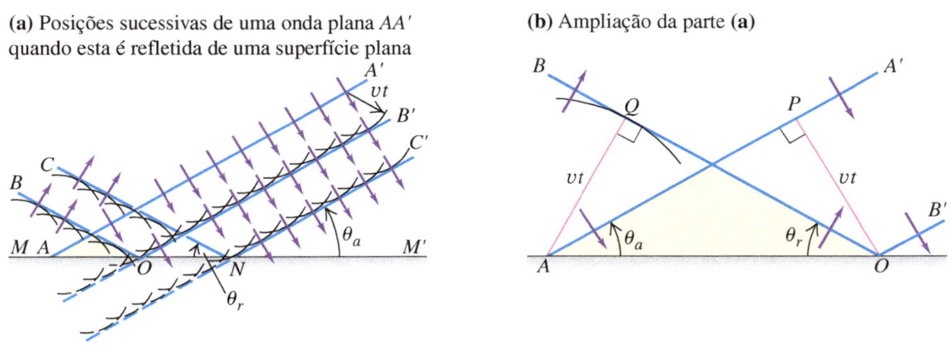

de atingir a superfície refletora. Podemos usar o princípio de Huygens para determinar a frente de onda depois de um intervalo de tempo t. Usando os pontos da reta AA' como centros, podemos desenhar diversas ondas secundárias com raio vt. As ondas secundárias que se originam na extremidade superior de AA' espalham-se até encontrar o obstáculo, e o envoltório dessas ondas fornece o segmento OB' da nova frente de onda. Caso a superfície refletora não existisse, as ondas secundárias que se originam na extremidade inferior de AA' se espalhariam de modo análogo e atingiriam as posições indicadas pelas linhas tracejadas curvas. Em vez disso, essas ondas secundárias atingem a superfície refletora.

A superfície refletora produz uma *variação da direção* dessas ondas secundárias que incidem sobre ela, de modo que as ondas secundárias que deveriam penetrá-la retornam para o lado esquerdo da superfície, como as linhas contínuas indicam. A primeira dessas ondas secundárias está centralizada no ponto A; o envoltório das ondas secundárias que retornam é o segmento OB da frente de onda. O traço da frente de onda completa nesse instante fornece o ângulo definido pela linha BOB'. Um raciocínio semelhante permite a construção da linha CNC' para a frente de onda depois de outro intervalo t.

De acordo com a geometria plana, o ângulo θ_a entre a *frente de onda* incidente e a *superfície* é igual ao ângulo entre o *raio* incidente e a *normal* à superfície e, portanto, é o ângulo de incidência. Analogamente, θ_r é o ângulo de reflexão. Para encontrar a relação entre esses dois ângulos, observe a Figura 33.34b. A partir de O, desenhamos o segmento $OP = vt$, perpendicular a AA'. O segmento OB, por construção, é tangente ao círculo vt com centro em A. Desenhando o segmento AQ a partir de A até o ponto de tangência, os triângulos APO e OQA são congruentes porque são triângulos retângulos que possuem o lado comum AO e o lado $AQ = OP = vt$. Portanto, concluímos que $\theta_a = \theta_r$, obtendo assim a lei da reflexão.

A refração e o princípio de Huygens

Podemos deduzir a lei da *refração* fazendo um raciocínio semelhante. Na **Figura 33.35a** temos uma frente de onda plana, representada pela linha reta AA', na qual o ponto A acaba de incidir sobre a interface SS' entre os dois materiais transparentes, a e b, que possuem índices de refração n_a e n_b e nos quais as velocidades das ondas são v_a e v_b. (As ondas *refletidas* não são mostradas nessa figura; elas se propagam exatamente como é demonstrado na Figura 33.34.) Podemos aplicar o princípio de Huygens para determinar as posições das frentes de onda depois de um intervalo de tempo t.

Usando os pontos da reta AA' como centros, desenhamos diversas ondas secundárias. As que se originam na extremidade superior de AA' deslocam-se com velocidade v_a e, depois de um intervalo de tempo t, são superfícies esféricas de raio $v_a t$. Contudo, a onda secundária com origem no ponto A desloca-se no segundo material b com velocidade v_b e, depois de um intervalo de tempo t, é uma superfície esférica com raio $v_b t$. O envoltório das ondas secundárias obtidas a partir da frente de onda inicial é a nova frente de onda cuja interseção com o plano da página fornece a linha BOB'. Uma construção semelhante nos permite traçar a linha CPC' depois de um segundo intervalo t.

O ângulo θ_a entre a superfície e a frente de onda incidente é o ângulo de incidência, e o ângulo θ_b entre a superfície e a frente de onda refratada é o ângulo de refração. Para verificar a relação entre esses ângulos, observe a Figura 33.35b. Desenhamos o segmento $OQ = v_a t$ na direção perpendicular a AQ e traçamos o segmento $AB = v_b t$ na direção perpendicular a BO. Observando o triângulo retângulo AOQ,

$$\operatorname{sen}\theta_a = \frac{v_a t}{AO}$$

e, pelo triângulo AOB,

$$\operatorname{sen}\theta_b = \frac{v_b t}{AO}$$

Combinando as relações anteriores, encontramos

$$\frac{\operatorname{sen}\theta_a}{\operatorname{sen}\theta_b} = \frac{v_a}{v_b} \qquad (33.9)$$

De acordo com a definição de índice de refração de um material, sabemos que n é a razão entre a velocidade da luz no vácuo c e a velocidade da luz v no material, ou seja, $n_a = c/v_a$ e $n_b = c/v_b$. Portanto,

$$\frac{n_b}{n_a} = \frac{c/v_b}{c/v_a} = \frac{v_a}{v_b}$$

e podemos escrever a Equação 33.9 na forma

$$\frac{\operatorname{sen}\theta_a}{\operatorname{sen}\theta_b} = \frac{n_b}{n_a} \quad \text{ou}$$

$$n_a \operatorname{sen}\theta_a = n_b \operatorname{sen}\theta_b$$

que reconhecemos como a lei de Snell, Equação 33.4. Desse modo, deduzimos a lei de Snell a partir de uma teoria ondulatória. Alternativamente, podemos considerar a lei de Snell como um resultado experimental que define o índice de refração de um material; nesse caso, a análise anterior ajuda a confirmar a relação $v = c/n$ para a velocidade da luz em um material.

As miragens fornecem outro interessante exemplo do emprego do princípio de Huygens. Quando os raios solares aquecem a superfície de uma calçada ou a areia do deserto, forma-se nos arredores da superfície uma camada de ar quente, menos densa, com índice de refração n menor. A velocidade da luz nessas áreas da superfície é ligeiramente maior que nas vizinhanças da camada superior, e as ondas secundárias de Huygens possuem raios um pouco maiores, de modo que as frentes de onda se inclinam levemente e os raios que se aproximam da superfície com ângulos de incidência elevados (próximos de 90°) curvam-se para cima, como indicado na **Figura 33.36**. O raio de luz que está muito afastado do solo não sofre quase nenhum desvio e se propaga praticamente em linha reta. O observador vê o objeto em sua posição natural, com uma imagem invertida embaixo dela, como se ela estivesse sendo observada refletida por uma superfície horizontal. O cérebro do viajante sedento interpreta a imagem como se ela estivesse refletida pela superfície de um lago.

É importante lembrar que as equações de Maxwell são as relações fundamentais para a propagação das ondas eletromagnéticas. No entanto, o princípio de Huygens fornece um modo conveniente de visualizar essa propagação.

Figura 33.35 Usando o princípio de Huygens para deduzir a lei da refração. Mostramos o caso em que $v_b < v_a$ ($n_b > n_a$).

(a) Posições sucessivas de uma onda plana AA' quando esta é refratada por uma superfície plana

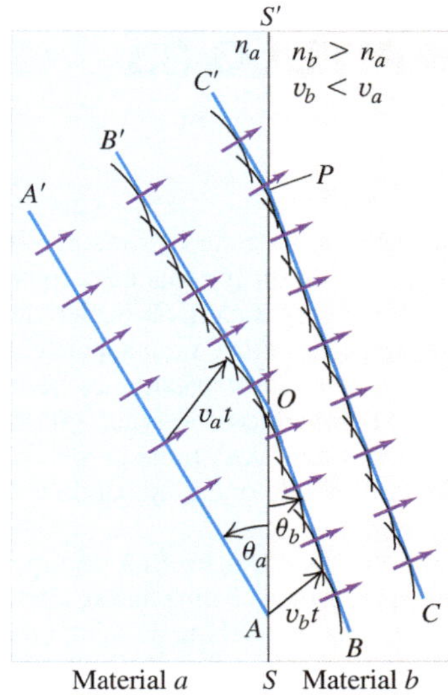

(b) Ampliação da parte **(a)**

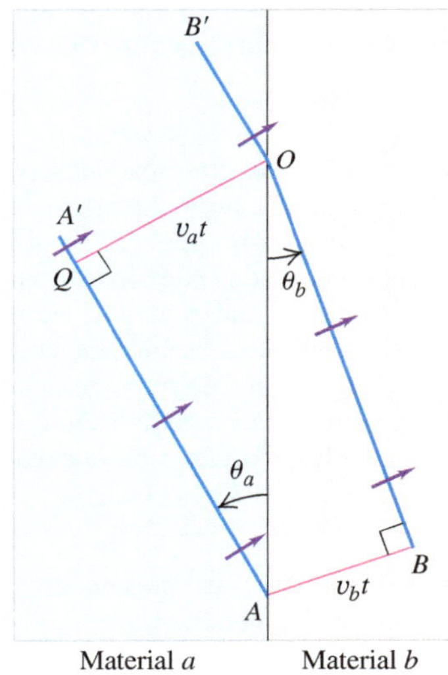

Figura 33.36 Como as miragens se formam.

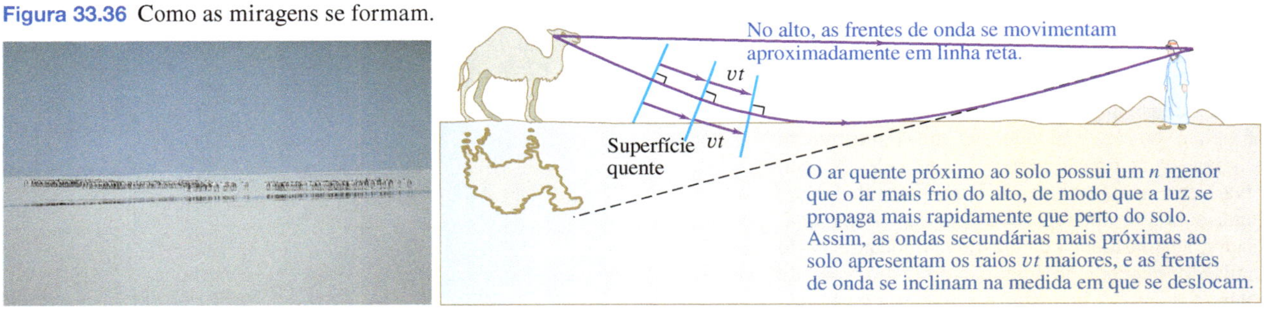

TESTE SUA COMPREENSÃO DA SEÇÃO 33.7 O som se propaga mais rápido no ar quente do que no ar frio. Imagine uma frente meteorológica que vai do norte para o sul, com o ar quente a oeste da frente e o ar frio a leste. Uma onda sonora propagando-se na direção nordeste no ar quente encontra essa frente. Como a direção e o sentido dessa onda sonora variarão quando ela passar para o ar frio? (i) A direção da onda se desviará para o norte; (ii) a direção da onda se desviará para leste; (iii) a direção da onda não se alterará. ▌

CAPÍTULO 33 RESUMO

A luz e suas propriedades: a luz é uma onda eletromagnética. Quando emitida ou absorvida, também demonstra propriedades corpusculares. Ela é emitida por cargas elétricas aceleradas.
Uma frente de onda é uma superfície cujos pontos possuem uma fase constante; as frentes de onda se movem com velocidade igual à da propagação da onda. Um raio é uma linha perpendicular à superfície da frente de onda indicando a direção de sua propagação.
Quando a luz é transmitida de um material para outro, a frequência da luz não se altera, mas o comprimento e a velocidade da onda podem mudar. O índice de refração n de um material é a razão entre a velocidade da luz no vácuo c e a velocidade da onda v no material. Se λ_0 é o comprimento de onda no vácuo, a mesma onda possui um comprimento de onda λ menor em um meio que apresenta índice derefração n. (Veja o Exemplo 33.2.)

$$n = \frac{c}{v} \quad (33.1)$$

$$\lambda = \frac{\lambda_0}{n} \quad (33.5)$$

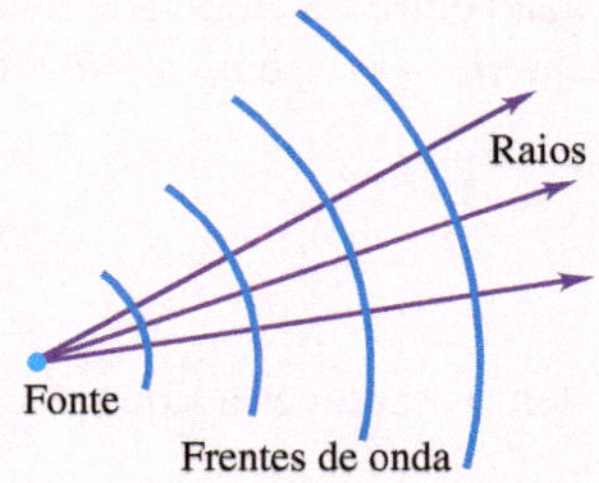

Reflexão e refração: sobre uma superfície lisa que separa dois materiais transparentes, o raio incidente, o raio refletido e a normal da superfície estão contidos em um mesmo plano denominado plano de incidência. A lei da reflexão afirma que o ângulo de incidência é igual ao ângulo de reflexão. A lei da refração relaciona os ângulos de incidência e de refração aos índices de refração dos materiais. Os ângulos de incidência, de reflexão e de refração são sempre medidos a partir da normal à superfície. (Veja os exemplos 33.1 e 33.3.)

$$\theta_r = \theta_a \quad (33.2)$$
(lei da reflexão)

$$n_a \operatorname{sen} \theta_a = n_b \operatorname{sen} \theta_b \quad (33.4)$$
(lei da refração)

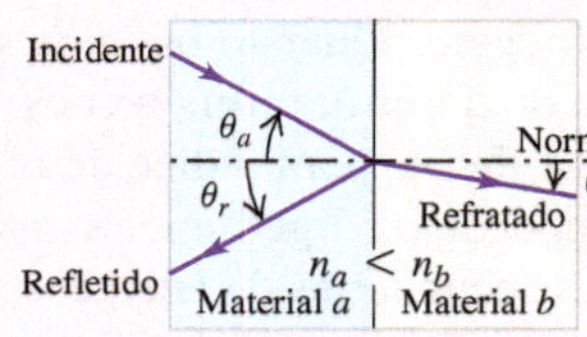

Reflexão interna total: quando um raio se propaga de um material com índice de refração maior (n_a) no sentido de um material com índice de refração menor (n_b), ocorre uma reflexão interna total na interface quando o ângulo de incidência supera o valor de um certo ângulo crítico $\theta_{crít}$. (Veja o Exemplo 33.4.)

$$\operatorname{sen} \theta_{crít} = \frac{n_b}{n_a} \quad (33.6)$$

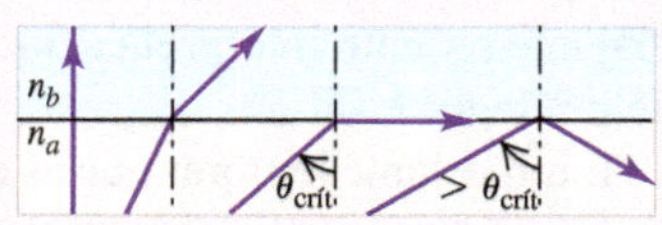

Polarização da luz: a direção da polarização de uma onda eletromagnética linearmente polarizada é a direção do campo $\vec{E}$. Um filtro polarizador deixa passar ondas linearmente polarizadas na direção paralela a seu eixo e bloqueia as ondas linearmente polarizadas na direção perpendicular a ele. Quando a luz linearmente polarizada com intensidade $I_{máx}$ incide sobre um filtro polarizador usado como analisador, a intensidade I da luz transmitida através do analisador depende do ângulo ϕ entre a direção de polarização da luz incidente e a do eixo do analisador. (Veja o Exemplo 33.5.)

$$I = I_{máx} \cos^2 \phi \quad (33.7)$$
(lei de Malus)

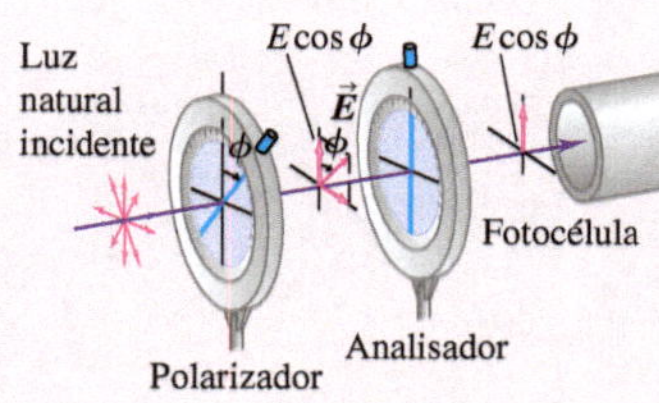

Polarização por reflexão: quando a luz não polarizada incide sobre a interface entre dois materiais, a lei de Brewster afirma que a luz refletida é totalmente polarizada na direção perpendicular ao plano de incidência (paralela à interface) se o ângulo de incidência é igual ao ângulo de polarização θ_p. (Veja o Exemplo 33.6.)

$$\tan\theta_p = \frac{n_b}{n_a} \quad (33.8)$$

(lei de Brewster)

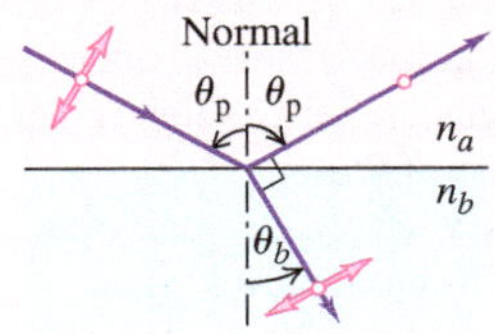

Princípio de Huygens: o princípio de Huygens diz que, quando conhecemos a posição de uma frente de onda em um dado instante, a posição da frente de onda em um instante posterior pode ser construída imaginando-se cada ponto da frente de onda como uma fonte de ondas secundárias. O princípio de Huygens pode ser aplicado na dedução das leis de reflexão e refração.

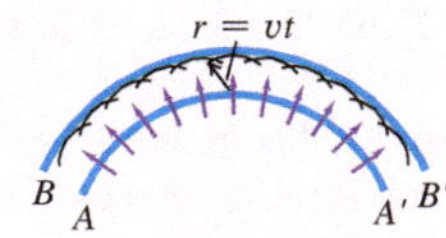

Problema em destaque Reflexão e refração

A **Figura 33.37** mostra um bloco de vidro retangular que possui um refletor metálico em uma face e água na face adjacente. Um feixe de luz incide no refletor como mostrado. Você aumenta gradualmente o ângulo θ do feixe de luz. Se $\theta \geq 59{,}2°$, nenhuma luz entra na água. Qual é a velocidade da luz nesse vidro?

GUIA DA SOLUÇÃO

IDENTIFICAR E PREPARAR

1. A reflexão especular ocorre quando o raio de luz no vidro atinge o refletor. Se nenhuma luz entrar na água, é necessário que haja apenas reflexão e nenhuma refração onde esse raio atinge a interface vidro–água — ou seja, precisa haver uma reflexão interna total.
2. A variável-alvo é a velocidade da luz v no vidro, que você pode determinar a partir do índice de refração n do vidro. (A Tabela 33.1 fornece o índice de refração da água.) Anote as equações que você usará para descobrir n e v.

EXECUTAR

3. Use a figura para encontrar o ângulo de incidência do raio na interface vidro–água.
4. Use o resultado do item 3 para encontrar n.
5. Use o resultado do item 4 para encontrar v.

EXECUTAR

6. De que maneira a velocidade da luz no vidro está relacionada à velocidade na água? Isso faz sentido?

Figura 33.37 Vidro revestido por água e um refletor metálico.

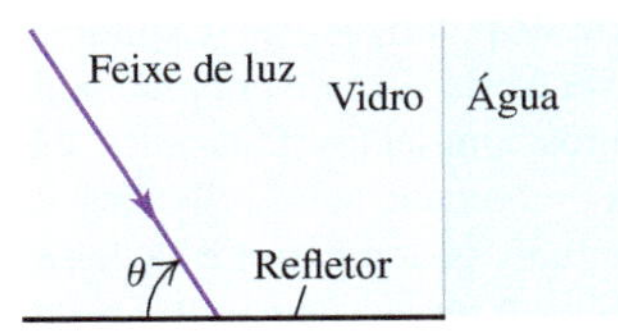

PROBLEMAS

•, ••, •••: níveis de dificuldade. **PC**: problemas cumulativos, incorporando material de capítulos anteriores. **CALC**: problemas exigindo cálculo. **DADOS**: problemas envolvendo dados reais, evidência científica, projeto experimental e/ou raciocínio científico. **BIO**: problemas envolvendo biociências.

QUESTÕES PARA DISCUSSÃO

Q33.1 A luz leva cerca de oito minutos para viajar do sol até a Terra. Ela demora muito para atravessar a atmosfera da Terra? Explique.

Q33.2 Quando a luz do sol ou de uma estrela atravessa a atmosfera da Terra, ela sempre se inclina aproximando-se da vertical. Por quê? Isso significa que uma estrela nunca se encontra na posição exata onde parece estar? Explique.

Q33.3 Um feixe de luz passa de um material para outro. Em termos *físicos*, explique *por que* o comprimento de onda varia, mas a frequência e o período permanecem inalterados.

Q33.4 Uma aluna alega que, em virtude da refração na atmosfera da Terra (mencionada na Questão 33.2), o sol pode ser visto mesmo quando está abaixo da linha do horizonte e que, portanto, a duração do dia é maior do que seria se a Terra não tivesse atmosfera. Em primeiro lugar, o que ela quer dizer quando afirma que o sol pode ser visto mesmo quando está abaixo da linha do horizonte? Em segundo lugar, comente a validade da conclusão a que ela chegou.

Q33.5 Quando o ar quente que provém de radiadores ou tubos quentes sobe, os objetos que estão atrás deles parecem trêmulos ou com os contornos ondulantes. O que produz esse efeito?

Q33.6 Imagine uma forma simples de medir a velocidade da luz em um determinado vidro usando (a) a lei de Snell; (b) reflexão interna total; (c) a lei de Brewster.

Q33.7 Algumas vezes, ao olhar através de uma janela, você nota duas imagens refletidas ligeiramente deslocadas entre si. O que produz esse efeito?

Q33.8 Se você olhar de baixo para cima na direção da superfície da água do seu aquário, talvez veja um reflexo de cabeça para baixo do seu peixinho na superfície da água. Explique como isso pode acontecer.

Q33.9 Um raio de luz proveniente do ar atinge uma superfície de vidro. Existe algum ângulo em que ocorra reflexão total? Explique.

Q33.10 Quando a luz incide sobre uma interface entre dois materiais, o ângulo do raio refratado depende do comprimento de onda, mas o ângulo de reflexão, não. Por quê?

Q33.11 Um vendedor alega que os óculos de sol que ele deseja lhe vender possuem lentes com filtro polaroide; entretanto, você suspeita que as lentes sejam apenas de plástico escuro. Como você tiraria a dúvida?

Q33.12 Faria sentido falar em polarização de uma onda *longitudinal*, tal como acontece com uma onda sonora? Por quê?

Q33.13 O que você faria para determinar a direção do eixo de polarização de um único polarizador?

Q33.14 Já foi sugerido o uso de filtros polarizadores em para-brisas e faróis dos automóveis para reduzir o ofuscamento produzido pelo brilho dos faróis durante a noite. Isso funcionaria? Como os eixos dos polaroides deveriam ser projetados? Quais seriam as vantagens desse projeto? Quais seriam as desvantagens?

Q33.15 Quando uma película de plástico usada para proteger alimentos é colocada entre dois polarizadores cruzados, nenhuma luz é transmitida pelo conjunto de polarizadores. Quando a película é esticada em uma direção, certa quantidade de luz é transmitida pelo conjunto de polarizadores. Explique esse efeito.

Q33.16 Quando você está sentado em uma praia observando o mar através de óculos com lentes polaroides, eles ajudam a reduzir o ofuscamento produzido pelas reflexões da luz solar sobre a água do mar. Contudo, quando você está deitado lateralmente sobre a areia da praia e observa o mar, existe pouca redução desse ofuscamento. Explique a razão dessa diferença.

Q33.17 Quando a luz não polarizada incide sobre dois polarizadores cruzados, nenhuma luz é transmitida. Um aluno afirma que, se introduzirmos um terceiro polarizador entre os polarizadores cruzados, certa quantidade de luz será transmitida. Essa afirmação faz sentido? Como um terceiro filtro pode *aumentar* a intensidade da luz transmitida?

Q33.18 Com aquelas antenas antigas de televisão em forma de "V", é possível alterar a qualidade da recepção consideravelmente apenas mudando a orientação da antena. Por quê?

Q33.19 Na Figura 33.31, uma vez que a luz espalhada do feixe incidente é polarizada, por que a luz transmitida também não é parcialmente polarizada?

Q33.20 Você está tomando sol no final da tarde, quando o sol está se pondo no oeste. Você está deitado de costas e olhando para cima através de óculos com lentes polaroides. Para minimizar a quantidade de luz espalhada pela atmosfera que atinge seus olhos, em que direção você deve ficar deitado: com seus pés apontando para o norte, para o leste, para o sul, para o oeste ou para alguma outra direção? Explique.

Q33.21 A luz espalhada do céu azul é fortemente polarizada por causa da natureza do processo de espalhamento da luz descrito na Seção 33.6. No entanto, a luz espalhada de uma nuvem branca geralmente *não* é polarizada. Por quê?

Q33.22 O nevoeiro é produzido por gotículas de água e partículas de fumaça (*smog*). O nevoeiro reduz a visibilidade por causa do espalhamento da luz, de modo que a luz proveniente de objetos distantes se propaga em direções aleatórias e as imagens não ficam nítidas. Explique como a visibilidade através do nevoeiro pode ser melhorada se você usar óculos com lentes vermelhas para filtrar a luz azul.

Q33.23 A explicação dada na Seção 33.6 para a cor do céu quando o sol se põe deve valer igualmente quando o sol *nasce*, visto que a luz atravessa o mesmo volume de ar atmosférico nos dois casos. Contudo, geralmente o céu fica mais vermelho quando o sol se põe do que quando nasce. Por quê? (*Dica*: todos os tipos de partículas existentes na atmosfera contribuem para o espalhamento.)

Q33.24 O princípio de Huygens também se aplica a ondas sonoras. Durante o dia, a temperatura da atmosfera diminui com o aumento da altitude acima do solo. Porém, durante a noite, quando o solo esfria, existe uma camada acima da superfície na qual a temperatura *aumenta* com a altura. Use esse fato para explicar por que os sons provenientes de fontes distantes podem ser ouvidos mais facilmente durante a noite do que de dia. (*Dica*: a velocidade de uma onda sonora aumenta com a elevação da temperatura. Use as ideias apresentadas na Figura 33.36 para a luz.)

Q33.25 As ondas de água podem ser refletidas e refratadas? Dê exemplos. O princípio de Huygens também se aplica a ondas de água? Explique.

EXERCÍCIOS

Seção 33.2 Reflexão e refração

33.1 • Dois espelhos planos se interceptam em um ângulo reto. Um feixe de laser atinge o primeiro deles em um ponto a 11,5 cm do ponto de interseção entre os dois espelhos, como mostrado na **Figura E33.1**. Que ângulo de incidência no primeiro espelho esse raio deve ter para atingir o ponto médio no segundo espelho (cujo comprimento é 28 cm) depois de se refletir no primeiro espelho?

Figura E33.1

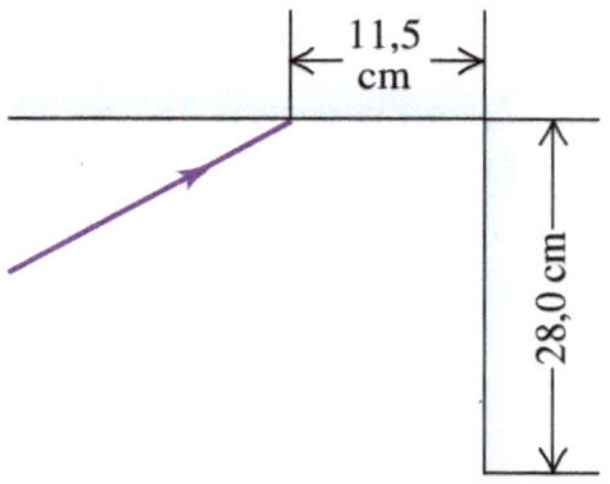

33.2 • BIO **Luz no interior do olho.** O humor vítreo, um fluido gelatinoso e transparente que preenche a maior parte do globo ocular, possui um índice de refração de 1,34. O comprimento de onda da luz visível varia de 380 nm (violeta) a 750 nm (vermelho), quando medido no ar. Essa luz atravessa o humor vítreo e atinge os cones e bastonetes na superfície da retina. Quais são as faixas (a) do comprimento de onda, (b) da frequência e (c) da velocidade da luz assim que ela alcança a retina dentro do humor vítreo?

33.3 • Um feixe de luz cujo comprimento de onda é 650 nm se propaga no vácuo. (a) Qual é a velocidade da luz desse feixe ao se propagar em um líquido cujo índice de refração para esse comprimento de onda é igual a 1,47? (b) Qual é o comprimento de onda do feixe de luz ao se propagar nesse líquido?

33.4 • Um feixe de luz com frequência de $5{,}80 \times 10^{14}$ Hz se propaga em um bloco de vidro cujo índice de refração é 1,52. Qual é o comprimento de onda do feixe de luz quando ele se propaga (a) no vácuo? (b) No vidro?

33.5 • Um feixe de luz se desloca no quartzo com velocidade $1{,}94 \times 10^{8}$ m/s. O comprimento de onda da luz no quartzo é 355 nm. (a) Qual é o índice de refração do quartzo para esse comprimento de onda? (b) Se essa mesma luz se propagasse no ar, qual seria seu comprimento de onda?

33.6 •• Um feixe de luz com certa frequência possui um comprimento de onda de 526 nm e se propaga na água. Se essa mesma luz se propagasse no benzeno, qual seria seu comprimento de onda?

33.7 •• Um feixe de luz paralelo se propaga no ar e forma um ângulo de 47,5° com a superfície de uma placa de vidro que possui índice de refração igual a 1,66. (a) Qual é o ângulo entre a parte do feixe refletida e a superfície do vidro? (b) Qual é o ângulo entre a parte refratada e a superfície do vidro?

33.8 •• Um feixe de laser atravessa a superfície de um bloco de material transparente (veja a **Figura E33.8**). Metade do feixe atinge diretamente um detector, enquanto a outra metade atravessa o bloco antes de atingir o detector. O atraso entre a chegada dos dois feixes no detector é de 6,25 ns. Qual é o índice de refração desse material?

Figura E33.8

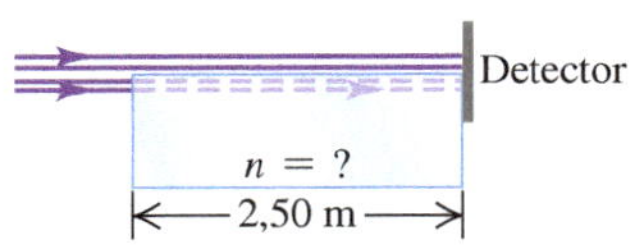

33.9 • Um raio de luz que se propaga no ar incide sobre a superfície de um bloco de plástico em um ângulo de 62,7° com a normal e se desvia até formar um ângulo de 48,1° com a normal no plástico. Calcule a velocidade da luz no plástico.

33.10 • (a) Um tanque contendo metanol tem paredes de 2,50 cm de espessura feitas de vidro com índice de refração 1,550. Um feixe de luz proveniente do ar externo atinge o vidro em um ângulo de 41,3° com a normal ao vidro. Calcule o ângulo que a luz faz com a normal no metanol. (b) O tanque é esvaziado e enchido novamente com um líquido desconhecido. Se um feixe de luz com o mesmo ângulo de incidência da parte (a) entra no líquido do tanque formando um ângulo de 20,2° com a normal, qual é o índice de refração do líquido desconhecido?

33.11 •• Como mostra a **Figura E33.11**, uma camada de água cobre uma placa do material *X* em um recipiente. Um raio de luz deslocando-se para cima segue o caminho indicado. Usando a informação na figura, encontre (a) o índice de refração do material *X* e (b) o ângulo que a luz forma com a normal no *ar*.

Figura E33.11

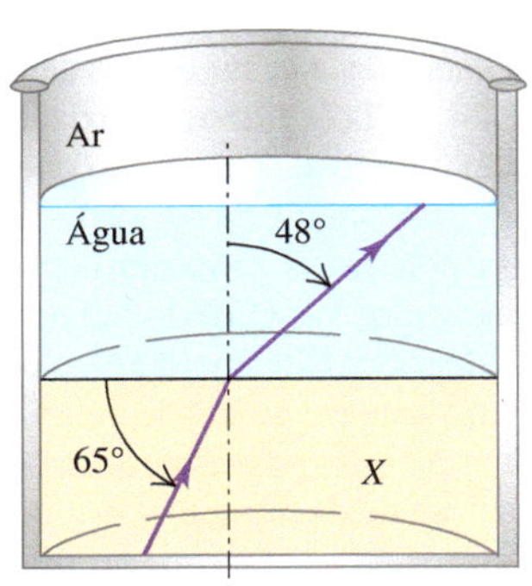

33.12 •• Uma placa de vidro horizontal com faces paralelas com índice de refração igual a 1,52 está em contato com a superfície da água em um tanque. Um raio proveniente do ar acima da placa forma um ângulo de incidência de 35° com a normal na superfície do vidro. (a) Qual é o ângulo que o raio refratado na água forma com a normal à superfície? (b) Qual é a dependência desse ângulo com o índice de refração do vidro?

33.13 • Um raio de luz incide sobre uma superfície plana separando duas folhas de vidro com índices de refração 1,70 e 1,58. O ângulo de incidência é 62° e o raio origina-se no vidro com $n = 1{,}70$. Calcule o ângulo de refração.

33.14 • Um raio de luz atravessando a água incide sobre uma interface com um pedaço de vidro plano. O comprimento de onda da luz na água é 726 nm e seu comprimento de onda no vidro é 544 nm. Se o raio na água forma um ângulo de 56° com a normal à interface, que ângulo o raio refratado no vidro forma com a normal?

Seção 33.3 Reflexão interna total

33.15 • **Tubo de luz.** A luz entra em um tubo sólido feito de plástico que possui um índice de refração igual a 1,60. A luz se desloca paralelamente à parte superior do tubo (**Figura E33.15**). Você deseja cortar a face *AB* de modo que toda a luz seja refletida de volta para dentro do tubo depois de atingir essa face. (a) Qual é o maior ângulo θ possível se o tubo está no ar? (b) Se o tubo for imerso em água, cujo índice de refração é 1,33, qual é o maior ângulo θ possível?

Figura E33.15

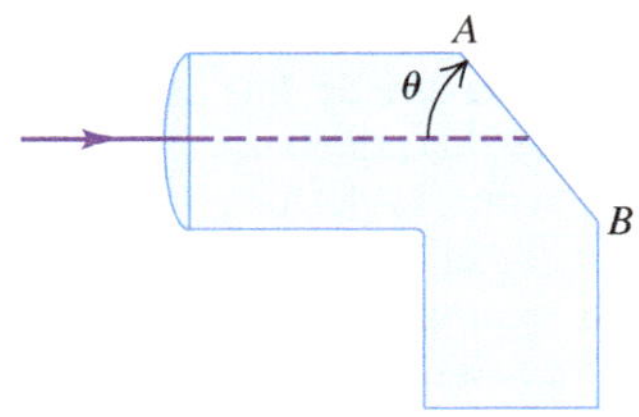

33.16 • Um pedaço de vidro plano cobre o topo de um cilindro vertical que é completamente preenchido com água. Se um raio de luz viajando no vidro incide na interface com a água em um ângulo de $\theta_a = 36{,}2°$, o raio refratado para dentro da água forma um ângulo de 49,8° com a normal à superfície. Qual é o menor valor do ângulo incidente θ_a para o qual nenhuma parte do raio refrata na água?

33.17 •• O ângulo crítico para a reflexão interna total em uma interface líquido–ar é 42,5°. (a) Se um raio de luz atravessando o líquido possui um ângulo de incidência na interface de 35°, que ângulo o raio refratado no ar forma com a normal? (b) Se um raio de luz viajando no ar possui um ângulo de incidência na interface de 35°, que ângulo o raio refratado no líquido forma com a normal?

33.18 • Um feixe de luz está se propagando dentro de um cubo sólido de vidro com índice de refração 1,62. O feixe atinge a superfície do cubo a partir de dentro. (a) Se o cubo está no ar, com que ângulo mínimo com a normal dentro do vidro a luz precisa incidir nessa superfície para *não* passar para o ar em sua superfície? (b) Qual seria o ângulo mínimo no item (a) se o cubo estivesse imerso na água?

33.19 • Um raio de luz está atravessando um cubo de vidro totalmente imerso na água. Você observa que, quando o raio incide na interface vidro–água em um ângulo com a normal maior que 48,7°, nenhuma luz é refratada para dentro da água. Qual é o índice de refração do vidro?

33.20 • No final da série de óperas de Wagner, *O anel dos Nibelungos*, Brunhilda tira o anel de ouro do dedo de Siegfried e o arremessa dentro do rio Reno, onde o anel submerge até o fundo. Supondo que o anel fosse pequeno o bastante comparado à profundidade do rio para ser considerado um ponto e que o Reno tenha 10 m de profundidade no ponto em que o anel foi jogado, qual é a área do maior círculo na superfície da água em que a luz do anel poderia escapar da água?

33.21 • A luz incide na direção da normal na face AB de um prisma de vidro de índice de refração 1,52, como mostra a **Figura E33.21**. Encontre o maior valor que o ângulo α pode ter para que nenhuma luz seja refratada na face AC do prisma se (a) o prisma estiver imerso no ar e (b) o prisma estiver imerso na água.

Figura E33.21

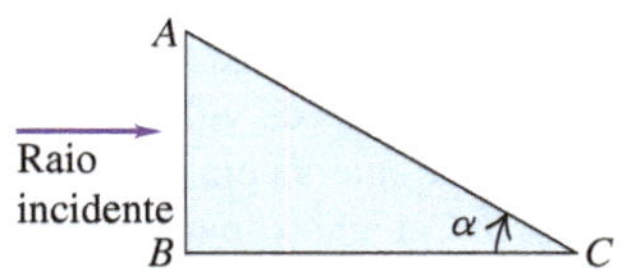

Seção 33.4 Dispersão

33.22 • Os índices de refração para a luz violeta ($\lambda = 400$ nm) e a luz vermelha ($\lambda = 700$ nm) no diamante são 2,46 e 2,41, respectivamente. Um raio de luz atravessando o ar incide na superfície do diamante em um ângulo de 53,5° com a normal. Calcule a separação angular entre essas duas cores da luz no raio refratado.

33.23 •• Um estreito feixe de luz branca atinge uma face de uma placa de vidro flint silicato. A luz se desloca paralelamente às duas faces contíguas, como mostra a **Figura E33.23**. Para a luz transmitida dentro do vidro, por qual ângulo $\Delta\theta$ a parte do espectro visível entre 400 nm e 700 nm é dispersada? (Consulte o gráfico na Figura 33.17.)

Figura E33.23

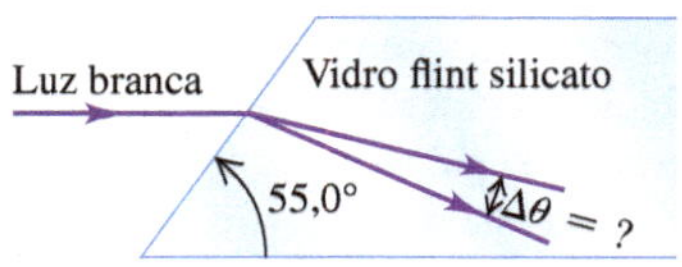

33.24 • Um feixe de luz atinge uma lâmina de vidro em um ângulo de 57° com a normal no ar. Você observa que a luz vermelha forma um ângulo de 38,1° com a normal no vidro, enquanto a luz violeta forma um ângulo de 36,7°. (a) Quais são os índices de refração desse vidro para essas cores de luz? (b) Quais são as velocidades das luzes vermelha e violeta no vidro?

Seção 33.5 Polarização

33.25 • Um feixe de luz não polarizada de intensidade I_0 incide em dois filtros polarizadores. O eixo do primeiro filtro forma um ângulo de 60° com a vertical, e o eixo do segundo filtro é horizontal. Qual é a intensidade da luz após ela ter atravessado o segundo filtro?

33.26 •• (a) Em que ângulo a partir da horizontal o sol está se sua luz refletida na superfície de um lago tranquilo for completamente polarizada? (b) Qual é o plano do vetor de campo elétrico na luz refletida?

33.27 •• Um feixe de luz não polarizada de intensidade I_0 passa por uma série de filtros polarizadores ideais com seus eixos de polarização orientados em ângulos diferentes, como mostra a **Figura E33.27**. (a) Qual é a intensidade da luz (em função de I_0) nos pontos A, B e C? (b) Se removermos o filtro do meio, qual será a intensidade da luz no ponto C?

Figura E33.27

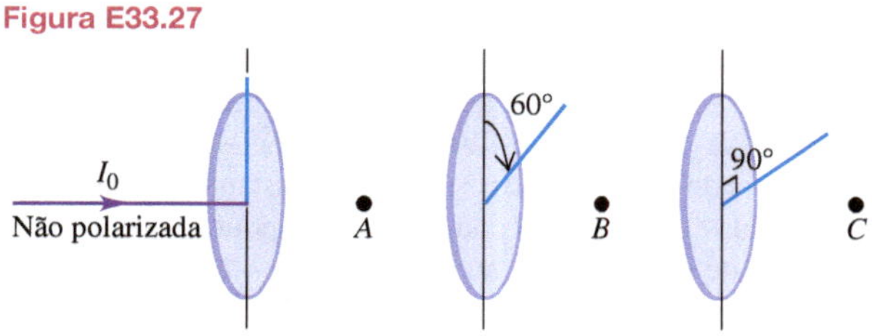

33.28 •• Raios de luz com uma intensidade inicial I_0 passam por dois filtros polarizadores ideais com seus eixos de polarização orientados como mostra a **Figura E33.28**. Você deseja ajustar o ângulo ϕ de modo que a intensidade no ponto P seja igual a $I_0/10$. (a) Se a luz original fosse não polarizada, qual deveria ser ϕ? (b) Se a luz original fosse linearmente polarizada na mesma direção do eixo de polarização do primeiro polarizador atingido pela luz, qual deveria ser ϕ?

Figura E33.28

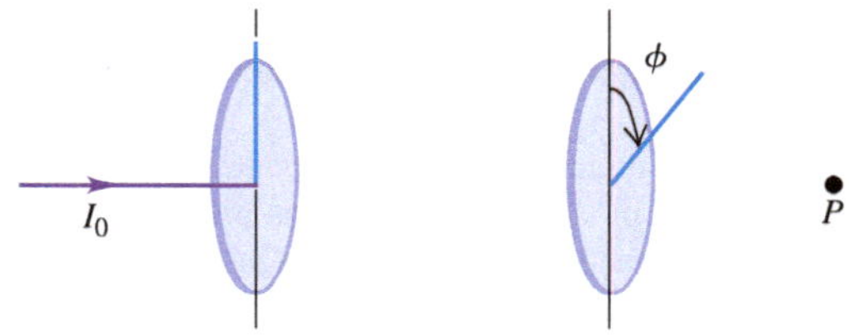

33.29 • Um feixe paralelo de luz não polarizada proveniente do ar incide formando um ângulo de 54,5° (em relação à normal) sobre uma superfície plana de vidro. O feixe refletido é completa e linearmente polarizado. (a) Qual é o índice de refração do vidro? (b) Qual é o ângulo de refração do feixe transmitido?

33.30 • O índice de refração de certo vidro é 1,66. Para qual ângulo de incidência a luz refletida pela superfície desse vidro é completamente polarizada se o vidro está imerso (a) no ar? (b) Na água?

33.31 •• Um feixe de luz polarizada passa por um filtro polarizador. Quando o ângulo entre o eixo de polarização do filtro e a direção de polarização da luz é θ, a intensidade do feixe emergente é I. Se agora você deseja que a intensidade seja $I/2$, qual deve ser o ângulo (em função de θ) entre o ângulo de polarização do filtro e a direção original da polarização da luz?

33.32 ••• Três filtros polarizadores estão empilhados, com o eixo de polarização do segundo e do terceiro filtros a 23° e 62°, respectivamente, em relação ao primeiro. Se luz não polarizada incidir sobre o conjunto, a luz apresentará uma intensidade de 55,0 W/cm^2 após passar pelo conjunto. Se a intensidade incidente for mantida constante, qual será a intensidade da luz após passar pelo conjunto se o segundo polarizador for removido?

33.33 •• Luz não polarizada de intensidade 20,0 W/cm^2 incide sobre dois filtros polarizadores. O eixo do primeiro filtro forma um ângulo de 25° no sentido anti-horário a partir da vertical (vista na direção em que a luz está se deslocando), e o eixo do segundo filtro está a 62° no sentido anti-horário a partir da vertical. Qual é a intensidade da luz depois de passar pelo segundo polarizador?

33.34 • **Três filtros polarizadores.** Três filtros polarizadores estão empilhados, de modo que o eixo do segundo polarizador forme um ângulo de 45° com o eixo do primeiro e o eixo do terceiro polarizador forme um ângulo de 90° com o eixo do primeiro polarizador. (a) Quando luz não polarizada com intensidade I_0 incide sobre esse conjunto de polarizadores, quais devem ser a intensidade e o estado de polarização da luz que emerge de cada filtro? (b) Se o segundo filtro for removido, qual deverá ser a intensidade da luz que emergirá de cada filtro restante?

Seção 33.6 Espalhamento da luz

33.35 • Um feixe de luz branca passa por ar de densidade uniforme. Se a intensidade da luz espalhada no meio da região verde do espectro visível é I, encontre a intensidade (em função de I) da luz espalhada no meio (a) da região vermelha do espectro e (b) da região violeta do espectro. Consulte a Tabela 32.1.

PROBLEMAS

33.36 • Um feixe de luz é orientado paralelamente ao eixo de um tubo cilíndrico oco. Quando o tubo contém apenas ar, a luz leva 8,72 ns para atravessar toda a sua extensão, mas quando o tubo está cheio de gel transparente, a luz leva 1,82 ns a mais para atravessá-lo. Qual é o índice de refração desse gel?

33.37 •• BIO **Ultrassonografia do coração**. Os médicos usam ondas de som de alta frequência (f = 1-5 MHz), chamadas ultrassom, para visualizar órgãos internos. A velocidade dessas ondas é 1.480 m/s no músculo e 344 m/s no ar. Definimos o índice de refração de um material para ondas sonoras como a relação entre a velocidade do som no ar e a velocidade do som no material. A lei de Snell, então, se aplica à refração das ondas sonoras. (a) Em que ângulo em relação à normal um feixe de ultrassom entra no coração se ele sai do pulmão em um ângulo de 9,73° em relação à normal à parede do coração? (Considere que a velocidade do som no pulmão é 344 m/s.) (b) Qual é o ângulo crítico para as ondas sonoras no ar incidentes no músculo?

33.38 ••• Em um laboratório de física, a luz de comprimento de onda igual a 490 nm atravessa o ar, de um laser até uma fotocélula, com a velocidade de 17,0 ns. Quando um bloco de vidro de 0,840 m de espessura é colocado sob o feixe de luz, com o feixe incidindo na direção da normal às faces paralelas do bloco, a luz leva 21,2 ns para ir do laser até a fotocélula. Qual é o comprimento de onda da luz no vidro?

33.39 •• Um raio de luz proveniente do ar incide sobre um bloco de um material sólido transparente cujo índice de refração é n. Sabendo que $n = 1{,}38$, qual deve ser o *maior* ângulo de incidência θ_a para que ocorra reflexão interna total na face vertical (ponto A na **Figura P33.39**)?

Figura P33.39

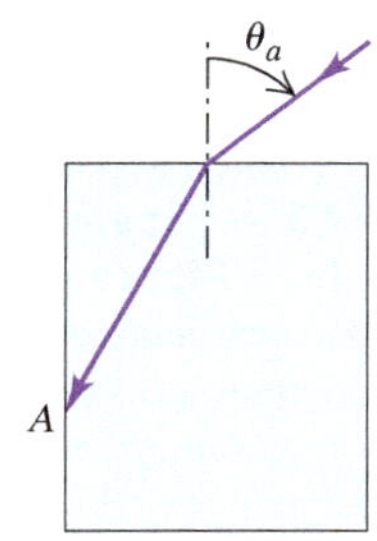

33.40 • Um raio de luz no ar incide sobre o prisma de ângulo reto mostrado na **Figura P33.40**. O ângulo do prisma em B é 30° e o raio possui dois comprimentos de onda diferentes. Quando emerge na face AB, o raio se divide em dois raios diferentes com um ângulo de 8,5° entre si. Calcule o índice de refração do prisma para cada um dos dois comprimentos de onda.

Figura P33.40

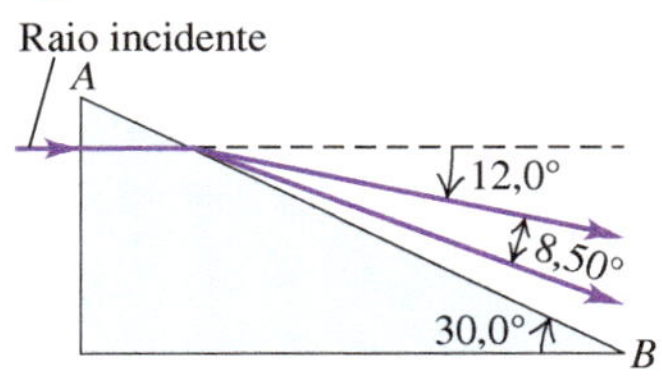

33.41 •• Um raio de luz viajando *em* um bloco de vidro (n = 1,52) incide na superfície superior em um ângulo de 57,2° com a normal no vidro. Se uma camada de óleo for colocada sobre a superfície do vidro, o raio é totalmente refletido. Qual é o índice de refração máximo possível do óleo?

33.42 •• Um raio de luz viajando no ar incide no ângulo θ_a em uma face de um prisma de 90° feito de vidro. Parte da luz refrata para dentro do prisma e atinge a face oposta no ponto A (**Figura P33.42**). Se o raio em A está no ângulo crítico, qual é o valor de θ_a?

Figura P33.42

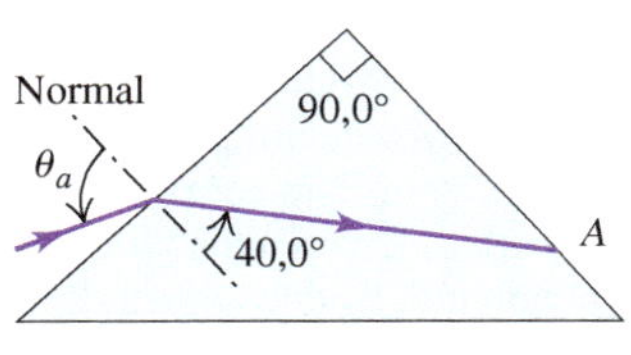

33.43 ••• Uma placa de vidro com espessura de 2,50 mm e índice de refração de 1,40 é colocada entre uma tela e uma fonte de luz puntiforme de comprimento de onda igual a 540 nm (no vácuo). A distância entre a fonte e a tela é de 1,80 cm. Quantos comprimentos de onda existem entre a tela e a fonte?

33.44 • Depois de passar o dia dirigindo, ao anoitecer você vai nadar na piscina do hotel. Ao voltar para o quarto, você nota que perdeu a chave da porta na piscina. Você pede emprestada uma lanterna e começa a procurar a chave percorrendo a borda da piscina e fazendo a luz incidir sobre a água. A luz brilha ao incidir na chave que está no fundo da piscina quando a lanterna está a 1,2 m acima da superfície da água e o ponto de incidência da luz está a uma distância de 1,5 m da beira da piscina (**Figura P33.44**). Sabendo que a profundidade da água no fundo da piscina é de 4 m, qual é a distância entre a chave e a beira da piscina?

Figura P33.44

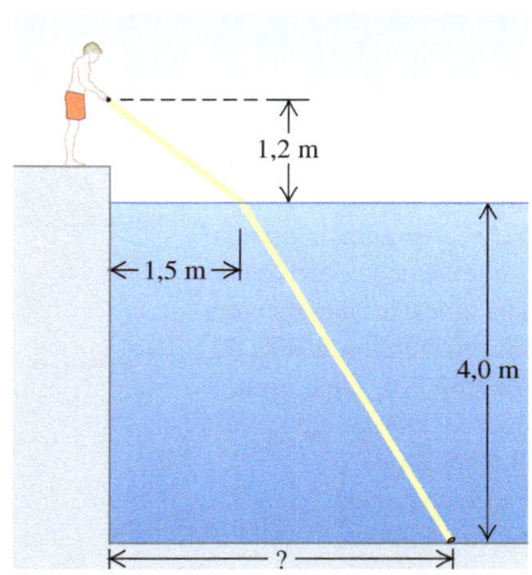

33.45 • Você olha para dentro de um recipiente de vidro com paredes verticais de modo que seu olhar vá da borda superior até a extremidade oposta no fundo (**Figura P33.45a**). O recipiente é um cilindro oco com paredes finas de 16 cm de altura e 8 cm de diâmetro superior e inferior. Enquanto você mantém seus olhos fixos na mesma posição, um amigo enche o recipiente com um líquido transparente, e a seguir você vê uma moeda de um centavo que está no centro do recipiente (Figura P33.45b). Qual é o índice de refração do líquido?

Figura P33.45

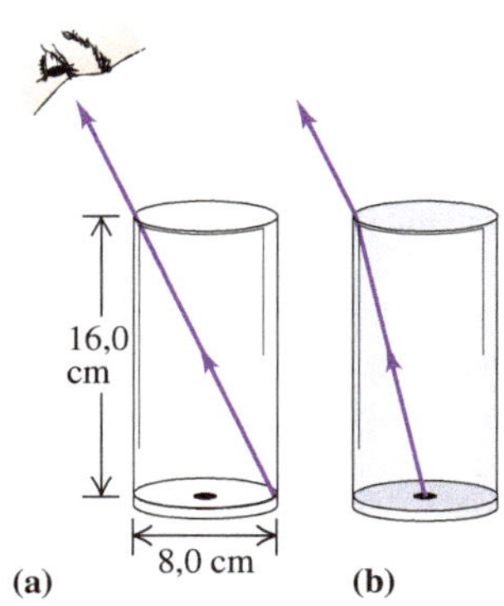

33.46 •• As fibras óticas são construídas com um núcleo cilíndrico revestido por um material protetor. Os materiais mais comumente utilizados são sílica pura ($n_2 = 1{,}450$) para o revestimento e sílica banhada com germânio ($n_1 = 1{,}465$) para o núcleo. (a) Qual é o ângulo crítico $\theta_{\text{crít}}$ para a luz viajando no núcleo e refletindo na interface com o material de revestimento? (b) A abertura numérica (NA) é definida como o ângulo de incidência θ_i na extremidade plana do cabo para o qual a luz incide na interface núcleo-revestimento no ângulo $\theta_{\text{crít}}$ (**Figura P33.46**). Mostre que sen $\theta_i = \sqrt{n_1^2 - n_2^2}$. (c) Qual é o valor de θ_i para $n_1 = 1{,}465$ e $n_2 = 1{,}450$?

Figura P33.46

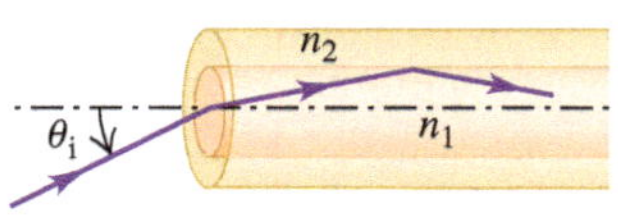

33.47 • Uma fina camada de gelo ($n = 1{,}309$) flutua sobre a superfície da água ($n = 1{,}333$) em um balde. Um raio de luz proveniente do fundo do balde desloca-se de baixo para cima através da água. (a) Qual é o maior ângulo que o raio pode fazer com a interface água–gelo para que ele ainda passe para o ar acima do gelo? (b) Qual é o ângulo depois que o gelo se derrete?

33.48 •• Um prisma de ângulos $45° - 45° - 90°$ está imerso na água. Um raio de luz incide perpendicularmente sobre uma de suas faces menores. Qual é menor índice de refração que o prisma deve ter para que o raio seja totalmente refletido na face maior do prisma, retornando para o interior do vidro?

33.49 •• O prisma da **Figura P33.49** possui índice de refração de 1,66, e cada ângulo A é igual a 25°. Os raios de luz m e n são paralelos antes de entrar no prisma. Qual é o ângulo entre esses raios quando eles emergem do prisma?

Figura P33.49

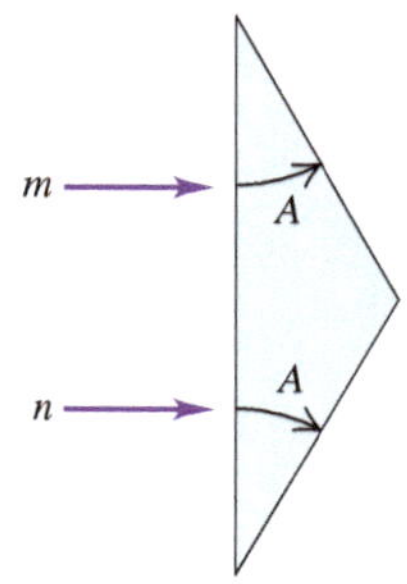

33.50 •• Um feixe de luz incide normalmente sobre uma das faces menores de um prisma com ângulos de 30°, 60° e 90° (**Figura P33.50**). Uma gota de líquido é colocada sobre a hipotenusa do prisma. Sabendo que o índice de refração do prisma é 1,56, qual é o maior índice de refração que o líquido deve ter para que o feixe seja totalmente refletido?

Figura P33.50

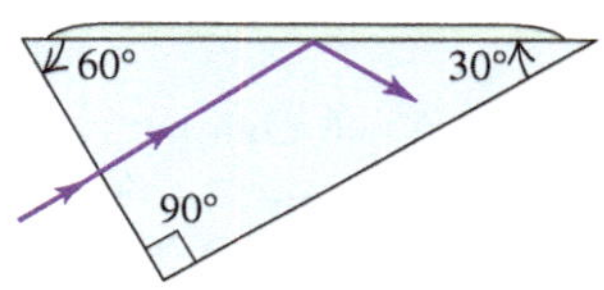

33.51 •• Quando o sol nasce ou se põe, ele parece estar no horizonte, mas na realidade ele está *abaixo* do horizonte. A explicação para esse aparente paradoxo é que a luz se curva ligeiramente quando penetra na atmosfera terrestre, como indicado na **Figura P33.51**. Como temos a percepção de que a luz se propaga sempre em linha reta, intuímos que ela provenha de um ponto situado em uma posição aparente que forma um ângulo δ acima da posição real do sol. (a) Suponha, para simplificar, que a atmosfera tenha uma densidade uniforme e, portanto, um índice de refração n constante, e que ela se estenda até uma altura h acima da superfície terrestre, onde se interrompe abruptamente. Mostre que o ângulo δ é dado por

$$\delta = \text{arcsen}\left(\frac{nR}{R + h}\right) - \text{arcsen}\left(\frac{R}{R + h}\right)$$

onde $R = 6.378$ km é o raio da Terra. (b) Calcule δ usando $n = 1{,}0003$ e $h = 20$ km. Como esse resultado se compara com o raio angular do sol, que é aproximadamente igual a um quarto de grau? (Na verdade, um raio de luz do sol se curva gradualmente, e não abruptamente, visto que o índice de refração da atmosfera varia gradualmente com a altura.)

Figura P33.51

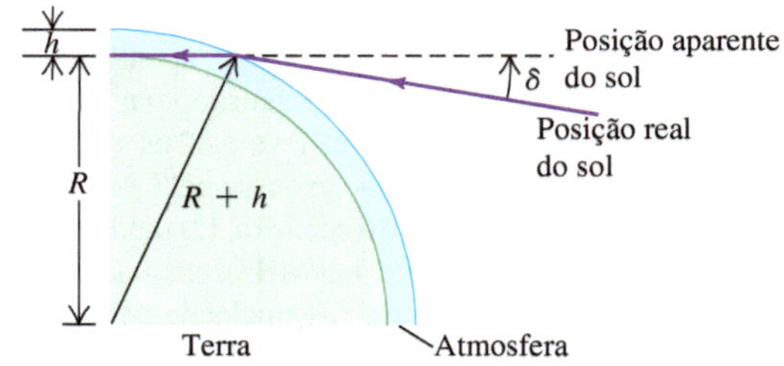

33.52 •• Um tanque cilíndrico horizontal com 2,20 m de diâmetro contém água até a metade. O espaço acima da água é preenchido com um gás pressurizado de índice de refração desconhecido. Um pequeno laser pode se mover ao longo do fundo curvo da água e lança um feixe de luz na direção do centro da superfície da água (**Figura P33.52**). Você observa que, quando o laser se move uma distância $S = 1{,}09$ m ou mais (medida sobre a superfície curva) a partir do ponto mais baixo da água, nenhuma luz entra no gás. (a) Qual é o índice de refração do gás? (b) Quanto tempo leva, no mínimo, para o feixe de luz se deslocar do laser até a borda do tanque quando: (i) $S > 1{,}09$ m; (ii) $S < 1{,}09$ m?

Figura P33.52

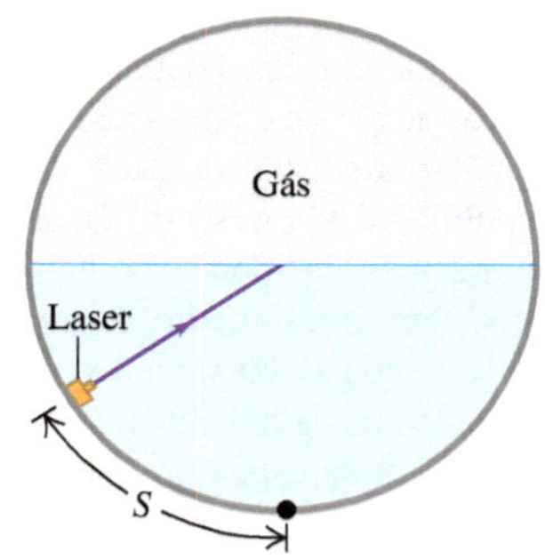

33.53 •• **Ângulo de desvio.** O ângulo de incidência θ_a, mostrado na **Figura P33.53**, é escolhido de modo que a luz passe simetricamente através do prisma, cujo índice de refração é n e o ângulo do vértice é A. (a) Mostre que o ângulo de desvio δ (o ângulo entre a direção do raio incidente e a direção do raio emergente) é dado por

$$\text{sen}\frac{A + \delta}{2} = n\,\text{sen}\frac{A}{2}$$

Figura P33.53

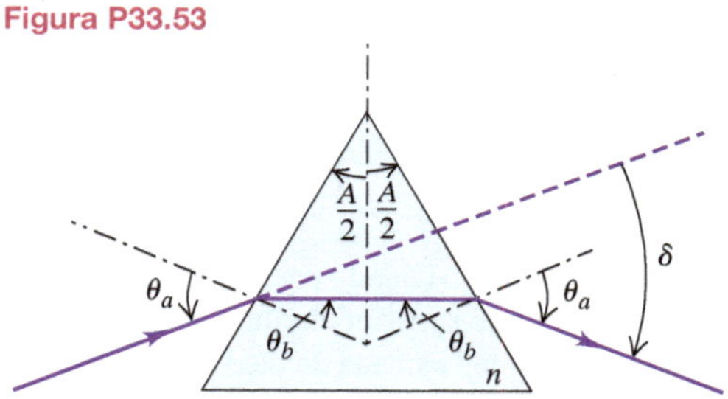

(Quando a luz passa simetricamente, como indicado, o ângulo do desvio é mínimo.) (b) Use o resultado do item (a) para determinar o ângulo do desvio para um raio luminoso que passa simetricamente através de um prisma com três ângulos iguais ($A = 60°$) e $n = 1{,}52$. (c) Um certo vidro possui índice de refração igual a 1,61 para a luz vermelha (700 nm) e 1,66 para o violeta (400 nm). Sabendo que os raios dessas duas cores passam simetricamente como descrito no item (a) e considerando $A = 60°$, calcule a diferença entre os ângulos de desvio desses dois raios.

33.54 •• Um raio de luz propagando-se no ar incide com um ângulo θ_a sobre a superfície superior de uma placa transparente

(**Figura P33.54**), sendo suas duas superfícies planas e paralelas. (a) Mostre que $\theta_a = \theta'_a$. (b) Prove que isso é verdade para qualquer número de placas paralelas diferentes. (c) Demonstre que o deslocamento lateral d do raio emergente é dado pela relação

$$d = t\frac{\text{sen}(\theta_a - \theta'_b)}{\cos\theta'}$$

onde t é a espessura da placa. (d) Um raio de luz incide com um ângulo de 66° sobre a superfície superior de uma placa de vidro com espessura de 2,40 cm e índice de refração igual a 1,80. O meio dos dois lados da placa é o ar. Calcule o deslocamento lateral entre os raios incidente e emergente.

Figura P33.54

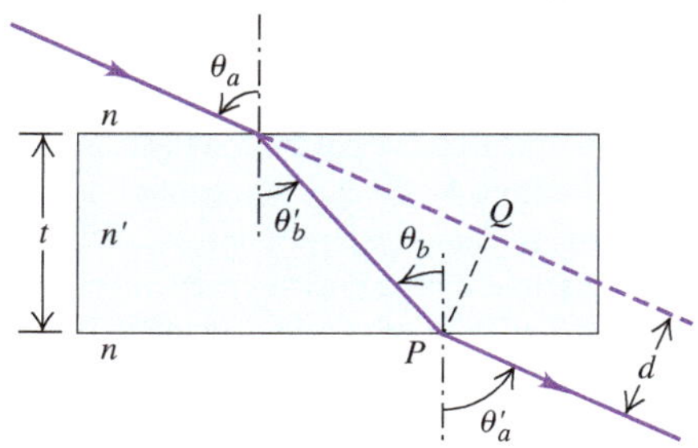

33.55 •• Um raio de luz solar não polarizada atinge a parede plástica vertical de um tanque de água em um ângulo desconhecido. Parte da luz se reflete na parede e entra na água (**Figura P33.55**). O índice de refração da parede de plástico é 1,61. Se a luz que foi refletida na parede e entrou na água se revelar totalmente polarizada, qual é o ângulo que esse feixe faz com a normal dentro da água?

Figura P33.55

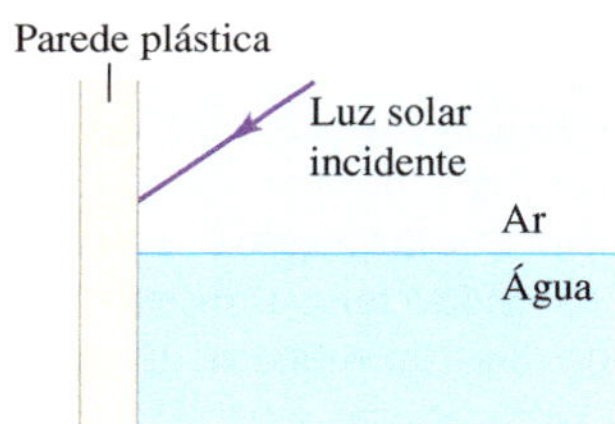

33.56 • Um feixe estreito de luz branca normalmente incide sobre uma placa plana de vidro flint silicato formando um ângulo de 20° com a superfície da placa. Em virtude da dispersão no vidro, o feixe se subdivide formando um espectro como indicado na **Figura P33.56**. O índice de refração do vidro flint silicato em função do comprimento de onda é mostrado no gráfico da Figura 33.17. (a) Os raios a e b indicados na Figura P33.56 correspondem aos comprimentos de onda extremos mostrados na Figura 33.17. Qual deles é o vermelho e qual é o violeta? Explique seu raciocínio. (b) Para qual espessura d da placa de vidro a largura do feixe do espectro deve ser igual a 1,0 mm? (Veja o Problema 33.54.)

Figura P33.56

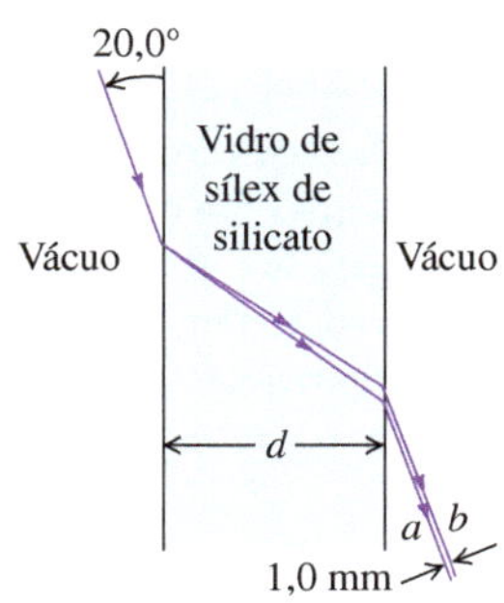

33.57 •• **DADOS** No laboratório de física, você está estudando as propriedades de quatro líquidos transparentes. Você emite um raio de luz (no ar) para a superfície de cada líquido — A, B, C e D — um de cada vez, em um ângulo de incidência de 60°; então, você mede o ângulo de refração. A tabela mostra seus dados:

Líquido	A	B	C	D
θ_a (°)	36,4	40,5	32,1	35,2

O comprimento de onda da luz quando se desloca no ar é 589 nm. (a) Encontre o índice de refração de cada líquido nesse comprimento de onda. Use a Tabela 33.1 para identificar cada líquido, considerando que todos os quatro são listados na tabela. (b) Para cada líquido, qual é a constante dielétrica K na frequência da luz de 589 nm? Para cada líquido, a permeabilidade relativa (K_m) é muito próxima de um. (c) Qual é a frequência da luz no ar e em cada um dos líquidos?

33.58 •• **DADOS** De posse de pequenas amostras de três líquidos, você é solicitado a determinar seus índices de refração. Entretanto, você não dispõe de uma quantidade suficiente de cada líquido para medir o ângulo de refração para refratar a luz do ar para dentro do vidro. Em vez disso, você coloca uma gota de cada líquido sobre a superfície de um bloco de vidro retangular (n = 1,52). Em um dos lados do bloco, você emite um feixe de luz com comprimento de onda de 638 nm no vácuo e mede o maior ângulo de incidência θ_a para o qual há reflexão interna total na interface entre o vidro e o líquido (**Figura P33.58**). Seus resultados estão na tabela a seguir:

Líquido	A	B	C
θ_a (°)	52,0	44,3	36,3

Qual é o índice de refração de cada líquido nesse comprimento de onda?

Figura P33.58

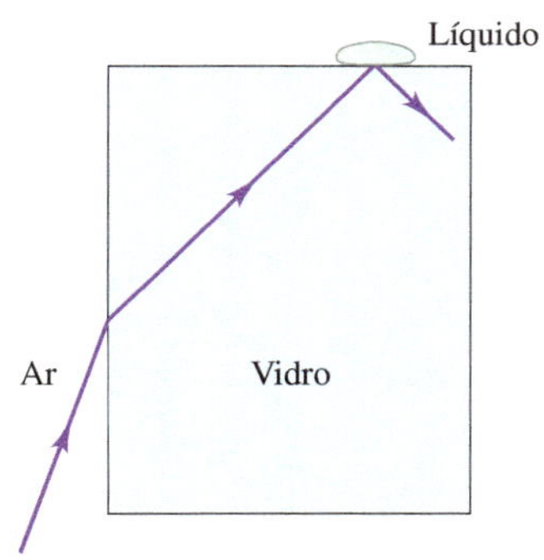

33.59 •• **DADOS** Um feixe de luz propagando-se horizontalmente apresenta um componente não polarizado com intensidade I_0 e um componente polarizado com intensidade I_p. O plano de polarização do componente polarizado forma com a vertical um ângulo igual a θ. A **Figura P33.59** é um gráfico da intensidade total I_{total} após a luz passar por um polarizador em função do ângulo α que o eixo do polarizador forma com a vertical. (a) Qual é a orientação do componente polarizado (ou seja, qual é o ângulo θ)? (b) Quais são os valores de I_0 e de I_p?

Figura P33.59

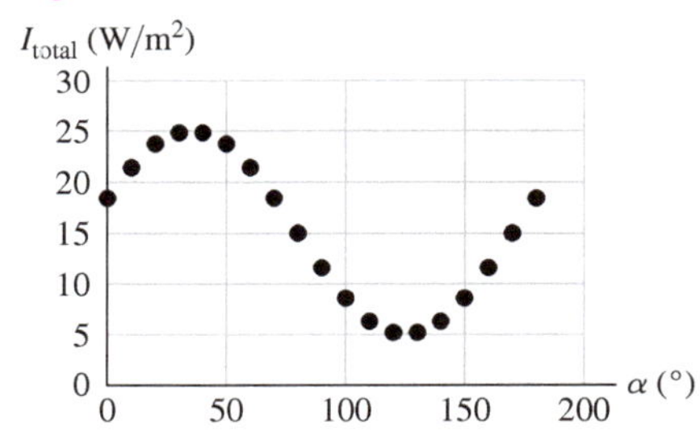

Problemas desafiadores

33.60 ••• **CALC** Um arco-íris é produzido pela reflexão da luz solar em gotas de água esféricas existentes no ar. A **Figura P33.60** mostra um raio que se refrata para o interior de uma gota no ponto A, é refletido na superfície posterior da gota no ponto B e se refrata voltando para o ar no ponto C. Os ângulos de incidência e refração, θ_a e θ_b, são mostrados nos pontos A e C, e os ângulos de incidência e de reflexão, θ_a e θ_r, são mostrados no ponto B. (a) Mostre que $\theta_a^B = \theta_b^A$, $\theta_a^C = \theta_b^A$ e $\theta_b^C = \theta_a^A$. (b) Mostre que o ângulo em radianos antes de o raio entrar na gota em A e depois de sair da gota em C (a deflexão angular total do raio) é $\Delta = 2\theta_a^A - 4\theta_b^A + \pi$. (*Dica*: determine as deflexões angulares que ocorrem em A, em B e em C e some-as para encontrar Δ.) (c) Use a lei de Snell para escrever Δ em função de θ_a^A e de n, o índice de refração da água na gota. (d) Um arco-íris se forma quando o ângulo de deflexão Δ *é estacionário* no ângulo de incidência θ_a^A — ou seja, quando $d\Delta/d\theta_a^A = 0$. Quando essa condição for satisfeita, todos os raios próximos de θ_a^A sairão da gota retornando na mesma direção, produzindo uma faixa brilhante no céu. Chame de θ_1 o valor de θ_a^A para o qual isso ocorre. Mostre que $\cos^2\theta_1 = \frac{1}{3}(n^2 - 1)$. (*Dica*: talvez você ache conveniente usar a fórmula da derivada $d(\text{arcsen}\, u(x))/dx = (1 - u^2)^{-1/2}(du/dx)$). (e) O índice de refração da água é igual a 1,342 para a luz violeta e 1,330 para a luz vermelha. Use os resultados dos itens (c) e (d) para calcular θ_1 e Δ para as luzes vermelha e violeta. Seus resultados coincidem com os ângulos mostrados na Figura 33.19d? Quando você vê um arco-íris secundário, qual cor está mais afastada do horizonte: a vermelha ou a violeta?

Figura P33.60

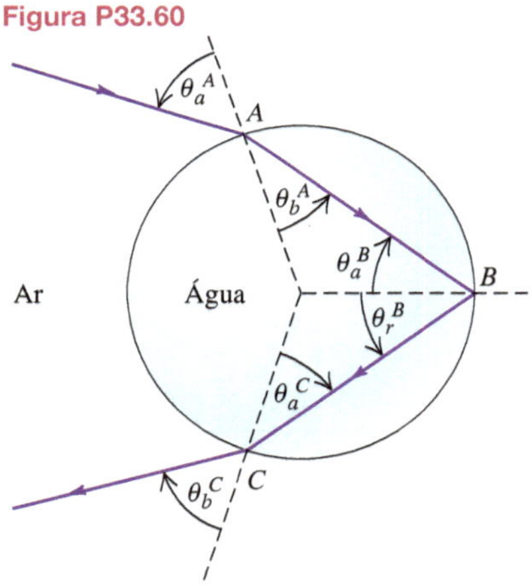

33.61 ••• **CALC** Um *arco-íris secundário* se forma quando a luz incidente sofre duas reflexões no interior de uma gota de água, como indicado na Figura 33.19e. (Veja o Problema desafiador 33.60.) (a) Em relação ao ângulo de incidência θ_a^A e ao índice de refração n da gota, qual é a deflexão angular Δ do raio? Ou seja, qual é o ângulo entre o raio antes de ele entrar na gota e depois que ele sai dela? (b) Qual é o ângulo de incidência θ_2 para o qual a derivada de Δ em relação ao ângulo θ_a^A é igual a zero? (c) Os índices de refração para as luzes vermelha e violeta são fornecidos no item (e) do Problema desafiador 33.60. Use os resultados dos itens (a) e (b) para calcular θ_2 e Δ para as luzes vermelha e violeta. Seus resultados coincidem com os ângulos indicados na Figura 33.19e? Quando você vê um arco-íris secundário, qual cor está mais afastada do horizonte: a vermelha ou a violeta? Explique.

Problemas com contexto

BIO **VENDO A LUZ POLARIZADA.** Os olhos de alguns insetos possuem dois tipos de células que são sensíveis ao plano de polarização da luz. Em um modelo simples, um tipo de célula (tipo H) é sensível apenas à luz polarizada horizontalmente, e o outro tipo de célula (tipo V) é sensível apenas à luz polarizada verticalmente. Para estudar as respostas dessas células, os pesquisadores fixam o inseto em uma posição perpendicular e voltada para cima, de modo que um olho seja iluminado por uma fonte de luz. Então, várias experiências são realizadas.

33.62 Primeiro, uma luz com plano de polarização em 45° com a horizontal é emitida sobre o inseto. Que afirmação é verdadeira sobre os dois tipos de célula? (a) Os dois tipos detectam essa luz. (b) Nenhum tipo detecta essa luz. (c) Apenas o tipo H detecta essa luz. (d) Apenas o tipo V detecta essa luz.

33.63 Em seguida, uma luz não polarizada é refletida de um pedaço de vidro liso horizontal, e a luz refletida incide sobre o inseto. Que afirmação é verdadeira sobre os dois tipos de célula? (a) Quando a luz está diretamente acima do vidro, apenas o tipo V detecta a luz refletida. (b) Quando a luz está diretamente acima do vidro, apenas o tipo H detecta a luz refletida. (c) Quando a luz está aproximadamente a 35° da horizontal, o tipo V responde muito mais que o tipo H. (d) Quando a luz está aproximadamente a 35° da horizontal, o tipo H responde muito mais que o tipo V.

33.64 Para variar o ângulo e a intensidade da luz polarizada, uma luz não polarizada comum é emitida através de um polarizador com seu eixo de transmissão na vertical e, então, um segundo polarizador é colocado entre o primeiro polarizador e o inseto. Quando a luz saindo do segundo polarizador atinge a metade da intensidade da luz não polarizada original, que afirmação é verdadeira sobre os dois tipos de célula? (a) Apenas o tipo H detecta essa luz. (b) Apenas o tipo V detecta essa luz. (c) Os dois tipos detectam essa luz, mas o tipo H detecta mais luz. (d) Os dois tipos detectam essa luz, mas o tipo V detecta mais luz.

RESPOSTAS

Resposta à pergunta inicial do capítulo

(iv) O brilho e a cor de um diamante se devem à reflexão interna total de suas superfícies (Seção 33.3) e à dispersão, que espalha essa luz para dentro de um espectro (Seção 33.4).

Respostas às perguntas dos testes de compreensão

33.1 Resposta: (**iii**). As ondas vão mais longe na direção do eixo y em um dado intervalo de tempo do que em outras direções. Assim, as frentes de onda são elipsoidais, mais alongadas na direção y.

33.2 Respostas: (**a**) (**ii**), (**b**) (**iii**). Como mostra a figura, os raios de luz vindos do peixe se afastam da normal quando passam da água (n = 1,33) para o ar (n = 1,00). Em consequência, o peixe parece estar mais perto da superfície do que realmente está. Assim, você deve apontar a lança *abaixo* da posição aparente do peixe. Se usar um feixe de laser, você deve mirar *exatamente* na posição aparente do peixe: o feixe de laser percorre a mesma trajetória de você para o peixe que a luz comum percorre do peixe até você (no sentido oposto).

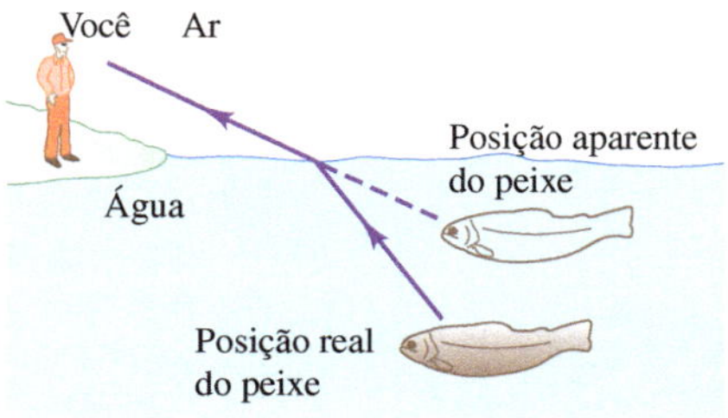

33.3 Respostas: (**i**), (**ii**). A reflexão interna total só pode ocorrer se duas condições forem satisfeitas: n_b precisa ser menor que n_a, e o ângulo crítico $\theta_{\text{crít}}$ (onde sen $\theta_{\text{crít}} = n_b/n_a$) deve ser menor que o ângulo de incidência θ_a. Nos dois primeiros casos, ambas as condições são satisfeitas: os ângulos críticos são (i) $\theta_{\text{crít}} = \text{sen}^{-1}(1/1{,}33) = 48{,}8°$ e (ii) $\theta_{\text{crít}} = \text{sen}^{-1}(1{,}33/1{,}52) = 61°$, ambos menores que $\theta_a = 70°$. No terceiro caso, $n_b = 1{,}52$ é maior que $n_a = 1{,}33$; logo, a reflexão interna total não pode ocorrer com nenhum ângulo de incidência.

33.5 Resposta: (**ii**). A luz do sol refletida nas janelas do alto edifício é parcialmente polarizada na direção vertical, visto que todas as janelas estão dispostas em um plano vertical. O filtro polaroide na frente das lentes é orientado com seus eixos de polarização perpendiculares à direção dominante de polarização da luz refletida.

33.7 Resposta: (**ii**). O princípio de Huygens se aplica a ondas de todos os tipos, inclusive ondas sonoras. Logo, essa situação é exatamente igual à mostrada na Figura 33.35, em que o material *a* representa o ar quente, o material *b* representa o ar frio em que as ondas se propagam mais lentamente, e a interface entre os materiais representa a frente meteorológica. O norte fica na parte superior da figura e o leste fica à direita; portanto, a Figura 33.35 mostra que os raios (que indicam a direção da propagação) se desviam para o leste.

Problema em destaque

$1{,}93 \times 10^8$ m/s

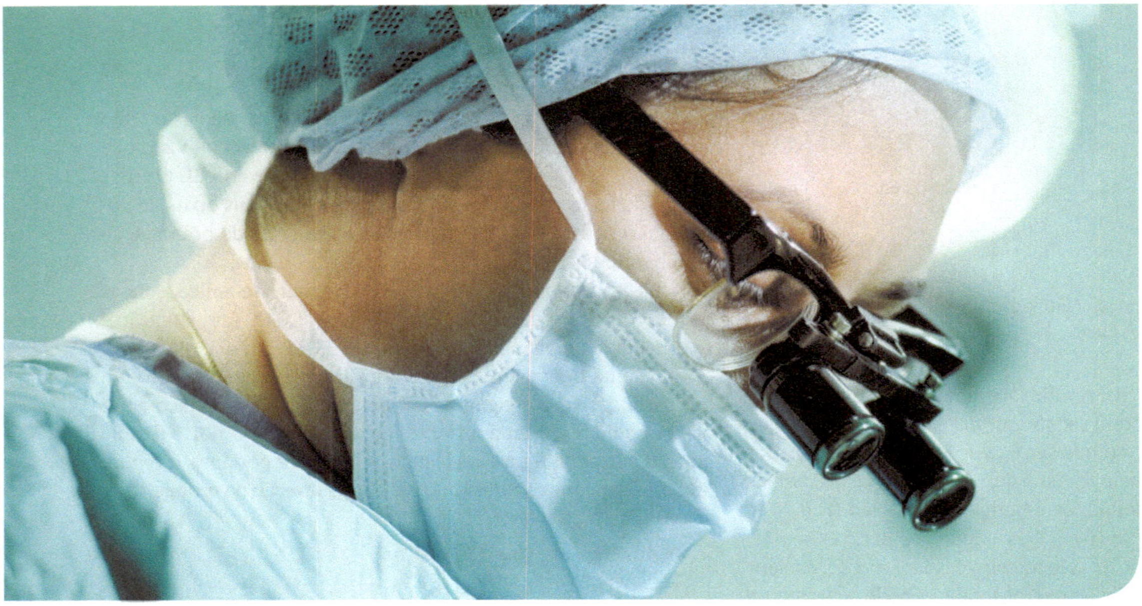

? Esta cirurgiã realizando uma microcirurgia precisa ter uma visão ampliada e nítida do local afetado. Para obter isso, está usando óculos com lentes de aumento que devem estar: (i) a uma distância específica dos seus olhos; (ii) a uma distância específica do objeto sendo ampliado; (iii) as duas distâncias anteriores são necessárias; (iv) nenhuma das distâncias anteriores.

34 ÓTICA GEOMÉTRICA

OBJETIVOS DE APRENDIZAGEM

Ao estudar este capítulo, você aprenderá:

- **34.1** Como um espelho plano forma uma imagem.
- **34.2** Por que espelhos côncavos e convexos formam tipos diferentes de imagem.
- **34.3** Como as imagens se formam por uma interface curva entre dois materiais transparentes.
- **34.4** Que aspectos de uma lente determinam o tipo de imagem que ela produz.
- **34.5** O que determina o campo de visão da lente de uma câmera.
- **34.6** O que causa os diversos problemas da visão humana e como eles podem ser corrigidos.
- **34.7** O princípio da lupa simples.
- **34.8** Como funcionam microscópios e telescópios.

Revendo conceitos de:

- **33.2** Reflexão e refração.

Seu reflexo no espelho do banheiro, a lua vista por meio de um telescópio, um inseto visto por um microscópio — todas essas visões são exemplos de *imagens*. Em cada um desses casos, o objeto visto parece estar em um local diferente da posição em que realmente se encontra. Seu reflexo forma uma imagem do outro lado do espelho, a lua parece estar muito mais próxima quando você a observa pelo telescópio e um inseto visto em um microscópio parece mais próximo (de modo que seus olhos podem focalizá-lo facilmente). Em cada caso, um raio de luz proveniente de um ponto de um objeto sofre um desvio produzido por reflexão ou refração (ou uma combinação dos dois efeitos) e parece divergir de um ponto chamado *ponto imagem* ou convergir para ele. Nosso objetivo neste capítulo é verificar como isso ocorre e estudar os diferentes tipos de imagem que podem ser obtidos usando-se um dispositivo ótico simples.

Para entender as imagens e como elas são formadas, precisamos apenas do modelo da descrição da luz por meio de raios, das leis de reflexão e refração (Seção 33.2) e de um pouco de geometria e trigonometria. O papel central desempenhado pela geometria em nossa análise é o principal motivo de usarmos o nome *ótica geométrica* para designar o estudo da formação de imagens. Começaremos nossa análise pelo espelho plano, um dos dispositivos óticos mais simples para a formação de imagens. A seguir, estudaremos como as imagens são formadas por espelhos curvos, superfícies refratoras e lentes delgadas. Nossos estudos servirão de base para entender o funcionamento de muitos instrumentos óticos familiares, como a câmera, a lupa, o olho humano, o microscópio e o telescópio.

34.1 REFLEXÃO E REFRAÇÃO EM UMA SUPERFÍCIE PLANA

Antes de discutir o que significa uma imagem, inicialmente precisaremos do conceito de **objeto** empregado na ótica. Chamamos de *objeto* qualquer coisa da qual emanem raios de luz. Quando a luz é emitida pelo próprio objeto, dizemos que ele possui *luz própria* — por exemplo, o filamento de uma lâmpada comum. Alternativamente, depois de emitida por uma fonte (como o sol ou uma lâmpada), a luz se reflete no objeto; por exemplo, quando você lê este livro, a luz é refletida pelas páginas do livro. A **Figura 34.1** mostra raios de luz irradiados em todas as direções por um objeto situado no ponto P. Note que os raios que partem do objeto chegam aos olhos direito e esquerdo do observador formando ângulos diferentes; a diferença entre os dois ângulos é processada no cérebro do observador para obter uma estimativa da *distância* entre o observador e o objeto.

O objeto na Figura 34.1 denomina-se **objeto pontual** e é representado por um ponto que não possui nenhuma dimensão. Os objetos reais, que possuem comprimento, largura e altura, são chamados de **objetos extensos**. Inicialmente vamos considerar um objeto ideal concentrado em um ponto, visto que um objeto extenso pode ser um conjunto muito grande de objetos pontuais.

Suponha que alguns raios provenientes do objeto atinjam uma superfície plana refletora (**Figura 34.2**). Essa superfície poderia pertencer a um material com índice de refração diferente, que reflete parte da luz incidente, ou uma superfície metálica polida que reflete quase 100% da luz incidente. Vamos sempre representar uma superfície refletora como uma linha negra com um sombreado adjacente na parte traseira da interface, como na Figura 34.2. Os espelhos usados em banheiros possuem uma fina placa de vidro na parte frontal da superfície refletora para protegê-la; desprezaremos o efeito dessa placa.

De acordo com a lei da reflexão, para todo raio que atinge a superfície, o ângulo de incidência é igual ao ângulo de reflexão. Como a superfície é plana, a normal é sempre perpendicular à superfície em todos os seus pontos e a reflexão é *especular*. Após os raios serem refletidos, suas direções são iguais, como se tivessem vindo do ponto P'. Chamamos o ponto P de *ponto objeto* e o ponto P' correspondente denomina-se *ponto imagem*; dizemos então que a superfície refletora forma uma **imagem** do ponto P. Um observador que esteja vendo apenas os raios refletidos pela superfície e que não sabe que está vendo uma reflexão *pensa* que os raios estão emanando do ponto onde se forma a imagem P'. O ponto imagem é, portanto, um modo conveniente de descrever as direções dos diversos raios refletidos, assim como o ponto objeto P descreve as direções dos raios que atingem a superfície *antes* da reflexão.

Se a superfície na Figura 34.2 *não* fosse lisa, a reflexão seria *difusa* e os raios refletidos de diversos pontos da superfície tomariam direções diferentes (veja a Figura 33.6b). Nesse caso, não haveria a formação de um ponto imagem P' do qual os raios parecem vir. Ao olhar para uma superfície metálica comum, você não consegue ver sua imagem refletida porque essa superfície geralmente é rugosa; fazendo o polimento do metal, você alisa a superfície de modo que a reflexão especular se torna possível e a imagem refletida se torna visível.

Uma imagem também é formada por uma superfície plana *refratora*, como mostra a **Figura 34.3**. Os raios provenientes de um ponto P são refratados na interface entre dois materiais transparentes. Quando os ângulos de incidência são pequenos, as direções dos raios depois da refração são as mesmas que seriam caso tivessem vindo de um *ponto imagem* P', conforme indicado. Na Seção 33.2, mostramos como esse efeito faz que um objeto imerso na água pareça estar mais próximo da superfície do que realmente está (veja a Figura 33.9).

Tanto na Figura 34.2 quanto na 34.3, os raios não passam pelo ponto imagem P'. Na verdade, quando o espelho da Figura 34.2 é opaco, não existe absolutamente nenhuma luz em seu lado direito. Quando os raios emergentes não passam efetivamente no local onde se encontra o objeto, dizemos que se forma uma **imagem virtual**. Mais adiante analisaremos casos em que os raios *passam* efetivamente pelo ponto imagem — dizemos que se forma uma **imagem real**. As imagens que se formam sobre uma tela de cinema, sobre a película de uma câmera e sobre as retinas dos seus olhos são exemplos de imagens reais.

Figura 34.1 Raios de luz irradiados em todas as direções por um objeto situado no ponto P. Para que o observador veja o objeto diretamente, não pode haver qualquer obstrução entre o objeto e os olhos do observador.

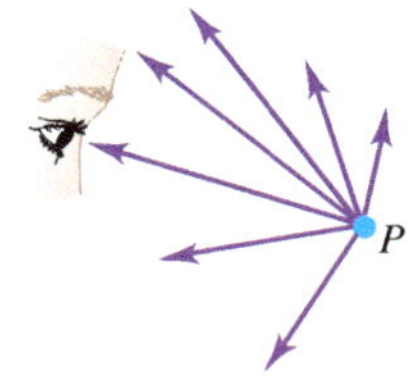

Figura 34.2 Raios de luz vindos do objeto no ponto P são refletidos em um espelho plano. Os raios refletidos entrando no olho parecem vir do ponto imagem P'.

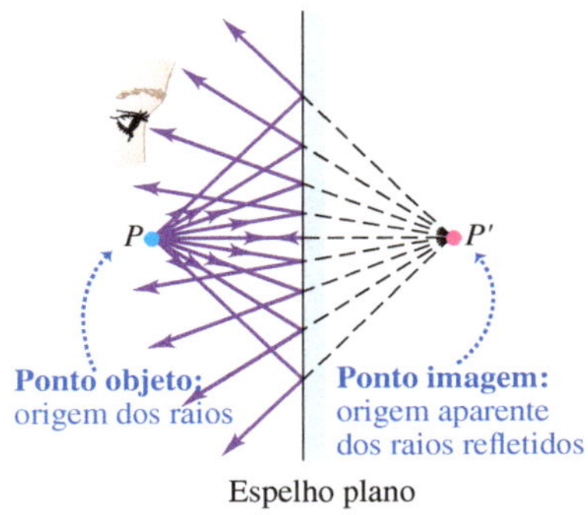

Figura 34.3 Os raios de luz do objeto no ponto P são refratados na interface plana. Os raios refratados que entram no olho parecem vir do ponto imagem P'.

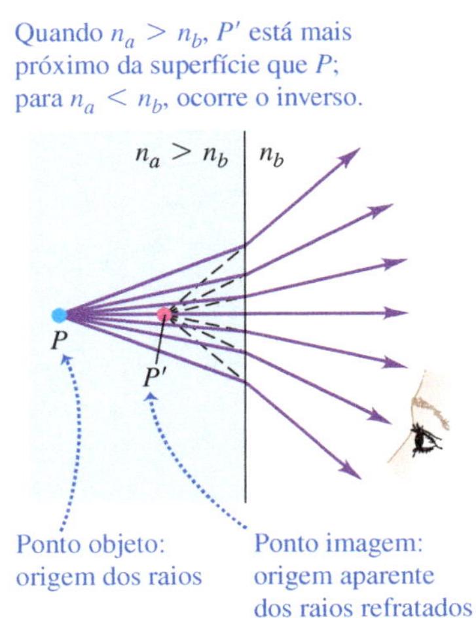

Figura 34.4 Construção para determinar o local da imagem formada por um espelho plano. O ponto imagem P' atrás do espelho está na mesma distância do espelho que o ponto objeto P na frente dele.

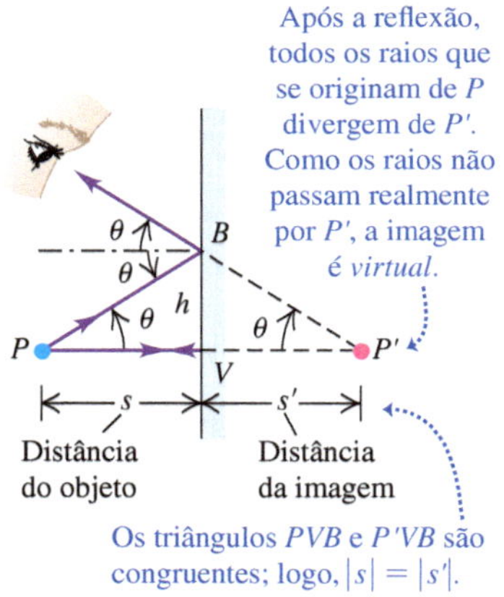

Formação da imagem em um espelho plano

Por enquanto, vamos nos concentrar na descrição de imagens formadas por *reflexão*; voltaremos ao problema da refração mais adiante neste capítulo. Para localizar a imagem virtual P' que um espelho plano forma de um objeto P, usaremos a construção mostrada na **Figura 34.4**. A figura mostra dois raios divergindo a partir de um ponto objeto P situado a uma distância s à esquerda de um espelho plano. Chamaremos s de **distância do objeto.** O raio PV é perpendicular à superfície do espelho e retorna na mesma direção do raio original.

O raio PB forma um ângulo θ com o PV. Ele atinge o espelho plano com um ângulo de incidência θ e se reflete formando o mesmo ângulo com a normal. Prolongando os dois raios refletidos para trás do espelho, eles se cruzam em um ponto P', situado a uma distância s' atrás do espelho. Chamaremos s' de **distância da imagem**. A linha entre P e P' é perpendicular ao espelho. Os dois triângulos PVB e $P'VB$ são congruentes, de modo que P e P' possuem distâncias iguais até o espelho e, portanto, s e s' possuem módulos iguais. A distância entre o espelho e a imagem P' formada *atrás* dele é exatamente igual à distância na frente dele entre o objeto P e a superfície do espelho.

Podemos repetir a construção da Figura 34.4 para qualquer raio divergindo do ponto P. A direção de *qualquer* raio refletido é a mesma que se ele tivesse vindo do ponto P', confirmando que P' é a *imagem* de P. Qualquer que seja a posição do observador, ele sempre verá a imagem localizada no ponto P'.

Regras de sinais

Figura 34.5 Nessas duas situações, a distância do objeto s é positiva (regra 1) e a distância da imagem s' é negativa (regra 2).

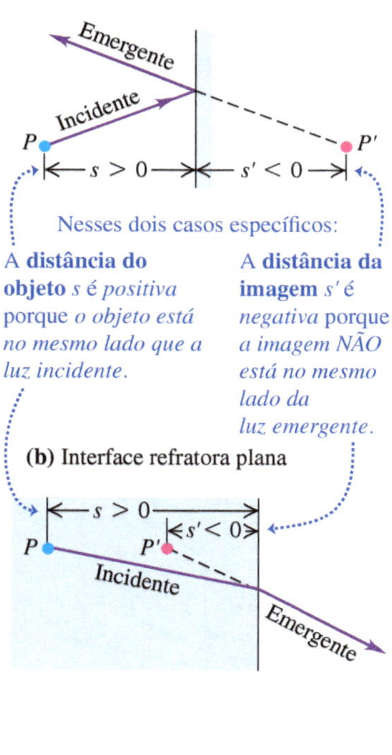

Antes de prosseguir, vamos introduzir algumas regras de sinais. Elas podem parecer desnecessariamente complicadas para o caso simples da imagem formada por um espelho plano, mas desejamos formular essas regras de modo que possam ser aplicadas para *quaisquer* situações que sejam encontradas mais adiante. Essas situações incluem a formação de imagens por uma superfície refletora ou refratora plana ou esférica ou por um par de superfícies refratoras formando uma lente. As regras são:

1. **Regra do sinal para a distância do objeto:** quando o objeto está no mesmo lado da luz que incide sobre a superfície refletora ou refratora, a distância do objeto s é positiva; caso contrário, é negativa.
2. **Regra do sinal para a distância da imagem:** quando a imagem está no mesmo lado da luz que emerge da superfície refletora ou refratora, a distância da imagem s' é positiva; caso contrário, é negativa.
3. **Regra do sinal para o raio de curvatura de uma superfície esférica:** quando o centro de curvatura C está no mesmo lado da luz que emerge da superfície refletora ou refratora, o raio de curvatura é positivo; caso contrário, é negativo.

A **Figura 34.5** ilustra as regras 1 e 2 para duas situações diferentes. Para um espelho, o lado do raio incidente é sempre o mesmo do raio emergente; por exemplo, nos dois casos indicados nas figuras 34.2, 34.4 e 34.5a, o lado em questão é o esquerdo. Para as superfícies refratoras mostradas nas figuras 34.3 e 34.5b, o lado da luz incidente é o lado esquerdo da interface entre os dois materiais e o lado da luz emergente é o direito. (Note que outros livros podem usar regras diferentes.)

Nas figuras 34.4 e 34.5a, a distância do objeto s é *positiva* porque o ponto objeto P está no lado da luz incidente sobre a superfície refletora (o esquerdo). A distância da imagem s' é *negativa* porque o ponto imagem P' *não* está no lado da luz que emerge da superfície refletora (o esquerdo). As distâncias s e s' são relacionadas por

$$s = -s' \quad \text{(espelho plano)} \tag{34.1}$$

Para uma superfície refletora ou refratora plana, os raios de curvatura são infinitos e, portanto, não fornecem qualquer informação útil; nesses casos, na verdade, não necessitamos da terceira regra. Porém, mais adiante neste capítulo, veremos que essa regra será extremamente útil quando estudarmos a formação de imagens no caso de interfaces *curvas* que refletem ou refratam a luz.

Imagem de um objeto extenso: espelho plano

Vamos agora considerar um objeto *extenso* com um tamanho definido. Para simplificar, geralmente tomamos um objeto que possui apenas uma dimensão, como uma seta estreita orientada paralelamente à superfície refletora, como a seta PQ na **Figura 34.6**. A distância entre o ponto inicial e a extremidade da seta orientada desse modo é sua *altura*; na Figura 34.6, a altura é y. A imagem formada por esse objeto extenso é uma imagem extensa; cada ponto do objeto corresponde a um ponto na imagem. Mostramos dois raios provenientes do ponto Q; parece que *todos* os raios provenientes de Q divergem do ponto imagem Q' depois da reflexão. A imagem da seta é o segmento $P'Q'$, com altura y'. Os outros pontos do objeto PQ possuem imagens entre os pontos P' e Q'. Os triângulos PQV e $P'Q'V$ são congruentes, de modo que PQ possui as mesmas dimensão e orientação da imagem $P'Q'$, logo $y = y'$.

Figura 34.6 Construção para determinar a altura da imagem formada por reflexão em uma superfície plana refletora.

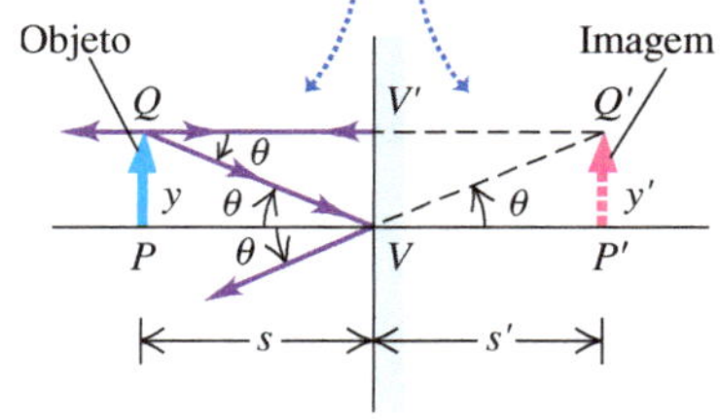

A razão entre a altura da imagem e a altura do objeto, y'/y, em *qualquer* situação de formação de imagem, denomina-se **ampliação transversal** m; ou seja,

Ampliação lateral em uma situação de formação de imagem

$$m = \frac{y'}{y} \tag{34.2}$$

(y': Altura da imagem; y: Altura do objeto)

Logo, para um espelho plano, $y = y'$, de modo que a ampliação transversal m é igual a 1. Quando você olha para um espelho plano, sua imagem no espelho possui o mesmo tamanho do seu corpo real.

Na Figura 34.6, a seta que representa a imagem aponta na *mesma* direção e no *mesmo* sentido da seta que representa o objeto; dizemos que a imagem está em pé ou então que se trata de uma **imagem direita**. Nesse caso, y e y' possuem o mesmo sinal e a ampliação transversal m é positiva. A imagem formada por um espelho plano é sempre direita, de modo que y e y' tenham o mesmo módulo e o mesmo sinal; da Equação 34.2, a ampliação transversal de um espelho plano é sempre $m = +1$. Mais adiante encontraremos situações nas quais obtemos uma **imagem invertida**, ou seja, a seta da imagem aponta no sentido *oposto* à seta que identifica o objeto. Para uma imagem invertida, y e y' sempre possuem sinais *contrários* e a ampliação transversal m é *negativa*.

O objeto mostrado na Figura 34.6 possui apenas uma dimensão. A **Figura 34.7** mostra um objeto em *três* dimensões formando uma imagem virtual tridimensional em um espelho plano. O sentido aparente da imagem está relacionado com o sentido do objeto do mesmo modo que a mão esquerda está relacionada com a mão direita.

Figura 34.7 A imagem formada por um espelho plano é virtual, direita, invertida e possui o mesmo tamanho do objeto.

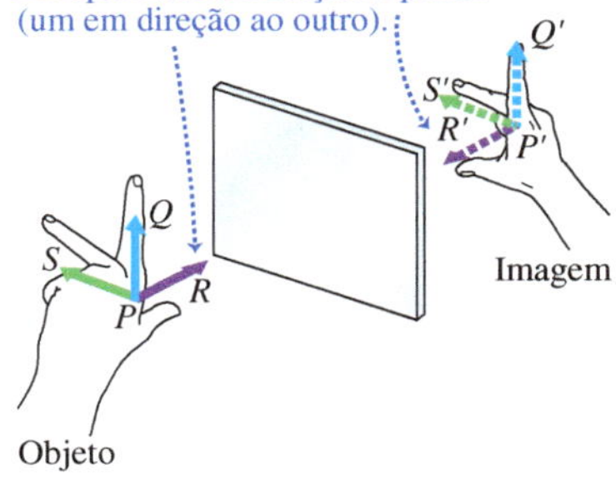

ATENÇÃO **Reflexão em um espelho plano** Você pode estar se perguntando: "Por que um espelho plano inverte as imagens direita e esquerda, mas mantém o sentido vertical de baixo para cima inalterado?". A pergunta não está bem formulada! Como se observa na Figura 34.7, a imagem vertical $P'Q'$ e a imagem horizontal $P'S'$ são paralelas aos respectivos objetos e não sofrem qualquer inversão! Apenas a imagem frontal $P'R'$ está invertida em relação a PR. Portanto, seria mais correto dizer que um espelho plano inverte as imagens de *frente para trás*. Quando um objeto e sua imagem se relacionam dessa forma, dizemos que a imagem está **invertida**; isso significa que *somente* a dimensão frontal (o sentido de *frente para trás*) é invertida.

A imagem invertida formada por um espelho plano de um objeto em três dimensões possui o mesmo *tamanho* do objeto em todas as dimensões. Quando as dimensões transversais do objeto e da imagem estão na mesma direção, a imagem

Figura 34.8 A imagem formada por um espelho plano é invertida; a imagem de uma mão direita é uma mão esquerda e assim por diante. (A mão está apoiada sobre um espelho horizontal.) As imagens das letras I, H e T estão invertidas?

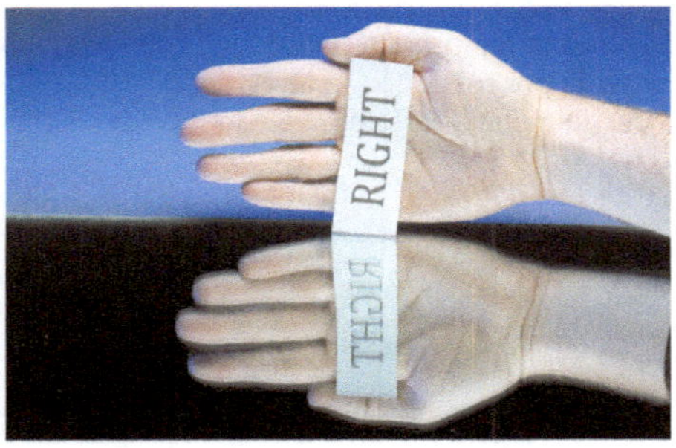

é direita. Portanto, um espelho plano sempre forma uma imagem direita, porém invertida. A **Figura 34.8** fornece um exemplo disso.

Uma propriedade importante de todas as imagens formadas por superfícies refletoras ou refratoras é que uma *imagem* formada por uma superfície ou por um dispositivo ótico pode servir como o *objeto* para a formação de outra imagem em uma segunda superfície ou dispositivo. A **Figura 34.9** fornece um exemplo simples. O espelho 1 forma uma imagem P_1' de um objeto situado no ponto P e o espelho 2 forma outra imagem P_2', cada uma delas do modo que acabamos de descrever. Porém, além disso, a imagem P_1' formada pelo espelho 1 serve como objeto para o espelho 2, que a seguir forma uma imagem desse novo objeto no ponto P_3', como indicado. Analogamente, o espelho 1 usa a imagem P_2' formada pelo espelho 2 como um objeto para formar uma imagem dele. Deixamos para você a demonstração de que esse ponto imagem também está no ponto P_3'. A ideia de que uma imagem formada por um dispositivo ótico pode servir como objeto para a formação de outra imagem em um segundo dispositivo é de importância fundamental na ótica geométrica. Mais adiante neste capítulo, usaremos essa ideia para localizar a imagem que sofre duas refrações sucessivas nas superfícies curvas de uma lente. Essa ideia nos ajudará a entender a formação de imagens em dispositivos contendo combinações de lentes, como um microscópio ou um telescópio refrator.

Figura 34.9 As imagens P_1' e P_2' são formadas por uma única reflexão de cada raio a partir do objeto em P. A imagem P_3', que pode ser localizada tomando-se qualquer uma das outras imagens como objeto, é formada por uma reflexão dupla de cada raio.

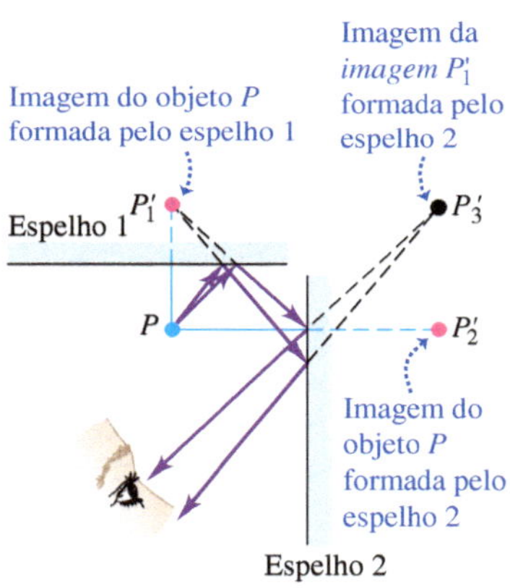

TESTE SUA COMPREENSÃO DA SEÇÃO 34.1 Se você caminhar em linha reta na direção de um espelho plano com uma velocidade v, com que velocidade sua imagem se aproximará de você? (i) Menor que v; (ii) v; (iii) maior que v, mas menor que $2v$; (iv) $2v$; (v) maior que $2v$. ❙

34.2 REFLEXÃO EM UMA SUPERFÍCIE ESFÉRICA

Um espelho plano produz uma imagem do mesmo tamanho do objeto. Porém, existem muitas aplicações para as quais as imagens e os objetos devem possuir tamanhos diferentes. Os espelhos de maquiagem geram uma imagem *maior* que a do objeto, e os espelhos de monitoramento (usados no interior de lojas para observar eventuais furtos) produzem uma imagem *menor* que a do objeto. Existem também algumas aplicações de espelhos nas quais se busca obter uma imagem *real*, de modo que a luz passe efetivamente pelo ponto imagem P'. Um espelho plano não serve para realizar nenhuma dessas tarefas. Somente espelhos *curvos* podem ser usados nessas aplicações.

Imagem de um objeto pontual: espelho esférico

Vamos considerar o caso especial (e facilmente analisado) da formação da imagem de um espelho *esférico*. A **Figura 34.10a** mostra um espelho esférico com raio de curvatura R, com o lado côncavo voltado para a luz incidente. O **centro de curvatura** da superfície (o centro da esfera da qual o espelho é uma parte) é o ponto C, e o **vértice** do espelho (o centro da superfície refletora) é o ponto V. A linha CV denomina-se **eixo ótico**. O ponto P é um ponto objeto situado sobre o eixo ótico; por enquanto, vamos considerar que a distância entre P e V é maior que R.

O raio PV, que passa pelo ponto C, atinge o espelho perpendicularmente e é refletido de volta na mesma direção. O raio PB, que forma um ângulo α com o eixo, atinge o espelho no ponto B, onde os ângulos de incidência e de reflexão são designados por θ. O raio refletido intercepta o eixo no ponto P'. Mostraremos de modo breve que *todos* os raios provenientes de P interceptam o eixo no *mesmo* ponto P', como na Figura 34.10b, desde que o ângulo α seja pequeno. O ponto P' é, portanto, a *imagem* do ponto objeto P. Diferentemente dos raios refletidos indicados na Figura 34.1, os raios na Figura 34.10b realmente se interceptam no ponto P', depois divergem de P' *como se* tivessem origem nesse ponto. Logo, P' é uma imagem *real*.

Para entender a utilidade da formação de uma imagem real, suponha que o espelho esteja em uma sala escura na qual a única fonte de luz seja um objeto no ponto P

que emite luz própria. Se você colocar uma pequena película fotográfica no ponto P', todos os raios de luz provenientes do ponto P que se refletem no espelho irão se interceptar no mesmo ponto P' sobre a película; quando for revelado, o filme mostrará um ponto brilhante que representa a imagem focalizada do objeto situado no ponto P. Esse princípio é a base do funcionamento de muitos telescópios astronômicos, que utilizam grandes espelhos côncavos para fotografar corpos celestes. Quanto ao espelho *plano* exibido na Figura 34.2, os raios luminosos não passam efetivamente pelo ponto imagem; assim, a imagem não será gravada na película fotográfica aí colocada. As imagens reais desempenham um papel *essencial* na fotografia.

Vamos agora localizar o ponto imagem real P' mostrado na Figura 34.10a e provar que todos os raios provenientes do ponto P se interceptam no ponto P' (desde que o ângulo seja pequeno). A distância do objeto, medida a partir do vértice V, é igual a s; a distância da imagem, também medida a partir de V, é igual a s'. Os sinais de s, s' e o raio de curvatura R são obtidos usando-se as regras de sinais mencionadas na Seção 34.1. O ponto objeto P está do mesmo lado do raio incidente; logo, de acordo com a primeira regra, a distância s é positiva. O ponto imagem P' está do lado da luz refletida; portanto, de acordo com a segunda regra, a distância s' também é positiva. O centro de curvatura C está do mesmo lado da luz refletida e, assim, de acordo com a terceira regra, a distância R também é positiva; R é sempre positivo quando a reflexão ocorre no lado *côncavo* da superfície (**Figura 34.11**).

Usamos agora o seguinte teorema da geometria plana: o ângulo externo de um triângulo é igual à soma dos dois ângulos internos opostos. Aplicando esse teorema aos triângulos PBC e $P'BC$ indicados na Figura 34.10a, obtemos

$$\phi = \alpha + \theta \qquad \beta = \phi + \theta$$

Eliminando θ dessas equações, encontramos

$$\alpha + \beta = 2\phi \tag{34.3}$$

Agora podemos calcular a distância da imagem s'. Sejam h a altura do ponto B acima do eixo ótico e δ a pequena distância entre V e a base dessa linha vertical. Vamos escrever expressões para as tangentes dos ângulos α, β e ϕ, lembrando que s, s' e R são grandezas positivas:

$$\tan\alpha = \frac{h}{s - \delta} \qquad \tan\beta = \frac{h}{s' - \delta} \qquad \tan\phi = \frac{h}{R - \delta}$$

Essas equações trigonométricas não são de solução tão simples como as obtidas no caso do espelho plano. Contudo, *se o ângulo α for pequeno*, os ângulos β e ϕ também serão. A tangente de um ângulo muito menor que um radiano é aproximadamente igual ao próprio ângulo (medido em radianos), de modo que podemos substituir, nas equações anteriores, tan α por α e assim por diante. Além disso, quando o ângulo α é pequeno, é possível desprezar a distância em comparação com s, s' e R. Portanto, para ângulos pequenos, obtemos as seguintes relações aproximadas:

$$\alpha = \frac{h}{s} \qquad \beta = \frac{h}{s'} \qquad \phi = \frac{h}{R}$$

Substituindo esses valores na Equação 34.3 e dividindo por h, obtemos uma equação geral envolvendo s, s' e R:

$$\frac{1}{s} + \frac{1}{s'} = \frac{2}{R} \quad \text{(relação imagem-objeto, espelho esférico)} \tag{34.4}$$

Figura 34.10 (a) Um espelho esférico côncavo forma uma imagem real de um objeto pontual P sobre o eixo ótico do espelho. (b) O olho vê alguns dos raios refletidos e os interpreta como se eles emanassem de uma fonte em P'.

(a) Construção para encontrar a posição P' de uma imagem formada por um espelho esférico côncavo.

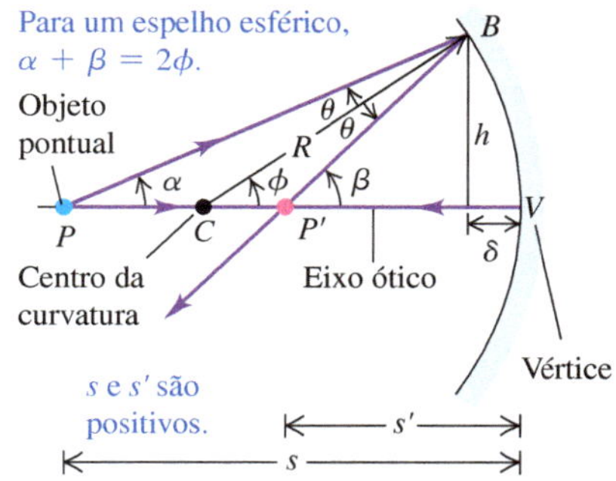

(b) A aproximação paraxial, que é aplicável a raios com α pequeno.

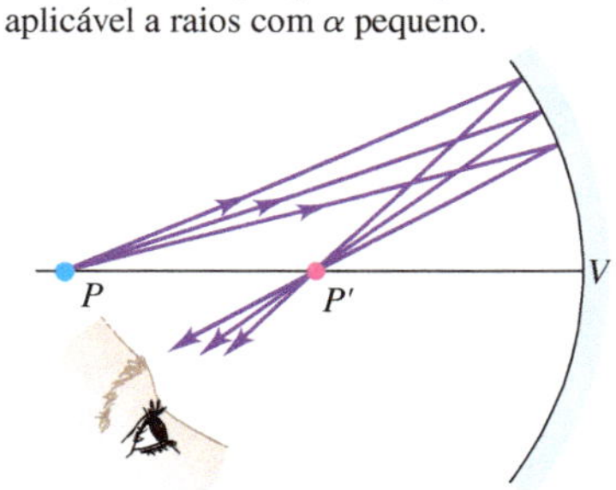

Todos os raios de P que possuem um ângulo α pequeno passam por P', formando uma imagem real.

Figura 34.11 A regra de sinais para o raio de um espelho esférico.

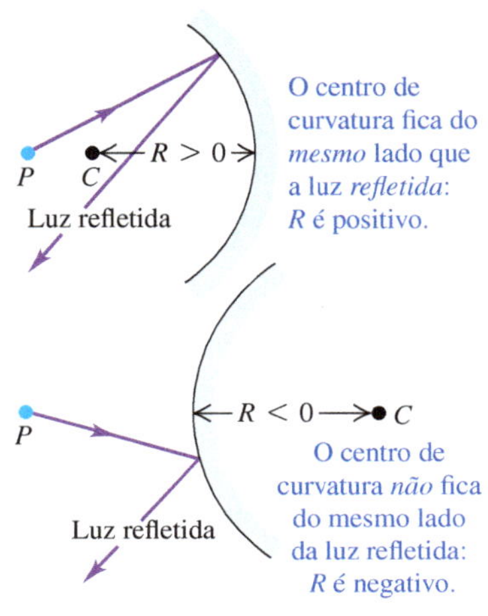

Figura 34.12 (a), (b) Logo após o Telescópio Espacial Hubble ter sido colocado em órbita, em 1990, descobriu-se que o espelho côncavo primário (também chamado *espelho da objetiva*) apresentava uma depressão da ordem de 1/50 da espessura de um cabelo humano, o que produzia aberrações esféricas nas imagens das estrelas. (c) Após a instalação de dispositivos óticos corretivos, em 1993, os efeitos das aberrações foram quase completamente eliminados.

(a) Espelho primário de 2,4 m de diâmetro do Telescópio Espacial Hubble

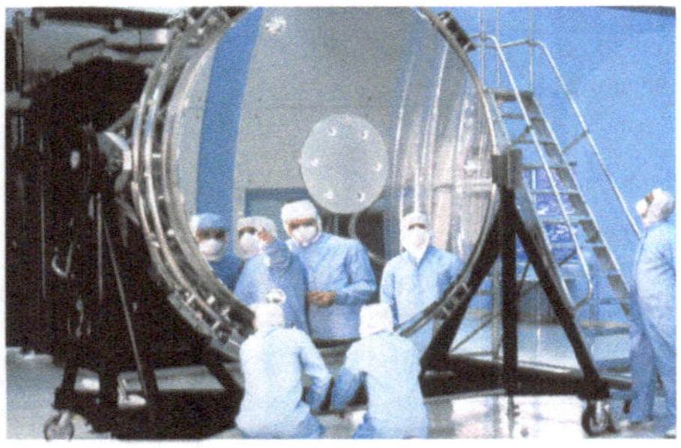

(b) Uma estrela vista com o espelho original

(c) A mesma estrela após a instalação dos dispositivos óticos corretivos

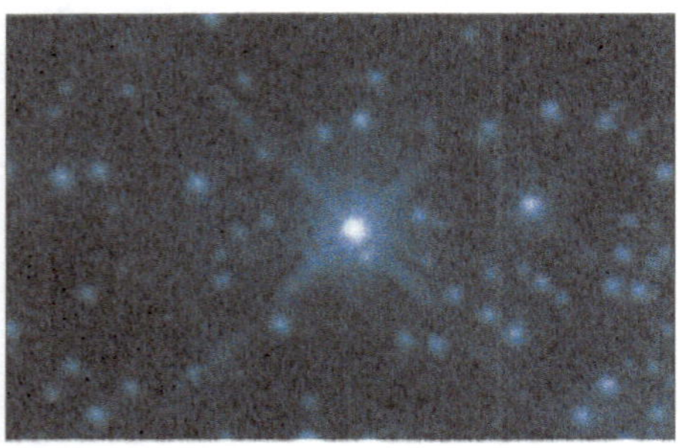

Essa equação não contém o ângulo α. Logo, *todos* os raios provenientes do ponto P que formam um ângulo suficientemente pequeno com o eixo se interceptam no ponto P' depois da reflexão; isso demonstra nossa afirmação anterior. Tais raios, aproximadamente paralelos e próximos do eixo, são chamados de **raios paraxiais**. (A expressão **aproximação paraxial** é, em geral, usada para a aproximação que acabamos de descrever.) Como todos os raios refletidos convergem sobre o ponto da imagem, um espelho côncavo também é chamado de *espelho convergente*.

Note que a Equação 34.4, bem como outras equações semelhantes que vamos deduzir neste capítulo e no próximo, é uma relação apenas *aproximadamente* correta. Ela decorre de um cálculo no qual empregamos aproximações e vale somente para raios paraxiais. Quando aumentamos o ângulo α que o raio forma com o eixo ótico, o ponto P' onde os raios interceptam o eixo ótico fica mais próximo do vértice que no caso de raios paraxiais. Em consequência, um espelho esférico, diferentemente de um espelho plano, não forma uma imagem pontual exata de um objeto pontual — a imagem fica "borrada". Essa propriedade de um espelho esférico é chamada de **aberração esférica**. Quando o espelho primário do Telescópio Espacial Hubble foi construído (**Figura 34.12a**), foram cometidos pequenos erros em sua forma que causaram uma inaceitável quantidade de aberração esférica (Figura 34.12b). O desempenho do telescópio melhorou substancialmente após a instalação de dispositivos óticos para correção das aberrações (Figura 34.12c).

Se o raio de curvatura se torna infinito ($R = \infty$), o espelho se torna *plano*, e a Equação 34.4 se reduz à Equação 34.1 referente a uma superfície plana refletora.

Foco e distância focal

Quando o ponto objeto P está muito longe do espelho esférico ($s = \infty$), os raios incidentes são paralelos. (A estrela mostrada na Figura 34.12c é um exemplo de objeto distante.) De acordo com a Equação 34.4, a distância s' nesse caso é dada por

$$\frac{1}{\infty} + \frac{1}{s'} = \frac{2}{R} \qquad s' = \frac{R}{2}$$

Essa situação é apresentada na **Figura 34.13a**. O feixe dos raios incidentes paralelos converge, depois da reflexão no espelho esférico, para um ponto F situado a uma distância $R/2$ do vértice do espelho. O ponto F para o qual os raios paralelos convergem é chamado de **foco** do espelho ou **ponto focal**; dizemos que os raios se encontram no ponto focal. A distância entre o foco e o vértice do espelho, designada pela letra f, denomina-se **distância focal**. Vemos que entre f e o raio de curvatura R existe a relação

$$f = \frac{R}{2} \qquad \text{(distância focal de um espelho esférico)} \qquad (34.5)$$

A situação oposta é mostrada na Figura 34.13b. Agora o *objeto* é colocado no ponto focal F, de modo que a distância do objeto é dada por $s = f = R/2$. A distância da imagem s' pode ser novamente obtida pela Equação 34.4:

$$\frac{2}{R} + \frac{1}{s'} = \frac{2}{R} \qquad \frac{1}{s'} = 0 \qquad s' = \infty$$

Quando o objeto está situado sobre o ponto focal, os raios refletidos indicados na Figura 34.13b são paralelos ao eixo ótico — eles se encontram somente no infinito, logo, a distância da imagem é infinita.

Portanto, as propriedades do foco F de um espelho esférico mostram que (1) todo raio que incide paralelamente ao eixo ótico é refletido passando pelo foco e (2) qualquer raio passando pelo foco que incide sobre o espelho é refletido paralelamente ao eixo ótico. Para um espelho esférico, essas afirmações são válidas apenas no caso dos raios paraxiais. Para um espelho parabólico, essas afirmações são *integralmente* válidas. Espelhos parabólicos e esféricos são usados em lanternas e nos faróis dos automóveis para transformar a luz da lâmpada em um feixe paralelo. Em algumas usinas, para aproveitamento da energia solar, usa-se uma grande rede de espelhos planos para simular aproximadamente um espelho esférico côncavo; a luz solar é coletada pelos espelhos e projetada para o ponto focal, onde as caldeiras são colocadas para produzir vapor. (Os conceitos de foco e de distância focal também se aplicam a lentes, como veremos na Seção 34.4.)

Geralmente expressaremos a relação entre as distâncias da imagem e do objeto, Equação 34.4, em termos da distância focal f:

$$\frac{1}{s} + \frac{1}{s'} = \frac{1}{f} \quad \text{(relação imagem–objeto, espelho esférico)} \qquad (34.6)$$

Formação da imagem de um objeto extenso: espelho esférico

Vamos agora supor que o objeto possua um tamanho *finito*, representado pela seta PQ na **Figura 34.14**, perpendicular ao eixo ótico CV. A imagem de P formada pelos raios paraxiais se encontra no ponto P'. A distância do objeto ao ponto Q é quase igual à distância do objeto ao ponto P, de modo que a imagem $P'Q'$ é aproximadamente reta e perpendicular ao eixo ótico. Observe que as setas do objeto e da imagem possuem tamanhos diferentes, y e y', respectivamente, e que os sentidos das setas são opostos. Na Equação 34.2, definimos a *ampliação transversal* m como a razão entre a altura da imagem y' e a altura do objeto y:

$$m = \frac{y'}{y}$$

Como os triângulos PVQ e $P'VQ'$ na Figura 34.14 são *semelhantes*, obtemos a relação $y/s = -y'/s'$. O sinal negativo é necessário porque a imagem e o objeto estão em lados opostos em relação ao eixo ótico; quando y é positivo, y' é negativo, e vice-versa. Logo,

$$m = \frac{y'}{y} = -\frac{s'}{s} \quad \text{(ampliação transversal, espelho esférico)} \qquad (34.7)$$

Se m é positivo, a imagem é direita em relação ao objeto; se m é negativo, a imagem é *invertida* em relação ao objeto, como indica a Figura 34.14. Em um espelho *plano*, $s = -s'$, logo, $y' = y$ e $m = +1$; como m é positivo, a imagem é direita, e como $|m| = 1$, a imagem possui o mesmo tamanho do objeto.

Figura 34.14 Construção para determinar a posição, a orientação e a altura da imagem formada por um espelho esférico côncavo.

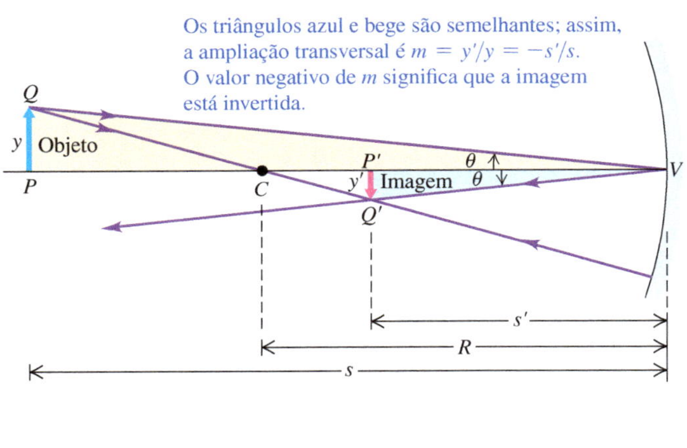

Figura 34.13 O foco e a distância focal de um espelho côncavo.

(a) Todos os raios incidentes paralelos em um espelho esférico se refletem passando pelo foco

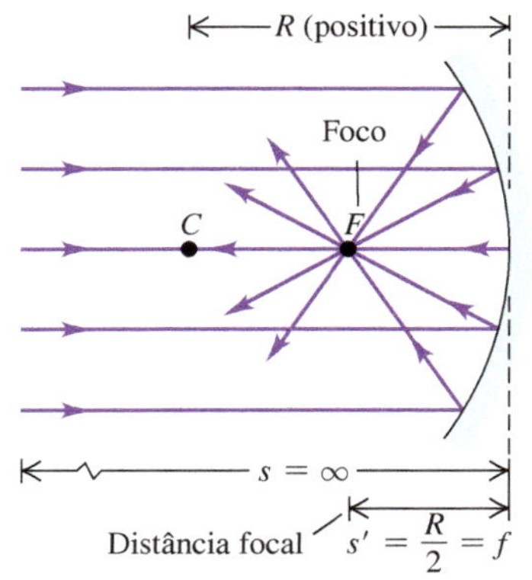

(b) Os raios que divergem do foco de um espelho se refletem e formam raios paralelos

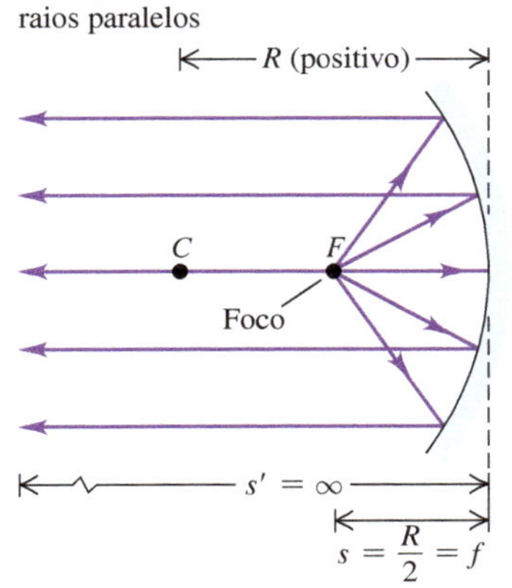

Aplicação Antenas parabólicas de TV por satélite Uma antena parabólica usada para receber sinal de TV por satélite é, na verdade, um espelho parabólico côncavo. As ondas possuem frequência muito menor que a luz visível (1,2 a 1,8 $\times$ 10^{10} Hz contra 4,0 a 7,9 $\times$ 10^{14} Hz), mas as leis da reflexão são as mesmas. O transmissor em órbita se localiza tão longe que as ondas que chegam possuem raios praticamente paralelos, como mostra a Figura 34.13a. A parábola reflete as ondas projetando-as para um captador sensível situado no ponto focal, de onde elas são "canalizadas" para um decodificador que extrai o sinal.

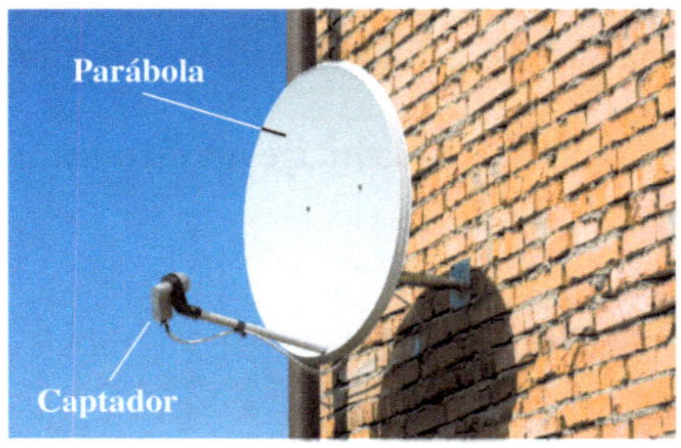

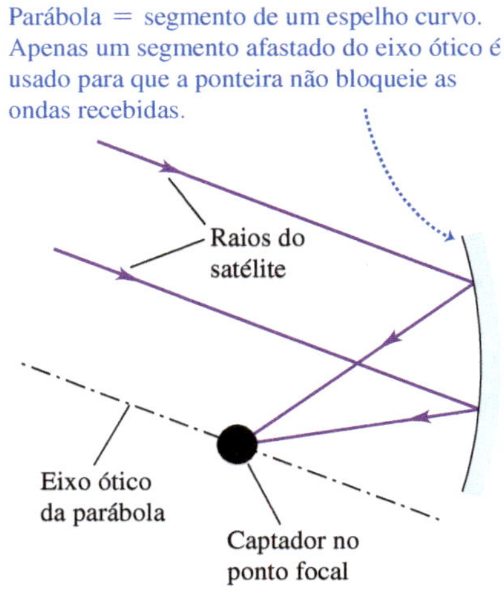

ATENÇÃO A ampliação transversal pode ser menor que 1 Embora a razão entre a altura da imagem e a altura do objeto seja chamada de *ampliação transversal*, a imagem formada por um espelho ou por uma lente pode ser menor, maior ou do mesmo tamanho do objeto. Quando ela é menor, o valor absoluto da ampliação é menor que um: $|m| < 1$. A imagem formada pelo espelho de um telescópio astronômico ou pela lente de uma câmera é *muito* menor que o objeto. Por exemplo, a imagem da estrela brilhante mostrada na Figura 34.12c possui apenas alguns milímetros de extensão, enquanto a estrela propriamente dita possui centenas de milhares de quilômetros de diâmetro.

Em nosso estudo dos espelhos côncavos, até o momento consideramos apenas objetos situados sobre o foco ou *fora* da região entre o foco e o vértice, de modo que a distância do objeto s ou é superior ou é igual ao valor da distância focal f (positiva). Nesses casos, o ponto imagem fica sempre do mesmo lado do espelho que os raios refletidos, e a imagem é real e invertida. Quando um objeto está *dentro* do foco de um espelho côncavo, de modo que $s < f$, a imagem resultante é *virtual* (ou seja, o ponto imagem fica do lado do espelho oposto ao lado onde se encontra o objeto), *direita* e *maior* que o objeto. Os espelhos de maquiagem (mencionados no início desta seção) são espelhos côncavos; quando se usa um desses espelhos, a distância entre o rosto e o espelho é menor que a distância focal, e o que se vê é uma imagem direita com tamanho maior. Você pode provar as afirmações anteriores sobre espelhos côncavos aplicando as equações 34.6 e 34.7. Também verificaremos esses resultados mais adiante nesta seção, após estudarmos os métodos gráficos para a determinação das posições e dos tamanhos dos objetos e das imagens.

EXEMPLO 34.1 FORMAÇÃO DA IMAGEM POR UM ESPELHO CÔNCAVO I

O filamento da lâmpada de um farol de automóvel está a uma distância de 10,0 cm à frente de um espelho côncavo que forma uma imagem sobre uma parede situada a uma distância de 3,0 m do espelho. (a) Qual é o raio de curvatura e qual a distância focal do espelho? (b) Qual é a ampliação transversal? Qual é a altura da imagem sabendo que a altura do objeto é de 5,0 mm?

SOLUÇÃO

IDENTIFICAR E PREPARAR: a **Figura 34.15** mostra nosso esquema. Nossas incógnitas são o raio de curvatura R, a distância focal f, a ampliação transversal m e a altura da imagem y'. São dadas as distâncias do espelho ao objeto (s) e do espelho à imagem (s'). Resolvemos a Equação 34.4 em função de R e, depois, usamos a Equação 34.5 para encontrar f. A Equação 34.7 nos permite calcular tanto m quanto y'.

EXECUTAR: (a) tanto o objeto quanto a imagem estão no lado côncavo do espelho (o lado refletor). Logo, tanto a distância do objeto, s, quanto a distância da imagem, s', são positivas; temos $s = 10{,}0$ cm e $s' = 300$ cm. Resolvemos a Equação 34.4 em função de R:

$$\frac{1}{10{,}0\text{ cm}} + \frac{1}{300\text{ cm}} = \frac{2}{R}$$

$$R = 2\left(\frac{1}{10{,}0\text{ cm}} + \frac{1}{300\text{ cm}}\right)^{-1} = 19{,}4\text{ cm}$$

A distância focal do espelho é $f = R/2 = 9{,}7$ cm.

(b) Da Equação 34.7, a ampliação transversal é

$$m = -\frac{s'}{s} = -\frac{300\text{ cm}}{10{,}0\text{ cm}} = -30{,}0$$

(Continua)

(*Continuação*)

Como m é negativa, a imagem está invertida. A altura da imagem é 30 vezes a do objeto, ou (30,0) (5,00 mm) = 150 mm.

AVALIAR: nosso esquema indica que a imagem está invertida; nossos cálculos confirmam. Observe que o objeto (em s = 10 cm) está próximo ao foco, mas fora da região entre o foco e o vértice (f = 9,7 cm). Esse procedimento é semelhante ao que é feito nos faróis dianteiros dos automóveis. Com o filamento perto do foco, o espelho côncavo produz um feixe de raios aproximadamente paralelos.

Figura 34.15 Nosso esquema para este problema.

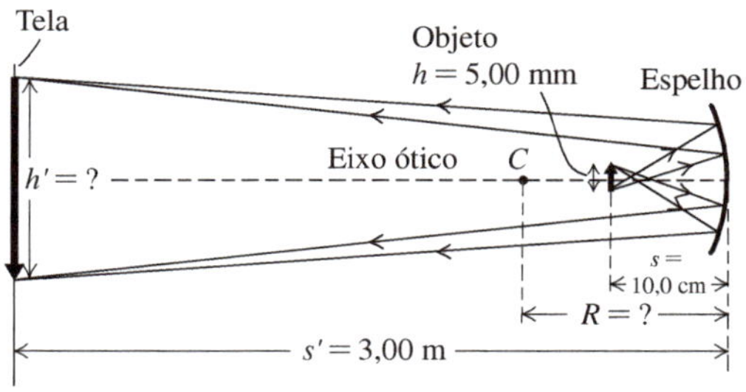

EXEMPLO CONCEITUAL 34.2 IMAGEM FORMADA POR UM ESPELHO CÔNCAVO II

No Exemplo 34.1, suponha que a metade inferior da superfície refletora do espelho seja coberta por uma película não refletora de fuligem. Que efeito isso produziria na imagem do filamento?

SOLUÇÃO

Seria natural imaginar que a imagem obtida agora mostrasse somente a metade do filamento. Mas, na verdade, a imagem continua mostrando o filamento *completo*. A explicação pode ser encontrada examinando-se a Figura 34.10b. Os raios luminosos provenientes de qualquer ponto P do objeto são refletidos em *todas* as partes do espelho e convergem para o ponto imagem correspondente P'. Se você remover uma parte do espelho ou cobrir uma parte de sua área com uma película não refletora, os raios luminosos que atingem a superfície refletora restante ainda formarão uma imagem de qualquer ponto do objeto.

Entretanto, a redução da área refletora reduz a energia luminosa que incide no ponto imagem: a imagem se torna *mais fosca*. Se a área for reduzida pela metade, a imagem terá a metade do brilho. De maneira contrária, o *aumento* da área de reflexão produz imagens mais brilhantes. Para obter imagens razoavelmente brilhantes de estrelas muito distantes, os telescópios astronômicos usam espelhos de até vários metros de diâmetro (veja a Figura 34.12a).

Espelhos convexos

Na **Figura 34.16a**, o lado *convexo* de um espelho esférico está de frente para o feixe incidente. O centro de curvatura se encontra do lado oposto aos raios emergentes; de acordo com a terceira regra de sinais exposta na Seção 34.1, R possui valor negativo (veja a Figura 34.11). O raio PB é refletido, com os ângulos de incidência e reflexão iguais a θ. O raio refletido, projetado para trás, intercepta o eixo no ponto P'. Como no caso do espelho côncavo, *todos* os raios provenientes de P refletidos pelo espelho divergem de um mesmo ponto P', desde que o ângulo α seja pequeno. O ponto P' é, portanto, a imagem de P. A distância do objeto s é positiva, a distância da imagem s' é negativa e o raio de curvatura R é *negativo* em um espelho esférico *convexo*.

A Figura 34.16b mostra dois raios divergindo da extremidade da seta PQ e a imagem virtual $P'Q'$ dessa seta. O mesmo procedimento usado no caso do espelho côncavo é aplicável para mostrar que, no caso do espelho convexo, as expressões para a relação objeto–imagem e a ampliação transversal são:

Figura 34.16 Formação da imagem em um espelho convexo.

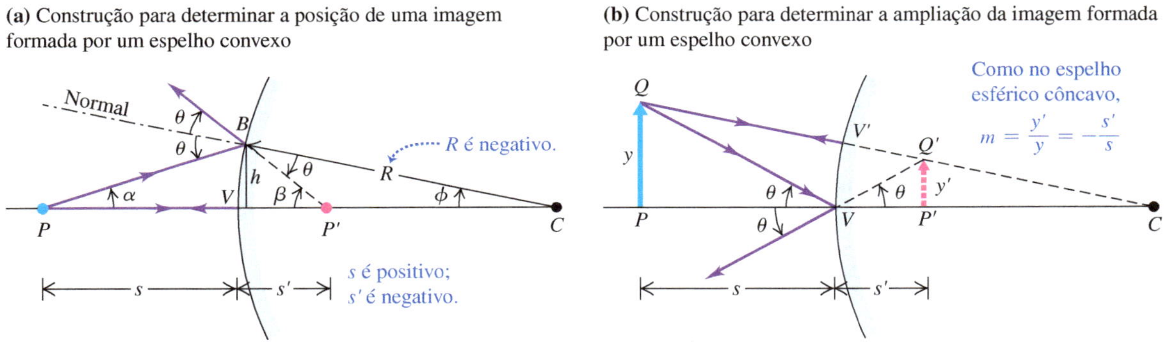

> **DADOS MOSTRAM**
>
> **Formação de imagem por espelhos**
>
> Quando os alunos recebiam um problema sobre a formação de imagem por espelhos, mais de 59% davam uma resposta incorreta. Erros comuns:
>
> - Não usar a lei da reflexão corretamente. Para um espelho (plano ou curvo), os raios incidentes e refletidos formam o mesmo ângulo com a normal ao espelho.
> - Confusão sobre a ampliação transversal. A ampliação transversal *m* depende apenas da relação entre a distância da imagem *s'* e a distância do objeto *s*. Se *s'* e *s* tiverem valores diferentes, mas a mesma relação nas duas situações, então o valor de *m* é o mesmo.

$$\frac{1}{s} + \frac{1}{s'} = \frac{2}{R} \qquad \text{e} \qquad m = \frac{y'}{y} = -\frac{s'}{s}$$

Essas expressões são exatamente iguais às equações 34.4 e 34.7 obtidas para um espelho côncavo. Portanto, quando usamos corretamente as regras de sinais, as equações 34.4 e 34.7 valem tanto para um espelho côncavo quanto para um espelho convexo.

Quando R é negativo (espelho convexo), os raios que incidem paralelamente ao eixo ótico não passam pelo foco F. Em vez disso, eles divergem como se estivessem emanando de um ponto F situado a uma distância f *atrás* do espelho, como indicado na **Figura 34.17a**. Nesse caso, f é a distância focal e F denomina-se *foco virtual*. A distância correspondente da imagem s' é negativa; logo, f e R possuem sinais negativos e a Equação 34.5, $f = R/2$, vale tanto para um espelho côncavo quanto para um espelho convexo. Na Figura 34.17b os raios incidentes convergem como se fossem se encontrar no foco virtual F e são refletidos paralelamente ao eixo ótico.

Resumindo, as equações 34.4 a 34.7, as relações básicas para a formação de imagem em um espelho esférico, são válidas tanto para um espelho côncavo quanto para um espelho convexo, desde que as regras de sinais sejam usadas de forma coerente.

Figura 34.17 Foco e distância focal de um espelho convexo.

(**a**) Raios incidentes paraxiais em um espelho convexo divergem de um foco virtual

(**b**) Os raios que se dirigem ao foco virtual de um espelho convexo emergem paralelos ao eixo ótico depois da reflexão

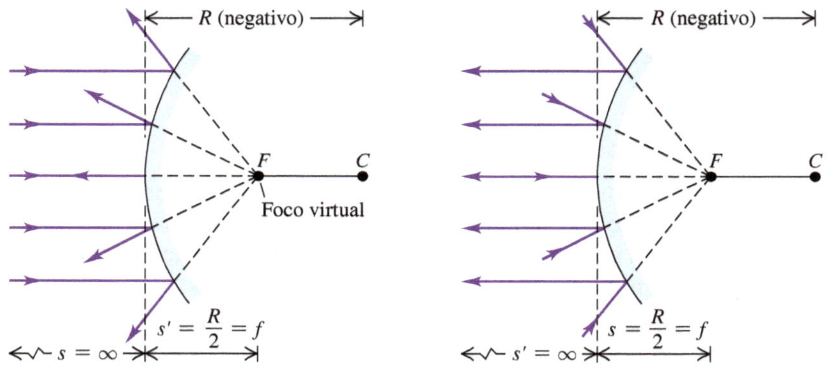

EXEMPLO 34.3 PROBLEMA DA IMAGEM DO PAPAI NOEL

Papai Noel verifica se está sujo de fuligem olhando para sua imagem refletida em um enfeite prateado brilhante da árvore de Natal, situado a uma distância de 0,750 m (**Figura 34.18a**). O diâmetro do enfeite é 7,20 cm. As referências da literatura afirmam que Papai Noel é um "velhinho alegre e de estatura mediana", de modo que sua altura estimada é 1,60 m. Onde se forma a imagem de Papai Noel refletida no enfeite e qual a sua altura? Ela é direita ou invertida?

SOLUÇÃO

IDENTIFICAR E PREPARAR: a Figura 34.18b mostra a situação. Papai Noel é o objeto, e a superfície do ornamento mais próximo dele age como um espelho convexo. As relações entre distância do objeto, distância da imagem, distância focal e ampliação são as mesmas que para os espelhos côncavos, desde que usemos as regras de sinais corretamente. O raio de curvatura e a distância focal são *negativos*. A distância do objeto é $s = 0{,}750$ m $=$ 75,0 cm, e a altura do Papai Noel é $y = 1{,}6$ m. Usaremos a Equação 34.6 para calcular a distância da imagem s' e, depois, a Equação 34.7 para encontrar a ampliação transversal m e a altura da imagem y'. O sinal de m nos diz se a imagem é direita ou invertida.

EXECUTAR: o raio do espelho (metade do diâmetro) é $R = -(7{,}20\ \text{cm})/2 = -3{,}60$ cm, e a distância focal $f = R/2 = -1{,}80$ cm. De acordo com a Equação 34.6,

$$\frac{1}{s'} = \frac{1}{f} - \frac{1}{s} = \frac{1}{-1{,}80\ \text{cm}} - \frac{1}{75{,}0\ \text{cm}}$$

$$s' = -1{,}76\ \text{cm}$$

Como s' é negativo, a imagem se forma atrás do espelho, ou seja, no lado oposto ao dos raios emergentes (Figura 34.18b), sendo uma imagem virtual. A imagem se forma na metade da distância entre a parte frontal do ornamento e seu centro de curvatura.

(Continua)

(Continuação)

A ampliação transversal m e a altura da imagem y' são obtidas da Equação 34.7:

$$m = \frac{y'}{y} = -\frac{s'}{s} = -\frac{-1{,}76\ \text{cm}}{75{,}0\ \text{cm}} = 0{,}0234$$

$$y' = my = (0{,}0234)\,(1{,}6\ \text{m}) = 3{,}8 \times 10^{-2}\ \text{m} = 3{,}8\ \text{cm}$$

AVALIAR: nosso esquema indica que a imagem é reta e, portanto, m e y' são positivos; nossos cálculos confirmam. Quando a distância do objeto s é positiva, um espelho convexo *sempre* forma uma imagem direita, virtual, reduzida e inversa. Por essa razão, os espelhos convexos são usados em pontos cegos em cruzamentos no trânsito, para vigilância no comércio e como espelhos retrovisores grande-angulares em automóveis e caminhões. (Muitos desses espelhos apresentam a inscrição "Atenção: os objetos no espelho estão mais próximos do que parecem.")

Figura 34.18 (a) O ornamento forma uma imagem virtual, reduzida e direita do Papai Noel. (b) Nosso esquema dos dois raios que formam a imagem.

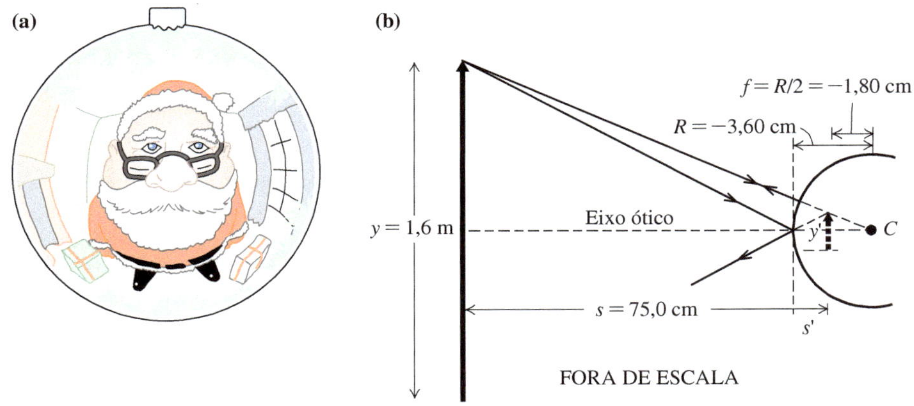

Métodos gráficos para espelhos

Nos exemplos 34.1 e 34.3, usamos as equações 34.6 e 34.7 para definir a posição e o tamanho da imagem formada por um espelho. Podemos também determinar as propriedades das imagens usando um método *gráfico* simples. Esse método consiste em encontrar o ponto de interseção de alguns raios particulares que divergem de um ponto do objeto (como o ponto Q indicado na **Figura 34.19**) e que são refletidos pelo espelho. Então (desprezando as aberrações), verificamos que *todos* os raios provenientes desse ponto do objeto e que se refletem no espelho se interceptam no mesmo ponto. Para essa construção, sempre escolhemos um

Figura 34.19 Método gráfico para localizar a posição da imagem formada por um espelho esférico. As cores dos raios são apenas para facilitar a identificação; não se referem a cores específicas da luz.

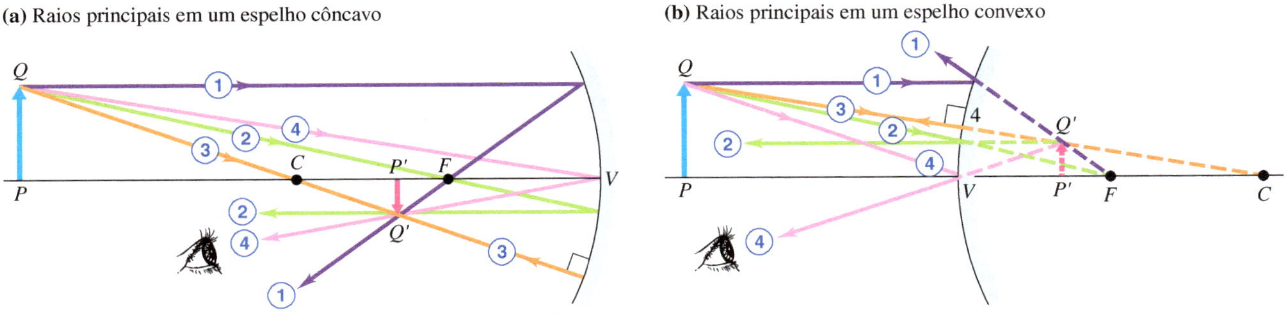

(a)
① Raio paralelo ao eixo se reflete passando pelo foco.
② Raio passando pelo foco se reflete paralelamente ao eixo.
③ Raio passando pelo centro de curvatura intercepta a superfície perpendicularmente e se reflete voltando pelo caminho original.
④ Raio que incide sobre o vértice se reflete simetricamente em relação ao eixo ótico.

(b)
① Raio paralelo refletido parece vir do foco.
② Raio que incide sobre o foco se reflete paralelamente ao eixo.
③ Como nos espelhos côncavos, os raios radiais ao centro de curvatura interceptam a superfície perpendicularmente e se refletem voltando por seu caminho original.
④ Como nos espelhos côncavos, os raios que incidem sobre o vértice se refletem simetricamente em torno do eixo ótico.

ponto do objeto que *não* esteja situado sobre o eixo ótico. Os quatro raios geralmente desenhados com mais facilidade são representados na Figura 34.19. Eles são chamados de **raios principais**.

1. *Um raio paralelo ao eixo*, depois da reflexão, passa pelo foco F de um espelho côncavo ou parece vir do foco (virtual) de um espelho convexo.
2. *Um raio que passa pelo foco F (ou que provém do foco)* é refletido paralelamente ao eixo ótico.
3. *Um raio na direção do raio* passando pelo centro de curvatura C (ou cujo prolongamento atinge o centro de curvatura) intercepta a superfície perpendicularmente e é refletido de volta em sua direção inicial.
4. *Um raio que passa pelo vértice V* é refletido formando ângulos iguais com o eixo ótico.

Uma vez encontrada a posição do ponto imagem por meio da interseção dos raios principais (1, 2, 3, 4), podemos desenhar a trajetória de qualquer outro raio que vá do ponto objeto ao ponto imagem.

ATENÇÃO **Os raios principais não são os únicos raios!** Embora tenhamos dado ênfase aos raios principais, na verdade *qualquer* raio que atinge o espelho passa por um ponto imagem (para uma imagem real) ou parece vir de um ponto imagem (no caso da imagem virtual). Em geral, são usados apenas os raios principais porque são suficientes para localizar a imagem.

ESTRATÉGIA PARA A SOLUÇÃO DE PROBLEMAS 34.1 FORMAÇÃO DA IMAGEM EM ESPELHOS

IDENTIFICAR *os conceitos relevantes:* existem dois modos diferentes e complementares de resolver problemas envolvendo a formação da imagem em espelhos. Um método é usar equações, e o outro é desenhar um diagrama dos raios principais. Uma boa resolução emprega *ambos* os métodos.

PREPARAR *o problema*: determine as incógnitas. As três grandezas-chave são a distância focal, a distância do objeto e a distância da imagem; em geral, o problema informará duas dessas grandezas e você terá de encontrar a terceira.

EXECUTAR *a solução* da seguinte forma:

1. Desenhe um diagrama organizado dos raios principais, se você possuir informações suficientes.
2. Faça seu diagrama de modo a orientar os raios incidentes da esquerda para a direita. Trace apenas os raios principais; codifique-os com cores, como na Figura 34.19. Se possível, use papel gráfico ou quadriculado. Use uma régua e meça as distâncias com cuidado! Um esboço traçado à mão livre *não* fornece bons resultados.
3. Se seus raios principais não convergem para um ponto imagem real, você deve prolongá-los em linha reta para trás para localizar um ponto imagem virtual, como indicado na Figura 34.19b. Recomendamos que esses prolongamentos sejam desenhados com linhas tracejadas.
4. Meça o diagrama resultante para obter as grandezas das incógnitas.
5. Encontre as incógnitas usando a Equação 34.6, $1/s + 1/s' = 1/f$, e a equação da ampliação transversal, Equação 34.7, conforme apropriado. Aplique as regras de sinais fornecidas na Seção 34.1 para as distâncias dos objetos e das imagens, os raios de curvatura e as alturas de objetos e imagens.
6. Use as regras de sinais para interpretar os resultados que você deduziu do seu diagrama de raios e seus cálculos. Lembre-se de que as *mesmas* regras de sinais (fornecidas na Seção 34.1) se aplicam aos quatro casos estudados neste capítulo: reflexão e refração em superfícies planas e esféricas.

AVALIAR *sua resposta:* verifique se os resultados dos seus cálculos conferem com os resultados do seu diagrama de raios para a posição da imagem, o tamanho da imagem e se a imagem é real ou virtual.

EXEMPLO 34.4 ESPELHO CÔNCAVO COM DIFERENTES DISTÂNCIAS DO OBJETO

Um espelho côncavo possui raio de curvatura com valor absoluto igual a 20 cm. Determine graficamente a imagem de um objeto em forma de seta perpendicular ao eixo do espelho para as seguintes distâncias do objeto: (a) 30 cm; (b) 20 cm; (c) 10 cm; (d) 5 cm. Confira a construção *calculando* o tamanho e a ampliação de cada imagem.

SOLUÇÃO

IDENTIFICAR E PREPARAR: este problema pede que usemos *ambos* os métodos (gráfico e cálculos) para analisar a imagem criada por um espelho. O problema informa o raio de curvatura $R = +20$ cm (positivo, já que o espelho é côncavo) e, portanto, a distância focal $f = R/2 = +10$ cm. Nossas incógnitas são as

(Continua)

(Continuação)

distâncias da imagem s' e as ampliações transversais m correspondentes a quatro casos com distâncias de objeto sucessivamente menores s. Em cada caso, resolvemos a Equação 34.6 em função de s' e usamos $m = -s'/s$ para determinar m.

EXECUTAR: a **Figura 34.20** mostra os diagramas dos raios principais dos quatro casos. Estude cada um desses diagramas cuidadosamente, comparando cada raio numerado com a descrição feita anteriormente. Há diversas questões dignas de nota. Inicialmente, na parte (b), a distância do objeto é igual à distância da imagem. Nesse caso, o raio 3 não pode ser desenhado, porque um raio partindo de Q e passando pelo centro de curvatura C não atinge o espelho. O raio 2 não pode ser desenhado em (c) porque um raio partindo de Q e passando por F também não atinge o espelho. Nesse caso, os raios emergentes são paralelos, correspondendo a uma imagem que se forma no infinito. Em (d), os raios emergentes foram prolongados para trás do espelho para encontrar o *ponto imagem virtual* Q', do qual os raios parecem divergir. A situação mostrada em (d) ilustra a observação geral de que um objeto situado entre o foco e o vértice de um espelho côncavo produz uma imagem virtual.

Medidas realizadas com uma régua apropriada fornecem as seguintes distâncias das imagens aproximadas: (a) 15 cm; (b) 20 cm; (c) ∞ ou $-\infty$ (porque os raios emergentes são paralelos e não convergem em nenhuma distância finita); (d) -10 cm. Para *calcular* essas distâncias, usamos a Equação 34.6 para s' e inserimos $f = 10$ cm:

$$\text{(a)}\ \frac{1}{30\text{ cm}} + \frac{1}{s'} = \frac{1}{10\text{ cm}} \qquad s' = 15\text{ cm}$$

$$\text{(b)}\ \frac{1}{20\text{ cm}} + \frac{1}{s'} = \frac{1}{10\text{ cm}} \qquad s' = 20\text{ cm}$$

$$\text{(c)}\ \frac{1}{10\text{ cm}} + \frac{1}{s'} = \frac{1}{10\text{ cm}} \qquad s' = \infty\ (\text{ou} -\infty)$$

$$\text{(d)}\ \frac{1}{5\text{ cm}} + \frac{1}{s'} = \frac{1}{10\text{ cm}} \qquad s' = -10\text{ cm}$$

Os sinais de s' nos dizem que a imagem é real nos casos (a) e (b) e virtual no caso (d).

As ampliações transversais medidas nas figuras são aproximadamente (a) $-\frac{1}{2}$; (b) -1; (c) ∞ ou $-\infty$; (d) $+2$. Da Equação 34.7, encontramos:

$$\text{(a)}\ m = -\frac{15\text{ cm}}{30\text{ cm}} = -\frac{1}{2}$$

$$\text{(b)}\ m = -\frac{20\text{ cm}}{20\text{ cm}} = -1$$

$$\text{(c)}\ m = -\frac{\infty\text{ cm}}{10\text{ cm}} = -\infty\ (\text{ou} +\infty)$$

$$\text{(d)}\ m = -\frac{-10\text{ cm}}{5\text{ cm}} = +2$$

(Continua)

Figura 34.20 Usando diagramas de raios principais para posicionar a imagem $P'Q'$ formada por um espelho côncavo.

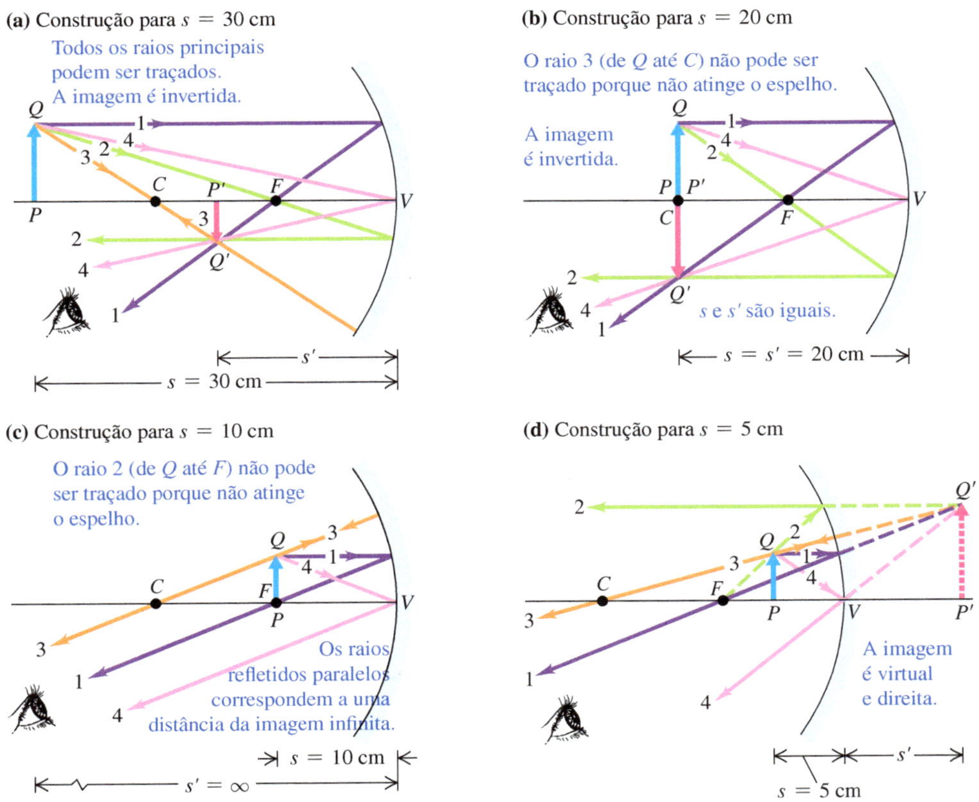

(Continuação)

Os sinais de m nos dizem que a imagem é invertida nos casos (a) e (b) e direita no caso (d).

AVALIAR: observe a tendência dos resultados nos quatro casos. Quando o objeto está longe do espelho, como na Figura 34.20a, a imagem é menor que o objeto, invertida e real. À medida que a distância do objeto diminui, a imagem se afasta do espelho e aumenta de tamanho (Figura 34.20b). Quando o objeto está no foco, a imagem está no infinito (Figura 34.20c). Se o objeto é movido para dentro do foco, a imagem se torna maior que o objeto, direita e virtual (Figura 34.20d). Você pode testar essas conclusões olhando para os objetos refletidos na parte côncava de uma colher de metal brilhante.

TESTE SUA COMPREENSÃO DA SEÇÃO 34.2 Um espelho de maquiagem é projetado de modo que seu reflexo aparece direito (não invertido) e ampliado. (a) O espelho é côncavo ou convexo? (b) Para ver uma imagem ampliada, qual deve ser a distância do espelho (de distância focal f) até seu rosto? (i) $|f|$; (ii) menor que $|f|$; (iii) maior que $|f|$. ▌

34.3 REFRAÇÃO EM UMA SUPERFÍCIE ESFÉRICA

Conforme dissemos na Seção 34.1, as imagens podem ser formadas não só por reflexão, mas também por refração. Para começar, vamos considerar a refração em uma superfície esférica, ou melhor, na interface esférica entre dois materiais transparentes com índices de refração diferentes. Essa análise pode ser aplicada diretamente a alguns sistemas óticos reais, como o olho humano. Ela também fornece os fundamentos para o estudo das lentes, que geralmente possuem *duas* superfícies esféricas (ou quase esféricas).

Imagem de um objeto pontual: superfície esférica de refração

Na **Figura 34.21**, uma superfície esférica de raio R forma a interface entre dois materiais com índices de refração n_a e n_b. A superfície forma uma imagem P' de um ponto objeto P; desejamos saber como as distâncias do objeto e da imagem (s e s') estão relacionadas. Aplicaremos as mesmas regras de sinais usadas no caso de espelhos esféricos. O centro de curvatura C está do lado dos raios emergentes da superfície, de modo que R é positivo. O raio PV incide sobre o vértice V na direção perpendicular à superfície (ou seja, na direção perpendicular ao plano tangente à superfície no ponto de incidência V). Ele passa para o outro material sem sofrer qualquer desvio. O raio PB, que forma um ângulo α com o eixo, incide formando com a normal da superfície um ângulo θ_a e é refratado formando um ângulo θ_b. Os raios emergentes se cruzam no ponto P', a uma distância s' do lado direito do vértice. A figura foi desenhada para o caso $n_a < n_b$. As distâncias do objeto e da imagem são ambas positivas.

Agora vamos provar que, se o ângulo é pequeno, *todos* os raios provenientes de P se interceptam no mesmo ponto P'; portanto, P' é a *imagem real* de P. Empregaremos uma abordagem semelhante à adotada quando analisamos o caso do espelho esférico na Seção 34.2. Usaremos novamente o teorema segundo o qual o ângulo externo de um triângulo é igual à soma dos ângulos internos opostos; aplicando esse teorema aos triângulos PBC e $P'BC$, obtemos:

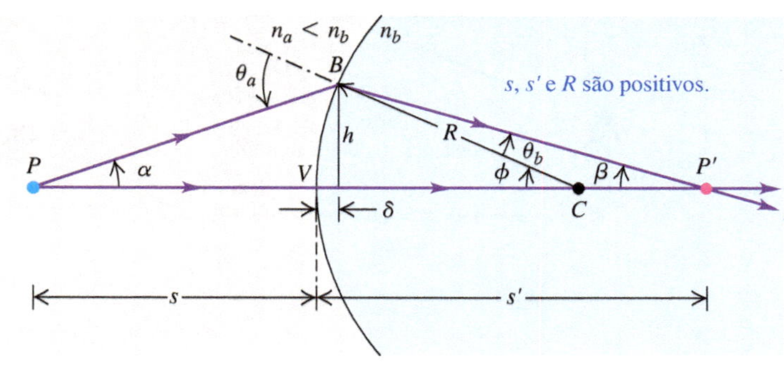

Figura 34.21 Construção para determinar a posição do ponto imagem P' de um ponto objeto P formado por refração em uma superfície esférica. Os materiais dos lados esquerdo e direito da superfície possuem índices de refração n_a e n_b, respectivamente. No caso mostrado aqui, $n_a < n_b$.

$$\theta_a = \alpha + \phi \qquad \phi = \beta + \theta_b \tag{34.8}$$

De acordo com a lei da refração,

$$n_a \operatorname{sen} \theta_a = n_b \operatorname{sen} \theta_b$$

Da mesma forma, as tangentes dos ângulos α, β e ϕ são

$$\tan \alpha = \frac{h}{s + \delta} \qquad \tan \beta = \frac{h}{s' - \delta} \qquad \tan \phi = \frac{h}{R - \delta} \tag{34.9}$$

Para raios paraxiais, θ_a e θ_b são ambos pequenos em comparação com um radiano; logo, tanto a tangente quanto o seno são dados aproximadamente pelos próprios ângulos (medidos em radianos). Então, a lei da refração pode ser escrita na forma

$$n_a \theta_a = n_b \theta_b$$

Combinando a relação anterior com a primeira das equações 34.8, obtemos

$$\theta_b = \frac{n_a}{n_b}(\alpha + \phi)$$

Substituindo o resultado na segunda das equações 34.8, obtemos

$$n_a + n_b\beta = (n_b - n_a)\,\phi \tag{34.10}$$

Agora usamos as aproximações tan $\alpha = \alpha$ e assim por diante, nas equações 34.9, e também desprezamos a pequena distância δ; essas equações então se tornam

$$\alpha = \frac{h}{s} \qquad \beta = \frac{h}{s'} \qquad \phi = \frac{h}{R}$$

Finalmente, substituindo o resultado anterior na Equação 34.10 e cancelando o fator comum h, encontramos

$$\frac{n_a}{s} + \frac{n_b}{s'} = \frac{n_b - n_a}{R} \qquad \text{(relação objeto-imagem, superfície refratora esférica)} \tag{34.11}$$

Essa equação não inclui o ângulo α, de modo que a distância da imagem é sempre a mesma para *todos* os raios paraxiais que emanam de P; isso explica por que afirmamos anteriormente que P' é a imagem do ponto P.

Para obter a ampliação transversal m para essa situação, usamos a construção mostrada na **Figura 34.22**. Traçamos dois raios a partir do ponto Q, um através do centro de curvatura C e outro incidente no vértice V. Pelos triângulos PQV e $P'Q'V$, obtemos

$$\tan \theta_a = \frac{y}{s} \qquad \tan \theta_b = \frac{-y'}{s'}$$

e, pela lei da refração,

$$n_a \operatorname{sen} \theta_a = n_b \operatorname{sen} \theta_b$$

Figura 34.22 Construção para determinar a altura da imagem formada pela refração em uma superfície esférica. No caso aqui indicado, $n_a < n_b$.

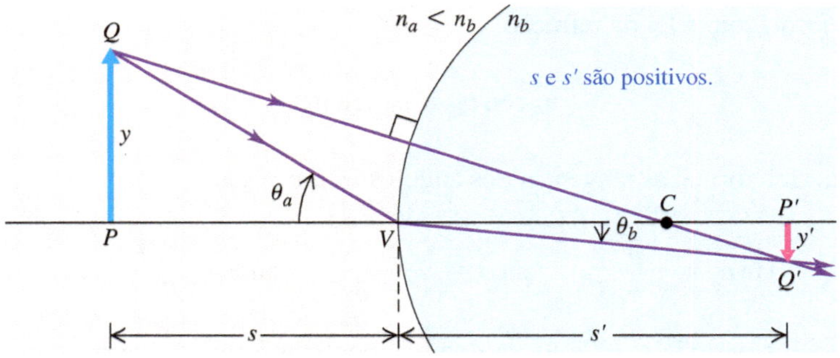

Para ângulos pequenos,

$$\tan \theta_a = \text{sen}\, \theta_a \qquad \tan \theta_b = \text{sen}\, \theta_b$$

Finalmente, achamos

$$\frac{n_a y}{s} = -\frac{n_b y'}{s'} \qquad \text{ou}$$

$$m = \frac{y'}{y} = -\frac{n_a s'}{n_b s} \qquad \text{(ampliação transversal, superfície refratora esférica)} \tag{34.12}$$

As equações 34.11 e 34.12 se aplicam a superfícies refratoras côncavas e convexas, desde que você use as regras de sinais de modo coerente. Não importa se n_a é maior ou menor que n_b. Para provar as afirmações anteriores, sugerimos que você construa diagramas como os apresentados nas figuras 34.21 e 34.22 para os seguintes casos: (i) $R > 0$ e $n_a > n_b$, (ii) $R < 0$ e $n_a < n_b$, e (iii) $R < 0$ e $n_a > n_b$. A seguir, use seus diagramas para deduzir as equações 34.11 e 34.12.

Vejamos agora uma observação final sobre a regra do sinal do raio de curvatura R de uma superfície. Para a superfície refletora convexa mostrada na Figura 34.16, consideramos o valor de R negativo, porém, para a superfície *refratora* convexa mostrada na Figura 34.21, consideramos o valor de R como *positivo*. Aparentemente isso seria incoerente, mas não é. A regra diz que R é positivo quando o centro de curvatura C está do lado dos raios emergentes e negativo quando C está do lado oposto. Para a superfície refletora convexa apresentada na Figura 34.16, R é negativo porque C está do lado direito da superfície, porém os raios emergentes estão do lado esquerdo. Para a superfície refratora convexa mostrada na Figura 34.21, R é positivo porque tanto C quanto os raios emergentes estão do lado direito da superfície.

A refração em uma superfície curva é um dos motivos por que os jardineiros evitam molhar as plantas ao meio-dia. Quando a luz do sol entra em uma gota de água que descansa sobre uma folha (**Figura 34.23**), os raios de luz são refratados um na direção do outro, como nas figuras 34.21 e 34.22. A luz que incide na folha é, portanto, mais concentrada e mais propensa a causar danos.

Figura 34.23 Os raios de luz se refratam ao passar pela superfície curva dessas gotas de água.

Um caso importante de uma superfície refratora esférica é a superfície *plana* entre dois materiais óticos transparentes. Isso corresponde a fazer $R = \infty$ na Equação 34.11. Nesse caso,

$$\frac{n_a}{s} + \frac{n_b}{s'} = 0 \qquad \text{(superfície refratora plana)} \tag{34.13}$$

Para calcular a ampliação transversal m nesse caso, combinamos a equação anterior com a fórmula geral indicada na Equação 34.12 e obtemos o resultado simples

$$m = 1$$

Portanto, a imagem formada por uma superfície refratora *plana* possui sempre o mesmo tamanho transversal do objeto e a mesma orientação do objeto; ou seja, ela é sempre direita.

Um exemplo do resultado da formação de imagem por uma superfície refratora plana é a falsa aparência dobrada de um canudo de suco ou de um remo de canoa parcialmente submerso. Quando observada sob determinados ângulos, a parte submersa parece estar a apenas três quartos da verdadeira distância abaixo da superfície. (Comentamos a aparência de objetos submersos na Seção 33.2; veja a Figura 33.9.)

EXEMPLO 34.5 FORMAÇÃO DA IMAGEM POR REFRAÇÃO I

Uma barra de vidro cilíndrica no ar (**Figura 34.24**) possui índice de refração igual a 1,52. Uma de suas extremidades foi desbastada e polida, formando uma superfície hemisférica com raio R = 2,00 cm. Um pequeno objeto é colocado sobre o eixo da barra a uma distância de 8,00 cm à esquerda do vértice. Determine (a) a distância da imagem formada e (b) a ampliação transversal.

SOLUÇÃO

IDENTIFICAR E PREPARAR: este problema usa as ideias de refração em uma superfície curva. Nossas incógnitas são a distância da imagem s' e a ampliação transversal m. Aqui o material a é o ar (n_a = 1,00) e o material b é o vidro do qual a barra é feita (n_b = 1,52). Sabemos que s = 8,00 cm. O raio da superfície esférica é positivo (R = +2,00 cm) porque o centro de curvatura da superfície esférica está do lado emergente da superfície. Usamos a Equação 34.11 para calcular a distância da imagem s' e a Equação 34.12 para encontrar a ampliação transversal m.

EXECUTAR: (a) de acordo com a Equação 34.11,

$$\frac{1{,}00}{8{,}00\text{ cm}} + \frac{1{,}52}{s'} = \frac{1{,}52 - 1{,}00}{+2{,}00\text{ cm}}$$

$$s' = +11{,}3\text{ cm}$$

(b) De acordo com a Equação 34.12,

$$m = -\frac{n_a s'}{n_b s} = -\frac{(1{,}00)(11{,}3\text{ cm})}{(1{,}52)(8{,}00\text{ cm})} = -0{,}929$$

AVALIAR: como a distância da imagem s' é positiva, concluímos que a imagem se forma 11,3 cm à *direita* do vértice (do lado dos raios emergentes), como mostra a Figura 34.24. O valor de m nos diz que a imagem é invertida e ligeiramente menor que o objeto. Se o objeto for uma seta de 1,000 mm de altura apontando para cima, a imagem será uma seta de 0,929 mm de altura, apontando para baixo.

Figura 34.24 A barra de vidro forma uma imagem real.

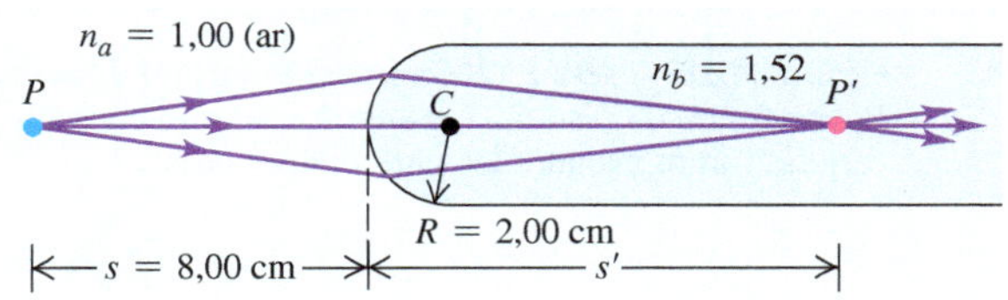

EXEMPLO 34.6 FORMAÇÃO DA IMAGEM POR REFRAÇÃO II

A barra de vidro do Exemplo 34.5 é imersa na água (índice de refração n = 1,33), como mostra a **Figura 34.25**. A distância do objeto é novamente 8,00 cm. Calcule a distância da imagem e a ampliação transversal.

SOLUÇÃO

IDENTIFICAR E PREPARAR: a situação é a mesma do Exemplo 34.5, a não ser pelo fato de que agora n_a = 1,33. Novamente usamos as equações 34.11 e 34.12 para calcular s' e m, respectivamente.

EXECUTAR: nossa solução da Equação 34.11 no Exemplo 34.5 resulta em

$$\frac{1{,}33}{8{,}00\text{ cm}} + \frac{1{,}52}{s'} = \frac{1{,}52 - 1{,}33}{+2{,}00\text{ cm}}$$

$$s' = -21{,}3\text{ cm}$$

A ampliação transversal nesse caso é

$$m = \frac{n_a s'}{n_b s} = -\frac{(1{,}33)(-21{,}3\text{ cm})}{(1{,}52)(8{,}00\text{ cm})} = +2{,}33$$

AVALIAR: como s' é negativo, concluímos que, depois de os raios se refratarem na superfície, eles não convergem, porém parecem divergir de um ponto situado 21,3 cm à *esquerda* do vértice. Observamos um caso semelhante quando descrevemos a reflexão da luz na superfície de um espelho convexo; nos dois casos, chamamos o resultado de *imagem virtual*. A imagem é direita (porque m é positivo) e 2,33 vezes maior que o objeto.

(Continua)

(*Continuação*)

Figura 34.25 Quando imersa na água, a barra de vidro forma uma imagem virtual.

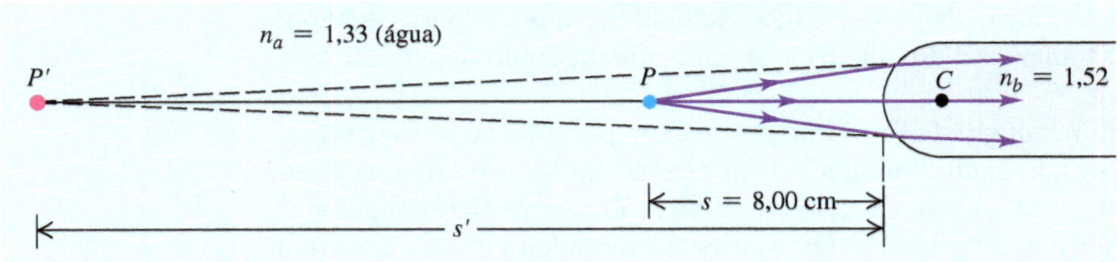

EXEMPLO 34.7 PROFUNDIDADE APARENTE DE UMA PISCINA

Se você olhar diretamente para dentro da água de uma piscina na parte em que sua profundidade real é 2,00 m, qual é a profundidade que a água parece ter?

SOLUÇÃO

IDENTIFICAR E PREPARAR: a **Figura 34.26** mostra a situação. A superfície da água age como uma superfície plana refratora. Para determinar a profundidade aparente da piscina, imaginamos uma seta PQ traçada no fundo da piscina. A superfície refratora da piscina forma uma imagem virtual $P'Q'$ dessa seta. Usamos a Equação 34.13 para encontrar a profundidade s'; esta é a profundidade aparente da piscina.

EXECUTAR: a distância do objeto é a verdadeira profundidade da piscina, $s = 2{,}00$ m. O material a é a água ($n_a = 1{,}33$) e o material b é o ar ($n_b = 1{,}0$). Através da Equação 34.13 temos:

$$\frac{n_a}{s} + \frac{n_b}{s'} = \frac{1{,}33}{2{,}00\ \text{m}} + \frac{1{,}00}{s'} = 0$$

$$s' = -1{,}50\ \text{m}$$

A distância da imagem é negativa. Pelas regras de sinais vistas na Seção 34.1, isso significa que a imagem é virtual e está do lado incidente da superfície refratora — ou seja, do mesmo lado que o objeto, a saber, dentro da água. A profundidade aparente é 1,50 m, ou apenas 75% da profundidade real.

AVALIAR: lembre-se de que a ampliação transversal em uma superfície plana refratora é $m = 1$. Logo, a imagem $P'Q'$ da seta é do mesmo *comprimento horizontal* da seta PQ verdadeira (**Figura 34.27**). Apenas a sua profundidade é diferente de PQ.

Figura 34.26 A seta $P'Q'$ é a imagem virtual da seta PQ no fundo da piscina. Os ângulos do raio com a vertical foram exagerados para maior clareza.

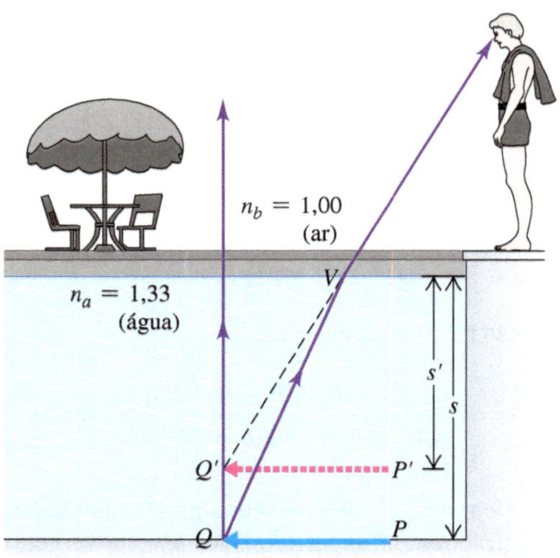

Figura 34.27 A porção submersa deste canudo parece estar a uma profundidade menor (mais perto da superfície) do que realmente está.

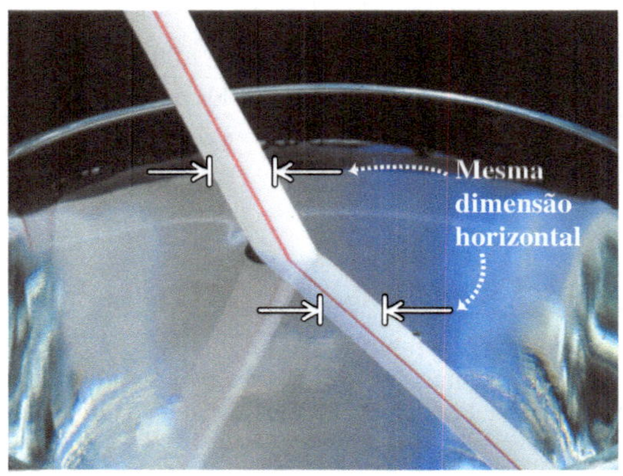

TESTE SUA COMPREENSÃO DA SEÇÃO 34.3 As gotas de água na Figura 34.23 apresentam raio de curvatura R e índice de refração $n = 1{,}33$. Elas podem formar uma imagem do sol sobre a folha? ❙

34.4 LENTES DELGADAS

O dispositivo ótico mais conhecido e amplamente usado (depois do espelho plano) é a *lente*. Uma lente é um sistema ótico com duas superfícies refratoras. A lente mais simples possui duas superfícies *esféricas* suficientemente próximas para desprezarmos a distância entre elas (a espessura da lente); chamamos esse dispositivo de **lente delgada**. Se você usa óculos ou lentes de contato quando lê, você está vendo estas palavras através de lentes delgadas. Podemos analisar com detalhes as lentes delgadas aplicando os resultados da Seção 34.3 para a refração através de uma única superfície esférica. Contudo, primeiro vamos descrever as propriedades das lentes delgadas.

Propriedades das lentes

Uma lente como a mostrada na **Figura 34.28** apresenta a propriedade de que todo feixe paralelo ao eixo da lente que passa para o outro lado converge para um ponto F_2 (Figura 34.28a) e forma uma imagem real nesse ponto. Essa lente é chamada de **lente convergente**. De maneira análoga, os raios que emanam do ponto F_1 emergem da lente formando um feixe paralelo (Figura 34.28b). O ponto F_1 é chamado de *primeiro foco*, o ponto F_2 é o *segundo foco* e a distância f (medida a partir do centro da lente) é chamada de *distância focal*. Observe a semelhança entre os dois focos de uma lente convergente e o foco de um espelho côncavo (Figura 34.13). Como em um espelho côncavo, a distância focal de uma lente convergente é definida como uma grandeza *positiva*, e esse tipo de lente também é conhecido como *lente positiva*.

A linha horizontal central na Figura 34.28 é chamada de *eixo ótico*, como no caso de um espelho esférico. Os centros de curvatura das duas superfícies esféricas se situam no eixo ótico e o definem. As duas distâncias focais mostradas na Figura 34.28, ambas designadas por f, *possuem sempre o mesmo valor* para uma lente delgada, mesmo quando as curvaturas das duas superfícies são diferentes. Mostraremos esse resultado mais adiante nesta seção, quando deduzirmos a relação entre f ao índice de refração da lente e os raios de curvatura de suas superfícies.

Figura 34.28 F_1 e F_2 são o primeiro e segundo focos de uma lente delgada convergente. O valor numérico de f é positivo.

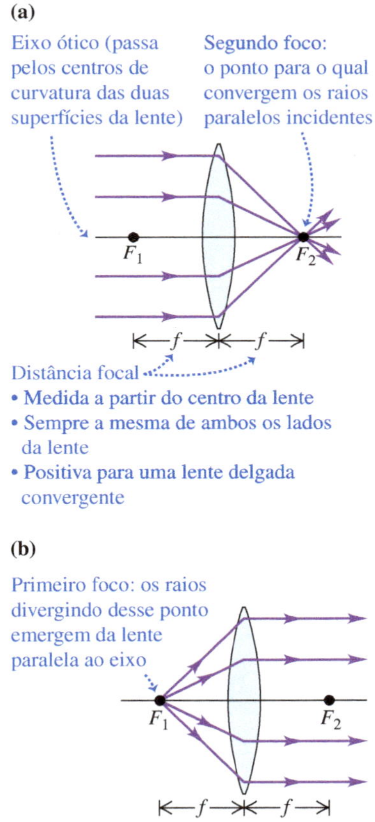

Imagem de um objeto extenso: lentes convergentes

Como no caso de um espelho côncavo, uma lente convergente pode formar a imagem de um objeto extenso. Na **Figura 34.29**, mostramos como determinar a ampliação transversal e a posição da imagem produzida por uma lente delgada convergente. Usando a mesma notação e as mesmas regras de sinais anteriores, chamaremos de s a distância do objeto e de s' a distância da imagem; y é a altura do objeto e y' é a altura da imagem. O raio QA, paralelo ao eixo ótico antes da refração, passa através do segundo foco F_2. O raio QOQ' passa através do centro da lente sem sofrer nenhum desvio porque (supomos) as duas superfícies estão muito próximas e são praticamente paralelas. Existe refração quando esse raio entra no material e quando sai dele, porém não existe variação apreciável de sua direção.

Figura 34.29 Construção para determinar a posição da imagem formada por uma lente delgada. Para enfatizar que a lente é muito fina, o raio QAQ' aparece como refratado no plano vertical central da lente e não em suas duas superfícies, e o raio QOQ' é representado como uma linha reta.

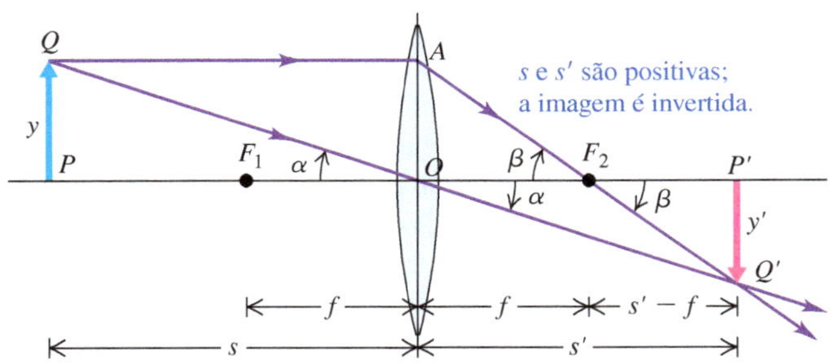

Os dois ângulos indicados pela letra α na Figura 34.29 são iguais. Portanto, os dois triângulos retângulos *PQO* e *P'Q'O* são *semelhantes* e as razões entre os lados correspondentes são iguais. Logo,

$$\frac{y}{s} = -\frac{y'}{s'} \quad \text{ou} \quad \frac{y'}{y} = -\frac{s'}{s} \tag{34.14}$$

(O sinal negativo indica que a imagem está abaixo do eixo ótico e y' é negativo.) Além disso, os ângulos indicados pela letra β são iguais e os dois triângulos retângulos OAF_2 e $P'Q'F_2$ são semelhantes. Assim,

$$\frac{y}{f} = -\frac{y'}{s' - f} \quad \text{ou}$$

$$\frac{y'}{y} = -\frac{s' - f}{f} \tag{34.15}$$

Agora igualamos a Equação 34.14 com a Equação 34.15, dividimos por s' e reagrupamos para obter

Relação objeto-imagem, lente delgada:

$$\frac{1}{s} + \frac{1}{s'} = \frac{1}{f} \tag{34.16}$$

(s: Distância do objeto; s': Distância da imagem; f: Distância focal da lente)

A Equação 34.14 também fornece a ampliação transversal $m = y'/y$ para a lente:

$$m = -\frac{s'}{s} \quad \text{(ampliação transversal, lente delgada)} \tag{34.17}$$

O sinal negativo mostra que, quando s e s' são ambos positivos, como na Figura 34.29, a imagem é *invertida* e y e y' possuem sinais opostos.

As equações 34.16 e 34.17 são as equações fundamentais para as lentes delgadas. Elas são *exatamente* iguais às equações correspondentes obtidas para espelhos esféricos, equações 34.6 e 34.7. Como veremos, as mesmas regras de sinais usadas para espelhos esféricos também são válidas para lentes delgadas. Em particular, considere uma lente com uma distância focal positiva (uma lente convergente). Quando um objeto está além do primeiro foco F_1 dessa lente (ou seja, quando $s > f$), a distância da imagem s' é positiva (ou seja, a imagem está do mesmo lado dos raios emergentes); essa imagem é real e invertida, como indica a Figura 34.29. Um objeto colocado entre o vértice e o primeiro foco de uma lente convergente, ou seja, $s < f$, produz uma imagem com valor de s' negativo; essa imagem está situada do mesmo lado da lente onde se encontra o objeto e ela é virtual, direita e maior que o objeto. Você pode comprovar essas afirmações algebricamente aplicando as equações 34.16 e 34.17; na próxima seção, vamos verificá-las usando métodos gráficos semelhantes aos da Seção 34.2 para espelhos.

A **Figura 34.30** mostra como uma lente forma uma imagem tridimensional de um objeto tridimensional. O ponto *R* está mais próximo da lente que o ponto *P*. De acordo com a Equação 34.16, o ponto imagem *R'* está mais afastado da lente que o ponto imagem *P'* e a imagem *P'R'* aponta no mesmo sentido do objeto *PR*. Note que as setas das imagens *P'S'* e *P'Q'* estão invertidas em relação aos objetos *PS* e *PQ*.

Vamos comparar a Figura 34.30 com a Figura 34.7, que mostra a imagem formada por um *espelho* plano. Notamos que a imagem formada pela lente é invertida verticalmente, mas *não* de trás para frente ao longo do eixo ótico, como no caso do espelho plano. Em outras palavras, se o objeto é uma mão esquerda, sua imagem também é uma mão esquerda. Para verificar essa formação de imagens, aponte seu polegar esquerdo ao longo de *PR*, seu dedo indicador esquerdo ao longo de *PQ* e seu dedo médio esquerdo ao longo de *PS*. Depois, gire sua mão 180° usando seu dedo polegar

Figura 34.30 A imagem $S'P'Q'R'$ de um objeto tridimensional $SPQR$ *não* é invertida por uma lente.

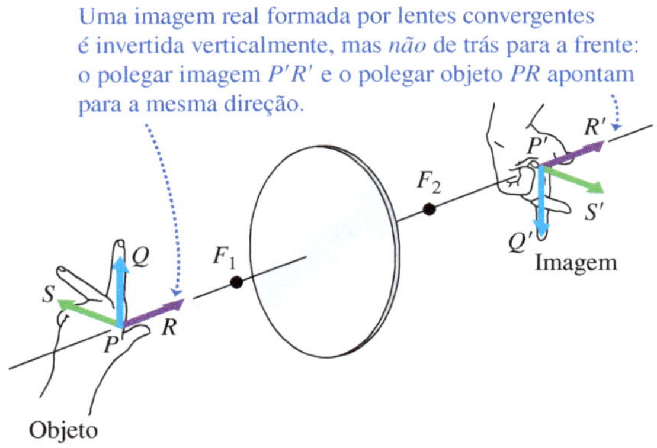

como eixo; essa rotação fará seus dedos coincidirem com os segmentos $P'Q'$ e $P'S'$. Ou seja, dizemos que uma imagem *invertida* é aquela que se obtém mediante uma rotação de 180° em torno do eixo ótico da lente.

Lentes divergentes

Até agora, discutimos apenas lentes *convergentes*. A **Figura 34.31** mostra uma **lente divergente**; um feixe de raios paralelos que incide sobre a lente *diverge* depois da refração. A distância focal de uma lente divergente é uma grandeza negativa, e a lente também é chamada de *lente negativa*. Os focos de uma lente negativa estão em posições invertidas em relação aos focos de uma lente convergente. O segundo foco, F_2, de uma lente divergente, é o ponto a partir do qual os raios que estavam originalmente paralelos ao eixo *parecem divergir* depois da refração, como na Figura 34.31a. Os raios incidentes que convergem para o primeiro foco, F_1, como indicado na Figura 34.31b, emergem da lente formando um feixe paralelo a seu eixo. Comparando com a Seção 34.2, você pode ver que uma lente divergente apresenta a mesma relação com uma lente convergente que um espelho convexo tem com um espelho côncavo.

As equações 34.16 e 34.17 podem ser aplicadas para *qualquer* tipo de lente, tanto para lentes positivas quanto para lentes negativas. Na **Figura 34.32**, mostramos diversos tipos de lentes convergentes e divergentes. Anote a seguinte observação importante: *qualquer lente mais espessa no centro que nas bordas é uma lente convergente com valor de* f *positivo; e qualquer lente mais fina no centro que nas bordas é uma lente divergente com valor de* f *negativo* (desde que essas lentes estejam imersas em um material com índice de refração menor que o índice de refração do material da lente). Podemos provar isso usando a *equação do fabricante de lentes*, cuja dedução será nossa próxima tarefa.

Figura 34.31 F_2 e F_1 são o segundo e o primeiro focos de uma lente delgada divergente, respectivamente. O valor numérico de f é negativo.

(a)

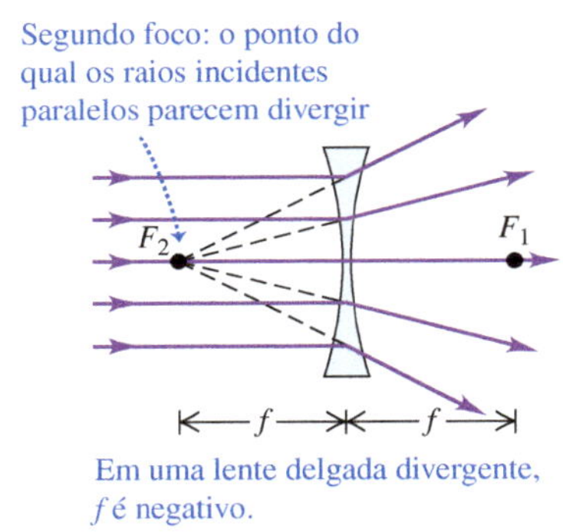

(b)

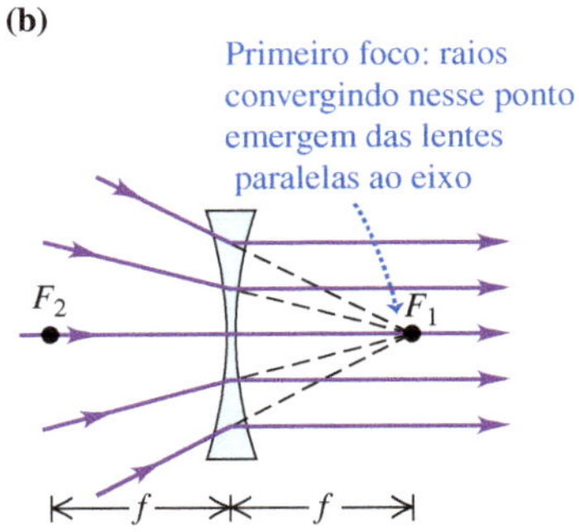

Figura 34.32 Vários tipos de lentes.

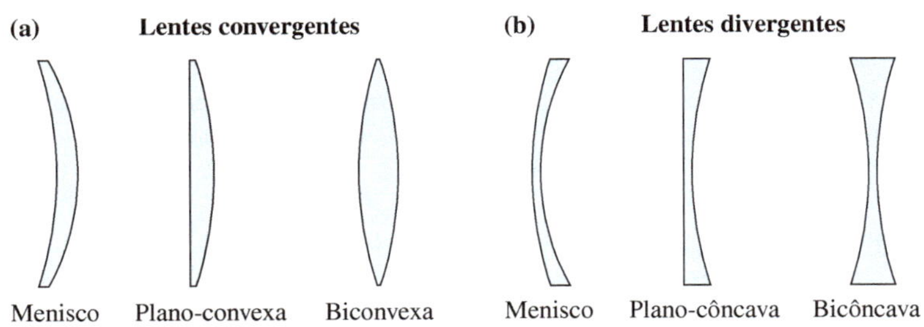

Equação do fabricante de lentes

Vamos agora deduzir a Equação 34.16 com mais detalhes e, ao mesmo tempo, deduzir a *equação do fabricante de lentes*, que fornece uma relação entre a distância focal f, o índice de refração n do material da lente e os raios de curvatura R_1 e R_2 das superfícies da lente. Usamos o princípio de que a imagem formada por uma superfície refletora ou refratora pode servir de objeto para outra superfície refletora ou refratora.

Começamos com o problema um pouco mais geral de duas interfaces esféricas separando três materiais com índices de refração n_a, n_b e n_c, como indicado na **Figura 34.33**. As distâncias do objeto e da imagem na primeira superfície são, respectivamente, s_1 e s'_1 e, na segunda superfície, s_2 e s'_2. Supomos que a lente seja delgada, de modo que a distância t entre as duas superfícies seja pequena em comparação com as distâncias do objeto e da imagem e que, portanto, t possa ser desprezada. Esse normalmente é o caso com as lentes de óculos (**Figura 34.34**). Então s_2 e s'_1 possuem o mesmo módulo, mas sinais contrários. Por exemplo, se a primeira imagem se forma do lado dos raios emergentes da primeira superfície, s'_1 é positivo. Contudo, por essa imagem funcionar como objeto para a segunda superfície, a primeira imagem *não* está do lado incidente dessa superfície. Logo, podemos dizer que $s_2 = -s'_1$.

Precisamos usar duas vezes, para cada superfície separadamente, a fórmula da superfície única dada pela Equação 34.11. Obtemos as duas seguintes relações:

$$\frac{n_a}{s_1} + \frac{n_b}{s'_1} = \frac{n_b - n_a}{R_1}$$

$$\frac{n_b}{s_2} + \frac{n_c}{s'_2} = \frac{n_c - n_b}{R_2}$$

Como geralmente o primeiro e o terceiro material são o ar ou o vácuo, temos $n_a = n_c = 1$. O segundo índice de refração n_b é o da lente, que podemos simplesmente designar por n. Substituindo esses valores e a relação $s_2 = -s'_1$, obtemos:

$$\frac{1}{s_1} + \frac{n}{s'_1} = \frac{n - 1}{R_1}$$

$$-\frac{n}{s'_1} + \frac{1}{s'_2} = \frac{1 - n}{R_2}$$

Para obter uma relação entre a posição inicial do objeto dada por s_1 e a posição final da imagem s'_2, somamos as duas equações anteriores. Com isso, eliminamos o termo n/s'_1 e obtemos:

$$\frac{1}{s_1} + \frac{1}{s'_2} = (n - 1)\left(\frac{1}{R_1} - \frac{1}{R_2}\right)$$

Finalmente, imaginando a lente como uma entidade única, chamamos a distância do objeto simplesmente de s em vez de s_1, e a posição final da imagem de s' em vez de s'_2:

Figura 34.33 A imagem formada pela primeira superfície da lente serve de objeto para a segunda superfície. As distâncias s'_1 e s_2 são consideradas iguais; essa é uma boa aproximação quando a espessura t é pequena.

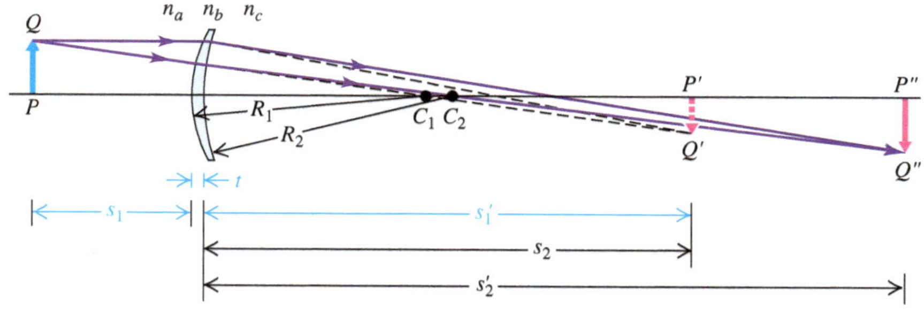

$$\frac{1}{s} + \frac{1}{s'} = (n-1)\left(\frac{1}{R_1} - \frac{1}{R_2}\right) \qquad (34.18)$$

Vamos agora comparar o resultado anterior com a outra relação sobre lente delgada dada pela Equação 34.16. Vemos que as distâncias s e s' aparecem nessas duas equações exatamente nas mesmas posições; portanto, a distância focal f pode ser determinada pela **equação do fabricante de lentes**:

Equação do fabricante de lentes para uma lente delgada:

$$\frac{1}{f} = (n-1)\left(\frac{1}{R_1} - \frac{1}{R_2}\right) \qquad (34.19)$$

n: Índice de refração do material da lente; f: Distância focal; R_1: Raio de curvatura da primeira superfície; R_2: Raio de curvatura da segunda superfície

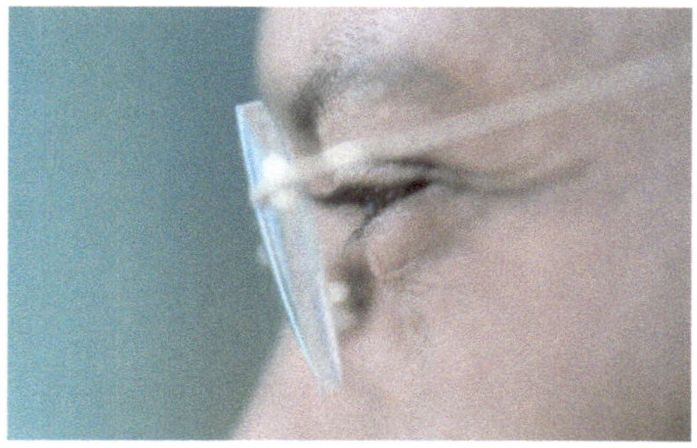

Figura 34.34 Estas lentes de óculos seguem a aproximação aplicada às lentes delgadas: sua espessura é pequena se comparada às distâncias do objeto e da imagem.

No processo da dedução de uma nova relação entre a distância do objeto, a distância da imagem e a distância focal de uma lente delgada, também deduzimos a Equação 34.19, uma expressão para a distância focal f da lente em função de seu índice de refração n e dos raios de curvatura R_1 e R_2 de suas superfícies. Essa relação pode ser usada para mostrar que todas as lentes apresentadas na Figura 34.32a são lentes convergentes com distâncias focais positivas ($f > 0$) e todas as lentes da Figura 34.32b são lentes divergentes com distâncias focais negativas ($f < 0$).

Podemos aplicar todas as regras de sinais da Seção 34.1 nas equações 34.18 e 34.19. Por exemplo, na **Figura 34.35**, s, s' e R_1 são positivos, mas R_2 é negativo.

Não é difícil generalizar a Equação 34.19 para as situações nas quais a lente está imersa em um meio com índice de refração maior que 1. Desafiamos você a deduzir essa forma mais geral da equação do fabricante de lentes.

Enfatizamos que a aproximação paraxial é, na verdade, apenas uma aproximação! Em uma lente esférica, os raios que formam ângulos suficientemente grandes com o eixo ótico não produzem o mesmo foco obtido pelos raios paraxiais; trata-se do mesmo tipo de problema de aberração esférica que existe em *espelhos* esféricos (veja a Seção 34.2). Para evitar essa e outras limitações das lentes esféricas delgadas, em instrumentos óticos de precisão são utilizadas lentes com outras formas geométricas mais complexas.

Figura 34.35 Uma lente delgada convergente com uma distância focal f positiva.

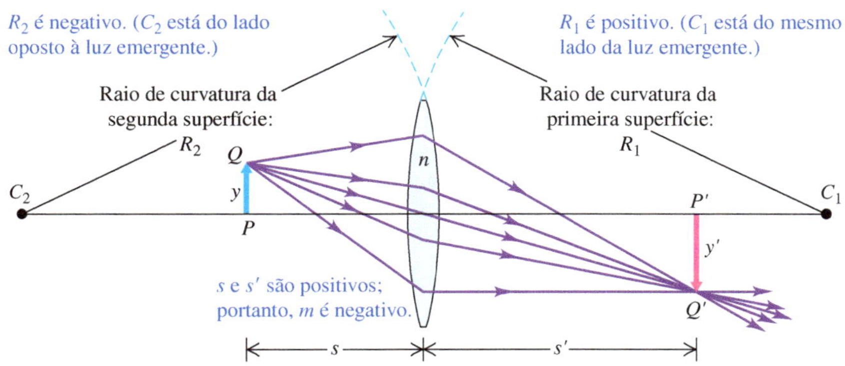

EXEMPLO 34.8 DETERMINAÇÃO DA DISTÂNCIA FOCAL DE UMA LENTE

(a) Suponha que os valores absolutos dos raios de curvatura das superfícies da lente na Figura 34.35 sejam ambos iguais a 10 cm e que o índice de refração seja $n = 1{,}52$. Qual é a distância focal f da lente? (b) Suponha que os valores absolutos dos raios de curvatura das superfícies da lente mostrada na Figura 34.31 sejam ambos iguais a 10 cm e que o índice de refração também seja $n = 1{,}52$. Qual é a distância focal f dessa lente?

SOLUÇÃO

IDENTIFICAR E PREPARAR: este problema pede que encontremos a distância focal f de (a) uma lente convexa em ambos os lados (Figura 34.35) e (b) uma lente côncava em ambos os lados (Figura 34.31). Usamos a equação do fabricante de lentes, Equação 34.19, para determinar a distância focal em cada uma

(*Continua*)

(Continuação)

das situações. Aplicamos as regras de sinais da Seção 34.1 aos raios de curvatura R_1 e R_2 para lidar com a questão de as superfícies serem convexas ou côncavas.

EXECUTAR: (a) a lente na Figura 34.35 é *biconvexa*: o centro de curvatura da primeira superfície (C_1) está do mesmo lado dos raios emergentes, de modo que R_1 é positivo, enquanto o centro de curvatura da segunda superfície (C_2) está do lado dos raios *incidentes*, de modo que R_2 é negativo. Portanto, $R_1 = +10$ cm e $R_2 = -10$ cm. De acordo com a Equação 34.19,

$$\frac{1}{f} = (1{,}52 - 1)\left(\frac{1}{+10\text{ cm}} - \frac{1}{-10\text{ cm}}\right)$$
$$f = 9{,}6\text{ cm}$$

(b) A lente da Figura 34.31 é *bicôncava*: o centro de curvatura da primeira superfície está do mesmo lado dos raios *incidentes*, de modo que R_1 é negativo, enquanto o centro de curvatura da segunda superfície está do mesmo lado dos raios emergentes, de modo que R_2 é positivo. Assim, nesse caso, $R_1 = -10$ cm e $R_2 = +10$ cm. Usando novamente a Equação 34.19, obtemos

$$\frac{1}{f} = (1{,}52 - 1)\left(\frac{1}{-10\text{ cm}} - \frac{1}{+10\text{ cm}}\right)$$
$$f = -9{,}6\text{ cm}$$

AVALIAR: na parte (a), a distância focal f é *positiva* e, portanto, a lente é convergente; isso faz sentido, já que a parte central da lente é mais espessa que sua borda. Na parte (b), a distância focal é *negativa* e, portanto, a lente é divergente; isso também faz sentido, porque a parte central da lente é mais fina que sua borda.

Métodos gráficos para lentes

Podemos determinar a posição e o tamanho da imagem formada por uma lente delgada mediante um método gráfico semelhante ao usado na Seção 34.2 para espelhos esféricos. Desenhamos novamente alguns raios especiais, chamados de *raios principais*, que divergem de um ponto do objeto que *não* esteja sobre o eixo ótico. A interseção desses raios, depois de eles terem passado através da lente, determina a posição e o tamanho da imagem. Ao usar o método gráfico, consideramos o desvio total do raio como se ele ocorresse em um plano vertical passando pelo centro da lente, como na **Figura 34.36**. Isso é coerente com a hipótese de que a distância entre as superfícies da lente é desprezível.

Os três raios principais cujas trajetórias podem ser facilmente traçadas para lentes são indicados na Figura 34.36:

1. *Um raio paralelo ao eixo* emerge da lente passando pelo segundo foco F_2 de uma lente convergente ou parece vir do segundo foco de uma lente divergente.
2. *Um raio que passa pelo centro da lente* não sofre nenhum desvio apreciável; no centro da lente, as duas superfícies são paralelas, de modo que o raio emergente entra e sai essencialmente na mesma direção.
3. *Um raio que passa pelo primeiro foco F_1 (ou cujo prolongamento o atinge)* emerge paralelamente ao eixo ótico.

Quando a imagem é real, a posição do ponto imagem é determinada pela interseção de quaisquer dois dos raios 1, 2 e 3 (Figura 34.36a). Quando a imagem é

Figura 34.36 Método gráfico para localizar uma imagem formada por uma lente delgada. As cores dos raios são apenas para identificação; elas não se referem a cores específicas da luz. (Compare com a Figura 34.19 para espelhos esféricos.)

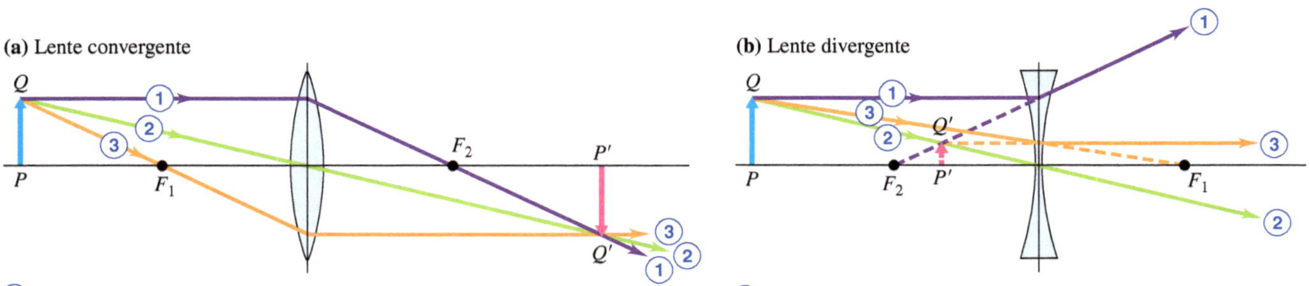

(1) O raio incidente paralelo refrata para passar pelo segundo foco F_2.
(2) O raio que passa pelo centro da lente não se desvia de modo significativo.
(3) O raio que passa pelo primeiro foco F_1 emerge paralelo ao eixo.

(1) O raio incidente paralelo após refração parece vir do segundo foco F_2.
(2) O raio que passa pelo centro da lente não se desvia de modo significativo.
(3) O raio orientado para o primeiro foco F_1 emerge paralelo ao eixo.

virtual, a posição da imagem é determinada pela interseção dos prolongamentos dos raios emergentes (Figura 34.36b).

ATENÇÃO Os raios principais não são os únicos raios! Lembre-se de que *qualquer* raio que se origina do objeto e atinge a lente passará pelo ponto imagem (no caso da imagem real) ou parecerá originar-se do ponto imagem (no caso da imagem virtual). (Na Seção 34.2, fizemos um comentário semelhante ao abordar a formação da imagem em espelhos.) Enfatizamos apenas os raios principais porque eles são os únicos que você precisa desenhar para a determinação da imagem.

A **Figura 34.37** ilustra diversos casos nos quais usamos os raios principais na determinação da imagem para um objeto situado a diversas distâncias de uma lente convergente. Sugerimos que você estude esses diagramas com bastante cuidado, comparando cada raio numerado com a descrição feita anteriormente.

As partes (a), (b) e (c) da Figura 34.37 ajudam a explicar o que ocorre quando focalizamos uma câmera fotográfica. Para que uma fotografia fique nítida, é necessário que o sensor eletrônico ou filme esteja na posição da imagem real formada pelas lentes da câmera. Quando um objeto se aproxima da câmera, a distância entre a lente e a imagem real aumenta, de modo que o sensor deve se afastar da lente (ou melhor, a lente deve se afastar do sensor). Na Figura 34.37d, o objeto se encontra sobre o foco; nesse caso, o raio 3 não pode ser desenhado, porque ele não passa pela lente. Na Figura 34.37e, a distância do objeto é menor que a distância focal da lente. Os raios emergentes são divergentes, e forma-se uma imagem *virtual*; sua posição é determinada prolongando-se os raios emergentes para trás, de modo que a distância da imagem s' é negativa. Note também que a imagem é direita e maior que o objeto. (Vamos discutir a utilidade desse caso com mais detalhes na Seção 34.6.) A Figura 34.37f mostra um *objeto virtual*. Os raios incidentes não divergem de um objeto real, porém seus prolongamentos *convergem* como se eles se encontrassem na extremidade de um objeto virtual O situado do lado direito da lente; agora a distância do objeto s é negativa. A imagem obtida é real, visto que a

Figura 34.37 Formação da imagem para um objeto situado a diversas distâncias de uma lente delgada convergente. Os raios principais são indicados por números. (Compare com a Figura 34.20 para um espelho esférico côncavo.)

(a) O objeto O está fora da região entre o foco e o vértice; a imagem I é real.

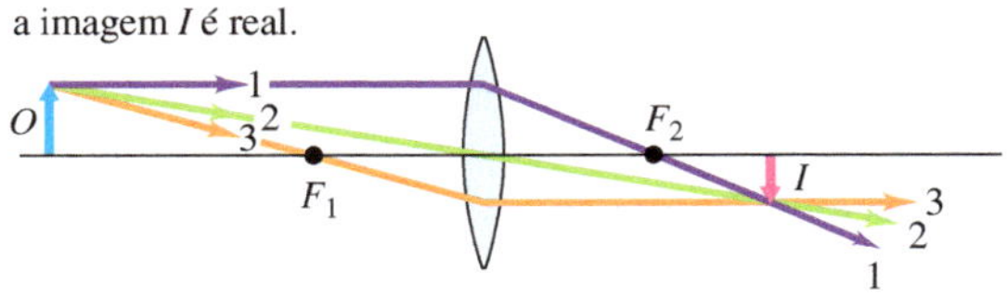

(b) O objeto O ainda está fora da região entre o foco e o vértice, porém mais perto do foco; a imagem I é real e mais afastada.

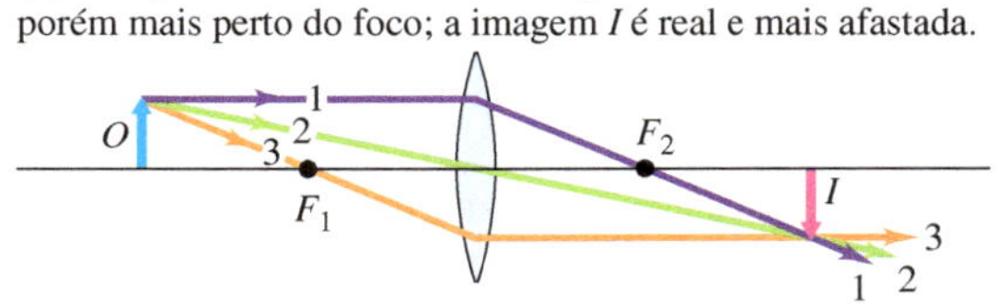

(c) O objeto O continua fora da região entre o foco e o vértice, porém está ainda mais perto do foco; a imagem I é real e ainda mais afastada.

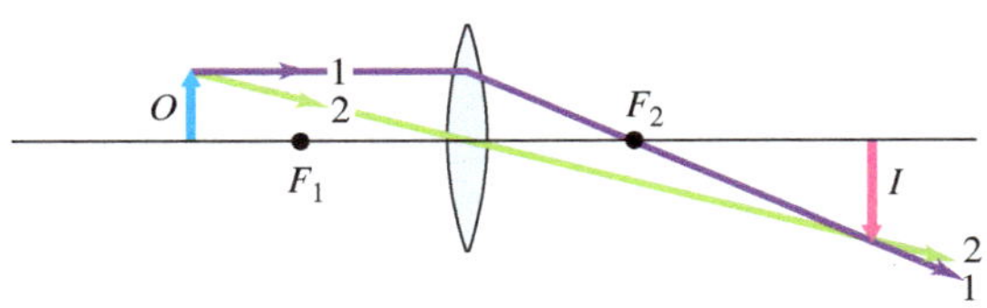

(d) O objeto O está sobre o foco; a imagem I situa-se no infinito.

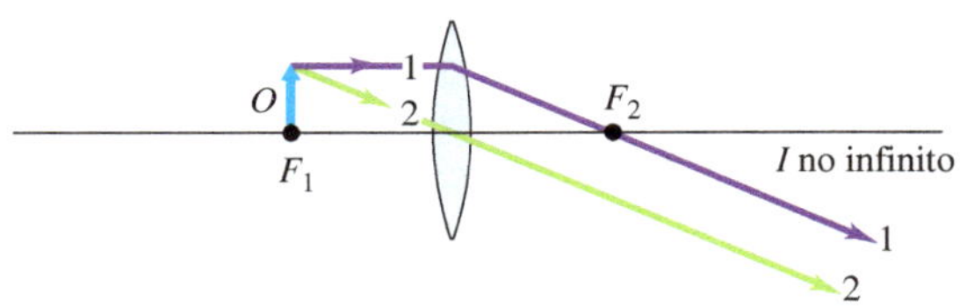

(e) O objeto O está entre o foco e o vértice; a imagem I é virtual e maior que o objeto.

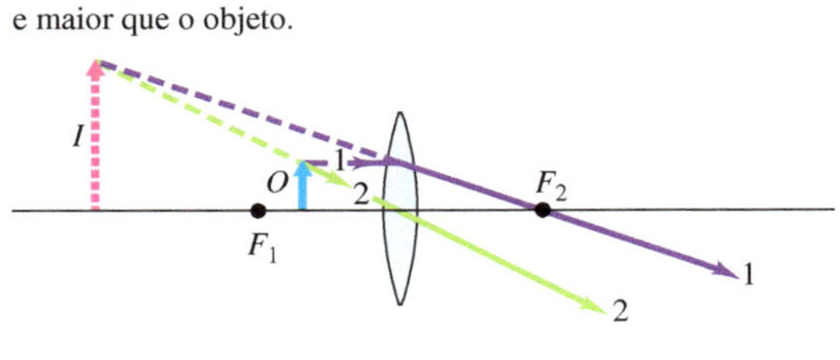

(f) Um objeto virtual O (os raios de luz estão *convergindo* para a lente).

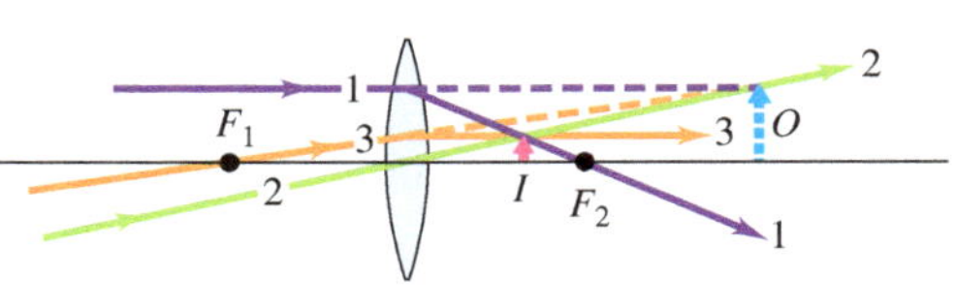

distância s' é positiva e está localizada entre a lente e o segundo foco. Essa situação pode surgir quando os raios que atingem a lente na Figura 34.37f emergem de outra lente convergente (não mostrada) situada do lado esquerdo da figura.

ESTRATÉGIA PARA A SOLUÇÃO DE PROBLEMAS 34.2 FORMAÇÃO DA IMAGEM USANDO LENTES DELGADAS

IDENTIFICAR *os conceitos relevantes:* a estratégia para a solução de problemas 34.1 (Seção 34.2) para espelhos é igualmente aplicável aqui. Assim como nos espelhos, você deve resolver problemas envolvendo a formação de imagens por lentes usando *ambas* as equações e um diagrama dos raios principais.

PREPARAR *o problema*: identifique as incógnitas.

EXECUTAR *a solução* da seguinte forma:

1. Desenhe um diagrama grande dos raios principais quando as informações dadas permitirem, usando papel gráfico ou quadriculado. Oriente seu diagrama de forma coerente fazendo os raios incidirem da esquerda para a direita. Desenhe os raios com uma régua e meça as distâncias com cuidado.
2. Desenhe os raios principais de modo que desviem no plano médio das lentes, como mostrado na Figura 34.36. Em uma lente existem apenas três raios principais em comparação aos quatro raios de um espelho. Desenhe todos os três raios sempre que possível; a interseção de quaisquer dos dois raios determina a posição da imagem, mas o terceiro raio deve passar pelo mesmo ponto.
3. Se os raios emergentes principais divergirem, você deve prolongar esses raios em linha reta para trás para achar o ponto imagem virtual, que se encontra do mesmo lado da lente no qual os raios *incidem*, como na Figura 34.27e.
4. Use as equações 34.16 e 34.17, conforme apropriado, para determinar as incógnitas. Use cuidadosamente as regras de sinais fornecidas na Seção 34.1.
5. A *imagem* formada por uma primeira lente ou espelho pode servir de *objeto* para uma segunda lente ou espelho. Ao determinar as distâncias do objeto e da imagem para essa imagem intermediária, certifique-se de ter incluído corretamente as distâncias entre os dois dispositivos (lentes e/ou espelhos).

AVALIAR *sua resposta:* seus resultados calculados precisam ser coerentes com seus resultados no diagrama de raios. Verifique se eles apresentam a mesma posição e tamanho de imagem e se concordam quanto ao fato de a imagem ser real ou virtual.

EXEMPLO 34.9 POSIÇÃO E AMPLIAÇÃO DA IMAGEM COM UMA LENTE CONVERGENTE

Use diagramas de raios para determinar a posição e ampliação de imagem para um objeto em cada uma das seguintes distâncias de uma lente convergente com distância focal igual a 20 cm: (a) 50 cm; (b) 20 cm; (c) 15 cm; (d) −40 cm. Confira os resultados calculando a posição e a ampliação da imagem a partir das equações 34.16 e 34.17, respectivamente.

SOLUÇÃO

IDENTIFICAR E PREPARAR: em cada caso, são dados a distância focal $f = 20$ cm e o valor da distância do objeto s. Nossas incógnitas são as distâncias de imagem s' e as ampliações transversais m. Resolvemos a Equação 34.16 em função de s' e encontramos m pela Equação 34.17, $m = -s'/s$.

EXECUTAR: os diagramas dos raios principais apropriados estão nas figuras 34.37a, 34.37d, 34.37e e 34.37f. Você deve ser capaz de reproduzir os diagramas sem consultar as figuras. A medição desses diagramas produz, respectivamente, os resultados aproximados: $s' = 35$ cm, $-\infty$, -40 cm e 15 cm; e $m = -\frac{2}{3}$, $+\infty$, $+3$ e $\frac{1}{3}$. De acordo com a Equação 34.16, encontramos os seguintes valores para as distâncias das imagens:

$$\text{(a)}\ \frac{1}{50\text{ cm}} + \frac{1}{s'} = \frac{1}{20\text{ cm}} \qquad s' = 33{,}3\text{ cm}$$

$$\text{(b)}\ \frac{1}{20\text{ cm}} + \frac{1}{s'} = \frac{1}{20\text{ cm}} \qquad s' = \pm\infty$$

$$\text{(c)}\ \frac{1}{15\text{ cm}} + \frac{1}{s'} = \frac{1}{20\text{ cm}} \qquad s' = -60\text{ cm}$$

$$\text{(d)}\ \frac{1}{-40\text{ cm}} + \frac{1}{s'} = \frac{1}{20\text{ cm}} \qquad s' = 13{,}3\text{ cm}$$

Os resultados obtidos graficamente são aproximadamente iguais aos obtidos pelos cálculos, exceto no caso (c); a precisão do diagrama da Figura 34.37e é limitada porque os raios que se prolongam para trás possuem direções aproximadamente iguais. De acordo com a Equação 34.17, as ampliações são

$$\text{(a)}\ m = -\frac{33{,}3\text{ cm}}{50\text{ cm}} = -\frac{2}{3} \qquad \text{(b)}\ m = -\frac{\pm\infty\text{ cm}}{20\text{ cm}} = \pm\infty$$

$$\text{(c)}\ m = -\frac{-60\text{ cm}}{15\text{ cm}} = +4 \qquad \text{(d)}\ m = -\frac{13{,}3\text{ cm}}{-40\text{ cm}} = +\frac{1}{3}$$

AVALIAR: observe que a distância s' é positiva nas partes (a) e (d), mas negativa na parte (c). Isso faz sentido: a imagem é real nos casos (a) e (d), mas virtual no caso (c). Os raios luminosos que emergem das lentes na parte (b) são paralelos e nunca convergem; por isso, a imagem pode estar em $+\infty$ ou $-\infty$.

Os valores da ampliação m nos dizem que a imagem é invertida no caso (a) e direita nos casos (c) e (d), em concordância com os diagramas dos raios principais. O valor infinito da ampliação na parte (b) é outra forma de dizer que a imagem é formada a uma distância infinita.

EXEMPLO 34.10 FORMAÇÃO DA IMAGEM POR UMA LENTE DIVERGENTE

Você dispõe de uma lente delgada divergente e verifica que os raios paralelos incidentes divergem depois de passar pela lente, como se emanassem de um ponto situado a uma distância de 20,0 cm do centro dela. Você deseja usar essa lente para formar uma imagem virtual direita com altura igual a $\frac{1}{3}$ da altura do objeto. (a) Onde o objeto deve ser colocado? (b) Faça um diagrama dos raios principais.

SOLUÇÃO

IDENTIFICAR E PREPARAR: o resultado com os raios paralelos mostra que a distância focal é $f = -20{,}0$ cm. Desejamos que a ampliação transversal seja $m = +\frac{1}{3}$ (o valor positivo foi usado porque o objetivo é que a imagem seja direita). Nossas incógnitas são a distância do objeto s e a distância da imagem s'. Na parte (a), resolvemos a equação da ampliação, Equação 34.17, para determinar s' em função de s; depois usamos a relação objeto-imagem com a Equação 34.16 para encontrar s e s' individualmente.

EXECUTAR: (a) de acordo com a Equação 34.17, $m = +\frac{1}{3} = -s'/s$; portanto, $s' = -s/3$. Substituímos esses resultados na Equação 34.16 e resolvemos para determinar a distância do objeto s:

$$\frac{1}{s} + \frac{1}{-s/3} = \frac{1}{s} - \frac{3}{s} = -\frac{2}{s} = \frac{1}{f}$$

$$s = -2f = -2(-20{,}0 \text{ cm}) = 40{,}0 \text{ cm}$$

O objeto deve estar a 40,0 cm da lente. A distância da imagem será

$$s' = -\frac{s}{3} = -\frac{40{,}0 \text{ cm}}{3} = -13{,}3 \text{ cm}$$

Como a distância da imagem é negativa, o objeto e a imagem estão do mesmo lado da lente.

(b) A **Figura 34.38** é um diagrama de raios principais que pode ser usado neste problema, traçando-se os raios numerados de modo semelhante ao indicado na Figura 34.36b.

AVALIAR: você deve ser capaz de desenhar um diagrama de raios principais como o da Figura 34.38 sem consultar a figura. Com seu diagrama, você pode confirmar nossos resultados na parte (a) para as distâncias do objeto e da imagem. Você também pode conferir nossos resultados para s e s' substituindo-os novamente na Equação 34.16.

Figura 34.38 Diagrama dos raios principais para uma imagem formada por uma lente delgada divergente.

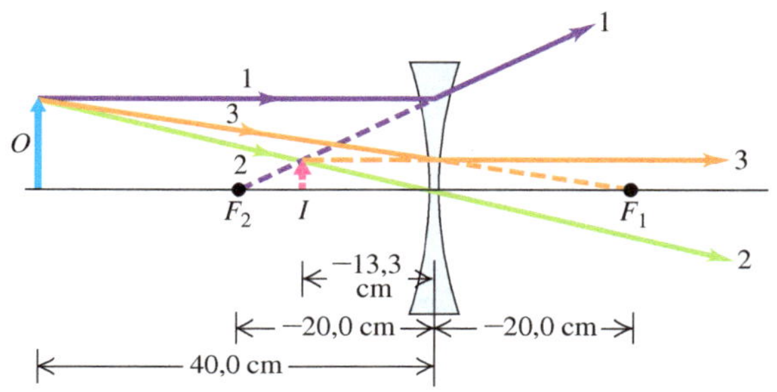

EXEMPLO 34.11 FORMAÇÃO DA IMAGEM POR UMA LENTE DIVERGENTE

As lentes convergentes A e B, de distâncias focais de 8,0 cm e 6,0 cm, respectivamente, são colocadas a uma distância de 36 cm uma da outra. Ambas as lentes possuem o mesmo eixo ótico. Um objeto com 8,0 cm de altura é colocado 12,0 cm à esquerda da lente A. Determine a posição, o tamanho e a orientação da imagem final produzida por essa combinação de lentes. (Essas combinações são usadas em microscópios e telescópios, conforme veremos na Seção 34.7.)

SOLUÇÃO

IDENTIFICAR E PREPARAR: a situação é ilustrada na **Figura 34.39**. O objeto O se encontra fora do primeiro foco F_1 da lente A, que, portanto, produz uma imagem real I. Os raios luminosos que incidem sobre a lente B divergem dessa imagem real como se ela fosse um objeto material. Portanto, a imagem I atua como *objeto* da lente B. Nosso objetivo é determinar as propriedades da imagem final I' formada pela lente B. Para fazer isso, usamos tanto o método do diagrama de raios quanto o método de cálculo.

EXECUTAR: na Figura 34.39, desenhamos os raios principais 1, 2 e 3 a partir da extremidade superior da seta do objeto O para determinar a posição da imagem I produzida pela lente A e desenhamos os raios principais 1', 2' e 3' a partir da extremidade superior da seta da imagem para definir a posição da imagem I' formada pela lente B (embora os raios 2' e 3' não existam realmente neste caso). Note que a imagem final sofreu *duas* inversões, uma em cada lente, de modo que a segunda imagem I' possui a mesma orientação do objeto original.

Primeiro encontramos a posição e o tamanho da primeira imagem I. Aplicando a Equação 34.16, $1/s + 1/s' = 1/f$, para a lente A, temos

$$\frac{1}{12{,}0 \text{ cm}} + \frac{1}{s'_{I,A}} = \frac{1}{8{,}0 \text{ cm}} \qquad s'_{I,A} = +24{,}0 \text{ cm}$$

A imagem I está 24,0 cm à direita da lente A. A ampliação transversal é dada por $m_A = -(24{,}0 \text{ cm})/(12{,}0 \text{ cm}) = -2{,}0$; portanto, a imagem I é invertida e tem o dobro da altura do objeto O.

A imagem I está a 36,0 cm − 24,0 cm = 12,0 cm à esquerda da lente B, de modo que a distância do objeto para a lente B é igual a +12,0 cm. Aplicando para a lente B a Equação 34.16, obtemos:

$$\frac{1}{12{,}0 \text{ cm}} + \frac{1}{s'_{I',B}} = \frac{1}{6{,}0 \text{ cm}} \qquad s'_{I',B} = +12{,}0 \text{ cm}$$

A imagem final I' está 12,0 cm à direita da lente B. A ampliação da imagem produzida pela lente B é $m_B = -(12{,}0 \text{ cm})/(12{,}0 \text{ cm}) = -1{,}0$.

AVALIAR: o valor de m_B significa que a imagem final I' possui a mesma altura da primeira imagem I, porém com orientação oposta. A ampliação *geral* é $m_A m_B = (-2{,}0)(-1{,}0) = +2{,}0$. Consequentemente, a imagem final I' possui (2,00) (8,0 cm) = 16 cm de altura e tem a mesma orientação do objeto original O, exatamente como mostra a Figura 34.39.

(*Continua*)

(*Continuação*)

Figura 34.39 Diagrama dos raios principais para a combinação de duas lentes convergentes. A primeira lente (A) produz uma imagem real do objeto. Essa imagem age como objeto para a segunda lente (B).

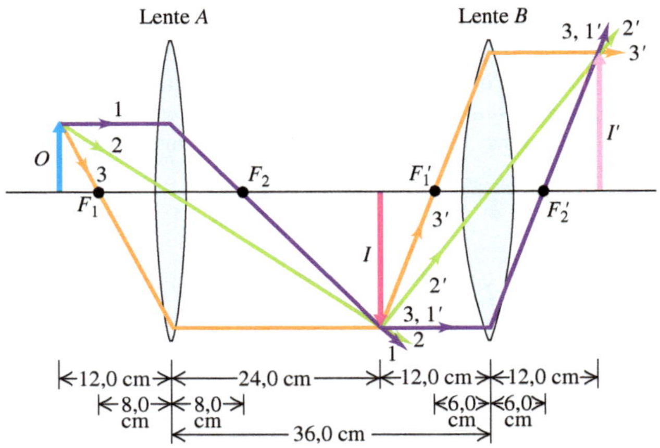

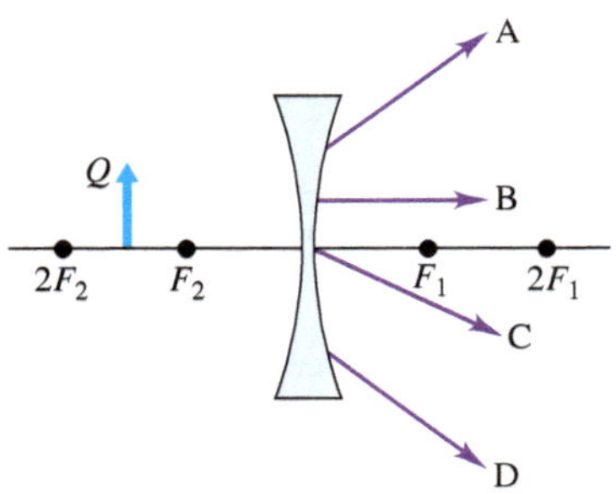

TESTE SUA COMPREENSÃO DA SEÇÃO 34.4 Uma lente divergente e um objeto estão posicionados como mostra a figura ao lado. Qual dos raios A, B, C e D poderia ser emitido do ponto Q na parte superior do objeto? ❙

34.5 CÂMERAS

O conceito de *imagem*, que é fundamental para a compreensão de sistemas de lentes e espelhos simples, desempenha um papel igualmente importante na análise de instrumentos óticos (também chamados *dispositivos óticos*). Entre os dispositivos óticos mais comuns estão as câmeras, que formam uma imagem de um objeto e o gravam eletronicamente ou em um filme.

Os elementos básicos de uma **câmera** são uma lente convergente, uma caixa hermética (a palavra "câmera" é de origem latina e significa "compartimento fechado"), um obturador para abrir a lente durante determinado intervalo de tempo e um meio sensível à luz para registrar a imagem (**Figura 34.40**). Nas câmeras digitais (incluindo as de telefones celulares), esse meio é um sensor eletrônico; nas câmeras mais antigas, é uma película fotográfica (filme). A lente forma, sobre o meio de registro, uma imagem invertida real do objeto que está sendo fotografado. As lentes de câmeras de alta qualidade possuem diversos elementos usados para corrigir diferentes *aberrações*, incluindo a dependência do índice de refração em relação ao comprimento de onda e as limitações impostas pela aproximação paraxial.

Quando a câmera está corretamente *focalizada*, a posição do meio de registro corresponde à posição da imagem real formada pela lente. A fotografia resultante terá a maior nitidez possível. Com uma lente convergente, a distância da imagem aumenta quando a distância do objeto diminui (veja as **figuras 34.41a**, 34.41b,

Figura 34.40 Elementos básicos de uma câmera digital.

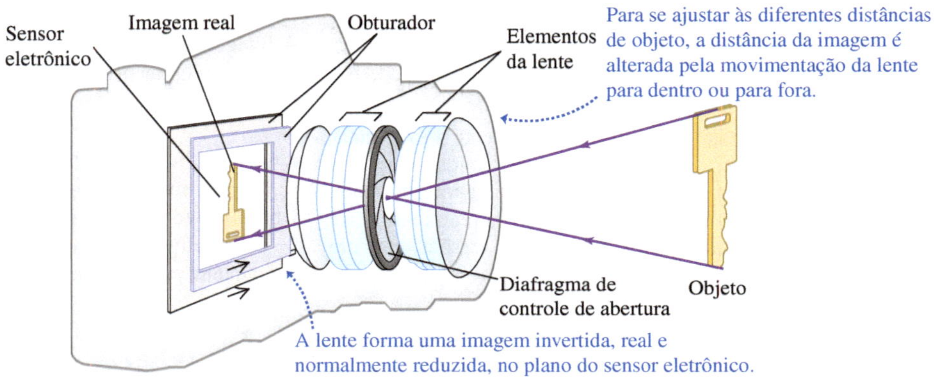

Figura 34.41 (a), (b), (c) Três fotografias tiradas com a mesma câmera, na mesma posição, usando lentes com distâncias focais f = 28 mm, 70 mm e 135 mm. O aumento da distância focal produz um aumento proporcional do tamanho da imagem. (d) O maior tamanho da imagem referente ao maior valor de f corresponde ao menor ângulo de visão. Os ângulos aqui indicados são de uma câmera com área de imagem de 24 mm × 36 mm (correspondente a um filme de 35 mm) e referem-se ao ângulo de visão ao longo da dimensão de 36 mm do filme.

(a) f = 28 mm **(b)** f = 70 mm **(c)** f = 135 mm

34.41c e a explanação na Seção 34.4). Portanto, para "focalizar" a câmera, a lente deve ficar mais próxima do sensor ou do filme para um objeto distante e mais afastada quando o objeto está próximo da câmera.

(d) Os ângulos de visão das fotografias em (a), (b) e (c)

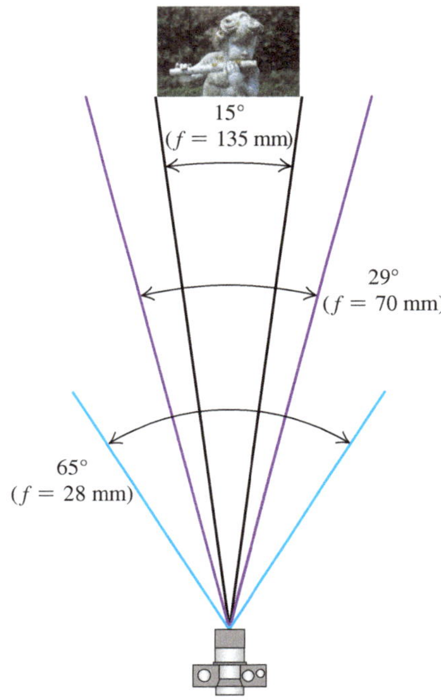

Lentes de câmeras: distância focal

A escolha de uma distância focal f para uma dada câmera depende do tamanho do sensor eletrônico ou filme e do ângulo de visão desejado. Na Figura 34.41, as três fotografias foram obtidas com um filme de 35 mm, usando a mesma câmera e focalizando a mesma cena na mesma posição, porém empregando lentes com diferentes distâncias focais. Uma lente com distância focal muito grande, denominada lente *telefoto*, fornece ângulo de visão pequeno e imagem grande de um objeto distante (como a estátua na Figura 34.41c); a chamada lente *grande angular* é uma lente com distância focal muito pequena, que fornece um ângulo de visão grande e uma imagem pequena (Figura 34.41a). Para entender esse comportamento, lembre-se de que a distância focal é a distância entre a imagem e a lente quando o objeto está no infinito. Em geral, para *qualquer* distância do objeto, o uso de uma lente com distância focal maior resulta em uma distância maior para a imagem. Isso também faz aumentar a altura da imagem; conforme vimos na Seção 34.4, a razão entre a altura da imagem y' e a altura do objeto y (a *ampliação transversal*) é igual ao módulo da razão entre a distância da imagem s' e a distância do objeto s (Equação 34.17):

$$m = \frac{y'}{y} = -\frac{s'}{s}$$

Com uma lente com distância focal pequena, a razão s'/s é pequena e um objeto distante fornece somente uma imagem pequena. Quando usamos uma lente com distância focal grande, a imagem desse mesmo objeto pode cobrir inteiramente a área do filme ou sensor eletrônico. Portanto, quanto maior for a distância focal, menor será o ângulo de visão (Figura 34.41d).

Lentes de câmeras: número *f*

Para que uma câmera registre a imagem corretamente, a energia total da luz incidente que atinge o filme ou sensor por unidade de área (a "exposição") deve ficar dentro de determinados limites. Isso é controlado pela velocidade do *obturador* e pela *abertura de lente*. O obturador controla o intervalo de tempo durante o qual a luz entra na lente. Esse tempo pode ser ajustado em intervalos correspondentes a fatores de 2, geralmente de 1 a 1/1000 segundo.

Aplicação Invertendo uma imagem invertida A lente de uma câmera forma uma imagem invertida no detector eletrônico fotossensível da câmera. O software interno da câmera, então, inverte a imagem novamente para que ela apareça corretamente no visor da câmera. Algo semelhante ocorre com a visão: a imagem formada na retina é invertida, mas o "software" do cérebro endireita a imagem para que você perceba o mundo da maneira correta.

A intensidade da luz que atinge o filme ou sensor é proporcional à área vista pela lente da câmera e à área efetiva da lente. O tamanho da área que a lente "enxerga" é proporcional ao quadrado do ângulo de visão da lente e, portanto, é aproximadamente proporcional a $1/f^2$. A área efetiva da lente é controlada por meio do ajuste da abertura da lente, ou *diafragma*, um orifício aproximadamente circular com diâmetro variável D; portanto, a área efetiva é proporcional a D^2. Reunindo esses dois fatores, vemos que a intensidade da luz que atinge o filme ou sensor com uma lente particular é proporcional a D^2/f^2. A capacidade de captação de luz de uma lente é expressa pelos fotógrafos em termos da razão f/D, chamada de **número f** da lente:

$$\text{Número } f \text{ de uma lente} = \frac{f}{D} \tag{34.20}$$

(f: Distância focal da lente; D: Diâmetro de abertura)

Por exemplo, dizemos que uma lente com distância focal $f = 50$ mm e diâmetro de abertura $D = 25$ mm possui um número f igual a 2, ou "uma abertura de $f/2$". A intensidade da luz que atinge o filme ou sensor é *inversamente* proporcional ao quadrado do número f.

Para uma lente com diâmetro de abertura variável, quando este aumenta por um fator igual a $\sqrt{2}$, o número f aumenta por $1/\sqrt{2}$ e a intensidade da luz que atinge o filme sensor aumenta por um fator 2. As aberturas ajustáveis geralmente possuem uma escala com números sucessivos (chamada de *escala do número f*) relacionados por fatores de $\sqrt{2}$, como:

$$f/2 \quad f/2{,}8 \quad f/4 \quad f/5{,}6 \quad f/8 \quad f/11 \quad f/16$$

e assim por diante. Os números maiores correspondem a aberturas e exposições menores e cada ponto da escala corresponde a um fator igual a 2 em intensidade (**Figura 34.42**). A *exposição* efetiva (quantidade total da luz que atinge o filme) é proporcional ao tempo de exposição e à área da abertura. Portanto, $f/4$ e 1/500 s, $f/5{,}6$ e 1/250 s, $f/8$ e 1/125 s são pares de valores que correspondem à mesma exposição efetiva.

Figura 34.42 Lente de câmera com diafragma ajustável.

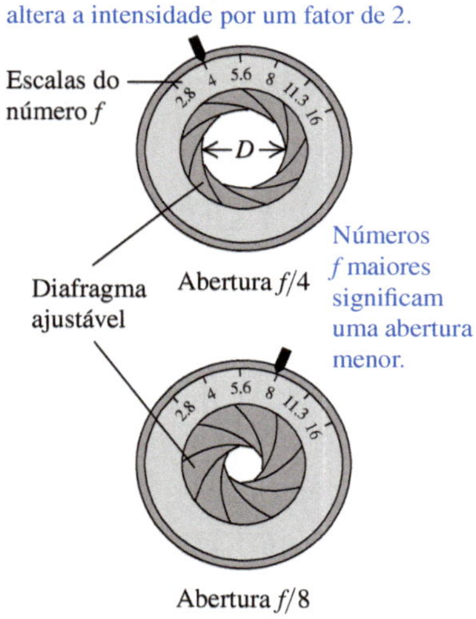

Lentes de zoom e projetores

Muitos fotógrafos usam a chamada *lente de zoom*, que não é uma lente única, mas um conjunto complexo de vários elementos de lente que fornecem uma distância focal que varia continuamente, em geral em um intervalo da ordem de 10 até 1. As **figuras 34.43a** e 34.43b mostram um sistema simples com distâncias focais variáveis, e a Figura 34.43c mostra uma lente de zoom típica de uma câmera digital de lente única. A lente de zoom fornece uma gama de tamanhos de imagem de um mesmo objeto. Nos projetos óticos, é um problema extremamente complexo manter a imagem em foco e, ao mesmo tempo, um número f constante enquanto a

Figura 34.43 Uma lente de zoom simples usa uma lente convergente e uma lente divergente em conjunto. (a) Quando as duas lentes estão próximas, a combinação se comporta como uma lente única de longa distância focal. (b) Se as duas lentes estão afastadas, a combinação se comporta como uma lente de distância focal curta. (c) Essa lente de zoom contém 12 elementos dispostos em quatro grupos.

(a) Conjunto de lente de zoom para longa distância focal

(b) Conjunto de lente de zoom para curta distância focal

(c) Uma lente de zoom prática

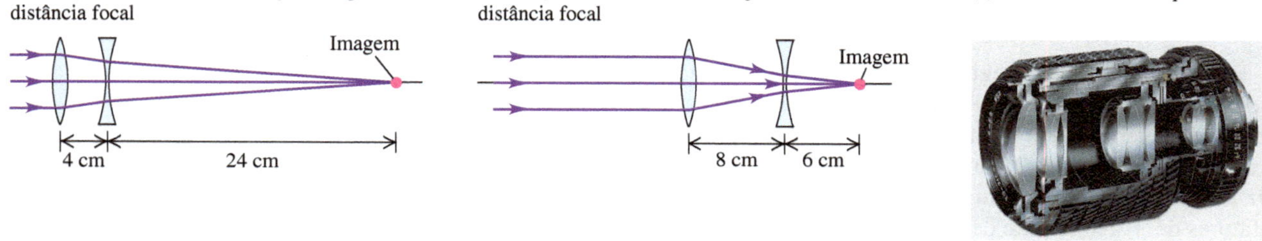

distância focal varia. Ao variar a distância focal de uma lente de zoom típica, dois conjuntos de elementos movem-se no interior da lente e um diafragma abre e fecha.

Um *projetor digital*, usado para exibir slides, fotos ou filmes, funciona de modo bastante semelhante a uma câmera ao contrário. No tipo mais comum de projetor digital, os pixels de dados a serem projetados são mostrados em uma tela de cristal líquido (LCD) pequena e transparente, localizada no interior do projetor e atrás da lente de projeção. Uma lâmpada ilumina a tela de LCD, que age como um objeto para a lente. A lente forma uma imagem real, ampliada e invertida da tela de LCD. Como a imagem é invertida, os pixels aparecem na tela de LCD de cabeça para baixo, de modo que a imagem apareça corretamente sobre a tela de projeção.

EXEMPLO 34.12 EXPOSIÇÕES FOTOGRÁFICAS

Uma lente telefoto comum de uma câmera de filme de 35 mm possui uma distância focal de 200 mm e intervalos da escala *f* desde *f*/2,8 até *f*/22. (a) Qual é a faixa de diâmetros das aberturas correspondentes? (b) Qual é a faixa correspondente para as intensidades da imagem no filme?

SOLUÇÃO

IDENTIFICAR E PREPARAR: a parte (a) deste problema usa a relação entre distância focal da lente *f*, diâmetro de abertura *D* e número *f*. A parte (b) usa a relação entre intensidade e diâmetro de abertura. Empregamos a Equação 34.20 para relacionar o diâmetro *D* (a incógnita) ao número *f* e à distância focal $f = 200$ mm. A intensidade da luz que incide no filme é proporcional a D^2/f^2; como *f* é igual nos dois casos, concluímos que a intensidade neste caso é proporcional a D^2, o quadrado do diâmetro de abertura.

EXECUTAR: (a) de acordo com a Equação 34.20, o diâmetro varia de

$$D = \frac{f}{\text{número } f} = \frac{200 \text{ mm}}{2{,}8} = 71 \text{ mm}$$

a

$$D = \frac{200 \text{ mm}}{22} = 9{,}1 \text{ mm}$$

(b) Como a intensidade é proporcional ao quadrado do diâmetro (D^2), a razão entre a intensidade para *f*/2,8 e para *f*/22 é

$$\left(\frac{71 \text{ mm}}{9{,}1 \text{ mm}}\right)^2 = \left(\frac{22}{2{,}8}\right)^2 = 62 \quad (\text{aproximadamente } 2^6)$$

AVALIAR: se o tempo de exposição correto para *f*/2,8 é 1/1.000 s, então para *f*/22 ele será (62) (1/1.000 s) = 1/16 s para compensar a intensidade menor. Isso ilustra uma regra: quanto menor a abertura e quanto maior o número *f*, maior será o tempo de exposição necessário. Apesar disso, muitos fotógrafos preferem usar aberturas pequenas, para que apenas a parte central da lente seja usada para formar a imagem. Isso minimiza as aberrações que podem ocorrer próximas às bordas das lentes e proporciona imagens com a maior nitidez possível.

TESTE SUA COMPREENSÃO DA SEÇÃO 34.5 Quando usada com um filme de 35 mm (área da imagem igual a 24 mm × 36 mm), uma lente com $f = 50$ mm fornece um ângulo de visão de 45° e é chamada de "lente normal". Quando usada com um sensor eletrônico medindo 5 mm × 5 mm, essa mesma lente é: (i) uma lente de grande angular; (ii) uma lente normal; (iii) uma lente telefoto. ❙

34.6 O OLHO

O comportamento ótico do olho é semelhante ao de uma câmera. As partes essenciais do olho humano, considerado um sistema ótico, são mostradas na **Figura 34.44**. A forma do olho é quase esférica, com diâmetro aproximadamente igual a 2,5 cm. A parte frontal é ligeiramente mais curva e é recoberta por uma membrana dura e transparente chamada *córnea*. A região atrás da córnea contém um líquido chamado *humor aquoso*. A seguir vem o *cristalino*, uma lente em forma de cápsula com uma gelatina fibrosa dura no centro e progressivamente mais macia à medida que se aproxima de sua borda. A lente do cristalino é sustentada por ligações com o músculo ciliar, que o circunda. Atrás dessa lente, o olho está cheio de um líquido gelatinoso chamado *humor vítreo*. Os índices de refração do humor vítreo e do humor aquoso são aproximadamente iguais a 1,336, valor quase igual ao índice de refração da água. O cristalino, apesar de não ser homogêneo, possui um índice de refração médio de 1,437. Esse valor não é muito diferente do índice de refração do humor vítreo e do humor aquoso; a maior parte da refração da luz que chega ao olho ocorre na superfície externa da córnea.

Figura 34.44 (a) O olho. (b) Existem dois tipos de células sensíveis à luz na retina. Os bastonetes são mais sensíveis à luz que os cones, contudo somente os cones são sensíveis às diferenças entre as cores. Um olho humano contém cerca de $1{,}3 \times 10^8$ bastonetes e 7×10^6 cones.

(a) Diafragma do olho

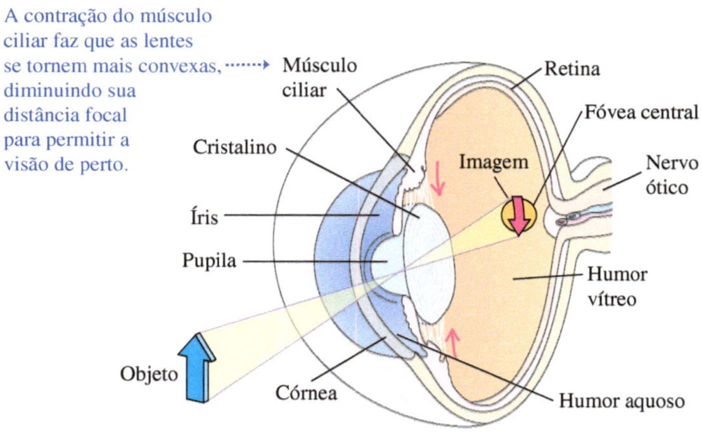

(b) Microfotografia de um microscópio eletrônico de varredura mostrando os bastonetes e cones da retina em cores diferentes.

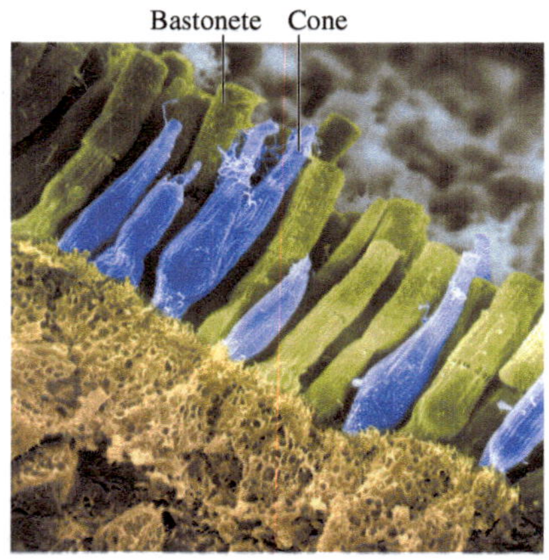

BIO Aplicação Focalização no reino animal O cristalino e o músculo ciliar encontrados nos humanos e em outros mamíferos estão entre os inúmeros mecanismos de focalização usados pelos animais. Os pássaros podem mudar a forma não só de seus cristalinos, mas também da superfície córnea. Nos animais aquáticos, a superfície córnea não é muito útil para a focalização, pois seu índice de refração é próximo ao da água. Dessa forma, a focalização é realizada inteiramente pelo cristalino, que é quase esférico. Os peixes focalizam usando um músculo para mover o cristalino para dentro ou para fora. Baleias e golfinhos conseguem o mesmo efeito preenchendo ou esvaziando uma câmara de fluido por trás do cristalino, a fim de movê-lo para dentro ou para fora.

TABELA 34.1 Variação do ponto próximo segundo a idade.

Idade (anos)	Ponto próximo (cm)
10	7
20	10
30	14
40	22
50	40
60	200

A refração na córnea e nas superfícies da lente produz uma *imagem real* do objeto que está sendo observado. A imagem é formada sobre a *retina*, uma membrana sensível à luz situada junto à superfície interna da parte posterior do olho. A retina desempenha o mesmo papel do filme ou do sensor eletrônico na câmera. Os *cones* e os *bastonetes* existentes na retina agem como minúsculas fotocélulas (Figura 34.44b), que capturam a imagem e a transmitem através do *nervo ótico* para o cérebro. A visão é mais precisa em uma pequena região central chamada *fóvea central*, com diâmetro aproximado de 0,25 mm.

Na parte frontal do cristalino está a *íris*. Ela contém uma abertura com diâmetro variável denominada *pupila*, que se abre ou se fecha para adaptar a entrada da luz de acordo com a variação da luminosidade. Os receptores da retina também possuem mecanismos de adaptação da intensidade.

Para que um objeto seja visto com bastante nitidez, a imagem deve ser formada exatamente sobre a retina. O olho se ajusta a diferentes distâncias s do objeto, variando a distância focal f de sua lente; a distância s' entre a lente e a retina não varia. (Compare com uma câmera, na qual a distância focal é fixa, porém a distância entre o filme e a lente varia.) Em um olho normal, um objeto no infinito é focalizado quando o músculo ciliar está relaxado. Para produzir uma imagem bem focalizada sobre a retina de um objeto próximo, a tensão no músculo ciliar que envolve o cristalino aumenta, o músculo ciliar se contrai e o cristalino fica mais grosso na parte central, reduzindo os raios de curvatura de suas superfícies; logo, a distância focal f diminui. Esse processo é chamado de *acomodação*.

Os extremos do intervalo em que a visão distinta é possível são chamados de *ponto distante* e *ponto próximo*. O ponto distante de um olho normal se encontra no infinito. A posição do ponto próximo depende da capacidade do músculo ciliar de reduzir o raio de curvatura do cristalino. O intervalo de acomodação diminui gradualmente à medida que a pessoa envelhece, pois o cristalino aumenta durante a vida (para uma idade de 60 anos, ele é 50% maior que aos 20 anos), e os músculos ciliares tornam-se menos capazes de contrair uma lente maior. Por essa razão, a distância do ponto próximo aumenta à medida que a pessoa envelhece. Esse aumento da distância do ponto próximo, popularmente conhecido como *vista cansada*, é chamado de *presbiopia*. Na **Tabela 34.1**, mostramos alguns valores aproximados da posição do ponto próximo para o olho normal de uma pessoa comum em diversas idades. Por exemplo, uma pessoa com 50 anos não consegue focalizar com nitidez nenhum objeto que esteja a uma distância menor que cerca de 40 cm.

Defeitos da visão

Diversos defeitos comuns da visão resultam de relações incorretas entre as distâncias no olho. Um olho normal forma sobre a retina uma imagem de um objeto que se encontra no infinito quando o olho está relaxado (**Figura 34.45a**). No olho *míope*, o globo ocular é muito alongado em comparação ao raio de curvatura da córnea (ou a córnea é curva demais), e os raios de um objeto situado no infinito são focalizados antes da retina (Figura 34.45b). Logo, a maior distância para a qual um objeto forma uma imagem sobre a retina está em um ponto mais próximo que no caso do olho normal. No olho *hipermétrope*, o globo ocular é muito curto ou a córnea não é suficientemente curva; assim, os raios de um objeto situado no infinito são focalizados atrás da retina (Figura 34.45c). O olho míope produz uma convergência *demasiadamente* grande dos raios paralelos e forma uma imagem antes da retina; o olho hipermétrope produz uma convergência *insuficiente* e forma uma imagem depois da retina.

Todos esses defeitos podem ser corrigidos com o uso de lentes corretivas (óculos ou lentes de contato). O ponto próximo de um olho presbíope ou de um olho hipermétrope é *mais distante* do olho que o normal. Para ver claramente um objeto a uma distância de leitura normal (normalmente considerada como 25 cm), é necessária uma lente que forma uma imagem virtual do objeto no ponto próximo ou além dele. Isso pode ser obtido por uma lente convergente (positiva), como mostra a **Figura 34.46**. Na verdade, a lente move o objeto para um ponto mais longe do olho, onde uma imagem retinal nítida pode ser formada. Do mesmo modo, a correção do olho míope envolve o emprego de uma lente divergente (negativa) a fim de mover a imagem mais para perto do olho que o objeto real está (**Figura 34.47**).

O *astigmatismo* é um tipo diferente de defeito, em que a superfície da córnea não é esférica, mas sim acentuadamente mais curva em um plano que no outro. Em consequência, as linhas horizontais podem formar imagens em um plano diferente do plano formado pelas linhas verticais (**Figura 34.48a**). O astigmatismo pode tornar impossível, por exemplo, a focalização simultânea de barras verticais e horizontais de uma janela.

O astigmatismo pode ser corrigido pelo uso de uma lente com superfície *cilíndrica*. Por exemplo, suponha que a curvatura da córnea em um plano horizontal seja correta e focalize sobre a retina raios provenientes do infinito, porém que sua curvatura em um plano vertical seja tão grande que a focalização ocorra antes da retina. Quando uma lente cilíndrica divergente com eixo horizontal é colocada diante do olho, os raios no plano horizontal não sofrem nenhuma modificação, mas a divergência adicional dos raios no plano vertical faz que esses raios sejam focalizados sobre a retina, como se vê na Figura 34.48b.

Figura 34.45 Refração em (a) um olho normal, (b) um olho míope e (c) um olho hipermétrope observando um objeto distante. Em cada caso, o olho é mostrado com o músculo ciliar relaxado. A curva tracejada em azul indica qual deveria ser a posição correta da superfície da retina.

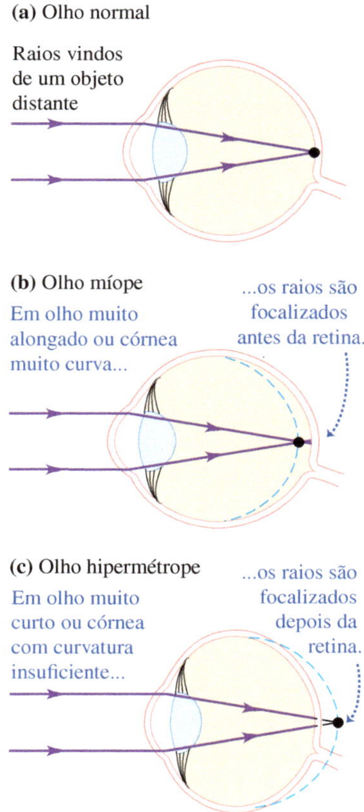

Figura 34.46 (a) Olho hipermétrope sem correção. (b) Uma lente positiva (convergente) fornece a convergência extra necessária para um olho hipermétrope focalizar a imagem sobre a retina.

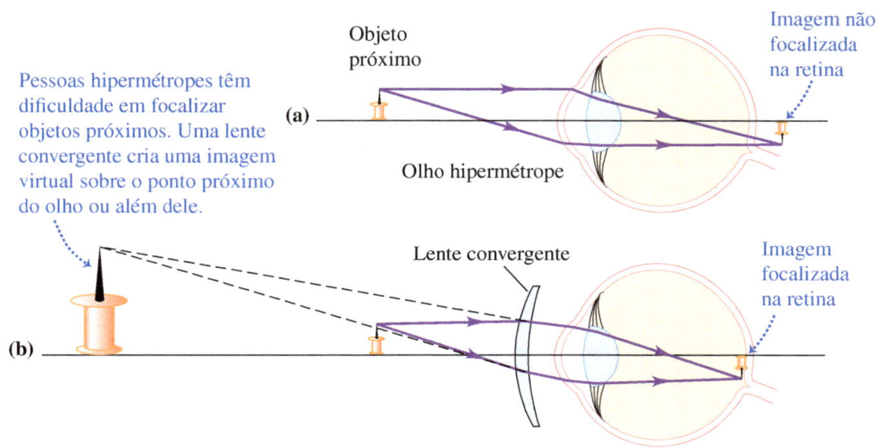

Figura 34.47 (a) Olho míope sem correção. (b) Uma lente negativa (divergente) produz uma divergência dos raios para compensar a convergência excessiva do olho míope.

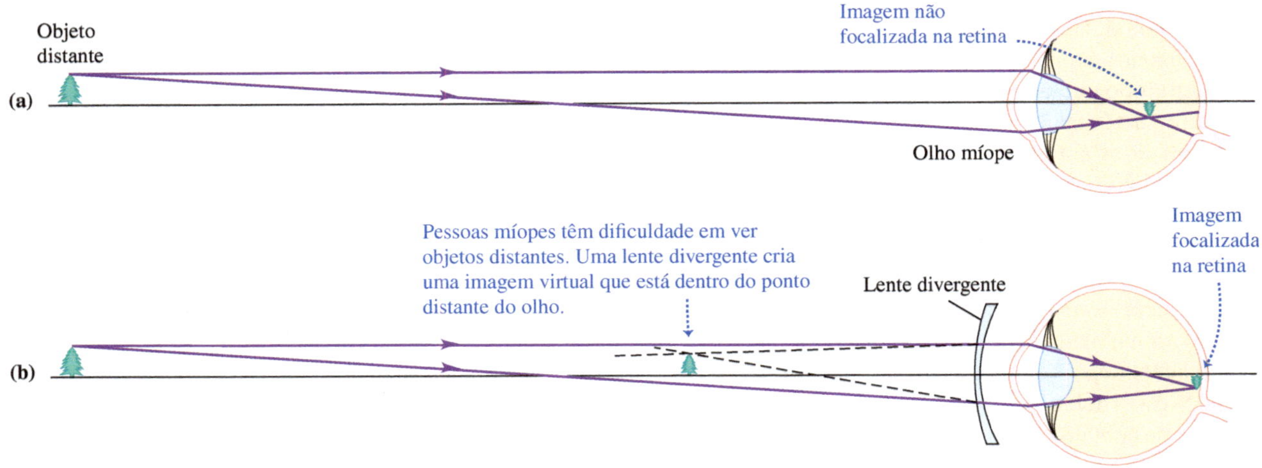

Figura 34.48 Um tipo de astigmatismo e como é corrigido.

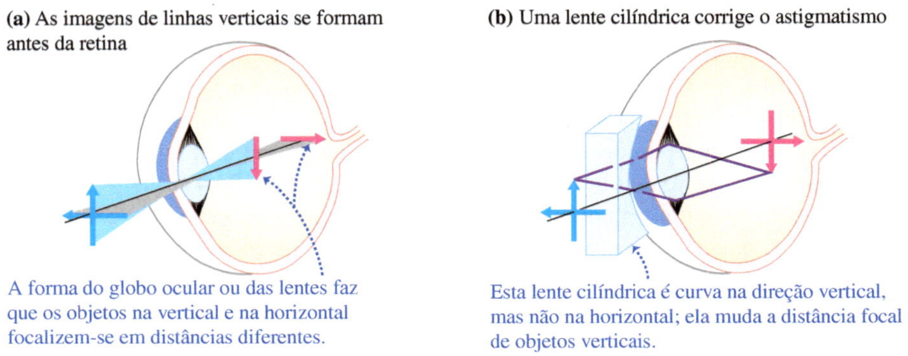

As lentes corretivas geralmente são descritas em termos de **potência**, definida como o inverso da distância focal expressa em metros. A unidade de potência é a **dioptria**. Assim, uma lente com $f = 0{,}50$ m possui uma potência igual a 2,0 dioptrias, $f = -0{,}25$ m corresponde a uma potência igual a $-4{,}0$ dioptrias e assim por diante. Os números em uma receita de óculos geralmente se referem a potências expressas em dioptrias. Quando a correção envolve simultaneamente astigmatismo e miopia ou hipermetropia, existem três valores: um para a potência da lente esférica, outro para a potência da lente cilíndrica e um ângulo para descrever a orientação do eixo cilíndrico.

EXEMPLO 34.13 CORREÇÃO DA HIPERMETROPIA

O ponto próximo de um certo olho hipermétrope fica 100 cm à sua frente. Determine a distância focal e a potência da lente de contato que permitirão ao usuário ver com nitidez um objeto situado a uma distância de 25 cm do olho.

SOLUÇÃO

IDENTIFICAR E PREPARAR: a **Figura 34.49** mostra a situação. Desejamos que a lente forme uma imagem virtual do objeto em um local correspondente ao ponto próximo do olho, a uma distância de 100 cm dele. A lente de contato (cuja espessura consideramos como desprezível) está na superfície da córnea; portanto, a distância do objeto é $s = 25$ cm. A imagem virtual está no lado de incidência da lente de contato; logo, a distância da imagem é $s' = -100$ cm. Determinamos a distância focal f necessária da lente de contato usando a Equação 34.16; a potência correspondente é $1/f$.

EXECUTAR: de acordo com a Equação 34.16,

$$\frac{1}{f} = \frac{1}{s} + \frac{1}{s'} = \frac{1}{+25\text{ cm}} + \frac{1}{-100\text{ cm}}$$

$$f = +33\text{ cm}$$

Precisamos de uma lente convergente com distância focal $f = 33$ cm e potência $1/(0{,}33\text{ m}) = +3{,}0$ dioptrias.

AVALIAR: neste exemplo, usamos uma lente de contato para corrigir a hipermetropia. Se tivéssemos usado óculos, teríamos de levar em conta a separação entre o olho e a lente dos óculos, e uma potência um tanto diferente seria necessária (veja o Exemplo 34.14).

(Continua)

(Continuação)

Figura 34.49 Usando uma lente de contato para corrigir a hipermetropia. Para maior clareza, o olho e a lente de contato são mostrados muito maiores que a escala da figura; o diâmetro de 2,5 cm do olho é, na verdade, muito menor que a distância focal f da lente de contato.

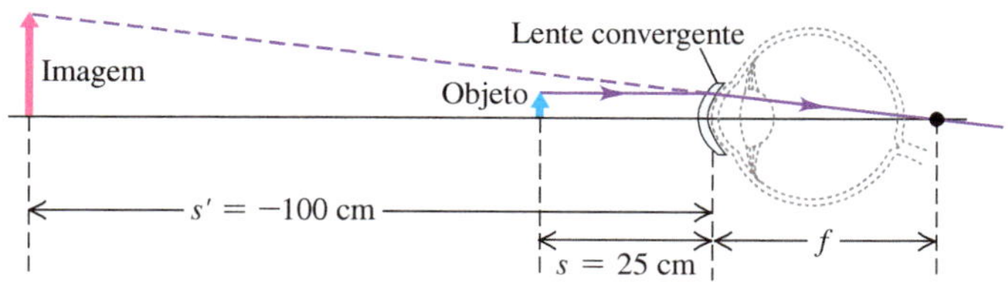

EXEMPLO 34.14 CORREÇÃO DA MIOPIA

O ponto distante de um certo olho míope fica 50 cm à frente do olho. Descubra a distância focal e a potência dos óculos que permitirão ao usuário ver com nitidez um objeto situado no infinito. Considere que as lentes dos óculos sejam usadas a uma distância de 2 cm do olho.

SOLUÇÃO

IDENTIFICAR E PREPARAR: a **Figura 34.50** ilustra a situação. O ponto distante de um olho míope está mais próximo que o infinito. Para enxergar com nitidez objetos mais afastados que o ponto distante desse olho, é necessário que a imagem virtual do objeto se forme a uma distância que não seja maior que o ponto distante. Considere que a imagem virtual do objeto no infinito é formada no ponto distante, 50 cm à frente do olho (48 cm à frente das lentes dos óculos). Ou seja, quando $s = \infty$, desejamos que s' seja igual a -48 cm. Como no Exemplo 34.13, usamos os valores de s e s' para calcular a distância focal necessária.

EXECUTAR: novamente, conforme a Equação 34.16,

$$\frac{1}{f} = \frac{1}{s} + \frac{1}{s'} = \frac{1}{\infty} + \frac{1}{-48\text{ cm}}$$

$$f = -48\text{ cm}$$

Precisamos de uma lente *divergente* com distância focal $f = -48$ cm e potência $1/(-0{,}48\text{ m}) = -2{,}1$ dioptrias.

AVALIAR: você é capaz de demonstrar por que, se fossem usadas lentes de *contato* em vez de óculos, f seria igual a -50 cm e a potência seria $-2{,}0$ dioptrias?

Figura 34.50 Usando uma lente de contato para corrigir a miopia. Para maior clareza, o olho e a lente dos óculos são mostrados muito maiores que a escala da figura.

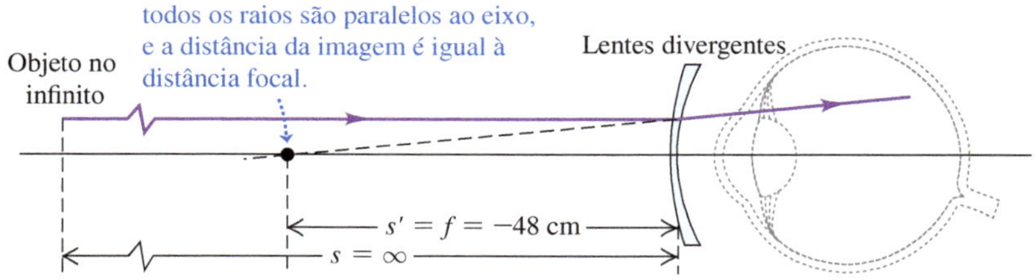

TESTE SUA COMPREENSÃO DA SEÇÃO 34.6 Uma lente de óculos é delgada no centro, ainda mais delgada na borda superior e inferior e relativamente mais espessa nas bordas esquerda e direita. Que defeitos de visão essa lente procura corrigir? (i) Hipermetropia para objetos orientados tanto vertical quanto horizontalmente; (ii) miopia para objetos orientados tanto vertical quanto horizontalmente; (iii) hipermetropia para objetos orientados verticalmente e miopia para objetos orientados horizontalmente; (iv) hipermetropia para objetos orientados horizontalmente e miopia para objetos orientados verticalmente. ❙

BIO Aplicação Os olhos de telefoto dos camaleões O cristalino de um olho humano pode mudar de forma, mas é sempre uma lente convergente (positiva). O cristalino no olho de um camaleão (família *Chamaeleonidae*) é diferente: ele pode mudar de forma para uma lente convergente ou divergente (negativa). Quando age como uma lente divergente logo atrás da córnea (que age como uma lente convergente), a combinação é como a lente de zoom de longa distância focal mostrada na Figura 34.43a. Essa "visão do tipo telefoto" fornece ao camaleão uma visão nítida da presa em potencial.

34.7 A LUPA

O tamanho aparente de um objeto é determinado pelo tamanho da imagem sobre a retina. Se o olho não possui nenhuma lente adicional, o tamanho depende do *ângulo* θ subtendido pelo objeto no olho, grandeza chamada de **tamanho angular** (**Figura 34.51a**).

Para observar de perto um objeto pequeno, como um inseto ou um cristal, você deve colocá-lo próximo ao olho, de modo que a imagem sobre a retina e o ângulo subtendido possuam o maior tamanho possível. Contudo, o olho não pode focalizar com nitidez objetos que estejam mais próximos que o ponto próximo, de modo que o tamanho de um objeto é máximo (ou seja, ele subtende o ângulo máximo) quando é colocado sobre o ponto próximo. No estudo que se segue, vamos considerar que o ponto próximo de um observador médio esteja situado a 25 cm de distância do olho.

Uma lente convergente pode servir para formar uma imagem virtual maior e mais afastada que o próprio objeto, como indicado na Figura 34.51b. Portanto, usando essa lente, o objeto pode ser deslocado para mais perto do olho, e o tamanho angular da imagem pode ser muito maior que o tamanho angular do objeto a uma distância de 25 cm sem o uso da lente. Uma lente empregada dessa maneira é chamada de **lupa**, também conhecida como *lente de aumento* ou *lupa simples*. A imagem virtual é vista com mais conforto quando colocada no infinito, para que o músculo ciliar não fique contraído; nas discussões apresentadas a seguir, vamos considerar que isso ocorre.

Na Figura 34.51a, o objeto está sobre o ponto próximo, onde ele subtende um ângulo θ no olho. Na Figura 34.51b, uma lupa colocada em frente ao olho forma uma imagem no infinito, e o ângulo subtendido com auxílio da lupa é θ'. A medida da ampliação fornecida pela lente é dada pela razão entre o ângulo θ' (com a lupa) e o ângulo θ (sem a lupa). Essa razão é chamada de **ampliação angular** M:

$$M = \frac{\theta'}{\theta} \quad \text{(ampliação angular)} \tag{34.21}$$

ATENÇÃO Ampliação angular *versus* ampliação transversal Não confunda a ampliação *angular* M com a ampliação *transversal* m. A ampliação angular é a razão entre o tamanho *angular* da imagem e o tamanho angular do objeto correspondente; a ampliação transversal fornece a razão entre a *altura* da imagem e a altura do objeto correspondente. Para a situação mostrada na Figura 34.51b, a ampliação angular é aproximadamente igual a 3×, visto que a imagem da lagarta subtende um ângulo cerca de três vezes maior que o ângulo subtendido pela lagarta na Figura 34.51a; portanto, o olho tem a impressão de ver a lagarta três vezes maior. A ampliação *transversal* $m = -s'/s$ na Figura 34.51b é *infinita* porque a imagem se forma no infinito; contudo, isso não significa que o objeto apresente um tamanho infinito quando observado através da lupa! Ao estudarmos uma lupa, a ampliação angular M é um conceito útil, porém a ampliação transversal m não é.

Figura 34.51 (a) O tamanho angular θ é máximo quando o objeto é colocado sobre o ponto próximo. (b) A lupa fornece uma imagem virtual no infinito. Essa imagem virtual é interpretada pelo olho como um objeto real que subtende um ângulo θ' maior que o observado sem a lupa.

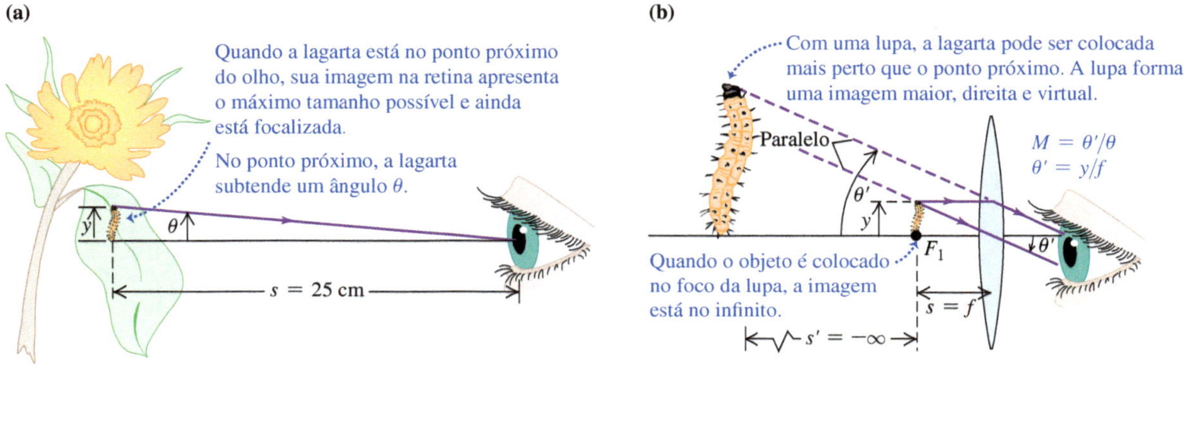

Para calcularmos o valor de M, inicialmente consideramos que os ângulos sejam suficientemente pequenos para que cada ângulo (em radianos) seja igual ao seu seno e a sua tangente. Usando a Figura 34.51a e desenhando o raio que passa através do centro da lente sem sofrer desvio na Figura 34.51b, verificamos que os ângulos θ e θ' (em radianos) são

$$\theta = \frac{y}{25\text{ cm}} \qquad \theta' = \frac{y}{f}$$

Combinando essas expressões com a Equação 34.21, obtemos

Ampliação angular para uma lupa simples; Tamanho angular do objeto visto com lupa; Tamanho angular do objeto visto sem lupa; Altura do objeto; Ponto próximo; Distância focal

$$M = \frac{\theta'}{\theta} = \frac{y/f}{y/25\text{ cm}} = \frac{25\text{ cm}}{f} \qquad (34.22)$$

Pode parecer que podemos tornar a ampliação angular tão grande quanto desejarmos diminuindo a distância focal f. Mas, na verdade, as aberrações de uma lente biconvexa simples impõem um limite prático para M aproximadamente igual a $3\times$ ou $4\times$. Caso essas aberrações sejam corrigidas, a ampliação angular pode chegar até a $20\times$. Um microscópio composto, que será discutido na próxima seção, fornece uma ampliação ainda maior.

TESTE SUA COMPREENSÃO DA SEÇÃO 34.7 Você está examinando uma pedra preciosa com uma lupa. Se trocar para uma outra lupa, com o dobro da distância focal da primeira, (i) você terá de segurar o objeto a uma distância duas vezes maior e a ampliação angular será o dobro; (ii) você terá de segurar o objeto a uma distância duas vezes maior e a ampliação angular reduzida à metade; (iii) você terá de segurar o objeto na metade da distância anterior e a ampliação angular será duas vezes maior; (iv) você terá de segurar o objeto na metade da distância e a ampliação angular será reduzida à metade. ❙

34.8 MICROSCÓPIOS E TELESCÓPIOS

Câmeras, lentes de óculos e lupas usam uma única lente para formar uma imagem. Dois importantes dispositivos de ótica que empregam *duas* lentes são o microscópio e o telescópio. Nesses dispositivos, uma lente primária, ou lente *objetiva,* forma uma imagem real, e uma segunda lente, ou *ocular*, é usada como uma lupa para formar uma imagem maior, virtual.

Microscópios

A **Figura 34.52a** mostra os elementos essenciais de um **microscópio**, algumas vezes denominado *microscópio composto*. Para analisarmos esse sistema, tomamos como base o princípio de que a imagem formada por um elemento ótico, como uma lente ou um espelho, pode servir de objeto para um segundo elemento ótico. Já utilizamos esse princípio na Seção 34.4 ao deduzirmos a equação das lentes delgadas aplicando duas vezes seguidas a equação da refração às duas superfícies da lente; usamos novamente esse princípio no Exemplo 34.11 (Seção 34.4), nos quais a imagem formada por uma lente servia de objeto para uma segunda lente.

O objeto O a ser visualizado é colocado em um ponto um pouco além do primeiro foco F_1 da **objetiva**, uma lente convergente que forma uma imagem I real e maior que o objeto (Figura 34.52b). Em um instrumento projetado adequadamente, essa imagem se forma entre o foco F'_1 e o vértice de uma segunda lente convergente, chamada de **ocular**, em um ponto quase sobre seu foco. (Deixamos a seu encargo a explicação sobre por que essa imagem deve ser formada na *parte interna* do foco

Figura 34.52 (a) Elementos de um microscópio. (b) O objeto O é colocado ligeiramente além do primeiro foco da lente objetiva (a distância s_1 foi exagerada para maior clareza). (c) Essa imagem de microscópio mostra organismos unicelulares de cerca de 2×10^{-4} m (0,2 mm) de extensão. Microscópios luminosos comuns podem exibir detalhes da ordem de 2×10^{-7} m, comparáveis ao comprimento de onda da luz.

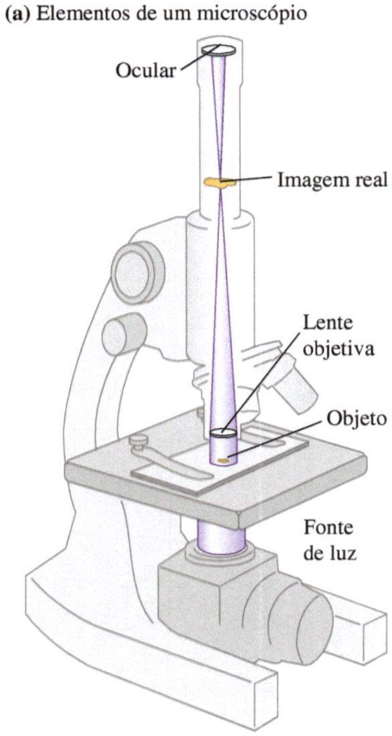

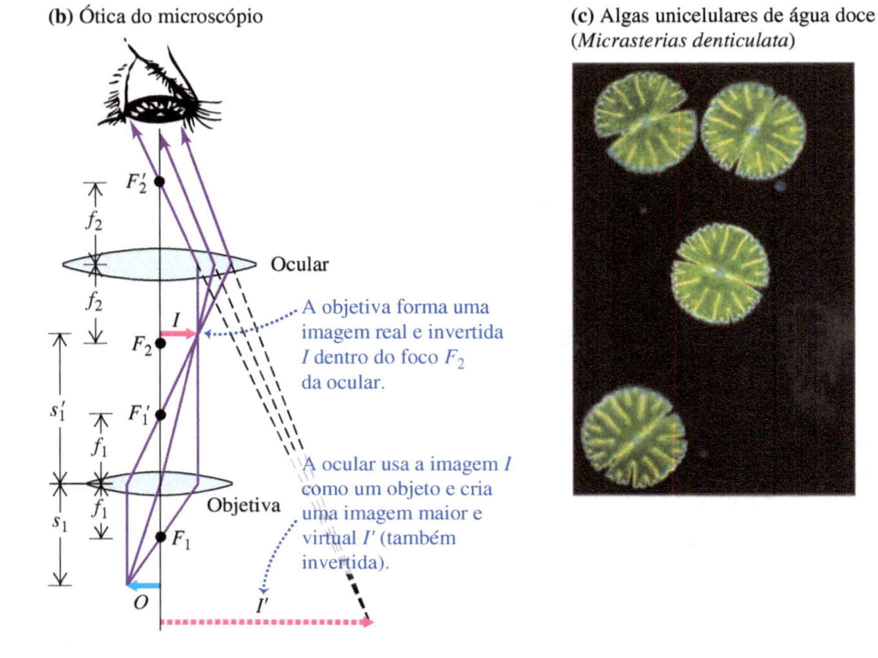

quase sobre F'_1.) A ocular funciona como uma lupa simples, conforme discutido na Seção 34.7, e forma uma imagem virtual final I' do objeto I. A posição da imagem I' pode estar situada entre o ponto próximo e o ponto distante do olho. Tanto a lente ocular quanto a objetiva de um microscópio são lentes compostas altamente corrigidas, com diversos elementos óticos; contudo, por simplicidade, cada uma dessas lentes é mostrada aqui como uma única lente delgada simples.

Analogamente ao caso da lupa, o que importa quando se usa um microscópio é sua ampliação *angular* M. A ampliação angular total de um microscópio composto é o produto de dois fatores. O primeiro fator é a ampliação *transversal* m_1 da objetiva, que determina o tamanho linear da imagem real I; o segundo é a ampliação *angular* M_2 da ocular, que relaciona o tamanho angular da imagem virtual vista através da ocular com o tamanho que a imagem real I teria se ela fosse vista *sem* a ocular. O primeiro fator é dado por

$$m_1 = -\frac{s'_1}{s_1} \tag{34.23}$$

onde s_1 é a distância do objeto e s'_1 é a distância da imagem para a lente objetiva. Em geral, o objeto está muito próximo do foco, de modo que a distância da imagem s'_1 é muito grande em comparação com a distância focal f_1 da lente objetiva. Logo, s_1 é aproximadamente igual a f_1 e podemos escrever $m_1 = -s'_1/f_1$.

A imagem real I está próxima ao foco F'_2 da ocular, de modo que, para calcular a ampliação angular da ocular, podemos usar a Equação 34.22: $M_2 = (25\text{ cm})/f_2$, onde f_2 é a distância focal da ocular (tomada como uma lente simples). A ampliação angular total M de um microscópio composto (com exceção de um sinal negativo que se costuma ignorar) é o produto das duas ampliações mencionadas:

$$M = m_1 M_2 = \frac{(25\text{ cm})\,s'_1}{f_1 f_2} \quad \text{(ampliação angular de um microscópio)} \tag{34.24}$$

onde s'_1, f_1 e f_2 são grandezas medidas em centímetros. A imagem final é invertida em relação ao objeto. Os fabricantes de microscópios geralmente especificam os valores de m_1 e de M_2 para os componentes do microscópio em vez de especificar as distâncias focais da objetiva e da ocular.

A Equação 34.24 mostra que a ampliação angular de um microscópio pode ser aumentada usando-se uma objetiva com uma distância focal f_1 pequena, aumentando, assim, o valor de m_1 e o tamanho da imagem real I. A maioria dos microscópios óticos possui uma "torre" giratória com três ou mais objetivas de diferentes distâncias focais para que o mesmo objeto possa ser visto de diferentes ampliações. A ocular também deve possuir uma distância focal f_2 pequena para obter o valor máximo de M.

Para usar o microscópio para tirar uma fotografia (chamada *fotomicrografia* ou *micrografia*), a ocular é removida e uma câmera é acoplada de modo que a imagem real I se forme no sensor eletrônico ou filme da câmera. A Figura 34.52c mostra uma dessas fotografias. Nesse caso, o que importa é a ampliação *transversal* do microscópio, como dada pela Equação 34.23.

Telescópios

O sistema ótico de um **telescópio** é semelhante ao de um microscópio composto. Em ambos, a imagem formada pela objetiva é vista através de uma ocular. A diferença essencial é que o telescópio é usado para ver objetos grandes situados a grandes distâncias, e o microscópio é usado para ver objetos pequenos que estão próximos de nós. Outra diferença é que muitos telescópios usam como objetiva um espelho curvo e não uma lente.

Na **Figura 34.53**, mostramos um *telescópio astronômico*. Como esse telescópio usa uma lente como objetiva, ele é chamado de *telescópio de refração* ou *telescópio refrator*. A lente objetiva forma uma imagem real reduzida I do objeto. Essa imagem é o objeto para a lente ocular, que, por sua vez, forma uma imagem virtual ampliada de I. Os objetos que são vistos com um telescópio quase sempre estão tão afastados do instrumento que a primeira imagem I se forma aproximadamente sobre o segundo foco da lente objetiva. Se a imagem final I' formada pela ocular está no infinito (para a visão mais confortável de um olho normal), a primeira imagem deve se formar sobre o foco da ocular. A distância entre a objetiva e a ocular, que é igual ao comprimento do telescópio, é, portanto, a *soma* $f_1 + f_2$ das distâncias focais da objetiva e da ocular.

A ampliação angular M de um telescópio é definida como a razão entre o ângulo subtendido pela imagem final I' no olho e o ângulo subtendido pelo objeto quando visto a olho nu. Podemos expressar essa razão em termos das distâncias focais da objetiva e da ocular. Na Figura 34.53, pode-se ver o raio que passa por F_1, o primeiro foco da objetiva, e por F'_2, o segundo foco da ocular. O objeto (não mostrado) subtende um ângulo θ na objetiva e deve subtender também essencialmente o mesmo ângulo quando a observação é feita a olho nu. Além disso, como o olho do observador se encontra imediatamente à direita do foco F'_2, o ângulo subtendido no olho pela imagem final é aproximadamente igual ao ângulo θ'. Como bd é paralelo ao eixo ótico, a distância ab é igual a cd e é também igual à altura y' da imagem real I. Como os ângulos θ e θ' são pequenos, eles podem ser aproximados pelas respectivas tangentes. Pelos triângulos retângulos F_1ab e F'_2cd, obtemos

$$\theta = \frac{-y'}{f_1}$$

$$\theta' = \frac{y'}{f_2}$$

e a ampliação angular M é

$$M = \frac{\theta'}{\theta} = -\frac{y'/f_2}{y'/f_1} = -\frac{f_1}{f_2} \quad \text{(ampliação angular de um telescópio)} \qquad (34.25)$$

Figura 34.53 Sistema ótico de um telescópio astronômico refrator.

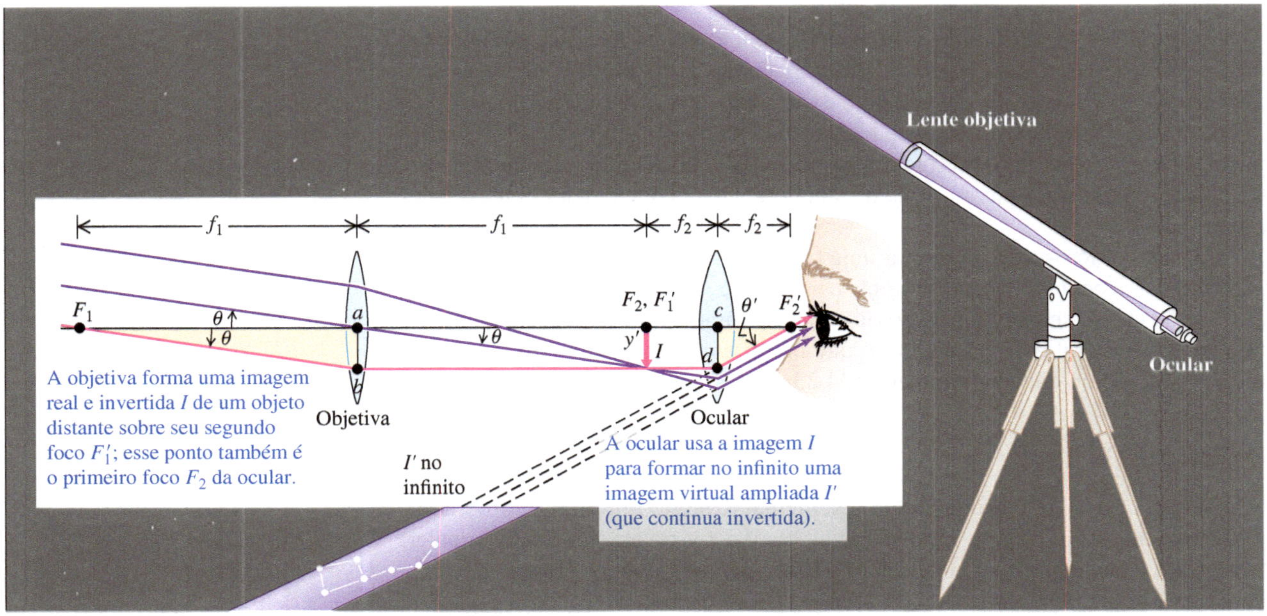

A ampliação angular M de um telescópio é igual à razão entre a distância focal da objetiva e a distância focal da ocular. O sinal negativo mostra que a imagem final é invertida. A Equação 34.25 mostra que, para obter uma ampliação angular grande, um *telescópio* deve ter uma objetiva com distância focal f_1 *grande*. Por outro lado, vimos na Equação 34.24 que um *microscópio* precisa de uma objetiva com uma distância focal *pequena*. Contudo, um telescópio que possua uma objetiva com uma distância focal grande também deve ter um diâmetro D grande para que o número f, dado por f_1/D, não seja muito grande; como dissemos na Seção 34.5, um número f grande significa uma imagem sem brilho, com pouca intensidade. Normalmente, um telescópio não possui objetivas intercambiáveis; em vez disso, a variação da ampliação angular é obtida fazendo-se variar as lentes da ocular com diferentes valores da distância focal f_2. Analogamente ao caso do microscópio, valores pequenos de f_2 fornecem ampliações angulares maiores.

Uma imagem invertida não é uma grande desvantagem para uma observação astronômica. Contudo, quando usamos um telescópio ou um binóculo — que, basicamente, é um par de telescópios montados lado a lado — para observar um objeto na Terra, desejamos que a imagem não seja invertida. Em um binóculo com prismas isso é obtido refletindo-se a luz diversas vezes na trajetória da objetiva à ocular. O efeito combinado dessas reflexões é inverter a imagem tanto horizontal quanto verticalmente. Os binóculos geralmente são especificados por dois números separados pelo sinal de multiplicação, como 7×50. O primeiro número indica a ampliação angular M e o segundo revela o diâmetro da lente objetiva (em milímetros). O diâmetro serve para determinar a capacidade da entrada de luz através da objetiva e, portanto, indica o brilho da imagem.

No *telescópio refletor* (**Figura 34.54a**), a lente objetiva é substituída por um espelho côncavo. Para um telescópio de grandes dimensões, esse esquema apresenta muitas vantagens teóricas e práticas. Os espelhos não apresentam aberrações cromáticas (dependência da distância focal em relação ao comprimento de onda), e as aberrações esféricas (associadas com a aproximação paraxial) são mais fáceis de corrigir que nas lentes. A superfície refletora às vezes é parabólica em vez de esférica. O material do espelho não precisa ser transparente e pode ser mais rígido que no caso de uma lente, que só pode ser segurada pelas bordas.

O maior telescópio refletor do mundo é o Gran Telescópio Canarias, nas Ilhas Canárias; sua objetiva possui um espelho com diâmetro total de 10,4 m, formado por 36 elementos refletores hexagonais separados.

Um desafio a ser vencido no projeto de telescópios refletores é que a imagem se forma na frente do espelho da objetiva, em uma região atravessada pelos raios

Figura 34.54 (a), (b), (c) Três esboços de telescópios refletores. (d) Esta foto mostra o interior do telescópio Gemini Norte, que utiliza o esquema (c). O espelho da objetiva tem 8 m de diâmetro.

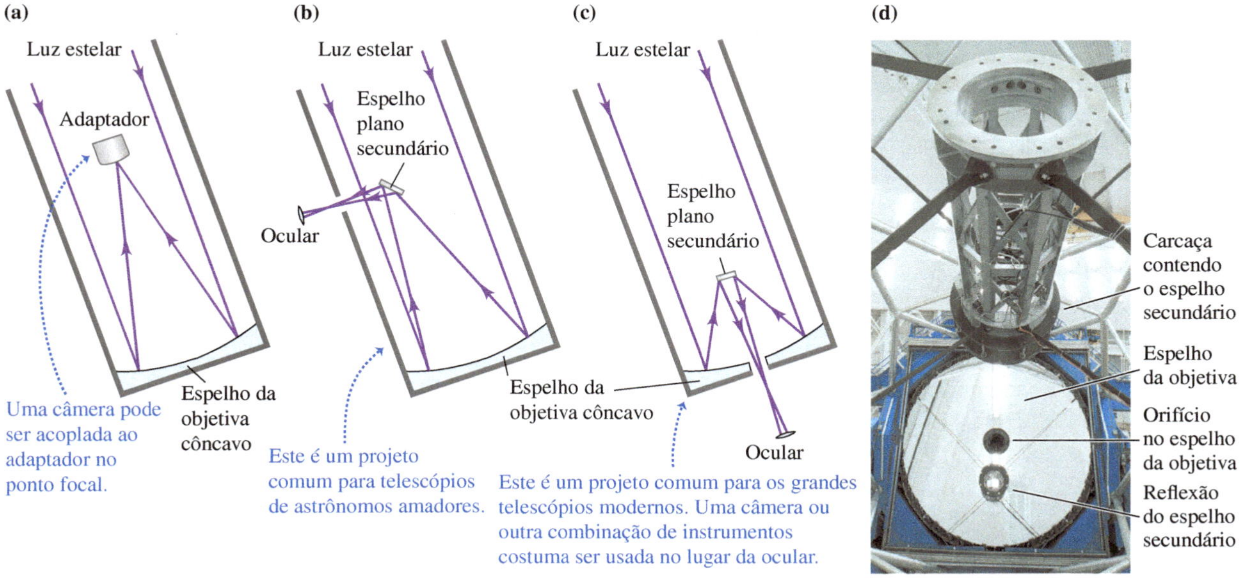

incidentes. Isaac Newton concebeu uma solução para esse problema. Um espelho secundário plano, orientado a 45º do eixo ótico, faz que a imagem seja formada em um furo ao lado do telescópio, onde pode ser ampliada com uma ocular (Figura 34.54b). Outra solução emprega um espelho secundário que faz que a luz focalizada passe por um furo no espelho da objetiva (Figura 34.54c). Grandes telescópios de exploração, assim como muitos telescópios amadores, seguem esse projeto (Figura 34.54d).

Assim como em um microscópio, quando um telescópio é usado para fotografar, uma ocular é removida e um sensor eletrônico é colocado na posição da imagem real formada pela objetiva. (Algumas "lentes" de longa distância focal para fotografia são, na verdade, telescópios refletores usados dessa forma.) A maioria dos telescópios usados em pesquisas astronômicas nunca é utilizada com uma ocular.

TESTE SUA COMPREENSÃO DA SEÇÃO 34.8 Qual destes dispositivos fornece a ampliação transversal de maior valor absoluto? (i) A lente objetiva de um microscópio (Figura 34.52); (ii) a lente objetiva de um telescópio refrator (Figura 34.53) ou (iii) não há informações suficientes para responder? ❙

CAPÍTULO 34 RESUMO

Reflexão ou refração em uma superfície plana: quando os raios divergem de um ponto objeto P e são refletidos ou refratados, as direções dos raios emergentes correspondem às direções dos raios que divergem de um ponto P' denominado ponto imagem. Quando os raios passam efetivamente pelo ponto P' e divergem novamente a partir desse ponto, P' é uma imagem real de P; quando apenas parece que eles divergem do ponto P', trata-se de uma imagem virtual. As imagens podem ser direitas ou invertidas.

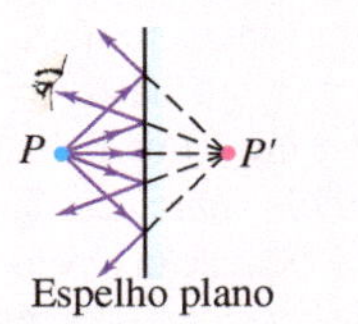

Ampliação transversal: a ampliação transversal m de qualquer dispositivo que produz reflexão ou refração é definida como a razão entre a altura da imagem y' e a altura do objeto y. Quando m é positivo, a imagem é direita; quando m é negativo, a imagem é invertida.

$$m = \frac{y'}{y} \tag{34.2}$$

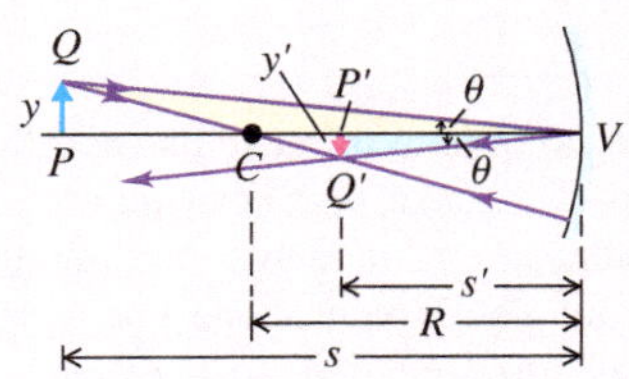

Foco e distância focal: o foco de um espelho é o ponto para o qual os raios paralelos ao eixo convergem depois de se refletirem em um espelho côncavo, ou o ponto do qual os raios parecem divergir depois de se refletirem em um espelho convexo. Os raios que divergem do foco de um espelho côncavo depois da reflexão emergem paralelos ao eixo ótico, assim como os raios que convergem para o foco de um espelho convexo depois da reflexão. A distância focal, designada pela letra f, é a distância entre o vértice e o foco do espelho. Os focos de uma lente são definidos de modo análogo.

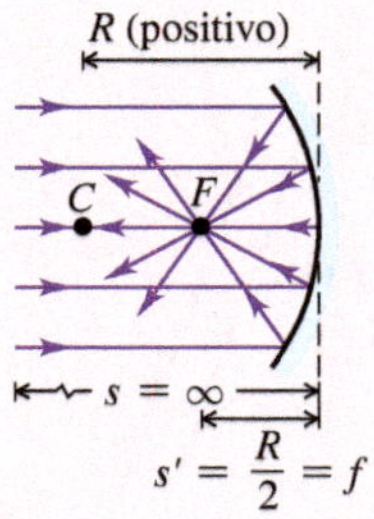

Relacionando distância do objeto e distância da imagem: as fórmulas para distância do objeto s e distância da imagem s' para espelhos esféricos e planos e as superfícies de refração individuais encontram-se resumidas na tabela. A equação para uma superfície plana pode ser obtida a partir da equação correspondente para uma superfície esférica, definindo $R = \infty$. (Ver exemplos 34.1-34.7.)

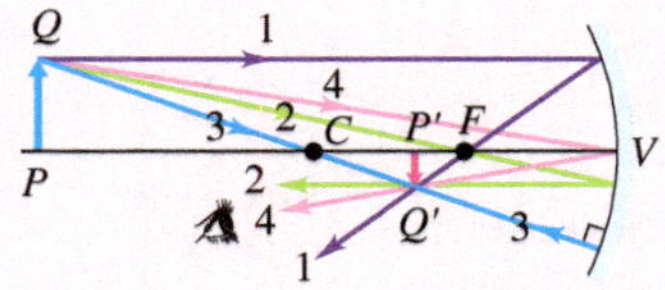

	Espelho plano	Espelho esférico	Superfície refratora plana	Superfície refratora esférica
Objeto e distâncias da imagem	$\frac{1}{s} + \frac{1}{s'} = 0$	$\frac{1}{s} + \frac{1}{s'} = \frac{2}{R} = \frac{1}{f}$	$\frac{n_a}{s} + \frac{n_b}{s'} = 0$	$\frac{n_a}{s} + \frac{n_b}{s'} = \frac{n_b - n_a}{R}$
Ampliação transversal	$m = -\frac{s'}{s} = 1$	$m = -\frac{s'}{s}$	$m = -\frac{n_a s'}{n_b s} = 1$	$m = -\frac{n_a s'}{n_b s}$

As relações objeto–imagem deduzidas neste capítulo são válidas somente para os chamados raios paraxiais, ou seja, os raios próximos ao eixo e aproximadamente paralelos ao eixo ótico. Os raios que não são paraxiais não convergem para um ponto imagem. Esse efeito é denominado aberração esférica.

Lentes delgadas: a relação objeto–imagem para uma lente fina, dada pela Equação 34.16, é semelhante à que obtivemos para um espelho esférico. A Equação 34.19, a equação do fabricante de lentes, relaciona a distância focal de uma lente a seu índice de refração e ao raio de curvatura de suas superfícies. (Veja os exemplos 34.8–34.11.)

$$\frac{1}{s} + \frac{1}{s'} = \frac{1}{f} \qquad (34.16)$$

$$\frac{1}{f} = (n - 1)\left(\frac{1}{R_1} - \frac{1}{R_2}\right) \qquad (34.19)$$

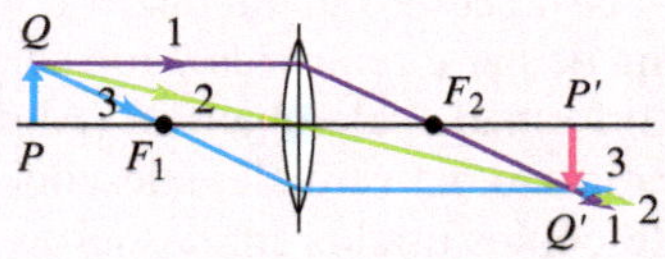

Regras de sinais: as regras de sinais apresentadas a seguir podem ser usadas para todas as superfícies refletoras e refratoras planas e esféricas:

- $s > 0$ quando o objeto está ao lado dos raios incidentes sobre a superfície (objeto real); caso contrário, $s < 0$.
- $s' > 0$ quando a imagem está ao lado dos raios que emergem da superfície (imagem real); caso contrário, $s' < 0$.
- $R > 0$ quando o centro de curvatura está ao lado dos raios que emergem da superfície; caso contrário, $R < 0$.
- $m > 0$ quando a imagem é direita e $m < 0$ quando ela é invertida.

Câmeras: uma câmera forma uma imagem real, invertida, geralmente reduzida do objeto que está sendo fotografado sobre uma superfície sensível. A quantidade de luz que incide sobre essa superfície é controlada pelo tempo de exposição e pelo diâmetro da abertura. A intensidade dessa luz é inversamente proporcional ao número f da lente. (Veja o Exemplo 34.12.)

$$\text{Número } f = \frac{\text{Distância focal}}{\text{Diâmetro de abertura}} = \frac{f}{D} \qquad (34.20)$$

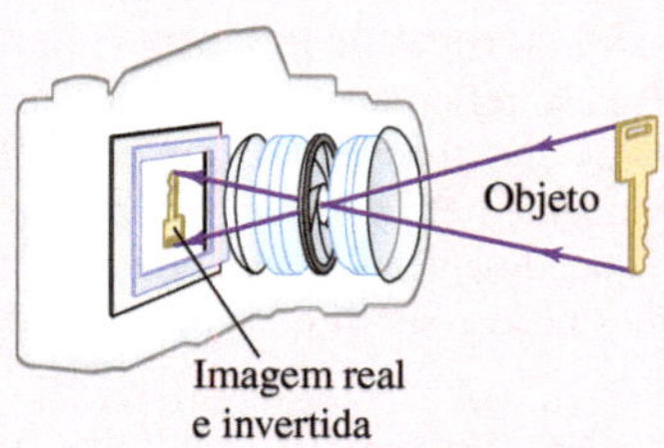

O olho: no olho, a refração na superfície da córnea forma uma imagem real sobre a retina. O ajuste para diversas distâncias do objeto é feito esticando ou comprimindo suas lentes, fazendo sua distância focal aumentar ou diminuir. Um olho míope é alongado demais em relação a suas lentes; um olho hipermétrope é pequeno demais. A potência de uma lente corretiva, medida em dioptrias, fornece o inverso da distância focal em metros. (Veja os exemplos 34.13 e 34.14.)

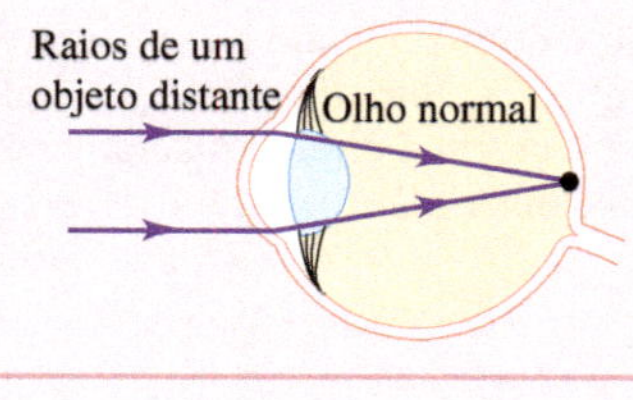

Lupa simples: uma lupa simples cria uma imagem virtual cujo tamanho angular θ' é maior que o tamanho angular θ produzido pelo próprio objeto a uma distância igual a 25 cm, a distância nominal mais próxima do olho para que se tenha uma visão confortável. A ampliação angular M de uma lupa simples é a razão entre o tamanho angular da imagem virtual e o tamanho angular do objeto nessa distância.

$$M = \frac{\theta'}{\theta} = \frac{25 \text{ cm}}{f} \quad (34.22)$$

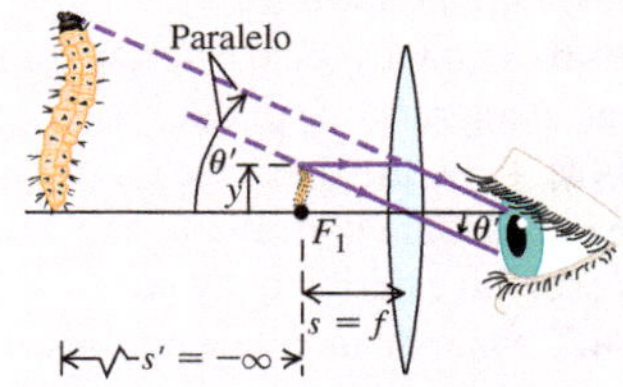

Microscópios e telescópios: no microscópio composto, a lente da objetiva forma uma primeira imagem no tubo do instrumento, e a ocular forma uma imagem virtual final, geralmente no infinito, da primeira imagem. O telescópio funciona sob o mesmo princípio, contudo o objeto está mais afastado. No telescópio refletor, a lente da objetiva é substituída por um espelho côncavo, que elimina as aberrações cromáticas.

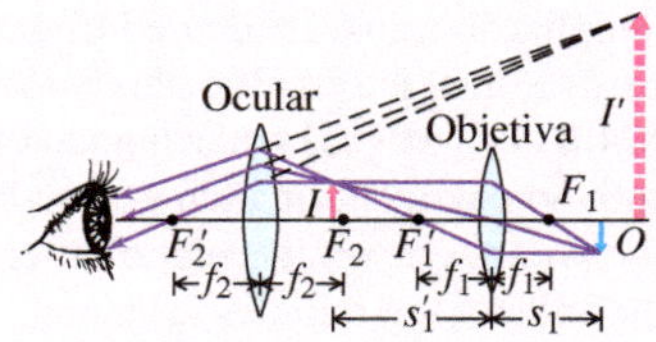

Problema em destaque Formação de imagem por uma taça de vinho

Uma taça de vinho de paredes espessas pode ser considerada uma esfera de vidro oca com raio externo de 4,00 cm e raio interno de 3,40 cm. O índice de refração do vidro da taça é de 1,50. (a) Um feixe de raios luminosos paralelos entra horizontalmente na lateral da taça vazia. Onde será formada uma imagem, se é que será formada? (b) A taça está cheia de vinho branco (n = 1,37). Onde a imagem será formada?

GUIA DA SOLUÇÃO

IDENTIFICAR E PREPARAR

1. Como a taça *não é* uma lente delgada, você não pode usar a fórmula da lente delgada. Em vez disso, você deve pensar nas superfícies interna e externa das paredes da taça como superfícies de refração esféricas. A imagem formada por uma superfície age como o objeto para a superfície seguinte. Desenhe um diagrama que mostra a taça e os raios luminosos que entram nela.
2. Escolha a equação apropriada que relaciona as distâncias de imagem e objeto para uma superfície de refração esférica.

EXECUTAR

3. Para a taça vazia, cada superfície de refração possui vidro em um lado e ar no outro. Descubra a posição da imagem formada pela primeira superfície, a parede externa da taça. Use essa imagem como o objeto para a segunda superfície (a parede interna do mesmo lado da taça) e encontre a posição da segunda imagem. (*Dica*: certifique-se de considerar a espessura da parede da taça.)
4. Continue o processo da etapa 3. Considere as refrações nas superfícies interna e externa do vidro no lado oposto da taça e determine a posição da imagem final. (*Dica*: certifique-se de levar em conta a distância entre os dois lados da taça.)
5. Repita as etapas 3 e 4 para o caso em que a taça está cheia de vinho.

AVALIAR

6. As imagens são reais ou virtuais? Como você pode afirmar isso?

PROBLEMAS

•, ••, •••: níveis de dificuldade. **PC**: problemas cumulativos, incorporando material de capítulos anteriores. **CALC**: problemas exigindo cálculo. **DADOS**: problemas envolvendo dados reais, evidência científica, projeto experimental e/ou raciocínio científico. **BIO**: problemas envolvendo biociências.

QUESTÕES PARA DISCUSSÃO

Q34.1 Um espelho esférico é cortado horizontalmente na metade. Será formada uma imagem na metade inferior do espelho? Em caso afirmativo, onde a imagem será formada?

Q34.2 Na situação descrita na Figura 34.3, a distância da imagem s' é positiva ou negativa? A imagem é real ou virtual? Explique.

Q34.3 As leis da ótica também se aplicam às demais ondas eletromagnéticas que não sensibilizam nossa visão. Uma antena parabólica de TV é usada para detectar ondas de rádio provenientes de satélites em órbita. Por que é necessário usar uma superfície refletora curva como antena? A antena geralmente é côncava e nunca convexa. Por quê? O verdadeiro receptor de rádio é colocado sobre um braço e suspenso em frente à antena. A que distância da antena ele deve ser colocado?

Q34.4 Explique por que a distância focal de um espelho *plano* é infinita e o que significa fisicamente dizer que o foco do espelho se encontra no infinito.

Q34.5 Se um espelho esférico for imerso na água, sua distância focal se alterará? Explique.

Q34.6 Para que intervalo de distância entre um objeto e o vértice um espelho côncavo forma uma imagem real? E no caso de um espelho esférico convexo?

Q34.7 Quando uma sala possui espelhos em duas paredes opostas, uma série infinita de reflexões pode ser observada. Discuta esse fenômeno em termos das imagens formadas. Por que as imagens mais afastadas parecem menos nítidas?

Q34.8 Em um espelho esférico, quando $s = f$, então $s' = \infty$ e a ampliação transversal m é infinita. Isso faz sentido? Em caso positivo, qual é o significado disso?

Q34.9 Talvez você tenha notado um pequeno espelho convexo junto ao caixa automático do seu banco. Por que esse espelho é convexo, em vez de plano ou côncavo? Que considerações determinam seu raio de curvatura?

Q34.10 Uma aluna alega que pode acender fogo usando um espelho côncavo em um dia ensolarado. Como ela faz isso? O conceito de imagem é relevante? Ela poderia fazer a mesma coisa usando um espelho convexo? Explique.

Q34.11 Uma pessoa observa o próprio reflexo no lado côncavo de uma colher brilhante. A imagem é direita ou invertida? A distância entre o rosto dela e a colher é importante? E se ela olhar no lado convexo? (Experimente você mesmo!)

Q34.12 No Exemplo 34.4 (Seção 34.2) parece existir uma ambiguidade no caso $s = 10$ cm, porque s' pode ser $+\infty$ ou $-\infty$ e a imagem poderia ser direita ou invertida. Como você resolve essa ambiguidade? Ou não existe solução?

Q34.13 Suponha que, na situação descrita no Exemplo 34.7 da Seção 34.3 (Figura 34.26), uma seta vertical com 2,0 m de altura seja pintada na parede lateral da piscina abaixo do nível da água. De acordo com os cálculos do exemplo, a pessoa mostrada na Figura 34.26 veria a seta com uma altura igual a 1,50 m. Entretanto, após a apresentação da Equação 34.13, foi dito que a ampliação de uma superfície plana refratora deve ser $m = 1$, sugerindo que a altura da imagem vista pelo observador deve ser igual a 2,00 m. Como você resolve essa aparente contradição?

Q34.14 Na parte de baixo do espelho retrovisor dos carros geralmente está escrito algo como: "Os objetos no espelho estão mais perto do que parecem". Isso é verdade? Por quê?

Q34.15 É possível, mediante uma experiência rápida, determinar aproximadamente a distância focal de uma lente convergente? O mesmo método poderia ser usado para uma lente divergente? Explique.

Q34.16 A distância focal de uma lente simples depende da cor (comprimento de onda) da luz que a atravessa. Por quê? A mesma lente pode ter uma distância focal positiva para algumas cores e negativa para outras? Explique.

Q34.17 Quando uma lente convergente é imersa na água, sua distância focal aumenta ou diminui em comparação com o valor quando a lente está imersa no ar? Explique.

Q34.18 Uma bolha de ar esférica na água pode funcionar como uma lente. Ela é convergente ou divergente? Como seu raio está relacionado à distância focal?

Q34.19 A imagem formada por uma superfície refletora ou refratora pode servir como um objeto para uma segunda reflexão ou refração? O fato de a primeira imagem ser real ou virtual é relevante? Explique.

Q34.20 Quando uma película fotográfica é colocada no local onde se forma uma imagem real, o filme mostra a imagem depois de revelado. Isso pode ser feito do mesmo modo para uma imagem virtual? Como devemos proceder para registrar uma imagem virtual?

Q34.21 Pelo que estudamos na Seção 34.2, os raios luminosos podem ser invertidos. Todas as fórmulas da tabela mostrada no resumo deste capítulo continuam válidas se você trocar a imagem pelo objeto e vice-versa? O que o princípio da reversibilidade dos raios luminosos pode afirmar sobre as *formas* das diversas fórmulas?

Q34.22 Você entrou em uma competição de sobrevivência que incluirá a construção de um telescópio básico. Todos recebem uma grande caixa de lentes. Se você puder escolher duas lentes, quais escolherá? Com que rapidez você as identificará?

Q34.23 BIO Você não pode ver com nitidez embaixo d'água a olho nu; contudo, você *consegue* ver com nitidez usando um capacete fechado ou óculos de mergulho (desde que exista ar entre seus olhos e o capacete ou os óculos de mergulho). Por que existe essa diferença? Em vez disso, você poderia usar óculos comuns (com água entre seus olhos e os óculos) para ver com nitidez? Caso a resposta seja positiva, as lentes devem ser convergentes ou divergentes? Explique.

Q34.24 Você cobre uma lente de modo que a luz possa passar apenas por sua metade inferior. Como a imagem formada pela lente coberta se compara com a imagem formada antes de a lente ser coberta?

EXERCÍCIOS

Seção 34.1 Reflexão e refração em uma superfície plana

34.1 • Uma vela com 4,85 cm de altura está a uma distância de 39,2 cm do lado esquerdo de um espelho plano. Onde a imagem se forma e qual é sua altura?

34.2 • A imagem de uma árvore cabe precisamente em um espelho plano com 4,0 cm de altura quando o espelho é mantido a uma distância de 35,0 cm do olho. A árvore está a uma distância de 28,0 m do espelho. Qual é a altura da árvore?

34.3 • Um lápis com 9,0 cm de comprimento é segurado perpendicularmente à superfície de um espelho plano com o lado da ponta a 12,0 cm da superfície do espelho e o lado da borracha a 21,0 cm de sua superfície. Qual é o comprimento da imagem do lápis formada pelo espelho? Que lado da imagem está mais próximo da superfície do espelho: o da ponta ou o da borracha?

Seção 34.2 Reflexão em uma superfície esférica

34.4 • Um dado espelho côncavo possui raio de curvatura de 34,0 cm. (a) Qual é sua distância focal? (b) Quando o espelho é imerso em água (índice de refração igual a 1,33), qual é sua distância focal?

34.5 • Um objeto com 0,60 cm de altura é colocado a uma distância de 16,5 cm do lado esquerdo de um espelho côncavo que possui raio de curvatura igual a 22,0 cm. (a) Faça um diagrama dos raios principais mostrando a formação da imagem. (b) Determine a posição, o tamanho e a natureza (real ou virtual) da imagem.

34.6 • Repita o Exercício 34.5 para o caso de um espelho convexo.

34.7 •• O diâmetro de Marte é de 6.794 km e sua distância mínima até a Terra é de $5{,}58 \times 10^7$ km. Quando Marte está a essa distância da Terra, qual o diâmetro da imagem de Marte formada por um telescópio com um espelho esférico côncavo cuja distância focal é igual a 1,75 m?

34.8 •• Um objeto está a uma distância de 18,0 cm do centro de um enfeite prateado esférico de 6,0 cm de diâmetro de uma árvore de Natal. Determine a posição e a ampliação dessa imagem.

34.9 • Uma moeda é colocada junto ao lado convexo de uma concha de vidro delgada e esférica com um raio de curvatura de 18,0 cm. Uma imagem da moeda de 1,5 cm de altura é formada 6,0 cm atrás da concha de vidro. Onde a moeda está localizada? Determine o tamanho, a orientação e a natureza (real ou virtual) da imagem.

34.10 • Você segura uma tigela esférica de salada a 60 cm do seu rosto com o fundo da tigela de frente para você. A tigela é feita de metal polido com um raio de curvatura de 35 cm. (a) Onde a imagem do seu nariz de 5,0 cm de altura estará localizada? (b) Quais são o tamanho, a orientação e a natureza (real ou virtual) da imagem?

34.11 • Um espelho de barbear esférico e côncavo possui raio de curvatura igual a 32,0 cm. (a) Qual é a ampliação do rosto de uma pessoa que está a 12,0 cm à esquerda do vértice do espelho? (b) Onde a imagem se forma? Ela é real ou virtual? (c) Faça um diagrama dos raios principais mostrando a formação da imagem.

34.12 • Para um espelho esférico côncavo que possui uma distância focal $f = +18{,}0$ cm, a qual distância do vértice do espelho um objeto estará se a imagem for real e tiver a mesma altura do objeto?

34.13 • **Espelho dental.** Uma dentista usa um espelho curvo para ver os dentes da parte superior da boca. Suponha que ela queira uma imagem direita com uma ampliação de 2,0 quando o espelho está a 1,25 cm de um dente. (Considere, neste problema, que o objeto e a imagem estão dispostos ao longo de uma linha reta.) (a) Que tipo de espelho (côncavo ou convexo) é necessário? Use um diagrama de raios para decidir, sem fazer nenhum cálculo. (b) Quais devem ser a distância focal e o raio de curvatura desse espelho? (c) Faça um diagrama dos raios principais para verificar sua resposta no item (b).

34.14 • Para um espelho esférico convexo que possui uma distância focal $f = -12{,}0$ cm, a qual distância do vértice do espelho um objeto estará se a altura da imagem for real e tiver a metade da altura do objeto?

34.15 • A fina concha de vidro mostrada na **Figura E34.15** possui uma forma esférica com um raio de curvatura de 12,0 cm, e suas duas superfícies podem funcionar como espelhos. Uma semente com 3,30 mm de altura é colocada a 15,0 cm do centro do espelho, ao longo de seu eixo ótico, como mostra a figura. (a) Calcule o local e a altura da imagem dessa semente. (b) Suponha agora que a concha seja invertida. Determine o local e a altura da imagem da semente.

Figura E34.15

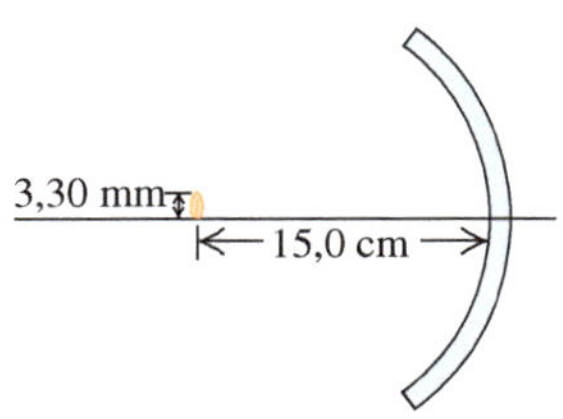

Seção 34.3 Refração em uma superfície esférica

34.16 •• No fundo de um tanque com água até uma profundidade de 20,0 cm existe um espelho. Um pequeno peixe flutua imóvel a 7,0 cm abaixo da superfície da água. (a) Qual é a profundidade aparente do peixe quando observamos normalmente de cima para baixo? (b) Qual é a profundidade aparente da imagem do peixe quando observamos normalmente de cima para baixo?

34.17 • Um grão de poeira está imerso em uma camada de gelo a uma distância de 3,50 cm abaixo da superfície do gelo ($n = 1{,}309$). Qual é a profundidade aparente do grão quando observado normalmente de cima para baixo?

34.18 • Um líquido transparente preenche um tanque cilíndrico até uma profundidade de 3,60 m, acima da qual o espaço é ocupado pelo ar. Olhando de cima para baixo, você vê uma pequena pedra esférica no fundo do tanque. A profundidade aparente da pedra abaixo da superfície do líquido é 2,45 m. Qual é o índice de refração desse líquido?

34.19 • Uma pessoa nadando 0,80 m abaixo da superfície da água em uma piscina olha para o trampolim que está diretamente acima e vê a imagem do trampolim que é formada pela refração na superfície da água. Essa imagem possui uma altura de 5,20 m acima do nadador. Qual é a altura real do trampolim a partir da superfície da água?

34.20 • Uma pessoa está deitada de bruços em um trampolim 3,00 m acima da superfície da água em uma piscina. Ela avista uma moeda no fundo da piscina, diretamente abaixo dela. Para a banhista, a moeda parece estar a uma distância de 7,00 m. Qual é a profundidade da água nesse ponto?

34.21 •• **Um aquário esférico.** Um pequeno peixe tropical está no centro de um aquário esférico com diâmetro de 28,0 cm e totalmente preenchido de água. (a) Determine a posição aparente e a ampliação do peixe em relação a um observador na parte externa do aquário. Despreze os efeitos da fina parede do aquário. (b) Um amigo aconselha ao dono do aquário que não o mantenha exposto aos raios solares porque o peixe poderia ficar cego quando estivesse nadando próximo ao foco formado pelos raios solares paralelos. O foco realmente se forma no interior do aquário?

34.22 • A extremidade esquerda de um longo bastão de vidro com diâmetro de 6,0 cm é uma superfície hemisférica convexa com raio de 3,0 cm. O índice de refração do vidro é igual a 1,60. Determine a posição da imagem quando um objeto é colocado no ar ao longo do eixo do bastão para as seguintes distâncias à esquerda do vértice da extremidade curva: (a) distância infinita; (b) 12,0 cm; (c) 2,0 cm.

34.23 •• O bastão mencionado no Exercício 34.22 é imerso em óleo ($n = 1{,}45$). Um objeto colocado à esquerda do bastão sobre seu eixo forma uma imagem a 1,20 m no interior do bastão. A que distância da extremidade esquerda do bastão o objeto deve estar situado para formar a imagem?

34.24 •• A extremidade esquerda de um longo bastão de vidro com diâmetro de 8,0 cm e índice de refração igual a 1,60 é uma superfície hemisférica convexa com raio de 4,0 cm. Um objeto em forma de seta com uma altura de 1,50 mm é colocado ortogonalmente ao eixo do bastão a uma distância de 24,0 cm à esquerda do vértice da superfície convexa. Determine a posição e a altura da imagem da seta formada pelos raios paraxiais que incidem sobre a superfície convexa. A imagem é direita ou invertida?

34.25 •• Repita o Exercício 34.24 considerando que a extremidade esquerda do bastão seja uma superfície hemisférica *côncava* com raio igual a 4,0 cm.

34.26 •• O bastão de vidro do Exercício 34.25 é imerso em um líquido. Um objeto a 14,0 cm do vértice da extremidade esquerda do bastão e sobre seu eixo forma uma imagem em um ponto a 9,0 cm do vértice dentro do líquido. Qual é o índice de refração do líquido?

Seção 34.4 Lentes delgadas

34.27 • Um inseto com 3,75 mm de altura é colocado 22,5 cm à esquerda de uma lente delgada plano-convexa. A superfície esquerda dessa lente é plana, a superfície direita possui um raio de curvatura de 13,0 cm de módulo, e o índice de refração do material da lente é 1,70. (a) Calcule a posição e o tamanho da imagem que essa lente forma do inseto. Ela é real ou virtual? Direita ou invertida? (b) Repita o item (a) invertendo a lente.

34.28 • Uma lente forma a imagem de um objeto. A distância entre o objeto e o vértice da lente é 16,0 cm. A imagem se forma a 12,0 cm do vértice e do mesmo lado onde se encontra o objeto. (a) Qual é a distância focal da lente? A lente é convergente ou divergente? (b) Se o objeto possui uma altura de 8,50 mm, qual é a altura da imagem? A imagem é direita ou invertida? (c) Faça um diagrama dos raios principais.

34.29 • Uma lente menisco convergente (veja a Figura 34.32a) com um índice de refração de 1,52 possui superfícies esféricas cujos raios são 7,0 cm e 4,0 cm. Qual é a posição da imagem se um objeto é colocado 24,0 cm à esquerda da lente? Qual é a ampliação?

34.30 • Uma lente convergente com distância focal de 70,0 cm forma a imagem de um objeto com altura igual a 3,20 cm situado à esquerda da lente. A imagem é invertida e possui altura de 4,50 cm. Onde estão situados o objeto e a imagem? A imagem é real ou virtual?

34.31 •• Uma lente convergente forma a imagem de um objeto real de 8,0 mm de altura. A imagem está 12,0 cm à esquerda da lente, é direita e possui 3,40 cm de altura. Qual é a distância focal da lente? Onde o objeto está situado?

34.32 • Um slide fotográfico está situado à esquerda de uma lente. A lente projeta a imagem do slide sobre uma parede situada 6,0 m à direita do slide. O tamanho da imagem é 80 vezes maior que o tamanho do slide. (a) Qual é a distância entre o slide e a lente? (b) A imagem é direita ou invertida? (c) Qual é a distância focal da lente? (d) A lente é convergente ou divergente?

34.33 •• Uma lente delgada biconvexa possui superfícies com raios de curvatura iguais em módulo e medindo 2,50 cm. Olhando através dessa lente, você observa que ela forma a imagem de uma árvore distante 1,87 cm da lente. Qual é o índice de refração da lente?

34.34 • Uma lente convergente com distância focal de 9,00 cm forma a imagem de um objeto real com 4,00 mm de altura que está à esquerda da lente. A imagem possui 1,30 cm de altura e é direita. Onde o objeto e a imagem estão posicionados? A imagem é real ou virtual?

34.35 • BIO **A córnea como uma lente simples.** A córnea se comporta como uma lente delgada de distância focal de aproximadamente 1,8 cm, embora varie um pouco. A substância da qual se constitui tem um índice de refração de 1,38, e sua superfície anterior é convexa, com um raio de curvatura de 5,0 mm. (a) Se essa distância focal está no ar, qual é o raio de curvatura do lado de trás da córnea? (b) A distância mais próxima na qual uma pessoa normal pode focalizar um objeto (chamada de ponto próximo) é cerca de 25 cm, embora isso varie consideravelmente com a idade. Onde a córnea focalizaria a imagem de um objeto de 8,0 mm de altura no ponto próximo? (c) Qual é a altura da imagem no item (b)? Essa imagem é real ou virtual? Ela é direita ou invertida? (*Nota*: os resultados obtidos aqui não são estritamente exatos porque, em um lado, a córnea tem um fluido com um índice de refração diferente do índice do ar.)

34.36 •• Um fabricante de lentes deseja produzir uma lupa de vidro que tenha um índice de refração $n = 1,55$ e uma distância focal de 20,0 cm. Se as duas superfícies da lente devem ter o mesmo raio, qual deve ser esse raio?

34.37 • Para cada lente delgada mostrada na **Figura E34.37**, calcule a posição da imagem de um objeto que está 18,0 cm à esquerda da lente. O material da lente possui um índice de refração de 1,50 e os raios de curvatura mostrados são apenas os módulos.

Figura E34.37

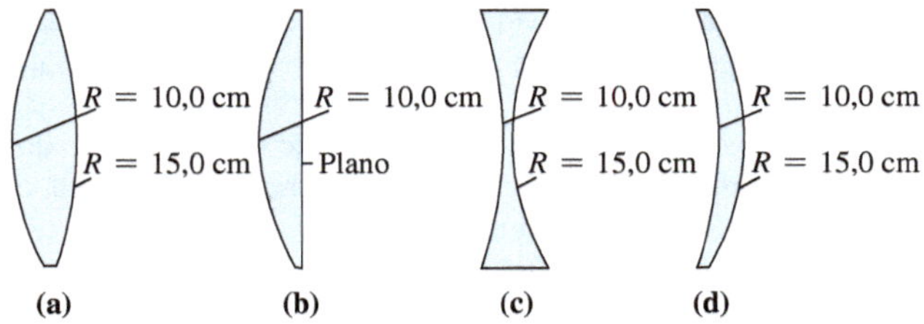

34.38 • Uma lente convergente com uma distância focal de 12,0 cm forma uma imagem com altura de 8,0 mm, situada a 17,0 cm à direita da lente. Determine a posição e a altura do objeto. A imagem é direita ou invertida? A imagem e o objeto estão do mesmo lado da lente ou em lados opostos? Faça um diagrama dos raios principais para essa situação.

34.39 • Repita o Exercício 34.38 considerando uma lente divergente com distância focal de −48,0 cm.

34.40 • Um objeto está situado a uma distância de 16,0 cm à esquerda de uma lente. A imagem se forma a uma distância de 36,0 cm à direita da lente. (a) Qual é a distância focal da lente? Ela é convergente ou divergente? (b) Sabendo que a altura do objeto é igual a 8,0 mm, qual é a altura da imagem? A imagem é direita ou invertida? (c) Faça um diagrama dos raios principais.

34.41 •• **Combinação de lentes I.** Um objeto de 1,20 cm de altura está 50,0 cm à esquerda de uma lente convergente de 40,0 cm de distância focal. Uma segunda lente convergente, possuindo distância focal de 60,0 cm, situa-se 300,0 cm à direita da primeira lente ao longo do mesmo eixo ótico. (a) Encontre a posição e a altura da imagem (chame-a I_1) formada pela lente com uma distância focal de 40,0 cm. (b) I_1 agora é o objeto para a segunda lente. Determine o local e a altura da imagem produzida pela segunda lente. Esta é a imagem final produzida pela combinação de lentes.

34.42 •• **Combinação de lentes II.** Repita o Exercício 34.41 usando as mesmas lentes, exceto pelas seguintes alterações: (a) a segunda lente é uma lente *divergente* com uma distância focal de módulo 60,0 cm. (b) A primeira lente é uma lente *divergente* com uma distância focal de módulo 40,0 cm. (c) Ambas as lentes são divergentes com distâncias focais dos mesmos *módulos* que no Exercício 34.41.

34.43 •• **Combinação de lentes III.** Duas lentes delgadas, com uma distância focal de módulo 12,0 cm, sendo a primeira divergente e a segunda convergente, estão separadas por uma distância de 9,00 cm. Um objeto de 2,50 mm de altura é colocado 20,0 cm à esquerda da primeira lente (divergente). (a) A que distância dessa primeira lente a imagem final é formada? (b) A imagem final é real ou virtual? (c) Qual é a altura da imagem final? Ela é direita ou invertida? (*Dica*: veja os dois problemas anteriores.)

34.44 • BIO **As lentes do olho.** O cristalino do olho humano é uma lente biconvexa feita de material contendo índice de refração de 1,44 (embora varie). Sua distância focal no ar é aproximadamente 8,0 mm, que também varia. Vamos considerar que os raios de curvatura de suas duas superfícies possuem o mesmo módulo. (a) Encontre os raios de curvatura dessa lente. (b) Se um objeto de 16 cm de altura é colocado a 30,0 cm do cristalino, onde estaria o foco da lente e qual altura a imagem teria? Essa imagem é real ou virtual? É direita ou invertida? (*Nota*: os resultados obtidos aqui não são estritamente exatos, pois o cristalino está envolto em fluidos que têm índices de refração diferentes do índice do ar.)

Seção 34.5 Câmeras

34.45 •• A lente de uma determinada câmera possui distância focal de 200 mm. Se a lente está a uma distância de 20,4 cm do sensor, qual deve ser a distância entre a câmera e o objeto a ser fotografado?

34.46 • Você deseja projetar a imagem de um slide sobre uma tela a 9,0 m da lente de um projetor de slides. (a) Se o slide é colocado a 15,0 cm da lente, que distância focal é necessária? (b) Se as dimensões de um slide colorido de 35 mm são 24 mm × 36 mm, qual é o tamanho mínimo que a tela do projetor precisa ter para acomodar a imagem?

34.47 • Quando ajustamos o foco de uma câmera, a lente se aproxima ou se afasta do sensor digital de imagem. Se você está fotografando um amigo que está 3,90 m distante da lente, usando uma câmera com a lente regulada para uma distância focal de 85 mm, qual é a distância entre a lente e o sensor? Se a altura do seu amigo é 175 cm e o filme é de 24 mm × 36 mm, a imagem do seu amigo ficará inteira?

34.48 • **Lente de zoom.** Considere o modelo simples de lente de zoom apresentado na Figura 34.43a. A lente convergente possui distância focal $f_1 = 12$ cm e a lente divergente possui distância focal $f_2 = -12$ cm. A distância entre as lentes mostradas na Figura 34.43a é de 4 cm. (a) Para um objeto distante, onde se forma a imagem produzida pela lente convergente? (b) A imagem da lente convergente serve de objeto para a lente divergente. Qual é a distância do objeto para a lente divergente? (c) Onde se forma a imagem final? Compare sua resposta com a Figura 34.43a. (d) Repita os itens (a), (b) e (c) para a situação indicada na Figura 34.43b, na qual a distância entre as lentes é de 8 cm.

34.49 •• Uma lente de câmera possui distância focal de 180,0 mm e diâmetro de abertura de 16,36 mm. (a) Qual é o número *f* da lente? (b) Se a exposição correta de uma certa cena é 1/30 para *f*/11, qual é exposição correta para *f* /2,8?

Seção 34.6 O olho

34.50 • BIO **Curvatura da córnea.** Em um modelo simplificado do olho humano, o humor vítreo, o humor aquoso e o cristalino possuem um mesmo índice de refração, igual a 1,40, e toda refração ocorre na córnea, cujo vértice está a uma distância de 2,60 cm da retina. Qual deve ser o raio de curvatura da córnea para que a imagem de um objeto situado a 40,0 cm do vértice da córnea seja focalizada sobre a retina?

34.51 •• BIO (a) Onde é o ponto próximo de um olho para o qual é receitada uma lente de contato com potência de +2,75 dioptrias? (b) Onde é o ponto distante de um olho para o qual é receitada uma lente de contato para longe com potência de −1,30 dioptria?

34.52 • BIO **Lentes de contato.** As lentes de contato são colocadas diretamente sobre o globo ocular. Portanto, a distância entre o olho e um objeto (ou imagem) é a mesma que a distância entre a lente e esse objeto (ou imagem). Uma pessoa pode ver bem objetos distantes, mas seu ponto próximo é 45,0 cm de seus olhos em vez dos normais 25,0 cm. (a) Essa pessoa é míope ou hipermétrope? (b) Que tipo de lente (convergente ou divergente) é necessário para corrigir sua visão? (c) Se as lentes corretivas forem lentes de contato, que distância focal a lente deve ter e qual a sua potência em dioptrias?

34.53 •• BIO **Óculos comuns.** Os óculos comuns geralmente são usados 2,0 cm à frente do globo ocular. Suponha que a pessoa do Exercício 34.52 prefira óculos comuns em vez de lentes de contato. Nesse caso, lentes de que distância focal são necessárias para corrigir sua visão, e qual a sua potência em dioptrias?

34.54 • BIO Uma pessoa pode ver claramente de perto, mas não consegue focalizar objetos que estão além de 75,0 cm. Ela decide usar lentes de contato para corrigir sua visão. (a) Essa pessoa é míope ou hipermétrope? (b) Que tipo de lente (convergente ou divergente) é necessário para corrigir sua visão? (c) Que distância focal a lente deve ter e qual a sua potência em dioptrias?

34.55 •• BIO Se a pessoa do Exercício 34.54 escolher óculos comuns em vez de lentes de contato, qual potência (em dioptrias) as lentes devem ter para corrigir sua visão se elas são usadas a 2,0 cm de distância do olho?

Seção 34.7 A lupa

34.56 •• Uma lente delgada com distância focal de 6,0 cm é usada como lupa simples. (a) Qual é a ampliação angular da imagem obtida com essa lente quando o objeto está sobre o seu foco? (b) Quando um objeto é examinado através dessa lente, até que distância ele pode se aproximar da lente? Considere que a imagem vista pelo olho seja formada sobre o ponto próximo que está a 25,0 cm do olho e que a lente esteja muito próxima do olho.

34.57 • A distância focal de uma lupa simples é 8,0 cm. Suponha que a lupa seja uma lente delgada muito próxima do olho. (a) A que distância um objeto deve ser colocado para que a imagem seja formada sobre o ponto próximo a 25,0 cm do olho? (b) Se o objeto possui uma altura igual a 1,0 mm, qual é a altura da imagem formada pela lupa?

34.58 • Você deseja ver um inseto de comprimento igual a 2,0 mm através de uma lupa. Se o inseto deve ficar no foco da lupa, que distância focal permite que ele seja visto com um tamanho angular igual a 0,032 radianos?

Seção 34.8 Microscópios e telescópios

34.59 •• A distância focal da ocular de um certo microscópio é 18,0 mm. A distância focal da objetiva é 8,00 mm. A distância entre a objetiva e a ocular é 19,7 cm. A imagem final formada pela ocular se encontra no infinito. Considere que todas as lentes apresentam o comportamento de lentes delgadas. (a) A que distância da objetiva o objeto deve ser visto? (b) Qual é o módulo da ampliação linear produzida pela objetiva? (c) Qual é a ampliação angular total produzida pelo microscópio?

34.60 •• **Resolução de um microscópio.** A objetiva de um microscópio com distância focal de 5,0 mm forma uma imagem a uma distância de 160 mm de seu segundo foco. A ocular possui distância focal igual a 26,0 mm. (a) Qual é a ampliação angular do microscópio? (b) O olho nu consegue distinguir dois pontos nas vizinhanças do ponto próximo quando a distância entre os pontos é aproximadamente igual a 0,10 mm. Qual é a separação mínima que pode ser observada (ou resolvida) com esse microscópio?

34.61 •• Um telescópio é construído a partir de duas lentes com distâncias focais de 95,0 cm e 15,0 cm, sendo usada como objetiva a lente de 95,0 cm. Tanto o objeto quanto a imagem final se encontram no infinito. (a) Encontre a ampliação angular do telescópio. (b) Encontre a altura da imagem formada pela objetiva para um edifício com altura de 60,0 m situado a uma distância igual a 3,0 km. (c) Qual é o tamanho angular da imagem final vista por um olho próximo da ocular?

34.62 •• A ocular de um telescópio refrator (veja a Figura 34.53) possui uma distância focal de 9,00 cm. A distância entre a objetiva e a ocular é 1,20 m e a imagem final se encontra no infinito. Qual é a ampliação angular do telescópio?

34.63 •• Um telescópio refletor (**Figura E34.63**) deve ser construído usando-se um espelho esférico com raio de curvatura igual a 1,30 m e uma ocular com distância focal igual a 1,10 cm. A imagem final se forma no infinito. (a) Qual deve ser a distância entre o vértice do espelho e a ocular para um objeto situado no infinito? (b) Qual será a ampliação angular?

Figura E34.63

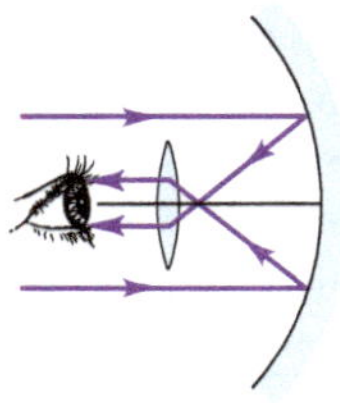

PROBLEMAS

34.64 •• Qual é a menor altura de um espelho plano vertical em que uma mulher de altura h pode ver sua imagem completa no espelho?

34.65 • Se você correr afastando-se de um espelho plano a 3,60 m/s, em que velocidade sua imagem no espelho se afastará de você?

34.66 • Onde você deve colocar um objeto em frente a um espelho côncavo com raio R, de modo que a imagem seja direita e 2,5 vezes maior que o objeto? Onde a imagem se forma?

34.67 •• Um espelho côncavo deve formar a imagem do filamento da lâmpada de um farol de automóvel sobre uma tela situada a uma distância de 8,0 m do espelho. O filamento possui altura igual a 6,0 mm e a altura da imagem é 24,0 cm. (a) A que distância do vértice do espelho o filamento deve ser colocado? (b) Qual deve ser o raio de curvatura do espelho?

34.68 • Uma lâmpada está a uma distância de 3,0 m de uma parede. Você deve usar um espelho côncavo para projetar a imagem da lâmpada na parede, de modo que a imagem seja 3,5 vezes maior que o objeto. Qual deve ser a distância entre o espelho e a parede? Qual deve ser seu raio de curvatura?

34.69 •• PC CALC Você está dirigindo seu carro em uma estrada a 25 m/s quando olha no espelho retrovisor (um espelho convexo com raio de curvatura de 150 cm) e nota um caminhão se aproximando. Se a imagem do caminhão está se aproximando do vértice do espelho a uma velocidade de 1,9 m/s, quando o caminhão está a 2,0 m do espelho qual é a velocidade do caminhão em relação à estrada?

34.70 •• Uma camada de benzeno (n = 1,50) com 4,20 cm de espessura flutua sobre a água (n = 1,33), que possui 5,70 cm de profundidade. Qual é a distância aparente entre a superfície superior da camada de benzeno e o fundo da água quando a observação é feita perpendicularmente de cima para baixo?

34.71 •• **Espelho retrovisor.** Um espelho do lado do passageiro de um carro é convexo e possui raio de curvatura cujo valor absoluto é 18,0 cm. (a) Outro carro é visto nesse espelho e está a uma distância de 9,0 m atrás do espelho. Se a altura desse carro é 1,5 m, qual é a altura da imagem? (b) O espelho contém uma frase alertando que os objetos nele vistos estão mais próximos do que parecem. Por que isso ocorre?

34.72 •• A **Figura P34.72** mostra uma pequena planta perto de uma lente delgada. O raio mostrado é um dos raios principais da lente. Cada quadrado tem 2,0 cm na direção horizontal, mas a escala é diferente na direção vertical. Use as informações do diagrama para responder às seguintes questões: (a) Usando apenas o raio mostrado, descubra qual é o tipo de lente (convergente ou divergente). (b) Qual é a distância focal da lente? (c) Localize a imagem desenhando os outros dois raios principais. (d) Calcule onde a imagem deveria estar e compare esse resultado com a solução gráfica do item (c).

Figura P34.72

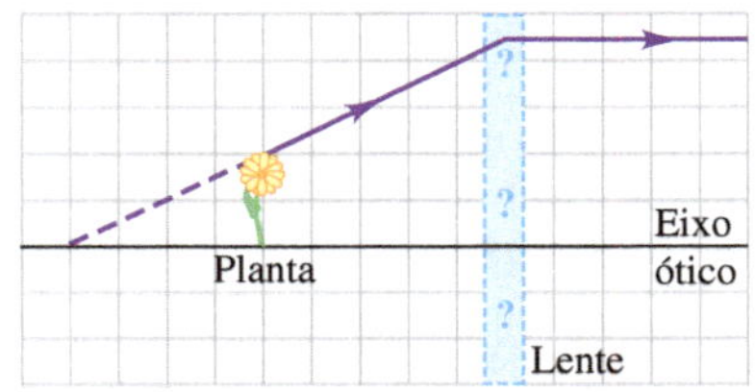

34.73 •• **Câmera *pinhole*.** Uma câmera *pinhole* é feita com uma caixa retangular com um pequeno furo em uma das faces. O filme fica na face oposta a esse furo, que é onde a imagem é formada. A câmera forma uma imagem *sem* uma lente. (a) Desenhe um diagrama de raios mostrando com clareza como uma câmera *pinhole* pode formar uma imagem em um filme sem usar lente. (*Dica*: coloque um objeto fora da câmera junto ao furo, e então desenhe raios passando pelo furo até o lado oposto da caixa.) (b) Uma certa câmera é feita com uma caixa de 25 cm quadrados e 20,0 cm de profundidade, com o furo no centro de uma das faces de 25 × 25 cm. Se essa câmera for usada para fotografar uma galinha de 18 cm de altura e a uma distância de 1,5 m diante da câmera, qual será o tamanho da imagem da ave no filme? Qual é a ampliação transversal dessa câmera?

34.74 ••• Um microscópio focaliza a superfície superior de um prato de vidro. Um segundo prato é então colocado sobre o primeiro. Para focalizar a superfície inferior do segundo prato, o microscópio deve ser erguido 0,780 mm. Para focalizar a superfície superior, ele deve ser erguido mais 2,10 mm. Calcule o índice de refração do segundo prato.

34.75 •• Qual deve ser o índice de refração de uma esfera transparente para que os raios paraxiais provenientes de um objeto no infinito sejam focalizados no vértice da superfície oposta ao ponto de incidência?

34.76 •• **Uma barra de vidro.** As duas extremidades de uma barra de vidro com índice de refração 1,60 são desbastadas e polidas de modo a formar duas superfícies hemisféricas convexas. O raio de curvatura da extremidade esquerda é igual a 6,0 cm e o raio de curvatura da extremidade direita é igual a 12,0 cm. O comprimento da barra entre os vértices é igual a 40,0 cm. O objeto para a superfície da extremidade esquerda é uma seta situada 23,0 cm à esquerda do vértice dessa superfície. A seta possui altura de 1,50 mm e está localizada perpendicularmente ao eixo da barra. (a) Qual é o objeto para a superfície da extremidade direita da barra? (b) Qual é distância do objeto para essa superfície? (c) O objeto para essa superfície é real ou virtual? (d) Qual é a posição da imagem final? (e) A imagem final é real ou virtual? Ela é direita ou invertida em relação ao objeto original? (f) Qual é a altura da imagem final?

34.77 •• Você deseja usar uma lente com distância focal de 35,0 cm para produzir uma imagem real de um objeto, e a altura da imagem é duas vezes a altura do objeto. De que tipo de lente você precisa e onde o objeto deve ser colocado? (b) Suponha que você deseje uma imagem do mesmo objeto, com a mesma ampliação — de que tipo de lente você precisa e onde o objeto deve ser colocado?

34.78 •• **Autocolimação.** Você coloca um objeto ao lado de uma tela branca, e um espelho plano está 60,0 cm à direita do objeto e da tela, com a superfície do espelho ligeiramente inclinada a partir da perpendicular até a linha do objeto ao espelho. Você, então, coloca uma lente convergente entre o objeto e o espelho.

A luz proveniente do objeto passa através da lente, reflete no espelho e passa de volta através da lente, sendo finalmente projetada na tela. Você ajusta a distância entre objeto e a lente até que uma imagem nítida do objeto seja focalizada na tela. A lente então está a 22,0 cm do objeto. Uma vez que a tela está junto do objeto, a distância entre o objeto e a lente é a mesma entre a tela e a lente. (a) Desenhe um esboço que mostra as posições do objeto, da lente, do espelho plano e da tela. (b) Qual é a distância focal da lente?

34.79 •• Uma lente forma uma imagem real que está 214 cm afastada do objeto e possui $1\frac{2}{3}$ vez sua altura. Que tipo de lente é esta e qual é sua distância focal?

34.80 • A **Figura P34.80** mostra um objeto e sua imagem formada por uma lente delgada. (a) Qual é a distância focal da lente e qual é o tipo de lente (convergente ou divergente)? (b) Qual é a altura da imagem? Ela é real ou virtual?

Figura P34.80

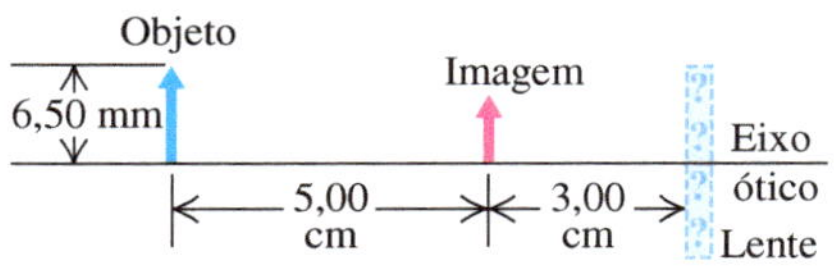

34.81 • A **Figura P34.81** mostra um objeto e sua imagem formada por uma lente delgada. (a) Qual é a distância focal da lente e qual é o tipo de lente (convergente ou divergente)? (b) Qual é a altura da imagem? Ela é real ou virtual?

Figura P34.81

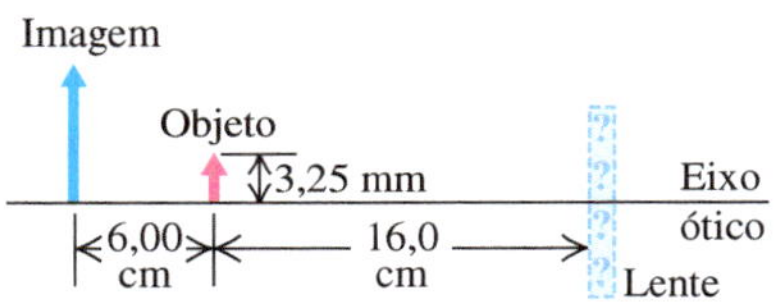

34.82 ••• Uma barra transparente com 30,0 cm de comprimento é cortada formando um plano em uma extremidade e uma superfície hemisférica de raio igual a 10,0 cm na outra extremidade. Um pequeno objeto é colocado no interior da barra em um ponto do eixo equidistante das extremidades da barra, ou seja, a 15,0 cm da extremidade plana e a 15,0 cm do vértice da extremidade curva. Quando observado através da extremidade plana, o objeto está a uma profundidade aparente de 8,20 cm da extremidade plana. Qual é a profundidade aparente quando a barra é observada através da extremidade curva?

34.83 • BIO **Foco do olho.** A córnea possui um raio de curvatura de aproximadamente 0,50 cm, e o humor aquoso atrás dela possui um índice de refração de 1,35. A espessura da córnea é pequena o bastante para que possamos desprezá-la. A profundidade de um olho humano típico é aproximadamente 25 mm. (a) Qual deveria ser o raio de curvatura da córnea para que ela sozinha focalizasse a imagem de uma montanha distante na retina, que fica na parte de trás do olho, do lado oposto à córnea? (b) Se a córnea focalizasse a montanha corretamente na retina como descrito no item (a), ela também focalizaria o texto de uma tela de computador na retina se essa tela estivesse a uma distância de 25 cm na frente do olho? Em caso negativo, onde esse texto seria focalizado: na frente ou atrás da retina? (c) Uma vez que a córnea possui um raio de curvatura de cerca de 5,0 mm, onde a montanha é realmente focalizada? Na frente ou atrás da retina? Isso ajuda você a ver por que o olho necessita da ajuda de uma lente para completar a tarefa de focalizar?

34.84 • Os raios de curvatura das superfícies de uma lente delgada convergente em forma de menisco são dados por $R_1 = +12{,}0$ cm e $R_2 = +28{,}0$ cm. Seu índice de refração é 1,60. (a) Determine a posição e o tamanho da imagem de um objeto em forma de seta com altura de 5,0 mm, perpendicular ao eixo da lente, situado a uma distância de 45,0 cm à esquerda da lente. (b) Uma segunda lente delgada convergente, com a mesma distância focal, é colocada a uma distância de 3,15 m à direita da primeira lente. Determine a posição e o tamanho da imagem final. A imagem final é direita ou invertida em relação ao objeto original? (c) Repita o item (b) considerando a segunda lente a uma distância de 45,0 cm à direita da primeira e mantendo inalterados os demais valores.

34.85 • A imagem de um objeto situado à esquerda forma-se sobre uma tela a uma distância de 30,0 cm à direita da lente. Quando a lente é deslocada 4,0 cm para a direita, a tela deve se deslocar 4,0 cm para a esquerda para que a imagem seja focalizada novamente. Determine a distância focal da lente.

34.86 • Um objeto é colocado a uma distância de 22,0 cm de uma tela. (a) Determine as posições dos dois pontos entre o objeto e a tela nos quais devemos colocar uma lente convergente com distância focal de 3,0 cm para que se forme uma imagem sobre a tela. (b) Qual é a ampliação da imagem para cada uma dessas posições da lente?

34.87 •• Um espelho côncavo e outro convexo são colocados sobre o mesmo eixo ótico, separados por uma distância $L = 0{,}600$ m. O raio de curvatura de cada espelho possui módulo de 0,360 m. Uma fonte luminosa é colocada a uma distância x do espelho côncavo, como mostra a **Figura P34.87**. (a) Qual deve ser a distância x para que os raios que emanam da fonte retornem a ela depois de refletirem inicialmente no espelho convexo e depois no côncavo? (b) Repita o cálculo do item (a) considerando que os raios reflitam inicialmente no espelho côncavo e então no convexo.

Figura P34.87

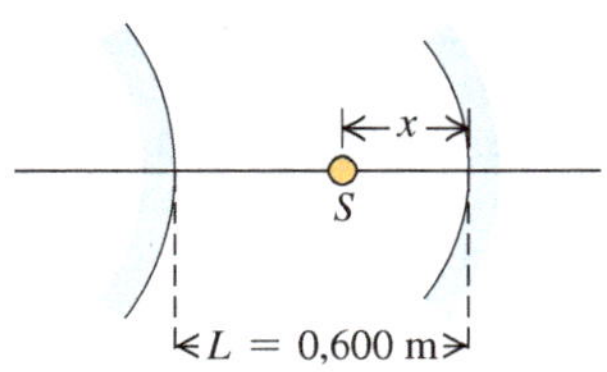

34.88 •• Uma tela é colocada a uma distância d à direita de um objeto. Uma lente convergente com distância focal f é posicionada entre o objeto e a lente. Em termos de f, qual é o menor valor de d para que uma imagem esteja focalizada na tela?

34.89 •• Na **Figura P34.89**, a vela está no centro de curvatura do espelho côncavo cuja distância focal é 10,0 cm. A lente convergente possui distância focal de 32,0 cm e está a uma distância de 85,0 cm à direita da vela. A vela é vista através da lente por um observador situado à direita da lente. Esta forma duas imagens da vela. A primeira é formada pela luz que passa diretamente através da lente. A segunda é formada pela luz que passa pela lente, atinge o espelho, é refletida e depois passa novamente pela lente. (a) Faça um diagrama dos raios principais mostrando a localização de cada uma dessas imagens. (b) Para cada imagem, responda: (i) onde está a imagem? (ii) A imagem é real ou virtual? (iii) A imagem final é direita ou invertida em relação ao objeto original?

Figura P34.89

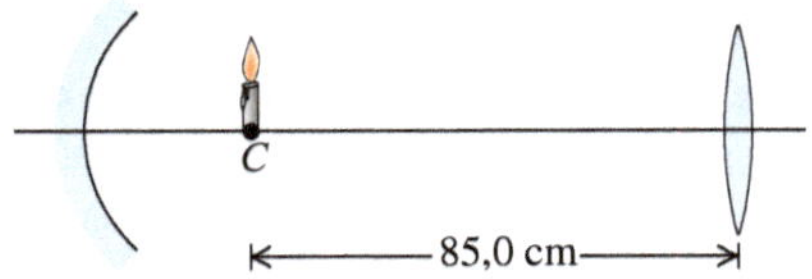

34.90 •• **Duas lentes em contato.** (a) Prove que, quando duas lentes delgadas com distâncias focais f_1 e f_2 estão *em contato*, a distância focal f da combinação é dada pela relação

$$\frac{1}{f} = \frac{1}{f_1} + \frac{1}{f_2}$$

(b) Uma lente menisco convergente (Figura 34.32a) possui índice de refração igual a 1,55 e suas superfícies apresentam raios de curvatura de 4,50 cm e 9,0 cm. A superfície côncava é colocada para cima e enchida com tetracloreto de carbono (CCl_4), com $n = 1{,}46$. Qual é a distância focal da combinação CCl_4–vidro?

34.91 ••• Quando um objeto é colocado na distância correta à esquerda de uma lente convergente, a imagem é focalizada sobre uma tela situada 30,0 cm à direita da lente. A seguir, uma lente divergente é colocada 15,0 cm à direita da lente convergente e verifica-se que a tela deve ser afastada mais 19,2 cm para a direita para que seja obtida uma imagem nítida. Qual é a distância focal da lente divergente?

34.92 •• (a) Repita a derivação da Equação 34.19 para o caso de a lente ser totalmente imersa em um líquido de índice de refração n_{liq}. (b) Uma lente é feita de vidro, que possui índice de refração 1,60. No ar, a lente possui distância focal +18,00 cm. Qual é a distância focal dessa lente se ela estiver totalmente imersa em um líquido com índice de refração 1,42?

34.93 ••• Um espelho esférico convexo cuja distância focal possui módulo igual a 24,0 cm é colocado a uma distância de 20,0 cm à esquerda de um espelho plano. Um objeto com altura de 0,250 cm é colocado na metade da distância entre a superfície do espelho plano e o vértice do espelho esférico. O espelho esférico forma muitas imagens do objeto. Quais são as duas imagens do objeto formadas pelo espelho esférico que estão mais próximas dele, e qual é a altura de cada imagem?

34.94 •• BIO **Qual é a menor coisa que podemos ver?** O menor objeto que podemos processar com nossos olhos está limitado ao tamanho das células fotorreceptoras na retina. Para que possamos distinguir qualquer detalhe em um objeto, sua imagem não pode ser menor que uma única célula retinal. Embora o tamanho dependa do tipo de célula (cone ou bastonete), um diâmetro de alguns mícrons (μm) é comum próximo ao centro do olho. Devemos modelar o olho como uma esfera de 2,50 cm de diâmetro com uma única lente delgada na frente e a retina atrás, com células fotorreceptoras de 5,0 μm de diâmetro. (a) Qual é o menor objeto que você pode perceber em um ponto próximo de 25 cm? Que ângulo é subtendido por esse objeto no olho? Expresse sua resposta em unidades de minutos (1° = 60 min) e compare-a com o valor experimental típico de aproximadamente 1,0 min. (*Nota*: existem outras limitações, mas iremos ignorá-las aqui.)

34.95 • Três lentes delgadas, com a mesma distância focal de 40,0 cm, são alinhadas ao longo de um eixo comum; a distância entre duas lentes consecutivas é 52,0 cm. Determine a posição da imagem de um objeto pequeno colocado sobre o eixo a uma distância de 80,0 cm à esquerda da primeira lente.

34.96 •• Uma câmera com uma lente de distância focal de 90 mm é usada para focalizar um objeto distante 1,30 m da lente. Para focalizar novamente outro objeto situado a uma distância de 6,50 m da lente, de quanto a distância entre a lente e o sensor deve variar? Para focalizar novamente um objeto situado a uma distância maior da lente, esta deve se aproximar ou se afastar do sensor?

34.97 •• BIO Em um tipo de cirurgia de catarata, a lente natural, que deixou de ser transparente, é substituída por uma lente artificial. As propriedades refratoras da lente artificial podem ser escolhidas de tal forma que o olho da pessoa seja capaz de focalizar objetos distantes. Contudo, não existe acomodação, tornando-se necessário o uso de lentes de contato ou de óculos para visão de perto. Qual é a potência, em dioptrias, de uma lente de contato corretiva para que a pessoa possa ler a página de um livro situada a uma distância de 24 cm?

34.98 •• BIO **Um olho míope.** Uma pessoa muito míope não consegue focalizar com nitidez nenhum objeto situado a uma distância maior que 36,0 cm do seu olho. Considere o modelo simplificado do olho descrito no Exercício 34.50. Sabendo que o raio de curvatura da córnea é 0,75 cm quando o olho focaliza um objeto a uma distância de 36,0 cm do vértice da córnea, e usando os índices de refração mencionados no Exercício 34.50, qual é a distância entre o vértice da córnea e a retina? O que isso indica a você sobre a forma de um olho míope?

34.99 •• BIO Um homem com um ponto próximo de 85 cm, mas com uma excelente visão distante, normalmente usa óculos corretivos, mas os perdeu durante uma viagem. Felizmente, ele ainda possui seus óculos antigos como reserva. (a) Se as lentes dos óculos antigos possuem uma potência de +2,25 dioptrias, qual é seu ponto próximo (medido a partir do olho) quando ele está usando os óculos antigos apoiados 2,0 cm à frente do seu olho? Qual seria seu ponto próximo se os óculos antigos fossem lentes de contato?

34.100 •• **O Telescópio de Galileu.** A **Figura P34.100** é um diagrama do *telescópio de Galileu* mostrando tanto o objeto quanto sua imagem final no infinito. A imagem I serve como objeto virtual para a ocular. A imagem final é virtual e direita. (a) Prove que a ampliação angular é dada por $M = -f_1/f_2$. (b) Um telescópio de Galileu deve ser construído usando-se a mesma lente objetiva do Exercício 34.61. Qual deve ser a distância focal da ocular para que o telescópio possua o mesmo módulo da ampliação angular do telescópio do Exercício 34.61? (c) Compare os comprimentos dos dois telescópios.

Figura P34.100

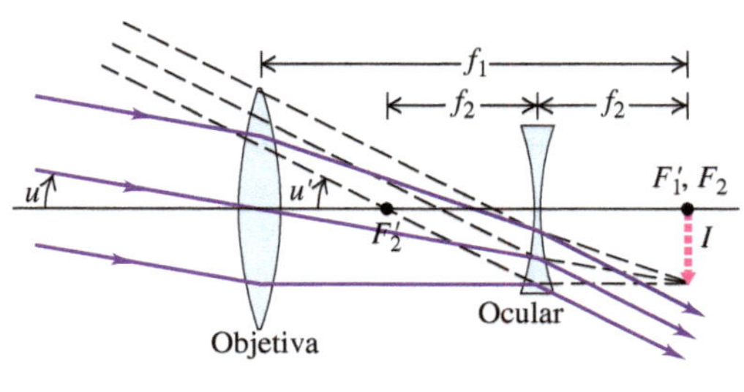

34.101 ••• **Distância focal de uma lente de zoom.** A **Figura P34.101** mostra uma versão simples de uma lente de zoom. A lente convergente possui distância focal f_1 e a lente divergente possui distância focal $f_2 = -|f_2|$. As duas lentes estão separadas por uma distância d variável, que é sempre menor que f_1. Além disso, o módulo da distância focal da lente divergente satisfaz à desigualdade $|f_2| > (f_1 - d)$. Para determinar a distância focal efetiva da combinação das duas lentes, considere um feixe de raios paralelos com raio r_0 entrando na lente convergente. (a) Mostre que o raio do feixe diminui para o valor $r'_0 = r_0(f_1 - d)/f_1$ no ponto onde ele penetra na lente divergente. (b) Mostre que a imagem final I' se forma a uma distância $s'_2 = |f_2|\,(f_1 - d)/(|f_2| - f_1 + d)$ à direita da lente divergente. (c) Se os raios que emergem da lente divergente e atingem o ponto imagem final são prolongados para trás, para a esquerda da lente divergente, eles acabam atingindo o raio original r_0 em algum ponto Q. A distância entre a imagem final I' e o ponto Q é a *distância focal efetiva* f da combinação das duas lentes; ou seja, se as duas lentes fossem substituídas por uma única lente situada no ponto Q com distância focal f, os raios paralelos incidentes seriam focalizados formando I'. Mostre que a distância focal efetiva é dada por $f = f_1|f_2|/(|f_2| - f_1 + d)$. (d) Sabendo que $f_1 = 12{,}0$ cm, $f_2 = -18{,}0$ cm e que a distância d pode ser ajustada entre 0 e 4,0 cm, descubra a distância focal máxima e a distância focal mínima para essa combinação. Qual é o valor da distância d para obter $f = 30{,}0$ cm?

Figura P34.101

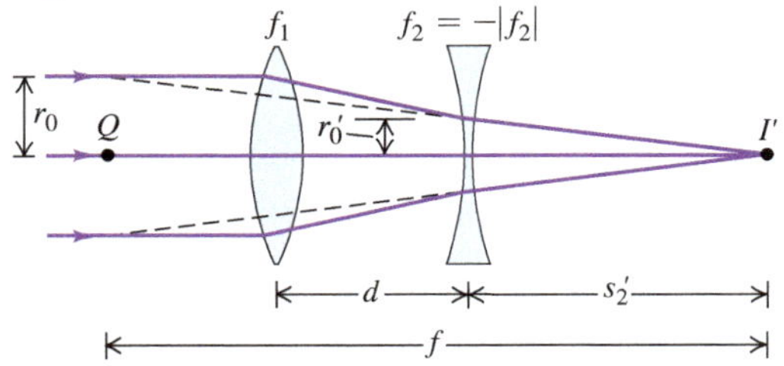

34.102 •• DADOS Na preparação de uma experiência em um laboratório de biologia da faculdade, você usa um espelho esférico côncavo para produzir imagens reais de um vagalume com 4,00 mm de altura. O vagalume está à direita do espelho, sobre seu eixo ótico, e serve como um objeto real para o espelho. Você deseja determinar a que distância o objeto precisa estar do vértice do espelho (ou seja, a distância do objeto s) para produzir uma imagem de uma altura especificada. Primeiro, você coloca um quadrado de cartolina branca à direita do objeto e descobre qual precisa ser sua distância a partir do vértice para que a imagem seja nitidamente focalizada nele. Em seguida, você mede a altura das imagens nitidamente focalizadas para cinco valores de s. Para cada valor de s, você calcula a ampliação transversal m. Você descobre que, se representar graficamente seus dados com s sobre o eixo vertical e $1/m$ sobre o eixo horizontal, seus pontos medidos aproximam-se de uma linha reta. (a) Explique por que os dados representados dessa maneira se aproximam de uma linha reta. (b) Use o gráfico na **Figura P34.102** para calcular a distância focal do espelho. (c) A que distância do vértice do espelho você deve colocar o objeto para que a imagem seja real, tenha 8,00 mm de altura e seja invertida? (d) De acordo com a Figura P34.102, partindo da posição que você calculou no item (c), você deve aproximar ou afastar o objeto do espelho para aumentar a altura da imagem real invertida? Que distância você deve mover o objeto para aumentar a altura da imagem de 8,00 mm para 12,00 mm? (e) Explique por que $1/m$ se aproxima de zero como s se aproxima de 25 cm. Você pode produzir uma imagem nítida na cartolina quando $s = 25$ cm? (f) Explique por que você não pode ver imagens nítidas na cartolina quando $s < 25$ cm (e m é positivo).

Figura P34.102

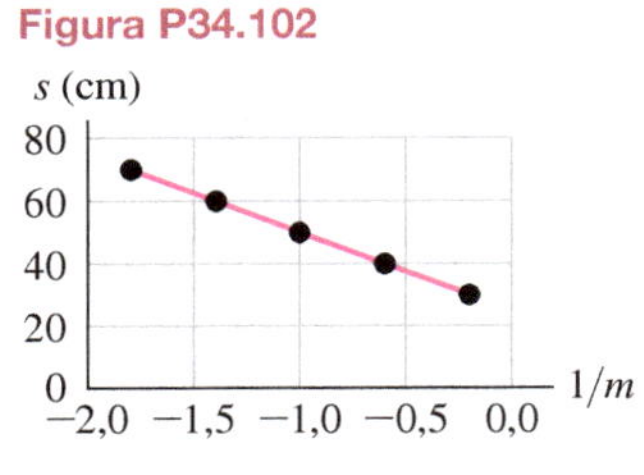

34.103 •• DADOS É o seu primeiro dia de trabalho como estagiário em uma ótica. Seu supervisor lhe entrega uma lente divergente e lhe pede para medir sua distância focal. Você sabe que é possível medir a distância focal de uma lente *convergente* colocando um objeto a uma distância s à esquerda da lente, suficientemente longe dela para que a imagem seja real, e então visualizando a imagem em uma tela que esteja à direita da lente. Ajustando a posição da tela até que a imagem esteja bem nítida (em foco), você pode determinar a distância s' da imagem e usar a Equação 34.16 para calcular a distância focal f da lente. Mas esse procedimento não funcionará com uma lente divergente — por si só, uma lente divergente produz apenas imagens virtuais, que não podem ser projetadas em uma tela. Portanto, para determinar a distância focal de uma lente divergente, você precisa fazer o seguinte: primeiro, você apanha uma lente *convergente* e a posiciona de modo que um objeto 20,0 cm à esquerda dela produza uma imagem 29,7 cm à sua direita. Em seguida, você coloca uma lente *divergente* 20,0 cm à direita da convergente e mede para que a imagem final esteja 42,8 cm à direita da lente convergente. Suspeitando de alguma imprecisão na medição, você repete a medição da combinação de lentes com a mesma distância dos objetos para a lente convergente, mas com a divergente 25,0 cm à direita da convergente. Você mede a imagem final para que esteja 31,6 cm à direita da lente convergente. (a) Use as duas medições de combinações de lentes para calcular a distância focal da lente divergente. Tome como seu melhor valor experimental para a distância focal a média entre os dois valores. (b) Qual posição da lente divergente, 20,0 cm à direita ou 25,0 cm à direita da lente convergente, produz a imagem mais alta?

34.104 •• DADOS O museu de ciências onde você trabalha está montando uma nova exposição. É entregue a você uma barra de vidro que está envolvida em ar e foi desbastada em sua extremidade esquerda para formar uma superfície hemisférica. Você precisa determinar o raio de curvatura dessa superfície e o índice de refração do vidro. Lembrando as aulas de ótica do seu curso de física, você coloca um pequeno objeto à esquerda da barra, sobre seu eixo ótico, a uma distância s do vértice da superfície hemisférica. Você mede a distância s' da imagem a partir do vértice da superfície, com a imagem estando à direita do vértice. Suas medições são as seguintes:

s (cm)	22,5	25,0	30,0	35,0	40,0	45,0
s' (cm)	271,6	148,3	89,4	71,1	60,8	53,2

Lembrando que as relações objeto–imagem para lentes delgadas e espelhos esféricos envolvem reciprocidade de distâncias, você representa seus dados como $1/s'$ versus $1/s$. (a) Explique por que seus pontos de dados representados dessa forma descrevem uma linha quase reta. (b) Use o declive e a interseção y da linha que julgar mais reta dos seus dados para calcular o índice de refração do vidro no raio de curvatura da superfície hemisférica da barra. (c) Onde está a imagem quando a distância do objeto é 15,0 cm?

PROBLEMAS DESAFIADORES

34.105 ••• CALC (a) Para uma lente com distância focal f, determine a menor distância possível entre um objeto e sua imagem real. (b) Faça um gráfico da distância entre o objeto e sua imagem real em função da distância entre o objeto e a lente. Seu gráfico concorda com o resultado obtido no item (a)?

34.106 ••• **Um objeto inclinado.** Um lápis com 16,0 cm de comprimento é colocado formando um ângulo de 45,0° com a horizontal e seu centro está situado 15,0 cm acima do eixo ótico e a 45,0 cm de uma lente com distância focal de 20,0 cm, como mostra a **Figura P34.106**. (Note que a figura não foi desenhada em escala.) Considere que o diâmetro da lente seja suficientemente grande para que a aproximação de raios paraxiais seja válida. (a) Onde está a imagem do lápis? (Indique o local onde se formam as imagens dos pontos objetos A, B e C, localizados, respectivamente, na extremidade da borracha, na ponta e no centro do lápis.) (b) Qual é o comprimento da imagem? (Ou seja, qual é a distância entre as imagens dos pontos A e B?) (c) Faça um desenho esquemático para mostrar a orientação da imagem.

Figura P34.106

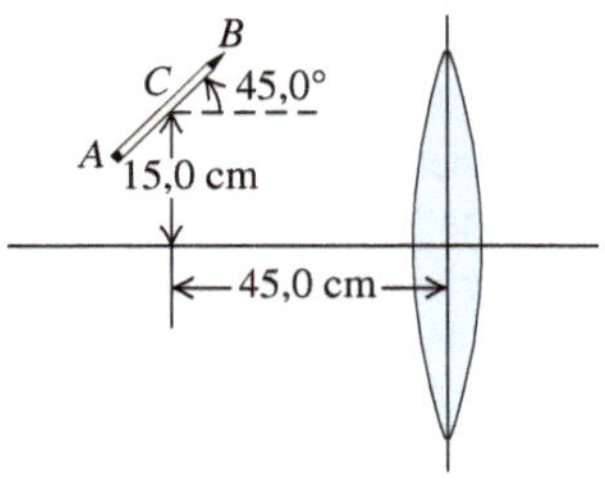

34.107 ••• BIO Uma pessoa com visão normal não consegue ver com nitidez embaixo d'água, a menos que ela esteja usando capacete fechado ou óculos de mergulho e não exista água em contato com seus olhos (veja a Questão para discussão Q34.23). (a) Por que não? (b) Usando o modelo simplificado do olho descrito no Exercício 34.50, qual deve ser a lente corretiva (especificada pela distância focal medida no ar) que essa pessoa deve usar para poder focalizar um objeto no infinito embaixo d'água? (Tome cuidado — a distância focal de uma lente embaixo d'água *não* é a mesma medida no ar! Veja o Problema 34.92. Suponha que a lente corretiva possua índice de refração igual a 1,62 e que a lente seja usada em óculos normais, e não em óculos de mergulho, de modo que exista água nos dois lados da lente. Suponha que a distância entre os óculos e o olho seja igual a 2,0 cm.)

Problemas com contexto

BIO **VISÃO ANFÍBIA.** Os olhos dos anfíbios, como sapos e rãs, possuem uma córnea muito mais plana, mas uma lente mais curva (quase esférica), que os olhos dos mamíferos que vivem no ar. Nos olhos dos mamíferos, a forma (e, portanto, a distância focal) da lente modifica-se para permitir que o olho focalize as imagens em diferentes distâncias. Nos olhos dos anfíbios, a forma da lente não se altera. Os anfíbios focalizam objetos em diferentes distâncias usando músculos especializados para mover a lente para mais perto ou mais longe da retina, como o mecanismo de foco de uma câmera. No ar, a maioria das rãs é míope; corrigir a visão à distância de uma rã normal no ar exigiria lentes de contato com uma potência de cerca de −6,0 D.

34.108 Uma rã pode ver um inseto claramente a uma distância de 10 cm. Nesse ponto, a distância efetiva entre a lente e a retina é 8 mm. Se o inseto se mover 5 cm mais para longe da rã, em quanto e em que direção a lente do olho da rã precisa se mover para manter o inseto no foco? (a) 0,02 cm, em direção à retina; (b) 0,02 cm, para longe da retina; (c) 0,06 cm, em direção à retina; (d) 0,06 cm, para longe da retina.

34.109 Qual é a distância máxima em que uma rã "míope" pode ver claramente no ar? (a) 12 m; (b) 6,0 m; (c) 80 cm; (d) 17 cm.

34.110 Uma vez que as rãs são míopes no ar, qual afirmação é mais provável que seja verdadeira sobre sua visão na água? (a) Elas são ainda mais míopes; como a água possui um índice de refração mais alto que o ar, a capacidade de uma rã focalizar a luz aumenta na água. (b) Elas são menos míopes, pois a córnea é menos eficiente para refratar a luz na água que no ar. (c) Sua visão não é diferente, pois apenas estruturas internas ao olho podem afetar a capacidade de focalização do olho. (d) As imagens projetadas na retina não são mais invertidas, já que o olho na água funciona como uma lente divergente em vez de convergente.

34.111 Para determinar se uma rã pode avaliar a distância por meio do quanto sua lente precisa mover para focalizar um objeto, os pesquisadores cobriram um de seus olhos com um material opaco. Um inseto foi colocado na frente da rã e a distância em que ela lançou sua língua para apanhar o inseto foi medida com uma câmera de vídeo de alta velocidade. A experiência foi repetida com uma lente de contato sobre o olho para determinar se a rã poderia avaliar corretamente a distância sob essas condições. Se essa experiência for realizada duas vezes, uma com uma lente de potência −9 D e outra com uma lente de potência −15 D, em que caso a rã precisará focalizar a uma distância menor? Por quê? (a) Com a lente de −9 D, pois, como as lentes são divergentes, a lente com a maior distância focal cria uma imagem que está mais próxima da rã. (b) Com a lente de −15 D, pois, como as lentes são divergentes, a lente com a menor distância focal cria uma imagem mais próxima da rã. (c) Com a lente de −9 D, pois, como as lentes são convergentes, a lente com a maior distância focal cria uma imagem real maior. (d) Com a lente de −15 D, pois, como as lentes são convergentes, a lente com a menor distância focal cria uma imagem real maior.

RESPOSTAS

Resposta à pergunta inicial do capítulo

Resposta: **(ii)** Uma lupa simples produz uma imagem virtual com um grande tamanho angular e infinitamente distante, de modo que você pode vê-la nitidamente com os olhos relaxados. (Um cirurgião fazendo uma microcirurgia não gostaria de ter de forçar os olhos enquanto trabalha.) O objeto deve estar no foco da lente; então, o objeto e a lente estão separados por uma distância focal. A distância da lupa até o olho não é fundamental.

Respostas às perguntas dos testes de compreensão

34.1 Resposta: **(iv)** Quando você está a uma distância s do espelho, sua imagem está a uma distância s do outro lado do espelho, e a distância de você até sua imagem é $2s$. À medida que você se aproxima do espelho, a distância $2s$ varia duas vezes mais rápido que a distância s; logo, sua imagem se aproxima de você com uma velocidade $2v$.

34.2 Respostas: **(a) côncavo**, **(b) (ii)** Um espelho convexo sempre produz uma imagem direita, mas essa imagem é menor que o objeto (veja a Figura 34.16b). Assim, é preciso usar um espelho côncavo. A imagem será direita e maior apenas se a distância do objeto (seu rosto) até o espelho for menor que a distância focal do espelho, como na Figura 34.20d.

34.3 Resposta: **Não** O sol está muito distante e, por isso, a distância do objeto é essencialmente infinita: $s = \infty$ e $1/s = 0$.

O material a é o ar ($n_a = 1{,}0$) e o material b é a água ($n_b = 1{,}33$), logo, a posição da imagem s' é dada por

$$\frac{n_a}{s} + \frac{n_b}{s'} = \frac{n_b - n_a}{R} \quad \text{ou} \quad 0 + \frac{1{,}33}{s'} = \frac{1{,}33 - 1{,}00}{R}$$

$$s' = \frac{1{,}33}{0{,}33}R = 4{,}0R$$

A imagem seria formada a 4,0 raios de gotas da superfície frontal da gota. Entretanto, como cada gota é apenas uma parte de uma esfera completa, a distância da parte da frente até a parte de trás da gota é menor que $2R$. Assim, os raios de luz solar nunca chegam ao ponto imagem, e as gotas não formam uma imagem do sol sobre a folha. Embora os raios não estejam focalizados em um ponto, eles continuam concentrados e podem danificar a folha.

34.4 Resposta: **A e C** Quando os raios A e D são prolongados para trás, eles passam pelo foco F_2; portanto, antes de passarem pela lente, eles eram paralelos ao eixo ótico. As figuras mostram que o raio A veio do ponto Q, mas não o raio D. O raio B é paralelo ao eixo ótico; logo, antes de passar pela lente, ele se dirigia ao foco F_1. Assim, ele não pode ter vindo do ponto Q. O raio C passa pelo centro da lente e, portanto, não é desviado por essa passagem; prolongando o raio para trás, pode-se ver que ele sai do ponto Q.

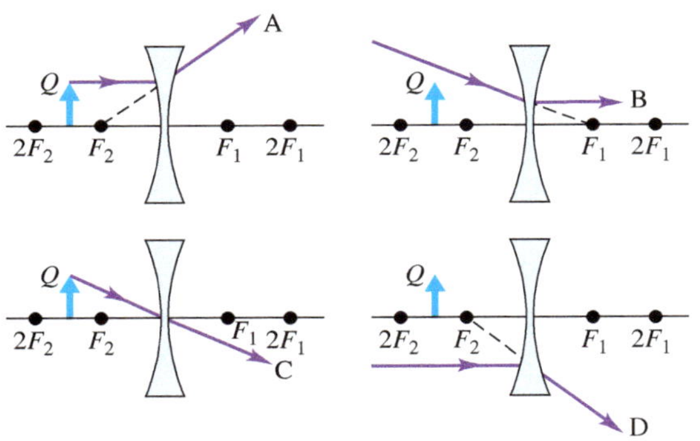

34.5 Resposta: (**iii**) A área menor da imagem do sensor eletrônico significa que o ângulo de visão diminui para uma dada distância focal. Objetos individuais formam imagens do mesmo tamanho em qualquer dos casos; quando uma área menor sensível à luz é usada, menos imagens cabem nessa área e o campo de visão é mais estreito.

34.6 Resposta: (**iii**) Essa lente é projetada para corrigir um tipo de astigmatismo. Ao longo do eixo vertical, a lente é configurada como uma lente convergente; ao longo do eixo horizontal, a lente é configurada como uma lente divergente. Logo, o olho é hipermétrope (veja a Figura 34.46) para objetos orientados verticalmente, mas míope para objetos orientados horizontalmente (veja a Figura 34.47). Sem correção, o olho focaliza objetos na vertical atrás da retina e objetos na horizontal na frente dela.

34.7 Resposta: (**ii**) O objeto precisa ser segurado no foco, que é duas vezes mais longe se a distância focal f for duas vezes maior. A Equação 34.24 mostra que a ampliação angular M é inversamente proporcional a f; portanto, dobrar a distância focal reduz M à metade. Para acentuar a ampliação, você deveria usar uma lupa com uma distância focal *menor*.

34.8 Resposta: (**i**) A lente objetiva de um microscópio é projetada para formar imagens ampliadas de objetos pequenos; logo, o valor absoluto de sua ampliação transversal m é maior que 1. Por outro lado, a lente da objetiva de um telescópio refrator é projetada para formar imagens *reduzidas*. Por exemplo, a lua tem milhares de quilômetros de diâmetro, porém sua imagem cabe em um sensor eletrônico de poucos centímetros de comprimento. Assim, $|m|$ é muito menor que 1 em um telescópio refrator. (Em ambos os casos, m é negativo porque a objetiva forma uma imagem invertida, sendo esta a razão pela qual a questão pede o valor absoluto de m.)

Problema em destaque

(**a**) 29,9 cm à esquerda da taça
(**b**) 3,73 cm à direita da taça

? Quando uma luz branca incide de cima para baixo sobre uma fina camada horizontal de óleo, as ondas de luz refletidas das superfícies superior e inferior da película de óleo sofrem interferência, produzindo cores vívidas. A cor que aparece refletida de um certo ponto na película depende (i) da espessura da película nesse ponto; (ii) do índice de refração do óleo; (iii) do índice de refração do material abaixo do óleo; (iv) de (i) e (ii); (v) de (i), (ii) e (iii).

35 INTERFERÊNCIA

OBJETIVOS DE APRENDIZAGEM

Ao estudar este capítulo, você aprenderá:

35.1 O que acontece quando duas ondas se combinam, ou interferem, no espaço.

35.2 Como entender a figura de interferência formada pela interferência de duas ondas luminosas coerentes.

35.3 Como calcular a intensidade em vários pontos de uma figura de interferência.

35.4 Como a interferência ocorre quando a luz se reflete nas duas superfícies de uma película fina.

35.5 Como a interferência torna possível medir distâncias extremamente pequenas.

Revendo conceitos de:

13.2, 31.1 Fasores.

15.3, 15.6, 15.7 Número de onda, superposição de onda, ondas estacionárias em uma corda.

16.4 Ondas de som estacionárias.

32.1, 32.4, 32.5 Espectro eletromagnético, intensidade de onda, ondas eletromagnéticas estacionárias.

Uma feia mancha negra de óleo sobre o asfalto pode se tornar uma bela imagem após a chuva, quando o óleo reflete um arco-íris de cores. Reflexos multicoloridos também podem ser observados sobre a face de um DVD ou na superfície de uma bolha de sabão. Como é possível que objetos sem cor produzam essas cores tão intensas?

Quando estudamos lentes, espelhos e instrumentos de ótica, usamos o modelo de *ótica geométrica*, segundo o qual representamos a luz por meio de *raios* — linhas retas que mudam de direção quando sofrem reflexão ou refração em uma superfície. Já afirmamos que a luz é fundamentalmente uma *onda*, e em diversas situações é preciso considerar apenas suas propriedades ondulatórias. Se duas ou mais ondas luminosas com a mesma frequência se superpõem em um ponto, a onda resultante depende das *fases* das ondas, bem como de suas respectivas amplitudes. A figura resultante decorre da natureza *ondulatória* da luz e não pode ser compreendida com base nos raios. Os efeitos óticos que dependem da natureza ondulatória da luz são analisados pela **ótica física**.

No presente capítulo, estudaremos os fenômenos de *interferência* que ocorrem quando duas ondas se combinam. Os efeitos que ocorrem quando *muitas* fontes de ondas estão simultaneamente presentes denominam-se fenômenos de *difração*; estudaremos esses efeitos no Capítulo 36, em que também mostraremos que os efeitos de difração ocorrem quando as ondas passam através de uma fenda ou ao redor de um obstáculo. Esses efeitos são importantes nas aplicações práticas da ótica física, como as redes de difração, a difração de raios X e a holografia.

Embora nosso objetivo principal seja o estudo da ótica, a interferência e a difração podem ocorrer com *qualquer* tipo de onda. À medida que prosseguirmos com os estudos, mencionaremos aplicações em outros tipos de ondas, como as sonoras e as vistas na superfície da água.

35.1 INTERFERÊNCIA E FONTES COERENTES

Conforme discutimos no Capítulo 15, o termo **interferência** indica a superposição de duas ou mais ondas na mesma região do espaço. Quando isso ocorre, a onda resultante em qualquer ponto em um dado instante é determinada pelo **princípio da superposição**, apresentado na Seção 15.6 no estudo das ondas em cordas vibrantes. O princípio da superposição afirma o seguinte:

Quando duas ou mais ondas se superpõem, o deslocamento resultante em qualquer ponto em um dado instante pode ser determinado somando-se os deslocamentos instantâneos que seriam produzidos no ponto pelas ondas individuais se cada onda estivesse presente sozinha.

(Em alguns casos especiais, como no de ondas eletromagnéticas propagando-se por um cristal, esse princípio não se aplica. Uma discussão desse assunto foge aos nossos objetivos.)

Empregamos o termo "deslocamento" com um significado geral. No caso de ondas sobre a superfície de um líquido, ele indica o deslocamento real da superfície acima ou abaixo do nível normal. Para ondas sonoras, esse termo indica o aumento ou a diminuição da pressão. Para ondas eletromagnéticas, compreende um componente específico do campo magnético ou do campo elétrico.

Interferência em duas ou três dimensões

Já discutimos um caso importante de interferência ao estudarmos uma *onda estacionária* resultante da combinação de duas ondas idênticas que se propagam em sentidos opostos. Vimos esse caso na Seção 15.7 para ondas transversais em uma corda e na Seção 16.4 para ondas longitudinais para um fluido que preenchia um tubo; na Seção 32.5, descrevemos esse mesmo fenômeno com ondas eletromagnéticas. Em todos esses casos, as ondas se propagavam ao longo de um único eixo: uma corda, o comprimento de um tubo contendo um fluido ou ao longo da direção de propagação de uma onda eletromagnética plana. No entanto, as ondas luminosas podem se propagar (e efetivamente se propagam) em um meio com duas ou três dimensões. Nesta seção, veremos o que ocorre quando combinamos ondas que se espalham em duas ou três dimensões a partir de duas fontes de ondas idênticas.

Os efeitos da interferência podem ser estudados com mais facilidade quando combinamos ondas *senoidais* com uma única frequência f e comprimento de onda λ. A **Figura 35.1** mostra um "instantâneo" ou "figura estacionária" de uma *única* fonte S_1 de ondas senoidais e algumas frentes de onda produzidas por essa fonte. A figura mostra apenas as frentes de onda que correspondem às *cristas* das ondas, de modo que a distância entre duas ondas é igual a um comprimento de onda. O material que circunda a fonte S_1 é uniforme; assim, a velocidade da onda é a mesma em todas as direções e, portanto, não existe nenhuma refração (ou seja, as frentes de onda não sofrem nenhum desvio). Quando as ondas se propagam em duas dimensões, como na superfície de um líquido, as circunferências da Figura 35.1 representam frentes de onda circulares; quando as ondas se propagam em três dimensões, as circunferências representam frentes de onda esféricas que se espalham a partir da fonte S_1.

Em ótica, uma onda senoidal caracteriza uma **luz monocromática** (luz de uma única cor). Embora seja fácil produzir ondas de água ou ondas sonoras com uma única frequência, as fontes de luz comuns *não* emitem luz monocromática (com uma única frequência). Por exemplo, as chamas e as lâmpadas incandescentes emitem uma distribuição contínua de comprimentos de onda. A melhor fonte de luz monocromática disponível atualmente é o *laser*. Um exemplo é o laser comum de neônio-hélio, que emite luz vermelha com 632,8 nm e uma variação de comprimento de onda da ordem de aproximadamente $\pm 0{,}000001$ nm, ou cerca

Figura 35.1 Um "instantâneo" de ondas senoidais de frequência f e comprimento de onda λ espalhando-se a partir da fonte S_1 em todas as direções.

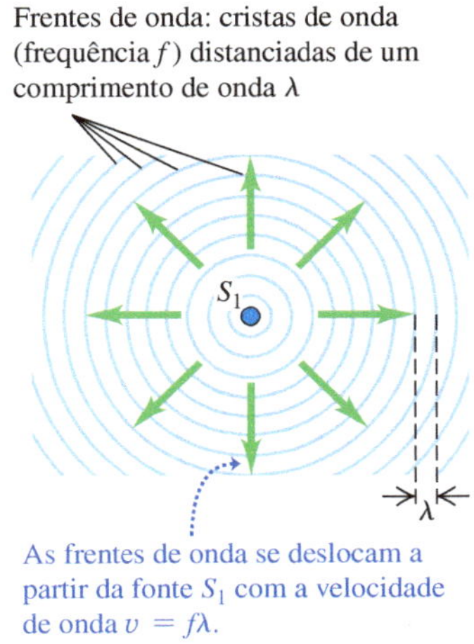

de uma parte em 10^9. Neste capítulo, supomos que trabalharemos sempre com ondas monocromáticas (a menos que se diga explicitamente o contrário).

Interferências construtiva e destrutiva

A **Figura 35.2a** mostra duas fontes idênticas de ondas monocromáticas, S_1 e S_2. As duas fontes produzem ondas com a mesma amplitude e o mesmo comprimento de onda λ. Além disso, as duas fontes estão permanentemente *em fase* — elas vibram em sincronia. Elas poderiam ser produzidas por dois alto-falantes acionados pelo mesmo amplificador, por duas antenas de rádio alimentadas pelo mesmo transmissor ou por dois pequenos orifícios ou fendas em um anteparo opaco iluminado pela mesma fonte de luz monocromática. Como veremos, quando não existe uma diferença constante entre as fontes, não ocorre o fenômeno que estamos começando a discutir. Dizemos que duas fontes monocromáticas com a mesma frequência são **coerentes** quando há uma relação de fase constante entre elas (as duas fontes não precisam estar necessariamente em fase). Usamos também a expressão *ondas coerentes* (no caso da luz, *luz coerente*) para designar as ondas emitidas por duas dessas fontes.

Se as ondas emitidas pelas duas fontes coerentes são *transversais*, como no caso de ondas eletromagnéticas, devemos também supor que as perturbações produzidas por ambas as fontes têm a mesma *polarização* (ou seja, são polarizadas na mesma direção ou paralelamente). Por exemplo, as fontes S_1 e S_2 mostradas na Figura 35.2a poderiam ser duas antenas de rádio constituídas por barras cilíndricas compridas orientadas paralelamente ao eixo Oz (perpendicular ao plano da figura); portanto, em qualquer ponto do plano xy, as ondas produzidas por ambas as antenas apresentam um campo $\vec{E}$ com somente um componente z. Então, necessitamos apenas de uma única função escalar para descrever cada onda; isso permite uma análise muito mais simples.

Colocamos em pontos equidistantes da origem duas fontes de mesma amplitude, mesmo comprimento de onda e (no caso de ondas transversais) de mesma polarização ao longo do eixo Oy, como na Figura 35.2a. Considere um ponto a sobre o eixo Ox; por simetria, vemos que a distância de S_1 até a é *igual* à distância de S_2 até a; portanto, as fontes levam o mesmo tempo para se deslocar até a. Logo, as ondas provenientes das duas fontes S_1 e S_2 estão em fase e atingem o ponto a em fase. As duas ondas se somam e a amplitude total no ponto a é o *dobro* da amplitude de cada onda individual. Isso é verdade para *qualquer* ponto ao longo do eixo Ox.

Analogamente, notamos que a distância de S_2 até b é exatamente dois comprimentos de onda *maior* que a distância de S_1 até b. Uma crista de onda proveniente

Figura 35.2 (a) Um "instantâneo" de ondas senoidais disseminando-se a partir de duas fontes coerentes S_1 e S_2. Ocorre interferência construtiva no ponto a (equidistante das duas fontes) e (b) no ponto b. (c) Ocorre interferência destrutiva no ponto c.

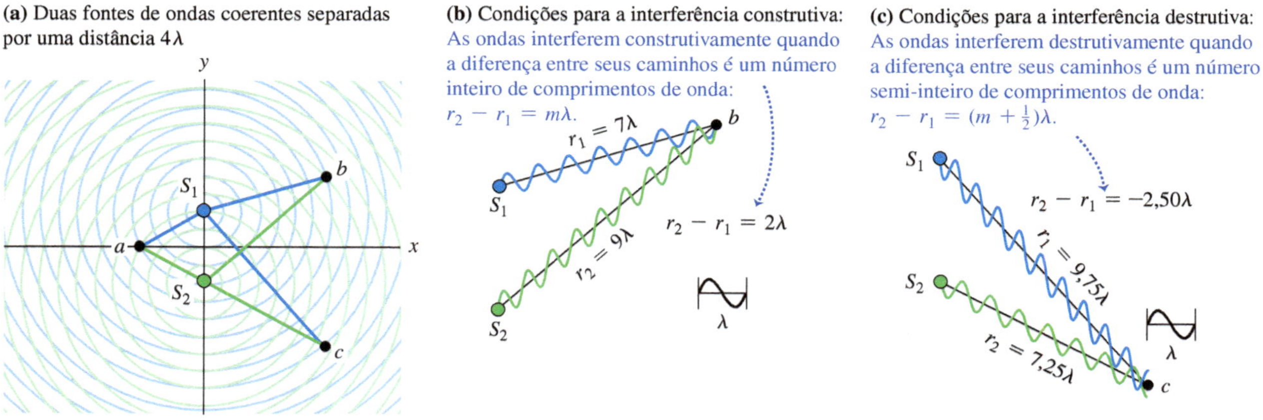

de S_1 chega ao ponto b exatamente dois ciclos antes que uma crista de onda emitida no mesmo instante pela fonte S_2, e novamente as duas ondas chegam em fase. Tal como no caso do ponto a, a amplitude total é a soma das amplitudes das ondas provenientes de S_1 e S_2.

Em geral, quando ondas provenientes de duas ou mais ondas chegam a um ponto *em fase*, elas se reforçam mutuamente: a amplitude resultante é a *soma* das amplitudes das ondas individuais. Esse efeito constitui a **interferência construtiva** (Figura 35.2b). Seja r_1 a distância entre qualquer ponto P e S_1 e seja r_2 a distância entre qualquer ponto P e S_2. Para que ocorra interferência construtiva no ponto P, a diferença de caminho $r_2 - r_1$ para as duas fontes deve ser um múltiplo inteiro do comprimento de onda:

$$r_2 - r_1 = m\lambda \quad (m = 0, \pm 1, \pm 2, \pm 3, \ldots) \qquad (35.1)$$

(interferência construtiva, fontes em fase)

Na Figura 35.2a, os pontos a e b satisfazem à Equação 35.1, com $m = 0$ e $m = +2$, respectivamente.

Algo diferente ocorre no ponto c na Figura 35.2a. Nesse ponto, a diferença de caminho é dada por $r_2 - r_1 = -2{,}50\lambda$, que equivale a um número *semi-inteiro* de comprimentos de onda. As ondas provenientes das duas fontes chegam ao ponto c com uma diferença de fase igual a meio ciclo. Uma crista de onda chega a um ponto ao mesmo tempo que uma crista invertida (ou seja, um "vale") da outra onda (Figura 35.2c). A amplitude resultante é a *diferença* das amplitudes das duas ondas individuais. Se as amplitudes das ondas individuais são iguais, então a amplitude resultante é igual a *zero*! Esse cancelamento completo ou parcial das ondas individuais é chamado de **interferência destrutiva**. A condição para a interferência destrutiva nas circunstâncias descritas na Figura 35.2a é

$$r_2 - r_1 = (m + \tfrac{1}{2})\lambda \quad (m = 0, \pm 1, \pm 2, \pm 3, \ldots) \qquad (35.2)$$

(interferência destrutiva, fontes em fase)

Na Figura 35.2a, a diferença de caminho no ponto c satisfaz à Equação 35.2 com $m = -3$.

Na **Figura 35.3** mostramos a mesma situação descrita na Figura 35.2a, porém agora as curvas que cortam as circunferências concêntricas indicam curvas que ligam os pontos onde ocorrem interferências *construtivas*. Em cada uma dessas curvas, a diferença de caminho $r_2 - r_1$ é igual a um inteiro m vezes o comprimento de onda, de acordo com a Equação 35.1. Essas curvas são chamadas de **curvas antinodais**. Elas são diretamente análogas aos *ventres* ou *antinós* existentes nas configurações de ondas estacionárias descritas nos capítulos 15 e 16 e na Seção 32.5. Em uma onda estacionária formada pela interferência de duas ondas que se propagam em sentidos contrários, os ventres correspondem aos pontos onde se formam os máximos das amplitudes; analogamente, a amplitude de onda na situação mostrada na Figura 35.3 é máxima ao longo das curvas antinodais. As **curvas nodais**, não mostradas na Figura 35.3, correspondem aos pontos nos quais ocorre interferência *destrutiva* de acordo com a Equação 35.2; essas curvas são análogas aos *nós* existentes nas ondas estacionárias. Na Figura 35.3, uma curva nodal se encontra entre duas curvas antinodais adjacentes; uma dessas curvas, correspondente a $r_2 - r_1 = -2{,}50\lambda$, passa pelo ponto c.

Em alguns casos, como quando são usados dois alto-falantes ou duas antenas transmissoras de rádio, a interferência ocorre em três dimensões. Se você girar a Figura 35.3 em torno do eixo Oy, a interferência construtiva máxima ocorrerá em todos os pontos pertencentes às superfícies de rotação resultantes.

Figura 35.3 A mesma situação descrita na Figura 35.2a, com a diferença de que agora indicamos as curvas antinodais (curvas que ligam os pontos com amplitudes máximas) que cortam as circunferências concêntricas. Todos os pontos dessas curvas obedecem à Equação 35.1 com os valores de m indicados. Não mostramos as curvas nodais, que ficam situadas entre duas curvas antinodais adjacentes.

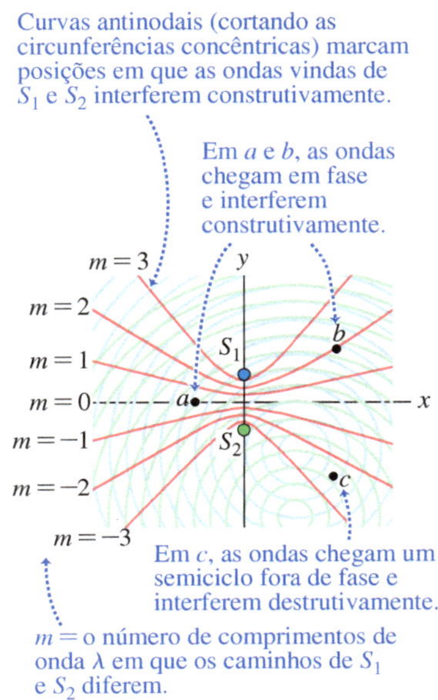

BIO Aplicação Diferença de fase, diferença de caminho e localização na audição humana Seu sistema auditivo utiliza as diferenças de fase entre os sons recebidos pelas suas orelhas esquerda e direita para *localização* — determinando a direção da qual os sons estão vindo. Para ondas de som com frequências inferiores a cerca de 800 Hz (que são importantes na voz e na música), a distância entre suas orelhas é menor que meio comprimento de onda e a diferença de fase entre as ondas detectadas por cada orelha é menor que meio ciclo. De forma marcante, seu cérebro consegue detectar essa diferença de fase, determinar a diferença de caminho correspondente e usar essa informação para localizar a direção da fonte de som.

ATENÇÃO Figuras de interferência não são ondas estacionárias Nas ondas estacionárias descritas nas seções 15.7, 16.4 e 32.5, a interferência ocorre entre duas ondas que se propagam em sentidos opostos; não existe *nenhum* fluxo de energia em nenhum dos dois sentidos (a energia da onda permanece "estacionária"). Nas situações mostradas nas figuras 35.2a e 35.3, também há uma configuração estacionária de curvas nodais e de curvas antinodais; contudo, existe um fluxo resultante de energia orientado *para fora* das fontes. Tudo o que a interferência faz é produzir a "canalização" do fluxo de energia de tal modo que ele se torne máximo ao longo das curvas antinodais e mínimo ao longo das curvas nodais.

Para que as equações 35.1 e 35.2 sejam válidas, as duas fontes devem ter o mesmo comprimento de onda e *sempre* devem estar em fase. Essas condições são facilmente satisfeitas para ondas sonoras. Todavia, no caso de ondas *luminosas* não existe nenhum método prático para obter uma relação de fase constante (coerência) com duas fontes independentes. Isso decorre da maneira como a luz é emitida. Nas fontes de luz comuns, os átomos ganham um excesso de energia por causa da agitação térmica ou em virtude do impacto com elétrons acelerados. Tal átomo "excitado" começa a irradiar energia até perdê-la completamente, em geral em um intervalo de tempo da ordem de 10^{-8} s. Os muitos átomos existentes em uma fonte costumam irradiar de modo não sincronizado, e as relações de fase são aleatórias; portanto, a luz emitida por *duas* fontes desse tipo não apresenta nenhuma relação de fase definida.

Entretanto, a luz proveniente de uma única fonte pode ser dividida de modo que suas partes sejam emergentes de duas ou mais regiões do espaço, formando duas ou mais *fontes secundárias*. Então qualquer variação de fase da fonte afeta igualmente essas fontes secundárias e não produz variação em suas fases *relativas*.

A característica que distingue a luz proveniente de um *laser* é que, nesse caso, a emissão de luz ocorre por átomos sincronizados na frequência e na fase. Em vista disso, as flutuações aleatórias de fase já mencionadas ocorrem menos frequentemente. Relações de fase definidas se conservam ao longo de extensões muito maiores nos feixes, e a luz de um laser é muito mais coerente que a luz natural.

TESTE SUA COMPREENSÃO DA SEÇÃO 35.1 Considere um ponto na Figura 35.3 sobre o eixo Oy positivo acima de S_1. Esse ponto está em (i) uma curva antinodal, (ii) uma curva nodal ou (iii) nenhuma das anteriores? (*Dica*: a distância entre S_1 e S_2 é 4λ.) ❙

35.2 INTERFERÊNCIA DA LUZ PRODUZIDA POR DUAS FONTES

A imagem de interferência produzida por duas fontes coerentes de ondas de *água* com o mesmo comprimento de onda pode ser facilmente observada em um tanque de ondas com uma camada de água rasa (**Figura 35.4**). Entretanto, essa imagem não é facilmente visível quando a interferência ocorre entre duas fontes *luminosas*, pois, quando a luz se propaga em um meio uniforme, a figura não pode ser vista (os raios solares que você observa quando um feixe de luz solar entra por uma janela são produzidos pelo espalhamento de partículas de poeira existentes no ar).

Figura 35.4 Os conceitos de interferência construtiva e interferência destrutiva se aplicam a estas ondas de água de modo semelhante ao das ondas luminosas e sonoras.

A **Figura 35.5a** mostra uma das primeiras experiências quantitativas para revelar a interferência da luz proveniente de duas fontes, realizada em 1800 pelo cientista inglês Thomas Young. Vamos mencionar essa experiência importante em detalhes. Uma fonte de luz (não mostrada) emite luz monocromática; contudo, essa luz não é apropriada para uma experiência de interferência, porque as emissões a partir de diferentes partes de uma fonte comum não são sincronizadas. Para solucionar esse problema, a luz é direcionada para um anteparo com uma fenda muito estreita S_0, com uma largura da ordem de 1 μm. A luz que emerge da fenda se origina de apenas uma pequena região da fonte; portanto, a fenda S_0 se comporta quase como se fosse

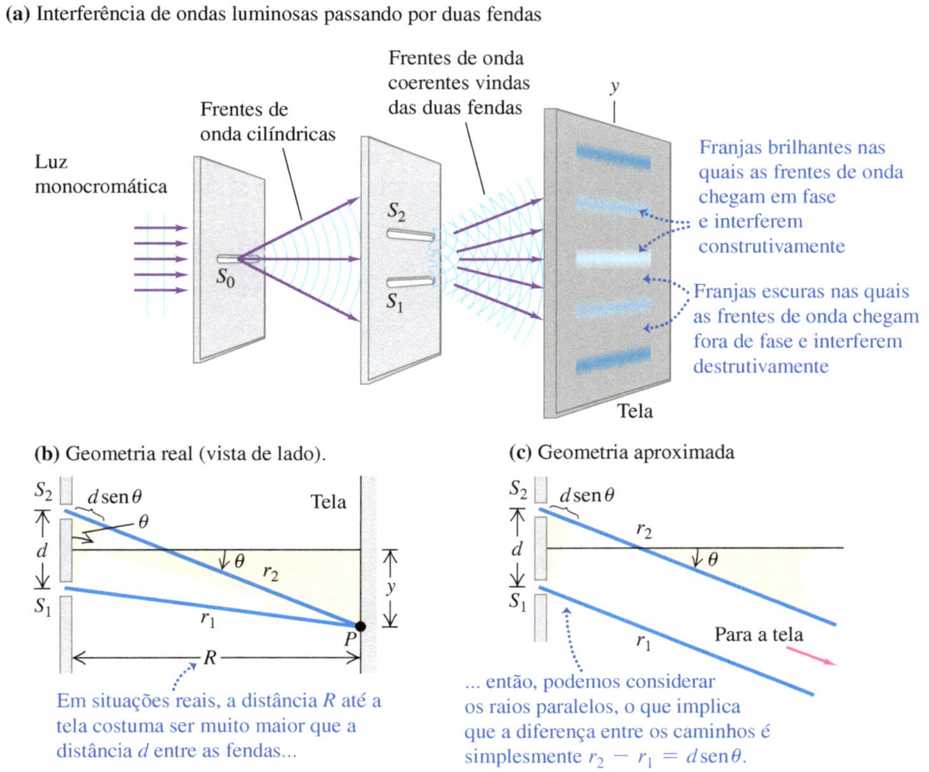

Figura 35.5 (a) Experiência de Young para mostrar a interferência da luz que passa através de duas fendas. Um padrão de áreas brilhantes e escuras aparece sobre a tela (veja a Figura 35.6). (b) Análise geométrica da experiência de Young. No caso mostrado aqui, $r_2 > r_1$, e tanto y quanto θ são positivos. Se o ponto P estiver do outro lado do centro da tela, $r_2 < r_1$, e tanto y quanto θ são negativos. (c) Geometria aproximada quando a distância R é muito maior que a distância d entre as fendas.

a fonte ideal indicada na Figura 35.1. (Nas versões modernas dessa experiência, utiliza-se um laser como fonte de luz coerente, e não é necessário usar a fenda S_0.) A luz proveniente da fenda S_0 incide sobre um anteparo com outras duas fendas muito estreitas S_1 e S_2, cada uma com larguras da ordem de 1 μm e separadas por uma distância aproximadamente igual a dezenas ou centenas de μm. Frentes de onda cilíndricas emanam da fenda S_0 e incidem *em fase* sobre as fendas S_1 e S_2 porque elas percorrem a mesma distância partindo de S_0. As ondas que *emergem* de S_1 e S_2 estão, portanto, sempre em fase, de modo que S_1 e S_2 são fontes *coerentes*. A interferência das ondas provenientes de S_1 e S_2 produz uma configuração no espaço semelhante ao que ocorre no lado direito das fontes mostradas nas figuras 35.2a e 35.3.

Para visualizar a figura de interferência, coloca-se uma tela de modo que as ondas provenientes de S_1 e S_2 incidam sobre ela (Figura 35.5b). A tela será mais fortemente iluminada no ponto P, no qual as ondas luminosas provenientes das fendas interferem construtivamente, e será mais escura nos pontos onde a interferência é destrutiva.

Para simplificar a análise da experiência de Young, consideramos a distância R entre o plano das fendas e a tela muito maior que a distância d entre as fendas, de modo que as linhas que ligam S_1 e S_2 com o ponto P são aproximadamente paralelas, como indica a Figura 35.5c. Isso costuma ser verdade no caso de experiências feitas com a luz; a distância típica entre as fendas é da ordem de alguns milímetros, ao passo que a distância entre a tela e as fendas costuma ser da ordem de um metro. Portanto, a diferença de caminho é dada por

$$r_2 - r_1 = d\,\text{sen}\,\theta \tag{35.3}$$

onde θ é o ângulo entre uma das retas traçadas a partir de uma das fendas (linha grossa inclinada na Figura 35.5c) e a direção da normal ao plano das fendas (linha fina na horizontal).

Interferências construtiva e destrutiva produzidas por duas fendas

Verificamos na Seção 35.1 que a interferência construtiva (o reforço das ondas) ocorre nos pontos em que a diferença de caminho é igual a um número inteiro de comprimentos de onda, $m\lambda$, onde $m = 0, \pm 1, \pm 2, \pm 3, \ldots$ Portanto, as regiões brilhantes sobre a tela na Figura 35.5a ocorrem para os ângulos θ em que

Interferência construtiva, fenda dupla:

Distância entre fendas; Comprimento de onda

$$d \operatorname{sen} \theta = m\lambda \quad (m = 0, \pm 1, \pm 2, \ldots) \tag{35.4}$$

Ângulo da linha das fendas até a região brilhante de ordem m na tela

Analogamente, a interferência destrutiva (cancelamento), com a formação de regiões escuras sobre a tela, ocorre nos pontos em que a diferença de caminho é igual a um número semi-inteiro de comprimentos de onda, $(m + \frac{1}{2})\lambda$:

Interferência destrutiva, fenda dupla:

Distância entre fendas; Comprimento de onda

$$d \operatorname{sen} \theta = \left(m + \tfrac{1}{2}\right)\lambda \quad (m = 0, \pm 1, \pm 2, \ldots) \tag{35.5}$$

Ângulo da linha das fendas até a região escura de ordem m na tela

Figura 35.6 Fotografia das franjas de interferência produzidas sobre uma tela na experiência de Young da dupla fenda. O centro da figura é uma franja brilhante correspondente a $m = 0$ na Equação 35.4; esse ponto na tela é equidistante das duas fendas.

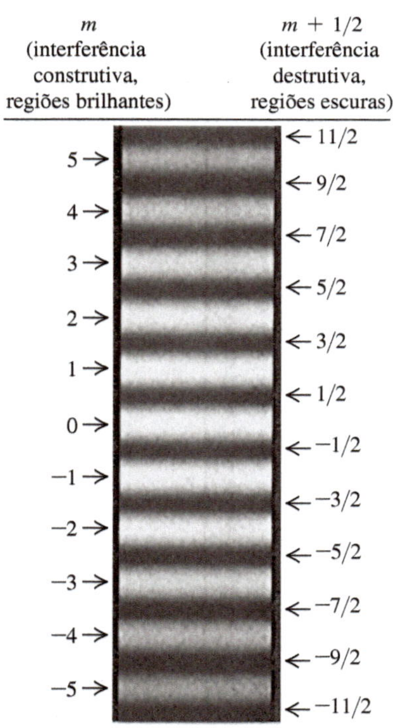

Portanto, a figura de interferência que se forma na tela indicada nas figuras 35.5a e 35.5b é uma sucessão de faixas brilhantes e escuras, ou **franjas de interferência**, distribuídas paralelamente à direção das fendas S_1 e S_2. A **Figura 35.6** mostra uma fotografia dessas franjas.

Podemos deduzir uma expressão para localizar as posições dos centros das franjas brilhantes sobre a tela. Na Figura 35.5b, y é medido a partir do centro da figura de interferência, que corresponde à distância a partir do centro da Figura 35.6. Seja y_m a distância a partir do centro da figura de interferência ($\theta = 0$) até o centro da franja brilhante de ordem m. Seja θ_m o valor correspondente de θ; portanto,

$$y_m = R \tan \theta_m$$

Em experiências desse tipo, as distâncias y_m geralmente são muito menores que a distância R entre as fendas e a tela. Portanto, θ_m é muito pequeno, $\tan \theta_m \approx \operatorname{sen} \theta_m$ e

$$y_m = R \operatorname{sen} \theta_m$$

Combinando a relação anterior com a Equação 35.4, verificamos que, *somente para ângulos pequenos*,

Interferência construtiva na experiência de Young (somente ângulos pequenos):

Posição da franja brilhante de ordem m; Comprimento de onda

$$y_m = R\frac{m\lambda}{d} \quad (m = 0, \pm 1, \pm 2, \ldots) \tag{35.6}$$

Distância das fendas à tela; Distância entre as fendas

Podemos medir R e d, assim como as posições y_m das franjas brilhantes; assim, essa experiência fornece uma medida direta do comprimento de onda λ. Na realidade, a experiência de Young foi a primeira medida direta do comprimento de onda da luz.

A distância entre duas franjas brilhantes adjacentes na figura de interferência é *inversamente* proporcional à distância d entre as fendas. Quanto mais próximas as duas fendas estão, maior é o espaçamento entre as franjas. Quando a distância entre as fendas é muito grande, as franjas ficam muito próximas.

ATENÇÃO A Equação 35.6 só serve para ângulos pequenos Embora as equações 35.4 e 35.5 sejam válidas para qualquer ângulo, a Equação 35.6 vale somente para ângulos *pequenos*. Ela *só* pode ser usada quando a distância R entre a tela e as fendas for muito maior que a distância d entre as fendas e quando R for muito maior que a distância y_m entre o centro da figura de interferência e o centro da franja brilhante de ordem m.

Embora a experiência de Young tenha sido descrita para a luz visível, os resultados fornecidos pelas equações 35.4 e 35.5 são válidos para *qualquer* tipo de onda, desde que a onda resultante da superposição das ondas seja detectada em um ponto muito distante em comparação com a distância d entre as fontes coerentes.

EXEMPLO 35.1 INTERFERÊNCIA PRODUZIDA POR FENDA DUPLA

A **Figura 35.7** mostra uma experiência de interferência com fenda dupla, na qual a distância entre as fendas é 0,200 mm e a tela está a uma distância de 1,00 m das fendas. A terceira franja brilhante ($m = 3$) forma-se a uma distância de 9,49 mm da franja central. Calcule o comprimento de onda da luz usada.

SOLUÇÃO

IDENTIFICAR E PREPARAR: nossa variável-alvo neste problema de interferência por fenda dupla é o comprimento de onda λ. Temos a distância de separação entre as fendas $d = 0{,}200$ mm, a distância das fendas à tela $R = 1{,}00$ m e a distância $y_3 = 9{,}49$ mm entre a terceira franja brilhante e o centro da configuração, onde $m = 3$. Podemos usar a Equação 35.6 para encontrar λ, já que o valor de R é muito maior que os valores de d ou y_3.

EXECUTAR: resolvemos a Equação 35.6 isolando λ para o caso $m = 3$:

$$\lambda = \frac{y_m d}{mR} = \frac{(9{,}49 \times 10^{-3}\ \text{m})(0{,}200 \times 10^{-3}\ \text{m})}{(3)(1{,}00\ \text{m})}$$

$$= 633 \times 10^{-9}\ \text{m} = 633\ \text{nm}$$

AVALIAR: essa franja brilhante poderia também corresponder a $m = -3$; você é capaz de demonstrar que com esse valor o resultado obtido para λ seria igual?

Figura 35.7 Experiência usando interferência produzida por fenda dupla para medir o comprimento de onda da luz.

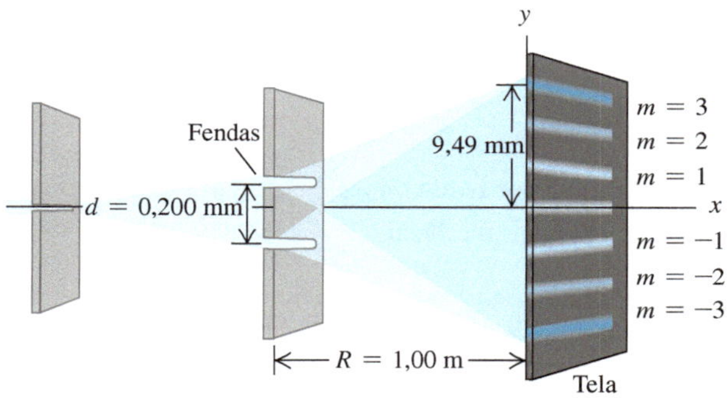

EXEMPLO 35.2 INTERFERÊNCIA PRODUZIDA POR UMA ESTAÇÃO DE RÁDIO

Geralmente é desejável orientar a energia irradiada por uma emissora de rádio em determinadas direções em vez de produzir uma radiação uniforme em todas as direções. Diversos pares de antenas alinhadas ao longo de uma linha reta costumam ser usados para obter a configuração da radiação desejada. Como exemplo, considere uma estação de rádio que opera com duas antenas idênticas, com dipolos verticais que oscilam em fases, separadas por uma distância de 400 m, operando com frequência de 1.500 kHz = $1{,}5 \times 10^6$ Hz (nas vizinhanças da parte superior da banda de rádio AM). Para distâncias muito maiores que 400 m, em que direções a intensidade da radiação transmitida torna-se máxima?

SOLUÇÃO

IDENTIFICAR E PREPARAR: as antenas, mostradas na **Figura 35.8**, correspondem às fontes S_1 e S_2 na Figura 35.5. Assim, podemos aplicar as ideias de interferência produzida por fenda dupla a este problema. Como a onda resultante é detectada a distâncias muito maiores que $d = 400$ m, podemos usar a Equação 35.4 para encontrar as direções da intensidade máxima, os valores de θ para os quais a diferença de caminho é zero ou um número inteiro de comprimentos de onda.

EXECUTAR: o comprimento de onda é $\lambda = c/f = 200$ m. Pela Equação 35.4 com $m = 0, \pm 1$ e ± 2, as direções de intensidade máxima são dadas por

$$\text{sen}\,\theta = \frac{m\lambda}{d} = \frac{m\,(200\ \text{m})}{400\ \text{m}} = \frac{m}{2} \qquad \theta = 0,\ \pm 30°,\ \pm 90°$$

Neste exemplo, valores de m maiores que 2 ou menores que –2 fornecem valores de sen θ maiores que 1 ou menores que –1, o que é impossível. Não existe *nenhuma* direção em que a diferença de caminho seja igual a três ou mais de três comprimentos de

(Continua)

(*Continuação*)

onda. Portanto, os valores $m = \pm 3$ e os demais valores sucessivos não têm significado físico neste exemplo.

AVALIAR: podemos verificar nosso resultado calculando os ângulos para a intensidade *mínima* usando a Equação 35.5. Deve haver uma intensidade mínima entre cada par de intensidades máximas, assim como foi visto na Figura 35.6. Pela Equação 35.5, com $m = -2, -1, 0$ e 1,

$$\operatorname{sen}\theta = \frac{\left(m + \frac{1}{2}\right)\lambda}{d} = \frac{m + \frac{1}{2}}{2} \qquad \theta = \pm 14{,}5°, \pm 48{,}6°$$

Note que esses ângulos são intermediários entre os ângulos de intensidade máxima, como deveriam ser. Como não são pequenos, os ângulos para intensidade mínima *não* estão exatamente na metade dos ângulos para intensidade máxima.

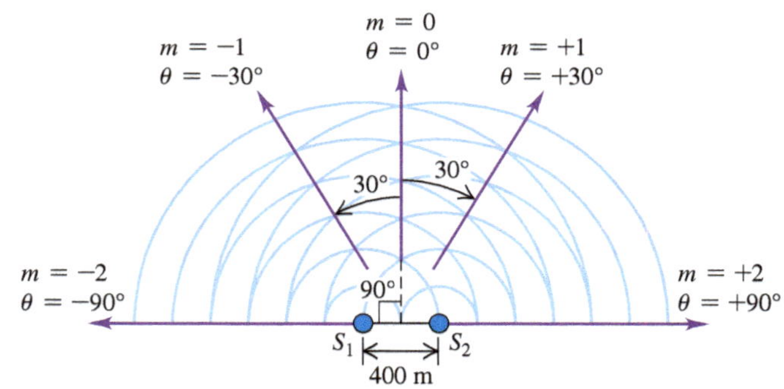

Figura 35.8 Duas antenas de rádio que emitem ondas em fase. Cada seta indica uma direção para a qual a intensidade da radiação torna-se máxima. As ondas emitidas do lado inferior das fontes não são representadas.

DADOS MOSTRAM

Interferência por fenda dupla

Quando os alunos recebiam um problema envolvendo interferência de ondas por fenda dupla, mais de 34% davam uma resposta incorreta. Erros comuns:

- Confusão sobre o tipo das fontes necessárias para causar interferência. Para que haja um padrão de interferência constante a partir de duas fontes de onda, as duas fontes precisam ser monocromáticas, emitir ondas na mesma frequência e ter uma relação de fase fixa.
- Confusão em torno das interferências construtiva e destrutiva. A interferência construtiva ocorre em pontos onde as ondas de duas fontes chegam em fase (a crista de uma onda é alinhada com a crista da outra). A interferência destrutiva ocorre nos pontos onde as ondas de duas fontes chegam fora de fase (a crista de uma onda é alinhada com o vale da outra).

TESTE SUA COMPREENSÃO DA SEÇÃO 35.2 Você mira um laser ajustável (cujo comprimento de onda pode ser ajustado girando-se um botão) sobre um par de fendas próximas uma da outra. A luz que emerge das duas fendas produz sobre a tela um padrão de interferência como o mostrado na Figura 35.6. Se você ajustar o comprimento de onda de modo que a luz do laser mude de vermelho a azul, como a distância entre as franjas brilhantes mudará? (i) A distância aumenta; (ii) a distância diminui; (iii) a distância não se altera; (iv) não há informações suficientes para responder. ❙

35.3 INTENSIDADE DAS FIGURAS DE INTERFERÊNCIA

Na Seção 35.2, determinamos as posições dos máximos e dos mínimos de um padrão de interferência produzido por duas fendas. Veremos agora como determinar a intensidade em *qualquer* ponto sobre a tela. Para isso, precisamos somar em um ponto P do padrão de radiação os dois campos que variam senoidalmente (provenientes das duas fontes), levando em consideração de modo apropriado a diferença de fase das duas ondas no ponto P, que resulta da diferença de caminho. A seguir, determinamos a intensidade lembrando que ela é proporcional ao quadrado da amplitude do campo elétrico resultante, como aprendemos na Seção 32.4.

Para calcular a intensidade, suporemos (como na Seção 35.2) que as ondas das duas fontes possuam a mesma amplitude E e a mesma polarização. Isso significa supor que as fontes sejam idênticas e que desprezamos a pequena diminuição de amplitude produzida pela diferença de caminho (a amplitude diminui com o aumento da distância até a fonte). De acordo com a Equação 32.29, cada fonte separadamente forneceria uma intensidade $\frac{1}{2}\epsilon_0 c E^2$ no ponto P. Se as duas fontes estão em fase, então as ondas que chegam ao ponto P apresentam uma diferença de fase ϕ proporcional à diferença de caminho entre elas $(r_2 - r_1)$. Então, podemos usar as seguintes expressões para os dois campos elétricos que se superpõem no ponto P:

$$E_1(t) = E\cos(\omega t + \phi)$$

$$E_2(t) = E\cos\omega t$$

A superposição dos dois campos no ponto P é uma função senoidal com amplitude E_p, que depende de E, bem como da diferença de fase ϕ. Inicialmente, calcularemos a amplitude E_p quando E e ϕ forem conhecidos. A seguir, determinaremos a intensidade I da onda resultante, que é proporcional a E_P^2. Finalmente, vamos relacionar a diferença de fase ϕ com a diferença de caminho, que é dada pela geometria da situação considerada.

Amplitude na interferência produzida por duas fontes

Para somar duas funções senoidais com uma diferença de fase, usaremos a mesma representação de *fasores* adotada para o movimento harmônico simples (Seção 13.2) e para voltagens e correntes em circuitos ac (Seção 31.1). Sugerimos que você faça uma revisão dessas seções para relembrar o uso dos fasores. Cada função senoidal é representada por um vetor girante (um fasor), cuja projeção sobre o eixo horizontal em qualquer instante representa o valor instantâneo da função senoidal.

Na **Figura 35.9**, E_1 é o componente horizontal do fasor que representa a onda emitida pela fonte S_1, e E_2 é o componente horizontal do fasor que representa a onda emitida pela fonte S_2. Como mostra o diagrama, ambos os fasores têm o mesmo módulo E, porém E_1 está *adiantado* por um ângulo de fase igual a ϕ em relação a E_2. Ambos os fasores giram no sentido anti-horário com a mesma velocidade angular ω, e a soma das projeções sobre o eixo horizontal em qualquer instante fornece o valor instantâneo do campo resultante E no ponto P. Portanto, a amplitude E_p da onda senoidal resultante no ponto P é o módulo do vetor resultante no diagrama (indicado por E_p), que fornece a *soma vetorial* dos outros dois fasores. Para calcularmos E_p, aplicamos a lei dos cossenos e a identidade trigonométrica $\cos(\pi - \phi) = -\cos\phi$:

Figura 35.9 Diagrama de fasores para a superposição no ponto P de duas ondas de mesma amplitude E com uma diferença de fase ϕ.

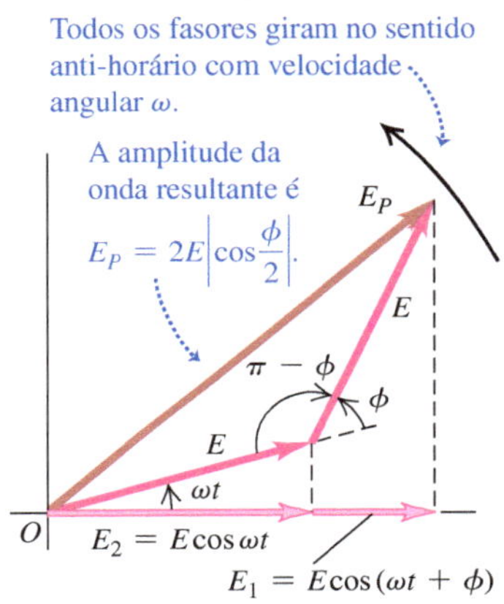

$$E_P^2 = E^2 + E^2 - 2E^2\cos(\pi - \phi)$$
$$= E^2 + E^2 + 2E^2\cos\phi$$

A seguir, usando a identidade $1 + \cos\phi = 2\cos^2(\phi/2)$, obtemos

$$E_P^2 = 2E^2(1 + \cos\phi) = 4E^2\cos^2\left(\frac{\phi}{2}\right)$$

Amplitude do campo elétrico na interferência de duas fontes

$$E_P = 2E\left|\cos\frac{\phi}{2}\right| \qquad (35.7)$$

Amplitude de onda de uma fonte (E); Diferença de fase entre as ondas (ϕ)

Você também pode obter o resultado anterior sem o uso de fasores.

Quando as duas ondas estão em fase, $\phi = 0$ e $E_p = 2E$. Quando elas estão exatamente defasadas de meio ciclo, $\phi = \pi$ rad $= 180°$, $\cos(\phi/2) = \cos(\pi/2) = 0$ e $E_p = 0$. Portanto, a superposição de duas ondas senoidais com a mesma frequência e a mesma amplitude, porém com uma diferença de fase, dá origem a uma onda senoidal com a mesma frequência, mas com uma amplitude que varia desde zero até um máximo igual a duas vezes as amplitudes individuais, dependendo da diferença de fase.

Intensidade na interferência produzida por duas fontes

Para obter a intensidade I no ponto P lembramos que, de acordo com a Seção 32.4, I é dado pela média do módulo do vetor de Poynting, $S_{méd}$. Para uma onda senoidal com amplitude do campo elétrico dada por E_p, essa média é fornecida pela Equação 32.29, substituindo-se $E_{máx}$ por E_p. Logo, podemos expressar a intensidade em qualquer uma das seguintes formas equivalentes:

$$I = S_{méd} = \frac{E_P^2}{2\mu_0 c} = \tfrac{1}{2}\sqrt{\frac{\epsilon_0}{\mu_0}}E_P^2 = \tfrac{1}{2}\epsilon_0 c E_P^2 \qquad (35.8)$$

O conteúdo essencial dessas expressões é que I é proporcional a E_P^2. Quando substituímos a Equação 35.7 na última expressão indicada na Equação 35.8, obtemos

$$I = \tfrac{1}{2}\epsilon_0 c E_P^2 = 2\epsilon_0 c E^2 \cos^2\frac{\phi}{2} \qquad (35.9)$$

Em particular, a intensidade *máxima* I_0 que ocorre nos pontos em que a diferença de fase é igual a zero ($\phi = 0$) é dada por

$$I_0 = 2\epsilon_0 c E^2$$

Note que a intensidade máxima I_0 é *quatro vezes* (e não duas) maior que a intensidade $\frac{1}{2}\epsilon_0 c E^2$ de cada onda individual. Substituindo a expressão de I_0 na Equação 35.9, encontramos

Intensidade na interferência de duas fontes

$$I = I_0 \cos^2\frac{\phi}{2} \qquad (35.10)$$

(I_0: Intensidade máxima; ϕ: Diferença de fase entre as ondas)

A intensidade depende da diferença de fase ϕ e varia entre I_0 e zero. Se tomarmos a média da Equação 35.10 sobre todas as diferenças de fase possíveis, o resultado é $I_0/2 = \epsilon_0 c E^2$ [o valor médio de $\cos^2(\phi/2)$ é igual a $\frac{1}{2}$]. Isso é exatamente igual ao dobro da intensidade de cada fonte individual, como era esperado. A energia total emitida pelas duas fontes não se altera pelo efeito da interferência; contudo, essa energia é redistribuída (veja a Seção 35.1).

Diferença de fase e diferença de caminho

Agora vamos determinar a diferença de fase ϕ entre dois campos no ponto P. Sabemos que ϕ é proporcional à diferença entre os caminhos das ondas desde as fontes até o ponto P. Quando a diferença de caminho é igual a um comprimento de onda, a diferença de fase é igual a um ciclo, e $\phi = 2\pi$ rad $= 360°$. Quando a diferença de caminho é igual a $\lambda/2$, $\phi = \pi$ rad $= 180°$ e assim por diante. Ou seja, a razão entre a diferença de fase ϕ e 2π é igual à razão entre a diferença de caminho $r_2 - r_1$ e λ:

$$\frac{\phi}{2\pi} = \frac{r_2 - r_1}{\lambda}$$

Diferença de fase na interferência de duas fontes

$$\phi = \frac{2\pi}{\lambda}(r_2 - r_1) = k(r_2 - r_1) \qquad (35.11)$$

(λ: Comprimento de onda; $r_2 - r_1$: Diferença de caminho; k: Número de onda $= 2\pi/\lambda$; r_2: Distância da fonte 2; r_1: Distância da fonte 1)

Apresentamos o número de onda $k = 2\pi/\lambda$ na Seção 15.3.

Se existir algum material diferente do vácuo entre as fontes e o ponto P, devemos usar o comprimento de onda *dentro do material* na Equação 35.11. Se λ_0 e k_0 são o comprimento de onda e o número de onda no vácuo, respectivamente, o material tem índice de refração n, então

$$\lambda = \frac{\lambda_0}{n} \quad \text{e} \quad k = nk_0 \qquad (35.12)$$

Finalmente, se o ponto P estiver muito afastado das fontes em comparação com a distância d entre elas, a diferença de caminho deve ser dada pela Equação 35.3:

$$r_2 - r_1 = d \text{ sen } \theta$$

Combinando a relação anterior com a Equação 35.11, encontramos

$$\phi = k(r_2 - r_1) = kd \text{ sen } \theta = \frac{2\pi d}{\lambda} \text{ sen } \theta \qquad (35.13)$$

Substituindo a expressão anterior na Equação 35.10, obtemos

$$I = I_0 \cos^2\left(\tfrac{1}{2} kd \text{ sen } \theta\right) = I_0 \cos^2\left(\frac{\pi d}{\lambda} \text{ sen } \theta\right) \quad \text{(intensidade longe de duas fontes)} \qquad (35.14)$$

As direções nas quais ocorrem intensidades *máximas* são obtidas quando o cosseno é igual a ± 1, ou seja, quando

$$\frac{\pi d}{\lambda} \text{ sen } \theta = m\pi \qquad (m = 0, \pm 1, \pm 2, \ldots)$$

ou

$$d \text{ sen } \theta = m\lambda$$

resultado que concorda com a Equação 35.4. Você também pode deduzir a Equação 35.5 para direções para as quais a intensidade é igual a zero a partir da Equação 35.14.

Conforme notamos na Seção 35.2, nas experiências com a luz vemos o padrão de interferência produzido por duas fendas usando uma tela colocada a uma distância R das fendas. Podemos descrever as posições dos pontos sobre a tela empregando a coordenada y; as posições das franjas brilhantes são dadas pela Equação 35.6, onde geralmente $y << R$. Nesse caso, sen θ é aproximadamente igual a y/R, e obtemos as seguintes expressões para a intensidade em *qualquer* ponto da tela em função de y:

$$I = I_0 \cos^2\left(\frac{kdy}{2R}\right) = I_0 \cos^2\left(\frac{\pi dy}{\lambda R}\right) \quad \text{(intensidade na interferência de fenda dupla)} \qquad (35.15)$$

A **Figura 35.10** mostra um gráfico da Equação 35.15; podemos comparar esse resultado com a figura de interferência reproduzida na fotografia indicada na Figura 35.6. Todos os picos mostrados na Figura 35.10 têm a mesma intensidade, ao passo que os picos mostrados na Figura 35.6 diminuem de intensidade à medida que o ponto se afasta do centro. No Capítulo 36, vamos explicar a causa dessa variação da intensidade dos picos.

Figura 35.10 Distribuição das intensidades no padrão de interferência de duas fendas idênticas.

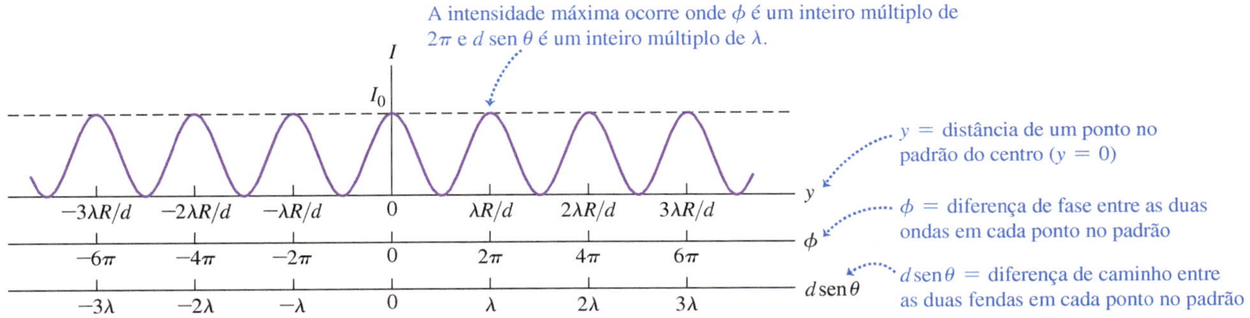

EXEMPLO 35.3 DUAS ANTENAS TRANSMISSORAS DIRECIONAIS

Suponha que a distância entre as duas antenas de rádio mostradas na Figura 35.8 seja reduzida a apenas 10,0 m e que a frequência das ondas irradiadas aumente para $f = 60{,}0$ MHz. A uma distância de 700 m do ponto intermediário entre as antenas e na direção $\theta = 0$ (veja a Figura 35.8), a intensidade é dada por $I_0 = 0{,}020\ \text{W/m}^2$. A essa mesma distância, determine: (a) a intensidade na direção $\theta = 4{,}0°$; (b) a direção próxima de $\theta = 0$ para a qual a intensidade é $I_0/2$ e (c) as direções em que a intensidade é igual a zero.

SOLUÇÃO

IDENTIFICAR E PREPARAR: este problema envolve a distribuição da intensidade em função do ângulo. Como a distância de 700 m das antenas até o ponto em que a intensidade é medida é muito maior que a distância $d = 10$ m entre as antenas, as amplitudes das ondas provenientes das duas antenas são aproximadamente iguais. Portanto, podemos aplicar a Equação 35.14 para relacionar a intensidade I e o ângulo θ.

EXECUTAR: o comprimento de onda é $\lambda = c/f = 5{,}00$ m. O espaçamento $d = 10{,}0$ m entre as antenas é exatamente o dobro do comprimento de onda (como no Exemplo 35.2), de modo que $d/\lambda = 2{,}00$ e a Equação 35.14 torna-se

$$I = I_0 \cos^2\left(\frac{\pi d}{\lambda}\operatorname{sen}\theta\right) = I_0 \cos^2[(2{,}00\pi\ \text{rad})\operatorname{sen}\theta]$$

(a) Quando $\theta = 4{,}0°$,

$$I = I_0 \cos^2[(2{,}00\pi\ \text{rad})\operatorname{sen} 4{,}0°] = 0{,}82 I_0$$
$$= (0{,}82)\,(0{,}020\ \text{W/m}^2) = 0{,}016\ \text{W/m}^2$$

(b) A intensidade I torna-se igual a $I_0/2$ quando o valor do cosseno na Equação 35.14 é $\pm 1/\sqrt{2}$. Os ângulos menores em que isso ocorre correspondem a $2{,}00\pi \operatorname{sen}\theta = \pm\pi/4$ rad, de modo que $\operatorname{sen}\theta = \pm(1/8{,}00) = \pm 0{,}125$ e $\theta = \pm 7{,}2°$.

(c) A intensidade é zero quando $\cos[(2{,}00\pi\ \text{rad})\operatorname{sen}\theta] = 0$. Isso ocorre para $2{,}00\pi \operatorname{sen}\theta = \pm\pi/2, \pm 3\pi/2, \pm 5\pi/2, \ldots$, ou $\operatorname{sen}\theta = \pm 0{,}250, \pm 0{,}750, \pm 1{,}25, \ldots$ Os valores de $\operatorname{sen}\theta$ maiores que 1 não têm significado, de modo que as respostas são

$$\theta = \pm 14{,}5°, \pm 48{,}6°$$

AVALIAR: a condição do item (b) de que $I = I_0/2$, de modo que $(2{,}00\pi\ \text{rad})\operatorname{sen}\theta = \pm\pi/4$ rad, também é satisfeita quando $\operatorname{sen}\theta = \pm 0{,}375, \pm 0{,}625$ ou $\pm 0{,}875$, de modo que $\theta = \pm 22{,}0°, \pm 38{,}7°$ ou $\pm 61{,}0°$. (Você é capaz de verificar isso?) No entanto, seria incorreto incluir esses ângulos na resposta, porque o problema pediu o ângulo *próximo a* $\theta = 0$, em que $I = I_0/2$. Esses outros valores de θ não são os pedidos.

TESTE SUA COMPREENSÃO DA SEÇÃO 35.3 Uma experiência com interferência produzida por duas fendas emprega luz coerente de um comprimento de onda igual a $5{,}0 \times 10^{-7}$ m. Coloque em ordem os seguintes pontos no padrão de interferência conforme a intensidade de cada ponto, da maior à menor. (i) Um ponto que está $4{,}0 \times 10^{-7}$ m mais perto de uma das fendas que da outra; (ii) um ponto em que as ondas luminosas provenientes das duas fendas estão 4,0 rad fora de fase; (iii) um ponto que está $7{,}50 \times 10^{-7}$ m mais perto de uma das fendas que da outra; (iv) um ponto em que as ondas luminosas provenientes das duas fendas estão 2,00 rad fora de fase. ❙

Figura 35.11 (a) Um diagrama e (b) uma fotografia mostrando a interferência da luz refletida em uma película fina.

(a) Interferência entre raios refletidos nas duas superfícies de uma película fina

A luz refletida nas superfícies superior e inferior da película encontra-se no olho no ponto P e sofre interferência.

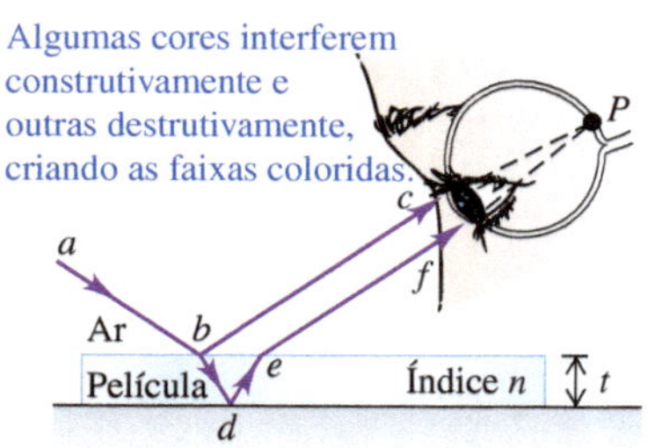

(b) Reflexos coloridos de uma bolha de sabão

35.4 INTERFERÊNCIA EM PELÍCULAS FINAS

Costumamos ver faixas brilhantes coloridas quando a luz solar é refletida em bolhas de sabão ou em películas de óleo flutuando sobre a água (veja a fotografia na abertura deste capítulo). Esse efeito é produzido pela interferência da luz. As ondas luminosas são refletidas pelas superfícies opostas dessas películas e ocorre interferência construtiva entre duas ondas refletidas (com caminhos diferentes) em diversos locais e para comprimentos de onda diferentes. A situação é ilustrada esquematicamente na **Figura 35.11a**. A luz que incide sobre a superfície superior de uma película fina com espessura t é parcialmente refletida na superfície superior (caminho *abc*). A luz *transmitida* pela superfície superior é parcialmente refletida na superfície inferior (caminho *abdef*). As duas ondas chegam juntas ao ponto P sobre a retina do olho. Dependendo da relação entre suas fases, pode ocorrer interferência construtiva ou destrutiva. Cores diferentes têm comprimentos de onda diferentes, de modo que a interferência pode ser construtiva para algumas cores e destrutiva para outras. É por isso que vemos anéis ou franjas coloridas na fotografia de abertura deste capítulo (que mostra uma película fina de óleo flutuando sobre a água) e na Figura 35.11b (que mostra películas finas de solução de sabão que constituem as paredes da bolha). As formas complexas dos anéis coloridos em cada fotografia resultam de variações na espessura da película.

Interferência em películas finas e deslocamentos de fase na reflexão

Vamos discutir uma situação simplificada em que um feixe de luz *monocromática* incide quase perpendicularmente sobre duas placas quase paralelas. A **Figura 35.12** mostra duas placas de vidro separadas em uma das extremidades, formando uma cunha ou película fina de ar. O objetivo é estudar a interferência produzida pelas duas ondas refletidas nas superfícies adjacentes da cunha de ar. (Também ocorrem reflexões nas superfícies superior e inferior da placa de vidro; para simplificarmos nosso estudo, não levaremos em conta essas reflexões.) A situação é a mesma que a indicada na Figura 35.11a, exceto que, nesse caso, a película fina (a cunha de ar) não tem espessura uniforme. A diferença de caminho entre as duas ondas é precisamente igual ao dobro da espessura t da cunha de ar em cada ponto. Nos pontos em que $2t$ é um múltiplo inteiro de comprimentos de onda, espera-se que ocorra interferência construtiva e surja uma área brilhante; nos pontos em que $2t$ é um múltiplo semi-inteiro de comprimentos de onda, supõe-se que deva ocorrer interferência destrutiva e surgir uma área escura. Ao longo da linha de contato entre as placas, praticamente não existe *nenhuma* diferença de caminho e, portanto, uma área brilhante deveria se formar.

Figura 35.12 Interferência entre raios refletidos nas superfícies superior e inferior de uma cunha de ar separando duas placas de vidro. Os ângulos e a espessura da cunha de ar foram exagerados para maior clareza; no texto, supusemos que a luz incide na placa superior com incidência normal e que as distâncias h e t são muito menores que l.

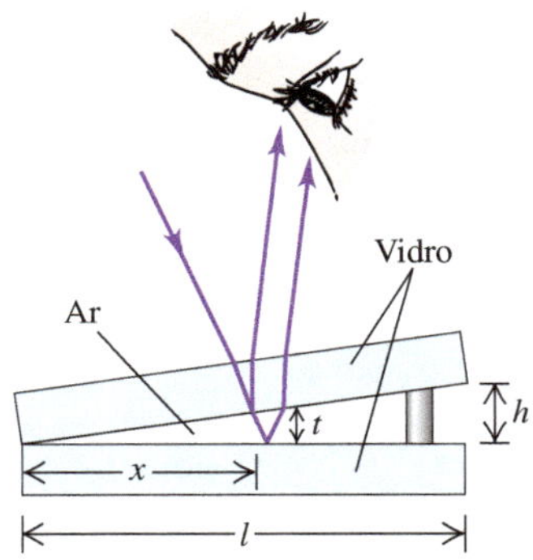

Contudo, quando realizamos a experiência, surgem franjas brilhantes e escuras, porém as posições se mostram trocadas! Ao longo da linha de contato entre as placas forma-se uma franja *escura* e não uma franja brilhante. Isso sugere que uma ou outra onda refletida sofre uma mudança de fase de meio ciclo durante a reflexão. Nesse caso, as duas ondas refletidas ao longo da linha de contato entre as placas estão defasadas em meio ciclo, embora seus caminhos tenham o mesmo comprimento.

De fato, esse deslocamento de fase pode ser previsto pelas equações de Maxwell e pela natureza eletromagnética da luz. Os detalhes da dedução fogem aos nossos objetivos, porém mostraremos os resultados. Suponha que uma onda de luz com campo elétrico de amplitude E_i esteja se propagando em um material transparente com índice de refração n_a. Ela incide perpendicularmente sobre a interface com o outro material ótico com índice de refração n_b. A amplitude E_r da onda refletida da interface é dada pela expressão

$$E_r = \frac{n_a - n_b}{n_a + n_b} E_i \quad \text{(incidência perpendicular)} \tag{35.16}$$

O resultado mostra que as amplitudes incidente e refletida têm o mesmo sinal, quando n_a for maior que n_b, e sinais opostos se n_b for maior que n_a. Como as amplitudes sempre devem ser positivas ou zero, um valor *negativo* significa que a onda na verdade passa por uma diferença de fase de meio ciclo (180º). Podemos distinguir três casos, como mostrado na **Figura 35.13**:

Figura 35.13a: quando $n_a > n_b$, a luz se propaga mais lentamente no primeiro meio que no segundo. Nesse caso, E_i tem o mesmo sinal de E_r e a diferença de fase entre a onda refletida e a onda incidente é igual a zero. Esse caso é análogo à reflexão de uma onda transversal em uma corda vibrante grossa no ponto onde ela está amarrada a uma corda mais fina.

Figura 35.13b: quando $n_a = n_b$, a amplitude E_r da onda refletida é igual a zero. Com efeito, não há interface, de modo que não existe *nenhuma* onda refletida.

Figura 35.13c: quando $n_a < n_b$, a luz se propaga no primeiro meio com velocidade menor que no segundo meio. Nesse caso, E_r e E_i apresentam sinais contrários e a diferença de fase da onda refletida em relação à onda incidente é igual a π rad (meio ciclo). Esse caso é análogo à reflexão (com inversão) de uma onda mecânica transversal em uma corda fina em um ponto onde ela está amarrada a uma corda mais espessa.

Vamos examinar a situação indicada na Figura 35.12. Para a onda refletida pela superfície superior da cunha de ar, n_a (vidro) é maior que n_b, de modo que essa onda

Figura 35.13 Parte superior das figuras: ondas eletromagnéticas incidindo perpendicularmente sobre uma interface entre materiais óticos (para maior clareza, as ondas formam pequenos ângulos com a normal). Parte inferior das figuras: pulsos ondulatórios mecânicos em cordas.

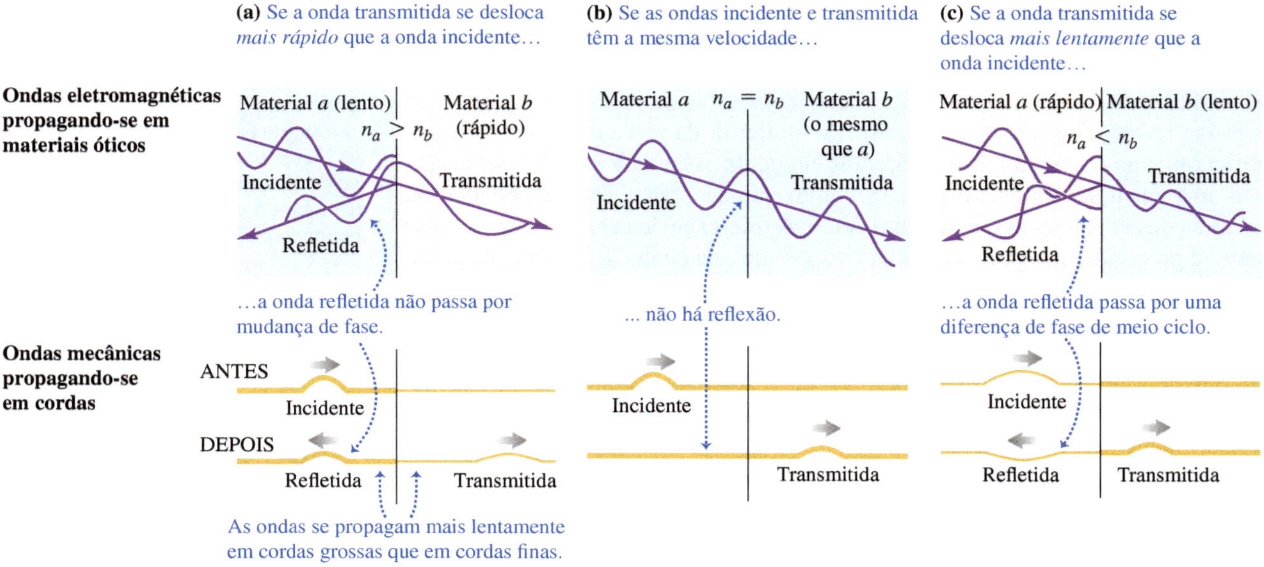

refletida possui diferença de fase nula (não muda de fase). Para a onda refletida na superfície inferior, n_a (ar) é menor que n_b (vidro), de modo que existe uma diferença de fase de meio ciclo. As ondas refletidas ao longo da linha de contato entre as placas não possuem diferença de fase para gerar deslocamentos de fase adicionais e sofrem uma interferência destrutiva; isso é realmente o que observamos. Convidamos você a aplicar esse princípio para mostrar que, para a incidência normal, a onda refletida no ponto b da Figura 35.11a sofre uma defasagem de meio ciclo, ao passo que a onda refletida no ponto d não sofre nenhuma defasagem (suponha que exista ar embaixo da película).

Podemos resumir essa discussão matematicamente. Quando a película fina tem espessura t, a luz tem incidência normal e comprimento de onda λ no interior da película; quando nenhuma das duas ondas está em defasagem ou ambas estão em defasagem de meio ciclo na reflexão, a condição para interferência construtiva é dada por

Reflexão construtiva (De películas finas, sem diferença de fase)

$$2t = m\lambda \quad (m = 0, 1, 2, \ldots) \qquad (35.17a)$$

(Espessura da película; Comprimento de onda)

Reflexão destrutiva

$$2t = \left(m + \tfrac{1}{2}\right)\lambda \quad (m = 0, 1, 2, \ldots) \qquad (35.17b)$$

Se *uma* das duas ondas apresenta um deslocamento de fase de meio ciclo na reflexão, as condições para interferências construtiva e destrutiva são invertidas:

Reflexão construtiva (De películas finas, com diferença de fase de meio ciclo)

$$2t = \left(m + \tfrac{1}{2}\right)\lambda \quad (m = 0, 1, 2, \ldots) \qquad (35.18a)$$

(Espessura da película; Comprimento de onda)

Reflexão destrutiva

$$2t = m\lambda \quad (m = 0, 1, 2, \ldots) \qquad (35.18b)$$

Películas finas e películas espessas

Enfatizamos as películas *finas* em nosso estudo em virtude do princípio que discutimos na Seção 35.1: para que duas ondas provoquem um padrão de interferência estacionário, as ondas precisam ser *coerentes,* com uma relação de fase definida e constante. Entretanto, o sol e as lâmpadas emitem luz em um feixe de impulsos curtos, cada um com apenas alguns micrômetros de extensão (1 micrômetro = 1 μm = 10^{-6} m). Se a luz se reflete em duas superfícies de uma película fina, as duas ondas refletidas foram emitidas no mesmo impulso (**Figura 35.14a**). Logo, essas ondas são coerentes e ocorre interferência, como descrevemos. Todavia, se a película é espessa demais, as duas ondas refletidas foram emitidas em impulsos diferentes (Figura 35.14b). Não há uma relação de fase definida entre diferentes emissões de luz; logo, as duas ondas são incoerentes e não há um padrão de interferência fixo. É por isso que você vê a interferência das cores da luz refletidas em uma mancha de óleo de poucos micrômetros de espessura (veja a Figura 35.11b), mas *não* vê essas cores na luz refletida de uma vidraça de janela com a espessura de alguns milímetros (mil vezes maior).

Figura 35.14 (a) A luz que se reflete em uma película fina produz um padrão de interferência estacionário, mas (b) a luz que se reflete em uma película espessa, não.

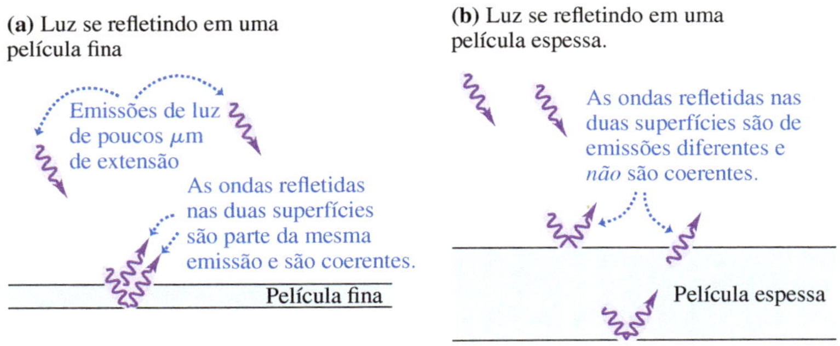

ESTRATÉGIA PARA A SOLUÇÃO DE PROBLEMAS 35.1 INTERFERÊNCIA EM PELÍCULAS FINAS

IDENTIFICAR *os conceitos relevantes:* problemas com películas finas envolvem interferência de duas ondas, uma refletida na superfície frontal e a outra na superfície posterior da película. Normalmente, o problema pedirá que você relacione o comprimento de onda e a espessura da película e seu índice de refração.

PREPARAR *o problema* por meio dos seguintes passos:

1. Faça um esboço mostrando a geometria da película. Seu esboço também deve indicar os materiais adjacentes à película; suas propriedades determinam se uma ou ambas as ondas refletidas apresentam um deslocamento de fase de meio ciclo.
2. Determine a variável-alvo.

EXECUTAR *a solução* da seguinte forma:

1. Aplique as regras de mudanças de fase a cada onda refletida. Existe um deslocamento de fase de meio ciclo quando $n_b > n_a$ e não há nenhuma diferença de fase quando $n_b < n_a$.
2. Se *nenhuma* das ondas refletidas passa por um deslocamento de fase, ou se *ambas* as ondas refletidas passam por um deslocamento de fase, você pode aplicar a Equação 35.17. Se apenas uma das ondas refletidas passa por um deslocamento de fase, você precisa usar a Equação 35.18.
3. Resolva a equação de interferência resultante para a variável-alvo. Use o comprimento de onda $\lambda = \lambda_0/n$ da luz *na película* em seus cálculos, onde n é o índice de refração da película. (Para o ar, n = 1,000 com quatro algarismos significativos.)
4. Se o problema perguntar sobre uma onda transmitida através da película, não se esqueça de que a intensidade mínima na reflexão corresponde a uma intensidade máxima na *transmissão* e vice-versa.

AVALIAR *sua resposta:* você pode interpretar seus resultados examinando o que aconteceria se o comprimento de onda fosse alterado ou se a película tivesse uma espessura diferente.

EXEMPLO 35.4 INTERFERÊNCIA EM PELÍCULAS FINAS I

Suponha que as duas placas de vidro da Figura 35.12 sejam duas lâminas de 10 cm de comprimento de um microscópio. Em uma das extremidades elas estão em contato; na outra estão separadas por uma folha de papel com espessura de 0,0200 mm. Qual é o espaçamento das franjas de interferência vistas por reflexão? A franja vista por reflexão ao longo da linha de contato entre as placas é brilhante ou escura? Suponha luz monocromática com um comprimento de onda no ar $\lambda = \lambda_0 = 500$ nm.

SOLUÇÃO

IDENTIFICAR E PREPARAR: a **Figura 35.15** retrata a situação. Vamos considerar somente a interferência entre a luz refletida

(Continua)

(Continuação)

pela superfície inferior e pela superfície superior da cunha de ar entre as lâminas do microscópio. [A placa de vidro superior tem uma espessura relativamente grossa, com cerca de 1 mm de espessura, de modo que podemos desprezar a interferência entre a luz refletida pelas superfícies superior e inferior dessa placa (veja a Figura 35.14b).] A luz se desloca mais devagar no vidro das lâminas do microscópio que no ar. Dessa forma, uma onda refletida na superfície superior da cunha de ar não sofre deslocamento de fase (veja a Figura 35.13a), enquanto a onda refletida na superfície inferior apresenta um deslocamento de fase de meio ciclo (veja a Figura 35.13c).

EXECUTAR: como apenas uma das ondas refletidas sofre um deslocamento de fase, a condição para a interferência *destrutiva* (com formação de franjas escuras) é dada pela Equação 35.18b:

$$2t = m\lambda_0 \quad (m = 0, 1, 2...)$$

Pelos triângulos semelhantes representados na Figura 35.15, a espessura t da cunha de ar em cada ponto é proporcional à distância x da linha de contato:

$$\frac{t}{x} = \frac{h}{l}$$

Combinando o resultado anterior com a Equação 35.18b, encontramos

$$\frac{2xh}{l} = m\lambda_0$$

$$x = m\frac{l\lambda_0}{2h} = m\frac{(0{,}100 \text{ m})(500 \times 10^{-9} \text{ m})}{(2)(0{,}0200 \times 10^{-3} \text{ m})} = m(1{,}25 \text{ mm})$$

As franjas escuras sucessivas correspondentes a $m = 1, 2, 3,...$ apresentam um espaçamento de 1,25 mm. Substituindo $m = 0$ nessa equação, obtemos $x = 0$, o que corresponde à linha de contato entre as duas lâminas (do lado esquerdo da Figura 35.15). Logo, há uma franja escura na linha de contato.

AVALIAR: o resultado mostra que o espaçamento entre as franjas é proporcional ao comprimento de onda da luz usada; as franjas devem ficar mais afastadas com luz vermelha (λ_0 maior) que com luz azul (λ_0 menor). Para incidência com luz branca, a luz refletida é uma mistura de comprimentos de onda em que ocorre interferência construtiva; os comprimentos de onda em que há interferência destrutiva são fracos ou ficam ausentes da luz refletida. (Esse mesmo efeito explica as cores vistas quando uma bolha de sabão é iluminada pela luz branca, como na Figura 35.11b.)

Figura 35.15 Nosso esboço deste problema.

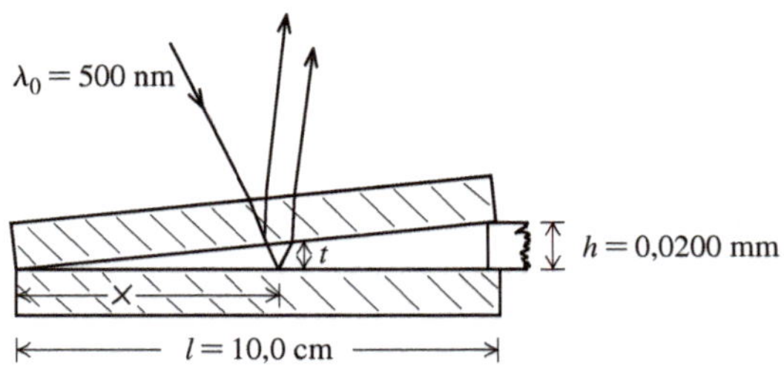

EXEMPLO 35.5 INTERFERÊNCIA EM PELÍCULAS FINAS II

Suponha que, no Exemplo 35.4, as duas placas de vidro possuam $n = 1{,}52$ e que exista água ($n = 1{,}33$) entre as placas em vez de ar. O que ocorre agora?

SOLUÇÃO

IDENTIFICAR E PREPARAR: o índice de refração da cunha de água é ainda menor que o do vidro em ambos os lados da película; logo, as mudanças de fase são as mesmas do Exemplo 35.4. Mais uma vez, usamos a Equação 35.18b para encontrar as posições das franjas escuras; a única diferença é que o comprimento de onda λ nessa equação agora é o da água, que é diferente do comprimento de onda no ar.

EXECUTAR: na película de água ($n = 1{,}33$), o comprimento de onda é $\lambda = \lambda_0/n = (500 \text{ nm})/(1{,}33) = 376$ nm. Quando substituímos λ_0 por λ na expressão do Exemplo 35.4 para a posição x da franja escura de ordem m, descobrimos que o espaçamento entre as franjas se reduz pelo mesmo fator de 1,33 e é igual a 0,940 mm. Note que ainda há uma franja escura na linha de contato.

AVALIAR: você compreende que, para obter o mesmo espaçamento entre as franjas do Exemplo 35.4, a dimensão h na Figura 35.15 teria de ser reduzida a (0,0200 mm)/1,33 = 0,0150 mm? Isso mostra que o que importa na interferência em películas finas é a *razão* t/λ entre o comprimento de onda e a espessura da película. (Você entenderá isso melhor analisando as equações 35.17 e 35.18.)

EXEMPLO 35.6 INTERFERÊNCIA EM PELÍCULAS FINAS III

Suponha que a placa superior no Exemplo 35.4 seja um plástico com $n = 1{,}40$, que a cunha esteja cheia de um óleo de silicone com $n = 1{,}50$ e que a placa inferior seja um vidro de sílex denso com $n = 1{,}60$. O que ocorre agora?

SOLUÇÃO

IDENTIFICAR E PREPARAR: a geometria ainda é a mesma da Figura 35.15, mas agora ocorrem diferenças de fase de meio ciclo em *ambas* as superfícies da cunha de óleo (veja a Figura 35.13c). Logo, não existe uma mudança de fase *relativa* e precisamos usar a Equação 35.17b para encontrar as posições das franjas escuras.

EXECUTAR: o valor de λ a ser usado na Equação 35.17b é o comprimento de onda do óleo de silicone: $\lambda = \lambda_0/n = (500 \text{ nm})/1{,}50 = 333$ nm. Você pode provar rapidamente que o espaçamento entre as franjas é 0,833 mm. Note que as duas ondas refletidas na linha de contato estão em fase (ambas sofrem uma

(Continua)

(*Continuação*)

mudança de fase igual), de modo que a linha de contato é uma franja *brilhante*.

AVALIAR: o que aconteceria se você removesse cuidadosamente a lâmina superior do microscópio, de modo que a cunha de óleo conservasse sua forma? Ainda haveria mudanças de fase de meio ciclo nas superfícies superior e inferior da cunha, de modo que o padrão das franjas seria o mesmo que era com a presença da lâmina superior.

Anéis de Newton

A **Figura 35.16a** mostra a superfície convexa de uma lente em contato com uma superfície plana de vidro. Forma-se uma película fina de ar entre as duas superfícies. Ao examinar esse dispositivo usando luz monocromática, é possível observar franjas de interferência circulares (Figura 35.16b). Essas franjas foram estudadas por Newton e são chamadas de **anéis de Newton**.

Podemos usar as franjas de interferência para comparar duas superfícies óticas examinando as franjas de interferência formadas. A **Figura 35.17** é uma fotografia tirada durante a fabricação da lente objetiva de um telescópio. O disco inferior, mais grosso e com diâmetro maior, é usado como padrão com forma correta, e o disco superior é a lente que está sendo testada. As "linhas de contorno" são os anéis de Newton; cada um deles indica uma distância adicional de meio comprimento de onda entre a lente e o padrão. A uma distância de 10 linhas a partir do centro, a distância entre as duas superfícies corresponde a cinco comprimentos de onda ou cerca de 0,003 mm. Isso não é muito bom; uma lente de boa qualidade é esmerilhada com precisão menor que um comprimento de onda. A superfície do espelho primário do Telescópio Espacial Hubble foi esmerilhada com uma precisão maior que $\frac{1}{50}$ do comprimento de onda. Infelizmente, ele foi fabricado com uma especificação incorreta, produzindo um dos erros mais precisos na história da tecnologia ótica (veja a Seção 34.2).

Figura 35.17 A superfície da lente objetiva de um telescópio sendo examinada durante a fabricação.

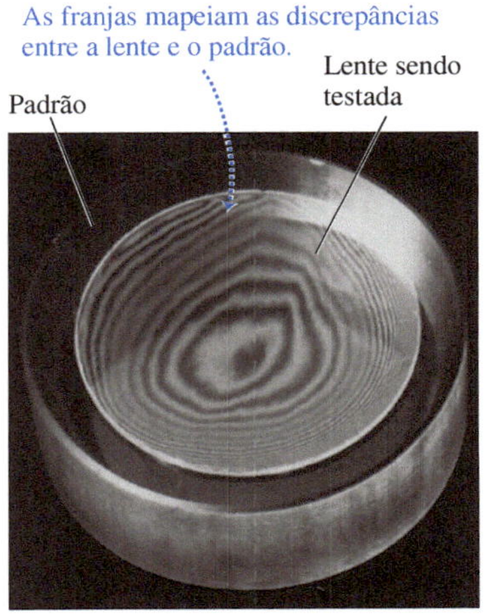

Figura 35.16 (a) Uma película de ar entre uma lente convexa e uma superfície plana. A espessura *t* da película aumenta a partir de zero à medida que nos afastamos do centro, criando (b) uma sucessão de anéis brilhantes e escuros para a luz monocromática.

(a) Uma lente convexa em contato com uma superfície plana de vidro

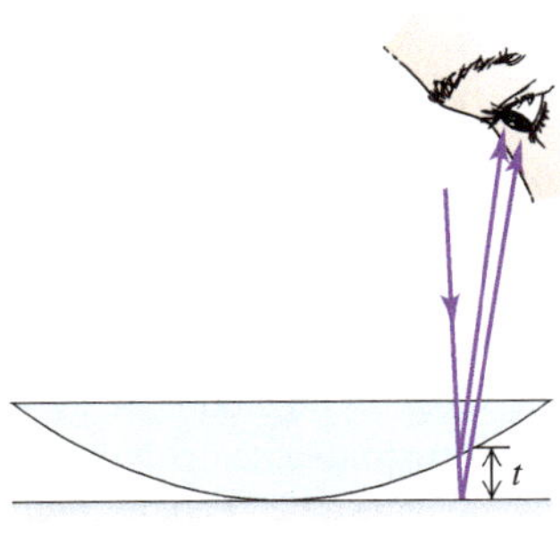

(b) Anéis de Newton: franjas de interferência circulares

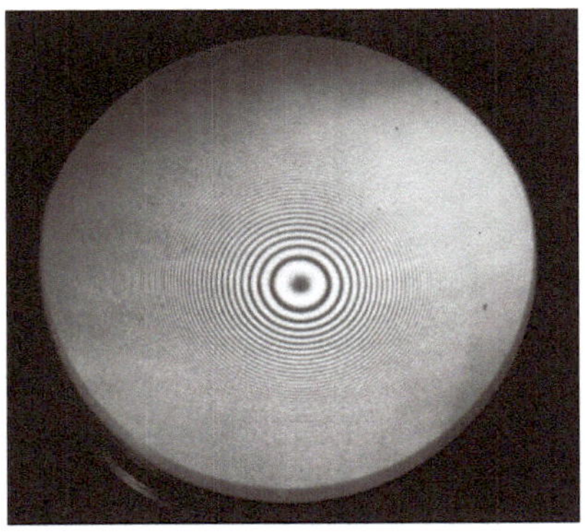

Revestimento refletor e não refletor

O **revestimento não refletor** da superfície de uma lente usa a interferência em película fina. Uma camada fina ou uma película de um material transparente duro com índice de refração menor que o do vidro é depositada sobre a superfície da lente, como mostrado na **Figura 35.18**. A luz é refletida nas duas superfícies da camada. Nas duas reflexões, a luz é refletida em um meio cujo índice de refração é menor que o do meio adjacente, de modo que ocorre uma diferença de fase nas duas reflexões. Se a espessura da película for igual a um quarto do comprimento

Figura 35.18 Um revestimento com película não refletora tem um índice de refração intermediário entre o do vidro e o do ar.

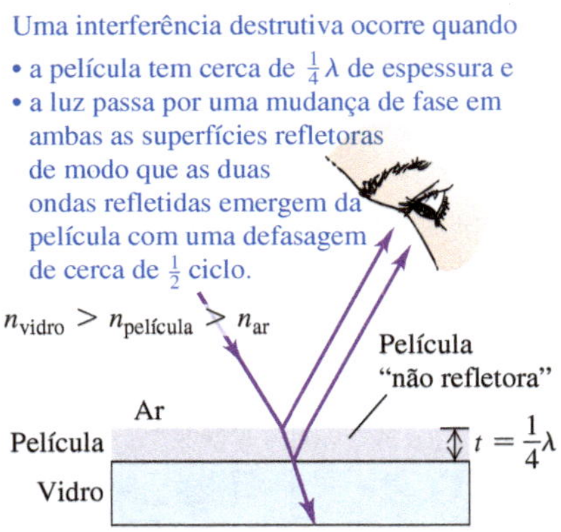

de onda na luz *no interior da película* (supondo incidência perpendicular), a diferença de caminho total será igual a meio comprimento de onda. Portanto, a luz refletida pela superfície superior apresenta uma diferença de fase de meio ciclo em relação à luz refletida pela superfície inferior e, desse modo, ocorre interferência destrutiva.

A espessura do revestimento não refletor só pode ser igual a um quarto de comprimento de onda para um comprimento de onda em particular. Geralmente se escolhe o comprimento de onda correspondente à região verde-amarela do centro do espectro (λ = 550 nm), à qual o olho humano é mais sensível. Haverá, então, uma reflexão maior nos comprimentos de onda extremos, tanto no mais longo (vermelho) quanto no mais curto (azul), e a luz refletida terá uma coloração púrpura. Com essa técnica, a reflexão global da superfície de uma lente ou de um prisma pode ser reduzida desde 4–5% até menos de 1%. Isso também faz aumentar a luz globalmente *transmitida* através da lente, visto que a luz refletida deve ser transmitida. O mesmo princípio é aplicado para eliminar as reflexões das células solares fotovoltaicas de silício (n = 3,5), usando-se uma fina camada na superfície de monóxido de silício (SiO, n = 1,45), o que ajuda a aumentar a quantidade de luz que atinge efetivamente as células solares.

Se um material com espessura de um quarto de comprimento de onda e índice de refração *maior* que o do vidro é depositado sobre a superfície do vidro, a refletividade *aumenta* e o material depositado recebe o nome de **revestimento refletor**. Nesse caso, há uma diferença de fase de meio ciclo na reflexão na interface ar–película, porém não existe defasagem na interface película–vidro e as reflexões nas duas superfícies da película fina produzem interferência construtiva. Por exemplo, um revestimento com índice de refração igual a 2,5 produz reflexão de 38% da energia incidente em comparação com 4% de reflexão que ocorre sem o revestimento. Usando-se revestimentos com muitas camadas, podemos obter quase 100% de transmissão ou reflexão para comprimentos de onda particulares. Algumas aplicações práticas desses revestimentos são empregadas na separação de cores em câmeras de televisão em cores e nos chamados "refletores de calor" de infravermelho em projetores de cinema, em células solares e nos visores dos astronautas.

EXEMPLO 35.7 REVESTIMENTO NÃO REFLETOR

Um material geralmente usado em revestimentos de lentes é o fluoreto de magnésio (MgF_2), de n = 1,38. Qual deve ser a espessura de uma película não refletora para luz de 550 nm quando ela é aplicada sobre uma placa de vidro com n = 1,52?

SOLUÇÃO

IDENTIFICAR E PREPARAR: esse revestimento é do tipo retratado na Figura 35.18. A espessura deve ser um quarto do comprimento de onda dessa luz *no revestimento*.

EXECUTAR: o comprimento de onda no ar é λ_0 = 550 nm; logo, seu comprimento de onda no revestimento de MgF_2 é $\lambda = \lambda_0/n$ = (550 nm)/1,38 = 400 nm. A espessura do revestimento deverá ser um quarto disso, ou $\lambda/4$ = 100 nm.

AVALIAR: trata-se de uma película muito fina, com não mais que poucas centenas de moléculas de espessura. Note que tal revestimento se torna *refletor* para a luz cujo comprimento de onda é *o dobro* de sua espessura; assim, a luz refletida da superfície inferior do revestimento se desloca um comprimento de onda a mais que a luz refletida da superfície superior, de modo que as duas ondas estão em fase e interferem construtivamente. Isso ocorre para a luz com um comprimento de onda de 200 nm no MgF_2 e de (200 nm) (1,38) = 276 nm no ar. Trata-se do comprimento de onda de uma luz ultravioleta (veja a Seção 32.1), portanto, os projetistas de lentes óticas com revestimentos não refletores não precisam se preocupar com esse tipo de aumento na reflexão.

TESTE SUA COMPREENSÃO DA SEÇÃO 35.4 Uma camada fina de benzeno (n = 1,501) é depositada sobre uma folha de fluorita (n = 1,434). Ela é iluminada de cima por uma luz cujo comprimento de onda no benzeno é 400 nm. Quais das seguintes possíveis espessuras da camada de benzeno maximizarão o brilho da luz refletida? (i) 100 nm; (ii) 200 nm; (iii) 300 nm; (iv) 400 nm. ▮

BIO Aplicação Interferência e asas de borboleta Muitas das cores mais brilhantes no mundo animal são criadas pela *interferência*, e não por pigmentos. Estas fotos mostram a borboleta *Morpho rhetenor* e as escalas microscópicas que cobrem as superfícies superiores de suas asas. As escalas têm uma profusão de pequenos sulcos (foto do meio); estes transportam franjas espaçadas regularmente (foto inferior) que funcionam como refletores. Estas são espaçadas de modo que os reflexos interferem construtivamente para o azul-claro. A estrutura em múltiplas camadas reflete 70% da luz azul que a atinge, dando às asas um brilho tipo espelhado. (As partes inferiores das asas não possuem essas estrutura, e apresentam um tom marrom fosco.)

35.5 O INTERFERÔMETRO DE MICHELSON

O **interferômetro de Michelson** é um importante dispositivo experimental que aplica o efeito da interferência. Os interferômetros de Michelson têm servido para a determinação precisa de comprimentos de onda e de distâncias muito curtas, como as minúsculas variações da espessura de um axônio quando um impulso nervoso se propaga ao longo de seu comprimento. Assim como no caso da experiência da fenda dupla de Young, um interferômetro de Michelson recebe um feixe de luz monocromática proveniente de uma única fonte e o divide em dois feixes que seguem caminhos diferentes. Na experiência de Young, essa tarefa é realizada enviando-se uma parte do feixe para uma fenda e a outra parte para a outra fenda; no interferômetro de Michelson, usa-se um dispositivo chamado de *divisor de feixe*. Nessas duas experiências, a interferência ocorre quando os dois feixes são recombinados.

Como funciona um interferômetro de Michelson

Os principais componentes de um interferômetro de Michelson são mostrados esquematicamente na **Figura 35.19**. Um raio de luz proveniente de uma fonte monocromática A atinge o divisor de feixe C, que é uma placa de vidro com um revestimento fino de prata em uma de suas faces. Uma parte da luz (raio 1) passa pela superfície prateada, atravessa a placa compensadora D e é refletida pelo espelho M_1. A seguir, retorna através de D, é refletida pela superfície de C e volta para

Figura 35.19 Esquema de um interferômetro de Michelson. O observador vê uma figura de interferência que resulta da diferença dos caminhos entre os raios 1 e 2.

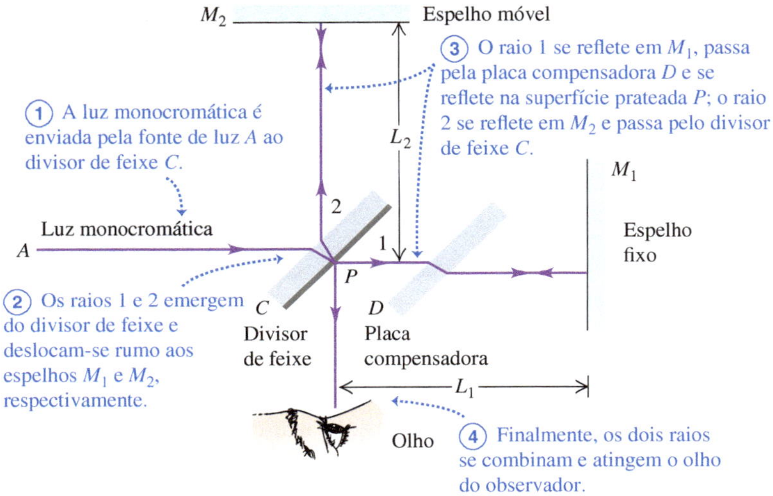

o olho do observador. A parte restante da luz (raio 2) é refletida pela superfície prateada no ponto P, atinge o espelho móvel M_2 e volta através de C para o olho do observador. O objetivo da placa compensadora D é garantir que os raios 1 e 2 passem através da mesma espessura de vidro; a placa D é cortada da mesma placa de vidro da qual a placa C foi cortada, de modo que suas espessuras são as mesmas com uma precisão da ordem de uma fração de comprimento de onda.

O dispositivo inteiro mostrado na Figura 35.19 é montado sobre um suporte muito rígido, e a posição do espelho móvel M_2 pode ser ajustada mediante um parafuso micrométrico extremamente preciso. Se as distâncias L_1 e L_2 forem exatamente iguais e os espelhos M_1 e M_2 formarem um ângulo de exatamente 90°, a imagem virtual de M_1 formada por reflexão na superfície prateada da placa C coincidirá com o espelho M_2. Se L_1 e L_2 *não* forem exatamente iguais, a imagem de M_1 estará ligeiramente deslocada em relação a M_2; e se os espelhos M_1 e M_2 não forem exatamente perpendiculares, a imagem de M_1 formará um pequeno ângulo com M_2. Então, o espelho M_2 e a imagem virtual de M_1 desempenham papéis semelhantes aos das superfícies de uma película fina em forma de cunha (veja a Seção 35.4), e os raios de luz refletidos por essas superfícies formam os mesmos tipos de franjas de interferência.

Suponha que o ângulo entre o espelho M_2 e a imagem virtual de M_1 seja suficiente para que se formem apenas cinco ou seis franjas no campo visual. Se, a seguir, deslocarmos lentamente o espelho M_2 para a frente ou para trás uma distância igual a $\lambda/2$, a diferença de caminho entre os raios 1 e 2 vai variar de λ e cada franja se deslocará para a direita ou para a esquerda uma distância igual ao espaçamento entre as franjas. Se observarmos as posições das franjas com um telescópio contendo linhas finas no visor da ocular e m franjas atravessarem essas linhas de marcação ao deslocarmos o espelho uma distância y, então

$$y = m\frac{\lambda}{2} \qquad \text{ou} \qquad \lambda = \frac{2y}{m} \tag{35.19}$$

Se m for igual a alguns milhares, a distância y terá de ser suficientemente grande para que possa ser medida com precisão, e podemos medir com precisão o valor do comprimento de onda λ. Alternativamente, se o comprimento de onda for conhecido, a distância y pode ser medida contando-se simplesmente as franjas quando M_2 se deslocar por essa mesma distância. Desse modo, distâncias comparáveis a um comprimento de onda podem ser medidas com relativa facilidade.

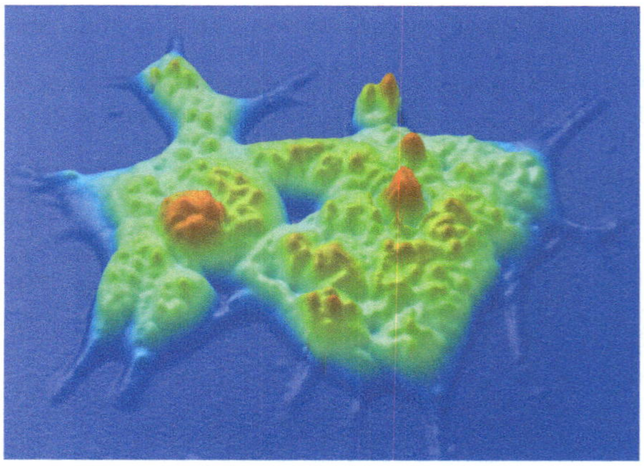

BIO **Aplicação Imagens de células com um interferômetro de Michelson** Esta imagem em falsa cor de uma célula humana de câncer de cólon foi feita usando um microscópio combinado com um interferômetro de Michelson. A célula é um braço do interferômetro, e a luz passando através da célula sofre um deslocamento de fase que depende da espessura da célula e das organelas dentro dela. O padrão de franjas pode então ser usado para construir uma visão tridimensional da célula. Os cientistas têm usado essa técnica para observar como diferentes tipos de células se comportam quando partidos por sondas microscópicas. As células cancerígenas são mais "macias" que as células normais, uma distinção que pode facilitar a identificação de células-tronco cancerígenas.

A experiência de Michelson-Morley

A aplicação original do interferômetro de Michelson ocorreu na famosa **experiência de Michelson-Morley**. Antes da consolidação da teoria eletromagnética da luz e da teoria da relatividade especial de Einstein, muitos físicos acreditavam que a luz se propagava através do **éter**, um meio que permearia todo o espaço. Em 1887, os cientistas norte-americanos Albert Michelson e Edward Morley usaram o interferômetro de Michelson para tentar detectar o movimento da Terra através do éter. Suponha que o interferômetro da Figura 35.19 se desloque da esquerda para a direita em relação ao éter. De acordo com a teoria do éter, isso produziria variações da velocidade da luz nas partes da trajetória indicadas por linhas horizontais na figura. Deveriam ocorrer deslocamentos das franjas em relação às suas posições caso o instrumento estivesse em repouso em relação ao éter. A seguir, se o conjunto inteiro do instrumento sofresse uma rotação de 90°, as outras partes da trajetória seriam afetadas de modo análogo, produzindo um deslocamento de franjas em sentido oposto.

Michelson e Morley esperavam que o movimento da Terra através do éter produzisse um deslocamento da franja aproximadamente igual a quatro décimos de uma franja quando o instrumento sofresse a rotação. O deslocamento efetivamente observado na experiência foi menor que um centésimo de uma franja e, dentro do limite da precisão da experiência, parecia ser exatamente igual a zero. Apesar do movimento orbital da Terra em relação ao Sol, a Terra dava a impressão de estar *em repouso* em relação ao éter. Esse resultado negativo foi um desafio para os físicos até 1905, quando Albert Einstein desenvolveu a teoria da relatividade especial (que estudaremos com detalhes no Capítulo 37). Einstein postulou que a velocidade de uma onda de luz no vácuo tem sempre o mesmo módulo c em relação a *qualquer* sistema de referência inercial, independentemente da velocidade que um sistema possa ter em relação a outro. Como o suposto éter não desempenhava nenhum papel, seu conceito foi abandonado.

TESTE SUA COMPREENSÃO DA SEÇÃO 35.5 Você está observando o padrão das franjas em um interferômetro de Michelson como o mostrado na Figura 35.19. Se você variar o índice de refração (mas não a espessura) da placa compensadora, o padrão se alterará? ❙

CAPÍTULO 35 RESUMO

Interferência e fontes coerentes: a luz monocromática contém apenas uma frequência. A coerência é uma relação de fase definida e invariável entre duas ondas ou duas fontes de ondas. A superposição de ondas provenientes de duas fontes de luz monocromáticas coerentes produz um padrão de interferência (figura). O princípio da superposição afirma que a perturbação ondulatória total em qualquer ponto é igual à soma das perturbações das ondas individuais.

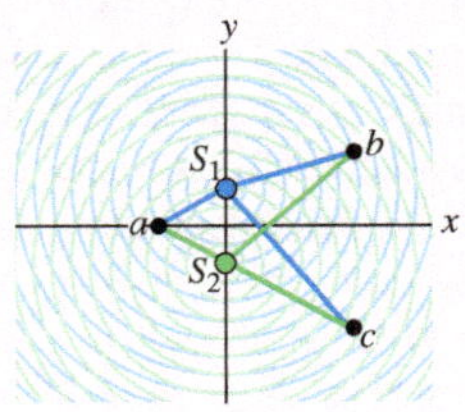

Interferência produzida por duas fontes de luz: quando duas fontes estão em fase, ocorre interferência construtiva em pontos nos quais a diferença de caminho ótico dos raios provenientes das fontes é igual a zero ou a um número inteiro de comprimentos de onda; a interferência destrutiva ocorre em pontos nos quais a diferença de caminho ótico é igual a um número semi-inteiro de comprimentos de onda. Se as duas fontes estão separadas por uma distância d e estão ambas muito afastadas de um ponto P e a linha que liga a fonte com o ponto P forma um ângulo θ com a reta perpendicular ao segmento que une as fontes, então a condição para interferência construtiva em P é a Equação 35.4. A condição para interferência destrutiva é a Equação 35.5. Quando θ é um ângulo muito pequeno, a posição y_m da franja brilhante de ordem m está localizada sobre a tela a uma distância R da fonte dada pela Equação 35.6. (Veja os exemplos 35.1 e 35.2.)

$$d \operatorname{sen}\theta = m\lambda \quad (m = 0, \pm 1, \pm 2, \ldots)$$
(interferência construtiva) (35.4)

$$d \operatorname{sen}\theta = (m + \tfrac{1}{2})\lambda \quad (m = 0, \pm 1, \pm 2, \ldots)$$
(interferência destrutiva) (35.5)

$$y_m = R\frac{m\lambda}{2} \quad (m = 0, \pm 1, \pm 2, \ldots) \quad (35.6)$$
(franjas brilhantes)

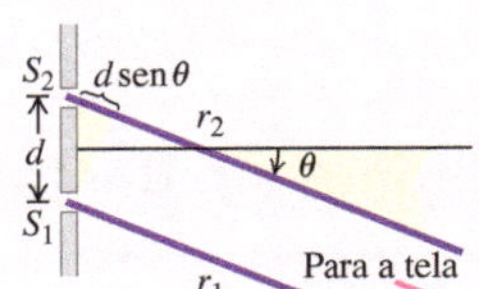

Intensidade em padrões de interferência: quando duas ondas de mesma amplitude E apresentam a mesma diferença de fase ϕ e se superpõem, a amplitude resultante E_p é dada pelas equações 35.7 e 35.10, respectivamente. Se as duas fontes emitem ondas em fase, a diferença de fase ϕ em um ponto P (localizado a uma distância r_1 da fonte 1 e a uma distância r_2 da fonte 2) é diretamente proporcional à diferença dos caminhos $r_2 - r_1$. (Veja o Exemplo 35.3.)

$$E_P = 2E\left|\cos\frac{\phi}{2}\right| \quad (35.7)$$

$$I = I_0 \cos^2\frac{\phi}{2} \quad (35.10)$$

$$\phi = \frac{2\pi}{\lambda}(r_2 - r_1) = k(r_2 - r_1) \quad (35.11)$$

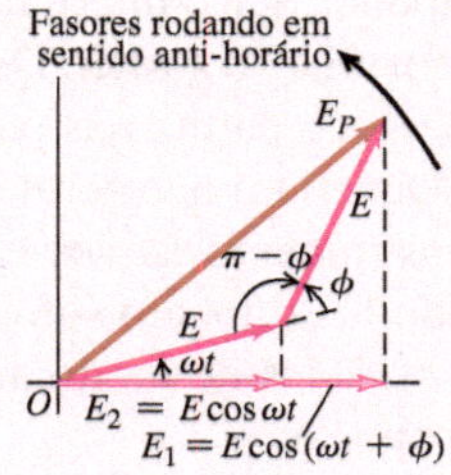

Interferência em películas finas: quando a luz é refletida em ambos os lados de uma película fina de espessura t e não existe qualquer diferença de fase em nenhuma das interfaces, ocorre interferência construtiva entre as ondas refletidas quando $2t$ é igual a um número inteiro de comprimentos de onda. Se há uma diferença de fase de meio ciclo em uma das duas superfícies, a condição anterior passa a ser a condição de interferência destrutiva. Uma diferença de fase de meio ciclo ocorre sempre que o índice de refração do segundo material é maior que o índice de refração do primeiro. (Veja os exemplos 35.4 a 35.7.)

$2t = m\lambda \quad (m = 0, 1, 2,...)$ (35.17a)
(reflexão construtiva em película fina, sem mudança de fase relativa)

$2t = (m + \frac{1}{2})\lambda \quad (m = 0, 1, 2,...)$
(reflexão destrutiva em película fina, sem mudança de fase relativa) (35.17b)

$2t = (m + \frac{1}{2})\lambda \quad (m = 0, 1, 2,...)$
(reflexão construtiva em película fina, diferença de fase relativa de meio ciclo) (35.18a)

$2t = m\lambda \quad (m = 0, 1, 2,...)$
(reflexão destrutiva em película fina, diferença de fase relativa de meio ciclo) (35.18b)

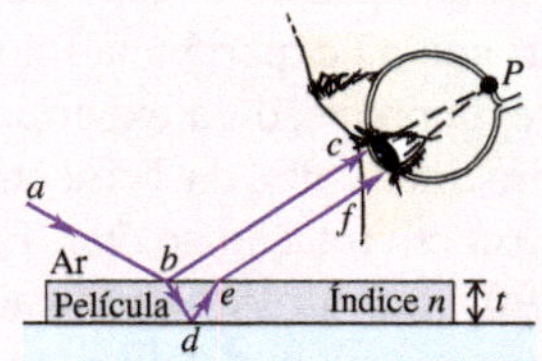

Interferômetro de Michelson: o interferômetro de Michelson usa uma fonte monocromática e serve para medir um comprimento de onda com alta precisão. Seu propósito inicial era detectar o movimento da Terra em relação a um suposto éter, o meio que se acreditava existir para que uma onda eletromagnética pudesse se propagar. O éter nunca foi detectado e esse conceito foi abandonado; verificou-se que a velocidade de propagação da luz é sempre a mesma para qualquer observador. Esse resultado faz parte dos fundamentos da teoria da relatividade especial.

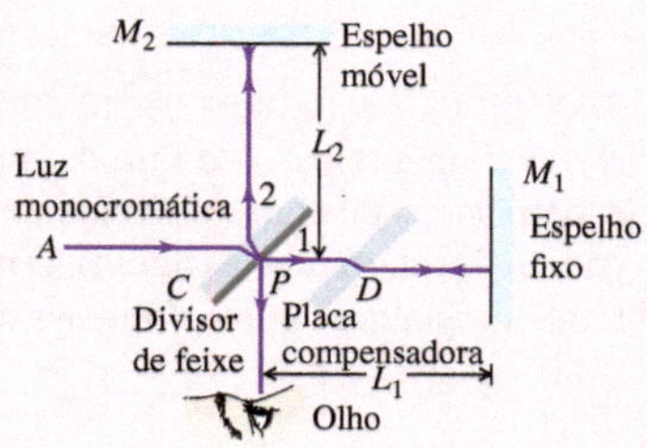

Problema em destaque Interferência em uma película de óleo

Um navio petroleiro derrama uma grande quantidade de óleo (n = 1,45) no mar (n = 1,33). (a) Se você olhar a mancha de óleo derramado de cima, qual comprimento de onda de luz predominante você verá em um ponto onde o óleo tem 380 nm de espessura? Qual é a cor da luz? (*Dica:* consulte a Tabela 32.1.) (b) Na água abaixo da película, que comprimento de onda visível (medido no ar) é predominante na luz transmitida no mesmo local da película do item (a)?

GUIA DA SOLUÇÃO

IDENTIFICAR E PREPARAR

1. A camada de óleo atua como uma película fina, de modo que devemos considerar a interferência entre a luz refletida das superfícies superior e inferior do óleo. Se o comprimento de onda for proeminente na luz *transmitida*, haverá interferência destrutiva para esse comprimento de onda na luz *refletida*.
2. Escolha as equações de interferência apropriadas, que relacionam a espessura da película de óleo e o comprimento de onda da luz. Leve em consideração os índices de refração do ar, do óleo e da água.

EXECUTAR

3. Para o item (a), determine os comprimentos de onda para os quais existe interferência construtiva, conforme visto de cima da película de óleo. Quais deles estão no espectro visível?

(*Continua*)

(Continuação)

4. Para o item (b), determine o comprimento de onda visível para o qual existe interferência destrutiva, conforme visto de cima da película. (Isso garantirá que exista luz transmitida substancial no comprimento de onda.)

AVALIAR

5. Se um mergulhador abaixo da superfície da água acender uma luz no fundo da camada de óleo, em quais comprimentos de onda haveria interferência construtiva na luz refletida de volta para baixo?

PROBLEMAS

•, ••, •••: níveis de dificuldade. PC: problemas cumulativos, incorporando material de capítulos anteriores. CALC: problemas exigindo cálculo. DADOS: problemas envolvendo dados reais, evidência científica, projeto experimental e/ou raciocínio científico. BIO: problemas envolvendo biociências.

QUESTÕES PARA DISCUSSÃO

Q35.1 Uma experiência de interferência com fenda dupla é realizada e formam-se franjas de interferência sobre um anteparo. A seguir, o conjunto inteiro do aparato experimental é imerso em uma piscina. Qual é a alteração produzida na distribuição das franjas?

Q35.2 Uma experiência semelhante à realizada por Young com uma fenda dupla também pode ser feita com ondas sonoras? Como você faria essa experiência? O fato de as ondas sonoras serem longitudinais e as ondas eletromagnéticas serem transversais influi na figura de interferência obtida? Explique.

Q35.3 Uma luz monocromática coerente passando por duas fendas estreitas é vista em uma tela distante. As franjas brilhantes estão espaçadas de modo uniforme sobre a tela? Em caso afirmativo, por quê? Em caso negativo, quais estão mais perto de apresentarem um espaçamento uniforme?

Q35.4 Em uma figura de interferência com fenda dupla sobre uma tela distante, as franjas brilhantes ficam na metade da distância entre as duas franjas escuras? Essa poderia ser uma boa aproximação?

Q35.5 Os faróis dianteiros de um carro muito distante poderiam formar uma figura de interferência de duas fontes? Em caso afirmativo, como poderíamos observá-la? Em caso negativo, por que não?

Q35.6 As duas fontes S_1 e S_2 da Figura 35.3 estão em fase e emitem ondas com o mesmo comprimento de onda λ. Suponha que S_1 seja uma fonte mais fraca, de modo que a amplitude da onda emitida por S_1 seja igual à metade da amplitude da onda emitida por S_2. Como isso afetaria as posições das linhas nodais e das antinodais? Poderia ocorrer interferência construtiva em pontos sobre as curvas antinodais? Haveria interferência destrutiva em pontos sobre as curvas nodais? Explique suas respostas.

Q35.7 A experiência de Young da fenda dupla poderia ser realizada com raios gama? Caso não possa, por que não? Caso possa, discuta as diferenças na montagem da experiência em comparação com a experiência feita com a luz visível.

Q35.8 Um feixe coerente de luz vermelha ilumina duas fendas estreitas separadas por uma distância de 25 cm. Você poderá observar uma figura de interferência se a luz proveniente dessas duas fendas incidir sobre um anteparo? Explique.

Q35.9 Um feixe coerente de luz de comprimento de onda λ incide sobre duas fendas estreitas separadas por uma distância d. Quando d é menor que um certo valor mínimo, não se forma nenhuma franja escura. Explique. Com base em λ, qual deve ser esse valor mínimo de d?

Q35.10 Um estudante universitário que gosta de decorar fórmulas sem entendê-las combina a Equação 35.4 com a 35.13 para "provar" que ϕ pode *somente* ser igual a $2\pi m$. Como você explicaria para esse aluno que ϕ pode assumir qualquer valor além de $2\pi m$?

Q35.11 Se o feixe de luz monocromática da Figura 35.5a fosse substituído por luz branca, você observaria uma figura de interferência de fenda dupla sobre um anteparo? Explique.

Q35.12 Ao usar o princípio da superposição para calcular as intensidades nos padrões de interferência, você poderia somar as intensidades em vez das amplitudes das ondas? Explique.

Q35.13 A vidraça de uma janela coberta com uma fina película de água reflete menos que quando a vidraça está completamente seca. Por quê?

Q35.14 Uma película de sabão *muito* fina (n = 1,33), cuja espessura é muito menor que o comprimento de onda da luz visível, parece negra, ou seja, não reflete absolutamente nenhuma luz. Por quê? Em contraste, a película de uma solução de água com sabão igualmente fina (n = 1,33), depositada sobre vidro (n = 1,50), parece bastante luminosa. Por que existe essa diferença?

Q35.15 O fenômeno da interferência pode ocorrer em uma película fina. Por que é necessário que a película seja *fina*? Por que esse efeito não é observado em uma película *espessa*? Qual é o limite entre a película "fina" e a "espessa"? Explique seu raciocínio.

Q35.16 Se você iluminar com luz branca a camada de ar em forma de cunha da Figura 35.12, os mínimos da luz *refletida* de qualquer ponto da cunha correspondem aos máximos da luz *transmitida* através da cunha. Explique a razão desse comportamento.

Q35.17 Um feixe de luz monocromática é direcionado perpendicularmente a uma película fina. Ocorre interferência destrutiva para a luz refletida, de modo que a intensidade da luz refletida é muito baixa. O que aconteceu com a energia da luz incidente?

Q35.18 Quando uma película fina de óleo se espalha sobre uma poça d'água, a parte mais fina da película de óleo parece negra no padrão de interferência resultante. Com essa informação, o que se pode concluir sobre os valores relativos dos índices de refração da água e do óleo?

EXERCÍCIOS

Seção 35.1 Interferência e fontes coerentes

35.1 • Dois alto-falantes pequenos A e B, afastados um do outro por 1,40 m, estão enviando som com comprimento de onda de 34 cm em todas as direções e todos em fase. Uma pessoa no ponto P parte equidistante dos dois alto-falantes e caminha de modo que esteja sempre a 1,50 m do alto-falante B (**Figura E35.1**). Para quais valores de x o som que essa pessoa escuta será (a) construtivo, (b) destrutivo? Limite sua solução aos casos onde $x \leq 1{,}50$ m.

Figura E35.1

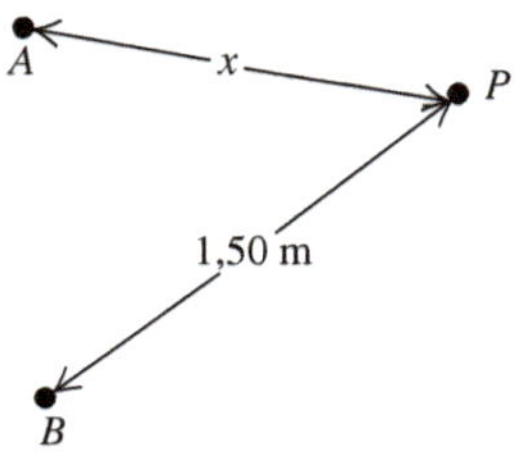

35.2 •• Dois alto-falantes, afastados um do outro por 15,0 m, produzem ondas sonoras em fase com frequência de 250,0 Hz em um ambiente onde a velocidade do som é igual a 340,0 m/s. Uma mulher parte do ponto intermediário entre os dois alto-falantes. As paredes e o teto do local são cobertos com material que absorve e elimina as reflexões, e ela escuta com apenas uma orelha, para ter mais precisão. (a) O que ela ouve: interferência construtiva ou destrutiva? Por quê? (b) Agora ela caminha lentamente em direção a um dos alto-falantes. A que distância do centro ela deverá caminhar antes que escute pela primeira vez o som alcançar intensidade mínima? (c) A que distância do centro ela deverá caminhar antes que escute pela primeira vez o som com intensidade máxima?

35.3 •• Uma estação transmissora de rádio possui duas antenas idênticas que irradiam em fase ondas com frequência de 120 MHz. A antena B está a 9,00 m à direita da antena A. Considere um ponto P entre as antenas ao longo da reta que une as duas antenas, situado a uma distância x à direita da antena A. Para que valores de x ocorrerá interferência construtiva no ponto P?

35.4 • **Interferência de ondas de rádio.** Duas antenas de rádio A e B irradiam em fase. A antena B está a 120 m à direita da antena A. Considere um ponto Q ao longo da extensão da linha reta que une as duas antenas, situado a uma distância de 40 m à direita da antena B. A frequência, e, portanto, o comprimento de onda, das ondas emitidas pode variar. (a) Qual é o maior comprimento de onda para o qual pode existir interferência destrutiva no ponto Q? (b) Qual é o maior comprimento de onda para o qual pode haver interferência construtiva no ponto Q?

35.5 • Dois alto-falantes emitindo ondas sonoras idênticas de comprimento de onda igual a 2,0 m em fase uma com a outra e um observador estão posicionados como mostra a **Figura E35.5**. (a) No local onde está o observador, qual é a diferença entre os caminhos das ondas provenientes dos dois alto-falantes? (b) As ondas sonoras interferirão construtiva ou destrutivamente no local onde está o observador? Ou será uma interferência entre construtiva e destrutiva? (c) Suponha que o observador agora amplie sua distância dos alto-falantes para 17,0 m, permanecendo diretamente na frente do mesmo alto-falante como inicialmente. Responda às perguntas dos itens (a) e (b) para essa nova situação.

Figura E35.5

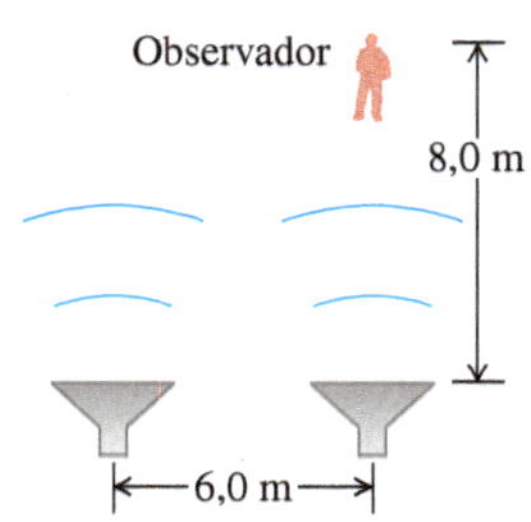

35.6 • Duas fontes de luz podem ser ajustadas para emitir luz monocromática com qualquer comprimento de onda na região visível. As duas fontes são coerentes, separadas por uma distância de 2,04 μm, e estão alinhadas com um observador, de modo que a distância entre uma das fontes e o observador é 2,04 μm maior que a distância entre a outra fonte e o observador. (a) Para qual comprimento de onda na região visível (de 380 nm até 750 nm) o observador verá a luz mais forte, em decorrência da interferência construtiva? (b) Qual seria a resposta para o item (a), supondo que as fontes não estivessem alinhadas com o observador, porém a distância entre uma das fontes e o observador continuasse sendo 2,04 μm maior que a distância entre a outra fonte e o observador? (c) Em que comprimentos de onda visíveis haverá interferência *destrutiva* no local onde o observador se encontra?

Seção 35.2 Interferência da luz produzida por duas fontes

35.7 • Uma experiência de Young é realizada com a luz emitida por átomos de hélio excitados (λ = 502 nm). As franjas de interferência são medidas cuidadosamente sobre uma tela situada a uma distância de 1,20 m do plano das fendas, e verifica-se que a distância entre o centro da vigésima franja brilhante (excluindo da contagem a franja central) e a franja central é igual a 10,6 mm. Qual é a distância entre as fendas?

35.8 •• Uma luz coerente com comprimento de onda de 450 nm incide sobre uma fenda dupla. Em um anteparo a 1,80 m de distância, a distância entre as franjas escuras é 3,90 mm. Qual é o espaçamento entre as fendas?

35.9 •• Duas fendas separadas por uma distância de 0,450 mm são colocadas a uma distância de 75,0 cm de uma tela. Qual é a distância entre a segunda e a terceira franja escura na figura de interferência que se forma sobre a tela quando as fendas são iluminadas por luz coerente de comprimento de onda igual a 500 nm?

35.10 •• Se o dispositivo inteiro do Exercício 35.9 (fendas, tela e o espaço entre elas) for imerso em água, qual será a distância entre a segunda e a terceira franja escura?

35.11 •• Duas fendas estreitas paralelas que estão a 0,0116 mm de distância uma da outra são iluminadas por um feixe de laser cujo comprimento de onda é 585 nm. (a) Em uma tela muito distante, qual é o número *total* de franjas brilhantes (aquelas que indicam uma interferência construtiva completa), inclusive a franja central e aquelas em ambos os lados da franja central? Resolva este problema sem calcular todos os ângulos! (*Dica*: qual é o valor máximo que sen θ pode assumir? O que isso indica a respeito de qual é o maior valor possível de m?) (b) Em que ângulo ocorre a franja que está mais longe da franja brilhante central em relação à direção original do feixe?

35.12 • Uma luz coerente com comprimento de onda de 400 nm passa por duas fendas muito estreitas que estão separadas por 0,200 mm, e o padrão de interferência é observado sobre um anteparo a 4,00 m das fendas. (a) Qual é a largura (em mm) da máxima interferência central? (b) Qual é a largura da franja brilhante de primeira ordem?

35.13 •• Duas fendas muito estreitas estão a uma distância de 1,80 μm uma da outra e a 35,0 cm de um anteparo. Qual é a distância entre a primeira e a segunda linhas escuras da figura de interferência quando as fendas são iluminadas com luz coerente de λ = 550 nm? (*Dica*: o ângulo θ na Equação 35.5 *não* é pequeno.)

35.14 •• Uma luz coerente que contém dois comprimentos de onda, 660 nm (vermelho) e 470 nm (azul), passa por duas fendas estreitas separadas por 0,300 mm, e a figura de interferência pode ser vista sobre um anteparo a 4,00 m das fendas. Qual é a distância no anteparo entre as primeiras franjas brilhantes dos dois comprimentos de onda?

35.15 •• Uma luz coerente com comprimento de onda de 600 nm passa por duas fendas muito estreitas e a figura de interferência é vista em um anteparo a 3,00 m das fendas. A primeira franja brilhante está a 4,84 mm do centro da franja brilhante central. Em que comprimento de onda da luz a primeira franja escura será observada nesse mesmo ponto do anteparo?

35.16 •• Uma luz coerente de frequência $6{,}32 \times 10^{14}$ Hz passa por duas fendas estreitas e incide sobre uma tela a 85,0 cm de distância. Você nota que a terceira franja brilhante ocorre a uma distância de $\pm 3{,}11$ cm de ambos os lados da franja brilhante central. (a) A que distância estão as duas fendas? (b) A que distância da franja brilhante central ocorrerá a terceira franja escura?

Seção 35.3 Intensidade das figuras de interferência

35.17 •• Em um padrão de interferência com fenda dupla, a intensidade no pico da interferência máxima central é I_0. (a) Qual é a intensidade em um ponto da figura de interferência projetada em que a diferença de fase entre as ondas das duas fendas é 60,0°? (b) Qual é a diferença entre os caminhos de uma luz de 480 nm proveniente das duas fendas em um ponto em que a diferença de fase é 60,0°?

35.18 • As fontes coerentes *A* e *B* emitem ondas eletromagnéticas com comprimento de onda de 2,00 cm. O ponto *P* está a 4,86 m de *A* e a 5,24 m de *B*. Qual é a diferença de fase em *P* entre essas duas ondas?

35.19 • Uma luz coerente com comprimento de onda de 500 nm passa por fendas estreitas separadas por 0,340 mm. A uma distância das fendas que é grande se comparada a seu espaçamento, qual é a diferença de fase (em radianos) entre a luz proveniente das duas fendas a um ângulo de 23,0° da linha central?

35.20 • Duas fendas distantes 0,260 mm uma da outra, colocadas a uma distância de 0,900 m de uma tela, são iluminadas por uma luz coerente de comprimento de onda igual a 660 nm. A intensidade no centro do máximo central ($\theta = 0°$) é igual a I_0. Qual é a distância sobre a tela entre o centro do máximo central (a) e o primeiro mínimo; (b) e o ponto no qual a intensidade se reduz para $I_0/2$?

35.21 • Considere duas antenas separadas por uma distância igual a 9,00 m que irradiam em fase a 120 MHz, como descrito no Exercício 35.3. Um receptor colocado à mesma distância de 150 m de ambas as antenas mede uma intensidade I_0. O receptor se desloca para uma posição tal que sua distância até uma das antenas é 1,8 m menor que sua distância da outra antena. (a) Qual é a diferença de fase, entre as duas ondas de rádio, produzida por essa diferença de caminho? (b) Em termos de I_0, qual é a intensidade medida pelo receptor nessa nova posição?

35.22 •• Duas fendas espaçadas por 0,0720 mm estão a 0,800 m de uma tela. Uma luz coerente de comprimento de onda λ passa pelas duas fendas. Em seu padrão de interferência na tela, a distância do centro do máximo central até o primeiro mínimo é de 3,00 mm. Se a intensidade no pico de um máximo central é igual a 0,0600 W/m^2, qual é a intensidade nos pontos da tela que estão a (a) 2,00 mm e (b) 1,50 mm do centro do máximo central?

Seção 35.4 Interferência em películas finas

35.23 • Qual deve ser a espessura da película mais fina com $n = 1{,}42$ que devemos usar como revestimento sobre uma placa de vidro ($n = 1{,}52$) para que ocorra interferência destrutiva da componente vermelha (650 nm) na reflexão de um feixe de luz branca que incide no ar sobre a placa?

35.24 •• **Vidro antiofuscante.** Quando observamos uma obra de arte que está atrás de um vidro, muitas vezes somos ofuscados pela luz que é refletida na superfície frontal do vidro (um *clarão*), o que pode tornar difícil a contemplação da obra. Uma solução é cobrir a superfície externa do vidro com uma película para reduzir parte desse clarão. (a) Se o vidro tem um índice de refração de 1,62 e você usar TiO_2, que tem um índice de refração igual a 2,62, como revestimento, qual é a espessura mínima da película que cancelará uma luz de comprimento de onda igual a 505 nm? (b) Se esse revestimento é fino demais para resistir ao desgaste, que outras espessuras também poderiam ser usadas? Calcule apenas as três menores espessuras.

35.25 •• Duas placas retangulares planas de vidro estão apoiadas uma sobre a outra sobre a superfície de uma mesa. Uma fina folha de papel é colocada entre as extremidades das placas de modo que se forme uma cunha de ar entre as placas. As placas são iluminadas perpendicularmente por um feixe de luz de 546 nm, proveniente de uma lâmpada de vapor de mercúrio. Formam-se 15 franjas de interferência por centímetro. Calcule o ângulo da cunha.

35.26 •• Uma placa de vidro com 9,00 cm de comprimento é colocada em contato com outra placa de vidro e mantida a um pequeno ângulo de distância da segunda placa em virtude da inserção de uma tira metálica com espessura de 0,0800 mm em uma das extremidades. No espaço entre as placas existe ar. As placas são iluminadas de cima para baixo por um feixe de luz cujo comprimento de onda no ar é igual a 656 nm. Quantas franjas de interferência por centímetro são observadas na luz refletida?

35.27 •• Uma película uniforme de TiO_2 com 1.036 nm de espessura e índice de refração de 2,62 é espalhada uniformemente sobre a superfície de um vidro crown com índice de refração de 1,52. Uma luz de comprimento de onda de 520,0 nm incide perpendicularmente sobre uma película de ar. Você deseja aumentar a espessura dessa película de modo que a luz refletida seja cancelada. (a) Qual é a espessura *mínima* de TiO_2 que você precisa *adicionar* para que a luz refletida sofra cancelamento, como desejado? (b) Depois que você executa o ajuste do item (a), qual é a diferença de caminho entre a luz refletida no topo da película e a luz que é cancelada depois de passar pela película? Expresse sua resposta em (i) nanômetros e (ii) comprimentos de onda da luz na película de TiO_2.

35.28 • Uma película de plástico com índice de refração igual a 1,70 é colocada nos vidros das janelas de um carro para aumentar a refletividade e manter o interior do carro mais frio. O índice de refração do vidro da janela é 1,52. (a) Qual é a espessura mínima da película necessária para que a luz de comprimento de onda de 550 nm, ao se refletir em ambas as superfícies da película, produza interferência construtiva? (b) Verifica-se que é difícil fabricar e instalar uma película com a espessura calculada no item (a). Qual deve ser a espessura mais grossa seguinte para que se produza uma nova interferência construtiva?

35.29 • A película de uma bolha de sabão tem o mesmo índice de refração da água, ou seja, $n = 1{,}33$. Na parte interna e na parte externa da bolha existe ar. (a) Qual é o comprimento de onda (no ar) da luz mais fortemente refletida em um ponto em que a espessura da película é igual a 290 nm? A que cor isso corresponde? (Veja a Figura 32.4 e a Tabela 32.1) (b) Repita o item (a) considerando a espessura da película igual a 340 nm.

35.30 •• Uma pesquisadora mede a espessura de uma camada de benzeno ($n = 1{,}50$) flutuando sobre a água emitindo uma luz monocromática sobre a película e variando o comprimento de onda da luz. Ela descobre que a luz com comprimento de onda igual a 575 nm é a que reflete mais fortemente do filme. Qual é a espessura mínima da película que ela encontra?

35.31 •• **Aparelho de CD.** Um disco compacto (CD) é lido de sua parte inferior por um laser semicondutor de comprimento de onda igual a 790 nm, que passa por um substrato de plástico com índice de refração igual a 1,8. Quando o feixe encontra um sulco, parte do feixe é refletida pelo sulco e parte pela região plana entre os sulcos, de forma que esses dois feixes interferem um no outro (**Figura E35.31**). Qual deve ser a profundidade mínima do sulco para que a parte do feixe refletida em um sulco cancele a parte do feixe refletida na região plana? (É esse processo de cancelamento que permite ao aparelho reconhecer o início e o fim de um sulco.)

Figura E35.31

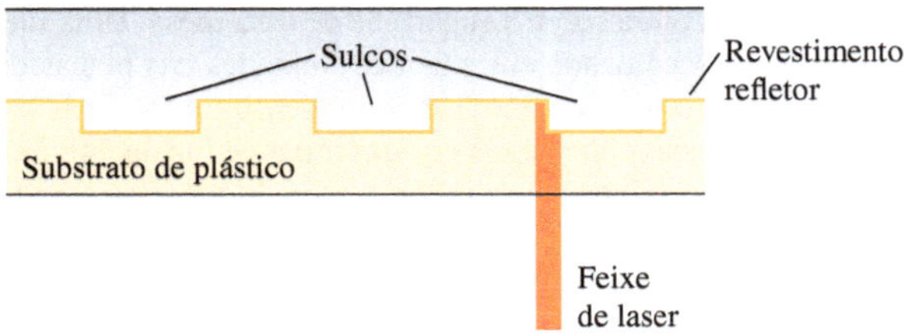

35.32 • Qual é a espessura mínima de uma película de sabão (excluindo o caso da espessura nula) para que se forme uma franja escura quando iluminada por luz de comprimento de onda igual a 480 nm? O índice de refração da película é 1,33 e existe ar em ambos os lados da película.

Seção 35.5 O interferômetro de Michelson

35.33 • Até que distância o espelho M_2 deve se deslocar do interferômetro de Michelson (veja a Figura 35.19) para que 1.800 franjas da luz de um laser de He-Ne (λ = 633 nm) se desloquem através de uma linha de referência no campo visual?

35.34 • Jânio inicialmente usa um interferômetro de Michelson com luz de 606 nm proveniente de uma lâmpada de criptônio-86. Ele conta 818 franjas atravessando uma linha de referência no campo visual quando o espelho é deslocado, afastando-se dele. A seguir, Linda substitui a lâmpada de criptônio por uma luz de 502 nm, filtrada de uma lâmpada de hélio, e o espelho é deslocado, aproximando-se dela. Ela também conta 818 franjas, porém o deslocamento das franjas em seu campo visual é feito em sentido contrário ao do deslocamento observado por Jânio. (a) Até que distância cada pessoa deslocou o espelho? (b) Qual foi o deslocamento total do espelho?

PROBLEMAS

35.35 •• Uma face redonda, de 3,25 m, de um tubo cilíndrico sólido de plástico, é coberta com um revestimento fino negro que bloqueia completamente a luz. A face oposta é coberta com um revestimento fluorescente que brilha quando a luz incide sobre ele. Dois riscos retos, finos e paralelos, com 0,225 mm de distância um do outro, são feitos no centro da face negra. Quando um feixe de laser com 632,8 nm de comprimento de onda incide nas fendas perpendicularmente à face negra, você descobre que a franja brilhante central na face oposta tem 5,82 mm de largura, medida entre as franjas escuras que a margeiam em ambos os lados. Qual é o índice de refração do plástico?

35.36 ••• Os anéis de Newton podem ser vistos quando uma lente plano-convexa é apoiada sobre uma placa de vidro perfeitamente plana. Para uma lente particular com índice de refração n = 1,50 e uma placa de vidro com índice de refração n = 1,80, o diâmetro do terceiro anel brilhante é igual a 0,640 mm. A seguir, coloca-se água (n = 1,33), preenchendo o espaço entre a lente e a placa: qual é o novo diâmetro do terceiro anel? Suponha que o raio de curvatura da lente seja muito maior que o comprimento de onda da luz.

35.37 • BIO **Revestindo lentes de óculos.** Lentes de óculos podem ser revestidas nas superfícies *internas* para reduzir o reflexo da luz casual no olho. Se as lentes são de vidro de cristal com índice de refração de 1,62 e o revestimento for de flúor com índice de refração de 1,432, (a) qual é a espessura mínima da película necessária nas lentes para cancelar a luz com comprimento de onda de 550 nm refletida em direção ao olho na incidência perpendicular? (b) Outros comprimentos de onda da luz visível serão cancelados ou aumentados na luz refletida?

35.38 •• BIO **Olhos sensíveis.** Após um exame oftalmológico, você pinga algumas gotas de colírio nos seus olhos sensíveis. A córnea (a parte da frente do olho) tem um índice de refração de 1,38, enquanto as gotas do colírio têm um índice de refração de 1,45. Depois de pingar as gotas, seus amigos observam que seus olhos parecem vermelhos, pois a luz vermelha com comprimento de onda de 600 nm foi reforçada na luz refletida. (a) Qual é a espessura mínima da película de gotas de colírio na sua córnea? (b) Outros comprimentos de onda da luz visível serão reforçados na luz refletida? Algum será cancelado? (c) Suponha que você tivesse lentes de contato, de modo que as gotas de colírio fossem para elas, e não para as suas córneas. Se o índice de refração do material da lente é 1,50 e a camada de gotas tiver a mesma espessura do item (a), que comprimentos de onda da luz visível serão reforçados? Que comprimentos de onda serão cancelados?

35.39 •• Duas placas de vidro planas, com faces paralelas, estão sobre uma mesa, uma placa sobre a outra. Cada placa possui 11,0 cm de comprimento e um índice de refração de 1,55. Uma lâmina de metal muito fina é inserida sob a extremidade da placa superior, para elevá-la ligeiramente nessa ponta, de maneira semelhante à que discutimos no Exemplo 35.4. Quando você vê as placas de vidro de cima com a luz branca refletida, observa que, a 1,15 mm da linha onde as lâminas estão em contato, a luz violeta com comprimento de onda de 400,0 nm é realçada nessa luz refletida, mas nenhuma luz visível é realçada mais perto da linha de contato. (a) A que distância da linha de contato a luz verde (com comprimento de onda de 550,0 nm) e a luz laranja (com comprimento de onda de 600,0 nm) serão realçadas? (b) A que distância da linha de contato as luzes violeta, verde e laranja serão novamente realçadas na luz refletida? (c) Qual é a espessura da lâmina de metal tocando nas pontas das placas?

35.40 •• Em um dispositivo semelhante ao do Problema 35.39, o vidro possui um índice de refração de 1,53, as placas são de 8,00 cm cada e a lâmina de metal tem 0,015 mm de espessura. O espaço entre as placas é preenchido com uma geleia cujo índice de refração não é conhecido com precisão, mas sabe-se que é maior que o do vidro. Quando você ilumina essas placas de cima com uma luz de comprimento de onda igual a 525 nm, observa uma série de franjas escuras igualmente espaçadas na luz refletida. Você mede o espaçamento dessas franjas e descobre que existem 10 delas a cada 6,33 mm. Qual é o índice de refração da geleia?

35.41 ••• Suponha que você ilumine duas fendas estreitas com uma luz monocromática coerente no ar e descubra que elas produzem sua primeira interferência *mínima* em ±35,20° em ambos os lados da faixa brilhante central. Então você mergulha essas fendas em um líquido transparente e as ilumina com a mesma luz. Agora você descobre que a primeira mínima ocorre em ±19,46°. Qual é o índice de refração desse líquido?

35.42 •• PC CALC Uma folha bem fina de latão contém duas fendas estreitas paralelas. Quando um feixe de laser incide perpendicularmente sobre essas fendas à temperatura ambiente (20,0 °C), a primeira franja de interferência escura ocorre a ±26,6° da direção original do feixe de laser quando vista de certa distância. Se essa folha for aquecida lentamente até 135 °C, em quantos graus essas franjas escuras mudarão de posição? Elas se aproximarão uma da outra ou se distanciarão? Consulte a Tabela 17.1 e despreze quaisquer efeitos que possam se originar da mudança de espessura das fendas. (*Dica*: como a expansão térmica costuma produzir variações muito pequenas no comprimento, você pode usar diferenciais para encontrar a variação no ângulo.)

35.43 •• Duas antenas de rádio irradiam em fase e estão localizadas nos pontos A e B separados por uma distância de 200 m (**Figura P35.43**). As ondas de rádio têm uma frequência igual a 5,80 Hz. Um receptor de rádio é deslocado de B, sendo movido ao longo de uma reta perpendicular ao segmento que liga os pontos A e B (reta BC da Figura P35.43). A que distâncias de B ocorrerá interferência *destrutiva*? (*Nota*: a distância entre o receptor e a fonte não é grande em comparação com a distância entre as fontes, de modo que a Equação 35.5 não pode ser aplicada.)

Figura P35.43

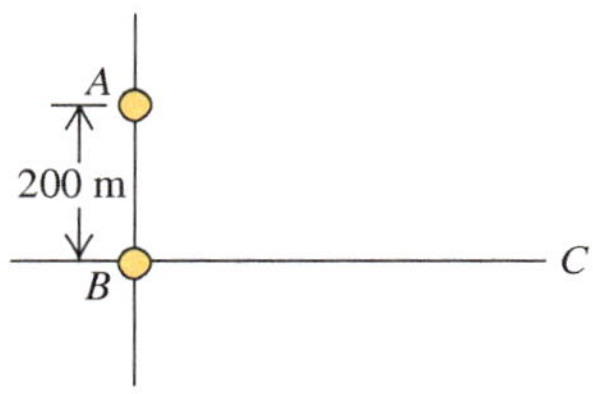

35.44 •• Dois alto-falantes A e B estão afastados por 3,50 m um do outro, e cada um está emitindo sons a uma frequência de 444 Hz. Porém, em razão dos atrasos do sinal nos cabos, o alto-falante A está um quarto de um período *adiantado* em relação ao alto-falante B. Para pontos distantes dos alto-falantes, determine todos os ângulos relativos à linha de centro (**Figura P35.44**) em que o som desses alto-falantes se cancela. Inclua os ângulos nos *dois* lados da linha de centro. Considere que a velocidade do som é 340 m/s.

Figura P35.44

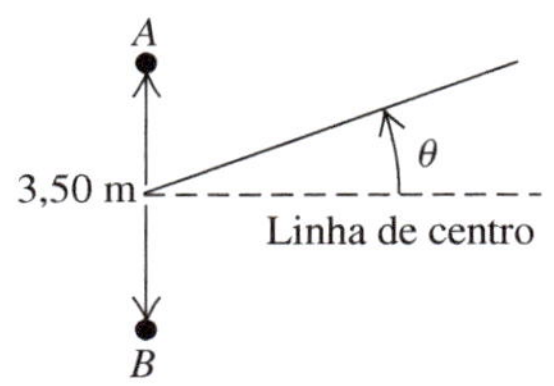

35.45 •• **PC** Uma película fina e uniforme com índice de refração 1,750 é colocada sobre uma folha de vidro com índice de refração 1,50. À temperatura ambiente (20,0 °C), essa película tem a espessura certa para que uma luz com comprimento de onda de 582,4 nm refletida na parte superior da película seja cancelada pela luz refletida na superfície superior do vidro. Depois que o vidro é colocado em um forno e aquecido devagar até atingir 170 °C, você descobre que a película cancela a luz refletida de comprimento de onda de 588,5 nm. Qual é o coeficiente de dilatação linear da película? (Despreze quaisquer variações no índice de refração da película decorrente da variação de temperatura.)

35.46 ••• **Transmissão GPS.** Os satélites do Sistema de Posicionamento Global (GPS, ou *Global Positioning System*) têm aproximadamente 5,18 m de extensão e transmitem dois sinais de baixa potência, um dos quais a 1.575,42 MHz (na banda UHF). Em uma série de testes de laboratório efetuados no satélite, você coloca dois transmissores UHF de 1.575,42 MHz em extremidades opostas do satélite. Eles transmitem em fase uniformemente em todas as direções. Você mede a intensidade nos pontos de um círculo de centenas de metros de raio e centrado no satélite. Você mede ângulos nesse círculo em relação a um ponto que está sobre a linha central do satélite (ou seja, a mediatriz da linha que vai de um transmissor ao outro). Nesse ponto do círculo, a intensidade medida é 2,00 W/m^2. (a) Em quantos outros ângulos no intervalo $0° < \theta < 90°$ a intensidade também é 2,00 W/m^2? (b) Encontre os quatro menores ângulos no intervalo $0° < \theta < 90°$ em que a intensidade é 2,00 W/m^2. (c) Qual é a intensidade em um ponto do círculo que forma um ângulo de 4,65° com a linha central?

35.47 •• A luz branca se reflete com incidência normal nas superfícies inferior e superior de uma placa de vidro (n = 1,52). Existe ar em cima e embaixo da placa. Observa-se interferência construtiva para a luz cujo comprimento de onda no ar é igual a 477,0 nm. Qual é a espessura da placa sabendo que o comprimento de onda mais longo no qual ocorre interferência construtiva é 540,6 nm?

35.48 •• A luz de um laser com comprimento de onda de 510 nm está atravessando o ar e brilha com incidência normal na extremidade plana de uma barra plástica transparente que possui n = 1,30. A extremidade da barra possui um revestimento fino de um material transparente, com índice de refração de 1,65. Qual é a espessura mínima (diferente de zero) do revestimento (a) para a qual existe transmissão máxima da luz na barra; (b) para a qual a transmissão na barra é minimizada?

35.49 •• Uma luz vermelha de comprimento de onda igual a 700 nm passa através de um dispositivo de fenda dupla. Simultaneamente, outro feixe de luz monocromática passa através do mesmo dispositivo. Em consequência, a maior parte da figura de interferência que se forma na tela é dada pela mistura de duas cores; contudo, o centro da terceira franja brilhante (m = 3) da luz vermelha é puramente vermelho, sem nenhuma tonalidade da outra cor. Quais são os comprimentos de onda possíveis do segundo tipo de luz visível? Você precisa saber o valor da distância entre as fendas para responder à pergunta? Por quê?

35.50 •• BIO **O arenque e o revestimento refletor.** O arenque e outros peixes semelhantes têm uma aparência prateada, uma camuflagem para protegê-los quando nadam nas proximidades da superfície do oceano iluminada pela luz solar. A aparência prateada decorre de *escamas* existentes na superfície desses peixes. Cada escama é constituída por múltiplas camadas alternadas de guanina (n = 1,80) e de citoplasma (n = 1,333, igual ao da água), sendo que a camada de guanina está na parte superior em contato com a água (**Figura P35.50**). Em uma escama típica, as camadas de guanina apresentam uma espessura de 74 nm e as de citoplasma, de 100 nm. (a) Para uma luz que atinge a superfície de uma escama com incidência normal, para quais comprimentos de onda do espectro visível no vácuo todos os raios refletidos R_1, R_2, R_3, R_4 e R_5, mostrados na Figura P35.50, estão aproximadamente em fase? Quando uma luz branca ilumina essa escama, quais são as cores mais fortemente refletidas? (Veja a Figura 32.4.) A superfície do arenque tem muitas escamas dispostas ao longo de sua superfície externa com diversas espessuras, de modo que *todos* os comprimentos de onda visíveis são refletidos. (b) Explique por que uma "pilha" de camadas reflete mais que uma única camada de guanina sobre uma camada de citoplasma. (Uma pilha de cinco camadas de guanina separadas por camadas de citoplasma reflete mais de 80% da luz que esteja incidindo naquele comprimento de onda para o qual ela está "sintonizada".) (c) A cor mais fortemente refletida pela escama depende do ângulo pelo qual ela é observada. Explique a razão desse comportamento. (Você pode observar essa variação de cores examinando um arenque a partir de diferentes ângulos. A maioria das escamas nesses peixes está orientada da mesma forma e, assim, fica na vertical quando o peixe está nadando.)

Figura P35.50

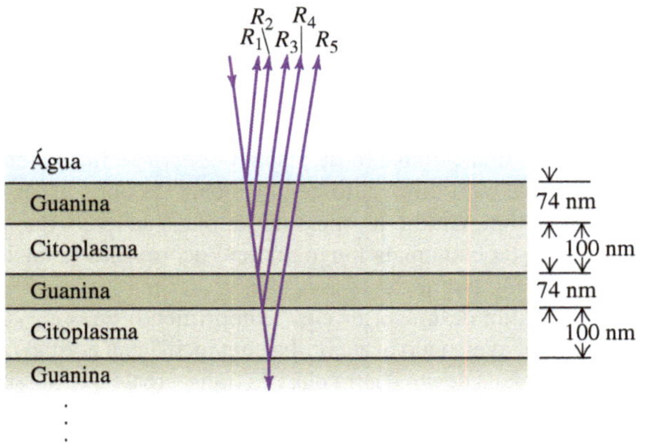

35.51 •• Depois que um feixe de laser passa por duas fendas estreitas paralelas, as primeiras franjas totalmente escuras formam um ângulo de $\pm 19{,}0°$ com a direção original do feixe, vistas sobre um anteparo distante das fendas. (a) Qual é a razão entre a distância de uma fenda à outra e o comprimento de onda da luz que ilumina as fendas? (b) Qual é o menor ângulo, relativamente à direção original do feixe de laser, em que a intensidade da luz é $\frac{1}{10}$ da intensidade máxima sobre a tela?

35.52 •• **DADOS** Em seu estágio de verão em uma empresa de produtos óticos, você precisa medir o comprimento de onda λ da luz que é produzida por um laser. Para fazer isso, você passa a luz do laser através de duas fendas estreitas que estão separadas por uma distância d. Você observa o padrão de interferência em uma tela que está a 0,900 m das fendas e mede a separação Δy entre as franjas brilhantes adjacentes na parte da figura que está próxima ao centro da tela. Usando um microscópio, você mede d. Porém, tanto Δy quanto d são pequenos e difíceis de medir com precisão, então você repete as medições para diversos pares de fendas, cada uma com um valor diferente de d. Seus resultados aparecem na **Figura P35.52**, onde você desenhou Δy em função de $1/d$. A linha no gráfico é a melhor linha reta para os dados. (a) Explique por que os pontos de dados desenhados dessa forma ficam próximos de uma linha reta. (b) Use a Figura P35.52 para calcular λ.

Figura P35.52

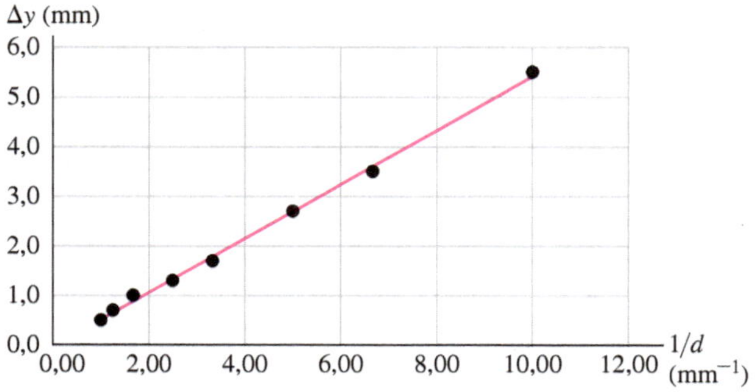

35.53 •• **DADOS** Antenas de rádio de ondas curtas A e B estão ligadas ao mesmo transmissor e emitem ondas coerentes em fase e com a mesma frequência f. Você precisa determinar o valor de f e o posicionamento das antenas que produz uma intensidade máxima através da interferência construtiva em uma antena receptora localizada no ponto P, que está no canto da sua garagem. Primeiro, você coloca a antena A em um ponto 240,0 m a leste de P. Em seguida, coloca a antena B na linha que conecta A e P, a uma distância x a leste de P, onde $x < 240$ m. Depois você verifica que um máximo na intensidade total das duas antenas ocorre quando $x = 210{,}0$ m, 216,0 m e 222,0 m. Você não investiga valores menores ou maiores de x. (Trate as antenas como fontes puntiformes.) (a) Qual é a frequência f das ondas que são emitidas por essas antenas? (b) Qual é o maior valor de x, com $x < 240{,}0$ m, para o qual a interferência em P é destrutiva?

35.54 •• **DADOS** Em seu laboratório de pesquisa, um pedaço de vidro plano, muito fino, com índice de refração de 1,40 e espessura uniforme, cobre a abertura de uma câmara que contém uma amostra de gás. Os índices de refração dos gases nos dois lados do vidro são muito próximos da unidade. Para determinar a espessura do vidro, você emite uma luz coerente com comprimento de onda λ_0 no vácuo com incidência normal na superfície do vidro. Quando $\lambda_0 = 496$ nm, a interferência construtiva ocorre para a luz que é refletida nas duas superfícies do vidro. Você descobre que o próximo comprimento de onda mais curto no vácuo, para o qual existe interferência construtiva, é 386 nm. (a) Use essas medições para calcular a espessura do vidro. (b) Qual é o maior comprimento de onda no vácuo para o qual existe interferência construtiva para a luz refletida?

PROBLEMAS DESAFIADORES

35.55 ••• **PC** O índice de refração de uma barra de vidro é 1,48 para uma temperatura $T = 20$ °C e varia linearmente com a temperatura, com um coeficiente de $2{,}50 \times 10^{-5}$/°C. O coeficiente de dilatação linear do vidro é $5{,}0 \times 10^{-6}$/°C. A 20 °C, o comprimento da barra é de 3,00 cm. Um dos braços do interferômetro de Michelson é formado por essa barra que está sendo aquecida a uma taxa igual a 5,00 °C/min. A fonte de luz tem comprimento de onda $\lambda = 589$ nm, e a temperatura inicial da barra é $T = 20$ °C. Quantas franjas de interferência atravessam a linha de referência do campo visual a cada minuto?

35.56 ••• **PC** A **Figura P35.56** mostra um interferômetro denominado *biprisma de Fresnel*. O ângulo do prisma A é extremamente pequeno. (a) Se S_0 é uma fonte constituída por uma fenda muito estreita, mostre que a distância entre as duas fontes coerentes virtuais S_1 e S_2 é dada por $d = 2aA(n - 1)$, onde n é o índice de refração do material do prisma. (b) Calcule o espaçamento entre as franjas de interferência para uma luz incidente verde de comprimento de onda igual a 500 nm, sabendo que a tela está a uma distância de 2,00 m do biprisma. Considere $a = 0{,}200$ m, $A = 3{,}50$ mrad e $n = 1{,}50$.

Figura P35.56

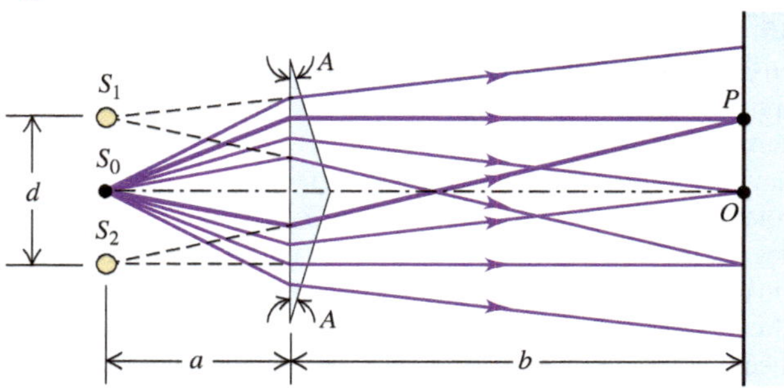

Problemas com contexto

INTERFERÊNCIA E ONDAS SONORAS. A interferência ocorre não só com ondas de luz, mas também em todas as frequências de ondas eletromagnéticas e todos os outros tipos de ondas, como as de som ou de água. Suponha que sua professora de física monte dois alto-falantes na frente de sua sala de aula e use um oscilador eletrônico para produzir ondas de som de uma única frequência. Quando ela ligar o oscilador (considere que esta é a configuração original do dispositivo), você e muitos alunos escutam um som alto, enquanto outros não escutam nada. (A velocidade do som no ar é de 340 m/s.)

35.57 A professora, então, ajusta o aparelho. A frequência que você escuta não muda, mas a altura diminui. Agora, todos os seus colegas podem escutar o som. O que a professora fez? (a) Ela desligou o oscilador. (b) Ela abaixou o volume dos alto-falantes. (c) Ela mudou a relação de fase dos alto-falantes. (d) Ela desconectou um alto-falante.

35.58 A professora retorna o dispositivo à configuração original. Depois, ela ajusta os alto-falantes novamente. Todos os alunos que originalmente não ouviam nada agora ouvem um som alto, enquanto você e os outros que originalmente ouviram o som alto não escutam nada. O que a professora fez? (a) Ela desligou o oscilador. (b) Ela abaixou o volume dos alto-falantes. (c) Ela mudou a relação de fase dos alto-falantes. (d) Ela desconectou um alto-falante.

35.59 A professora mais uma vez retorna o dispositivo à sua configuração original, de modo que você novamente escuta o som alto original. Depois, ela lentamente move um alto-falante para longe de você, até que ele alcance um ponto no qual você não consegue mais ouvir o som. Se ela tiver movido o alto-falante 0,34 m (para longe de você), qual é a frequência do som? (a) 1.000 Hz; (b) 2.000 Hz; (c) 500 Hz; (d) 250 Hz.

35.60 A professora mais uma vez retorna o dispositivo à sua configuração original, mas agora ela ajusta o oscilador para produzir ondas de som com metade da frequência original. O que acontece? (a) Os alunos que originalmente ouviam um som alto novamente escutam um som alto, e os alunos que originalmente não ouviam nada ainda não ouvem nada. (b) Os alunos que originalmente ouviam um som alto agora não ouvem nada, e os alunos que originalmente não ouviam nada agora ouvem um som alto. (c) Alguns dos alunos que originalmente ouviam um som alto novamente ouvem esse som alto, mas outros nesse grupo agora não ouvem nada. (d) Entre os alunos que originalmente não ouviam nada, alguns ainda não ouvem nada, mas outros agora ouvem um som alto.

RESPOSTAS

Resposta à pergunta inicial do capítulo

Resposta: (**v**) As cores aparecem pela interferência construtiva entre ondas luminosas refletidas nas superfícies superior e inferior da película de óleo. O comprimento de onda da luz para o qual a maior parte da interferência construtiva ocorre em um ponto, e daí a cor que aparece mais brilhante nesse ponto depende (1) da espessura da película (que determina a diferença de caminho ótico entre as ondas de luz que se refletem das duas superfícies), (2) do índice de refração do óleo (que dá ao comprimento de onda da luz no óleo um valor diferente daquele no ar) e (3) do índice de refração do material abaixo do óleo (que determina se a onda que reflete da superfície interna sofre ou não um deslocamento de fase de meio ciclo). (Veja os exemplos 35.4, 35.5 e 35.6, na Seção 35.4.)

Respostas às perguntas dos testes de compreensão

35.1 Resposta: (**i**) Em qualquer ponto P sobre o eixo Oy positivo acima de S_1, a distância r_2 de S_2 a P é 4λ maior que a distância r_1 de S_1 a P. Isso corresponde a $m = 4$ na Equação 35.1, a equação da interferência construtiva. Logo, todos esses pontos formam uma curva antinodal.

35.2 Resposta: (**ii**) A luz azul tem um comprimento de onda menor que a luz vermelha (veja a Seção 32.1). A Equação 35.6 nos diz que a distância y_m do centro do padrão à franja brilhante de ordem m é proporcional ao comprimento de onda λ. Logo, todas as franjas se deslocarão na direção do centro do padrão à medida que o comprimento de onda diminuir, e o espaçamento entre franjas diminuirá.

35.3 Resposta: (**i**), (**iv**), (**ii**), (**iii**) Nos casos (i) e (iii), o problema informa o comprimento de onda e a diferença de caminhos d sen θ. Assim, usamos a Equação 35.14, $I = I_0 \cos^2[(\pi d \text{ sen } \theta)/\lambda]$. Nas partes (ii) e (iii), é dada a diferença de fase ϕ e usamos a Equação 35.10, $I = I_0 \cos^2(\phi/2)$. Encontramos:

(i) $I = I_0 \cos^2[\pi(4{,}00 \times 10^{-7} \text{ m})/(5{,}00 \times 10^{-7}\text{m})] = I_0 \cos^2(0{,}800\pi \text{ rad}) = 0{,}655 I_0$;

(ii) $I = I_0 \cos^2[(4{,}00 \text{ rad})/2] = I_0 \cos^2(2{,}00 \text{ rad}) = 0{,}173 I_0$;

(iii) $I = I_0 \cos^2[\pi(7{,}50 \times 10^{-7} \text{ m})/(5{,}00 \times 10^{-7}\text{m})] = I_0 \cos^2(1{,}50\pi \text{ rad}) = 0$;

(iv) $I = I_0 \cos^2[(2{,}00 \text{ rad})/2] = I_0 \cos^2(1{,}00 \text{ rad}) = 0{,}292 I_0$.

35.4 Resposta: (**i**) e (**iii**) O benzeno tem um índice de refração maior que o ar, então a luz que se reflete na superfície superior do benzeno passa por um deslocamento de meio ciclo. A fluorita tem um índice de refração *menor* que o benzeno, então a luz que se reflete na interface benzeno–fluorita não passa por mudança de fase. Assim, a equação para a reflexão construtiva é a Equação 35.18a, $2t = (m + \frac{1}{2})\lambda$, que podemos reescrever como $t = (m + \frac{1}{2})\lambda/2 = (m + \frac{1}{2})(400 \text{ mm})/2 = 100$ nm, 300 nm, 500 nm,...

35.5 Resposta: **sim** Quando se muda o índice de refração, o comprimento de onda da luz dentro da placa compensadora muda, e também o número de comprimentos de onda dentro de uma espessura da placa. Assim, o efeito é o mesmo do que se alterássemos a distância L_1 do divisor de feixe ao espelho M_1, que alteraria o padrão de interferência.

Problema em destaque

(**a**) 441 nm
(**b**) 551 nm

? As moscas possuem olhos *compostos* com milhares de lentes em miniatura. O diâmetro geral do olho é cerca de 1 μm, mas cada uma dessas lentes tem apenas cerca de 20 μm de diâmetro e produz uma imagem individual de uma região pequena no campo de visão da mosca. Em comparação com a potência de resolução do olho humano (em que a região que coleta luz tem cerca de 16 mm na horizontal), a capacidade do olho de uma mosca em resolver pequenos detalhes é: (i) pior, porque as lentes são muito pequenas; (ii) pior, porque o olho como um todo é muito pequeno; (iii) melhor, porque as lentes são muito pequenas; (iv) melhor, porque o olho como um todo é pequeno; (v) praticamente a mesma.

36 DIFRAÇÃO

OBJETIVOS DE APRENDIZAGEM

Ao estudar este capítulo, você aprenderá:

36.1 O que acontece quando uma luz coerente incide sobre um objeto com um canto ou uma abertura.

36.2 Como entender a figura de difração formada quando uma luz coerente passa por uma fenda estreita.

36.3 Como calcular a intensidade em vários pontos em uma figura de difração produzida em uma fenda única.

36.4 O que acontece quando uma luz coerente incide sobre um conjunto de fendas estreitas, com pequeno espaçamento entre as fendas.

36.5 Como os cientistas usam redes de difração para medir o comprimento de onda com precisão.

36.6 O modo como a difração de raios X revela a disposição dos átomos em um cristal.

36.7 De que maneira a difração estabelece limites sobre os menores detalhes do que pode ser visto com um sistema ótico.

36.8 Como funcionam os hologramas.

Revendo conceitos de:

33.4, 33.7 Prismas e dispersão; princípio de Huygens.

34.4, 34.5 Formação de imagem por uma lente; número *f*.

35.1-35.3 Luz coerente, interferência produzida em uma fenda dupla e fasores.

Todos nós estamos acostumados com a ideia de que o som pode se desviar e contornar um obstáculo. Caso o som não se comportasse desse modo, você não poderia ouvir a sirene de um carro de polícia quando ele estivesse em outra rua, fora de seu campo visual, nem a voz de uma pessoa que está de costas para você. Mas a *luz* também pode contornar obstáculos. Quando a luz proveniente de uma fonte puntiforme incide sobre um contorno retilíneo, o contorno da sombra projetada sobre um plano nunca é perfeitamente retilíneo. Algumas ondas surgem na área da sombra, e na área iluminada podem surgir franjas brilhantes e escuras. Em geral, ao passar por uma abertura, a luz não se comporta precisamente de acordo com o modelo da propagação retilínea fornecido pela ótica geométrica.

A explicação desses efeitos é que a luz, assim como o som, tem características ondulatórias. No Capítulo 35, estudamos as figuras de interferência formadas quando duas ondas luminosas são combinadas. Neste capítulo, vamos investigar os efeitos de interferência resultantes da superposição de *muitas* ondas luminosas. Tais efeitos constituem o fenômeno da *difração*. Verificaremos que o comportamento das ondas luminosas ao passar por uma abertura constitui um exemplo de difração; cada parte infinitesimal da abertura funciona como uma fonte de onda, e a figura resultante com franjas brilhantes e franjas escuras é o resultado da interferência das ondas que emanam dessas fontes.

Figuras semelhantes aparecem quando a luz surge de *conjuntos* de aberturas. A natureza desses padrões depende das cores da luz e do tamanho e espaçamento das aberturas. Exemplos desse efeito incluem as cores de borboletas iridescentes e o "arco-íris" que vemos refletido na superfície de um disco compacto (CD). Estudaremos efeitos semelhantes que ocorrem com os raios X usados para pesquisar a estrutura atômica dos sólidos e dos líquidos. Finalmente, analisaremos a física de um *holograma*, um tipo especial de figura de interferência usado para formar imagens tridimensionais.

36.1 DIFRAÇÃO DE FRESNEL E DIFRAÇÃO DE FRAUNHOFER

De acordo com a ótica geométrica, quando um objeto opaco é colocado entre uma fonte luminosa puntiforme e uma tela, como na **Figura 36.1**, a sombra formada pelo objeto forma um nítido contorno retilíneo. Nenhuma luz atinge a região da sombra, e a área fora dela é iluminada continuamente. No entanto, conforme vimos no Capítulo 35, a natureza *ondulatória* da luz produz efeitos que não podem ser entendidos com o modelo simples da ótica geométrica. Uma classe importante desses efeitos ocorre quando a luz atinge um obstáculo que apresenta uma abertura ou uma extremidade. As figuras de interferência que se formam em decorrência desses efeitos são estudadas com a designação geral de **difração**.

Um exemplo de difração é mostrado na **Figura 36.2**. A fotografia na Figura 36.2a foi feita colocando-se uma lâmina de barbear na metade da distância entre um filme fotográfico e um furo de alfinete no centro de um anteparo, iluminado por luz monocromática. O filme registrou a sombra projetada pela lâmina de barbear. A Figura 36.2b é uma ampliação da sombra da aresta retilínea na extremidade esquerda da lâmina. As setas indicam a posição da sombra *geométrica* dessa aresta. Na região próxima a essa aresta, a área do lado esquerdo apresenta uma sucessão de franjas brilhantes e escuras. Embora não apareça com nitidez na fotografia, também existe um pouco de luz na região da sombra. Na Figura 36.2b, a primeira franja brilhante que surge logo do lado esquerdo do limite da sombra apresenta um brilho maior que o da extremidade esquerda da área iluminada. Essa experiência simples fornece uma ideia da riqueza e da complexidade da difração.

Em geral, na vida cotidiana não observamos figuras de difração como as da Figura 36.2 porque a maioria das fontes de luz não é monocromática nem puntiforme. Se usássemos a luz branca proveniente de uma lâmpada comum em vez da fonte puntiforme usada para obter a fotografia da Figura 36.2, cada comprimento de onda da luz proveniente de cada ponto da lâmpada formaria sua própria figura de difração; porém, em virtude da superposição de todas essas figuras, não poderíamos ver nenhuma figura de difração individual.

Figura 36.1 Uma fonte de luz puntiforme ilumina uma aresta retilínea.

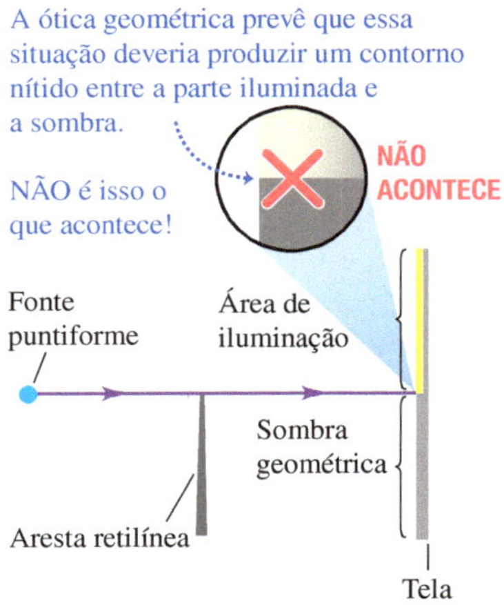

Figura 36.2 Um exemplo de difração.

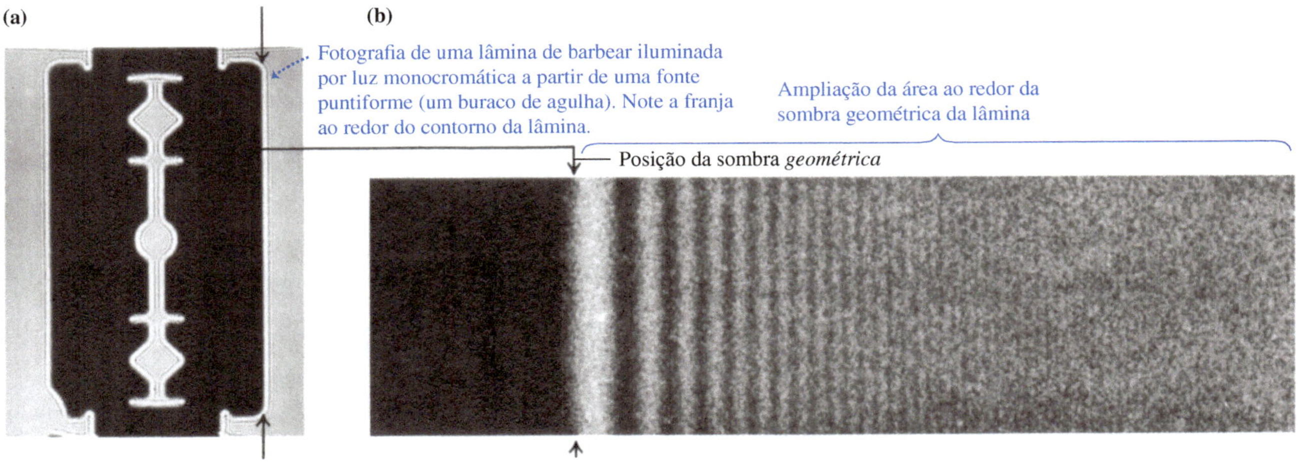

Difração e princípio de Huygens

As figuras de difração podem ser analisadas aplicando-se o princípio de Huygens (veja a Seção 33.7). Esse princípio afirma que podemos considerar cada ponto de uma frente de onda como fonte de uma onda secundária que se espalha em todas as direções com velocidade igual à velocidade de propagação da onda nesse meio. A posição da frente de onda em cada instante posterior é dada pelo *envoltório* das frentes de onda no instante considerado. Para determinar o deslocamento em um dado ponto, usamos o princípio da superposição para combinar todos os deslocamentos individuais produzidos por essas ondas secundárias.

Na Figura 36.1, tanto a fonte quanto a tela estão relativamente próximas do obstáculo que produz a figura de difração. Essa situação é conhecida como *difração de campo próximo* ou **difração de Fresnel**, em homenagem ao cientista francês Augustin Jean Fresnel (1788-1827). Ao contrário, usamos o termo **difração de Fraunhofer**, em homenagem ao cientista alemão Joseph von Fraunhofer (1787-1826), quando as distâncias entre a fonte, o obstáculo e a tela são suficientemente grandes para que todas as retas que ligam a fonte com o obstáculo possam ser consideradas paralelas e para que todas as retas que ligam pontos do obstáculo com pontos da tela possam ser consideradas paralelas. As discussões que serão feitas a seguir ficarão restritas ao caso da difração de Fraunhofer, em geral mais fácil de analisar detalhadamente que a difração de Fresnel.

A difração algumas vezes é descrita como o "desvio da luz ao contornar um obstáculo". Mas o mecanismo que produz a difração da luz é o mesmo para *qualquer* tipo de onda. Quando partes de um feixe de onda são interrompidas por algum obstáculo, observamos efeitos de difração oriundos da interferência das partes restantes das frentes de onda. Os instrumentos de ótica geralmente usam apenas uma pequena parte de uma onda; por exemplo, um telescópio emprega apenas a parte da frente de onda recebida pela lente ou espelho da objetiva. Portanto, a difração desempenha um papel importante em quase todos os fenômenos óticos.

Finalmente, enfatizamos que não existe nenhuma diferença fundamental entre os fenômenos que ocorrem na *interferência* e na *difração*. No Capítulo 35, usamos o termo *interferência* para designar efeitos de superposição envolvendo um número pequeno de fontes, geralmente duas. Na *difração*, consideramos uma distribuição *contínua* de ondas secundárias de Huygens através da área de uma abertura ou um número muito grande de fontes e de aberturas. Porém, tanto a interferência quanto a difração são consequências da superposição de ondas e do princípio de Huygens.

TESTE SUA COMPREENSÃO DA SEÇÃO 36.1 Ondas *sonoras* podem sofrer difração e contornar um canto ou extremidade? ❙

36.2 DIFRAÇÃO PRODUZIDA POR UMA FENDA SIMPLES

Nesta seção discutiremos a figura de difração formada por um feixe colimado (raios paralelos) de luz monocromática quando ele emerge de uma fenda estreita e comprida, como mostrado na **Figura 36.3**. Chamamos essa dimensão estreita de *largura*, embora nessa figura ela esteja em posição vertical.

Figura 36.3 (a) Previsão incorreta da "sombra" de uma fenda horizontal segundo a ótica geométrica. (b) Uma fenda horizontal produz, na verdade, uma figura de difração. A largura da fenda foi exagerada.

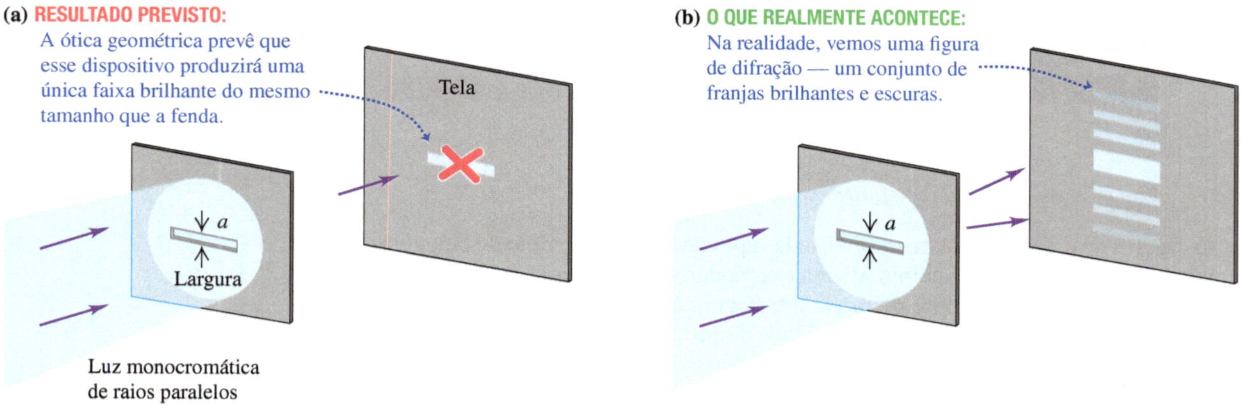

De acordo com a ótica geométrica, o feixe transmitido deve ter a mesma seção reta da fenda, como na Figura 36.3a. Mas o que *realmente* vemos é mostrado na Figura 36.3b. O feixe se espalha verticalmente depois de passar pela fenda. A figura de difração formada sobre a tela é constituída por uma franja brilhante central, cuja largura pode ser muito maior que a da fenda, seguida em ambos os lados por uma sequência de franjas brilhantes e escuras cujas intensidades diminuem quando elas se afastam do centro. Cerca de 85% da potência do feixe transmitido está concentrada na franja central cuja largura é *inversamente* proporcional à da fenda. Em geral, quanto mais estreita é a fenda, maior é a largura total da figura de difração. (O espalhamento *horizontal* do feixe mostrado na Figura 36.3b é desprezível porque a dimensão horizontal da franja é relativamente grande.) Você pode observar facilmente uma figura de difração semelhante olhando para uma fonte puntiforme distante, como a luz de uma lâmpada de rua, através de uma pequena abertura formada entre dois dedos da mão mantidos em frente ao olho: a retina do olho desempenha o papel da tela.

Difração produzida em uma fenda simples: localizando as franjas escuras

A **Figura 36.4** mostra uma seção reta do mesmo dispositivo experimental; o lado comprido da fenda é perpendicular ao plano da figura, e as ondas planas incidem sobre a fenda da esquerda para a direita. De acordo com o princípio de Huygens, cada elemento de área da abertura da fenda pode ser considerado uma fonte de ondas secundárias. Em particular, suponha que a fenda seja dividida em diversas faixas estreitas de mesma largura, paralelas ao comprimento da fenda e perpendiculares ao plano da página. Na Figura 36.4a mostramos apenas duas dessas faixas. Frentes de ondas secundárias cilíndricas, mostradas na figura em seção reta, se espalham a partir de cada faixa.

Na Figura 36.4b, uma tela é colocada do lado direito da fenda. Podemos calcular a intensidade resultante em um ponto P sobre a tela somando as contribuições das ondas secundárias individuais, levando em consideração suas diversas fases e amplitudes. É mais fácil fazer esse cálculo quando supomos que a distância entre a tela e a fenda é suficientemente grande, de modo que os raios provenientes da fenda e que atingem o ponto P possam ser considerados paralelos, como se pode ver na Figura 36.4c. Uma situação equivalente pode ser observada na Figura 36.4d, na qual os raios que incidem sobre a lente são paralelos e a lente forma sobre a tela uma imagem reduzida da figura de difração que se formaria sobre uma tela a uma distância infinita da fenda na ausência da lente. Você poderia pensar que os diversos caminhos da luz através da lente introduziriam diferenças de fase adicionais, mas, na realidade, podemos demonstrar que todos esses caminhos produzem deslocamentos de fase *iguais*, então isso não representa nenhum problema.

Figura 36.4 Difração produzida por uma fenda única retangular. O lado comprido da fenda é perpendicular ao plano da figura.

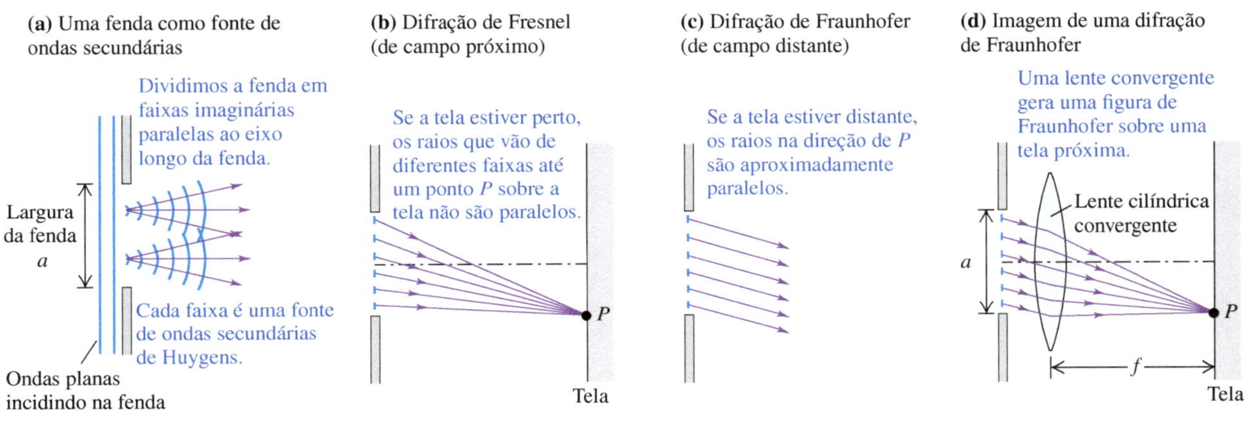

A difração de Fresnel é ilustrada na Figura 36.4b; as situações exibidas nas figuras 36.4c e 36.4d, nas quais os raios emergentes são considerados paralelos, são chamadas de difração de Fraunhofer. Podemos deduzir de modo bastante simples as características da difração de Fraunhofer para o caso da fenda simples. Inicialmente consideramos duas pequenas faixas, uma limitada por um raio logo abaixo da extremidade superior da fenda e outra começando em seu centro, como mostrado na **Figura 36.5**. A diferença entre os dois caminhos dos raios indicados até o ponto P é igual a $(a/2)$ sen θ, onde a é a largura da fenda e θ é o ângulo entre a perpendicular ao plano da tela e a reta que liga o centro da fenda com o ponto P. Suponha que essa diferença seja igual a $\lambda/2$; nesse caso, as ondas provenientes das duas faixas atingem o ponto P, com uma defasagem de meio ciclo, e ocorre cancelamento das ondas.

Analogamente, os raios correspondentes à faixa *abaixo* da mostrada na figura também chegam ao ponto P meio ciclo defasados. Na realidade, a luz proveniente de *qualquer* faixa na metade superior da fenda cancela a luz proveniente da faixa correspondente da metade inferior da fenda. O resultado é a completa destruição da luz que atinge o ponto P proveniente de todos os pontos da fenda, resultando em uma franja escura na figura de interferência. Ou seja, uma franja escura aparece quando

$$\frac{a}{2}\operatorname{sen}\theta = \pm\frac{\lambda}{2} \qquad \text{ou} \qquad \operatorname{sen}\theta = \pm\frac{\lambda}{a} \tag{36.1}$$

O sinal mais ou menos ($\pm$) da Equação 36.1 afirma que existem franjas escuras simétricas acima e abaixo do ponto O na Figura 36.5a. A franja superior ($\theta > 0$) aparece em um ponto P atingido por uma onda proveniente da metade inferior e que vai até uma distância além de P que é $\lambda/2$ maior que a distância percorrida pela luz da metade superior; a franja inferior ($\theta < 0$) aparece em um ponto em que a luz proveniente da metade *superior* se desloca $\lambda/2$ além da distância percorrida pela luz da metade *inferior*.

Também é possível dividir a tela em quatro partes, em seis e assim por diante, para poder aplicar o raciocínio anterior e mostrar que aparecem franjas escuras toda vez que sen $\theta = \pm 2\lambda/a$, $\pm 3\lambda/a$ e assim por diante. Logo, a condição para a ocorrência de uma franja *escura* é:

Figura 36.5 Seção reta de uma fenda horizontal. Quando a distância x até a tela é muito maior que a largura a da fenda, os raios provenientes de pontos situados a uma distância $a/2$ podem ser considerados paralelos.

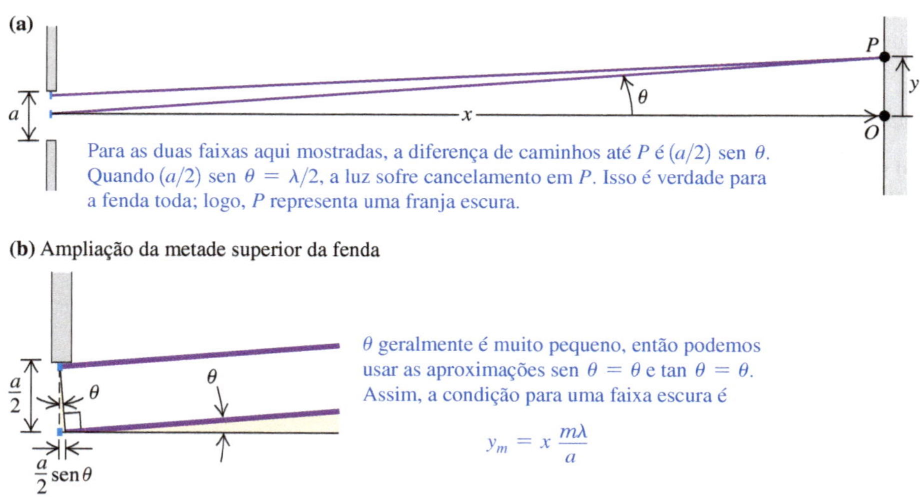

Franjas escuras na difração em uma fenda única:

Ângulo da linha do centro da fenda até a franja escura de ordem m na tela

$$\operatorname{sen}\theta = \frac{m\lambda}{a} \quad (m = \pm 1, \pm 2, \pm 3, \ldots) \tag{36.2}$$

Largura da fenda — Comprimento de onda

Por exemplo, se a largura da fenda for igual a dez comprimentos de onda ($a = 10\lambda$), as franjas escuras aparecem quando sen $\theta = \pm\frac{1}{10}, \pm\frac{2}{10}, \pm\frac{3}{10}\ldots$ Entre duas franjas escuras consecutivas existe sempre uma franja brilhante. Notamos também que sen $\theta = 0$ corresponde a uma franja *brilhante*; nesse caso, a luz proveniente da fenda inteira chega em fase ao ponto P. Portanto, seria errado fazer $m = 0$ na Equação 36.2.

Para a luz, o comprimento de onda λ é da ordem de 500 nm $= 5 \times 10^{-7}$ m. Geralmente isso é muito menor que a largura a da fenda; a largura típica de uma fenda é 10^{-2} cm $= 10^{-4}$ m. Portanto, os valores de θ na Equação 36.2 costumam ser tão pequenos que a aproximação sen $\theta \approx \theta$ (onde θ é dado em radianos) é muito boa. Nesse caso, a referida equação pode ser escrita na forma

$$\theta = \frac{m\lambda}{a} \qquad (m = \pm 1, \pm 2, \pm 3, \ldots) \qquad \text{(para um ângulo } \theta \text{ pequeno em radianos)}$$

Além disso, se a distância entre a fenda e a tela for x, como na Figura 36.5a, designando por y_m a distância vertical entre a franja escura de ordem m e o centro da figura, então tan $\theta = y_m/x$. Se o ângulo é pequeno, também podemos aproximar tan θ por θ (em radianos), de modo que obtemos

$$y_m = x\frac{m\lambda}{a} \qquad (\text{para } y_m \ll x) \tag{36.3}$$

A **Figura 36.6** é a fotografia de uma figura de difração produzida em uma fenda simples com os mínimos $m = \pm 1, \pm 2$ e ± 3 indicados. A franja brilhante central é mais larga que as outras franjas brilhantes; na aproximação de ângulo pequeno usada na Equação 36.3, ela tem exatamente o dobro da largura.

Figura 36.6 Fotografia da figura de difração de Fraunhofer de uma fenda horizontal simples.

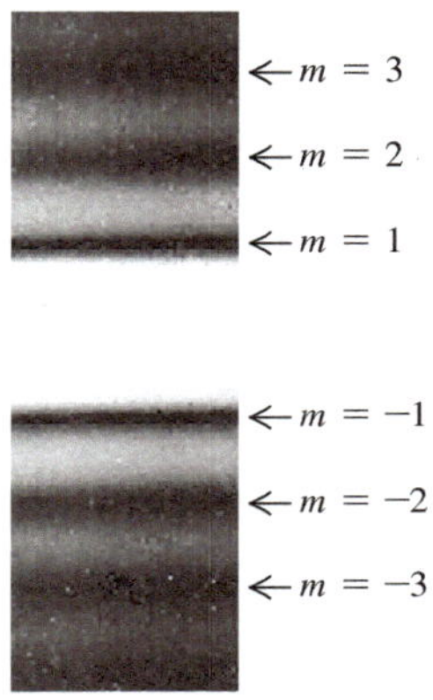

ATENÇÃO Difração produzida em uma fenda simples *versus* interferência produzida em uma fenda dupla A Equação 36.3 tem a mesma forma da Equação 35.6 referente à figura de interferência de uma fenda dupla, exceto que, na Equação 36.3, x é usado no lugar de R para designar a distância entre a tela e a fenda. Entretanto, a Equação 36.3 fornece a posição das franjas *escuras* na experiência da *fenda única*, ao passo que a outra equação fornece a posição das franjas *brilhantes* na experiência da *fenda dupla*. Além disso, $m = 0$ na Equação 36.2 *não* corresponde a uma franja escura. Preste atenção!

EXEMPLO 36.1 DIFRAÇÃO EM UMA FENDA SIMPLES

Você faz um feixe de luz de laser de 633 nm incidir sobre uma fenda estreita e observa a figura de difração sobre uma tela situada a uma distância igual a 6,0 m. Você verifica que a distância entre o centro do primeiro mínimo acima do máximo central e o centro do primeiro mínimo abaixo do máximo central é de 32 mm (**Figura 36.7**). Qual é a largura da fenda?

SOLUÇÃO

IDENTIFICAR E PREPARAR: este problema envolve a relação entre as franjas escuras em uma figura de difração produzida em uma fenda simples e a largura da fenda a (nossa variável-alvo). Nesse caso, a distância entre os pontos sobre a tela é muito menor que a distância entre a tela e a fenda, de modo que o ângulo θ mostrado na Figura 36.5a é muito pequeno, e podemos usar a Equação 36.3 para encontrar o valor de a.

EXECUTAR: o primeiro mínimo corresponde a $m = 1$ na Equação 36.3. A distância y_1 entre o máximo central e o primeiro mínimo é igual à metade da distância entre os dois primeiros mínimos; logo, $y_1 = (32 \text{ mm})/2 = 16$ mm. Explicitando a largura a da Equação 36.3, obtemos

(*Continua*)

(Continuação)

$$a = \frac{x\lambda}{y_1} = \frac{(6{,}0\ \text{m})(633 \times 10^{-9}\ \text{m})}{16 \times 10^{-3}\ \text{m}} = 2{,}4 \times 10^{-4}\ \text{m} = 0{,}24\ \text{mm}$$

AVALIAR: o ângulo θ é pequeno apenas se o comprimento de onda é pequeno comparado à largura da fenda. Como λ = 633 nm = $6{,}33 \times 10^{-7}$ m e descobrimos que a = 0,24 mm = $2{,}4 \times 10^{-4}$ m, nosso resultado é compatível com isto: o comprimento de onda é $(6{,}33 \times 10^{-7}\ \text{m})/(2{,}4 \times 10^{-4}\ \text{m}) = 0{,}0026$ da largura da fenda. Você é capaz de demonstrar que a distância entre os dois *segundos* mínimos, um de cada lado do máximo central, é igual a 2(32 mm) = 64 mm, e assim por diante?

Figura 36.7 Experiência com difração produzida em uma fenda simples.

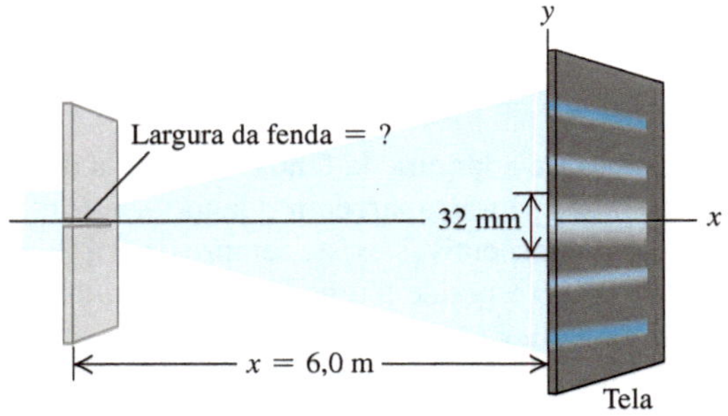

TESTE SUA COMPREENSÃO DA SEÇÃO 36.2 Avalie as seguintes experiências de difração produzidas em uma fenda simples e coloque-as em ordem, da maior para a menor, em termos do tamanho do ângulo formado entre o centro da figura de difração e a primeira franja escura: (i) comprimento de onda 400 nm, largura da fenda 0,20 mm; (ii) comprimento de onda 600 nm, largura da fenda 0,20 mm; (iii) comprimento de onda 400 nm, largura da fenda 0,30 mm; (iv) comprimento de onda 600 nm, largura da fenda 0,30 mm. ❙

36.3 INTENSIDADE NA DIFRAÇÃO PRODUZIDA POR UMA FENDA SIMPLES

Podemos deduzir uma expressão para a distribuição da intensidade na difração produzida por uma fenda única usando o mesmo método da soma de fasores da Seção 35.3 para o caso da figura de interferência com fenda dupla. Mais uma vez, supomos que a frente de onda plana na fenda esteja subdividida em um grande número de faixas. Superpomos todas as contribuições das frentes de onda secundárias de Huygens que atingem o ponto P sobre a tela distante e que formam um ângulo θ com a normal ao plano da fenda (**Figura 36.8a**). Para isso, usamos um fasor que represente cada campo $\vec{E}$ senoidal variável proveniente de cada faixa. O módulo

Figura 36.8 Diagrama de fasores para determinar a amplitude do campo resultante $\vec{E}$ na difração produzida em uma fenda única. Cada fasor representa o campo $\vec{E}$ de uma única faixa no interior da fenda.

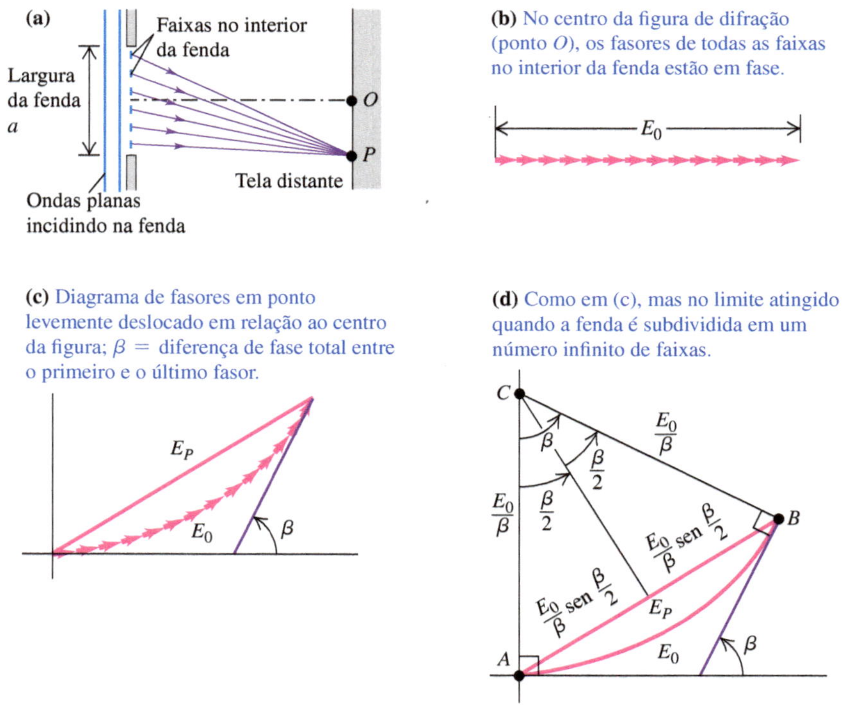

da soma vetorial dos fasores em cada ponto P fornece a amplitude E_p do campo resultante $\vec{E}$ nesse ponto. A intensidade no ponto P é proporcional a E_p^2.

No ponto O na Figura 36.8a, correspondente ao centro da figura onde $\theta = 0$, existem diferenças de caminhos desprezíveis para $x >> a$; todos os fasores estão essencialmente *em fase* (ou seja, possuem a mesma direção e o mesmo sentido). Na Figura 36.8b, desenhamos o diagrama de fasores no tempo $t = 0$ e designamos por E_0 a amplitude resultante no ponto O. Nessa ilustração dividimos a fenda em 14 faixas.

Considere agora as ondas secundárias que chegam ao ponto P da Figura 36.8a, provenientes de faixas diferentes formando um ângulo θ a partir do ponto O. Em virtude da diferença de caminho, existe agora uma diferença de fase entre as ondas provenientes de faixas adjacentes; o diagrama de fasores correspondente pode ser visto na Figura 36.8c. A soma vetorial dos fasores é indicada pelo perímetro de um polígono com muitos lados, e a amplitude E_p do campo elétrico resultante no ponto P é dada pela *corda* dessa poligonal. O ângulo β é a diferença de fase total entre a onda recebida em P proveniente da faixa do topo da Figura 36.8a em relação à onda que chega ao ponto P proveniente da faixa inferior.

Suponhamos que a fenda seja subdividida em faixas cada vez mais estreitas. No limite, quando existe um número infinito de faixas infinitamente estreitas, a linha poligonal de fasores transforma-se em um *arco de circunferência* (Figura 36.8d), cujo comprimento de arco é igual ao valor E_0 mostrado na Figura 36.8b. O centro C desse arco é encontrado traçando-se perpendiculares em A e em B. De acordo com a relação entre comprimento de arco, raio e ângulo, o raio do arco é dado por E_0/β; a amplitude E_p do campo elétrico resultante no ponto P é dada pela corda AB, cujo comprimento é $2(E_0/\beta)$ sen $(\beta/2)$. (Note que β *precisa* ser expresso em radianos!) Portanto, obtemos

$$E_P = E_0 \frac{\operatorname{sen}(\beta/2)}{\beta/2} \qquad \text{(amplitude na difração produzida em uma fenda única)} \tag{36.4}$$

A intensidade em cada ponto da tela é proporcional ao quadrado da amplitude dada pela Equação 36.4. Designando por I_0 a intensidade na direção frontal para $\theta = 0$ e $\beta = 0$, então a intensidade I em qualquer ponto da tela é

$$I = I_0 \left[\frac{\operatorname{sen}(\beta/2)}{\beta/2} \right]^2 \qquad \text{(intensidade na difração em uma fenda única)} \tag{36.5}$$

Podemos expressar a diferença de fase β em termos das grandezas geométricas, como fizemos no caso da figura de interferência com fenda dupla. Pela Equação 35.11, a diferença de fase é $2\pi/\lambda$ vezes a diferença de caminho. Como indica a Figura 36.5, a diferença de caminho entre o raio proveniente do topo da fenda e o raio que sai do meio dela é igual a $(a/2)$ sen θ. A diferença de caminho entre o raio proveniente do topo da fenda e o raio que sai da extremidade inferior da fenda é igual ao dobro desse valor, logo,

$$\beta = \frac{2\pi}{\lambda} a \operatorname{sen} \theta \tag{36.6}$$

e a Equação 36.5 pode ser escrita na forma

$$I = I_0 \left\{ \frac{\operatorname{sen}[\pi a(\operatorname{sen}\theta)/\lambda]}{\pi a(\operatorname{sen}\theta)/\lambda} \right\}^2 \tag{36.7}$$

Intensidade na difração em uma fenda única → I

Ângulo da linha do centro da fenda até a posição na tela → θ

Intensidade em $\theta = 0$ → I_0

Largura da fenda → a

Comprimento de onda → λ

Figura 36.9 (a) Distribuição da intensidade na difração em uma fenda única. Os valores de m indicam a intensidade mínima fornecida pela Equação 36.8. A maior parte da potência da água vai para o máximo central (entre as intensidades mínimas $m = 1$ e $m = -1$). (b) Estas ondas de água que passam através de uma pequena abertura se comportam de modo exatamente análogo às ondas de luz na figura de difração produzida em uma fenda única. Apenas as ondas difratadas dentro do pico de intensidade central são visíveis; as ondas com ângulos maiores são fracas demais para serem vistas.

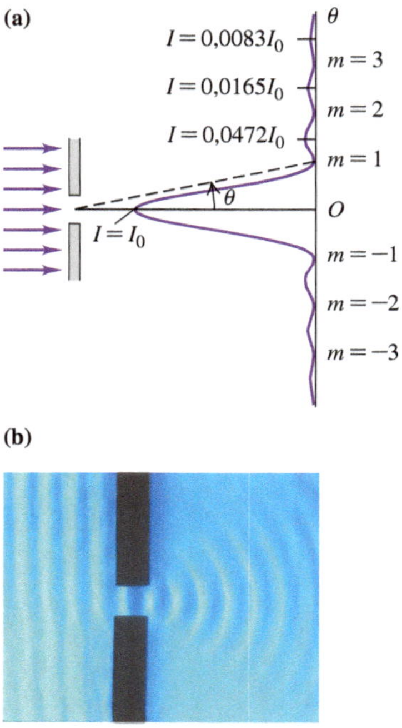

Essa equação expressa a intensidade diretamente em termos do ângulo θ. Em muitos cálculos, é mais fácil determinar inicialmente o ângulo de fase β a partir da Equação 36.6 e, a seguir, usar a Equação 36.5.

A **Figura 36.9a** ilustra um gráfico da Equação 36.7. Note que a intensidade da franja brilhante central é muito maior que a intensidade de qualquer uma das outras franjas. Isso significa que a maioria da potência da onda permanece dentro de um ângulo θ com a perpendicular à fenda, onde sen $\theta = \lambda/a$ (o primeiro mínimo da difração). Pode-se ver isso facilmente na Figura 36.9b, que é uma fotografia das ondas na água passando por uma difração em uma fenda simples. Note também que as intensidades máximas na Figura 36.9a diminuem rapidamente à medida que nos afastamos do centro da figura. (Compare com a Figura 36.6, que mostra a figura de difração em uma fenda simples para a luz.)

As franjas escuras da figura de difração se formam nos pontos em que $I = 0$. Esses pontos ocorrem quando o numerador da Equação 36.5 é igual a zero, ou seja, quando β é um múltiplo de 2π. De acordo com a Equação 36.6, essa condição corresponde a

$$\frac{a \operatorname{sen} \theta}{\lambda} = m \qquad (m = \pm 1, \pm 2, \ldots)$$

$$\operatorname{sen} \theta = \frac{m\lambda}{a} \qquad (m = \pm 1, \pm 2, \ldots) \tag{36.8}$$

Essa relação concorda com o resultado anterior obtido com a Equação 36.2. Observe novamente que $\beta = 0$ (que corresponde a $\theta = 0$) *não* fornece um mínimo. A Equação 36.5 é indeterminada para $\beta = 0$, porém podemos calcular o limite quando $\beta \rightarrow 0$ usando a regra de L'Hôpital. Verificamos que, quando $\beta = 0$, obtemos $I = I_0$, como era esperado.

Máximos da figura de difração produzida em uma fenda única

Também podemos aplicar a Equação 36.5 para determinar a posição dos picos, ou dos *máximos*, e o valor da intensidade de cada um desses picos. Isso não é tão simples quanto pode parecer. Esperaríamos que os picos ocorressem nos pontos em que a função seno atingisse valores iguais a ± 1, ou seja, quando $\beta = \pm\pi, \pm 3\pi, \pm 5\pi$, ou, em geral,

$$\beta \approx \pm(2m + 1)\pi \qquad (m = 0, 1, 2, \ldots) \tag{36.9}$$

Isso é *aproximadamente* correto; entretanto, por causa do fator $(\beta/2)^2$ no denominador da Equação 36.5, os máximos não ocorrem precisamente nesses pontos. Quando derivamos a Equação 36.5 em relação a β e igualamos a zero o resultado para tentar determinar os máximos e mínimos, obtemos uma equação transcendental que deve ser resolvida numericamente. Na realidade, não existe *nenhum* máximo nas vizinhanças de $\beta = \pm\pi$. Os primeiros máximos, um de cada lado do máximo central, nas vizinhanças de $\beta = \pm 3\pi$, na verdade ocorrem para os valores $\pm 2{,}860\pi$. Os segundos máximos laterais, nas vizinhanças de $\beta = \pm 5\pi$, ocorrem na verdade para $\pm 4{,}918\pi$, e assim por diante. O erro da Equação 36.9 se anula no limite de valores grandes de m, ou seja, para os máximos de intensidade muito afastados do centro da figura de difração.

Para calcular as intensidades dos máximos laterais, substituímos esses valores de β na Equação 36.5. Usando a aproximação indicada na Equação 36.9, obtemos

$$I_m \approx \frac{I_0}{\left(m + \frac{1}{2}\right)^2 \pi^2} \tag{36.10}$$

onde I_m é a intensidade do máximo lateral de ordem m e I_0 é a intensidade do máximo central. A Equação 36.10 fornece a série de intensidades

$$0{,}0450I_0 \quad 0{,}0162I_0 \quad 0{,}0083I_0$$

e assim por diante. Como dissemos anteriormente, essa equação está apenas aproximadamente correta. Verificamos que as intensidades verdadeiras desses máximos laterais são

$$0{,}0472I_0 \quad 0{,}0165I_0 \quad 0{,}0083I_0 \quad \ldots$$

Note que as intensidades dos máximos laterais diminuem muito rapidamente, como a Figura 36.9a também indica. Até mesmo o primeiro máximo apresenta menos de 5% da intensidade do máximo central.

Largura da figura de difração em uma fenda única

Para ângulos pequenos, o espalhamento angular da figura de difração é inversamente proporcional à largura da fenda a ou, mais precisamente, à razão entre a e o comprimento de onda λ. A **Figura 36.10** mostra a intensidade I em função do ângulo θ para três valores da razão a/λ.

Em ondas luminosas, o comprimento de onda λ é geralmente muito menor que a largura da fenda a, e os valores de θ nas equações 36.6 e 36.7 são tão pequenos que a aproximação sen $\theta = \theta$ é bastante adequada. Com essa aproximação, a posição θ_1 do primeiro mínimo ($m = 1$), correspondendo a $\beta/2 = \pi$, de acordo com a Equação 36.7, é dada por

$$\theta_1 = \frac{\lambda}{a} \qquad (36.11)$$

Esse valor caracteriza a largura (espalhamento angular) do máximo central, e vemos que ela é *inversamente* proporcional à largura da fenda a. Quando a aproximação de ângulo pequeno é válida, o máximo central apresenta uma largura duas vezes maior que a largura de cada um dos máximos laterais. Quando a é da ordem de um centímetro ou mais, θ_1 é tão pequeno que podemos praticamente considerar toda a luz concentrada no foco geométrico. Porém, quando a é menor que λ, o máximo central se espalha por 180° e não podemos ver qualquer franja.

É importante lembrar que a difração ocorre em *qualquer* tipo de onda e não apenas com a luz. As ondas sonoras sofrem difração ao passar por uma fenda ou uma abertura, como uma porta aberta. As ondas sonoras da voz humana possuem comprimentos de onda ligeiramente maiores que um metro, e uma porta comum tem largura inferior a 1 m; nesse caso, a é menor que λ e o máximo central se espalha até 180°. Isso explica por que o som que passa por uma porta aberta pode

DADOS MOSTRAM

Difração em uma fenda única

Quando os alunos recebiam um problema envolvendo difração de onda por uma fenda única, mais de 30% davam uma resposta incorreta. Erros comuns:

- Confusão sobre as posições das franjas escuras. A Equação 36.2 indica o ângulo da franja escura de ordem m até o centro da figura de difração — *não* o ângulo da franja escura em um lado da figura até a franja escura correspondente no outro lado.
- Confusão sobre como a largura da fenda a e o comprimento de onda λ afetam a largura da figura de difração. A diminuição de a ou o aumento de λ tornam a figura mais larga; aumentar a ou diminuir λ tornam a figura mais estreita.

Figura 36.10 A figura de difração em uma fenda única depende da razão entre a largura da fenda a e o comprimento de onda λ.

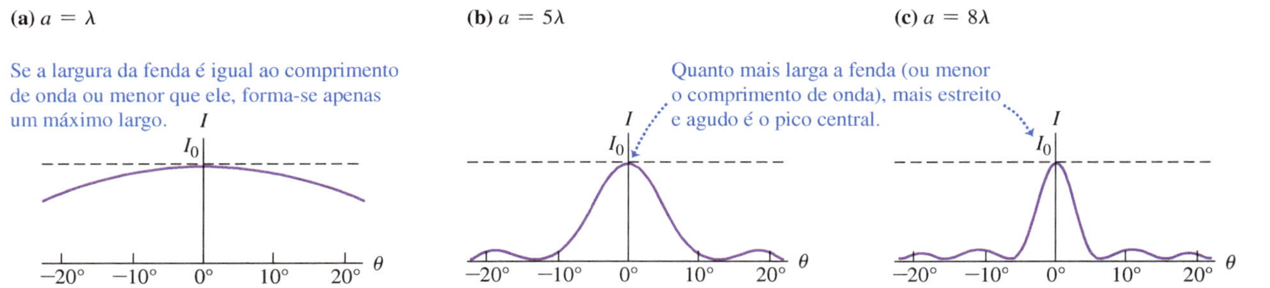

ser ouvido facilmente até por uma pessoa escondida atrás da porta e que está fora do ângulo de visão. Da mesma forma, as ondas sonoras podem contornar a cabeça de um professor que está voltado para a lousa enquanto fala (**Figura 36.11**). Em contraste, não existe nenhuma difração da luz através dessa porta porque a largura a é muito maior que o comprimento de onda λ (aproximadamente igual a 5×10^{-7} m). Você pode *ouvir* em torno de arestas porque as ondas sonoras típicas possuem comprimentos de onda relativamente grandes, mas você não pode *ver* em torno de arestas porque a luz possui comprimentos de onda muito pequenos.

Figura 36.11 As ondas sonoras usadas na fala têm um longo comprimento de onda (cerca de 1 m) e podem facilmente contornar a cabeça desse professor. Em contraste, as ondas luminosas possuem comprimentos de onda muito curtos e sofrem muito pouca difração. Assim, você não consegue *ver* ao redor da cabeça dele!

EXEMPLO 36.2 DIFRAÇÃO EM UMA FENDA SIMPLES: INTENSIDADE I

(a) A intensidade no centro de uma figura de difração de fenda única é I_0. Qual é a intensidade em um ponto onde a diferença de fase total entre as ondas secundárias provenientes do topo e da parte inferior da fenda é igual a 66 rad? (b) Se esse ponto está 7,0° afastado do máximo central, quantos comprimentos de onda de largura tem a fenda?

SOLUÇÃO

IDENTIFICAR E PREPARAR: em nossa análise da Figura 36.8, usamos o símbolo β para a diferença de fase entre as ondas secundárias provenientes das duas extremidades da fenda. Na parte (a), usamos a Equação 36.5 para encontrar a intensidade I no ponto da figura onde $\beta = 66$ rad. Na parte (b), precisamos encontrar o comprimento de onda λ, de modo que nossa variável-alvo é a/λ. Como conhecemos a posição angular θ do ponto onde $\beta =$ 66 rad, podemos usar a Equação 36.6 para determinar a/λ.

EXECUTAR: (a) temos $\beta/2 = 33$ rad e, portanto, aplicamos a Equação 36.5:

$$I = I_0\left[\frac{\text{sen}(33 \text{ rad})}{33 \text{ rad}}\right]^2 = (9{,}2 \times 10^{-4})\, I_0$$

(b) Pela Equação 36.6:

$$\frac{a}{\lambda} = \frac{\beta}{2\pi \,\text{sen}\,\theta} = \frac{66 \text{ rad}}{(2\pi \text{ rad})\,\text{sen}\, 7{,}0°} = 86$$

Por exemplo, para uma luz de 550 nm, a largura da fenda $a = (86)$ $(550 \text{ nm}) = 4{,}7 \times 10^{-5}$ m $= 0{,}047$ mm ou aproximadamente igual a $\frac{1}{20}$ mm.

AVALIAR: a que ponto na figura de difração esse valor de β corresponde? Para descobrir, note que $\beta = 66$ rad é aproximadamente igual a 21π. Este é um múltiplo ímpar de π, correspondente à forma $(2m + 1)\pi$ encontrada na Equação 36.9 para a intensidade *máxima*. Logo, $\beta = 66$ rad corresponde a um ponto próximo do décimo máximo lateral ($m = 10$). Isso está bem além do intervalo na Figura 36.9a, que mostra apenas os máximos até $m = \pm 3$.

EXEMPLO 36.3 DIFRAÇÃO EM UMA FENDA SIMPLES: INTENSIDADE II

Na experiência descrita no Exemplo 36.1 (Seção 36.2), a intensidade em um ponto no centro da tela é igual a I_0. Qual é a intensidade em um ponto sobre a tela a uma distância de 3,0 mm do centro da figura de difração?

SOLUÇÃO

IDENTIFICAR E PREPARAR: este problema é semelhante ao Exemplo 36.2, a não ser pelo fato de que o valor da diferença de fase β no ponto em questão não é dado. Usamos geometria para determinar o ângulo θ para nosso ponto e então usamos a Equação 36.7 para calcular a intensidade I (nossa variável-alvo).

EXECUTAR: observando a Figura 36.5a, obtemos $y = 3{,}0$ mm e $x = 6{,}0$ m; logo, $\tan\theta = y/x = (3{,}0 \times 10^{-3}\text{ m})/(6{,}0\text{ m}) = 5{,}0 \times 10^{-4}$. Como esse valor é muito pequeno, os valores de $\tan\theta$, $\text{sen}\,\theta$ e θ (em radianos) são todos aproximadamente os mesmos. Então, usando a Equação 36.7, obtemos

$$\frac{\pi a \,\text{sen}\,\theta}{\lambda} = \frac{\pi(2{,}4 \times 10^{-4}\text{ m})(5{,}0 \times 10^{-4})}{6{,}33 \times 10^{-7}\text{ m}} = 0{,}60$$

$$I = I_0\left(\frac{\text{sen}\, 0{,}60}{0{,}60}\right)^2 = 0{,}89 I_0$$

AVALIAR: examinando a Figura 36.9a, vemos que uma intensidade assim tão grande pode ocorrer apenas dentro da região da intensidade máxima central. Isso confere; pelo Exemplo 36.1, a primeira intensidade mínima ($m = 1$ na Figura 36.9a) está a (32 mm)/2 = 16 mm do centro da figura; portanto, o ponto em questão aqui em $y = 3$ mm está, realmente, dentro do máximo central.

TESTE SUA COMPREENSÃO DA SEÇÃO 36.3 Uma radiação eletromagnética coerente é enviada por uma fenda de 0,0100 mm de largura. Em qual dos seguintes comprimentos de onda *não* haverá pontos na figura de difração em que a intensidade é zero? (i) Luz azul com comprimento de onda 500 nm; (ii) luz infravermelha com comprimento de onda 10,6 μm; (iii) micro-ondas de comprimento de onda 1,0 mm; (iv) luz ultravioleta com comprimento de onda 50,0 nm. ▮

36.4 FENDAS MÚLTIPLAS

Nas seções 35.2 e 35.3, analisamos a interferência entre duas fontes puntiformes ou da luz proveniente de duas fendas estreitas; naquela análise, desprezamos os efeitos produzidos pelo fato de a largura de cada fenda ser finita (ou seja, diferente de zero). Nas seções 36.2 e 36.3, analisamos os efeitos de difração que ocorrem quando a luz passa por uma fenda única com largura finita. Efeitos adicionais importantes ocorrem quando consideramos duas fendas com larguras finitas ou quando existem diversas fendas estreitas.

Duas fendas com larguras finitas

Vamos examinar novamente o problema da fenda dupla considerando um caso mais realista, no qual as duas fendas apresentam larguras finitas. Quando as fendas são estreitas em comparação com o comprimento de onda, podemos supor que a luz proveniente de cada fenda se espalha uniformemente em todas as direções do lado direito da fenda. Utilizamos essa hipótese na Seção 35.3 para calcular a figura de interferência descrita pela Equação 35.10 ou 35.15, que consistia em uma série de máximos com intensidade igual, separados por distâncias idênticas. Contudo, quando as fendas possuem larguras finitas, os picos da figura de interferência produzida em uma fenda dupla são modulados pela figura de difração característica da largura de cada fenda.

A **Figura 36.12a** mostra a intensidade em uma figura de difração para uma fenda única de largura a. Os *mínimos da difração* são indicados pela notação dos números inteiros $m_d = \pm 1, \pm 2, \ldots$ (o índice "d" indica "difração"). A Figura 36.12b apresenta a figura formada pelos raios provenientes de duas fendas estreitas separadas por uma distância d igual a quatro vezes a largura a da fenda indicada na Figura 36.12a; ou seja, $d = 4a$. Os *máximos da interferência* são indicados pelo número inteiro $m_i = 0, \pm 1, \pm 2, \ldots$ (o índice "i" indica "interferência"). Note que o espaçamento entre os dois primeiros mínimos adjacentes ao centro da figura de difração da fenda única é quatro vezes maior que no caso da figura de interferência da fenda dupla. Suponha agora que a largura dessas duas fendas seja aumentada até atingir o mesmo valor da largura a da fenda única indicada na Figura 36.12a. A Figura 36.12c mostra a configuração formada pelas duas fendas de largura a separadas por uma distância (entre seus centros) $d = 4a$. O efeito da largura finita das fendas consiste em fazer a superposição dos efeitos das duas figuras anteriores, ou seja, as intensidades são multiplicadas em cada ponto. Os picos da interferência da fenda dupla continuam nas mesmas posições anteriores; contudo, suas intensidades são moduladas pela intensidade da difração na fenda única. A expressão para a intensidade na Figura 36.12c é proporcional ao produto da intensidade na experiência da fenda dupla, dada pela Equação 35.10 multiplicada pela Equação 36.5:

$$I = I_0 \cos^2 \frac{\phi}{2} \left[\frac{\operatorname{sen}(\beta/2)}{\beta/2} \right]^2 \quad \text{(duas fendas de largura finita)} \qquad (36.12)$$

onde, como anteriormente,

$$\phi = \frac{2\pi d}{\lambda} \operatorname{sen}\theta \qquad \beta = \frac{2\pi a}{\lambda} \operatorname{sen}\theta$$

Figura 36.12 Encontrando as intensidades na figura de difração de duas fendas de largura finita.

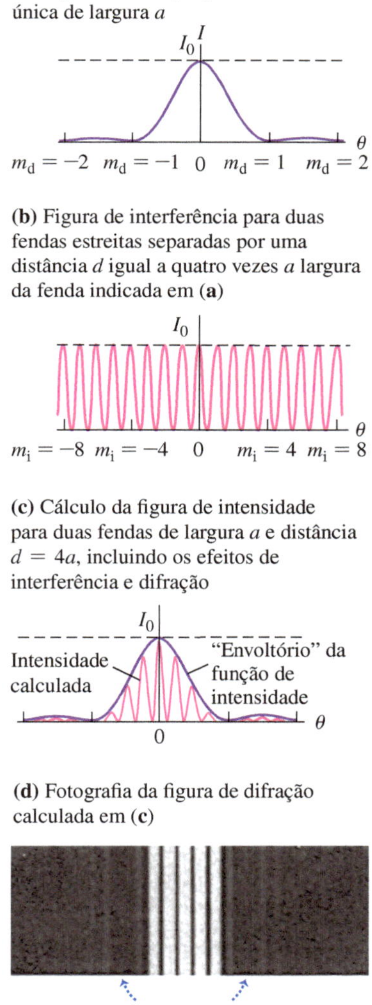

(a) Figura de difração para uma fenda única de largura a

(b) Figura de interferência para duas fendas estreitas separadas por uma distância d igual a quatro vezes a largura da fenda indicada em **(a)**

(c) Cálculo da figura de intensidade para duas fendas de largura a e distância $d = 4a$, incluindo os efeitos de interferência e difração

(d) Fotografia da figura de difração calculada em **(c)**

Para $d = 4a$, todos os máximos com número de ordem múltiplo de quatro ($m_i = \pm 4, \pm 8, \ldots$) nos lados estão ausentes.

Note, na Figura 36.12c, que estão *ausentes* em ambos os lados da figura todos os máximos de interferência cujas ordens sejam múltiplos de quatro, pois esses máximos ($m_i = \pm 4, \pm 8, ...$) coincidem com os mínimos da difração ($m_d = \pm 1, \pm 2, ...$). Isso também pode ser visto na Figura 36.12d, que é uma fotografia da figura real para $d = 4a$. Você deve se convencer de que haverá máximos "ausentes" toda vez que d for um múltiplo inteiro de a.

As figuras 36.12c e 36.12d mostram que, à medida que você se afasta da franja brilhante central da figura formada pelas duas fendas, a intensidade dos máximos vai diminuindo. Isso resulta da modulação imposta pela figura de difração em uma fenda única indicada na Figura 36.12a; matematicamente, a diminuição de intensidade decorre do fator $(\beta/2)^2$ no denominador da Equação 36.12. Essa diminuição de intensidade também pode ser vista na Figura 35.6 (Seção 35.2). Quanto mais estreita for a fenda, mais largo será o máximo central da figura de difração da fenda única (como mostrado na Figura 36.10) e mais lenta será a diminuição de intensidade de um máximo de interferência para o máximo seguinte.

A configuração mostrada na Figura 36.12d deve ser chamada figura de *interferência* ou figura de *difração*? Na verdade, os dois fenômenos ocorrem simultaneamente, visto que há superposição das ondas vindas de diversas partes das duas fendas.

Diversas fendas

Figura 36.13 Difração em fendas múltiplas. Aqui usamos uma lente convergente para obter uma difração de Fraunhofer sobre uma tela próxima, como no caso da Figura 36.4d.

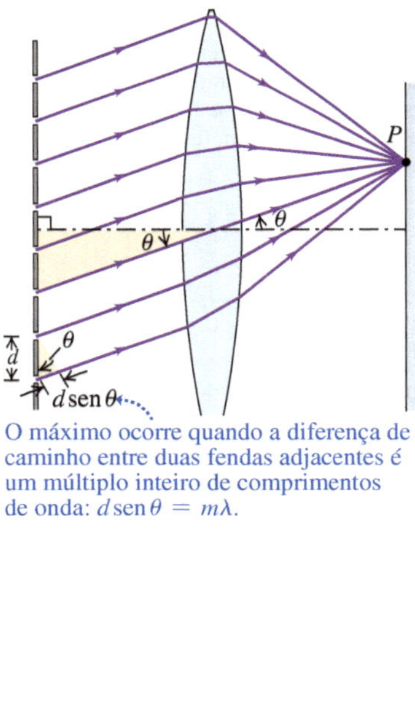

O máximo ocorre quando a diferença de caminho entre duas fendas adjacentes é um múltiplo inteiro de comprimentos de onda: $d \operatorname{sen} \theta = m\lambda$.

Agora vamos considerar figuras produzidas por *diversas* fendas estreitas. Conforme veremos, sistemas com fendas estreitas encontram uma extraordinária aplicação prática na *espectroscopia* — a determinação dos comprimentos de onda particulares da luz proveniente de uma fonte. Suponha que a largura de cada fenda seja menor que o comprimento de onda, de modo que a frente de onda difratada se espalhe de modo praticamente uniforme. A **Figura 36.13** mostra uma rede com oito fendas estreitas que apresentam a mesma distância d entre duas fendas consecutivas. Ocorre interferência construtiva para os raios que formam um ângulo com a normal que chegam ao ponto P com uma diferença de caminho entre duas fendas adjacentes igual a um número inteiro de comprimentos de onda:

$$d \operatorname{sen} \theta = m\lambda \quad (m = 0, \pm 1, \pm 2, ...)$$

Isso significa que o reforço acontece quando a diferença de fase ϕ no ponto P para a luz proveniente de duas fendas adjacentes é um múltiplo inteiro de 2π. Ou seja, o máximo da figura ocorre na *mesma* posição no caso da experiência de *duas* fendas com o mesmo espaçamento.

Porém, o que ocorre *entre* os máximos é diferente com fendas múltiplas. Na figura de interferência produzida em uma fenda dupla, existe apenas um mínimo entre dois máximos consecutivos, correspondente aos ângulos para os quais a diferença de fase entre as ondas provenientes das duas fendas for igual a π, 3π, 5π e assim por diante. Na figura de interferência formada por oito fendas também existem mínimos entre dois máximos consecutivos porque a luz proveniente de fendas adjacentes pode se cancelar aos pares, como mostrado no diagrama de fasores da **Figura 36.14a**. Mas esses não são os únicos mínimos da figura com oito fendas. Por exemplo, quando a diferença de fase ϕ entre duas fendas adjacentes é igual a $\pi/4$, o diagrama de fasores é igual ao mostrado na Figura 36.14b; o fasor total (resultante) é igual a zero e a intensidade também é igual a zero. Quando $\phi = \pi/2$, obtemos o diagrama de fasores da Figura 36.14c e, mais uma vez, o fasor total e a intensidade são iguais a zero. Generalizando, a intensidade é igual a zero no caso de oito fendas sempre que ϕ é um múltiplo inteiro de $\pi/4$, *exceto* quando ϕ for um múltiplo inteiro de 2π. Logo, existem sete mínimos para cada máximo.

Figura 36.14 Diagramas de fasores para a luz que passa através de oito fendas estreitas. Os máximos ocorrem quando a diferença de fase é $\phi = 0, 2\pi, 4\pi, \ldots$ Entre os máximos em $\phi = 0$ e $\phi = 2\pi$ existem sete mínimos, correspondentes a $\phi = \pi/4, \pi/2, 3\pi/4, \pi, 5\pi/4, 3\pi/2$ e $7\pi/4$. Você é capaz de desenhar diagramas de fasores para os outros mínimos?

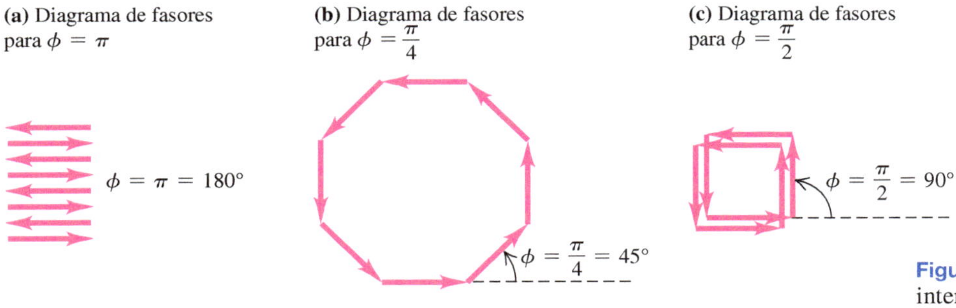

Cálculos detalhados mostram que a figura de interferência para oito fendas se comporta como indica a **Figura 36.15b**. Os máximos maiores, chamados *máximos principais*, estão localizados nas mesmas posições da figura de interferência em fenda dupla, como se vê na Figura 36.15a, mas são muito mais estreitos. Se a diferença de fase ϕ entre duas fendas adjacentes for ligeiramente diferente de um múltiplo de 2π, as ondas provenientes das fendas 1 e 2 estarão ligeiramente fora de fase; contudo, a diferença de fase entre as fendas 1 e 3 será maior, aquela entre as fendas 1 e 4 será maior ainda e assim por diante. Isso produz um cancelamento parcial nos ângulos que diferem em poucos graus da condição do máximo, fornecendo os máximos estreitos mostrados na Figura 36.15b. Obtemos máximos ainda mais estreitos quando usamos 16 fendas (Figura 36.15c).

Convidamos você a demonstrar que, no caso de N fendas, existem $(N - 1)$ mínimos entre cada par de máximos principais e que ocorre um mínimo quando ϕ é um múltiplo inteiro de $2\pi/N$ (exceto quando ϕ é um múltiplo inteiro de 2π, que corresponde a um máximo principal). Existem máximos *secundários* entre esses mínimos, que se tornam cada vez menores em comparação com os máximos principais à medida que N aumenta. Quanto maior o valor de N, mais estreitos os máximos principais se tornam. Do ponto de vista da energia, concluímos que a energia da figura toda é proporcional a N. A altura de cada máximo principal é proporcional a N^2, portanto, pela lei da conservação da energia, concluímos que a largura de cada máximo principal deve ser proporcional a $1/N$. Na próxima seção, veremos por que os detalhes das figuras com fendas múltiplas possuem uma importância prática tão grande.

TESTE SUA COMPREENSÃO DA SEÇÃO 36.4 Suponha que duas fendas, ambas com largura a, estejam separadas por uma distância $d = 2{,}5a$. Existem máximos ausentes na figura de interferência produzida por essas fendas? Caso existam, quais estão ausentes? Caso contrário, por que eles não existem? ❙

Figura 36.15 Figuras de interferência para N fendas muito estreitas igualmente espaçadas. (a) Duas fendas. (b) Oito fendas. (c) Dezesseis fendas. As escalas verticais são diferentes para cada gráfico. I_0 é a intensidade máxima para a difração em uma fenda única, e a intensidade máxima para N fendas é igual a $N^2 I_0$. A largura de cada pico é proporcional a $1/N$.

(a) $N = 2$: duas fendas produzem um mínimo entre dois máximos adjacentes.

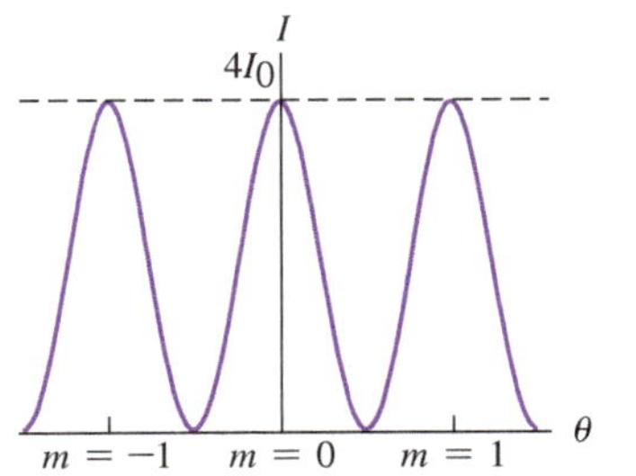

(b) $N = 8$: oito fendas produzem sete mínimos entre dois máximos adjacentes mais agudos e mais estreitos nos mesmos lugares.

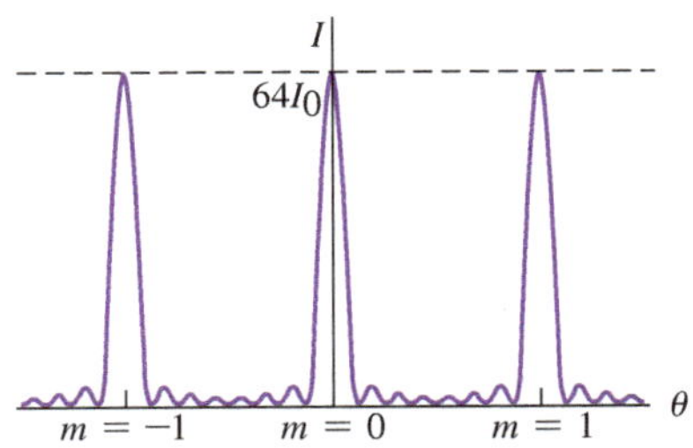

(c) $N = 16$: com 16 fendas, os máximos são ainda mais agudos e estreitos, com mais mínimos entre dois máximos adjacentes.

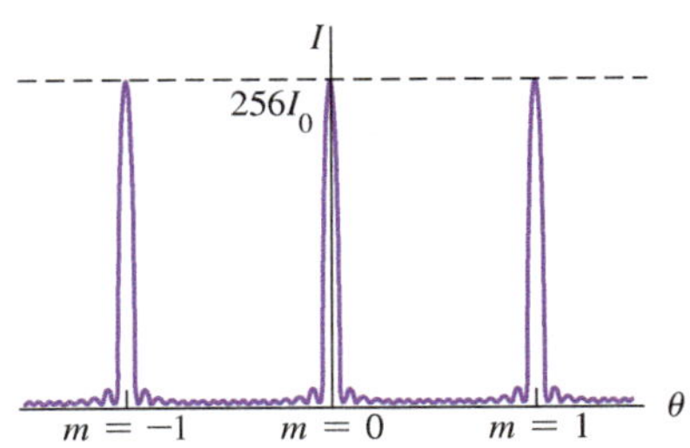

36.5 A REDE DE DIFRAÇÃO

Acabamos de verificar que, aumentando o número de fendas em uma experiência de interferência (enquanto mantemos o espaçamento entre as fendas constante), obtemos uma figura de interferência na qual os máximos estão nas mesmas posições, porém são mais agudos e mais estreitos que no caso da experiência de interferência em fenda dupla. Visto que esses máximos são tão agudos, suas posições angulares e, portanto, os comprimentos de onda podem ser determinados com elevada precisão. Veremos que esse efeito tem importantes aplicações.

Denomina-se **rede de difração** um conjunto que contém um número grande de fendas paralelas, todas com a mesma largura a e a mesma distância d entre os centros de duas fendas consecutivas. A primeira rede de difração foi construída por Fraunhofer, usando fios finos. As redes podem ser feitas com uma ponta de diamante para gerar sulcos igualmente espaçados sobre uma superfície de vidro ou de metal, ou então fazendo-se a redução de uma fotografia de um conjunto de faixas claras e escuras impressas sobre uma folha de papel. Para uma rede de difração, o termo *fenda* geralmente pode ser substituído por *ranhura* ou *linha*.

Figura 36.16 Um segmento de uma rede de difração de transmissão. A distância entre os centros de fendas adjacentes é d.

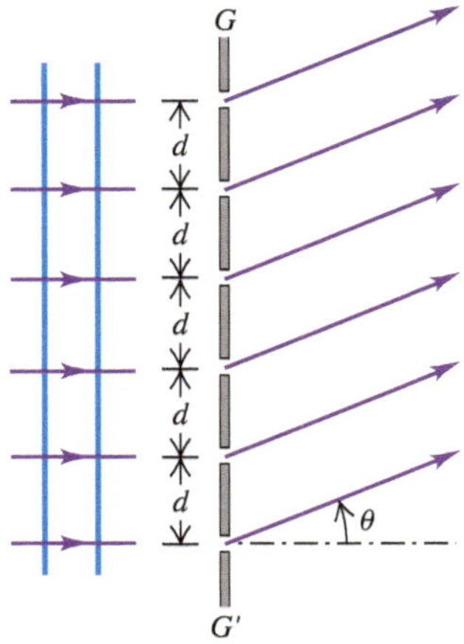

Na **Figura 36.16**, GG' representa a seção reta de uma *rede de transmissão*, as fendas são perpendiculares ao plano da página e a figura de interferência é formada pela luz transmitida através das fendas. O diagrama mostra apenas seis fendas; uma rede real pode conter milhares de ranhuras. A distância d entre os centros de duas fendas consecutivas denomina-se *espaçamento da rede*. Um feixe plano de luz monocromática incide perpendicularmente da esquerda para a direita sobre a rede. Consideramos a condição de campo distante (condição de Fraunhofer), ou seja, a tela está situada a uma distância suficientemente grande para que os raios que emergem da rede e atingem um ponto da tela possam ser considerados paralelos.

Verificamos na Seção 36.4 que os máximos principais na experiência com fendas múltiplas estão localizados nas mesmas direções dos máximos na experiência da fenda dupla. Essas direções são obtidas com a condição de que a diferença de caminho entre duas fendas adjacentes seja igual a um número inteiro de comprimentos de onda. Portanto, as posições dos máximos são novamente obtidas pela relação

Máximos de intensidade, fendas múltiplas:

Distância entre fendas; Comprimento de onda

$$d \operatorname{sen}\theta = m\lambda \quad (m = 0, \pm 1, \pm 2, \ldots) \tag{36.13}$$

Ângulo da linha do centro da rede de fendas até região brilhante de ordem m na tela

A Figura 36.15 indica as intensidades a partir de 2, 8 e 16 fendas, mostrando o progressivo estreitamento dos máximos à medida que o número de fendas aumenta.

Quando uma rede com centenas ou milhares de fendas é iluminada por um feixe de raios paralelos de luz monocromática, a figura obtida é constituída por uma série de linhas agudas em ângulos determinados pela Equação 36.13. As linhas $m = \pm 1$ são chamadas de *linhas de primeira ordem*, as linhas $m = \pm 2$ são chamadas de *linhas de segunda ordem* e assim por diante. Quando a fenda é iluminada com luz branca com uma distribuição contínua de comprimentos de onda, cada valor de m corresponde a um espectro contínuo na figura. O ângulo para cada cor é determinado pela Equação 36.13; para um dado valor de m, os comprimentos de onda mais longos (na extremidade vermelha do espectro) são encontrados em ângulos maiores (ou seja, apresentam maior desvio da direção do feixe incidente) que os ângulos dos comprimentos de onda mais curtos da extremidade violeta do espectro.

De acordo com a Equação 36.13, os senos dos ângulos de desvio dos máximos são proporcionais à razão λ/d. Para que ocorra um desvio substancial, o espaçamento d da rede deve ter a mesma ordem de grandeza do comprimento de onda λ. Redes destinadas ao uso da luz visível (λ entre 400 e 700 nm) costumam ter cerca de 1.000 fendas por milímetro; o valor de d é dado pelo *inverso* do número de fendas por unidade de comprimento; portanto, d é da ordem de $\frac{1}{1000}$ mm = 1.000 nm.

Figura 36.17 Sulcos microscópicos na superfície desse disco de DVD agem como uma rede de reflexão, decompondo a luz branca em suas cores componentes (que não podem ser vistas nesta imagem).

Em uma *rede de reflexão*, o conjunto de fendas igualmente espaçadas representadas na Figura 36.16 é substituído por um conjunto de sulcos ou saliências sobre uma tela refletora. A luz refletida forma máximos em ângulos em que a diferença de fase para ondas refletidas em dois sulcos ou saliências adjacentes é igual a um múltiplo inteiro de 2π. Quando uma luz de comprimento de onda λ incide perpendicularmente sobre uma rede de reflexão com um espaçamento d entre sulcos ou saliências adjacentes, os ângulos de *reflexão* em que ocorrem os máximos são dados pela Equação 36.13.

Os reflexos multicoloridos que observamos na superfície de um DVD são efeito da rede de reflexão (**Figura 36.17**). Os "sulcos" são pequenas reentrâncias com profundidade da ordem de 0,12 μm sobre a superfície do disco, com um espaçamento radial uniforme de 0,74 μm = 740 nm. A informação é codificada no DVD mediante a variação do *comprimento* das reentrâncias. O aspecto de rede de reflexão do disco é apenas um efeito paralelo esteticamente agradável.

EXEMPLO 36.4 LARGURA DO ESPECTRO DE UMA REDE

Os comprimentos de onda das extremidades do espectro visível são aproximadamente 380 nm (violeta) e 750 nm (vermelho). (a) Calcule a largura angular do espectro visível de primeira ordem produzido por uma rede plana com 600 fendas por milímetro quando uma luz branca incide perpendicularmente sobre a rede. (b) Os espectros de primeira e segunda ordens se sobrepõem? E os espectros de segunda e terceira ordens? Suas respostas dependem do espaçamento da rede?

SOLUÇÃO

IDENTIFICAR E PREPARAR: precisamos determinar os ângulos espalhados pelos espectros de primeira, segunda e terceira ordens, que correspondem a $m = 1, 2$ e 3 na Equação 36.13.

EXECUTAR: (a) o espaçamento d da rede é

$$d = \frac{1}{600 \text{ fendas/mm}} = 1{,}67 \times 10^{-6} \text{ m}$$

De acordo com a Equação 36.13 para θ:

$$\theta = \text{arcsen} \frac{m\lambda}{d}$$

Então, para $m = 1$, os desvios angulares θ_{v1} e θ_{r1} para a luz violeta e vermelha, respectivamente, são

$$\theta_{v1} = \text{arcsen}\left(\frac{380 \times 10^{-9} \text{ m}}{1{,}67 \times 10^{-6} \text{ m}}\right) = 13{,}2°$$

$$\theta_{r1} = \text{arcsen}\left(\frac{750 \times 10^{-9} \text{ m}}{1{,}67 \times 10^{-6} \text{ m}}\right) = 26{,}7°$$

Ou seja, o espectro visível de primeira ordem aparece com ângulos de deflexão de $\theta_{v1} = 13{,}2°$ (violeta) até $\theta_{r1} = 26{,}7°$ (vermelho).

(b) Com $m = 2$ e $m = 3$, nossa equação $\theta = \text{arcsen}(m\lambda/d)$ da luz violeta de 380 nm resulta em

$$\theta_{v2} = \text{arcsen}\left(\frac{2(380 \times 10^{-9} \text{ m})}{1{,}67 \times 10^{-6} \text{ m}}\right) = 27{,}1°$$

$$\theta_{v3} = \text{arcsen}\left(\frac{3(380 \times 10^{-9} \text{ m})}{1{,}67 \times 10^{-6} \text{ m}}\right) = 43{,}0°$$

Para a luz vermelha de 750 nm, essa mesma equação resulta em

$$\theta_{r2} = \text{arcsen}\left(\frac{2(750 \times 10^{-9} \text{ m})}{1{,}67 \times 10^{-6} \text{ m}}\right) = 63{,}9°$$

$$\theta_{r3} = \text{arcsen}\left(\frac{3(750 \times 10^{-9} \text{ m})}{1{,}67 \times 10^{-6} \text{ m}}\right) = \text{arcsen}\,(1{,}35) = \text{indefinido}$$

Logo, o espectro de segunda ordem se estende de 27,1° até 63,9° e o espectro de terceira ordem se estende de 43,0° a 90° (o maior valor possível de θ). O valor indefinido de θ_{r3} significa que o espectro de terceira ordem atinge $\theta = 90° = \text{arcsen}(1)$ em um comprimento de onda mais curto que 750 nm; você poderá demonstrar que isso acontece para $\lambda = 557$ nm. Logo, o espectro de primeira ordem (de 13,2° a 26,7°) não se sobrepõe com o espectro de segunda ordem, mas os espectros de segunda e terceira ordens se sobrepõem. Você poderá se convencer de que isso é verdade para qualquer valor do espaçamento de rede d.

AVALIAR: o motivo fundamental por que a primeira e a segunda ordens do espectro visível não se sobrepõem é que o olho humano é sensível apenas a um intervalo pequeno de comprimentos de onda. Será que você consegue mostrar que, se o olho pudesse detectar comprimentos de onda de 380 nm a 900 nm (no intervalo próximo ao infravermelho), a primeira e a segunda ordens *iriam* se sobrepor?

Espectrômetro de rede

As redes de difração são amplamente empregadas para medir o espectro da luz emitida por uma fonte, uma técnica chamada de *espectroscopia* ou *espectrometria*. A luz incidente sobre uma rede de difração com espaçamento conhecido sofre dispersão e forma um espectro. Os ângulos dos desvios são então medidos e a Equação 36.13 serve para calcular os comprimentos de onda. Usando uma rede com muitas fendas, são obtidos máximos muito agudos, e os desvios angulares (e, portanto, os comprimentos de onda) podem ser determinados com precisão.

Uma importante aplicação dessa técnica é usada na astronomia. À medida que a luz gerada dentro do Sol passa por sua atmosfera, certos comprimentos de onda são absorvidos seletivamente. O resultado é que o espectro de luz solar produzido por uma rede de difração apresenta *linhas de absorção* escuras (**Figura 36.18**). Experiências de laboratório mostram que diferentes tipos de átomos e íons absorvem luz de diferentes comprimentos de onda. Comparando esses resultados de laboratório com os comprimentos de onda de linhas de absorção no espectro da luz solar, os astrônomos podem deduzir a composição química da atmosfera do Sol. A mesma técnica é usada para fazer análises químicas de galáxias que estão a milhões de anos-luz de distância.

A **Figura 36.19** mostra o projeto de um *espectrômetro de rede* usado na astronomia. Nessa figura, é usada uma rede de transmissão; porém, em outros dispositivos,

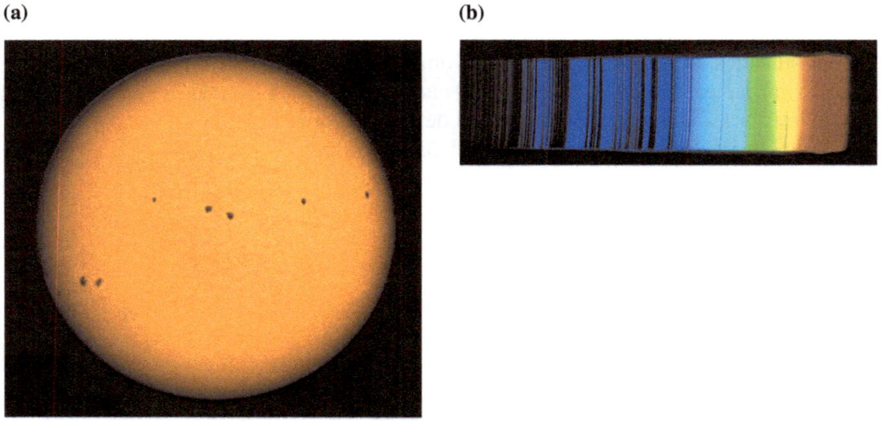

Figura 36.18 (a) Fotografia do Sol com luz visível. (b) A luz solar se dispersa em um espectro por uma rede de difração. Comprimentos de onda específicos são absorvidos à medida que a luz solar passa pela atmosfera do Sol, deixando linhas escuras no espectro.

BIO Aplicação Detectando o DNA com difração As redes de difração são usadas em uma parte comum do equipamento de laboratório conhecido como espectrofotômetro. A luz que atinge uma rede de difração é dispersa por seus comprimentos de onda componentes. Uma fenda é usada para bloquear todos, menos uma faixa estreita de comprimentos de onda, produzindo um feixe de luz quase perfeitamente monocromático. O instrumento, então, mede quanto dessa luz é absorvido por uma solução de moléculas biológicas. Por exemplo, o tubo de ensaio mostrado aqui contém uma solução de DNA, que é transparente à luz visível, mas absorve fortemente a luz ultravioleta com um comprimento de onda de exatamente 260 nm. Portanto, iluminando a amostra com luz a 260 nm e medindo a quantidade absorvida, podemos determinar a concentração de DNA na solução.

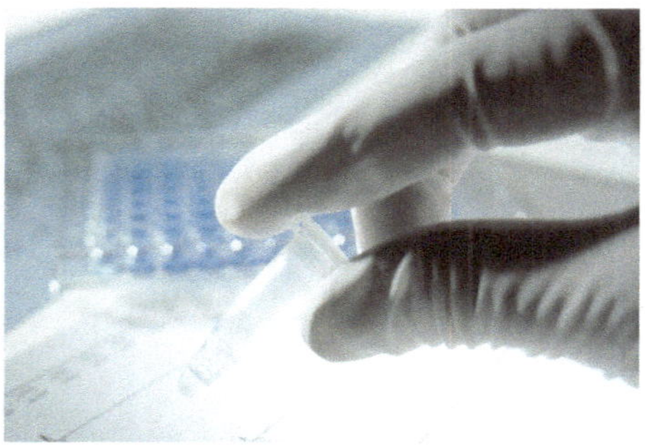

costuma-se usar redes de reflexão. Nos projetos mais antigos, usava-se um prisma em vez de uma rede, e formava-se um espectro por dispersão (veja a Seção 33.4) em vez de por difração. No entanto, não existe nenhuma relação simples entre comprimento de onda e ângulo de desvio em um prisma. Os prismas absorvem parte da luz que passa por eles e são menos eficazes para lidar com muitos comprimentos de onda não visíveis que são importantes na astronomia. Por essas e outras razões, as redes são preferidas em aplicações que exigem precisão.

Figura 36.19 Diagrama de um espectrômetro baseado em rede de difração para uso em astronomia. Note que a luz não incide na rede de forma perpendicular à sua superfície; consequentemente, as intensidades máximas são dadas por uma expressão pouco diferente da Equação 36.13.

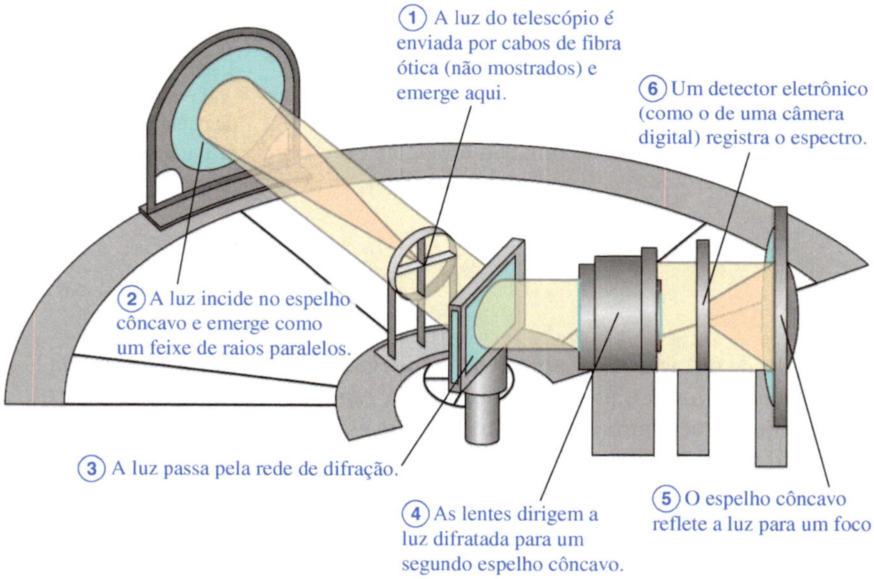

Resolução de um espectrômetro de rede

Na espectroscopia, é importante separar dois comprimentos de onda ligeiramente diferentes. A diferença mínima entre dois comprimentos de onda $\Delta\lambda$ que podem ser distinguidos por um espectrômetro é descrita pelo **poder de resolução cromático** R, definido por

$$R = \frac{\lambda}{\Delta\lambda} \quad \text{(poder de resolução cromático)} \tag{36.14}$$

Como exemplo, quando átomos de sódio são aquecidos, eles emitem intensamente nos comprimentos de onda amarelos de 589,0 nm e 589,59 nm. Um espectrômetro que mal consegue distinguir essas duas linhas no espectro da luz de sódio (chamado *dupleto do sódio*) tem um poder de resolução cromática $R = (589{,}0 \text{ nm})/(0{,}59 \text{ nm}) = 1.000$. (Você pode ver esses comprimentos de onda quando ferve água em um fogão a gás. Se a água ferve e derrama sobre as chamas, o sódio dissolvido do sal de cozinha emite um jato de luz amarela.)

Podemos deduzir uma expressão para o poder de resolução de uma rede de difração usada em um espectrômetro. Dois comprimentos de onda diferentes fornecem máximos de difração para dois ângulos ligeiramente diferentes. Como um critério razoável (embora arbitrário), vamos supor que seja possível separar dois picos quando o máximo de um coincide com o primeiro mínimo do outro.

Conforme o que estudamos na Seção 36.4, o máximo de ordem m ocorre quando a diferença de fase para fendas adjacentes é dada por $\phi = 2\pi m$. O primeiro mínimo junto a esse máximo ocorre quando $\phi = 2\pi m + 2\pi/N$, onde N é o número de fendas. A diferença de fase também é dada por $\phi = (2\pi d \operatorname{sen} \theta)/\lambda$, de modo que o intervalo angular $d\theta$ correspondente a um pequeno incremento $d\phi$ do deslocamento de fase pode ser obtido pela diferencial desta equação:

$$d\phi = \frac{2\pi d \cos\theta \, d\theta}{\lambda}$$

Quando $d\phi = 2\pi/N$, isso corresponde a um intervalo angular $d\theta$ entre um máximo e o primeiro mínimo adjacente. Portanto, $d\theta$ é dado por

$$\frac{2\pi}{N} = \frac{2\pi d \cos\theta \, d\theta}{\lambda} \qquad \text{ou} \qquad d \cos\theta \, d\theta = \frac{\lambda}{N}$$

ATENÇÃO Cuidado com os diferente usos do símbolo *d* Não confunda o espaçamento d com o símbolo da diferencial "d" existente no intervalo angular $d\theta$ e no incremento $d\phi$ do deslocamento de fase!

Agora é preciso calcular o espaçamento angular $d\theta$ para dois comprimentos de onda diferentes. As posições desses máximos são dadas por $d \operatorname{sen} \theta = m\lambda$; logo, a diferencial dessa equação fornece

$$d \cos\theta \, d\theta = m \, d\lambda$$

De acordo com nosso critério, o limite de resolução é atingido quando esses dois espaçamentos angulares são iguais. Igualando as duas expressões obtidas para ($d \cos\theta \, d\theta$), obtemos

$$\frac{\lambda}{N} = m \, d\lambda \qquad \text{e} \qquad \frac{\lambda}{d\lambda} = Nm$$

Se $\Delta\lambda$ é pequeno, podemos substituir $d\lambda$ por $\Delta\lambda$, e o poder de resolução R é dado simplesmente por

$$R = \frac{\lambda}{\Delta\lambda} = Nm \qquad (36.15)$$

Quanto maior for o número de fendas N, melhor será a resolução; além disso, quanto maior for o número de ordem m do máximo da figura da difração, melhor será a resolução.

TESTE SUA COMPREENSÃO DA SEÇÃO 36.5 Que número mínimo de fendas seria necessário em uma rede para resolver o dupleto do sódio na quarta ordem? (i) 250; (ii) 400; (iii) 1.000; (iv) 4.000. ❙

36.6 DIFRAÇÃO DE RAIOS X

Os raios X foram descobertos em 1895 por Wilhelm Röntgen (1845-1923), e as experiências iniciais sugeriram que se tratava de ondas eletromagnéticas com comprimentos de onda da ordem de 10^{-10} m. Aproximadamente na mesma época, surgiu a ideia de que, em um sólido cristalino, os átomos são dispostos em um arranjo regular com espaçamentos entre os átomos adjacentes também com ordem de grandeza de 10^{-10} m. Combinando essas duas ideias, Max von Laue (1879-1960) propôs, em 1912, que um cristal poderia servir como uma espécie de rede de difração tridimensional para raios X. Isto é, um feixe de raios X poderia ser espalhado (ou seja, absorvido e reemitido) pelos átomos individuais de um cristal e as ondas espalhadas poderiam interferir de modo análogo ao das ondas provenientes de uma rede de difração.

As primeiras experiências de **difração de raios X** foram realizadas em 1912 por Friedrich, Knipping e Von Laue usando o dispositivo experimental esquematizado na **Figura 36.20a**. Os raios X espalhados *formaram* uma figura de interferência que eles gravaram em uma placa fotográfica. A Figura 36.20b é uma fotografia dessa figura. Tais experiências mostraram que os raios X *são* ondas ou, pelo menos, possuem propriedades ondulatórias e também que os átomos de um cristal *são* agrupados em uma rede cristalina regular (**Figura 36.21**). Desde aquela época, a difração de raios X se tornou uma ferramenta valiosa, tanto para a medida do comprimento de onda dos raios X quanto para o estudo da estrutura cristalina e de moléculas complexas.

Figura 36.20 (a) Uma experiência de difração de raios X. (b) Figura de difração (ou *figura de difração de Laue*) formada direcionando-se um feixe de raios X sobre uma pequena seção de um cristal de quartzo.

(a) Dispositivo básico de difração de raios X

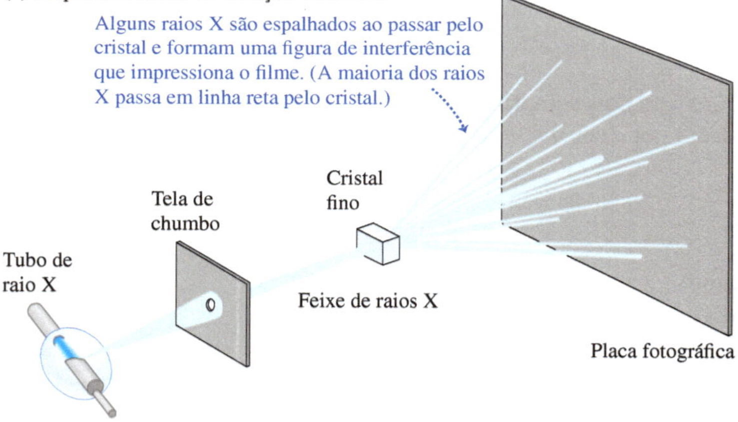

(b) Figura de difração de Laue para uma seção fina de cristal de quartzo

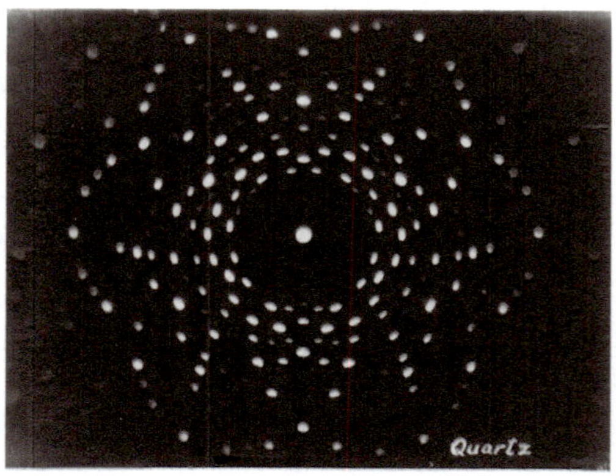

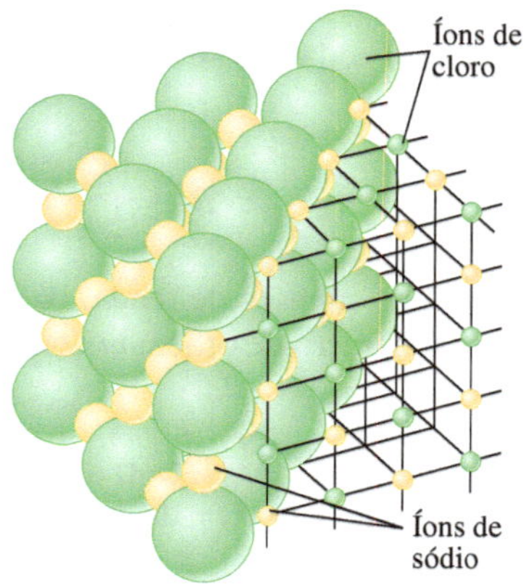

Figura 36.21 Modelo do arranjo dos íons em um cristal de NaCl (sal de cozinha). O espaçamento de átomos adjacentes é 0,282 nm. (As nuvens de elétrons dos átomos se superpõem ligeiramente.)

Um modelo simples de difração de raios X

Para entender melhor a difração de raios X, consideraremos inicialmente uma situação de espalhamento bidimensional, como mostrado na **Figura 36.22a**, na qual uma onda plana incide sobre uma rede retangular de centros de espalhamento. Essa situação pode ser um tanque de ondas com uma rede formada por pequenos obstáculos ou raios X incidindo sobre uma rede de átomos. No caso de ondas eletromagnéticas, a onda induz um dipolo elétrico oscilante em cada átomo espalhador. Esses dipolos atuam como pequenas antenas, emitindo ondas espalhadas. A figura de interferência resultante é obtida pela superposição de todas essas ondas espalhadas. A situação é diferente do que ocorre em uma rede de difração, na qual as ondas provenientes das fendas são emitidas *em fase* (para uma onda plana com incidência normal). No caso presente, as ondas *não* estão todas em fase porque suas distâncias até a *fonte* são diferentes. Para determinar a figura de interferência, devemos considerar a diferença de caminho *total* para as ondas espalhadas, incluindo as distâncias entre a fonte e o átomo espalhador e entre ele e o observador.

Como se pode observar na Figura 36.22b, os caminhos da fonte até o observador são os mesmos para todos os átomos espalhadores situados sobre a mesma linha quando o ângulo θ_a é igual ao ângulo θ_r. A radiação espalhada de linhas *adjacentes* estão *também* em fase quando a diferença de caminho entre duas linhas adjacentes é um número inteiro de comprimentos de onda. A Figura 36.22c mostra que essa diferença de caminho é igual a $2d$ sen θ, onde θ é o valor comum de θ_a e de θ_r. Portanto, as condições para que a radiação proveniente da *linha inteira* atinja o observador em fase são (1) o ângulo de incidência deve ser igual ao ângulo de espalhamento e (2) a diferença de caminho entre linhas adjacentes deve ser igual a $m\lambda$, onde m é um número inteiro. Podemos expressar a segunda condição, chamada **condição de Bragg** em homenagem aos pioneiros da difração de raios X, sir William Bragg e seu filho Laurence Bragg, do seguinte modo:

Condição de Bragg para interferência construtiva de um conjunto:

Distância entre linhas adjacentes no conjunto; Comprimento de onda

$$2d \operatorname{sen}\theta = m\lambda \quad (m = 1, 2, 3, \ldots) \qquad (36.16)$$

Ângulo da linha a partir da superfície do conjunto até a região brilhante de ordem m na tela

ATENÇÃO Espalhamento de um conjunto Na Equação 36.16, o ângulo θ é medido a partir da *superfície* do cristal e não a partir da *normal* ao plano de uma linha de átomos ou ao plano da rede. Note também que a diferença de caminho na Equação 36.16 é igual a $2d$ sen θ, e não d sen θ como na Equação 36.13 para o caso de uma rede de difração.

Figura 36.22 Um modelo bidimensional de espalhamento de um conjunto retangular. A distância entre os átomos adjacentes em uma linha horizontal é a; a distância entre linhas adjacentes é d. Note que os ângulos em (b) são medidos a partir da *superfície* do conjunto, não da sua normal.

(a) Espalhamento de ondas de uma rede retangular

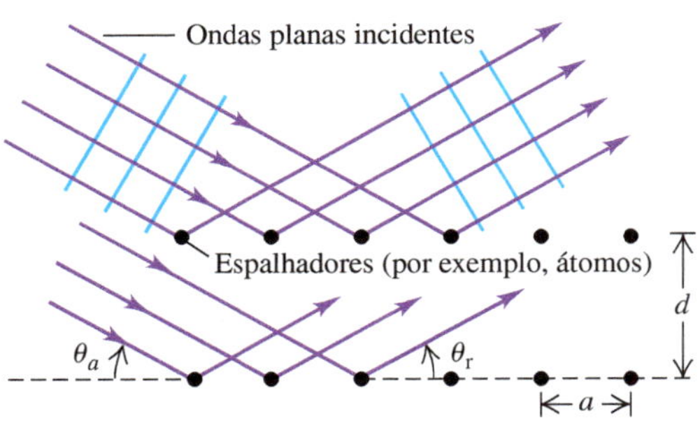

(b) Espalhamento de átomos adjacentes em uma mesma linha

A interferência de ondas provenientes de átomos adjacentes da mesma linha é construtiva quando $a \cos \theta_a = a \cos \theta_r$, ou seja, quando o ângulo de incidência θ_a é igual ao ângulo de reflexão (espalhamento) θ_r.

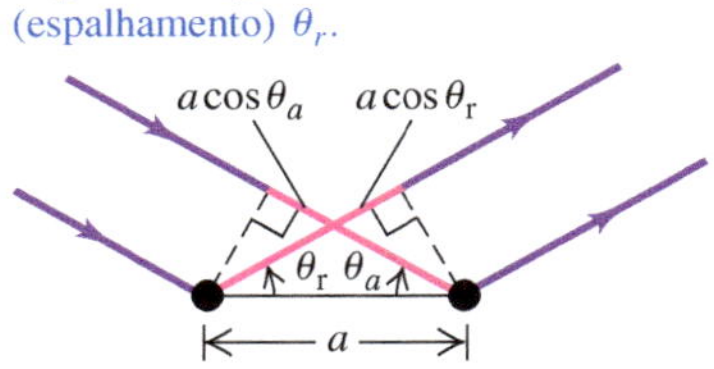

(c) Espalhamento de átomos em linhas adjacentes

A interferência de átomos em linhas adjacentes é construtiva quando a diferença de caminho $2d$ sen θ é igual a um número inteiro de comprimentos de onda, como na Equação 36.16.

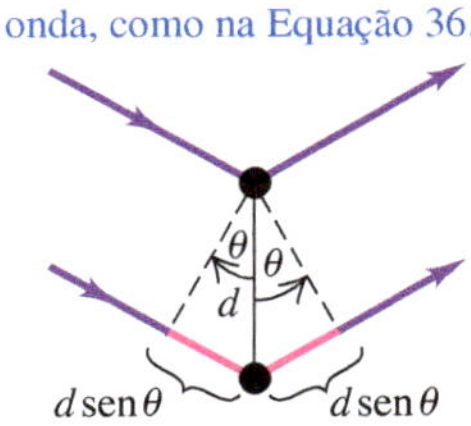

Figura 36.23 Um cristal cúbico e duas famílias diferentes de planos cristalinos. Também existem três conjuntos de planos paralelos às faces do cubo separados pela distância a.

(a) O espaçamento dos planos é $d = a/\sqrt{2}$.

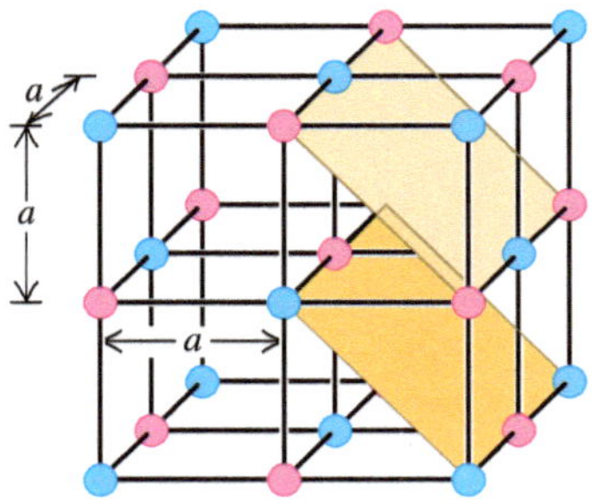

(b) O espaçamento dos planos é $d = a/\sqrt{3}$.

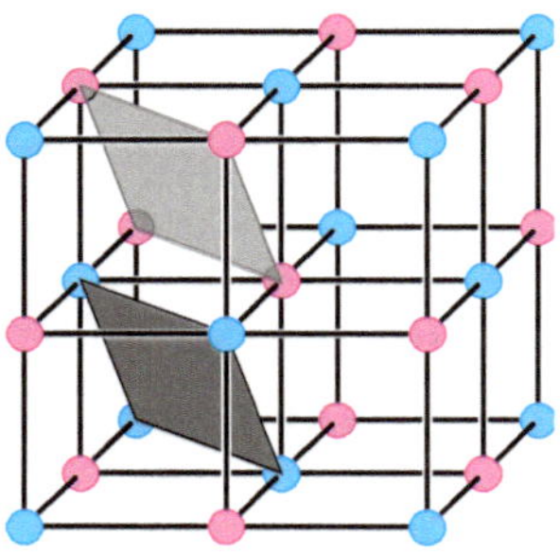

Nas direções nas quais a Equação 36.16 é satisfeita, observamos um forte máximo na figura de interferência. É possível descrever a interferência em termos de *reflexões* das ondas a partir dos átomos das linhas horizontais da Figura 36.22a. Uma forte reflexão (interferência construtiva) ocorre quando o ângulo de incidência é igual ao ângulo de espalhamento e quando a Equação 36.16 é satisfeita. Como sen θ nunca pode ser maior que 1, a Equação 36.16 diz que, para ter interferência construtiva, a expressão $m\lambda$ precisa ser menor que $2d$ e, assim, λ precisa ser menor que $2d/m$. Por exemplo, o valor de d em um cristal de NaCl (veja a Figura 36.21) é apenas 0,282 nm. Assim, para ter um máximo de ordem m presente na figura de difração, λ precisa ser menor que $2(0{,}282 \text{ nm})/m$; ou seja, $\lambda < 0{,}564$ nm para $m = 1$, $\lambda < 0{,}282$ nm para $m = 2$, $\lambda < 0{,}188$ nm para $m = 3$ e assim por diante. Todos esses são comprimentos de onda de raios X (veja a Figura 32.4), e é esta a razão por que os raios X são usados para estudar a estrutura de cristais.

Podemos estender essa discussão a uma rede tridimensional em que as ondas são espalhadas por *planos* em vez de *linhas*. A **Figura 36.23** mostra dois conjuntos de planos paralelos que passam através de todos os átomos espalhadores. As ondas provenientes de todos os átomos espalhadores de um dado plano produzem interferência construtiva quando o ângulo de incidência é igual ao ângulo de espalhamento. Também existe interferência construtiva entre os planos quando a Equação 36.16 é satisfeita, sendo d agora a distância entre planos adjacentes. Como existem muitos conjuntos de planos paralelos, também há muitos valores de d e muitos conjuntos de ângulos que fornecem interferência construtiva para a rede cristalina completa. Esse fenômeno é chamado de **reflexão de Bragg**.

ATENÇÃO A *reflexão* de Bragg é, na verdade, *interferência* de Bragg Embora estejamos empregando o termo *reflexão*, lembre-se de que se trata de um efeito de *interferência*. De fato, a reflexão produzida por planos adjacentes é muito parecida com a reflexão em películas delgadas que dá origem aos efeitos de interferência em filmes finos (veja a Seção 35.4).

Figura 36.24 A cientista britânica Rosalind Franklin fez esta imagem pioneira com difração de raios X do DNA em 1953. As faixas escuras dispostas em cruz forneceram a primeira evidência da estrutura helicoidal da molécula de DNA.

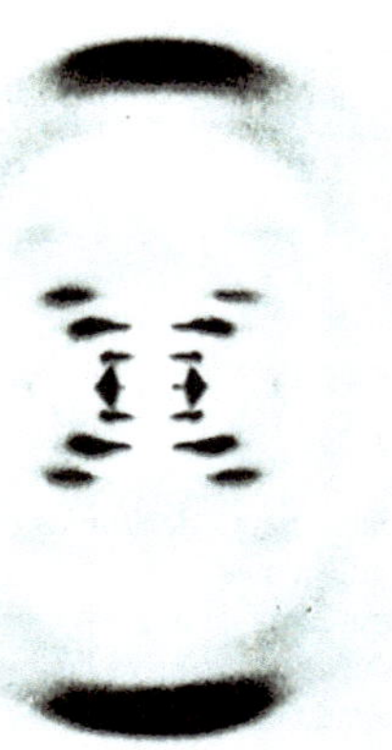

Como se pode ver na Figura 36.20b, na difração com raios X existe um cancelamento praticamente completo em quase todas as direções, exceto naquelas em que ocorre interferência construtiva e formam-se pontos extremamente brilhantes. Essa configuração geralmente é chamada de figura de *difração* de raios X, embora figura de *interferência* talvez fosse o termo mais apropriado.

Podemos determinar o comprimento de onda dos raios X examinando a figura de difração de um cristal com estrutura conhecida e sabendo o valor do espaçamento entre os átomos, do mesmo modo como procedemos para determinar o comprimento de onda da luz fazendo medidas com a figura de interferência produzida em fendas ou de redes de difração. (A distância entre os átomos de cristais simples com estrutura conhecida, como o cloreto de sódio, pode ser calculada a partir da densidade do cristal e do número de Avogadro.) Então, uma vez conhecido o comprimento do feixe de raios X, podemos usar a difração desses raios para investigar a estrutura cristalina e determinar as distâncias entre os átomos em cristais com estrutura desconhecida.

A difração de raios X é, de longe, a ferramenta mais importante para a investigação da estrutura cristalina dos sólidos. A difração de raios X também desempenha um papel importante no estudo da estrutura de líquidos e de moléculas orgânicas. Ela vem sendo uma das técnicas experimentais mais importantes para a determinação da estrutura com hélice dupla do DNA (**Figura 36.24**) e resultantes progressos na genética molecular.

EXEMPLO 36.5 DIFRAÇÃO DE RAIOS X

Fazemos um feixe de raios X de comprimento de onda igual a 0,154 nm incidir sobre certos planos de um cristal de silício. À medida que se aumenta o ângulo de incidência a partir de zero, você encontra o primeiro máximo forte de interferência entre ondas provenientes de planos do cristal quando o feixe forma com esses planos um ângulo de 34,5°. (a) Qual é a distância entre esses planos? (b) É possível encontrar outros máximos de interferência para ondas provenientes desses planos para ângulos mais elevados?

(*Continua*)

(Continuação)

SOLUÇÃO

IDENTIFICAR E PREPARAR: este problema envolve reflexão de Bragg de raios X a partir dos planos de um cristal. Na parte (a), usamos a condição de Bragg, Equação 36.16, para determinar a distância d entre planos adjacentes a partir do comprimento de onda conhecido $\lambda = 0{,}154$ nm e o ângulo de incidência $\theta = 34{,}5°$ para $m = 1$ máximo de interferência. Dado o valor de d, usamos a condição de Bragg mais uma vez na parte (b) a fim de encontrar os valores de θ para os máximos de interferência correspondentes a outros valores de m.

EXECUTAR: (a) explicitamos d na Equação 36.16 e fazemos $m = 1$:

$$d = \frac{m\lambda}{2\,\mathrm{sen}\,\theta} = \frac{(1)(0{,}154\text{ nm})}{2\,\mathrm{sen}\,34{,}5°} = 0{,}136\text{ nm}$$

Essa é a distância entre dois planos adjacentes.

(b) Para determinar outros ângulos, explicitamos sen θ da Equação 36.16:

$$\mathrm{sen}\,\theta = \frac{m\lambda}{2d} = m\frac{0{,}154\text{ nm}}{2(0{,}136\text{ nm})} = m(0{,}566)$$

Quando m é igual a 2 ou maior que 2, vemos que o seno de θ torna-se maior que 1, o que é impossível. Portanto, não existe *nenhum* outro ângulo para máximos de interferência para esse conjunto particular de planos do cristal.

AVALIAR: nosso resultado na parte (b) mostra que *haveria* um segundo máximo de interferência se a expressão $2\lambda/2d = \lambda/d$ fosse menor que 1. Esse seria o caso se o comprimento de onda dos raios X fosse menor que $d = 0{,}136$ nm. Quão pequeno teria de ser o comprimento de onda para que houvesse *três* máximos de interferência?

TESTE SUA COMPREENSÃO DA SEÇÃO 36.6 Você está fazendo uma experiência com difração de raios X em um cristal em que os planos atômicos estão a 0,200 nm de distância. Você está usando raios X de comprimento de onda igual a 0,0900 nm. Qual é o máximo de mais alta ordem presente na figura de difração? (i) Terceira; (ii) quarta; (iii) quinta; (iv) sexta; (v) sétima. ❙

36.7 ORIFÍCIOS CIRCULARES E PODER DE RESOLUÇÃO

Estudamos em detalhes as figuras de difração formadas por fendas longas e estreitas e por conjuntos de fendas. No entanto, *qualquer* que seja a forma da abertura, ocorre formação de uma figura de difração. A figura de difração formada por uma abertura *circular* é um caso de interesse especial, porque esse fenômeno desempenha um papel muito importante no estudo do limite de resolução de um instrumento ótico. Em princípio, podemos determinar a intensidade em qualquer ponto P da figura de difração dividindo a área da abertura em pequenos elementos de área; determinamos a amplitude e a fase da onda resultante no ponto P e a seguir integramos sobre a área da abertura para encontrar a amplitude resultante e a intensidade no ponto P. Contudo, na prática a integração não pode ser feita a partir de funções elementares. Vamos apenas *descrever* a figura de difração e citar alguns valores relevantes.

A figura de difração formada por uma abertura circular é constituída por um disco central brilhante circundado por anéis brilhantes e escuros, como mostrado na **Figura 36.25**. Podemos descrever a figura em termos do ângulo θ, que representa o raio angular de cada anel. O raio angular θ_1 do primeiro anel *escuro* é dado por

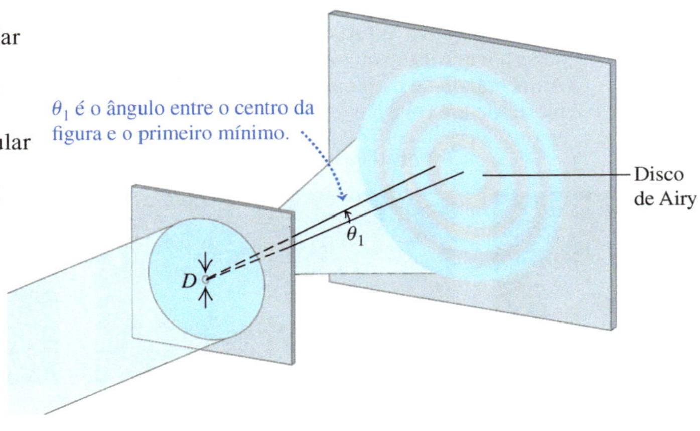

Figura 36.25 Figura de difração formada por uma abertura circular com diâmetro D. A figura é constituída por um disco central brilhante circundado por anéis brilhantes e escuros. O raio angular θ_1 do segundo anel escuro é indicado. (Este diagrama não foi desenhado em escala.)

Difração em uma abertura circular:

Raio angular do primeiro anel escuro = raio angular do disco de Airy; λ = Comprimento de onda; D = Diâmetro da abertura

$$\operatorname{sen}\theta_1 = 1{,}22\frac{\lambda}{D} \qquad (36.17)$$

Os raios angulares para os dois anéis escuros seguintes são dados por

$$\operatorname{sen}\theta_2 = 2{,}23\frac{\lambda}{D} \qquad \operatorname{sen}\theta_3 = 3{,}24\frac{\lambda}{D} \qquad (36.18)$$

O círculo central brilhante denomina-se **disco de Airy**, em homenagem a sir George Airy (1801-1892), que foi o primeiro pesquisador a deduzir a expressão para a intensidade na figura de difração. O raio angular do disco de Airy é dado pelo raio angular do primeiro anel escuro, obtido pela Equação 36.17. Os raios angulares dos três primeiros anéis *brilhantes* fora do disco de Airy são

$$\operatorname{sen}\theta = 1{,}63\frac{\lambda}{D}, \qquad 2{,}68\frac{\lambda}{D}, \qquad 3{,}70\frac{\lambda}{D} \qquad (36.19)$$

As intensidades dos anéis brilhantes caem muito rapidamente, à medida que o raio angular aumenta. Quando D é muito maior que o comprimento de onda λ, o que geralmente ocorre nos instrumentos de ótica, a intensidade do primeiro anel brilhante se reduz a 1,7% da intensidade do disco de Airy e a intensidade do segundo anel brilhante cai para apenas 0,4%. Quase toda a energia incidente (85%) permanece dentro do disco de Airy. A **Figura 36.26** mostra a difração de uma abertura circular.

Figura 36.26 Fotografia da figura de difração formada por uma abertura circular.

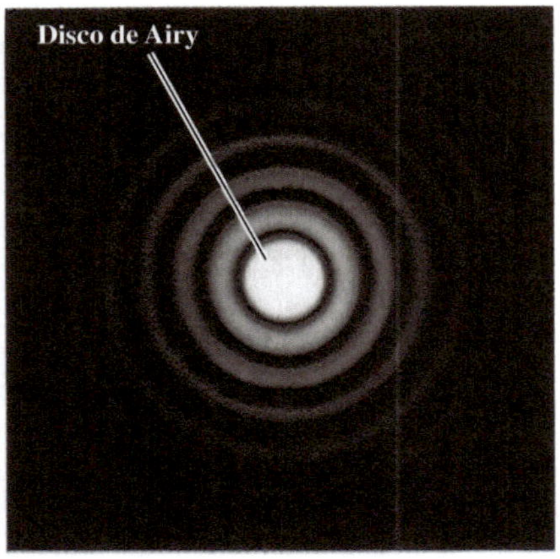

Difração e formação de imagem

A difração tem implicações abrangentes na formação de imagens por meio de espelhos e de lentes. No estudo dos instrumentos óticos no Capítulo 34, dissemos que uma lente de distância focal f focaliza um feixe paralelo (ondas planas) em um *ponto* situado a uma distância f da lente. Agora sabemos que obtemos *não* um ponto, mas uma figura de difração do modo que acabamos de descrever. Quando focalizamos dois objetos puntiformes, suas figuras de difração se sobrepõem; quando os objetos estão muito próximos, suas figuras de difração se superpõem quase completamente, e não podemos distingui-los. Esse efeito é ilustrado na **Figura 36.27**, que mostra as figuras de difração produzidas por quatro fontes de luz "puntiformes" muito pequenas. Na Figura 36.27a, a imagem da fonte 1 está bem separada das outras, porém as imagens das fontes 3 e 4 do lado direito se superpõem. Na Figura 36.27b, usando um diâmetro de abertura maior, que resulta em um menor disco de Airy, as imagens 3 e 4 estão quase se separando. Na Figura 36.27c, com um diâmetro de abertura ainda maior, elas ficam bem separadas.

Figura 36.27 Figuras de difração formadas por quatro fontes "puntiformes" muito pequenas. As fotografias foram feitas colocando-se uma abertura circular na parte frontal da lente objetiva. (a) Aqui a abertura é tão pequena que as figuras das fontes 3 e 4 se superpõem e estão quase atingindo o limite de resolução dado pelo critério de Rayleigh. Aumentando-se o diâmetro da abertura, a figura de difração diminui de tamanho, como mostrado em (b) e em (c).

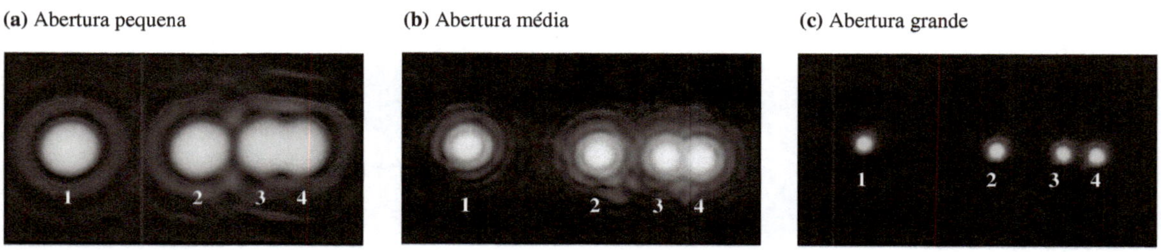

Um critério de resolução bastante empregado para objetos puntiformes foi proposto pelo físico inglês lorde Rayleigh (1842-1919) e denomina-se **critério de Rayleigh**. De acordo com esse critério, dois objetos estão começando a ser distinguíveis quando o centro da figura de difração de um dos objetos coincide com o primeiro mínimo da figura do outro objeto. Nesse caso, a separação angular dos centros das imagens é dada pela Equação 36.17. A separação angular dos *objetos* é a mesma que a das *imagens* formadas por um telescópio, um microscópio ou qualquer outro dispositivo ótico. Portanto, dois objetos começam a ser distinguíveis, pelo critério de Rayleigh, quando a separação angular entre eles é dada pela Equação 36.17.

A separação mínima entre dois objetos para que eles possam ser distinguíveis em um instrumento ótico denomina-se **limite de resolução** do instrumento. Quanto menor for o limite de resolução do instrumento, maior será a *resolução,* ou o **poder de resolução** do instrumento. O efeito da difração determina o limite máximo para a resolução de uma lente. De acordo com a ótica *geométrica*, podemos pensar que seja possível ampliar uma imagem indefinidamente, sem nenhum limite. Acaba-se, no entanto, atingindo um limite para o qual, embora a imagem seja grande, não se consegue obter nenhum detalhe novo na imagem. As imagens mostradas na Figura 36.27 não se tornam mais nítidas se ampliadas.

ATENÇÃO **Poder de resolução *versus* poder de resolução cromático** Não confunda o poder de resolução de um instrumento ótico com o poder de resolução *cromático* de uma rede de difração (descrito na Seção 36.5). O poder de resolução do instrumento refere-se à capacidade de distinguir dois objetos que estão muito próximos observando através de um instrumento ótico ou olhando uma fotografia feita com esse instrumento. O poder de resolução cromático descreve como dois comprimentos de onda muito próximos podem ser distinguidos com o auxílio de uma rede de difração.

O critério de Rayleigh, combinado com a Equação 36.17, mostra que a resolução (poder de resolução) se eleva quando aumentamos o diâmetro. Ele também aumenta quando diminuímos o comprimento de onda. Um microscópio com luz ultravioleta tem poder de resolução maior que o microscópio ótico. No microscópio eletrônico, a resolução depende dos comprimentos de onda associados com os elétrons, que têm aspectos ondulatórios (a ser discutido de forma mais detalhada no Capítulo 39). Esses comprimentos de onda podem se tornar 100 mil vezes menores que os da luz visível, com um ganho correspondente na resolução. O poder de resolução também explica a diferença entre a capacidade de armazenamento de DVDs (introduzidos em 1995) e discos Blu-ray (introduzidos em 2003). As informações são armazenadas em ambos como uma série de minúsculas reentrâncias. A fim de não perder informações no processo de varredura, a ótica de varredura precisa ser capaz de distinguir duas reentrâncias adjacentes, de modo que elas não pareçam se fundir em uma (ver fontes 3 e 4 na Figura 36.27). O laser azulado usado em um aparelho de Blu-ray tem um comprimento de onda mais curto (405 nm) e um melhor poder de resolução que o laser infravermelho de um aparelho de DVD (650 nm). Assim, os sulcos podem ser dispostos com um espaçamento menor entre si em um disco Blu-ray que em um DVD, e mais informações podem ser armazenadas em um disco de mesmo tamanho (50 gigabytes em um disco Blu-ray contra 4,7 gigabytes em um DVD).

Aplicação Maior telescópio, melhor resolução O grande diâmetro de abertura dos telescópios muito grandes minimiza os efeitos da difração. O diâmetro efetivo de um telescópio pode ser aumentado usando-se conjuntos de telescópios menores. O VLA (*Very Large Array* ou "Rede Muito Grande"), localizado no Novo México (Estados Unidos), é um conjunto de 27 radiotelescópios, cada um com 25 m de diâmetro, que podem ser espalhados em forma de Y por uma extensão de 36 km. Assim, o diâmetro de abertura efetivo é 36 km, o que dá ao VLA um limite de resolução de 5×10^{-8} rad em um comprimento de onda de 1,5 cm. Isso é comparável, no reino da ótica, a ser capaz de ler a linha inferior do quadro de um exame de vista a 30 quilômetros de distância!

EXEMPLO 36.6 PODER DE RESOLUÇÃO DE UMA MÁQUINA FOTOGRÁFICA

A lente de uma certa máquina fotográfica com distância focal $f = 50$ mm e abertura máxima $f/2$ forma a imagem de um objeto situado a uma distância de 9,0 m. (a) Se a resolução é limitada pelos efeitos da difração, qual é a distância mínima entre dois pontos sobre o objeto que podem ser distinguidos e qual a distância correspondente entre os pontos da imagem? (b) Como a situação anterior varia se a abertura da lente for reduzida para $f/16$? Suponha $\lambda = 500$ nm em ambos os casos.

SOLUÇÃO

IDENTIFICAR E PREPARAR: este exemplo utiliza as ideias sobre potência de resolução, formação da imagem por uma lente (Seção 34.4) e número f (Seção 34.5). Conforme a Equação 34.20, o número f de uma lente é sua distância focal f dividida pelo diâmetro da abertura D. Usamos essa equação para determinar D e então usamos a Equação 36.17 (o critério de Rayleigh) para encontrar a separação angular θ entre dois pontos que apenas começam a se

(Continua)

(Continuação)

tornar distinguíveis sobre o objeto. Usamos então a geometria da formação da imagem por uma lente para determinar a distância y entre esses pontos e a distância y' entre os pontos da imagem correspondentes.

EXECUTAR: (a) o diâmetro da abertura é $D = f/(\text{número } f) = (50 \text{ mm})/2 = 25 \text{ mm} = 25 \times 10^{-3}$ m. De acordo com a Equação 36.17, a separação angular θ entre dois objetos puntiformes que estão começando a ser distinguíveis é dada por

$$\theta \approx \text{sen}\,\theta = 1{,}22\frac{\lambda}{D} = 1{,}22\frac{500 \times 10^{-9}\text{ m}}{25 \times 10^{-3}\text{ m}} = 2{,}4 \times 10^{-5}\text{ rad}$$

Da análise de lentes delgadas feita na Seção 34.4 sabemos que, sem levar em conta os sinais, $y/s = y'/s'$ (veja a Equação 34.14). Logo, a separação angular dos pontos do objeto e dos pontos da imagem correspondente são ambas iguais a θ. Como a distância s do objeto é muito maior que a distância focal $f = 50$ mm, a distância da imagem s' é aproximadamente igual a f. Logo,

$$\frac{y}{9{,}0\text{ m}} = 2{,}4 \times 10^{-5} \qquad y = 2{,}2 \times 10^{-4}\text{ m} = 0{,}22\text{ mm}$$

$$\frac{y'}{50\text{ mm}} = 2{,}4 \times 10^{-5} \qquad y' = 1{,}2 \times 10^{-3}\text{ mm} = 0{,}0012\text{ mm} \approx \tfrac{1}{800}\text{ mm}$$

(b) Agora o diâmetro da abertura é igual a (50 mm)/16 ou 1/8 do diâmetro anterior. A separação angular entre dois pontos no limite de resolução deve ser oito vezes maior que no caso anterior, e os valores de y e y' também são oito vezes maiores que antes:

$$y = 1{,}8\text{ mm} \qquad y = 0{,}0096\text{ mm} = \tfrac{1}{100}\text{ mm}$$

Somente lentes de máquinas muito sofisticadas podem atingir esse poder de resolução.

AVALIAR: muitos fotógrafos costumam usar as menores aberturas possíveis para que as imagens fiquem mais nítidas, uma vez que as aberrações das lentes fazem os raios mais afastados do eixo ótico convergirem para um foco diferente do obtido para os raios próximos do eixo. Porém, como mostra este exemplo, os efeitos de difração tornam-se mais intensos com aberturas pequenas. Um fator de distorção da imagem deve ser equilibrado pelo outro.

BIO **Aplicação O disco de Airy no olho de uma águia** A difração causada pela pupila de um olho limita seu poder de resolução. Em um olho humano, o diâmetro D máximo da pupila é cerca de 5 mm; no olho de uma águia, D é cerca de 9 mm. Pela Equação 36.17, isso significa que o olho de uma água possui resolução superior: uma fonte de luz puntiforme distante produz um disco de Airy na retina de uma águia que possui cerca de 5/9 do tamanho angular do disco produzido na retina do olho humano. (Se o nosso olho produzir uma imagem como a da Figura 36.27b, o olho de uma águia produz uma como a Figura 36.27c.) Para registrar os pequenos detalhes dessa imagem em alta resolução, os cones sensíveis à luz na retina de uma águia são menores e mais compactados que aqueles em uma retina humana.

TESTE SUA COMPREENSÃO DA SEÇÃO 36.7 Pediram a você que comparasse quatro projetos diferentes de telescópios a serem colocados em órbita, acima dos efeitos ofuscantes causados pela atmosfera da Terra. Coloque os projetos de telescópios na ordem de sua capacidade de resolver os menores detalhes, do melhor ao pior. (i) Um radiotelescópio com 100 m de diâmetro operando em um comprimento de onda de 21 cm; (ii) um telescópio ótico com 2,0 m de diâmetro operando em um comprimento de onda de 500 nm; (iii) um telescópio ultravioleta de 1,0 m de diâmetro operando em um comprimento de onda de 100 nm; (iv) um telescópio infravermelho de 2,0 m de diâmetro operando em um comprimento de onda de 10 μm. ❙

36.8 HOLOGRAFIA

A **holografia** é uma técnica para registrar e reproduzir a imagem de um objeto a partir de efeitos de interferência. Diferentemente das imagens bidimensionais obtidas pela máquina fotográfica comum ou por um sistema de televisão, uma imagem holográfica é verdadeiramente tridimensional. Essa imagem pode ser vista a partir de várias direções, revelando lados diferentes do objeto, e de várias distâncias, mostrando perspectivas diferentes. Se você nunca viu um holograma, então talvez não acredite que isso seja possível!

O procedimento básico para fazer um holograma é mostrado na **Figura 36.28a**. Inicialmente iluminamos o objeto com luz monocromática e posicionamos o filme de modo que ele seja atingido simultaneamente pela luz espalhada pelo objeto e pela luz proveniente da fonte. Na prática, a fonte deve ser um laser, por motivos que discutiremos mais adiante. A interferência entre a luz espalhada e a luz que incide diretamente sobre o objeto grava sobre o filme uma figura de interferência complexa.

Para formar a imagem, basta fazer um feixe de luz incidir sobre o filme revelado, como na Figura 36.28b. Formam-se duas imagens: uma virtual, sobre o lado do filme próximo da fonte, e uma real, sobre o lado oposto.

Holografia e figuras de interferência

Embora uma análise completa da holografia esteja além de nossos objetivos, podemos entender como se faz um holograma examinando o que ocorre com um ponto durante a confecção e a reprodução do holograma. Considere a figura de interferência formada sobre um filme negativo pela superposição de um feixe plano e de uma frente de onda esférica, como mostrado na **Figura 36.29a**. As ondas esféricas são produzidas por uma fonte puntiforme P situada a uma distância b_0 do filme; o ponto P pode ser de fato um pequeno objeto que espalha parte da onda plana incidente. Supomos que as duas ondas sejam monocromáticas e coerentes e que a relação de fase seja tal que ocorra interferência construtiva no ponto O sobre o diagrama. A interferência construtiva *também* ocorrerá sobre qualquer ponto Q sobre o filme que esteja a uma distância do ponto O igual a um número inteiro de comprimentos de onda. Ou seja, há interferência construtiva quando $b_m - b_0 = m\lambda$, onde m é um número inteiro. Os pontos que obedecem a essa condição formam circunferências sobre o filme centralizadas no ponto O cujos raios r_m satisfazem a relação

$$b_m - b_0 = \sqrt{b_0^2 + r_m^2} - b_0 = m\lambda \qquad (m = 1, 2, 3, \ldots) \qquad (36.20)$$

Explicitando r_m^2, encontramos

$$r_m^2 = \lambda(2mb_0 + m^2\lambda)$$

Geralmente b_0 é muito maior que λ, de modo que podemos desprezar o segundo termo entre parênteses, obtendo

$$r_m = \sqrt{2m\lambda b_0} \qquad (m = 1, 2, 3, \ldots) \qquad (36.21)$$

A figura de interferência é constituída por uma série de franjas circulares brilhantes e concêntricas cujos raios são dados pela Equação 36.21. Entre essas franjas brilhantes existem franjas escuras.

Agora, revelamos e fazemos uma cópia transparente positiva do filme, de modo que as franjas brilhantes tenham uma transparência máxima no filme. A seguir, iluminamos esse filme com luz monocromática plana com o mesmo comprimento de onda λ usado inicialmente. Na Figura 36.29b, considere um ponto P' situado a uma distância b_0 ao longo do eixo perpendicular ao filme. As distâncias até P' dos centros das sucessivas franjas brilhantes diferem de um número inteiro de

Figura 36.28 (a) Um holograma é um registro sobre um filme da figura de interferência formada pela luz proveniente de uma fonte coerente e pela luz espalhada pelo objeto. (b) As imagens se formam quando a luz é projetada sobre o holograma. O observador vê a imagem virtual formada atrás do holograma.

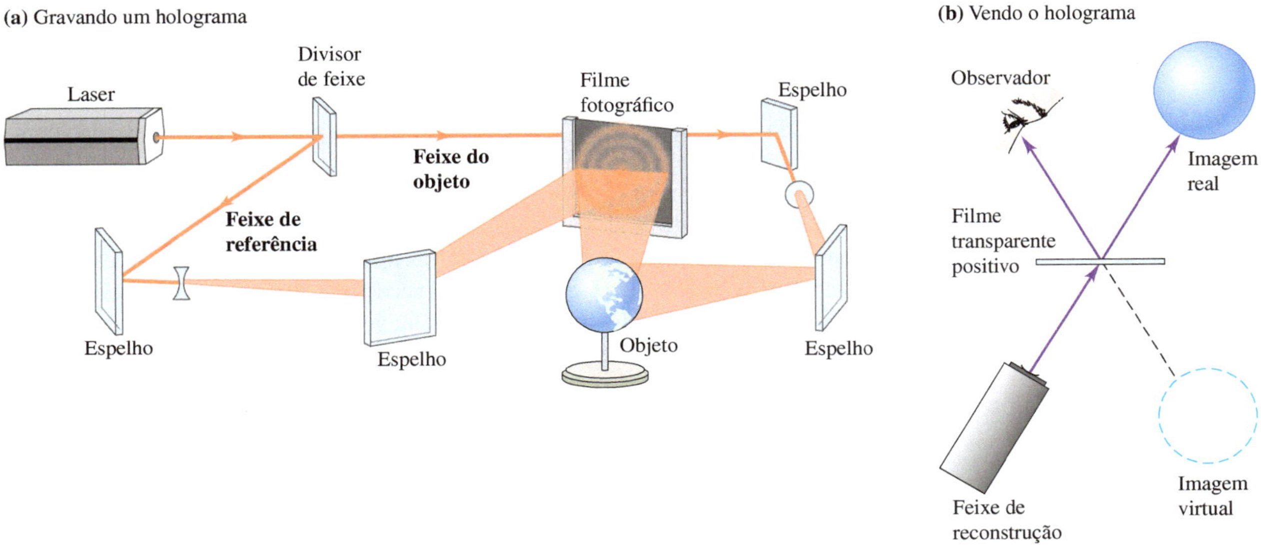

Figura 36.29 (a) A interferência construtiva entre uma onda plana e uma onda esférica ocorre em todo ponto Q sobre o filme para o qual a diferença entre a distância b_m até P e a distância b_0 entre P e O é um número inteiro de comprimentos de onda $m\lambda$. No ponto Q indicado, $m = 2$. (b) Quando uma onda plana incide sobre uma cópia transparente positiva do filme revelado, a onda difratada é constituída por uma onda que converge para P' e a seguir diverge novamente, com uma onda divergente que parece se originar no ponto P. Essas ondas formam, respectivamente, uma imagem real e uma imagem virtual.

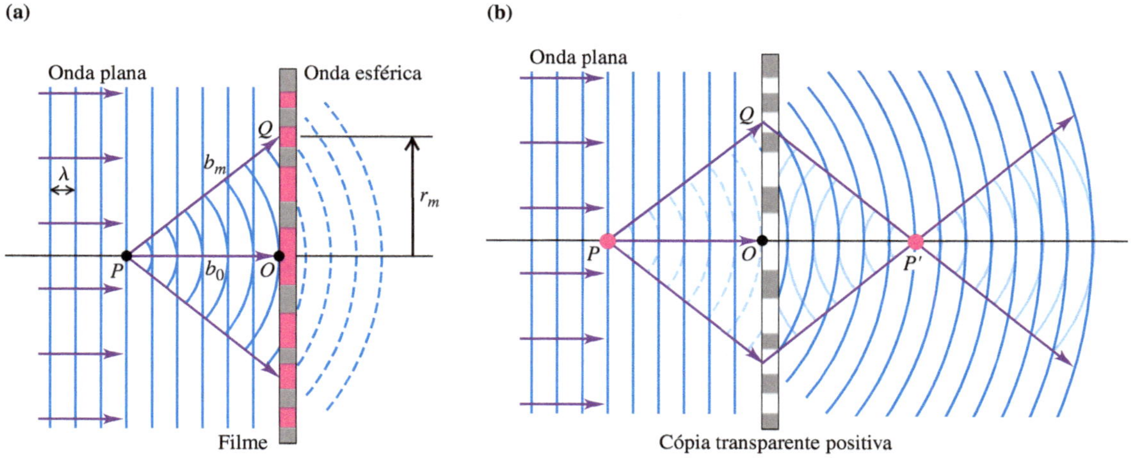

comprimentos de onda e, portanto, um forte *máximo* da onda difratada ocorre no ponto P'. Ou seja, a luz converge para P' e a seguir diverge dele do lado oposto. Logo, o ponto P' é uma *imagem real* do ponto P.

Contudo, essa não é a onda difratada completa. A interferência das ondas secundárias que se espalham a partir das áreas transparentes forma uma segunda onda esférica que é divergente em vez de convergente. Quando se acompanha o caminho dessa onda atrás do filme na Figura 36.29b, parece que ela se espalha a partir do ponto P. Portanto, a onda total difratada pelo holograma é a superposição de uma onda esférica convergente que forma a imagem real no ponto P' e de uma onda esférica que diverge como se ela estivesse sendo emitida pela imagem virtual no ponto P.

Por causa do princípio da superposição das ondas, o que é válido para a imagem de um único ponto também vale para a imagem de um número qualquer de pontos. O filme registra a figura de interferência superposta em diversos pontos e, quando a luz é projetada sobre o filme, os diversos pontos imagem são reproduzidos simultaneamente. Assim, a imagem de um objeto extenso pode ser reproduzida da mesma maneira como é reproduzida a imagem de um único objeto puntiforme. A **Figura 36.30** mostra duas fotografias de um holograma obtidas a partir de dois ângulos diferentes, mostrando a variação da perspectiva na imagem tridimensional.

Para fazer um holograma, é preciso superar dois problemas práticos. Primeiro, a luz usada deve ser *coerente* ao longo de distâncias grandes em comparação com as dimensões do objeto e com sua distância em relação ao filme. As fontes de luz comuns *não* satisfazem essa exigência pelas razões expostas na Seção 35.1. Portanto, o uso da luz de um laser é essencial para fazer um holograma. (A luz branca comum pode ser usada para *visualizar* certos tipos de holograma, como os usados em cartões de crédito.) Em segundo lugar, é necessário que haja grande estabilidade mecânica. Caso ocorra algum movimento relativo entre a fonte, o objeto ou o filme durante a exposição, até mesmo pequenos movimentos ocasionando deslocamentos da ordem de um quarto de comprimento de onda, a figura de interferência sobre o filme pode ficar superposta a ponto de surgirem manchas, impedindo a formação de uma imagem satisfatória. Contudo, esses obstáculos não são insuperáveis e a holografia vem se tornando importante para pesquisas, entretenimento e muitas aplicações tecnológicas.

Figura 36.30 Duas vistas do mesmo holograma a partir de ângulos diferentes.

CAPÍTULO 36 RESUMO

Difração de Fresnel e difração de Fraunhofer: o fenômeno da difração ocorre quando a luz passa por uma abertura ou contorna um obstáculo. Dizemos que ocorre uma difração de Fraunhofer quando a fonte e o observador estão situados a uma distância grande da superfície que produz a difração, de modo que os raios emergentes são considerados paralelos. Quando a fonte ou o observador estão situados nas proximidades da superfície que produz a difração, dizemos que ocorre uma difração de Fresnel.

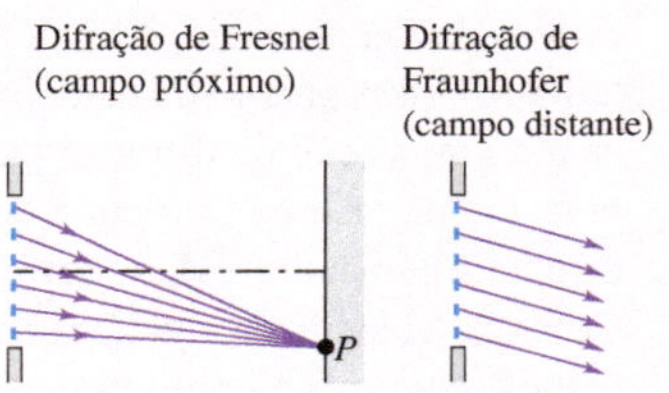

Difração em uma fenda simples: uma luz monocromática que passa por uma fenda estreita com largura a produz uma figura de difração sobre uma tela distante. A Equação 36.2 fornece a condição para a interferência destrutiva (uma franja escura) em um ponto P que corresponde a um ângulo θ. A Equação 36.7 fornece a intensidade na figura em função de θ. (Veja os exemplos 36.1 a 36.3.)

$$\operatorname{sen}\theta = \frac{m\lambda}{a} \quad (m = \pm 1, \pm 2, \pm 3, \ldots) \tag{36.2}$$

$$I = I_0 \left\{ \frac{\operatorname{sen}[\pi a(\operatorname{sen}\theta)/\lambda]}{\pi a(\operatorname{sen}\theta)/\lambda} \right\}^2 \tag{36.7}$$

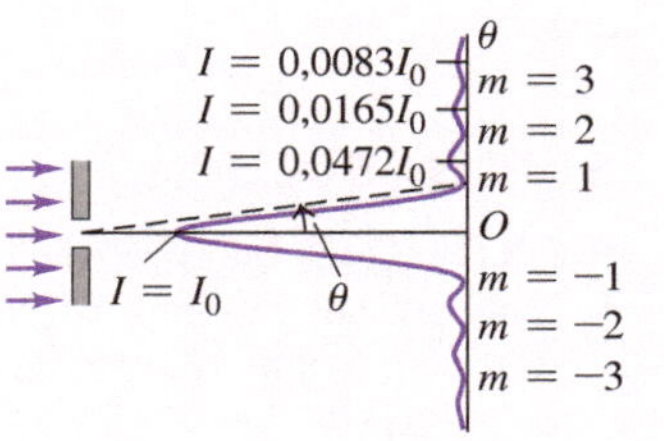

Redes de difração: uma rede de difração é constituída por um grande número de fendas paralelas estreitas separadas por uma distância d. A condição para que ocorra uma intensidade máxima na figura de interferência é a mesma que para uma figura de interferência em fenda dupla, mas os máximos para as redes são muito agudos e estreitos. (Veja os Exemplo 36.4.)

$$d \operatorname{sen}\theta = m\lambda \quad (m = 0, \pm 1, \pm 2, \pm 3, \ldots) \tag{36.13}$$

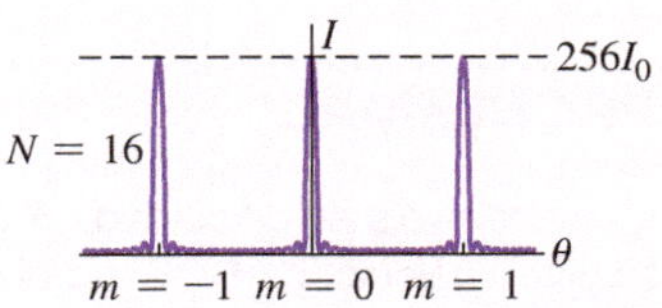

Difração de raios X: um cristal se comporta como uma rede de difração tridimensional para feixes de raios X cujos comprimentos de onda sejam da mesma ordem de grandeza do espaçamento entre os átomos no cristal. Para um conjunto de planos da rede cristalina separados por uma distância d, a interferência construtiva ocorre quando o ângulo de incidência é igual ao ângulo de espalhamento (medido a partir dos planos do cristal) e quando a condição de Bragg (Equação 36.16) é satisfeita. (Veja o Exemplo 36.5.)

$$2d \operatorname{sen}\theta = m\lambda \quad (m = 1, 2, 3, \ldots) \tag{36.16}$$

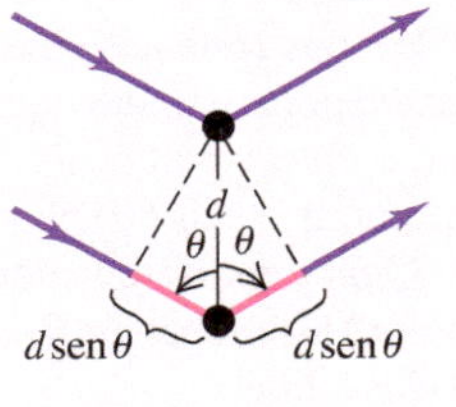

Aberturas circulares e poder de resolução: a figura de difração de uma abertura circular com diâmetro D é constituída por um círculo central brilhante chamado de disco de Airy e por uma série concêntrica de anéis brilhantes e escuros. O raio angular θ_1 para o primeiro anel escuro, igual ao raio angular da parte externa do disco de Airy, é dado pela Equação 36.17. A difração impõe um limite máximo para a resolução (nitidez da imagem) de um instrumento ótico. De acordo com o critério de Rayleigh, dois objetos puntiformes estão no limite de resolução quando a distância angular θ entre eles é dada pela Equação 36.17. (Veja o Exemplo 36.6.)

$$\operatorname{sen}\theta_1 = 1{,}22\frac{\lambda}{D} \qquad (36.17)$$

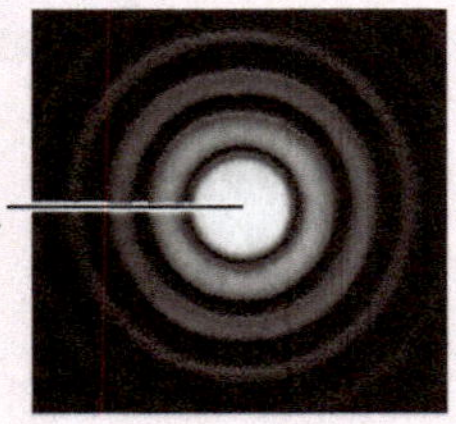

Problema em destaque Observando o universo em expansão

Um astrônomo estudando a luz de uma galáxia identificou o espectro do hidrogênio, mas descobre que os comprimentos de onda estão um tanto deslocados dos encontrados no laboratório. No laboratório, a linha H_α do espectro de hidrogênio tem um comprimento de onda de 656,3 nm. O astrônomo está usando uma rede de difração para transmissão com 5.758 linhas/cm na primeira ordem e descobre que a primeira franja brilhante para a linha H_α ocorre em $\pm 23{,}41°$ do ponto central. Com que velocidade a galáxia está se movendo? Expresse sua resposta em m/s e como uma porcentagem da velocidade da luz. A galáxia está se movendo em nossa direção ou para longe de nós?

GUIA DA SOLUÇÃO

IDENTIFICAR E PREPARAR

1. Você pode usar as informações sobre a rede de difração para descobrir o comprimento de onda da linha H_α no espectro da galáxia.
2. Na Seção 16.8, aprendemos sobre o efeito Doppler para a radiação eletromagnética: a frequência que recebemos de uma fonte móvel, como a galáxia, é diferente da frequência emitida. A Equação 16.30 relaciona a frequência emitida, a frequência recebida e a velocidade da fonte (a variável-alvo). A equação $c = f\lambda$ relaciona a frequência f e o comprimento de onda λ através da velocidade da luz c.

EXECUTAR

3. Ache o comprimento de onda da linha espectral H_α na luz recebida.
4. Reescreva a Equação 16.30 como uma fórmula para a velocidade v da galáxia em termos do comprimento de onda recebido e do comprimento de onda emitido pela fonte.
5. Resolva para determinar v. Expresse a resposta em m/s e como uma porcentagem de c e decida se a galáxia está se movendo em nossa direção ou se afastando de nós.

AVALIAR

6. Sua resposta é coerente com os tamanhos relativos do comprimento de onda recebido e do comprimento de onda emitido?

PROBLEMAS

•, ••, •••: níveis de dificuldade. **PC**: problemas cumulativos, incorporando material de capítulos anteriores. **CALC**: problemas exigindo cálculo. **DADOS**: problemas envolvendo dados reais, evidência científica, projeto experimental e/ou raciocínio científico. **BIO**: problemas envolvendo biociências.

QUESTÕES PARA DISCUSSÃO

Q36.1 Por que podemos observar facilmente efeitos de difração em ondas sonoras e ondas aquáticas, mas não em ondas luminosas? Isso acontece porque a velocidade da luz é muito maior que a dessas outras ondas? Explique.

Q36.2 Qual é a diferença entre a difração de Fresnel e a de Fraunhofer? Os processos *físicos* desses dois fenômenos são diferentes? Explique.

Q36.3 Você usa uma lente de diâmetro D e uma luz de comprimento de onda λ e frequência f para formar uma imagem de dois objetos a pouca distância um do outro e distantes de você. Quais dos seguintes processos aumentarão o poder de resolução? (a) Usar uma lente com um diâmetro menor; (b) usar uma luz com frequência mais elevada; (c) usar uma luz com maior comprimento de onda. Em cada caso, justifique sua resposta.

Q36.4 Uma luz de comprimento de onda λ e frequência f passa por uma única fenda de largura a. A figura de difração é observada sobre uma tela a uma distância x da fenda. Qual dos seguintes processos *diminuirá* a largura dos máximos centrais? (a) Diminuir a largura da fenda; (b) diminuir a frequência f da luz;

(c) diminuir o comprimento de onda da luz; (d) diminuir a distância x entre a tela e a fenda. Em cada caso, justifique sua resposta.

Q36.5 Em uma experiência de difração com ondas de comprimento de onda λ, não ocorre *nenhuma* intensidade mínima (ou seja, nenhuma franja escura) quando a largura da fenda é suficientemente pequena. Qual é a largura máxima da fenda para que isso ocorra? Explique sua resposta.

Q36.6 Uma figura de interferência é produzida por quatro fendas estreitas e com o mesmo espaçamento. Desenhando os diagramas de fasores apropriados, explique por que existe um mínimo de interferência quando a diferença de fase ϕ das fendas adjacentes é (a) $\pi/2$; (b) π; (c) $3\pi/2$. Em cada caso, para quais pares de fendas existe interferência totalmente destrutiva?

Q36.7 Diagramas de fasores para oito fendas. Uma figura de interferência é produzida por oito fendas estreitas e com o mesmo espaçamento. O dístico para a Figura 36.14 indica que os mínimos ocorrem para $\phi = 3\pi/4$, $\pi/4$, $3\pi/2$ e $7\pi/4$. Desenhe o diagrama de fasores para cada um desses quatro casos e explique por que cada diagrama prova que existe de fato um mínimo. Em cada caso, para quais pares de fendas existe interferência totalmente destrutiva?

Q36.8 Um arco-íris comum exibe diversas cores (veja a Seção 33.4). Entretanto, quando as gotas de água são suficientemente pequenas, o arco-íris exibe cor branca. Aplicando os conceitos da difração, explique por quê. Qual é o diâmetro máximo das gotas para que isso ocorra?

Q36.9 Alguns alto-falantes para concertos ao ar livre (quando em geral os ouvintes estão sentados no solo) são maiores na direção vertical que na horizontal. Com base nos conceitos da difração, explique por que esse tipo de alto-falante espalha o som de modo mais uniforme entre a plateia que aqueles com forma quadrada ou que possuem forma de um retângulo mais largo horizontalmente que verticalmente. Esse formato continuaria sendo o ideal se os ouvintes estivessem sentados em fileiras com alturas diferentes, como no caso de um anfiteatro? Por quê?

Q36.10 A Figura 31.12 (Seção 31.2) mostra o sistema de um alto-falante. Os sons de baixa frequência são gerados pelo *woofer*, que é um alto-falante com diâmetro grande; o *tweeter*, um alto-falante com diâmetro menor, gera os sons com frequências elevadas. Usando as ideias da difração, explique por que o *tweeter* é mais eficiente que o *woofer* para espalhar uniformemente em uma sala os sons com frequências elevadas.

Q36.11 A informação é armazenada em um disco compacto de áudio (CD de áudio), no disco CD-ROM ou no disco de DVD por meio de minúsculas reentrâncias ao longo do disco. Essas reentrâncias são varridas por um feixe de laser. Um fator importante que limita a quantidade de informação que pode ser armazenada nesse disco é a largura do feixe de laser. Explique a razão desse comportamento e diga por que, usando-se um laser de comprimento de onda menor, é possível armazenar mais informação em um disco com o mesmo diâmetro.

Q36.12 Qual é a cor de luz que permite ao Telescópio Espacial Hubble obter maior resolução ao examinar um objeto astronômico distante: a vermelha, a azul ou a luz ultravioleta? Explique sua resposta.

Q36.13 No final da Seção 36.4, as seguintes afirmações foram feitas sobre uma rede de N fendas. Explique, usando diagramas de fasores, por que cada afirmação é verdadeira. (a) Um mínimo ocorre sempre que ϕ é um múltiplo inteiro de $2\pi/N$, exceto quando ϕ é um múltiplo inteiro de 2π (que gera um máximo principal). (b) Existem $(N-1)$ mínimos entre cada par de máximos principais.

Q36.14 Os efeitos de difração produzidos por raios X com cristais podem ser observados se você usar a luz em vez de raios X? Por quê?

Q36.15 Por que uma rede de difração é mais eficiente que uma fenda dupla para medir comprimentos de onda da luz?

Q36.16 Algumas vezes observamos torres com antenas de rádio alinhadas, de modo que a distância entre duas torres consecutivas é constante. Uma aluna diz que elas funcionam de modo análogo a uma rede de difração. O que ela quer dizer? Por que é desejável que elas funcionem como uma rede de difração?

Q36.17 Suponha que um holograma seja feito usando-se luz com um comprimento de onda de 600 nm e, a seguir, seja observado com luz de 500 nm. Compare as imagens observadas com a luz de 500 nm e com a de 600 nm. Explique as eventuais diferenças.

Q36.18 Um holograma é feito a partir de uma luz com comprimento de onda de 600 nm e, a seguir, ele é observado com um feixe de luz branca proveniente de uma lâmpada incandescente. O que será visto? Explique.

Q36.19 Uma película fotográfica comum transforma o branco em preto e vice-versa, ou seja, na película revelada a região mais brilhante torna-se escura e a região escura torna-se clara (daí o nome *negativo* dado a esse tipo de filme). Suponha que um holograma negativo seja observado diretamente sem que se faça uma transparência positiva. Como a imagem resultante do holograma negativo difere da observada com o positivo? Explique.

EXERCÍCIOS

Seção 36.2 Difração produzida por uma fenda simples

36.1 •• Uma luz monocromática proveniente de uma fonte distante incide sobre uma fenda com 0,750 mm de largura. Sobre a tela, a uma distância de 2,00 m da fenda, verifica-se que a distância entre o primeiro mínimo e o máximo central da figura de difração é igual a 1,35 mm. Calcule o comprimento de onda da luz.

36.2 • Raios paralelos de comprimento de onda igual a 546 nm, provenientes de uma lâmpada de mercúrio verde, passam por uma fenda e são focalizados por uma lente convergente de 60 cm de distância focal. Sobre o plano focal da lente, a distância entre o máximo central e o primeiro mínimo é de 8,65 mm. Qual é a largura da fenda?

36.3 •• Uma luz de comprimento de onda igual a 585 nm incide sobre uma fenda com 0,0666 mm de largura. (a) Sobre uma tela grande e distante, qual o *total* de franjas escuras (indicando cancelamento completo) que serão formadas, incluindo ambos os lados da faixa brilhante central? Resolva este problema *sem* calcular todos os ângulos! (*Dica*: qual é o maior valor que sen θ pode assumir? O que isso indica sobre o maior valor que m pode assumir?) (b) Em que ângulo a franja escura mais distante da franja brilhante central aparecerá?

36.4 • Uma luz de comprimento de onda igual a 633 nm, proveniente de uma fonte distante, incide sobre uma fenda com largura de 0,750 mm, e a figura de difração resultante é observada sobre uma tela situada a uma distância de 3,50 m da fenda. Qual é a distância entre as duas primeiras franjas escuras localizadas de cada lado da franja brilhante central?

36.5 •• A difração ocorre com qualquer tipo de onda, inclusive ondas sonoras. Um som de frequência elevada e comprimento de onda igual a 9,00 cm, proveniente de uma fonte distante, passa através de uma fenda estreita com largura igual a 12,0 cm. Um microfone é colocado a uma distância de 8,00 m diretamente em frente ao centro da fenda, correspondendo ao ponto *O* mostrado na Figura 36.5a. A seguir, o microfone é deslocado em uma direção perpendicular à reta que liga o ponto *O* ao centro da fenda. Para quais distâncias em relação ao ponto *O* a intensidade detectada pelo microfone será igual a zero?

36.6 • PC **Tsunami!** Em 26 de dezembro de 2004, um violento terremoto de magnitude 9,1 ocorreu na costa de Sumatra. Esse terremoto desencadeou um forte tsunami (causado por um maremoto), que matou mais de 150 mil pessoas. Os cientistas que observaram a onda no oceano aberto efetuaram medições e verificaram que o tempo entre cristas era de 1,0 h e a velocidade da onda era 800 km/h. Modelos de computador da evolução dessa enorme onda mostraram que ela contornou os continentes e se espalhou por todos os oceanos da Terra. Quando a onda atingia as fendas entre os continentes, ela sofria difração. (a) Qual era o comprimento de onda desse tsunami? (b) A distância entre a extremidade sul da África e o norte da Antártida é de cerca de 4.500 km, enquanto a distância entre a extremidade sul da Austrália e a Antártida é de cerca de 3.700 km. Podemos fazer uma aproximação do comportamento dessa onda usando a difração de Fraunhofer. Encontre o menor ângulo que se afasta do máximo central para o qual as ondas se cancelariam após passar por cada uma dessas fendas continentais.

36.7 •• PC Uma série de frentes de onda paralelas lineares está se propagando na direção da praia a 15 cm/s em um lago que não apresenta outras perturbações. Há um buraco em uma longa barreira de concreto paralela à praia, distante 3,20 m dela. Você conta as cristas de onda e observa que passam 75,0 cristas por minuto. Você também observa que nenhuma onda chega à praia a $\pm 61{,}3$ cm do ponto diretamente oposto ao buraco, mas as ondas chegam à praia em qualquer outro ponto dentro dessa distância. (a) Qual é o diâmetro do buraco na barreira? (b) Em que outros ângulos você percebe que não há ondas chegando à praia?

36.8 • Uma radiação eletromagnética monocromática de comprimento de onda λ vinda de uma fonte distante passa por uma fenda. A figura de difração é observada em uma tela a 2,50 m da fenda. Se a largura do máximo central é de 6,00 mm, qual é a largura *a* da fenda se o comprimento de onda for (a) 500 nm (luz visível); (b) 50,0 μm (radiação infravermelha); (c) 0,500 nm (raios X)?

36.9 •• **Difração em uma entrada.** Um som de frequência 1.250 Hz sai de uma sala por uma passagem de 1,00 m de largura (veja o Exercício 36.5). Em que ângulos relativamente à perpendicular à linha central da passagem alguém fora da sala não escutará nenhum som? Considere a velocidade do som no ar de 344 m/s e suponha que a fonte e o ouvinte estão ambos suficientemente longe da passagem para que a difração de Fraunhofer se aplique. Despreze os efeitos de reflexões.

36.10 • PC Ondas luminosas, cujo campo elétrico é dado por $E_y(x, t) = E_{\text{máx}}$ sen $[(1{,}40 \times 10^7 \text{ m}^{-1})\, x - \omega t]$, passam por uma fenda e produzem as primeiras faixas escuras em um ângulo de $\pm 28{,}6°$ a partir do centro da figura de difração. (a) Qual é a frequência dessa luz? (b) Qual é a largura da fenda? (c) Em que ângulos ocorrerão outras faixas escuras?

36.11 •• Um feixe de luz vermelha de comprimento de onda igual a 633 nm proveniente de um laser de hélio-neônio passa por uma fenda com largura de 0,350 mm. A figura de difração é observada sobre uma tela situada a uma distância de 3,00 m da fenda. Defina a largura de uma franja brilhante como a distância entre os dois mínimos existentes de cada lado da respectiva franja. (a) Qual é a largura da franja brilhante central? (b) Qual é a largura da primeira franja brilhante situada de cada lado da franja central?

Seção 36.3 Intensidade na difração produzida por uma fenda simples

36.12 •• A estação de rádio pública KXPR-FM de Sacramento transmite a 88,9 MHz. As ondas de rádio passam entre dois arranha-céus. A distância entre as paredes mais próximas dos dois arranha-céus é 15,0 m. (a) Em que ângulos horizontais, relativamente à direção original das ondas, uma antena distante não receberá qualquer sinal dessa estação? (b) Se a intensidade máxima é 3,50 W/m^2 na antena, qual é a intensidade a $\pm 5{,}00°$ do centro do máximo central na antena distante?

36.13 •• Uma luz monocromática com comprimento de onda igual a 580 nm passa por uma fenda única, e a figura de difração é observada sobre uma tela. Tanto a origem quanto a tela estão longe o suficiente da fenda para que a difração de Fraunhofer possa ser aplicada. (a) Se os primeiros mínimos de difração estão a $\pm 90°$, de modo que o máximo central preencha completamente a tela, qual é a largura da fenda? (b) Para a largura da fenda calculada no item (a), qual é a razão entre a intensidade em $\theta = 45{,}0°$ e a intensidade em $\theta = 0$?

36.14 •• Uma luz monocromática proveniente de uma fonte distante possui comprimento de onda $\lambda = 620$ nm e passa por uma fenda com largura igual a 0,450 mm. A figura de difração é observada sobre uma tela situada a uma distância de 3,00 m da fenda. Em termos da intensidade I_0 no pico do máximo central, qual é a intensidade da luz sobre a tela em pontos cujas distâncias do centro ao máximo central são: (a) 1,00 mm? (b) 3,00 mm? (c) 5,00 mm?

36.15 •• Uma fenda com largura igual a 0,240 mm é iluminada por um feixe de raios paralelos de comprimento de onda igual a 540 nm. A figura de difração é observada sobre uma tela situada a uma distância de 3,00 m da fenda. A intensidade no centro do máximo central ($\theta = 0°$) é igual a $6{,}00 \times 10^{-6}$ W/m^2. (a) Qual é a distância sobre a tela entre o centro do máximo central e o primeiro mínimo? (b) Qual é a intensidade em um ponto situado no centro do segmento que une o máximo central e o primeiro mínimo?

36.16 • Uma luz monocromática de comprimento de onda de 592 nm, vinda de uma fonte distante, passa por uma fenda com 0,0290 mm de largura. Na figura de difração resultante, a intensidade no centro do máximo central ($\theta = 0°$) é $4{,}00 \times 10^{-5}$ W/m^2. Qual é a intensidade em um ponto na tela que corresponde a $\theta = 1{,}20°$?

36.17 •• Uma figura de difração em uma fenda única se forma quando uma radiação eletromagnética monocromática proveniente de uma fonte distante passa por uma fenda com largura de 0,105 mm. Em um ponto da tela que forma um ângulo de 3,25° a partir do máximo central, a diferença de fase total entre as ondas secundárias provenientes do topo e da base da fenda é igual a 56,0 rad. (a) Qual é o comprimento de onda dessa radiação? (b) Qual é a intensidade nesse ponto quando a intensidade no centro do máximo central é igual a I_0?

Seção 36.4 Fendas múltiplas

36.18 • Raios paralelos de uma luz monocromática com comprimento de onda de 568 nm iluminam duas fendas idênticas e produzem uma figura de interferência sobre uma tela localizada a 75,0 cm das fendas. Os centros das fendas estão afastados em 0,640 mm e a largura de cada fenda é igual a 0,434 mm. Se a intensidade no centro do máximo central for $5{,}00 \times 10^{-4}$ W/m^2, qual é a intensidade em um ponto na tela que está a 0,900 mm do centro do máximo central?

36.19 • **Número de franjas no máximo de difração.** Na Figura 36.12c, o máximo central da difração contém exatamente sete franjas de interferência e, nesse caso, $d/a = 4$. (a) Qual deve ser a razão d/a para que o máximo central da difração contenha exatamente cinco franjas? (b) No caso considerado no item (a), quantas franjas há no primeiro máximo de difração existente de cada lado do máximo central?

36.20 •• **Difração e interferência combinadas.** Considere a figura de interferência produzida por duas fendas paralelas de largura a e distância d, em que $d = 3a$. As fendas são iluminadas por uma luz que incide normalmente com um comprimento de onda λ. (a) Primeiro desprezaremos os efeitos de difração decorrentes da largura da fenda. Em que ângulos θ formados com o máximo central ocorrerão os próximos quatro máximos na figura de interferência em fenda dupla? Sua resposta deve ser dada em termos de d e λ. (b) Agora incluiremos os efeitos de difração. Se a intensidade em $\theta = 0°$ é I_0, qual é a intensidade em cada um dos ângulos no item (a)? (c) Quais máximos da interferência em fenda dupla estão ausentes na figura? (d) Compare seus resultados com os apresentados na Figura 36.12c. Em que o seu resultado difere?

36.21 •• Uma figura de interferência é produzida por uma luz de comprimento de onda igual a 580 nm, proveniente de uma fonte distante incidindo sobre duas fendas idênticas paralelas separadas por uma distância (entre seus centros) igual a 0,530 mm. (a) Se as fendas forem muito estreitas, qual deverá ser a posição do máximo de primeira ordem e do máximo de segunda ordem na experiência de interferência em fenda dupla? (b) Suponha que a largura de cada fenda seja igual a 0,320 mm. Em termos da intensidade I_0 no centro do máximo central, qual é a intensidade em cada uma das posições angulares indicadas no item (a)?

36.22 •• Uma luz de laser de comprimento de onda de 500,0 nm ilumina duas fendas idênticas, produzindo uma figura de interferência sobre uma tela a 90,0 cm das fendas. As faixas brilhantes estão a 1,00 cm de distância uma da outra, e as terceiras faixas brilhantes em ambos os lados do máximo central estão ausentes na figura. Encontre a largura e a distância entre as duas fendas.

Seção 36.5 A rede de difração

36.23 • Quando a luz de um laser com comprimento de onda de 632,8 nm passa por uma rede de difração, os primeiros pontos brilhantes ocorrem a $\pm 17{,}8°$ do máximo central. (a) Qual é a densidade de linha (em linhas/cm) dessa rede? (b) Quantos pontos brilhantes adicionais existem além dos primeiros pontos brilhantes e em que ângulos eles ocorrem?

36.24 •• Uma luz monocromática incide normalmente sobre uma rede de transmissão plana. O máximo de primeira ordem na figura de interferência fica a um ângulo de 11,3°. Qual é a posição angular do máximo de quarta ordem?

36.25 • Se uma rede de difração produz sua faixa brilhante de terceira ordem formando um ângulo de 78,4° para uma luz de comprimento de onda igual a 681 nm, encontre (a) o número de fendas por centímetro na rede e (b) a posição angular das faixas brilhantes de primeira e segunda ordens. (c) Haverá uma faixa brilhante de quarta ordem? Explique.

36.26 • Se uma rede de difração produz uma faixa brilhante de terceira ordem para a luz vermelha (de comprimento de onda de 700 nm) a 65,0° do máximo central, em que ângulo estará a faixa brilhante de segunda ordem para a luz violeta (de comprimento de onda de 400 nm)?

36.27 • Uma luz visível passa por uma rede de difração com 900 fendas/cm e uma figura de interferência é observada sobre uma tela que está a 2,50 m da rede. (a) A posição angular do espectro da primeira ordem é suficientemente pequena para que $\text{sen}\,\theta \approx \theta$ seja uma boa aproximação? (b) No espectro de primeira ordem, os máximos para dois comprimentos de onda diferentes estão separados na tela por uma distância de 3,0 mm. Qual é a diferença entre esses comprimentos de onda?

36.28 • O intervalo de comprimentos de onda do espectro visível está compreendido entre 380 e 750 nm. Uma luz branca incide perpendicularmente sobre uma rede de difração que possui 350 fendas/mm. Determine a largura angular do espectro visível (a) na primeira ordem; (b) na terceira ordem. (*Nota*: a vantagem de usar ordens mais elevadas consiste em obter espalhamento angular maior e melhor resolução. A desvantagem é a superposição de diversas ordens, como indicado no Exemplo 36.4.)

36.29 • (a) Qual é o comprimento de onda da luz desviada na primeira ordem de um ângulo de 13,5° por uma rede de transmissão que possui 5.000 fendas/cm? (b) Qual é o desvio na segunda ordem para esse comprimento de onda? Suponha incidência perpendicular.

36.30 •• **CDs e DVDs como redes de difração.** Um feixe de laser de comprimento de onda $\lambda = 632{,}8$ nm incide perpendicularmente sobre a face refletora de um CD. (a) As trilhas formadas por pequenas reentrâncias que codificam a informação no CD estão dispostas a uma distância constante de 1,60 μm. Quais são os ângulos de reflexão (medidos a partir da normal) em que a intensidade da luz torna-se máxima? (b) Em um DVD, as trilhas estão afastadas por apenas 0,740 μm. Repita o cálculo do item (a) para o DVD.

36.31 • Uma rede de difração típica de laboratório possui $5{,}00 \times 10^3$ linhas/cm, e essas linhas estão contidas em uma largura de rede de 3,50 cm. (a) Qual é a potência de resolução cromática dessa rede na primeira ordem? (b) Essa rede poderia resolver as linhas do dupleto do sódio (veja a Seção 36.5) na primeira ordem? (c) Enquanto realiza a análise espectral de uma estrela, você está usando essa rede na *segunda* ordem para resolver linhas espectrais que são muito próximas do arco de ferro espectral de 587,8002 nm. (i) Para comprimentos de onda maiores que um arco de ferro, qual é o comprimento de onda mais curto que você poderia distinguir do arco de ferro? (ii) Para os comprimentos de onda mais curtos que o arco de ferro, qual é o maior comprimento de onda que você poderia distinguir do arco de ferro? (iii) Qual é a faixa de comprimentos de onda que você *não* poderia distinguir do arco de ferro?

36.32 • **Identificação de isótopos por meio do espectro.** Isótopos diferentes do mesmo elemento emitem luz com diferentes comprimentos de onda. Um comprimento de onda do espectro de emissão do átomo de hidrogênio é igual a 656,45 nm; para o deutério, o comprimento de onda correspondente é igual a 656,27 nm. (a) Qual é o menor número de fendas necessário para separar esses dois comprimentos de onda na segunda ordem? (b) Se a rede possui 500 fendas/mm, determine os ângulos e a separação angular desses dois comprimentos de onda na segunda ordem.

36.33 • A luz proveniente de um arco de ferro possui diversos comprimentos de onda. Dois deles são $\lambda = 587{,}9782$ nm e $\lambda = 587{,}8002$ nm. Você deseja separar essas duas linhas espectrais na primeira ordem usando uma rede com 1,20 cm de comprimento. Qual é o menor número de fendas por centímetro que essa rede deve ter?

Seção 36.6 Difração de raios X

36.34 • Se os planos de um cristal são 3,50 Å (1 Å $= 10^{-10}$ m = 1 Ångstrom) de distância, (a) que comprimento de onda de ondas eletromagnéticas é necessário para que a primeira interferência máxima forte na reflexão de Bragg ocorra quando as ondas incidem sobre os planos com um ângulo de 22,0° e em que parte do espectro eletromagnético essas ondas se encontram? (Veja a Figura 32.4.) (b) Em que outros ângulos ocorrerão fortes interferências máximas?

36.35 • Raios X de comprimento de onda igual a 0,0850 nm são espalhados pelos átomos de um cristal. O máximo de segunda ordem na reflexão de Bragg ocorre quando o ângulo θ na Figura 36.22 é igual a 21,5°. Qual é o espaçamento entre os planos atômicos adjacentes do cristal?

36.36 • Raios X monocromáticos incidem sobre um cristal para o qual o espaçamento dos planos atômicos é de 0,440 nm. O máximo de primeira ordem na reflexão de Bragg ocorre quando os raios X incidente e refletido formam um ângulo de 39,4° com os planos do cristal. Qual é o comprimento de onda dos raios X?

Seção 36.7 Orifícios circulares e poder de resolução

36.37 •• Uma luz monocromática de comprimento de onda igual a 620 nm passa por um orifício circular com diâmetro de 7,4 μm. A figura de difração resultante é observada sobre uma tela situada a uma distância de 4,5 m do orifício. Qual é o diâmetro do disco de Airy sobre a tela?

36.38 •• Uma luz monocromática de comprimento de onda igual a 490 nm passa por um orifício circular, e uma figura de difração resultante é observada sobre uma tela situada a uma distância de 1,20 m do orifício. Se a distância na tela entre o primeiro e o segundo anel escuro é 1,65 mm, qual é o diâmetro do orifício?

36.39 • A distância entre dois satélites a uma altitude de 1.200 km é 28 km. Se eles enviam micro-ondas de 3,6 cm, qual é o diâmetro necessário (pelo critério de Rayleigh) para que uma antena em forma de prato seja capaz de resolver as duas ondas transmitidas por eles?

36.40 • BIO Se você consegue ler a última linha do quadro no exame de vista de seu oftalmologista, o poder de resolução de seu olho corresponde a cerca de um minuto de arco, equivalente a 1/60 do grau. Caso esse poder de resolução seja limitado por efeitos de difração, a que diâmetro efetivo do sistema ótico de seu olho essa resolução corresponde? Use o critério de Rayleigh e suponha $\lambda = 550$ nm.

36.41 •• O chamado VLBA (*Very Long Baseline Array*) utiliza uma série de telescópios de rádio individuais para criar uma unidade com um diâmetro equivalente de cerca de 8.000 km. Quando esse telescópio de rádio está focalizando ondas de rádio com comprimento de onda de 2,0 cm, qual teria de ser o diâmetro do espelho de um telescópio de luz visível focalizando a luz com comprimento de onda de 550 nm de modo que o telescópio de luz visível tenha a mesma resolução do telescópio de rádio?

36.42 •• **Procurando planetas em torno de outras estrelas.** Se um telescópio ótico focalizando a luz com comprimento de onda de 550 nm possui um espelho perfeitamente plano, qual deveria ser o diâmetro mínimo do espelho para que o telescópio pudesse descobrir um planeta do tamanho de Júpiter em torno da nossa estrela mais próxima, Alfa Centauro, que está a cerca de 4,3 anos-luz da Terra? (Consulte o Apêndice F.)

36.43 •• **Hubble *versus* Arecibo.** O Telescópio Espacial Hubble tem uma abertura de 2,4 m e focaliza luz visível (380--750 nm). O rádio telescópio de Arecibo, em Porto Rico, apresenta 305 m de diâmetro (está montado no vale de uma montanha) e focaliza ondas de rádio com um comprimento de onda de 75 cm. (a) Em condições ótimas de visibilidade, qual é a menor cratera que cada um desses telescópios poderia focalizar na Lua? (b) Se o Telescópio Espacial Hubble precisasse ser usado para um trabalho de vigilância, qual seria a órbita mais alta sobre a superfície da Terra que ele poderia manter para ainda ser capaz de distinguir a placa (não as letras e os números, apenas a placa) de um carro no solo? Suponha condições de visibilidade ideais, de modo que a resolução seja limitada pela difração.

36.44 • **Fotografia.** Um fotógrafo da vida selvagem usa uma lente telefoto moderada com uma distância focal de 135 mm e abertura máxima *f*/4,00 para fotografar um urso a 11,5 m de distância. Considere que o comprimento de onda é de 550 nm. (a) Qual é a largura do menor detalhe do urso que essa lente pode focalizar se estiver em sua abertura máxima? (b) Se, para ganhar profundidade de campo, o fotógrafo diminui a abertura para *f*/22,0, qual seria a largura dos menores detalhes do urso que poderiam ser focalizados?

36.45 • **Observação de Júpiter.** Você foi encarregado de projetar um telescópio espacial para ficar em órbita em torno da Terra. Quando Júpiter está a uma distância de $5{,}93 \times 10^8$ km (sua menor distância em relação à Terra), pelo critério de Rayleigh, ele pode focalizar dois pontos sobre Júpiter separados por uma distância igual a 250 km. Qual é o diâmetro mínimo do espelho necessário? Considere um comprimento de onda igual a 500 nm.

PROBLEMAS

36.46 •• Uma luz monocromática coerente, com comprimento de onda λ, passa por uma fenda estreita com largura a, e uma figura de difração é observada em uma tela que está a uma distância x da fenda. Na tela, a largura w do máximo de difração central está a uma distância que é o dobro de x. Qual é a razão a/λ entre a largura da fenda e o comprimento de onda da luz?

36.47 •• BIO **Espessura do fio de cabelo humano.** Embora tenhamos discutido sobre difração produzida em uma fenda única somente para o caso de uma fenda, um resultado semelhante pode ser observado quando a luz contorna um objeto fino e reto, como um fio de cabelo. Nesse caso, a é a largura do fio. Por medições de laboratório com um fio de cabelo humano, descobriu-se que, quando um raio de luz com comprimento de onda de 632,8 nm foi iluminado sobre um único fio de cabelo, a luz da difração foi vista em uma tela a 1,25 m de distância, com as primeiras franjas escuras em cada lado do ponto brilhante central afastadas por uma distância de 5,22 cm. Qual é a espessura do fio de cabelo?

36.48 •• PC Um alto-falante com um diafragma que vibra a 960 Hz está se deslocando a 80,0 m/s em linha reta na direção de um par de buracos em uma parede muito grande, em uma região em que a velocidade do som é 344 m/s. Longe da parede, você observa que o som vindo dessas aberturas sofre o primeiro cancelamento em um ângulo de $\pm 11{,}4°$ com a direção em que o alto-falante está se movendo. (a) A que distância estão as duas aberturas? (b) Em que ângulos o primeiro som seria cancelado se a fonte parasse de se mover?

36.49 ••• A luz de um laser de comprimento de onda de 632,8 nm normalmente incide em uma fenda com 0,0250 mm de largura. A luz transmitida é vista sobre uma tela distante onde a intensidade no centro da franja brilhante central é 8,50 W/m^2. (a) Encontre o número máximo de franjas totalmente escuras sobre a tela, supondo que a tela seja grande o bastante para mostrar todas. (b) Em que ângulo ocorre a franja escura mais distante do centro? (c) Qual é a intensidade máxima da franja brilhante que ocorre imediatamente antes da franja escura do item (b)? Dê o ângulo aproximado em que essa franja ocorre, supondo que ela esteja na metade do ângulo formado com a franja escura em ambos os lados da franja.

36.50 • **Projeto de rede.** Seu chefe pede para você projetar uma rede de difração que deverá dispersar o espectro de primeira ordem visível com um intervalo angular de 27° (veja o Exemplo 36.4 na Seção 36.5). (a) Qual deve ser o número de fendas por centímetro nessa rede? (b) Em que ângulos o espectro visível de primeira ordem começa e termina?

36.51 • **Medindo o índice de refração.** Uma fenda estreita iluminada por uma luz de frequência f produz sua primeira faixa escura em um ângulo de $\pm 38{,}2°$ no ar. Quando todo o dispositivo (fenda, tela e espaços intermediários) é imerso em um líquido transparente desconhecido, as primeiras faixas escuras da fenda ocorrem com um ângulo de $\pm 21{,}6°$. Encontre o índice de refração do líquido.

36.52 •• **Fotografia submarina.** Uma câmera submarina possui uma lente com distância focal no ar de 35,0 mm e uma abertura máxima de *f*/2,80. O filme que ela usa possui uma emulsão sensível à luz na frequência de $6{,}00 \times 10^{14}$ Hz. Se o fotógrafo tirar uma foto de um objeto 2,75 m à frente da câmera com a lente totalmente aberta, qual é a largura do menor detalhe focalizável no objeto, se ele for (a) um peixe com a câmera na água e (b) uma pessoa na praia com a câmera fora da água?

36.53 ••• **CALC** A intensidade da luz na figura de difração de Fraunhofer de uma fenda única é dada pela Equação 36.5. Considere $\gamma = \beta/2$. (a) Mostre que a equação para os valores de γ em que I é máximo é $\tan\gamma = \gamma$. (b) Determine os dois menores valores positivos de γ que sejam soluções dessa equação. (*Dica:* você pode usar o procedimento de tentativa e erro. Escolha um valor para γ e ajuste sua escolha para levar $\tan\gamma$ para mais perto de γ. Uma solução gráfica da equação é muito útil na localização de soluções aproximadas, para ter boas escolhas iniciais.) (c) Quais são os valores positivos de γ para o primeiro, segundo e terceiro mínimos em um lado do máximo central? Os valores de γ no item (b) estão exatamente no meio do caminho entre os valores de γ para os mínimos adjacentes? (d) Se $a = 12\lambda$, quais são os ângulos θ (em graus) que localizam o primeiro mínimo, o primeiro máximo além do máximo central e o segundo mínimo?

36.54 •• Uma fenda com largura de 0,360 mm é iluminada por raios luminosos paralelos cujo comprimento de onda é 540 nm. A figura de difração é observada sobre uma tela situada a uma distância de 1,20 m da fenda. A intensidade no centro do máximo central ($\theta = 0°$) é igual a I_0. (a) Qual é a distância sobre a tela entre o centro do máximo central e o primeiro mínimo? (b) Qual é a distância sobre a tela entre o centro do máximo central e o ponto para o qual $I = I_0/2$?

36.55 •• **PC CALC** Em uma grande câmara de vácuo, um laser monocromático passa por uma fenda estreita em uma placa de alumínio fina e forma uma figura de difração em uma tela que está a 0,620 m da fenda. Quando a placa de alumínio tem uma temperatura de 20,0 °C, a largura do máximo central na figura de difração é 2,75 mm. Qual é a variação na largura do máximo central quando a temperatura da placa é elevada para 520,0 °C? A largura do máximo de difração central aumenta ou diminui quando a temperatura aumenta?

36.56 •• **PC** Em um laboratório, a luz de uma determinada linha de espectro de hélio passa por uma rede de difração e o máximo de segunda ordem está a 18,9° do centro da franja brilhante. A mesma rede é então usada para a luz de uma galáxia distante que está se movendo para longe da Terra com uma velocidade de $2{,}65 \times 10^7$ m/s. Para a luz da galáxia, qual é a distância angular do máximo de segunda ordem para a mesma linha espectral observada no laboratório? (Veja a Seção 16.8.)

36.57 • Qual é o maior comprimento de onda que pode ser observado na terceira ordem para uma rede de difração de transmissão contendo 9.200 fendas/cm? Suponha incidência perpendicular.

36.58 •• Propõe-se usar uma rede de telescópios infravermelhos espalhados ao longo de milhares de quilômetros no espaço para observar planetas orbitando em outras estrelas. Considere que essa rede tenha um diâmetro efetivo de 6.000 km e que a observação seja feita com radiação infravermelha de comprimento de onda igual a 10 μm. Se ela for usada para observar um planeta em órbita em torno da estrela 70 Virginis, que se encontra a 59 anos-luz do nosso sistema solar, qual é o tamanho dos menores detalhes que a rede poderia focalizar no planeta? Qual é a comparação com o diâmetro do planeta, que é considerado semelhante ao de Júpiter ($1{,}40 \times 10^5$ km)? (Embora se acredite que o planeta da estrela 70 Virginis tenha uma massa 6,6 vezes maior que a massa de Júpiter, seu raio provavelmente seria aproximadamente igual ao de Júpiter. Isso acontece porque planetas desse tipo devem conter muita matéria sob forma gasosa e não matéria sólida, de modo que esses gases podem ser comprimidos pela própria atração gravitacional das diferentes partes do planeta.)

36.59 • Uma rede de difração possui 650 fendas/mm. Qual é a ordem mais elevada que contém o espectro visível completo? (O intervalo de comprimentos de onda do espectro visível está compreendido aproximadamente entre 380 nm e 750 nm.)

36.60 •• Um *quasar* — abreviação das palavras inglesas *quasi-stellar radio source* (quase-estrela com fonte de rádio) — é um corpo celeste distante que parece ser uma estrela quando observado por um telescópio, mas que emite mais ondas eletromagnéticas que uma galáxia normal inteira com todas as suas estrelas. Um exemplo é o objeto brilhante mostrado na parte inferior esquerda da **Figura P36.60**; os outros objetos alongados mostrados na fotografia são galáxias normais. A principal hipótese sobre a estrutura de um quasar é que ele seja uma galáxia contendo um buraco negro com massa extremamente grande em seu centro. Nesse modelo, a radiação é emitida pelo gás interestelar e pela poeira à medida que esses materiais são acelerados caindo no buraco negro. Imagina-se que essa radiação seja proveniente de uma região com um diâmetro de apenas alguns anos-luz. (Imagina-se que a luz difusa em torno do quasar brilhante vista na Figura P36.60 seja a galáxia que hospeda o quasar.) Para investigar esse modelo de quasar e estudar outros objetos astronômicos exóticos, a Agência Espacial da Rússia planeja colocar em órbita um radiotelescópio a uma distância de 77.000 km da Terra. Quando os sinais desse telescópio forem combinados com a rede de telescópios VLBA, a resolução será equivalente à de um único radiotelescópio com diâmetro de 77.000 km. Qual é o menor detalhe que esse dispositivo pode distinguir no quasar 3C 405, que está a uma distância de $7{,}2 \times 10^8$ anos-luz da Terra, usando ondas de rádio com frequência igual a 1.665 MHz? (*Dica*: use o critério de Rayleigh.) Dê sua resposta em anos-luz e em quilômetros.

Figura P36.60

36.61 •• Uma lâmina de vidro é coberta por uma cobertura opaca muito fina. No meio dessa lâmina existe um arranhão fino de 0,00125 mm de espessura. A lâmina é totalmente imersa abaixo da superfície de um líquido. Raios paralelos de uma luz coerente monocromática, com comprimento de onda de 612 nm no ar, atingem a lâmina em direção perpendicular à sua superfície, passando pelo arranhão. Uma tela é colocada no líquido a uma distância de 30,0 cm da lâmina e paralela a ela. Você observa que as primeiras franjas escuras nos dois lados da franja central brilhante na tela estão afastadas por 22,4 cm. Qual é o índice de refração do líquido?

36.62 •• BIO **Resolução do olho.** A resolução máxima do olho depende do diâmetro da abertura da pupila (um efeito de difração) e do tamanho das células da retina. O tamanho das células da retina (cerca de 5,0 μm de diâmetro) limita o tamanho de um objeto em um ponto próximo (25 cm) do olho a uma altura de cerca de 50 μm. (Para ter uma estimativa razoável sem ter de realizar cálculos complicados, vamos ignorar o efeito do fluido no olho.) (a) Dado que o diâmetro da pupila humana é cerca de 2,0 mm, o critério de Rayleigh nos permite focalizar um objeto com 50 μm de altura a 25 cm do olho com a luz de comprimento de onda de 550 nm? (b) De acordo com o critério de Rayleigh, qual é o objeto mais curto que poderíamos focalizar em um ponto a 25 cm com uma luz de comprimento de onda de 550 nm? (c) Que ângulo o objeto no item (b) subtenderia no olho? Expresse sua resposta em minutos (60 min = 1°) e compare-a com o valor experimental de cerca de 1 min. (d) Que efeito é mais importante na limitação da resolução de seus olhos: difração ou o tamanho das células da retina?

36.63 •• DADOS Ao pesquisar o uso de apontadores a laser, você realiza um experimento de difração com duas fendas paralelas finas. Seu resultado é o padrão de franjas brilhantes e escuras bem próximas, como mostra a **Figura P36.63**. (Mostramos somente a parte central da figura.) Você mede que os pontos brilhantes são igualmente espaçados em 1,53 mm de centro a centro (exceto para os pontos que estão faltando) em uma tela que está a 2,50 m das fendas. A fonte de luz foi um laser de hélio-neônio produzindo um comprimento de onda de 632,8 nm. (a) A que distância uma da outra as duas fendas estão? Qual é a largura de cada uma?

Figura P36.63

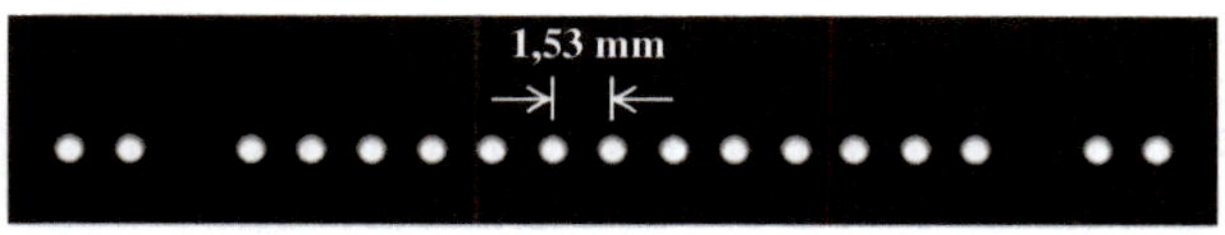

36.64 •• DADOS Seu colega de estudos de física lhe diz que a largura da banda brilhante central em uma figura de difração de única fenda é inversamente proporcional à largura da fenda. Isso significa que a largura do máximo central aumenta quando a largura da fenda diminui. A afirmação lhe parece ser contrária à intuição física e, portanto, você faz medições para testá-la. Você irradia a luz de um laser monocromático com comprimento de onda λ sobre uma fenda muito estreita, com largura a, e mede a largura w do máximo central na figura de difração que é produzida sobre uma tela 1,50 m à frente da fenda. ("Largura" significa a distância na tela entre os dois mínimos em cada lado do máximo central.) Suas medições aparecem na tabela a seguir.

a (μm)	0,78	0,91	1,04	1,82	3,12	5,20	7,80	10,40	15,60
w (m)	2,68	2,09	1,73	0,89	0,51	0,30	0,20	0,15	0,10

(a) Se w é inversamente proporcional a a, então o produto aw é constante, independente de a. Para os dados na tabela, represente aw em função de a. Explique por que aw não é constante para valores menores de a. (b) Use seu gráfico do item (a) para calcular o comprimento de onda λ do laser. (c) Qual é a posição angular do primeiro mínimo no padrão de difração para (i) a = 0,78 μm e (ii) a = 15,60 μm?

36.65 •• DADOS Na empresa de fabricação de metais onde você trabalha, você foi encarregado de medir o diâmetro D de um furo circular muito pequeno em uma placa de metal fina e vertical. Para fazer isso, você passa uma luz monocromática coerente com comprimento de onda de 562 nm pelo furo e observa a figura de difração em uma tela que está a uma distância x do furo. Você mede o raio r do primeiro anel escuro na figura de difração (veja a Figura 36.26). Você faz as medições para os quatro valores de x. Seus resultados aparecem na tabela a seguir.

x (m)	1,00	1,50	2,00	2,50
r (cm)	5,6	8,5	11,6	14,1

(a) Use cada conjunto de medições para calcular D. Como as medições contêm algum erro, calcule a média dos quatro valores de D e considere que esse seja seu resultado informado. (b) Para x = 1,00 m, quais são os raios do segundo e terceiro anéis escuros na figura de difração?

PROBLEMAS DESAFIADORES

36.66 ••• **Intensidade em uma rede com N fendas.** (a) Considere uma rede com N fendas com uma distância d constante entre fendas adjacentes. As fendas emitem coerentemente e em fase ondas de comprimento de onda λ. Mostre que, para um instante t, o campo elétrico em um ponto P distante é dado por

$$E_P(t) = E_0\cos(kR - \omega t) + E_0\cos(kR - \omega t + \phi) + E_0\cos(kR - \omega t + 2\phi) + \dots + E_0\cos(kR - \omega t + (N-1)\phi)$$

onde E_0 é a amplitude no ponto P do campo elétrico produzido por uma fenda individual, $\phi = (2\pi d \text{ sen } \theta)/\lambda$, sendo θ o ângulo formado pelo raio que atinge o ponto P (medido a partir da perpendicular que passa pelo centro do conjunto das fendas) e R é a distância entre o ponto P e a fenda mais afastada. Neste problema, suponha que R seja muito maior que d. (b) Para fazer a soma indicada no item (a), é conveniente usar a seguinte relação envolvendo o número complexo $e^{iz} = \cos z + i \text{ sen } z$, onde $i = \sqrt{-1}$. Na expressão anterior, $\cos z$ é a *parte real* do número complexo e^{iz} e sen z é sua *parte imaginária*. Mostre que o campo elétrico $E_P(t)$ é dado pela parte real da grandeza complexa

$$\sum_{n=0}^{N-1} E_0 e^{i(kR-\omega t+n\phi)}$$

(c) Usando a propriedade da função exponencial $e^A e^B = e^{(A+B)}$ e a propriedade $(e^A)^n = e^{nA}$, mostre que a soma do item (b) pode ser escrita na forma

$$E_0\left(\frac{e^{iN\phi}-1}{e^{i\phi}-1}\right)e^{i(kR-\omega t)}$$
$$= E_0\left(\frac{e^{iN\phi/2}-e^{-iN\phi/2}}{e^{i\phi/2}-e^{-i\phi/2}}\right)e^{i[kR-\omega t+(N-1)\phi/2]}$$

A seguir, usando a relação $e^{iz} = \cos z + i \operatorname{sen} z$, mostre que o campo elétrico (real) no ponto P é

$$E_P(t) = \left[E_0 \frac{\operatorname{sen}(N\phi/2)}{\operatorname{sen}(\phi/2)}\right] \cos[kR - \omega t + (N-1)\phi/2]$$

A grandeza entre os dois primeiros colchetes na expressão anterior é a amplitude do campo elétrico no ponto P. (d) Use o resultado da amplitude do campo elétrico do item (c) para mostrar que a intensidade para qualquer ângulo θ é dada por

$$I = I_0 \left[\frac{\operatorname{sen}(N\phi/2)}{\operatorname{sen}(\phi/2)}\right]^2$$

onde I_0 é a intensidade máxima de uma única fenda. (e) Verifique o resultado geral do item (d) para o caso $N = 2$. Será útil lembrar que sen $2A = 2$ sen A cos A. Explique por que seu resultado difere por um fator 4 do resultado mostrado na Equação 35.10, que fornece a expressão da intensidade na experiência de interferência em fenda dupla. (*Dica*: I_0 é definido do mesmo modo nas duas expressões?)

36.67 ••• CALC **Intensidade em uma rede com N fendas, continuação.** O item (d) do problema anterior fornece a intensidade na figura de interferência de N fendas idênticas. Use esse resultado para verificar as seguintes afirmações: (a) a intensidade máxima da figura é dada por N^2I_0. (b) O máximo principal do centro da figura se estende desde $\phi = -2\pi/N$ até $\phi = 2\pi/N$, de modo que sua largura é inversamente proporcional a $1/N$. (c) Ocorre um mínimo quando ϕ é um múltiplo inteiro de $2\pi/N$, exceto quando ϕ é um múltiplo inteiro de 2π (que fornece um máximo principal). (d) Existem $(N-1)$ mínimos entre dois máximos principais consecutivos. (e) Na metade entre dois máximos principais, a intensidade não pode ser maior que I_0; ou seja, ela não pode ser maior que $1/N^2$ vezes a intensidade de um máximo principal.

36.68 ••• CALC É possível determinar a intensidade na figura de difração em uma fenda única de Fraunhofer *sem* usar o método dos fasores mostrado na Seção 36.3. Designe por y' a posição de um ponto no interior da fenda de largura a na Figura 36.5a, com $y' = 0$, de modo que a fenda se estenda desde $y' = -a/2$ até $y' = a/2$. Podemos imaginar a fenda dividida em faixas de largura dy', cada uma delas desempenhando o papel de um centro de ondas secundárias. (a) A amplitude da onda resultante no ponto O sobre a tela distante na Figura 36.5a é igual a E_0. Explique por que a amplitude de cada onda secundária infinitesimal na faixa dentro da fenda é dada por $E_0(dy'/a)$, de modo que o campo elétrico da onda secundária a uma distância x da faixa infinitesimal é $dE = E_0(dy'/a)\operatorname{sen}(kx - \omega t)$. (b) Explique por que a onda secundária que sai de cada faixa da fenda e atinge o ponto P mostrado na Figura 36.5a pode ser expressa do seguinte modo:

$$dE = E_0 \frac{dy'}{a} \operatorname{sen}[k(D - y' \operatorname{sen}\theta) - \omega t]$$

onde D é a distância entre o ponto P e o centro da fenda e $k = 2\pi/\lambda$. (c) Integrando as contribuições da onda infinitesimal dE provenientes de todas as partes da fenda, mostre que a onda resultante detectada no ponto P é dada por

$$E = E_0 \operatorname{sen}(kD - \omega t) \frac{\operatorname{sen}[ka(\operatorname{sen}\theta)/2]}{ka(\operatorname{sen}\theta)/2}$$

$$= E_0 \operatorname{sen}(kD - \omega t) \frac{\operatorname{sen}[\pi a(\operatorname{sen}\theta)/\lambda]}{\pi a(\operatorname{sen}\theta)/\lambda}$$

(As identidades trigonométricas do Apêndice B serão úteis.) Mostre que, para $\theta = 0°$, correspondendo ao ponto O na Figura 36.5a, a onda é $E = E_0 \operatorname{sen}(kD - \omega t)$ e possui amplitude E_0, conforme foi dito no item (a). (d) Use o resultado do item (c) para mostrar que, se a intensidade no ponto O for I_0, então a intensidade no ponto P será dada pela Equação 36.7.

Problemas com contexto

REFLEXÃO DE BRAGG EM UMA ESCALA DIFERENTE. Um *coloide* consiste em partículas de um tipo de substância dispersas em outra substância. As suspensões de microesferas eletricamente carregadas (esferas microscópicas, como o poliestireno) em um líquido como a água podem formar um cristal coloide quando as microesferas se arrumam em um padrão repetitivo regular sob a influência da força eletrostática. Os cristais coloidais podem manipular seletivamente diferentes comprimentos de onda da luz visível. Assim como podemos estudar os sólidos cristalinos usando a reflexão de Bragg de raios X, podemos estudar os cristais coloidais por meio do espalhamento de Bragg da luz visível a partir do arranjo regular de microesferas carregadas. Como a luz está trafegando por um líquido quando experimenta as diferenças de percursos que levam à interferência construtiva, é o comprimento de onda no líquido que determina os ângulos nos quais as reflexões de Bragg são vistas. Em um experimento, a luz de um laser com comprimento de onda no vácuo de 650 nm passa por uma amostra na água de esferas de poliestireno carregadas. Um máximo de interferência forte é então observado quando raios incidentes e refletidos formam um ângulo de 39° com os planos dos cristais coloidais.

36.69 Por que a luz visível, que possui comprimentos de onda muito maiores que os raios X, é usada para os experimentos de Bragg em cristais coloidais? (a) As microesferas são suspensas em um líquido, e é mais difícil para os raios X penetrarem no líquido que para a luz visível. (b) O espaçamento irregular das microesferas permite que a luz visível com comprimento de onda maior produza mais interferência destrutiva que os raios X. (c) As microesferas são muito maiores que os átomos em um sólido cristalino e, para obter interferência máxima em ângulos razoavelmente grandes, o comprimento de onda precisa ser muito maior que o tamanho dos espalhadores individuais. (d) As microesferas são mais espaçadas que os átomos em um sólido cristalino, e para obter máximos de interferência em ângulos razoavelmente grandes, o comprimento de onda precisa ser comparável ao espaçamento entre os planos de espalhamento.

36.70 Que espaçamento plano no cristal coloidal poderia produzir o máximo nesse experimento? (a) 390 nm; (b) 520 nm; (c) 650 nm; (d) 780 nm.

36.71 Quando a luz passa pelo fundo do recipiente da amostra, o máximo de interferência é observado como estando a 41°; quando ela passa pelo topo, o máximo correspondente está a 37°. Qual é a melhor explicação para essa observação? (a) As microesferas estão mais compactadas no fundo, pois tendem a se acomodar no fundo na suspensão. (b) As microesferas estão mais compactadas no topo, pois tendem a flutuar para o topo da suspensão. (c) A maior pressão no fundo torna as microesferas menores lá. (d) O máximo no fundo corresponde a $m = 2$, enquanto o máximo no topo corresponde a $m = 1$.

RESPOSTAS

Resposta à pergunta inicial do capítulo

Resposta: (**i**) Para um sistema ótico que utiliza uma lente, a capacidade de resolver detalhes pequenos — sua potência de resolução, ou resolução — melhora quando o diâmetro da lente D aumenta (Seção 36.7). Cada lente em miniatura no olho de uma mosca produz sua própria imagem, de modo que essas imagens possuem uma resolução muito fraca, em comparação com as produzidas por um olho humano, pois a lente é muito pequena. Contudo, o olho de uma mosca é muito melhor que o de um humano para detectar movimento.

Respostas às perguntas dos testes de compreensão

36.1 Resposta: sim Quando você ouve a voz de alguém em pé em um canto, você está ouvindo ondas sonoras que passaram por difração. Se não houvesse difração do som, você só poderia ouvir sons de objetos que estivessem visíveis e voltados para você.

36.2 Respostas: (**ii**), (**i**) e (**iv**) (**empate**), (**iii**) O ângulo θ da primeira franja escura é dado pela Equação 36.2 com $m = 1$, ou sen $\theta = \lambda/a$. Quanto maior o valor da razão λ/a, maior o valor de sen θ e, portanto, o valor de θ. A razão λ/a em cada um dos casos é

(i) (400 nm)/(0,20 mm) = $(4{,}0 \times 10^{-7}$ m)/$(2{,}0 \times 10^{-4}$ m) = $2{,}0 \times 10^{-3}$;
(ii) (600 nm)/(0,20 mm) = $(6{,}0 \times 10^{-7}$ m)/$(2{,}0 \times 10^{-4}$ m) = $3{,}0 \times 10^{-3}$;
(iii) (400 nm)/(0,30 mm) = $(4{,}0 \times 10^{-7}$ m)/$(3{,}0 \times 10^{-4}$ m) = $1{,}3 \times 10^{-3}$;
(iv) (600 nm)/(0,30 mm) = $(6{,}0 \times 10^{-7}$ m)/$(3{,}0 \times 10^{-4}$ m) = $2{,}0 \times 10^{-3}$.

36.3 Respostas: (**ii**) e (**iii**) Se a largura da fenda a for menor que o comprimento de onda λ, não há pontos na figura de difração em que a intensidade é zero (veja a Figura 36.10a). A largura da fenda é 0,0100 mm = $1{,}00 \times 10^{-5}$ m; logo, essa condição é satisfeita por (ii) (λ = 10,6 μm = $10{,}6 \times 10^{-5}$ m) e (iii) (λ = 1,0 mm = $1{,}00 \times 10^{-3}$ m), mas não por (i) (λ = 500 nm = $5{,}00 \times 10^{-7}$ m) ou (iv) (λ = 50,0 nm = $5{,}0 \times 10^{-8}$ m).

36.4 Respostas: sim; $m_i = \pm 5, \pm 10\ldots$ Um "máximo ausente" satisfaz tanto a d sen $\theta = m_i\lambda$ (a condição para uma interferência máxima) quanto a a sen $\theta = m_d\lambda$ (a condição para um mínimo de difração). Substituindo $d = 2{,}5a$, podemos combinar essas duas condições na relação $m_i = 2{,}5m_d$. Essa relação é satisfeita por $m_i = \pm 5$ e $m_d = \pm 2$ (o quinto máximo de interferência está ausente porque coincide com a segunda difração mínima), $m_i = \pm 10$ e $m_d = \pm 4$ (o décimo máximo de interferência está ausente porque coincide com a quarta difração mínima), e assim por diante.

36.5 Resposta: (**i**) Como descrito no texto, o poder de resolução necessário é $R = Nm = 1.000$. Na primeira ordem ($m = 1$), precisamos de $N = 1.000$ fendas, mas na quarta ordem ($m = 4$) precisamos apenas de $N = R/m = 1.000/4 = 250$ fendas. (Esses números são apenas aproximados por causa da natureza arbitrária de nosso critério de resolução, e porque redes reais sempre têm leves imperfeições nas formas e espaçamentos das fendas.)

36.6 Resposta: (**ii**) A posição angular do máximo de ordem m é dado pela Equação 36.16, $2d$ sen $\theta = m\lambda$. Isso resulta em m = ($2d$ sen θ)/λ. Como a função seno nunca pode ser maior que 1, o maior valor de m no padrão não pode ser maior que $2d/\lambda$ = 2(0,200 nm)/(0,0900 nm) = 4,44. Como m precisa ser um inteiro, o máximo de mais alta ordem no padrão é $m = 4$ (quarta ordem). Os máximos m = 5, 6, 7,... não ocorrem.

36.7 Respostas: (**iii**), (**ii**), (**iv**), (**i**) O critério de Rayleigh combinado com a Equação 36.17 mostra que, quanto menor o valor da razão λ/D, maior o poder de resolução de um telescópio de diâmetro D. Em cada um dos quatro telescópios, essa razão é igual a (i) (21 cm)/(100 m) = (0,21 m)/(100 m) = $2{,}1 \times 10^{-3}$; (ii) (500 nm)/(2,0 m) = $(5{,}0 \times 10^{-7}$ m)/(2,0 m) = $2{,}5 \times 10^{-7}$; (iii) (100 nm)/(1,0 m) = $(1{,}0 \times 10^{-7}$ m)/(1,0 m) = $1{,}0 \times 10^{-7}$; (iv) (10 μm)/(2,0 m) = $(1{,}0 \times 10^{-5}$ m)/(2,0 m) = $5{,}0 \times 10^{-6}$.

Problema em destaque

$1{,}501 \times 10^7$ m/s ou 5,00% de c; para longe de nós

? No Laboratório Nacional de Brookhaven, em Nova York, núcleos atômicos são acelerados a 99,995% do limite máximo de velocidade existente no universo — a velocidade da luz, *c*. Comparada com a energia cinética de um núcleo movendo-se a 99,000% de *c*, a energia cinética de mesmo núcleo movendo-se a 99,995% de *c* é de cerca de: (i) 0,001% maior; (ii) 0,1% maior; (iii) 1% maior; (iv) 2% maior; (v) 16 vezes maior.

37 RELATIVIDADE

OBJETIVOS DE APRENDIZAGEM

Ao estudar este capítulo, você aprenderá:

37.1 Os dois postulados da teoria especial da relatividade de Einstein e o que motiva esses postulados.

37.2 Por que observadores diferentes podem discordar sobre a simultaneidade de dois eventos.

37.3 Como a relatividade prevê que os relógios se atrasarão e evidências experimentais que confirmam isso.

37.4 Como a extensão de um objeto varia de acordo com o movimento do objeto.

37.5 Como a velocidade de um objeto depende do sistema de referência a partir do qual o objeto é observado.

37.6 Como a frequência de uma onda luminosa possui valores diferentes para diferentes observadores.

37.7 Como a teoria da relatividade modifica a relação entre a velocidade e o momento linear.

37.8 Como resolver problemas envolvendo trabalho e energia cinética para partículas que se deslocam em velocidades relativísticas.

37.9 Alguns dos conceitos-chave da teoria geral da relatividade de Einstein.

Revendo conceitos de:

3.4, 3.5 Movimento circular, velocidade relativa.

4.2 Sistemas de referência inerciais.

16.8 Efeito Doppler para o som.

29.1 Indução eletromagnética.

32.2 Equações de Maxwell e a velocidade da luz.

35.5 Experimento de Michelson-Morley.

Em 1905, quando Albert Einstein tinha 25 anos de idade e era um funcionário desconhecido do departamento de patentes da Suíça, publicou quatro artigos de extraordinária importância. Um deles era a análise do movimento browniano; o segundo (o que lhe garantiu o Prêmio Nobel) versava sobre o efeito fotoelétrico. Nos últimos dois, Einstein introduziu sua **teoria especial da relatividade**, propondo uma drástica revisão dos conceitos newtonianos de espaço e tempo.

Einstein baseou a teoria especial da relatividade em dois postulados. Um deles afirma que as leis da física são as mesmas em qualquer sistema de referência inercial. O outro estabelece que a velocidade da luz no vácuo deve ser sempre a mesma em qualquer sistema de referência inercial. Essas proposições aparentemente simples apresentam consequências muito importantes. Três delas são: (1) um evento que ocorre simultaneamente a outro em relação a um observador pode não ocorrer simultaneamente em relação a outro observador. (2) Quando existe movimento relativo entre dois observadores e eles efetuam medidas de intervalos de tempo e de distância, eles podem não obter os mesmos resultados. (3) Para que a lei da conservação da energia e a lei da conservação do momento linear sejam válidas em qualquer sistema de referência inercial, a segunda lei de Newton e as equações para a energia cinética e o momento linear devem ser reformuladas.

A relatividade tem consequências muito importantes em *todas* as áreas da física, inclusive o eletromagnetismo, a física atômica, a física nuclear e a física das partículas de alta energia. Embora muitos resultados deduzidos neste capítulo possam parecer contrários à intuição, a teoria concorda solidamente com as observações experimentais.

37.1 INVARIÂNCIA DAS LEIS FÍSICAS

Vamos dar uma olhada nos dois postulados que constituem a teoria especial da relatividade. Ambos os postulados descrevem o que é visto por um observador em um *sistema de referência inercial*, que estudamos na Seção 4.2. A teoria é "especial" no sentido de que se aplica aos observadores em tais sistemas de referência especiais.

Primeiro postulado de Einstein

Figura 37.1 A mesma fem é induzida na bobina, quer (a) o ímã se mova em relação à bobina, quer (b) a bobina se mova em relação ao ímã.

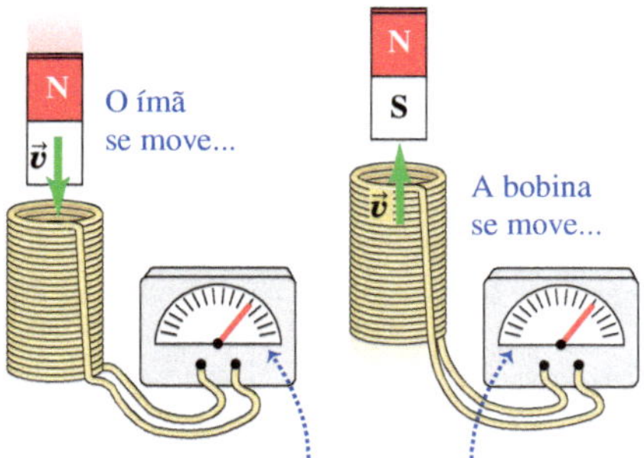

O primeiro postulado de Einstein, chamado de **princípio da relatividade**, afirma que **as leis da física são as mesmas em qualquer sistema de referência inercial**. Caso houvesse alguma lei diferente, ela serviria para distinguir um sistema de referência inercial de outro ou faria um sistema ser mais "correto" que outro. Como exemplo, suponha que você esteja no interior de um trem que se desloca com velocidade constante e observa uma criança jogar uma bola, dentro do trem, para outra criança dentro do trem. Observando apenas o movimento *da bola*, por melhor que seja a medida que você realize, você não poderá saber o valor da velocidade do trem (ou se ele se move). Isso resulta do fato de as leis da mecânica (leis de Newton) serem as mesmas em qualquer sistema de referência inercial.

Outro exemplo é a força eletromotriz (fem) induzida em uma bobina pelo movimento de um ímã situado em suas vizinhanças. No sistema de referência no qual a *bobina* está em repouso (**Figura 37.1a**), o ímã está se aproximando da bobina, produzindo uma variação de fluxo magnético nela, e isso induz uma fem. No sistema de referência no qual o *ímã* está em repouso (Figura 37.1b), a bobina induz uma fem ao aproximar-se do ímã através do campo magnético. De acordo com o princípio da relatividade, ambos os pontos de vista são válidos e, assim, a mesma fem deve ser induzida em ambas as situações retratadas na Figura 37.1. Como vimos na Seção 29.1, esse é realmente o caso, então a lei da indução de Faraday é compatível com o princípio da relatividade. De fato, *todas* as leis do eletromagnetismo são as mesmas em todos os sistemas de referência inerciais.

Igualmente importante é a previsão acerca da velocidade de propagação das ondas eletromagnéticas no vácuo, deduzida a partir das equações de Maxwell (veja a Seção 32.2). De acordo com essa análise, a luz e todas as ondas eletromagnéticas deslocam-se no vácuo com uma velocidade constante, agora definida como exatamente igual a 299.792.458 m/s. (Geralmente usamos o valor aproximado $c = 3{,}0 \times 10^8$ m/s.) Como veremos, a velocidade da luz no vácuo desempenha um papel central na teoria especial da relatividade.

Segundo postulado de Einstein

Durante o século XIX, muitos físicos acreditavam que a luz se deslocasse através de um meio hipotético chamado *éter*, do mesmo modo que o som se propaga no ar. Se isso fosse verdade, a velocidade da luz em relação a observadores diferentes dependeria da velocidade relativa entre os observadores e, portanto, teria diversos valores para direções diferentes. A experiência de Michelson-Morley, descrita na Seção 35.5, buscou medir o movimento da Terra em relação ao éter.

O grande salto conceitual obtido por Einstein foi reconhecer que, se as equações de Maxwell fossem válidas em qualquer sistema de referência inercial, então a velocidade da luz deveria ser a mesma em todos os sistemas de referência e em todas as direções. De fato, Michelson e Morley não detectaram *nenhum* movimento da Terra em relação ao éter, e o conceito de éter foi abandonado. Embora Einstein possa não ter tido conhecimento desse resultado negativo, este confirma sua hipótese marcante. Chamamos isso de **o segundo postulado de Einstein: a velocidade da luz no vácuo é sempre a mesma em qualquer sistema de referência inercial e não depende da velocidade da fonte**.

Vamos raciocinar sobre o significado desse postulado. Suponha que dois observadores meçam a velocidade da luz no vácuo. Um está em repouso em relação à fonte de luz e o outro se afasta dela. Ambos estão em sistemas de referência inerciais. De acordo com o princípio da relatividade, os dois observadores devem obter o mesmo resultado, embora haja um movimento relativo entre eles.

Se isso parece muito fácil, considere a seguinte situação: uma espaçonave se desloca com velocidade de 1.000 m/s em relação à Terra e dispara um míssil na mesma direção e no mesmo sentido de seu movimento com velocidade de 2.000 m/s (em relação à espaçonave) (**Figura 37.2**). Qual é a velocidade do míssil em relação à Terra? É simples, você responde; trata-se de um problema elementar de velocidade relativa (veja a Seção 3.5). A resposta correta, de acordo com a mecânica newtoniana, é 3.000 m/s. Mas suponha agora que o farol da espaçonave esteja emitindo luz no mesmo sentido e na mesma direção do movimento do míssil disparado. Um observador no interior da espaçonave mede o valor da velocidade da luz emitida pelo farol e encontra o valor c. De acordo com o segundo postulado de Einstein, o movimento da luz depois que ela abandonou a fonte não pode depender do movimento da fonte. Portanto, um observador que mede a velocidade da luz deve obter o mesmo valor *c e não* $c + 1.000$ m/s. Esse resultado contradiz nossa noção elementar de velocidade relativa e não concorda com o senso comum. Porém, o "senso comum" é uma intuição baseada em nossa experiência cotidiana, que geralmente não inclui medidas de velocidade da luz.

Figura 37.2 (a) A mecânica newtoniana faz previsões corretas sobre objetos relativamente lentos em movimento; (b) faz previsões incorretas sobre o comportamento da luz.

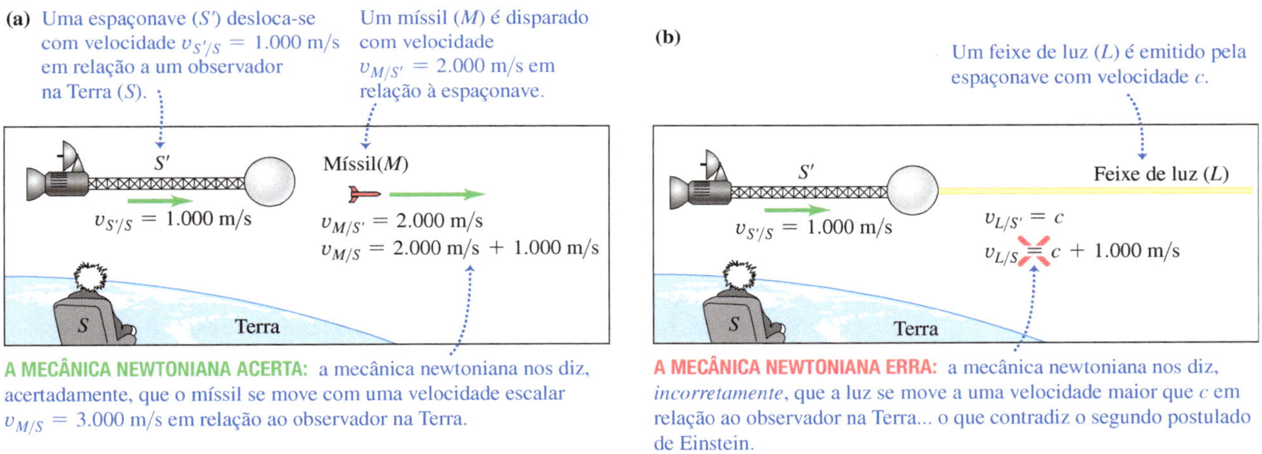

Velocidade-limite

O segundo postulado de Einstein implica a seguinte conclusão: **é impossível para um observador inercial deslocar-se com a velocidade da luz no vácuo c.**

Podemos provar isso mostrando que se deslocar com a velocidade da luz c conduz a uma contradição. Suponha que a espaçonave S' indicada na Figura 37.2b se mova com a velocidade da luz em relação a um observador na Terra, de modo que $v_{S'/S} = c$. Se a espaçonave a seguir acende um farol, o observador S na Terra, de acordo com o segundo postulado, verifica que o feixe de luz do farol também se desloca com velocidade c. Ou seja, como a espaçonave e a luz deslocam-se com a mesma velocidade, a luz deve ficar sempre no mesmo ponto do espaço onde a espaçonave estiver. Porém, de acordo com o segundo postulado de Einstein, concluímos que o feixe de luz também se desloca com velocidade c em relação à espaçonave e, portanto, o feixe de luz *não pode* ficar sempre no mesmo ponto do espaço onde está a espaçonave. Esse resultado contraditório só pode ser resolvido afirmando-se que nenhum observador pode se deslocar com a velocidade da luz c.

À medida que avançamos em nossos estudos sobre a relatividade, você talvez faça a mesma pergunta que Einstein fez quando era um estudante com 16 anos de idade: "O que eu veria se me deslocasse com a velocidade da luz?". Einstein concluiu, anos mais tarde, que a falácia básica da pergunta é que ele *não* poderia se deslocar com a velocidade c.

Transformação galileana para as coordenadas

Vamos agora discutir esse assunto simbolicamente, usando dois sistemas de referência inerciais, designados por S para o observador na Terra e por S' para o observador na espaçonave que se move, como indicado na **Figura 37.3**. Para simplificar, omitimos o eixo Oz. Os dois eixos na direção x dos dois sistemas estão sobre a mesma linha reta, porém a origem O' do sistema S' desloca-se em relação à origem O do sistema S com velocidade constante u ao longo do eixo x-x' comum. Na Terra, ajustamos nossos relógios de modo que as duas origens coincidam no instante $t = 0$, e, portanto, a distância entre as origens no instante t é igual a ut.

Figura 37.3 A posição da partícula P pode ser descrita pelas coordenadas x e y no sistema de referência S ou pelas coordenadas x' e y' no sistema de referência S'.

O sistema S' possui um movimento relativo ao sistema S com velocidade constante u ao longo do eixo x-x' comum aos dois sistemas.

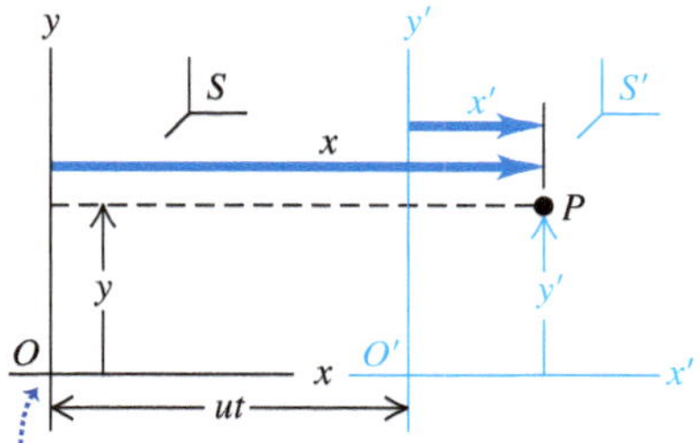

Origens O e O' coincidem no tempo $t = 0 = t'$.

ATENÇÃO Tenha cuidado ao escolher suas coordenadas do sistema inercial. Muitas equações deduzidas neste capítulo são verdadeiras *somente* quando definimos nosso sistema inercial como estipulado no parágrafo anterior. Por exemplo, o sentido positivo do eixo Ox deve ser dado pelo sentido no qual a origem O' se desloca em relação à origem O. Na Figura 37.3, esse sentido é da esquerda para a direita; se, em vez disso, O' se desloca para a esquerda em relação a O, você deve lembrar que o sentido positivo do eixo Ox deve ser da direita para a esquerda.

Pense agora como descrever o movimento de uma partícula P; esta poderia ser um veículo explorador lançado pela espaçonave ou um pulso de luz emitido por um laser. Podemos descrever a *posição* dessa partícula usando as coordenadas na Terra (x, y, z) em S ou as coordenadas na espaçonave (x', y', z') em S'. A Figura 37.3 mostra a expressão simples pela qual elas estão relacionadas:

$$x = x' + ut \quad y = y' \quad z = z' \tag{37.1}$$

(transformação galileana para as coordenadas)

Essas equações, baseadas nas noções newtonianas usuais de espaço e tempo, são chamadas de **transformação galileana para as coordenadas**.

Se uma partícula P se desloca ao longo do eixo Ox, sua velocidade instantânea v_x, medida por um observador em repouso em S, é dada por $v_x = dx/dt$. Sua velocidade v'_x é medida em relação a um observador em repouso em S' por $v'_x = dx'/dt$. Podemos deduzir uma relação entre v_x e v'_x derivando em relação a t a primeira equação indicada no conjunto das equações 37.1:

$$\frac{dx}{dt} = \frac{dx'}{dt} + u$$

Como dx/dt é a velocidade v_x medida em S e dx'/dt é a velocidade v'_x medida em S', obtemos a *transformação galileana para as velocidades* para um movimento em uma dimensão:

$$v_x = v'_x + u \tag{37.2}$$

(transformação galileana para as velocidades)

Embora a notação seja diferente, o resultado anterior concorda com o que estudamos na Seção 3.5 sobre velocidades relativas.

Vejamos agora o problema fundamental. Aplicando a Equação 37.2 para a velocidade da luz no vácuo, obtemos $c = c' + u$. O segundo postulado de Einstein, confirmado por um grande número de resultados experimentais, afirma que $c = c'$. Isso é uma genuína inconsistência, não mera ilusão, e requer uma solução. Aceitando o segundo postulado, somos forçados a concluir que as equações 37.1 e 37.2 *não* podem ser exatamente corretas, apesar de nossa dedução convincente. Essas equações devem ser modificadas para que fiquem em harmonia com esse postulado.

A solução envolve algumas modificações fundamentais em nossos conceitos de cinemática. A primeira noção que deve ser alterada é a hipótese aparentemente óbvia de que os observadores em S e em S' usam a mesma *escala de tempo*, formalmente representada pela igualdade $t = t'$. Assim, mostraremos a seguir que essa hipótese aceita em nossa vida cotidiana não pode estar correta; os dois observadores *devem* possuir duas escalas de tempo diferentes. Devemos definir a velocidade v' no sistema S' como $v' = dx'/dt'$, e não como dx'/dt; essas duas grandezas são diferentes. A dificuldade reside no conceito de *simultaneidade*, que será nosso próximo tópico. Uma análise cuidadosa desse conceito nos ajudará a reformular nossas noções de espaço e tempo.

TESTE SUA COMPREENSÃO DA SEÇÃO 37.1 Quando uma espaçonave passa por você em alta velocidade, aciona um estroboscópio que emite um pulso de luz em todas as direções. Um observador a bordo da espaçonave mede uma frente de onda esférica que se espalha a partir da espaçonave com a mesma velocidade c em todas as direções. (a) Qual é a forma da frente de onda que *você* mede? (i) Esférica; (ii) elipsoidal, com o eixo maior ao longo da direção do movimento da espaçonave; (iii) elipsoidal, com o eixo menor ao longo da direção do movimento da espaçonave; (iv) não há informações suficientes para decidir. (b) Como foi medido por você, a frente de onda está centrada na espaçonave? ❙

37.2 RELATIVIDADE DA SIMULTANEIDADE

A medida do tempo e de um intervalo de tempo envolve o conceito de **simultaneidade**. Em um dado sistema de referência, um **evento** é uma ocorrência caracterizada por valores definidos da posição e do tempo (**Figura 37.4**). Quando você diz que se levantou às 7 horas, está afirmando que dois eventos ocorreram *simultaneamente* (você levantar e o relógio indicar 7 horas). O problema fundamental na medida de intervalos de tempo é que, quando dois eventos ocorrem simultaneamente em um sistema de referência, eles *não* ocorrem simultaneamente em um segundo sistema de referência que se move em relação ao primeiro, mesmo quando ambos são sistemas de referência inerciais.

Figura 37.4 Um evento apresenta uma posição e um tempo definidos — por exemplo, na rua diante do centro da torre Eiffel, à meia-noite, na véspera do Ano-Novo.

Uma experiência imaginária sobre simultaneidade

Isso parece ser contrário ao senso comum. Para ilustrar esse ponto, vamos fazer uma das *experiências imaginárias* de Einstein — experiências mentais que seguem os conceitos e suas conclusões lógicas. Imagine um trem deslocando-se com uma velocidade uniforme, próxima de c (**Figura 37.5**). Dois raios atingem o vagão de passageiros, cada um próximo de uma de suas extremidades. Cada raio deixa uma marca no vagão e no chão no momento em que atinge esses pontos. Os pontos sobre o solo são indicados pelas letras A e B na figura, e os pontos correspondentes sobre o vagão são A' e B'. Stanley está em repouso no solo no ponto O, na metade do segmento que liga A com B. Mavis se move com o trem no ponto O', no meio do vagão de passageiros, na metade do segmento que liga A' com B'. Tanto Stanley quanto Mavis veem as frentes de onda da luz emitidas pelos pontos atingidos pelos raios.

Suponha que as duas frentes de onda dos raios que atingiram o solo atinjam Stanley simultaneamente no ponto O. Ele sabe que a distância entre ele e o ponto A é igual à distância entre ele e o ponto B, de modo que Stanley conclui que os raios

Figura 37.5 Uma experiência imaginária sobre simultaneidade.

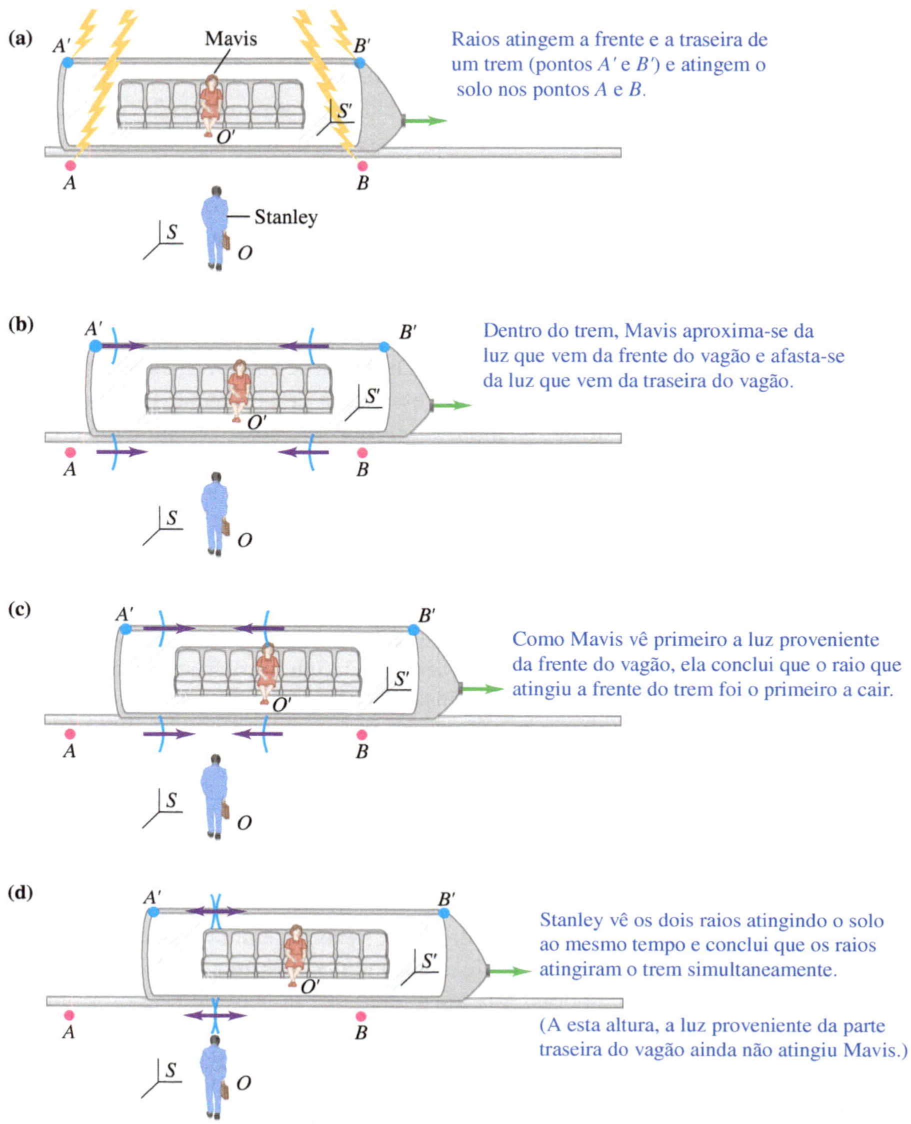

atingiram A e B simultaneamente. Mavis admite que as duas frentes de onda atingiram Stanley no mesmo instante, porém não concorda que as frentes de onda tenham sido emitidas simultaneamente dos pontos atingidos pelos raios.

Stanley e Mavis concordam que as duas frentes de onda não atingem Mavis no mesmo instante. Mavis no ponto O' desloca-se para a direita com o trem, de modo que ela encontra a frente de onda proveniente de B' *antes* de a frente de onda proveniente de A' atingi-la. Contudo, como ela está no meio do vagão de passageiros, equidistante entre os pontos A' e B', se os dois raios atingissem simultaneamente as extremidades do vagão, as duas frentes de onda deveriam levar o mesmo tempo para chegar até ela, porque percorreriam a mesma distância com a mesma velocidade c. (Lembre-se de que a velocidade da luz em relação a *qualquer* observador é sempre igual a c.) Assim, Mavis conclui que um raio atingiu o ponto B' *antes* de o outro atingir o ponto A'. Stanley, que está no ponto O, conclui que os dois eventos ocorrem simultaneamente, porém Mavis, no ponto O', conclui que os dois eventos *não* são simultâneos! *Quando dois eventos ocorrem em dois pontos diferentes do eixo Ox, eles podem ou não ser simultâneos, dependendo do estado do movimento do observador.*

Você poderá contestar que os dois raios *são* realmente simultâneos e que, caso Mavis no ponto O' pudesse se comunicar com os dois pontos distantes sem o atraso do tempo produzido pela velocidade finita da luz, ela poderia comprovar isso. Contudo, esse raciocínio é errado; a velocidade finita da transmissão da informação não é a questão central. Como O' está equidistante dos pontos A' e B', então, no sistema de referência de Mavis, o sinal para ir de A' até O' leva o mesmo tempo que para ir de B' até O'. Os dois sinais chegariam simultaneamente ao ponto O' caso tivessem partido simultaneamente de A' e de B'. Nesse exemplo, eles *não* chegaram simultaneamente a O', portanto Mavis concluiu que os eventos em A' e B' *não* ocorreram simultaneamente.

Além disso, não existe nenhuma base para afirmarmos que Stanley está certo e Mavis está errada, ou vice-versa. De acordo com o princípio da relatividade, não podemos dizer que um sistema de referência inercial é mais correto que outro para formular uma lei física. Cada observador está correto em *seu respectivo sistema de referência*. Em outras palavras, a simultaneidade não é um conceito absoluto. Se dois eventos ocorreram simultaneamente ou não, isso depende do sistema de referência. Como dissemos no início desta seção, a simultaneidade desempenha um papel importante na medição de intervalos de tempo. Concluímos que *intervalos de tempo entre dois eventos podem ser diferentes em sistemas de referência diferentes*. Logo, nossa próxima tarefa é aprender como se comparam intervalos de tempo em diferentes sistemas de referência.

TESTE SUA COMPREENSÃO DA SEÇÃO 37.2 Stanley, que trabalha para a companhia ferroviária a que pertence o trem mostrado na Figura 37.5, sincronizou cuidadosamente os relógios de todas as estações. No momento em que Stanley mede todos os relógios marcando meio-dia, Mavis está em um trem de passageiros viajando em alta velocidade de Ogdenville para North Haverbrook. Segundo Mavis, quando o relógio de Ogdenville bate meio-dia, que horas são em North Haverbrook? (i) Meio-dia; (ii) antes do meio-dia; (iii) depois do meio-dia. ❙

37.3 RELATIVIDADE NOS INTERVALOS DE TEMPO

Para deduzir uma relação quantitativa entre os diferentes intervalos de tempo em diferentes sistemas de referência, vamos considerar outra experiência imaginária. Como antes, um sistema de referência S' move-se ao longo do eixo comum x-x' com velocidade constante u em relação a um sistema de referência S. Como discutimos na Seção 37.1, u deve ser menor que a velocidade da luz c. Mavis, que se desloca com o sistema S', mede o intervalo de tempo entre dois eventos que ocorrem em um *mesmo* ponto do espaço em relação a ela. O evento 1 é a emissão do pulso no ponto O'. O evento 2 é o retorno do pulso ao ponto O', depois que ele é refletido de um espelho situado a uma distância d desse ponto, como indicado na **Figura 37.6a**. Designamos esse intervalo de tempo por Δt_0, onde o índice inferior zero é usado para lembrar que o observador está em repouso, com velocidade nula, no sistema S'. O pulso de luz se desloca uma distância total de $2d$, de modo que esse intervalo de tempo é

$$\Delta t_0 = \frac{2d}{c} \tag{37.3}$$

Stanley mede um intervalo de tempo diferente Δt para o percurso de ida e volta do pulso; em seu sistema de referência, os dois eventos ocorrem em dois pontos *diferentes* do espaço. Durante o intervalo de tempo Δt, a fonte se deslocou uma distância $u\,\Delta t$ em relação a S (Figura 37.6b). No sistema S', o percurso de ida e volta do pulso é uma distância $2d$ perpendicular à velocidade relativa, porém, no sistema S, o percurso de ida e volta do pulso é uma distância $2l$ mais longa dada por

$$l = \sqrt{d^2 + \left(\frac{u\,\Delta t}{2}\right)^2}$$

Figura 37.6 (a) Mavis, no sistema de referência S', observa um pulso de luz emitido de uma fonte em O' e refletido de volta ao longo da mesma direção. (b) Como Stanley (no sistema de referência S) e Mavis observam o mesmo pulso luminoso. As posições de O' quando o pulso é emitido e quando ele retorna estão indicadas.

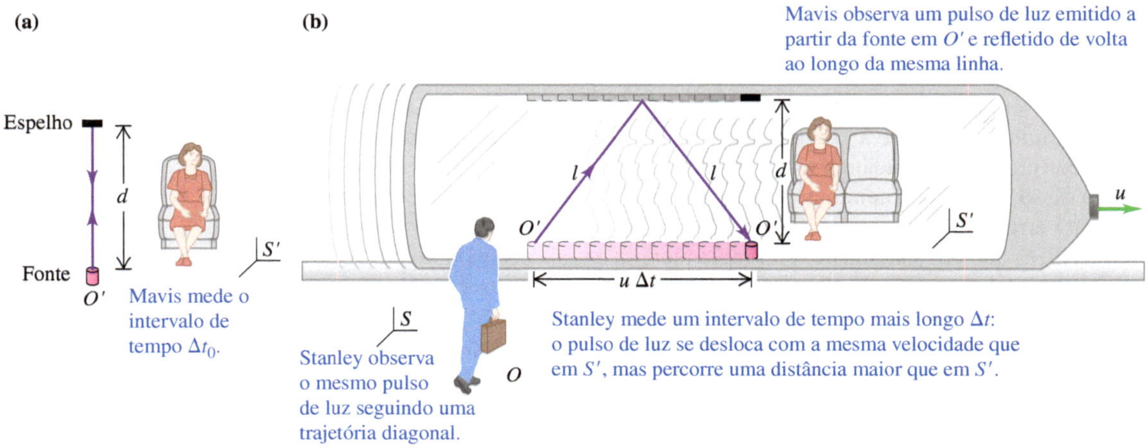

Ao escrevermos essa expressão, admitimos que ambos os observadores medem a mesma distância d. Mostraremos a validade dessa hipótese na próxima seção. A velocidade da luz é a mesma para os dois observadores; portanto, o intervalo de tempo medido em S para o percurso de ida e volta do pulso é

$$\Delta t = \frac{2l}{c} = \frac{2}{c}\sqrt{d^2 + \left(\frac{u\,\Delta t}{2}\right)^2} \tag{37.4}$$

Deseja-se obter uma relação entre Δt e Δt_0 que não dependa da distância d. Para isso, explicitamos d na Equação 37.3, substituímos o resultado na Equação 37.4 e obtemos

$$\Delta t = \frac{2}{c}\sqrt{\left(\frac{c\,\Delta t_0}{2}\right)^2 + \left(\frac{u\,\Delta t}{2}\right)^2} \tag{37.5}$$

Então elevamos ao quadrado e explicitamos Δt; o resultado é

$$\Delta t = \frac{\Delta t_0}{\sqrt{1 - u^2/c^2}}$$

Como a expressão $\sqrt{1 - u^2/c^2}$ é menor que 1, Δt é maior que Δt_0. Assim, Stanley mede um tempo de ida e volta *mais longo* para o pulso de luz do que Mavis.

Dilatação do tempo e tempo próprio

Podemos generalizar esse resultado importante. Suponha que, em um sistema de referência particular, dois eventos ocorram no mesmo ponto no espaço. Se esses eventos são dois tique-taques de um relógio, então esse é o sistema de referência em que o relógio está em repouso. Chamamos a isso o *sistema de referência em repouso* do relógio. Há apenas um sistema de referência em que um relógio está em repouso e há infinitamente muitos em que ele está se movendo. Portanto, o intervalo de tempo entre dois eventos (como o medido entre dois tique-taques do relógio) que ocorrem em um mesmo ponto em um sistema de referência é uma grandeza mais fundamental que o intervalo de tempo entre dois eventos que acontecem em pontos diferentes. Usamos o termo **tempo próprio** para descrever o intervalo de tempo entre dois eventos que ocorrem *no mesmo ponto*.

Chamamos de Δt_0 o intervalo de tempo entre esses eventos, isto é, o tempo medido por um observador em repouso no sistema onde os eventos ocorrem no mesmo ponto. Então, um observador situado em um segundo sistema de referência que se move com velocidade constante u em relação a um sistema de referência em repouso medirá um intervalo de tempo Δt dado por

Dilatação do tempo:

$$\Delta t = \frac{\Delta t_0}{\sqrt{1 - u^2/c^2}} \qquad (37.6)$$

Tempo próprio entre dois eventos (medidos em um sistema em repouso)

Velocidade da luz no vácuo

Intervalo de tempo entre os mesmos eventos medidos no segundo sistema de referência

Velocidade do segundo sistema de referência em relação ao sistema de referência em repouso

Lembramos que nenhum observador inercial pode se deslocar em $u = c$ e notamos que $\sqrt{1 - u^2/c^2}$ possui valor imaginário para $u > c$. Logo, a Equação 37.6 fornece valores reais apenas quando $u < c$. O denominador da Equação 37.6 é sempre menor que 1, então Δt é sempre *maior* que Δt_0. Portanto, chamamos esse efeito de **dilatação do tempo**.

Imagine um relógio de pêndulo antigo marcando um segundo entre dois tique-taques consecutivos, medido por Mavis no mesmo sistema do relógio; esse valor é Δt_0. Se o sistema de referência onde esse relógio se encontra se move em relação a Stanley, ele mede um intervalo de tempo Δt entre dois tique-taques maior que um segundo. Em resumo, *todo observador que se desloca em relação a um relógio mede um tempo mais longo que o tempo medido com esse relógio* (**Figura 37.7**). Note que essa conclusão decorre diretamente do fato de a velocidade da luz ser a mesma nos dois sistemas de referência.

A grandeza $1/\sqrt{1 - u^2/c^2}$ na Equação 37.6 é chamada de **fator de Lorentz**. Ele aparece frequentemente na relatividade e é representado pelo símbolo γ (a letra grega "gama"):

Fator de Lorentz

$$\gamma = \frac{1}{\sqrt{1 - u^2/c^2}} \qquad (37.7)$$

Velocidade da luz no vácuo

Velocidade de um sistema de referência em relação a outro

Em termos desse símbolo, podemos expressar a fórmula da dilatação do tempo, Equação 37.6, como:

Dilatação do tempo:

$$\Delta t = \gamma \Delta t_0 \qquad (37.8)$$

Tempo próprio entre dois eventos (medido em um sistema de referência em repouso)

Fator de Lorentz relacionando os dois sistemas

Intervalo de tempo entre eventos idênticos medidos no segundo sistema de referência

Para simplificarmos mais um pouco, algumas vezes usamos a letra grega β ("beta") para designar a razão u/c; então, teremos $\gamma = 1/\sqrt{1 - \beta^2}$.

A **Figura 37.8** mostra um gráfico de γ em função da velocidade relativa u de dois sistemas de referência. Quando u é muito pequeno se comparado a c, u^2/c^2 é muito menor que 1 e γ é quase *igual* a 1. Nesse limite, as equações 37.6 e 37.8 se aproximam da relação newtoniana $\Delta t = \Delta t_0$, correspondente ao mesmo intervalo de tempo em todos os sistemas de referência.

Figura 37.7 Esta imagem mostra uma estrela explodindo, chamada de *supernova*, situada no interior de uma galáxia afastada da Terra bilhões de anos-luz. O brilho de uma supernova típica diminui a uma certa taxa. No entanto, o brilho de uma supernova que se afasta de nós com velocidade próxima da velocidade da luz diminui mais lentamente, de acordo com a Equação 37.6. Esse tipo de supernova é como um "relógio" em movimento, que vai se tornando cada vez mais lento.

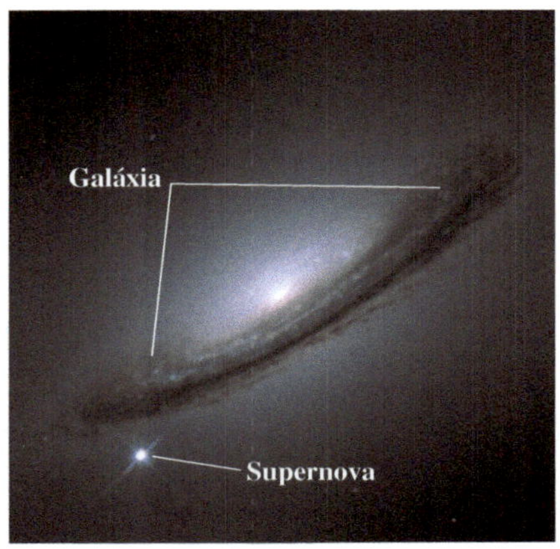

Figura 37.8 O fator de Lorentz $\gamma = 1/\sqrt{1 - u^2/c^2}$ como uma função da velocidade relativa u de dois sistemas de referência.

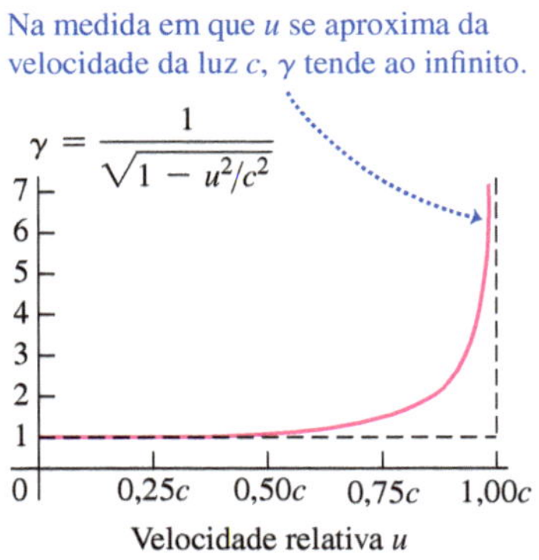

Se a velocidade relativa u for grande o suficiente para que γ seja significativamente maior que 1, diz-se que a velocidade é *relativística*; se a diferença entre γ e 1 é desprezivelmente pequena, a velocidade é dita *não relativística*. Assim, $u = 6{,}00 \times 10^7$ m/s $= 0{,}200c$ (em que $\gamma = 1{,}02$) é uma velocidade relativística, mas $u = 6{,}0 \times 10^4$ m/s $= 0{,}000200c$ (em que $\gamma = 1{,}00000002$) é uma velocidade não relativística.

ATENÇÃO Medindo intervalos de tempo É importante notar que o intervalo de tempo Δt na Equação 37.6 envolve eventos que ocorrem *em pontos de espaço diferentes* no sistema de referência S. Note também que as diferenças entre Δt e o tempo próprio Δt_0 *não* são causadas por diferenças nos tempos necessários para a luz viajar a partir desses pontos de espaço em relação a um observador em repouso em S. Assumimos que nosso observador pode corrigir as diferenças de tempos de trânsito leves, assim como um astrônomo que está observando o Sol entende que um evento visto agora na Terra de fato ocorreu 500 s atrás na superfície do Sol. Alternativamente, podemos usar *dois* observadores, um estacionário no local do primeiro evento e o outro no segundo, cada um com seu próprio relógio. Podemos sincronizar esses dois relógios sem dificuldade, desde que eles estejam em repouso no mesmo sistema de referência. Por exemplo, poderíamos enviar um pulso de luz simultaneamente para os dois relógios a partir de um ponto a meio caminho entre eles. Quando os pulsos chegam, os observadores ajustam seus relógios a um tempo predeterminado. (Mas relógios sincronizados em um sistema de referência em geral *não são* sincronizados em nenhum outro sistema de referência.)

Figura 37.9 Um sistema de referência representado por uma rede de relógios sincronizados.

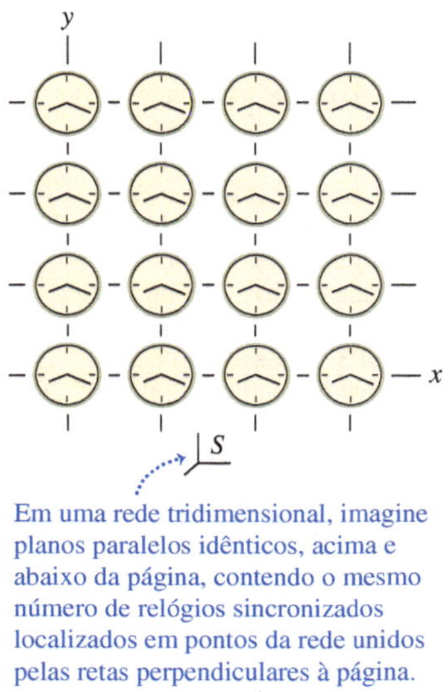

Em experimentos feitos mentalmente, muitas vezes é útil imaginar muitos observadores com relógios sincronizados em repouso em vários pontos de um sistema de referência particular. Podemos representar um sistema de referência como uma rede de relógios sincronizados distribuídos ao longo da rede, como sugerido pela **Figura 37.9**. Somente quando um relógio está se movendo em relação a um determinado sistema de referência é que temos de examinar as ambiguidades da sincronização ou simultaneidade.

Ao longo deste capítulo, frequentemente usaremos frases como "Stanley *observa* que Mavis passa o ponto $x = 5{,}00$ m, $y = 0$, $z = 0$ no tempo de 2,00 s." Isso significa que Stanley está usando uma grade de relógios em seu sistema de referência, como a rede ilustrada na Figura 37.9, para registrar o tempo de um evento. Poderíamos reformular a frase como "Quando Mavis passa o ponto em $x = 5{,}00$ m, $y = 0$, $z = 0$, o relógio naquele local no sistema de referência de Stanley lê 2,00 s." Vamos evitar o uso de frases como "Stanley *vê* que Mavis está em um determinado ponto em um determinado momento", porque não existe um atraso de tempo para que a luz viaje até o olho de Stanley a partir da posição de um evento.

ESTRATÉGIA PARA A SOLUÇÃO DE PROBLEMAS 37.1 DILATAÇÃO DO TEMPO

IDENTIFICAR *os conceitos relevantes*: o conceito de dilatação é usado sempre que comparamos intervalos de tempo entre eventos como foram medidos por observadores em diferentes sistemas de referência inerciais.

PREPARAR *o problema* por meio dos seguintes passos:

1. Para descrever um intervalo de tempo, primeiro você precisa decidir quais são os dois eventos que definem o começo e o fim do intervalo. Você também precisa identificar os dois sistemas de referência em que o intervalo de tempo é medido.
2. Determine qual é a variável-alvo.

EXECUTAR *a solução* da seguinte forma:

1. Em muitos problemas envolvendo dilatação do tempo, o intervalo de tempo entre eventos em relação a um sistema de referência é o tempo *próprio* Δt_0. O tempo próprio em um certo sistema de referência é o intervalo de tempo entre dois eventos que ocorrem no mesmo ponto no espaço. Em um segundo sistema que se desloca com velocidade u em relação ao primeiro sistema de referência, existe um intervalo de tempo mais longo Δt entre os mesmos dois eventos. Esses dois eventos ocorrem em pontos diferentes no segundo sistema de referência. Você precisará decidir em que sistema o intervalo de tempo é Δt_0 e em que sistema é Δt.
2. Use a Equação 37.6 ou a 37.8 para relacionar Δt_0 e Δt e depois resolva isolando a variável-alvo.

AVALIAR *sua resposta*: note que Δt nunca pode ser menor que Δt_0 e u nunca pode ser maior que c. Se os seus resultados não satisfazem a essa condição, você precisa refazer os cálculos.

EXEMPLO 37.1 DILATAÇÃO DO TEMPO EM 0,990c

Partículas subatômicas de alta energia vindas do espaço interagem com átomos nas camadas superiores da atmosfera terrestre, produzindo partículas instáveis chamadas *múons*. Um múon se decompõe em outras partículas com uma vida média de 2,20 μs = 2,20 $\times$ 10^{-6} s em relação a um sistema de referência no qual eles estão em repouso. Se um múon está se deslocando com uma velocidade de 0,990c em relação à Terra, que valor um observador na Terra encontrará para a vida média desse múon?

SOLUÇÃO

IDENTIFICAR E PREPARAR: a vida média do múon é o intervalo de tempo entre dois eventos: a geração do múon e seu subsequente decaimento. Nossa variável-alvo é a vida média em seu sistema de referência da Terra, que chamaremos de sistema S. Estamos fornecendo a vida média no sistema de referência S' no qual o múon está em repouso; essa é a vida média *própria* $\Delta t_0 = 2{,}20\ \mu$s. A velocidade relativa desses dois sistemas é u = 0,990c. Usamos a Equação 37.6 para relacionar as vidas médias nos dois sistemas.

EXECUTAR: o múon se move em relação à Terra entre os dois eventos; logo, esses eventos ocorrem em posições diferentes em referência a S e o intervalo de tempo nesse sistema é Δt (a variável-alvo). Pela Equação 37.6,

$$\Delta t = \frac{\Delta t_0}{\sqrt{1 - u^2/c^2}} = \frac{2{,}20\ \mu\text{s}}{\sqrt{1 - (0{,}990)^2}} = 15{,}6\ \mu\text{s}$$

AVALIAR: nosso resultado prevê que a vida média do múon no sistema de referência da Terra (Δt) seja sete vezes mais longa que no sistema do múon (Δt_0). Essa previsão foi verificada experimentalmente; na verdade, foi a primeira confirmação experimental da fórmula da dilatação do tempo, Equação 37.6.

EXEMPLO 37.2 DILATAÇÃO DO TEMPO PARA UM AVIÃO A JATO

Um avião a jato voa de São Francisco até Nova York (cerca de 4.800 km ou 4,80 $\times$ 10^6 m) com velocidade constante de 300 m/s (cerca de 670 mi/h). Qual é a duração da viagem para um observador no solo? E para um observador dentro do avião?

SOLUÇÃO

IDENTIFICAR E PREPARAR: neste problema, estamos interessados no intervalo de tempo entre o avião que sai de São Francisco e aterrissa em Nova York. As variáveis-alvo são os intervalos de tempo entre esses eventos em relação ao sistema de referência no solo S e ao sistema de referência do avião S'.

EXECUTAR: os dois eventos ocorrem em posições diferentes (São Francisco e Nova York) em relação a S, portanto o intervalo de tempo medido por um observador no solo corresponde ao valor de Δt indicado na Equação 37.6. Para calcular esse valor, simplesmente dividimos a distância pela velocidade u = 300 m/s:

$$\Delta t = \frac{4{,}80 \times 10^6\ \text{m}}{300\ \text{m/s}} = 1{,}60 \times 10^4\ \text{s} \quad (\text{cerca de } 4\tfrac{1}{2}\,\text{horas})$$

No sistema de referência do avião S', sair de São Francisco e chegar a Nova York são dois eventos que ocorrem no *mesmo* ponto (a posição do avião). O intervalo de tempo medido por um observador no avião constitui um tempo próprio que corresponde ao valor de Δt_0 indicado na Equação 37.6. Obtemos

$$\frac{u^2}{c^2} = \frac{(300\ \text{m/s})^2}{(3{,}00 \times 10^8\ \text{m/s})^2} = 1{,}00 \times 10^{-12}$$

e, de acordo com a Equação 37.6,

$$\Delta t_0 = (1{,}60 \times 10^4\ \text{s})\sqrt{1 - 1{,}00 \times 10^{-12}}$$

A raiz quadrada indicada não pode ser calculada com precisão suficiente por uma calculadora comum. Mas podemos aproximá-la usando a série binomial (veja o Apêndice B):

$$(1 - 1{,}00 \times 10^{-12})^{1/2} = 1 - \left(\tfrac{1}{2}\right)(1{,}00 \times 10^{-12}) + \cdots$$

Os termos seguintes são da ordem de 10^{-24} ou ainda menores e podem ser desprezados. Portanto, Δt_0 é aproximadamente

$$\Delta t_0 = (1{,}60 \times 10^4\ \text{s})(1 - 0{,}5 \times 10^{-12})$$

O tempo próprio Δt_0, medido no avião, difere muito pouco (menos de uma parte em 10^{12}) do tempo medido pelo observador no solo.

AVALIAR: em nossa vida cotidiana não notamos esses efeitos. Contudo, os relógios atômicos modernos (veja na Seção 1.3) podem atingir uma precisão da ordem de uma parte em 10^{13}. Um avião a jato transportando um relógio de césio foi usado para medir esse efeito e verificou a validade da Equação 37.6 mesmo no caso de velocidades bem menores que c.

EXEMPLO 37.3 QUANDO UM TEMPO É PRÓPRIO?

Mavis viaja em uma espaçonave e passa com velocidade relativa de 0,600c sobre Stanley, que está na Terra. No instante em que ela passa sobre ele, ambos começam a cronometrar o tempo. (a) Pouco tempo depois, Stanley verifica que Mavis se afastou dele 9,0 $\times$ 10^7 m e está passando por uma estação espacial. O que o cronômetro de Stanley registra na medida que ela passa pela estação espacial? Qual é o valor registrado pelo cronômetro de Mavis? (b) Stanley começa a piscar assim que Mavis passa voando por ele e Mavis mede que a piscada leva 0,400 s do início ao fim. De acordo com Stanley, qual a duração de sua piscada?

SOLUÇÃO

IDENTIFICAR E PREPARAR: este problema envolve dilatação do tempo em dois conjuntos *diferentes* de eventos medidos no sistema de referência de Stanley (que chamamos de S) e no sistema

(Continua)

(Continuação)

de referência de Mavis (que chamamos de S'). Os dois eventos tratados no item (a) acontecem quando Mavis passa Stanley e quando ela passa pela estação espacial; as variáveis-alvo são os intervalos de tempo entre esses dois eventos, medidos em S e em S'. Os dois eventos do item (b) estão no início e no fim da piscada de Stanley: as variáveis-alvo são os intervalos de tempo entre esses dois eventos medidos em S.

EXECUTAR: (a) os dois eventos, Mavis passando pela Terra e pela estação espacial, ocorrem em posições diferentes no sistema de Stanley, mas na mesma posição no sistema de Mavis. Assim, Stanley mede o intervalo de tempo Δt, enquanto Mavis mede o tempo *próprio* Δt_0. Em referência a Stanley, Mavis se move a $0{,}600c = 0{,}600\ (3{,}0 \times 10^8\ \text{m/s}) = 1{,}80 \times 10^8\ \text{m/s}$ e percorre os $9{,}0 \times 10^7$ m em um tempo $\Delta t = (9{,}0 \times 10^7\ \text{m})/(1{,}80 \times 10^8\ \text{m/s}) = 0{,}500$ s. Pela Equação 37.6, o cronômetro de Mavis indica um intervalo de tempo de

$$\Delta t_0 = \Delta t \sqrt{1 - u^2/c^2} = 0{,}500\ \text{s} \sqrt{1 - (0{,}600)^2} = 0{,}400\ \text{s}$$

(b) Estamos tentando responder que a piscada de Stanley dura 0,500 s nesse sistema de referência. Mas isso está errado, porque agora estamos considerando um par de eventos *diferente* do item (a). O início e o fim da piscada de Stanley ocorrem no mesmo ponto no sistema de referência S, mas em diferentes posições no sistema de referência S' de Mavis. Sendo assim, o intervalo de tempo de 0,400 s que ela mediu entre esses eventos é igual a Δt. A duração da piscada, medida no cronômetro de Stanley, é o tempo próprio Δt_0:

$$\Delta t_0 = \Delta t \sqrt{1 - u^2/c^2} = 0{,}400\ \text{s} \sqrt{1 - (0{,}600)^2} = 0{,}320\ \text{s}$$

AVALIAR: este exemplo ilustra a relatividade da simultaneidade. No sistema de referência de Mavis, ela passa pela estação espacial no mesmo instante que Stanley termina de piscar, 0,400 s após ela passar por ele. Assim, esses dois eventos são simultâneos para Mavis no sistema de referência S'. No entanto, esses dois eventos *não* são simultâneos para Stanley no sistema de referência S: de acordo com a leitura de seu cronômetro, ele termina de piscar depois de 0,320 s e Mavis passa pela estação espacial depois de 0,500 s.

O paradoxo dos gêmeos

As equações 37.6 e 37.8 para a dilatação do tempo sugerem um paradoxo aparente chamado de **paradoxo dos gêmeos**. Considere duas astronautas gêmeas, Terrana e Astrina. A astronauta Terrana permanece na Terra enquanto sua irmã gêmea Astrina faz uma viagem com velocidade muito elevada, percorrendo diversos astros. Por causa da dilatação do tempo, Terrana observa um ritmo mais lento para o batimento do coração e os demais processos biológicos de Astrina. Portanto, para Terrana, Astrina envelhece mais devagar; ao retornar para a Terra, Astrina está mais nova (envelheceu menos) que Terrana.

Agora surge o paradoxo: todos os sistemas de referência inerciais são equivalentes. Astrina não poderia partir dos mesmos argumentos e concluir que Terrana é, na verdade, a mais jovem? Então cada irmã concluiria que a outra é a mais jovem quando as duas se reencontrassem depois da viagem de Astrina, o que seria um paradoxo.

Para resolvermos o paradoxo, devemos reconhecer que as duas irmãs *não* são idênticas em todos os aspectos. Enquanto Terrana permanece sempre em um sistema de referência aproximadamente inercial, Astrina sofre diversas acelerações em relação à Terra para atingir a velocidade elevada, fazer uma volta no espaço e, a seguir, retornar para a Terra. O sistema de referência de Terrana permanece sempre aproximadamente inercial; Astrina está em grande parte do tempo em um sistema de referência não inercial. Portanto, existe uma diferença física real entre os dois sistemas das gêmeas e eles não são equivalentes. Uma análise cuidadosa mostra que a interpretação de Terrana está correta: ao retornar, Astrina *estará* realmente mais jovem que Terrana.

Aplicação Qual delas é a avó?
A resposta para esta questão pode parecer óbvia, mas ela dependerá de qual pessoa viajou para um destino distante em velocidades relativísticas. Imagine que uma mulher de 20 anos teve uma filha e imediatamente saiu em uma viagem de 100 anos-luz (50 anos-luz na ida e 50 anos-luz na volta) a uma velocidade de 99,5% da velocidade da luz. Em virtude da dilatação do tempo para a viajante, somente 10 anos teriam se passado e ela estaria com 30 anos quando retornasse, ainda que 100 anos tenham se passado para as pessoas na Terra. Dessa forma, a filha que ela deixou em casa poderia ter dado à luz um bebê 20 anos depois de sua partida e sua neta deveria estar agora com 80 anos de idade!

TESTE SUA COMPREENSÃO DA SEÇÃO 37.3 Samir (que está no solo) aciona seu cronômetro no instante em que Maria passa por ele em sua espaçonave, com uma velocidade de $0{,}600c$. No mesmo instante, Maria aciona seu cronômetro. (a) No sistema de referência de Samir, qual é a leitura no cronômetro de Maria no instante em que o cronômetro de Samir indica 10,0 s? (i) 10,0 s; (ii) menos que 10,0 s; (iii) mais que 10,0 s. (b) No sistema de referência de Maria, qual é a leitura no cronômetro de Samir no instante em que o cronômetro de Maria marca 10,0 s? (i) 10,0 s; (ii) menos que 10,0 s; (iii) mais que 10,0 s. ❙

37.4 RELATIVIDADE DO COMPRIMENTO

Não é somente o intervalo de tempo entre dois eventos que depende do sistema de referência; a *distância* entre dois pontos também pode depender do sistema de referência onde o observador se encontra. O conceito de simultaneidade é evocado novamente. Suponha que você deseje medir o comprimento de um carro em movimento. Um modo seria pedir a dois assistentes para fazer marcas sobre o asfalto nos locais correspondentes ao para-choque dianteiro e ao para-choque traseiro do veículo. A seguir, você mede a distância entre as marcas. Contudo, seus assistentes teriam de fazer as duas marcas *no mesmo instante*. Se um marcar a posição do para-choque dianteiro em um instante e o outro marcar a posição do para-choque traseiro em um instante posterior, você não medirá o comprimento real do carro. Como você já aprendeu que o conceito de simultaneidade não é absoluto, é preciso proceder com cautela.

Comprimentos paralelos à direção do movimento

Para deduzir uma relação entre comprimentos medidos paralelamente à direção do movimento em diversos sistemas de referência, vamos considerar outra experiência imaginária. Em uma das extremidades de uma régua, colocamos uma fonte de luz e, na outra extremidade, colocamos um espelho. A régua está em repouso no sistema de referência S', no qual seu comprimento é igual a l_0 (**Figura 37.10a**). Portanto, o intervalo de tempo Δt_0 que um pulso de luz leva para ir da fonte até o espelho e voltar ao ponto inicial é

$$\Delta t_0 = \frac{2l_0}{c} \tag{37.9}$$

Esse intervalo de tempo é um *tempo próprio*, porque a ida e a volta ocorrem no mesmo ponto de S'.

No sistema de referência S, a régua se desloca da esquerda para a direita com velocidade u durante a propagação do pulso de luz (Figura 37.10b). O comprimento da régua no sistema de referência S é igual a l e o intervalo de tempo que a luz leva

Figura 37.10 (a) Uma régua está em repouso no sistema de referência de Mavis, S'. Um pulso de luz emitido de uma fonte na extremidade de uma régua é refletido por um espelho na extremidade oposta e retorna ao ponto original. (b) Movimento do pulso de luz observado por Stanley em S.

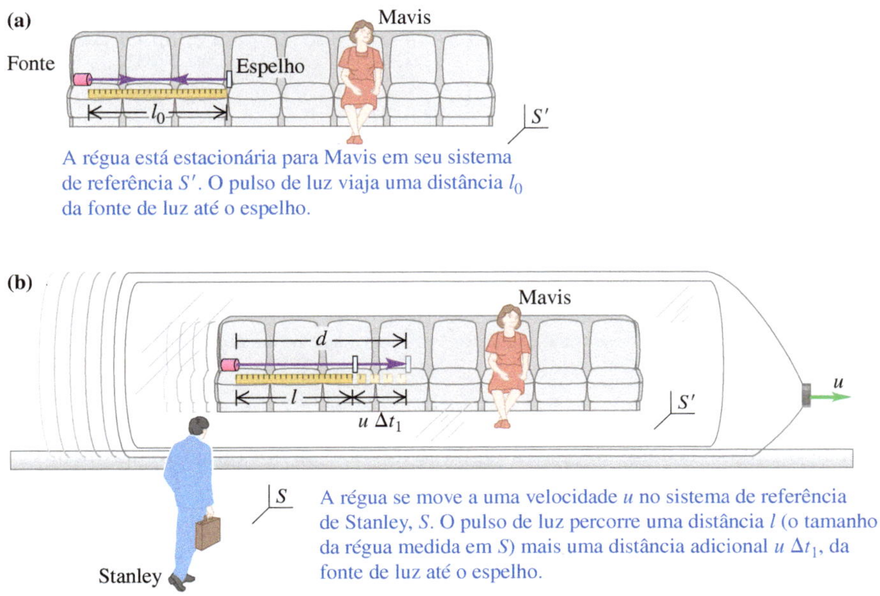

para ir da fonte até o espelho, conforme medido no sistema de referência S, é Δt_1. Durante esse intervalo de tempo, a régua, juntamente com a fonte e o espelho, já andou $u\,\Delta t_1$. Portanto, a distância total d entre a fonte e o espelho não é l, mas sim

$$d = l + u\,\Delta t_1 \tag{37.10}$$

O pulso de luz se desloca com velocidade c; sendo assim, também podemos afirmar que

$$d = c\,\Delta t_1 \tag{37.11}$$

Substituindo a Equação 37.10 na 37.11 para eliminar d, obtemos

$$c\,\Delta t_1 = l + u\,\Delta t_1 \quad \text{ou}$$

$$\Delta t_1 = \frac{l}{c - u} \tag{37.12}$$

(Dividir a distância l por $c - u$ *não* significa que a luz se desloca com velocidade $c - u$, mas que a distância que a luz percorre em S é maior que l.)

Analogamente, podemos mostrar que o intervalo de tempo Δt_2 que a luz leva para voltar do espelho até o ponto de partida é

$$\Delta t_2 = \frac{l}{c + u} \tag{37.13}$$

O intervalo de tempo *total* $\Delta t = \Delta t_1 + \Delta t_2$ que o pulso de luz leva para ir da fonte até o espelho e voltar ao ponto inicial, medido em S, é

$$\Delta t = \frac{l}{c - u} + \frac{l}{c + u} = \frac{2l}{c(1 - u^2/c^2)} \tag{37.14}$$

Sabemos também que Δt e Δt_0 estão relacionados pela Equação 37.6, visto que Δt_0 é o tempo próprio em S'. Logo, a Equação 37.9 para o tempo total de ida e volta para a régua no sistema de referência S' fornece

$$\Delta t \sqrt{1 - \frac{u^2}{c^2}} = \frac{2l_0}{c} \tag{37.15}$$

Finalmente, combinando a Equação 37.14 com a 37.15 para eliminar Δt e simplificando, obtemos:

Contração do comprimento:

$$l = l_0\sqrt{1 - \frac{u^2}{c^2}} = \frac{l_0}{\gamma} \tag{37.16}$$

Comprimento próprio do objeto (medido no sistema de referência de repouso)
Velocidade do segundo sistema de referência relativa ao sistema de referência em repouso
Fator de Lorentz relacionando os dois sistemas
Comprimento no segundo sistema de referência movendo-se paralelamente ao comprimento do objeto
Velocidade da luz no vácuo

(Usamos o fator de Lorentz γ definido na Equação 37.7.) Portanto, o comprimento l medido em S, o sistema no qual a régua se move, é *menor* que o comprimento l_0 medido no sistema de repouso S'.

ATENÇÃO A contração de comprimento é real Isso *não* é uma ilusão de ótica! A régua observada no sistema S possui comprimento realmente menor que o comprimento no sistema S'.

O comprimento medido no sistema de referência no qual o corpo está em repouso (o sistema de repouso do corpo) é chamado de **comprimento próprio**; logo, l_0 é o comprimento próprio medido em S', e o comprimento medido em qualquer outro sistema de referência que se move em relação a S' é *menor que* l_0. Esse efeito é chamado de **contração do comprimento**.

Quando u é muito pequeno em comparação com c, o valor de γ tende a 1. Logo, no limite de velocidades pequenas, obtemos a relação newtoniana $l = l_0$. Esse resultado, bem como o resultado correspondente obtido no caso da dilatação do tempo, mostra que as equações 37.1, as transformações galileanas para as coordenadas, em geral são suficientemente precisas quando as velocidades relativas envolvidas são muito menores que c. Se u é uma fração significativa de c, todavia, a grandeza $\sqrt{1 - u^2/c^2}$ pode ser menor que 1. Dessa forma, l pode ser significativamente menor que l_0, e os efeitos da contração do comprimento podem ser significativos (**Figura 37.11**).

Figura 37.11 A velocidade com que os elétrons atravessam a linha de luz de 3 km no Centro de Aceleração Linear de Stanford é menor que c por menos de 1 cm/s. Em relação ao sistema de referência de tal elétron, a linha de luz (que se estende de cima a baixo nesta fotografia) é de apenas 15 cm de extensão!

Comprimentos perpendiculares à direção do movimento

Deduzimos a Equação 37.16 para comprimentos medidos em uma direção *paralela* à da velocidade relativa entre os dois sistemas de referência. Os comprimentos medidos em direções *perpendiculares* à direção da velocidade relativa *não* sofrem contração. Para provar isso, considere duas réguas idênticas. Uma régua está em repouso no sistema de referência S e está sobre o eixo Oy com uma de suas extremidades no ponto O, a origem do sistema S. A outra régua está em repouso no sistema de referência S' e está sobre o eixo Oy' com uma de suas extremidades no ponto O', a origem do sistema S'. O sistema S' move-se no sentido positivo do eixo Ox em relação ao sistema S. Os observadores Stanley e Mavis estão em repouso, respectivamente, no sistema S e no sistema S'. No instante inicial, quando as duas origens coincidem, as duas réguas estão sobre a mesma linha reta. Nesse instante, Mavis marca a posição correspondente a 50 cm de sua própria régua sobre a régua de Stanley, e ele faz a mesma marca correspondente sobre a régua dela.

Para facilitar o raciocínio, suponha que Stanley observe que a régua de Mavis tem comprimento maior que sua própria régua. Então a marca que Stanley fez na régua de Mavis estaria *abaixo* do centro da régua. Nesse caso, Mavis pensaria que a régua de Stanley ficou mais curta, uma vez que a metade do comprimento da régua dele coincide com *menos* da metade da régua dela. Portanto, Mavis observaria uma contração da régua de Stanley, enquanto ele observaria um aumento do comprimento da régua dela. Porém, isso implica uma assimetria entre os dois sistemas de referência, contrariando o postulado fundamental da relatividade, segundo o qual todos os sistemas de referência inerciais são equivalentes. Concluímos que a obediência ao princípio da relatividade exige que ambos os observadores vejam as réguas com os *mesmos* comprimentos, embora um observador esteja em repouso e o outro esteja em movimento (**Figura 37.12**). Assim, *não existe nenhuma contração do comprimento quando duas réguas estão dispostas em direções perpendiculares à direção da velocidade relativa*. Esse resultado foi usado anteriormente, quando deduzimos a Equação 37.6, porque naquela dedução dissemos que a distância d era a mesma em ambos os sistemas de referência.

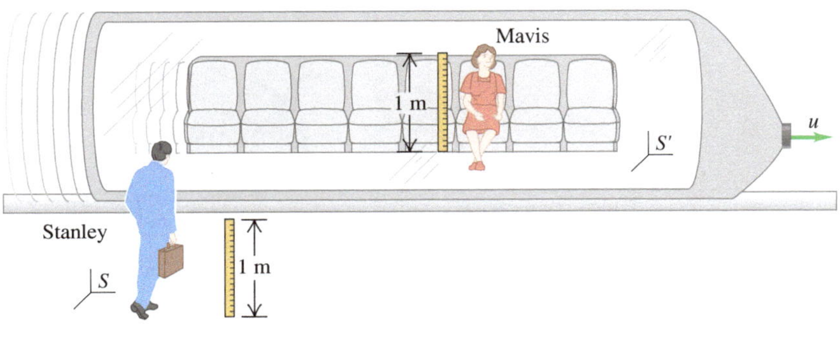

Figura 37.12 As duas réguas estão em direções perpendiculares à direção da velocidade relativa, de modo que, para qualquer valor de u, tanto Stanley quanto Mavis concluem que ambas as réguas possuem o mesmo comprimento de um metro.

Por exemplo, suponha que uma barra de comprimento l_0 esteja se movendo formando um ângulo igual a θ_0 com a direção da velocidade relativa (ao longo do eixo Ox), medido em relação ao sistema em repouso. O componente do comprimento paralelo à direção do movimento, $l_0 \cos \theta_0$, se contrai para $(l_0 \cos \theta_0)/\gamma$. Contudo, o componente perpendicular à direção do movimento, l_0 sen θ_0, permanece sempre com o mesmo comprimento.

ESTRATÉGIA PARA A SOLUÇÃO DE PROBLEMAS 37.2 CONTRAÇÃO DO COMPRIMENTO

IDENTIFICAR *os conceitos relevantes*: o conceito de contração do comprimento é usado sempre que comparamos o comprimento de um objeto como medido por observadores em sistemas de referência inerciais diferentes.

PREPARAR *o problema* por meio dos seguintes passos:

1. Verifique o que define o comprimento em questão. Se o enunciado do problema descreve um objeto como uma régua, o comprimento é apenas a distância entre as extremidades do objeto. Se, contudo, o problema é sobre uma distância entre dois pontos sem nenhum objeto entre eles, pode ser útil visualizar uma régua ou barra que se estenda de um ponto ao outro.
2. Determine qual é a variável-alvo.

EXECUTAR *a solução* da seguinte forma:

1. Determine o sistema de referência em que o objeto em questão está em repouso. Nesse sistema, o comprimento do objeto é seu comprimento próprio l_0. Em um segundo sistema de referência que se desloque com a velocidade u em relação ao primeiro sistema, o objeto apresenta um comprimento contraído l.
2. Não se esqueça de que a contração do comprimento ocorre apenas para comprimentos paralelos à direção do movimento relativo entre os dois sistemas. Qualquer comprimento que seja perpendicular ao movimento relativo é igual nos dois sistemas.
3. Use a Equação 37.16 para relacionar l e l_0 e depois isole a variável-alvo.

AVALIAR *sua resposta*: verifique se suas respostas fazem sentido; l nunca pode ser maior que l_0, e u nunca pode ser maior que c.

EXEMPLO 37.4 QUAL É O COMPRIMENTO DA ESPAÇONAVE?

Uma espaçonave passa pela Terra com uma velocidade de 0,990c. Um membro da tripulação verifica o comprimento da espaçonave, obtendo o valor de 400 m. Qual é o comprimento da espaçonave medido por observadores na Terra?

SOLUÇÃO

IDENTIFICAR E PREPARAR: este problema nos pede para relacionar o comprimento da espaçonave — isto é, a distância de seu nariz até sua cauda — como medido por observadores em dois diferentes sistemas de referência: um a bordo da espaçonave e o outro na Terra. Esse comprimento em questão é ao longo da direção de movimento relativo (**Figura 37.13**), de modo que haverá contração do comprimento. O comprimento de 400 m da espaçonave é o comprimento *próprio* l_0, porque foi medido no sistema de referência onde a espaçonave está em repouso. Nossa variável-alvo é o comprimento l medido no sistema terrestre, relativo ao qual a espaçonave está se movendo na velocidade $u = 0{,}990c$.

EXECUTAR: de acordo com a Equação 37.16,

$$l = l_0 \sqrt{1 - \frac{u^2}{c^2}} = (400 \text{ m}) \sqrt{1 - (0{,}990)^2} = 56{,}4 \text{ m}$$

AVALIAR: a espaçonave é menor em um sistema em movimento que em um sistema em repouso. Para medir o comprimento l, dois observadores com relógios sincronizados medem as posições das duas extremidades da espaçonave simultaneamente no sistema de referência da Terra, como indicado na Figura 37.13. (Essas duas medidas *não* vão parecer simultâneas em relação a um observador na espaçonave.)

Figura 37.13 Medindo o comprimento de uma espaçonave em movimento.

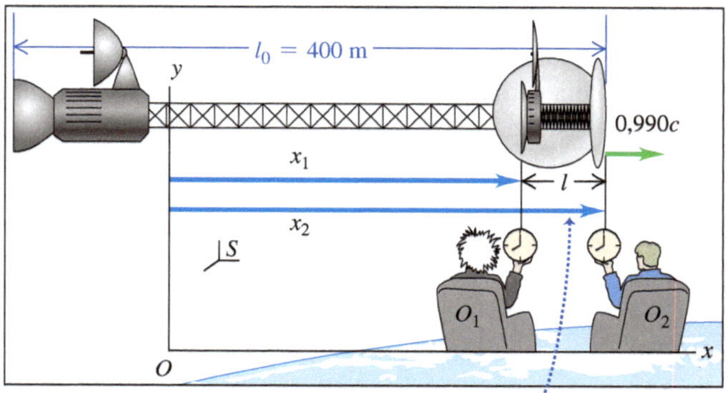

Os dois observadores na Terra (S) devem medir x_2 e x_1 simultaneamente para obter o comprimento correto $l = x_2 - x_1$ em seu sistema de referência.

EXEMPLO 37.5 QUAL É A DISTÂNCIA ENTRE OS OBSERVADORES?

Os observadores O_1 e O_2 na Figura 37.13 estão a 56,4 m de distância na Terra. Qual é a distância entre esses observadores medida pelos tripulantes da espaçonave?

SOLUÇÃO

IDENTIFICAR E PREPARAR: neste exemplo, os 56,4 m são o comprimento *próprio* l_0. Ele representa o comprimento de uma régua que se estende de O_1 a O_2 e que está em repouso em relação ao sistema terrestre, no qual os observadores estão em repouso. Nossa variável-alvo é o comprimento l dessa régua, medido no sistema da espaçonave, onde a Terra e a régua estão se movendo a uma velocidade de 0,990c.

EXECUTAR: como no Exemplo 37.4, mas com $l_0 = 56{,}4$ m,

$$l = l_0\sqrt{1 - \frac{u^2}{c^2}} = (56{,}4 \text{ m})\sqrt{1 - (0{,}990)^2} = 7{,}96 \text{ m}$$

AVALIAR: essa resposta *não* significa que os tripulantes medem o comprimento de sua espaçonave como 400 m e 7,96 m ao mesmo tempo. Como medido da Terra, a cauda da espaçonave está na posição O_1 no mesmo instante que o nariz está na posição O_2. Desse modo, o comprimento da espaçonave medido da Terra é igual à distância de 56,4 m que separa O_1 e O_2. No entanto, no sistema da espaçonave, esses dois pontos estão apenas 7,96 m distantes e o nariz (que tem 400 m diante da cauda) passa por O_2 antes que a cauda passe por O_1.

Como seria a aparência de um objeto que se move com velocidade próxima de c

Vamos imaginar como seria a aparência visual de um objeto tridimensional em movimento. Se pudéssemos ver simultaneamente todos os pontos desse objeto, observaríamos apenas uma contração na direção do movimento. Contudo, *não* podemos ver simultaneamente todos os pontos do corpo; a luz oriunda de um ponto mais afastado do corpo leva mais tempo para atingir nossos olhos que a luz proveniente de um ponto mais próximo; portanto, vemos um ponto mais afastado do corpo na posição que ele ocupava em um instante anterior.

Suponha que você tenha uma barra retangular com suas faces paralelas aos planos coordenados. Ao olhar frontalmente a extremidade dessa barra em repouso, vemos apenas a face de sua extremidade mais próxima. (Veja a barra central na rede indicada na **Figura 37.14a** simulada por computador.) Mas quando essa barra se move para a direita com uma velocidade que é uma fração significativa da velocidade da luz, você também pode ver a face da esquerda por causa do efeito relativo ao tempo passado mencionado anteriormente. Ou seja, podemos ver mais pontos do que quando a barra estava em repouso porque a barra se move em uma direção que permite aos raios de luz da face lateral atingir nossos olhos. Reciprocamente, alguns raios de luz que podem atingir nossos olhos quando a barra está em repouso são bloqueados pelo movimento da barra. Por causa desse efeito, teremos a impressão de que as barras indicadas nas figuras 37.14b e 37.14c sofreram ligeiras rotação e distorção.

Figura 37.14 Imagem simulada por computador da aparência de uma rede com 25 barras paralelas com a mesma seção reta quadrada. A barra central é vista com a extremidade de frente. A simulação despreza eventuais mudanças de cor produzidas pelo efeito Doppler (veja a Seção 37.6).

(a) Rede em repouso

(b) Rede se deslocando para a direita com velocidade igual a 0,2c

(c) Rede se deslocando para a direita com velocidade de 0,9c

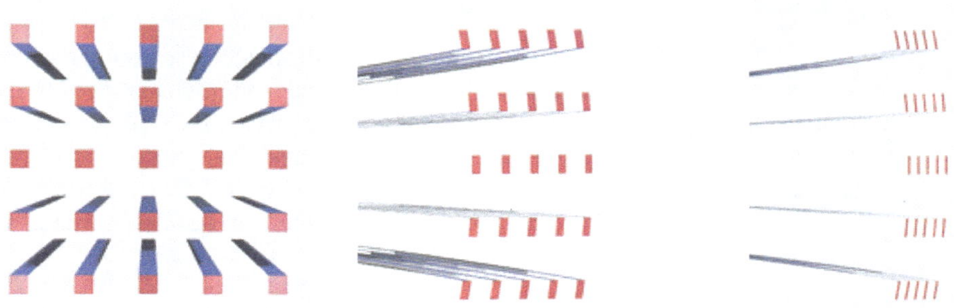

TESTE SUA COMPREENSÃO DA SEÇÃO 37.4 Uma espaçonave em miniatura está passando por você, voando horizontalmente com uma velocidade que é uma fração significativa da velocidade da luz. Em certo instante, você observa que o nariz e a cauda da espaçonave se alinham de modo exato com as duas extremidades de uma régua de um metro que você segura nas mãos. Ordene as seguintes distâncias da maior para a menor: (i) o comprimento próprio da régua; (ii) o comprimento próprio da espaçonave; (iii) o comprimento da espaçonave medido em seu sistema de referência; (iv) o comprimento da régua medido no sistema de referência da espaçonave. ❙

37.5 AS TRANSFORMAÇÕES DE LORENTZ

Na Seção 37.1, discutimos as equações que fornecem as transformações galileanas para as coordenadas, indicadas no conjunto das equações 37.1. Essas transformações relacionam as coordenadas (x, y e z) de um sistema de referência S com as coordenadas (x', y' e z') de um segundo sistema de referência S'. O segundo sistema de referência se move com velocidade constante u em relação ao sistema S no sentido positivo ao longo do eixo x-x' comum aos dois sistemas. Essa transformação também supõe que as escalas de tempo sejam iguais nos dois sistemas de referência, o que é expresso mediante a relação adicional $t = t'$. Essas transformações galileanas, como vimos, são válidas somente quando a velocidade u tende a zero. Estamos agora preparados para deduzir transformações mais gerais consistentes com o princípio da relatividade. Essas relações gerais são chamadas de **transformações de Lorentz**.

Transformação de Lorentz para as coordenadas

Nossa primeira pergunta é: quando um evento ocorre em um ponto (x, y e z) no instante t, observado em um sistema de referência S, quais são as coordenadas (x', y' e z') no instante t' quando o mesmo evento é observado em um segundo sistema de referência S' que se move em relação ao sistema S no sentido $+x$ com velocidade constante u?

Para deduzir as transformações de coordenadas pertinentes, tomamos como referência a **Figura 37.15**, que é uma repetição da Figura 37.3. Como antes, supomos que as duas origens coincidem no instante $t = 0 = t'$. Então, para o sistema de referência S, a distância entre O e O' continua sendo igual a ut. A coordenada x' é o *comprimento próprio* para S', de modo que, para o sistema S, ela se contrai por um fator $1/\gamma = \sqrt{1 - u^2/c^2}$, como indicado na Equação 37.16. Portanto, a distância x entre O e P, conforme observado em S, não é determinada simplesmente por $x = ut + x'$, como nas transformações de coordenadas galileanas, mas sim por

$$x = ut + x'\sqrt{1 - \frac{u^2}{c^2}} \tag{37.17}$$

Explicitando x' da equação anterior, obtemos

$$x' = \frac{x - ut}{\sqrt{1 - u^2/c^2}} \tag{37.18}$$

A Equação 37.18 faz parte do conjunto das transformações de coordenadas de Lorentz; outra relação desse conjunto é a que fornece a coordenada t' em termos de x e de t. Para obtê-la, notamos que o princípio da relatividade exige que as transformações de S para S' tenham a mesma *forma* das transformações de S' para S. A única diferença deve ser a mudança de sinal da velocidade relativa u. Portanto, de acordo com a Equação 37.17, trocando o sinal de u, também deve ser verdade que

$$x' = -ut' + x\sqrt{1 - \frac{u^2}{c^2}} \tag{37.19}$$

Figura 37.15 Como medido no sistema de referência S, x' contrai até x'/γ e, então, $x = ut + (x'/\gamma)$ e $x' = \gamma(x - ut)$.

O sistema de referência S' move-se em relação ao sistema S com velocidade constante u ao longo do eixo comum x-x'.

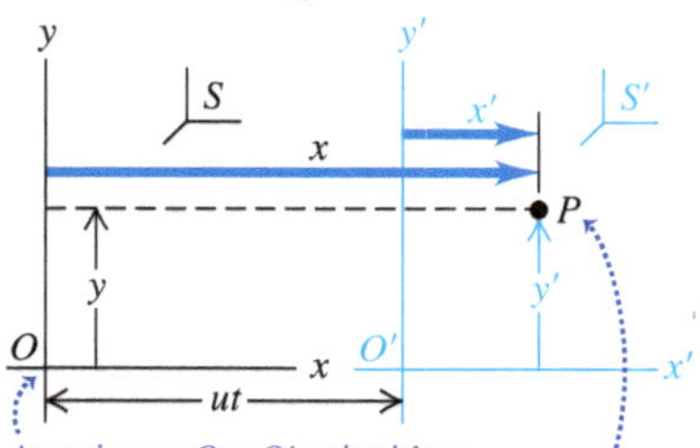

As origens O e O' coincidem no tempo $t = 0 = t'$.

A transformação de coordenadas de Lorentz relaciona as coordenadas espaço-tempo de um evento medido nos dois sistemas de referência: (x, y, z, t) no sistema S e (x', y', z', t') no sistema de referência S'.

Agora igualamos a Equação 37.18 com a 37.19 para eliminar x'. Isso fornece uma equação para a coordenada t' em termos de x e de t. Fazendo as transformações algébricas, podemos mostrar que

$$t' = \frac{t - ux/c^2}{\sqrt{1 - u^2/c^2}} \tag{37.20}$$

Conforme dissemos anteriormente, os comprimentos perpendiculares à direção do movimento não sofrem contração; portanto, $y' = y$ e $z'=z$.

Agrupando as relações anteriores, obtemos

Transformação de Lorentz para as coordenadas: As coordenadas espaço-tempo de um evento são x, y, z, t no sistema S e x', y', z', t' no sistema S'.

$$\begin{aligned} x' &= \frac{x - ut}{\sqrt{1 - u^2/c^2}} = \gamma(x - ut) \\ y' &= y \\ z' &= z \\ t' &= \frac{t - ux/c^2}{\sqrt{1 - u^2/c^2}} = \gamma(t - ux/c^2) \end{aligned} \tag{37.21}$$

Velocidade de S' relativa a S na direção positiva do eixo x-x'.

Fator de Lorentz relacionando os dois sistemas.

Velocidade da luz no vácuo.

Esse conjunto de equações constitui a generalização relativística das transformações de Galileu, dadas pelo conjunto indicado na Equação 37.1 e com a relação $t = t'$. Quando os valores de u tendem a zero, $\sqrt{1 - u^2/c^2}$ e γ tendem a 1 e o termo ux/c^2 tende a zero. Para esse limite, as equações 37.21 tornam-se idênticas às equações 37.1, com a relação $t = t'$. Contudo, geralmente as coordenadas e o tempo de um evento em um dado sistema de referência dependem das coordenadas e do tempo em outro sistema de referência. *O espaço e o tempo tornam-se interligados; não podemos mais dizer que o espaço e o tempo possuem significados absolutos independentes do sistema de referência.* Por esse motivo, referimo-nos ao tempo e às três dimensões do espaço coletivamente como uma entidade quadridimensional chamada **espaço-tempo** e chamamos o conjunto (x, y, z, t) de **coordenadas do espaço-tempo** de um evento.

Transformação de Lorentz para a velocidade

Podemos usar as equações 37.21 para obter a generalização relativística da transformação galileana para as velocidades, dada pela Equação 37.2. Vamos considerar apenas o movimento em uma dimensão ao longo do eixo Ox e usar o termo "velocidade" como uma forma abreviada para designar "o componente x da velocidade". Suponha que em um intervalo de tempo dt a partícula se desloque uma distância dx, em relação a um observador no sistema S. Podemos obter as expressões correspondentes para dx' e dt' no sistema S' diferenciando as respectivas coordenadas indicadas nas equações 37.21:

$$dx' = \gamma(dx - u\,dt)$$
$$dt' = \gamma(dt - u\,dx/c^2)$$

Dividimos membro a membro as equações anteriores e, depois de dividir o numerador e o denominador por dt, obtemos

$$\frac{dx'}{dt'} = \frac{\dfrac{dx}{dt} - u}{1 - \dfrac{u}{c^2}\dfrac{dx}{dt}}$$

DADOS MOSTRAM

Transformações de Lorenz

Quando os alunos recebiam um problema sobre transformações de Lorenz, mais de 25% davam uma resposta incorreta.
Erros comuns:

- Confusão a respeito de qual sistema de referência se deve considerar. É essencial em todo problema montar um diagrama mostrando qual sistema de referência vai com cada observador.
- Confusão a respeito de contração de comprimento. Lembre-se de que comprimentos perpendiculares à direção do movimento relativo não sofrem contração.

Sabendo que dx/dt é a velocidade v_x em S e que dx'/dt' é a velocidade v'_x em S', obtemos a generalização relativística

Transformação de Lorentz para a velocidade (velocidade em S' em termos da velocidade em S)

$$v'_x = \frac{v_x - u}{1 - uv_x/c^2} \tag{37.22}$$

Componente x da velocidade do objeto no sistema S' (v'_x); Componente x da velocidade do objeto no sistema S (v_x); Velocidade de S' relativa a S na direção positiva ao longo do eixo x-x' (u); Velocidade da luz no vácuo (c)

Quando u e v_x são muito menores que c, o denominador da Equação 37.22 tende a 1 e a expressão se reduz ao resultado não relativístico $v'_x = v_x - u$. O extremo oposto ocorre quando $v_x = c$; para esse caso, encontramos

$$v'_x = \frac{c - u}{1 - uc/c^2} = \frac{c(1 - u/c)}{1 - u/c} = c$$

Isso nos mostra que qualquer onda ou partícula que se desloque com velocidade $v_x = c$ em relação a S terá também uma velocidade $v'_x = c$ em relação a S', qualquer que seja a velocidade relativa entre os dois sistemas de referência. Portanto, a Equação 37.22 é compatível com o postulado de Einstein de que a velocidade da luz no vácuo é a mesma em todos os sistemas de referência inerciais.

O princípio da relatividade afirma que não existe nenhuma distinção entre os sistemas S e S'. Assim, a expressão de v_x em termos de v'_x deve ter a mesma forma indicada na Equação 37.22, trocando-se v_x por v'_x e alterando-se o sinal de u. Fazendo essas trocas na Equação 37.22, obtemos

Transformação de Lorentz para a velocidade (velocidade em S em termos da velocidade em S'):

$$v_x = \frac{v'_x + u}{1 + uv'_x/c^2} \tag{37.23}$$

Componente x da velocidade do objeto no sistema S (v_x); Componente x da velocidade do objeto no sistema S' (v'_x); Velocidade de S' relativa a S na direção positiva ao longo do eixo x-x' (u); Velocidade da luz no vácuo (c)

Esse resultado também poderia ter sido obtido algebricamente, explicitando-se v_x na Equação 37.22. Tanto a Equação 37.22 quanto a 37.23 são formas das *transformações de Lorentz para a velocidade* no caso do movimento em uma dimensão.

Quando u é menor que c, as transformações de Lorentz para a velocidade mostram que, quando a velocidade de um corpo for menor que c em um dado sistema de referência, a velocidade será sempre menor que c em relação a *qualquer outro* sistema de referência. Isso nos permite concluir que nenhuma partícula material

Aplicação Velocidade relativa e sistemas de referência A corrida de revezamento ilustra os sistemas de referência utilizados nas equações 37.22 e 37.23. A corredora com uniforme roxo é a partícula e os dois sistemas de referência em que se observa o movimento da partícula são o nosso sistema em repouso S (somos espectadores de pé ao lado da pista) e o sistema em repouso S' da corredora de vermelho, que tem velocidade u em relação a nós. Uma vez que a corredora de vermelho está se movendo para a esquerda em relação a nós, temos de nos mover na mesma direção no eixo x, para a esquerda. A corredora de uniforme roxo tem velocidade positiva v_x em relação a nós, pois está se movendo para a esquerda; se a corredora de vermelho estiver se movendo mais rápido ($u > v_x$), então, como nos mostra a Equação 37.22, a corredora de roxo terá uma velocidade *negativa* v'_x em relação à corredora de vermelho.

Sistema de referência S: nosso sistema de repouso, na medida que estamos de pé ao lado da pista.

Sistema de referência S': sistema de repouso da corredora de vermelho. Ela se move com velocidade u relativa a nós.

A corredora de roxo possui velocidade v_x em S e velocidade v'_x em S'.

pode se deslocar com velocidade igual ou superior a c em relação a *nenhum* sistema de referência. Mais adiante veremos que as generalizações relativísticas do momento linear e da energia fornecem outra base para suportar essa hipótese.

ATENÇÃO **Use as coordenadas do sistema de referência correto** Lembre-se de que as equações das transformações de Lorentz fornecidas pelas equações 37.21, 37.22 e 37.23 pressupõem que o sistema S' esteja se deslocando no sentido $+x$ com a velocidade u em relação ao sistema S. Siga sempre essa convenção ao montar seu sistema de coordenadas.

ESTRATÉGIA PARA A SOLUÇÃO DE PROBLEMAS 37.3 TRANSFORMAÇÕES DE LORENTZ

IDENTIFICAR *os conceitos relevantes*: a transformação de Lorentz para as *coordenadas* indica como relacionar as coordenadas do espaço-tempo de um evento em um sistema de referência inercial com as coordenadas de espaço-tempo do mesmo evento em um segundo sistema inercial. A transformação de Lorentz para a *velocidade* relaciona a velocidade de um objeto em um sistema inercial com sua velocidade em um segundo sistema inercial.

PREPARAR *o problema* por meio dos seguintes passos:

1. Verifique qual é a variável-alvo do problema.
2. Defina os dois sistemas inerciais S e S'. Lembre-se de que S' se move em relação a S em uma velocidade constante u no sentido $+x$.
3. Se for preciso usar as equações de transformação para as coordenadas, faça uma lista das coordenadas do espaço-tempo nos dois sistemas, como x_1, x'_1, t_1, t'_1 e assim por diante. Inclua cuidadosamente na lista as grandezas que você conhece e as variáveis-alvo.
4. Nos problemas que envolvem transformações de velocidade, identifique claramente as velocidades u (a velocidade relativa dos dois sistemas de referência), v_x (a velocidade do objeto em relação a S) e v'_x (a velocidade do objeto em relação a S').

EXECUTAR *a solução* da seguinte forma:

1. Em um problema envolvendo transformação de coordenadas, use as equações 37.21 para encontrar as coordenadas do espaço-tempo do evento em relação a S' em função dos valores correspondentes em S. (Se você precisar encontrar as coordenadas do espaço-tempo em S em função dos valores correspondentes em S', pode converter facilmente as expressões nas equações 37.21: substitua todas as grandezas do sistema S por grandezas do sistema S', e vice-versa, e substitua u por $-u$.)
2. Em problemas envolvendo transformação de velocidades, use a Equação 37.22 ou a 37.23 — a que for mais conveniente — para encontrar a variável-alvo.

AVALIAR *sua resposta*: não desanime se alguns de seus resultados aparentemente não fizerem sentido ou não concordarem com a intuição. Poderá levar um certo tempo para que você desenvolva uma intuição segura sobre a relatividade, pois ela é adquirida somente pela experiência.

EXEMPLO 37.6 UM SINAL PODE SER RECEBIDO ANTES DE SER ENVIADO?

Tendo vencido uma competição interestelar, Mavis pilota sua espaçonave e atravessa a linha de chegada com uma velocidade igual a $0{,}600c$ em relação a essa linha. Um sinal de "vitória" é enviado da parte traseira de sua espaçonave (evento 2) no instante em que (no sistema de referência de Mavis) a parte dianteira da espaçonave atravessa a linha final de chegada (evento 1). Ela verifica que o comprimento da espaçonave é 300 m. Stanley está em repouso no local da linha de chegada. Quando e onde os eventos 1 e 2 ocorrem para Stanley?

SOLUÇÃO

IDENTIFICAR E PREPARAR: este exemplo envolve a transformação de Lorentz para coordenadas. Nossa dedução para as transformações de Lorentz pressupõe que as origens dos sistemas S e S' coincidem quando $t = 0 = t'$. Para simplificarmos, fixamos a origem do sistema S na linha de chegada e a origem do sistema S' na parte dianteira da espaçonave, de modo que Stanley e Mavis verificam que o evento 1 possui coordenadas $x = 0 = x'$ e $t = 0 = t'$.

Mavis em S' verifica que o comprimento de sua espaçonave é 300 m; portanto, o sinal de "vitória" é enviado a uma distância de 300 m atrás da parte dianteira da espaçonave no momento em que ela atravessa a linha final. Ou seja, para ela, o evento 2 ocorre em $x' = -300$ m e $t' = 0$.

Nossas variáveis-alvo são a coordenada x e o tempo t do evento 2 que Stanley mede em S.

EXECUTAR: para encontrar as variáveis-alvo mais facilmente, modificamos a primeira e a última das equações 37.21 para determinar x e t em função de x' e t'. Fazemos isso usando o princípio da relatividade da mesma forma que obtivemos a Equação 37.23 a partir da Equação 37.22. Removemos os primos de x' e t', adicionamos primos em x e t e, por fim, substituímos u por $-u$. Os resultados são

$$x = \gamma(x' + ut') \quad \text{e} \quad t = \gamma(t' + ux'/c^2)$$

De acordo com a Equação 37.7, $\gamma = 1{,}25$ para $u = 0{,}600c = 1{,}80 \times 10^8$ m/s. Substituímos também os valores $x' = -300$ m, $t' = 0$, $c = 3{,}0 \times 10^8$ m/s e $u = 1{,}80 \times 10^8$ m/s nas equações de x e t para encontrarmos para o evento 2 os valores $x = -375$ m para $t = -7{,}50 \times 10^{-7}$s $= -0{,}750\ \mu$s.

AVALIAR: Mavis afirma que os dois eventos são simultâneos, porém Stanley não concorda. Ele afirma que o sinal de "vitória" foi enviado *antes* de ela atravessar a linha final. Isso não significa que o efeito foi anterior à causa que o produziu. O mais rápido

(Continua)

(Continuação)

que Mavis pode enviar um sinal do comprimento de sua espaçonave é 300 m/(3,0 × 10^8 m/s) = 1,0 μs. Ela não pode enviar um sinal a partir da parte dianteira da espaçonave no instante em que cruza a linha de chegada que seja enviado a partir da parte traseira ao mesmo tempo. Ela teria de enviar o sinal da frente no mínimo 1,0 μs antes disso; portanto, teria de prever que seria a vencedora.

EXEMPLO 37.7 VELOCIDADES RELATIVAS

(a) Uma espaçonave que se afasta da Terra com uma velocidade igual a 0,900c dispara uma sonda espacial com um robô com uma velocidade igual a 0,700c em relação à espaçonave em sua mesma direção e sentido. Qual é a velocidade da sonda espacial em relação à Terra? (b) Um ônibus espacial tenta alcançar a espaçonave se deslocando com velocidade igual a 0,950c em relação à Terra. Qual é a velocidade do ônibus em relação à espaçonave?

SOLUÇÃO

IDENTIFICAR E PREPARAR: este exemplo usa a transformação de Lorentz para velocidades. Sejam S e S' os sistemas de referência da Terra e da espaçonave, respectivamente (**Figura 37.16**). A velocidade relativa dos dois sistemas é $u = 0{,}900c$. Na parte (a), é fornecida a velocidade da sonda, $v'_x = 0{,}700c$ em relação a S', e a variável-alvo é a velocidade v_x da sonda, relativa a S; na parte (b), é dada a velocidade $v_x = 0{,}950c$ do ônibus espacial em relação a S e a variável-alvo é a velocidade v'_x relativa a S'.

EXECUTAR: (a) usamos a Equação 37.23 para calcular sua velocidade v_x em relação à Terra:

$$v_x = \frac{v'_x + u}{1 + uv'_x/c^2} = \frac{0{,}700c + 0{,}900c}{1 + (0{,}900c)(0{,}700c)/c^2} = 0{,}982c$$

(b) Usamos a Equação 37.22 para calcular a velocidade da sonda v'_x em relação à espaçonave:

$$v'_x = \frac{v_x - u}{1 - uv_x/c^2} = \frac{0{,}950c - 0{,}900c}{1 - (0{,}900c)(0{,}950c)/c^2} = 0{,}345c$$

AVALIAR: o que diz a fórmula da transformação galileana para as velocidades, a Equação 37.2? Na parte (a), acharíamos a velocidade da sonda em relação à Terra como $v_x = v'_x + u = 0{,}700c + 0{,}900c = 1{,}600c$, que é maior que c e, portanto, impossível. Na parte (b), acharíamos a velocidade da sonda em relação à espaçonave como sendo $v'_x = v_x - u = 0{,}950c - 0{,}900c = 0{,}050c$; o valor relativisticamente correto, $v'_x = 0{,}345c$, é quase sete vezes maior que o valor galileano incorreto.

Figura 37.16 A espaçonave, a sonda espacial e o ônibus espacial.

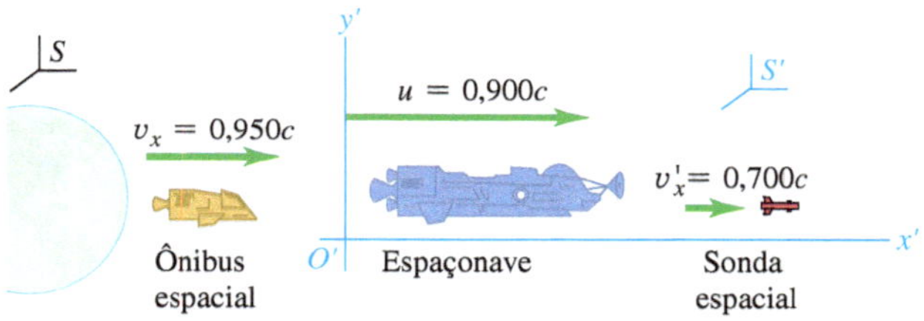

TESTE SUA COMPREENSÃO DA SEÇÃO 37.5 (a) No sistema S, os eventos P_1 e P_2 ocorrem nas mesmas coordenadas x, y e z, mas o evento P_1 ocorre antes do evento P_2. No sistema S', qual evento ocorre primeiro? (b) No sistema S, os eventos P_3 e P_4 ocorrem no mesmo tempo t e nas mesmas coordenadas y e z, mas o evento P_3 ocorre em uma coordenada x menor que o evento P_4. No sistema S', qual evento ocorre primeiro? ❙

37.6 O EFEITO DOPPLER PARA ONDAS ELETROMAGNÉTICAS

Uma consequência adicional importante da cinemática relativística é o efeito Doppler para as ondas eletromagnéticas. Na Seção 16.8, dissemos, sem provar, que a fórmula dada pela Equação 16.30 fornece o deslocamento da frequência resultante do movimento de uma fonte de ondas eletromagnéticas em relação a um observador. Agora podemos demonstrar esse resultado.

Formulemos, então, o problema. Uma fonte de luz move-se com velocidade constante u em relação a Stanley, que está em repouso em um sistema de referência inercial (**Figura 37.17**). No sistema de referência da própria fonte, a fonte emite luz com frequência f_0 e período $T_0 = 1/f_0$. Qual é a frequência f dessas ondas medidas por Stanley?

Figura 37.17 O efeito Doppler para a luz. Uma fonte de luz movendo-se com uma velocidade u em relação a Stanley emite uma crista de onda e a seguir desloca-se uma distância uT na direção de um observador e emite nova crista de onda. No sistema de referência S de Stanley, a segunda crista está a uma distância λ atrás da primeira.

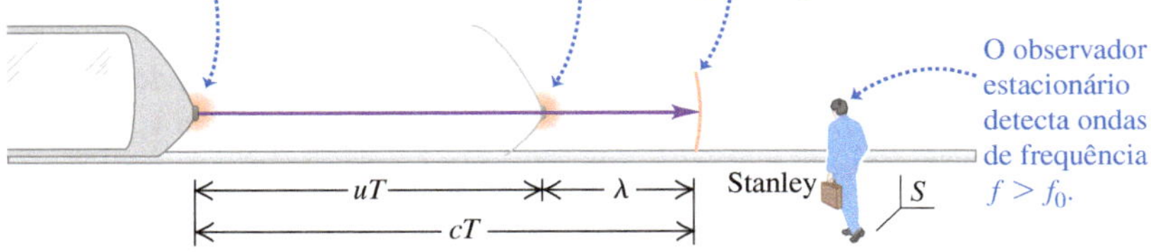

Seja T o intervalo de tempo entre a *emissão* de cristas de ondas consecutivas observadas no sistema de referência de Stanley. Note que esse valor *não* é o intervalo entre a *chegada* de duas cristas sucessivas a sua posição porque as cristas são emitidas em pontos diferentes no sistema de referência de Stanley. Ao medir somente a frequência f que ele recebe, Stanley não leva em conta as diferenças dos tempos de trânsito entre cristas sucessivas. Logo, a frequência que ele mede *não* é igual a $1/T$. Qual é a equação para f?

Durante um tempo T, uma crista na frente da fonte se move por uma distância cT e a fonte se move por uma distância menor uT no mesmo sentido. A distância λ entre duas cristas sucessivas — ou seja, o comprimento de onda — é, portanto, $\lambda = (c - u)T$, conforme Stanley mede em seu sistema de referência. Logo, a frequência medida por ele é igual a c/λ. Portanto,

$$f = \frac{c}{(c - u)T} \tag{37.24}$$

Até este momento, apresentamos considerações semelhantes às feitas durante a dedução da fórmula do efeito Doppler do som emitido por uma fonte em movimento (veja a Seção 16.8). Naquela discussão, a etapa seguinte consistia em igualar T ao tempo T_0 referente ao tempo entre as emissões de duas cristas sucessivas. Contudo, pela relatividade, não é correto igualar T com T_0. O tempo T_0 é medido no sistema de repouso da fonte; logo, ele é um tempo próprio. De acordo com a Equação 37.6, T e T_0 são relacionados por

$$T = \frac{T_0}{\sqrt{1 - u^2/c^2}} = \frac{cT_0}{\sqrt{c^2 - u^2}}$$

ou, visto que $T_0 = 1/f_0$,

$$\frac{1}{T} = \frac{\sqrt{c^2 - u^2}}{cT_0} = \frac{\sqrt{c^2 - u^2}}{c} f_0$$

Lembre-se de que $1/T$ não é igual a f. Devemos substituir a expressão anterior de $1/T$ na Equação 37.24 para calcular f:

$$f = \frac{c}{c - u} \frac{\sqrt{c^2 - u^2}}{c} f_0$$

Usando a identidade $c^2 - u^2 = (c - u)(c + u)$, obtemos

Efeito Doppler, ondas eletromagnéticas, fonte se aproximando do observador:

$$f = \sqrt{\frac{c+u}{c-u}}\,f_0 \qquad (37.25)$$

(f: Frequência medida pelo observador; f_0: Frequência medida no sistema de repouso da fonte; c: Velocidade da luz no vácuo; u: Velocidade da fonte em relação ao observador)

Isso mostra que, quando uma fonte se *aproxima* de um observador, a frequência f observada é *maior* que a frequência emitida f_0. A diferença $f - f_0 = \Delta f$ denomina-se deslocamento de frequência Doppler. Quando u/c é muito menor que 1, o deslocamento relativo $\Delta f/f$ é aproximadamente igual a u/c:

$$\frac{\Delta f}{f} = \frac{u}{c}$$

Se a fonte se *afasta* do observador, trocamos o sinal de u na Equação 37.25 e obtemos

$$f = \sqrt{\frac{c-u}{c+u}}\,f_0 \quad \text{(efeito Doppler, ondas eletromagnéticas, fonte se afastando do observador)} \qquad (37.26)$$

O resultado anterior concorda com a Equação 16.30, que mencionamos anteriormente, com algumas mudanças de notação.

No caso da luz, diferentemente do som, não existe distinção entre o movimento da fonte e o do observador; somente a velocidade *relativa* entre a fonte e o observador é relevante. Os quatro últimos parágrafos da Seção 16.8 analisam diversas aplicações do efeito Doppler para a luz e outras ondas eletromagnéticas; sugerimos uma revisão desses parágrafos. A **Figura 37.18** mostra uma aplicação comum.

Figura 37.18 Um radar-pistola emite um feixe de rádio de frequência f_0 que, no sistema de referência de um carro que se aproxima, possui uma frequência maior f dada pela Equação 37.25. O feixe refletido apresenta a mesma frequência f do sistema do carro, mas apresenta uma frequência f' ainda maior no sistema do policial. O radar-pistola calcula a velocidade do carro comparando as frequências do feixe emitido e do feixe refletido deslocado duplamente por efeito Doppler. (Compare com o Exemplo 16.18 na Seção 16.8.)

EXEMPLO 37.8 UM JATO DE UM BURACO NEGRO

Muitas galáxias apresentam buracos negros supermassivos em seus centros (veja a Seção 12.8). Quando a matéria gira ao redor de um desses buracos negros, ela é aquecida, ioniza-se e gera fortes campos magnéticos. As forças magnéticas resultantes desviam parte da matéria em jatos de alta velocidade expelidos para fora da galáxia e entram no espaço intergaláctico (**Figura 37.19**). A luz azul que vemos saindo do jato na Figura 37.19 possui uma frequência de $6{,}66 \times 10^{14}$ Hz (na região ultravioleta distante, veja a Figura 32.4), mas no sistema de referência da matéria do jato a luz tem uma frequência de $5{,}55 \times 10^{13}$ Hz (na região infravermelha do espectro eletromagnético). Com que velocidade o jato está se movendo em nossa direção?

SOLUÇÃO

IDENTIFICAR E PREPARAR: este problema envolve o efeito Doppler para ondas eletromagnéticas. A frequência que observamos é $f = 6{,}66 \times 10^{14}$ Hz, e a frequência no sistema da fonte é $f_0 = 5{,}55 \times 10^{13}$ Hz. Como $f > f_0$, a fonte está se aproximando de nós e, portanto, usamos a Equação 37.25 para encontrar a variável-alvo u.

EXECUTAR: precisamos resolver a Equação 37.25 para encontrar u. Isso requer um pouco de álgebra; deixaremos a seu encargo, como um exercício, demonstrar que o resultado é

$$u = \frac{(f/f_0)^2 - 1}{(f/f_0)^2 + 1}c$$

Temos $f/f_0 = (6{,}66 \times 10^{14}\text{ Hz})/(5{,}55 \times 10^{13}\text{ Hz}) = 12{,}0$, então obtemos

$$u = \frac{(12{,}0)^2 - 1}{(12{,}0)^2 + 1}c = 0{,}986c$$

AVALIAR: como o deslocamento de frequência é significativo, teria sido errado usar a expressão aproximativa $\Delta f/f = u/c$. Se você tivesse tentado fazer isso, teria encontrado $u = c(\Delta f/f_0) = c(6{,}66 \times 10^{14}\text{ Hz} - 5{,}55 \times 10^{13}\text{ Hz})/(5{,}55 \times 10^{13}\text{ Hz}) = 11{,}0c$. Esse resultado não pode estar correto, porque a matéria do jato não pode se deslocar com uma velocidade maior que a da luz.

Figura 37.19 Esta imagem mostra um jato de 5.000 anos-luz de comprimento saindo do centro da galáxia M87 em alta velocidade. A luz do jato é emitida por céleres elétrons girando em espiral ao redor de linhas de campos magnéticos (veja a Figura 27.18).

37.7 MOMENTO LINEAR RELATIVÍSTICO

As leis do movimento de Newton apresentam a mesma forma em todos os sistemas de referência inerciais. Quando usamos uma transformação para ir de um sistema de coordenadas a outro, as leis não devem ser *inalteráveis* (imutáveis). Entretanto, acabamos de aprender que o princípio da relatividade nos obriga a trocar as transformações de Galileu pelas transformações de Lorentz, que são mais gerais. Como veremos, isso exige generalizações correspondentes para as leis do movimento e para as definições de energia e de momento linear.

O princípio da conservação do momento linear afirma que, *quando dois corpos interagem, o momento linear total permanece constante*, desde que a força externa resultante que atua sobre os corpos no sistema de referência inercial seja igual a zero (por exemplo, quando eles formam um sistema isolado e existe apenas força de interação entre os dois). Para que a conservação do momento linear seja uma lei física correta, ela deve ser válida em *todos* os sistemas de referência inerciais. Agora surge o problema: suponha que observemos uma colisão em um sistema de referência inercial S e verifiquemos que o momento linear é conservado. Então usamos as transformações de Lorentz para obter as velocidades em um segundo sistema de referência inercial S'. Verificamos que, usando a definição newtoniana de momento linear ($\vec{p} = m\vec{v}$), o momento linear *não* é conservado no segundo sistema de referência! Como temos certeza de que as transformações de Lorentz e o princípio da relatividade são corretos, a única maneira de salvar a lei da conservação do momento linear consiste em generalizar a *definição* de momento linear.

Não é nosso objetivo aqui deduzir a generalização relativística correta do momento linear; porém, a seguir apresentamos o resultado dessa dedução. Suponha que, ao medirmos a massa de uma partícula quando ela está em repouso em relação a nós, achamos um valor m; geralmente chamamos a massa m de **massa de repouso**. Vamos chamar de *partícula material* toda partícula com massa de repouso diferente de zero. Quando essa partícula possui uma velocidade $\vec{v}$, seu **momento linear relativístico** $\vec{p}$ é

$$\vec{p} = \frac{m\vec{v}}{\sqrt{1 - v^2/c^2}} \tag{37.27}$$

Momento relativístico → $\vec{p}$
Massa de repouso da partícula → m
Velocidade da partícula → $\vec{v}$
Velocidade da partícula → v
Velocidade da luz no vácuo → c

Figura 37.20 Gráfico do módulo do momento linear de uma partícula com massa de repouso m em função da velocidade v. Também é mostrada a previsão newtoniana, que fornece resultados corretos apenas em velocidades muito menores que c.

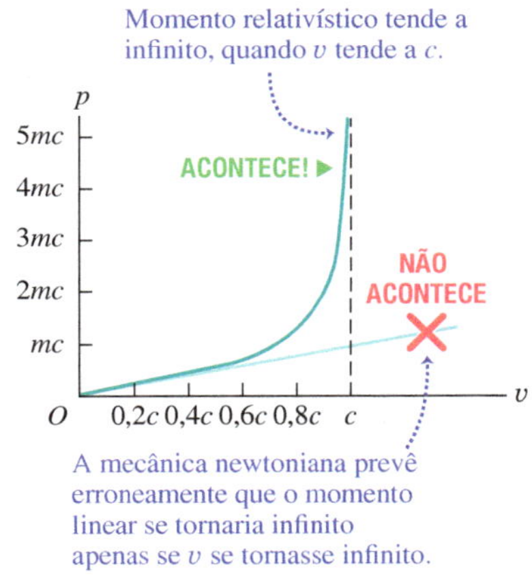

Quando a velocidade da partícula v é muito menor que a velocidade c, essa expressão é aproximadamente igual à expressão newtoniana $\vec{p} = m\vec{v}$, porém geralmente o momento linear possui módulo maior que mv (**Figura 37.20**). De fato, quando v tende a c, o momento linear tende ao infinito.

Relatividade, segunda lei de Newton e massa relativística

E quanto à generalização relativística da segunda lei de Newton? Na mecânica newtoniana, a forma mais geral dessa lei é

$$\vec{F} = \frac{d\vec{p}}{dt} \tag{37.28}$$

Ou seja, a força resultante $\vec{F}$ que atua sobre uma partícula é igual à derivada de seu momento linear em relação ao tempo. As experiências mostram que o resultado anterior continua válido na mecânica relativística, desde que se use o momento linear relativístico dado pela Equação 37.27. Ou seja, a generalização relativística correta da segunda lei de Newton é

$$\vec{F} = \frac{d}{dt}\frac{m\vec{v}}{\sqrt{1 - v^2/c^2}} \tag{37.29}$$

Como o momento linear não é mais diretamente proporcional à velocidade, a taxa de variação do momento linear não é mais diretamente proporcional à aceleração. Por causa disso, *uma força constante não produz uma aceleração constante*. Por exemplo, quando a força resultante e a velocidade estão ambas situadas ao longo do eixo Ox, a Equação 37.29 fornece

$$F = \frac{m}{(1 - v^2/c^2)^{3/2}}a \qquad (\vec{F} \text{ e } \vec{v} \text{ ao longo da mesma linha}) \qquad (37.30)$$

onde a é a aceleração, também orientada ao longo do eixo Ox. Resolvendo a Equação 37.30, para a aceleração a, obtemos

$$a = \frac{F}{m}\left(1 - \frac{v^2}{c^2}\right)^{3/2}$$

Vemos que, à medida que a velocidade da partícula aumenta, a aceleração produzida por uma dada força *diminui* continuamente. Quando a velocidade tende ao valor de c, a aceleração tende a zero, por maior que seja o valor da força aplicada. Portanto, é impossível acelerar uma partícula com massa de repouso diferente de zero até que ela atinja uma velocidade igual ou superior a c. Vemos novamente que a velocidade da luz no vácuo representa o limite máximo de velocidade.

Algumas vezes a Equação 37.27 para o momento linear relativístico é interpretada como uma afirmação de que uma partícula que se move com velocidade elevada sofre um aumento de massa. Se a massa para velocidade zero (a massa de repouso) for designada por m, então a "massa relativística" m_{rel} será dada por

$$m_{\text{rel}} = \frac{m}{\sqrt{1 - v^2/c^2}}$$

Na verdade, quando consideramos o movimento de um sistema de partículas (como o movimento rápido das moléculas de um gás ideal em um recipiente em repouso), a massa de repouso total do sistema é dada pela soma das massas relativísticas das partículas e não pela soma das massas de repouso das partículas.

Entretanto, se aplicado cegamente, o conceito de massa relativística revela algumas armadilhas. Como indicado na Equação 37.29, a generalização relativística da segunda lei de Newton *não* é dada por $\vec{F} = m_{\text{rel}}\vec{a}$, e mostraremos na Seção 37.8 que a energia cinética relativística de uma partícula *não* é dada por $K = \frac{1}{2}m_{\text{rel}}v^2$. O uso do conceito de massa relativística tem seus defensores e seus críticos, alguns bastante enfáticos em suas respectivas opiniões. Como geralmente consideraremos somente partículas individuais, não entraremos no mérito dessa discussão e usaremos a Equação 37.27 como uma generalização da definição do momento linear tomando a massa de repouso m como uma constante para cada partícula, independentemente de seu movimento.

A grandeza $1/\sqrt{1 - v^2/c^2}$ nas equações 37.27 e 37.29 é o fator de Lorentz γ da Equação 37.7 (Seção 37.3), mas com uma diferença: Substituímos u, a velocidade relativa de dois sistemas de referência, por v, a velocidade de uma partícula em relação a um sistema de referência particular, ou seja, é a própria velocidade do *sistema de repouso* da partícula em relação ao sistema considerado. Em termos de γ, as equações 37.27 e 37.30 se tornam

Massa de repouso da partícula; Velocidade da partícula

Momento linear relativístico → $\vec{p} = \gamma m \vec{v}$ (37.31)

Fator de Lorentz relacionando o sistema de repouso da partícula com o sistema de referência do observador

$$F = \gamma^3 ma \quad (\vec{F} \text{ e } \vec{v} \text{ ao longo da mesma linha}) \tag{37.32}$$

Em aceleradores lineares (usados em medicina, na física nuclear e na física das partículas elementares; veja a Figura 37.11), a força resultante $\vec{F}$ e a velocidade $\vec{v}$ da partícula acelerada estão ao longo da mesma linha reta. Contudo, na maior parte dos aceleradores *circulares*, as partículas descrevem órbitas com velocidade v de módulo constante. Então, a força resultante e a velocidade são perpendiculares; logo, a força não realiza trabalho sobre a partícula, e a energia cinética e a velocidade permanecem constantes. Desse modo, o denominador da Equação 37.29 permanece constante e obtemos

$$F = \frac{m}{(1 - v^2/c^2)^{1/2}} a = \gamma ma \quad (\vec{F} \text{ e } \vec{v} \text{ perpendiculares}) \tag{37.33}$$

Retomando a Seção 3.4, lembre-se de que, quando uma partícula descreve um movimento circular, a força resultante e a aceleração são dirigidas ao longo do raio r, e $a = v^2/r$.

O que podemos dizer sobre o caso geral em que $\vec{F}$ e $\vec{v}$ não são nem perpendiculares nem estão ao longo da mesma direção? Nesse caso, é possível decompor a força $\vec{F}$ em qualquer instante em componentes perpendiculares e paralelos à direção de $\vec{v}$. A aceleração resultante terá componentes correspondentes obtidos pelas equações 37.32 e 37.33. Por causa da diferença entre os fatores γ^3 e γ, os componentes da aceleração não serão proporcionais aos componentes da força resultante. Ou seja, *exceto quando a força resultante sobre uma partícula relativística está na mesma direção da velocidade ou é perpendicular a ela, os vetores força e aceleração não são paralelos.*

EXEMPLO 37.9 DINÂMICA RELATIVÍSTICA DE UM ELÉTRON

Um elétron (massa de repouso igual a $9{,}11 \times 10^{-31}$ kg, carga de $-1{,}60 \times 10^{-19}$ C) move-se em sentido oposto ao de um campo elétrico com módulo $E = 5{,}0 \times 10^5$ N/C. Todas as outras forças são desprezíveis em comparação com a força elétrica. (a) Determine o módulo do momento linear e da aceleração quando $v = 0{,}010c$, $0{,}90c$ e $0{,}99c$. (b) Calcule a aceleração correspondente considerando uma força com módulo igual ao do item anterior perpendicular à velocidade.

SOLUÇÃO

IDENTIFICAR E PREPARAR: além das expressões desta seção para o momento linear e relativístico e a aceleração, precisamos da relação entre força elétrica e campo elétrico que vimos no Capítulo 21. Na parte (a), usamos a Equação 37.31 para calcular o módulo do momento linear; a força atua na mesma linha que a velocidade, então usamos a Equação 37.32 para determinar o módulo da aceleração. Na parte (b), a força é perpendicular à velocidade, por isso usamos a Equação 37.33 em vez da 37.32.

EXECUTAR: (a) para $v = 0{,}010c$, $0{,}90c$ e $0{,}99c$, temos $\gamma = \sqrt{1 - v^2/c^2} = 1{,}00$, $2{,}29$ e $7{,}09$, respectivamente. Os valores do módulo do momento linear $p = \gamma mv$ são

$$\begin{aligned} p_1 &= (1{,}00)(9{,}11 \times 10^{-31}\text{ kg})(0{,}010)(3{,}00 \times 10^8\text{ m/s}) \\ &= 2{,}7 \times 10^{-24}\text{ kg}\cdot\text{m/s em } v_1 = 0{,}010c \\ p_2 &= (2{,}29)(9{,}11 \times 10^{-31}\text{ kg})(0{,}90)(3{,}00 \times 10^8\text{ m/s}) \\ &= 5{,}6 \times 10^{-22}\text{ kg}\cdot\text{m/s em } v_2 = 0{,}90c \\ p_3 &= (7{,}09)(9{,}11 \times 10^{-31}\text{ kg})(0{,}99)(3{,}00 \times 10^8\text{ m/s}) \\ &= 1{,}9 \times 10^{-21}\text{ kg}\cdot\text{m/s em } v_3 = 0{,}99c \end{aligned}$$

A partir da Equação 21.4, o módulo da força sobre o elétron é

$$\begin{aligned} F = |q|E &= (1{,}60 \times 10^{-19}\text{ C})(5{,}00 \times 10^5\text{ N/C}) \\ &= 8{,}00 \times 10^{-14}\text{ N} \end{aligned}$$

A partir da Equação 37.32, $a = F/\gamma^3 m$. Para $v = 0{,}010c$ e $\gamma = 1{,}00$,

$$a_1 = \frac{8{,}00 \times 10^{-14}\text{ N}}{(1{,}00)^3(9{,}11 \times 10^{-31}\text{ kg})} = 8{,}8 \times 10^{16}\text{ m/s}^2$$

As acelerações nas duas maiores velocidades são menores que o valor não relativístico pelos fatores de $\gamma^3 = 12{,}0$ e 356, respectivamente:

$$a_2 = 7{,}3 \times 10^{15}\text{ m/s}^2 \quad a_3 = 2{,}5 \times 10^{14}\text{ m/s}^2$$

(b) A partir da Equação 37.33, $a = F/\gamma m$, se $\vec{F}$ e $\vec{v}$ são perpendiculares. Para $v = 0{,}010c$ e $\gamma = 1{,}00$,

$$a_1 = \frac{8{,}00 \times 10^{-14}\text{ N}}{(1{,}00)(9{,}11 \times 10^{-31}\text{ kg})} = 8{,}8 \times 10^{16}\text{ m/s}^2$$

As acelerações nas duas maiores velocidades são menores que o valor não relativístico pelos fatores de $\gamma^3 = 2{,}29$ e 7,09, respectivamente:

$$a_2 = 3{,}8 \times 10^{16}\text{ m/s}^2 \quad a_3 = 1{,}2 \times 10^{16}\text{ m/s}^2$$

As acelerações anteriores são maiores que as encontradas na parte (a) por um fator de γ^2.

(Continua)

(Continuação)

AVALIAR: nossos resultados na parte (a) mostram que, em velocidades mais altas, os valores relativísticos do momento linear diferem cada vez mais dos valores não relativísticos calculados usando $p = mv$. Note que o momento linear em 0,99c é mais de três vezes maior que em 0,90c por causa do aumento no fator γ. Nossos resultados mostram também que a aceleração cai rapidamente à medida que v se aproxima de c.

TESTE SUA COMPREENSÃO DA SEÇÃO 37.7 Segundo a mecânica relativística, quando se dobra a velocidade de uma partícula, o módulo de seu momento linear aumenta por: (i) um fator de 2; (ii) um fator maior que 2; (iii) um fator entre 1 e 2 que depende da massa da partícula. ❙

37.8 TRABALHO E ENERGIA NA RELATIVIDADE

Quando desenvolvemos a relação entre trabalho e energia cinética no Capítulo 6, usamos as leis de Newton do movimento. Para generalizar essas leis de acordo com o princípio da relatividade, precisamos de uma generalização correspondente da equação para a energia cinética.

Energia cinética relativística

Empregamos o princípio do trabalho-energia, começando com a definição de trabalho. Quando a força resultante e o deslocamento estão na mesma direção, o trabalho realizado por essa força é dado por $W = \int F\,dx$. Substituímos na relação anterior a expressão de F dada pela Equação 37.30, a versão relativística da segunda lei de Newton para esse caso. Para deslocar uma partícula com massa de repouso m de um ponto x_1 até um ponto x_2, o trabalho é dado por

$$W = \int_{x_1}^{x_2} F\,dx = \int_{x_1}^{x_2} \frac{ma\,dx}{(1 - v_x^2/c^2)^{3/2}} \qquad (37.34)$$

Substituímos v na Equação 37.34 por v_x porque o movimento ocorre somente ao longo do eixo x. Sendo assim, v_x é o componente x variável da velocidade da partícula na medida em que a força resultante a acelera. Para deduzir a expressão generalizada da energia cinética K, inicialmente lembramos que a energia cinética de uma partícula é igual ao trabalho líquido realizado para deslocá-la desde o repouso até uma velocidade v: $K = W$. Logo, fazemos a velocidade igual a zero no ponto x_1 e igual a v no ponto x_2. Pode ser útil converter a Equação 37.34 em uma integral em v_x. Para fazer isso, observe que dx e dv_x são, respectivamente, as variações infinitesimais de x e de v_x, respectivamente, durante o intervalo de tempo dt. Como $v_x = dx/dt$ e $a = dv_x/dt$, podemos escrever $a\,dx$ na Equação 37.34 na forma

$$a\,dx = \frac{dv_x}{dt}dx = dx\frac{dv_x}{dt} = \frac{dx}{dt}dv_x = v_x dv_x$$

Aplicando as substituições mencionadas, obtemos

$$K = W = \int_0^v \frac{mv_x dv_x}{(1 - v_x^2/c^2)^{3/2}} \qquad (37.35)$$

Podemos calcular essa integral fazendo uma simples mudança de variável; o resultado final é

$$K = \frac{mc^2}{\sqrt{1 - v^2/c^2}} - mc^2 = (\gamma - 1)mc^2 \qquad (37.36)$$

Energia cinética relativística → K
Massa de repouso da partícula → m
Velocidade da luz no vácuo → c
Velocidade da partícula → v
Fator de Lorentz relacionando o sistema de repouso da partícula com o sistema de referência do observador → γ

À medida que v se aproxima de c, a energia cinética se aproxima do infinito. Se a Equação 37.36 estiver correta, ela também deve atingir a expressão newtoniana $K = \frac{1}{2}mv^2$, válida quando v for muito menor que c (**Figura 37.21**). Para verificarmos isso, expandimos o termo embaixo da raiz quadrada usando a série binomial na forma

$$(1 + x)^n = 1 + nx + n(n - 1)x^2/2 + \ldots$$

Para o nosso caso, $n = -\frac{1}{2}$ e $x = -v^2/c^2$, logo,

$$\gamma = \left(1 - \frac{v^2}{c^2}\right)^{-1/2} = 1 + \frac{1}{2}\frac{v^2}{c^2} + \frac{3}{8}\frac{v^4}{c^4} + \cdots$$

Combinando a relação anterior com $K = (\gamma - 1)mc^2$, obtemos

$$K = \left(1 + \frac{1}{2}\frac{v^2}{c^2} + \frac{3}{8}\frac{v^4}{c^4} + \cdots - 1\right)mc^2 = \frac{1}{2}mv^2 + \frac{3}{8}\frac{mv^4}{c^2} + \cdots \qquad (37.37)$$

Quando v é muito menor que c, todos os termos da série anterior são desprezíveis, com exceção do primeiro, e, portanto, obtemos a expressão newtoniana $\frac{1}{2}mv^2$.

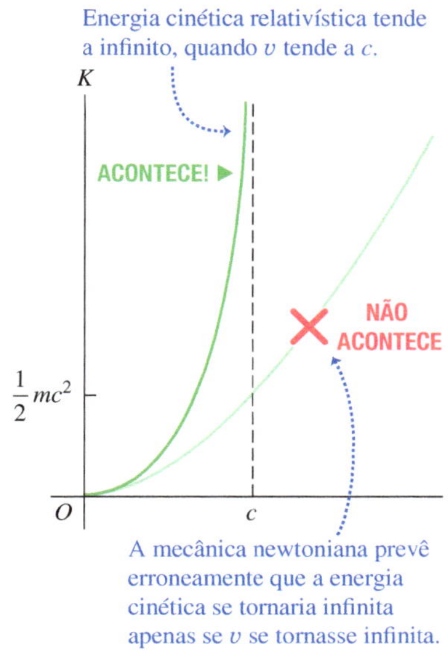

Figura 37.21 Gráfico da energia cinética de uma partícula de massa de repouso m em função da velocidade v. Junto, a previsão newtoniana, que fornece resultados corretos apenas em velocidades muito menores que c.

Energia de repouso e $E = mc^2$

A Equação 37.36 para a energia cinética de uma partícula em movimento inclui um termo $mc^2/\sqrt{1 - v^2/c^2}$ que depende do movimento e um segundo termo de energia mc^2 que não depende do movimento. Logo, notamos que a energia cinética de uma partícula é a diferença entre uma **energia total** E e uma energia mc^2 que existe sempre, mesmo quando o corpo está em repouso. Assim, podemos reescrever a Equação 37.36 da seguinte forma:

$$E = K + mc^2 = \frac{mc^2}{\sqrt{1 - v^2/c^2}} = \gamma mc^2 \qquad (37.38)$$

- **Energia total de uma partícula**: E
- Energia cinética: K
- Energia no repouso: mc^2
- Massa de repouso da partícula: m
- Velocidade da luz no vácuo: c
- Velocidade da partícula: v
- Fator de Lorentz relacionando o sistema de repouso da partícula com o sistema de referência do observador: γ

Para uma partícula em repouso ($K = 0$), vemos que $E = mc^2$. A energia mc^2 associada à massa de repouso m da partícula é chamada de **energia de repouso** da partícula.

Há uma evidência experimental direta de que a energia de repouso de uma partícula existe de fato. O exemplo mais simples é o decaimento de um *píon* neutro. Trata-se de uma partícula subatômica instável cuja massa de repouso m_π desaparece e se transforma em energia eletromagnética quando essa partícula decai. Supondo que o píon não possua nenhuma energia cinética antes de seu decaimento, verifica-se que, depois dele, a energia total da radiação é exatamente igual a $m_\pi c^2$. Em muitas outras transformações envolvendo partículas fundamentais, a soma das massas de repouso das partículas varia. Contudo, em qualquer caso existe sempre conservação da energia total, visto que, se ocorrer uma perda de massa, deverá ocorrer uma transformação correspondente da energia de repouso mc^2 associada com uma massa de repouso m.

Historicamente, o princípio da conservação da energia e o princípio da conservação da massa foram desenvolvidos de modo independente. A teoria da relatividade

Aplicação Monitorando a conversão massa-energia Embora a sala de controle de uma usina nuclear seja bastante complexa, o princípio físico sob o qual essa usina funciona é bastante simples: parte da energia de repouso de núcleos atômicos é convertida em energia térmica, que, por sua vez, é usada para produzir vapor para acionar geradores elétricos.

mostra agora que esses dois princípios são, na verdade, casos particulares de um princípio de conservação mais geral, *o princípio da conservação de massa e energia*. Há alguns fenômenos físicos nos quais não há conservação separadamente nem da soma das massas de repouso nem da energia cinética total das partículas; existe, porém, um princípio de conservação mais geral: em um sistema isolado, quando a soma das massas de repouso varia, ocorre sempre uma variação igual a $1/c^2$ vezes a variação correspondente da parte da energia total que não inclui a energia de repouso. Essa variação possui o mesmo módulo, porém um sinal contrário ao da variação da soma das massas de repouso.

A lei da conservação da massa e energia mais geral é o princípio fundamental envolvido na geração de energia em reações nucleares. Quando um núcleo de urânio sofre fissão em um reator nuclear, a soma das massas de repouso dos fragmentos resultantes da reação é *menor que* a soma das massas de repouso dos núcleos antes da fissão. A quantidade de energia liberada é igual à diminuição da massa multiplicada por c^2. A maior parte dessa energia pode ser usada para produzir o vapor que impulsiona as turbinas para gerar energia elétrica.

Também podemos relacionar diretamente a energia total E de uma partícula (energia de repouso mais energia cinética) com seu momento linear; para isso, combinamos a Equação 37.27 do momento linear relativístico com a Equação 37.38 da energia total e eliminamos a velocidade da partícula. O procedimento mais simples consiste em reescrever essas equações do seguinte modo:

$$\left(\frac{E}{mc^2}\right)^2 = \frac{1}{1 - v^2/c^2} \quad \text{e} \quad \left(\frac{p}{mc}\right)^2 = \frac{v^2/c^2}{1 - v^2/c^2}$$

Subtraindo membro a membro as duas relações anteriores e reagrupando, encontramos

Energia total, energia de repouso e momento linear:

$$E^2 = (mc^2)^2 + (pc)^2 \qquad (37.39)$$

(Energia total: E; Energia no repouso: mc^2; Módulo do momento linear: p; Massa de repouso: m; Velocidade da luz no vácuo: c)

Verificamos novamente que, para uma partícula em repouso ($p = 0$), obtemos $E = mc^2$.

A Equação 37.39 também sugere que uma partícula pode ter energia e momento linear mesmo quando ela não possui massa de repouso. Em tal caso, $m = 0$ e

$$E = pc \quad \text{(massa de repouso igual a zero)} \qquad (37.40)$$

De fato, existem partículas com massa de repouso igual a zero. Tais partículas sempre se deslocam com velocidade igual à velocidade da luz no vácuo. Um exemplo é o *fóton*, o quantum da radiação eletromagnética (que será discutido no Capítulo 38). Os fótons são emitidos e absorvidos durante variações de estado de um sistema atômico ou nuclear quando a energia e o momento linear do sistema variam.

EXEMPLO 37.10 ELÉTRONS COM ENERGIAS ELEVADAS

(a) Calcule a energia de repouso de um elétron ($m = 9{,}109 \times 10^{-31}$ kg, $q = -e = 1{,}602 \times 10^{-19}$ C) em joules e em elétrons-volt. (b) Determine a velocidade de um elétron que foi acelerado por um campo elétrico, a partir do repouso, com diferença de potencial igual a 20,0 kV ou 5,0 MV (comum em um tubo de raios X com alta voltagem).

SOLUÇÃO

IDENTIFICAR E PREPARAR: este problema utiliza as ideias de energia de repouso, energia cinética relativística e energia elétrica potencial (Capítulo 23). Usamos a relação $E = mc^2$ para encontrar a energia de repouso, e as equações 37.7 e 37.38 para calcular a velocidade que fornece a energia total dada.

(Continua)

(Continuação)

EXECUTAR: (a) a energia de repouso é

$$mc^2 = (9{,}109 \times 10^{-31}\ \text{kg})\,(2{,}998 \times 10^8\ \text{m/s})^2 = 8{,}187 \times 10^{-14}\ \text{J}$$

De acordo com a definição de elétron-volt dada na Seção 23.2, 1 eV = $1{,}602 \times 10^{-19}$ J. Usando esse valor, obtemos

$$mc^2 = (8{,}187 \times 10^{-14}\ \text{J})\,\frac{1\ \text{eV}}{1{,}602 \times 10^{-19}\ \text{J}} = 5{,}11 \times 10^5\ \text{eV} = 0{,}511\ \text{MeV}$$

(b) Em cálculos como os anteriores, em geral é conveniente trabalhar com a grandeza $\gamma = 1/\sqrt{1 - v^2/c^2}$, definida pela Equação 37.38. Explicitando v, obtemos:

$$v = c\sqrt{1 - (1/\gamma)^2}$$

A energia total E do elétron é a soma de sua energia de repouso mc^2 com sua energia cinética eV_{ba}, calculada pelo trabalho realizado sobre esse elétron quando ele se desloca do ponto a até o ponto b:

$$E = \gamma mc^2 = mc^2 + eV_{ba} \qquad \text{ou}$$

$$\gamma = 1 + \frac{eV_{ba}}{mc^2}$$

Um elétron acelerado através de uma diferença de potencial V_{ba} = 20,0 kV ganha uma energia de 20,0 keV, de modo que para esse elétron temos

$$\gamma = 1 + \frac{20{,}0 \times 10^3\ \text{eV}}{0{,}511 \times 10^6\ \text{eV}} = 1{,}039$$

e

$$v = c\sqrt{1 - (1/1{,}039)^2} = 0{,}272c = 8{,}15 \times 10^7\ \text{m/s}$$

Repetindo os cálculos para V_{ba} = 5,00 MV, encontramos $eV_{ba}/mc^2 = 9{,}78$, $\gamma = 10{,}78$ e $v = 0{,}996c$.

AVALIAR: com V_{ba} = 20,0 kV, a energia adicionada de 20,0 keV é menos de 4% da energia de repouso de 0,511 MeV, e a velocidade final é aproximadamente igual a um quarto da velocidade da luz no vácuo. Com V_{ba} = 5,0 MV, a energia cinética adicionada de 5,0 MeV é muito maior que a energia de repouso, e a velocidade é muito próxima da velocidade da luz c.

ATENÇÃO **Três energias diferentes para os elétrons** Todos os elétrons possuem *energia no repouso* de 0,511 MeV. Um elétron acelerado a partir do repouso por uma diferença de potencial de 5,00 MeV adquire uma energia *cinética* igual a 5,00 MeV (convencionamos chamá-lo de "elétron de 5,0 MeV") e uma energia *total* de 5,51 MeV. Tome cuidado para não misturar essas energias.

EXEMPLO 37.11 UMA COLISÃO RELATIVÍSTICA

Dois prótons (cada um com massa $m_p = 1{,}67 \times 10^{-27}$ kg) estão se movendo inicialmente com velocidades de módulos iguais e sentidos opostos. Depois da colisão eles continuam a existir, porém ocorre a produção de um píon neutro de massa $m_\pi = 2{,}40 \times 10^{-28}$ kg (**Figura 37.22**). Supondo que todas as três partículas permanecem em repouso depois da colisão, calcule a velocidade inicial dos prótons. A energia é conservada na colisão.

SOLUÇÃO

IDENTIFICAR E PREPARAR: este problema utiliza a ideia de energia total relativística, que é conservada na colisão, então podemos igualar a energia total dos dois prótons antes da colisão com a energia de repouso do píon e dos dois prótons depois da colisão. Então usamos a Equação 37.38 para encontrar a velocidade de cada próton.

EXECUTAR: a energia total de cada próton antes da colisão é $\gamma m_p c^2$. Pela conservação da energia,

$$2(\gamma m_p c^2) = 2(m_p c^2) + m_\pi c^2$$

$$\gamma = 1 + \frac{m_\pi}{2m_p} = 1 + \frac{2{,}40 \times 10^{-28}\ \text{kg}}{2(1{,}67 \times 10^{-27}\ \text{kg})} = 1{,}072$$

A partir da Equação 37.38, a velocidade inicial do próton é

$$v = c\sqrt{1 - (1/\gamma)^2} = 0{,}360c$$

AVALIAR: a energia de repouso de cada próton é igual a 938 MeV, de modo que a energia cinética de cada próton é $(\gamma - 1)m_p c^2 = 0{,}072 m_p c^2 = (0{,}072)\,(938\ \text{MeV}) = 67{,}5$ MeV. Você pode verificar que a energia de repouso do píon é igual ao dobro desse valor, ou 135 MeV. Toda a energia cinética "perdida" nessa colisão completamente inelástica é convertida na energia de repouso do píon.

Figura 37.22 Nesta colisão, a energia cinética de dois prótons é transformada em energia de repouso de uma nova partícula, um píon.

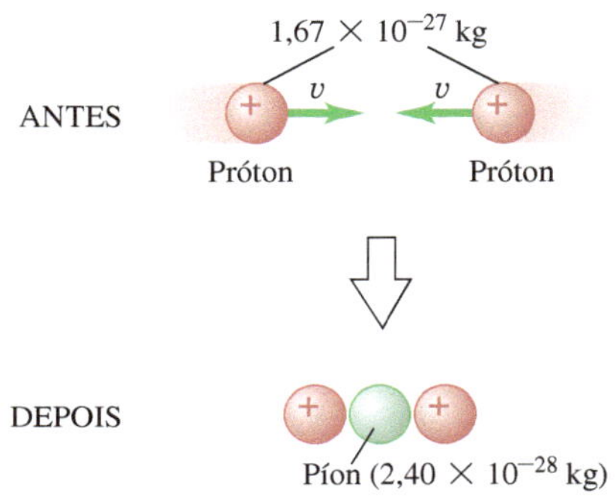

TESTE SUA COMPREENSÃO DA SEÇÃO 37.8 Um próton é acelerado a partir do repouso por uma força constante que sempre aponta na direção e no sentido do movimento da partícula. Comparada à quantidade de energia cinética que o próton ganha durante o primeiro metro de seu percurso, quanta energia cinética o próton ganha durante um metro de percurso enquanto está se movendo com 99% da velocidade da luz? (i) A mesma quantidade; (ii) uma quantidade maior; (iii) uma quantidade menor. ❙

37.9 MECÂNICA NEWTONIANA E RELATIVIDADE

As mudanças exigidas pelo princípio da relatividade atingem as próprias bases da mecânica newtoniana, inclusive os conceitos de comprimento e tempo, as equações do movimento e os princípios de conservação. Em consequência, pode parecer que destruímos os fundamentos sobre os quais a mecânica newtoniana é construída. Em certo sentido isso é verdade, embora a mecânica newtoniana seja precisa quando as velocidades envolvidas são pequenas em comparação com a velocidade da luz no vácuo. Nessas circunstâncias, a dilatação do tempo, a contração dos comprimentos e as modificações das leis do movimento são efeitos tão pequenos que não podem ser observados. De fato, todos os princípios da mecânica newtoniana são casos especiais de uma formulação relativística mais geral.

As leis da mecânica newtoniana não estão *erradas*; elas são *incompletas*. Elas podem ser obtidas como um caso limite de mecânica relativística. Elas são *aproximadamente* corretas quando todas as velocidades envolvidas são muito menores que a velocidade da luz c e tornam-se exatas no limite quando as velocidades tendem a zero. Então não destruímos completamente as leis da mecânica newtoniana; porém, fazemos uma *generalização* dessas leis. As leis de Newton possuem uma base experimental muito firme e seria estranho desenvolver uma teoria que fosse inconsistente com essa evidência experimental. Isso é um comportamento comum a todo o desenvolvimento de uma teoria da física. Quando uma teoria nova entra em conflito parcial com uma teoria antiga já estabelecida, a nova deve fazer as mesmas previsões da antiga nas situações nas quais ela seja confirmada pela evidência experimental. Toda nova teoria da física deve passar por esse teste, conhecido como **princípio da correspondência**.

A teoria da relatividade geral

Agora questionamos se a teoria especial da relatividade é completa ou se *mais* generalizações se tornam necessárias ou possíveis. Por exemplo, os sistemas de referência inerciais ocuparam uma posição central em nossas discussões. O princípio da relatividade também pode ser estendido para sistemas de referência não inerciais?

Vejamos um exemplo para ilustrar algumas implicações da pergunta anterior. Uma estudante decide descer as cataratas do Niágara fechada em uma grande caixa de madeira. Durante a queda livre, ela pode flutuar no ar em qualquer posição no interior da caixa. Ela não cai necessariamente para o fundo porque ela e a caixa estão em queda livre com uma aceleração da gravidade igual a 9,8 m/s^2. Porém, de um ponto de vista alternativo (o dela própria), ela não cai no fundo da caixa porque a gravidade não existe mais. Enquanto dura a queda livre, ela não pode garantir se está em queda livre submetida à gravidade ou se a interação gravitacional desapareceu.

Um problema semelhante ao anterior ocorre quando uma estação espacial está em órbita em torno da Terra. Os objetos no interior da estação espacial não possuem peso *aparente*; entretanto, sem olhar para fora da estação, não é possível saber se na posição da estação espacial não existe gravidade ou se tudo o que está dentro dela e a estação toda estão sendo acelerados para o centro da Terra. Na **Figura 37.23**, ilustramos o mesmo raciocínio para uma espaçonave que não está em queda livre, mas que pode estar sendo acelerada em relação a um sistema de referência inercial, ou que pode se encontrar em repouso na superfície da Terra.

As considerações anteriores constituem a base da **teoria da relatividade geral** de Einstein. Se experimentalmente não podemos distinguir um referencial unifor-

Figura 37.23 Sem informações de fora da espaçonave, o astronauta não pode distinguir a situação (b) da situação (c).

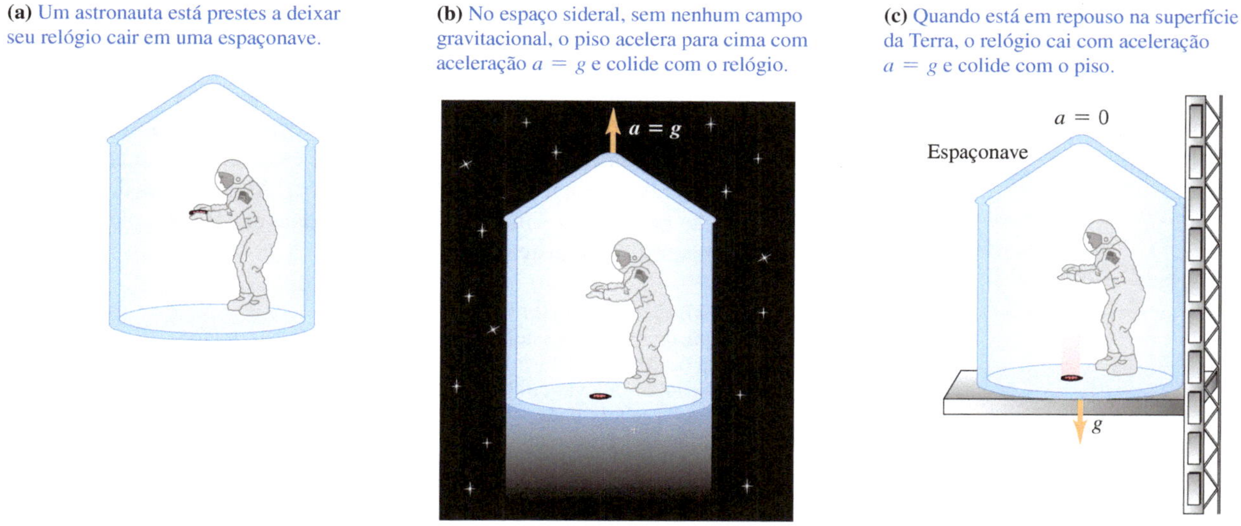

memente acelerado de outro em repouso no interior de um campo gravitacional uniforme, então não pode existir nenhuma distinção real entre eles. Com base nesse conceito, é possível representar *qualquer* campo gravitacional em termos de características especiais de um dado sistema de coordenadas. Isso implica uma revisão de nossos conceitos de espaço e de tempo ainda mais profunda que a feita no caso da teoria especial da relatividade. Na teoria da relatividade geral, as propriedades geométricas são afetadas pela presença da matéria (**Figura 37.24**).

A teoria da relatividade geral foi comprovada por diversos testes experimentais, inclusive três deles propostos por Einstein. Um diz respeito ao problema da rotação do eixo do planeta Mercúrio em sua órbita elíptica, conhecido como *precessão no periélio*. (O periélio é o ponto no qual o planeta está mais próximo do Sol.) O segundo teste é o problema do desvio de um raio luminoso de uma estrela quando a luz passa nas vizinhanças do Sol. O terceiro teste é o *deslocamento para o vermelho gravitacional*, o aumento do comprimento de onda da luz emitida por uma fonte com massa muito elevada. Alguns detalhes da teoria da relatividade geral são mais difíceis de serem testados experimentalmente, porém essa teoria tem desempenhado um papel fundamental nas investigações cosmológicas da estrutura do Universo, da formação e evolução de estrelas, de buracos negros e de outros corpos semelhantes.

A teoria da relatividade geral pode parecer exótica e de pouca aplicação prática. Na verdade, essa teoria desempenha um papel essencial no Sistema de Posicionamento Global (*Global Positioning System* — GPS), que permite a você determinar sua posição na superfície da Terra com uma precisão de poucos metros usando um receptor portátil (**Figura 37.25**). O núcleo do sistema GPS é uma coleção de mais

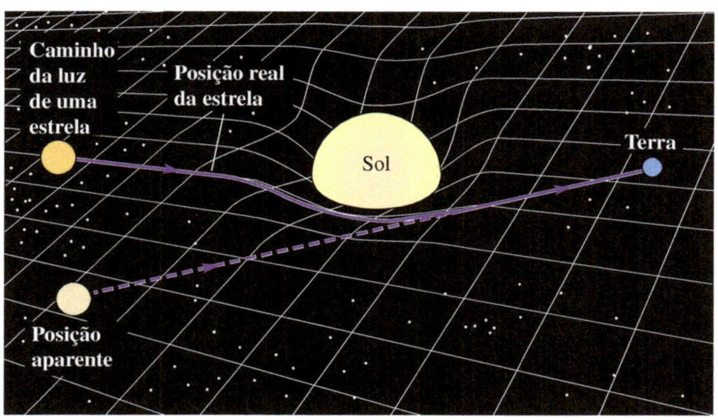

Figura 37.24 Uma representação bidimensional de um espaço curvo. Imaginamos que o espaço (representado pelo plano) seja distorcido por um objeto com massa muito grande (o Sol). A luz proveniente de uma estrela muito longínqua (linha contínua) segue a trajetória através da superfície distorcida em seu caminho para a Terra. A linha tracejada indica a direção *aparente* do raio de luz proveniente da estrela. Esse efeito foi bastante exagerado no desenho; para o Sol, o desvio do raio de luz é de apenas 0,00048°.

de duas dúzias de satélites em órbitas muito precisas. Cada satélite emite sinais de rádio cuidadosamente cronometrados, e um receptor GPS detecta simultaneamente os sinais de vários satélites. O receptor então calcula o atraso de tempo entre o momento em que o sinal foi emitido e o momento em que foi recebido e usa essa informação para calcular a posição do receptor. Para assegurar a correta cronometragem dos sinais, é necessário incluir correções em razão da teoria especial da relatividade (porque os satélites estão se movendo em relação ao receptor na Terra), bem como da teoria geral (porque os satélites estão em uma posição mais elevada no campo gravitacional da Terra que o receptor). As correções decorrentes da relatividade são pequenas — menos que uma unidade em 10^9 —, mas cruciais para a precisão magnífica do sistema GPS.

Figura 37.25 Um receptor GPS usa sinais de rádio dos satélites do GPS em órbita para determinar sua posição. Para levar em conta os efeitos da relatividade, o receptor precisa estar sintonizado em uma frequência levemente mais alta (10,23 MHz) que a emitida pelos satélites (10,22999999543 MHz).

CAPÍTULO 37 RESUMO

Invariabilidade das leis físicas, simultaneidade: todas as leis fundamentais da física apresentam a mesma forma em todos os sistemas de referência inerciais. A velocidade da luz no vácuo é a mesma em todos os sistemas de referência inerciais e não depende do movimento da fonte. A simultaneidade não é um conceito absoluto; dois eventos simultâneos em um dado sistema de referência não são necessariamente simultâneos em outro sistema de referência que se mova em relação ao primeiro.

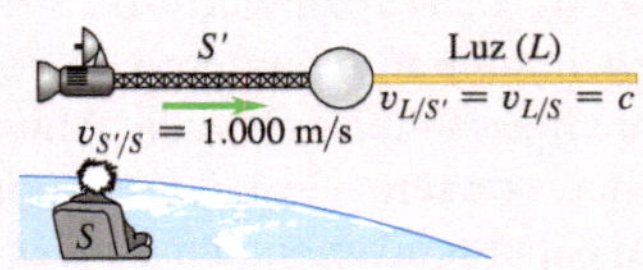

Dilatação do tempo: se dois eventos ocorrem no mesmo ponto do espaço em um determinado sistema de referência, o intervalo de tempo Δt_0 entre os eventos será chamado intervalo de tempo próprio. Se esse sistema se move com velocidade constante u em relação a um segundo sistema, o intervalo de tempo Δt entre os eventos como observados no segundo sistema é mais longo que Δt_0. (Veja os exemplos 37.1 a 37.3.)

$$\Delta t = \frac{\Delta t_0}{\sqrt{1 - u^2/c^2}} = \gamma\, \Delta t_0 \qquad (37.6), (37.8)$$

$$\gamma = \frac{1}{\sqrt{1 - u^2/c^2}} \qquad (37.7)$$

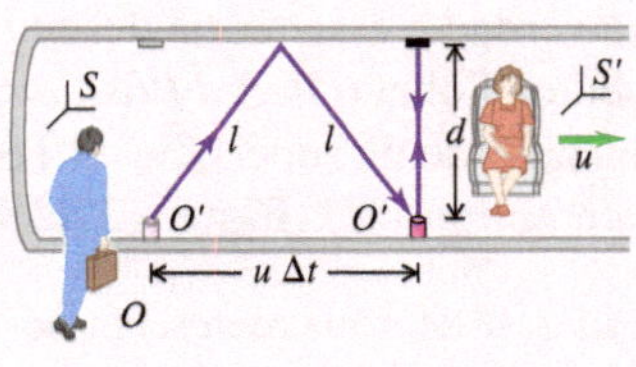

Contração do comprimento: se dois pontos estão em repouso em um determinado sistema de referência, a distância l_0 entre os dois pontos medida nesse sistema será chamada de comprimento próprio. Se esse sistema se desloca com velocidade relativa constante u em relação a um segundo sistema e as distâncias são medidas na direção paralela ao movimento, a distância l entre dois pontos verificada por um observador no segundo sistema é menor que l_0. (Veja os exemplos 37.4 e 37.5.)

$$l = l_0\sqrt{1 - \frac{u^2}{c^2}} = \frac{l_0}{\gamma} \qquad (37.16)$$

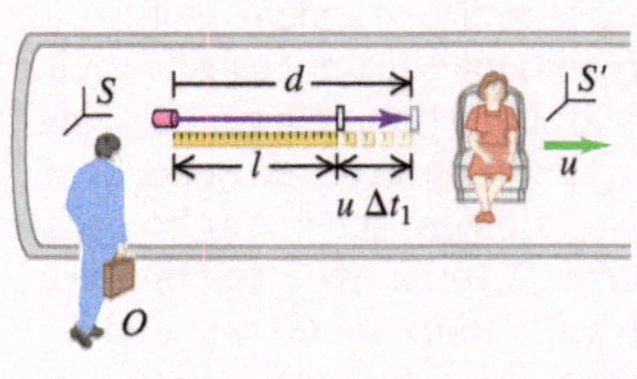

As transformações de Lorentz: as transformações de coordenadas de Lorentz relacionam as coordenadas e o tempo de um evento que ocorre em um sistema de referência inercial S com o tempo e as coordenadas do mesmo evento medidas por um observador em um segundo sistema de referência inercial S' que se desloca com velocidade relativa constante u em relação ao primeiro. Para o movimento em uma dimensão, as velocidades v_x em S e v'_x em S' são relacionadas por uma transformação de Lorentz para velocidades. (Veja os exemplos 37.6 e 37.7.)

$$x' = \frac{x - ut}{\sqrt{1 - u^2/c^2}} = \gamma(x - ut)$$

$$y' = y \qquad z' = z \tag{37.21}$$

$$t' = \frac{t - ux/c^2}{\sqrt{1 - u^2/c^2}} = \gamma(t - ux/c^2)$$

$$v'_x = \frac{v_x - u}{1 - uv_x/c^2} \tag{37.22}$$

$$v_x = \frac{v'_x + u}{1 + uv'_x/c^2} \tag{37.23}$$

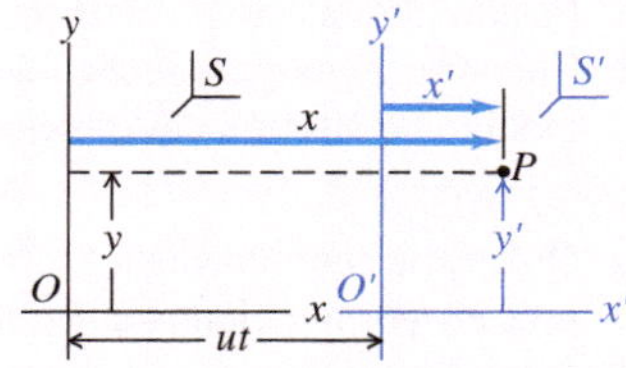

O efeito Doppler para ondas eletromagnéticas: o efeito Doppler é o deslocamento de frequência de uma fonte produzido pelo movimento relativo entre a fonte e o observador. Para uma fonte que se aproxima de um observador com velocidade relativa u, a Equação 37.25 fornece a frequência f em termos da frequência emitida f_0. (Veja os Exemplo 37.8.)

$$f = \sqrt{\frac{c + u}{c - u}}\, f_0 \tag{37.25}$$

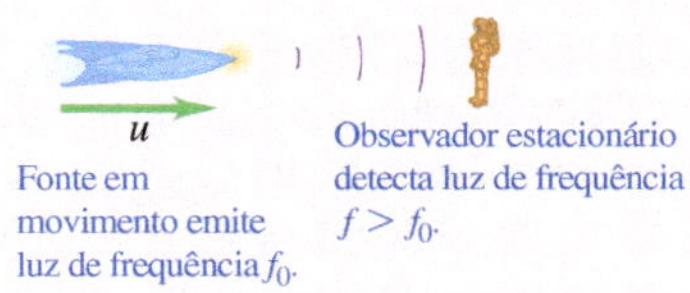

Momento linear e energia relativísticos: para uma partícula de massa de repouso m movendo-se com velocidade $\vec{v}$, o momento linear relativístico $\vec{p}$ é dado pela Equação 37.27 ou 37.31, e a energia cinética relativística K é dada pela Equação 37.36. A energia total E é a soma da energia cinética e da energia de repouso mc^2. A energia total também pode ser expressa em termos do módulo do momento linear p e massa de repouso m. (Veja os exemplos 37.9–37.11.)

$$\vec{p} = \frac{m\vec{v}}{\sqrt{1 - v^2/c^2}} = \gamma m\vec{v} \qquad (37.27), (37.31)$$

$$K = \frac{mc^2}{\sqrt{1 - v^2/c^2}} - mc^2 = (\gamma - 1)mc^2 \tag{37.36}$$

$$E = K + mc^2 = \frac{mc^2}{\sqrt{1 - v^2/c^2}} = \gamma mc^2 \tag{37.38}$$

$$E^2 = (mc^2)^2 + (pc)^2 \tag{37.39}$$

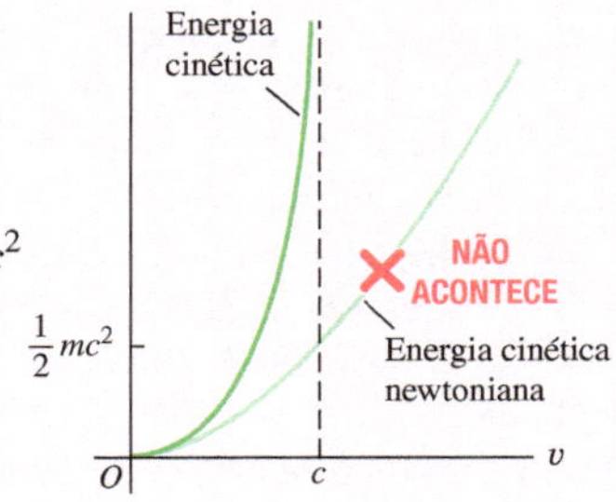

Problema em destaque Colisão de prótons

Em um experimento, dois prótons são disparados um em direção ao outro. Suas velocidades são tais que, no sistema de referência de cada próton, o outro próton está se movendo a 0,500c. (a) Qual a medição que um observador no laboratório fará para a velocidade de cada próton? (b) Qual é a energia cinética de cada próton, medida por um observador no laboratório? (c) Qual é a energia cinética de cada próton, medida pelo outro próton?

GUIA DA SOLUÇÃO

IDENTIFICAR E PREPARAR

1. Este problema utiliza a transformação da velocidade de Lorentz, o que nos permite relacionar a velocidade v_x com um próton em um sistema de referência com sua velocidade v'_x em um sistema diferente. Também é utilizada a ideia de energia cinética relativística.
2. Desenhe um esquema da situação. Faça o eixo x ser a linha do movimento dos prótons e assuma que a direção positiva desse eixo seja para a direita. No sistema onde o próton à esquerda está em repouso, o próton à direita possui velocidade $-0{,}500c$. No sistema do laboratório, os dois prótons possuem velocidades $-\alpha c$ e $+\alpha c$, onde α (a velocidade de cada laboratório do próton como uma fração de c) é nossa primeira variável-alvo. Com isso podemos encontrar a energia cinética do laboratório de cada próton.

EXECUTAR

3. Escreva uma equação de Lorenz da transformação da velocidade que relaciona a velocidade do próton da direita no sistema do laboratório com sua velocidade no sistema do próton à esquerda. Resolva essa equação para α (*Dica*: lembre-se de que α não pode ser maior que 1. Por quê?)

(*Continua*)

(Continuação)

4. Use seu resultado do passo 3 para encontrar a energia cinética do laboratório de cada próton.
5. Encontre a energia cinética do próton da direita conforme medido no sistema de referência do próton da esquerda.

AVALIAR

6. Quanto da energia cinética total deve ser transmitido para os prótons por um cientista no laboratório? Se o experimento fosse repetido com um próton estacionário, qual energia cinética deveria ser fornecida ao outro próton para a colisão ser equivalente?

PROBLEMAS

•, ••, •••: níveis de dificuldade. PC: problemas cumulativos, incorporando material de capítulos anteriores. CALC: problemas exigindo cálculo. DADOS: problemas envolvendo dados reais, evidência científica, projeto experimental e/ou raciocínio científico. BIO: problemas envolvendo biociências.

QUESTÕES PARA DISCUSSÃO

Q37.1 Você está em pé na plataforma de uma estação de trem observando um trem passar em alta velocidade. Uma luz dentro de um dos vagões é acesa e pouco depois apagada. (a) Quem pode medir o intervalo de tempo próprio para a duração da luz: você ou um passageiro no trem? (b) Quem pode medir o comprimento próprio do vagão, você ou um passageiro no trem? (c) Quem pode medir o comprimento próprio de uma placa pregada em um poste na plataforma da estação, você ou um passageiro no trem? Em cada um desses casos, explique sua resposta.

Q37.2 Sabendo que a simultaneidade não é um conceito absoluto, devemos abandonar o conceito de causalidade? Para que um evento A cause o evento B, o evento A deve ocorrer antes de B. Seria possível a existência de um sistema de referência inercial para o qual o evento B parecesse ocorrer antes do evento A? Explique.

Q37.3 Um foguete está se deslocando para a direita com uma velocidade igual a $\frac{1}{2}$ da velocidade da luz em relação à Terra. Uma lâmpada no centro de uma sala dentro do foguete é acesa de repente. Chame a luz que incide na parte frontal da sala de evento A e a luz que incide nos fundos da sala de evento B (**Figura Q37.3**). Que evento ocorre primeiro, A ou B? Ou eles são simultâneos, se observados por (a) um astronauta viajando no foguete e (b) uma pessoa em repouso na Terra?

Figura Q37.3

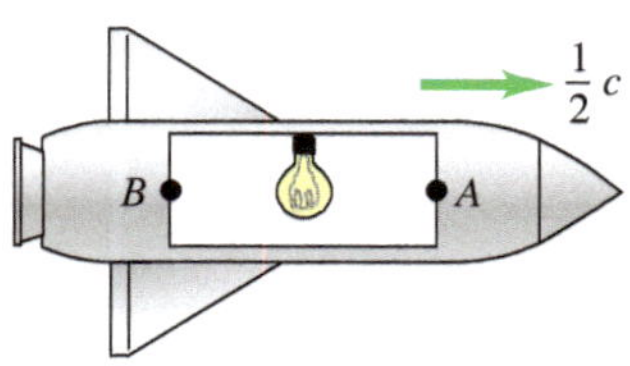

Q37.4 Uma espaçonave está viajando em direção à Terra da colônia espacial que está no asteroide 1040A. A nave está no ponto que fica na metade da viagem, passando por Marte a uma velocidade de $0{,}9c$ em relação ao sistema de referência de Marte. No mesmo instante, uma passageira na espaçonave recebe uma mensagem de rádio de seu namorado que está na 1040A e outra de sua irmã na Terra. Na percepção da passageira, essas mensagens foram enviadas simultaneamente ou em tempos diferentes? Se forem em tempos diferentes, qual foi enviada primeiro? Explique seu raciocínio.

Q37.5 A vida média de uma pessoa nos Estados Unidos é de aproximadamente 70 anos. Isso significa que é impossível para uma pessoa com essa vida média viajar até um planeta situado a uma distância maior que 70 anos-luz da Terra? (Um ano-luz é a distância percorrida pela luz durante um ano.) Explique.

Q37.6 Você está segurando uma bandeja de forma elíptica. Como você teria de viajar para que a bandeja parecesse redonda para outro observador?

Q37.7 Dois eventos ocorrem no mesmo ponto do espaço em um dado sistema de referência inercial e são simultâneos em relação a ele. É possível que eles não sejam simultâneos em relação a outro sistema de referência inercial? Explique.

Q37.8 Um trem passa em alta velocidade pela plataforma de uma estação. Larry é um dos passageiros do trem, Adam está em pé na plataforma e David está andando de bicicleta na direção da plataforma, na mesma direção e sentido em que o trem está se deslocando. Compare o comprimento de um vagão com o medido por Larry, Adam e David.

Q37.9 A teoria da relatividade estabelece um limite superior para a velocidade de qualquer partícula material. Existe também o mesmo tipo de limitação para a energia e o momento linear de uma partícula? Explique.

Q37.10 Uma aluna afirma que a velocidade de qualquer partícula material é sempre menor que a velocidade da luz e que toda partícula sem massa sempre se desloca com velocidade exatamente igual à velocidade da luz. Ela está correta? Caso esteja, como pode uma partícula sem massa, como um fóton, adquirir essa velocidade? Ele pode partir do repouso e depois acelerar até atingir a velocidade da luz? Explique.

Q37.11 A velocidade da luz no meio de um volume de água em repouso é igual a $2{,}25 \times 10^8$ m/s. Quando a água se desloca em relação a nós, verificamos que a velocidade da luz depende da velocidade da água. Isso viola o segundo postulado de Einstein? Explique.

Q37.12 Quando uma fonte de luz monocromática se aproxima de um observador, seu comprimento de onda parece ter valor menor que o medido quando a fonte está em repouso. Isso contradiz a hipótese de que a velocidade da luz deve ser sempre a mesma, independentemente de todos os observadores? Explique.

Q37.13 Em princípio, um gás quente possui massa maior que a mesma quantidade do gás a uma temperatura mais baixa? Explique. Na prática, essa diferença poderia ser medida? Explique.

Q37.14 Em sua opinião, por que a mecânica newtoniana levou tanto tempo para ser generalizada pela teoria especial da relatividade, mais refinada?

Q37.15 O que você pensa que mudaria na vida das pessoas se a velocidade da luz fosse 10 m/s em vez de $3{,}00 \times 10^8$ m/s?

EXERCÍCIOS

Seção 37.2 Relatividade da simultaneidade

37.1 • Suponha que os dois raios da Figura 37.5a atinjam simultaneamente o solo em relação a um observador dentro do trem. Mostre que esses eventos *não* ocorrem simultaneamente em relação a um observador situado no solo. Para o observador no solo, qual dos dois raios atinge o solo primeiro?

Seção 37.3 Relatividade nos intervalos de tempo

37.2 • O múon positivo (μ^+), uma partícula instável, possui vida média aproximadamente igual a $2{,}20 \times 10^{-6}$ s (medida em seu próprio sistema de referência). (a) Supondo que essa partícula se desloque com velocidade igual a $0{,}900c$ em relação ao laboratório, qual é sua vida média em relação ao laboratório? (b) Qual é a distância média que essa partícula percorre em relação ao laboratório antes de decair?

37.3 • Com que velocidade um foguete deve se deslocar em relação à Terra para que o tempo no foguete "se retarde" até a metade de sua taxa em referência a observadores situados na Terra? Os aviões a jato modernos chegam perto dessa velocidade?

37.4 • Uma espaçonave passa por Marte com velocidade igual a $0{,}985c$ em relação à superfície desse planeta. Quando a espaçonave está passando pela vertical de um ponto na superfície, um pulso de luz muito forte é emitido nesse ponto e depois desligado. Para um observador na superfície de Marte, a duração do pulso de luz foi igual a 75,0 μs. (a) Quem mede o tempo próprio, o observador em Marte ou o piloto da espaçonave? (b) Qual é a duração do pulso de luz medido pelo piloto da espaçonave?

37.5 • O píon negativo (π^-) é uma partícula instável que possui vida média aproximadamente igual a $2{,}60 \times 10^{-8}$ s (medida no sistema de referência do píon). (a) Quando o píon se desloca com velocidade muito grande em relação ao laboratório, sua vida média medida no laboratório é de $4{,}20 \times 10^{-7}$ s. Calcule a velocidade do píon expressa como uma fração de c. (b) Qual é a distância que o píon percorre no laboratório durante sua vida média?

37.6 •• Quando você está pilotando sua espaçonave em uma viagem até a Lua, uma astronauta passa por você pilotando uma espaçonave mais veloz com uma velocidade igual a $0{,}800c$ em relação a você. No instante em que a astronauta passa por você, ambos começam a cronometrar o tempo a partir de zero. (a) No instante em que a astronauta está a uma distância de $1{,}20 \times 10^8$ m de você, qual é a leitura indicada no cronômetro da astronauta? (b) Quando a astronauta mede o tempo indicado no item (a), qual é a distância que ela mede entre você e ela? (c) Quando a astronauta mede o tempo indicado no item (a), qual é o intervalo de tempo que você verifica em seu cronômetro?

37.7 •• Uma espaçonave se afasta da Terra com velocidade de $4{,}80 \times 10^6$ m/s em relação à Terra e a seguir volta com a mesma velocidade. A espaçonave transporta um relógio atômico que foi cuidadosamente sincronizado com outro relógio idêntico que permaneceu na Terra. A espaçonave retorna a seu ponto de partida 365 dias (um ano) mais tarde, conforme medido pelo relógio que ficou na Terra. Qual é a diferença entre os intervalos de tempo, em horas, medidos pelos dois relógios? Qual dos dois relógios, o que ficou na Terra ou o da espaçonave, indica o menor intervalo de tempo?

37.8 • Uma espaçonave de outro planeta está voando a uma grande distância e passa sobre a vertical onde você está em repouso. Você vê o farol da espaçonave piscar durante 0,150s. O comandante da espaçonave verifica que o farol ficou aceso durante 12,0 ms. (a) Qual dessas duas medidas de intervalo de tempo corresponde ao tempo próprio? (b) Qual é o módulo da velocidade da espaçonave expressa como uma fração de c?

Seção 37.4 Relatividade do comprimento

37.9 • Uma espaçonave da Federação de Comércio passa sobre o planeta Coruscant com velocidade de $0{,}600c$. Uma cientista na superfície de Coruscant mede o comprimento dessa espaçonave e obtém um valor igual a 74,0 m. A seguir, a espaçonave pousa na superfície de Coruscant e a mesma cientista mede o comprimento dessa espaçonave, que agora está em repouso. Qual é o valor que ela encontra?

37.10 • Uma régua de um metro move-se em relação a você com velocidade muito elevada. O movimento é paralelo ao comprimento longitudinal da régua. Se, usando uma régua de um pé, você verifica que a régua de um metro possui comprimento igual a um pé (1 pé = 0,3048 m) — por exemplo, comparando-a com uma régua de um pé que está em repouso em relação a você — com que velocidade a régua de um metro se desloca em relação a você?

37.11 •• **Por que somos bombardeados por múons?** Múons são partículas subatômicas instáveis que sofrem decaimento e se transformam em elétrons com uma vida média de 2,2 μs. Eles são gerados quando raios cósmicos bombardeiam as camadas superiores da atmosfera, a cerca de 10 km acima da superfície da Terra, e deslocam-se com uma velocidade muito próxima à da luz. O problema que gostaríamos de discutir é por que vemos múons na superfície da Terra. (a) Qual é a maior distância que um múon poderia percorrer durante sua vida média de 2,2 μs? (b) De acordo com sua resposta ao item (a), seria de imaginar que os múons nunca chegariam à superfície. Mas a vida média de 2,2 μs é medida no sistema do múon, e múons se movem muito rápido. A uma velocidade de $0{,}999c$, qual é a vida média de um múon em referência a um observador em repouso na Terra? Que distância o múon percorreria nesse tempo? Esse resultado explica por que encontramos múons em raios cósmicos? (c) Do ponto de vista do múon, ele continua vivendo apenas durante 2,2 μs, então como ele alcança o solo? Qual é a densidade dos 10 km de atmosfera que o múon precisa atravessar, como medido pelo múon? Está claro agora como o múon consegue chegar ao solo?

37.12 • Uma partícula instável se forma a partir de um raio cósmico na atmosfera superior da Terra e se desloca verticalmente de cima para baixo com velocidade igual a $0{,}99540c$ em relação à Terra. Um cientista em repouso na superfície terrestre verifica que essa partícula é criada a uma altura de 45,0 km. (a) Em relação ao cientista, quanto tempo a partícula leva para se deslocar 45,0 km até a superfície da Terra? (b) Use a fórmula da contração do comprimento para calcular a distância entre a partícula e a Terra no momento em que ela foi criada, em relação ao sistema de referência da própria partícula. (c) No sistema de referência da partícula, qual é o intervalo de tempo desde o momento em que ela é criada até o instante em que ela atinge a superfície da Terra? Calcule esse tempo aplicando a fórmula da dilatação do tempo e também a distância calculada no item (b). Os dois resultados concordam?

37.13 • Em relação a um observador na Terra, a pista de lançamento de uma espaçonave possui 3.600 m de comprimento. (a) Qual é o comprimento da pista medido pelo piloto de uma espaçonave que se desloca com velocidade igual a $4{,}0 \times 10^7$ m/s em relação à Terra? (b) Uma observadora em repouso na Terra mede o intervalo de tempo desde o momento em que a espaçonave está diretamente sobre o início da pista até o instante em que está diretamente sobre o final da pista. Que resultado ela obtém?

(c) O piloto da espaçonave mede o intervalo de tempo desde o momento em que a espaçonave passa diretamente sobre o início da pista até o instante em que ela passa diretamente sobre o final da pista. Que resultado ele obtém?

37.14 • Um foguete passa pela Terra a 91,0% da velocidade da luz. Em seu interior, um astronauta que está passando por um exame físico tem sua altura medida enquanto está deitado, paralelo à direção em que a nave está se movendo. (a) Se a altura medida por seu médico dentro da nave fosse de 2,00 m, qual seria a altura medida pela pessoa que assiste a partir da Terra? (b) Se a pessoa na Terra tivesse medido 2,00 m, qual seria a altura do astronauta medida pelo médico que está na nave espacial? Essa seria uma altura razoável? (c) Suponha que o astronauta no item (a) se levante após o exame e esteja com seu corpo perpendicular à direção do movimento. Qual seria agora a altura medida pelo médico no foguete e pelo observador em terra?

Seção 37.5 As transformações de Lorentz

37.15 • Uma observadora em um sistema S' move-se da esquerda para a direita (no sentido $+x$) com velocidade $u = 0{,}600c$, afastando-se de um observador em repouso no sistema S. A observadora no sistema S' mede a velocidade v' de uma partícula que se afasta dela da esquerda para a direita. Qual é a velocidade v que o observador no sistema S mede para a velocidade da partícula quando (a) $v' = 0{,}400c$? (b) $v' = 0{,}900c$? (c) $v' = 0{,}990c$?

37.16 • A astronauta Mavis passa sobre Stanley com velocidade relativa igual a $0{,}800c$. Mavis e Stanley sincronizam o instante zero de seus respectivos cronômetros quando a espaçonave de Mavis está diretamente acima de Stanley. Quando o cronômetro de Mavis indica 5,0 s, ela liga uma fonte luminosa muito forte sob a frente da espaçonave. (a) Use as transformações de Lorentz deduzidas no Exemplo 37.6 para calcular os valores de x e t como medidos por Stanley para o evento da ligação da luz. (b) Aplique a fórmula da dilatação do tempo, Equação 37.6, para calcular o intervalo de tempo entre os dois eventos (o instante em que a espaçonave passa sobre sua cabeça e o instante em que a luz se acende), conforme medida realizada por Stanley. Compare com o valor de t que você calculou no item (a). (c) Multiplique o intervalo de tempo pela velocidade de Mavis, usando os dois valores medidos por Stanley para calcular a distância que ela se deslocou, como foi verificado por ele até o momento em que a luz se acende. Compare com o valor de x que você calculou no item (a).

37.17 •• Uma nave do planeta Tatooine está tentando alcançar um cruzador da Federação do Comércio. Em relação a um observador em Tatooine, o cruzador está se afastando do planeta com uma velocidade de $0{,}600c$. A nave está se deslocando com uma velocidade de $0{,}800c$ em relação a Tatooine, no mesmo sentido que o cruzador. (a) Para a nave alcançar o cruzador, a velocidade dele em relação a ela deve ser na direção que vai ao encontro da nave, ou se distanciando dela? (b) Qual é a velocidade do cruzador em relação à nave?

37.18 •• Uma espaçonave inimiga está perseguindo sua espaçonave Starfighter com velocidade, medida em relação a você, igual a $0{,}400c$. A espaçonave inimiga dispara um míssil para atingir a Starfighter com uma velocidade, em relação à espaçonave inimiga, de $0{,}700c$ (**Figura E37.18**). (a) Qual é a velocidade do míssil em relação a você? Expresse sua resposta em termos da velocidade da luz. (b) Se você mediu uma distância igual a $8{,}0 \times 10^6$ km entre você e a espaçonave inimiga no instante em que o míssil foi disparado, qual será o tempo que o míssil levará para atingir você?

Figura E37.18

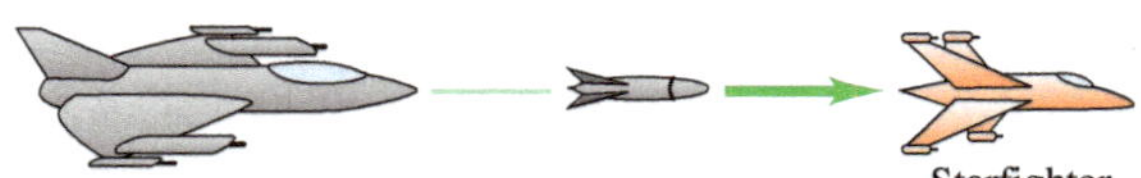

37.19 •• Duas partículas são produzidas em um acelerador de partículas de alta energia e se afastam em sentidos opostos. A velocidade de uma das partículas, medida no laboratório, é igual a $0{,}650c$, e a velocidade relativa entre as duas é de $0{,}950c$. Qual é a velocidade da outra partícula, medida no laboratório?

37.20 •• Duas partículas provenientes de um acelerador de partículas de alta energia se aproximam frontalmente com uma velocidade relativa igual a $0{,}9380c$, medida no laboratório. Qual é o módulo da velocidade com a qual uma partícula se aproxima da outra?

37.21 •• Em uma experiência, duas partículas em um acelerador de partículas de alta energia se aproximam uma da outra em sentidos opostos com uma velocidade relativa de $0{,}890c$. Ambas as partículas se deslocam à mesma velocidade em relação ao laboratório. Qual é a velocidade de cada partícula, medida no laboratório?

37.22 • Uma espaçonave da Armada Imperial se desloca com velocidade elevada em relação ao planeta Arrakis e dispara um foguete na direção do planeta com uma velocidade de $0{,}920c$ em relação à espaçonave. Um observador na superfície de Arrakis verifica que o foguete está se aproximando com velocidade de $0{,}360c$. Qual é a velocidade da espaçonave em relação ao planeta Arrakis? A espaçonave está se aproximando ou se afastando de Arrakis?

Seção 37.6 O efeito Doppler para ondas eletromagnéticas

37.23 • **Diga isso ao juiz.** (a) Qual deve ser a velocidade com a qual você tem de se aproximar de um sinal de trânsito vermelho ($\lambda = 675$ nm) para que ele aparente uma cor amarela ($\lambda = 575$ nm)? Expresse sua resposta em termos da velocidade da luz. (b) Se você usou isso como desculpa para não pagar a multa pelo avanço do sinal vermelho, quanto você teria de pagar de multa pelo excesso de velocidade? Suponha que seja cobrada uma multa de R$ 1,00 (um real) para cada km/h de excesso de velocidade acima da velocidade permitida de 90 km/h.

37.24 • A radiação eletromagnética emitida por uma estrela é observada com um telescópio situado na Terra. A estrela se afasta da Terra a um velocidade de $0{,}520c$. Se a radiação possui uma frequência de $8{,}64 \times 10^{14}$ Hz no sistema de repouso da estrela, qual é a frequência medida por um observador na Terra?

37.25 • Uma fonte de radiação eletromagnética está se movendo em uma direção radial em relação a você. A frequência medida por você é de 1,25 vez a frequência medida no sistema de repouso da fonte. Qual é a velocidade da fonte em relação a você? A fonte está se aproximando ou se afastando de você?

Seção 37.7 Momento linear relativístico

37.26 • **Beisebol relativístico.** Calcule o módulo da força necessária para fornecer a uma bola de beisebol de 0,145 kg uma aceleração $a = 1{,}00\ \text{m/s}^2$ na mesma direção e no mesmo sentido da velocidade inicial da bola quando o módulo da velocidade é dado por: (a) 10,0 m/s; (b) $0{,}900c$; (c) $0{,}990c$. Repita os itens (a), (b) e (c) para quando a força e a aceleração forem perpendiculares à velocidade.

37.27 • Um próton possui momento linear com módulo p_0 quando sua velocidade é de 0,400*c*. Em termos de p_0, qual é o módulo do momento linear do próton quando sua velocidade dobra para 0,800*c*?

37.28 • **Quando você deve usar a relatividade?** Como você viu, os cálculos relativísticos costumam envolver a grandeza γ. Quando γ é significativamente maior que 1, devemos usar fórmulas relativísticas em vez de newtonianas. Em que velocidade v (em termos de c) o valor de γ é (a) 1,0% maior que 1; (b) 10% maior que 1; (c) 100% maior que 1?

37.29 • (a) Para qual valor da velocidade o momento linear de uma partícula é igual ao dobro do valor da expressão não relativística mv? Expresse sua resposta em termos da velocidade da luz. (b) Uma força é aplicada a uma partícula ao longo da mesma direção de seu movimento. Para qual velocidade a força necessária para produzir uma dada aceleração é duas vezes maior que a força necessária para produzir a mesma aceleração quando a partícula está em repouso? Expresse sua resposta em termos da velocidade da luz.

37.30 • Um elétron sofre a influência de uma força de $5{,}00 \times 10^{-15}$ N em razão de um campo elétrico. Encontre a aceleração que essa força produz em cada caso: (a) a velocidade do elétron é de 1,00 km/s. (b) A velocidade do elétron é de $2{,}50 \times 10^8$ m/s e a força é paralela à velocidade.

Seção 37.8 Trabalho e energia na relatividade

37.31 •• Qual é a velocidade de uma partícula cuja energia cinética é (a) igual à sua energia de repouso? (b) cinco vezes maior que o valor de sua energia de repouso?

37.32 • Se um múon viaja a 0,999*c*, quais são seu momento linear e energia cinética? (A massa desse múon em repouso no laboratório é 207 vezes a massa do elétron.)

37.33 • Um próton (massa de repouso $1{,}67 \times 10^{-27}$ kg) apresenta uma energia total que é 4,00 vezes a sua energia de repouso. Quais são: (a) a energia cinética do próton; (b) o módulo do momento linear do próton; (c) a velocidade do próton?

37.34 •• (a) Qual é o trabalho realizado sobre uma partícula com massa m para que ela seja acelerada (a) desde o repouso até uma velocidade igual a 0,090*c*? (b) Desde uma velocidade de 0,900*c* até uma velocidade igual a 0,990*c*? (Expresse sua resposta em termos de mc^2.) (c) Como você compara a resposta do item (a) com a do item (b)?

37.35 • **Reator antimatéria.** Quando uma partícula encontra sua antipartícula, elas aniquilam uma ou outra e sua massa é convertida em energia luminosa. Os Estados Unidos consomem aproximadamente $1{,}0 \times 10^{20}$ J de energia por ano. (a) Se toda essa energia viesse de um reator antimatéria futurista, que massa de combustível de matéria e antimatéria seria consumida anualmente? (b) Se esse combustível tivesse a densidade do ferro (7,86 g/cm^3) e estivesse empilhado em tijolos formando um cubo, que altura esse cubo teria? (Antes de você ficar muito animado, lembre-se de que reatores antimatéria estão *bem* distantes no futuro — se é que um dia existirão.)

37.36 •• Elétrons são acelerados pela diferença de potencial de 750 kV, de modo que sua energia cinética é $7{,}50 \times 10^5$ eV. (a) Qual é a razão da velocidade v de um elétron que possui essa energia com a velocidade da luz, c? (b) Qual seria a velocidade se fosse calculada a partir dos princípios da mecânica clássica?

37.37 • Uma partícula possui massa de repouso de $6{,}64 \times 10^{-27}$ kg e momento linear igual a $2{,}10 \times 10^{-18}$ kg · m/s. (a) Qual é a energia total (energia cinética mais energia de repouso) dessa partícula? (b) Qual é a energia cinética dessa partícula? (c) Qual é a razão entre a energia cinética e a energia de repouso dessa partícula?

37.38 • **Criando uma partícula.** Dois prótons (cada um com uma massa de repouso $M = 1{,}67 \times 10^{-27}$ kg) estão se deslocando inicialmente com velocidades iguais em sentidos opostos. Os prótons continuam a existir depois da colisão, que também produz uma partícula η^0 (veja o Capítulo 44). A massa de repouso do η^0 é $m = 9{,}75 \times 10^{-28}$ kg. (a) Se os dois prótons e a partícula η^0 estão ambos em repouso depois da colisão, encontre a velocidade inicial dos prótons, expressa como uma fração da velocidade da luz. (b) Qual é a energia cinética de cada próton? Expresse sua resposta em MeV. (c) Qual é a energia de repouso de η^0, expressa em MeV? (d) Discuta a relação entre as respostas aos itens (b) e (c).

37.39 • Calcule a energia cinética de um próton (massa igual a $1{,}67 \times 10^{-27}$ kg) usando a expressão relativística e a expressão não relativística e calcule a razão entre os dois resultados (relativística dividida pela não relativística) para velocidades de (a) $8{,}0 \times 10^7$ m/s e (b) $2{,}85 \times 10^8$ m/s.

37.40 • Qual é a energia cinética de um próton deslocando-se a (a) 0,100*c*; (b) 0,500*c*; (c) 0,900*c*? Quanto trabalho precisa ser realizado para (d) aumentar a velocidade do próton de 0,100*c* para 0,500*c* e (e) aumentar a velocidade do próton de 0,500*c* para 0,900*c*? (f) Como os últimos dois resultados se comparam com resultados obtidos no limite não relativístico?

37.41 • (a) A que diferença de potencial um elétron precisa ser acelerado, a partir do repouso, para alcançar uma velocidade de 0,980*c*? (b) Qual é a energia cinética do elétron a essa velocidade? Expresse sua resposta em joules e em elétrons-volt.

37.42 • O Sol produz energia por reações de fissão nuclear, nas quais matéria é convertida em energia. Medindo a quantidade de energia que recebemos do Sol, sabemos que ele produz energia a uma taxa de $3{,}8 \times 10^{26}$ W. (a) Quantos quilogramas de matéria o Sol perde a cada segundo? Esse valor (1 ton = 2.000 lb) corresponde a quantas toneladas de matéria aproximadamente? (b) A essa taxa, quanto tempo levaria para que o Sol consumisse toda a sua massa?

PROBLEMAS

37.43 • Depois de ser produzido em uma colisão entre partículas elementares, um píon positivo (π^+), para atingir o local de uma experiência, deve se deslocar ao longo de um tubo de comprimento igual a 1,90 km. Uma partícula π^+ possui vida média igual a $2{,}60 \times 10^{-8}$ s (em relação ao sistema de repouso); o π^+ considerado possui essa vida média. (a) Com que velocidade o π^+ deve se deslocar para que ele possa atingir a extremidade do tubo antes de decair? [Visto que u deve ser muito próximo de c, escreva $u = (1 - \Delta)c$ e forneça sua resposta em função de Δ em vez de u.] (b) O π^+ possui uma energia de repouso igual a 139,6 MeV. Qual é a energia total do π^+, considerando a velocidade calculada no item (a)?

37.44 • Dentro de uma espaçonave passando pela Terra viajando a três quartos da velocidade da luz, um pêndulo está oscilando. (a) Se cada ciclo de oscilação leva 1,80 s quando medido pelo astronauta que está realizando o experimento, qual será a duração desse mesmo ciclo, se for medido por uma pessoa que está no controle da missão (na Terra), que também está observando o experimento? (b) Se cada ciclo de oscilação medido pela pessoa no controle da missão levar 1,80 s, qual será a duração desse mesmo ciclo, se for medido pelo astronauta que está na espaçonave?

37.45 ••• As naves da Federação Solar são marcadas com o símbolo da Federação, um círculo, enquanto as naves do Império Denebian são marcadas com o símbolo do Império, uma elipse cujo eixo maior é 1,40 vez maior que o eixo menor ($a = 1{,}40b$ na **Figura P37.45**). Com que velocidade, em relação a um observador, uma nave do Império precisa se deslocar para que seu símbolo seja confundido com o símbolo das naves da Federação?

Figura P37.45

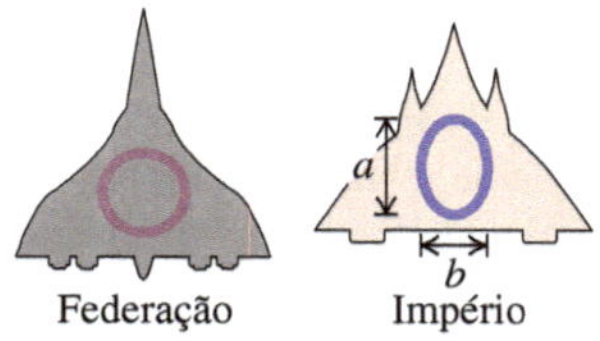

37.46 •• Um cubo de metal cuja aresta possui comprimento a está em repouso em um sistema de referência S com uma de suas arestas paralelas ao eixo Ox. Logo, em S o volume do cubo é igual a a^3. O sistema de referência S' se desloca ao longo eixo Ox com velocidade u. Em relação a um observador no sistema de referência S', qual é o volume do cubo de metal?

37.47 •• Uma sonda espacial é enviada para a estrela Capella, situada a uma distância igual a 42,2 anos-luz da Terra. (Um ano--luz é a distância percorrida pela luz durante um ano.) A sonda se desloca com velocidade de $0{,}9930c$. No momento em que a sonda é lançada da Terra, uma astronauta no interior da sonda está com 19 anos. Qual será sua idade quando a sonda atingir Capella?

37.48 •• Um múon é criado a 55,0 km da superfície da Terra (medido no sistema da Terra). A vida média de um múon, medida em seu sistema de repouso, é de 2,20 μs e o múon que estamos considerando possui essa vida média. No sistema do múon, a Terra está se movendo em direção ao múon com uma velocidade de $0{,}9860c$. (a) No sistema do múon, qual é sua altura inicial acima da superfície da Terra? (b) No sistema do múon, qual a distância mais próxima que o múon fica da Terra durante sua vida média? A que fração da altura inicial corresponde essa distância, medida em relação ao sistema do múon? (c) No sistema de referência da Terra, qual é a vida média do múon? Nesse sistema da Terra, até qual distância o múon percorre durante sua vida média? A que fração da altura inicial corresponde essa distância, medida em relação ao sistema da Terra?

37.49 • **O Grande Colisor de Hádrons (LHC).** Físicos e engenheiros do mundo todo se juntaram para construir o maior acelerador do mundo, o Grande Colisor de Hádrons (*Large Hadron Collider* — LHC) nos laboratórios da Cern em Genebra, Suíça. O aparelho acelerará prótons a energias cinéticas elevadas em um anel subterrâneo de 27 km de circunferência. (a) Com que velocidade v os prótons chegarão ao LHC se a energia cinética do próton for de 7,0 TeV? (Como o valor de v é muito próximo do de c, use $v = (1 - \Delta)c$ e encontre sua resposta em termos de Δ.) (b) Encontre a massa relativística, m_{rel}, dos prótons acelerados em termos de sua massa de repouso.

37.50 •• A força resultante $\vec{F}$ sobre uma partícula de massa m forma com o eixo x um ângulo de 30° no sentido anti-horário. Em um dado instante, a partícula está se deslocando ao longo do eixo x com uma velocidade (medida em relação à Terra) de $0{,}700c$. Nesse instante, qual é a direção da aceleração da partícula?

37.51 •• **Dilatação do tempo na vida cotidiana.** Dois relógios atômicos são cuidadosamente sincronizados. Um deles permanece em Nova York e o outro é montado em um avião que se desloca com velocidade média igual a 250 m/s e posteriormente volta para Nova York. Quando o avião retorna, o intervalo de tempo total medido pelo relógio no solo é igual a 4,00 h. Qual é a diferença entre os intervalos de tempo medidos pelos dois relógios e qual deles indica o intervalo mais curto? (*Dica*: como $u << c$, você pode simplificar $\sqrt{1 - u^2/c^2}$ usando a série binomial.)

37.52 •• A distância até uma determinada estrela, medida no sistema de referência da Terra, é de 7,11 anos-luz (1 ano-luz é a distância que a luz percorre em 1 ano). Uma espaçonave deixa a Terra e demora 3,35 anos para chegar até essa estrela, medida pelos passageiros na nave. (a) Quanto dura a viagem, de acordo com os observadores na Terra? (b) Qual a distância percorrida nessa viagem, medida pelos passageiros na espaçonave?

37.53 • PC **Radiação Čerenkov**. O físico russo P. A. Čerenkov descobriu que ocorre uma emissão de ondas eletromagnéticas quando uma partícula carregada se desloca em um meio material com velocidade superior à velocidade de propagação da luz no mesmo material. (Esse efeito é análogo ao estrondo sônico produzido por um avião que se desloca no ar com velocidade superior à velocidade de propagação do som no ar; veja a Seção 16.9. Čerenkov ganhou o Prêmio Nobel por essa descoberta em 1958.) Qual é a energia cinética mínima (em elétrons-volt) que um elétron deve possuir ao se deslocar ao longo de uma barra de vidro crown ($n = 1{,}52$) para que ele possa emitir radiação Čerenkov?

37.54 •• Cientistas que trabalham com um acelerador de partículas determinam que uma partícula desconhecida possui uma velocidade de $1{,}35 \times 10^8$ m/s e um momento linear de $2{,}52 \times 10^{-19}$ kg · m/s. A partir da curvatura do trajeto da partícula em um campo magnético, eles também deduzem que ela possui uma carga positiva. Usando essa informação, identifique a partícula.

37.55 • PC Uma bomba atômica contendo 12,0 kg de plutônio explode. A soma das massas de repouso dos produtos da reação é menor uma parte em 10^4 que as massas de repouso antes da reação. (a) Qual é a energia liberada na explosão? (b) Se a explosão ocorre em 4,00 μs, qual é a potência média desenvolvida pela bomba? (c) Que massa de água poderia ser elevada até uma altura de 1,00 km por essa energia liberada?

37.56 •• No sistema de repouso da Terra, dois prótons estão se afastando um do outro, ambos com a mesma velocidade. No sistema de cada próton, o outro próton possui uma velocidade de $0{,}700c$. Qual é a medição que um observador faz para a velocidade de cada próton no sistema de referência da Terra?

37.57 • Em certos processos de desintegração radioativa beta, a partícula beta (um elétron) sai do núcleo atômico com uma velocidade de 99,95% da velocidade da luz em relação ao núcleo em desintegração. Se esse núcleo está se deslocando com 75,00% da velocidade da luz, encontre a velocidade do elétron emitido em relação ao sistema de referência do laboratório se o elétron for emitido (a) no mesmo sentido em que o núcleo está se deslocando e (b) no sentido oposto da velocidade do núcleo. (c) Em cada caso nos itens (a) e (b), calcule a energia cinética do elétron em relação (i) ao sistema do laboratório e (ii) ao sistema de referência do núcleo em desintegração.

37.58 •• Em um sistema S, dois eventos ocorrem no mesmo ponto, e o segundo ocorre 1,80 s depois do primeiro. Um observador situado em um segundo sistema S', que se move em relação ao sistema S, verifica que o segundo evento ocorre 2,15 s depois do primeiro. Qual é a diferença entre as posições dos dois eventos medida pelo observador situado em S'?

37.59 • Um dos comprimentos de onda emitidos pelos átomos de hidrogênio submetidos a condições normais de laboratório é $\lambda = 656{,}3$ nm, na região vermelha do espectro eletromagnético. Observando-se essa mesma luz emitida por uma galáxia distante, verifica-se que ela sofre um deslocamento Doppler para $\lambda = 953{,}4$ nm, na região infravermelha do espectro eletromagnético.

Qual é a velocidade desses átomos emitidos em relação à Terra? Estão se aproximando ou se afastando dela?

37.60 •• **Albert no País das Maravilhas.** Einstein e Lorentz, fanáticos por tênis, jogam uma partida rápida em um campo onde a distância entre eles é 20,0 m. Como são jogadores muito experientes, jogam sem a rede. A massa da bola é 0,0580 kg. Despreze a gravidade e suponha que a bola se desloque paralelamente ao solo entre os dois homens. A menos que seja especificado algo em contrário, as medidas são feitas pelos dois jogadores. (a) Lorentz envia uma bola com velocidade de 80,0 m/s. Qual é a energia cinética da bola? (b) Einstein rebate e a bola adquire uma velocidade de $1{,}80 \times 10^8$ m/s. Qual é a energia cinética da bola? (c) Durante o retorno da bola de Einstein do item (a), um coelho branco corre pela margem do campo paralelamente à direção da bola no sentido de Einstein para Lorentz. A velocidade do coelho é $2{,}20 \times 10^8$ m/s em relação aos dois homens. Qual é a velocidade do coelho em relação à bola? (d) Qual é a distância entre Einstein e Lorentz medida pelo coelho? (e) De acordo com os dois observadores, qual é o tempo que o coelho leva para percorrer a distância de 20,0 m? (f) O coelho branco transporta um relógio de bolso. Ele usa o relógio para medir o intervalo de tempo (que ele observa) para percorrer a distância entre Einstein e Lorentz. Qual é o valor que ele mede?

37.61 •• **Medida de velocidades com radar.** Um instrutor de beisebol usa um radar para medir a velocidade de uma bola. Esse dispositivo envia ondas eletromagnéticas com frequência f_0 e a seguir mede o deslocamento de frequência Δf das ondas eletromagnéticas refletidas pela bola em movimento. Sabendo que a fração da variação da frequência produzida por uma bola em movimento é $\Delta f/f_0 = 2{,}86 \times 10^{-7}$, qual é a velocidade da bola em km/h? (*Dica*: as ondas sofrem um deslocamento Doppler uma segunda vez, quando são refletidas na bola?)

37.62 •• Uma espaçonave se movendo com velocidade constante u em relação a nós envia um sinal de rádio com frequência constante f_0. À medida que a espaçonave se aproxima de nós, recebemos uma frequência f maior que a anterior; depois que ela passa e se afasta, recebemos uma frequência menor. (a) No momento em que a espaçonave está passando sobre nós, ou seja, quando ela não está se aproximando nem se afastando, mostre que a frequência que recebemos não é igual a f_0 e deduza uma expressão para a frequência que recebemos. Essa frequência é maior ou menor que f_0? (*Dica*: nessa situação, as cristas de ondas sucessivas se deslocam a mesma distância na direção do observador e, portanto, os tempos de trânsito são os mesmos. Logo, f é igual a $1/T$. Use a fórmula da dilatação do tempo para relacionar os períodos no sistema de referência em repouso e no sistema que se move.) (b) Uma espaçonave emite ondas eletromagnéticas com frequência $f_0 = 345$ MHz em relação ao sistema da própria espaçonave. A espaçonave se move em relação a nós com velocidade constante igual a $0{,}758c$. Qual é a frequência f que recebemos quando a espaçonave se aproxima de nós? E quando ela se afasta? Em cada caso, qual é o deslocamento de frequência $f - f_0$? (c) Use o resultado do item (a) para calcular a frequência f e o deslocamento de frequência $(f - f_0)$ quando a espaçonave está passando sobre nós. Como se compara o deslocamento de frequência calculado nesse item com o deslocamento calculado no item (b)?

37.63 • **PC** Em um acelerador de partículas, um próton se move com velocidade constante de $0{,}750c$ em um círculo de raio 628 m. Qual é a força resultante do próton?

37.64 •• **PC** O físico francês Armand Fizeau foi o primeiro a medir a velocidade da luz com precisão. Ele também verificou experimentalmente que a velocidade da luz em relação a um sistema fixo no laboratório, supondo que o feixe de luz se propaga no mesmo sentido da velocidade V da água no interior de um tubo, é

$$v = \frac{c}{n} + kV$$

onde $n = 1{,}333$ é o índice de refração da água. Fizeau chamou k de coeficiente de arraste e encontrou o valor experimental $k = 0{,}44$. Calcule o valor de k com as transformações relativísticas.

37.65 •• **DADOS** Suponha que você seja um cientista pesquisando uma partícula instável em um acelerador linear. Você mede sua vida média Δt como uma função da velocidade da partícula em relação ao seu equipamento de laboratório. Você registra a velocidade da partícula u como uma fração da velocidade da luz no vácuo c. A tabela apresenta os resultados das suas medidas.

u/c	0,70	0,80	0,85	0,88	0,90	0,92	0,94
$\Delta t\ (10^{-8}\ \text{s})$	3,57	4,41	5,02	5,47	6,05	6,58	7,62

(a) Seu líder de equipe sugere que, se você montar sua tabela utilizando os dados $(\Delta t)^2$ *versus* $(1 - u^2/c^2)^{-1}$, os pontos obtidos se ajustarão melhor para formar uma linha reta. Construa esse gráfico e verifique a previsão de seu líder de equipe. Use a linha reta que melhor se encaixa com seus dados para calcular a vida média da partícula em seu sistema de repouso. (b) Qual é a velocidade da partícula relativa ao equipamento do seu laboratório (expresso como u/c) se a vida média medida for quatro vezes a vida média no sistema de repouso?

37.66 •• **DADOS** Você é um astrônomo investigando quatro fontes astronômicas de radiação infravermelha. Você identificou a natureza de cada fonte e então sabe o f_0 de cada frequência quando ele está em repouso em relação a você. Seu detector, que está em repouso em relação à Terra, mede a frequência f da fonte em movimento. Seus resultados são dados na tabela.

Fonte	*A*	*B*	*C*	*D*
f (THz)	7,1	5,4	6,1	8,1
f_0 (THz)	9,2	8,6	7,9	8,9

(a) Qual fonte está se movendo com maior velocidade relativa a seu detector? Qual é sua velocidade? Essa fonte se move se aproximando ou se afastando do detector? (b) Qual fonte está se movendo com menor velocidade relativa a seu detector? Qual é sua velocidade? Essa fonte se move se aproximando ou se afastando do detector? (c) Para a fonte B, que frequência seu detector mede se a fonte estiver se movendo com a mesma velocidade relativa ao detector, só que se aproximando em vez de se afastar?

37.67 •• **DADOS** Você é um cientista estudando pequenas partículas de aerossol contidas em uma câmara a vácuo. As partículas transportam uma carga resultante e você usa um campo elétrico uniforme para exercer uma força constante de $8{,}00 \times 10^{-14}$ N em um deles. Essa partícula se move na direção da força exercida. Seus instrumentos medem a aceleração da partícula como uma função de sua velocidade v. A tabela a seguir fornece os resultados de suas medições para essa partícula.

v/c	0,60	0,65	0,70	0,75	0,80	0,85
$a\ (10^3\ \text{m/s}^2)$	20,3	17,9	14,8	11,2	8,5	5,9

(a) Faça um gráfico com seus dados, de modo que os pontos formem uma linha reta. Use a inclinação dessa linha para calcular a massa m da partícula. (b) Qual módulo de aceleração a força exercida produz se a velocidade da partícula é 100 m/s?

PROBLEMAS DESAFIADORES

37.68 ••• PC **Determinação da massa de uma estrela.** Muitas estrelas vistas no céu são na realidade *estrelas binárias*, ou seja, duas estrelas que giram em torno do centro de massa comum. Quando essas estrelas possuem velocidades angulares elevadas, suas velocidades em relação à Terra podem ser medidas pelo efeito Doppler da luz que elas emitem. As estrelas que se enquadram nesse caso denominam-se *estrelas binárias espectroscópicas*. A **Figura P37.68** mostra o caso mais simples de estrelas binárias espectroscópicas: duas estrelas idênticas, cada uma delas com massa m, que giram em torno do centro de massa comum descrevendo uma circunferência de raio R. O plano comum das órbitas das estrelas é visto de perfil em relação a um observador na Terra. (a) A luz produzida pelo gás hidrogênio em um laboratório na Terra possui frequência igual a $4{,}568110 \times 10^{14}$ Hz. Observamos através de um telescópio na Terra que a luz proveniente dessas estrelas possui uma frequência que varia entre $4{,}567710 \times 10^{14}$ Hz e $4{,}568910 \times 10^{14}$ Hz. Verifique se esse sistema binário se aproxima ou se afasta da Terra, calcule a velocidade do sistema e a velocidade angular das estrelas. (*Dica*: as velocidades envolvidas são muito menores que a velocidade da luz, de modo que você pode usar o resultado aproximado $\Delta f/f = u/c$ dado na Seção 37.6.) (b) A frequência da luz proveniente de cada estrela do sistema binário varia desde um valor máximo até um valor mínimo e retorna ao valor máximo em um período igual a 11,0 dias. Determine o raio orbital R e a massa m de cada estrela. Forneça a resposta da massa m em quilogramas e também como um múltiplo da massa do Sol, $1{,}99 \times 10^{30}$ kg. Compare o valor de R com a distância entre a Terra e o Sol, $1{,}50 \times 10^{11}$ m. (Essa técnica é efetivamente usada na astronomia para a determinação da massa de estrelas. Na prática, o problema é mais complicado porque em um sistema binário as estrelas não costumam ser idênticas, as órbitas geralmente não são circulares e o plano da órbita está inclinado em relação à linha de visão de um observador na Terra.)

Figura P37.68

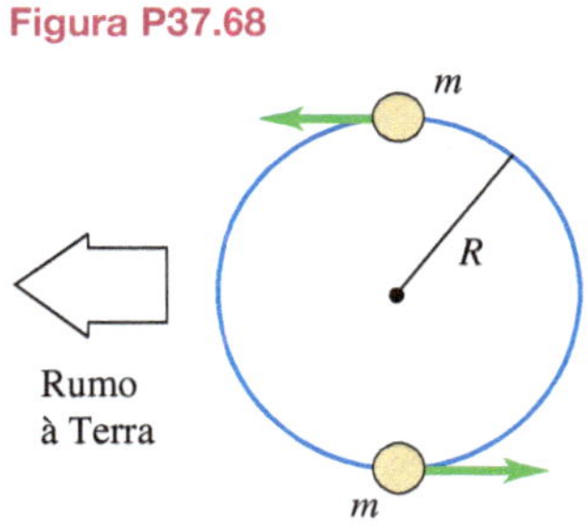

37.69 ••• PC **Produção do káon.** Na física de alta energia, novas partículas podem ser produzidas pela colisão entre partículas com energias elevadas e partículas em repouso. Uma parte da energia cinética da partícula incidente é usada para produzir a massa de repouso da nova partícula. A colisão de um próton com outro pode produzir um káon negativo (K^-) com um káon positivo (K^+):

$$p + p \rightarrow p + p + K^- + K^+$$

(a) Calcule a energia cinética mínima do próton incidente para que a reação anterior ocorra, sabendo que o segundo próton (o alvo) está inicialmente em repouso. A energia de repouso de cada káon é igual a 493,7 MeV e a energia de repouso de cada próton é igual a 938,3 MeV. (*Dica*: neste caso, é conveniente usar um sistema de referência para o qual o momento linear seja igual a zero. Observe, no entanto, que agora você deve usar as transformações de Lorentz para relacionar as velocidades no sistema do laboratório com as velocidades no sistema no qual o momento linear total é igual a zero.) (b) Como essa energia cinética mínima calculada se compara com a energia de repouso dos káons criados? (c) Em vez da hipótese anterior, suponha que os dois prótons estejam em movimento com velocidades de mesmo módulo e sentidos contrários. Calcule a energia cinética mínima do sistema dos dois prótons para que ocorra a reação mencionada. Como essa energia cinética mínima calculada se compara com a energia de repouso dos káons criados? (Este exemplo mostra que, quando usamos feixes de partículas colidindo em sentidos contrários, as energias necessárias para produzir a reação são substancialmente menores que as empregadas quando o alvo está em repouso.)

37.70 ••• PC CALC **A relatividade e a equação de onda.** (a) Considere uma transformação galileana ao longo do eixo x: $x' = x - vt$ e $t' = t$. No sistema de referência S, a equação da propagação das ondas eletromagnéticas no vácuo é dada por

$$\frac{\partial^2 E(x, t)}{\partial x^2} - \frac{1}{c^2}\frac{\partial^2 E(x, t)}{\partial t^2} = 0$$

onde E representa o campo elétrico da onda. Mostre que, usando uma transformação galileana no sistema de referência S', obtemos

$$\left(1 - \frac{v^2}{c^2}\right)\frac{\partial^2 E(x', t')}{\partial x'^2} + \frac{2v}{c^2}\frac{\partial^2 E(x', t')}{\partial x' \partial t'} - \frac{1}{c^2}\frac{\partial^2 E(x', t')}{\partial t'^2} = 0$$

A forma da equação anterior é diferente da forma da equação da onda no sistema S. Logo, a transformação galileana *viola* o primeiro postulado da relatividade segundo o qual todas as leis físicas devem possuir a mesma forma em todos os sistemas de referência inerciais. (*Dica*: usando a regra de cadeia, expresse as respectivas derivadas parciais $\partial/\partial x$ e $\partial/\partial t$ em termos de $\partial/\partial x'$ e $\partial/\partial t'$.) (b) Repita a análise do item (a) usando agora as transformações de Lorentz dadas pelo conjunto das equações 37.21 e mostre que, no sistema de referência S', a equação da onda possui a mesma forma da equação da onda no sistema S:

$$\frac{\partial^2 E(x', t')}{\partial x'^2} - \frac{1}{c^2}\frac{\partial^2 E(x', t')}{\partial t'^2} = 0$$

Explique por que esse resultado mostra que a velocidade da luz no vácuo é igual a c tanto no sistema de referência S' quanto no sistema S.

Problemas com contexto

VELOCIDADE DA LUZ. Nosso universo possui propriedades determinadas pelos valores de constantes físicas fundamentais e seria um lugar muito diferente se a carga do elétron, a massa do próton ou a velocidade da luz fossem substancialmente diferentes de seu valor real. Por exemplo, a velocidade da luz é tão grande que os efeitos da relatividade normalmente passam despercebidos nos eventos do nosso dia a dia. Vamos imaginar um universo alternativo onde a velocidade da luz é 1.000.000 de vezes menor que é em nosso universo para ver o que aconteceria.

37.71 Um avião possui o comprimento de 60 m quando medido em repouso. Quando o avião está se movendo a 180 m/s (400 mph) em um universo alternativo, qual seria seu comprimento aparente para um observador estacionário? (a) 24 m; (b) 36 m; (c) 48 m; (d) 60 m; (e)75 m.

37.72 Se o avião do Problema 37.71 possui uma massa em repouso de 20.000 kg, qual é sua massa relativística quando o avião estiver se movendo a 180 m/s? (a) 8.000 kg; (b) 12.000 kg; (c) 16.000 kg; (d) 25.000 kg; (e) 33.300 kg.

37.73 No nosso universo, a energia de repouso de um elétron é de aproximadamente $8{,}2 \times 10^{-14}$ J. Como seria em um universo alternativo? (a) $8{,}2 \times 10^{-8}$ J; (b) $8{,}2 \times 10^{-26}$ J; (c) $8{,}2 \times 10^{-2}$ J; (d) 0,82 J.

37.74 No universo alternativo, qual deveria ser a velocidade de um objeto para que possuísse uma energia cinética igual à sua massa de repouso? (a) 225 m/s; (b) 260 m/s; (c) 300 m/s; (d) a energia cinética não poderia ser igual à massa de repouso.

RESPOSTAS

Resposta à pergunta inicial do capítulo

Resposta: (**v**) A partir da Equação 37.36, a expressão relativística para a energia cinética de uma partícula de massa m movendo-se com uma velocidade v é $K = (\gamma - 1)mc^2$, onde $\gamma = 1/\sqrt{1 - v^2/c^2}$. Se $v = 0{,}99000c$, $\gamma - 1 = 6{,}08881$; se $v = 0{,}99995c$, $\gamma - 1 = 99{,}001$, que é 16,260 vezes maior que o valor de $v = 0{,}99000c$. Na medida em que a velocidade se aproxima de c, um aumento relativamente pequeno em v corresponde a um grande aumento na energia cinética (veja a Figura 37.21).

Respostas às perguntas dos testes de compreensão

37.1 Resposta: (**a**) (**i**), (**b**) **não** Você, também, vai medir uma frente de onda esférica que se expande na mesma velocidade c em todas as direções. Esta é uma consequência do segundo postulado de Einstein. A frente de onda que você medir *não* permanece centrada sobre a posição da nave espacial em movimento; em vez disso, está centrada no ponto P em que a nave foi localizada no instante em que o pulso de luz foi emitido. Por exemplo, suponha que a nave esteja se movendo a uma velocidade $c/2$. Quando seu relógio mostrar que um tempo t decorreu desde que o pulso de luz foi emitido, suas medidas vão mostrar que a frente de onda é uma esfera de raio ct centrada em P e que a nave espacial está a uma distância $ct/2$ de P.

37.2 Resposta: (**iii**) No sistema de referência de Mavis, os dois eventos (o relógio de Ogdenville batendo ao meio-dia e o relógio de North Haverbrook batendo ao meio-dia) não são simultâneos. A Figura 37.5 mostra que o evento na parte frontal do veículo ferroviário ocorre primeiro. Uma vez que o vagão está se movendo em direção a North Haverbrook, aquele relógio bateu ao meio-dia antes do que está em Ogdenville. Assim, de acordo com Mavis, o meio-dia ocorre depois em North Haverbrook.

37.3 Resposta: (**a**) (**ii**), (**b**) (**ii**) A afirmação de que os relógios em movimento andam mais devagar se refere a qualquer relógio que está em movimento em relação a um observador. Maria e seu cronômetro estão se movendo em relação a Samir, de modo que Samir percebe o cronômetro de Maria como sendo mais lento e que nele se passaram menos segundos que no seu próprio cronômetro. Samir e seu cronômetro estão se movendo em relação a Maria, então, da mesma forma, quando ela mede o cronômetro de Samir, este parece ser mais lento. A medição de cada observador é a correta para seu próprio sistema de referência. *Ambos* os observadores concluíram que um cronômetro em movimento é mais lento. Isso é consistente com o princípio da relatividade (veja a Seção 37.1), que afirma que as leis da física são as mesmas em todos os sistemas de referência inerciais.

37.4 Resposta: (**ii**), (**i**) e (**iii**) (**empate**), (**iv**) Você mede tanto o comprimento no repouso da régua estacionária quanto o comprimento contraído da nave em movimento como sendo 1 metro. O comprimento da espaçonave em repouso é maior que o comprimento contraído que você medir e então tem de ser maior do que 1 metro. Um observador minúsculo no chão da espaçonave mediria um comprimento contraído para a régua de menos de 1 metro. Observe que, em seu sistema de referência, o nariz e a cauda da espaçonave podem simultaneamente se alinhar com as duas pontas da régua, uma vez que, em seu sistema de referência, eles possuem o mesmo comprimento de 1 metro. No sistema de referência da espaçonave, esses dois alinhamentos não podem acontecer simultaneamente porque a régua é menor que a espaçonave. A Seção 37.2 nos fala que isso não deveria ser uma surpresa; dois eventos que são simultâneos para um observador podem não sê-lo para um segundo observador que está se movendo em relação ao primeiro.

37.5 Resposta: (**a**) P_1, (**b**) P_4 (a) A última das equações 37.21 nos diz os tempos dos dois eventos em S': $t'_1 = \gamma(t_1 - ux_1/c^2)$ e $t'_2 = \gamma(t_2 - ux_2/c^2)$. No sistema de referência S, os dois eventos ocorrem na mesma coordenada x, portanto $x_1 = x_2$ e o evento P_1 acontece antes de P_2, então $t_1 < t_2$. Então, é possível concluir que $t'_1 < t'_2$ e também que o evento P_1 acontece antes de P_2 no sistema de referência S'. Isso significa que, se o evento P_1 acontece antes de P_2 no sistema de referência S onde os dois eventos ocorrem na mesma posição, então P_1 acontece antes de P_2 em qualquer outro sistema que se move em relação a S. (b) No sistema S, os dois eventos ocorrem em coordenadas x diferentes, como $x_3 < x_4$, e os eventos P_3 e P_4 ocorrem ao mesmo tempo, então $t_3 = t_4$. Dessa forma, é possível concluir que $t'_3 = \gamma(t_3 - ux_3/c^2)$ é maior que $t'_4 = \gamma(t_4 - ux_4/c^2)$, então o evento P_4 acontece antes de P_3 no sistema de referência S'. Isso significa que, ainda que os dois eventos sejam simultâneos no sistema de referência S, precisam não ser simultâneos no sistema de referência que está se movendo em relação a S.

37.7 Resposta: (**ii**) A Equação 37.27 nos mostra que o módulo do momento linear de uma partícula com massa m e velocidade v é $p = mv/\sqrt{1 - v^2/c^2}$. Se v aumentar por um fator 2, o numerador mv aumenta por um fator 2 *e* o denominador $\sqrt{1 - v^2/c^2}$ diminui. Assim, p aumenta por um fator maior que 2. (Note que, para dobrar a velocidade, a velocidade inicial tem de ser menor que $c/2$. Isso é porque a velocidade da luz é o limite máximo de velocidade.)

37.8 Resposta: (**i**) Como o próton se desloca uma distância s, a força constante de módulo F realiza um trabalho $W = Fs$ e aumenta a energia cinética em $\Delta K = W = Fs$. É verdade que não importa qual é a velocidade do próton antes de percorrer essa distância. Sendo assim, a força constante aumenta a energia cinética do próton na mesma quantidade durante o primeiro metro do trajeto assim como qualquer outro metro subsequente da trajetória. (É verdade que, na medida em que o próton se aproxima do limite máximo de velocidade c, o aumento da *velocidade* do próton é cada vez menor a cada metro que o próton percorre. No entanto, não é isso que a questão está pedindo.)

Problema em destaque

(**a**) $0{,}268c$
(**b**) 35,6 MeV
(**c**) 145 MeV

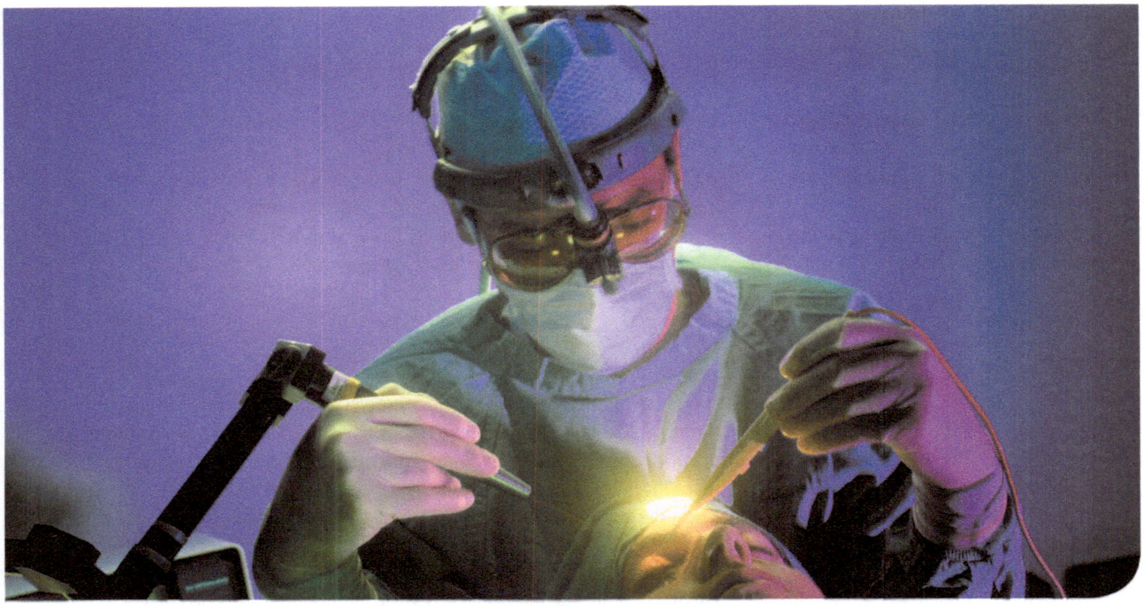

? Este cirurgião plástico está usando duas fontes de luz: uma lâmpada de cabeça, que emite um feixe de luz visível, e um laser portátil, que emite luz infravermelha. A luz de ambas as fontes é emitida sob a forma de pacotes de energia conhecidos como fótons. Para qual fonte os fótons possuem maior energia? (i) A lâmpada de cabeça; (ii) o laser; (iii) ambos possuem a mesma energia; (iv) não foram fornecidas informações suficientes.

38 FÓTONS: ONDAS DE LUZ SE COMPORTANDO COMO PARTÍCULAS

OBJETIVOS DE APRENDIZAGEM

Ao estudar este capítulo, você aprenderá:

38.1 De que forma a teoria de Einstein sobre o fóton explica o efeito fotoelétrico.

38.2 Como experiências envolvendo produção de raios X forneceram evidências de que a luz é emitida na forma de fótons.

38.3 Como o espalhamento dos raios gama ajudaram a confirmar a teoria dos fótons de luz.

38.4 Como o princípio da incerteza de Heisenberg impõe limites fundamentais no que é possível ser medido.

Revendo conceitos de:

8.5 Centro de massa.

16.7 Batimentos.

23.2 Elétrons-volt.

32.1, 32.4 Luz como uma onda eletromagnética.

33.6 Espalhamento da luz.

36.2, 36.3 e 36.6 Difração de fenda única, difração de raios X.

37.8 Energia e momento linear relativísticos.

No Capítulo 32, vimos como Maxwell, Hertz e outros estabeleceram que a luz é uma onda eletromagnética. Fenômenos como a interferência, a difração e a polarização, discutidos nos capítulos 35 e 36, forneceram novas comprovações da *natureza ondulatória* da luz.

No entanto, quando observamos de perto a emissão, a absorção e o espalhamento da radiação eletromagnética, descobrimos um aspecto completamente diferente da luz. Verificamos que a energia de uma onda eletromagnética é *quantizada*; ela é emitida e absorvida em pacotes semelhantes a partículas com energias definidas, chamados de *fótons* ou *quanta*. A energia de um único fóton é proporcional à frequência da radiação.

Veremos que a luz e outra radiação eletromagnética exibem uma *dualidade onda-partícula*: às vezes a luz age como onda e outras vezes, como partícula. Interferência e difração demonstram comportamento ondulatório, ao passo que emissão e absorção de fótons demonstram comportamento de partículas. Essa reinterpretação radical da luz nos conduzirá, no próximo capítulo, a alterações não menos radicais em nossa visão sobre a natureza da matéria.

38.1 LUZ ABSORVIDA COMO FÓTONS: O EFEITO FOTOELÉTRICO

Um fenômeno que nos ajuda a esclarecer a natureza da luz é o **efeito fotoelétrico**, no qual um material emite elétrons de sua superfície quando iluminado (**Figura 38.1**). Para se desprender da superfície, um elétron tem de absorver energia suficiente da luz para superar a atração dos íons positivos do material. Essas forças de atração constituem uma barreira de energia potencial; a luz fornece o "chute" que permite o desprendimento do elétron.

O efeito fotoelétrico possui um grande número de aplicações. Câmeras digitais e óculos de visão noturna o utilizam para converter energia luminosa em um sinal elétrico que é reconstituído em uma imagem (**Figura 38.2**). A luz do Sol incidindo sobre a Lua faz que a poeira de sua superfície libere elétrons, deixando as partículas de poeira com uma carga positiva. A repulsão elétrica mútua dessas partículas de poeira carregadas faz que elas se ergam acima da superfície da Lua, um fenômeno que foi observado a partir da órbita lunar pelos astronautas da *Apollo*.

Figura 38.1 O efeito fotoelétrico.

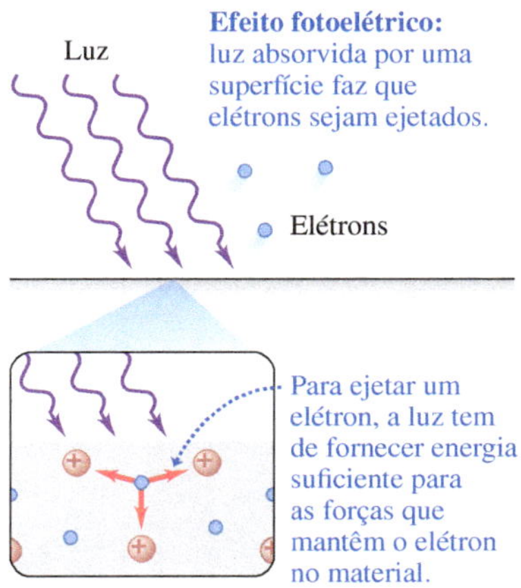

Figura 38.2 (a) Um tubo fotomultiplicador para visão noturna usa o efeito fotoelétrico. Os fótons que entram no tubo colidem com a placa, ejetando elétrons que passam através de um disco fino, no qual existem milhões de minúsculos canais. A corrente através de cada canal é ampliada eletronicamente e, a seguir, direcionada para uma tela que cintila quando atingida por elétrons. (b) A imagem sobre a tela, formada por milhões de cintilações, é milhares de vezes mais nítida que a imagem formada a olho nu.

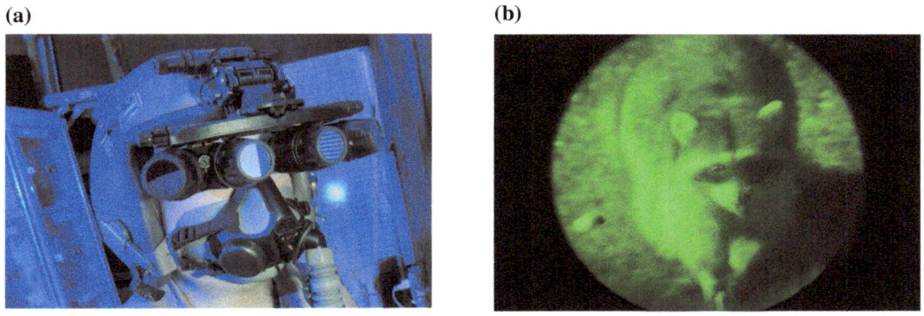

Frequência e potencial de corte

Na Seção 32.1, exploramos o modelo ondulatório da luz, que Maxwell formulou duas décadas antes de o efeito fotoelétrico ser observado. O efeito fotoelétrico seria consistente com esse modelo? A **Figura 38.3a** mostra uma versão moderna

Figura 38.3 Uma experiência testando se o efeito fotoelétrico é consistente com o modelo ondulatório da luz.

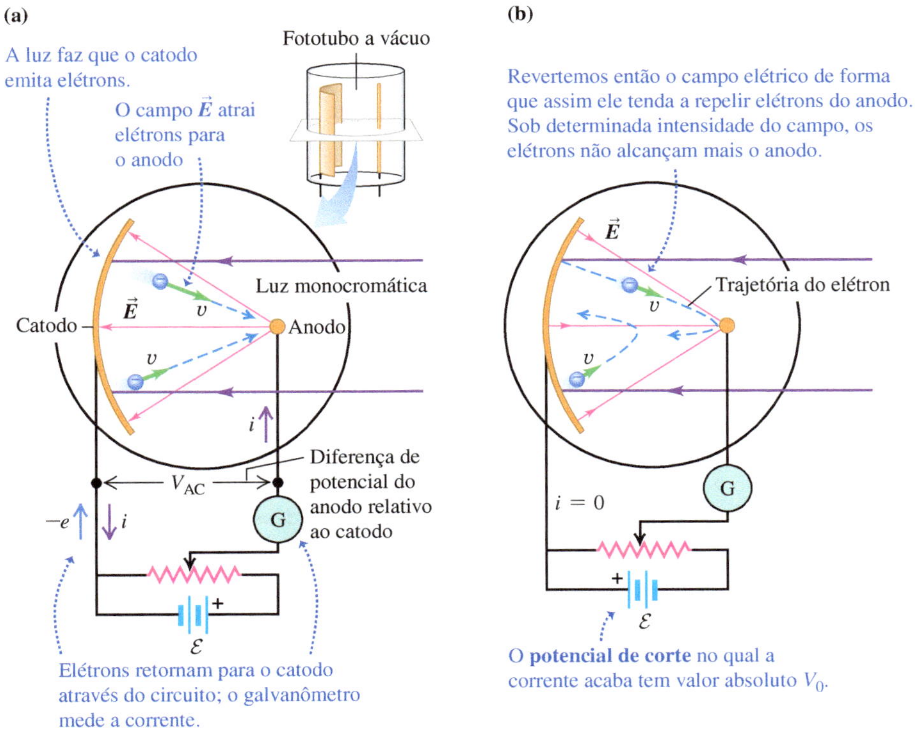

de uma das experiências que exploraram essa questão. Dois eletrodos condutores encontram-se no interior de um tubo de vidro a vácuo, são conectados por uma bateria e o catodo é iluminado. Dependendo da diferença de potencial V_{AC} entre os dois catodos, os elétrons emitidos pelo catodo iluminado (chamados de *fotoelétrons*) podem atravessar o anodo, produzindo uma *corrente fotoelétrica* no circuito externo (o tubo é submetido a uma pressão residual de 0,01 Pa ou menor para minimizar as colisões dos elétrons com as moléculas gasosas).

O catodo iluminado emite fotoelétrons com várias energias cinéticas. Se o campo elétrico aponta para o catodo, como na Figura 38.3a, todos os elétrons são acelerados em direção ao anodo e contribuem para a corrente fotoelétrica. No entanto, ao reverter o campo e ajustar sua intensidade, como vemos na Figura 38.3b, podemos evitar que elétrons com energia menor alcancem o anodo. De fato, podemos determinar a energia cinética *máxima* $K_{máx}$ dos elétrons emitidos fazendo o potencial do anodo relativo ao catodo, V_{AC}, negativo o suficiente para que a corrente pare. Isso ocorrerá quando $V_{AC} = -V_0$, onde V_0 é chamada de **potencial de corte**. Na medida que um elétron se move do catodo para o anodo, o potencial diminui por V_0 e o trabalho negativo $-eV_0$ é exercido sobre o elétron (carregado negativamente). O elétron com mais energia deixa o catodo com energia cinética $K_{máx} = \frac{1}{2}mv_{máx}{}^2$ e possui energia cinética zero no anodo. Usando o teorema trabalho–energia, obtemos:

$$W_{tot} = -eV_0 = \Delta K = 0 - K_{máx} \quad \text{(energia cinética máxima de fotoelétrons)}$$

$$K_{máx} = \tfrac{1}{2}mv_{máx}{}^2 = eV_0 \tag{38.1}$$

Portanto, medindo o potencial de corte V_0, podemos determinar a energia cinética máxima com a qual os elétrons deixam o catodo. (Estamos desprezando qualquer efeito provocado pela eventual diferença nos materiais do catodo e do anodo.)

Nessa experiência, como é que a corrente fotoelétrica depende da tensão através dos eletrodos e da frequência e intensidade da luz? Com base na visão de Maxwell a respeito da luz como uma onda eletromagnética, podemos prever o seguinte:

Modelo ondulatório – previsão 1: vimos na Seção 32.4 que a intensidade de uma onda eletromagnética depende de sua amplitude, mas não de sua frequência. Assim, o efeito fotoelétrico deve ocorrer para luz de qualquer frequência e a *magnitude da corrente fotoelétrica não deve depender da frequência da luz.*

Modelo ondulatório – previsão 2: é preciso uma certa quantidade de energia mínima, chamada de **função trabalho**, para que um único elétron salte de uma superfície em particular (veja a Figura 38.1). Se a luz que incide sobre a superfície é muito fraca, algum tempo pode decorrer antes de a energia total absorvida pela superfície ser igual à função trabalho. Dessa forma, para uma iluminação fraca, *esperamos um atraso de tempo* entre o momento em que a luz é ligada e quando os fotoelétrons aparecem.

Modelo ondulatório – previsão 3: como a energia que incidiu sobre a superfície do catodo depende da intensidade da iluminação, *esperamos que o potencial de corte aumente com o aumento da intensidade da luz.* Uma vez que a intensidade não depende da frequência, esperamos que *o potencial de corte não dependa da frequência da luz.*

O resultado experimental mostra-se *muito* diferente dessas previsões. A seguir, são apresentados os resultados obtidos entre os anos de 1877 e 1905:

Resultado experimental 1: *a corrente fotoelétrica depende da frequência da luz.* Para um determinado material, a luz monocromática com uma frequência abaixo da **frequência de corte** mínima não produz *nenhuma* corrente fotoelétrica, independentemente de sua intensidade. Para a maioria dos metais, a frequência de corte é a ultravioleta (que corresponde a um comprimento de onda λ entre 200 e 300 nm), mas para outros materiais, como óxido de potássio e óxido de césio, ela está no espectro visível (λ entre 380 e 750 nm).

Resultado experimental 2: *não existe um intervalo de tempo mensurável* entre o instante em que a luz é ligada e aquele em que o catodo emite fotoelétrons (supondo que a frequência da luz supere a frequência de corte). Essa é uma verdade, independentemente do quanto a luz é fraca.

Resultado experimental 3: *o potencial de corte não depende da intensidade, mas da frequência.* A **Figura 38.4** mostra um gráfico da corrente fotoelétrica em função da diferença de potencial V_{AC} para a luz com uma determinada frequência e em duas intensidades diferentes. A diferença de potencial $-V_0$ invertida, necessária para reduzir a corrente a zero, é a mesma para ambas as intensidades. O único efeito do aumento da intensidade é o aumento do número de elétrons por segundo e, consequentemente, a corrente fotoelétrica i. (As curvas se estabilizam quando V_{AC} é suficientemente grande e positiva, pois nesse ponto *todos* os elétrons emitidos são coletados pelo anodo.) Se a intensidade da luz permanece constante, mas a frequência aumenta, o potencial de corte também aumenta. Em outras palavras, quanto maior a frequência da luz, maior é a energia dos fotoelétrons liberados.

Figura 38.4 Corrente fotoelétrica i em função do potencial V_{AC} do anodo em relação ao catodo para uma frequência da luz f constante.

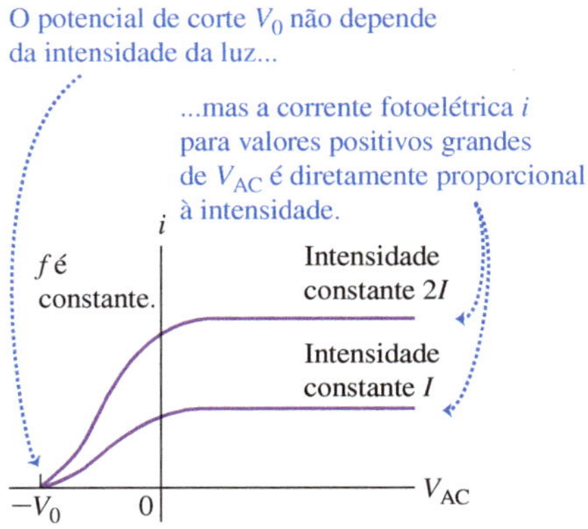

Esses resultados contradizem diretamente a descrição da luz feita por Maxwell, como uma onda eletromagnética. Uma solução para esse dilema foi fornecida por Albert Einstein em 1905. Sua proposta consistia em nada menos que uma nova teoria para a natureza da luz.

Teoria do fóton proposta por Einstein

Einstein fez um postulado radical de que um feixe de luz era constituído por pequenos pacotes de energia, chamados **fótons** ou *quanta*. Esse postulado foi uma extensão de uma ideia desenvolvida cinco anos antes por Max Planck para explicar as propriedades da radiação de corpo negro, conforme discutimos na Seção 17.7. (Exploraremos as ideias de Planck na Seção 39.5). Na teoria de Einstein, a energia E de um fóton é igual a uma constante vezes a frequência f. De acordo com a relação $f = c/\lambda$ para ondas eletromagnéticas no vácuo, temos

Constante de Planck; Velocidade da luz no vácuo

Energia de um fóton $\rightarrow$
$$E = hf = \frac{hc}{\lambda} \qquad (38.2)$$
Frequência; Comprimento de onda

onde h é uma constante universal, chamada de **constante de Planck**. O valor numérico dessa constante, com a precisão conhecida hoje, é

$$h = 6{,}62606957(29) \times 10^{-34}\ \text{J} \cdot \text{s}$$

ATENÇÃO Fótons não são "partículas" no sentido usual É comum, porém impreciso, visualizar fótons como se fossem bolas de bilhar em miniatura. Bolas de bilhar possuem uma massa de repouso e viajam em uma velocidade mais lenta que a velocidade da luz c, enquanto fótons viajam na velocidade da luz e possuem *zero* massa de repouso. Além do mais, os fótons possuem características de onda (frequência e comprimento) que são facilmente observáveis. O conceito de fóton é muito estranho, e a verdadeira natureza dos fótons é difícil de visualizar de um jeito simples. Discutiremos esse assunto com mais detalhes na Seção 38.4.

Na teoria de Einstein, um único fóton chegando em uma superfície na Figura 38.1a ou 38.2 é absorvido por um único elétron. Essa transferência de energia é um processo de tudo ou nada, contrastando com a transferência contínua de energia que existe na teoria de onda da luz; o elétron absorve toda a energia do próton

DADOS MOSTRAM

Fótons

Quando os alunos recebiam um problema sobre fótons e suas propriedades, mais de 20% davam uma resposta incorreta. Erros comuns:

- Confusão a respeito de energia do fóton, frequência e comprimento de onda. Quanto maior for a frequência de um fóton, maior será a energia dele, e menor será seu comprimento de onda; quanto maior for o comprimento de onda de um fóton, menor será a energia do fóton e mais baixa será sua frequência (veja a Equação 38.2).
- Confusão sobre o efeito fotoelétrico. Quanto *maior* for a força de trabalho do material, *menor* será a energia cinética dos elétrons emitidos quando os fótons de uma determinada frequência brilharem sobre o material (veja a Equação 38.3).

ou absolutamente nenhuma. O elétron pode se desprender da superfície somente se a energia que ele adquirir for maior que a função trabalho ϕ. Dessa forma, os fotoelétrons serão emitidos somente se $hf > \phi$ ou $f > \phi/h$. Portanto, o postulado de Einstein explica por que o efeito fotoelétrico ocorre apenas para frequências superiores a um limite mínimo de frequência. Esse postulado também é consistente com a observação de que maior intensidade provoca maior corrente fotoelétrica (Figura 38.4). Maior intensidade em uma frequência específica significa maior número de fótons absorvidos por segundo e, portanto, maior número de elétrons emitidos por segundo e uma maior corrente fotoelétrica.

O postulado de Einstein também explica por que não existe intervalo algum entre a iluminação e a emissão de fotoelétrons. Assim que fótons com energia suficiente atingem a superfície, elétrons podem absorvê-los e ser liberados.

Finalmente, o postulado de Einstein explica por que o potencial de corte para uma determinada superfície depende apenas da frequência da luz. Lembre-se de que ϕ é a energia *mínima* necessária para remover um elétron de uma superfície. Einstein aplicou a conservação da energia para descobrir que a energia cinética *máxima* $K_{\text{máx}} = \frac{1}{2}mv_{\text{máx}}^2$ para um elétron emitido é a energia hf obtida de um fóton menos a função trabalho ϕ:

$$K_{\text{máx}} = \frac{1}{2}mv_{\text{máx}}^2 = hf - \phi \qquad (38.3)$$

Substituindo $K_{\text{máx}} = eV_0$ da Equação 38.1, encontramos:

Efeito fotoelétrico:

$$eV_0 = hf - \phi \qquad (38.4)$$

Energia cinética máxima do fotoelétron (eV_0); Módulo da carga do elétron (e); Potencial de corte (V_0); Energia do fóton absorvido (hf); Constante de Planck (h); Frequência da luz (f); Função trabalho (ϕ)

Figura 38.5 Potencial de corte como uma função da frequência para determinado material do catodo.

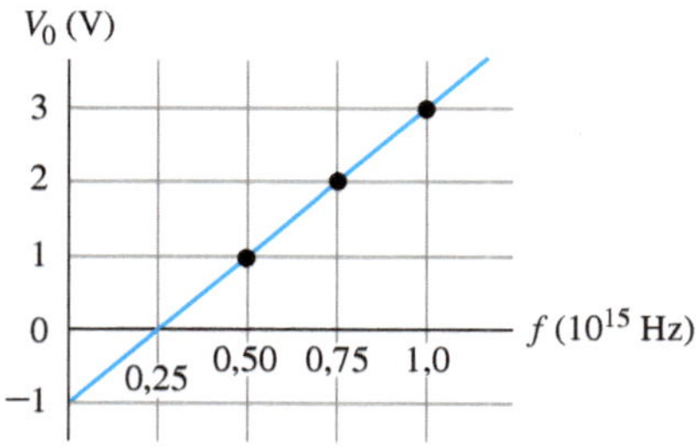

A Equação 38.4 mostra que o potencial de corte V_0 aumenta com o aumento da frequência f. A intensidade não aparece na Equação 38.4, então V_0 é independente da intensidade. Para uma confirmação da Equação 38.4, podemos medir o potencial de corte V_0 para cada um dos muitos valores da frequência f, para um dado material do catodo (**Figura 38.5**). Com um gráfico de V_0 como uma função de f, observamos que o resultado é uma linha reta, e podemos determinar tanto a função trabalho ϕ quanto o valor da grandeza h/e. Depois que a carga do elétron $-e$ foi medida por Robert Millikan em 1909, a constante de Planck h também foi determinada a partir dessas medidas.

As funções trabalho e as energias dos elétrons geralmente são expressas em elétrons-volt (eV), unidade definida na Seção 23.2. Com quatro algarismos significativos, temos

$$1 \text{ eV} = 1{,}602 \times 10^{-19}\text{ J}$$

Para esse nível de precisão, a constante de Planck é

$$h = 6{,}626 \times 10^{-34}\text{ J} \cdot \text{s} = 4{,}136 \times 10^{-15}\text{ eV} \cdot \text{s}$$

A **Tabela 38.1** lista as funções trabalho para muitos elementos. Esses valores são aproximados porque são muito sensíveis às impurezas da superfície. Quanto maior for a força de trabalho, maior será a frequência mínima necessária para a emissão de fotoelétrons (**Figura 38.6**).

A teoria do fóton também explica outros fenômenos nos quais a luz é absorvida. Um *bronzeamento solar* é causado quando a energia da luz solar dispara uma reação química nas células da pele que leva ao aumento da produção do pigmento

TABELA 38.1 Função trabalho de diversos elementos.

Elemento	Função trabalho (eV)
Alumínio	4,3
Carbono	5,0
Cobre	4,7
Ouro	5,1
Níquel	5,1
Silício	4,8
Prata	4,3
Sódio	2,7

melanina. Essa reação pode ocorrer somente se uma molécula específica na célula absorve uma certa quantidade mínima de energia. Um fóton com comprimento de onda curto ultravioleta possui energia suficiente para disparar essa reação, mas uma luz visível com comprimento de onda maior não consegue. Sendo assim, a luz ultravioleta causa o bronzeado, mas a luz visível, não.

Figura 38.6 Potencial de corte em função da frequência para dois materiais do catodo que possuam uma função trabalho ϕ diferente.

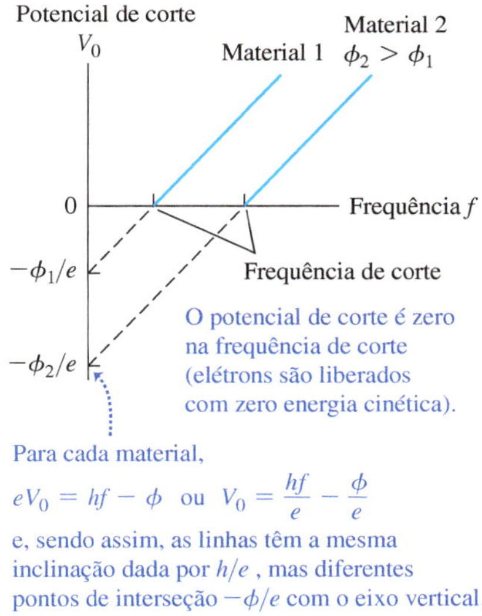

Momento linear do fóton

O conceito de fóton se aplica a *todas* as regiões do espectro eletromagnético, inclusive as ondas de rádio, os raios X e assim por diante. Um fóton de qualquer frequência f e comprimento de onda λ possui uma energia E dada pela Equação 38.2. Além disso, de acordo com a teoria especial da relatividade, toda partícula que possui energia também deve possuir momento linear. Os fótons têm massa de repouso igual a zero e um fóton com energia E possui momento linear com módulo p obtido da relação $E = pc$, como vimos na Equação 37.40 da Seção 37.8. Logo, o módulo p do momento linear do fóton é

$$p = \frac{E}{c} = \frac{hf}{c} = \frac{h}{\lambda} \qquad (38.5)$$

Momento linear de um fóton (p); Energia do fóton (E); Constante de Planck (h); Comprimento de onda (λ); Velocidade da luz no vácuo (c); Frequência (f)

A direção e o sentido do momento linear do fóton são simplesmente a direção e o sentido da propagação da onda eletromagnética.

ESTRATÉGIA PARA A SOLUÇÃO DE PROBLEMAS 38.1 FÓTONS

IDENTIFICAR *os conceitos relevantes:* a energia e o momento linear de um fóton individual são proporcionais à frequência e inversamente proporcionais ao comprimento de onda. A interpretação de Einstein para o efeito fotoelétrico é que a energia é conservada quando um fóton libera um elétron da superfície de um material.

PREPARAR *o problema*: identifique a variável-alvo. Pode ser o comprimento de onda λ, a frequência f, a energia E ou o momento linear p. Se o problema envolve o efeito fotoelétrico, a variável-alvo pode ser a energia cinética máxima dos fotoelétrons $K_{máx}$, o potencial de corte V_0 ou a função trabalho ϕ.

EXECUTAR *a solução* conforme segue:

1. Use as equações 38.2 e 38.5 para relacionar a energia e o momento linear de um fóton a seu comprimento de onda e frequência. Se o problema envolve o efeito fotoelétrico, use as equações 38.1, 38.3 e 38.4 para relacionar a frequência, o potencial de corte, a função trabalho e a energia cinética máxima dos fotoelétrons.
2. O elétron-volt (eV), que abordamos inicialmente na Seção 23.2, é uma unidade importante e conveniente. É a quantidade de energia cinética ganha por um elétron ao se deslocar livremente através de um aumento de potencial igual a um volt: 1 eV $= 1{,}602 \times 10^{-19}$ J. Se a energia do fóton E for dada em elétrons-volt, use $h = 4{,}136 \times 10^{-15}$ eV · s; se E estiver em joules, use $h = 6{,}626 \times 10^{-34}$ J · s.

AVALIAR *sua resposta:* em problemas envolvendo fótons, as grandezas algumas vezes são expressas com intervalos não familiares, por isso os erros não serão óbvios. É útil lembrar que um fóton de luz com $\lambda = 600$ nm e $f = 5 \times 10^{14}$ Hz possui uma energia E aproximadamente igual a 2 eV, ou cerca de 3×10^{-19} J.

EXEMPLO 38.1 FÓTONS DE UM LASER POINTER

Um laser pointer com uma potência de saída de 5,00 mW emite luz vermelha ($\lambda = 650$ nm). (a) Qual é o módulo do momento linear de cada fóton? (b) Quantos fótons o laser pointer emite em cada segundo?

SOLUÇÃO

IDENTIFICAR E PREPARAR: este problema envolve as ideias de (a) momento linear do fóton e (b) energia do fóton. Na parte (a), usaremos a Equação 38.5 e o comprimento de onda fornecido para encontrar o módulo do momento linear de cada fóton. Na parte (b), a Equação 38.5 nos fornece a energia por fóton e a potência nos permite saber qual a energia emitida por segundo. Podemos combinar essas grandezas para calcular o número de fótons emitidos por segundo.

EXECUTAR: (a) sabemos que $\lambda = 650$ nm $= 6{,}50 \times 10^{-7}$ m, então, a partir da Equação 38.5, o momento linear do fóton é:

(*Continua*)

(*Continuação*)

$$p = \frac{h}{\lambda} = \frac{6{,}626 \times 10^{-34}\ \text{J} \cdot \text{s}}{6{,}50 \times 10^{-7}\ \text{m}}$$
$$= 1{,}02 \times 10^{-27}\ \text{kg} \cdot \text{m/s}$$

(Lembre-se de que 1 J = 1 kg · m^2/s^2.)
(b) A partir da Equação 38.5, a energia de um único fóton é

$$E = pc = (1{,}02 \times 10^{-27}\ \text{kg} \cdot \text{m/s})\ (3{,}00 \times 10^{8}\ \text{m/s})$$
$$= 3{,}06 \times 10^{-19}\ \text{J} = 1{,}91\ \text{eV}$$

O laser pointer emite energia a uma taxa de $5{,}00 \times 10^{-3}$ J/s, então ele emite fotoelétrons a uma taxa de

$$\frac{5{,}00 \times 10^{-3}\ \text{J/s}}{3{,}06 \times 10^{-19}\ \text{J/fótons}} = 1{,}63 \times 10^{16}\ \text{fótons/s}$$

AVALIAR: o resultado na parte (a) apresenta um valor bastante pequeno; uma molécula comum de oxigênio na temperatura do ar da nossa sala possui momento linear 2.500 vezes maior. Para verificarmos o resultado da parte (b), podemos calcular a energia do fóton a partir da Equação 38.2:

$$E = hf = \frac{hc}{\lambda} = \frac{(6{,}626 \times 10^{-34}\ \text{J} \cdot \text{s})\ (3{,}00 \times 10^{8}\ \text{m/s})}{6{,}50 \times 10^{-7}\ \text{m}}$$
$$= 3{,}06 \times 10^{-19}\ \text{J} = 1{,}91\ \text{eV}$$

Nosso resultado na parte (b) mostra que uma grande quantidade de fótons deixa o laser pointer a cada segundo, cada um deles com uma quantidade infinitesimal de energia. Dessa forma, a singularidade de cada fóton não é percebida e a energia irradiada parece ser um fluxo contínuo.

EXEMPLO 38.2 UMA EXPERIÊNCIA DO EFEITO FOTOELÉTRICO

Realizando uma experiência do efeito fotoelétrico com uma luz de determinada frequência, você verifica que é necessária uma diferença de potencial invertida de 1,25 V para anular a corrente. Determine: (a) a energia cinética máxima; (b) a velocidade máxima dos fotoelétrons emitidos.

SOLUÇÃO

IDENTIFICAR E PREPARAR: o valor de 1,25 V é o potencial de corte V_0 nessa experiência. Podemos encontrar a energia cinética máxima dos fotoelétrons $K_{máx}$ usando a Equação 38.1; com esse valor, definimos a velocidade máxima dos fotoelétrons.
EXECUTAR: (a) de acordo com a Equação 38.1,

$$K_{máx} = eV_0 = (1{,}60 \times 10^{-19}\ \text{C})\ (1{,}25\ \text{V}) = 2{,}00 \times 10^{-19}\ \text{J}$$

(Lembre-se de que 1 V = 1 J/C). Em termos de elétrons-volt, temos

$$K_{máx} = eV_0 = e(1{,}25\ \text{V}) = 1{,}25\ \text{eV}$$

pois o elétron-volt (eV) é o módulo da carga do elétron e multiplicado por um volt (1 V).
(b) A partir de $K_{máx} = \frac{1}{2}mv_{máx}{}^2$, obtemos

$$v_{máx} = \sqrt{\frac{2K_{máx}}{m}} = \sqrt{\frac{2(2{,}00 \times 10^{-19}\ \text{J})}{9{,}11 \times 10^{-31}\ \text{kg}}}$$
$$= 6{,}63 \times 10^{5}\ \text{m/s}$$

AVALIAR: o valor de $v_{máx}$ é de cerca de 0,2% da velocidade da luz; logo, podemos justificar o uso da expressão não relativística para a energia cinética. (Uma justificativa análoga é que a energia cinética de 1,25 eV do elétron é muito menor que sua energia de repouso mc^2 = 0,511 MeV = $5{,}11 \times 10^5$ eV.)

EXEMPLO 38.3 EXPERIÊNCIA PARA DETERMINAR ϕ E h

Para um certo material do catodo de uma experiência do efeito fotoelétrico, verifica-se um potencial de corte V_0 = 1,0 V para uma luz de comprimento de onda λ igual a 600 nm, 2,0 V para 400 nm e 3,0 V para 300 nm. Determine a função trabalho ϕ para esse material e o valor da constante de Planck h.

SOLUÇÃO

IDENTIFICAR E PREPARAR: este exemplo utiliza uma relação entre o potencial de corte V_0, a frequência f e a função trabalho ϕ no efeito fotoelétrico. Conforme a Equação 38.4, um gráfico do potencial de corte V_0 pela frequência f seria uma linha reta como vemos nas figuras 38.5 ou 38.6. Tal gráfico é completamente determinado por sua inclinação e pelo valor em que ele intercepta o eixo vertical; usaremos esses dados para encontrar os valores das variáveis-alvo ϕ e h.
EXECUTAR: reescrevemos a Equação 38.4 na forma

$$V_0 = \frac{h}{e}f - \frac{\phi}{e}$$

A partir dessa forma, vemos que a inclinação da linha reta é igual a h/e e a interseção com o eixo vertical (correspondente a f = 0) ocorre no ponto $-\phi/e$. As frequências, obtidas pela relação $f = c/\lambda$ e $c = 3{,}0 \times 10^8$ m/s, são $0{,}50 \times 10^{15}$ Hz, $0{,}75 \times 10^{15}$ Hz e $1{,}0 \times 10^{15}$ Hz, respectivamente. O gráfico pode ser visto na Figura 38.6. Do gráfico, obtemos

$$-\frac{\phi}{e} = \text{interseção vertical} = -1{,}0\ \text{V}$$
$$\phi = 1{,}0\ \text{eV} = 1{,}6 \times 10^{-19}\ \text{J}$$

e

$$\text{Inclinação} = \frac{\Delta V_0}{\Delta f} = \frac{3{,}0\ \text{V} - (-1{,}0\ \text{V})}{1{,}00 \times 10^{15}\ \text{s}^{-1} - 0} = 4{,}0 \times 10^{-15}\ \text{J} \cdot \text{s/C}$$
$$h = \text{Inclinação} \times e = (4{,}0 \times 10^{-15}\ \text{J} \cdot \text{s/C})$$
$$(1{,}60 \times 10^{-19}\ \text{C}) = 6{,}4 \times 10^{-34}\ \text{J} \cdot \text{s}$$

(*Continua*)

(Continuação)

AVALIAR: o valor encontrado da constante de Planck h nessa experiência difere em 3% do valor aceito. O pequeno valor de $\phi = 1{,}0$ eV revela que a superfície do catodo não é constituída por nenhum dos materiais indicados na Tabela 38.1.

TESTE SUA COMPREENSÃO DA SEÇÃO 38.1 Películas de silício tornam-se melhores condutores elétricos quando iluminadas por fótons com energias de 1,14 eV ou mais, um efeito chamado *fotocondutividade*. Qual dos seguintes comprimentos de onda da radiação eletromagnética pode causar fotocondutividade em películas de silício? (i) Luz ultravioleta com $\lambda = 300$ nm; (ii) luz vermelha com comprimento de onda $\lambda = 600$ nm; (iii) luz infravermelha com $\lambda = 1.200$ nm; (iv) tanto (i) como (ii); (v) todos os três, ou seja, (i), (ii) e (iii). ❙

BIO Aplicação Esterilizando com fótons de alta energia Uma técnica para matar microrganismos nocivos consiste em iluminá-los com luz ultravioleta com comprimento de onda menor que 254 nm. Se um fóton com esse pequeno comprimento de onda atinge a molécula de DNA dentro do microrganismo, a energia do fóton é suficientemente grande para quebrar as ligações dentro da molécula. Isso o torna incapaz de crescer ou se reproduzir. Essa radiação germicida de ultravioleta é utilizada para higiene médica, para manter laboratórios esterilizados (como mostrado aqui) e para tratamento tanto de água potável quanto da água descartada.

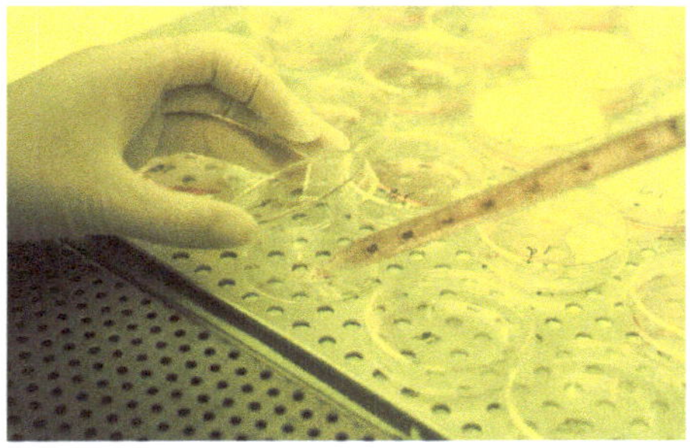

38.2 LUZ EMITIDA COMO FÓTONS: A PRODUÇÃO DE RAIOS X

O efeito fotoelétrico fornece evidências convincentes de que a luz é *absorvida* na forma de fótons. No entanto, para físicos aceitarem o conceito radical de fótons elaborado por Einstein, também foi necessário mostrar que a luz é *emitida* como fótons. Uma experiência que demonstra isso de forma convincente é o inverso do efeito fotoelétrico: em vez da liberação dos elétrons de uma superfície pela incidência de radiação eletromagnética sobre ela, fazemos que essa superfície venha a emitir radiação — mais especificamente, *raios X* — ao bombardeá-la com elétrons de velocidades elevadas.

Fótons de raios X

Raios X foram produzidos pela primeira vez em 1895, pelo físico alemão Wilhelm Röntgen, que empregou um aparelho semelhante ao dispositivo indicado na **Figura 38.7**. Quando o catodo é aquecido até uma temperatura muito elevada, ele libera elétrons em um processo chamado *emissão termoiônica* (assim como no efeito fotoelétrico, a energia mínima que um elétron individual precisa que lhe seja dado para se desprender da superfície do catodo é igual à função trabalho da superfície. Nesse caso, a energia é fornecida aos elétrons pelo calor em vez da luz). Os elétrons são então acelerados no sentido do anodo pela diferença de potencial V_{AC}. No bulbo é criado vácuo (pressão residual menor ou igual a 10^{-7} atm), de modo que os elétrons possam se deslocar do catodo até o anodo sem colidir com as moléculas do ar. Quando V_{AC} for maior que alguns milhares de volts, raios X são emitidos da superfície do anodo.

Figura 38.7 Dispositivo para produzir raios X, semelhante ao usado por Röntgen em 1895.

Elétrons sofrem emissão termoiônica a partir do catodo aquecido e são acelerados no sentido do anodo; ao colidirem com ele, ocorre a emissão de raios X.

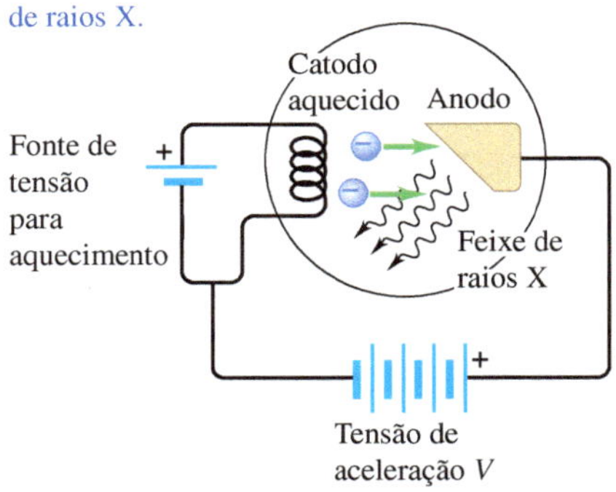

O anodo produz raios X em parte simplesmente pela freada abrupta dos elétrons. (Lembre-se da Seção 32.1, que mostrava que cargas aceleradas emitem ondas eletromagnéticas.) Esse processo é chamado de *bremsstrahlung* (palavra alemã que significa "freio da radiação"). Como os elétrons perdem muito rapidamente acelerações de módulo muito elevado, eles emitem grande parte de sua radiação em comprimentos de onda típicos de raios X, que estão na região entre 10^{-9} m até 10^{-12} m (1 nm até 1 pm). (Os comprimentos de onda dos raios X podem ser medidos com grande precisão usando técnicas de difração de cristal, que foram estudadas na Seção 36.6.) A maior parte dos elétrons é freada por uma série de colisões e interações com átomos do anodo e, sendo assim, o bremsstrahlung produz um espectro contínuo de radiação eletromagnética.

Assim como fizemos com o efeito fotoelétrico na Seção 38.1, vamos comparar o que a teoria de ondas de Maxwell para radiação eletromagnética prevê a respeito dessa radiação, com o que é observado experimentalmente.

Modelo ondulatório – previsão: as ondas eletromagnéticas produzidas quando um elétron colide com o anodo podem ser análogas às ondas sonoras produzidas com o bater de dois pratos. Essas ondas incluem sons de todas as frequências. Por

Figura 38.8 O espectro contínuo de raios X produzidos quando um alvo de tungstênio é atingido por elétrons acelerados por uma voltagem V_{AC}. As curvas representam diferentes valores de V_{AC}; os pontos *a*, *b*, *c* e *d* mostram o comprimento de onda mínimo para cada voltagem.

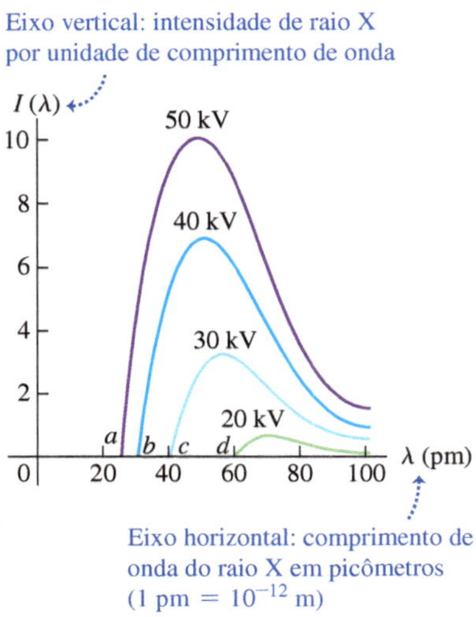

analogia, os raios X produzidos por bremsstrahlung devem ter um espectro que inclua *todas* as frequências e, consequentemente, *todos* os comprimentos de onda. ***Resultado experimental:*** a **Figura 38.8** mostra os espectros bremsstrahlung obtidos quando o mesmo catodo e anodo são usados com quatro velocidades de aceleração diferentes V_{AC}. *Não* são todas as frequências de raio X e comprimentos de onda que são emitidos: cada espectro possui uma frequência máxima $f_{máx}$ e um comprimento de onda correspondente $\lambda_{mín}$. Quanto maior o valor de V_{AC}, maior será a frequência máxima e menor será o comprimento de onda mínimo.

O modelo ondulatório da radiação eletromagnética não consegue explicar esses resultados experimentais. Mas conseguimos facilmente compreendê-los utilizando o modelo de fótons. Um elétron possui carga $-e$ e ganha energia cinética eV_{AC} quando acelerado por uma diferença de potencial V_{AC}. O fóton mais energético (maior frequência e menor comprimento de onda) é produzido se o elétron é freado e para de uma vez quando atinge o anodo, de modo que toda a energia cinética do elétron é usada para produzir um fóton, ou seja,

Bremsstrahlung:

$$eV_{AC} = hf_{máx} = \frac{hc}{\lambda_{mín}} \tag{38.6}$$

Energia cinética perdida pelo elétron: eV_{AC}; Módulo da carga do elétron: e; Voltagem acelerada: V_{AC}; Energia máxima de um fóton emitido: $hf_{máx}$; Frequência máxima do fóton: $f_{máx}$; Constante de Planck: h; Velocidade da luz no vácuo: c; Comprimento de onda mínimo do fóton: $\lambda_{mín}$

(Nessa equação não consideramos a função trabalho de um anodo-alvo e a energia cinética inicial dos elétrons "fervidos" do catodo. Essas energias são muito pequenas se comparadas à energia cinética eV_{AC} obtida pela diferença de potencial.) Se somente uma parte da energia cinética do elétron for usada na produção do fóton, a energia desse fóton será menor que eV_{AC} e o comprimento de onda será menor que $\lambda_{mín}$. A experiência mostra que os valores de $\lambda_{mín}$ medidos para diferentes valores de eV_{AC} (veja a Figura 38.8) estão de acordo com a Equação 38.6. Note que, conforme a Equação 38.6, a frequência máxima e o comprimento de onda mínimo no processo de bremsstrahlung não dependem do material do alvo, e isso também condiz com o experimento. Podemos concluir, então, que a teoria do fóton para a radiação eletromagnética é válida para a *emissão*, da mesma forma que é válida para a absorção de radiação.

O dispositivo mostrado na Figura 38.7 também pode produzir raios X por um segundo processo em que elétrons transferem energia cinética, total ou parcialmente, para átomos individuais no interior do alvo. Ocorre que esse processo não só é consistente com o modelo de fótons de radiação eletromagnética, mas também fornece uma visão sobre a estrutura dos átomos. Vamos voltar a esse processo na Seção 41.5.

EXEMPLO 38.4 PRODUZINDO RAIOS X

Elétrons em um tubo de raios X são acelerados por uma diferença de potencial de 10,0 kV antes de atingir um alvo. Sabendo que um elétron produz um fóton na colisão com o alvo, qual é o comprimento de onda mínimo dos raios X produzidos? Responda usando unidades do SI e elétrons-volt.

SOLUÇÃO

IDENTIFICAR E PREPARAR: para produzir um fóton de raios X com comprimento de onda mínimo e, portanto, energia máxima, toda a energia cinética de um elétron precisa ir para a produção de um único fóton de raios X. Usaremos a Equação 38.6 para determinar o comprimento de onda.

EXECUTAR: de acordo com a Equação 38.6, usando unidades do SI, obtemos

$$\lambda_{mín} = \frac{hc}{eV_{AC}} = \frac{(6{,}626 \times 10^{-34}\ \text{J} \cdot \text{s})(3{,}00 \times 10^{8}\ \text{m/s})}{(1{,}602 \times 10^{-19}\ \text{C})(10{,}0 \times 10^{3}\ \text{V})}$$
$$= 1{,}24 \times 10^{-10}\ \text{m} = 0{,}124\ \text{nm}$$

Usando elétrons-volt, temos:

$$\lambda_{mín} = \frac{hc}{eV_{AC}} = \frac{(4{,}136 \times 10^{-15}\ \text{eV} \cdot \text{s})(3{,}00 \times 10^{8}\ \text{m/s})}{e\,(10{,}0 \times 10^{3}\ \text{V})}$$
$$= 1{,}24 \times 10^{-10}\ \text{m} = 0{,}124\ \text{nm}$$

(Continua)

(Continuação)

No segundo cálculo, o "e" na unidade eV é cancelado pelo "*e*" do módulo da carga do elétron, porque o elétron-volt (eV) é o módulo da carga do elétron *e* vezes um volt (1 V).

AVALIAR: para verificar nosso resultado, lembre-se do Exemplo 38.1, em que um fóton de energia 1,91 eV tem um comprimento de onda de 650 nm. Neste exemplo, a energia do elétron e, portanto, a energia do fóton dos raios X é $10,0 \times 10^3$ eV = 10,0 keV, cerca de 5.000 vezes maior que no Exemplo 38.1, e o comprimento de onda é cerca de $\frac{1}{5000}$ vezes maior que no Exemplo 38.1. Isso faz sentido, já que o comprimento de onda e a energia do fóton são inversamente proporcionais.

Aplicações de raios X

Os raios X possuem muitas aplicações práticas na medicina e na indústria. Por serem capazes de penetrar muitos centímetros em um sólido, eles podem ser usados para pesquisar o interior de materiais opacos para a luz, como ossos quebrados ou defeitos em estruturas de aço. O objeto a ser examinado é colocado entre uma fonte de raios X e um detector eletrônico (como os usados em uma câmera digital). Quanto mais enegrecida uma área na imagem registrada por um detector desses, maior é a radiação incidente. Os ossos absorvem os raios X muito mais efetivamente que os tecidos moles, e por esse motivo eles aparecerão como áreas mais iluminadas. Uma falha ou uma bolha de ar permite a passagem de maior quantidade da radiação e indica uma área escura.

Uma técnica amplamente empregada e bastante aperfeiçoada de raios X é a *tomografia computadorizada*; o instrumento correspondente é chamado de *scanner CT*. A fonte de raios X produz um feixe fino em forma de leque que é detectado do lado oposto ao objeto por uma rede de centenas de detectores alinhados. Cada detector mede a absorção ao longo de uma linha reta através do objeto. O dispositivo inteiro gira em torno do objeto no plano do feixe durante alguns segundos, e as variações das taxas de contagem dos detectores são registradas digitalmente. Um computador processa essas informações e reconstrói a imagem da absorção sobre uma seção reta completa do objeto (**Figura 38.9**). Diferenças diminutas, da ordem de 1%, podem ser detectadas com as varreduras dos scanners CT, revelando tumores e outras anomalias muito pequenas que não são passíveis de serem observadas com as técnicas antigas de raios X.

Figura 38.9 Esta radiologista está operando um scanner CT (visto pela janela) em uma sala isolada contígua para evitar a exposição contínua a raios X.

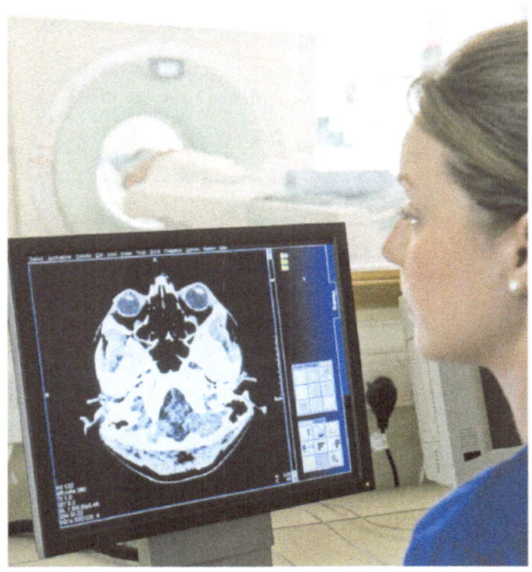

Os raios X produzem danos aos tecidos de seres vivos. Quando os fótons dos raios X são absorvidos nos tecidos, suas energias quebram ligações moleculares e criam radicais livres altamente reativos (como H e OH neutros) que, por sua vez, podem perturbar a estrutura molecular das proteínas e especialmente o material genético. Células jovens e que crescem rapidamente são particularmente suscetíveis; portanto, os raios X podem ser usados para a destruição seletiva de células cancerosas. Por outro lado, uma célula sadia pode sofrer danos pela radiação e ainda assim sobreviver, continuando a se dividir e produzindo células defeituosas; dessa forma, os raios X podem *causar* câncer.

Mesmo quando o próprio organismo não mostra nenhum dano aparente, uma exposição excessiva a essa radiação produz alterações no sistema reprodutor do organismo que podem afetar a fertilidade. Uma clara avaliação dos riscos e benefícios da exposição à radiação é essencial em cada caso individual.

BIO **Aplicação Absorção de raios X e geração de imagens médicas** Elétrons de átomos podem absorver raios X. Dessa forma, materiais com muitos elétrons por átomo tendem a ser melhores na absorção de raios X que materiais com poucos elétrons. Nesta imagem de raio X, as áreas mais claras mostram onde os raios X são absorvidos ao passar através do corpo; as áreas mais escuras indicam regiões relativamente transparentes aos raios X. Ossos contêm grandes quantidades de elementos como fósforo e cálcio, com 15 a 20 elétrons por átomo, respectivamente. Em tecidos moles, os elementos predominantes são hidrogênio, carbono e oxigênio, que possuem 1, 6 e 8 elétrons por átomo, respectivamente. Portanto, os raios X são absorvidos pelos ossos, mas passam de forma relativamente fácil através dos tecidos moles.

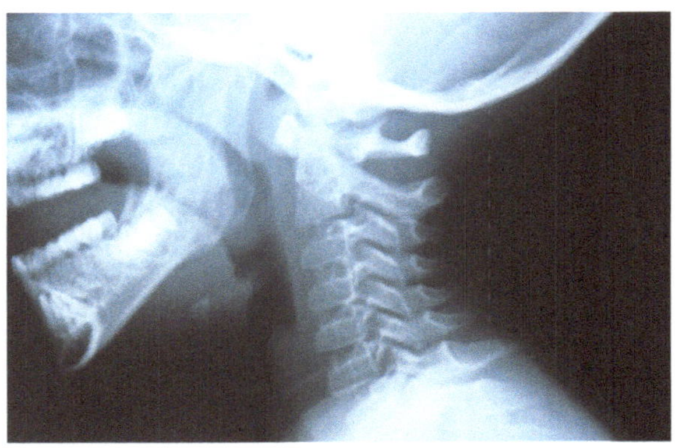

TESTE SUA COMPREENSÃO DA SEÇÃO 38.2 No dispositivo apresentado na Figura 38.7, suponha que você tenha aumentado o número de elétrons emitidos por segundo pelo catodo enquanto é mantida a diferença de potencial V_{AC}. Como isso afetará a intensidade I e o comprimento de onda $\lambda_{mín}$ dos raios X emitidos? (i) I e $\lambda_{mín}$ aumentarão; (ii) I aumentará, mas $\lambda_{mín}$ permanecerá inalterado; (iii) I aumentará, mas $\lambda_{mín}$ diminuirá; (iv) I permanecerá inalterado, mas $\lambda_{mín}$ diminuirá; (v) nenhuma das respostas. ❙

38.3 ESPALHAMENTO DA LUZ COMO FÓTONS: ESPALHAMENTO COMPTON E PRODUÇÃO DE PAR

O último aspecto da luz que temos de testar em relação ao modelo de fóton de Einstein é seu comportamento após a luz ser produzida e antes que seja eventualmente absorvida. Podemos analisar essa questão considerando o *espalhamento* da luz. Como discutimos na Seção 33.6, espalhamento é o que acontece quando a luz rebate em partículas como moléculas no ar.

Espalhamento Compton

Vamos ver o que o modelo de ondas de Maxwell e o modelo de fóton de Einstein preveem sobre o comportamento da luz quando ocorre o espalhamento de um único elétron, como um elétron de um átomo.

Previsão do modelo de onda: na descrição da onda, o espalhamento seria um processo que envolve absorver e irradiar de volta. Parte da energia da onda de luz seria absorvida pelo elétron, que oscilaria em resposta à oscilação do campo elétrico da onda. O elétron que oscila agiria como uma antena em miniatura (veja a Seção 32.1), irradiando de volta a energia adquirida como ondas *espalhadas* em várias direções e sentidos. A frequência com que o elétron oscila seria a mesma que a da luz que nele incide, e a luz irradiada de volta teria a mesma frequência que as oscilações do elétron. *Então, no modelo de onda, a luz espalhada e a luz incidente têm a mesma frequência e o mesmo comprimento de onda.*

Previsão do modelo de fóton: no modelo de fóton, imaginamos o processo de espalhamento como uma colisão de duas *partículas*, o fóton incidente e um elétron que está inicialmente em repouso (**Figura 38.10a**). O fóton incidente perderia parte de sua energia e momento linear para o elétron, que recua como resultado de seu impacto. O fóton espalhado que permanece pode voar para fora em vários ângulos ϕ em relação à direção da luz incidente, mas ele possui menos energia e momento linear menor que o fóton incidente (Figura 38.10b). A energia e o momento linear do fóton são dados por $E = hf = hc/\lambda$ (Equação 38.2) e $p = hf/c = h/\lambda$ (Equação 38.5). Portanto, *no modelo de fóton, a luz espalhada tem uma frequência f menor e momento linear λ maior que a luz incidente.*

Figura 38.10 O modelo de fóton da luz espalhada por um elétron.

(a) Antes da colisão: o elétron-alvo está em repouso.

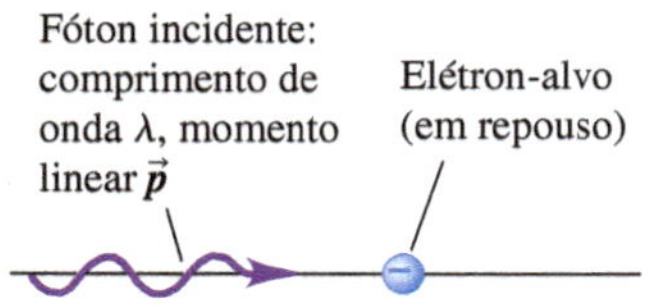

(b) Após a colisão: o ângulo entre direções e sentidos do fóton espalhado e o fóton incidente é ϕ.

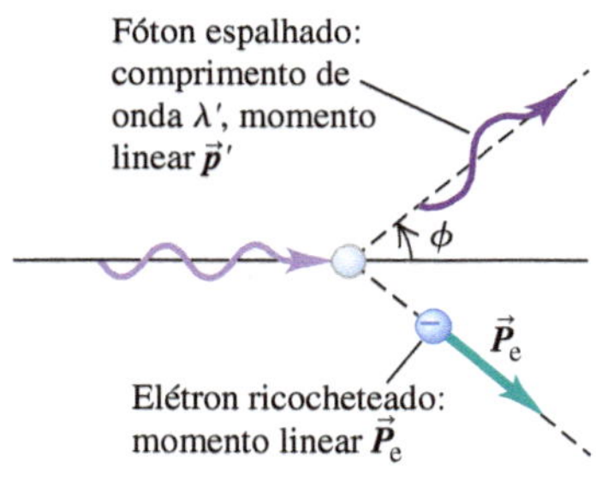

O experimento decisivo que testou essas previsões foi realizado em 1922 pelo físico americano Arthur H. Compton. Ele disparou um feixe de raios X em direção a um alvo sólido e mediu o comprimento de onda e a radiação espalhada a partir do alvo (**Figura 38.11**). Compton descobriu que uma parte da radiação espalhada possuía frequência menor (comprimento de onda maior) que a radiação incidente e que a diferença de comprimento de onda dependia do ângulo de espalhamento. Isso é precisamente o que predisse o modelo de fóton para a luz espalhada dos elétrons no alvo, um processo que chamamos de **espalhamento Compton**.

Especificamente, se a radiação espalhada emerge formando um ângulo ϕ com a direção da radiação incidente, como mostrado na Figura 38.11, verificamos que

Figura 38.11 Experiência do efeito Compton.

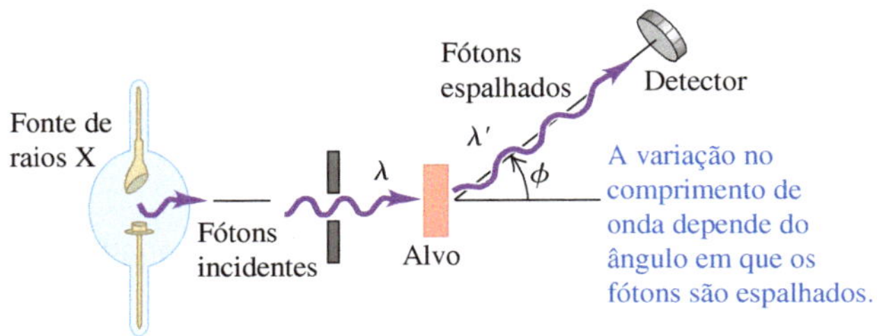

Espalhamento Compton:

$$\lambda' - \lambda = \frac{h}{mc}(1 - \cos\phi) \tag{38.7}$$

λ': Comprimento de onda da radiação espalhada; λ: Comprimento de onda da radiação incidente; h: Constante de Planck; ϕ: Ângulo de espalhamento; m: Massa de repouso do elétron; c: Velocidade da luz no vácuo

Em outras palavras, λ' é maior que λ. A grandeza h/mc que aparece na Equação 38.7 tem dimensão de comprimento. Seu valor numérico é

$$\frac{h}{mc} = \frac{6{,}626 \times 10^{-34}\ \text{J}\cdot\text{s}}{(9{,}109 \times 10^{-31}\ \text{kg})(2{,}998 \times 10^{8}\ \text{m/s})} = 2{,}426 \times 10^{-12}\ \text{m}$$

Compton mostrou que a teoria de Einstein sobre fótons, combinada com os princípios da conservação de energia e da conservação do momento linear, fornece uma explicação bem clara dos seus resultados experimentais. Fazemos um esboço da dedução a seguir. A energia de recuo do elétron pode estar na região relativística, de modo que usaremos as relações relativísticas para a energia e o momento linear, equações 37.39 e 37.40. O fóton incidente possui momento linear $\vec{p}$, com módulo p, e energia pc. O fóton espalhado possui momento linear $\vec{p}$, com módulo p', e energia $p'c$. O elétron está inicialmente em repouso, de modo que seu momento linear inicial é igual a zero e sua energia inicial é sua energia de repouso mc^2. O momento linear final do elétron $\vec{P}_e$ possui módulo P_e, e a energia final do elétron é dada por $E_e^2 = (mc^2)^2 + (P_ec)^2$. Então, o princípio da conservação da energia permite escrever

$$pc + mc^2 = p'c + E_e$$

Reagrupando os termos, encontramos

$$(pc - p'c + mc^2)^2 = E_e^2 = (mc^2)^2 + (P_ec)^2 \tag{38.8}$$

Podemos eliminar o módulo do momento linear $\vec{P}_e$ do elétron da Equação 38.8 usando a lei da conservação do momento linear. Como mostra a **Figura 38.12**, vemos que $\vec{p} = \vec{p}' + \vec{P}_e$, ou

$$\vec{P}_e = \vec{p} - \vec{p}' \tag{38.9}$$

Fazendo o produto escalar de cada membro da Equação 38.9 pelo próprio vetor de cada membro, obtemos

$$P_e^2 = p^2 + p'^2 - 2pp'\cos\phi \tag{38.10}$$

Figura 38.12 Diagrama de vetores mostrando a conservação do momento linear no espalhamento Compton.

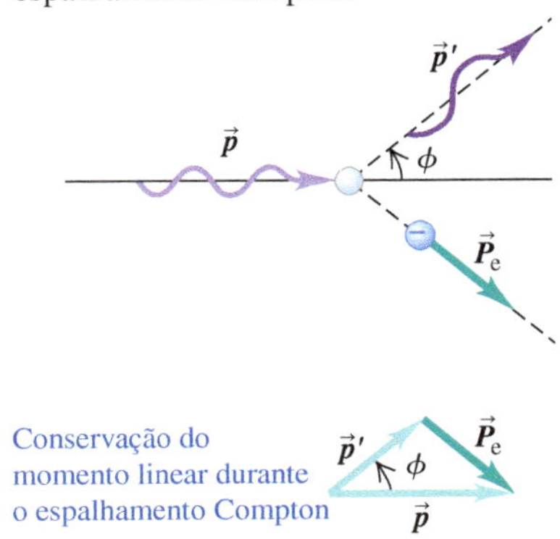

Figura 38.13 Intensidade por unidade de comprimento de onda em função do comprimento de onda para fótons espalhados em um ângulo de 135° em uma experiência de espalhamento Compton.

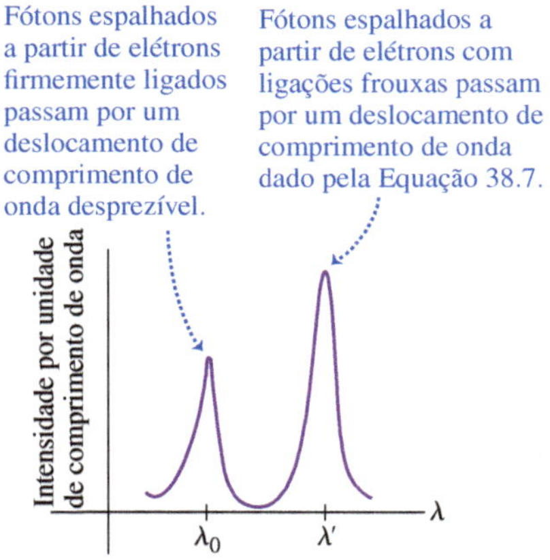

Agora substituímos essa expressão de P_e^2 na Equação 38.8 e desenvolvemos o quadrado do lado esquerdo. Colocando em evidência o fator comum c^2, diversos termos se cancelam e, quando a relação resultante é dividida por (pp'), encontramos

$$\frac{mc}{p'} - \frac{mc}{p} = 1 - \cos\phi \tag{38.11}$$

Finalmente, substituindo $p' = h/\lambda'$ e $p = h/\lambda$ e, a seguir, multiplicando por h/mc, obtemos a Equação 38.7.

Quando os comprimentos de onda dos raios X espalhados em um certo ângulo são medidos, a curva da intensidade por unidade de comprimento de onda em função do comprimento de onda apresenta dois picos (**Figura 38.13**). O pico mais elevado corresponde ao espalhamento Compton. O comprimento de onda mais curto, designado por λ_0, coincide com o comprimento de onda do raio X incidente e corresponde a um raio X espalhado de elétrons fortemente ligados. Nesse tipo de processo de espalhamento, todo o átomo deve recuar, de modo que m na Equação 38.7 deve ser a massa do átomo todo e não apenas a massa de um único elétron. As correções dos deslocamentos do comprimento de onda resultante são desprezíveis.

EXEMPLO 38.5 ESPALHAMENTO COMPTON

Você usa os fótons dos raios X de 0,124 nm para uma experiência de espalhamento Compton. (a) Em que ângulo o comprimento de onda dos raios X espalhados é 1,0% maior que o comprimento de onda dos raios X incidentes? (b) E em que ângulo ele é 0,050% maior?

SOLUÇÃO

IDENTIFICAR E PREPARAR: usaremos a relação entre ângulo de espalhamento e deslocamento de comprimento de onda no efeito Compton. Em cada um dos casos, nossa variável-alvo é o ângulo ϕ (veja a Figura 38.10b). Nós resolvemos ϕ por meio da Equação 38.27.

EXECUTAR: (a) na Equação 38.7, desejamos que $\Delta\lambda = \lambda' - \lambda$ seja igual a 1% de 0,124 nm, isto é, $\Delta\lambda = 0{,}00124$ nm $= 1{,}24 \times 10^{-12}$ m. Usando o valor $h/mc = 2{,}426 \times 10^{-12}$ m, obtemos

$$\Delta\lambda = \frac{h}{mc}(1 - \cos\phi)$$

$$\cos\phi = 1 - \frac{\Delta\lambda}{h/mc} = 1 - \frac{1{,}24 \times 10^{-12}\ \text{m}}{2{,}426 \times 10^{-12}\ \text{m}} = 0{,}4889$$

$$\phi = 60{,}7°$$

(b) Para que $\Delta\lambda$ seja 0,050% de 0,124 nm, isto é, $6{,}2 \times 10^{-14}$ m,

$$\cos\phi = 1 - \frac{6{,}2 \times 10^{-14}\ \text{m}}{2{,}426 \times 10^{-12}\ \text{m}} = 0{,}9744$$

$$\phi = 13{,}0°$$

AVALIAR: nossos resultados mostram que ângulos menores fornecem menores deslocamentos de comprimento de onda. Portanto, em uma colisão com ângulos rasantes, a perda de energia do fóton e a energia de recuo do elétron são menores que no caso de ângulos de espalhamento maiores. Isso é exatamente o que esperaríamos de uma colisão elástica, quer seja entre um fóton e um elétron, quer seja entre duas bolas de bilhar.

Produção de par

Outro efeito que pode ser explicado apenas pela teoria do fóton envolve os *raios gama*, a variedade de radiação eletromagnética com menor comprimento de onda e maior frequência. Se um fóton de raio gama com comprimento de onda suficientemente pequeno é atirado em direção a um alvo, pode não se espalhar. Como mostrado na **Figura 38.14**, o fóton pode desaparecer completamente e dar origem a duas outras partículas: um elétron e um **pósitron** (uma partícula que tem a mesma massa de repouso m que um elétron, mas possui uma carga positiva $+e$ em vez da carga negativa $-e$ de um elétron). Esse processo, chamado de **produção de par**, foi observado pela primeira vez pelos físicos Patrick Blackett e Giuseppe Occhialini em 1933. O elétron e o pósitron precisam ser produzidos em pares a fim de conservar a carga elétrica: o fóton incidente tem carga zero e o par elétron−pósitron possui carga resultante de $(-e) + (+e) = 0$. Deve ser fornecida energia suficiente para a energia de repouso $2mc^2$ das duas partículas. Com quatro algarismos significativos, sua energia mínima é

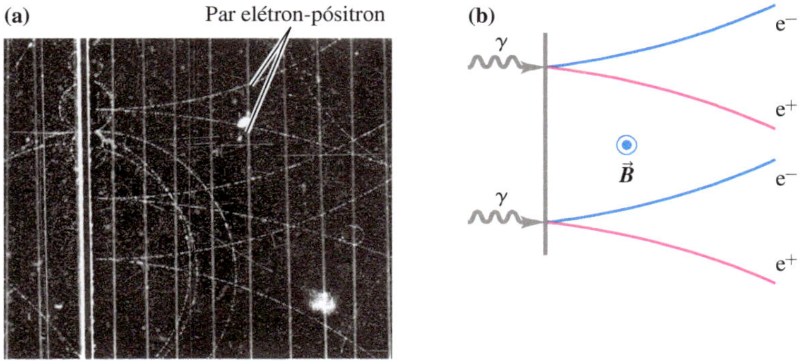

Figura 38.14 (a) Fotografia de rastros de câmaras de bolhas de pares de elétron–pósitron, produzidos quando fótons de 300 MeV atingem uma lâmina de chumbo. Um campo magnético direcionado para fora da fotografia faz que as curvas dos elétrons (e^-) e pósitrons (e^+) se inclinem em direções opostas. (b) O diagrama apresenta o processo de produção de par para dois dos fótons de raio gama (γ).

$$E_{\text{mín}} = 2mc^2 = 2(9{,}109 \times 10^{-31}\text{ kg})\,(2{,}998 \times 10^8\text{ m/s})^2$$
$$= 1{,}637 \times 10^{-13}\text{ J} = 1{,}022\text{ MeV}$$

Dessa forma, o fóton tem de ter energia suficiente para produzir um par elétron–pósitron. A partir da Equação 38.2, $E = hc/\lambda$, o comprimento de onda do fóton precisa ser menor que

$$\lambda_{\text{máx}} = \frac{hc}{E_{\text{mín}}} = \frac{(6{,}626 \times 10^{-34}\text{ J}\cdot\text{s})\,(2{,}998 \times 10^8\text{ m/s})}{1{,}637 \times 10^{-13}\text{ J}}$$
$$= 1{,}213 \times 10^{-12}\text{ m} = 1{,}213 \times 10^{-3}\text{ nm} = 1{,}213\text{ pm}$$

Esse é um comprimento de onda bem pequeno, de cerca de $\frac{1}{1000}$ do tamanho dos comprimentos de onda dos raios X que Compton usou em suas experiências com espalhamento. (A mínima energia do fóton requerida na verdade é um pouco maior que 1,022 MeV e, portanto, o comprimento de onda do fóton precisa ser um pouco menor que 1,213 pm. O motivo é que, quando o fóton incidente encontra um núcleo atômico no alvo, parte da energia do fóton é transferida para a energia cinética do núcleo que sofreu o impacto.) Da mesma forma que o efeito fotoelétrico, o modelo de onda da radiação eletromagnética não consegue explicar por que a produção de par ocorre somente quando são usados comprimentos de onda muito pequenos.

O processo inverso, de *aniquilamento de par elétron–pósitron*, ocorre quando um pósitron e um elétron se chocam. Ambas as partículas desaparecem e dois (ou ocasionalmente três) fótons podem aparecer, com energia total de pelo menos $2m_ec^2 = 1{,}022$ MeV. Seria impossível esse choque originar um *único* fóton apenas porque, dessa forma, esse processo não poderia conservar a energia e o momento linear. É mais fácil analisar esse processo de aniquilamento usando o sistema de referência chamado *sistema de centro do momento linear*, em que o momento linear total é zero. É a generalização relativista do sistema do centro de massa que discutimos na Seção 8.5.

EXEMPLO 38.6 ANIQUILAMENTO DE PAR

Um elétron e um pósitron, inicialmente distantes, movem-se um em direção ao outro com a mesma velocidade. Eles então colidem, aniquilando-se e produzindo dois fótons. Encontre as energias, os comprimentos de onda e as frequências dos fótons se a energia cinética do elétron e do pósitron forem: (a) ambas desprezíveis; (b) ambas 5,000 MeV. A energia de repouso do elétron é 0,511 MeV.

SOLUÇÃO

IDENTIFICAR E PREPARAR: da mesma forma que nas colisões elásticas que estudamos no Capítulo 8, tanto o momento linear quanto a energia são conservados no aniquilamento de par. Como o elétron e o pósitron estão inicialmente distantes, a energia potencial elétrica é zero e a energia inicial é a soma da energia cinética da partícula com as energias de repouso. A energia final

(Continua)

(Continuação)

é a soma das energias dos fótons. O momento linear total inicial é zero. Da mesma forma, o momento linear total dos dois fótons tem de ser zero. Obtemos a energia do fóton E, usando o princípio da conservação da energia, a conservação do momento linear e a relação $E = pc$ (veja a Seção 38.1). Calculamos então os comprimentos de onda e as frequências a partir de $E = hc/\lambda = hf$.

EXECUTAR: se o momento linear total dos dois fótons precisa ser zero, seus momentos lineares precisam ter seus módulos iguais a p, a mesma direção e sentidos opostos. Como $E = pc = hc/\lambda = hf$, os dois fótons também precisam ter a mesma energia E, comprimento de onda λ e frequência f.

Antes da colisão, a energia de cada elétron é $K + mc^2$, onde K é a energia cinética e $mc^2 = 0{,}511$ MeV. Usando a conservação da energia, temos

$$(K + mc^2) + (K + mc^2) = E + E$$

Dessa forma, a energia de cada fóton é $E = K + mc^2$.

(a) Neste caso, a energia cinética do elétron K é desprezível se comparada com sua energia de repouso mc^2, então cada fóton possui energia $E = mc^2 = 0{,}511$ MeV. O comprimento de onda e a frequência do fóton correspondentes são

$$\lambda = \frac{hc}{E} = \frac{(4{,}136 \times 10^{-15}\ \text{eV} \cdot \text{s})(3{,}00 \times 10^{8}\ \text{m/s})}{0{,}511 \times 10^{6}\ \text{eV}}$$

$$= 2{,}43 \times 10^{-12}\ \text{m} = 2{,}43\ \text{pm}$$

$$f = \frac{E}{h} = \frac{0{,}511 \times 10^{6}\ \text{eV}}{4{,}136 \times 10^{-15}\ \text{eV} \cdot \text{s}} = 1{,}24 \times 10^{20}\ \text{Hz}$$

(b) Neste caso, $K = 5{,}000$ MeV, portanto cada fóton possui energia $E = 5{,}000$ MeV $+ 0{,}511$ MeV $= 5{,}511$ MeV. Se fizermos do mesmo jeito que na parte (a), podemos mostrar que o comprimento de onda do fóton é 0,2250 pm e a frequência é $1{,}333 \times 10^{21}$ Hz.

AVALIAR: o Exemplo 38.1 nos faz lembrar que um fóton de luz visível de 650 nm possui energia de 1,91 eV e frequência de $4{,}62 \times 10^{14}$ Hz. A energia do fóton é aproximadamente $2{,}5 \times 10^{5}$ vezes maior que a encontrada na parte (a). Conforme esperado, o comprimento de onda do fóton é menor e sua frequência é maior que um fóton de luz visível pelo mesmo fator. Você pode verificar os resultados da parte (b) da mesma maneira.

TESTE SUA COMPREENSÃO DA SEÇÃO 38.3 Se você utilizou fótons de luz visível na experiência mostrada na Figura 38.11, os fótons poderiam decair seu comprimento de onda em razão do espalhamento? Se a resposta for sim, é possível detectar a variação com o olho humano? ❙

38.4 DUALIDADE ONDA–PARTÍCULA, PROBABILIDADE E INCERTEZA

Vimos aqui muitos exemplos do comportamento da luz e de outras radiações eletromagnéticas. Alguns efeitos, inclusive a interferência e a difração estudadas nos capítulos 35 e 36, demonstraram irrefutavelmente a natureza *ondulatória* da luz. Outros, discutidos no presente capítulo, mostraram com igual clareza que a luz apresenta um comportamento semelhante ao de *partículas*. Essa *dualidade onda--partícula* significa que a luz possui dois aspectos que parecem ser diretamente conflitantes. Como pode a luz ser uma onda e uma partícula ao mesmo tempo?

Podemos encontrar a resposta para essa aparente contradição onda–partícula usando o **princípio da complementaridade**, enunciado pela primeira vez por Bohr em 1928. A descrição ondulatória é complementar à descrição corpuscular. Ou seja, precisamos das duas descrições para completar nosso modelo da natureza, mas nunca precisaremos usar ambas as descrições simultaneamente para descrever uma determinada ocorrência.

Figura 38.15 Figura de difração na experiência da fenda única observada com um fotomultiplicador móvel. A curva obtida mostra a distribuição das intensidades prevista pela descrição ondulatória, e a distribuição dos fótons é indicada pelo número de fótons contados em cada posição.

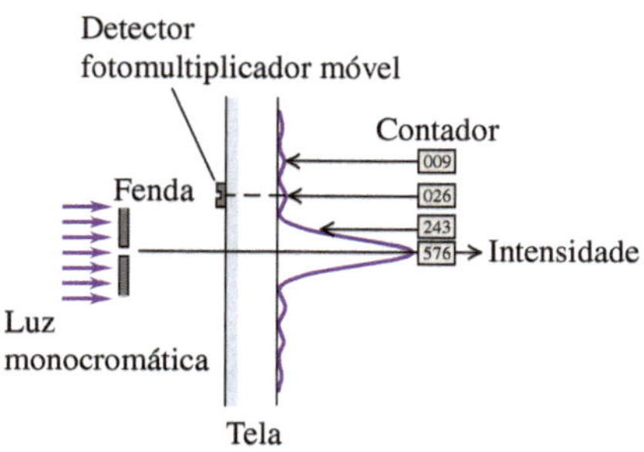

Difração e interferência na teoria do fóton

Vamos começar considerando novamente a figura de difração na experiência da fenda única, analisada nas seções 36.2 e 36.3. Em vez de registrar a imagem da figura de difração em uma placa fotográfica, podemos usar um tubo *fotomultiplicador* que serve, na verdade, para detectar até um único elétron. Usando o dispositivo mostrado na **Figura 38.15**, colocamos o detector fotomultiplicador em diversas posições em intervalos de tempo iguais, contamos os fótons que chegam a cada posição e fazemos um gráfico da distribuição das intensidades.

Verificamos que, na média, a distribuição dos fótons concorda com nossas previsões da Seção 36.3. Em pontos correspondentes aos máximos da figura de difração contamos muitos fótons, nos mínimos não contamos quase nenhum fóton, e assim por diante. O gráfico das contagens nos diversos pontos fornece a mesma figura de difração prevista na Equação 36.7.

Suponha agora que a intensidade seja reduzida a tal ponto que somente alguns fótons por segundo passem através da fenda. Assim, registramos uma série discreta de colisões, cada uma representando um único fóton. Como não há uma maneira de prever o local exato em que um único fóton vai colidir, ao longo do tempo as colisões acumuladas formam uma figura de difração familiar, o que é esperado para uma onda. Para reconciliar a descrição ondulatória com a descrição corpuscular da figura de difração, devemos encarar essa figura como uma distribuição *estatística* que nos informa quantos fótons, na média, atingem cada local. De modo equivalente, a figura nos diz a *probabilidade* de que um fóton individual atinja um determinado ponto. Se fizermos nosso feixe de luz brilhar em um dispositivo de fenda dupla, obtemos um resultado similar (**Figura 38.16**). Novamente não é possível prever o local exato onde podemos encontrar um determinado fóton; a figura de interferência é uma distribuição estatística.

Figura 38.16 Estas imagens registram as posições em que fótons individuais incidem na tela em uma experiência de interferência de fenda dupla. À medida que mais fótons atingem a tela, começamos a reconhecer uma figura de interferência.

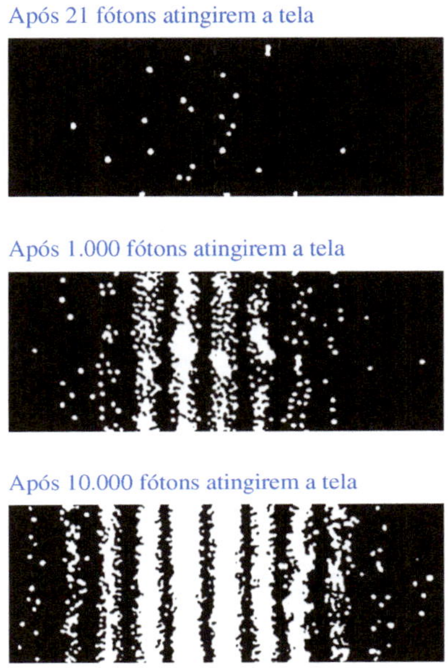

Como o princípio da complementaridade se aplica a essas experiências de interferência e difração? A descrição ondulatória, e não a descrição corpuscular, explica as experiências da fenda única e da fenda dupla. Porém a descrição corpuscular, e não a descrição ondulatória, explica como um detector fotomultiplicador pode ser usado para construir a figura de interferência mediante a adição de pacotes discretos de energia. As duas descrições completam nossa compreensão dos resultados. Por exemplo, suponha que estejamos considerando um fóton individual e perguntamos como ele sabe "qual caminho deve seguir" quando passa pela fenda. Essa pergunta se parece com um enigma, isso porque é formulada admitindo-se que a luz seja uma *partícula*. É a natureza ondulatória da luz, e não sua natureza corpuscular, que determina a distribuição dos fótons. Reciprocamente, o fato de que o fotomultiplicador detecta luz fraca como uma sequência de "pontos" individuais não pode ser explicado em termos ondulatórios.

Probabilidade e incerteza

Embora os fótons possuam energia e momento linear, são muito diferentes do modelo corpuscular que usamos para a mecânica newtoniana nos capítulos de 4 a 8. O modelo de partícula newtoniano trata um objeto como um ponto que possui massa. Podemos descrever a localização e o estado do movimento como uma partícula em qualquer instante usando três coordenadas espaciais e três componentes do momento linear e, assim, podemos prever o movimento da partícula no futuro. No entanto, esse modelo não funciona de forma alguma para fótons: simplesmente não podemos tratar um fóton como um objeto pontual. Isso porque existem limitações fundamentais quanto à precisão com que podemos determinar a posição e o momento linear de um fóton simultaneamente. (No Capítulo 39 descobriremos que as ideias não newtonianas que desenvolvemos para os fótons nesta seção também se aplicam a partículas como os elétrons.)

Para obter mais esclarecimentos a respeito do problema de medirmos a posição e o momento linear de um fóton simultaneamente, vamos olhar novamente na difração da luz em uma fenda única.

Suponha que o comprimento de onda λ seja muito menor que a largura a da fenda (**Figura 38.17**). Em seguida, a maioria (85%) dos fótons entra na parte mais ao centro da figura de difração e o restante vai para as outras partes da figura. Usamos θ_1 para designar o ângulo entre o ponto mais ao centro e o primeiro ponto mínimo da figura. Usando a Equação 36.2 com $m = 1$, descobrimos que θ_1 é dado por sen $\theta_1 = \lambda/a$. Uma vez que assumimos $\lambda << a$, segue-se que θ_1 é muito pequeno, e sen θ_1 é quase igual a θ_1 (em radianos), e

Figura 38.17 Interpretando a difração de fenda única em termos do momento linear do fóton.

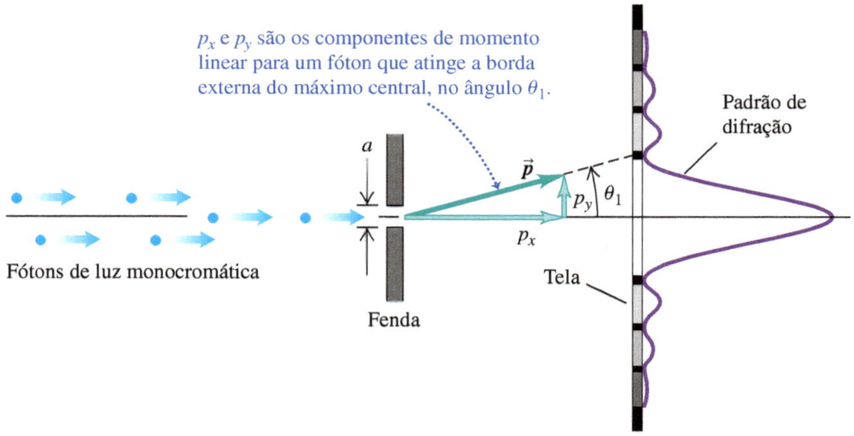

$$\theta_1 = \frac{\lambda}{a} \tag{38.12}$$

Mesmo sabendo que todos os fótons têm o mesmo estado inicial do movimento, nem todos eles seguem o mesmo caminho. Não podemos prever a trajetória exata de qualquer fóton individual a partir do conhecimento de seu estado inicial; só podemos descrever a *probabilidade* de que um fóton individual vai atingir um determinado ponto na tela. Essa indeterminação fundamental não tem correspondência na mecânica newtoniana.

Além disso, existem *incertezas* fundamentais, tanto na posição quanto no momento linear de uma partícula individual, e essas incertezas estão inseparavelmente relacionadas. Para esclarecer esse ponto, vamos voltar para a Figura 38.17. Um fóton que atinge a tela na borda exterior do ponto mais ao centro, formando um ângulo θ_1 com ele, deve ter um componente do momento linear p_y no eixo y, bem como um componente p_x na direção do eixo x, apesar do fato de que, inicialmente, o feixe tenha se dirigido ao longo do eixo x. A partir da geometria da situação, os dois componentes estão relacionados por p_y/p_y = tan θ_1. Visto que θ_1 é pequena, podemos usar a aproximação tan $\theta_1 = \theta_1$, e

$$p_y = p_x\theta_1 \tag{38.13}$$

Substituindo a Equação 38.12, $\theta_1 = \lambda/a$, na Equação 38.13, obtemos

$$p_y = p_x\frac{\lambda}{a} \tag{38.14}$$

A Equação 38.14 diz que, para os 85% dos fótons que atingem o detector dentro do máximo central (ou seja, em ângulos entre $-\lambda/a$ e $+\lambda/a$), o componente y do momento é espalhado por um intervalo de $-p_x\lambda/a$ até $+p_x\lambda/a$. Agora, vamos considerar *todos* os fótons que passam pela fenda e atingem a tela. Novamente, eles podem atingir acima ou abaixo do centro da figura, de modo que seu componente p_y pode ser positivo ou negativo. Porém, a simetria da figura de difração nos mostra o valor médio $(p_y)_{méd} = 0$. Haverá uma *incerteza* Δp_y no componente y do momento linear pelo menos tão grande quanto $p_x\lambda/a$. Ou seja,

$$\Delta p_y \geq p_x\frac{\lambda}{a} \tag{38.15}$$

Quanto menor for a largura a da fenda, mais larga será a figura de difração e maior a incerteza no valor do componente y do momento linear p_y.

O comprimento de onda λ do elétron está relacionado com seu momento linear p_x por meio da Equação 38.5, que pode ser reescrita na forma $\lambda = h/p_x$. Usando esse resultado na Equação 38.15 e simplificando, obtemos

$$\Delta p_y \geq p_x \frac{h}{p_x a} = \frac{h}{a}$$

$$\Delta p_y a \geq h \tag{38.16}$$

Qual é o significado da Equação 38.16? A largura a da fenda representa uma incerteza no componente y da *posição* de um fóton quando ele passa pela fenda. Não podemos saber exatamente *onde* cada elétron passa através da fenda. Logo, a posição y e o componente y do momento linear possuem incertezas, que são relacionadas pela Equação 38.16. Podemos diminuir a incerteza do *momento linear* Δpy apenas reduzindo a largura da figura de difração. Para isso, é necessário aumentar a largura a da fenda, o que aumenta a incerteza da *posição*. Reciprocamente, quando *diminuímos* a incerteza da posição reduzindo a largura da fenda, a figura de difração se alarga e a incerteza do momento linear *aumenta*.

Você pode argumentar que o resultado anterior entra em conflito com o senso comum, por um fóton não ter um dado momento linear e uma posição definida. Respondemos dizendo que o chamado *senso comum* se baseia em uma familiaridade obtida a partir de experiências. Nossa experiência geralmente não inclui o contato com partículas microscópicas, como os fótons. Algumas vezes, somos obrigados a aceitar conclusões que violam nossa intuição ao considerar fenômenos muito distantes da nossa experiência cotidiana.

O princípio da incerteza

Em discussões mais gerais acerca das relações de incerteza, notamos que a incerteza de uma grandeza geralmente é descrita com base em um conceito estatístico chamado de *desvio-padrão*, que fornece uma medida de afastamento dos valores de um conjunto de números em relação ao valor médio desses números. Suponha agora que passemos a descrever incertezas dessa maneira (na Equação 38.16 nem a nem Δp_y são desvios-padrão). Quando a coordenada x apresenta uma incerteza Δx e o momento linear correspondente p_x apresenta uma incerteza Δp_x, então descobrimos que, em geral,

Princípio da incerteza de Heisenberg para a posição e o momento linear:

$$\Delta x \Delta p_x \geq \hbar/2 \tag{38.17}$$

Incerteza na coordenada x (Δx); Incerteza no componente de momento correspondente p_x (Δp_x); Constante de Planck dividida por 2π ($\hbar$)

Nessa expressão, a grandeza $\hbar$ (pronuncia-se "h-cortado") é a constante de Planck dividida por 2π:

$$\hbar = \frac{h}{2\pi} = 1{,}054571628(53) \times 10^{-34}\ \text{J} \cdot \text{s}$$

Usaremos $\hbar$ frequentemente para evitar escrever demasiados fatores 2π nas equações que utilizaremos daqui para a frente.

ATENÇÃO **h *versus* h-cortado** É comum que os estudantes insiram o valor de h quando o que deveriam usar é $\hbar = h/2\pi$, ou vice-versa. Não cometa o mesmo erro, ou seu resultado ficará errado por um fator de 2π!

Figura 38.18 Princípio da incerteza de Heisenberg para componentes de posição e momento linear. É impossível que o produto $\Delta x \Delta p_x$ seja menor que $\hbar/2 = h/4\pi$.

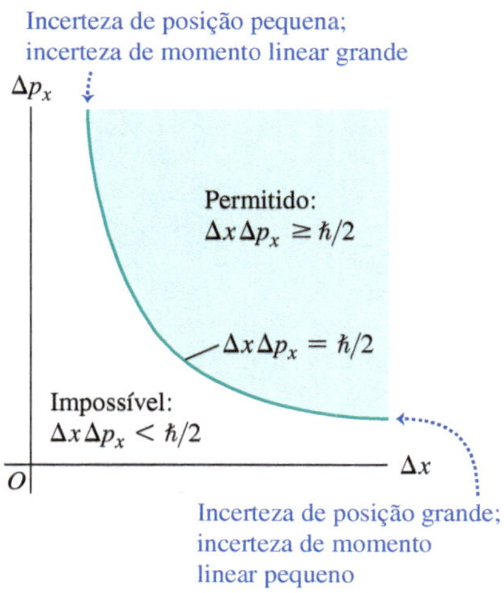

A Equação 38.17 é uma forma do **princípio da incerteza de Heisenberg**, proposto pela primeira vez pelo físico alemão Werner Heisenberg (1901-1976). Esse princípio afirma que, em geral, não podemos determinar nem a posição nem o momento linear de uma partícula com uma precisão arbitrariamente grande, como é previsto pela física clássica. Ao contrário, as incertezas dessas duas grandezas desempenham papéis complementares, conforme descrevemos. Na **Figura 38.18** mostramos as relações entre essas duas incertezas. Nossa dedução da Equação 38.16, uma forma menos refinada do princípio da incerteza dado pela Equação 38.17, mostra que esse princípio tem suas raízes no aspecto ondulatório dos fótons. Veremos, no Capítulo 39, que os elétrons e outras partículas subatômicas também possuem um aspecto ondulatório, e o mesmo princípio da incerteza também se aplica a eles.

Podemos ser levados a supor que obteríamos uma precisão mais elevada usando detectores de posição e momento linear mais sofisticados. Verificou-se que isso é impossível. Para detectar uma partícula, o detector teria de *interagir* com ela, e essa interação produziria inevitáveis perturbações no movimento da partícula, introduzindo uma incerteza em seu estado inicial. Por exemplo, podemos imaginar um elétron sendo colocado em um certo ponto no meio da fenda da Figura 38.17. Se o fóton passar pelo meio, veríamos o recuo do elétron. Então saberíamos que o fóton passou por esse ponto na fenda e teríamos muito mais certeza sobre a coordenada x do fóton. Porém, a colisão entre o fóton e o elétron mudaria o momento do fóton, produzindo maior incerteza em seu momento linear. Uma análise mais detalhada dessas experiências hipotéticas mostra que as incertezas que descrevemos são fundamentais e intrínsecas. Elas *não* podem ser evitadas *mesmo em princípio* por meio de qualquer técnica experimental, por mais sofisticada que seja.

Não existe nada de especial com o eixo x. Em três dimensões, com coordenadas (x, y, z), existe uma relação de incerteza para cada coordenada e seu respectivo componente do momento linear: $\Delta x \Delta p_x \geq \hbar/2$, $\Delta y \Delta p_y \geq \hbar/2$ e $\Delta z \Delta p_z \geq \hbar/2$. Contudo, a incerteza em uma coordenada *não* é relacionada com a incerteza de outro componente do momento linear. Por exemplo, não existe nenhuma relação direta entre Δx e Δp_y.

Aplicação Caçando borboletas com Heisenberg Visto que $\hbar$ possui um valor pequeno, o princípio da incerteza de Heisenberg entra em ação apenas para objetos na escala de átomos ou partículas menores. Para visualizar o que esse princípio significa, imagine que poderíamos tornar o valor de $\hbar$ maior por um fator de 10^{34}, de modo que $\hbar = 1{,}05$ J · s. Se você apanhar uma borboleta em uma rede, saberá a posição dela dentro do diâmetro de 0,25 m da rede. Logo, a incerteza na posição da borboleta é aproximadamente $\Delta x = 0{,}25$ m. A incerteza mínima em seu momento linear é, então, $\Delta p_x = (\hbar/2\,\Delta x) = (1{,}05 \text{ J} \cdot \text{s})/2(0{,}25 \text{ m}) = 2{,}1$ kg · m/s, de modo que apenas caçando a borboleta você poderia transmitir esse momento linear a ela. Uma borboleta comum possui uma massa de aproximadamente 3×10^{-4} kg. Com todo esse momento linear, a velocidade da borboleta seria aproximadamente 7.000 m/s (cerca de 20 vezes a velocidade do som!) e sua energia cinética seria cerca de 7.000 J (a mesma de uma bola de beisebol viajando a cerca de 300 m/s, pouco abaixo da velocidade do som). Confinando a borboleta na rede, você poderia lhe dar tanto momento linear e energia cinética que ela poderia estourando a rede!

Ondas e incerteza

Vejamos um modo alternativo de compreender o princípio da incerteza de Heisenberg em termos das propriedades das ondas. Imagine uma onda eletromagnética senoidal propagando-se no sentido x positivo com seu campo elétrico polarizado na direção y. Se a onda possui comprimento de onda λ, frequência f e amplitude A, podemos escrever a função de onda como

$$E_y(x, t) = A \operatorname{sen}(kx - \omega t) \qquad (38.18)$$

Nessa expressão, o número de onda é $k = 2\pi/\lambda$ e a frequência angular é $\omega = 2\pi f$. Podemos imaginar a função de onda da Equação 38.18 como a descrição de um fóton com um comprimento de onda e uma frequência definidos. Em termos de k e ω, podemos expressar o momento linear e a energia do fóton como

$$p_x = \frac{h}{\lambda} = \frac{h}{2\pi}\frac{2\pi}{\lambda} = \hbar k \qquad \text{(momento linear do fóton em termos de número de onda)} \qquad (38.19a)$$

$$E = hf = \frac{h}{2\pi}2\pi f = \hbar\omega \qquad \text{(energia do fóton em termos da frequência angular)} \qquad (38.19b)$$

Usando as equações 38.19 na Equação 38.18, podemos reescrever nossa equação de onda do fóton como

$$E_y(x, t) = A\,\text{sen}[(p_x x - Et)/\hbar] \qquad \text{(função de onda para um fóton com momento linear } x = px \text{ e energia } E) \qquad (38.20)$$

Visto que essa função de onda possui um valor definido de momento $x = p_x$, *não* existe incerteza no valor dessa quantidade: $\Delta p_x = 0$. O princípio da incerteza de Heisenberg, Equação 38.17, diz que $\Delta x\, \Delta p_x \geq \hbar/2$. Se Δp_x for zero, então Δx deverá ser infinito. De fato, a onda descrita pela Equação 38.20 se estende por todo o eixo x e tem a mesma amplitude em toda parte. O preço que pagamos por conhecer o momento linear do fóton com precisão é que não temos ideia de *onde* o fóton se encontra!

Em situações práticas, sempre temos *alguma* ideia de onde um fóton se encontra. Para descrever essa situação, precisamos de uma função de onda que seja mais localizada no espaço. Podemos criar uma superpondo duas ou mais funções senoidais. Para manter as coisas simples, vamos considerar apenas ondas que se propagam na direção x positiva. Por exemplo, vamos somar duas funções de onda senoidal como as das equações 38.18 e 38.20, mas com comprimentos de onda e frequências ligeiramente diferentes e, portanto, valores ligeiramente diferentes p_{x1} e p_{x2} do momento x e valores de energia E_1 e E_2 ligeiramente diferentes. A função de onda total é

$$E_y(x, t) = A_1\,\text{sen}[(p_{1x}x - E_1 t)/\hbar] + A_2\,\text{sen}[(p_{2x}x - E_2 t)/\hbar] \qquad (38.21)$$

Considere como seria essa função em determinado instante no tempo, digamos, $t = 0$. Nesse instante, a Equação 38.21 torna-se

$$E_y(x, t = 0) = A_1\,\text{sen}(p_{1x}x/\hbar) + A_2\,\text{sen}(p_{2x}x/\hbar) \qquad (38.22)$$

A **Figura 38.19a** é um gráfico das funções de onda individuais em $t = 0$ para o caso $A_2 = -A_1$, e a Figura 38.19b representa graficamente a função de onda combinada $E_y(x, t = 0)$ dada pela Equação 38.22. Vimos algo muito semelhante à Figura 38.19b em nossa discussão sobre batimentos na Seção 16.7: quando sobrepusemos duas ondas senoidais com frequências ligeiramente diferentes (veja a Figura 16.25), a onda resultante exibiu variações de amplitude que não existiam nas ondas originais. Da mesma forma, um fóton representado pela função de onda na Equação 38.21 provavelmente deverá ser encontrado nas regiões onde a amplitude da função de onda é maior. Ou seja, o fóton é *localizado*. Porém, o momento linear do fóton não tem mais um valor definido, pois começamos com dois valores de momento linear x diferentes, p_{x1} e p_{x2}. Isso corresponde ao princípio da incerteza de Heisenberg: diminuindo a incerteza na posição do fóton, aumentamos a incerteza em seu momento.

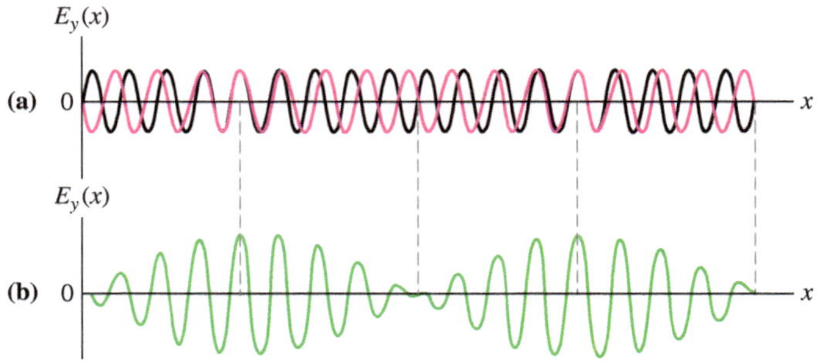

Figura 38.19 (a) Duas ondas senoidais com números de onda ligeiramente diferentes k e, portanto, valores ligeiramente diferentes de momento linear $p_x = \hbar k$, mostradas em um instante do tempo. (b) A superposição dessas ondas possui um momento linear igual à média dos valores individuais do momento linear. A amplitude varia, dando à onda total um caráter desajeitado não possuído por qualquer onda individual.

Incerteza na energia

Nossa discussão sobre combinação de ondas também mostra que existe um princípio da incerteza que envolve *energia* e *tempo*. Para ver por que isso acontece, imagine a medição da função de onda combinada descrita pela Equação 38.21 em uma certa posição, digamos, $x = 0$, por um período. Em $x = 0$, a função de onda da Equação 38.21 torna-se

$$\begin{aligned} E_y(x, t) &= A_1 \operatorname{sen}(-E_1 t/\hbar) + A_2 \operatorname{sen}(-E_2 t/\hbar) \\ &= -A_1 \operatorname{sen}(E_1 t/\hbar) - A_2 \operatorname{sen}(E_2 t/\hbar) \end{aligned} \quad (38.23)$$

O que medimos em $x = 0$ é uma combinação de dois campos elétricos oscilantes com frequências angulares ligeiramente diferentes $\omega_1 = E_1/\hbar$ e $\omega_2 = E_2/\hbar$. Este é exatamente o fenômeno dos batimentos que discutimos na Seção 16.7 (compare com a Figura 16.25). A amplitude do campo combinado aumenta e diminui, de modo que o fóton descrito por esse campo está localizado no *tempo*, assim como na posição. O fóton provavelmente será encontrado nos instantes em que a amplitude é grande. O preço que pagamos por localizar o fóton no tempo é que a onda não tem uma energia definida. Ao contrário, se o fóton for descrito por uma onda senoidal, como na Equação 38.20, que *possui* uma energia definida E, mas com a mesma amplitude o tempo todo, não temos ideia de quando o fóton aparecerá em $x = 0$. Assim, quanto melhor soubermos sobre a energia do fóton, menos certeza teremos sobre quando o fóton será observado.

Assim como para o princípio da incerteza da posição e do momento linear, podemos escrever uma expressão matemática para o princípio da incerteza que relaciona energia e tempo. De fato, exceto por um sinal de menos geral, a Equação 38.23 é idêntica à 38.22 se substituirmos o momento p_x pela energia E e a posição x pelo tempo t. Isso nos diz que, na relação de incerteza da posição e do momento linear, Equação 38.17, podemos substituir a incerteza do momento linear Δp_x pela incerteza da energia ΔE e substituir a incerteza da posição Δx pela incerteza do tempo Δt. O resultado é

Princípio da incerteza de Heisenberg para a energia e o tempo:

Incerteza do tempo de um fenômeno; Constante de Planck dividida por 2π

$$\Delta t \, \Delta E \geq \hbar/2 \quad (38.24)$$

Incerteza da energia do mesmo fenômeno

Na prática, qualquer fóton real possui uma extensão espacial limitada e, portanto, passa qualquer ponto em uma quantidade de tempo limitada. O exemplo a seguir ilustra como isso afeta o momento e a energia do fóton.

EXEMPLO 38.7 PULSOS DE LASER ULTRACURTOS E O PRINCÍPIO DA INCERTEZA

Muitas variedades de lasers emitem luz na forma de pulsos em vez de um feixe contínuo. Um laser de telúrio-safira pode produzir luz a um comprimento de onda de 800 nm em pulsos ultracurtos que duram apenas $4{,}00 \times 10^{-15}$ s (4,00 femtossegundos, ou 4,00 fs). A energia em um único pulso produzido por um laser desse tipo é $2{,}00\ \mu\text{J} = 2{,}00 \times 10^{-6}$ J, e os pulsos se propagam no sentido positivo da direção x. Determine: (a) a frequência da luz; (b) a energia e a incerteza mínima da energia de um único fóton no pulso; (c) a incerteza mínima da frequência da luz no pulso; (d) o comprimento espacial do pulso, em metros e como um múltiplo do componente; (e) o momento linear e a incerteza mínima do momento linear de um único fóton no pulso; e (f) o número aproximado de fótons no pulso.

SOLUÇÃO

IDENTIFICAR E PREPARAR: é importante distinguir entre o pulso de luz como um todo (que contém um número muito grande de fótons) e um fóton individual dentro do pulso. A duração do pulso de 4,00 fs representa o tempo que o pulso leva para emergir do laser; essa também é a *incerteza* do tempo para um fóton individual dentro do pulso, pois não sabemos quando esse fóton surge durante o pulso. De modo semelhante, a incerteza da posição de um fóton é o comprimento espiral do pulso, pois determinado fóton poderia ser encontrado em qualquer lugar dentro do pulso. Para encontrar nossas variáveis-alvo, usaremos as relações para a energia e o momento linear do fóton da Seção 38.1 e os dois princípios da incerteza de Heisenberg, equações 38.17 e 38.24.

EXECUTAR: (a) a partir da relação $c = \lambda f$, a frequência da luz de 800 nm é

$$f = \frac{c}{\lambda} = \frac{3{,}00 \times 10^{8}\ \text{m/s}}{8{,}00 \times 10^{-7}\ \text{m}} = 3{,}75 \times 10^{14}\ \text{Hz}$$

(b) Pela Equação 38.2, a energia de um único fóton de 800 nm é

$$\begin{aligned} E = hf &= (6{,}626 \times 10^{-34}\ \text{J} \cdot \text{s})\,(3{,}75 \times 10^{14}\ \text{Hz}) \\ &= 2{,}48 \times 10^{-19}\ \text{J} \end{aligned}$$

A incerteza do tempo é igual à duração do pulso, $\Delta t = 4{,}00 \times 10^{-15}$ s. Pela Equação 38.24, a incerteza mínima na energia corresponde ao caso $\Delta t\ \Delta E = \hbar/2$, de modo que

$$\Delta E = \frac{\hbar}{2\Delta t} = \frac{1{,}055 \times 10^{-34}\ \text{J} \cdot \text{s}}{2(4{,}00 \times 10^{-15}\ \text{s})} = 1{,}32 \times 10^{-20}\ \text{J}$$

Isso é 5,3% da energia do fóton $E = 2{,}48 \times 10^{-19}$ J, de modo que a energia de determinado fóton é incerta em pelo menos 5,3%. A incerteza poderia ser maior, dependendo da forma do pulso.

(c) Pela relação $f = E/h$, a incerteza mínima da frequência é

$$\Delta f = \frac{\Delta E}{h} = \frac{1{,}32 \times 10^{-20}\ \text{J}}{6{,}626 \times 10^{-34}\ \text{J} \cdot \text{s}} = 1{,}99 \times 10^{13}\ \text{Hz}$$

Isso é 5,3% da frequência $f = 3{,}75 \times 10^{14}$ Hz que encontramos no item (a). Logo, esses pulsos ultracurtos não possuem uma frequência definida; a frequência média de muitos desses pulsos será $3{,}75 \times 10^{14}$ Hz, mas a frequência de qualquer pulso individual pode ser qualquer coisa entre 5,3% maior a 5,3% menor.

(d) O comprimento espacial Δx do pulso é a distância que a frente do pulso atravessa durante o tempo $\Delta t = 4{,}00 \times 10^{-15}$ s necessário para o pulso emergir do laser:

$$\begin{aligned} \Delta x = c\Delta t &= (3{,}00 \times 10^{8}\ \text{m/s})(4{,}00 \times 10^{-15}\ \text{s}) \\ &= 1{,}20 \times 10^{-6}\ \text{m} \end{aligned}$$

$$\Delta x = \frac{1{,}20 \times 10^{-6}\ \text{m}}{8{,}00 \times 10^{-7}\ \text{m/comprimento de onda}} = 1{,}50\ \text{comprimento de onda}$$

Isso justifica o termo *ultracurto*. O pulso tem uma extensão menor que a de dois comprimentos de onda!

(e) Pela Equação 38.5, o momento linear de um fóton médio no pulso é

$$p_x = \frac{E}{c} = \frac{2{,}48 \times 10^{-19}\ \text{J}}{3{,}00 \times 10^{8}\ \text{m/s}} = 8{,}28 \times 10^{-28}\ \text{kg} \cdot \text{m/s}$$

A incerteza espacial é $\Delta x = 1{,}20 \times 10^{-6}$ m. Pela Equação 38.17, a incerteza mínima do momento linear corresponde a $\Delta x\ \Delta p_x = \hbar/2$, de modo que

$$\Delta p_x = \frac{\hbar}{2\Delta x} = \frac{1{,}055 \times 10^{-34}\ \text{J} \cdot \text{s}}{2(1{,}20 \times 10^{-6}\ \text{m})} = 4{,}40 \times 10^{-29}\ \text{kg} \cdot \text{m/s}$$

Isso é 5,3% do momento linear médio p_x do fóton. Um fóton individual dentro do pulso pode ter um momento linear 5,3% maior ou menor que a média.

(f) Para estimar o número de fótons no pulso, dividimos a energia total do pulso pela energia média do fóton:

$$\frac{2{,}00 \times 10^{-6}\ \text{J/pulso}}{2{,}48 \times 10^{-19}\ \text{J/fótons}} = 8{,}06 \times 10^{12}\ \text{fótons /pulso}$$

A energia de um fóton individual é incerta, de modo que este é o número *médio* de fótons por pulso.

AVALIAR: os percentuais de incerteza na energia e no momento linear são grandes porque esse pulso de laser é muito curto. Se o pulso fosse maior, tanto Δt quanto Δx seriam maiores e as incertezas correspondentes na energia e no momento linear do fóton seriam menores.

Nosso cálculo do item (f) mostra uma distinção importante entre os fótons e outros tipos de partículas. A princípio, é possível fazer uma contagem exata do número de elétrons, fótons e nêutrons em um objeto, como este livro. Se você repetisse a contagem, obteria a mesma resposta da primeira vez. Ao contrário, se contasse o número de fótons em um pulso a laser, *não* necessariamente obteria a mesma resposta todas as vezes! A incerteza na energia do fóton significa que, em cada contagem, poderia haver um número diferente de fótons cujas energias individuais somam $2{,}00 \times 10^{-6}$ J. Esta é outra das muitas propriedades estranhas dos fótons.

TESTE SUA COMPREENSÃO DA SEÇÃO 38.4 Por meio de qual dos ângulos a seguir um fóton com comprimento de onda λ provavelmente sofreria deflexão, depois de passar por uma fenda com largura a? Suponha que λ seja muito menor que a. (i) $\theta = \lambda/a$; (ii) $\theta = 3\lambda/2a$; (iii) $\theta = 2\lambda/a$; (iv) $\theta = 3\lambda/a$; (v) não há informações suficientes para decidir. ❙

CAPÍTULO 38 RESUMO

Fótons: a radiação eletromagnética se comporta tanto como onda quanto como partícula. A energia de uma onda eletromagnética é transportada em pacotes chamados fótons. A energia E de um fóton é proporcional à frequência f e inversamente proporcional ao comprimento de onda λ, e é proporcional à grandeza universal h, chamada constante de Planck. O momento linear de um fóton apresenta módulo E/c. (Veja o Exemplo 38.1.)

$$E = hf = \frac{hc}{\lambda} \qquad (38.2)$$

$$p = \frac{E}{c} = \frac{hf}{c} = \frac{h}{\lambda} \qquad (38.5)$$

Efeito fotoelétrico: no efeito fotoelétrico, uma superfície pode emitir um elétron absorvendo um fóton cuja energia hf seja maior ou igual ao valor da função trabalho ϕ do material. O potencial de corte V_0 é a voltagem necessária para impedir que uma corrente de elétrons emitidos atinja um anodo. (Veja os exemplos 38.2 e 38.3.)

$$eV_0 = hf - \phi \qquad (38.4)$$

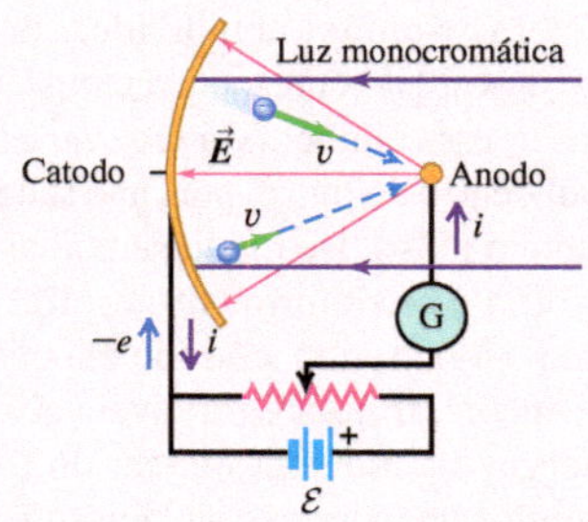

Produção e espalhamento de fótons e produção de pares: os raios X podem ser produzidos quando os elétrons, acelerados até uma alta energia cinética por meio de um aumento de potencial V_{AC}, atingem um alvo. O modelo de fóton explica por que a frequência máxima e o comprimento de onda mínimo são dados pela Equação 38.6. (Veja o Exemplo 38.4.) No espalhamento Compton, um fóton transfere parte de sua energia e momento linear a um elétron com o qual colide. Para elétrons livres (massa m), os comprimentos de onda de fótons incidentes e espalhados são relacionados ao ângulo de espalhamento ϕ por meio da Equação 38.7. (Veja o Exemplo 38.5.) Na produção de par, um fóton com energia suficiente pode desaparecer e ser substituído por um par elétron-pósitron. No processo contrário, um elétron e um pósitron podem se aniquilar e ser substituídos por um par de fótons. (Veja o Exemplo 38.6.)

$$eV_{AC} = hf_{máx} = \frac{hc}{\lambda_{mín}} \qquad (38.6)$$

(bremsstrahlung)

$$\lambda' - \lambda = \frac{h}{mc}(1 - \cos\phi) \qquad (38.7)$$

(espalhamento Compton)

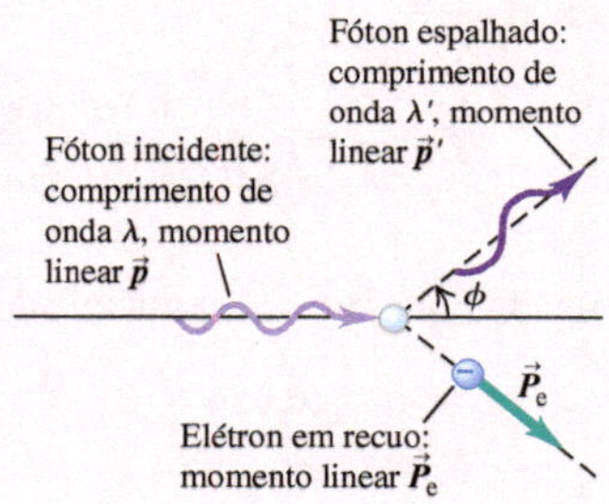

O princípio da incerteza de Heisenberg: é impossível determinar a posição de um fóton e seu momento linear ao mesmo tempo para uma precisão arbitrariamente alta. A precisão dessas medições para os componentes x é limitada pelo princípio da incerteza de Heisenberg, Equação 38.17; existem relações correspondentes para os componentes y e z. A incerteza ΔE na energia de um estado ocupado por um tempo Δt é dada pela Equação 38.24. Nessas expressões, $\hbar = h/2$. (Veja o Exemplo 38.7.)

$$\Delta x\,\Delta p_x \geq \hbar/2 \qquad (38.17)$$

(princípio da incerteza de Heisenberg para a posição e o momento linear)

$$\Delta t\,\Delta E \geq \hbar/2 \qquad (38.24)$$

(princípio da incerteza de Heisenberg para a energia e o tempo)

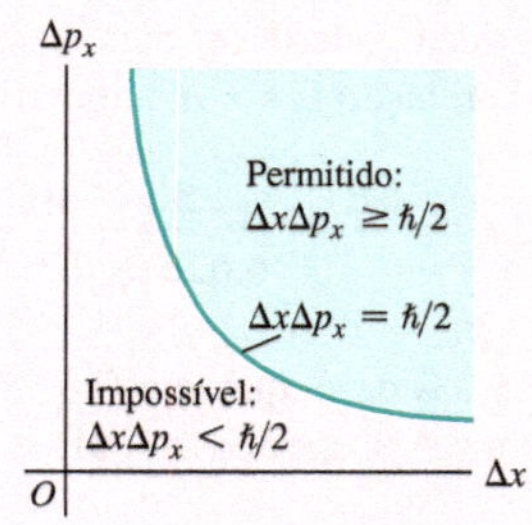

Problema em destaque Espalhamento Compton e recuo de elétrons

Um fóton de raio X incidente é espalhado a partir de um elétron livre que está inicialmente em repouso. O fóton é espalhado diretamente de volta a um ângulo de 180° a partir de sua direção inicial. O comprimento de onda do fóton espalhado é 0,0830 nm. (a) Qual é o comprimento de onda do fóton incidente? (b) Quais são a grandeza do momento linear e a velocidade do elétron após a colisão? (c) Qual é a energia cinética do elétron após a colisão?

GUIA DA SOLUÇÃO

IDENTIFICAR E PREPARAR

1. Neste problema, um fóton é espalhado por um elétron inicialmente em repouso. Na Seção 38.3, você aprendeu como relacionar os comprimentos de onda dos fótons incidente e espalhado; neste problema, você também precisa determinar o momento linear, a velocidade e a energia cinética do elétron recuando. Você poderá encontrá-los porque o momento e a energia são conservados na colisão. Desenhe um diagrama mostrando os vetores de momento linear do fóton e do elétron antes e depois do espalhamento.
2. Qual equação-chave pode ser usada para encontrar o comprimento de onda do fóton incidente? Qual é o ângulo de espalhamento ϕ do fóton neste problema?

EXECUTAR

3. Use a equação que você selecionou no item 2 para encontrar o comprimento de onda do fóton incidente.
4. Use a conservação do momento linear e seu resultado do item 3 para encontrar o momento do elétron recuando. (*Dica:* todos os vetores de momento linear estão ao longo da mesma linha, mas nem todos apontam no mesmo sentido. Cuidado com os sinais.)
5. Encontre a velocidade do elétron recuando a partir de seu resultado no item 4. (*Dica:* suponha que o elétron seja não relativístico, de modo que você possa usar a relação entre o momento linear e a velocidade, do Capítulo 8. Isso é aceitável se a velocidade do elétron for menor que cerca de $0{,}1c$. Realmente é?)
6. Use seu resultado dos itens 4 ou 5 para encontrar a energia cinética do elétron.

AVALIAR

7. Você pode verificar sua resposta no item 6 encontrando a diferença entre as energias dos fótons incidente e espalhado. Seu resultado é coerente com a conservação de energia?

PROBLEMAS

•, ••, •••: níveis de dificuldade. **PC**: problemas cumulativos, incorporando material de capítulos anteriores. **CALC**: problemas exigindo cálculo. **DADOS**: problemas envolvendo dados reais, evidência científica, projeto experimental e/ou raciocínio científico. **BIO**: problemas envolvendo biociências.

QUESTÕES PARA DISCUSSÃO

Q38.1 Em que aspectos os fótons são semelhantes a outras partículas, como elétrons? Em que aspectos eles são diferentes? Eles possuem massa? Possuem carga elétrica? Podem ser acelerados? Que propriedades mecânicas eles possuem?

Q38.2 Existe uma certa probabilidade de que um único elétron possa absorver simultaneamente *dois* fótons idênticos de um laser com intensidade elevada. Como tal ocorrência poderia afetar a frequência de corte e as equações deduzidas na Seção 38.1? Explique.

Q38.3 Segundo a teoria do fóton, a luz transporta a energia em pacotes chamados quanta ou fótons. Por que então nós não vemos uma série de *flashes* quando olhamos para as coisas?

Q38.4 Quais são os efeitos que você considera mais importantes na extremidade de baixas frequências do espectro eletromagnético (ondas de rádio), levando em conta que a luz é constituída por fótons? E na extremidade de altas frequências do espectro eletromagnético (raios X e raios gama)? Por quê?

Q38.5 Durante o efeito fotoelétrico, a luz arranca elétrons dos metais. Então, por que os metais em sua casa não perdem seus elétrons quando você acende a luz?

Q38.6 Quase todas as películas fotográficas para filmes em preto e branco (exceto películas usadas para fins especiais) possuem sensibilidade para o vermelho menor que para o azul e não apresentam quase nenhuma sensibilidade para o infravermelho. Como você explica essas propriedades usando o conceito de fóton?

Q38.7 A pele humana não sofre praticamente nenhum dano quando exposta a um feixe de luz, porém a radiação ultravioleta pode causar sérios problemas. Esse comportamento tem alguma relação com as energias dos fótons? Explique.

Q38.8 Explique por que a Figura 38.4 indica que muitos fotoelétrons possuem energias cinéticas menores que $hf - \phi$ e explique também como essas energias cinéticas menores ocorrem.

Q38.9 Em uma experiência do efeito fotoelétrico, a fotocorrente i para valores positivos de V_{AC} possui o mesmo valor por mais elevada que seja a frequência f da luz (desde que f seja maior que a frequência de corte f_0). Explique por quê.

Q38.10 Em uma experiência envolvendo o efeito fotoelétrico, se a intensidade da luz incidente (tendo uma frequência maior que a frequência de corte) é reduzida por um fator de 10 sem que nada mais se altere, quais das seguintes declarações sobre esse processo são verdadeiras (se houver alguma verdadeira)? (a) O número de fotoelétrons provavelmente será reduzido por um fator de 10. (b) A energia cinética máxima dos fotoelétrons ejetados provavelmente será reduzida por um fator de 10. (c) A velocidade máxima dos fotoelétrons ejetados provavelmente será reduzida por um fator de 10. (d) A velocidade máxima dos fotoelétrons ejetados provavelmente será reduzida por um fator de $\sqrt{10}$. (e) O tempo para que o primeiro fotoelétron seja ejetado será aumentado por um fator de 10.

Q38.11 O material chamado *fósforo*, que reveste a parede interna de uma lâmpada fluorescente de mercúrio, converte a radiação ultravioleta (produzida pela descarga elétrica no vapor de mercúrio do interior do tubo) em luz visível. Seria possível produzir também um fósforo que convertesse a luz em radiação ultravioleta? Explique.

Q38.12 Em uma experiência com efeito fotoelétrico, quais dos seguintes procedimentos aumentarão a energia cinética máxima dos fotoelétrons? (a) Usar luz de maior intensidade; (b) usar luz de frequência mais alta; (c) usar luz de maior comprimento de onda; (d) usar uma superfície metálica com maior função trabalho. Em cada caso, justifique sua resposta.

Q38.13 Um fóton de frequência f sofre espalhamento Compton de um elétron em repouso e se espalha com um ângulo ϕ. A frequência do fóton espalhado é f'. Como f se relaciona a f'? Sua resposta depende de ϕ? Explique.

Q38.14 O espalhamento Compton pode ocorrer com prótons da mesma forma que ocorre com elétrons? Por exemplo, suponha que um feixe de raios X seja direcionado para um alvo de hidrogênio líquido. (Lembre-se de que o núcleo do átomo de hidrogênio possui um único próton.) Em comparação com o espalhamento Compton com elétrons, que semelhanças e diferenças você poderia esperar? Explique.

Q38.15 Por que os cientistas e os engenheiros precisam se proteger dos raios X produzidos em equipamentos com voltagens elevadas?

Q38.16 Na tentativa de reconciliar a onda e os modelos de partículas da luz, algumas pessoas têm sugerido que o fóton sobe e desce pelas cristas e vales da onda eletromagnética. Que coisas estão *erradas* com essa descrição?

Q38.17 Alguns lasers emitem luz em pulsos que possuem duração de apenas 10^{-12} s. O comprimento desse pulso é de $(3 \times 10^8 \text{ m/s})(10^{-12} \text{ s}) = 3 \times 10^{-4} \text{ m} = 0{,}3$ mm. A luz de um laser pulsado pode ser tão monocromática quanto a luz de um laser que emite um feixe uniforme, contínuo? Explique.

EXERCÍCIOS

Seção 38.1 Luz absorvida como fótons: o efeito fotoelétrico

38.1 • Um fóton de luz verde tem um comprimento de onda de 520 nm. Calcule a frequência do fóton, o módulo de seu momento linear e sua energia. Expresse a energia em joules e em elétrons-volt.

38.2 • BIO **Sensibilidade do olho.** O olho humano é mais sensível à luz verde, de comprimento de onda igual a 505 nm. Verificou-se em experiências que, quando pessoas são mantidas em um quarto escuro até que seus olhos se adaptem à escuridão, um *único* fóton de luz verde ativará as células receptoras nas camadas externas da retina. (a) Qual é a frequência desse fóton? (b) Quanta energia (em joules e elétrons-volt) ele fornece às células receptoras? (c) Para avaliar quão pequena é essa quantidade de energia, calcule a velocidade com que uma bactéria comum de massa $9{,}5 \times 10^{-12}$ g se moveria se tivesse essa quantidade de energia.

38.3 • Uma fonte de luz de 75 W consome 75 W de potência elétrica. Suponha que toda essa energia se transfira para a luz emitida com 600 nm de comprimento de onda. (a) Calcule a frequência da luz emitida. (b) Quantos fótons por segundo a fonte emite? (c) As respostas aos itens (a) e (b) são iguais? A frequência da luz é a mesma coisa que o número de fótons emitidos por segundo? Explique.

38.4 • BIO Um laser usado para corrigir retinas descoladas emite luz com comprimento de onda igual a 652 nm através de pulsos que duram 20,0 ms. A potência média durante cada pulso é igual a 0,600 W. (a) Qual é a energia de cada pulso em joules? E em elétrons-volt? (b) Qual é a energia de um fóton em joules? E em elétrons-volt? (c) Quantos fótons são emitidos em cada pulso?

38.5 • O momento linear de um fóton é $8{,}24 \times 10^{-28}$ kg · m/s. (a) Qual é a energia desse fóton? Expresse a resposta em joules e em elétrons-volt. (b) Qual é o comprimento de onda associado a esse fóton? Em que região do espectro eletromagnético ele está?

38.6 • O comprimento de onda de corte para o efeito fotoelétrico em uma superfície de tungstênio é 272 nm. Calcule a energia cinética máxima dos elétrons emitidos por essa superfície de tungstênio quando ela é iluminada por uma radiação ultravioleta com frequência igual a $1{,}45 \times 10^{15}$ Hz. Expresse a resposta em elétrons-volt.

38.7 •• Uma superfície polida de níquel é exposta a um feixe de luz com um comprimento de onda igual a 235 nm. Qual é a velocidade máxima dos fotoelétrons emitidos por essa superfície? Use a Tabela 38.1.

38.8 •• Qual seria a função trabalho mínima que um metal deveria ter para que a luz visível (380−750 nm) emitisse fotoelétrons?

38.9 •• Quando um feixe de luz ultravioleta de 400 nm incide sobre a superfície de um certo metal, a energia cinética máxima medida para os fotoelétrons emitidos é 1,10 eV. Qual é a energia cinética máxima dos fotoelétrons quando a luz com comprimento de onda de 300,0 nm incide sobre a mesma superfície?

38.10 •• A função trabalho para o efeito fotoelétrico em uma superfície de potássio é 2,3 eV. Se uma luz com comprimento de onda igual a 190 nm incide sobre o potássio, calcule qual é: (a) o potencial de corte em volts; (b) a energia cinética em elétrons-volt dos elétrons emitidos com maior energia; (c) a velocidade desses elétrons.

38.11 • Quando um feixe de luz ultravioleta de 254 nm incide sobre uma superfície polida de cobre, o potencial de corte necessário para impedir a emissão de fotoelétrons é igual a 0,181 V. (a) Qual é o comprimento de onda de corte dessa superfície de cobre? (b) Qual é a função trabalho dessa superfície e como o valor que você obteve se compara ao fornecido na Tabela 38.1?

Seção 38.2 Luz emitida como fótons: a produção de raios X

38.12 • Os tubos de raios catódicos que geravam a imagem nas primeiras TVs em cores eram fontes de raios X. Se a voltagem aceleradora de um tubo de TV é cerca de 15,0 kV, qual é o menor comprimento de onda (em nm) dos raios X que essa TV pode produzir?

38.13 • Prótons são acelerados a partir do repouso por uma diferença de potencial igual a 4,00 kV e atingem um alvo metálico. Se o próton produz um fóton no impacto, qual é o comprimento de onda mínimo dos raios X emitidos? Como sua resposta se compara ao comprimento de onda mínimo dos raios X emitidos quando elétrons de 4,0 keV são usados no lugar dos prótons? Por que nos tubos de raios X usamos elétrons e não prótons para produzir raios X?

38.14 •• (a) Qual é a diferença de potencial mínima entre o filamento e o alvo de um tubo de raios X para que o tubo possa produzir raios X com comprimento de onda igual a 0,150 nm? (b) Qual é o comprimento de onda mínimo dos raios X produzidos em um tubo de raios X submetido a 30,0 kV?

Seção 38.3 Espalhamento da luz como fótons: espalhamento Compton e produção de par

38.15 • Um raio X com 0,100 nm de comprimento de onda colide com um elétron inicialmente em repouso. O comprimento de onda final do raio X é 0,110 nm. Qual é a energia cinética final do elétron?

38.16 • Raios X são produzidos em um tubo submetido a 24,0 kV. Depois de emergirem no tubo, os raios X que possuem um comprimento de onda mínimo atingem um alvo e sofrem um espalhamento Compton de ângulo igual a 45,0°. (a) Qual é o comprimento de onda do raio X original? (b) Qual é o comprimento de onda do raio X espalhado? (c) Qual é a energia (em elétrons-volt) dos raios X espalhados?

38.17 •• Raios X com comprimentos de onda de 0,0665 nm sofrem um espalhamento Compton. Qual é o maior comprimento de onda observado nos raios X espalhados? Em que ângulo de espalhamento esse comprimento de onda é observado?

38.18 •• Um fóton com comprimento de onda $\lambda = 0{,}1385$ nm se espalha a partir de um elétron inicialmente em repouso. Qual deverá ser o ângulo entre a direção de propagação dos fótons incidente e espalhado se a velocidade do elétron imediatamente após a colisão for $8{,}90 \times 10^6$ m/s?

38.19 •• Se um fóton com 0,04250 nm de comprimento de onda se choca com um elétron livre e sofre um espalhamento que forma um ângulo de 35,0° com sua direção original, calcule: (a) a variação no comprimento de onda desse fóton; (b) o comprimento de onda da luz espalhada; (c) a variação da energia do fóton (há uma perda ou um ganho?); (d) a energia ganha pelo elétron.

38.20 •• Um fóton sofre espalhamento no sentido oposto ($\phi = 180°$) ao de um próton livre que está inicialmente em repouso. Qual deve ser o comprimento de onda do fóton incidente para que ele sofra uma variação de 10,0% no comprimento de onda como resultado do espalhamento?

38.21 •• Os raios X com um comprimento de onda inicial de $0{,}900 \times 10^{-10}$ m sofrem um espalhamento Compton. Para qual ângulo de espalhamento o comprimento de onda dos raios X espalhados é maior por 1,0% que aquele dos raios X incidentes?

38.22 • Um elétron e um pósitron estão se movendo um em direção ao outro e cada um tem velocidade 0,500*c* no ambiente de laboratório. (a) Qual é a energia cinética de cada partícula? (b) O e^+ e o e^- colidem de frente e se aniquilam. Qual é a energia produzida por cada fóton? (c) Qual é o comprimento de onda de cada fóton? Qual é a relação entre o comprimento de onda e o comprimento de onda do fóton quando a energia cinética inicial do e^+ e do e^- for desprezivelmente pequena (veja o Exemplo 38.6)?

Seção 38.4 Dualidade onda–partícula, probabilidade e incerteza

38.23 • Um pulso ultracurto tem duração de 9,00 fs e produz luz a um comprimento de onda de 556 nm. Quais são o momento linear e a incerteza do momento linear de um único fóton no pulso?

38.24 • Um feixe horizontal de luz laser com comprimento de onda de 585 nm passa por uma fenda estreita que possui largura de 0,0620 mm. A intensidade da luz é medida em uma tela vertical que está a 2,00 m da fenda. (a) Qual é a incerteza mínima no componente vertical do momento linear de cada fóton no feixe depois que o fóton tiver passado pela fenda? (b) Use o resultado do item (a) para estimar a largura da difração central máxima observada na tela.

38.25 • Um laser produz luz com comprimento de onda de 625 nm em um pulso ultracurto. Qual é a duração mínima do pulso se a incerteza mínima na energia dos fótons for 1,0%?

PROBLEMAS

38.26 •• Sabendo que a frequência média emitida por uma lâmpada incandescente de 120 W é $5{,}0 \times 10^{14}$ Hz e que 10,0% da potência de entrada é emitida como luz visível, aproximadamente quantos fótons por segundo da luz visível são emitidos? (b) A que distância da lâmpada isso corresponderia a $1{,}00 \times 10^{11}$ fótons da luz visível por cm^2 por segundo, se a luz fosse emitida igualmente em todas as direções?

38.27 •• PC BIO **Removendo lesões vasculares.** Um laser de luz pulsada emite luz com comprimento de onda de 585 nm em pulsos de 450 μs. Sendo esse comprimento de onda absorvido em grande parte pela hemoglobina do sangue, esse método é especialmente eficaz na remoção de diversos tipos de manchas causadas pelo sangue, como marcas de nascença na cor de vinho. Para obter uma estimativa razoável da potência requerida para essa cirurgia a laser, podemos supor que o sangue tenha o mesmo calor específico e calor de vaporização que a água (4.190 J/kg · K, $2{,}256 \times 10^6$ J/kg). Suponha que cada pulso deva remover 2,0 μg de sangue por evaporação, começando com uma temperatura de 33 °C. (a) Quanta energia cada pulso deve transferir para a mancha? (b) Qual deve ser a potência de saída desse laser? (c) Quantos fótons cada pulso deve transferir para a mancha?

38.28 • Um feixe de luz de 2,50 W com comprimento de onda igual a 124 nm incide sobre a superfície de um metal. Você observa que a energia cinética máxima dos elétrons ejetados é 4,16 eV. Suponha que cada fóton no feixe ejete um fotoelétron. (a) Qual é a função trabalho (em elétrons-volt) desse metal? (b) Quantos fotoelétrons são ejetados a cada segundo por esse metal? (c) Se a potência de um feixe de luz fosse reduzida à metade, mas não seu comprimento de onda, qual seria a resposta ao item (b)? (d) Se o comprimento de onda do feixe fosse reduzido à metade, mas não sua potência, qual seria a resposta ao item (b)?

38.29 •• Um fóton de raios X incidente com um comprimento de onda igual a 0,0900 nm é espalhado de volta no sentido oposto por um elétron livre que está inicialmente em repouso. (a) Qual é o módulo do momento linear do fóton espalhado? (b) Qual é a energia cinética do elétron depois que o fóton é espalhado?

38.30 •• PC Um fóton com comprimento de onda $\lambda = 0{,}0980$ nm incide sobre um elétron que se encontra inicialmente em repouso. Se o fóton se espalha na direção contrária, qual é o módulo do momento linear do elétron logo após a colisão com o fóton?

38.31 •• PC Um fóton com comprimento de onda $\lambda = 0{,}1050$ nm incide sobre um elétron que se encontra inicialmente em repouso. Se o fóton se espalha formando um ângulo de 60,0° com sua direção original, quais são o módulo e a direção do momento linear do elétron logo após a colisão com o fóton?

38.32 •• PC Um fóton de comprimento de onda igual a 4,50 pm colide com um elétron livre que está inicialmente em repouso. (a) Para $\phi = 90{,}0°$, qual é a energia cinética do elétron imediatamente após a colisão com o fóton? Qual é razão dessa energia cinética com a energia do elétron em repouso? (b) Qual é a velocidade do elétron imediatamente após a colisão? (c) Qual é o módulo do momento linear do elétron imediatamente após a colisão? Qual é a razão entre o valor do momento linear e a expressão não relativística *mv*?

38.33 •• A reação de fusão nuclear no centro do Sol produz fótons de raios gama com energias da ordem de 1 MeV (10^6 eV). Em contraste, o que vemos emanar da superfície do Sol são fótons de luz cujos comprimentos de onda são da ordem de 500 nm. Um modelo simples que explica esse comportamento é que os fótons sofrem muitos espalhamentos Compton sucessivos — na verdade, ocorrem 10^{26} espalhamentos, como sugerido por alguns modelos do interior do Sol — à medida que os fótons se deslocam do centro até a superfície do Sol. (a) Estime o aumento do comprimento de onda para um único evento médio de espalhamento Compton. (b)

Calcule o ângulo em graus em que o fóton é espalhado no evento de espalhamento descrito no item (a). (*Dica*: uma aproximação útil é $\cos\phi \approx 1 - \phi^2/2$, que vale para $\phi << 1$. Note que, nessa expressão, ϕ é dado em radianos.) (c) Estima-se que um fóton leve cerca de 10^6 anos para se deslocar do centro até a superfície do Sol. Determine a distância média que a luz pode se deslocar no interior do Sol sem sofrer espalhamento. (Essa distância é equivalente à que você poderia perceber se estivesse dentro do Sol e pudesse sobreviver às extremas temperaturas de lá. Como sua resposta mostra, o interior do Sol é *muito* opaco.)

38.34 •• **PC** Um tubo de raios X está operando com uma voltagem V e uma corrente I. (a) Sabendo que somente uma fração p da potência elétrica fornecida é convertida na produção de raios X, com que taxa a energia está sendo fornecida para o alvo? (b) Sabendo que o alvo possui massa m e calor específico c (em J/kg · K), em que taxa média sua temperatura deve aumentar, supondo que não ocorram perdas térmicas? (c) Avalie seus resultados nos itens (a) e (b) para um tubo de raios X operando com uma voltagem de 18,0 kV e uma corrente de 60,0 mA que converte 1,0% de sua potência elétrica em raios X. Suponha que o alvo de 0,250 kg seja feito de chumbo (c = 130 J/kg × K). (d) Que propriedades físicas um material deve ter para ser usado como um alvo apropriado? Que elementos poderiam ser escolhidos como alvos adequados?

38.35 •• Um fóton de comprimento de onda igual a 0,1100 nm colide com um elétron livre que está inicialmente em repouso. Depois da colisão, o comprimento de onda passa a ser 0,1132 nm. (a) Qual é a energia cinética do elétron após a colisão? Qual é sua velocidade? (b) Caso o elétron seja subitamente contido (por exemplo, usando-se um alvo sólido), toda a sua energia cinética é empregada na criação de um fóton. Qual é o comprimento de onda do fóton?

38.36 •• Um fóton de raios X é espalhado por um elétron (massa m) em repouso. O comprimento de onda do fóton espalhado é λ' e a velocidade final do elétron é igual a v. (a) Qual era o comprimento de onda λ inicial do fóton? Expresse sua resposta em termos de λ', v e m. (*Dica*: use a expressão relativística para a energia cinética do elétron.) (b) Através de qual ângulo ϕ o fóton é espalhado? Expresse sua resposta em termos de λ, λ' e m. (c) Avalie seus resultados dos itens (a) e (b) para um comprimento de onda do fóton espalhado igual a $5,1 \times 10^{-3}$ nm e para uma velocidade final do elétron igual a $1,8 \times 10^6$ m/s. Forneça ϕ em graus.

38.37 •• **DADOS** No desenvolvimento de um equipamento de visão noturna, você precisa medir a função trabalho para a superfície de um metal, de modo que realiza uma experiência de efeito fotoelétrico. Você mede o potencial de corte V_0 em função do comprimento de onda λ da luz que incide sobre a superfície. Os resultados aparecem na tabela a seguir.

λ (nm)	100	120	140	160	180	200
V_0 (V)	7,53	5,59	3,98	2,92	2,06	1,43

Em sua análise, você usa $c = 2,998 \times 10^8$ m/s e $e = 1,602 \times 10^{-19}$ C, que são valores obtidos em outras experiências. (a) Selecione uma forma de representar seus resultados graficamente de modo que os pontos de dados fiquem próximos de uma linha reta. Usando esse gráfico, encontre a inclinação e a interceptação y da linha reta que melhor se ajusta aos dados. (b) Use os resultados do item (a) para calcular a constante de Planck h (como um teste de seus dados) e a função trabalho (em eV) da superfície. (c) Qual é o comprimento de onda mais longo da luz que produzirá fotoelétrons a partir dessa superfície? (d) Que comprimento de onda da luz é necessário para produzir fotoelétrons com energia cinética de 10,0 eV?

38.38 •• **DADOS** Ao analisar projetos de detector de fumaça que se baseiam no efeito fotoelétrico, você avalia superfícies fabricadas de cada um dos materiais listados na Tabela 38.1. Uma aplicação em particular utiliza a luz ultravioleta com comprimento de onda de 270 nm. (a) Para quais dos seguintes materiais na Tabela 38.1 essa luz produzirá fotoelétrons? (b) Que material resultará em fotoelétrons com maior energia cinética? Qual será a velocidade máxima dos fotoelétrons produzidos enquanto saem da superfície desse material? (c) Qual é o maior comprimento de onda que produzirá fotoelétrons de uma superfície de ouro, se a superfície possui uma função trabalho igual ao valor dado para o ouro na Tabela 38.1? (d) Para o comprimento de onda calculado no item (c), qual será a energia cinética máxima dos fotoelétrons produzidos a partir de uma superfície de sódio que possui uma função de trabalho igual ao valor dado na Tabela 38.1 para o sódio?

38.39 •• **DADOS** Para testar o conceito de fóton, você realiza uma experiência de espalhamento Compton em um laboratório de pesquisa. Usando fótons de comprimento de onda muito curto, você mede o comprimento de onda λ' dos fótons espalhados em função do ângulo de espalhamento ϕ, o ângulo entre a direção de um fóton espalhado e o fóton incidente. Os resultados obtidos são apresentados a seguir.

ϕ (graus)	30,6	58,7	90,2	119,2	151,3
λ' (pm)	5,52	6,40	7,60	8,84	9,69

Sua análise considera que o alvo é um elétron livre em repouso. (a) Represente graficamente seus dados como λ' *versus* $1 - \cos\phi$. Quais são a inclinação e a interceptação y da linha reta que melhor se ajustam aos seus dados? (b) O comprimento de onda Compton λ_C é definido como $\lambda_C = h/mc$, onde m é a massa de um elétron. Use os resultados do item (a) para calcular λ_C. (c) Use os resultados do item (a) para calcular o comprimento de onda λ da luz incidente.

PROBLEMA DESAFIADOR

38.40 ••• Considere o espalhamento Compton de um fóton que colide com um elétron em *movimento*. Antes da colisão, o fóton possui comprimento de onda λ e está se deslocando no sentido $+x$ e o elétron está se deslocando no sentido $-x$ com energia total E (que inclui sua energia de repouso mc^2). O fóton e o elétron colidem de frente. Depois da colisão, ambos se movem no sentido $-x$ (ou seja, o ângulo de espalhamento é igual a 180°). (a) Deduza uma expressão para o comprimento de onda λ' do fóton espalhado. Mostre que, quando $E >> mc^2$, em que m é a massa do elétron em repouso, seu resultado se reduz a

$$\lambda' = \frac{hc}{E}\left(1 + \frac{m^2c^4\lambda}{4hcE}\right)$$

(b) Um feixe de radiação infravermelha proveniente de um laser de CO_2 (λ = 10,6 μm) colide centralmente com um feixe de elétrons, cada um deles com energia total E = 10,0 GeV (1 GeV = 10^9 eV). Calcule os comprimentos de onda λ' dos fótons espalhados, considerando um ângulo de espalhamento igual a 180°. (c) Que tipo de fóton espalhado é obtido (infravermelho, micro-onda, ultravioleta etc.)? Você pode imaginar alguma aplicação para esse efeito?

Problemas com contexto

BIO **TERAPIA POR RADIAÇÃO PARA TUMORES.** Tumores malignos normalmente são tratados com uma terapia de radiação com raios X direcionados. Para gerar esses raios na medicina, um acelerador linear direciona um feixe de elétrons de alta energia para um alvo metálico — normalmente tungstênio. Quando chegam perto dos núcleos de tungstênio, os elétrons sofrem deflexão e são acelerados, emitindo fótons de alta energia via bremsstrahlung. Os raios X resultantes são colimados para um feixe direcionado no tumor. Os fótons podem depositar energia no tumor por meio de Compton e interações fotoelétricas. Um tumor típico possui 10^8 células/cm^3 e, em um tratamento completo, 4 MeV fótons podem produzir uma dose de 70 Gy em 35 exposições fracionárias em diferentes dias. O *gray* (Gy) é uma medida da dose de energia de radiação absorvida por unidade de massa do tecido: 1 Gy = 1 J/kg.

38.41 Quanta energia é transmitida a uma célula durante o tratamento de um dia? Suponha que a gravidade específica do tumor seja 1 e que 1 J = 6×10^{18} eV. (a) 120 keV; (b) 12 MeV; (c) 120 MeV; (d) 120×10^3 MeV.

38.42 Ao interagir com moléculas (principalmente água) em tecido tumoral, cada elétron ou fotoelétron Compton causa uma série de ionizações, cada uma delas com cerca de 40 eV. Estime o número máximo de ionizações que um fóton gerado por esse acelerador linear pode produzir no tecido. (a) 100; (b) 1.000; (c) 10^4; (d) 10^5.

38.43 Os fótons de alta energia podem sofrer espalhamento Compton a partir dos elétrons no tumor. A energia transferida por um fóton é máxima quando ele se espalha diretamente de volta a partir do elétron. Nesse processo, qual é a energia máxima que um fóton com a energia descrita na passagem pode dar a um elétron? (a) 3,8 MeV; (b) 2,0 MeV; (c) 0,40 MeV; (d) 0,23 MeV.

38.44 A probabilidade de um fóton interagir com o tecido por meio do efeito fotoelétrico ou do efeito Compton depende da energia do fóton. Use a **Figura P38.44** para determinar a melhor descrição de como os fótons do acelerador linear descrito neste contexto interagem com um tumor. (a) Somente a partir do efeito Compton; (b) principalmente por meio do efeito fotoelétrico até que tenham perdido a maior parte de sua energia, e depois principalmente por meio do efeito Compton; (c) principalmente por meio do efeito Compton até que tenham perdido a maior parte de sua energia, e depois principalmente por meio do efeito fotoelétrico; (d) por meio do efeito Compton e do efeito fotoelétrico, da mesma forma.

Figura P38.44

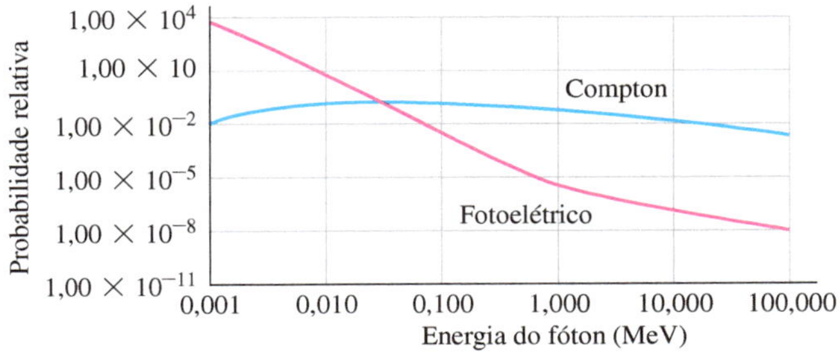

38.45 Fótons com energia mais alta poderiam ser desejáveis para o tratamento de certos tumores. Qual destas ações geraria fótons com maior energia nesse acelerador linear? (a) Aumentar o número de elétrons que atingem o alvo de tungstênio; (b) acelerar os elétrons através de uma diferença de potencial mais alta; (c) tanto (a) quanto (b); (d) nenhum deles.

RESPOSTAS

Resposta à pergunta inicial do capítulo

(**i**) A energia de um fóton E é inversamente proporcional ao seu comprimento de onda λ: quanto mais curto o comprimento de onda, mais energético é o fóton. Como a luz visível possui comprimentos de onda mais curtos que a luz infravermelha, a lâmpada na cabeça emite fótons com maior energia. No entanto, a luz do laser infravermelho é muito mais *intensa* (fornece muito mais energia por segundo por unidade de área para a pele do paciente), pois emite muito mais fótons por segundo que a lâmpada na cabeça e os concentra em um ponto muito pequeno.

Respostas às perguntas dos testes de compreensão

38.1 Resposta: (**iv**) Conforme a Equação 38.2, um fóton de energia $E = 1{,}14$ eV possui um comprimento de onda

$$\lambda = hc/E$$
$$= (4{,}136 \times 10^{-5}\ \text{eV} \cdot \text{s})\,(3{,}00 \times 10^8\ \text{m/s})/(1{,}14\ \text{eV})$$
$$= 1{,}09 \times 10^{-6}\ \text{m} = 1.090\ \text{nm}$$

Isso está localizado na parte infravermelha do espectro. Como o comprimento de onda é inversamente proporcional à energia do fóton, a energia *mínima* do fóton de 1,14 eV corresponde ao comprimento de onda *máximo* que gera fotocondutividade no silício. Assim, o comprimento de onda deve ser 1.090 nm ou menos.

38.2 Resposta: (**ii**) A Equação 38.6 mostra que o comprimento de onda mínimo dos raios X produzidos por bremsstrahlung depende da diferença de potencial V_{AC}, mas *não* depende da taxa com que os elétrons atingem o anodo. O aumento do número de elétrons por segundo só causará um aumento no número de fótons de raios X emitidos por segundo (ou seja, a intensidade I do raio X).

38.3 Resposta: **sim, não** A Equação 38.7 mostra que o deslocamento do comprimento de onda $\Delta\lambda = \lambda' - \lambda$ depende apenas do ângulo ϕ de espalhamento do fóton, não do comprimento de onda do fóton incidente. Assim, um fóton de luz visível com um ângulo de espalhamento ϕ passa por um deslocamento de comprimento de onda igual ao de um fóton de raio X. A Equação 38.7 mostra também que esse deslocamento é da ordem de $h/mc = 2{,}426 \times 10^{-12}$ m $= 0{,}002426$ nm. Esse valor é uma porcentagem pequena do comprimento de onda dos raios X (veja o Exemplo 38.5), de modo que o efeito é perceptível no espalhamento dos raios X. Entretanto, h/mc é uma fração minúscula do comprimento de onda da luz visível (entre 380 nm e 750 nm). O olho humano não distingue diferenças tão pequenas de comprimento de onda (isto é, diferenças de cor).

38.4 Resposta: (**ii**) Existe probabilidade *zero* de que um fóton sofra deflexão por um dos ângulos onde o padrão de difração possui intensidade nula. Esses ângulos são dados por $a \operatorname{sen} \theta = m\lambda$

com $m = \pm 1, \pm 2, \pm 3,...$ Como λ é muito menor que a, podemos escrever esses ângulos como $\theta = m\lambda/a = \pm\lambda/a, \pm 2\lambda/a, \pm 3\lambda/a,...$. Esses valores incluem as respostas (i), (iii) e (iv), de modo que é impossível que um fóton sofra deflexão por qualquer um desses ângulos. A intensidade não é nula em $\theta = 3\lambda/2a$ (localizado entre dois zeros na figura de difração), de modo que existe alguma probabilidade de que um fóton tenha deflexão por esse ângulo.

Problema em destaque

(a) 0,0781 nm **(b)** $1{,}65 \times 10^{-23}$ kg · m/s, $1{,}81 \times 10^{7}$ m/s **(c)** $1{,}49 \times 10^{-16}$ J

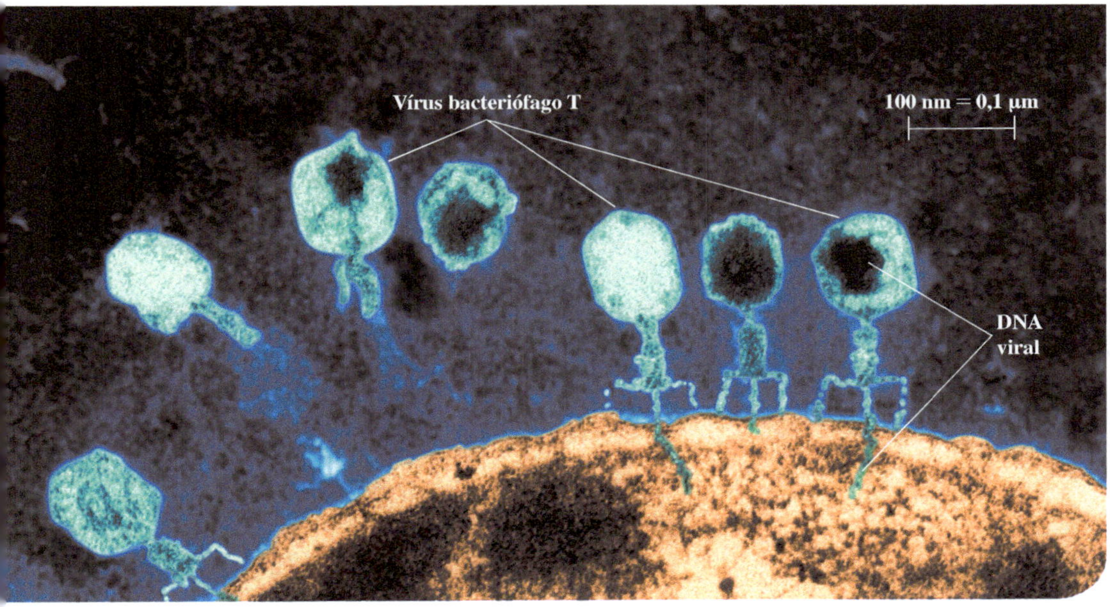

? Os vírus (mostrados em azul) pararam sobre uma bactéria *E. coli* e injetaram seu DNA, convertendo a bactéria em uma fábrica de vírus. Esta imagem em falsa cor foi feita usando um feixe de elétrons em vez de um feixe de luz. Os elétrons são usados para gerar imagens com detalhes minuciosos porque, em comparação com os fótons de luz visível, (i) os elétrons podem ter comprimentos de onda muito mais curtos; (ii) os elétrons podem ter comprimentos de onda muito maiores; (iii) os elétrons podem ter muito menos momento linear; (iv) os elétrons possuem mais energia total para o mesmo momento linear; (v) há mais de uma resposta correta.

39 A NATUREZA ONDULATÓRIA DAS PARTÍCULAS

OBJETIVOS DE APRENDIZAGEM

Ao estudar este capítulo, você aprenderá:

- **39.1** A hipótese de De Broglie de que elétrons, prótons e outras partículas podem se comportar como ondas e a evidência experimental das ideias de De Broglie.
- **39.2** Como os físicos descobriram o núcleo atômico.
- **39.3** Como o modelo das órbitas eletrônicas de Bohr explicou os espectros do hidrogênio e os átomos tipo hidrogênio.
- **39.4** Como um laser opera.
- **39.5** Como a ideia dos níveis de energia, com o modelo de fóton da luz, explica o espectro da luz emitida por um objeto quente e opaco.
- **39.6** O que o princípio da incerteza nos diz sobre a natureza do átomo.

Revendo conceitos de:

- **12.4** Satélites.
- **17.7** Lei de Stefan-Boltzmann.
- **18.4, 18.5** Princípio da equipartição; função de distribuição de Maxwell-Boltzmann.
- **32.1, 32.5** Radiação de uma carga em aceleração; ondas eletromagnéticas estacionárias.
- **36.5–36.7** Difração de luz, difração de raios X, resolução.
- **38.1, 38.4** Efeito fotoelétrico, fótons, interferência.

No Capítulo 38, descobrimos um aspecto da natureza da dualidade onda-partícula: a luz e outras ondas eletromagnéticas algumas vezes se comportam como ondas e outras vezes, como partículas. A interferência e a difração revelam o comportamento ondulatório, enquanto a emissão e a absorção de fótons demonstram o comportamento de partícula.

Se as ondas de luz podem se comportar como partículas, as partículas de matéria podem se comportar como ondas? A resposta é um retumbante sim. Os elétrons podem interferir e refratar, assim como outros tipos de onda. A natureza ondulatória dos elétrons não é simplesmente uma curiosidade de laboratório: é o motivo fundamental para que os átomos, que, de acordo com a física clássica deveriam ser instáveis, sejam capazes de existir. Neste capítulo, a natureza ondulatória da matéria nos ajudará a compreender a estrutura dos átomos, os princípios operacionais de um laser e as curiosas propriedades da luz emitida por um objeto aquecido e brilhante. Sem a imagem ondulatória da matéria, não haveria como explicar esses fenômenos.

No Capítulo 40, apresentaremos uma imagem ainda mais completa da natureza ondulatória da matéria, chamada *mecânica quântica*. No restante deste livro, usaremos as ideias da mecânica quântica para compreendermos a natureza das moléculas, dos sólidos, dos núcleos atômicos e das partículas fundamentais que são os blocos de montagem do nosso universo.

39.1 ONDAS DE ELÉTRONS

Em 1924, um físico francês, Louis De Broglie (pronuncia-se "de broy"; **Figura 39.1**), fez uma proposta marcante sobre a natureza da matéria. Seu pensamento, parafraseado livremente, foi mais ou menos o seguinte: a natureza ama a simetria. A luz possui uma natureza dual, comportando-se em algumas situações

Figura 39.1 Louis-Victor De Broglie, o sétimo duque De Broglie (1892–1987), rompeu a tradição familiar escolhendo a física em vez da diplomacia. Sua hipótese revolucionária de que as partículas apresentam comportamento ondulatório — pela qual recebeu o Prêmio Nobel de física de 1929 — foi publicada em sua tese de doutorado.

como onda e em outras, como partícula. Se a natureza é simétrica, essa dualidade também deveria ser válida para a matéria. Os elétrons, que geralmente são considerados *partículas*, em algumas situações podem se comportar como *ondas*.

Se uma partícula se comporta como onda, ela deve ter um comprimento de onda e uma frequência. De Broglie postulou que uma partícula livre com massa de repouso m, deslocando-se com velocidade não relativística v, deve ter um comprimento de onda λ associado a seu momento linear $p = mv$ do mesmo modo que um fóton, como expresso pela Equação 38.5, da Seção 38.1: $\lambda = h/p$. O **comprimento de onda de De Broglie** de uma partícula é, então,

Comprimento de onda de De Broglie de uma partícula → $\lambda = \dfrac{h}{p} = \dfrac{h}{mv}$ (39.1)

(h: Constante de Planck; p: Momento linear da partícula; m: Massa da partícula; v: Velocidade da partícula)

Se a velocidade da partícula é uma fração considerável da velocidade da luz c, substituímos mv na Equação 39.1 por $\gamma mv = mv/\sqrt{1 - v^2/c^2}$ (Equação 37.27, da Seção 37.7). A frequência f, de acordo com De Broglie, também é relacionada com a energia da partícula E da mesma forma que ocorre com um fóton, ou seja,

Energia de uma partícula → $E = hf$ (39.2)

(h: Constante de Planck; f: Frequência)

ATENÇÃO Nem todas as equações dos fótons se aplicam a partículas com massa A relação $E = hf$ deve ser aplicada com cuidado a partículas que possuem massa de repouso diferente de zero, como os elétrons. Diferentemente dos fótons, essas partículas *não* se deslocam com a velocidade da luz c, de modo que nem a relação $f = c/\lambda$ nem a relação $E = pc$ podem ser aplicadas a elas!

Observando a natureza ondulatória dos elétrons

A proposta de De Broglie foi muito audaciosa, feita em uma época em que ainda não existia nenhuma evidência experimental direta de que as partículas pudessem ter um caráter ondulatório. Porém, após alguns anos suas ideias foram retumbantemente verificadas por um experimento de difração com elétrons. Esse experimento foi semelhante aos descritos na Seção 36.6, nos quais os átomos de um cristal desempenhavam o papel de uma rede de difração tridimensional para os raios X. Um feixe de raios X é fortemente refletido quando incide formando um ângulo em que ocorre interferência construtiva entre as ondas espalhadas pelos diversos átomos no cristal. Esses efeitos de interferência demonstram a natureza *ondulatória* dos raios X.

Em 1927, os físicos americanos Clinton Davisson e Lester Germer, trabalhando nos laboratórios da Bell Telephone, estavam estudando a superfície de um bloco de níquel fazendo um feixe de *elétrons* incidir sobre ela e observando quantos elétrons emergiam em diferentes ângulos. A **Figura 39.2** mostra um dispositivo experimental semelhante ao que eles usaram. A amostra era *policristalina*; assim como vários metais comuns, a amostra continha muitos cristais microscópicos ligados e orientados aleatoriamente. Como resultado, o feixe de elétrons sofreria uma reflexão difusa, como a luz quicando em uma superfície áspera (veja a Figura 33.6b), com uma distribuição uniforme de intensidade em função do ângulo θ.

Durante a realização da experiência, ocorreu um acidente que possibilitou a entrada de ar na câmara a vácuo, ocasionando a formação de uma película de óxido sobre a superfície metálica. Para remover essa película, Davisson e Germer aqueceram a amostra em um forno com uma temperatura muito elevada. Sem que eles soubessem, esse processo teve o efeito de criar vastas regiões de monocristais cujos planos eram dispostos continuamente ao longo da largura do feixe de elétrons. Do ponto de vista dos elétrons, a amostra parecia ser um *único* cristal de níquel.

Figura 39.2 Dispositivo semelhante ao usado por Davisson e Germer para descobrir a difração de elétrons.

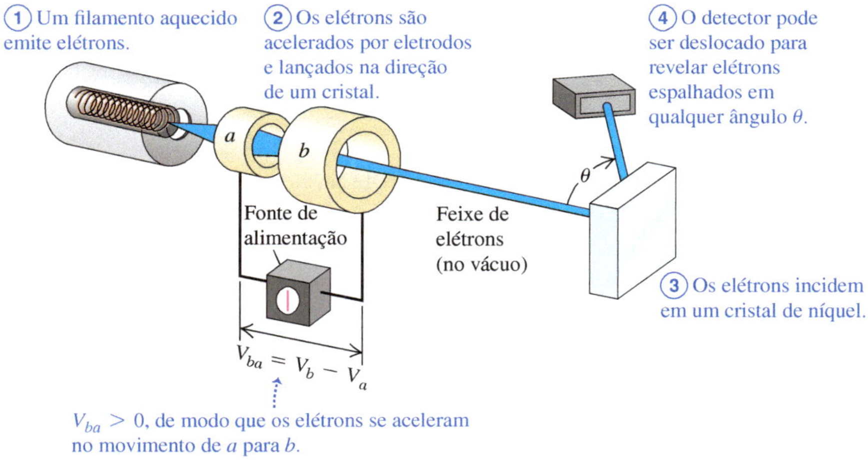

Quando eles repetiram as observações com essa amostra, os resultados foram bastante diferentes. Os máximos fortes na intensidade do feixe de elétrons refletido ocorriam em determinados ângulos (**Figura 39.3a**), em contraste com a variação uniforme da intensidade no ângulo que Davisson e Germer observaram antes do acidente. As posições angulares dos máximos dependiam da voltagem de aceleração V_{ba} usada para produzir o feixe de elétrons. Davisson e Germer conheciam a hipótese lançada por De Broglie e notaram a semelhança entre o comportamento da difração de raios X e o observado por eles. Embora esse não fosse o efeito que estavam procurando, eles imediatamente concluíram que o feixe de elétrons estava sendo *difratado*. Eles haviam descoberto uma confirmação experimental direta da hipótese ondulatória.

Davisson e Germer podiam determinar as velocidades dos elétrons a partir das voltagens de aceleração, de modo que era possível calcular os comprimentos de onda de De Broglie usando a Equação 39.1. Se um elétron for acelerado a partir do repouso no ponto a para o ponto b por um aumento de potencial $V_{ba} = V_b - V_a$, como mostra a Figura 39.2, o trabalho realizado sobre o elétron, eV_{ba}, é igual à energia cinética K. Usando $K = \left(\frac{1}{2}\right)mv^2 = p^2/2m$ para uma partícula não relativística, temos

$$eV_{ba} = \frac{p^2}{2m} \qquad p = \sqrt{2meV_{ba}}$$

Substituindo isso na Equação 39.1 para o comprimento de onda de De Broglie do elétron, obtemos:

Comprimento de onda de De Broglie do elétron

$$\lambda = \frac{h}{p} = \frac{h}{\sqrt{2meV_{ba}}} \qquad (39.3)$$

Constante de Planck (h); Momento linear do elétron (p); Massa do elétron (m); Módulo da carga do elétron (e); Voltagem de aceleração (V_{ba})

Quanto maior a voltagem de aceleração V_{ba}, mais curto o comprimento de onda do elétron.

Para prever os ângulos em que ocorre a reflexão forte, observe que os elétrons inicialmente eram espalhados principalmente pelos planos dos átomos perto da superfície do cristal. Os átomos em uma superfície plana são distribuídos ao longo de linhas, e a distância d do espaçamento entre os átomos pode ser medida pela técnica de difração de raios X. Essas linhas se comportam como uma rede de di-

Figura 39.3 (a) Gráfico da intensidade do feixe de elétrons espalhados mostrado na Figura 39.2 em função do ângulo de espalhamento θ. (b) A interferência construtiva entre as ondas dos elétrons espalhados por dois átomos adjacentes interferem construtivamente quando d sen $\theta = m\lambda$. No caso mostrado aqui, $\theta = 50°$ e $m = 1$.

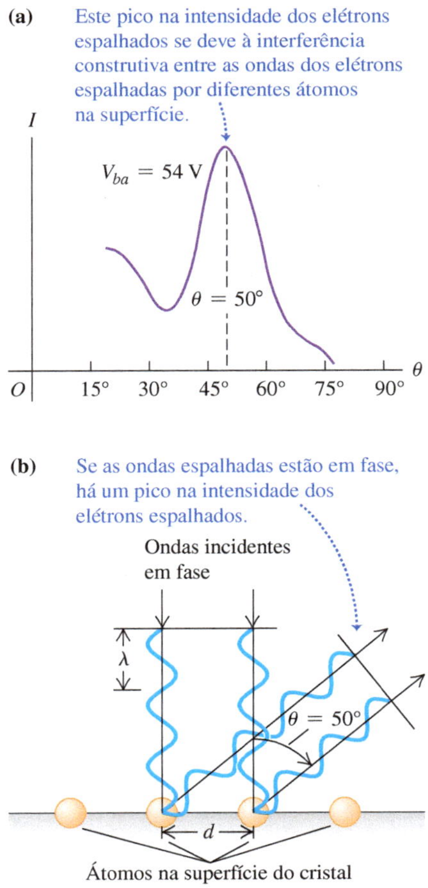

fração; os ângulos em que ocorre forte reflexão são os mesmos que os obtidos no caso de uma rede de difração com uma distância d entre duas fendas consecutivas (Figura 39.3b). De acordo com a Equação 36.13, os ângulos em que ocorre reflexão máxima são dados por

$$d \operatorname{sen} \theta = m\lambda \qquad (m = 1, 2, 3, ...) \tag{39.4}$$

onde θ é o ângulo indicado na Figura 39.2. (Observe que a geometria na Figura 39.3b é diferente daquela para a Figura 36.22, de modo que a Equação 39.4 é diferente da Equação 36.16.) Davisson e Germer descobriram que os ângulos previstos por essa equação, usando o comprimento de onda de De Broglie indicado pela Equação 39.3, concordavam com os valores observados (Figura 39.3a). Assim, a descoberta acidental da **difração de elétrons** foi a primeira evidência experimental direta a confirmar a hipótese feita por De Broglie.

Em 1928, apenas um ano após a descoberta de Davisson e Germer, o físico inglês G. P. Thomson fez experiências de difração de elétrons usando como alvo uma fina folha metálica policristalina. Debye e Sherrer empregaram uma técnica semelhante para estudar a difração de raios X de amostras policristalinas. Nesses experimentos, o feixe passa *através* do alvo, em vez de ser refletido por ele. Por causa das orientações aleatórias dos cristais microscópicos no interior da folha, a figura de difração era constituída por máximos distribuídos ao longo de um anel em torno da direção do feixe incidente. Os resultados de Thomson confirmaram novamente a relação proposta por De Broglie. A **Figura 39.4** mostra duas figuras de difração, uma para elétrons e outra para raios X, passando através de uma folha de alumínio policristalina. (É interessante notar que G. P. Thomson era filho de J. J. Thomson, que, 31 anos antes, havia descoberto o elétron. Davisson e o Thomson mais novo compartilharam o Prêmio Nobel de física em 1937 por suas descobertas.)

Experiências adicionais com difração foram realizadas posteriormente em muitos laboratórios, usando não apenas elétrons, mas também diversos íons e nêutrons de baixas energias. Todas essas experiências estavam de acordo com as previsões audaciosas de De Broglie. Assim, a natureza ondulatória das partículas, tão estranha em 1924, se tornou firmemente estabelecida nos anos posteriores.

Figura 39.4 Difração de elétrons e difração de raios X. A metade superior da foto mostra a figura de difração para raios X de 71 pm passando através de uma folha de alumínio. A metade inferior da foto mostra, em uma escala diferente, a figura de difração para elétrons de 600 eV passando através de uma folha de alumínio. A semelhança mostra que os elétrons sofrem o mesmo tipo de difração que os raios X.

Em cima: difração de raios X

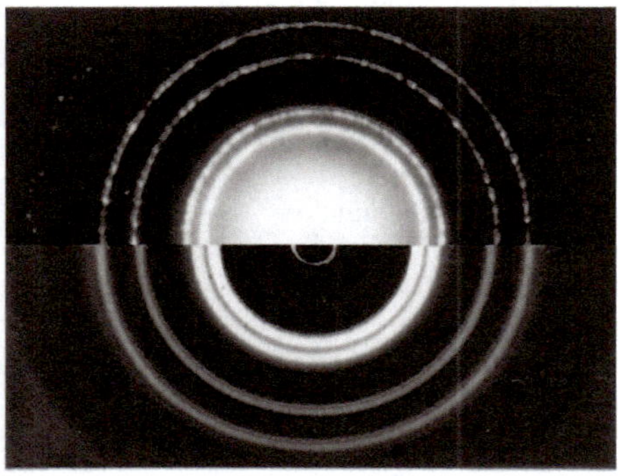

Embaixo: difração de elétrons

ESTRATÉGIA PARA A SOLUÇÃO DE PROBLEMAS 39.1 PROPRIEDADES ONDULATÓRIAS DAS PARTÍCULAS

IDENTIFICAR *os conceitos relevantes:* as partículas têm propriedades ondulatórias. O comprimento de onda de uma partícula (De Broglie) é inversamente proporcional ao seu momento linear, e a frequência é proporcional à sua energia.

PREPARAR *o problema:* identifique as variáveis-alvo e decida que equações usará para calculá-las.

EXECUTAR *a solução* da seguinte forma:

1. Use a Equação 39.1 para relacionar o momento linear p da partícula com seu comprimento de onda λ; use a Equação 39.2 para relacionar sua energia E com sua frequência f.
2. A energia cinética não relativística pode ser expressa na forma $K = \frac{1}{2}mv^2$ ou (como $p = mv$) pela relação $K = p^2/2m$. A última forma geralmente é útil para cálculos que envolvem o comprimento de onda de De Broglie.
3. Você pode expressar as energias em joules ou em elétrons-volt, usando $h = 6{,}626 \times 10^{-34}$ J · s ou $h = 4{,}136 \times 10^{-15}$ eV · s, conforme o caso.

AVALIAR *sua resposta:* para verificar seus resultados numéricos, é útil memorizar algumas ordens de grandeza aproximadas. Veja uma lista parcial:

Raio de um átomo: 10^{-10} m = 0,1 nm
Massa de um átomo: 10^{-26} kg
Massa de um elétron: $m = 10^{-30}$ kg; $mc^2 = 0{,}511$ MeV
Ordem de grandeza da carga de um elétron: 10^{-19} C
kT na temperatura ambiente: $\frac{1}{40}$ eV
Diferença entre níveis de energia de um átomo (a ser discutida na Seção 39.3): 1 a 10 eV
Velocidade de um elétron no modelo de Bohr para um átomo de hidrogênio (a ser discutida na Seção 39.3): 10^6 m/s.

EXEMPLO 39.1 UMA EXPERIÊNCIA COM DIFRAÇÃO DE ELÉTRONS

Em certa experiência de difração de elétrons usando uma voltagem de aceleração igual a 54 V, ocorre um máximo de intensidade quando o ângulo θ é igual a 50° (veja a Figura 39.3a). A difração de raios X mostrou que a distância entre os átomos ao longo de uma linha é dada por $d = 2{,}18 \times 10^{-10}$ m $= 0{,}218$ nm. Os elétrons possuem energia cinética desprezível antes de serem acelerados. Calcule o comprimento de onda do elétron.

SOLUÇÃO

IDENTIFICAR, PREPARAR E EXECUTAR: vamos determinar λ a partir da equação de De Broglie, Equação 39.3, e da equação da difração, Equação 39.4. Pela Equação 39.3,

$$\lambda = \frac{6{,}626 \times 10^{-34}\ \text{J} \cdot \text{s}}{\sqrt{2(9{,}109 \times 10^{-31}\ \text{kg})\,(1{,}602 \times 10^{-19}\ \text{C})(54\ \text{V})}}$$
$$= 1{,}7 \times 10^{-10}\ \text{m} = 0{,}17\ \text{nm}$$

Como alternativa, usando a Equação 39.4 e considerando $m = 1$, obtemos

$$\lambda = d \operatorname{sen} \theta = (2{,}18 \times 10^{-10}\ \text{m}) \operatorname{sen} 50° = 1{,}7 \times 10^{-10}\ \text{m}$$

AVALIAR: os dois números combinam dentro da acurácia dos resultados experimentais, o que nos dá uma verificação excelente sobre nossos cálculos. Observe que esse comprimento de onda de elétron é menor que a distância entre os átomos.

EXEMPLO 39.2 ENERGIA DE UM NÊUTRON TÉRMICO

Calcule a velocidade e a energia cinética de um nêutron ($m = 1{,}675 \times 10^{-27}$ kg) com comprimento de onda de De Broglie $\lambda = 0{,}200$ nm, valor aproximadamente igual ao espaçamento entre os átomos em muitos cristais. Compare essa energia com a energia cinética média das moléculas de um gás em temperatura ambiente ($T = 20$ °C $= 293$ K).

SOLUÇÃO

IDENTIFICAR E PREPARAR: este problema utiliza as relações entre o comprimento de onda e a velocidade de uma partícula, entre a velocidade da partícula e a energia cinética, e entre a temperatura de um gás e a energia cinética média de uma molécula de gás. Determinaremos a velocidade do nêutron v por meio da Equação 39.1, e depois encontramos a energia cinética do nêutron usando $K = \frac{1}{2}mv^2$. Para calcular a energia cinética média de uma molécula de gás, usaremos a Equação 18.16.

EXECUTAR: conforme a Equação 39.1, a velocidade do nêutron é

$$v = \frac{h}{\lambda m} = \frac{6{,}626 \times 10^{-34}\ \text{J} \cdot \text{s}}{(0{,}200 \times 10^{-9}\ \text{m})(1{,}675 \times 10^{-27}\ \text{kg})}$$
$$= 1{,}98 \times 10^{3}\ \text{m/s}$$

A energia cinética do nêutron é

$$K = \tfrac{1}{2}mv^2 = \tfrac{1}{2}(1{,}675 \times 10^{-27}\ \text{kg})\,(1{,}98 \times 10^{3}\ \text{m/s})^2$$
$$= 3{,}28 \times 10^{-21}\ \text{J} = 0{,}0205\ \text{eV}$$

Pela Equação 18.16, a energia cinética média translacional de uma dada molécula de um gás ideal na temperatura $T = 293$ K é dada por

$$\tfrac{1}{2}m\,(v^2)_{\text{méd}} = \tfrac{3}{2}kT = \tfrac{3}{2}(1{,}38 \times 10^{-23}\ \text{J/K})\,(293\ \text{K})$$
$$= 6{,}07 \times 10^{-21}\ \text{J} = 0{,}0379\ \text{eV}$$

As duas energias obtidas possuem a mesma ordem de grandeza, razão pela qual um nêutron com energia cinética dessa ordem de grandeza denomina-se *nêutron térmico*. A difração de nêutrons térmicos é usada para estudar cristais e estruturas moleculares de modo análogo ao da difração de raios X. Verificou-se que a difração de nêutrons é especialmente útil no estudo de moléculas orgânicas grandes.

AVALIAR: note que a velocidade obtida para o nêutron é muito menor que a velocidade da luz. Isso justifica nosso uso da forma não relativística da Equação 39.1.

Ondas de De Broglie e o mundo macroscópico

Se o panorama de De Broglie estiver correto e a matéria possuir aspectos ondulatórios, você poderá questionar por que não vemos esses aspectos na vida cotidiana. Como exemplo, sabemos que as ondas se difratam quando enviadas através de uma fenda única. Mas, quando passamos pelo vão de uma porta (um tipo de fenda única), não nos preocupamos sobre a difração do nosso corpo!

O motivo principal para não vermos esses efeitos em escala humana é que a constante de Planck h possui um valor minúsculo. Como resultado, os comprimentos de onda de De Broglie, até mesmo dos menores objetos comuns que você pode ver, são extremamente pequenos, e os efeitos ondulatórios não são importantes. Por exemplo, qual é o comprimento de onda de um grão de areia caindo? Se a massa do grão é 5×10^{-10} kg e seu diâmetro é 0,07 mm = 7×10^{-5} m, ele cairá no ar com uma velocidade terminal aproximada de 0,4 m/s. O módulo de seu momento linear é $p = mv = (5 \times 10^{-10}\,\text{kg})\,(0{,}4\,\text{m/s}) = 2 \times 10^{-10}\,\text{kg} \cdot \text{m/s}$. O comprimento de onda de De Broglie para esse grão de areia caindo é, então,

$$\lambda = \frac{h}{p} = \frac{6{,}626 \times 10^{-34}\,\text{J/s}}{2 \times 10^{-10}\,\text{kg} \cdot \text{m/s}} = 3 \times 10^{-24}\,\text{m}$$

Não apenas esse comprimento de onda é menor que o diâmetro do grão de areia, mas também é muito menor que o tamanho de um átomo típico (cerca de 10^{-10} m). Um objeto com mais massa, movendo-se mais rapidamente, teria um momento linear ainda maior e um comprimento de De Broglie ainda menor. Os efeitos desses comprimentos de onda minúsculos são tão pequenos que nunca são observados na vida cotidiana.

O microscópio eletrônico

O **microscópio eletrônico** constitui um exemplo interessante e importante para entender as propriedades ondulatórias e corpusculares dos elétrons. Um feixe de elétrons pode ser usado para formar a imagem de um objeto de modo bastante parecido com a formação da imagem por um feixe luminoso. Um raio de luz pode ser desviado por reflexão ou refração e um feixe de elétrons pode ser desviado usando-se um campo magnético ou um campo elétrico. Os raios que divergem de um ponto sobre um objeto podem convergir pela ação de uma lente convergente ou um espelho côncavo, e um feixe de elétrons que diverge de uma região pode convergir para outra região mediante a ação de um campo elétrico e/ou um campo magnético.

A analogia entre raios de luz e feixes de elétrons vai além. O modelo de *raios* da ótica geométrica é uma aproximação do modelo *ondulatório* mais geral. A ótica geométrica (ótica com raios) é válida quando os efeitos de interferência e de difração são desprezíveis. Analogamente, o modelo do elétron como uma partícula puntiforme se deslocando ao longo de uma trajetória retilínea é uma descrição aproximada do comportamento real do elétron; esse modelo é útil quando desprezamos os efeitos associados com a natureza ondulatória dos elétrons.

De que modo um microscópio eletrônico é superior a um microscópio ótico? A *resolução* de um microscópio é limitada pelos efeitos da difração, conforme discutimos na Seção 36.7. Usando comprimentos de onda em torno de 500 nm, um microscópio ótico não pode distinguir objetos com dimensões menores que algumas centenas de nanômetros, por melhor que seja a lente empregada. De modo análogo, a resolução de um microscópio eletrônico também é limitada pelos comprimentos de onda dos elétrons, mas esses comprimentos de onda podem ser milhares de vezes menores que o comprimento de onda da luz visível. Como resultado, a ampliação útil de um microscópio eletrônico pode ser milhares de vezes maior que a ampliação de um microscópio ótico.

Note que a capacidade de o microscópio eletrônico formar uma imagem ampliada *não* depende das propriedades ondulatórias do elétron. Dentro dos limites do princípio da incerteza de Heisenberg (que discutiremos na Seção 39.6), podemos calcular as trajetórias dos elétrons considerando-os partículas clássicas submetidas a forças elétricas e magnéticas. Somente quando tratamos da *resolução* é que as propriedades ondulatórias se tornam relevantes.

EXEMPLO 39.3 UM MICROSCÓPIO ELETRÔNICO

O feixe de elétrons não relativísticos de um microscópio eletrônico é formado por um dispositivo semelhante ao canhão eletrônico usado na experiência de Davisson-Germer (Figura 39.2). Os elétrons possuem energia cinética desprezível antes de serem acelerados. Qual é a voltagem de aceleração necessária para produzir um feixe de elétrons com comprimento de onda de 10 pm = 0,010 nm (aproximadamente 50 mil vezes menor que os comprimentos de onda da luz visível)?

SOLUÇÃO

IDENTIFICAR, PREPARAR E EXECUTAR: como esta situação é semelhante à experiência de Davisson-Germer, podemos usar

(Continua)

(Continuação)

todos os conceitos que estudamos a respeito dessa experiência. A voltagem de aceleração é a grandeza V_{ba} na Equação 39.3. Reescreva essa equação para encontrar V_{ba}:

$$V_{ba} = \frac{h^2}{2me\lambda^2}$$

$$= \frac{(6{,}626 \times 10^{-34}\ \text{J} \cdot \text{s})^2}{2(9{,}109 \times 10^{-31}\ \text{kg})(1{,}602 \times 10^{-19}\ \text{C})(10 \times 10^{-12}\ \text{m})^2}$$

$$= 1{,}5 \times 10^4\ \text{V} = 15.000\ \text{V}$$

AVALIAR: é fácil alcançar voltagens de aceleração de 15 kV a partir de uma voltagem de linha de 120 ou 240 V usando um transformador elevador de tensão (Seção 31.6) e um retificador (Seção 31.1). Os elétrons acelerados possuem energia cinética de 15 keV; como o elétron possui uma energia de repouso de 0,511 MeV = 511 keV, esses elétrons são, na realidade, não relativísticos.

Tipos de microscópio eletrônico

A **Figura 39.5** mostra o projeto de um *microscópio eletrônico de transmissão*, no qual os elétrons realmente passam pela amostra sendo estudada. A amostra a ser examinada é muito fina, em geral de 10 até 100 nm, de modo que os elétrons não diminuem muito de velocidade quando atravessam a amostra. Os elétrons usados em um microscópio desse tipo são emitidos por um catodo quente e acelerados por uma diferença de potencial típica da ordem de 40 até 400 kV. Os elétrons passam através de uma "lente" condensadora, que usa campos magnéticos para focar os elétrons em um feixe paralelo antes que ele passe através da amostra a ser examinada. O feixe, então, atravessa mais duas lentes magnéticas: uma lente objetiva que forma uma imagem intermediária da amostra e a lente de projeção, que produz uma imagem real definitiva da imagem intermediária. A lente objetiva e a lente de projeção desempenham, respectivamente, os papéis da lente objetiva e da ocular de um microscópio ótico composto (veja a Seção 34.8). A imagem final é registrada em uma placa fotográfica ou então projetada sobre uma tela fluorescente para ser vista ou fotografada. O aparelho inteiro, incluindo a amostra, deve ficar encerrado em um recipiente sob vácuo; se não fosse assim, os elétrons seriam espalhados pelas moléculas de ar e a imagem não ficaria nítida. A imagem que abre este capítulo foi feita com um microscópio eletrônico de transmissão.

Figura 39.5 Diagrama esquemático de um microscópio eletrônico de transmissão.

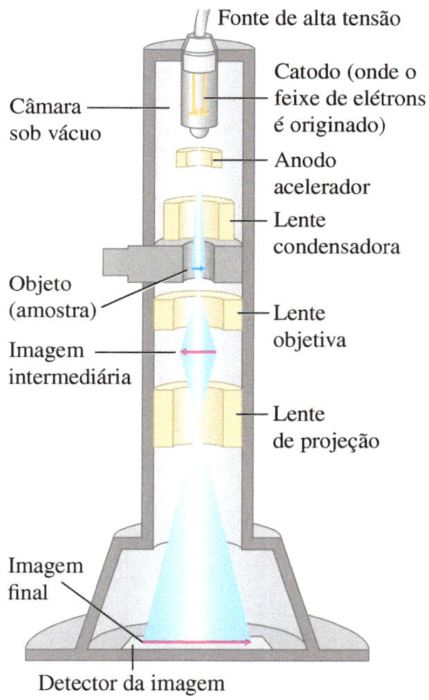

Poderíamos pensar que, quando o comprimento de onda do elétron é 0,01 nm (como no Exemplo 39.3), a resolução também seria aproximadamente igual a 0,01 nm. Na verdade, ela raramente é melhor que 0,1 nm, em parte porque a distância focal de uma lente magnética depende da velocidade do elétron, que nunca é exatamente a mesma em todos os elétrons do feixe.

Outro tipo importante de microscópio eletrônico é o *microscópio eletrônico de varredura*. O feixe eletrônico é focalizado em uma linha muito estreita e executa uma varredura por meio da amostra. À medida que o feixe varre a amostra, os elétrons são rebatidos para fora dela e coletados por um anodo que é mantido em um potencial algumas centenas de volts positivo em relação à amostra. A corrente de elétrons ejetados fluindo para o anodo coletor varia à medida que o feixe de microscópio varre a amostra. A intensidade variável da corrente é então usada para criar um "mapa" da amostra varrida, e esse mapa forma uma imagem bastante amplificada da amostra.

Esse esquema apresenta diversas vantagens. A amostra pode ser grossa, pois o feixe não precisa atravessá-la. Além disso, o ângulo de espalhamento dos elétrons depende do *ângulo* segundo o qual o feixe incide sobre a superfície da amostra. Portanto, as micrografias feitas com um microscópio eletrônico de varredura possuem uma aparência muito mais tridimensional que uma micrografia convencional alcançada com a luz (**Figura 39.6**). A resolução típica é da ordem de 10 nm, não tão boa quanto no microscópio eletrônico de transmissão, porém ainda muito mais precisa que a resolução alcançada com os melhores microscópios óticos.

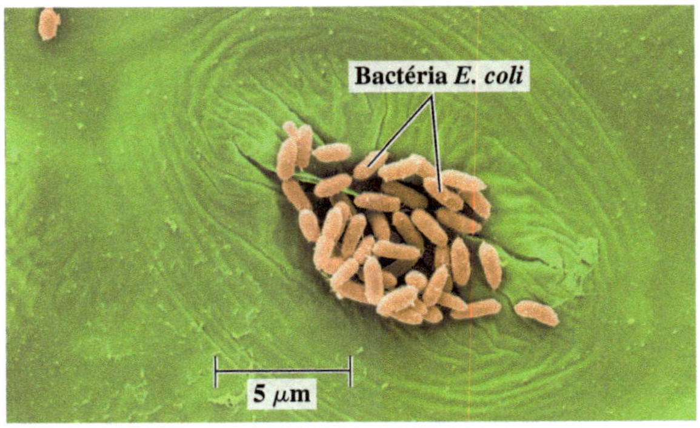

Figura 39.6 Esta imagem, feita por um microscópio eletrônico de varredura, mostra a bactéria *Escherichia coli* infestada em um orifício, ou abertura de respiração, na superfície de uma folha de alface. (Uma cor falsa foi acrescentada.) Se a alface não for lavada antes de ser comida, essas bactérias podem causar danos à saúde. O micrógrafo eletrônico de transmissão que abre este capítulo mostra uma visão bastante amplificada da superfície de uma bactéria *E. coli*.

TESTE SUA COMPREENSÃO DA SEÇÃO 39.1 (a) A massa de um próton é um pouco menor que a de um nêutron. Comparado ao nêutron descrito no Exemplo 39.2, um próton do mesmo comprimento de onda apresentaria (i) mais energia cinética; (ii) menos energia cinética; (iii) a mesma energia cinética? (b) O Exemplo 39.1 mostra que, para dar aos elétrons um comprimento de onda de $1{,}7 \times 10^{-10}$ m, eles precisam ser acelerados a partir do repouso através de uma voltagem de 54 V e, assim, adquirem uma energia cinética de 54 eV. Um fóton com essa mesma energia também possui comprimento de onda de $1{,}7 \times 10^{-10}$ m? ❙

39.2 O NÚCLEO ATÔMICO E ESPECTROS ATÔMICOS

Todo átomo neutro contém pelo menos um elétron. Como o aspecto ondulatório dos elétrons afeta a estrutura atômica? Conforme veremos, isso é fundamental para que se compreenda não apenas a estrutura dos átomos, mas também como eles interagem com a luz. Historicamente, a busca para se compreender a natureza do átomo esteve intimamente ligada tanto à ideia de que os elétrons possuem características ondulatórias quanto à noção de que a luz possui características de partícula. Antes de explorarmos como essas ideias modelaram a teoria atômica, é útil examinarmos o que era conhecido sobre os átomos — bem como o que permaneceu misterioso — na primeira década do século XX.

Linha espectral

Materiais aquecidos emitem luz, e diferentes materiais emitem diferentes tipos de luz. As bobinas de uma torradeira ficam vermelhas quando estão em operação, a chama de um fósforo tem uma cor amarela característica e a chama de um fogão a gás tem uma coloração azul distinta. Para analisar esses diferentes tipos de luz, podemos usar um prisma ou uma rede de difração para separar os diversos comprimentos de onda em um feixe de luz para um espectro. Se a fonte de luz for um sólido quente (como o filamento de uma lâmpada incandescente) ou um líquido, o espectro é *contínuo*; a luz de todos os comprimentos de onda está presente (**Figura 39.7a**). Mas, se a fonte for um *gás* aquecido, como o neônio em uma placa ou o vapor de sódio formado quando o sal de cozinha é lançado em uma fogueira, o espectro inclui apenas algumas cores na forma de linhas paralelas nítidas e isoladas (Figura 39.7b). (Cada "linha" é uma imagem da fenda espectrográfica, desviada por um ângulo que depende do comprimento de onda da luz que forma essa imagem; veja a Seção 36.5.) Um espectro desse tipo é chamado de **linha espectral de emissão**, e as linhas são chamadas de **linhas espectrais**. Cada linha espectral corresponde a um comprimento de onda e a uma frequência definida.

No início do século XIX, foi descoberto que todo elemento, em seu estado gasoso, possui um conjunto exclusivo de comprimentos de onda em sua linha espectral. O espectro do hidrogênio sempre contém um certo conjunto de compri-

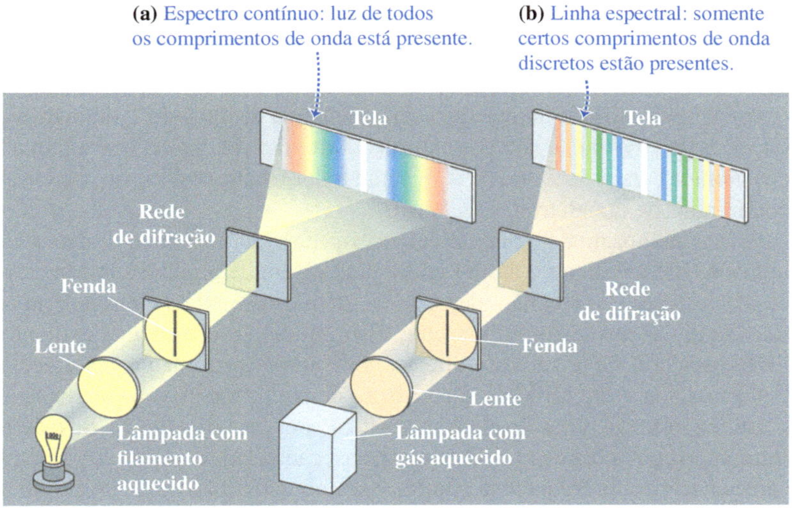

Figura 39.7 (a) Espectro contínuo produzido por um filamento de lâmpada incandescente. (b) Linha espectral de emissão emitida por uma lâmpada contendo um gás aquecido.

Aplicação Usando espectros para analisar uma nuvem de gás interestelar A luz dessa nuvem de gás brilhante — localizada na Pequena Nuvem de Magalhães, uma pequena galáxia satélite da Via Láctea, a cerca de 200.000 anos-luz ($1{,}9 \times 10^{18}$ km) da Terra — tem uma linha espectral de emissão. Apesar de sua imensa distância, os astrônomos podem dizer que essa nuvem é composta principalmente de hidrogênio, pois seu espectro é dominado pela luz vermelha a um comprimento de onda de 656,3 nm, um comprimento de onda emitido apenas pelo hidrogênio.

mentos de onda; o mercúrio produz um conjunto diferente, o neônio, outro, e assim por diante (**Figura 39.8**). Os cientistas descobriram que o uso dos espectros para identificar elementos e compostos é uma ferramenta valiosíssima. Por exemplo, os astrônomos detectaram os espectros de mais de 100 moléculas diferentes no espaço interestelar, incluindo algumas que não são encontradas naturalmente na Terra.

Embora um gás *aquecido emita* seletivamente apenas certos comprimentos de onda, um gás *frio absorve* seletivamente certos comprimentos de onda. Se passarmos uma luz branca (espectro contínuo) por um gás e examinarmos a luz *transmitida* com um espectrômetro, encontramos uma série de linhas escuras correspondentes aos comprimentos de onda que foram absorvidos (**Figura 39.9**). Isso é denominado **linha espectral de absorção**. Mais do que isso, determinado tipo de átomo ou molécula absorve um conjunto característico de comprimentos de onda quando está frio igual ao que emite quando está aquecido. Logo, os cientistas podem usar a linha espectral de absorção para identificar substâncias da mesma maneira que usam a linha espectral de emissão.

Por mais úteis que sejam as linhas espectrais de emissão e de absorção, elas apresentaram um dilema para os cientistas: *por que* determinado tipo de átomo emite e absorve apenas comprimentos de onda muito específicos? Para responder a essa pergunta, precisamos ter uma ideia melhor de como é o interior de um átomo. Sabemos que os átomos são muito menores que os comprimentos de onda da luz

Figura 39.8 A linha espectral de emissão de vários tipos de átomos e moléculas. Não existem dois elementos iguais. Observe que o espectro do vapor d'água (H_2O) é semelhante ao do hidrogênio (H_2), mas existem diferenças importantes que facilitam a distinção entre esses dois espectros.

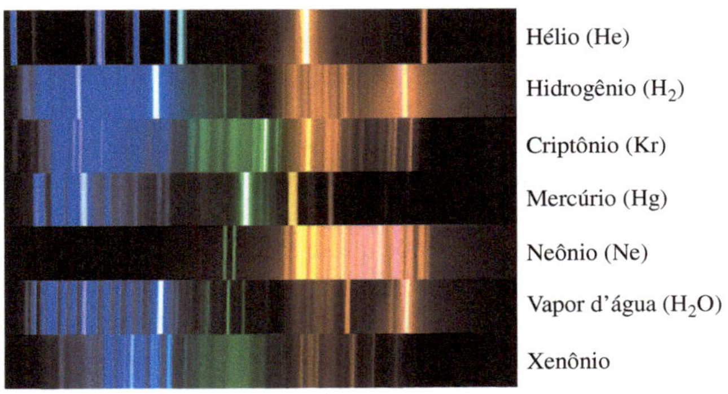

Figura 39.9 A linha espectral de absorção do Sol. (As "linhas" espectrais são lidas da esquerda para a direita e de cima para baixo, como o texto em uma página.) O espectro é produzido pela atmosfera relativamente fria do Sol, que absorve fótons das camadas mais profundas, mais quentes. Assim, as linhas de absorção indicam quais tipos de átomos estão presentes na atmosfera solar.

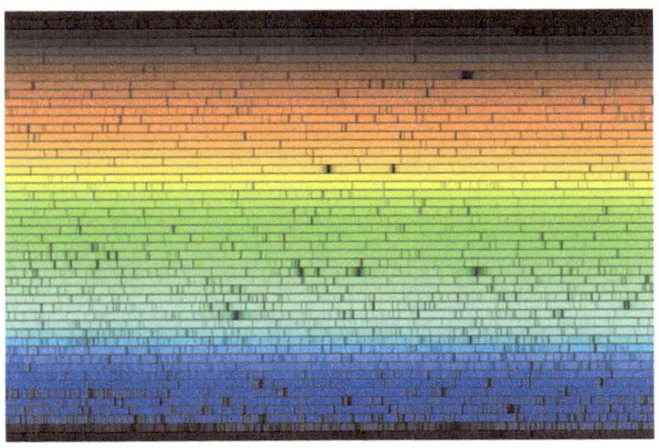

visível, de modo que não há esperança alguma de usar essa luz para *ver* um átomo. Mas ainda podemos descrever como a massa e a carga elétrica são distribuídas por todo o volume do átomo.

Veja como as coisas eram em 1910. Em 1897, o físico inglês J. J. Thomson descobriu o elétron e mediu sua relação carga–massa, e/m. Em 1909, o físico americano Robert Millikan fez as primeiras medições da carga do elétron $-e$. Essas e outras experiências mostraram que quase toda a massa de um átomo tinha de estar associada à carga *positiva*, e não aos elétrons. Também era sabido que o tamanho geral dos átomos é da ordem de 10^{-10} m e que todos os átomos, exceto o hidrogênio, contêm mais de um elétron.

Em 1910, o melhor modelo disponível da estrutura atômica era o desenvolvido por Thomson. Ele idealizou o átomo como uma esfera de alguma substância positivamente carregada, ainda não identificada, dentro da qual os elétrons estavam embutidos como uvas-passas em um bolo. Esse modelo oferecia uma explicação para a linha espectral. Se um átomo colidisse com outro, como em um gás aquecido, cada elétron oscilaria em torno de sua posição de equilíbrio com uma frequência característica e emitiria radiação eletromagnética com essa frequência. Se o átomo fosse iluminado com a luz de muitas frequências, cada elétron absorveria seletivamente apenas a luz cuja frequência combinasse com a frequência de oscilação natural do elétron. (Esse é o fenômeno da ressonância que discutimos na Seção 13.8.)

Exploração do átomo de Rutherford

Figura 39.10 Nascido na Nova Zelândia, Ernest Rutherford (1871-1937) passou sua vida profissional na Inglaterra e no Canadá. Antes de executar as experiências que estabeleceram a existência dos núcleos atômicos, ele compartilhou (com Frederick Soddy) o Prêmio Nobel de 1908 em química por mostrar que a radioatividade resulta da desintegração de átomos.

As primeiras experiências projetadas para testar o modelo de Thomson sondando a estrutura interior do átomo foram executadas em 1910-1911 por Ernest Rutherford (**Figura 39.10**) e dois de seus alunos, Hans Geiger e Ernest Marsden, na Universidade de Manchester, na Inglaterra. Essas experiências consistiam em disparar um feixe de partículas carregadas em lâminas finas de diversos elementos e observar como a lâmina defletia as partículas.

Os aceleradores de partículas, agora de uso comum nos laboratórios, ainda não haviam sido inventados, e os projéteis de Rutherford foram *partículas alfa* emitidas de elementos naturalmente radioativos. A natureza dessas partículas alfa não era totalmente compreendida, mas era sabido que elas são ejetadas de núcleos instáveis com velocidades da ordem de 10^7 m/s, são carregadas positivamente e podem atravessar vários centímetros pelo ar ou 0,1 mm ou mais por matéria sólida antes que entrem em repouso pelas colisões.

A **Figura 39.11** é uma visão esquemática do dispositivo experimental de Rutherford. Uma substância radioativa à esquerda emite partículas alfa. Telas de chumbo espessas impedem a passagem de todas as partículas, exceto aquelas em um feixe estreito. O feixe passa por uma lâmina-alvo (consistindo em ouro, prata ou cobre) e atinge telas cobertas com sulfeto de zinco, criando um clarão momentâneo ou *cintilação*. Rutherford e seus alunos contaram os números de partículas defletidas por vários ângulos.

Os átomos em uma lâmina de metal são reunidos como bolas de gude em uma caixa (não espaçados). Como o feixe de partículas passa através da lâmina, as partículas alfa precisam passar pelo interior dos átomos. Dentro de um átomo, a partícula alfa carregada interagirá com os elétrons e a carga positiva. (Como a carga *total* do átomo é zero, as partículas alfa sentem pouca força elétrica fora de um átomo.) Um elétron tem cerca de 7.300 vezes menos massa que uma partícula alfa, de modo que as considerações de momento linear indicam que os elétrons do átomo não podem defletir a partícula alfa de forma considerável — assim como um enxame de mosquitos não deflete uma pedra lançada. Qualquer deflexão será ocasionada pelo material positivamente carregado que compõe quase toda a massa do átomo.

No modelo de Thomson, a carga positiva e os elétrons negativos são distribuídos através do átomo inteiro. Logo, o campo elétrico dentro do átomo deveria ser muito pequeno, e a força elétrica sobre uma partícula alfa que entra no átomo deveria ser muito fraca. A deflexão máxima a ser esperada é, então, de apenas alguns graus

Figura 39.11 Os experimentos de espalhamento de Rutherford investigaram o que acontece com as partículas alfa disparadas em uma lâmina fina de ouro. Os resultados desse experimento ajudaram a revelar a estrutura dos átomos.

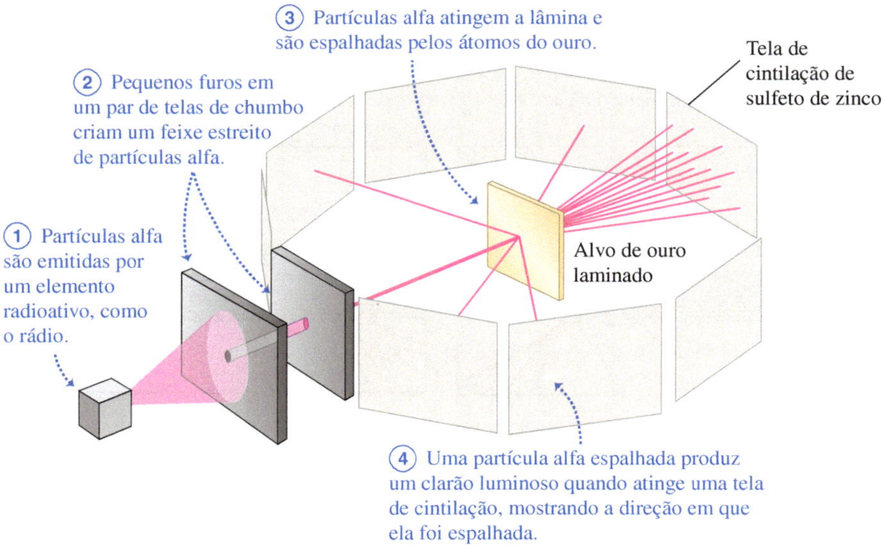

(**Figura 39.12a**). Os resultados dos experimentos de Rutherford foram *muito* diferentes da previsão de Thomson. Algumas partículas alfa foram espalhadas por quase 180° — ou seja, quase diretamente para trás (Figura 39.12b). Rutherford, mais tarde, escreveu o seguinte:

> **Foi o evento mais incrível que já aconteceu comigo na minha vida. Foi quase tão incrível como se você tivesse atirado uma concha de 35 cm em um pedaço de papel e ela retornasse e atingisse você.**

Logicamente o modelo de Thomson estava errado, e um novo modelo era necessário. Suponha que a carga positiva, em vez de ser distribuída por uma esfera com dimensões atômicas (da ordem de 10^{-10} m), esteja toda concentrada em um volume muito *menor*. Então ela atuaria como uma carga puntiforme para distâncias muito menores. O campo elétrico máximo repelindo a partícula alfa seria muito maior, e poderia acontecer o espalhamento com um ângulo incrivelmente grande que Rutherford observou. Rutherford desenvolveu esse modelo e chamou a concentração de carga positiva de **núcleo**. Ele novamente calculou os números de partículas que deveriam se espalhar pelos diversos ângulos. Dentro da acurácia de suas experiências, os resultados calculado e medido combinaram, até distâncias da ordem de 10^{-14} m. Suas experiências, portanto, estabeleceram que o átomo possui um núcleo — uma estrutura muito pequena e muito densa, não superior a 10^{-14} m de diâmetro. O núcleo ocupa apenas cerca de 10^{-12} do volume total do átomo ou menos, mas contém *toda* a carga positiva e pelo menos 99,95% da massa total do átomo.

A **Figura 39.13** mostra uma simulação por computador das partículas alfa com uma energia cinética de 5,0 MeV sendo espalhada a partir de um núcleo de ouro com raio igual a $7{,}0 \times 10^{-15}$ m (o valor real) e a partir de um núcleo com um raio hipotético dez vezes maior. No segundo caso, *não* existe espalhamento com um ângulo grande. Assim, a presença de espalhamento com um ângulo grande nos experimentos de Rutherford atestou o pequeno tamanho do núcleo.

Experiências posteriores mostraram que todos os núcleos são compostos de prótons carregados positivamente (descobertos em 1918) e nêutrons eletricamente neutros (descobertos em 1930). Por exemplo, os átomos de ouro nas experiências de Rutherford possuem 79 prótons e 118 nêutrons. Na verdade, uma partícula alfa

Figura 39.12 Comparação dos modelos do átomo de Thomson e de Rutherford.

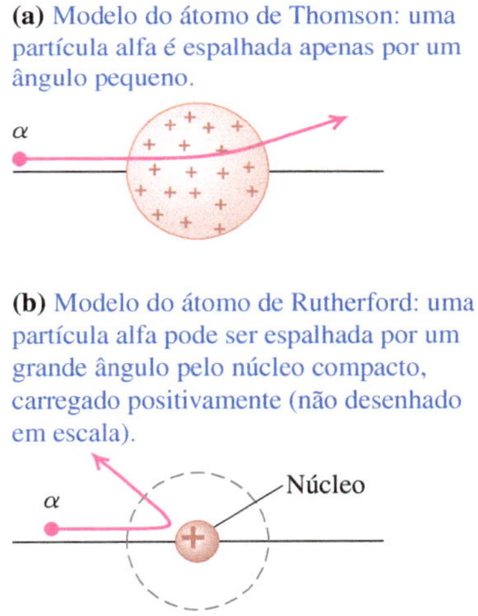

Figura 39.13 Simulação por computador do espalhamento de partículas alfa a 5,0 MeV a partir de um núcleo de ouro. Cada curva mostra uma trajetória possível de partícula alfa. (a) As curvas de espalhamento combinam com os dados experimentais de Rutherford se um raio de $7{,}0 \times 10^{-15}$ m for considerado para um núcleo de ouro. (b) Um modelo com um raio muito maior para o núcleo de ouro não combina com os dados.

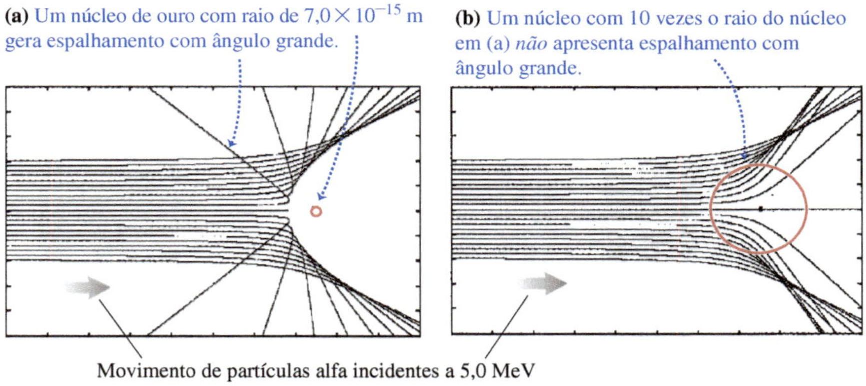

por si só é o núcleo de um átomo de hélio, com dois prótons e dois nêutrons. Ele possui muito mais massa que um elétron, mas apenas 2% da massa de um núcleo de ouro, o que ajuda a explicar por que as partículas alfa são espalhadas pelos núcleos de ouro, mas não pelos elétrons.

EXEMPLO 39.4 UMA EXPERIÊNCIA DE RUTHERFORD

Uma partícula alfa (carga $2e$) aponta diretamente para um núcleo de ouro (carga $79e$). Qual é a energia cinética inicial mínima que a partícula alfa deverá ter para se aproximar de $5{,}0 \times 10^{-14}$ m do centro do núcleo de ouro antes de mudar de sentido? Suponha que o núcleo de ouro, que possui cerca de 50 vezes a massa de uma partícula alfa, permanece em repouso.

SOLUÇÃO

IDENTIFICAR: a força elétrica repulsiva exercida pelo núcleo de ouro torna a partícula alfa lenta até parar conforme se aproxima, e depois inverte o sentido do movimento. Essa força é conservadora, de modo que a energia mecânica total (energia cinética da partícula alfa mais energia potencial elétrica do sistema) é conservada.

PREPARAR: considere que o ponto 1 seja a posição inicial da partícula alfa, muito longe do núcleo de ouro, e considere que o ponto 2 seja $5{,}0 \times 10^{-14}$ m do centro do núcleo de ouro. Nossa variável-alvo é a energia cinética K_1 da partícula alfa no ponto 1 que lhe permita alcançar o ponto 2 com $K_2 = 0$. Para encontrar isso, usaremos a lei da conservação da energia e a Equação 23.9 para a energia potencial elétrica, $U = qq_0/4\pi\epsilon_0 r$.

EXECUTAR: no ponto 1, a separação r entre a partícula alfa e o núcleo de ouro é efetivamente infinita, de modo que, pela Equação 23.9, $U_1 = 0$. No ponto 2, a energia potencial é

$$U_2 = \frac{1}{4\pi\epsilon_0}\frac{qq_0}{r}$$

$$= (9{,}0 \times 10^9\ \text{N} \cdot \text{m}^2/\text{C}^2)\frac{(2)(79)(1{,}60 \times 10^{-19}\ \text{C})^2}{5{,}0 \times 10^{-14}\ \text{m}}$$

$$= 7{,}3 \times 10^{-13}\ \text{J} = 4{,}6 \times 10^6\ \text{eV} = 4{,}6\ \text{MeV}$$

De acordo com a conservação da energia, $K_1 + U_1 = K_2 + U_2$, de modo que $K_1 = K_2 + U_2 - U_1 = 0 + 4{,}6\ \text{MeV} - 0 = 4{,}6\ \text{MeV}$. Assim, para se aproximar de $5{,}0 \times 10^{-14}$ m, a partícula alfa precisa ter uma energia cinética inicial $K_1 = 4{,}6$ MeV.

AVALIAR: partículas alfa emitidas de elementos radioativos que ocorrem naturalmente em geral possuem energias na faixa de 4 a 6 MeV. Por exemplo, o isótopo comum do rádio, ^{226}Ra, emite uma partícula alfa com energia de 4,78 MeV.

Foi válido assumir que o núcleo do ouro permanece em repouso? Para descobrir, observe que, quando a partícula alfa para momentaneamente, todo o seu momento linear inicial foi transferido para o núcleo de ouro. Uma partícula alfa tem massa $m_\alpha = 6{,}64 \times 10^{-27}$ kg; se a sua energia cinética inicial $K_1 = \frac{1}{2}mv_1{}^2$ é $7{,}3 \times 10^{-13}$ J, você pode mostrar que sua velocidade inicial é $v_1 = 1{,}5 \times 10^7$ m/s e seu momento linear inicial é $p_1 = m_\alpha v_1 = 9{,}8 \times 10^{-20}$ kg · m/s. Um núcleo de ouro (massa $m_{\text{Au}} = 3{,}27 \times 10^{-25}$ kg) com esse mesmo momento linear possui uma velocidade muito menor $v_{\text{Au}} = 3{,}0 \times 10^5$ m/s e energia cinética $K_{\text{Au}} = \frac{1}{2}mv_{\text{Au}}{}^2 = 1{,}5 \times 10^{-14}\ \text{J} = 0{,}092$ MeV. Essa *energia cinética de recuo* do núcleo de ouro é apenas 2% da energia total nessa situação, de modo que temos justificativa para ignorá-la.

Falha na física clássica

A descoberta do núcleo atômico por Rutherford fez surgir uma questão séria: o que impedia que os elétrons carregados negativamente caíssem no núcleo positivamente carregado, em decorrência da forte atração eletrostática? Rutherford sugeriu que talvez os elétrons *girassem* em órbitas em torno do núcleo, assim como os planetas giram em torno do Sol.

Porém, de acordo com a teoria eletromagnética clássica, qualquer carga elétrica em aceleração (oscilando ou girando) irradia ondas eletromagnéticas. Um exemplo é a radiação de uma carga puntiforme oscilatória que representamos na Figura 32.3 (Seção 32.1). Um elétron orbitando dentro de um átomo sempre teria uma aceleração centrípeta em direção ao núcleo e, portanto, deveria estar emitindo radiação *o tempo inteiro*. Assim, a energia de um elétron orbitando deveria diminuir continuamente, sua órbita deveria se tornar cada vez menor e ele deveria se chocar com o núcleo dentro de uma fração de segundo (**Figura 39.14**). Pior ainda, de acordo com a teoria clássica, a *frequência* das ondas eletromagnéticas emitidas deveria ser igual à frequência de rotação. À medida que os elétrons irradiassem energia, suas velocidades angulares mudariam continuamente, e eles emitiriam um espectro *contínuo* (uma mistura de todas as frequências), não a *linha* espectral realmente observada.

Assim, o modelo de Rutherford de elétrons orbitando o núcleo, que é baseado na mecânica newtoniana e na teoria eletromagnética clássica, faz três previsões totalmente *erradas* sobre os átomos: eles deveriam emitir luz continuamente, deveriam ser instáveis e a luz que eles emitem deveria ter um espectro contínuo. Logicamente, era preciso haver uma reavaliação radical da física na escala do átomo. Na próxima seção, veremos a ideia audaciosa que levou a uma nova compreensão do átomo e veremos como a ideia se une à noção menos audaciosa de De Broglie, de que os elétrons possuem atributos ondulatórios.

Figura 39.14 A física clássica faz previsões sobre o comportamento dos átomos que não combinam com a realidade.

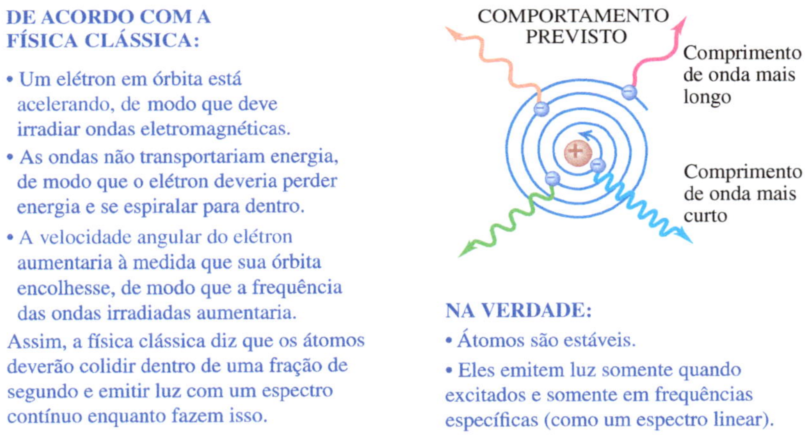

TESTE SUA COMPREENSÃO DA SEÇÃO 39.2 Suponha que você repetisse a experiência de espalhamento de Rutherford com um conjunto fino de hidrogênio sólido no lugar da lâmina de ouro. (O hidrogênio é um sólido em temperaturas abaixo de 14,0 K.) O núcleo de um átomo de hidrogênio tem um único próton, com cerca de um quarto da massa de uma partícula alfa. Em comparação com a experiência original com a lâmina de ouro, você poderia esperar que as partículas alfa nessa experiência sofressem (i) mais espalhamento com ângulo grande; (ii) a mesma quantidade de espalhamento com ângulo grande ou (iii) menos espalhamento com ângulo grande? ❙

39.3 NÍVEIS DE ENERGIA E O MODELO DO ÁTOMO DE BOHR

Em 1913, um físico dinamarquês trabalhando com Ernest Rutherford na Universidade de Manchester fez uma proposta revolucionária para explicar tanto a estabi-

Figura 39.15 Niels Bohr (1885--1962) era um jovem pesquisador de pós-doutorado quando propôs a ideia inovadora de que a energia de um átomo só poderia ter certos valores discretos. Ele ganhou o Prêmio Nobel de 1922 em física por essas ideias. Bohr continuou a dar contribuições iniciais para a física nuclear e tornou-se defensor entusiasmado da troca livre de ideias científicas entre todas as nações.

lidade dos átomos quanto sua emissão e absorção de linhas espectrais. O físico era Niels Bohr (**Figura 39.15**), e sua inovação foi combinar o conceito de fóton que introduzimos no Capítulo 38 com uma ideia fundamentalmente nova: a energia de um átomo só pode ter certos valores em particular. Sua hipótese representou uma nítida quebra das ideias do século XIX.

Emissão de fótons e absorção por átomos

O raciocínio de Bohr era este. A linha espectral de emissão de um elemento nos diz que os átomos desse elemento emitem fótons somente em certas frequências específicas f e, portanto, com certas energias específicas $E = hf$. Durante a emissão de um fóton, a energia interna do átomo muda por uma grandeza igual à energia do fóton. Portanto, disse Bohr, cada átomo só deverá ser capaz de existir com certos valores específicos de energia interna. Cada átomo possui um conjunto de **níveis de energia** possíveis. Um átomo pode ter uma quantidade de energia interna igual a qualquer um desses níveis, mas *não pode* ter uma energia *intermediária* entre dois níveis. Todos os átomos isolados de determinado elemento têm o mesmo conjunto de níveis de energia, mas os átomos de diferentes elementos têm diferentes conjuntos.

Suponha que um átomo seja elevado, ou *excitado*, para um nível de energia alto. (Em um gás quente, isso acontece quando os átomos em rápido movimento sofrem colisões inelásticas uns com os outros ou com as paredes do recipiente do gás. Em um tubo de descarga elétrica, como aqueles usados em uma lâmpada de neônio, os átomos são excitados por colisões com os elétrons em rápida movimentação.) De acordo com Bohr, um átomo excitado pode fazer uma *transição* de um nível de energia para um nível inferior emitindo um fóton com energia igual à *diferença* de energia entre os níveis inicial e final (**Figura 39.16**):

$$hf = \frac{hc}{\lambda} = E_i - E_f \qquad (39.5)$$

Energia do fóton emitido; Constante de Planck (h); Frequência do fóton (f); Velocidade da luz no vácuo (c); Comprimento de onda do fóton (λ); Energia inicial do átomo antes da transição (E_i); Energia final do átomo após a transição (E_f)

Figura 39.16 Um átomo excitado emitindo um fóton.

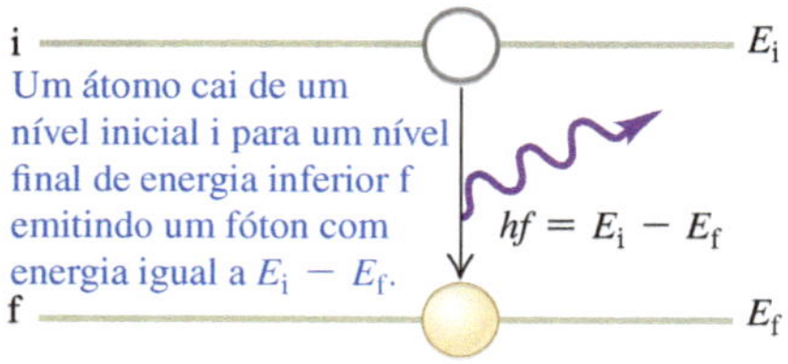

Por exemplo, um átomo de lítio excitado emite luz vermelha com comprimento de onda $\lambda = 671$ nm. A energia do fóton correspondente é

$$E = \frac{hc}{\lambda} = \frac{(6{,}63 \times 10^{-34}\ \text{J} \cdot \text{s})(3{,}00 \times 10^{8}\ \text{m/s})}{671 \times 10^{-9}\ \text{m}}$$
$$= 2{,}96 \times 10^{-19}\ \text{J} = 1{,}85\ \text{eV}$$

Esse fóton é emitido durante uma transição como a mostrada na Figura 39.16 entre dois níveis do átomo que diferem em energia por $E_i - E_f = 1{,}85$ eV.

A linha espectral de emissão (Figura 39.8) mostra que muitos comprimentos de onda diferentes são emitidos por cada átomo. Logo, cada tipo de átomo precisa ter uma série de níveis de energia, com diferentes espaçamentos na energia entre eles. Cada comprimento de onda no espectro corresponde a uma transição entre dois níveis de energia atômicos específicos.

ATENÇÃO **Produzindo uma linha espectral** As linhas de um espectro de emissão, como o espectro do hélio, mostrado no alto da Figura 39.8, *não* são todas produzidas por um único átomo. A amostra de gás hélio que produziu o espectro na Figura 39.8 continha um grande número de átomos de hélio; estes foram excitados em um tubo de descarga elétrica para vários níveis de energia. O espectro do gás mostra a luz emitida de todas as diferentes transições que ocorreram em diferentes átomos da amostra.

A observação de que os átomos são estáveis significa que cada átomo tem o nível de energia *mais baixo*, chamado **nível básico**. Os níveis com energias maiores que o nível básico são chamados **níveis excitados**. Um átomo em um nível excitado, chamado *átomo excitado*, pode fazer uma transição para o nível básico emitindo um fóton, como na Figura 39.16. Mas, como não existem níveis baixos do nível básico, um átomo no nível básico não pode perder energia e, portanto, não pode emitir um fóton.

As colisões não são a única maneira como a energia de um átomo pode ser elevada de um nível para outro mais alto. Se um átomo inicialmente no nível de energia mais baixo na Figura 39.16 for atingido por um fóton exatamente com a quantidade de energia certa, o fóton pode ser *absorvido* e o átomo acabará no nível mais alto (**Figura 39.17**). Como um exemplo, já mencionamos dois níveis no átomo de lítio com uma diferença de energia de 1,85 eV. Para um fóton ser absorvido e excitar o átomo do nível mais baixo para o mais alto, o fóton precisa ter energia de 1,85 eV e comprimento de onda de 671 nm. Em outras palavras, um átomo *absorve* os mesmos comprimentos de onda que ele *emite*. Isso explica a correspondência entre a linha espectral de emissão de um elemento e sua linha espectral de absorção, que descrevemos na Seção 39.2.

Observe que um átomo de lítio *não pode* absorver um fóton com um comprimento de onda ligeiramente maior (digamos, 672 nm) ou um com um comprimento de onda ligeiramente menor (digamos, 670 nm). Isso porque esses fótons possuem, respectivamente, ligeiramente pouca ou muita energia para elevar a energia do átomo de um nível para o seguinte, e um átomo não pode ter uma energia que seja intermediária entre os níveis. Isso explica por que a linha espectral de absorção possui linhas escuras distintas (veja a Figura 39.9): os átomos só podem absorver fótons com comprimentos de onda específicos.

Um átomo que tenha sido excitado para um nível de energia alto, seja por absorção de fóton, seja por colisões, não permanece lá por muito tempo. Depois de pouco tempo, chamado *tempo de vida* do nível (normalmente em torno de 10^{-8} s), o átomo excitado emitirá um fóton e fará uma transição para um nível excitado mais baixo ou para o nível básico. Um gás frio que é iluminado pela luz branca para criar uma linha espectral de *absorção*, portanto, também produz uma linha espectral de *emissão* quando visto de lado, pois, quando os átomos perdem a excitação, eles emitem fótons em todas as direções (**Figura 39.18**). Para manter um gás de átomos brilhando, você precisa fornecer energia ao gás continuamente, a fim de excitar

Figura 39.17 Um átomo absorvendo um fóton. (Compare com a Figura 39.16.)

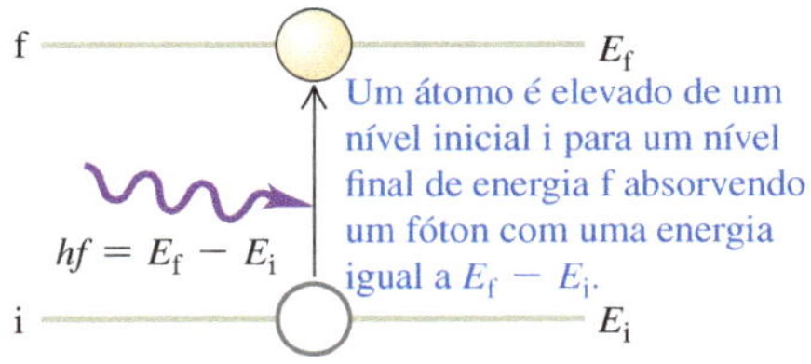

Figura 39.18 Quando um feixe de luz branca com um espectro contínuo passa por um gás frio, a luz transmitida tem um espectro de absorção. A energia da luz absorvida excita o gás e faz com que ele emita luz própria, que tem um espectro de emissão.

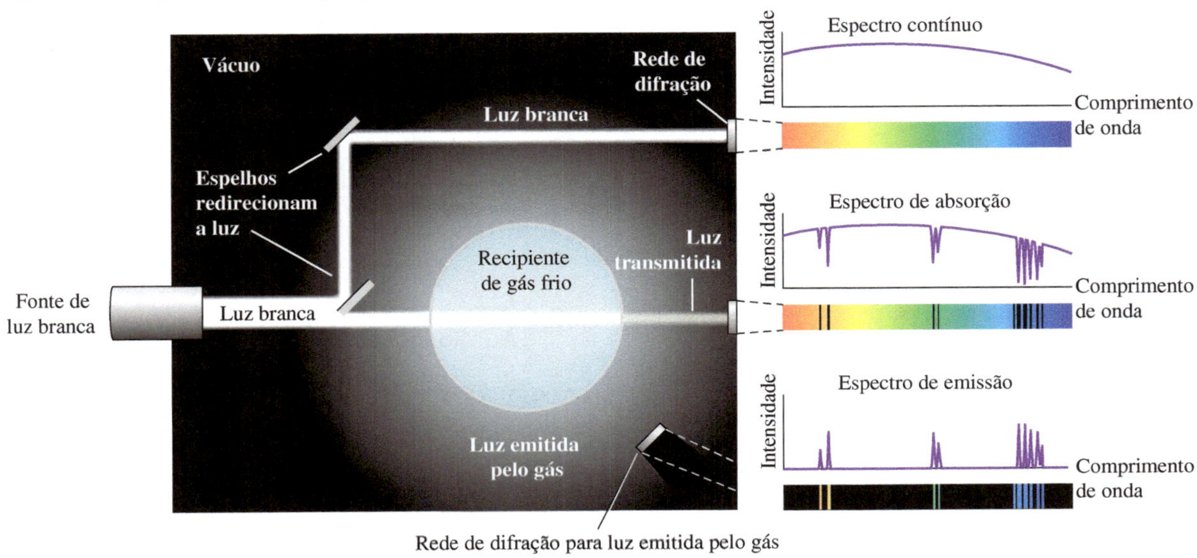

novamente os átomos, para que possam emitir mais fótons. Se você desligar a fonte de alimentação (por exemplo, desligando a corrente elétrica que passa através de uma lâmpada de gás neônio, ou desligando a fonte de luz na Figura 39.18), os átomos retornam aos seus níveis básicos e deixam de emitir luz.

Trabalhando ao contrário a partir da linha espectral de emissão observada de um elemento, os físicos podem deduzir o arranjo de níveis de energia em um átomo desse elemento. Como um exemplo, a **Figura 39.19a** mostra alguns dos níveis de energia para um átomo de sódio. Você já deve ter notado a luz amarelo-alaranjada emitida pelas lâmpadas a vapor de sódio em postes. Os átomos de sódio emitem essa luz característica com comprimentos de onda de 589,0 e 589,6 nm quando fazem transições dos dois níveis próximos, rotulados como *níveis excitados mais baixos*, para o nível básico. Um teste padrão para a presença de compostos de sódio é procurar essa luz amarelo-alaranjada a partir de uma amostra colocada em uma chama (Figura 39.19b).

Figura 39.19 (a) Níveis de energia do átomo de sódio em relação ao nível básico. Os números nas linhas entre os níveis são os comprimentos de onda da luz emitida ou absorvida durante as transições entre esses níveis. Os rótulos de coluna, como $^2S_{1/2}$, referem-se a certos estados quânticos do átomo. (b) Quando um composto de sódio é colocado em uma chama, os átomos de sódio são excitados para os níveis excitados mais baixos. Quando eles retornam ao nível básico, os átomos emitem fótons de luz amarelo--alaranjada com comprimentos de onda de 589,0 e 589,6 nm.

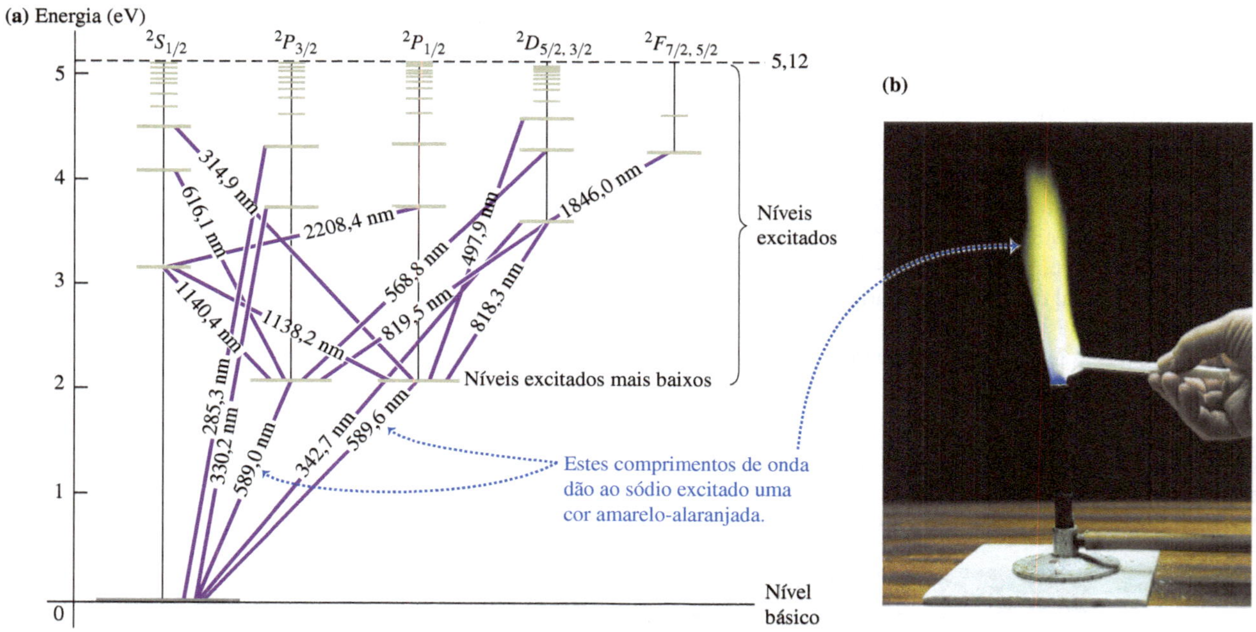

EXEMPLO 39.5 ESPECTROS DE EMISSÃO E ABSORÇÃO

Um átomo hipotético (**Figura 39.20a**) tem níveis de energia em 0,00 eV (o nível básico), 1,00 eV e 3,00 eV. (a) Quais são as frequências e os comprimentos de onda das linhas espectrais que esse átomo pode emitir quando excitado? (b) Que comprimentos de onda esse átomo pode absorver se estiver em seu nível básico?

SOLUÇÃO

IDENTIFICAR E PREPARAR: a energia é conservada quando um fóton é emitido ou absorvido. Em cada transição, a energia do fóton é igual à diferença entre as energias dos níveis envolvidos na transição.

EXECUTAR: (a) as energias possíveis dos fótons emitidos são 1,00 eV, 2,00 eV e 3,00 eV. Para 1,00 eV, a Equação 39.2 resulta em

$$f = \frac{E}{h} = \frac{1{,}00 \text{ eV}}{4{,}136 \times 10^{-15} \text{ eV} \cdot \text{s}} = 2{,}42 \times 10^{14} \text{ Hz}$$

Para 2,00 eV e 3,00 eV, $f = 4{,}84 \times 10^{14}$ Hz e $7{,}25 \times 10^{14}$ Hz, respectivamente. Para fótons de 1,00 eV,

$$\lambda = \frac{c}{f} = \frac{3{,}00 \times 10^8 \text{ m/s}}{2{,}42 \times 10^{14} \text{ Hz}} = 1{,}24 \times 10^{-6} \text{ m} = 1.240 \text{ nm}$$

(Continua)

(Continuação)

Isso está na região infravermelha do espectro (Figura 39.20b). Para 2,00 eV e 3,00 eV, os comprimentos de onda são 620 nm (vermelho) e 414 nm (violeta), respectivamente.

(b) Do nível básico, somente um fóton de 1,00 eV ou 3,00 eV pode ser absorvido (Figura 39.20a); um fóton de 2,00 eV não pode ser absorvido, pois o átomo não possui nível de energia 2,00 eV acima do nível básico. A passagem da luz de um sólido quente através de um gás desses átomos hipotéticos (quase todos estariam no nível básico se o gás estivesse frio) resultaria em um espectro contínuo com linhas de absorção escuras em 1.240 nm e 414 nm.

AVALIAR: observe que, se um gás desses átomos estivesse em uma temperatura suficientemente alta, as colisões excitariam diversos átomos no nível de energia de 1,00 eV. Esses átomos excitados *podem* absorver fótons de 2,00 eV, como mostra a Figura 39.20a, e uma linha de absorção em 620 nm apareceria no espectro. Assim, o espectro observado de uma determinada substância depende de seus níveis de energia e de sua temperatura.

Figura 39.20 (a) Diagrama de nível de energia para o átomo hipotético, mostrando as transições possíveis para emissão a partir dos níveis excitados e para absorção a partir do nível básico. (b) Espectro de emissão desse átomo hipotético.

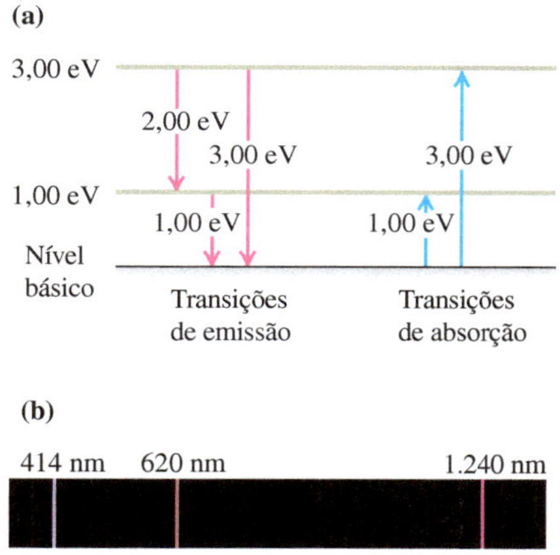

Suponha que tomemos um gás dos átomos hipotéticos do Exemplo 39.5 e o iluminemos com luz violeta com 414 nm de comprimento de onda. Os átomos no nível básico podem absorver esse fóton e fazer uma transição para o nível de 3,00 eV. Alguns desses átomos farão uma transição de volta ao nível básico emitindo um fóton de 414 nm. Porém, outros átomos retornarão ao nível básico em duas etapas, primeiro emitindo um fóton de 620 nm para fazer a transição para o nível de 1,00 eV, depois um fóton de 1.240 nm para fazer a transição de volta ao nível básico. Assim, esse gás emitirá radiação com comprimento de onda maior do que ele absorve, um fenômeno chamado *fluorescência*. Por exemplo, a descarga elétrica em uma lâmpada fluorescente faz com que o vapor de mercúrio no tubo emita radiação ultravioleta. Essa radiação é absorvida pelos átomos do revestimento no interior do tubo. Os átomos do revestimento, então, reemitem a luz no comprimento de onda maior, a parte visível do espectro. As lâmpadas fluorescentes são mais eficientes que as incandescentes na conversão de energia elétrica em luz visível, pois não desperdiçam tanta energia produzindo fótons infravermelhos (invisíveis).

Nossa discussão sobre níveis de energia e espectros concentrou-se em *átomos*, mas as mesmas ideias se aplicam a *moléculas*. A Figura 39.8 mostra as linhas espectrais de emissão de duas moléculas, hidrogênio (H_2) e água (H_2O). Assim como para o sódio ou outros átomos, os físicos podem trabalhar ao contrário a partir desses espectros moleculares e deduzir o arranjo de níveis de energia para cada tipo de molécula. Vamos retornar às moléculas e à estrutura molecular no Capítulo 42.

BIO Aplicação Fluorescência do peixe Quando iluminado por uma luz azul, este peixe-lagarto tropical (família *Synodontidae*) sofre fluorescência e emite uma luz verde com comprimento de onda maior. A fluorescência pode ser um sinal sexual ou um modo de o peixe se camuflar entre os corais (que também possuem uma fluorescência verde).

A experiência de Franck-Hertz: os níveis de energia são reais?

Os níveis de energia atômicos são reais, ou apenas uma ficção conveniente que nos ajuda a explicar os espectros? Em 1914, os físicos alemães James Franck e Gustav Hertz responderam a essa pergunta quando encontraram evidência experimental direta para a existência dos níveis de energia atômicos.

Franck e Hertz estudaram o movimento dos elétrons pelo vapor de mercúrio sob a ação de um campo elétrico. Eles descobriram que, quando a energia cinética do elétron era igual a 4,9 eV ou maior, o vapor emitia luz ultravioleta com comprimento de onda de 250 nm. Suponha que os átomos de mercúrio tenham um nível de energia excitado de 4,9 eV acima do nível básico. Um átomo pode ser elevado para esse nível por colisão com um elétron; depois ele cai de volta para o nível básico emitindo um fóton. A partir da fórmula do fóton $E = hc/\lambda$, o comprimento de onda do fóton deverá ser

$$\lambda = \frac{hc}{E} = \frac{(4{,}136 \times 10^{-15}\ \text{eV} \cdot \text{s})(3{,}00 \times 10^{8}\ \text{m/s})}{4{,}9\ \text{eV}}$$
$$= 2{,}5 \times 10^{-7}\ \text{m} = 250\ \text{nm}$$

Isso é igual ao comprimento de onda que Franck e Hertz mediram, o que demonstra que esse nível de energia realmente existe no átomo de mercúrio. Experiências semelhantes com outros átomos resultam no mesmo tipo de evidência para os níveis de energia atômicos. Por sua pesquisa, Franck e Hertz compartilharam o Prêmio Nobel de física em 1925.

Ondas de elétrons e o modelo de Bohr do hidrogênio

A hipótese de Bohr estabeleceu a relação entre os espectros atômicos e os níveis de energia. Por si só, no entanto, ela não ofereceu princípios gerais para *prever* os níveis de energia de um átomo em particular. Bohr resolveu esse problema para o caso do átomo mais simples, o hidrogênio, que possui apenas um elétron.

No **modelo de Bohr**, ele postulou que cada nível de energia de um átomo de hidrogênio corresponde a uma órbita circular *estável* específica do elétron em torno do núcleo. Em uma quebra com a física clássica, Bohr postulou ainda que um elétron em tal órbita *não* irradia. Em vez disso, um átomo só irradia energia quando um elétron faz uma transição de uma órbita de energia E_i para uma órbita diferente com energia E_f mais baixa, emitindo um fóton de energia $hf = E_i - E_f$ no processo.

Como resultado de um argumento um tanto complicado que relacionava a frequência angular da luz emitida com a velocidade angular do elétron em níveis de energia altamente excitados, Bohr descobriu que o módulo do momento angular do elétron é *quantizado*; ou seja, esse módulo precisa ser um múltiplo inteiro de $h/2\pi$. (Como 1 J = 1 kg · m^2/s^2, as unidades SI da constante de Planck h, J · s, são as mesmas que as unidades SI do momento angular, normalmente escrito como kg · m^2/s.) Vamos numerar as órbitas com um inteiro n, onde $n = 1, 2, 3,...$, e chamar o raio da órbita n de r_n e a velocidade do elétron nessa órbita de v_n. O valor de n para cada órbita é chamado de **número quântico principal** para a órbita. Conforme a Seção 10.5, Equação 10.25, o módulo do momento angular de um elétron de massa m nessa órbita é $L_n = mv_nr_n$ (**Figura 39.21**). Assim, o argumento de Bohr levou a

Quantização do momento angular:

$$L_n = mv_nr_n = n\frac{h}{2\pi} \qquad (39.6)$$

Momento angular orbital (L_n); Número quântico principal ($n = 1, 2, 3, \ldots$) (n); Constante de Planck (h); Massa do elétron (m); Velocidade do elétron (v_n); Raio orbital do elétron (r_n)

Figura 39.21 Calculando o momento angular de um elétron em uma órbita circular em torno de um núcleo atômico.

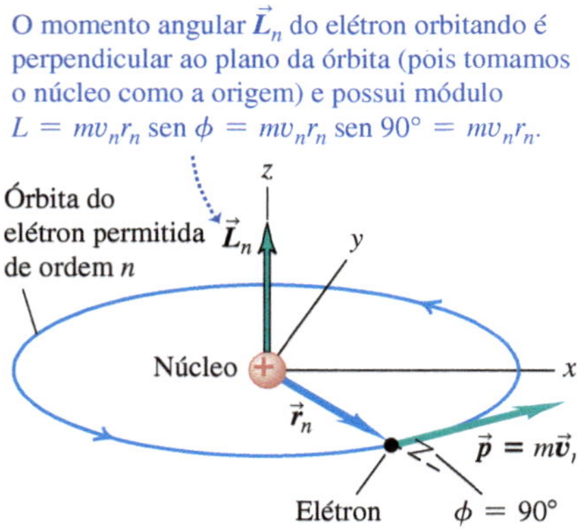

Em vez de acompanhar o argumento de Bohr para justificar a Equação 39.6, podemos usar a imagem de De Broglie das ondas eletrônicas. Em vez de visualizar o elétron orbitando como uma partícula que se move em torno do núcleo em uma trajetória circular, pense nele como uma *onda estacionária* senoidal com comprimento de onda λ, que se estende em torno do círculo. Uma onda estacionária em uma corda não transmite energia (veja a Seção 15.7), e os elétrons nas órbitas de Bohr não irradiam energia. Para que a onda "saia uniforme" e se junte suavemente consigo mesma, a circunferência desse círculo precisa incluir algum *número inteiro* de comprimentos de onda, como sugerido na **Figura 39.22**. Logo, para uma órbita com raio r_n e circunferência $2\pi r_n$, precisamos ter $2\pi r_n = n\lambda_n$, onde λ_n é o comprimento de onda e $n = 1, 2, 3,...$. De acordo com a relação de De Broglie, Equação 39.1, o comprimento de onda de uma partícula com massa em repouso m movendo-se com velocidade não relativística v_n é $\lambda_n = h/mv_n$. Combinando $2\pi r_n = n\lambda_n$ e $\lambda_n = h/mv_n$, encontramos $2\pi r_n = nh/mv_n$ ou

$$mv_n r_n = n\frac{h}{2\pi}$$

Este é o mesmo que o resultado de Bohr, Equação 39.6. Assim, uma imagem ondulatória do elétron leva naturalmente à quantização do momento angular do elétron.

Agora, vamos considerar um modelo do átomo de hidrogênio que é newtoniano em espírito, mas incorpora essa hipótese de quantização (**Figura 39.23**). Esse átomo consiste em um único elétron com massa m e carga $-e$ em uma órbita circular em torno de um único próton com carga $+e$. O próton tem quase 2.000 vezes a massa do elétron, de modo que podemos considerar que o próton não se move. Aprendemos na Seção 5.4 que, quando uma partícula com massa m se move com velocidade v_n em uma órbita circular com raio r_n, sua aceleração centrípeta (para dentro) é v_n^2/r_n. De acordo com a segunda lei de Newton, uma força resultante radialmente para dentro com módulo $F = mv_n^2/r_n$ é necessária para causar essa aceleração. Discutimos, na Seção 12.4, como a atração gravitacional oferece essa força para dentro nas órbitas de satélite. No hidrogênio, a força é fornecida pela atração elétrica entre o próton (carga $+e$) e o elétron (carga $-e$). Pela lei de Coulomb, Equação 21.2,

$$F = \frac{1}{4\pi\epsilon_0}\frac{|(+e)(-e)|}{r_n^{\;2}} = \frac{1}{4\pi\epsilon_0}\frac{e^2}{r_n^{\;2}}$$

Logo, a segunda lei de Newton postula que

$$\frac{1}{4\pi\epsilon_0}\frac{e^2}{r_n^{\;2}} = \frac{mv_n^{\;2}}{r_n} \qquad (39.7)$$

Quando resolvemos as equações 39.6 e 39.7 simultaneamente para r_n e v_n, obtemos

$$r_n = \epsilon_0 \frac{n^2h^2}{\pi m e^2} \qquad (39.8)$$

Raio da órbita de ordem n no modelo de Bohr; Número quântico principal ($n = 1, 2, 3, \ldots$); Constante de Planck; Módulo da carga do elétron; Constante elétrica; Massa do elétron

$$v_n = \frac{1}{\epsilon_0}\frac{e^2}{2nh} \qquad (39.9)$$

Velocidade orbital na órbita de ordem n no modelo de Bohr; Módulo da carga do elétron; Constante de Planck; Constante elétrica; Número quântico principal ($n = 1, 2, 3, \ldots$)

A Equação 39.8 mostra que o raio orbital r_n é proporcional a n^2, de modo que o menor raio orbital corresponde a $n = 1$. Indicaremos esse raio mínimo, chamado *raio de Bohr*, como a_0:

$$a_0 = \epsilon_0 \frac{h^2}{\pi m e^2} \quad \text{(raio de Bohr)} \qquad (39.10)$$

Então, podemos reescrever a Equação 39.8 como

$$r_n = n^2 a_0 \qquad (39.11)$$

Raio da órbita de ordem n no modelo de Bohr; Raio de Bohr; Número quântico principal ($n = 1, 2, 3, \ldots$)

As órbitas permitidas têm raios a_0, $4a_0$, $9a_0$ e assim por diante.

Figura 39.22 A ideia de ajustar uma onda de elétron estacionária em torno de uma órbita circular. Para que a onda se junte a si mesma suavemente, a circunferência da órbita precisa ser um número inteiro n de comprimentos de onda.

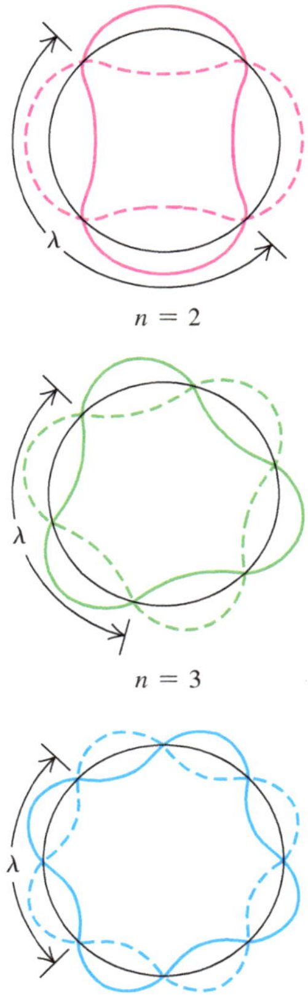

Figura 39.23 O modelo de Bohr do átomo de hidrogênio.

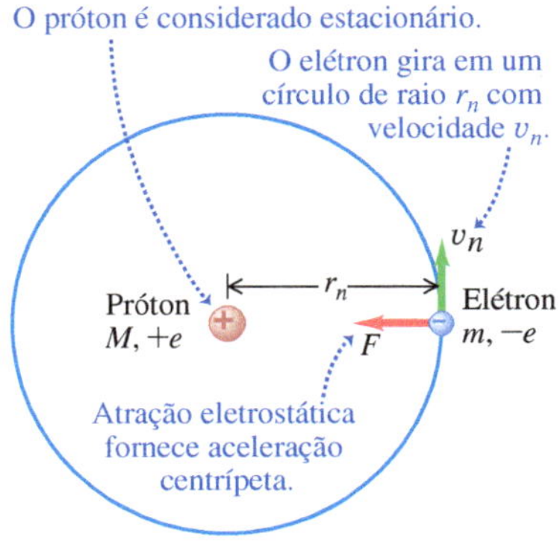

Você pode descobrir os valores numéricos das grandezas no termo da direita da Equação 39.10 no Apêndice F. Usando esses valores, descobrimos que o raio a_0 da menor órbita de Bohr é

$$
\begin{aligned}
a_0 &= \frac{(8{,}854 \times 10^{-12}\ \mathrm{C^2/N \cdot m^2})(6{,}626 \times 10^{-34}\ \mathrm{J \cdot s})^2}{\pi(9{,}109 \times 10^{-31}\ \mathrm{kg})(1{,}602 \times 10^{-19}\ \mathrm{C})^2} \\
&= 5{,}29 \times 10^{-11}\ \mathrm{m}
\end{aligned}
$$

Isso resulta em um diâmetro atômico de cerca de 10^{-10} m = 0,1 nm, que é coerente com as dimensões atômicas estimadas por outros métodos.

A Equação 39.9 mostra que a velocidade orbital v_n é proporcional a $1/n$. Logo, quanto maior o valor de n, maior é o raio orbital do elétron e mais lenta sua velocidade orbital. (Vimos a mesma relação entre o raio orbital e a velocidade para as órbitas de satélite na Seção 12.4.) Deixamos para você o cálculo da velocidade na órbita $n = 1$, que é a maior velocidade possível do elétron no átomo de hidrogênio (veja o Exercício 39.23); o resultado é $v_1 = 2{,}19 \times 10^6$ m/s. Isso é menos que 1% da velocidade da luz, de modo que as considerações relativísticas não são significativas.

Níveis de energia do hidrogênio no modelo de Bohr

Podemos agora usar as equações 39.8 e 39.9 para encontrar as energias cinética e potencial K_n e U_n quando o elétron estiver na órbita com número quântico n:

$$K_n = \tfrac{1}{2}m{v_n}^2 = \frac{1}{\epsilon_0^2}\frac{me^4}{8n^2h^2} \quad \text{(energias cinéticas no modelo de Bohr)} \tag{39.12}$$

$$U_n = -\frac{1}{4\pi\epsilon_0}\frac{e^2}{r_n} = -\frac{1}{\epsilon_0^2}\frac{me^4}{4n^2h^2} \quad \text{(energias potenciais no modelo de Bohr)} \tag{39.13}$$

A energia potencial elétrica é negativa porque consideramos seu valor como zero quando o elétron está infinitamente longe do núcleo. Estamos interessados somente nas *diferenças* na energia entre as órbitas, de modo que a posição de referência não importa. A energia total E_n é a soma das energias cinética e potencial:

$$E_n = K_n + U_n = -\frac{1}{\epsilon_0^2}\frac{me^4}{8n^2h^2} \quad \text{(energias totais no modelo de Bohr)} \tag{39.14}$$

Visto que E_n na Equação 39.14 tem um valor diferente para cada n, você pode ver que essa equação oferece os *níveis de energia* do átomo de hidrogênio no modelo de Bohr. Cada órbita distinta corresponde a um nível de energia distinto.

A **Figura 39.24** representa as órbitas e os níveis de energia. Rotulamos os níveis de energia possíveis do átomo por valores do número quântico n. Para cada valor de n existem valores correspondentes de raio orbital r_n, velocidade v_n, momento angular $L_n = nh/2\pi$ e energia total E_n. A energia do átomo é mínima quando $n = 1$ e E_n tem seu valor mais negativo. Este é o *nível básico* do átomo de hidrogênio; ele é o nível com a menor órbita, de raio a_0. Para n = 2, 3,..., o valor absoluto de E_n é menor e a energia é progressivamente maior (menos negativa).

A Figura 39.24 também mostra algumas das possíveis transições de uma órbita de elétrons para uma órbita de menor energia. Considere uma transição da órbita n_U (de "*upper*", mais alta) para uma órbita menor n_L (de "*lower*", mais baixa), com $n_L < n_U$ — ou, de modo equivalente, do *nível* n_U para um *nível* inferior n_L. Então, a energia hc/λ do fóton emitido de comprimento de onda λ é igual a $E_{n_U} - E_{n_L}$. Antes de usarmos essa relação para determinar λ, é conveniente reescrever a Equação 39.14 para as energias como

Figura 39.24 Duas maneiras de representar os níveis de energia do átomo de hidrogênio e as transições entre eles. Note que o raio da órbita permitida de ordem n é, na realidade, n^2 vezes o raio da órbita $n = 1$.

(a) Órbitas permitidas de um elétron no modelo de Bohr de um átomo de hidrogênio (não está em escala). As setas indicam as transições responsáveis por algumas das linhas de diversas séries.

(b) Diagrama do nível de energia para o hidrogênio, mostrando algumas transições correspondentes às diversas séries.

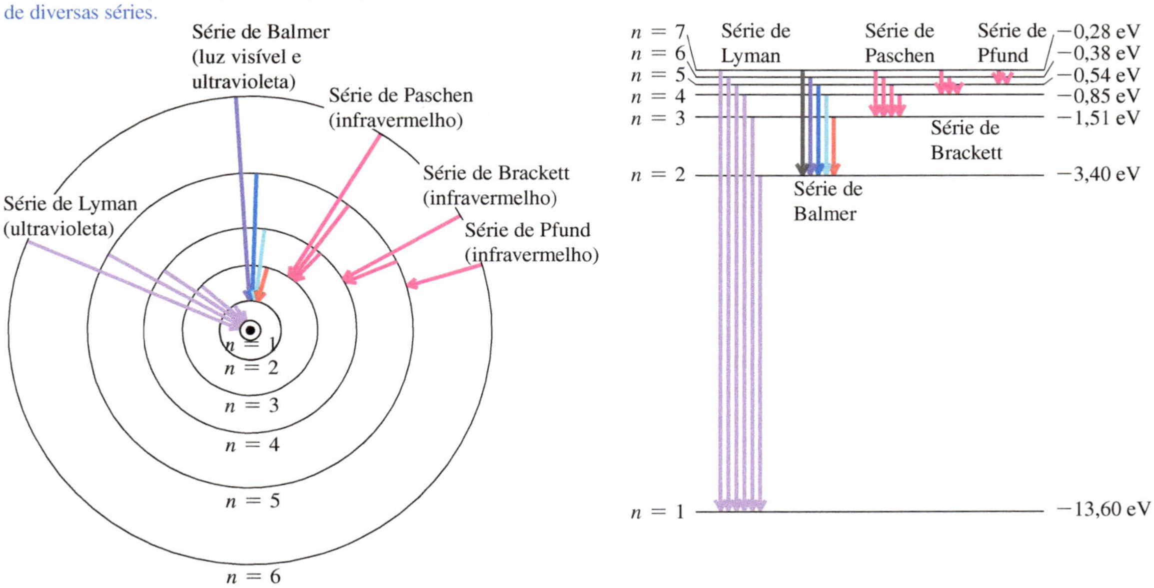

$$E_n = -\frac{hcR}{n^2}, \quad \text{onde} \quad R = \frac{me^4}{8\epsilon_0^2 h^3 c} \qquad (39.15)$$

Energia total para a órbita de ordem n no modelo de Bohr; Constante de Planck; Velocidade da luz no vácuo; Massa do elétron; Módulo da carga do elétron; Número quântico principal ($n = 1, 2, 3, \ldots$); Constante de Rydberg; Constante elétrica

A quantidade R na Equação 39.15 é chamada de **constante de Rydberg** (em homenagem ao físico sueco Johannes Rydberg, que realizou o trabalho pioneiro sobre o espectro do hidrogênio). Quando substituímos os valores numéricos das constantes físicas fundamentais m, c, e, h e ϵ_0, todas elas podendo ser determinadas de modo independente da teoria de Bohr, descobrimos que $R = 1{,}097 \times 10^7\ \text{m}^{-1}$. Agora, determinamos o comprimento de onda do fóton emitido em uma transmissão do nível n_U para o nível n_L:

$$\frac{hc}{\lambda} = E_{n_U} - E_{n_L} = \left(-\frac{hcR}{n_U^2}\right) - \left(-\frac{hcR}{n_L^2}\right) = hcR\left(\frac{1}{n_L^2} - \frac{1}{n_U^2}\right)$$

$$\frac{1}{\lambda} = R\left(\frac{1}{n_L^2} - \frac{1}{n_U^2}\right) \quad \text{(comprimentos de onda do hidrogênio no modelo de Bohr, } n_L < n_U\text{)} \qquad (39.16)$$

A Equação 39.16 é uma *previsão teórica* dos comprimentos de onda encontrados na linha espectral de *emissão* dos átomos de hidrogênio. Quando um átomo de hidrogênio *absorve* um fóton, um elétron faz uma transição de um nível n_L para um nível *mais alto* n_U. Isso só pode acontecer se a energia do fóton hc/λ for igual a $E_{nU} - E_{nL}$, que é a mesma condição expressa pela Equação 39.16. Assim, essa equação também prevê os comprimentos de onda encontrados na linha espectral de *absorção* do hidrogênio.

Qual é a relação entre essa previsão e a experiência? Se $n_L = 2$, correspondente a transições para o segundo nível de energia na Figura 39.24, os comprimentos de

DADOS MOSTRAM

O espectro do hidrogênio

Quando os alunos recebiam um problema envolvendo o espectro do hidrogênio atômico, mais de 36% davam uma resposta incorreta. Erros comuns:

- Confusão sobre os níveis de energia, energia do fóton e comprimento de onda. A diferença na energia entre dois níveis de energia de um átomo é igual à energia de um fóton emitida ou absorvida em uma transição entre esses níveis. Logo, quanto *maior* a diferença de energia, *menor* o comprimento de onda do fóton.
- Confusão sobre transições entre níveis de energia. Uma transição pode “pular sobre” os níveis, de modo que o número quântico n pode mudar por mais de 1 (por exemplo, quando um átomo começa no nível $n = 5$, emite um fóton e acaba no nível $n = 2$).

onda previstos pela Equação 39.16 — coletivamente chamados de *série de Balmer* (**Figura 39.25**) — estão todos nas partes visíveis e ultravioleta do espectro eletromagnético. Se considerarmos $n_L = 2$ e $n_U = 3$ na Equação 39.16, obteremos o comprimento de onda da linha H_α:

$$\frac{1}{\lambda} = (1{,}097 \times 10^7\ \text{m}^{-1})\left(\tfrac{1}{4} - \tfrac{1}{9}\right) \qquad \text{ou} \qquad \lambda = 656{,}3\ \text{nm}$$

Com $n_L = 2$ e $n_U = 4$, obtemos o comprimento de onda da linha H_β, e assim por diante. Com $n_L = 2$ e $n_U = \infty$, obtemos o comprimento de onda mais curto na série, $\lambda = 364{,}6$ nm. Essas previsões teóricas estão dentro de 0,1% dos comprimentos de onda observados para o hidrogênio! Essa concordância próxima oferece confirmação muito forte e direta para a teoria de Bohr.

O modelo de Bohr também prevê muitos outros comprimentos de onda no espectro do hidrogênio, como mostra a Figura 39.24. Os comprimentos de onda observados de todas essas séries, cada uma com o nome de seu descobridor, correspondem aos valores previstos com o mesmo percentual de precisão da série de Balmer. A *série de Lyman* de linhas espectrais é causada por transições entre o nível básico e os níveis excitados, correspondentes a $n_L = 1$ e $n_U = 2, 3, 4,...$ na Equação 39.16. A diferença de energia entre o nível básico e qualquer um dos níveis excitados é grande, de modo que os fótons emitidos possuem comprimentos de onda na parte ultravioleta do espectro eletromagnético. As transições entre os níveis de energia mais altos envolvem uma diferença de energia muito menor, de modo que os fótons emitidos nessas transições possuem pouca energia e longos comprimentos de onda infravermelhos. Esse é o caso tanto para a *série de Brackett* ($n_L = 3$ e $n_U = 4, 5, 6,...$, correspondente a transições entre o terceiro nível e os níveis de energia mais altos) como para a *série de Pfund* ($n_L = 4$ e $n_U = 5, 6, 7,...$, com transições entre o quarto nível e os níveis de energia mais altos).

A Figura 39.24 mostra apenas as transições em que um átomo de hidrogênio emite um fóton. Porém, como dissemos anteriormente, os comprimentos de onda desses fótons que um átomo pode *absorver* são os mesmos dos que ele pode emitir. Por exemplo, um átomo de hidrogênio no nível $n = 2$ pode absorver um fóton de 656,3 nm e acabar no nível $n = 3$.

Um teste adicional do modelo de Bohr é seu valor previsto da *energia de ionização* do átomo de hidrogênio. Esta é a energia exigida para remover o elétron completamente do átomo. A ionização corresponde a uma transição do nível básico ($n = 1$) para um raio orbital infinitamente grande ($n = \infty$), de modo que a energia que deverá ser adicionada ao átomo é $E_\infty - E_1 = 0 - E_1 = -E_1$ (lembre-se de que E_1 é negativo). A substituição das constantes do Apêndice F na Equação 39.15 gera uma energia de ionização de 13,606 eV. A energia de ionização também pode ser medida diretamente; o resultado é 13,60 eV. Esses dois valores correspondem dentro de uma margem de 0,1%.

Figura 39.25 A série de Balmer das linhas espectrais para o hidrogênio atômico. Você pode usar essas mesmas linhas no espectro do hidrogênio *molecular* (H_2) mostrado na Figura 39.8, bem como linhas adicionais que estão presentes apenas quando dois átomos de hidrogênio são combinados para formar uma molécula.

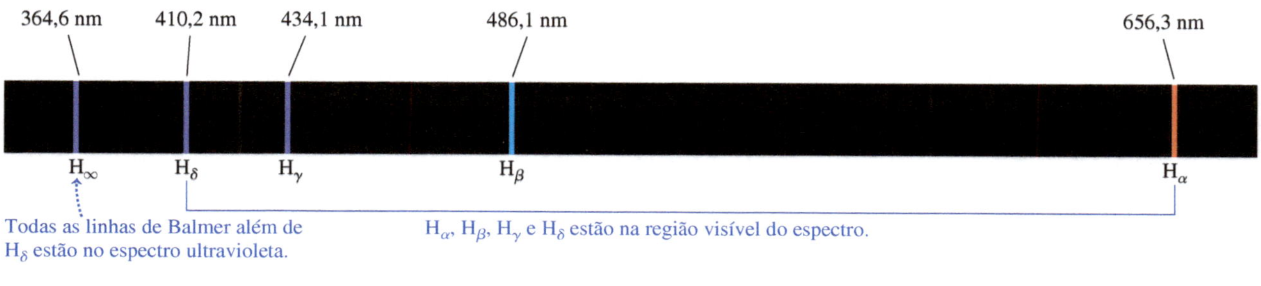

EXEMPLO 39.6 EXPLORANDO O MODELO DE BOHR

Determine as energias cinética, potencial e total do átomo de hidrogênio no primeiro nível excitado e encontre o comprimento de onda do fóton emitido em uma transição desse nível para o nível básico.

SOLUÇÃO

IDENTIFICAR E PREPARAR: este problema utiliza as ideias do modelo de Bohr. Usamos versões simplificadas das equações 39.12, 39.13 e 39.14, para encontrar as energias do átomo, e a Equação 39.16, $hc/\lambda = E_{nU} - E_{nL}$, para encontrar o comprimento de onda λ do fóton em uma transição de $n_U = 2$ (o primeiro nível excitado) para $n_L = 1$ (o nível básico).

EXECUTAR: poderíamos avaliar as equações 39.12, 39.13 e 39.14 para o nível de ordem n substituindo os valores de m, e, ϵ_0 e h. Mas podemos simplificar o cálculo comparando com a Equação 39.15, que mostra que a constante $me^4/8\epsilon_0{}^2h^2$ que aparece nas equações 39.12, 39.13 e 39.14 é igual a hcR:

$$\frac{me^4}{8\epsilon_0^2h^2} = hcR$$
$$= (6{,}626 \times 10^{-34}\ \text{J}\cdot\text{s})(2{,}998 \times 10^8\ \text{m/s}) \times (1{,}097 \times 10^7\ \text{m}^{-1})$$
$$= 2{,}179 \times 10^{-18}\ \text{J} = 13{,}60\ \text{eV}$$

Isso nos permite reescrever as equações 39.12, 39.13 e 39.14 como

$$K_n = \frac{13{,}60\ \text{eV}}{n^2} \qquad U_n = \frac{-27{,}20\ \text{eV}}{n^2} \qquad E_n = \frac{-13{,}60\ \text{eV}}{n^2}$$

Para o primeiro nível excitado ($n = 2$), temos $K_2 = 3{,}40$ eV, $U_2 = -6{,}80$ eV e $E_2 = -3{,}40$ eV. Para o nível básico ($n = 1$), $E_1 = -13{,}60$ eV. A energia do fóton emitido é, então, $E_2 - E_1 = -3{,}40\ \text{eV} - (-13{,}60\ \text{eV}) = 10{,}20$ eV, e

$$\lambda = \frac{hc}{E_2 - E_1} = \frac{(4{,}136 \times 10^{-15}\ \text{eV}\cdot\text{s})(3{,}00 \times 10^8\ \text{m/s})}{10{,}20\ \text{eV}}$$
$$= 1{,}22 \times 10^{-7}\ \text{m} = 122\ \text{nm}$$

Este é o comprimento de onda da linha Lyman-alfa (L_α), a linha de comprimento de onda mais longo na série de Lyman de linhas ultravioleta no espectro do hidrogênio (veja a Figura 39.24).

AVALIAR: a energia mecânica total para qualquer nível é negativa e igual à metade da energia potencial. Encontramos a mesma relação de energia para as órbitas de satélite newtonianas na Seção 12.4. As situações são semelhantes porque as forças eletrostática e gravitacional são inversamente proporcionais a $1/r^2$.

Movimento nuclear e a massa reduzida de um átomo

O modelo de Bohr é tão bem-sucedido que podemos justificadamente perguntar por que suas previsões para os comprimentos de onda e energia de ionização do hidrogênio diferem dos valores medidos em cerca de 0,1%. A explicação é que consideramos que o núcleo (um próton) permanece em repouso. No entanto, como mostra a **Figura 39.26**, *ambos*, o próton e o elétron, orbitam em torno de seu centro de massa comum (veja a Seção 8.5). Ocorre que podemos levar esse movimento em consideração usando, nas equações de Bohr, não a massa de repouso m do elétron, mas uma quantidade chamada **massa reduzida** m_r do sistema. Para um sistema composto de dois corpos de massas m_1 e m_2, a massa reduzida é

$$m_r = \frac{m_1 m_2}{m_1 + m_2} \tag{39.17}$$

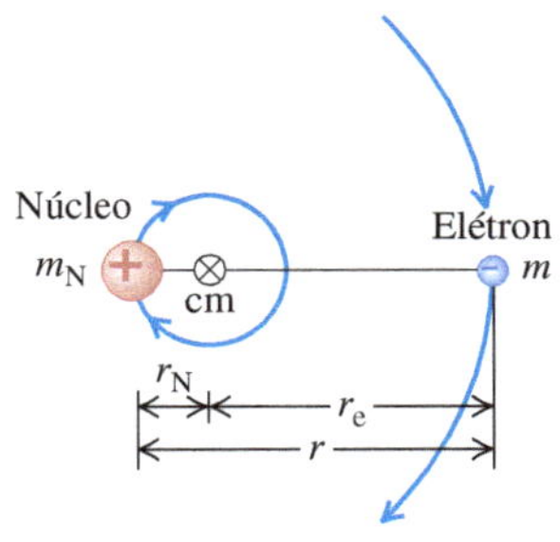

Figura 39.26 Tanto o núcleo quanto o elétron orbitam em torno de seu centro de massa comum. A distância r_N foi exagerada para facilitar a compreensão; para o hidrogênio comum, ela na verdade é $r_e/1.836{,}2$.

Para o hidrogênio comum, consideramos m_1 igual a m e m_2 igual à massa do próton, $m_p = 1.836{,}2m$. Assim, o hidrogênio comum tem uma massa reduzida de

$$m_r = \frac{m(1836{,}2m)}{m + 1836{,}2m} = 0{,}99946m$$

Quando esse valor é usado no lugar da massa m do elétron nas equações de Bohr, os valores previstos correspondem muito bem aos valores medidos.

Em um átomo de deutério, também chamado de *hidrogênio pesado*, o núcleo não é um único próton, mas um próton e um nêutron ligados para formar um corpo composto, chamado *dêuteron*. A massa reduzida do átomo de deutério é igual a 0,99973m. As equações 39.15 e 39.16 (com m substituído por m_r) mostram que todos os comprimentos de onda são inversamente proporcionais a m_r. Assim, os comprimentos de onda do espectro do deutério devem ser os do hidrogênio divididos por $(0{,}99973m)/(0{,}99946m) = 1{,}00027$. Este é um efeito pequeno, mas bem dentro da precisão dos espectrômetros modernos. Esse pequeno deslocamento de comprimento de onda levou o cientista americano Harold Urey à descoberta do deutério em 1932, uma realização que lhe rendeu o Prêmio Nobel de química em 1934.

Átomos semelhantes ao tipo do átomo de hidrogênio

Podemos estender o modelo de Bohr para outros átomos de um elétron, como o hélio unicamente ionizado (He^+), o lítio duplamente ionizado (Li^{2+}) e assim por diante. Esses átomos são denominados átomos do *tipo do átomo de hidrogênio*. Neles, uma carga nuclear não é e, mas Ze, onde Z é o *número atômico*, igual ao número de prótons no núcleo. O efeito na análise anterior é substituir e^2 em todos os lugares por Ze^2. É preciso observar que os raios orbitais r_n dados pela Equação 39.8 tornam-se menores por um fator de Z, e os níveis de energia E_n dados pela Equação 39.14 são multiplicados por Z^2. A correção da massa reduzida nesses casos é ainda menor que 0,1%, pois os núcleos possuem mais massa que o único próton de hidrogênio comum. A **Figura 39.27** compara os níveis de energia para H e para He^+, que possui $Z = 2$.

Os átomos dos metais alcalinos (no lado extremo esquerdo da tabela periódica; veja o Apêndice D) possuem um elétron fora de um centro, que consiste no núcleo e nos elétrons internos, com a carga resultante no centro $+e$. Esses átomos são aproximadamente do tipo do átomo de hidrogênio, especialmente nos níveis excitados. Os físicos têm estudado os átomos alcalinos nos quais o elétron externo foi excitado para uma órbita muito grande, com $n = 1.000$. Pela Equação 39.8, o raio desse *átomo de Rydberg* com $n = 1.000$ é $n^2 = 10^6$ vezes o raio de Bohr, ou cerca de 0,05 mm — aproximadamente o tamanho de um pequeno grão de areia.

Embora o modelo de Bohr fizesse a previsão corretamente dos níveis de energia do átomo de hidrogênio, ele levantava tantas perguntas quanto as respondia. Ele combinava elementos da física clássica com novos postulados que eram inconsistentes com as ideias clássicas. O modelo não fornecia um discernimento sobre o que acontece durante a transição de uma órbita para outra; as velocidades angulares do movimento do elétron em geral não eram as frequências angulares da radiação emitida, um resultado contrário à eletrodinâmica clássica. As tentativas de estender o modelo a átomos com dois ou mais elétrons não tiveram sucesso. Um elétron movendo-se em uma das órbitas circulares de Bohr forma um *loop* de corrente e deve produzir um momento de dipolo magnético (veja a Seção 27.7). Porém, um átomo de hidrogênio em seu nível básico *não* possui momento magnético em decorrência do movimento orbital. Nos capítulos 40 e 41, veremos que uma saída ainda mais radical dos conceitos clássicos foi necessária antes que a compreensão da estrutura atômica pudesse prosseguir ainda mais.

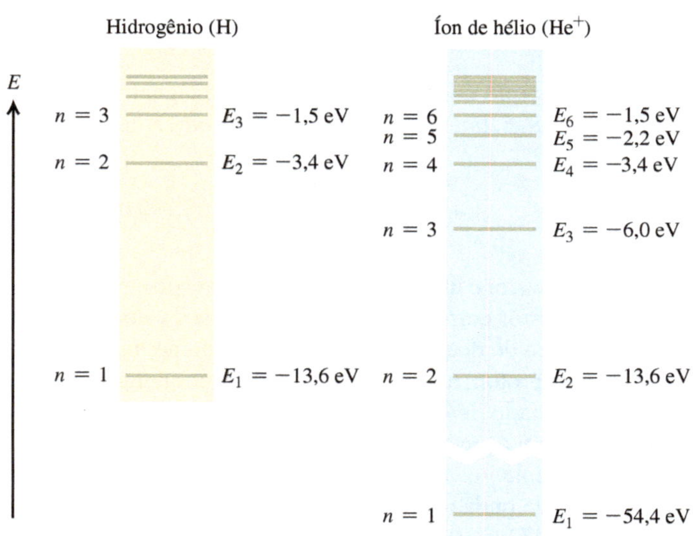

Figura 39.27 Níveis de energia de H e He^+. A expressão de energia, Equação 39.14, é multiplicada por $Z^2 = 4$ para o He^+, de modo que a energia de um íon He^+ com determinado n é quase exatamente quatro vezes a de um átomo de H com o mesmo n. (Existem pequenas diferenças da ordem de 0,05%, pois as massas reduzidas são ligeiramente diferentes.)

TESTE SUA COMPREENSÃO DA SEÇÃO 39.3 Considere as possíveis transições entre os níveis de energia em um íon He^+. Para quais destas transições no He^+ o comprimento de onda do fóton emitido será quase igual ao dos comprimentos de onda emitidos pelos átomos H excitados? (i) $n = 2$ para $n = 1$; (ii) $n = 3$ para $n = 2$; (iii) $n = 4$ para $n = 3$; (iv) $n = 4$ para $n = 2$; (v) mais de um destes; (vi) nenhum destes. ▌

39.4 O LASER

O **laser** é uma fonte de luz que produz um raio de luz altamente coerente e quase monocromática, como resultado da emissão cooperativa de muitos átomos. O nome "laser" é um acrônimo para "*light amplification by stimulated emission of radiation*" (amplificação de luz por emissão estimulada de radiação). Podemos compreender os princípios de operação do laser a partir do que já aprendemos sobre níveis de energia atômica e fótons. Para isso, teremos de introduzir dois conceitos: *emissão estimulada* e *inversão de população*.

Emissão espontânea e emissão estimulada

Considere um gás de átomos em um recipiente transparente. Cada átomo está inicialmente em seu nível básico de energia E_g e também possui um nível de energia excitado E_{ex}. Se iluminarmos uma luz de frequência f no recipiente, um átomo pode absorver um dos fótons desde que a energia do fóton $E = hf$ seja igual à diferença de energia $E_{ex} - E_g$ entre os níveis. A **Figura 39.28a** mostra esse processo, em que três átomos A absorvem, cada um, um fóton e entram no nível excitado. Algum tempo depois, os átomos excitados (que indicamos como A*) retornam ao nível básico, cada um emitindo um fóton com a mesma frequência do absorvido originalmente (Figura 39.28b). Esse processo é denominado **emissão espontânea**. A direção e a fase de cada fóton emitido espontaneamente são aleatórias.

Figura 39.28 Três processos em que os átomos interagem com a luz.

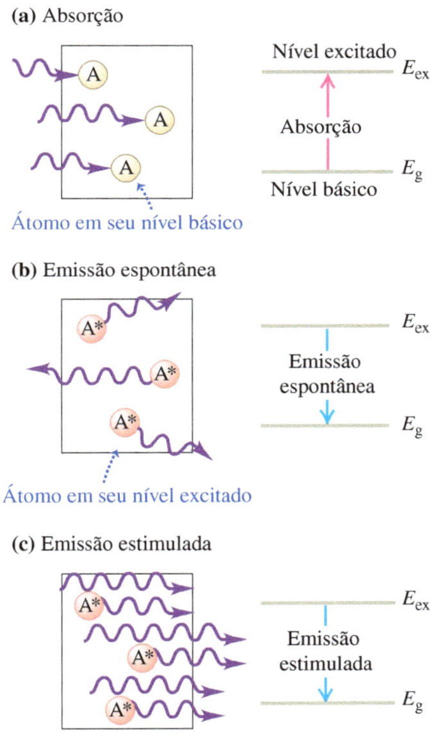

Na **emissão estimulada** (Figura 39.28c), cada fóton incidente encontra um átomo previamente excitado. Uma espécie de efeito de ressonância induz cada átomo a emitir um segundo fóton com a mesma frequência, direção, fase e polarização do fóton incidente, que não é alterado pelo processo. Para cada átomo, existe um fóton antes de uma emissão estimulada e dois fótons depois — daí o nome *amplificação de luz*. Como os dois fótons têm a mesma fase, eles emergem juntos como radiação *coerente*. O laser utiliza a emissão estimulada para produzir um raio consistindo em um grande número desses fótons coerentes.

Para discutir a emissão estimulada de átomos em níveis excitados, precisamos saber algo sobre quantos átomos existem em cada um dos diversos níveis de energia. Primeiro, precisamos fazer a distinção entre os termos *nível de energia* e *estado*. Um sistema pode ter mais de uma forma de alcançar determinado nível de energia; cada forma diferente é um **estado** diferente. Por exemplo, existem duas maneiras de colocar uma mola ideal não esticada em determinado nível de energia. Lembrando que a energia potencial da mola é $U = \frac{1}{2}kx^2$, poderíamos comprimir a mola em $x = -b$ ou poderíamos esticá-la em $x = +b$ para chegar ao mesmo $U = \frac{1}{2}kb^2$. O modelo de Bohr tinha apenas um estado em cada nível de energia, mas descobriremos, no Capítulo 41, que o átomo de hidrogênio (Figura 39.24b) na realidade tem dois *estados básicos* em seu nível básico de –13,60 eV, oito *estados excitados* em seu primeiro nível excitado de –3,40 eV, e assim por diante.

A função de distribuição de Maxwell–Boltzmann (veja a Seção 18.5) determina o número de átomos em determinado estado em um gás. A função nos diz que, quando o gás está em equilíbrio térmico na temperatura absoluta T, o número n_i de átomos em um estado com energia E_i é igual a $Ae^{-E_i/kT}$, onde k é a constante de Boltzmann e A é outra constante determinada pelo número total de átomos no gás. (Na Seção 18.5, E era a energia cinética $\frac{1}{2}mv^2$ de uma molécula de gás; aqui, estamos falando sobre a energia interna de um átomo.) Em razão do expoente negativo, menos átomos estão nos estados de energia mais altos. Se E_g é uma energia no estado fundamental e E_{ex} é a energia de um estado excitado, então a razão entre o número de átomos nos dois estados é

$$\frac{n_{ex}}{n_g} = \frac{Ae^{-E_{ex}/kT}}{Ae^{-E_g/kT}} = e^{-(E_{ex}-E_g)/kT} \tag{39.18}$$

Por exemplo, suponha que $E_{ex} - E_g = 2{,}0$ eV $= 3{,}2 \times 10^{-19}$ J, a energia de um fóton de luz visível de 620 nm. Em $T = 3.000$ K (aproximadamente a temperatura do filamento em uma lâmpada incandescente ou uma lâmpada de aquecimento de restaurante),

$$\frac{E_{ex} - E_g}{kT} = \frac{3{,}2 \times 10^{-19}\ \text{J}}{(1{,}38 \times 10^{-23}\ \text{J/K})(3.000\ \text{K})} = 7{,}73$$

e

$$e^{-(E_{ex} - E_g)/kT} = e^{-7{,}73} = 0{,}00044$$

Ou seja, a fração de átomos em um estado 2,0 eV acima de um estado fundamental é extremamente pequena, mesmo nessa temperatura alta. O significado é que, em qualquer temperatura razoável, não existem átomos suficientes nos estados excitados para que ocorra qualquer quantidade apreciável de emissão estimulada a partir desses estados. Em vez disso, um fóton emitido por um dos raros átomos excitados quase certamente será absorvido por um átomo no estado fundamental, em vez de encontrar outro átomo excitado.

Aprimorando a emissão estimulada: inversões de população

Para criar um laser, precisamos promover a emissão estimulada aumentando o número de átomos nos estados excitados. Podemos fazer isso simplesmente iluminando o recipiente com radiação de frequência $f = E/h$ correspondente à diferença de energia $E = E_{ex} - E_g$, como na Figura 39.28a? Alguns dos átomos absorvem fótons de energia E e são elevados ao estado excitado, e a razão da população n_{ex}/n_g aumenta momentaneamente. Porém, como n_g é originalmente muito maior que n_{ex}, um raio de luz incrivelmente intenso seria necessário para aumentar n_{ex} momentaneamente para um valor comparável a n_g. A taxa em que a energia é *absorvida* do raio pelos n_g átomos no estado fundamental é muito superior à taxa em que a energia é acrescentada ao raio pela emissão estimulada dos átomos excitados relativamente raros (n_{ex}).

Precisamos criar uma situação de *não equilíbrio* na qual existem mais átomos em um estado de energia mais alto que em um estado de energia mais baixo. Essa situação é chamada de **inversão de população**. Então, a taxa de radiação de energia por emissão estimulada pode *exceder* a taxa de absorção, e o sistema atuará como uma *fonte* de radiação resultante com energia de fóton E. Podemos conseguir uma inversão de população começando com átomos que possuem os tipos corretos de estados excitados. A **Figura 39.29a** mostra um diagrama de nível de energia para esse átomo com um estado fundamental e *três* estados excitados de energias E_1, E_2 e E_3. Um laser que usa um material com níveis de energia como esses é chamado de *laser de quatro níveis*. Para que a ação do laser funcione, os estados das energias E_1 e E_3 deverão ter tempos de vida normais curtos, de aproximadamente 10^{-8} s, enquanto o estado de energia E_2 deve ter um tempo de vida anormalmente longo de 10^{-3} s ou pouco mais. Esse **estado metaestável** de longa vida pode ocorrer, por exemplo, se houver restrições impostas pela conservação de momento angular que impeçam a emissão de fóton a partir desse estado. (Discutiremos essas restrições no Capítulo 41.) O estado metaestável é aquele que queremos popular.

Figura 39.29 (a), (b), (c) Estágios na operação de um laser de quatro níveis. (d) A luz emitida pelos átomos que criam transições espontâneas a partir do estado E_2 para o estado E_1 é refletida entre espelhos, de modo que continua a estimular a emissão e faz surgir a luz coerente. Um espelho está transmitindo parcialmente e permite que o raio de luz de alta intensidade escape.

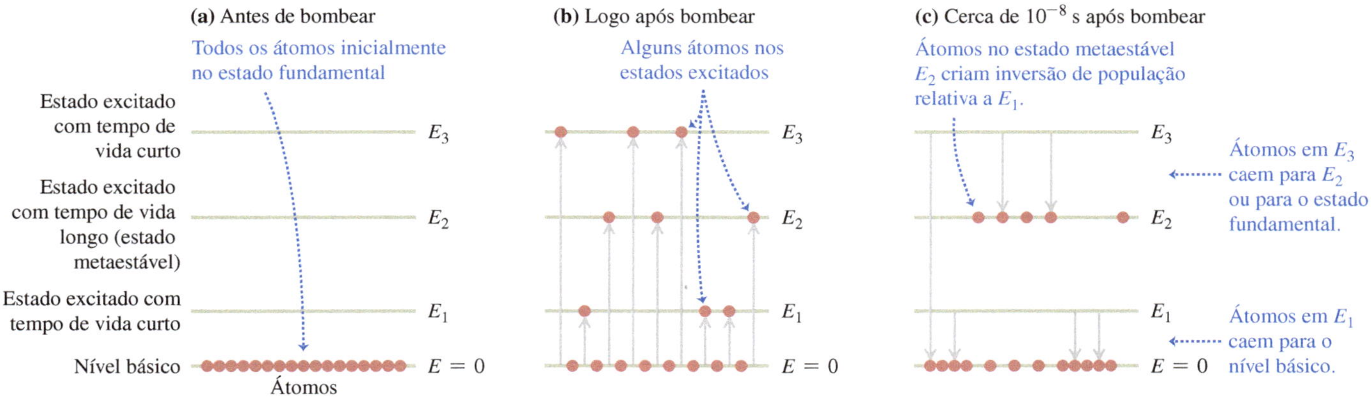

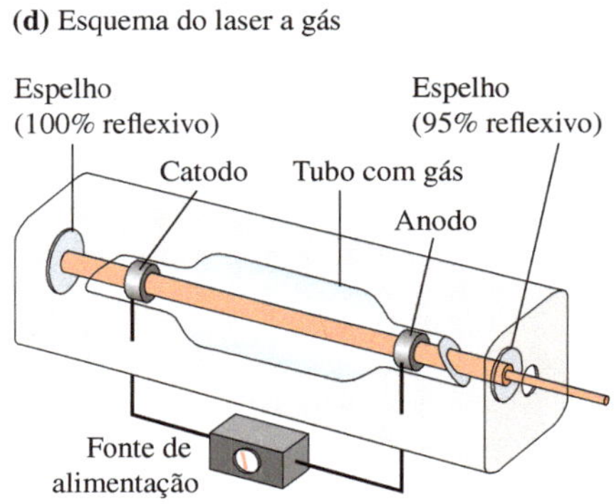

Para produzir uma inversão de população, *bombeamos* o material para excitar os átomos a partir do estado fundamental para os estados de energia E_1, E_2 e E_3 (Figura 39.29b). Se os átomos estiverem em um gás, podemos fazer isso inserindo dois eletrodos no recipiente do gás. Quando uma rajada de voltagem suficientemente alta é aplicada aos eletrodos, ocorre uma descarga elétrica. As colisões entre os átomos ionizados e os elétrons transportando a corrente da descarga, então, excitam os átomos para diversos estados de energia. Dentro de cerca de 10^{-8} s, os átomos excitados para os estados E_1 e E_3 passam por emissão espontânea de fótons, de modo que esses estados acabam sendo despopulados. Mas os átomos "se acumulam" no estado metaestável com energia E_2. O número de átomos no estado metaestável é *menor* que o número no estado fundamental, mas é *muito maior* que no estado de energia E_1 quase desocupado. Logo, existe uma inversão de população do estado E_2 em relação ao estado E_1 (Figura 39.29c). Você pode ver por que precisamos dos dois níveis E_1 e E_3: os átomos que passam por emissão espontânea do nível E_3 ajudam a popular o nível E_2, e a presença do nível E_1 torna possível uma inversão de população.

Pelos próximos 10^{-3} s, alguns dos átomos no estado metaestável de longa duração E_2 fazem a transição para o estado E_1 por emissão espontânea. Os fótons de energia emitidos $hf = E_2 - E_1$ são enviados para a frente e para trás pelo gás muitas vezes, por um par de espelhos paralelos (Figura 39.29d), de modo que eles podem *estimular* a emissão de tantos átomos no estado E_2 quantos forem possíveis. O resultado geral de todos esses processos é um raio de luz com frequência f que pode ser muito intenso, possui raios paralelos, é altamente monocromático e espacialmente *coerente* em todos os pontos dentro de determinada seção reta — ou seja, um raio laser. Um dos espelhos é parcialmente transparente, de modo que uma parte do raio possa sair.

O que descrevemos é um laser *pulsado*, que produz uma rajada de luz coerente toda vez que os átomos são bombeados. Os lasers pulsados são usados na cirurgia do olho Lasik (um acrônimo para *laser-assisted in situ keratomileusis*), para remodelar a córnea e corrigir miopia, hipermetropia ou astigmatismo. Em um laser *contínuo*, como os encontrados nos scanners de código de barras nos supermercados, a energia é continuamente fornecida aos átomos (por exemplo, com a fonte de alimentação mostrada na Figura 39.29d fornecendo uma tensão constante aos eletrodos) e o raio contínuo de luz surge a partir do laser. Para tal laser, o bombeamento precisa ser intenso o suficiente para sustentar a inversão de população, de modo que a taxa em que os átomos são adicionados ao nível E_2 através do bombeamento é igual à taxa em que os átomos nesse nível emitem um fóton e fazem a transição para o nível E_1.

Como é necessário que haja um arranjo especial de níveis de energia para a ação do laser, não é surpresa que apenas certos materiais possam ser usados para formar um laser. Alguns tipos de laser usam um material sólido e transparente, como vidro de neodímio, em vez de um gás. O tipo mais comum de laser — usado nas impressoras a laser (Seção 21.1), ponteiros a laser e para ler os dados no disco de um aparelho de DVD ou Blu-ray — é um *laser semicondutor*, que não utiliza nenhum nível de energia atômica. Como veremos no Capítulo 42, esses lasers usam, em vez disso, os níveis de energia dos elétrons que estão livres para vagar pelo volume dos semicondutores.

TESTE SUA COMPREENSÃO DA SEÇÃO 39.4 Um dispositivo de luz do gás neônio comum, como os usados em anúncios publicitários, emite luz vermelha com comprimento de onda igual a 632,8 nm. Os átomos de neônio também são usados em um laser de hélio-neônio (um tipo de laser a gás). A luz emitida por um dispositivo de luz do gás neônio é (i) emissão espontânea; (ii) emissão estimulada; (iii) emissão espontânea e estimulada. ❙

39.5 ESPECTROS CONTÍNUOS

A linha espectral de emissão vem da matéria no estado gasoso, no qual os átomos estão tão afastados que as interações entre eles são desprezíveis e cada átomo se comporta como um sistema isolado. Ao contrário, um sólido ou líquido aquecido (no qual os átomos estão próximos um do outro) quase sempre emite radiação com uma distribuição *contínua* de comprimentos de onda, em vez de uma linha espectral.

Eis aqui uma analogia que sugere por que existe uma diferença. Um diapasão emite ondas de som de uma única frequência definida (um tom puro) quando tocado. Porém, se você embalar firmemente uma maleta cheia de diapasões e depois sacudir essa maleta, a proximidade dos diapasões afeta o som que eles produzem. O que você ouve é principalmente ruído, que é o som com uma distribuição contínua de todas as frequências. De modo semelhante, átomos isolados em um gás emitem luz de certas frequências distintas quando excitados, mas, se alguns átomos forem reunidos em um sólido ou líquido, eles produzem um espectro contínuo de luz.

Nesta seção, estudaremos um caso idealizado de radiação de espectro contínuo a partir de um objeto quente e denso. Como acontecia para a linha espectral de emissão da luz a partir de um átomo, veremos que só é possível compreender o espectro contínuo se usarmos as ideias dos níveis de energia e fótons.

Da mesma forma que um espectro de emissão de um átomo tem as mesmas linhas de seu espectro de absorção, a superfície ideal para *emitir* luz com um espectro contínuo é aquela que também *absorve* todos os comprimentos de onda da radiação eletromagnética. Essa superfície ideal é chamada de *corpo negro*, pois apareceria perfeitamente negra quando iluminada; ela não refletiria luz alguma. A radiação do espectro contínuo que um corpo negro emite é chamada de **radiação de corpo negro**. Assim como uma inclinação perfeitamente sem atrito ou uma orda sem massa, um corpo negro perfeito não existe, mas, apesar disso, é uma idealização útil.

Uma boa aproximação de um corpo negro é uma caixa oca com uma pequena abertura em uma de suas paredes (**Figura 39.30**). A luz que entra na abertura por fim será absorvida pelas paredes da caixa, de modo que a caixa é um absorvedor quase perfeito. Reciprocamente, quando aquecemos a caixa, a luz que emana da abertura é uma radiação de corpo negro quase ideal, com um espectro contínuo.

Figura 39.30 Uma caixa oca com uma pequena abertura se comporta como um corpo negro. Quando a caixa é aquecida, a radiação eletromagnética que surge da abertura possui um espectro de corpo negro.

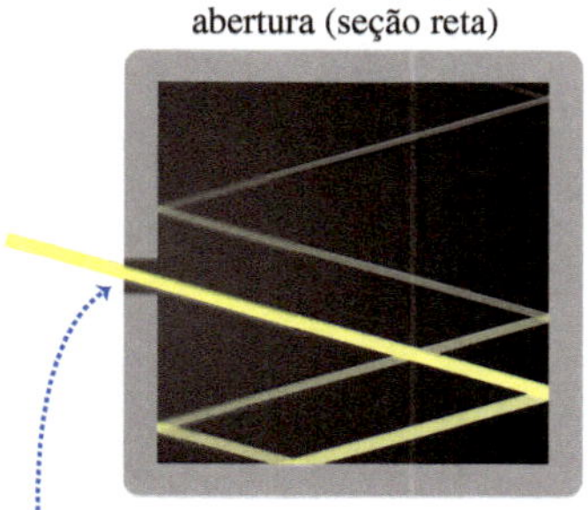

Por volta de 1900, a radiação do corpo negro foi bastante estudada, e três características foram estabelecidas. Primeiro, a intensidade total I (a taxa média de radiação de energia por área de superfície unitária ou potência média por área) emitida da superfície de um irradiador ideal é proporcional à quarta potência da temperatura absoluta (**Figura 39.31**). Esta é a **lei de Stefan-Boltzmann**:

Lei de Stefan-Boltzmann para um corpo negro:

$$I = \sigma T^4 \quad (39.19)$$

Intensidade de radiação do corpo negro: I; Constante de Stefan-Boltzmann: σ; Temperatura absoluta do corpo negro: T

Encontramos uma versão dessa relação na Seção 17.7 durante nosso estudo da transferência de calor. Em unidades SI, o valor da constante de Stefan-Boltzmann é

$$\sigma = 5{,}670373\ (21) \times 10^{-8}\ \text{W/m}^2 \cdot \text{K}^4$$

Em segundo lugar, a intensidade não é distribuída uniformemente por todos os comprimentos de onda. Sua distribuição pode ser medida e descrita pela intensidade por intervalo de comprimento de onda $I(\lambda)$, chamada de *emissão espectral*. Assim, $I(\lambda)\, d\lambda$ é a intensidade correspondente aos comprimentos de onda no intervalo de λ a $\lambda + d\lambda$. A intensidade *total* I, dada pela Equação 39.19, é a *integral* da função de distribuição $I(\lambda)$ por todos os comprimentos de onda, que é igual à área sob a curva de $I(\lambda)$-*versus*-λ:

$$I = \int_0^\infty I(\lambda)\, d\lambda \tag{39.20}$$

ATENÇÃO Emissão espectral *versus* intensidade Embora usemos o símbolo $I(\lambda)$ para a emissão espectral, lembre-se de que emissão espectral *não* é a mesma coisa que intensidade I. A intensidade é potência por unidade de área, com unidades de W/m^2. A emissão espectral é potência por unidade de área *por intervalo unitário de comprimento de onda*, com unidades W/m^3.

Figura 39.31 Esta visão de perto da superfície do Sol mostra duas manchas solares. Sua temperatura é cerca de 4.000 K, enquanto o material solar ao redor está em T = 5.800 K. Pela lei de Stefan-Boltzmann, a intensidade de determinada área da mancha solar é de apenas $(4.000\ \text{K}/5.800\ \text{K})^4$ = 0,23 da intensidade da mesma área do material ao redor — motivo pelo qual as manchas solares aparecem escuras.

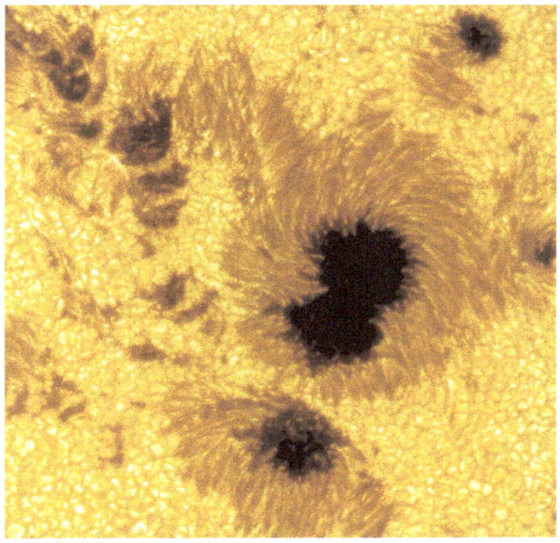

A **Figura 39.32** mostra as emissões espectrais medidas $I(\lambda)$ para a radiação do corpo negro em três temperaturas diferentes. Cada uma possui comprimento de onda de pico λ_m, em que a intensidade emitida por intervalo de comprimento de onda é maior. A experiência mostra que λ_m é inversamente proporcional a T, de modo que seu produto é constante e igual a $2{,}90 \times 10^{-3}$ m · K. Essa observação é chamada de **lei do deslocamento de Wien**:

Lei do deslocamento de Wien para um corpo negro:

$$\lambda_m T = 2{,}90 \times 10^{-3}\ \text{m} \cdot \text{K} \tag{39.21}$$

(Comprimento de onda de pico na curva de emissão espectral: λ_m; Temperatura absoluta do corpo negro: T)

À medida que a temperatura aumenta, o pico de $I(\lambda)$ torna-se maior e desloca-se para comprimentos de onda mais curtos. A luz amarela tem comprimentos de onda mais curtos que a luz vermelha, de modo que um corpo que emite a cor amarela é mais quente e mais brilhante que outro do mesmo tamanho que emite a cor vermelha.

Em terceiro lugar, as experiências mostram que a *forma* da função de distribuição é a mesma para todas as temperaturas. Podemos fazer uma curva para uma temperatura se ajustar a qualquer outra temperatura simplesmente alterando as escalas no gráfico.

Figura 39.32 Estes gráficos mostram a emissão espectral $I(\lambda)$ para a radiação a partir de um corpo negro em três temperaturas diferentes.

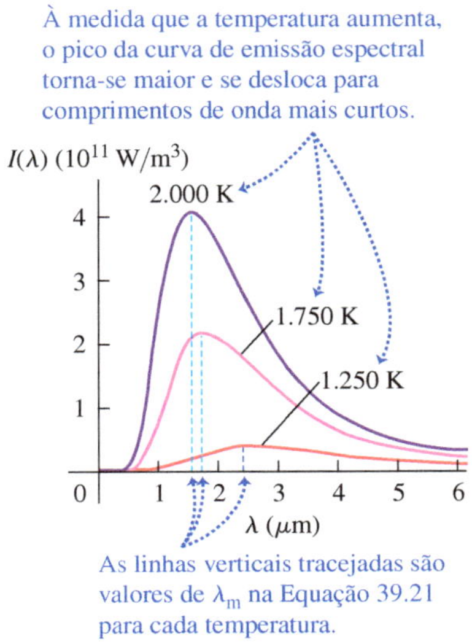

Rayleigh e a "catástrofe ultravioleta"

Durante a última década do século XIX, foram feitas muitas tentativas para derivar esses resultados empíricos sobre a radiação do corpo negro a partir de princípios básicos. Em uma das tentativas, o físico inglês Lord Rayleigh considerou a luz delimitada dentro de uma caixa retangular como a mostrada na Figura 39.30. Essa caixa, raciocinou ele, possui uma série de *modos normais* possíveis para as ondas eletromagnéticas, conforme discutimos na Seção 32.5. Também pareceu razoável considerar que a distribuição de energia entre os diversos modos seria dada pelos princípios da equipartição (veja na Seção 18.4), que foi usada com sucesso na análise das capacidades de calor.

BIO Aplicação Olhos de corpo negro O interior de (a) um olho humano, (b) um olho de gato ou (c) um olho de peixe parece ser um corpo negro, ainda que o tecido dentro do olho *não* seja negro. Isso ocorre porque todo olho age de maneira semelhante à caixa oca na Figura 39.30: a luz que entra no olho por fim é absorvida após várias reflexões das superfícies internas. Cada olho também irradia como um corpo negro, embora a temperatura seja tão baixa (em torno de 300 K) que essa radiação está principalmente nos comprimentos de onda infravermelhos invisíveis.

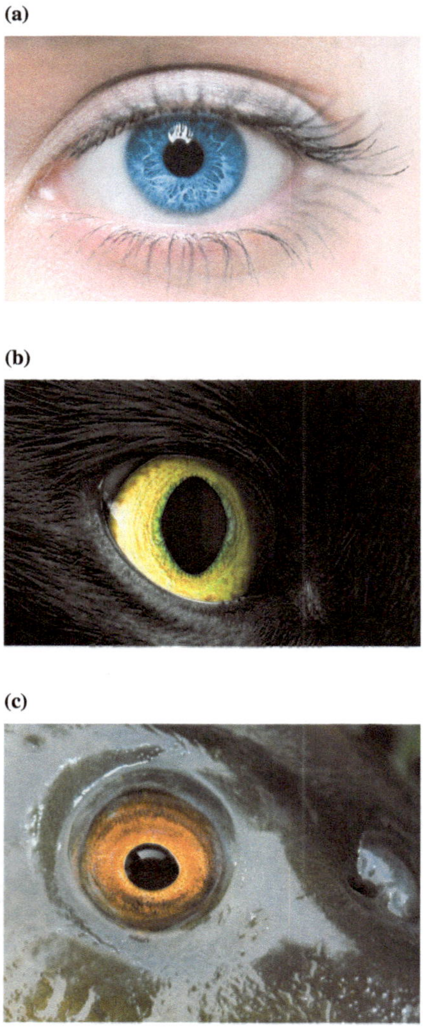

Incluindo campos elétricos e magnéticos, Rayleigh supôs que a energia total de cada modo normal era igual a kT. Então, calculando o *número* de modos normais correspondentes ao intervalo de comprimento de onda $d\lambda$, Rayleigh calculou a distribuição esperada dos comprimentos de onda na radiação dentro da caixa. Por fim, ele calculou a distribuição de intensidade prevista $I(\lambda)$ para a radiação emergente do furo. Seu resultado foi muito simples:

$$I(\lambda) = \frac{2\pi ckT}{\lambda^4} \quad \text{(cálculo de Rayleigh)} \tag{39.22}$$

Em grandes comprimentos de onda, essa fórmula combina muito bem com os resultados experimentais mostrados na Figura 39.32, mas existe uma divergência séria em comprimentos de onda pequenos. As curvas experimentais na Figura 39.32 ficam perto de zero com λ pequeno. Ao contrário, a previsão de Rayleigh na Equação 39.22 vai na direção oposta, aproximando-se do infinito como $1/\lambda^4$, um resultado que foi chamado na época de Rayleigh de "catástrofe ultravioleta". Pior ainda, a integral da Equação 39.22 por todo λ é infinita, indicando uma intensidade irradiada *total* infinitamente grande. Logicamente, há algo errado.

Planck e a hipótese quântica

Por fim, em 1900, o físico alemão Max Planck teve sucesso na derivação de uma função, agora denominada **lei da radiação de Planck**, que combinava muito bem com as curvas de distribuição de intensidade experimentais. Em sua dedução, ele fez o que na época parecia ser uma suposição louca: que os osciladores (elétrons) eletromagnéticos nas paredes da caixa de Rayleigh, vibrando em uma frequência f, só poderiam ter certos valores de energia iguais a nhf, onde $n = 0, 1, 2, 3,...$ e h é a constante que agora recebe o nome de Planck. Esses osciladores estavam em equilíbrio com as ondas eletromagnéticas na caixa, de modo que ambos emitiam e absorviam luz. Sua hipótese gerava níveis de energia quantizados e dizia que a energia em cada modo normal também era um múltiplo de hf. Isso estava em nítido contraste com o ponto de vista de Rayleigh, de que cada modo normal poderia ter qualquer quantidade de energia.

Planck não estava à vontade com essa hipótese quântica; ele a considerava um truque de cálculo, em vez de um princípio fundamental. Em carta a um amigo, ele a chamou de "um ato de desespero" para o qual ele foi forçado porque "uma explicação teórica tinha de ser encontrada a qualquer custo, qualquer que fosse o preço". Porém, cinco anos depois, Einstein identificou a mudança de energia hf entre os níveis como a energia de um fóton (veja a Seção 38.1), e outra evidência foi rapidamente montada. Por volta de 1915, havia pouca dúvida sobre a validade do conceito quântico e a existência de fótons. Discutindo os espectros atômicos *antes* dos espectros contínuos, desviamo-nos da ordem histórica das coisas. O crédito pela invenção do conceito da quantização dos níveis de energia vai para Planck, embora ele não acreditasse nisso a princípio. Ele recebeu o Prêmio Nobel de física em 1918 por essas realizações.

A **Figura 39.33** mostra os diagramas de nível de energia para dois dos osciladores que Planck idealizou nas paredes da caixa retangular, um com baixa frequência e o outro com alta frequência. O espaçamento na energia entre os níveis adjacentes é hf. Esse espaçamento é pequeno para o oscilador de baixa frequência que emite e absorve fótons de baixa frequência f e comprimento de onda longo $\lambda = c/f$. O espaçamento de energia é maior para o oscilador de alta frequência, que emite fótons em alta frequência de comprimento de onda curto.

De acordo com a imagem de Rayleigh, esses dois osciladores têm a mesma quantidade de energia kT e são igualmente eficazes na emissão de radiação. Porém, no modelo de Planck, o oscilador de alta frequência é bastante ineficaz como fonte de luz. Para ver o motivo, podemos usar as ideias da Seção 39.4 sobre as populações de diversos estados de energia. Se considerarmos todos os osciladores de determinada frequência f em uma caixa na temperatura T, o número de osciladores que possuem energia nhf é $Ae^{-nhf/kT}$. A razão entre o número de osciladores no primeiro estado excitado ($n = 1$, energia hf) e o número de osciladores no estado fundamental ($n = 0$, energia zero) é

$$\frac{n_1}{n_0} = \frac{Ae^{-hf/kT}}{Ae^{-(0)/kT}} = e^{-hf/kT} \tag{39.23}$$

Vamos avaliar a Equação 39.23 para $T = 2.000$ K, uma das temperaturas mostradas na Figura 39.32. Nessa temperatura, $kT = 2{,}76 \times 10^{-20}$ J $= 0{,}172$ eV. Para um oscilador que emite fótons com comprimento de onda $\lambda = 3{,}00\ \mu$m, $hf = hc/\lambda = 0{,}413$ eV; para um oscilador de frequência mais alta, que emite fótons com comprimento de onda $\lambda = 0{,}500\ \mu$m, $hf = hc/\lambda = 2{,}48$ eV. Para esses dois casos, a Equação 39.23 resulta em

$$\frac{n_1}{n_0} = e^{-hf/kT} = 0{,}0909 \text{ para } \lambda = 3{,}00\ \mu\text{m}$$

$$\frac{n_1}{n_0} = e^{-hf/kT} = 5{,}64 \times 10^{-7} \text{ para } \lambda = 0{,}500\ \mu\text{m}$$

O valor para $\lambda = 3{,}00\ \mu$m significa que de todos os osciladores que podem emitir luz nesse comprimento de onda, 0,0909 deles — cerca de um em 11 — estão no primeiro estado excitado. Esses osciladores excitados podem emitir, cada um, um fóton de 3,00 μm e contribuir para a radiação dentro da caixa. Logo, esperaríamos que essa radiação seja um tanto rica no espectro de radiação de um corpo negro de 2.000 K. Ao contrário, o valor para $\lambda = 0{,}500\ \mu$m significa que somente $5{,}64 \times 10^{-7}$ (cerca de um em dois milhões) dos osciladores que podem emitir esse comprimento de onda estão no primeiro estado excitado. Um oscilador não pode emitir se estiver no estado fundamental, de modo que a quantidade de radiação na caixa nesse comprimento de onda é *tremendamente* suprimida em comparação com a previsão de Rayleigh. É por isso que a curva de emissão espectral para 2.000 K na Figura 39.32 possui um valor tão baixo em $\lambda = 0{,}500\ \mu$m e comprimentos de onda mais curtos. Assim, a hipótese quântica de Planck forneceu um modo natural de suprimir a emissão espectral de um corpo negro em comprimentos de onda curtos e, portanto, evitou a catástrofe ultravioleta que atormentou os cálculos de Rayleigh.

Não entraremos em todos os detalhes da dedução de Planck para a emissão espectral. Aqui está seu resultado:

Lei da radiação de Planck:

$$I(\lambda) = \frac{2\pi hc^2}{\lambda^5(e^{hc/\lambda kT} - 1)} \tag{39.24}$$

Emissão espectral do corpo negro ($I(\lambda)$); Constante de Planck (h); Velocidade da luz no vácuo (c); Comprimento de onda (λ); Constante de Boltzmann (k); Temperatura absoluta do corpo negro (T)

Essa função combina muito bem com as curvas de emissão experimental, como aquelas na Figura 39.32.

A lei da radiação de Planck também contém a lei do deslocamento de Wien e a lei de Stefan-Boltzmann como consequências. Para derivar a lei de Wien, encontramos o valor de λ no qual $I(\lambda)$ é máximo tomando a derivada da Equação 39.24 e definindo-a como igual a zero. Deixamos para você a tarefa de preencher os detalhes; o resultado é

$$\lambda_m = \frac{hc}{4{,}965kT} \tag{39.25}$$

Figura 39.33 Níveis de energia para dois dos osciladores que Planck idealizou nas paredes de um corpo negro como o mostrado na Figura 39.30. O espaçamento entre os níveis de energia adjacentes para cada oscilador é hf, que é menor para o oscilador de baixa frequência.

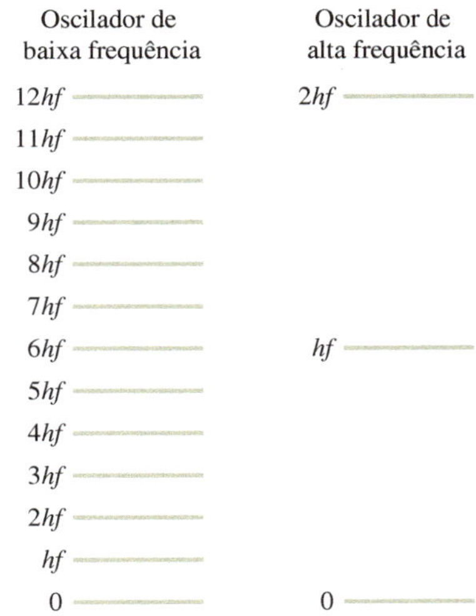

Aplicação Cores de uma estrela e a lei da radiação de Planck As estrelas (com radiação muito semelhante à de um corpo negro) possuem uma ampla faixa de temperaturas na superfície, desde 2.500 K até 30.000 K. A lei do deslocamento de Wien e a forma da curva de emissão espectral de Planck explicam por que essas estrelas possuem cores diferentes. Pela Equação 39.21, uma estrela com uma alta temperatura na superfície, digamos, 12.000 K, tem um curto comprimento de onda de pico λ_m no ultravioleta. Logo, essa estrela emite mais luz azul que luz vermelha, e ela parece ser azul ao olho. Uma estrela com uma baixa temperatura na superfície, digamos, 3.000 K, possui um longo comprimento de onda de pico λ_m no infravermelho, emite mais luz vermelha que luz azul e parece ser vermelha ao olho. Para uma estrela como o Sol, que possui uma temperatura na superfície em torno de 5.800 K, λ_m se encontra no espectro visível e a estrela parece ser branca.

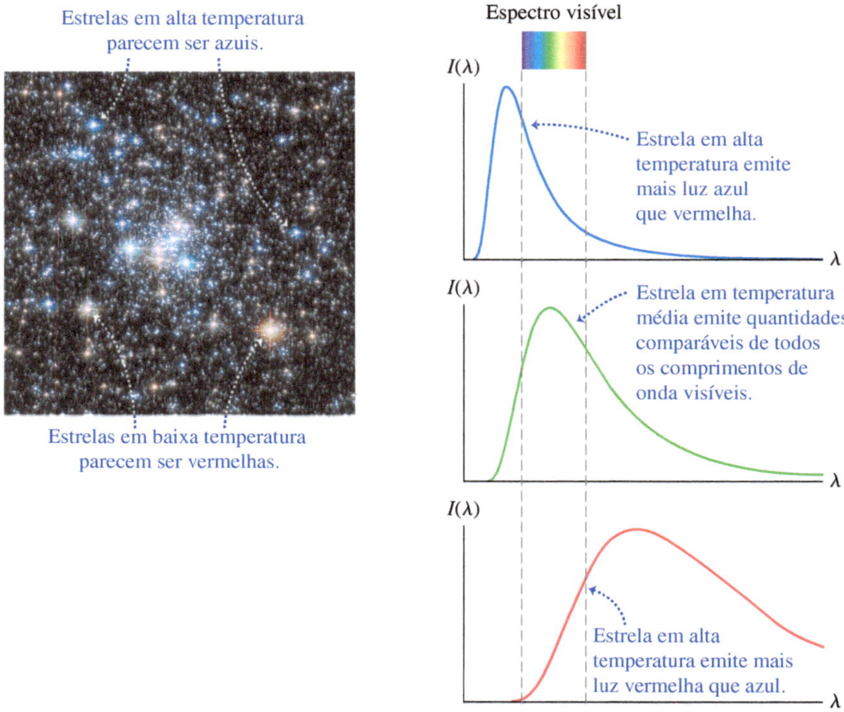

Para obter esse resultado, será preciso resolver a equação

$$5 - x = 5e^{-x} \tag{39.26}$$

A raiz dessa equação, encontrada por tentativa e erro ou por meios mais sofisticados, é 4,965 para quatro dígitos significativos. Você deverá avaliar a constante $hc/4{,}965k$ e mostrar que ela combina com o valor experimental de $2{,}90 \times 10^{-3}$ m · K dado na Equação 39.21.

Podemos obter a lei de Stefan-Boltzmann para um corpo negro integrando a Equação 39.24 por todo λ para achar a intensidade irradiada *total* (veja o Problema 39.61). Esta não é uma integral simples; o resultado é

$$I = \int_0^\infty I(\lambda)\, d\lambda = \frac{2\pi^5 k^4}{15c^2h^3}T^4 = \sigma T^4 \tag{39.27}$$

em concordância com a Equação 39.19. Nosso resultado na Equação 39.27 também mostra que a constante σ nessa lei pode ser expressa em termos de outras constantes fundamentais:

$$\sigma = \frac{2\pi^5 k^4}{15c^2h^3} \tag{39.28}$$

Substitua os valores de k, c e h a partir do Apêndice F e verifique que você obterá o valor $\sigma = 5{,}6704 \times 10^{-8}$ W/m^2 · K^4 para a constante de Stefan-Boltzmann.

A lei da radiação de Planck, Equação 39.24, parece ser tão diferente da expressão bem-sucedida de Rayleigh, Equação 39.22, que pode parecer improvável que elas combinem para qualquer valor de λ. Porém, quando λ é grande, o expoente no denominador da Equação 39.24 é muito pequeno. Podemos, então, usar a aproximação $e^x \approx 1 + x$ (para x muito menor que 1). Você deverá verificar que, quando isso for feito, o resultado se aproxima da Equação 39.22, mostrando que as duas expressões combinam no limite de um λ muito grande. Também observamos que a expressão de Rayleigh não contém h. Em comprimentos de onda muito grandes (energias de fóton muito pequenas), os efeitos do quantum tornam-se pouco importantes.

EXEMPLO 39.7 LUZ PROVENIENTE DO SOL

Para uma boa aproximação, a superfície do Sol é um corpo negro com uma temperatura de 5.800 K na superfície. (Estamos ignorando a absorção produzida pela atmosfera do Sol, mostrada na Figura 39.9.) (a) Em que comprimento de onda o Sol emite com mais força? (b) Qual é a potência irradiada por área unitária na superfície?

SOLUÇÃO

IDENTIFICAR E PREPARAR: nossas variáveis-alvo são o comprimento de onda de intensidade de pico λ_m e a potência irradiada por área I. Logo, usaremos a lei do deslocamento de Wien, Equação 39.21 (que relaciona λ_m à temperatura do corpo negro T), e a lei de Stefan-Boltzmann, Equação 39.19 (que relaciona I a T).

EXECUTAR: (a) pela Equação 39.21,

$$\lambda_m = \frac{2{,}90 \times 10^{-3}\ \text{m}\cdot\text{K}}{T} = \frac{2{,}90 \times 10^{-3}\ \text{m}\cdot\text{K}}{5.800\ \text{K}}$$
$$= 0{,}500 \times 10^{-6}\ \text{m} = 500\ \text{nm}$$

(b) Pela Equação 39.19,

$$I = \sigma T^4 = (5{,}67 \times 10^{-8}\ \text{W/m}^2\cdot\text{K}^4)(5.800\ \text{K})^4$$
$$= 6{,}42 \times 10^7\ \text{W/m}^2 = 64{,}2\ \text{MW/m}^2$$

AVALIAR: o comprimento de onda de 500 nm encontrado na parte (a) é próximo do meio do espectro visível. Isso não deve ser surpresa: o olho humano evoluiu para tirar o máximo proveito da luz natural.

O enorme valor $I = 64{,}2\ \text{MW/m}^2$ que obtivemos na parte (b) é a intensidade na *superfície* do Sol, que é uma esfera de raio $6{,}96 \times 10^8$ m. Quando essa energia irradiada atinge a Terra, a $1{,}50 \times 10^{11}$ m de distância, a intensidade diminuiu pelo fator de $[(6{,}96 \times 10^8\ \text{m})/(1{,}50 \times 10^{11}\ \text{m})]^2 = 2{,}15 \times 10^{-5}$ para os ainda impressionantes $1{,}4\ \text{kW/m}^2$.

EXEMPLO 39.8 UMA FATIA DA LUZ SOLAR

Determine a potência por área unitária irradiada da superfície do Sol na faixa de comprimento de onda de 600,0 a 605,0 nm.

SOLUÇÃO

IDENTIFICAR E PREPARAR: esta questão trata da potência emitida por um corpo negro sobre uma faixa estreita de comprimentos de onda e, portanto, envolve a emissão espectral $I(\lambda)$ dada pela lei da radiação de Planck, Equação 39.24. Isso requer que encontremos a área sob a curva $I(\lambda)$ entre 600,0 e 605,0 nm. *Aproximaremos* essa área como o produto da altura da corrente no comprimento de onda médio $\lambda = 602{,}5$ nm pela largura do intervalo, $\Delta\lambda = 5{,}0$ nm. Pelo Exemplo 39.7, $T = 5.800$ K.

EXECUTAR: para obter a altura da curva $I(\lambda)$ em $\lambda = 602{,}5\ \text{nm} = 6{,}025 \times 10^{-7}$ m, primeiro avaliamos a quantidade $hc/\lambda kT$ na Equação 39.24 e depois substituímos o resultado na Equação 39.24:

$$\frac{hc}{\lambda kT} = \frac{(6{,}626 \times 10^{-34}\ \text{J}\cdot\text{s})(2{,}998 \times 10^8\ \text{m/s})}{(6{,}025 \times 10^{-7}\ \text{m})(1{,}381 \times 10^{-23}\ \text{J/K})(5.800\ \text{K})} = 4{,}116$$

$$I(\lambda) = \frac{2\pi(6{,}626 \times 10^{-34}\ \text{J}\cdot\text{s})(2{,}998 \times 10^8\ \text{m/s})^2}{(6{,}025 \times 10^{-7}\ \text{m})^5(e^{4{,}116} - 1)}$$
$$= 7{,}81 \times 10^{13}\ \text{W/m}^3$$

A intensidade na faixa de 5,0 nm de 600,0 a 605,0 nm é, então, aproximadamente

$$I(\lambda)\,\Delta\lambda = (7{,}81 \times 10^{13}\ \text{W/m}^3)(5{,}0 \times 10^{-9}\ \text{m})$$
$$= 3{,}9 \times 10^5\ \text{W/m}^2 = 0{,}39\ \text{MW/m}^2$$

AVALIAR: na parte (b) do Exemplo 39.7, descobrimos que a potência irradiada por área unitária pelo Sol em *todos* os comprimentos de onda é $I = 64{,}2\ \text{MW/m}^2$; aqui, descobrimos que a potência irradiada por área unitária na faixa de comprimento de onda de 600 a 605 nm é $I(\lambda)\Delta\lambda = 0{,}39\ \text{MW/m}^2$, cerca de 0,6% do total.

TESTE SUA COMPREENSÃO DA SEÇÃO 39.5 (a) Um corpo negro a 2.000 K emite raios X? (b) Ele emite ondas de rádio? ❙

39.6 REVISÃO DO PRINCÍPIO DA INCERTEZA

A descoberta de que a matéria possui uma natureza dual onda–partícula nos forçou a fazer uma reavaliação da linguagem cinemática que usávamos para descrever a posição e o momento linear de uma partícula. Na mecânica clássica newtoniana uma partícula era descrita como um ponto. Podemos descrever sua posição e seu estado de movimento com três coordenadas espaciais e três componentes para a velocidade. Porém, como a matéria também possui um aspecto ondulatório, quando examinamos o comportamento em uma escala pequena o suficiente — em comparação com o comprimento de onda da partícula de De Broglie —, não podemos mais usar a descrição newtoniana. Certamente, nenhuma partícula newtoniana sofreria difração como os elétrons sofrem (Seção 39.1).

Para demonstrar exatamente como o comportamento da matéria pode ser não newtoniano, vamos examinar uma experiência envolvendo a interferência de fenda dupla dos elétrons (**Figura 39.34**). Apontamos um feixe de elétrons para duas fendas paralelas, como fizemos para a luz na Seção 38.4. (A experiência com elétrons precisa ser feita no vácuo, de modo que os elétrons não colidam com as moléculas de ar.) Que tipo de figura aparece no detector no outro lado das fendas? A resposta é: *exatamente o mesmo* tipo de figura de interferência que vimos para os fótons na Seção 38.4! Além do mais, o princípio da complementaridade, que apresentamos na Seção 38.4, nos diz que não podemos aplicar os modelos de onda e partícula simultaneamente para descrever qualquer elemento isolado dessa experiência. Assim, *não podemos* prever exatamente onde na figura (um fenômeno ondulatório) qualquer elétron individual (uma partícula) pousará. Nem sequer podemos perguntar por qual fenda um elétron individual passa. Se tentarmos ver para onde os elétrons estavam indo iluminando-os — ou seja, espalhando fótons a partir deles —, os elétrons recuariam, o que modificaria seus movimentos, de modo que a figura de interferência de fenda dupla não apareceria.

Figura 39.34 (a) Uma experiência de interferência de fenda dupla. (b) A figura de interferência após 28, 1.000 e 10.000 elétrons.

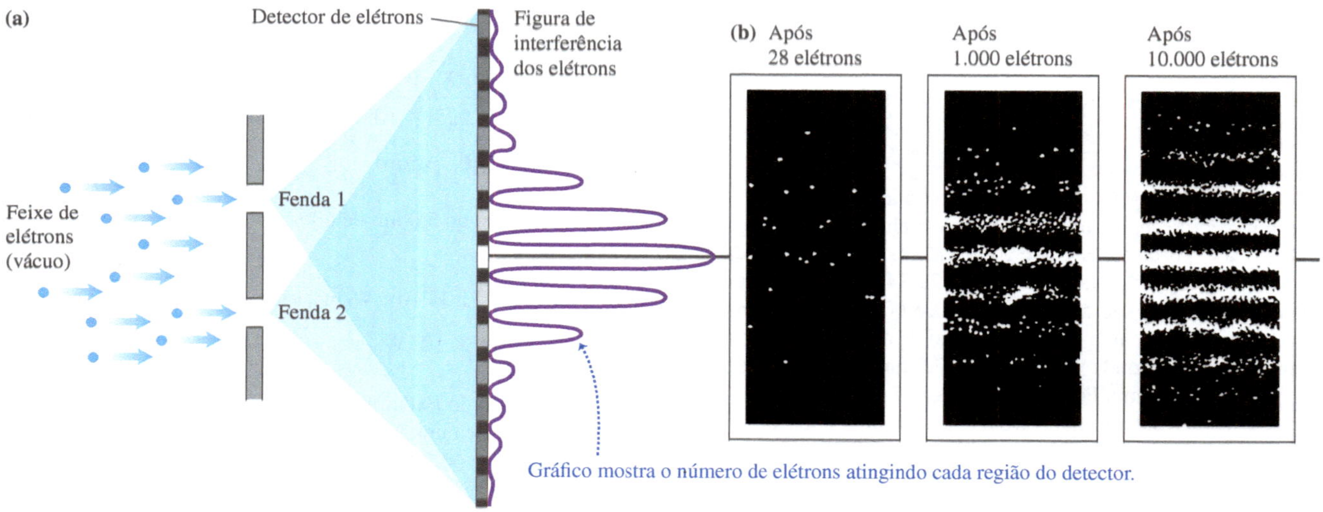

ATENÇÃO Interferência de elétrons em fenda dupla não é interferência entre dois elétrons Um erro de conceito comum é que o padrão na Figura 39.34b se deve à interferência entre *duas* ondas de elétrons, cada uma representando um elétron que passa por uma fenda. Para mostrar que esse não é o caso, podemos enviar apenas um elétron de cada vez através do dispositivo. Não faz diferença; acabamos com a mesma figura de interferência. De certa forma, cada onda de elétrons interfere consigo mesma.

Os princípios da incerteza de Heisenberg para a matéria

Assim como os elétrons e os fótons mostram o mesmo comportamento em uma experiência de interferência de fenda dupla, os elétrons e outras formas de matéria obedecem aos mesmos princípios de incerteza de Heisenberg que os fótons:

$$\begin{aligned}\Delta x\,\Delta p_x &\geq \hbar/2\\ \Delta y\,\Delta p_y &\geq \hbar/2\\ \Delta z\, p_z &\geq \hbar/2\end{aligned}\quad \text{(Princípio da incerteza de Heisenberg para posição e momento linear)} \qquad (39.29)$$

EXEMPLO 39.9 O PRINCÍPIO DA INCERTEZA: MOMENTO LINEAR E POSIÇÃO

Um elétron está confinado no interior de uma região com largura $5{,}000 \times 10^{-11}$ m (aproximadamente o raio de Bohr). (a) Estime a incerteza mínima no componente x do momento linear do elétron. (b) Se o elétron possui um momento linear cujo módulo é igual à incerteza calculada na parte (a), qual é sua energia cinética? Expresse o resultado em joules e em elétrons-volt.

SOLUÇÃO

IDENTIFICAR E PREPARAR: este problema utiliza o princípio da incerteza de Heisenberg para a posição e o momento linear, assim como a relação entre o momento linear e a energia cinética da partícula. Sabemos que o elétron está em algum lugar dentro da região em que está confinado, de modo que tomamos $\Delta x = 5{,}000 \times 10^{-11}$ m como sua incerteza referente à posição. Encontramos então a incerteza referente ao momento linear Δp_x usando a Equação 39.29, e a energia cinética usando as relações $p = mv$ e $K = \frac{1}{2}mv^2$.

EXECUTAR: (a) pelas equações 39.29, para determinado valor de Δx, a incerteza no momento linear é mínima quando o produto $\Delta x \Delta p_x$ é igual a $\hbar/2$. Logo,

$$\Delta p_x = \frac{\hbar}{2\Delta x} = \frac{1{,}055 \times 10^{-34}\ \text{J}\cdot\text{s}}{2(5{,}000 \times 10^{-11}\ \text{m})} = 1{,}055 \times 10^{-24}\ \text{J}\cdot\text{s/m}$$
$$= 1{,}055 \times 10^{-24}\ \text{kg}\cdot\text{m/s}$$

(b) Podemos reescrever a expressão não relativística para a energia cinética como

$$K = \tfrac{1}{2}mv^2 = \frac{(mv)^2}{2m} = \frac{p^2}{2m}$$

Logo, um elétron com um módulo de momento linear igual a Δp_x da parte (a) possui energia cinética

$$K = \frac{p^2}{2m} = \frac{(1{,}055 \times 10^{-24}\ \text{kg}\cdot\text{m/s})^2}{2(9{,}11 \times 10^{-31}\ \text{kg})}$$
$$= 6{,}11 \times 10^{-19}\ \text{J} = 3{,}81\ \text{eV}$$

AVALIAR: esta energia é típica dos elétrons nos átomos. Essa concordância sugere que o princípio da incerteza está profundamente envolvido na estrutura atômica.

Um cálculo semelhante explica por que os elétrons nos átomos não caem em direção ao núcleo. Se um elétron estivesse confinado ao interior de um núcleo, sua incerteza referente à posição seria $\Delta x \approx 10^{-14}$ m. Isso daria ao elétron uma incerteza referente ao momento cerca de 5.000 vezes maior que a do elétron neste exemplo, e uma energia cinética tão grande que o elétron seria imediatamente ejetado do núcleo.

$$\Delta t\, \Delta E \geq \hbar/2 \quad \text{(Princípio da incerteza de Heisenberg para energia e intervalo de tempo)} \qquad (39.30)$$

Nessas equações, $\hbar = h/2\pi = 1{,}055 \times 10^{-34}$ J · s. O princípio da incerteza para energia e intervalo de tempo tem uma aplicação direta nos níveis de energia. Consideramos que cada nível de energia em um átomo tem uma energia bastante definida. Porém, a Equação 39.30 diz que isso não é verdade para todos os níveis de energia. Um sistema que permanece em um estado metaestável por um tempo muito longo (grande Δt) pode ter uma energia muito bem definida (pequeno ΔE), mas, se permanecer em um estado apenas por um curto período de tempo (pequeno Δt), a incerteza na energia precisa ser correspondentemente maior (grande E). A **Figura 39.35** ilustra essa ideia.

Figura 39.35 Quanto maior a vida média Δt de um estado de energia, menor é sua propagação de energia (mostrada pela largura dos níveis de energia).

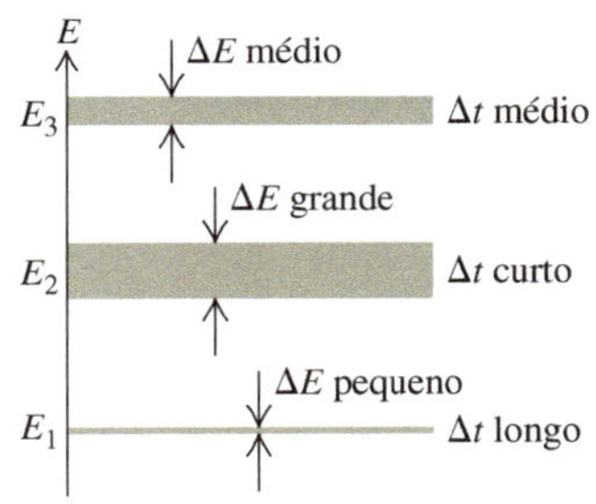

EXEMPLO 39.10 O PRINCÍPIO DA INCERTEZA: ENERGIA E TEMPO

Um átomo de sódio está em um dos "estados excitados inferiores" indicados na Figura 39.19a. Ele permanece nesse estado durante um intervalo de tempo de $1{,}6 \times 10^{-8}$ s antes de sofrer uma transição de volta ao estado fundamental, emitindo um fóton com comprimento de onda de 589,0 nm e energia de 2,105 eV. Qual é a incerteza na energia desse estado excitado? Qual é o intervalo de comprimentos de onda da linha espectral correspondente?

SOLUÇÃO

IDENTIFICAR E PREPARAR: usamos o princípio da incerteza de Heisenberg para energia e intervalo de tempo, assim como a relação entre a energia e o comprimento de onda de um fóton. O tempo médio que o átomo passa nesse estado excitado é igual a Δt na Equação 39.30. Encontramos a incerteza mínima na energia do estado excitado substituindo o sinal $\geq$ na Equação 39.30 pelo sinal de igual e isolando ΔE.

EXECUTAR: de acordo com a Equação 39.30,

$$\Delta E = \frac{\hbar}{2\Delta t} = \frac{1{,}055 \times 10^{-34}\ \text{J}\cdot\text{s}}{2(1{,}6 \times 10^{-8}\ \text{s})}$$
$$= 3{,}3 \times 10^{-27}\ \text{J} = 2{,}1 \times 10^{-8}\ \text{eV}$$

O átomo permanece um tempo muito longo em seu estado fundamental, portanto *não* existe nenhuma incerteza de energia associada. A incerteza fracionária para a energia do *fóton* é dada por

$$\frac{\Delta E}{E} = \frac{2{,}1 \times 10^{-8}\ \text{eV}}{2{,}105\ \text{eV}} = 1{,}0 \times 10^{-8}$$

(Continua)

(*Continuação*)

Você pode usar algum cálculo simples e a relação $E = hc/\lambda$ para mostrar que $\Delta\lambda/\lambda \approx \Delta E/E$, de modo que o espalhamento correspondente no comprimento de onda, ou "largura" da linha espectral, é aproximadamente dado por

$$\Delta\lambda = \lambda\frac{\Delta E}{E} = (589{,}0 \text{ nm})\,(1{,}0 \times 10^{-8}) = 0{,}0000059 \text{ nm}$$

AVALIAR: essa incerteza irredutível $\Delta\lambda$ que encontramos denomina-se *largura de linha natural* dessa linha espectral em particular. Embora seja muito pequena, ela está dentro do limite de resolução dos espectrômetros modernos. Em geral, a largura de linha natural é muito menor que a largura de linha produzida por outras causas, como o efeito Doppler e as colisões entre átomos que se movem rapidamente.

O princípio da incerteza e os limites do modelo de Bohr

Vimos na Seção 39.3 que o modelo de Bohr do átomo de hidrogênio foi tremendamente bem-sucedido. Porém, o princípio da incerteza de Heisenberg para posição e momento linear mostra que esse modelo *não pode* ser uma descrição correta de como um elétron se comporta em um átomo. A Figura 39.22 mostra que, no modelo de Bohr como interpretado por De Broglie, uma onda de elétrons se move em um plano em torno do núcleo. Vamos chamar isso de plano xy, de modo que o eixo z é perpendicular ao plano. Logo, o modelo de Bohr diz que um elétron é sempre encontrado em $z = 0$, e seu momento z, p_z, é sempre zero (o elétron não sai do plano xy). Porém, isso implica que *não há* incertezas em z ou p_z, de modo que $\Delta z = 0$ e $\Delta p_z = 0$. Isso contradiz diretamente a Equação 39.29, que diz que o produto $\Delta z \Delta p_z$ deverá ser maior ou igual a $\hbar/2$.

Essa conclusão não é surpresa, pois o elétron no modelo de Bohr é uma mistura de ideias de partícula e onda (o elétron se move em uma órbita, como se fosse um planeta em miniatura, mas possui um comprimento de onda). Para obter uma imagem precisa de como os elétrons se comportam dentro de um átomo e em outras partes, precisamos de uma descrição baseada *inteiramente* nas propriedades de onda do elétron. Nosso objetivo no Capítulo 40 será desenvolver essa descrição, que chamamos de *mecânica quântica*. Para fazer isso, introduziremos a *equação de Schrödinger*, a equação fundamental que descreve a dinâmica das ondas da matéria. Essa equação, conforme veremos, é tão fundamental para a mecânica quântica quanto as leis de Newton são para a mecânica clássica ou as equações de Maxwell são para o eletromagnetismo.

TESTE SUA COMPREENSÃO DA SEÇÃO 39.6 Coloque as seguintes situações em ordem de incerteza no momento linear no eixo Ox, da maior para a menor. A massa do próton é 1.836 vezes a massa do elétron. (i) Um elétron cuja coordenada x é conhecida em um intervalo de 2×10^{-15} m; (ii) um elétron cuja coordenada x é conhecida em um intervalo de 4×10^{-15} m; (iii) um próton cuja coordenada x é conhecida em um intervalo de 2×10^{-15} m; (iv) um próton cuja coordenada x é conhecida em um intervalo de 4×10^{-15} m. ❙

CAPÍTULO 39 RESUMO

Ondas de De Broglie e difração de elétrons: os elétrons e outras partículas possuem propriedades ondulatórias. O comprimento de onda de uma partícula depende do momento linear da partícula do mesmo modo que ocorre com os fótons. Um elétron não relativístico acelerado a partir do repouso passando por uma diferença de potencial V_{ba} possui comprimento de onda dado pela Equação 39.3. Microscópios eletrônicos usam os comprimentos de onda muito pequenos de elétrons que se deslocam rapidamente para obter imagens com uma resolução milhares de vezes melhor do que é possível com microscópios óticos. (Veja os exemplos 39.1 a 39.3.)

$$\lambda = \frac{h}{p} = \frac{h}{mv} \quad (39.1)$$

$$E = hf \quad (39.2)$$

$$\lambda = \frac{h}{p} = \frac{h}{\sqrt{2meV_{ba}}} \quad (39.3)$$

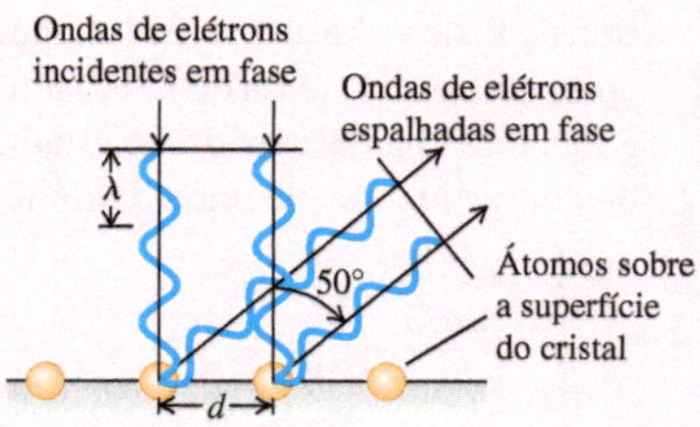

O núcleo atômico: as experiências de espalhamento de Rutherford mostram que a maior parte da massa de um átomo e toda a sua carga positiva estão concentradas em um núcleo minúsculo e denso, no centro do átomo. (Veja o Exemplo 39.4.)

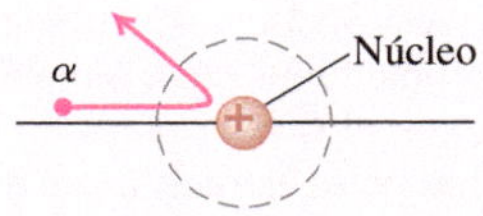

Linhas espectrais atômicas e níveis de energia: as energias dos átomos são quantizadas: elas só podem ter certos valores definidos, chamados níveis de energia. Quando um átomo faz uma transição de um nível de energia E_i para um nível inferior E_f, ele emite um fóton de energia $E_i - E_f$. O mesmo fóton pode ser absorvido por um átomo no nível de energia inferior, que excita o átomo para o nível superior. (Veja o Exemplo 39.5.)

$$hf = \frac{hc}{\lambda} = E_i - E_f \qquad (39.5)$$

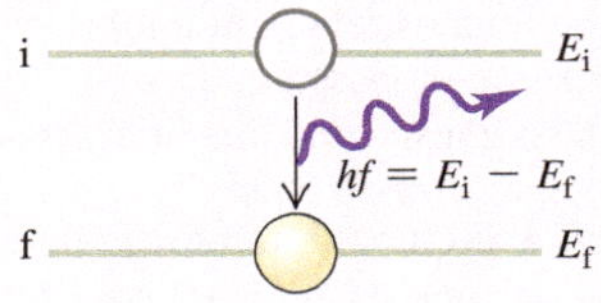

O modelo de Bohr: no modelo de Bohr do átomo de hidrogênio, os valores permitidos do momento angular são múltiplos inteiros de $h/2\pi$. O multiplicador inteiro n é chamado de número quântico principal para o nível. Os raios orbitais são proporcionais a n^2. Os níveis de energia do átomo de hidrogênio são dados pela Equação 39.15, onde R é a constante de Rydberg. (Veja o Exemplo 39.6.)

$$L_n = mv_n r_n = n\frac{h}{2\pi} \qquad (39.6)$$
$$(n = 1, 2, 3, \ldots)$$

$$r_n = \epsilon_0 \frac{n^2h^2}{\pi m e^2} = n^2 a_0 \qquad (39.8), (39.11)$$

$$v_n = \frac{1}{\epsilon_0}\frac{e^2}{2nh} \qquad (39.9)$$

$$E_n = -\frac{hcR}{n^2} = -\frac{13{,}60\text{ eV}}{n^2} \qquad (39.15)$$
$$(n = 1, 2, 3, \ldots)$$

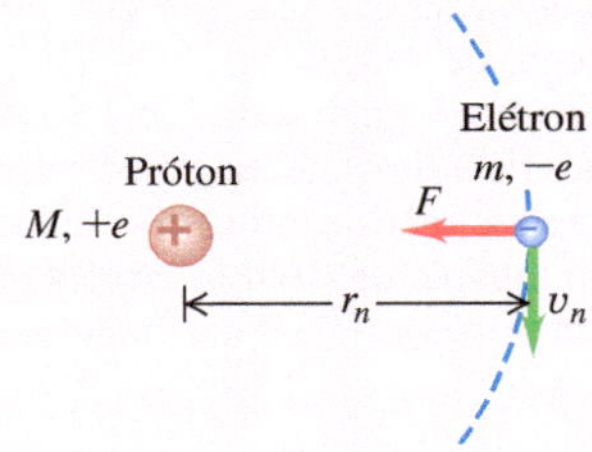

O laser: o laser opera sobre o princípio de emissão estimulada, pelo qual são emitidos muitos fótons com comprimento de onda e fase idênticos. A operação do laser requer uma condição de não equilíbrio chamada inversão de população, em que mais átomos estão em um estado de energia mais alto que em um estado de energia mais baixo.

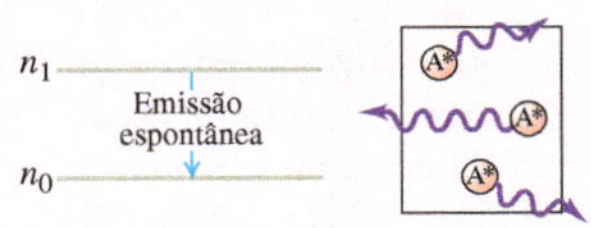

Radiação de corpo negro: a intensidade irradiada total (potência média irradiada por área) a partir de uma superfície de corpo negro é proporcional à quarta potência da temperatura absoluta T. A quantidade $\sigma = 5{,}67 \times 10^{-8}$ W/m² · K⁴ é chamada de constante de Stefan-Boltzmann. O comprimento de onda λ_m em que um corpo negro irradia com mais força é inversamente proporcional a T. A lei da radiação de Planck oferece a emissão espectral $I(\lambda)$ (intensidade por intervalo de comprimento de onda na radiação de corpo negro). (Veja os exemplos 39.7 e 39.8.)

$$I = \sigma T^4$$
(lei de Stefan-Boltzmann) (39.19)

$$\lambda_m T = 2{,}90 \times 10^{-3}\text{ m} \cdot \text{K}$$
(lei do deslocamento de Wien) (39.21)

$$I(\lambda) = \frac{2\pi hc^2}{\lambda^5(e^{hc/\lambda kT} - 1)}$$
(lei da radiação de Planck) (39.24)

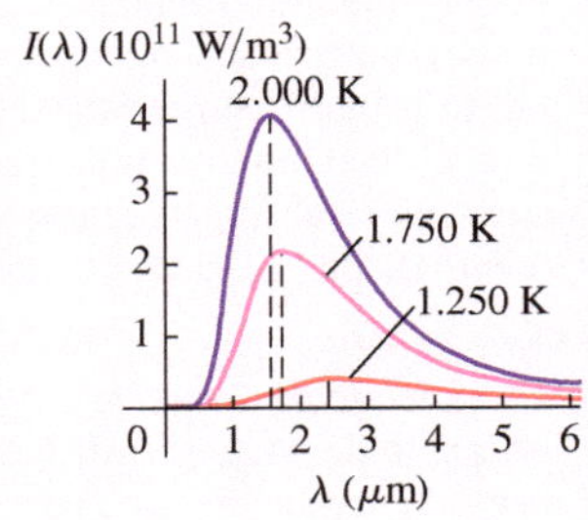

O princípio da incerteza de Heisenberg para partículas: as mesmas considerações de incerteza que se aplicam aos fótons também se aplicam a partículas como os elétrons. A incerteza ΔE na energia de um estado ocupado durante um intervalo de tempo Δt é dada pela Equação 39.30, $\Delta t\, \Delta E \geq \hbar/2$. (Veja os exemplos 39.9 e 39.10.)

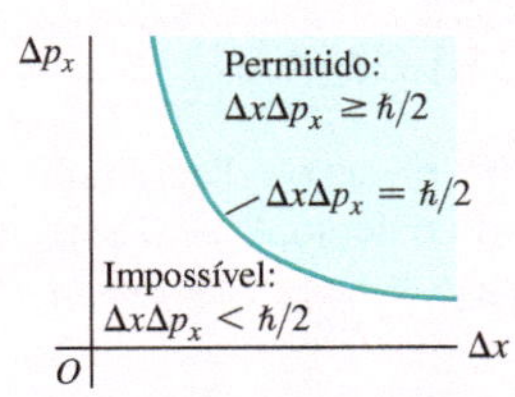

Problema em destaque Estrelas quentes e nuvens de hidrogênio

A **Figura 39.36** mostra uma nuvem, ou *nebulosa*, de hidrogênio brilhante no espaço interestelar. Os átomos nessa nuvem são excitados pela radiação de comprimento de onda curto emitido pelas estrelas azuis brilhantes no centro da nebulosa.

(a) As estrelas azuis atuam como corpos negros e emitem luz com um espectro contínuo. Qual é o comprimento de onda em que uma estrela com temperatura de 15.100 K (cerca de $2\frac{1}{2}$ vezes a temperatura da superfície do Sol) na superfície tem a emissão espectral máxima? Em que região do espectro eletromagnético isso ocorre?

(b) A Figura 39.32 mostra que a maioria da energia radiada por um corpo negro está nos comprimentos de onda entre cerca de metade e três vezes o comprimento de onda da emissão máxima. Se um átomo de hidrogênio perto da estrela na parte (a) estiver inicialmente no nível fundamental, qual é o número quântico principal do nível de energia mais alto ao qual ele poderia ser excitado por um fóton nesse intervalo de comprimento de onda?

(c) A cor vermelha da nebulosa deve-se principalmente aos átomos de hidrogênio que fazem uma transição de $n = 3$ para $n = 2$ e à emissão de fótons com comprimento de onda de 656,3 nm. No modelo de Bohr interpretado por De Broglie, quais são os comprimentos de onda do *elétron* nos níveis $n = 2$ e $n = 3$?

GUIA DA SOLUÇÃO

IDENTIFICAR E PREPARAR

1. Para resolver este problema, você precisa usar seu conhecimento sobre radiação de corpo negro (Seção 39.5) e o modelo de Bohr do átomo de hidrogênio (Seção 39.3).
2. Na parte (a), a variável-alvo é o comprimento de onda em que a estrela emite com mais força; na parte (b), a variável-alvo é um número quântico principal, e na parte (c) é o comprimento de onda de De Broglie de um elétron nas órbitas de Bohr com $n = 2$ e $n = 3$ (veja a Figura 39.24). Selecione as equações de que você precisará para encontrar as variáveis-alvo. (*Dica:* na Seção 39.5, você aprendeu como encontrar a mudança de energia envolvida em uma transição entre dois níveis dados de um átomo de hidrogênio. A parte (b) é uma variação disso: você deverá encontrar o nível final em uma transição que começa no nível $n = 1$ e envolve a absorção de um fóton de determinado comprimento de onda e, portanto, determinada energia.)

EXECUTAR

3. Use a lei do deslocamento de Wien para encontrar o comprimento de onda em que a estrutura possui a emissão espectral máxima. Em que parte do espectro eletromagnético está esse comprimento de onda?
4. Use seu resultado do item 3 para encontrar o intervalo de comprimentos de onda em que a estrela irradia mais energia. Qual extremidade desse intervalo corresponde a um fóton com a maior energia?
5. Escreva uma expressão para o comprimento de onda de um fóton que precisa ser absorvido para causar uma transição de elétrons do nível fundamental ($n = 1$) para um nível mais alto n. Resolva para o valor de n que corresponde ao fóton de energia mais alta no intervalo que você calculou no item 4. (*Dica:* lembre-se de que n precisa ser um inteiro.)
6. Determine os comprimentos de onda do elétron que correspondem às órbitas $n = 2$ e $n = 3$ mostradas na Figura 39.22.

AVALIAR

7. Verifique seu resultado no item 5 calculando o comprimento de onda necessário para excitar um átomo de hidrogênio do nível fundamental para o nível *acima* do nível de energia mais alto que você encontrou no item 5. É possível que a luz no intervalo de comprimentos de onda que você encontrou no item 4 excite os átomos de hidrogênio do nível fundamental para esse nível?
8. Qual é a relação entre os comprimentos de onda do elétron, que você encontrou no item 6, e o comprimento de onda de um *fóton* emitido em uma transição do nível $n = 3$ para o nível $n = 2$?

Figura 39.36 A Nebulosa Roseta.

PROBLEMAS

•, ••, •••: níveis de dificuldade. **PC**: problemas cumulativos, incorporando material de capítulos anteriores. **CALC**: problemas exigindo cálculo. **DADOS**: problemas envolvendo dados reais, evidência científica, projeto experimental e/ou raciocínio científico. **BIO**: problemas envolvendo biociências.

QUESTÕES PARA DISCUSSÃO

Q39.1 Se um elétron e um próton têm a mesma velocidade, qual dos dois apresenta o maior comprimento de onda de De Broglie? Explique.

Q39.2 Se um elétron e um próton possuem a mesma energia cinética, qual dos dois tem o maior comprimento de onda de De Broglie? Explique.

Q39.3 Um fóton apresenta um comprimento de onda de De Broglie? Em caso afirmativo, como ele se relaciona com o comprimento de onda da onda eletromagnética associada? Explique.

Q39.4 Quando um feixe de elétrons passa por um orifício muito pequeno, produz uma figura de difração exatamente igual à da luz sobre uma tela. Isso significa que um elétron sofre espalhamento ao passar pelo orifício? O que significa essa figura?

Q39.5 As galáxias tendem a ser fortes emissores de fótons de Lyman-α (da transição $n = 2$ para $n = 1$ no hidrogênio atômico). Porém, o meio intergaláctico — o gás muito fino entre as galáxias — tende a *absorver* os fótons de Lyman-α. O que você pode deduzir por essas observações sobre a temperatura nesses dois ambientes? Explique.

Q39.6 Um átomo de lítio duplamente ionizado (Li^{++}) é aquele que teve dois de seus três elétrons removidos. Os níveis de energia do íon restante de único elétron são bastante relacionados aos do átomo de hidrogênio. A carga nuclear para o lítio é $+3e$, em vez de apenas $+e$. Como os níveis de energia estão relacionados aos do hidrogênio? Como o raio do íon no nível fundamental é relacionado do átomo de hidrogênio? Explique.

Q39.7 A emissão de um fóton por um átomo isolado é um processo de recuo no qual o momento linear é conservado. Assim, a Equação 39.5 deverá incluir uma energia cinética de recuo K_r para o átomo. Por que essa energia é desprezível nessa equação?

Q39.8 Como os níveis de energia de um átomo poderiam ser medidos diretamente — ou seja, sem lançar mão da análise de espectros?

Q39.9 Os elementos no estado gasoso emitem linhas espectrais com comprimentos de onda bem definidos. Porém, os corpos sólidos sempre emitem um espectro contínuo — ou seja, um espalhamento contínuo de comprimentos de onda. Você pode levar essa diferença em consideração?

Q39.10 Quando um corpo é aquecido a uma temperatura muito alta e se torna autoluminoso, a cor aparente da radiação emitida passa de vermelho para amarelo e finalmente para azul à medida que a temperatura aumenta. Por que a cor se desloca? Que outras mudanças ocorrem na característica da radiação?

Q39.11 Os planetas no sistema solar obedecem a uma lei de distância ($r_n = n^2 r_1$) como os elétrons do átomo de Bohr? Eles deveriam? Por quê? (Consulte as distâncias apropriadas no Apêndice F.)

Q39.12 Pediu-se que você projetasse um sistema magnético para guiar um feixe de elétrons de 54 eV, como o descrito no Exemplo 39.1 (Seção 39.1). O objetivo é direcionar o feixe de elétrons para que ele atinja um alvo específico com uma precisão de ±1,0 mm. Em seu projeto, você precisa levar em conta a natureza ondulatória do elétron? Explique.

Q39.13 Por que ter o custo de montar um microscópio eletrônico para estudar objetos muito pequenos, como moléculas orgânicas? Por que não usar simplesmente ondas eletromagnéticas extremamente curtas, que são muito mais baratas para serem geradas?

Q39.14 O que tem mais energia total: um átomo de hidrogênio com um elétron em uma camada alta (n grande) ou em uma camada baixa (n pequeno)? Qual está se movendo mais rapidamente: o elétron na camada alta ou o elétron na camada baixa? Existe alguma contradição aqui? Explique.

Q39.15 O princípio da incerteza tem alguma coisa em comum com o tiro ao alvo? Ou seja, a precisão do tiro para acertar o alvo é limitada pelo princípio da incerteza? Explique.

Q39.16 Suponha que você use um feixe de elétrons em uma experiência de interferência em fenda dupla. A figura de interferência obtida com as duas fendas abertas é a mesma que você obteria fechando uma fenda de cada vez? Caso sua resposta seja negativa, explique por quê. Não é verdade que cada elétron passa por uma fenda e não passa pela outra? Ou cada elétron atravessa as duas fendas simultaneamente? Discuta a última possibilidade usando o princípio da complementaridade.

Q39.17 A Equação 39.30 afirma que pode haver incerteza na energia de um sistema. Isso significa que o princípio da conservação da energia deixa de ser válido? Explique.

Q39.18 A luz de um laser resulta das transições de estados metaestáveis com vida longa. Por que a luz emitida é mais monocromática que a luz comum?

Q39.19 Uma experiência de difração de elétrons poderia ser realizada com o uso de três ou quatro fendas? E se você usar uma rede com muitas fendas? Que resultados você espera obter com uma rede? O princípio da incerteza seria violado? Explique.

Q39.20 Como indicado na metade inferior da Figura 39.4, a figura de difração produzida por elétrons que atravessam uma folha de alumínio é uma série de anéis concêntricos. Contudo, se você substituir a folha por um monocristal de alumínio, somente alguns pontos desses anéis aparecem na figura. Explique.

Q39.21 Por que um microscópio eletrônico fornece uma ampliação maior que a de um microscópio comum?

Q39.22 Ao verificar a pressão do pneu de seu carro, uma pequena quantidade de ar sempre escapa; o processo da medição altera o valor que existia antes da medida. Dê outros exemplos de medições que perturbam o valor da grandeza que está sendo medida.

EXERCÍCIOS

Seção 39.1 Ondas de elétrons

39.1 • (a) Um elétron se move com velocidade igual a $4{,}70 \times 10^6$ m/s. Qual é seu comprimento de onda de De Broglie? (b) Um próton se move com a mesma velocidade. Determine seu comprimento de onda de De Broglie.

39.2 •• Em experiências de difração em cristais (discutidas na Seção 39.1), comprimentos de onda da ordem de 0,20 nm geralmente são apropriados. Calcule a energia em elétrons-volt de uma partícula com esse comprimento de onda se essa partícula for (a) um fóton; (b) um elétron; (c) uma partícula alfa ($m = 6{,}64 \times 10^{-27}$ kg).

39.3 • O comprimento de onda de De Broglie de um elétron é $2{,}80 \times 10^{-10}$ m. Determine (a) o módulo do momento linear; (b) sua energia cinética (em joules e em elétrons-volt).

39.4 •• **Comprimento de onda de uma partícula alfa.** Uma partícula alfa ($m = 6{,}64 \times 10^{-27}$ kg) emitida no decaimento radioativo do urânio 238 possui energia igual a 4,20 MeV. Qual é seu comprimento de onda de De Broglie?

39.5 • Um elétron está se movendo com uma velocidade de $8{,}00 \times 10^6$ m/s. Qual é a velocidade de um próton que tem o mesmo comprimento de onda de De Broglie que esse elétron?

39.6 • (a) Uma partícula não relativística de massa m possui energia cinética K. Deduza uma expressão para o comprimento de onda de De Broglie da partícula em termos de m e K. (b) Qual é o comprimento de onda de De Broglie de um elétron com 800 eV?

39.7 • (a) Se um fóton e um elétron têm a mesma energia de 20,0 eV, encontre o comprimento de onda de cada um. (b) Se um fóton e um elétron têm o mesmo comprimento de onda de 250 nm, encontre a energia de cada um. (c) Você deseja estudar uma molécula orgânica de cerca de 250 nm de extensão usando um fóton ou um microscópio eletrônico. Que comprimento de onda aproximado você deve usar e qual das partículas, o elétron ou o fóton, tende a danificar menos a molécula?

39.8 •• Qual é o comprimento de onda de De Broglie para um elétron com velocidade (a) $v = 0{,}480c$; (b) $v = 0{,}960c$? (*Dica*: use a expressão relativística correta quando for necessário.)

39.9 • **Comprimento de onda de uma bala**. Calcule o comprimento de onda de De Broglie de uma bala de 5,00 g que se desloca com velocidade igual a 340 m/s. A bala exibirá propriedades semelhantes a ondas?

39.10 •• Que diferença de potencial seria necessária para acelerar os elétrons para terem (a) o mesmo comprimento de onda que um raio X de comprimento de onda de 0,220 nm e (b) a mesma energia que o raio X no item (a)?

39.11 •• (a) Que potencial de aceleração é necessário para produzir elétrons com comprimentos de onda de 5,00 nm? (b) Qual seria a energia dos fótons com o mesmo comprimento de onda desses elétrons? (c) Qual seria o componente dos fótons que possuem a mesma energia dos elétrons no item (a)?

39.12 •• PC Um feixe de elétrons é acelerado a partir do repouso por uma diferença de potencial de 0,100 kV e então passa por uma fenda estreita. O feixe difratado apresenta seu primeiro mínimo de difração com um ângulo de $\pm 14{,}6°$ com a direção original do feixe. (a) Precisamos usar fórmulas relativísticas? Como você sabe disso? (b) Qual é a largura da fenda?

39.13 •• Um feixe de nêutrons, todos com a mesma energia, é espalhado pelos átomos da superfície plana de um cristal que possui espaçamento igual a 0,0910 nm. O máximo de intensidade correspondente a $m = 1$ ocorre quando o ângulo θ na Figura 39.2 é de 28,6°. Qual é a energia cinética em elétrons-volt para cada nêutron no feixe?

39.14 • (a) Em um microscópio eletrônico, qual é a voltagem de aceleração necessária para produzir um feixe de elétrons de comprimento de onda igual a 0,0600 nm? (b) Se usarmos prótons em vez de elétrons, qual será a voltagem de aceleração necessária para produzir prótons de comprimento de onda igual a 0,0600 nm? (*Dica*: em cada um desses casos, a energia cinética inicial é desprezível.)

39.15 • Um CD-ROM é usado em vez de um cristal em uma experiência de difração de elétrons. A superfície do CD-ROM contém minúsculos sulcos com um espaçamento uniforme de 1,60 μm. (a) Sabendo que a velocidade dos elétrons é igual a $1{,}26 \times 10^4$ m/s, para que valores do ângulo θ os máximos $m = 1$ e $m = 2$ devem ocorrer? (b) Os elétrons espalhados nesse máximo atingem perpendicularmente uma placa fotográfica que está a 50,0 cm do CD-ROM. Qual é a distância entre esses máximos sobre a placa fotográfica?

Seção 39.2 O núcleo atômico e espectros atômicos

39.16 •• PC Uma partícula alfa de 4,78 MeV, partindo de um decaimento de ^{226}Ra, colide frontalmente com um núcleo de urânio, que possui 92 prótons. (a) Qual é a distância da menor aproximação da partícula alfa ao centro do núcleo? Suponha que o núcleo do urânio permaneça em repouso e que a menor distância de aproximação seja muito maior que o raio do núcleo de urânio. (b) Qual é a força da partícula alfa no instante em que ela está à distância mais próxima?

39.17 • Um feixe de partículas alfa incide sobre um alvo de chumbo. Uma partícula alfa em particular chega "de frente" a um núcleo de chumbo em particular e para a $6{,}50 \times 10^{-14}$ m de distância do centro do núcleo. (Esse ponto está bastante fora do núcleo.) Suponha que o núcleo de chumbo, que possui 82 prótons, permanecesse em repouso. A massa da partícula alfa é de $6{,}64 \times 10^{-27}$ kg. (a) Calcule a energia potencial eletrostática no instante em que a partícula alfa para. Expresse seu resultado em joules e em MeV. (b) Que energia cinética inicial (em joules e em MeV) a partícula alfa tinha? (c) Qual era a velocidade inicial da partícula alfa?

Seção 39.3 Níveis de energia e o modelo do átomo de Bohr

39.18 • A ligação única de silício-silício que forma a base da Horta, criatura lendária baseada em silício, possui uma força de ligação de 3,80 eV. Que comprimento de onda de fóton você precisaria em uma pistola de desintegração de fasor (hipotética) para destruir a Horta?

39.19 •• Um átomo de hidrogênio está em um estado com energia $-1{,}51$ eV. No modelo de Bohr, qual é o momento angular do elétron no átomo em relação a um eixo no núcleo?

39.20 • Um átomo de hidrogênio em seu nível fundamental absorve um fóton, que excita o átomo até o nível $n = 3$. Determine o comprimento de onda e a frequência do fóton.

39.21 • Um íon de berílio triplamente ionizado, Be^{3+} (um átomo de berílio com três elétrons removidos), comporta-se de modo muito semelhante a um átomo de hidrogênio, exceto que a carga nuclear é quatro vezes maior. (a) Qual é a energia no nível fundamental do Be^{3+}? Qual é a relação entre ela e a energia do nível fundamental do átomo de hidrogênio? (b) Qual é a energia de ionização do Be^{3+}? Qual é a relação entre ela e a energia de ionização do átomo de hidrogênio? (c) Para o átomo de hidrogênio, o comprimento de onda do fóton emitido na transição de $n = 2$ para $n = 1$ é de 122 nm (veja o Exemplo 39.6). Qual é o comprimento de onda do fóton emitido quando um íon Be^{3+} sofre essa transição? (d) Para determinado valor de n, qual é a relação entre o raio de uma órbita no Be^{3+} e o raio no hidrogênio?

39.22 •• Considere a descrição do modelo de Bohr de um átomo de hidrogênio. (a) Calcule $E_2 - E_1$ e $E_{10} - E_9$. Quando n aumenta, a separação de energia entre os níveis de energia adjacentes aumenta, diminui ou permanece igual? (b) Mostre que $E_{n+1} - E_n$ aproxima-se de $(27{,}2 \text{ eV})/n^3$ à medida que n se torna grande. (c) Qual é a dependência entre $r_{n+1} - r_n$ e n? A distância radial entre órbitas adjacentes aumenta, diminui ou permanece a mesma quando n aumenta?

39.23 • (a) Usando o modelo de Bohr, calcule a velocidade do elétron em um átomo de hidrogênio nos níveis $n = 1$, 2 e 3. (b) Calcule o período orbital em cada um desses níveis. (c) O tempo de vida médio do primeiro nível excitado de um átomo de hidrogênio é $1{,}0 \times 10^{-8}$ s. No modelo de Bohr, quantas órbitas um elétron no nível $n = 2$ completa antes de retornar ao nível fundamental?

39.24 • Considere a descrição do modelo de Bohr de um átomo de hidrogênio. (a) Calcule K_1, U_1 e E_1 para o nível de energia $n = 1$. Como K_1 e U_1 estão relacionados? (b) Mostre que, para qualquer valor de n, tanto $U_n = -2K_n$ quanto $K_n = -E_n$.

39.25 • PC O esquema do nível de energia para o elemento hipotético de um elétron Searsium aparece na **Figura E39.25**. A energia potencial é considerada zero para um elétron a uma distância infinita do núcleo. (a) Quanta energia (em elétrons-volt) é necessária para ionizar um elétron a partir do nível fundamental? (b) Um fóton de 18 eV é absorvido por um átomo de Searsium em seu nível fundamental. Quando o átomo retorna a seu nível fundamental, que energias possíveis os fótons emitidos podem ter? Suponha que possa haver transições entre todos os pares de níveis. (c) O que acontecerá se um fóton com uma energia de 8 eV atingir um átomo de Searsium em seu nível fundamental? Por quê? (d) Os fótons emitidos nas transições $n = 3 \longrightarrow n = 2$ e

$n = 3 \rightarrow n = 1$ do Searsium ejetarão fotoelétrons de um metal desconhecido, mas não o fóton emitido a partir da transição $n = 4 \rightarrow n = 3$. Quais são os limites (valores máximo e mínimo possíveis) da função de trabalho do metal?

Figura E39.25

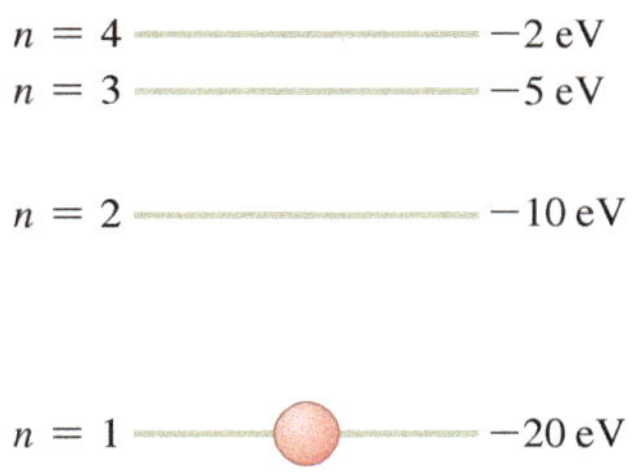

39.26 • (a) Para íons de um elétron com carga nuclear *Z*, qual é a velocidade do elétron em uma órbita no modelo de Bohr rotulada com *n*? Dê sua resposta em termos de v_1, a velocidade orbital para a órbita de Bohr $n = 1$ no hidrogênio. (b) Qual é o maior valor de *Z* para o qual a velocidade orbital de $n = 1$ é menor que 10% da velocidade da luz no vácuo?

39.27 • Em um conjunto de experiências sobre um átomo hipotético de um elétron, você mede os comprimentos de onda dos fótons emitidos a partir de transições que terminam no nível fundamental ($n = 1$), como mostra o diagrama de nível de energia da **Figura E39.27.** Você também observa que são necessários 17,50 eV para ionizar esse átomo. (a) Qual é a energia do átomo em cada um dos níveis ($n = 1$, $n = 2$ etc.) mostrados na figura? (b) Se um elétron fizesse uma transição do nível $n = 4$ para $n = 2$, que comprimento de onda da luz ele emitiria?

Figura E39.27

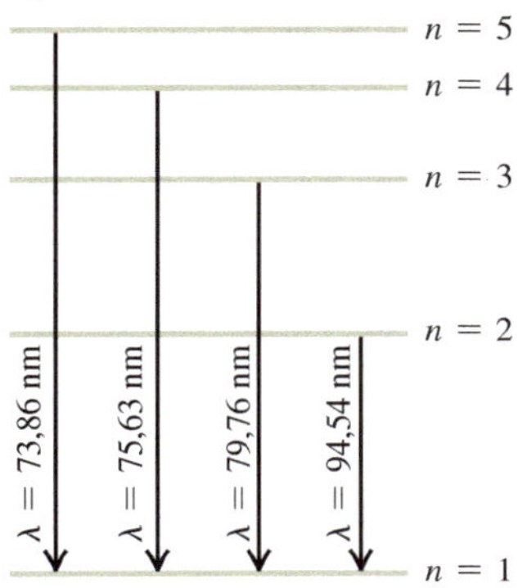

39.28 • Determine os comprimentos de onda mais longo e mais curto nas séries de Lyman e Paschen para o hidrogênio. Em que região do espectro eletromagnético cada série se encontra?

39.29 • (a) Um átomo inicialmente em um nível de energia com $E = -6{,}52$ eV absorve um fóton que possui comprimento de onda igual a 860 nm. Qual é a energia interna do átomo depois que ele absorve o fóton? (b) Um átomo inicialmente em um nível de energia com $E = -2{,}68$ eV emite um fóton que possui comprimento de onda de 420 nm. Qual é a energia interna do átomo depois que ele emite o fóton?

39.30 •• Use as fórmulas de Balmer para calcular (a) o comprimento de onda, (b) a frequência e (c) a energia do fóton para a linha H_γ da série de Balmer para o hidrogênio.

Seção 39.4 O laser

39.31 • BIO **Cirurgia a laser.** Usando uma mistura de CO_2, N_2 e às vezes He, os lasers de CO_2 emitem um comprimento de onda de 10,6 μm. Com saídas de potência de 0,100 kW, esses lasers são usados para cirurgia. Quantos fótons por segundo um laser de CO_2 fornece ao tecido durante seu uso em uma operação?

39.32 • BIO **Removendo marcas de nascença.** Os lasers de corante pulsados emitem luz com comprimento de onda de 585 nm em pulsos de 0,45 ms para remover manchas na pele, como marcas de nascença. O raio normalmente é focalizado em um ponto circular de 5,0 mm de diâmetro. Suponha que a saída de um laser desse tipo seja de 20,0 W. (a) Qual é a energia de cada fóton, em eV? (b) Quantos fótons por milímetro quadrado são fornecidos à mancha durante cada pulso?

39.33 • Quantos fótons por segundo são emitidos por um laser de CO_2 de 7,50 mW que possui comprimento de onda de 10,6 μm?

39.34 • BIO **Cirurgia PRK.** A ceratotomia fotorrefrativa (PRK) é um procedimento cirúrgico baseado em laser, que corrige problemas de visão para perto e para longe, removendo parte da lente do olho para mudar sua curvatura e, portanto, o comprimento focal. Esse procedimento pode remover camadas de 0,25 μm de espessura usando pulsos que duram 12,0 ns a partir de um raio laser com comprimento de onda de 193 nm. Raios de baixa intensidade podem ser usados porque cada fóton individual possui energia suficiente para quebrar as ligações covalentes do tecido. (a) Em que parte do espectro eletromagnético essa luz se encontra? (b) Qual é a energia de um único fóton? (c) Se um raio de 1,50 mW for usado, quantos fótons serão enviados à lente em cada pulso?

39.35 • Um grande número de átomos de neônio está em equilíbrio térmico. Qual é a razão entre o número de átomos em um estado 5*s* e o número em um estado 3*p* a (a) 300 K; (b) 600 K; (c) 1.200 K? As energias desses estados, em relação ao estado fundamental, são $E_{5s} = 20{,}66$ eV e $E_{3p} = 18{,}70$ eV. (d) Em qualquer uma dessas temperaturas, a taxa em que um gás neônio emitirá uma radiação de 632,8 nm espontaneamente é muito baixa. Explique o motivo.

39.36 • A Figura 39.19a mostra os níveis de energia do átomo de sódio. Os dois níveis excitados mais baixos aparecem em colunas rotuladas com $^2P_{3/2}$ e $^2P_{1/2}$. Determine a razão entre o número de átomos em um estado $^2P_{3/2}$ e o número em um estado $^2P_{1/2}$ para um gás de sódio a 500 K em equilíbrio térmico. Em qual estado são encontrados mais átomos?

Seção 39.5 Espectros contínuos

39.37 •• Uma lâmpada incandescente de 100 W possui um filamento cilíndrico de tungstênio com 30,0 cm de comprimento, 0,40 mm de diâmetro e emissividade de 0,26. (a) Qual é a temperatura do filamento? (b) Para que comprimento de onda a emissão espectral da lâmpada é máxima? (c) As lâmpadas incandescentes não são fontes muito eficientes de luz visível. Explique por que isso acontece.

39.38 • Determine λ_m, o comprimento de onda no pico da distribuição de Planck, e a frequência correspondente *f*, nestas temperaturas: (a) 3,00 K; (b) 300 K; (c) 3.000 K.

39.39 • Detectou-se uma radiação do espaço que é característica de um irradiador ideal a $T = 2{,}728$ K. (Essa radiação é uma relíquia do Big Bang, no início do universo.) Para essa temperatura, em que comprimento de onda a distribuição de Planck tem seu pico? Em que parte do espectro eletromagnético esse comprimento de onda se encontra?

39.40 • O comprimento de onda visível mais curto é cerca de 400 nm. Qual é a temperatura de um irradiador ideal cujos picos de emissão espectral estão nesse comprimento de onda?

39.41 •• Duas estrelas, ambas se comportando como corpos negros ideais, irradiam a mesma energia total por segundo. A mais fria possui uma temperatura *T* na superfície e um diâmetro igual a 3,0 vezes o da estrela mais quente. (a) Qual é a temperatura da estrela mais quente em termos de *T*? (b) Qual é a razão entre o comprimento de onda de intensidade máxima da estrela mais quente e o comprimento de onda de intensidade máxima da estrela mais fria?

39.42 • O comprimento de onda de 10,0 μm está na região infravermelha do espectro eletromagnético, enquanto 600 nm está na região visível e 100 nm está na região ultravioleta. Qual é a temperatura de um corpo negro ideal para o qual o componente máximo λ_m é igual a cada um desses comprimentos de onda?

39.43 • **Sirius B.** A estrela mais brilhante no céu é Sirius, na constelação Cão Maior. Na realidade, ela é um sistema binário de duas estrelas, a menor (Sirius B) sendo uma anã branca. A análise espectral de Sirius B indica que sua temperatura na superfície é de 24.000 K e que ela irradia energia a uma taxa total de $1{,}0 \times 10^{25}$ W. Suponha que ela se comporte como um corpo negro ideal. (a) Qual é a intensidade irradiada total de Sirius B? (b) Qual é o comprimento de onda de intensidade máxima? Esse comprimento de onda é visível aos humanos? (c) Qual é o raio de Sirius B? Expresse sua resposta em quilômetros e como uma fração do raio do nosso Sol. (d) Que estrela irradia mais energia *total* por segundo, a Sirius B quente ou o Sol (relativamente) frio com uma temperatura na superfície de 5.800 K? Para descobrir, calcule a razão entre a potência total irradiada pelo nosso Sol e a potência irradiada por Sirius B.

Seção 39.6 Revisão do princípio da incerteza

39.44 • Um mosquito de 1,5 mg está importunando-o enquanto você tenta estudar física no seu quarto, que tem 5,0 m de lado e 2,5 m de altura. Você decide atingir o inoportuno inseto quando ele se aproxima, mas você precisa estimar a velocidade dele para aplicar um golpe mortal. (a) Qual é a incerteza máxima na posição horizontal do mosquito? (b) Que limite o princípio da incerteza de Heisenberg estabelece sobre sua capacidade de saber a velocidade horizontal desse mosquito? Esse limite é um sério obstáculo à sua tentativa de atingir o mosquito?

39.45 • (a) A incerteza no componente y da posição de um próton é $2{,}0 \times 10^{-12}$ m. Qual é a incerteza mínima em uma medição simultânea do componente y da velocidade do próton? (b) A incerteza no componente z da velocidade de um elétron é 0,250 m/s. Qual é a incerteza mínima em uma medição simultânea da coordenada z do elétron?

39.46 • Uma bola de gude de 10,0 g é colocada cuidadosamente sobre uma mesa horizontal de 1,75 m de largura. (a) Qual é a incerteza máxima na posição horizontal da bola de gude? (b) Segundo o princípio da incerteza de Heisenberg, qual é a incerteza mínima na velocidade horizontal da bola de gude? (c) À luz de sua resposta ao item (b), qual é o maior tempo que a bola de gude pode permanecer sobre a mesa? Compare esse tempo com a idade do universo, que é de aproximadamente 14 bilhões de anos. (*Dica*: é possível saber que a velocidade horizontal da bola de gude é *exatamente* zero?)

39.47 • Um cientista descobriu um método novo para isolar partículas individuais. Ele alega que seu método permite a medida simultânea da posição da partícula ao longo de um eixo com desvio-padrão de 0,12 nm e a medida do componente do momento linear ao longo do mesmo eixo com desvio-padrão de $3{,}0 \times 10^{-25}$ kg · m/s. Use o princípio da incerteza de Heisenberg para verificar a validade dessa alegação.

39.48 • (a) A incerteza na medida da coordenada x da posição de um elétron é 0,30 nm. Qual é o componente x da velocidade v_x do elétron, sabendo que a porcentagem da incerteza mínima para medir simultaneamente a posição e a velocidade v_x é igual a 1,0%? (b) Repita o item (a) para um próton.

39.49 • Um átomo em um estado metaestável possui vida média de 5,2 ms. Qual é a incerteza na energia do estado metaestável?

PROBLEMAS

39.50 • Um átomo com massa m emite um fóton com comprimento de onda λ. (a) Qual é a velocidade de recuo do átomo? (b) Qual é a energia cinética K do átomo recuando? (c) Determine a razão K/E, onde E é a energia do fóton emitido. Se essa razão for muito menor que a unidade, o recuo do átomo pode ser desprezado no processo de emissão. O recuo do átomo é mais importante para massas atômicas pequenas ou grandes? Para comprimentos de onda longos ou curtos? (d) Calcule K (em elétrons-volt) e K/E para um átomo de hidrogênio (massa de $1{,}67 \times 10^{-27}$ kg) que emite um fóton ultravioleta de energia 10,2 eV. O recuo é uma consideração importante nesse processo de emissão?

39.51 •• O múon negativo possui carga igual à de um elétron, mas massa 207 vezes maior. Considere um átomo tipo hidrogênio consistindo em um próton e um múon. (a) Qual é a massa reduzida do átomo? (b) Qual é a energia no nível fundamental (em elétrons-volt)? (c) Qual é o comprimento de onda da radiação emitida na transição do nível $n = 2$ ao nível $n = 1$?

39.52 • Um grande número de átomos de hidrogênio está em equilíbrio térmico. Considere que n_2/n_1 seja a razão entre o número de átomos em um estado excitado $n = 2$ e o número de átomos em um estado fundamental $n = 1$. Em que temperatura n_2/n_1 é igual a (a) 10^{-12}; (b) 10^{-8}; (c) 10^{-4}? (d) Assim como o Sol, outras estrelas possuem espectros contínuos com linhas de absorção escuras (veja a Figura 39.9). A absorção ocorre na atmosfera da estrela, que em todas as estrelas é composta principalmente de hidrogênio. Explique por que as linhas de absorção de Balmer são relativamente fracas em estrelas com baixas temperaturas atmosféricas, como o Sol (temperatura atmosférica de 5.800 K), mas fortes em estrelas com temperaturas atmosféricas mais altas.

39.53 • (a) Qual é a menor quantidade de energia em elétrons-volt que deverá ser dada a um átomo de hidrogênio inicialmente em seu nível fundamental para que ele possa emitir a linha H_α na série de Balmer? (b) Quantas possibilidades diferentes de emissões de linha espectral existem para esse átomo quando o elétron começa no nível $n = 3$ e por fim termina no nível fundamental? Calcule o comprimento de onda do fóton emitido em cada caso.

39.54 •• No modelo do átomo de hidrogênio de Bohr, qual é o comprimento de onda de De Broglie de um elétron que está (a) no nível $n = 1$? (b) No nível $n = 4$? Em cada caso, compare o comprimento de onda com o comprimento da circunferência $2\pi r_n$ da órbita.

39.55 ••• Uma amostra de átomos de hidrogênio é irradiada com uma luz com comprimento de onda de 85,5 nm, e os elétrons são observados saindo do gás. (a) Se cada átomo de hidrogênio estivesse inicialmente em seu nível fundamental, qual seria a energia cinética máxima desses fotoelétrons em elétrons-volt? (b) Alguns elétrons são detectados com energias de até 10,2 eV maiores que a energia cinética máxima calculada no item (a). Como isso pode acontecer?

39.56 •• Considere que o intervalo de comprimentos de onda do espectro visível seja de 380 a 750 nm. (a) Quais são a maior e a menor energias de fóton para a luz visível? (b) Os seis menores níveis de energia do íon He^+ de um elétron são dados na Figura 39.27. Para esses níveis, que transições geram absorção ou emissão de fótons de luz visível?

39.57 •• **A supergigante vermelha Betelgeuse.** A estrela Betelgeuse possui uma temperatura de 3.000 K na superfície e tem 600 vezes o diâmetro do nosso sol. (Se o nosso sol fosse tão grande, estaríamos dentro dele!) Suponha que ela irradie como um corpo negro ideal. (a) Se a Betelgeuse irradiasse toda a sua energia no comprimento de onda com intensidade máxima, quantos fótons por segundo ela irradiaria? (b) Encontre a razão entre a potência irradiada por Betelgeuse e a potência irradiada pelo nosso sol (a 5.800 K).

39.58 •• PC A luz de um corpo negro esférico ideal com 15,0 cm de diâmetro é analisada usando uma rede de difração com 3.850 linhas/cm. Quando você ilumina a rede, observa que o comprimento de onda de intensidade máxima forma uma franja brilhante de primeira ordem a $\pm 14{,}4°$ da franja brilhante no centro. (a) Qual é a temperatura do corpo negro? (b) Quanto tempo levará para que essa esfera irradie 12,0 MJ de energia a uma temperatura constante?

39.59 • Qual deverá ser a temperatura de um corpo negro ideal para que os fótons de sua luz irradiada com comprimento de onda de intensidade máxima possam excitar o elétron no átomo de hidrogênio do modelo de Bohr do nível fundamental para o nível de energia $n = 4$?

39.60 •• **Um corpo negro ideal.** Uma grande cavidade que possui um orifício muito pequeno e é mantida a uma temperatura T é uma boa aproximação de um irradiador ou corpo negro ideal. A radiação só pode passar para dentro ou para fora da cavidade através do orifício. A cavidade é um absorvente perfeito, pois qualquer radiação incidente no orifício é interceptada dentro da cavidade. Essa cavidade a 400 °C tem um orifício com área de 4,00 mm². Quanto tempo leva para a cavidade irradiar 100 J de energia através do orifício?

39.61 •• CALC (a) Escreva a lei de Planck da distribuição em termos da frequência f, em vez do comprimento de onda λ, para obter $I(f)$. (b) Mostre que

$$\int_0^\infty I(\lambda)\,d\lambda = \frac{2\pi^5 k^4}{15c^2h^3}T^4$$

onde $I(\lambda)$ é a fórmula da distribuição de Planck da Equação 39.24. *Dica:* mude a variável de integração de λ para f. Você precisará usar a seguinte integral tabulada:

$$\int_0^\infty \frac{x^3}{e^{\alpha x}-1}dx = \frac{1}{240}\left(\frac{2\pi}{\alpha}\right)^4$$

(c) O resultado do item (b) é I e tem a forma da lei de Stefan-Boltzmann, $I = \sigma T^4$ (Equação 39.19). Avalie as constantes no item (b) para mostrar que σ tem o valor dado na Seção 39.5.

39.62 •• PC Um feixe de elétrons de 40 eV deslocando-se no sentido $+x$ passa através de uma fenda de largura igual a 5,0 μm paralela ao eixo y. A figura de difração é registrada em uma tela situada a uma distância de 2,5 m da fenda. (a) Qual é o comprimento de onda de De Broglie dos elétrons? (b) Quanto tempo os elétrons levam para ir da fenda até a tela? (c) Use a largura do máximo central da difração para calcular a incerteza no componente y do momento linear de um elétron logo depois que ele passou através da fenda. (d) Use o resultado do item (c) e o princípio da incerteza de Heisenberg, dado pela Equação 39.29 para y, para estimar a incerteza mínima na coordenada y de um elétron logo depois que ele passou através da fenda. Compare seus resultados com a largura da fenda.

39.63 • (a) Qual é a energia de um fóton de comprimento de onda igual a 0,10 μm? (b) Qual é a diferença de potencial aproximada que deve haver para que os elétrons acelerados mostrem natureza ondulatória ao passar por um orifício de 0,10 μm de diâmetro? Qual é a velocidade desses elétrons? (c) Se usarmos prótons em vez de elétrons, a que diferença de potencial os prótons precisam ser acelerados para que exibam natureza ondulatória ao passar por esse orifício? Qual seria a velocidade desses prótons?

39.64 • PC Elétrons passam por uma fenda única de 300 nm de largura e atingem uma tela a 24,0 cm de distância. Você descobre que nenhum elétron atinge a tela com um ângulo de $\pm 20{,}0°$ a partir do centro da figura de difração, mas que elétrons atingem todos os pontos próximos ao centro. (a) Com que velocidade esses elétrons estavam se deslocando quando passaram pela fenda? (b) Quais são os próximos ângulos maiores em que nenhum elétron atinge a tela?

39.65 •• PC Um feixe de elétrons é acelerado a partir do repouso e passa por um par de fendas estreitas idênticas dispostas com uma distância de 1,25 nm entre si. Você observa que a primeira franja escura da interferência de fenda dupla ocorre a $\pm 18{,}0°$ da direção original do feixe quando observada em uma tela distante. (a) Esses elétrons são relativísticos? Como você sabe disso? (b) Que diferença de potencial foi usada para acelerar esses elétrons?

39.66 • PC Uma luz coerente passa por duas fendas estreitas cuja separação é de 20,0 μm. A franja brilhante de segunda ordem na figura de interferência está situada a um ângulo de 0,0300 rad. Se elétrons forem usados em vez de luz, qual deve ser a energia cinética (em elétrons-volt) dos elétrons, se eles devem produzir uma figura de interferência em que o máximo de segunda ordem também está a 0,0300 rad?

39.67 •• PC Um feixe de elétrons e um feixe de fótons passam por fendas idênticas. Em uma tela distante, a primeira franja escura ocorre no mesmo ângulo para ambos os feixes. A velocidade dos elétrons é bem menor que a da luz. (a) Expresse a energia de um fóton em termos da energia cinética K de um dos elétrons. (b) Qual é maior, a energia de um fóton ou a energia cinética de um elétron?

39.68 • BIO Qual é o comprimento de onda de De Broglie de uma célula vermelha do sangue, com massa igual a $1{,}0 \times 10^{-11}$ g e que se desloca com velocidade igual a 0,400 cm/s? Você deve levar em consideração a natureza ondulatória de uma célula vermelha ao analisar o fluxo de sangue em seu corpo?

39.69 • Elétrons com velocidades elevadas são usados para sondar a estrutura dos núcleos dos átomos. Para tais elétrons a relação $\lambda = h/p$ continua válida, porém devemos usar a expressão relativística para o momento linear, $p = mv/\sqrt{1 - v^2/c^2}$. (a) Mostre que a velocidade de um elétron que possui o comprimento de onda de De Broglie λ é dada por

$$v = \frac{c}{\sqrt{1 + (mc\lambda/h)^2}}$$

(b) A grandeza h/mc é igual a $2{,}426 \times 10^{-12}$ m. (Como vimos na Seção 38.3, essa mesma grandeza aparece na Equação 38.7, a expressão do espalhamento Compton de fótons por elétrons.) Se λ é pequeno em comparação com h/mc, o denominador da expressão encontrada no item (a) é aproximadamente igual a 1, e a velocidade v é aproximadamente igual a c. Nesse caso, é conveniente escrever $v = (1 - \Delta)c$ e expressar a velocidade do elétron em termos de Δ em vez de v. Encontre uma expressão para Δ válida quando $\lambda << h/mc$. [*Dica*: use a série binomial $(1 + z)^n = 1 + nz + [n(n-1)z^2/2] + \ldots$, válida para $|z| < 1$.] (c) Qual deve ser a velocidade de um elétron para que seu comprimento de onda de De Broglie seja igual a $1{,}0 \times 10^{-15}$ m, comparável ao diâmetro de um próton? Expresse sua resposta na forma $v = (1 - \Delta)c$, dizendo quanto vale Δ.

39.70 • Suponha que a incerteza na posição de um elétron seja igual ao raio da órbita $n = 1$ do modelo do átomo de hidrogênio de Bohr. Calcule a incerteza mínima na determinação do componente correspondente do momento linear e compare o resultado com o módulo do momento linear do elétron na órbita $n = 1$ do modelo do átomo de hidrogênio de Bohr. Discuta seus resultados.

39.71 • PC (a) Uma partícula de massa m possui energia cinética igual a três vezes sua energia de repouso. Qual é o comprimento de onda de De Broglie dessa partícula? (*Dica*: você deve usar a expressão relativística para a energia cinética: $E^2 = (pc)^2 + (mc^2)^2$ e $K = E - mc^2$.) (b) Determine o valor numérico da energia cinética (em MeV) e do comprimento de onda (em metros), sabendo que a partícula do item (a) é (i) um elétron; (ii) um próton.

39.72 • **Energia do próton em um núcleo**. Os raios dos núcleos dos átomos são da ordem de $5{,}0 \times 10^{-15}$ m. (a) Estime a incerteza mínima no momento linear de um próton quando ele está confinado no núcleo. (b) Considere o valor da incerteza no momento linear como uma estimativa do módulo do momento linear. Use a expressão relativística entre a energia e o momento linear, Equação 37.39, para obter uma estimativa da energia cinética de um próton confinado em um núcleo. (c) Para que um próton permaneça ligado no interior do núcleo, qual deve ser o módulo da energia potencial (negativa) para que ele fique confinado no núcleo? Dê sua resposta em eV e em MeV. Compare com a energia potencial de um elétron no átomo de hidrogênio, a qual é da ordem de algumas dezenas de eV. (Esse resultado mostra por que a interação que mantém um próton ligado ao núcleo é chamada de "força nuclear forte".)

39.73 • **Energia do elétron em um núcleo**. Os raios dos núcleos dos átomos são da ordem de $5{,}0 \times 10^{-15}$ m. (a) Estime a incerteza mínima no momento linear de um elétron quando ele está confinado no núcleo. (b) Considere o valor da incerteza no momento linear como uma estimativa do módulo do momento linear. Use a expressão relativística entre a energia e o momento linear, Equação 37.39, para obter uma estimativa da energia cinética de um elétron confinado em um núcleo. (c) Compare a energia calculada no item (b) com a energia potencial coulombiana entre um elétron e um próton separados por uma distância igual a $5{,}0 \times 10^{-15}$ m. Com base em seu resultado, você acha que seria possível existir elétrons no interior de um núcleo? (*Nota*: é interessante comparar esse resultado com o obtido no Problema 39.72.)

39.74 • O píon neutro (π^0) é uma partícula instável produzida em colisões entre partículas com energias elevadas. Sua massa é aproximadamente 264 vezes maior que a massa do elétron e possui uma vida média de $8{,}4 \times 10^{-17}$ s antes de decair transformando-se em dois fótons de raios gama. Usando a relação entre massa e energia $E = mc^2$, calcule a incerteza na massa da partícula e expresse o resultado como uma fração da massa.

39.75 • **Difração na passagem por uma porta**. Se o comprimento de onda associado a você fosse da ordem de 1,0 m, você sofreria considerável difração ao passar por uma porta. (a) Qual deve ser sua velocidade para que você tenha esse comprimento de onda? (Suponha que sua massa seja 60,0 kg.) (b) Com a velocidade calculada no item (a), quantos anos você levaria para caminhar apenas 0,80 m (um passo)? Você nota algum efeito de difração quando caminha passando por uma porta?

39.76 • **Incertezas em espectros atômicos**. Um certo átomo possui um nível de energia 2,58 eV acima do nível fundamental. Uma vez excitado até esse nível, o átomo permanece nesse nível durante $1{,}64 \times 10^{-7}$ s (na média) antes de emitir um fóton e retornar ao nível fundamental. (a) Qual é a energia do fóton (em elétrons-volt)? Qual é seu comprimento de onda (em nanômetros)? (b) Qual é a menor incerteza possível na energia do fóton? Forneça sua resposta em elétrons-volt. (c) Mostre que $|\Delta E/E| = |\Delta\lambda/\lambda|$, quando $|\Delta\lambda/\lambda| << 1$. Use esse resultado para calcular o módulo da menor incerteza possível no comprimento de onda do fóton. Forneça sua resposta em nanômetros.

39.77 •• Para raios X de comprimento de onda igual a 0,0300 nm, o máximo $m = 1$ para um certo cristal ocorre quando o ângulo θ na Figura 39.2 é igual a 35,8°. Em que ângulo θ o máximo $m = 1$ ocorre quando, em vez dos raios X, usamos um feixe de elétrons de 4,50 keV? Suponha que os elétrons também sofram espalhamento pelos átomos da superfície plana do mesmo cristal.

39.78 •• Um certo átomo possui nível de energia 3,50 eV acima do nível fundamental. Uma vez excitado até esse nível, o átomo permanece nele durante 2,0 μs em média antes de emitir um fóton e retornar ao nível fundamental. (a) Quais são a energia e o comprimento de onda do fóton? (b) Qual é a menor incerteza possível na energia do fóton?

39.79 •• BIO **Estrutura de um vírus.** Para investigar a estrutura de objetos extremamente pequenos, como vírus, o comprimento de onda da onda de sondagem deverá ter um décimo do tamanho do objeto para que as imagens sejam nítidas. Porém, quando o comprimento de onda se torna mais curto, a energia de um fóton de luz se torna maior e pode danificar ou destruir o objeto estudado. Uma alternativa é usar ondas de elétrons em vez de luz. Os vírus variam bastante em tamanho, mas 50 nm não é raro. Suponha que você queira estudar tal vírus, usando uma onda com comprimento de onda de 5,00 nm. (a) Se você usasse uma luz desse comprimento de onda, qual seria a energia (em eV) de um único fóton? (b) Se você usasse um elétron com esse comprimento de onda, qual seria sua energia cinética (em eV)? Está claro agora por que as ondas de matéria (como no microscópio eletrônico) normalmente são preferíveis às ondas eletromagnéticas para o estudo de objetos microscópicos?

39.80 •• CALC **Energia do ponto zero**. Considere uma partícula de massa m movendo-se através de um potencial $U = \frac{1}{2}kx^2$, como no caso do sistema massa–mola. A energia total da partícula é $E = (p^2/2m) + \frac{1}{2}kx^2$. Suponha que p e x sejam relacionados pelo princípio da incerteza de Heisenberg, $px \approx h$. (a) Calcule o menor valor possível da energia E, bem como o valor de x que fornece o valor mínimo de E. Esse valor mínimo da energia, que não é igual a zero, denomina-se *energia do ponto zero*. (b) Para o valor de x calculado no item (a), qual é a razão entre a energia cinética e a energia potencial da partícula?

39.81 •• CALC Uma partícula de massa m se move através de um potencial $U(x) = A|x|$, onde A é uma constante positiva. Em uma descrição simplificada, os *quarks* (partículas constituintes dos prótons, nêutrons e outras partículas, conforme veremos no Capítulo 44) possuem uma energia potencial cuja interação é dada aproximadamente por essa função, onde x representa a distância entre dois *quarks*. Como $U(x) \rightarrow \infty$ quando $x \rightarrow \infty$, não é possível separar completamente dois *quarks* (um fenômeno chamado de *confinamento dos quarks*). (a) Classicamente, qual é a força que atua sobre essa partícula em função de x? (b) Usando o princípio da incerteza do modo mencionado no Problema 39.80, determine aproximadamente a energia do ponto zero da partícula.

39.82 •• Imagine que em outro universo a constante de Planck seja igual a 0,0663 J · s. Suponha que nesse universo as leis da física e as demais constantes sejam as mesmas do nosso. Nesse outro universo, uma aluna de física joga uma bola para outro aluno segurar. A distância entre eles é igual a 12 m e ela lança uma bola de 0,25 kg com velocidade de 6,0 m/s diretamente para ele. (a) Qual é a incerteza no momento linear horizontal, na direção perpendicular à qual a bola foi lançada, se a aluna que a lançou sabia que a bola estava dentro de um cubo com volume de 125 cm^3 no instante do lançamento? (b) A que distância horizontal a bola poderia passar pelo outro aluno sem atingi-lo?

39.83 •• **DADOS** Para o seu trabalho em um laboratório de espectrometria de massa, você está investigando o espectro de absorção de íons com um elétron. Para manter os átomos em um estado ionizado, você os mantém com densidade baixa em uma armadilha de íons, um dispositivo que usa uma configuração de campos elétricos para confinar íons. A maior parte dos íons está em seu estado fundamental, de modo que esse é o estado inicial para as transições de absorção que você observa. (a) Se o maior comprimento de onda que você observa no espectro de absorção é 13,56 nm, qual é o número atômico Z para os íons? (b) Qual é o próximo comprimento de onda mais curto que os íons absorverão? (c) Quando um dos íons absorve um fóton com comprimento de onda de 6,78 nm, um elétron livre é produzido. Qual é a energia cinética (em elétrons-volt) do elétron?

39.84 •• **DADOS** No laboratório de cristalografia onde você trabalha, foi-lhe dado um único cristal de uma substância desconhecida para identificar. Para obter uma informação sobre a substância, você repete a experiência de Davisson-Germer para determinar a distância entre os átomos nos planos da superfície do cristal. Você começa com elétrons que estão basicamente estacionários e os acelera por uma diferença de potencial de grandeza V_{ac}. Os elétrons, então, se espalham pelos átomos na superfície do cristal (como na Figura 39.3b). Em seguida, você mede o ângulo θ que localiza o pico de difração de primeira ordem. Finalmente, você repete a medição para diferentes valores de V_{ac}. Seus resultados são dados na tabela a seguir.

V_{ac} (V)	106,3	69,1	49,9	25,2	16,9	13,6
θ (°)	20,4	24,8	30,2	45,5	59,1	73,1

(a) Represente seus dados graficamente na forma sen θ *versus* $1/\sqrt{V_{ac}}$. Qual é a inclinação da linha reta que melhor se ajusta aos pontos de dados quando desenhada dessa forma? (b) Use seus resultados do item (a) para calcular o valor de d para esse cristal.

39.85 •• **DADOS** Como um astrônomo amador, você está estudando o brilho aparente das estrelas. Você sabe que o brilho aparente de uma estrela depende de sua distância da Terra e também da fração de sua energia radiada que está na região visível do espectro eletromagnético. Porém, como primeiro passo, você pesquisa informações na Internet sobre as temperaturas na superfície e os raios de algumas estrelas selecionadas, para que possa calcular sua potência irradiada total. Você encontra os dados da tabela a seguir.

Estrela	Polaris	Vega	Antares	α Centauro B
Temperatura na superfície (K)	6.015	9.602	3.400	5.260
Raio relativo ao do sol (R_{sol})	46	2,73	883	0,865

O raio é dado em unidades do raio do Sol, $R_{sol} = 6{,}96 \times 10^8$ m. A temperatura na superfície é a temperatura efetiva que indica a luminosidade do fóton medida da estrela se esta irradiar como um corpo negro ideal. A luminosidade do fóton é a potência emitida na forma de fótons. (a) Qual estrela na tabela tem a maior potência irradiada? (b) Para qual dessas estrelas (se houver alguma) o comprimento de onda máximo λ_m está na faixa visível (380–750 nm)? (c) O Sol tem uma potência irradiada total de $3{,}85 \times 10^{26}$ W. Qual dessas estrelas (se houver alguma) possui uma potência irradiada total menor que a do Sol?

PROBLEMAS DESAFIADORES

39.86 ••• **PC CALC** Você está participando de uma competição na qual os jogadores deixam cair bolas de gude de 20,0 g do alto de um edifício para atingir um pequeno alvo situado 25,0 m abaixo. Com base no princípio da incerteza, qual deve ser a distância horizontal típica entre a bola e o alvo, imaginando que você faça uma pontaria com a melhor precisão possível? (*Dica*: a incerteza Δx_f na coordenada x quando a bola de gude atinge o solo resulta em parte da incerteza Δx_i na coordenada x inicial e em parte da incerteza inicial em v_x. A última incerteza dá origem a uma incerteza Δv_x no movimento horizontal da bola de gude à medida que ela cai. Os valores de Δx_i e de Δv_x são relacionados pelo princípio da incerteza. Um valor pequeno de Δx_i dá origem a um valor grande de Δv_x e vice-versa. Calcule o valor de Δx_i que dá origem ao menor valor da incerteza total em x no solo. Despreze os efeitos da resistência do ar.)

39.87 ••• (a) Mostre que, no modelo de Bohr, a frequência da rotação de um elétron em sua órbita circular em torno de um núcleo estacionário de hidrogênio é $f = me^4/4\epsilon_0^2 n^3 h^3$. (b) Na física clássica, a frequência de rotação do elétron é igual à frequência de radiação que ele emite. Mostre que, quando n é muito grande, a frequência de rotação é, na realidade, igual à frequência irradiada calculada pela Equação 39.5 para uma transição de $n_1 = n + 1$ até $n_2 = n$. (Isso ilustra o *princípio da correspondência* de Bohr, que é frequentemente usado como uma verificação dos cálculos quânticos. Quando n é pequeno, a física quântica gera resultados muito diferentes dos da física clássica. Quando n é grande, as diferenças não são significativas, e os dois métodos, então, "se correspondem". De fato, quando Bohr tratou inicialmente do problema do átomo de hidrogênio, ele buscou determinar f em função de n de modo que correspondesse aos resultados para um n grande.)

Problemas com contexto

BIO **MICROSCÓPIOS DE ÍONS.** Enquanto os microscópios eletrônicos utilizam propriedades ondulatórias dos elétrons, os microscópios de íons utilizam as propriedades ondulatórias dos íons atômicos, como os íons de hélio (He^+), para gerar imagens de materiais. Um íon de hélio possui uma massa de 7.300 vezes a de um elétron. Em um microscópio típico de íon de hélio, esses íons são acelerados por uma alta voltagem de 10-50 kV e são focados em um feixe para a amostra a ser analisada. Nessas energias, os íons não trafegam muito para dentro da amostra, de modo que esse tipo de microscópio é usado principalmente para imagens da superfície de estruturas biológicas. O uso de íons de hélio com energias muito superiores (na faixa dos MeV) tem sido proposto como um modo de analisar a espessura inteira de uma amostra, pois esses íons mais rápidos podem atravessar amostras biológicas como as células. Nesse tipo de microscópio de íons, a perda de energia quando o feixe de íons passa por diferentes partes de uma célula pode ser medida e relacionada à distribuição do material na célula, com as partes mais grossas da célula causando maior perda de energia. [Fonte: "Whole-Cell Imaging at Nanometer Resolutions Using Fast and Slow Focused Helium Ions", de Xiao Chen et al., *Biophysical Journal* 101(7): 1788-1793, 5 de outubro de 2011.]

39.88 Qual é a relação entre o comprimento de onda de um íon de hélio e o de um elétron acelerado através da mesma diferença de potencial? (a) O íon de hélio tem um comprimento de onda maior, pois tem maior massa. (b) O íon de hélio tem um comprimento de onda menor, pois tem maior massa. (c) Os comprimentos de onda são os mesmos, pois a energia cinética é a mesma. (d) Os comprimentos de onda são os mesmos, pois a carga elétrica é a mesma.

39.89 O primeiro tipo de microscópio de íon de hélio, usado para imagens superficiais, pode produzir íons de hélio com comprimento de onda de 0,1 pm? (a) Sim; a voltagem necessária é de 21 kV. (b) Sim; a voltagem necessária é de 42 kV. (c) Não; uma voltagem menor que 10 kV é necessária.

39.90 Por que é mais fácil usar íons de hélio em vez de átomos neutros de hélio nesse tipo de microscópio? (a) Os átomos de hélio não são eletricamente carregados, e somente partículas eletricamente carregadas possuem propriedades ondulatórias. (b) Os átomos de hélio formam moléculas, que são muito grandes para ter propriedades ondulatórias. (c) Átomos de hélio neutros são mais difíceis de focar com campos elétricos e magnéticos. (d) Átomos de hélio possuem uma massa muito maior que os íons de hélio e, portanto, são mais difíceis de acelerar.

39.91 No segundo tipo de microscópio de íon de hélio, um íon de 1,2 MeV passando por uma célula perde 0,2 MeV por μm de espessura de célula. Se a energia de um íon pode ser medida como 6 keV, qual é a menor diferença em espessura que pode ser discernida? (a) 0,03 μm; (b) 0,06 μm; (c) 3 μm; (d) 6 μm.

RESPOSTAS

Resposta à pergunta inicial do capítulo

Resposta: (i) O menor detalhe visível em uma imagem é comparável ao comprimento de onda usado para fazer essa imagem. É fácil dar aos elétrons um grande momento linear p e, portanto, um comprimento de onda $\lambda = h/p$ pequeno, o que permite que eles sejam usados para mostrar detalhes bastante sutis. (Veja a Seção 39.1.)

Respostas às perguntas dos testes de compreensão

39.1 Resposta: (a) (i), (b) **não** Conforme o Exemplo 39.2, a velocidade de uma partícula é $v = h/\lambda m$ e a energia cinética é $K = \frac{1}{2}mv^2 = (m/2)(h/\lambda m)^2 = h^2/2\lambda^2 m$. Isso mostra que, para um dado comprimento de onda, a energia cinética é inversamente proporcional à massa. Logo, o próton, com uma massa menor, possui mais energia cinética que o nêutron. Para o item (b), a energia de um próton é $E = hf$, e a frequência de um fóton é $f = c/\lambda$. Logo, $E = hc/\lambda$ e $\lambda = hc/E = (4{,}136 \times 10^{-15}$ eV · s) $(2{,}998 \times 10^8$ m/s)/(54 eV) $= 2{,}3 \times 10^{-8}$ m. Isso é mais de 100 vezes maior que o comprimento de onda de um elétron com a mesma energia. Embora tanto fótons quanto elétrons tenham propriedades ondulatórias, eles possuem relações diferentes entre energia e momento linear e, portanto, entre sua frequência e comprimento de onda.

39.2 Resposta: (iii) Como a partícula alfa tem mais massa, ela não recuará de volta mesmo em uma colisão frontal com um próton inicialmente em repouso, mais do que uma bola de boliche faria quando colidisse com uma bola de pingue-pongue em repouso (veja a Figura 8.23b). Assim, *não* haveria espalhamento com ângulo grande nesse caso. Rutherford viu o espalhamento com ângulo grande nessa experiência porque os núcleos de ouro possuem mais massa que as partículas alfa (veja a Figura 8.23a).

39.3 Resposta: (iv) A Figura 39.27 mostra que muitos (embora *não* todos) dos níveis de energia do He^+ são os mesmos daqueles do H. Logo, os fótons emitidos durante as transições entre os pares correspondentes de níveis no He^+ e no H têm a mesma energia E e o mesmo comprimento de onda $\lambda = hc/E$. Um átomo H que cai do nível $n = 2$ para $n = 1$ emite um fóton de energia de 10,20 eV e comprimento de onda igual a 122 nm (veja o Exemplo 39.6); um íon de He^+ emite um fóton com a mesma energia e comprimento de onda quando cai do nível $n = 4$ para $n = 2$. Um exame da Figura 39.27 lhe mostrará que cada nível de número par no He^+ corresponde a um nível no H, enquanto nenhum dos níveis de número ímpar do He^+ possui correspondência. Todas as três primeiras transições do He^+ dadas na pergunta ($n = 2$ para $n = 1$, $n = 3$ para $n = 2$, $n = 4$ para $n = 3$) envolvem um nível de número ímpar, de modo que nenhum de seus comprimentos de onda corresponde a um comprimento de onda emitido pelos átomos de H.

39.4 Resposta: (i) Em um dispositivo de luz do gás neônio, uma diferença de potencial grande é aplicada entre as extremidades de um tubo de vidro contendo neônio. Isso ioniza alguns dos átomos de neônio, permitindo que uma corrente de elétrons flua através do gás. Alguns dos átomos de neônio são atingidos por elétrons em movimento rápido, fazendo-os passar para um nível excitado. A partir desse nível, os átomos passam por emissão *espontânea*, conforme representado na Figura 39.28b, e emitem 632,8 nm fótons no processo. Nenhuma inversão de população ocorre e os fótons não são interceptados por espelhos, como mostra a Figura 39.29d, de modo que não existe emissão estimulada. Logo, não há ação de laser.

39.5 Resposta: (a) **sim**, (b) **sim** A lei da radiação de Planck, Equação 39.24, mostra que um corpo negro ideal emite radiação em *todos* os comprimentos de onda: a emissão espectral $I(\lambda)$ é igual a zero somente para $\lambda = 0$ e no limite $\lambda \to \infty$. Assim, um corpo negro a 2.000 K realmente emite tanto raios X quanto ondas de rádio. Porém, a Figura 39.32 mostra que a emissão espectral para essa temperatura é muito baixa para comprimentos de onda muito mais curtos que 1 μm (incluindo os raios X) e para comprimentos de onda muito maiores que alguns μm (incluindo as ondas de rádio). Logo, tal corpo negro emite muito poucas ondas de raios X ou de rádio.

39.6 Resposta: (i) e (iii) **(empatados)**, (ii) e (iv) **(empatados)** De acordo com o princípio da incerteza de Heisenberg, quanto menor a incerteza Δx na coordenada x, maior a incerteza Δp_x no momento x. A relação entre Δx e Δp_x não depende da massa da partícula e, portanto, é a mesma tanto para um próton como para um elétron.

Problema em destaque

(**a**) 192 nm; ultravioleta (**b**) $n = 4$
(**c**) $\lambda_2 = 0{,}665$ nm, $\lambda_3 = 0{,}997$ nm

? Estes recipientes contêm soluções de partículas microscópicas semicondutoras de diferentes tamanhos. As partículas brilham quando expostas à luz ultravioleta; as menores partículas (à esquerda) apresentam um brilho azul, enquanto as maiores (à direita) apresentam um brilho vermelho. Isso se deve ao fato de que os níveis de energia dos elétrons (i) possuem um espaçamento maior em partículas menores; (ii) possuem um espaçamento maior em partículas maiores; (iii) possuem o mesmo espaçamento em todas as partículas, mas níveis de energia maiores em partículas menores; (iv) possuem o mesmo espaçamento em todas as partículas, mas níveis de energia maiores em partículas maiores; (v) dependem do comprimento de onda do raio ultravioleta utilizado.

40 MECÂNICA QUÂNTICA I: FUNÇÕES DE ONDA

OBJETIVOS DE APRENDIZAGEM

Ao estudar este capítulo, você aprenderá:

40.1 A função de onda que descreve o comportamento de uma partícula e a equação de Schrödinger que essa função tem de satisfazer.

40.2 Como calcular as funções de onda e os níveis de energia para uma partícula confinada em uma caixa.

40.3 Como analisar o comportamento mecânico-quântico de uma partícula em um poço de potencial.

40.4 Como a mecânica quântica torna possível às partículas ir aonde a mecânica newtoniana dizia que elas não poderiam ir.

40.5 De que maneira usar a mecânica quântica para analisar um oscilador harmônico.

40.6 Como medir quanto um sistema de mecânica quântica pode mudar seu estado.

Revendo conceitos de:

7.5 Poços potenciais.

13.2, 13.3 Osciladores harmônicos.

15.3, 15.7, 15.8 As funções de onda para ondas em uma corda; ondas estacionárias.

32.3 Funções de onda de ondas eletromagnéticas.

38.1, 38.4 Função trabalho; interpretação fóton de interferência e difração.

39.1, 39.3, 39.5, 39.6 Relações de De Broglie; modelo de Bohr para o hidrogênio; lei de radiação de Planck; princípio da incerteza de Heisenberg.

No Capítulo 39, mostramos que as partículas às vezes se comportam como ondas. De fato, verifica-se que podemos usar a imagem de ondas para descrever completamente o comportamento de uma partícula. Essa abordagem, chamada de *mecânica quântica*, é a chave para compreender o comportamento da matéria nas escalas molecular, atômica e nuclear. Neste capítulo, veremos como encontrar a *função de onda* de uma partícula resolvendo a *equação de Schrödinger*, que é fundamental para a mecânica quântica assim como as leis de Newton são para a mecânica e as equações de Maxwell são para o eletromagnetismo.

Começaremos com a análise feita pela mecânica quântica para o caso de uma *partícula livre* que se move ao longo de uma linha reta sem ser afetada por forças de qualquer tipo. Em seguida, vamos considerar partículas que são afetadas por forças e estão presas a *estados ligados*, assim como os elétrons estão limitados dentro de um átomo. Veremos que o resultado da equação de Schrödinger pode fornecer automaticamente os níveis de energia possíveis de um sistema.

Além das energias, a solução da equação de Schrödinger também fornece as probabilidades de encontrar a partícula em diversas regiões. Um dado surpreendente é que a probabilidade de uma partícula atravessar uma barreira estreita não é zero, embora esse processo seja proibido pela mecânica newtoniana.

Neste capítulo, vamos considerar a equação de Schrödinger para um movimento apenas unidimensional. No Capítulo 41, veremos como estender essa equação para problemas tridimensionais como o do átomo de hidrogênio. As funções de onda do átomo de hidrogênio serão, por sua vez, a base para a análise de átomos mais complexos da tabela periódica dos elementos, dos níveis de energia dos raios X e de outras propriedades dos átomos.

40.1 FUNÇÕES DE ONDA E A EQUAÇÃO UNIDIMENSIONAL DE SCHRÖDINGER

Temos constatado, há evidências convincentes de que, em uma escala atômica ou subatômica, um objeto como um elétron não pode ser descrito simplesmente como uma partícula newtoniana clássica. Em vez disso, devemos levar em conta suas características de *onda*. No modelo do átomo de hidrogênio de Bohr (Seção 39.3), tentamos considerar estes dois aspectos: retratamos o elétron como uma partícula clássica em uma órbita circular em torno do núcleo e usamos a relação de De Broglie entre o *momentum* da partícula e o comprimento de onda para explicar por que apenas órbitas de certos raios são permitidas. Como vimos na Seção 39.6, no entanto, o princípio da incerteza de Heisenberg nos diz que uma descrição híbrida desse tipo não pode ser totalmente correta. Nesta seção, vamos discutir como descrever o estado de uma partícula usando *apenas* a linguagem das ondas. Essa nova descrição, chamada de **mecânica quântica**, substitui o esquema clássico de descrever o estado de uma partícula por suas coordenadas e seus componentes de velocidade.

Figura 40.1 Estas crianças estão falando com um "telefone" de lata e corda. O deslocamento na corda é completamente descrito por uma função de onda $y(x, t)$. De forma análoga, uma partícula é completamente descrita por uma função de onda de mecânica quântica $\Psi(x, y, z, t)$.

Nosso novo esquema de mecânica quântica para descrever uma partícula tem muito em comum com a linguagem do movimento de onda clássica. Na Seção 15.3 do Capítulo 15, descrevemos as ondas transversais em uma corda especificando a posição de cada ponto na corda em cada instante de tempo, por meio de uma *função de onda* $y(x, t)$, que representa o deslocamento a partir do equilíbrio no tempo t, desde um ponto na corda a uma distância x da origem (**Figura 40.1**). Uma vez que conhecemos a função de onda de um movimento de onda específico, sabemos tudo o que há para saber sobre o movimento. Por exemplo, podemos encontrar a velocidade e a aceleração de qualquer ponto da corda a qualquer momento. Elaboramos formas específicas para essas funções de ondas *senoidais*, em que cada partícula é submetida a um movimento harmônico simples.

Seguimos um padrão similar para ondas sonoras no Capítulo 16. A função de onda $p(x, t)$ para uma onda que se desloca ao longo do eixo Ox representou uma variação de pressão a qualquer ponto x em qualquer momento t. Na Seção 32.3 usamos *duas* funções de onda para descrever os campos $\vec{E}$ e $\vec{B}$ de uma onda eletromagnética.

Sendo assim, parece natural utilizarmos uma função de onda como o elemento central de nossa linguagem da mecânica quântica. O símbolo tradicionalmente usado para essa função de onda é a letra grega psi, Ψ ou ψ. Em geral usaremos a letra maiúscula Ψ para representar uma função de todas as coordenadas espaciais e de tempo. Por outro lado, ψ em minúsculo será usado apenas para a função de coordenadas espaciais — *não* de tempo. Assim como a função de onda $y(x, t)$ para ondas mecânicas sobre uma corda oferece uma descrição completa do movimento, de modo que a função de onda $\Psi(x, y, z, t)$ de uma partícula contém toda a informação sobre a partícula que pode ser conhecida.

ATENÇÃO **Ondas de partículas vs. ondas mecânicas** Diferentemente de ondas sobre uma corda ou ondas sonoras se propagando pelo ar, a função de onda de uma partícula *não* é uma função mecânica que precisa de um meio material para se propagar. A função de onda descreve uma partícula, mas não podemos definir a função em si, em termos de qualquer coisa material. Podemos descrever somente como ela está relacionada aos efeitos fisicamente observados.

Ondas em uma dimensão: ondas sobre uma corda

Em geral, a função de onda de uma partícula depende de todas as três dimensões do espaço. No entanto, para simplificar vamos começar nosso estudo dessas funções considerando o movimento *unidimensional*, no qual uma partícula de massa m se move paralelamente ao eixo x e a função de onda Ψ depende somente da coordenada x e do tempo t. (Analogamente, estudamos cinemática unidimensional no Capítulo 2 antes de passar a estudar os movimentos bidimensional e tridimensional no Capítulo 3.)

Como uma onda da mecânica quântica unidimensional se parece e o que determina suas propriedades? Podemos responder a essa pergunta, primeiro recordaremos as propriedades de uma onda em uma corda. Vimos na Seção 15.3 que qualquer função de onda $y(x, t)$ que descreve uma onda em uma corda deve satisfazer a equação de onda:

$$\frac{\partial^2 y(x,t)}{\partial x^2} = \frac{1}{v^2}\frac{\partial^2 y(x,t)}{\partial t^2} \quad \text{(equação de onda para ondas sobre uma corda)} \tag{40.1}$$

Na Equação 40.1 v é a velocidade da onda, que é a mesma qualquer que seja o comprimento de onda. Como exemplo, considere a seguinte função de onda para uma onda cujo comprimento de onda é λ e cuja frequência é f, movendo-se na direção x positiva ao longo de uma corda:

$$y(x, t) = A\cos(kx - \omega t) + B\,\text{sen}(kx - \omega t) \tag{40.2}$$

(onda senoidal em uma corda)

Aqui $k = 2\pi/\lambda$ é o *número de onda* e $\omega = 2\pi f$ é a *frequência angular*. (Usamos essas mesmas grandezas em ondas mecânicas no Capítulo 15 e em ondas eletromagnéticas do Capítulo 32.) As grandezas A e B são constantes que determinam a amplitude e a fase da onda. A expressão na Equação 40.2 é uma função de onda válida se e somente se ela satisfizer a equação de onda (Equação 40.1). Para fazer essa verificação, calcule a primeira e segunda derivadas de $y(x, t)$ em relação a x e a primeira e segunda derivadas em relação a t:

$$\frac{\partial y(x,t)}{\partial x} = -kA\,\text{sen}(kx - \omega t) + kB\cos(kx - \omega t) \tag{40.3a}$$

$$\frac{\partial^2 y(x,t)}{\partial x^2} = -k^2A\cos(kx - \omega t) - k^2B\,\text{sen}(kx - \omega t) \tag{40.3b}$$

$$\frac{\partial y(x,t)}{\partial t} = \omega A\,\text{sen}(kx - \omega t) - \omega B\cos(kx - \omega t) \tag{40.3c}$$

$$\frac{\partial^2 y(x,t)}{\partial t^2} = -\omega^2A\cos(kx - \omega t) - \omega^2B\,\text{sen}(kx - \omega t) \tag{40.3d}$$

Se substituirmos as equações 40.3b e 40.3d na equação de onda, Equação 40.1, obtemos

$$-k^2A\cos(kx - \omega t) - k^2B\,\text{sen}(kx - \omega t) = \frac{1}{v^2}\left[-\omega^2A\cos(kx - \omega t) - \omega^2B\,\text{sen}(kx - \omega t)\right] \tag{40.4}$$

Para que a Equação 40.4 satisfaça a todas as coordenadas x em todos os instantes t, os coeficientes de $\cos(kx - \omega t)$ têm de ser os mesmos em ambos os lados da equação e também para os coeficientes de $\text{sen}(kx - \omega t)$. As duas condições estarão satisfeitas se

$$k^2 = \frac{\omega^2}{v^2} \quad \text{ou} \quad \omega = vk \quad \text{(ondas em uma corda)} \tag{40.5}$$

Uma vez que $\omega = 2\pi f$ e $k = 2\pi/\lambda$, a Equação 40.5 é equivalente a

$$2\pi f = v\frac{2\pi}{\lambda} \qquad \text{ou} \qquad v = \lambda f \qquad \text{(ondas em uma corda)}$$

Essa equação é exatamente o relacionamento conhecido entre velocidade da onda, comprimento da onda e frequência para ondas em uma corda. Sendo assim, nossos cálculos mostram que a Equação 40.2 é uma função de onda válida, para ondas em uma corda para quaisquer valores de A e B, dado que ω e k estão relacionados pela Equação 40.5.

Ondas em uma dimensão: ondas de partículas

Para as ondas de partículas, o que precisamos é uma versão da mecânica quântica da equação de onda — Equação 40.1 — que seja válida para seu contexto. Essa versão da equação deve envolver derivadas parciais da função de onda $\Psi(x, t)$ em relação a x e em relação a t. No entanto, essa nova equação *não pode* ser exatamente a mesma que a Equação 40.1 para as ondas em uma corda porque a relação entre ω e k é diferente. Podemos fazer essa demonstração utilizando uma **partícula livre**, aquela que não sofre a influência de nenhuma força sobre ela, durante todo o seu movimento ao longo do eixo x. Para tal partícula, a energia potencial $U(x)$ tem o mesmo valor para todo valor assumido por x (lembre-se, do Capítulo 7, que $F_x = -dU(x)/dx$, então força zero significa que a energia potencial tem derivada zero). Para simplificar, vamos assumir $U = 0$ para todo x. Dessa forma, a energia da partícula livre é igual à sua energia cinética, a qual podemos expressar em termos de momento p:

$$E = \tfrac{1}{2}mv^2 = \frac{m^2v^2}{2m} = \frac{(mv)^2}{2m} = \frac{p^2}{2m} \qquad \text{(energia de uma partícula livre)} \tag{40.6}$$

As relações de De Broglie (Seção 39.1) nos mostram que a energia E é proporcional à frequência angular ω, e o momento p é proporcional ao número de onda

$$E = hf = \frac{h}{2\pi}2\pi f = \hbar\omega \tag{40.7a}$$

$$p = \frac{h}{\lambda} = \frac{h}{2\pi}\frac{2\pi}{\lambda} = \hbar k \tag{40.7b}$$

Lembre-se de que $\hbar = h/2\pi$. Se substituirmos as equações 40.7 na Equação 40.6, descobrimos que a relação entre ω e k para uma partícula livre é

$$\hbar\omega = \frac{\hbar^2k^2}{2m} \qquad \text{(partícula livre)} \tag{40.8}$$

A Equação 40.8 é *muito* diferente da relação correspondente para ondas em uma corda, a Equação 40.5: a frequência angular ω para ondas de partículas é proporcional ao *quadrado* do número da onda, ao passo que, para as ondas sobre uma corda, ω é diretamente proporcional a k. Portanto, nossa tarefa é construir uma versão para a mecânica quântica da equação de onda cujas soluções para partículas livres satisfaçam à Equação 40.8.

Atacaremos esse problema assumindo a função de onda senoidal $\Psi(x, t)$, da mesma forma que a Equação 40.2 para ondas senoidais sobre uma corda. Para uma onda sobre uma corda, a Equação 40.2 representa uma onda com comprimento de onda $\lambda = 2\pi/k$ e frequência $f = \omega/2\pi$ propagando-se na direção positiva do eixo x. Por analogia, nossa função de onda senoidal $\Psi(x, t)$ representa uma partícula livre, com massa m, momento $p = \hbar k$ e energia $E = \hbar\omega$ movendo-se na direção positiva do eixo x:

$$\Psi(x, t) = A\cos(kx - \omega t) + B\,\text{sen}\,(kx - \omega t) \qquad \text{(função de onda senoidal representando uma partícula livre)} \tag{40.9}$$

O número da onda k e a frequência angular ω na Equação 40.9 devem satisfazer à Equação 40.8. Se observarmos a Equação 40.3b, veremos que, se tomarmos a segunda derivada de $\Psi(x, t)$ na Equação 40.9 em relação a x, obteremos $\Psi(x, t)$ multiplicado por $-k^2$. Por isso, se multiplicarmos $\partial^2\Psi(x, t)/\partial x^2$ por $-\hbar^2/2m$, obteremos:

$$\begin{aligned} -\frac{\hbar^2}{2m}\frac{\partial^2\Psi(x, t)}{\partial x^2} &= -\frac{\hbar^2}{2m}[-k^2A\cos(kx - \omega t) - k^2B\,\text{sen}\,(kx - \omega t)] \\ &= \frac{\hbar^2k^2}{2m}[A\cos(kx - \omega t) + B\,\text{sen}(kx - \omega t)] \qquad (40.10) \\ &= \frac{\hbar^2k^2}{2m}\Psi(x, t) \end{aligned}$$

A Equação 40.10 sugere que $(-\hbar^2/2m)\partial^2\Psi(x, t)/\partial x^2$ deve ser um lado da equação de onda de mecânica quântica, com o outro lado valendo $\hbar\omega\Psi(x, t)$ para que satisfaça a Equação 40.8. Se observarmos a Equação 40.3c, veremos que um fator de ω é obtido por meio do cálculo da primeira derivada de $\Psi(x, t)$ na Equação 40.9. Então, nosso palpite para o lado direito de nossa equação de onda da mecânica quântica envolve $\hbar = h/2\pi$ multiplicado por $\partial\Psi(x, t)/\partial t$. Dessa forma, vamos tentar formular nossa equação assim:

$$-\frac{\hbar^2}{2m}\frac{\partial^2\Psi(x, t)}{\partial x^2} = C\hbar\frac{\partial\Psi(x, t)}{\partial t} \tag{40.11}$$

Neste ponto, vamos incluir uma constante C como um "fator de correção" para nos assegurarmos de que vamos chegar ao resultado correto. Vamos então substituir a equação de onda da Equação 40.9 na Equação 40.11. A partir das equações 40.10 e 40.3c, obtemos

$$\begin{aligned} &\frac{\hbar^2k^2}{2m}[A\cos(kx - \omega t) + B\,\text{sen}(kx - \omega t)] \\ &\quad = C\hbar\omega[A\,\text{sen}(kx - \omega t) - B\cos(kx - \omega t)] \end{aligned} \tag{40.12}$$

A partir da Equação 40.8, $\hbar\omega = \hbar^2k^2/2m$, e então podemos cancelar esses fatores nos dois lados da Equação 40.12, restando:

$$\begin{aligned} &A\cos(kx - \omega t) + B\,\text{sen}(kx - \omega t) \\ &\quad = CA\,\text{sen}(kx - \omega t) - CB\cos(kx - \omega t) \end{aligned} \tag{40.13}$$

Como em nossa discussão anterior sobre a equação de onda nas ondas em uma corda, a fim de que a Equação 40.13 seja satisfeita para todos os valores de x e todos os valores de t, os coeficientes de $\cos(kx - \omega t)$ devem ser os mesmos em ambos os lados da equação, assim como os coeficientes de $\text{sen}(kx - \omega t)$. Dessa forma, temos as seguintes relações entre os coeficientes A, B e C nas equações 40.9 e 40.11:

$$A = -CB \tag{40.14a}$$

$$B = CA \tag{40.14b}$$

Figura 40.2 Erwin Schrödinger (1887-1961) desenvolveu em 1926 a equação que leva seu nome, um feito que lhe rendeu (junto com o físico britânico P. A. M. Dirac) em 1933 o Prêmio Nobel de física. Sua lápide é decorada com uma versão da Equação 40.15.

Se usarmos a Equação 40.14b para eliminar B da Equação 40.14a, obtemos que $A = -C^2 A$, o que significa que $C^2 = -1$. Então C é igual ao número *imaginário* $i = \sqrt{-1}$ e a Equação 40.11 fica assim:

$$-\frac{\hbar^2}{2m}\frac{\partial^2 \Psi(x,t)}{\partial x^2} = i\hbar \frac{\partial \Psi(x,t)}{\partial t} \quad \text{(equação de Schrödinger unidimensional para uma partícula livre)} \quad (40.15)$$

A Equação 40.15 é a **equação de Schrödinger** unidimensional para uma partícula livre, desenvolvida em 1926 pelo físico austríaco Erwin Schrödinger (**Figura 40.2**). A presença do número imaginário i na Equação 40.15 significa que as soluções para a equação de Schrödinger são grandezas complexas, com uma parte real e outra parte imaginária. (A parte imaginária de $\Psi(x, t)$ é uma função real multiplicada pelo número imaginário $i = \sqrt{-1}$.) Um exemplo é a nossa função de onda de partícula livre da Equação 40.9. Uma vez que descobrimos que $C = i$ nas equações 40.14, concluímos, pela Equação 40.14b, que $B = iA$. Então a Equação 40.9 pode ser escrita assim:

$$\Psi(x,t) = A[\cos(kx - \omega t) + i\,\text{sen}(kx - \omega t)] \quad \text{(função de onda senoidal representando uma partícula livre)} \quad (40.16)$$

A parte real de $\Psi(x, t)$ é $\text{Re}\Psi(x, t) = A\cos(kx - \omega t)$ e a parte imaginária é $\text{Im}\Psi(x, t) = A\,\text{sen}(kx - \omega t)$. A **Figura 40.3** mostra as partes real e imaginária de $\Psi(x, t)$ em $t = 0$ e, dessa forma, $\Psi(x, 0) = A\cos kx + iA\,\text{sen}\,kx$.

Podemos reescrever a Equação 40.16 com a *fórmula de Euler*, que estabelece que, para qualquer ângulo θ,

$$e^{i\theta} = \cos\theta + i\,\text{sen}\,\theta$$
$$e^{i\theta} = \cos(-\theta) + i\,\text{sen}(-\theta) = \cos\theta - i\,\text{sen}\,\theta \quad (40.17)$$

Com isso, nossa função de onda senoidal para partícula livre fica assim:

$$\Psi(x,t) = Ae^{i(kx-\omega t)} = Ae^{ikx}e^{-i\omega t} \quad \text{(função de onda senoidal representando uma partícula livre)} \quad (40.18)$$

Figura 40.3 A função de onda espacial $\Psi(x, t) = Ae^{i(kx - \omega t)}$, para uma partícula livre com o momento definido $p = \hbar k$ é uma função complexa: possui tanto uma parte real quanto uma parte imaginária. São representadas aqui como funções de x para $t = 0$.

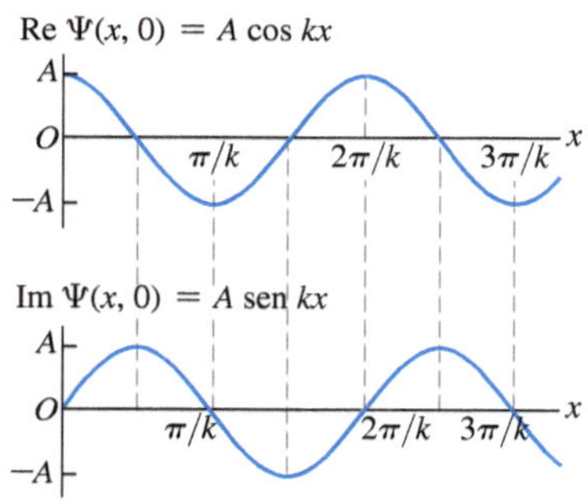

Se k for positivo na Equação 40.16, a função de onda representa uma partícula livre movendo-se no sentido positivo do eixo x com momento $p = \hbar k$ e energia $E = \hbar\omega = \hbar^2 k^2/2m$. Se k for negativo, o momento e, consequentemente, o movimento estão no sentido negativo do eixo x. (Com um valor negativo de k, o comprimento de onda será $\lambda = 2\pi/|k|$).

Interpretação da função de onda

A natureza complexa da função de onda para uma partícula livre torna essa função difícil de interpretar. (Com certeza não precisamos de números imaginários antes desse ponto para descrever fenômenos físicos reais.) Veja como compreender essa função: $\Psi(x, t)$ descreve a *distribuição* de uma partícula no espaço, exatamente como as funções de onda para uma onda eletromagnética descrevem a distribuição dos campos elétricos e magnéticos. Quando estudamos padrões de interferência e difração nos capítulos 35 e 36, verificamos que a intensidade I da radiação em qualquer ponto em um padrão é proporcional ao quadrado da magnitude do campo elétrico — isto é, E^2. Na interpretação de fóton de interferência e difração (veja a Seção 38.4), a intensidade em cada ponto é proporcional ao número de fótons que golpeiam o entorno desse ponto. Uma alternativa seria a *probabilidade* de que qualquer fóton individualmente atinja o entorno do ponto. Assim, o quadrado da magnitude do campo elétrico em cada ponto é proporcional à probabilidade de encontrar um fóton em torno desse ponto.

Da mesma maneira, o quadrado da função de onda de uma partícula em cada ponto nos informa sobre a probabilidade de encontrar a partícula em torno desse ponto. Mais precisamente, deveríamos dizer o quadrado do *valor absoluto* da função de onda, $|\Psi|^2$. Isso é necessário porque, como vimos, a função de onda é uma grandeza complexa com partes real e imaginária.

Para uma partícula que pode se mover apenas ao longo do eixo x, a grandeza $|\Psi(x, t)|^2$ é a probabilidade de que a partícula seja encontrada no tempo t em uma coordenada entre x e $x + dx$. É mais provável a partícula ser encontrada em regiões onde $|\Psi|^2$ é grande, e assim por diante. Essa interpretação, elaborada pela primeira vez pelo físico alemão Max Born (**Figura 40.4**), exige que a função de onda Ψ seja *normalizada*. Ou seja, a integral de $|\Psi(x, t)|^2 dx$ sobre todos os valores possíveis de x deve ser exatamente igual a 1. Em outras palavras, a probabilidade de que a partícula esteja *em algum lugar* é exatamente 1, ou 100%.

Figura 40.4 Em 1926, o físico alemão Max Born (1882-1970) inventou a interpretação de que $|\Psi|^2$ é a função de distribuição de probabilidade de uma partícula que é descrita pela função de onda Ψ. Ele também cunhou o termo "mecânica quântica" (no original alemão, *Quantenmechanik*). Por suas contribuições, Born compartilhou com Walther Bothe o Prêmio Nobel de física de 1954.

ATENÇÃO Interpretando $|\Psi|^2$ Observe que $|\Psi(x, t)|^2$ em si *não* é uma probabilidade. Por outro lado, $|\Psi(x, t)|^2 dx$ é a probabilidade de encontrarmos a partícula entre a posição x e a posição $x + dx$ no tempo t. Se diminuirmos a distância dx, torna-se menos provável que a partícula será encontrada dentro desse comprimento, de modo que a probabilidade diminui. Um nome mais adequado para $|\Psi(x, t)|^2$ é a **função de distribuição de probabilidade**, uma vez que descreve como a probabilidade de encontrar a partícula em diferentes locais é distribuída no espaço. Outro nome comum para $|\Psi(x, t)|^2$ é *densidade de probabilidade*.

Podemos utilizar a interpretação probabilística de $|\Psi|^2$ para chegar a uma melhor compreensão da Equação 40.18, a função de onda para uma partícula livre. Essa função descreve uma partícula que possui um momento definido $p = \hbar k$ na direção do eixo x e *nenhuma* incerteza no momento: $\Delta p_x = 0$. O princípio da incerteza de Heisenberg para a posição e o momento, equações 39.29, nos diz que $\Delta x \Delta p_x \geq \hbar/2$. Se Δp_x é zero, Δx deve ser infinito e não temos ideia de onde, ao longo do eixo x, a partícula pode ser encontrada (vimos um resultado semelhante para os fótons na Seção 38.4). Podemos demonstrar isso pelo cálculo da função de distribuição de probabilidade $|\Psi(x, t)|^2$: o produto de Ψ e seu *conjugado complexo* Ψ^*. Para encontrar o complexo conjugado de um número complexo, substituímos cada i por $-i$. Por exemplo, o conjugado complexo de $c = a + ib$, onde a e b são reais, é $c^* = a - ib$, de modo que $|c|^2 = c^*c = (a + ib)(a - ib) = a^2 + b^2$ (lembre-se de que $i^2 = -1$). O complexo conjugado da Equação 40.18 é

$$\Psi^*(x, t) = A^* e^{-i(kx - \omega t)} = A^* e^{-ikx} e^{i\omega t}$$

(Temos de considerar a possibilidade de que o coeficiente A possa ser, ele mesmo, um número complexo.) Dessa forma, a função de distribuição de probabilidades é

$$|\Psi(x, t)|^2 = \Psi^*(x, t)\, \Psi(x, t) = (A^* e^{-ikx} e^{i\omega t})(A e^{ikx} e^{-i\omega t})$$
$$= A^* A e^0 = |A|^2$$

A função de distribuição de probabilidade não depende da posição, o que significa que existe a mesma probabilidade de encontrar a partícula *em qualquer lugar* ao longo do eixo x! Matematicamente, isso ocorre porque a função de onda senoidal $\Psi(x, t) = Ae^{i(kx - \omega t)} = A[\cos(kx - \omega t) + i\,\text{sen}(kx - \omega t)]$ se estende por todo o caminho desde $x = -\infty$ até $x = +\infty$ com a mesma amplitude A. Isso também significa que a função de onda não pode ser normalizada: a integral de $|\Psi(x, t)|^2$ sobre todo o espaço é infinito para qualquer valor de A.

Observe também que a função de onda na Equação 40.18 descreve uma partícula com uma energia definida como $E = \hbar\omega$, para que haja incerteza zero na energia: $\Delta E = 0$. O princípio da incerteza de Heisenberg para o intervalo de tempo e energia, $\Delta t\, \Delta E \geq \hbar/2$ (Equação 39.30), nos diz que o tempo de incerteza Δt para essa partícula é infinito. Em outras palavras, podemos ter ideia de *quando* a partícula vai passar em um determinado ponto no eixo x e que está de acordo com nosso resultado $|\Psi(x, t)|^2 = |A|^2$; a função de distribuição de probabilidade tem o mesmo valor em cada momento.

Uma vez que sempre temos alguma ideia de onde uma partícula está, a função de onda dada na Equação 40.18 não é uma descrição realista. Na Seção 38.4, em nosso estudo sobre a luz, vimos que podemos obter uma função de onda mais *localizada* no espaço por meio da sobreposição de duas ou mais funções senoidais. (Este seria um bom momento para rever essa seção.) Como exemplo, vamos calcular $|\Psi(x, t)|^2$ para uma função de onda desse tipo.

EXEMPLO 40.1 UMA FUNÇÃO DE ONDA DE UMA PARTÍCULA LIVRE LOCALIZADA

A função de onda $\Psi(x, t) = Ae^{i(k_1x - \omega_1t)} + Ae^{i(k_2x - \omega_2t)}$ é uma superposição de *duas* funções de onda de partícula livre na forma apresentada pela Equação 40.18. Tanto k_1 quanto k_2 são positivos. (a) Mostre que essa função de onda satisfaz à equação de Schrödinger para uma partícula livre de massa m. (b) Encontre a função de distribuição de probabilidade $\Psi(x, t)$.

SOLUÇÃO

IDENTIFICAR E PREPARAR: ambas as funções de onda $Ae^{i(k_1x - \omega_1t)}$ e $Ae^{i(k_2x - \omega_2t)}$ representam uma partícula se movendo na direção positiva do eixo x, mas com momentos lineares e energias cinéticas diferentes: $p_1 = \hbar k_1$ e $E_1 = \hbar\omega_1 = \hbar^2 {k_1}^2/2m$ para a primeira função, $p_2 = \hbar k_2$ e $E_2 = \hbar\omega_2 = \hbar^2 {k_2}^2/2m$ para a segunda função. Para testar se uma superposição dessas duas funções também é uma função de onda válida para uma partícula livre, verificaremos se nossa função $\Psi(x, t)$ satisfaz à equação de Schrödinger para uma partícula livre, como vemos na Equação 40.15. Utilizaremos as derivadas da função exponencial $(d/du)\, e^{au} = ae^{au}$ e $(d^2/du^2)e^{au} = a^2e^{au}$. A função de distribuição de probabilidade $|\Psi(x, t)|^2$ é o produto de $\Psi(x, t)$ com seu complexo conjugado.

EXECUTAR: (a) se substituirmos $\Psi(x, t)$ na Equação 40.15, o lado esquerdo da equação fica assim:

$$-\frac{\hbar^2}{2m}\frac{\partial^2\Psi(x,t)}{\partial x^2} = -\frac{\hbar^2}{2m}\frac{\partial^2(Ae^{i(k_1x-\omega_1t)} + Ae^{i(k_2x-\omega_2t)})}{\partial x^2}$$

$$= -\frac{\hbar^2}{2m}[(ik_1)^2Ae^{i(k_1x-\omega_1t)} + (ik_2)^2Ae^{i(k_2x-\omega_2t)}]$$

$$= \frac{\hbar^2k_1^2}{2m}Ae^{i(k_1x-\omega_1t)} + \frac{\hbar^2k_2^2}{2m}Ae^{i(k_2x-\omega_2t)}$$

O lado direito é

$$i\hbar\frac{\partial\Psi(x,t)}{\partial t} = i\hbar\frac{\partial(Ae^{i(k_1x-\omega_1t)} + Ae^{i(k_2x-\omega_2t)})}{\partial t}$$

$$= i\hbar[(-i\omega_1)Ae^{i(k_1x-\omega_1t)} + (-i\omega_2)Ae^{i(k_2x-\omega_2t)}]$$

$$= \hbar\omega_1Ae^{i(k_1x-\omega_1t)} + \hbar\omega_2Ae^{i(k_2x-\omega_2t)}$$

Os dois lados são iguais, tendo assumido que $\hbar\omega_1 = \hbar^2k_1^2/2m$ e $\hbar\omega_2 = \hbar^2k_2^2/2m$. Então concluímos que $\Psi(x, t) = Ae^{i(k_1x - \omega_1t)} + Ae^{i(k_2x - \omega_2t)}$ é uma função de onda válida para uma partícula livre. Em geral, se tomarmos quaisquer funções de onda que oferecem soluções para a equação de Schrödinger e então fizermos a superposição delas para criar uma terceira função $\Psi(x, t)$ então $\Psi(x, t)$ torna-se também uma solução para a equação de Schrödinger.

(b) O complexo conjugado de $\Psi(x, t)$ é

$$\Psi^*(x, t) = A^*e^{-i(k_1x - \omega_1t)} + A^*e^{-i(k_2x - \omega_2t)}$$

Sendo assim:

$$\begin{aligned}
&|\Psi(x,t)|^2\\
&= \Psi^*(x,t)\Psi(x,t)\\
&= (A^*e^{-i(k_1x-\omega_1t)} + A^*e^{-i(k_2x-\omega_2t)})(Ae^{i(k_1x-\omega_1t)} + Ae^{i(k_2x-\omega_2t)})\\
&= A^*A\begin{bmatrix} e^{-i(k_1x-\omega_1t)}e^{i(k_1x-\omega_1t)} + e^{-i(k_2x-\omega_2t)}e^{i(k_2x-\omega_2t)} \\ + e^{-i(k_1x-\omega_1t)}e^{i(k_2x-\omega_2t)} + e^{-i(k_2x-\omega_2t)}e^{i(k_1x-\omega_1t)} \end{bmatrix}\\
&= |A|^2[e^0 + e^0 + e^{i[(k_2-k_1)x-(\omega_2-\omega_1)t]} + e^{-i[(k_2-k_1)x-(\omega_2-\omega_1)t]}]
\end{aligned}$$

Para simplificar essa expressão, lembre-se de que $e^0 = 1$. A partir da fórmula de Euler, $e^{i\theta} = \cos\theta + i\,\text{sen}\,\theta$ e $e^{-i\theta} = \cos\theta - i\,\text{sen}\,\theta$, e então $e^{i\theta} + e^{-i\theta} = 2\cos\theta$. Logo,

$$\begin{aligned}
|\Psi(x,t)|^2 &= |A|^2\,\{\,2 + 2\cos[(k_2 - k_1)x - (\omega_2 - \omega_1)t]\,\}\\
&= 2|A|^2\,\{\,1 + \cos[(k_2 - k_1)x - (\omega_2 - \omega_1)t]\,\}
\end{aligned}$$

AVALIAR: a **Figura 40.5** é um gráfico da função de distribuição da probabilidade $|\Psi(x, t)|^2$ em $t = 0$. O valor de $|\Psi(x, t)|^2$ varia entre 0 e $4|A|^2$; probabilidades não podem ser negativas! A partícula tornou-se um pouco localizada: há maior probabilidade de se encontrar a partícula perto de um ponto onde $|\Psi(x, t)|^2$ é máxima (onde as funções $Ae^{i(k_1x - \omega_1t)}$ e $Ae^{i(k_2x - \omega_2t)}$ interferem construtivamente) e é muito improvável que seja encontrada perto de um ponto onde $|\Psi(x, t)|^2 = 0$ (em que $Ae^{i(k_1x - \omega_1t)}$ e $Ae^{i(k_2x - \omega_2t)}$ interferem destrutivamente).

Note também que a função de distribuição de probabilidade não é estacionária: move-se na direção positiva do eixo x como a

(Continua)

(Continuação)

partícula que ela representa. Para confirmar esse fato, relembre, da Seção 15.3, que uma onda senoidal representada por $y(x, t) = A\cos(kx - \omega t)$ se move no sentido positivo do eixo x com velocidade $v = \omega/k$; considerando que $|\Psi(x, t)|^2$ inclui um termo $\cos[(k_2 - k_1)x - (\omega_2 - \omega_1)t]$, a distribuição de probabilidade se move a uma velocidade $v_{méd} = (\omega_2 - \omega_1)/(k_2 - k_1)$. O índice "méd" nos lembra que $v_{méd}$ representa o valor *médio* da velocidade da partícula.

O preço que pagamos para tentar localizar a partícula é que, ao contrário de uma partícula como a que pode ser representada pela Equação 40.18, já não temos como definir tanto seu momento linear quanto sua energia, o que é consistente com os princípios da incerteza de Heisenberg: se diminuímos as incertezas sobre onde uma partícula está e quando passa por um certo ponto, as incertezas a respeito de seu momento linear e energia devem aumentar.

O momento linear médio da partícula é $p_{méd} = (\hbar k_2 + \hbar k_1)/2$, que é a média dos momentos lineares associados às funções de onda de partículas livres que foram adicionadas para criar $\Psi(x, t)$. Isso corresponde à partícula com uma velocidade média $v_{méd} = p_{méd}/m = (\hbar k_2 + \hbar k_1)/2m$. Você pode mostrar que isso é igual à expressão $v_{méd} = (\omega_2 - \omega_1)/(k_2 - k_1)$ que encontramos anteriormente?

Figura 40.5 A função de distribuição de probabilidade em $t = 0$ para $\Psi(x, t) = Ae^{i(k_1x - \omega_1t)} + Ae^{i(k_2x - \omega_2t)}$.

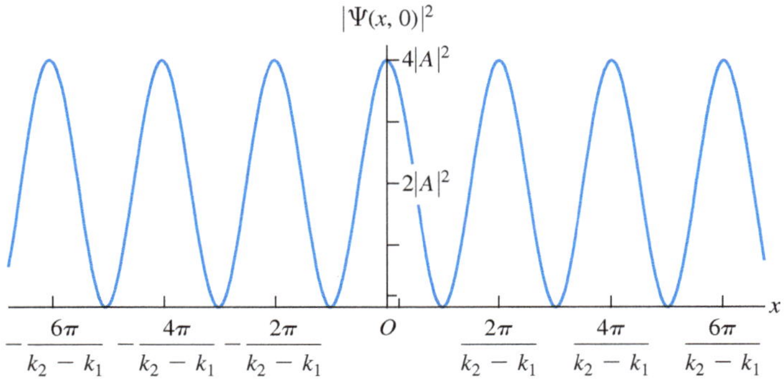

Pacotes de ondas

A função de onda que examinamos no Exemplo 40.1 não é muito bem localizada: a função de distribuição de probabilidade ainda se estende de $x = -\infty$ a $x = +\infty$. Portanto, essa função de onda não pode ser normalizada. Para fazer uma função de onda mais bem localizada, imagine duas ondas senoidais adicionais se sobrepondo com diferentes números de onda e amplitudes de modo a reforçar os máximos alternativos de $|\Psi(x, t)|^2$ na Figura 40.5 e anular os intermediários. Finalmente, se sobrepusermos ondas com um número muito grande de números de onda diferentes, podemos construir uma onda com um único máximo de $|\Psi(x, t)|^2$ (**Figura 40.6**). Então temos algo que começa a parecer tanto uma partícula como uma onda. É uma partícula no sentido de que é localizada no espaço; se olharmos de longe, pode parecer um ponto. Mas também tem uma estrutura periódica, o que é uma característica de onda.

Um pulso de onda localizado, como o mostrado na Figura 40.6, é chamado **pacote de ondas**. Podemos representar um pacote de ondas com uma expressão como

$$\Psi(x, t) = \int_{-\infty}^{\infty} A(k)\, e^{i(kx-\omega t)}\, dk \tag{40.19}$$

Figura 40.6 Superpor um grande número de ondas senoidais com diferentes números de onda e amplitudes adequadas pode produzir uma onda de pulso que tem comprimento de onda $\lambda_{méd} = 2\pi/k_{méd}$ e é localizada dentro de uma região de espaço de comprimento Δx. Esse pulso localizado tem aspectos tanto de partícula quanto de onda.

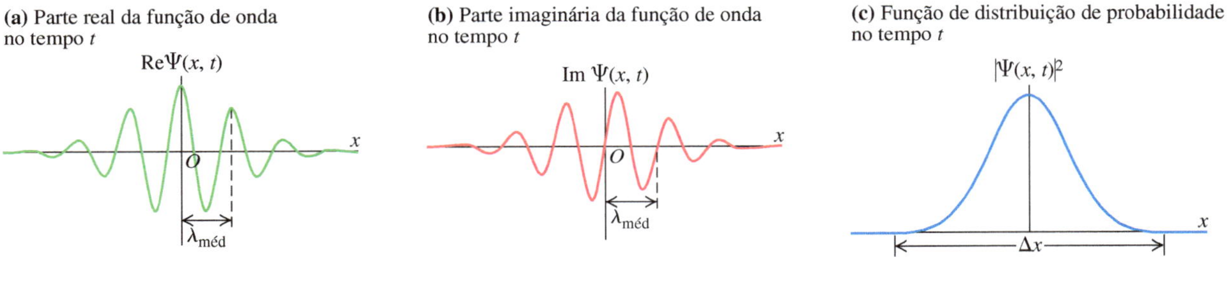

Figura 40.7 Como variar a função $A(k)$ na expressão do pacote de ondas, Equação 40.19, muda o caráter da função de onda $\Psi(x, t)$ (mostrada aqui em um instante específico $t = 0$).

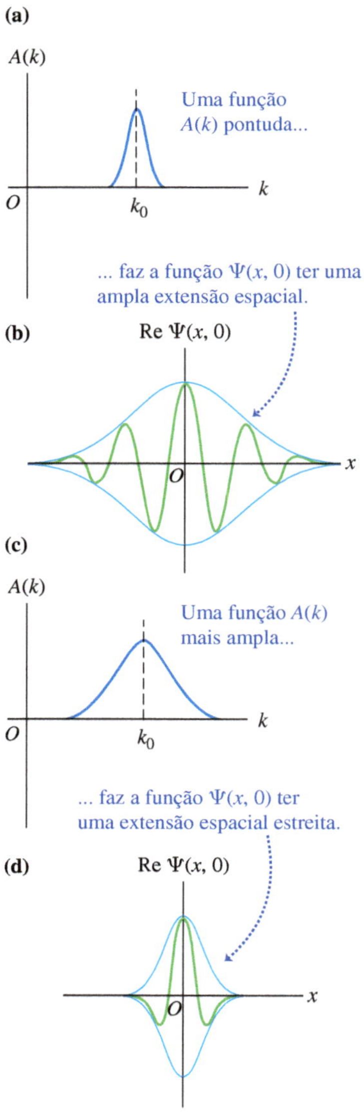

Essa integral representa uma superposição de um número muito grande de ondas, cada uma com um número de onda k diferente e uma frequência angular $\omega = \hbar k^2/2m$, cada uma com uma amplitude $A(k)$ que depende de k.

Existe uma relação importante entre as duas funções $\Psi(x, t)$ e $A(k)$, mostrada qualitativamente na **Figura 40.7**. Se a função $A(k)$ for acentuadamente pontiaguda, como na Figura 40.7a, estamos sobrepondo apenas uma estreita gama de números de onda. O pulso de onda resultante é então relativamente largo (Figura 40.7b). Mas se usarmos uma gama mais vasta de números de onda, de modo que a função $A(k)$ seja mais ampla (Figura 40.7c), o pulso da onda localizada é mais estreito (Figura 40.7d). Este é simplesmente o princípio da incerteza em ação. Uma gama estreita de k significa um intervalo estreito de $p_x = \hbar k$ e, portanto, um pequeno Δp_x; o resultado é um Δx relativamente grande. Uma ampla gama de k corresponde a um grande Δp_x, e o resultante Δx é menor. Você pode ver que o princípio da incerteza para a posição e o momento linear, $\Delta x \Delta p_x \geq \hbar/2$, é realmente apenas uma consequência das propriedades de integrais como mostra a Equação 40.19.

ATENÇÃO **Ondas de matéria *versus* ondas de luz no vácuo** Podemos considerar tanto um pacote de ondas que representa uma partícula quanto um pulso curto de luz de um laser como superposições de ondas de diferentes números de onda e frequências angulares. Uma diferença importante é que a velocidade da luz no vácuo é a mesma para todos os comprimentos de onda λ e, consequentemente, todos os números de onda $k = 2\pi/\lambda$, mas a velocidade de uma onda de matéria é *diferente* para diferentes comprimentos de onda. É possível observar esse fato a partir da fórmula para a velocidade das cristas das ondas em uma onda periódica, $v = \lambda f = \omega/k$. Para uma onda de matéria, $\omega = \hbar k^2/2m$, então $v = \hbar k/2m = h/2m\lambda$. Por isso, ondas com comprimentos de onda mais longos e números de onda menores viajam mais lentamente que aquelas com comprimentos de onda curtos e grandes números de onda. (Isso não deveria ser muito surpreendente. As relações de De Broglie que aprendemos na Seção 39.1 nos dizem que o comprimento de onda mais curto corresponde a um momento linear maior e, consequentemente, a uma maior velocidade.) Uma vez que as ondas senoidais individuais que compõem um pacote de ondas viajam em diferentes velocidades, a forma do pacote muda à medida que ele se move. É por isso que especificamos o tempo durante o qual os pacotes de onda nas figuras 40.6 e 40.7 são desenhados; em tempos posteriores, os pacotes tornam-se mais espalhados. Por outro lado, um pulso de ondas de luz no vácuo mantém a mesma forma em todos os momentos, porque todas as ondas senoidais que o compõem viajam juntas com a mesma velocidade.

A equação de Schrödinger unidimensional com energia potencial

A equação de Schrödinger unidimensional que apresentamos na Equação 40.15 é válida somente para partículas livres, para as quais a função de energia potencial é zero: $U(x) = 0$. Mas para um elétron dentro de um átomo, um próton dentro de um núcleo atômico e muitas outras situações reais, a energia potencial desempenha uma importante função. Para estudar o comportamento das ondas de matéria nessas situações, precisamos de uma versão da equação de Schrödinger que descreva uma partícula movendo-se na presença de uma função de energia potencial diferente de zero $U(x)$. Essa equação é

Equação de Schrödinger unidimensional geral:

$$-\frac{\hbar^2}{2m}\frac{\partial^2\Psi(x,t)}{\partial x^2} + U(x)\Psi(x,t) = i\hbar\frac{\partial\Psi(x,t)}{\partial t} \qquad (40.20)$$

Constante de Planck dividida por 2π ($\hbar$); Função de onda da partícula ($\Psi(x, t)$); Massa da partícula (m); Função de energia potencial ($U(x)$)

Note que, se $U(x) = 0$, a Equação 40.20 fica reduzida à equação de Schrödinger de uma partícula livre apresentada na Equação 40.15.

Esta é a motivação por trás da Equação 40.20: se $\Psi(x, t)$ for uma função de onda senoidal para uma partícula livre, $\Psi(x, t) = Ae^{i(kx - \omega t)} = Ae^{ikx}e^{-i\omega t}$, os termos derivados da Equação 40.20 tornam-se:

$$-\frac{\hbar^2}{2m}\frac{\partial^2\Psi(x, t)}{\partial x^2} = -\frac{\hbar^2}{2m}\frac{\partial^2}{\partial x^2}(Ae^{ikx}e^{-i\omega t}) = -\frac{\hbar^2}{2m}(ik)^2(Ae^{ikx}e^{-i\omega t})$$

$$= \frac{\hbar^2k^2}{2m}\Psi(x, t)$$

$$i\hbar\frac{\partial\Psi(x, t)}{\partial t} = i\hbar\frac{\partial}{\partial t}(Ae^{ikx}e^{-i\omega t}) = i\hbar(-i\omega)(Ae^{ikx}e^{-i\omega t}) = \hbar\omega\Psi(x, t)$$

Nessas expressões $(\hbar^2k^2/2m)\Psi(x, t)$ é apenas a energia cinética $K = p^2/2m = \hbar^2k^2/2m$ multiplicada pela função de onda, e $\hbar\omega\Psi(x, t)$ é a energia total $E = \hbar\omega$ multiplicada pela função de onda. Assim, para uma função de onda desse tipo, a Equação 40.20 mostra que a energia cinética multiplicada por $\Psi(x, t)$, somada à energia potencial vezes $\Psi(x, t)$, é igual à energia total vezes $\Psi(x, t)$. Isso é equivalente ao que diz a física clássica, de que a soma da energia cinética com a energia potencial é igual à energia mecânica total: $K + U = E$.

As observações que acabamos de fazer certamente não são uma *prova* de que a Equação 40.20 está correta. A verdadeira razão pela qual sabemos que essa equação *é* correta é que ela funciona: previsões feitas com essa equação combinam com os resultados experimentais. Mais adiante neste capítulo, vamos aplicar a Equação 40.20 a várias situações físicas, cada uma com uma forma diferente da função $U(x)$.

Estados estacionários

Vimos em nossa discussão a respeito de pacotes de ondas que qualquer função de onda de partícula livre pode ser construída a partir da superposição de funções de onda senoidais na forma $\Psi(x, t) = Ae^{ikx}e^{-i\omega t}$. Cada função de onda senoidal corresponde a um estado de energia definido $E = \hbar\omega = \hbar^2k^2/2m$ e frequência angular definida $\omega = E/\hbar$, e dessa forma, podemos reescrever essas funções como $\Psi(x, t) = Ae^{ikx}e^{-iEt/\hbar}$. Se a função de energia potencial $U(x)$ for diferente de zero, essas funções de onda senoidais não satisfazem à equação de Schrödinger, Equação 40.20, e então essas funções não podem ser os "blocos de construção" básicos de funções de onda mais complicadas. No entanto, podemos ainda escrever a função de onda para um estado para uma determinada energia E na seguinte forma

Função de onda dependente do tempo para um estado de energia definido

$$\Psi(x, t) = \psi(x)e^{-iEt/\hbar} \qquad (40.21)$$

- $\psi(x)$: Função de onda independente do tempo
- E: Energia do estado
- $\hbar$: Constante de Planck dividida por 2π

Isso significa que a função de onda $\Psi(x, t)$ para um estado de energia definido é o produto de sua função de onda *independente do tempo* $\psi(x)$ e um fator $e^{-iEt/\hbar}$. (Para uma função de onda senoidal de uma partícula livre, $\psi(x) = Ae^{ikx}$.) Estados definidos de energia são de uma tremenda importância para a mecânica quântica. Por exemplo, para cada nível de energia em um átomo de hidrogênio (Seção 39.3) existe uma função de onda específica. É possível para um átomo estar em um estado que não tem um nível de energia definido. A função de onda para cada um desses estados pode ser escrita como uma combinação de funções de onda de energia definida, precisamente da mesma maneira que um pacote de ondas pode ser escrito como uma superposição de funções de onda senoidais de energia definida, como na Equação 40.19.

Um estado de energia definida normalmente é chamado de **estado estacionário**. Para ver de onde vem esse nome, vamos multiplicar a Equação 40.21 pelo seu complexo conjugado para encontrar a função de distribuição de probabilidade $|\Psi|^2$:

$$\begin{aligned} |\Psi(x,t)|^2 &= \Psi^*(x,t)\Psi(x,t) = [\psi^*(x)e^{+iEt/\hbar}][\psi(x)e^{-iEt/\hbar}] \\ &= \psi^*(x)\psi(x)e^{(+iEt/\hbar)+(-iEt/\hbar)} = |\psi(x)|^2 e^0 \\ &= |\psi(x)|^2 \end{aligned} \tag{40.22}$$

Uma vez que $|\psi(x)|^2$ não depende do tempo, a Equação 40.22 mostra que o mesmo deve ser válido para a função de distribuição de probabilidade $|\Psi(x, t)|^2$. Isso justifica o termo "estado estacionário" para um estado de energia definida.

ATENÇÃO Um estado estacionário não significa uma partícula estacionária Dizer que uma partícula está em um estado estacionário *não* significa que a partícula se encontra em repouso. É a *distribuição de probabilidade* (ou seja, a probabilidade relativa de encontrar a partícula em várias posições), e não a própria partícula, que é estacionária.

A equação de Schrödinger, Equação 40.20, torna-se um pouco mais simples para os estados estacionários. Para ver isso, substituímos a Equação 40.21 na Equação 40.20:

$$-\frac{\hbar^2}{2m}\frac{\partial^2[\psi(x)e^{-iEt/\hbar}]}{\partial x^2} + U(x)\psi(x)e^{-iEt/\hbar} = i\hbar\frac{\partial[\psi(x)e^{-iEt/\hbar}]}{\partial t}$$

A derivada no primeiro termo do lado esquerdo é em relação a x, e então o fator $e^{-iEt/\hbar}$ vai para fora da derivada. Assim sendo, calculamos a derivada em relação a t no lado direito da equação:

$$\begin{aligned} -\frac{\hbar^2}{2m}\frac{d^2\psi(x)}{dx^2}e^{-iEt/\hbar} + U(x)\psi(x)e^{-iEt/\hbar} &= i\hbar\left(\frac{-iE}{\hbar}\right)[\psi(x)e^{-iEt/\hbar}] \\ &= E\psi(x)e^{-iEt/\hbar} \end{aligned}$$

Se dividimos ambos os lados dessa equação por $e^{-iEt/\hbar}$, obtemos

Equação de Schrödinger unidimensional independente do tempo:

$$-\frac{\hbar^2}{2m}\frac{d^2\psi(x)}{dx^2} + U(x)\psi(x) = E\psi(x) \tag{40.23}$$

Constante de Planck dividida por 2π ($\hbar$); Massa da partícula (m); Função de onda independente do tempo ($\psi(x)$); Função de energia potencial ($U(x)$); Energia do estado (E)

Esta é a chamada **equação de Schrödinger unidimensional independente do tempo**. O fator dependente de tempo $e^{-iEt/\hbar}$ não aparece, e a Equação 40.23 envolve apenas a função de onda $\psi(x)$ independente do tempo. Vamos dedicar grande parte deste capítulo para resolver essa equação a fim de encontrar a energia definitiva, funções de onda de estado estacionário $\psi(x)$ e os valores correspondentes de E — isto é, as energias dos níveis permitidos — para diferentes situações físicas.

EXEMPLO 40.2 UM ESTADO ESTACIONÁRIO

Considere a função de onda $\psi(x) = A_1e^{ikx} + A_2e^{-ikx}$, onde k é positivo. Essa é uma função de onda válida de uma partícula livre em estado estacionário independente de tempo? Qual a energia correspondente a essa função de onda?

SOLUÇÃO

IDENTIFICAR E PREPARAR: uma função de onda válida de uma partícula livre em estado estacionário deve satisfazer à equação de Schrödinger independente de tempo, a Equação 40.23, com

(Continua)

(Continuação)

$U(x) = 0$. Para testar a função dada $\psi(x)$, simplesmente vamos substituí-la dentro do lado esquerdo da equação. Se o resultado for uma constante multiplicada por $\psi(x)$, então a função de onda de fato é uma solução e a constante é igual à partícula de energia E.

EXECUTAR: substituindo $\psi(x) = A_1e^{ikx} + A_2e^{-ikx}$ e $U(x) = 0$ na Equação 40.23, obtemos:

$$-\frac{\hbar^2}{2m}\frac{d^2\psi(x)}{dx^2} = -\frac{\hbar^2}{2m}\frac{d^2(A_1e^{ikx} + A_2e^{-ikx})}{dx^2}$$
$$= -\frac{\hbar^2}{2m}[(ik)^2A_1e^{ikx} + (-ik)^2A_2e^{-ikx}]$$
$$= \frac{\hbar^2k^2}{2m}(A_1e^{ikx} + A_2e^{-ikx}) = \frac{\hbar^2k^2}{2m}\psi(x)$$

O resultado é uma constante multiplicada por $\psi(x)$, então de fato $\psi(x)$ é uma função de onda de uma partícula livre em estado estacionário. A comparação com a Equação 40.23 mostra que a constante no lado direito é a partícula de energia: $E = \hbar^2k^2/2m$.

AVALIAR: observe que $\psi(x)$ é uma *superposição* de duas funções de onda diferentes: uma função (A_1e^{ikx}) que representa uma partícula com momento linear de magnitude $p = \hbar k$ movendo-se na direção positiva do eixo x e uma função (A_2e^{-ikx}) que representa uma partícula com o momento linear de mesma magnitude movendo-se na direção negativa do eixo x. Dessa forma, enquanto a função de onda combinada $\psi(x)$ representa um estado estacionário com uma energia definida, esse estado *não* tem um momento linear definido. Veremos na Seção 40.2 que essa função de onda pode representar uma *onda estacionária*, e ainda situações em que tais ondas de matéria podem surgir.

TESTE SUA COMPREENSÃO DA SEÇÃO 40.1 O pacote de ondas da Equação 40.19 representa um estado estacionário? ❙

40.2 PARTÍCULA EM UMA CAIXA

Um problema importante na mecânica quântica é como usar uma equação de Schrödinger independente de tempo, a Equação 40.23, para determinar os possíveis níveis de energia e as funções de onda correspondentes aplicáveis em vários sistemas. Isso significa que, para uma dada função de energia potencial $U(x)$, quais são as funções de onda permitidas em estado estacionário $\psi(x)$ e quais são suas energias E correspondentes?

Na Seção 40.1, resolvemos esse problema para o caso de $U(x) = 0$, que corresponde a uma partícula *livre*. As funções de onda permitidas e suas energias correspondentes são:

$$\psi(x) = Ae^{ikx} \qquad E = \frac{\hbar^2k^2}{2m} \qquad \text{(partícula livre)} \qquad (40.24)$$

O número de onda k é igual a $2\pi/\lambda$, onde λ é o comprimento de onda. Verificamos que k pode assumir qualquer valor real; portanto, a energia E de uma partícula livre pode assumir qualquer valor de zero ao infinito. Além disso, a probabilidade de encontrar uma partícula é igual para qualquer valor de x de $-\infty$ a $+\infty$.

Agora vamos estudar um modelo simples em que uma partícula está *confinada*, de modo a não poder escapar para o infinito, estando presa em uma região restrita do espaço. Nosso sistema consiste em uma partícula confinada entre duas paredes rígidas separadas por uma distância L (**Figura 40.8**). O movimento acontece apenas em uma dimensão, com a partícula se deslocando ao longo apenas do eixo x e as paredes em $x = 0$ e $x = L$. A energia potencial correspondente às paredes rígidas é infinita, e a partícula não pode escapar; entre as paredes, a energia potencial é zero (**Figura 40.9**). Essa situação é frequentemente descrita por meio da expressão **"partícula em uma caixa"**. Esse modelo pode representar um elétron livre para se mover dentro de uma molécula comprida e retilínea ou ao longo de um fio bastante fino.

Figura 40.8 Visão newtoniana de uma partícula em uma caixa.

Uma partícula de massa m se desloca ao longo de uma linha reta com velocidade constante, ricocheteando sucessivamente entre duas paredes separadas por uma distância L.

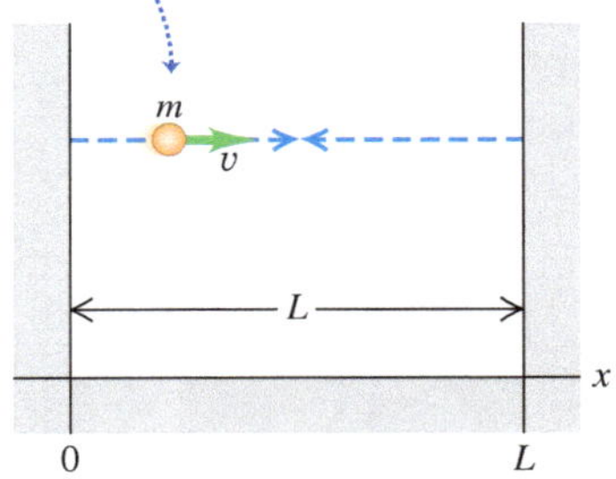

Figura 40.9 A função energia potencial de uma partícula em uma caixa.

A energia potencial U é zero no intervalo $0 < x < L$ e é infinita em todos os lugares fora desse intervalo.

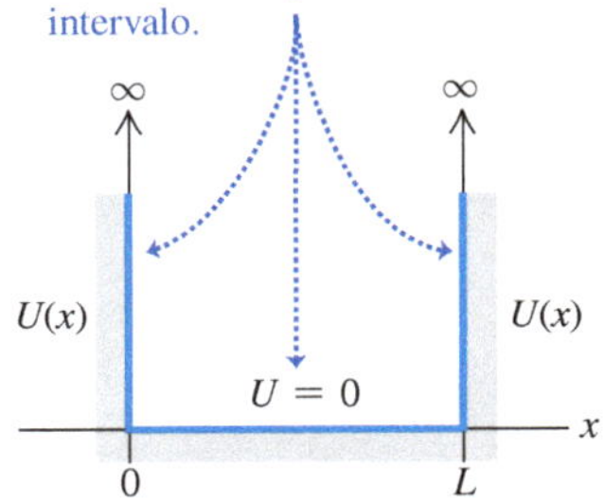

Funções de onda para uma partícula em uma caixa

Para resolver a equação de Schrödinger nesse sistema, começamos com algumas restrições sobre a função de onda $\psi(x)$ da partícula. Como a partícula está confinada à região $0 \leq x \leq L$, esperamos que a função de distribuição de probabilidade

Figura 40.10 Modos normais de vibração em uma corda de comprimento L, com extremidades fixas.

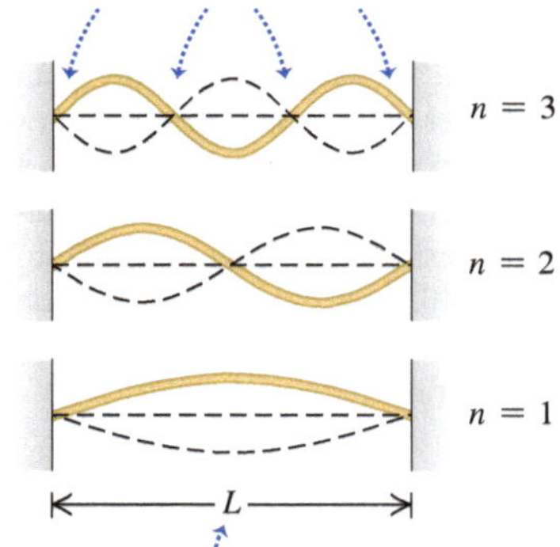

$|\Psi(x, t)|^2 = |\psi(x)|^2$ e que a função de onda $\psi(x)$ seja zero fora dessa região. Isso está de acordo com a equação de Schrödinger: se o termo $U(x)\psi(x)$ na Equação 40.23 deve ser finito, então $\psi(x)$ deve ser zero quando $U(x)$ é infinito.

Além disso, $\psi(x)$ deve ser uma função *contínua* para que seja uma solução matematicamente aceitável para a equação de Schrödinger. Sendo assim, $\psi(x)$ deve ser igual a zero nas fronteiras da região $x = 0$ e $x = L$. As duas últimas condições são conhecidas como as *condições de contorno* do problema. Elas devem lhe parecer familiares, visto que são as mesmas condições que usamos para determinar os modos normais em uma corda vibrante na Seção 15.8 (**Figura 40.10**). Talvez seja necessária uma revisão dessa parte da matéria.

Uma condição adicional é que, para calcular a segunda derivada $d^2\psi(x)/dx^2$ na Equação 40.23, a *primeira* derivada $d\psi(x)/dx$ também deve ser contínua, a não ser nos pontos em que a energia potencial se torna infinita (como acontece nas paredes da caixa). Essa condição é análoga à de que uma corda vibrante, como as mostradas na Figura 40.10, não pode apresentar nós (o que corresponderia a uma descontinuidade na primeira derivada da função de onda), a não ser nas extremidades da corda.

Resolvemos agora para as funções de onda na região $0 \leq x \leq L$ sob as condições anteriormente citadas. Nessa região, $U(x) = 0$; portanto, $\psi(x)$ nessa região deve satisfazer a

$$-\frac{\hbar^2}{2m}\frac{d^2\psi(x)}{dx^2} = E\psi(x) \qquad \text{(partícula em uma caixa)} \qquad (40.25)$$

A Equação 40.25 é a *mesma* equação de Schrödinger que aplicamos a uma partícula livre, de forma que é tentador concluir que as funções de onda e energias são dadas pela Equação 40.24. É verdade que $\psi(x) = Ae^{ikx}$ satisfaz à equação de Schrödinger com $U(x) = 0$, é contínua e produz uma primeira derivada contínua $d\psi(x)/dx = ikAe^{ikx}$. Entretanto, essa função de onda *não* satisfaz às condições de contorno em que $\psi(x)$ deve ser zero em $x = 0$ e $x = L$: em $x = 0$, a função de onda na Equação 40.24 é igual a $Ae^0 = A$, e em $x = L$ é igual a Ae^{ikL}. (Essas funções seriam iguais a zero se $A = 0$, mas nesse caso a função de onda seria igual a zero e não existiria nenhuma partícula!)

Para sair desse dilema, precisamos nos lembrar do Exemplo 40.2 (Seção 40.1), em que descobrimos que uma solução de um estado estacionário mais geral para a equação de Schrödinger independente de tempo, com $U(x) = 0$, é

$$\psi(x) = A_1e^{ikx} + A_2e^{-ikx} \qquad (40.26)$$

Essa função de onda é uma superposição de duas ondas: uma que se desloca no sentido $+x$ com amplitude A_1 e outra que se desloca no sentido $-x$ com o mesmo número de onda, porém com amplitude A_2. Essa situação é análoga à de ondas estacionárias em uma corda (Figura 40.10), que podemos encarar como a superposição de duas ondas senoidais propagando-se em sentidos opostos (veja a Seção 15.7). A energia que corresponde à Equação 40.26 é $E = \hbar^2k^2/2m$, da mesma forma que para uma única onda.

Para verificar se a função de onda dada pela Equação 40.26 pode satisfazer às condições de contorno, primeiro vamos reescrevê-la em termos de senos e cossenos usando a fórmula de Euler, Equação 40.17:

$$\begin{aligned}\psi(x) &= A_1(\cos kx + i \operatorname{sen} kx) + A_2[\cos(-kx) + i \operatorname{sen}(-kx)] \\ &= A_1(\cos kx + i \operatorname{sen} kx) + A_2(\cos kx - i \operatorname{sen} kx) \qquad (40.27) \\ &= (A_1 + A_2)\cos kx + i(A_1 - A_2) \operatorname{sen} kx\end{aligned}$$

Em $x = 0$, obtemos $\psi(0) = A_1 + A_2$, que deve ser igual a zero para satisfazer à condição de contorno nesse ponto. Assim, $A_2 = -A_1$, e a Equação 40.27 se torna

$$\psi(x) = 2iA_1 \text{ sen } kx = C \text{ sen } kx \qquad (40.28)$$

Simplificamos a expressão introduzindo a constante $C = 2iA_1$. (Voltaremos a falar dessa constante mais tarde.) Podemos também satisfazer à segunda condição de contorno em que $\psi = 0$ em $x = L$ escolhendo valores de k de modo que $kL = n\pi$ ($n = 1, 2, 3,\ldots$). Dessa forma, a Equação 40.28 fornece funções de onda de um estado estacionário para uma partícula em uma caixa na região $0 \leq x \leq L$. (Fora dessa região, $\psi(x) = 0$.) Os valores possíveis de k e do comprimento de onda $\lambda = 2\pi/k$ são

$$k = \frac{n\pi}{L} \quad \text{e} \quad \lambda = \frac{2\pi}{k} = \frac{2L}{n} \quad (n = 1, 2, 3, \ldots) \qquad (40.29)$$

Assim como ocorre com uma corda (Figura 40.10), o comprimento L da região é um número inteiro de metades de comprimento de ondas.

Aplicação Partículas na "caixa" de um polímero Poliacetileno faz parte de uma classe de moléculas orgânicas de cadeia longa que conduzem eletricidade ao longo de seu comprimento. A molécula é constituída por um grande número de unidades (C_2H_2), chamadas *monômeros* (apenas três monômeros são mostrados aqui). Os elétrons podem se mover livremente ao longo do comprimento da molécula, mas não perpendicularmente ao comprimento, de modo que a molécula é como uma "caixa" unidimensional de elétrons. O comprimento L da molécula depende do número de monômeros. A experiência mostra que os níveis de energia permitidos estão bem de acordo com a Equação 40.31: quanto maior for o número de monômeros e quanto maior for o comprimento L, mais baixos serão os níveis de energia e menor o espaçamento entre esses níveis.

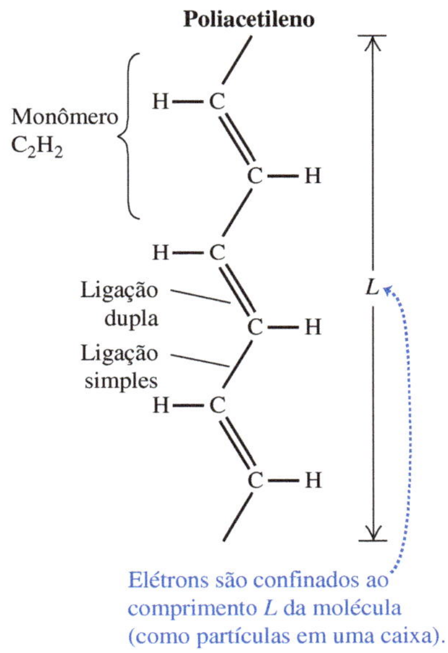

Níveis de energia para uma partícula em uma caixa

Os níveis de energia possíveis para uma partícula em uma caixa são dados por $E = \hbar^2k^2/2m = p^2/2m$, onde $p = \hbar k = (h/2\pi)(2\pi/\lambda) = h/\lambda$ é o módulo do momento linear de uma partícula livre com número de onda k e comprimento de onda λ. Isso faz sentido, já que dentro da região $0 \leq x \leq L$ a energia potencial é zero e a energia é toda cinética. Para cada valor de n, há valores correspondentes de p, λ e E; vamos designá-los por p_n, λ_n e E_n. Juntando tudo, obtemos

$$p_n = \frac{h}{\lambda_n} = \frac{nh}{2L} \qquad (40.30)$$

Então os níveis de energia para uma partícula em uma caixa são

Níveis de energia para uma partícula em uma caixa

$$E_n = \frac{p_n^2}{2m} = \frac{n^2h^2}{8mL^2} = \frac{n^2\pi^2\hbar^2}{2mL^2} \quad (n = 1, 2, 3, \ldots) \qquad (40.31)$$

(p_n: Magnitude do momento linear; h: Constante de Planck; $\hbar$: Constante de Planck dividida por 2π; m: Massa da partícula; L: Comprimento da caixa; n: Número quântico)

Cada nível de energia tem seu próprio valor de número quântico n e uma função de onda correspondente, que designamos por ψ_n. Quando substituímos k na Equação 40.28 pela expressão $n\pi/L$ da Equação 40.29, encontramos

$$\psi_n(x) = C \text{sen} \frac{n\pi x}{L} \quad (n = 1, 2, 3, \ldots) \qquad (40.32)$$

O diagrama de níveis de energia na **Figura 40.11a** mostra os cinco níveis mais baixos para uma partícula em uma caixa. Os níveis de energia cada vez mais elevados são proporcionais a n^2, então espaços maiores são cada vez mais espaçados entre si. Há um número infinito de níveis porque as paredes são perfeitamente rígidas; mesmo uma partícula de energia cinética infinitamente grande permanece confinada dentro da caixa. A Figura 40.11b mostra gráficos das funções de onda $\psi(x)$ para $n = 1, 2, 3, 4$ e 5. Note que essas funções parecem idênticas às das ondas estacionárias em uma corda (Figura 40.10).

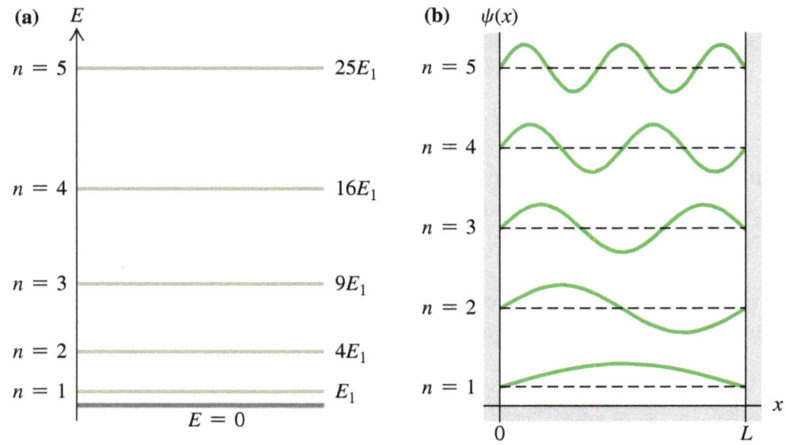

Figura 40.11 (a) Diagrama dos níveis de energia para a partícula confinada em uma caixa. Cada energia é igual a n^2E_1, onde E_1 é a energia do nível fundamental. (b) Funções de onda para a partícula confinada em uma caixa, para $n = 1, 2, 3, 4$ e 5. **ATENÇÃO:** os cinco gráficos foram postos verticalmente para melhor clareza, assim como na Figura 40.10. Cada uma das linhas horizontais tracejadas representa a função $\psi = 0$ para a respectiva função de onda.

ATENÇÃO **Uma partícula em uma caixa não pode ter energia zero.** Note que a energia de uma partícula em uma caixa *não pode* ser zero. A Equação 40.31 mostra que $E = 0$ exigiria $n = 0$, mas substituindo-se $n = 0$ na Equação 40.32 obtém-se uma função de onda igual a zero. Como uma partícula é descrita por uma função de onda não nula, significa que não pode haver uma partícula com $E = 0$. Esta é uma consequência do princípio da incerteza de Heisenberg: uma partícula em um estado de energia zero teria um valor definido de momento linear (precisamente zero), então a incerteza de sua posição seria infinita e a partícula poderia ser encontrada em qualquer lugar ao longo do eixo x. Mas isso é impossível, uma vez que uma partícula em uma caixa só pode ser encontrada entre $x = 0$ e $x = L$. Sendo assim, $E = 0$ não é permitido. Por outro lado, as funções de onda de estado estacionário permitidas com $n = 1, 2, 3,...$ não representam estados de momento linear definido (cada um é uma mistura igual de um estado de momentum $x + p_n = nh/2L$ e um estado de momentum $x - p_n = -nh/2L$). Assim, cada estado estacionário tem a incerteza de seu momento linear diferente de zero, consistente com ter uma incerteza de posição finita.

EXEMPLO 40.3 ELÉTRON EM UMA CAIXA DO TAMANHO DE UM ÁTOMO

Encontre os dois primeiros níveis de energia para um elétron confinado a uma caixa unidimensional com $5{,}0 \times 10^{-10}$ m de diâmetro (cerca do diâmetro de um átomo).

SOLUÇÃO

IDENTIFICAR E PREPARAR: este problema utiliza os conceitos que estudamos nesta seção, relativos a uma partícula em uma caixa. Os dois primeiros níveis de energia correspondem a $n = 1$ e $n = 2$ na Equação 40.31.

EXECUTAR: de acordo com a Equação 40.31,

$$E_1 = \frac{h^2}{8mL^2} = \frac{(6{,}626 \times 10^{-34}\ \text{J}\cdot\text{s})^2}{8(9{,}109 \times 10^{-31}\ \text{kg})\ (5{,}0 \times 10^{-10}\ \text{m})^2}$$

$$= 2{,}4 \times 10^{-19}\ \text{J} = 1{,}5\ \text{eV}$$

$$E_2 = \frac{2^2h^2}{8mL^2} = 4E_1 = 9{,}6 \times 10^{-19}\ \text{J} = 6{,}0\ \text{eV}$$

AVALIAR: a diferença entre os dois primeiros níveis de energia é $E_2 - E_1 = 4{,}5$ eV. Um elétron confinado em uma caixa é bastante diferente de um elétron confinado em um átomo. Contudo, é interessante notar que a energia obtida neste exemplo possui a mesma ordem de grandeza do nível de energia realmente existente em um átomo.

Você pode demonstrar isso para um próton ou um nêutron ($m = 1{,}67 \times 10^{-27}$ kg) confinado em uma caixa cuja largura seja $1{,}1 \times 10^{-14}$ m (o diâmetro de um núcleo atômico médio), as energias dos dois primeiros níveis são cerca de um milhão de vezes maiores: $E_1 = 1{,}7 \times 10^6$ eV $= 1{,}7$ MeV, $E_2 = 4E_1 = 6{,}8$ MeV, $E_2 - E_1 = 5{,}1$ MeV. Isso nos fornece uma pista para entender a razão pela qual as energias envolvidas em reações nucleares (que envolvem transições entre níveis de energia dentro do núcleo do átomo) liberam muito mais energia que reações químicas (que envolvem transições entre níveis de energia de elétrons em átomos). Finalmente, podemos mostrar (veja o Exercício 40.9) que os níveis de energia de uma bola de bilhar ($m = 0{,}2$ kg) confinada em uma caixa de 1,3 m de comprimento — o tamanho de uma mesa de bilhar — são separados por cerca de 5×10^{-67} J. Os efeitos quânticos não afetam seu jogo.

Probabilidade e normalização

Vamos analisar mais detalhadamente as funções de onda para uma partícula em uma caixa, lembrando da interpretação da função de onda ψ como uma *probabilidade*, conforme discutimos na Seção 40.1. Em nossa situação unidimensional, a grandeza $|\psi(x)|^2 dx$ é proporcional à probabilidade de que a partícula seja encontrada dentro de um pequeno intervalo dx ao redor de x. Para uma partícula em uma caixa,

$$|\psi(x)|^2 dx = C^2 \operatorname{sen}^2 \frac{n\pi x}{L} dx$$

Os gráficos tanto de $\psi(x)$ quanto de $|\psi(x)|^2$ são mostrados na **Figura 40.12** para $n = 1$, 2 e 3. Notamos que nem todas as posições apresentam a mesma probabilidade. Isso contradiz a previsão da mecânica clássica segundo a qual todas as posições entre $x = 0$ e $x = L$ são igualmente prováveis. Vemos, na Figura 40.12b, que $|\psi(x)|^2 = 0$ em alguns pontos, de modo que a probabilidade de encontrar a partícula exatamente nesses pontos é igual a zero. Não se preocupe; o princípio da incerteza já mostrou que não podemos determinar posições com exatidão. Devemos localizar a partícula apenas em um intervalo entre $x = 0$ e $x = L$.

A partícula deve ser encontrada em *algum lugar* no eixo x, ou seja, entre $x = -\infty$ e $x = +\infty$. Portanto, a *soma* de todas as probabilidades de todos os elementos dx de todos os pontos (a probabilidade *total* de encontrar a partícula) deve ser igual a 1. Essa é a condição de normalização que discutimos na Seção 40.1:

Condição de normalização, função de onda independente de tempo:

$$\int_{-\infty}^{\infty} |\psi(x)|^2 \, dx = 1 \qquad (40.33)$$

Integral sobre todo x

Função de onda independente de tempo

Função de distribuição de probabilidade

Probabilidade de que a partícula esteja *em algum lugar* sobre o eixo x

Figura 40.12 Gráficos de (a) $\psi(x)$ e (b) $|\psi(x)|^2$ para as primeiras três funções de onda ($n = 1$, 2 e 3) para uma partícula em uma caixa. As linhas tracejadas na horizontal representam $\psi(x) = 0$ e $|\psi(x)|^2 = 0$ para cada um dos três níveis. O valor de $|\psi(x)|^2 dx$ em cada ponto é a probabilidade de encontrar a partícula em um pequeno intervalo dx em volta do ponto. Como na Figura 40.11b, os três gráficos em cada parte foram postos na vertical para maior clareza.

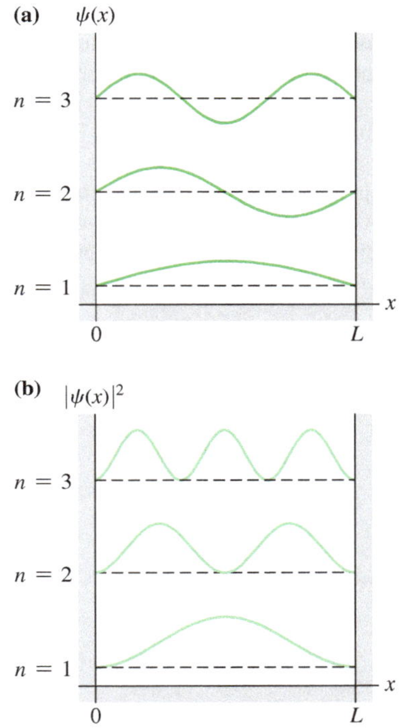

Dizemos que uma função de onda é *normalizada* quando ela possui uma constante C como a indicada na Equação 40.32, que foi calculada de modo a obter a probabilidade total igual a 1, como indicado na Equação 40.33. Para uma função de onda normalizada, $|\psi(x)|^2 dx$ não é meramente proporcional à probabilidade de encontrar a partícula, mas é exatamente *igual* à probabilidade de encontrar a partícula no intervalo entre as coordenadas x e $x + dx$. Esse é o motivo pelo qual chamamos $|\psi(x)|^2$ de função de distribuição de probabilidade. (Na Seção 40.1, chamamos $|\Psi(x, t)|^2$ de função de distribuição de probabilidade. Para o caso de uma função de onda em estado estacionário, porém, $|\Psi(x, t)|^2$ é igual a $|\psi(x)|^2$.)

Vamos agora normalizar a função de onda $\psi_n(x)$ dada pela Equação 40.32. Visto que $\psi_n(x)$ é igual a zero, exceto entre $x = 0$ e $x = L$, a Equação 40.33 se torna

$$\int_0^L C^2 \operatorname{sen}^2 \frac{n\pi x}{L} \, dx = 1 \qquad (40.34)$$

Podemos calcular essa integral usando a identidade trigonométrica $\operatorname{sen}^2 \theta = \frac{1}{2}(1 - \cos 2\theta)$; o resultado é $C^2 L/2$. Portanto, nossa interpretação da probabilidade calculada pela função de onda exige que $C^2 L/2 = 1$ ou $C = (2/L)^{1/2}$; a constante C *não* é arbitrária. (Esse resultado contrasta com o problema clássico da corda vibrante, onde a constante C representa uma amplitude que depende das condições iniciais.) Então as funções de onda em estado estacionário normalizadas para uma partícula em uma caixa são:

$$\psi_n(x) = \sqrt{\frac{2}{L}}\,\text{sen}\,\frac{n\pi x}{L} \qquad (n = 1, 2, 3, \ldots) \tag{40.35}$$

Funções de onda em estado estacionário para uma partícula em uma caixa — Número quântico (n) — Comprimento da caixa (L)

EXEMPLO 40.4 UMA FUNÇÃO DE ONDA NÃO SENOIDAL?

(a) Mostre que $\psi(x) = Ax + B$, com A e B constantes, é uma solução da equação de Schrödinger para um nível de energia $E = 0$ de uma partícula em uma caixa. (b) Que limites as condições de contorno em $x = 0$ e $x = L$ estabelecem sobre as constantes A e B?

SOLUÇÃO

IDENTIFICAR E PREPARAR: este problema usa a ideia de que qualquer função de onda fisicamente razoável deve satisfazer tanto à equação de Schrödinger quanto às condições de contorno. Na parte (a), substituímos $\psi(x)$ na equação de Schrödinger para uma partícula em uma caixa, Equação 40.25, a fim de verificar se essa função é uma solução. Na parte (b), impomos que $\psi(x)$ seja igual a zero em $x = 0$ e em $x = L$.

EXECUTAR: (a) de acordo com a Equação 40.25, a equação de Schrödinger para o nível de energia $E = 0$ para uma partícula em uma caixa é

$$-\frac{\hbar^2}{2m}\frac{d^2\psi(x)}{dx^2} = E\psi(x) = 0$$

na região $0 \leq x \leq L$. Derivando $\psi(x) = Ax + B$ duas vezes em relação a x, obtemos $d^2\psi(x)/dx^2 = 0$, então o lado esquerdo da equação é zero, e $\psi(x) = Ax + B$ é uma solução da equação de Schrödinger para $E = 0$. (Note que tanto $\psi(x)$ quanto sua derivada $d\psi(x)/dx = A$ são funções contínuas, como deveriam ser.)

(b) Aplicando a condição de contorno em $x = 0$, obtemos $\psi(0) = B = 0$, e então $\psi(x) = Ax$. Aplicando a condição de contorno em $x = L$, obtemos $\psi(L) = AL = 0$; portanto, $A = 0$. Assim, $\psi(x) = 0$ tanto dentro da caixa ($0 \leq x \leq L$) como *fora dela*, e há *zero* probabilidade de se encontrar a partícula em qualquer lugar com essa função de onda. Dessa forma, $\psi(x) = Ax + B$ *não* é uma função de onda válida em termos físicos.

AVALIAR: a moral dessa história é que há muitas funções que satisfazem à equação de Schrödinger em uma dada situação física, mas a maioria delas — inclusive a função considerada aqui — deve ser rejeitada por não satisfazer às condições de contorno.

Dependência do tempo

As funções de onda $\psi_n(x)$ na Equação 40.35 dependem apenas da coordenada *espacial* x. A Equação 40.21 mostra que, se $\psi(x)$ é a função de onda para um estado definido de energia E, a função de onda dependente do tempo é $\Psi(x, t) = \psi(x)e^{-iEt/\hbar}$. Portanto, as funções de onda *dependentes do tempo* para um estado estacionário, para uma partícula em uma caixa, são

$$\Psi_n(x, t) = \sqrt{\frac{2}{L}}\,\text{sen}\left(\frac{n\pi x}{L}\right)e^{-iE_n t/\hbar} \qquad (n = 1, 2, 3, \ldots) \tag{40.36}$$

Nessa expressão, as energias E_n são dadas pela Equação 40.31. Quanto maior for o número quântico n, maior será a frequência angular $\omega_n = E_n/\hbar$ pela qual a função de onda oscila. Note que, como $|e^{-iE_n t/\hbar}|^2 = e^{+iE_n t/\hbar}\,e^{-iE_n t/\hbar} = e^0 = 1$, então a função de distribuição de probabilidade $|\Psi(x, t)|^2 = (2/L)\text{sen}^2\,(n\pi x/L)$ é independente do tempo e *não* oscila. (Lembre-se de que este é o motivo por que dizemos que esses estados de energia são *estacionários*.)

TESTE SUA COMPREENSÃO DA SEÇÃO 40.2 Se uma partícula em uma caixa está no nível de energia de ordem n, qual é o valor médio do componente x de seu momento linear p_x? (i) $nh/2L$; (ii) $(\sqrt{2}/2)nh/L$; (iii) $(1/\sqrt{2})nh/L$; (iv) $[1/(2\sqrt{2})]nh/L$; (v) zero. ❙

40.3 POÇOS DE POTENCIAL

Um **poço de potencial** é uma função energia potencial $U(x)$ que possui um mínimo. Introduzimos esse termo na Seção 7.5 e também o utilizamos em nossa discussão do movimento periódico no Capítulo 13. Na mecânica newtoniana, uma partícula presa em um poço de potencial pode oscilar com movimento periódico.

Nossa primeira aplicação da equação de Schrödinger, a partícula em uma caixa, envolvia um poço de potencial rudimentar com uma função $U(x)$ igual a zero dentro de um intervalo e igual a infinito em qualquer ponto fora desse intervalo. Conforme discutimos na Seção 40.2, essa função ocorre em algumas situações existentes na natureza, porém a correspondência é apenas aproximada.

Uma melhor aproximação para diversas situações físicas é um **poço finito**, que é um poço de potencial com lados retilíneos, porém com altura *finita*. A **Figura 40.13** mostra uma função energia potencial igual a zero no intervalo $0 \leq x \leq L$ e que possui um valor U_0 em qualquer ponto fora desse intervalo. Essa função geralmente é chamada de **poço de potencial quadrado**, que pode servir como um modelo simples de um elétron confinado em uma placa metálica de espessura L se deslocando perpendicularmente à superfície da placa. O elétron pode se mover livremente no interior do metal, mas terá de escalar uma barreira de potencial de altura U_0 para escapar de cada superfície do metal. A energia U_0 é relacionada com a *função trabalho*, conforme discutimos na Seção 38.1, em conexão com o efeito fotoelétrico. A versão do poço de potencial em três dimensões pode ser aplicada para descrever aproximadamente o movimento de prótons e nêutrons no interior de núcleos.

Figura 40.13 Um poço de potencial quadrado.

A energia potencial U é zero no intervalo $0 \leq x \leq L$ e apresenta valor constante U_0 em todos os pontos fora desse intervalo.

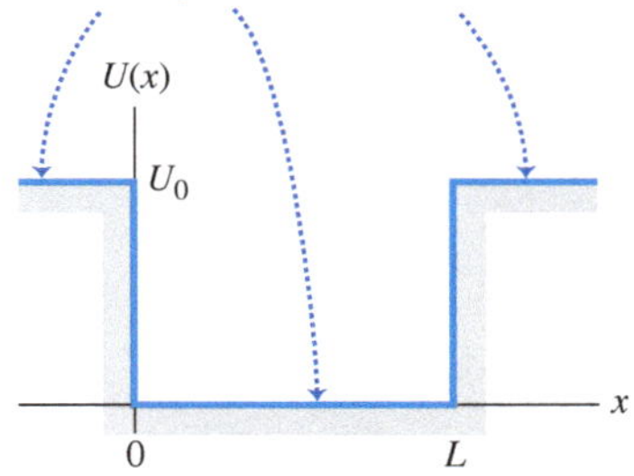

Estados ligados de um poço de potencial quadrado

Na mecânica newtoniana, a partícula fica presa (localizada) em um poço quando sua energia total E é menor que a energia U_0. Na mecânica quântica, esse estado localizado em geral é chamado de **estado ligado**. Todos os estados são ligados quando o poço de potencial possui profundidade infinita, assim como descrevemos na Seção 40.2. Para um poço de potencial finito, como mostrado na Figura 40.13, se E for maior que U_0, a partícula *não* está ligada.

Vamos ver como resolver a equação de Schrödinger para os estados ligados de um poço de potencial quadrado. Nosso objetivo é encontrar as energias e funções de onda correspondentes ao caso $E < U_0$. O tratamento mais simples consiste em considerar separadamente as regiões para as quais $U = 0$ e $U = U_0$. Dentro do poço quadrado ($0 \leq x \leq L$), onde $U = 0$, a equação de Schrödinger independente de tempo é

$$-\frac{\hbar^2}{2m}\frac{d^2\psi(x)}{dx^2} = E\psi(x) \quad \text{ou} \quad \frac{d^2\psi(x)}{dx^2} = -\frac{2mE}{\hbar^2}\psi(x) \qquad (40.37)$$

Essa é a mesma que a Equação 40.25 da Seção 40.2, que descreve uma partícula em uma caixa. Assim como na Seção 40.2, podemos expressar as soluções dessa equação como combinações de cos kx e sen kx, onde $E = \hbar^2k^2/2m$. Podemos reescrever a relação entre E e k como $k = \sqrt{2mE}/\hbar$. Assim, dentro do poço quadrado, temos

$$\psi(x) = A\cos\left(\frac{\sqrt{2mE}}{\hbar}x\right) + B\,\text{sen}\left(\frac{\sqrt{2mE}}{\hbar}x\right) \quad \text{(dentro do poço)} \qquad (40.38)$$

onde A e B são constantes. Até o momento, a solução se parece com a da partícula em uma caixa, como discutimos na Seção 40.2. A diferença é que, para um poço de potencial quadrado, a energia potencial do poço não é infinita, então a função de onda $\psi(x)$ fora do poço *não* é zero.

Nas regiões fora do poço ($x < 0$ e $x > L$), a função de energia potencial na equação de Schrödinger independente do tempo é $U = U_0$:

$$-\frac{\hbar^2}{2m}\frac{d^2\psi(x)}{dx^2} + U_0\psi(x) = E\psi(x) \quad \text{ou} \quad \frac{d^2\psi(x)}{dx^2} = \frac{2m(U_0 - E)}{\hbar^2}\psi(x) \qquad (40.39)$$

A grandeza $U_0 - E$ é positiva, então as soluções dessa equação são funções exponenciais, em vez de senos e cossenos. Usando a letra grega κ para designar abreviadamente a grandeza positiva $[2m(U_0 - E)]^{1/2}/\hbar$ e assumindo κ como positivo, podemos escrever a solução na forma

$$\psi(x) = Ce^{\kappa x} + De^{-\kappa x} \quad \text{(fora do poço)} \tag{40.40}$$

onde C e D são constantes com valores diferentes para as regiões $x < 0$ e $x > L$. Note que não pode ser permitido que ψ aproxime-se do infinito, com $x \to \infty$ ou $x \to -\infty$. (Se isso acontecer, não poderíamos satisfazer à condição de normalização da Equação 40.33.) Isso significa que, na Equação 40.40, devemos ter $D = 0$ para $x < 0$ e $C = 0$ para $x > L$.

Nossos cálculos até agora mostram que as funções de onda de estado ligado de um poço finito são senoidais dentro do poço (Equação 40.38) e exponenciais fora dele (Equação 40.40). Devemos *combinar* as funções de onda dentro e fora do poço, de modo que satisfaçam às condições de contorno, conforme discutimos na Seção 40.2: $\psi(x)$ e $d\psi(x)/dx$ devem ser contínuas nas fronteiras ($x = 0$ e $x = L$). Se a função de onda $\psi(x)$ ou sua derivada $d\psi(x)/dx$ fossem descontínuas em um dado ponto, então $d^2\psi(x)/dx^2$ seria *infinita* nesse ponto. No entanto, isso violaria a equação de Schrödinger independente do tempo, a Equação 40.23, segundo a qual em todo ponto $d^2\psi(x)/dx^2$ é proporcional a $U - E$. Para um poço finito, $U - E$ possui valor finito em qualquer ponto, portanto $d^2\psi(x)/dx^2$ também deve apresentar um valor finito em qualquer ponto.

Somente para determinados valores da energia total E é possível igualar os valores da função de onda exponencial com a senoidal nas extremidades do poço, de modo que essa exigência determina os níveis de energia do poço quadrado finito. Não existe nenhuma fórmula simples para os níveis de energia como no caso do poço de profundidade infinita. O cálculo desses níveis é um problema matemático bastante complexo, que necessita da solução de uma equação transcendental mediante o uso de aproximações numéricas; não forneceremos detalhes dessa solução. Na **Figura 40.14**, mostramos a forma geral de uma função de onda possível. As características mais marcantes dessa função de onda são suas "extremidades exponenciais", que se estendem para fora do poço, penetrando em regiões proibidas pela mecânica newtoniana (porque nessas regiões a partícula teria energia cinética negativa). Notamos que existe alguma probabilidade de encontrar a partícula *fora* do poço de potencial, embora pela mecânica newtoniana isso seja impossível. Estudaremos esse efeito curioso na Seção 40.4.

Figura 40.14 Uma função de onda possível para uma partícula em um poço de potencial finito. A função de onda é senoidal dentro do poço ($0 \le x \le L$) e exponencial fora do poço. Tende assintoticamente a zero para valores elevados de $|x|$. As funções devem se unir continuamente nas fronteiras $x = 0$ e $x = L$; a função de onda e sua derivada devem ser contínuas.

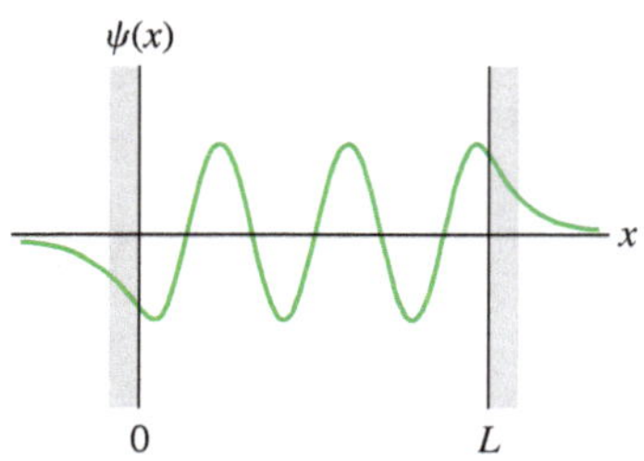

EXEMPLO 40.5 FORA DE UM POÇO FINITO

(a) Mostre que a Equação 40.40, $\psi(x) = Ce^{\kappa x} + De^{-\kappa x}$, de fato é uma solução para a equação de Schrödinger independente de tempo fora de um poço finito de altura U_0. (b) O que acontece a $\psi(x)$ no limite $U_0 \to \infty$?

SOLUÇÃO

IDENTIFICAR E PREPARAR: na parte (a), tentamos a função dada $\psi(x)$ na equação de Schrödinger independente de tempo para $x < 0$ e para $x > L$, Equação 40.39. Na parte (b), notamos que, no limite $U_0 \to \infty$, o poço finito se torna um poço *infinito*, assim como uma partícula em uma caixa (Seção 40.2). Assim, nesse limite as funções de onda fora do poço finito têm de reduzir até as funções de onda fora da caixa.

EXECUTAR: (a) temos de mostrar que $\psi(x) = Ce^{\kappa x} + De^{-\kappa x}$ satisfaz a $d^2\psi(x)/dx^2 = [2m(U_0 - E)/\hbar^2]\psi(x)$. Relembrando que $(d/du)/e^{au} = ae^{au}$ e $(d^2/du^2)e^{au} = a^2e^{au}$, o lado esquerdo da equação de Schrödinger fica então

$$\begin{aligned}\frac{d^2\psi(x)}{dx^2} &= \frac{d^2}{dx^2}(Ce^{\kappa x}) + \frac{d^2}{dx^2}(De^{-\kappa x}) \\ &= C\kappa^2 e^{\kappa x} + D(-\kappa)^2 e^{-\kappa x} \\ &= \kappa^2(Ce^{\kappa x} + De^{-\kappa x}) = \kappa^2\psi(x)\end{aligned}$$

Uma vez que, pela Equação 40.40, $\kappa^2 = 2m(U_0 - E)/\hbar^2$, isso é igual ao lado direito da equação. A equação é satisfeita e $\psi(x)$ é a solução.

(b) Na medida em que U_0 se aproxima do infinito, κ também se aproxima do infinito. Na região em que $x < 0$, $\psi(x) = Ce^{\kappa x}$. Na medida em que $\kappa \to \infty$, $\kappa x \to -\infty$ (uma vez que x é negativo), e $e^{\kappa x} \to 0$, então a função de onda se aproxima de zero para todo $x < 0$. Da mesma forma, podemos mostrar que a função de onda também se aproxima de zero para todo $x > L$. Isso é o que acabamos de mostrar na Seção 40.2; a função de onda para uma partícula em uma caixa tem de ser zero fora da caixa.

(Continua)

(Continuação)

AVALIAR: nosso resultado na parte (b) mostra que o poço quadrado infinito é um *caso restrito* de um poço finito. Temos visto muitos casos na mecânica newtoniana nos quais é importante considerar casos restritos (como os exemplos 5.11 e 5.13 na Seção 5.2). Casos restritos são igualmente importantes na mecânica quântica.

Comparação entre um poço quadrado finito e um poço infinito

Vamos continuar nossa comparação entre um poço de potencial finito e um poço de profundidade infinita que iniciamos no Exemplo 40.5. Em primeiro lugar, como as funções de onda para o poço finito não são nulas nas fronteiras $x = 0$ e $x = L$, o comprimento de onda da parte senoidal de cada função de onda é *mais longo* que o comprimento de onda no caso de um poço infinito. Esse aumento de λ corresponde a uma diminuição do momento linear $p = h/\lambda$ e, portanto, a uma redução da energia. Assim, comparando poços com a mesma largura, vemos que cada nível de energia — inclusive o nível fundamental — de um poço finito é *mais baixo* que o respectivo nível do poço infinito.

Em segundo lugar, um poço finito com profundidade U_0 possui um número *finito* de estados ligados e níveis de energia correspondentes, em comparação com o número *infinito* existente no caso de um poço com profundidade infinita. A quantidade de níveis existentes depende do módulo de U_0 em comparação com a energia do estado fundamental do poço de profundidade infinita (PPI), o qual será designado por $E_{1-\text{PPI}}$. De acordo com a Equação 40.31,

$$E_{1-\text{PPI}} = \frac{\pi^2\hbar^2}{2mL^2} \quad \text{(energia no nível fundamental, poço de profundidade infinita)} \tag{40.41}$$

Quando um poço é muito profundo, então U_0 é muito maior que $E_{1-\text{PPI}}$, existem muitos estados ligados e as energias dos estados mais baixos são aproximadamente iguais às energias do poço infinito. Quando U_0 é somente um pouco maior que $E_{1-\text{PPI}}$, existem apenas alguns estados ligados. (Porém, existe sempre pelo menos *um* estado ligado, por menor que seja a profundidade do poço.) Assim como no caso do poço com profundidade infinita, não existe nenhum estado em que $E = 0$, pois tal estado violaria o princípio da incerteza.

A **Figura 40.15** mostra um caso particular no qual $U_0 = 6E_{1-\text{PPI}}$; para esse caso, existem três estados ligados. Os níveis de energia são expressos como frações da profundidade U_0 e como múltiplos de $E_{1-\text{PPI}}$. Note que, se o poço tivesse uma profundidade infinita, os três níveis mais baixos, de acordo com a Equação 40.31, deveriam ser $E_{1-\text{PPI}}$, $4E_{1-\text{PPI}}$ e $9E_{1-\text{PPI}}$. As funções de onda para os três estados ligados também são indicadas na Figura 40.15.

Verifica-se que, quando U_0 é menor que $E_{1-\text{PPI}}$, existe apenas um estado ligado. No limite, quando U_0 é *muito menor* que $E_{1-\text{PPI}}$ (um poço muito estreito ou com

DADOS MOSTRAM

O poço de potencial quadrado

Quando os alunos recebiam um problema sobre uma partícula em um poço de potencial quadrado, mais de 41% davam uma resposta incorreta. Erros comuns:

- Confusão sobre níveis de energia. A energia de uma partícula em um poço é dada em relação à *base* do poço (tomando como base $E = 0$), e não ao *topo* do poço (veja a Figura 40.13). Se a profundidade do poço é U_0, então, para o estado de ligação, $E < U_0$.
- Confusão sobre funções de onda. Quanto menor for a largura L do poço, mais distante da parte de fora dele as "caudas exponenciais" da função de onda de um estado ligado se estendem.

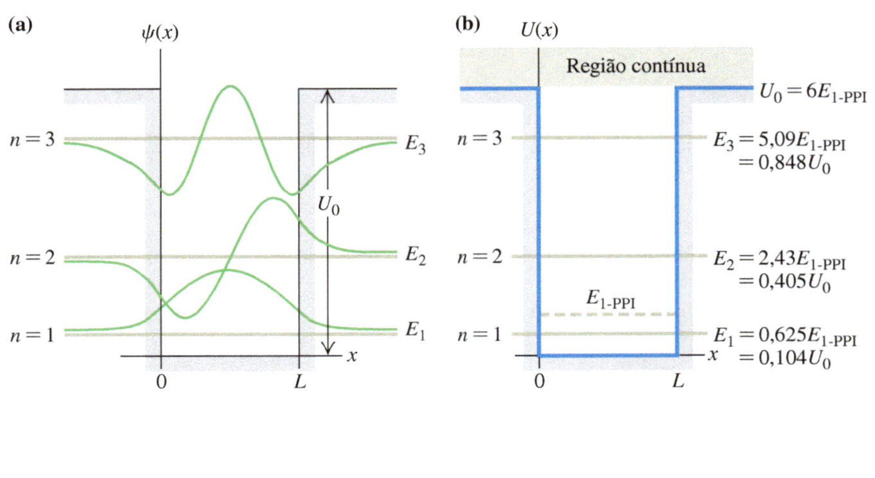

Figura 40.15 (a) Funções de onda para três estados ligados de uma partícula em um poço de potencial finito com profundidade $U_0 = 6E_{1-\text{PPI}}$. (Aqui $E_{1\text{-PPI}}$ é a energia no nível fundamental para um poço infinito de mesma largura.) As linhas retas horizontais para cada função de onda correspondem a $\psi = 0$. As energias indicadas ao lado das linhas horizontais referem-se a energias dos estados ligados (compare com a Figura 40.11). (b) Diagramas dos níveis de energia para esse sistema. Todas as energias maiores que U_0 são possíveis; os estados com $E > U_0$ formam uma região contínua.

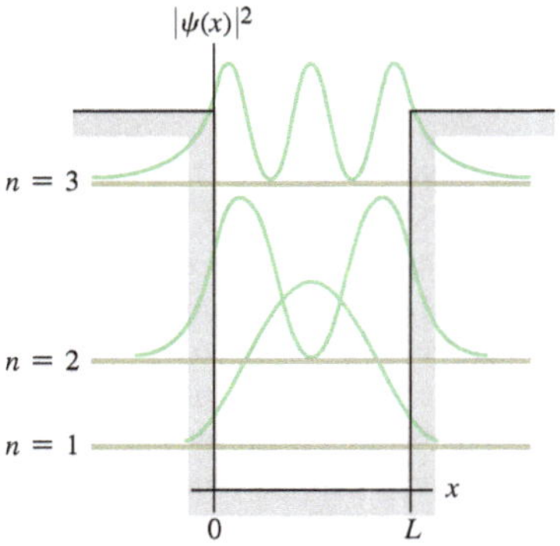

Figura 40.16 Funções de distribuição de probabilidade (valores de $|\psi(x)|^2$) para cada função de onda mostrada na Figura 40.15 para uma partícula em um poço de potencial quadrado. As linhas retas horizontais para cada função de onda correspondem a $|\psi|^2 = 0$.

profundidade muito pequena), a energia desse único estado é aproximadamente $E = 0{,}68U_0$.

A **Figura 40.16** mostra distribuições de probabilidade — ou seja, os valores de $|\psi|^2$ — para as funções de onda indicadas na Figura 40.15a. Assim como no caso do poço infinito, as posições não são igualmente prováveis. Ao contrário do poço infinito, existe alguma probabilidade de encontrar a partícula fora do poço, em regiões proibidas pela mecânica clássica.

Também existem estados em que E é *maior que* U_0. Nesses *estados de partícula livre*, a partícula não está ligada, mas pode se mover livremente em todos os valores de x. *Qualquer* energia E maior que U_0 é possível; logo, esses estados de partícula livre formam uma *região contínua* e não um conjunto discreto de níveis com determinadas energias. As funções de onda da partícula livre são senoidais dentro e fora do poço. O comprimento de onda dentro do poço é maior que fora dele, correspondendo a uma energia cinética dentro do poço maior que a energia cinética exterior a ele.

A **Figura 40.17** é uma demonstração gráfica de partículas em um poço de potencial finito com *duas* dimensões, e o Exemplo 40.6 descreve outra aplicação do poço de potencial quadrado.

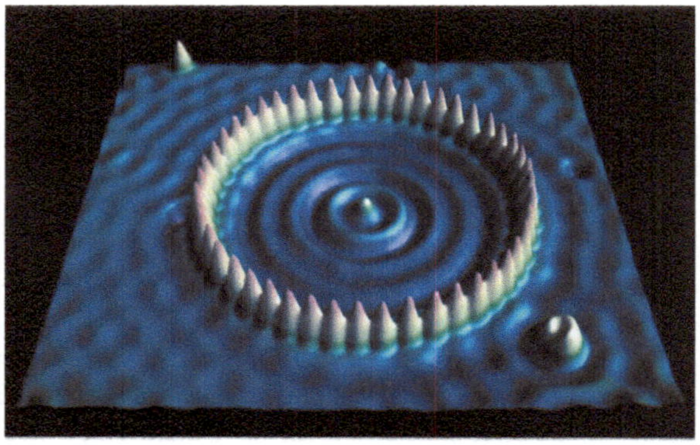

Figura 40.17 Para compor esta imagem, 48 átomos de ferro (mostrados como picos amarelos) foram dispostos em um círculo sobre uma superfície de cobre. A “elevação” em cada ponto dentro do círculo indica a densidade de elétrons dentro dele. A configuração de onda estacionária é bastante similar à função de distribuição de probabilidade de uma partícula em um poço de potencial finito de uma dimensão. (Esta imagem foi feita com um microscópio de tunelamento com varredura, a ser estudado na Seção 40.4.)

EXEMPLO 40.6 UM ELÉTRON EM UM POÇO FINITO

Um elétron está preso em um poço quadrado com largura igual a 0,50 nm (comparável com alguns diâmetros atômicos). (a) Calcule a energia do nível fundamental $E_{1\text{-PPI}}$, supondo que o poço tenha profundidade infinita. (b) Calcule os níveis de energia quando a profundidade do poço é igual a seis vezes o valor da energia do nível fundamental encontrada na parte (a). (c) Calcule o comprimento de onda do emitido quando o elétron faz uma transição do nível $n = 2$ até $n = 1$. Em que região do espectro eletromagnético esse fóton se situa? (d) Se o elétron está inicialmente no nível $n = 1$ (nível fundamental) e absorve um fóton, qual é a energia mínima que esse fóton deve possuir para que o elétron escape do poço? Em que região do espectro eletromagnético esse fóton se localiza?

SOLUÇÃO

IDENTIFICAR E PREPARAR: a Equação 40.41 fornece a energia no nível fundamental $E_{1\text{-PPI}}$ para um poço infinito e a Figura 40.15b mostra as energias para o poço quadrado com $U_0 = 6E_{1\text{-PPI}}$. A energia do fóton emitida ou absorvida em uma transição é igual à diferença de energia entre os dois níveis envolvidos na transição; o comprimento de onda do fóton é dado pela relação $E = hc/\lambda$ (veja o Capítulo 38).

EXECUTAR: (a) pela Equação 40.41,

$$E_{1\text{-PPI}} = \frac{\pi^2\hbar^2}{2mL^2} = \frac{\pi^2(1{,}055 \times 10^{-34}\ \text{J}\cdot\text{s})^2}{2(9{,}11 \times 10^{-31}\ \text{kg})(0{,}50 \times 10^{-9}\ \text{m})^2}$$
$$= 2{,}4 \times 10^{-19}\ \text{J} = 1{,}5\ \text{eV}$$

(b) Temos que $U_0 = 6E_{1\text{-PPI}} = 6(1{,}5\ \text{eV}) = 9{,}0\ \text{eV}$. Podemos obter os níveis de energia a partir da Figura 40.15b:

$$E_1 = 0{,}625E_{1\text{-PPI}} = 0{,}625(1{,}5\ \text{eV}) = 0{,}94\ \text{eV}$$
$$E_2 = 2{,}43E_{1\text{-PPI}} = 2{,}43(1{,}5\ \text{eV}) = 3{,}6\ \text{eV}$$
$$E_3 = 5{,}09E_{1\text{-PPI}} = 5{,}09(1{,}5\ \text{eV}) = 7{,}6\ \text{eV}$$

(c) A energia do fóton e o comprimento de onda para a transição de $n = 2$ até $n = 1$ é

$$E_2 - E_1 = 3{,}6\ \text{eV} - 0{,}94\ \text{eV} = 2{,}7\ \text{eV}$$
$$\lambda = \frac{hc}{E} = \frac{(4{,}136 \times 10^{-15}\ \text{eV}\cdot\text{s})(3{,}00 \times 10^{8}\ \text{m/s})}{2{,}7\ \text{eV}}$$
$$= 460\ \text{nm}$$

na região azul do espectro visível.

(Continua)

(Continuação)

(d) Pela Figura 40.15b, notamos que a energia mínima necessária para libertar o elétron do poço de potencial a partir de seu nível fundamental $n = 1$ é igual a $U_0 - E_1 = 9{,}0\text{ eV} - 0{,}94\text{ eV} = 8{,}1\text{ eV}$, que é igual a três vezes a energia do fóton de 2,7 eV calculada na parte (c), o comprimento de onda correspondente é igual a um terço de 460 nm ou 150 nm (para dois dígitos significativos), e o fóton se encontra na região ultravioleta do espectro.

AVALIAR: para conferir, podemos calcular as energias dos estados ligados usando as fórmulas $E_1 = 0{,}104U_0$, $E_2 = 0{,}405U_0$ e $E_3 = 0{,}848U_0$, como vemos na Figura 40.15b. Para uma verificação adicional, note que os três primeiros níveis de energia de um poço infinito de mesmo comprimento são $E_{1\text{-PPI}} = 1{,}5\text{ eV}$, $E_{2\text{-PPI}} = 4E_{1\text{-PPI}} = 6{,}0\text{ eV}$ e $E_{3\text{-PPI}} = 9E_{1\text{-PPI}} = 13{,}5\text{ eV}$. As energias encontradas na parte (b) são menores que essas. Como mencionamos anteriormente, a profundidade finita do poço faz abaixar os níveis de energia em comparação com os respectivos níveis no caso do poço com profundidade infinita.

Uma aplicação dessas ideias são os *pontos quânticos,* que são partículas de tamanho nanométrico de um semicondutor como o seleneto de cádmio (CdSe). Um elétron dentro de um ponto quântico se comporta como uma partícula em um poço de potencial finito com uma largura L igual ao tamanho do ponto. Quando pontos quânticos são iluminados com luz ultravioleta, os elétrons absorvem os fótons ultravioleta e são excitados a níveis de energia mais altos, como o nível $n = 3$ descrito neste exemplo. Se o elétron volta ao nível fundamental ($n = 1$) em duas ou mais etapas (por exemplo, de $n = 3$ a $n = 2$ e de $n = 2$ a $n = 1$), uma das etapas envolverá a emissão de um fóton de luz visível, como calculamos aqui. (Descrevemos esse processo de *fluorescência* na Seção 39.3.) Aumentar o valor de L diminui a energia dos níveis e, portanto, o espaçamento entre eles e, consequentemente, provoca uma diminuição na energia e um aumento no comprimento de onda dos fótons emitidos. A fotografia do início deste capítulo mostra pontos quânticos de diferentes tamanhos em solução: cada um deles emite um comprimento de onda característico, que depende do tamanho do ponto. Pontos quânticos podem ser injetados nos tecidos vivos e seu brilho fluorescente pode ser usado como um indicador em pesquisas biológicas e médicas. Eles também podem ser fundamentais para uma nova geração de lasers e de computadores ultrarrápidos.

TESTE SUA COMPREENSÃO DA SEÇÃO 40.3 Suponha que a largura do poço de potencial finito da Figura 40.15 seja reduzida à metade. Como o valor de U_0 deve variar para que haja apenas três níveis de energia ligados cujas energias são as frações de U_0 que aparecem na Figura 40.15b? U_0 deve: (i) aumentar por um fator de 4; (ii) aumentar por um fator de 2; (iii) permanecer inalterado; (iv) diminuir pela metade; (v) diminuir por um fator de $\frac{1}{4}$. ▮

40.4 BARREIRA DE POTENCIAL E TUNELAMENTO

Uma **barreira de potencial** é o oposto de um poço de potencial; ela é descrita por uma função de energia potencial com um *máximo*. A **Figura 40.18** mostra um exemplo. Na mecânica newtoniana clássica, se uma partícula (como uma montanha-russa) está inicialmente ao lado esquerdo da barreira (que poderia ser uma montanha), e se a energia mecânica total é E_1, a partícula não pode se mover mais para o lado direito do ponto $x = a$. Caso ela fizesse isso, a energia potencial U seria maior que a energia total E e a energia cinética $K = E - U$ seria negativa, o que seria impossível na mecânica clássica, uma vez que $K = \frac{1}{2}mv^2$ nunca poderá ser negativa.

Figura 40.18 Uma barreira de energia potencial. De acordo com a mecânica newtoniana, quando a energia total é E_1, uma partícula que está do lado esquerdo da barreira não pode se deslocar para a direita do ponto $x = a$. Quando a energia total é maior que E_2, a partícula pode ultrapassar a barreira.

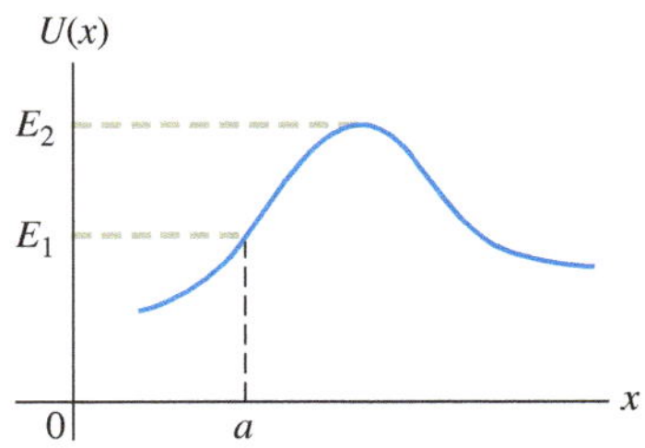

Uma partícula da mecânica quântica comporta-se de forma diferente: se ela encontra uma barreira como a da Figura 40.18 e possui energia menor que E_2, ela *pode* aparecer do outro lado. Esse fenômeno é chamado *tunelamento*. No tunelamento da mecânica quântica, ao contrário do que ocorre no tunelamento da mecânica macroscópica, a partícula não atravessa realmente a barreira e não perde nenhuma energia no processo.

Tunelamento através de uma barreira retangular

Para entender como o tunelamento pode ocorrer, vamos examinar a função energia potencial $U(x)$, demonstrada na **Figura 40.19**. Ela descreve o inverso da situação indicada na Figura 40.13; a energia potencial é igual a zero em todos os pontos, exceto no intervalo $0 \leq x \leq L$, no interior do qual ela possui valor igual a U_0. Isso poderia representar um modelo simples de um elétron entre duas placas metálicas separadas por uma lacuna de ar de espessura L. A energia potencial é menor dentro de ambas as placas que na região entre as placas.

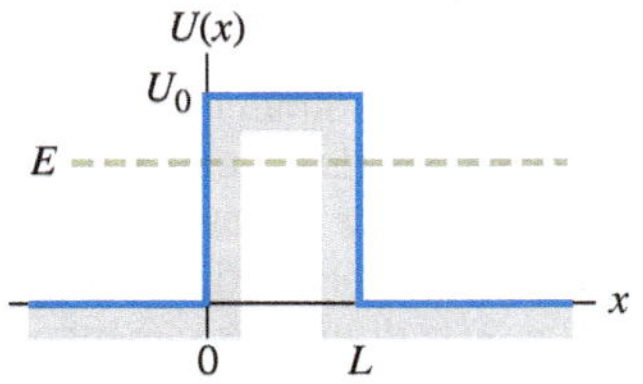

Figura 40.19 Uma barreira de energia potencial com largura L e altura U_0. De acordo com a mecânica newtoniana, quando a energia total E é menor que U_0, a partícula não pode ultrapassar a barreira, permanecendo confinada no lado em que ela se encontrava inicialmente.

Vamos considerar as soluções da equação de Schrödinger para essa função energia potencial em que E é menor que U_0. Podemos usar os resultados da Seção 40.3. Nas regiões $x < 0$ e $x > L$, onde $U = 0$, a solução é senoidal e dada pela Equação 40.38. Dentro da barreira ($0 \leq x \leq L$), $U = U_0$ e a solução é exponencial, como na Equação 40.40. Tal como no caso do poço de potencial finito, as funções devem se unir sem quebras nas fronteiras $x = 0$ e $x = L$. Ou seja, tanto $\psi(x)$ quanto $d\psi(x)/dx$ devem ser contínuas nesses pontos.

Aplicando essas condições, obtemos uma função de onda do tipo indicado na **Figura 40.20**. A função de onda *não* é igual a zero dentro da barreira (a região proibida pela mecânica newtoniana). O que ainda é mais notável é que existe uma probabilidade de que a partícula que inicialmente estava do lado *esquerdo* da barreira possa ser encontrada do lado *direito* da barreira. Qual é o valor dessa probabilidade? Depende da espessura L da barreira e da energia E da partícula (totalmente cinética) em comparação com a altura da barreira U_0. A **probabilidade de tunelamento** T de que a partícula passe pela barreira é proporcional ao quadrado da razão entre as amplitudes das funções de onda senoidais dos dois lados da barreira. Essas amplitudes são obtidas quando igualamos as funções de onda e suas derivadas nas fronteiras da barreira, um problema matemático bastante trabalhoso. Quando T é muito menor que 1, esse coeficiente é dado aproximadamente por

$$T = Ge^{-2\kappa L} \quad \text{onde} \quad G = 16\frac{E}{U_0}\left(1 - \frac{E}{U_0}\right) \quad \text{e} \quad \kappa = \frac{\sqrt{2m(U_0 - E)}}{\hbar} \tag{40.42}$$

(probabilidade de tunelamento)

A probabilidade diminui rapidamente à medida que aumenta a espessura da barreira L. Ela também depende criticamente da diferença $U_0 - E$, que representa, na mecânica newtoniana, a energia cinética adicional que a partícula deveria possuir para ser capaz de passar por cima da barreira.

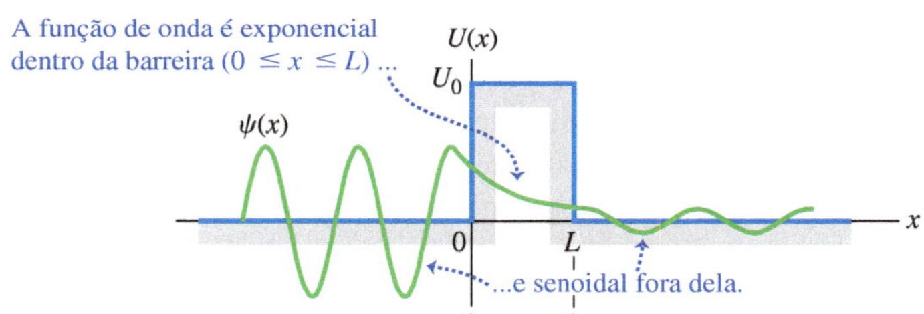

Figura 40.20 Uma função de onda possível para uma partícula tunelando através da barreira de energia potencial mostrada na Figura 40.19.

EXEMPLO 40.7 TUNELAMENTO ATRAVÉS DE UMA BARREIRA

Um elétron de 2,0 eV encontra uma barreira com 5,0 eV de altura. Qual é a probabilidade de ele tunelar através da barreira se a espessura da barreira é (a) 1,0 nm? (b) 0,50 nm?

SOLUÇÃO

IDENTIFICAR E PREPARAR: este problema utiliza as ideias de tunelamento através de uma barreira retangular, como aquela mostrada nas figuras 40.19 e 40.20. Nossa incógnita é a probabilidade de tunelamento T na Equação 40.42, que calculamos para os valores dados $E = 2{,}0$ eV (energia do elétron), $U = 5{,}0$ eV (altura da barreira), $m = 9{,}11 \times 10^{-31}$ kg (massa do elétron) e $L = 1{,}00$ nm ou 0,50 nm (largura da barreira).

EXECUTAR: primeiro calculamos G e κ na Equação 40.42, usando $E = 2{,}0$ eV:

$$G = 16\left(\frac{2{,}0\text{ eV}}{5{,}0\text{ eV}}\right)\left(1 - \frac{2{,}0\text{ eV}}{5{,}0\text{ eV}}\right) = 3{,}8$$

$$U_0 - E = 5{,}0\text{ eV} - 2{,}0\text{ eV} = 3{,}0\text{ eV} = 4{,}8 \times 10^{-19}\text{ J}$$

$$\kappa = \frac{\sqrt{2(9{,}11 \times 10^{-31}\text{ kg})(4{,}8 \times 10^{-19}\text{ J})}}{1{,}055 \times 10^{-34}\text{ J}\cdot\text{s}} = 8{,}9 \times 10^{9}\text{ m}$$

(a) Quando $L = 1{,}00$ nm $= 1{,}00 \times 10^{-9}$ m, obtemos que $2\kappa L = 2(8{,}9 \times 10^{9}\text{ m}^{-1})(1{,}00 \times 10^{-9}\text{m}) = 17{,}8$ e $T = Ge^{-2\kappa L} = 3{,}8e^{-17{,}8} = 7{,}1 \times 10^{-8}$.

(b) Quando $L = 0{,}50$ nm, metade de 1,00 nm, $2\kappa L$ é metade de 17,8, ou 8,9. Então $T = 3{,}8e^{-8{,}9} = 5{,}2 \times 10^{-4}$.

(*Continua*)

(Continuação)

AVALIAR: quando a espessura dessa barreira se reduz à metade, a probabilidade do tunelamento T aumenta por um fator de $(5{,}2 \times 10^{-4})/(7{,}1 \times 10^{-8}) = 7{,}3 \times 10^{3}$, que é próximo de dez mil. A probabilidade de tunelamento é uma função *extremamente* sensível em relação à altura da barreira.

Aplicações do tunelamento

O tunelamento possui diversas aplicações práticas, algumas de considerável importância. Por exemplo, quando enrolamos dois fios de cobre ou fechamos os contatos de uma chave, a corrente passa de um condutor para o outro, apesar da existência de uma fina camada de óxido de cobre isolante que sempre se forma sobre a superfície de um condutor de cobre. Os elétrons tunelam através dessa fina camada de óxido. O chamado *diodo túnel* é um dispositivo semicondutor no qual os elétrons tunelam através de uma barreira de potencial. A corrente pode ser ligada ou desligada rapidamente (em um intervalo de poucos picossegundos) ao variar a altura da barreira. A *junção Josephson de tunelamento* consiste em dois supercondutores separados por uma camada de óxido com espessura de apenas alguns diâmetros atômicos (de 1 a 2 nm). Os pares de elétrons dos supercondutores podem tunelar através da barreira da camada de óxido, permitindo que essas junções de Josephson sejam usadas em aplicações úteis, como medidas precisas de padrões de voltagem e medidas de campos magnéticos extremamente pequenos, e eles desempenham um papel crucial no desenvolvimento do campo da computação quântica.

BIO Aplicação Tunelamento de elétrons em enzimas As moléculas de proteína desempenham um papel essencial como enzimas em organismos vivos. As enzimas, como a mostrada aqui, são moléculas grandes e, em muitos casos, sua função depende da capacidade de os elétrons realizarem tunelamento através do espaço que separa uma parte da molécula do outro. Sem tunelamento, a vida como a conhecemos seria impossível!

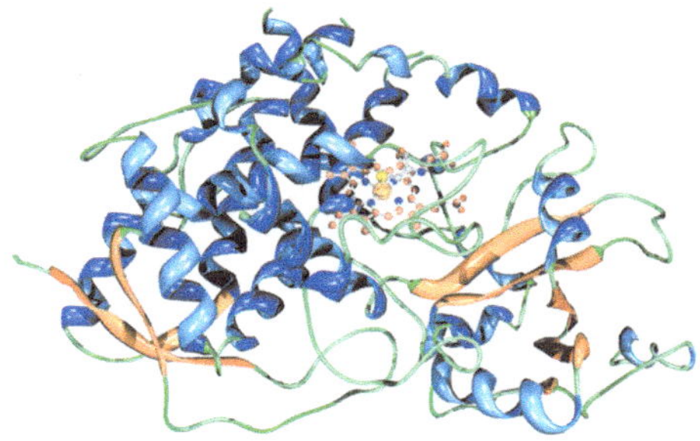

Um *microscópio eletrônico de tunelamento* (STM, *scanning tunneling microscope*) usa o tunelamento de elétrons para obter imagens das superfícies de amostras até a escala de átomos individuais. A ponta de uma agulha condutora extremamente fina é colocada próxima da superfície da amostra a uma distância aproximadamente igual a 1 nm (**Figura 40.21a**). Quando a agulha está a um potencial positivo em relação à superfície, os elétrons podem tunelar através da barreira de energia potencial e atingir a ponta da agulha. Como o Exemplo 40.7 indica, a probabilidade do tunelamento e, portanto, a corrente de tunelamento dependem fortemente da largura L da barreira (a distância entre a superfície e a ponta da agulha). Em um modo de operação, a agulha varre a superfície e ao mesmo tempo desloca-se perpendicularmente à superfície para manter permanentemente uma corrente de tunelamento. O movimento da agulha é registrado e, depois de diversas varreduras, a imagem da superfície pode ser reconstruída. É essencial controlar com elevada precisão o movimento da agulha, inclusive o isolamento das vibrações. A Figura 40.21b mostra uma imagem de STM. (A Figura 40.17 também foi obtida com um STM.)

Figura 40.21 (a) Diagrama esquemático do sensor de um microscópio eletrônico de tunelamento (STM). À medida que o sensor varre a superfície nas direções dos eixos x e y, ele também se desloca na direção do eixo z para manter uma corrente de tunelamento permanente. Suas posições são registradas e usadas para construir a imagem da superfície. (b) Esta imagem colorida obtida com um STM mostra "fios quânticos": tiras finas, apenas 10 átomos de largura, de um condutor siliceto, raro na Terra, em cima de uma superfície de silício. Tais fios quânticos podem um dia ser a base de circuitos ultraminiaturizados.

(a)

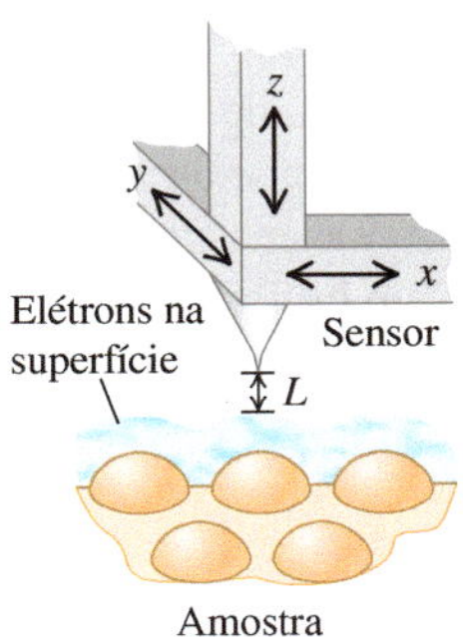

(b)

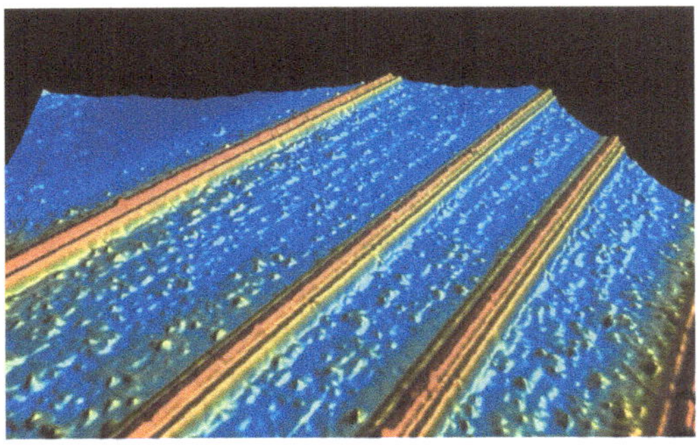

Figura 40.22 Função energia potencial aproximada de uma partícula alfa interagindo com um núcleo de raio R. Se uma partícula alfa dentro do núcleo apresenta uma energia potencial E maior que zero, a partícula alfa pode tunelar através da barreira e escapar do núcleo.

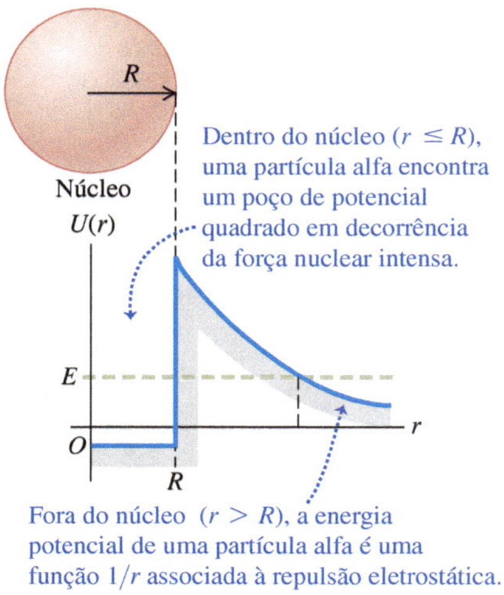

O tunelamento também é muito importante na física nuclear. Uma reação de fusão pode ocorrer quando dois núcleos tunelam através da barreira de potencial formada pela repulsão elétrica mútua e se aproximam tanto que as forças nucleares de atração produzem a fusão dos dois núcleos. As reações de fusão ocorrem nos núcleos das estrelas, inclusive no Sol; se não existisse o tunelamento, o Sol não poderia brilhar. A emissão de partículas alfa de núcleos instáveis também envolve o tunelamento. Uma partícula alfa é um conjunto de dois prótons e dois nêutrons (assim como um núcleo da forma mais comum do hélio). Esses conjuntos se formam naturalmente dentro de um núcleo atômico maior. Uma partícula alfa tentando escapar de um núcleo encontra uma barreira de potencial resultante da ação combinada da força de atração nuclear e da repulsão elétrica da parte restante do núcleo (**Figura 40.22**). A partícula alfa tunela através dessa barreira. Dependendo da altura e da largura da barreira, para um dado tipo de núcleo emissor de partículas alfa, a probabilidade do tunelamento pode ser baixa ou alta e o material emissor de alfas terá radioatividade baixa ou alta. Relembrando a Seção 39.2, vimos que Ernest Rutherford usou partículas alfa de uma fonte radioativa para descobrir o núcleo do átomo. Embora Rutherford não soubesse, o tunelamento permitiu a essas partículas alfa escapar de seus núcleos de origem, o que tornou sua experiência possível! Voltaremos a estudar o decaimento alfa no Capítulo 43.

TESTE SUA COMPREENSÃO DA SEÇÃO 40.4 É possível uma partícula que passa por tunelamento ser encontrada *dentro* da barreira em vez de em qualquer dos lados dela? ❙

40.5 O OSCILADOR HARMÔNICO

Figura 40.23 Função energia potencial de um oscilador harmônico. A curva é uma parábola. Na mecânica newtoniana, a relação entre a amplitude A e a energia total E é dada por $E = \frac{1}{2}k'A^2$ e a partícula permanece dentro do intervalo $x = -A$ e $x = A$. Na mecânica quântica, a partícula pode ser encontrada em $x > A$ ou $x < -A$.

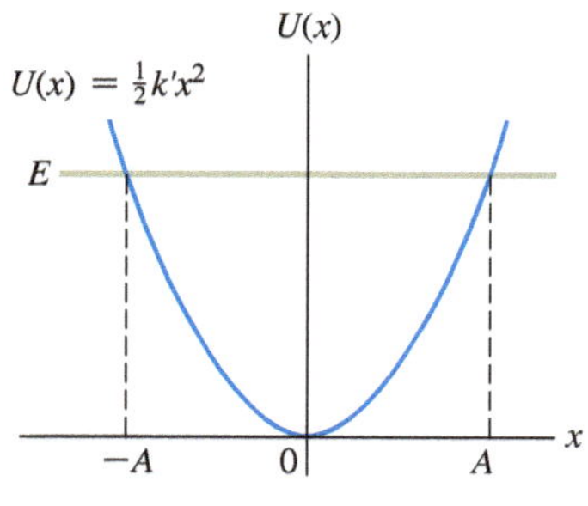

Sistemas que *oscilam* são de enorme importância no mundo físico, desde as oscilações de seus tímpanos em resposta a uma onda sonora até as vibrações do solo causadas por um tremor de terra. Oscilações são igualmente importantes na escala microscópica, onde os efeitos quânticos dominam. As moléculas do ar em torno de você podem ser definidas pela vibração quando colidem umas com as outras, os prótons e nêutrons em um núcleo atômico cheio de energia podem oscilar em direções opostas, e um forno de micro-ondas transfere energia para alimentos, fazendo moléculas de água no alimento oscilarem para a frente e para trás. Nesta seção, vamos examinar as soluções da equação de Schrödinger para o tipo mais simples de sistema vibratório, o oscilador harmônico quântico.

Conforme aprendemos na Seção 13.2, um **oscilador harmônico** é uma partícula de massa m que se move sobre o eixo x sob a influência de uma força conservativa que possui um componente $F_x = -k'x$. A constante k' é chamada de *constante de força.* (Na Seção 13.2, usamos o símbolo k para designar a *constante de força.* Nesta seção, usaremos o símbolo k' para evitar confusão com o número de onda $k = 2\pi/\lambda$.) Essa força é proporcional ao deslocamento x da partícula a partir da posição de equilíbrio, $x = 0$. A função energia potencial correspondente é dada por $U = \frac{1}{2}k'x^2$ (**Figura 40.23**). Na mecânica newtoniana, quando a partícula é deslocada do equilíbrio, ela executa um movimento senoidal com frequência $f = (\frac{1}{2}\pi)(k'/m)^{1/2}$ e frequência angular $\omega = 2\pi f = (k'/m)^{1/2}$. A amplitude (ou seja, o máximo deslocamento a partir do equilíbrio) dessas oscilações newtonianas é A, que está relacionada com a energia E do oscilador através de $E = \frac{1}{2}k'A^2$.

Vamos aventar uma hipótese importante sobre os níveis de energia de um oscilador harmônico da mecânica quântica. Na física clássica, um elétron que oscila com uma frequência angular ω emite radiação eletromagnética com a mesma frequência angular. Portanto, uma hipótese razoável é supor que, quando um oscilador harmônico da mecânica quântica, com frequência angular $\omega = (k'/m)^{1/2}$ (de acordo com a mecânica quântica, pelo menos), faz uma transição de um nível de energia para outro mais baixo, emitirá um fóton com a mesma frequência angular ω. A energia desse fóton é $hf = (2\pi\hbar)(\omega/2\pi) = \hbar\omega$. Assim, poderíamos esperar que o espaço entre níveis de energia adjacentes do oscilador harmônico seria

$$hf = \hbar\omega = \hbar\sqrt{\frac{k'}{m}} \tag{40.43}$$

Esse é o mesmo espaçamento entre níveis de energia que Planck assumiu na dedução de sua lei da radiação (veja a Seção 39.5). Era uma hipótese boa; sabemos agora que, na verdade, esses níveis de energia são múltiplos semi-inteiros $\left(\frac{1}{2}, \frac{3}{2}, \frac{5}{2}, \ldots\right)$ de $\hbar\omega$.

Funções de onda, condições de contorno e níveis de energia

Iniciaremos nossa análise da mecânica quântica do oscilador harmônico substituindo a energia potencial U por $\frac{1}{2}k'x^2$ na equação de Schrödinger unidimensional dependente do tempo, Equação 40.23:

$$-\frac{\hbar^2}{2m}\frac{d^2\psi(x)}{dx^2} + \tfrac{1}{2}k'x^2\psi(x) = E\psi(x) \quad \text{(equação de Schrödinger para o oscilador harmônico)} \tag{40.44}$$

As soluções dessa equação são funções de onda para estados fisicamente possíveis do sistema.

Na discussão sobre o poço de potencial quadrado na Seção 40.2, verificamos que os níveis de energia são determinados pelas condições de contorno nas paredes do poço. Não há, entretanto, paredes como essa no potencial do oscilador harmônico. Quais seriam, então, as condições de contorno apropriadas? Classicamente, $|x|$ não pode ser maior que a amplitude A, obtida por $E = \frac{1}{2}k'A^2$. A mecânica quântica permite a penetração em regiões classicamente proibidas, porém a probabilidade da penetração diminui à medida que a penetração aumenta. Logo, a função de onda deve tender a zero na medida em que $|x|$ cresce.

Satisfazer à exigência de que $\psi(x) \to 0$ na medida que $|x| \to \infty$ não é tão trivial quanto parece. Para vermos o motivo disso, vamos reescrever a Equação 40.40 na seguinte forma:

$$\frac{d^2\psi(x)}{dx^2} = \frac{2m}{\hbar^2}\left(\tfrac{1}{2}k'x^2 - E\right)\psi(x) \tag{40.45}$$

A Equação 40.45 mostra que, quando x é grande o suficiente (tanto positiva quanto negativamente) para fazer a grandeza $(\frac{1}{2}k'x^2 - E)$ ser positiva, então a função $\psi(x)$ e sua segunda derivada de $\psi(x)/dx^2$ possuem o mesmo sinal. A **Figura 40.24** mostra quatro possíveis tipos de comportamento de $\psi(x)$, começando no ponto onde x é maior que a amplitude clássica A, de modo que $\frac{1}{2}k'x^2 - \frac{1}{2}k'A^2 = \frac{1}{2}k'x^2 - E > 0$. Vamos analisar esses quatro casos mais de perto. Se $\psi(x)$ é positivo, conforme apresentado na Figura 40.24, a Equação 40.45 nos diz que $d^2\psi(x)/dx^2$ também é positivo e a curva possui *concavidade para cima*. Observe também que $d^2\psi(x)/dx^2$ é a taxa de variação da *inclinação* de $\psi(x)$. Isso nos ajudará a compreender como nossas quatro possíveis funções de onda se comportam.

- *Curva a:* a inclinação de $\psi(x)$ é positiva no ponto x. Como $d^2\psi(x)/dx^2 > 0$, a função se encurva para cima e a inclinação se torna cada vez maior, tendendo para o infinito. Isso viola a condição de contorno $\psi(x) \to 0$ e $|x| \to \infty$ e, desse modo, essa não é uma função de onda viável.
- *Curva b:* a inclinação de $\psi(x)$ é negativa no ponto x e $d^2\psi(x)/dx^2$ possui um valor positivo alto. Consequentemente, a inclinação muda muito rapidamente de negativa para positiva e se mantém crescendo, e, portanto, a função de onda novamente tende ao infinito. Essa função de onda tampouco é viável.
- *Curva c*: assim como a curva b, a inclinação é negativa no ponto x. No entanto, $d^2\psi(x)/dx^2$ agora possui um *pequeno* valor positivo, então a inclinação muda apenas gradualmente à medida que $\psi(x)$ se reduz a zero e se dirige para baixo

Figura 40.24 Tipos possíveis de comportamento para a função de onda de um oscilador harmônico na região $\frac{1}{2}k'x^2 > E$. Nessa região, $\psi(x)$ e $d^2\psi(x)/dx^2$ possuem o mesmo sinal. A concavidade da curva é voltada para cima quando o valor de $d^2\psi(x)/dx^2$ é positivo e voltada para baixo quando $d^2\psi(x)/dx^2$ é negativo.

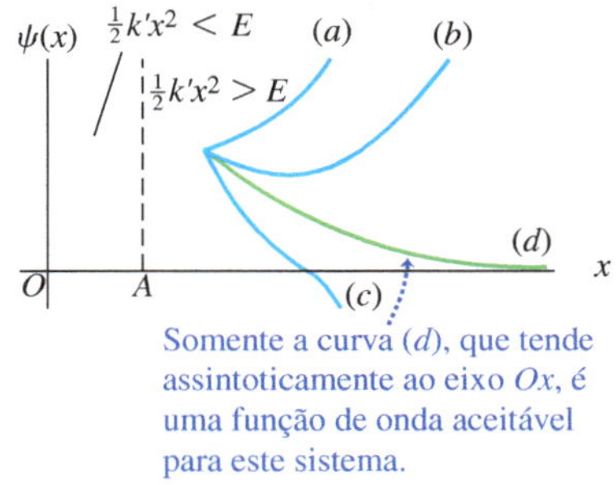

em direção aos valores negativos. A Equação 40.45 nos diz que, ao $\psi(x)$ se tornar negativo, $d^2\psi(x)/dx^2$ também se torna. Sendo assim, a curva se torna côncava *para baixo* tendendo para o infinito *negativo*. Essa função de onda também não satisfaz a condição de $\psi(x) \to 0$ se $|x| \to \infty$ e, portanto, não é viável.

- *Curva d*: se a inclinação de $\psi(x)$ no ponto x é negativa e o valor de $d^2\psi(x)/dx^2$ nesse ponto não for nem muito grande nem muito pequeno, a curva se dobra o suficiente para deslizar assintoticamente para o eixo x. Nesse caso, $\psi(x)$, $d\psi(x)/dx$ e $d^2\psi(x)/dx^2$ tendem simultaneamente a zero quando x tende para o infinito. Esse caso oferece a única esperança para satisfazer a condição de contorno $\psi(x) \to 0$ se $|x| \to \infty$, e ela só é satisfeita para valores especiais da energia E.

Essa discussão qualitativa sugere como as condições de contorno como $|x| \to \infty$ determinam os possíveis níveis de energia para o oscilador harmônico da mecânica quântica. Ocorre que essas condições de contorno são satisfeitas apenas se a energia E for igual a um dos níveis de energia E_n:

Níveis de energia para um oscilador harmônico

$$E_n = \left(n + \tfrac{1}{2}\right)\hbar\sqrt{\frac{k'}{m}} = \left(n + \tfrac{1}{2}\right)\hbar\omega \quad (n = 0, 1, 2, \dots) \tag{40.46}$$

Número quântico; Constante de Planck dividida por 2π; Massa da partícula; Constante da força; Frequência angular da oscilação

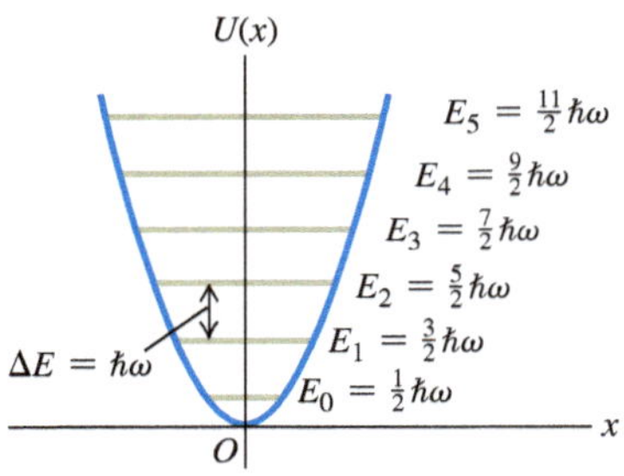

Figura 40.25 Níveis de energia para o oscilador harmônico. O espaçamento entre dois níveis de energia adjacentes é dado por $\Delta E = \hbar\omega$. A energia do estado fundamental é dada por $E_0 = \frac{1}{2}\hbar\omega$.

Observe que a energia do nível fundamental $E_0 = \frac{1}{2}\hbar\omega$ é representada pelo número quântico $n = 0$ e *não* $n = 1$.

A Equação 40.46 confirma nossa hipótese inicial (Equação 40.43) de que níveis de energia adjacentes são separados por um intervalo constante de $\hbar\omega = hf$, conforme a hipótese feita por Planck em 1900. Existe um número infinito de níveis de energia; isso não deveria surpreender porque estamos considerando um poço de potencial com profundidade infinita. À medida que $|x|$ cresce, $U = \frac{1}{2}k'x^2$ cresce sem limites.

A **Figura 40.25** mostra os seis níveis de energia mais baixos e a função energia potencial $U(x)$. Para cada nível n, o valor de $|x|$ no qual a reta horizontal representando a energia total E_n intercepta $U(x)$ fornece a amplitude A_n do oscilador harmônico newtoniano correspondente.

EXEMPLO 40.8 VIBRAÇÃO EM UM CRISTAL

Um átomo de sódio com massa igual a $3{,}82 \times 10^{-26}$ kg vibra no interior do cristal. A energia potencial cresce por 0,0075 eV quando o átomo é deslocado 0,014 nm a partir de sua posição de equilíbrio. Trate o átomo como um oscilador harmônico. (a) Calcule a frequência angular usando a mecânica newtoniana. (b) Determine o espaçamento entre dois níveis de energia adjacentes em elétrons-volt, de acordo com a mecânica quântica. (c) Se um átomo emite um fóton durante a transição de um nível vibracional até o nível seguinte mais baixo, qual é o comprimento de onda do fóton emitido? Em que região do espectro eletromagnético esse fóton se situa?

SOLUÇÃO

IDENTIFICAR E PREPARAR: encontramos a constante de força k' a partir da expressão da energia potencial $U = \frac{1}{2}k'x^2$. Em seguida, obtemos a frequência angular $\omega = (k'/m)^{1/2}$ e a usamos na Equação 40.46 para encontrar o espaçamento entre níveis de energia adjacentes. Calculamos o comprimento de onda do fóton emitido usando as mesmas ideias empregadas no Exemplo 40.6.

EXECUTAR: a partir do fato de que $U = 0{,}0075$ eV $= 1{,}2 \times 10^{-21}$ J quando $x = 0{,}014 \times 10^{-9}$ m, então podemos resolver $U = \frac{1}{2}k'x^2$, sendo k':

$$k' = \frac{2U}{x^2} = \frac{2(1{,}2 \times 10^{-21}\ \text{J})}{(0{,}014 \times 10^{-9}\ \text{m})^2} = 12{,}2\ \text{N/m}$$

(a) A frequência angular newtoniana é

$$\omega = \sqrt{\frac{k'}{m}} = \sqrt{\frac{12{,}2\ \text{N/m}}{3{,}82 \times 10^{-26}\ \text{kg}}} = 1{,}79 \times 10^{13}\ \text{rad/s}$$

(b) A partir da Equação 40.46 e da Figura 40.25, o espaçamento entre níveis de energia adjacentes é

$$\hbar\omega = (1{,}055 \times 10^{-34}\ \text{J}\cdot\text{s})(1{,}79 \times 10^{13}\ \text{rad/s}^{-1})$$
$$= 1{,}89 \times 10^{-21}\ \text{J}\left(\frac{1\ \text{eV}}{1{,}602 \times 10^{-19}\ \text{J}}\right) = 0{,}0118\ \text{eV}$$

(Continua)

(Continuação)

(c) A energia E do fóton emitido é igual à energia perdida pelo oscilador na transição, 0,0118 eV. Então

$$\lambda = \frac{hc}{E} = \frac{(4{,}136 \times 10^{-15}\ \text{eV} \cdot \text{s})(3{,}00 \times 10^{8}\ \text{m/s})}{0{,}0118\ \text{eV}}$$
$$= 1{,}05 \times 10^{-4}\,\text{m} = 105\ \mu\text{m}$$

Esse comprimento de onda do fóton está na região do infravermelho do espectro.

AVALIAR: este exemplo mostra que as constantes de força interatômicas são da ordem de poucos newtons por metro, não muito diferente dos valores de nossas molas caseiras ou de brinquedos de mola. O exemplo também sugere que os físicos podem estudar as vibrações dos átomos medindo a radiação que eles emitem na transição de um estado vibratório para um estado inferior. Veremos essa ideia em detalhes no Capítulo 42.

Comparação de um oscilador quântico com um oscilador newtoniano

As funções de onda para os níveis $n = 0, 1, 2,...$ do oscilador harmônico são chamadas de *funções de Hermite*. Elas não são encontradas em cursos elementares de cálculo, mas são bem conhecidas dos matemáticos. Cada função de Hermite é uma função exponencial multiplicada por uma polinomial em x. A função de onda do oscilador harmônico correspondente a $n = 0$ e $E = E_0$ (o nível fundamental) é

$$\psi(x) = Ce^{-\sqrt{mk'}\,x^2/2\hbar} \tag{40.47}$$

A constante C é escolhida de modo a normalizar a função, isto é, para tornar $\int_{-\infty}^{\infty}|\psi|^2\,dx = 1$. (Estamos utilizando C em vez de A nessa seção, uma vez que já estamos usando o símbolo A para a amplitude do oscilador harmônico newtoniano.) Podemos encontrar C usando o seguinte resultado de tabelas integrais:

$$\int_{-\infty}^{\infty} e^{-a^2x^2}dx = \frac{\sqrt{\pi}}{a}$$

Para confirmar se $\psi(x)$, de acordo com o fornecido pela Equação 40.47, *é* realmente uma solução para a equação de Schrödinger do oscilador harmônico, podemos calcular a segunda derivada dessa função de onda, substituir na Equação 40.44 e verificar se a equação é satisfeita quando a energia E for igual a $E_0 = \frac{1}{2}\hbar\omega$ (veja o Exercício 40.34). É um pouco trabalhoso, mas o resultado é gratificante e o esforço vale a pena.

A **Figura 40.26** mostra as quatro primeiras funções de onda do oscilador harmônico. Cada gráfico mostra também a amplitude A de um oscilador harmônico newtoniano com a mesma energia, isto é, o valor de A é determinado pela relação

$$\tfrac{1}{2}k'A^2 = \left(n + \tfrac{1}{2}\right)\hbar\omega \tag{40.48}$$

Figura 40.26 As quatro primeiras funções de onda para o oscilador harmônico. A amplitude A de um oscilador newtoniano com a mesma energia total é mostrada para cada uma delas. Cada função de onda penetra um pouco para as regiões classicamente proibidas $|x| > A$. O número total de máximos e mínimos finito para cada função é $n + 1$, um a mais que o número quântico.

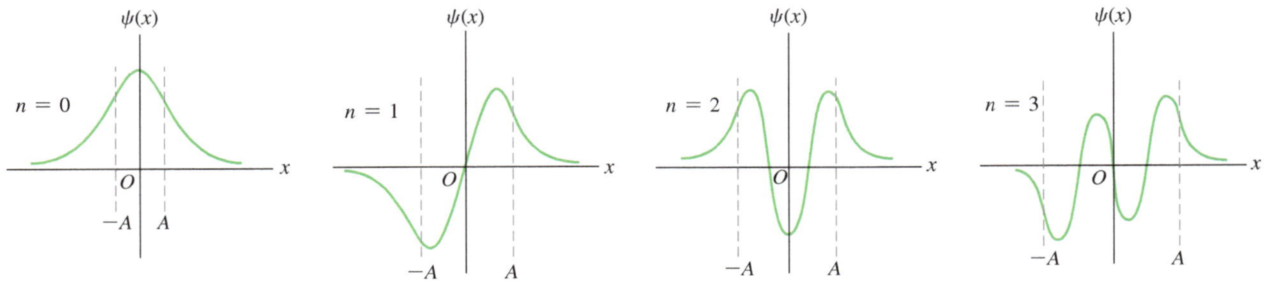

Em cada caso, há alguma penetração da função de onda em regiões onde $|x| > A$, proibidas pela mecânica newtoniana. Esse efeito é similar ao que observamos na Seção 40.3 para uma partícula em um poço quadrado finito.

A **Figura 40.27** ilustra as distribuições de probabilidades $|\psi(x)|^2$ correspondentes a esses estados indicados na figura anterior. Cada gráfico também mostra a distribuição de probabilidade com base na mecânica newtoniana, segundo a qual a probabilidade de encontrar uma partícula nas vizinhanças de um ponto é inversamente proporcional ao módulo da velocidade da partícula no referido ponto. Se calcularmos as médias das curvas de probabilidade da mecânica quântica, os resultados para $n > 0$ serão parecidos com os previstos pela mecânica newtoniana. Essa concordância aumenta à medida que o número quântico n aumenta; a **Figura 40.28** apresenta as funções de probabilidade baseada na mecânica newtoniana e na mecânica quântica para $n = 10$. Note que cresce o espaçamento entre zeros de $|\psi(x)|^2$ na Figura 40.28 com o aumento da distância de $x = 0$. Isso faz sentido a partir da perspectiva newtoniana: à medida que uma partícula se afasta de $x = 0$, sua energia cinética K e o módulo p de seu momento linear diminuem. Pensando em termos de mecânica quântica, isso significa que o comprimento de onda $\lambda = h/p$ aumenta; logo, o espaçamento entre zeros de $\psi(x)$ (e, portanto, de $|\psi(x)|^2$) também aumenta.

De acordo com a análise do oscilador harmônico da mecânica newtoniana, a energia mínima igual a zero corresponde ao repouso da partícula na posição de equilíbrio $x = 0$. Isso não é possível na mecânica quântica — não existe nenhuma solução da equação de Schrödinger que tenha $E = 0$ e satisfaça a condição de contorno. Além disso, caso tal estado existisse, ele violaria o princípio da incerteza de Heinsenberg, porque não haveria incerteza nem na posição, nem no momento linear. A energia deve ser pelo menos igual a $\frac{1}{2}\hbar\omega$ para que o sistema possa obedecer ao princípio da incerteza. Para verificar qualitativamente por que isso é verdade, considere um oscilador harmônico na mecânica newtoniana com energia total igual a $\frac{1}{2}\hbar\omega$. Podemos determinar a amplitude A e a velocidade máxima do mesmo modo que fizemos na Seção 13.3. Quando a partícula está em seu máximo deslocamento ($x = \pm A$) e instantaneamente no repouso, $K = 0$ e $E = U = \frac{1}{2}k'A^2$. Quando a partícula está no ponto de equilíbrio ($x = 0$) e se movendo com velocidade máxima, $U = 0$ e $E = K = \frac{1}{2}mv_{max}{}^2$. Fazendo $E = \frac{1}{2}\hbar\omega$, obtemos

$$E = \tfrac{1}{2}k'A^2 = \tfrac{1}{2}\hbar\omega = \tfrac{1}{2}\hbar\left(\frac{k'}{m}\right)^{1/2} \quad \text{então} \quad A = \frac{\hbar^{1/2}}{k'^{1/4}m^{1/4}}$$

$$E = \tfrac{1}{2}mv_{\text{máx}}{}^2 = \tfrac{1}{2}k'A^2 \quad \text{então} \quad v_{\text{máx}} = A\left(\frac{k'}{m}\right)^{1/2} = \frac{\hbar^{1/2}k'^{1/4}}{m^{3/4}}$$

Figura 40.27 Funções de distribuição de probabilidade $|\psi(x)|^2$ para as funções de onda do oscilador harmônico mostradas na Figura 40.26. Em cada caso, indicamos a amplitude A do oscilador harmônico da mecânica newtoniana com a mesma energia. As linhas azuis mostram a distribuição de probabilidade correspondente da mecânica newtoniana. À medida que o número quântico n aumenta, a média das funções de onda se aproxima cada vez mais da curva de probabilidade da mecânica newtoniana.

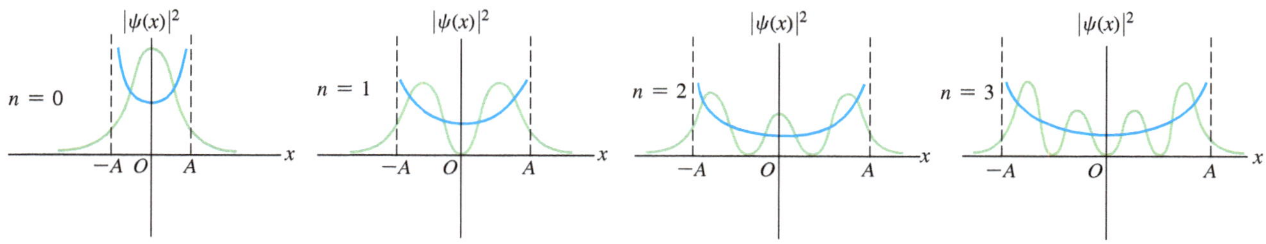

O momento linear máximo da partícula é

$$p_{\text{máx}} = mv_{\text{máx}} = \hbar^{1/2}k'^{1/4}m^{1/4}$$

É nessa hora que o princípio de Heisenberg é útil. Por ele, sabemos que as incertezas quanto à posição e ao momento linear da partícula (calculados como desvios padrão) são, respectivamente, $\Delta x = A/\sqrt{2} = A/2^{1/2}$ e $\Delta p_x = p_{\text{máx}}/\sqrt{2} = p_{\text{máx}}/2^{1/2}$. Então o produto das duas incertezas é

$$\Delta x\,\Delta p_x = \left(\frac{\hbar^{1/2}}{2^{1/2}\,k'^{1/4}\,m^{1/4}}\right)\left(\frac{\hbar^{1/2}\,k'^{1/4}\,m^{1/4}}{2^{1/2}}\right) = \frac{\hbar}{2}$$

Esse produto é igual ao valor mínimo permitido pela Equação 39.29, $\Delta x\,\Delta p_x \geq \hbar/2$, e então satisfaz ao princípio da incerteza. Se a energia fosse menor que $\frac{1}{2}\hbar\omega$, o produto $\Delta x\,\Delta p_x$ seria menor que $\hbar/2$ e o princípio da incerteza teria sido violado.

Mesmo quando a forma da função energia potencial não é exatamente parabólica, podemos aproximá-la pelo potencial do oscilador harmônico para deslocamentos suficientemente pequenos a partir da posição de equilíbrio. A **Figura 40.29** ilustra a função energia potencial que descreve a interação entre dois átomos em uma molécula. Para distâncias muito grandes entre os átomos, a curva de $U(r)$ em relação a r é praticamente horizontal, correspondendo a uma ausência de força entre dois átomos infinitamente distantes. Contudo, a curva é aproximadamente uma parábola nas vizinhanças do mínimo de $U(r)$ (a posição de equilíbrio dos átomos). Nas vizinhanças do equilíbrio, a vibração molecular corresponde a um movimento harmônico simples com níveis de energia dados pela Equação 40.46, conforme supusemos no Exemplo 40.8.

TESTE SUA COMPREENSÃO DA SEÇÃO 40.5 Um sistema mecânico quântico inicialmente em seu nível fundamental absorve um fóton e é promovido ao primeiro estado de excitação. Então o sistema absorve um segundo fóton e é alçado ao segundo estado de excitação. Em qual dos seguintes sistemas o segundo fóton tem um comprimento de onda maior que o primeiro? (i) Um oscilador harmônico; (ii) um átomo de hidrogênio; (iii) uma partícula em uma caixa. ❙

40.6 MEDIÇÃO NA MECÂNICA QUÂNTICA

Discutimos como usar a equação de Schrödinger para calcular as funções de onda de estados estacionários e os níveis de energia e várias funções de energia potencial $U(x)$. Vimos também como interpretar a função de onda $\Psi(x, t)$ de uma partícula em termos de sua distribuição de probabilidade $|\Psi(x, t)|^2$. Concluiremos com uma breve discussão a respeito do que acontece quando tentamos *medir* as propriedades de uma partícula da mecânica quântica. Como veremos, as consequências de medições como essa podem ser assustadoramente diferentes do que ocorre quando medimos as propriedades de uma partícula newtoniana comum, como uma bola de gude ou de bilhar.

Vamos considerar uma "partícula em uma caixa" — ou seja, uma partícula em uma caixa quadrada infinita com largura L, como descrito na Seção 40.2. Essa partícula de massa m é livre para se mover ao longo do eixo x dentro da região $0 \leq x \leq L$, mas não pode se mover além dessa região. Vamos supor que a partícula esteja em um estado estacionário com energia estabelecida E, igual a um dos níveis de energia E_n dado pela Equação 40.31. Se medirmos o componente x do momento linear dessa partícula, qual será o resultado?

Primeiro vamos considerar a resposta para essa pergunta aplicada a uma partícula da mecânica newtoniana em uma caixa (veja a Figura 40.8). Esta poderia ser um disco de hóquei no gelo deslizando sem atrito e saltando para trás e para a frente entre duas paredes paralelas. A energia E do disco é igual à sua energia

Figura 40.28 Funções de distribuição de probabilidade baseadas na mecânica newtoniana e na mecânica quântica para um oscilador harmônico no estado $n = 10$. A amplitude A da mecânica newtoniana também é indicada.

Quanto maior o valor de n, mais a distribuição de probabilidade da mecânica quântica (verde) se aproxima da distribuição de probabilidade newtoniana (azul).

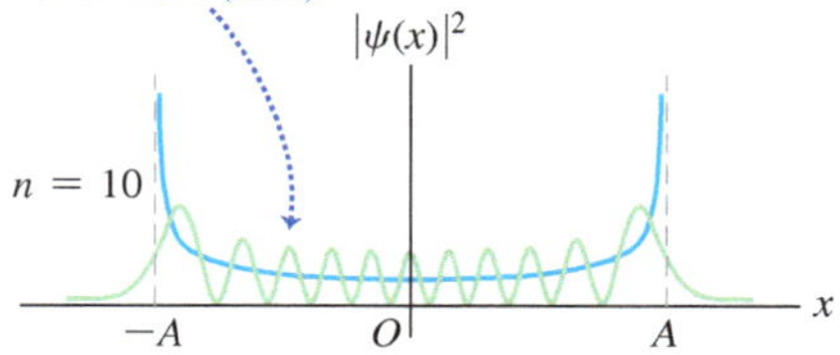

Figura 40.29 Uma função energia potencial que descreve a interação entre dois átomos em uma molécula diatômica. A distância r é a separação entre os centros dos átomos e a posição de equilíbrio correspondente a $r = r_0$. A energia potencial necessária para dissociar a molécula é igual a U_∞.

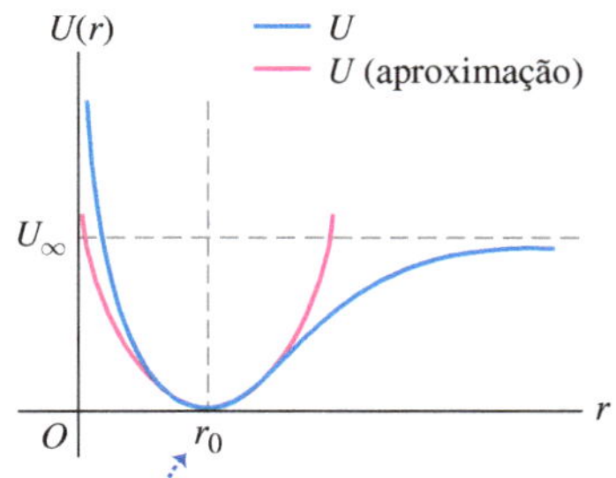

Quando r for quase igual a r_0, a curva será aproximadamente uma parábola (como mostrado pela curva vermelha), e o sistema se comporta aproximadamente como um movimento harmônico simples.

cinética $p^2/2m$, de modo que a magnitude de seu impulso é $p = \sqrt{2mE}$. Portanto, o componente x de seu momento linear p_x é

$$p_x = +\sqrt{2mE} \quad \text{ou} \quad p_x = -\sqrt{2mE} \tag{40.49}$$

Se p_x será positivo ou negativo dependerá se o disco de hóquei estiver se movendo na direção positiva (então $p_x = +\sqrt{2mE}$) ou negativa (então $p_x = -\sqrt{2mE}$) do eixo x. Para determinar qual o valor correto de p_x em um dado instante, precisamos olhar para o disco para ver em qual direção ele está se movendo.

Não podemos fazer essa observação no escuro; precisamos incidir alguma luz sobre o disco de hóquei. Aprendemos na Seção 38.1 que a luz se propaga na forma de fótons e que um fóton de comprimento de onda λ possui um momento linear $p = h/\lambda$. Quando incidimos luz sobre o disco para o observar, os fótons colidem com o disco e *mudam* seu momento linear. O simples ato de medir o momento linear do disco pode afetar a grandeza que estamos tentando medir! A boa notícia é que essa mudança é minúscula: um disco de hóquei de massa $m = 0{,}165$ kg movendo-se com velocidade $v = 1{,}00$ m/s possui momento linear $p = mv = 0{,}165$ kg · m/s, enquanto um fóton de luz visível com comprimento de onda de 500 nm possui momento linear $p = h/\lambda = 1{,}33 \times 10^{-27}$ kg · m/s. Mesmo se direcionarmos todos os fótons de uma fonte de luz de 100 W sobre o disco em uma explosão de luz durante 1,00, o momento linear total nessa explosão seria de apenas $3{,}33 \times 10^{-7}$ kg · m/s, e a mudança resultante no momento linear do disco seria insignificante. Em geral, podemos medir qualquer uma das propriedades de uma partícula newtoniana — seu momento linear, sua posição, energia e assim por diante — sem uma mudança sensível na grandeza que estamos medindo.

A situação é muito diferente para uma partícula da mecânica quântica em uma caixa. A partir da Equação 40.21, o estado dessa partícula com energia $E = E_n$ é descrito pela função de onda

$$\Psi(x, t) = \psi_n(x)e^{-iE_nt/\hbar} = \psi_n(x)e^{-i\omega_nt} \tag{40.50}$$

Na Equação 40.50, a frequência angular $\omega_n = E_n/\hbar$ e a função de onda de estado estacionário independente do tempo $\psi_n(x)$ é obtida pela Equação 40.35:

$$\psi_n(x) = \sqrt{\frac{2}{L}}\,\text{sen}\,\frac{n\pi x}{L} \qquad (n = 1, 2, 3, \ldots) \tag{40.51}$$

Esse é um estado de *energia* definida, mas *não* é um estado de momento linear definido: representa uma onda estacionária com valores iguais do momento linear na direção $+x$ e $-x$. Para tornar essa explicação mais explícita, relembre que as equações 40.30 e 40.31 mostram que a magnitude do momento linear no estado de energia E_n é $p_n = \sqrt{2mE_n} = nh/2L = n\pi\hbar/L$, e o número de onda correspondente é $k_n = p_n/\hbar = n\pi/L$. Então podemos substituir $n\pi/L$ na Equação 40.51 com k_n:

$$\psi_n(x) = \sqrt{\frac{2}{L}}\,\text{sen}\,k_nx$$

Relembre também a fórmula de Euler que vemos na Equação 40.17: $e^{i\theta} = \cos\theta + i\,\text{sen}\,\theta$ e $e^{-i\theta} = \cos\theta - i\,\text{sen}\,\theta$. Consequentemente, $\text{sen}\,\theta = (e^{i\theta} - e^{-i\theta})/2i$ e podemos dizer que

$$\psi_n(x) = \sqrt{\frac{2}{L}}\left(\frac{e^{ik_nx} - e^{-ik_nx}}{2i}\right) = \frac{1}{i\sqrt{2L}}(e^{ik_nx} - e^{-ik_nx}) \tag{40.52}$$

Então substituímos a Equação 40.52 na 40.50 e distribuímos os fatores $1/i\sqrt{2L}$ e $e^{-i\omega_n t}$:

$$\begin{aligned}\Psi(x, t) &= \frac{1}{i\sqrt{2L}}(e^{ik_n x} - e^{-ik_n x})e^{-i\omega_n t} \\ &= \frac{1}{i\sqrt{2L}}e^{ik_n x}e^{-i\omega_n t} - \frac{1}{i\sqrt{2L}}e^{-ik_n x}e^{-i\omega_n t}\end{aligned} \tag{40.53}$$

Na Equação 40.53, o termo $e^{ik_n x}\, e^{-i\omega_n t}$ é uma função de onda para uma partícula livre com energia $E_n = \hbar\omega_n$ e um componente *x positivo* do momento linear $p_x = p_n = \hbar k_n$. No termo $e^{-ik_n x}\, e^{-i\omega_n t}$, k_n é substituído por $-k_n$, e então esse termo é uma função de onda com a mesma energia $E_n = \hbar\omega_n$ mas com um componente *x negativo* do momento linear $p_x = -p_n = -\hbar k_n$. Esses dois valores possíveis de p_x são os mesmos de uma partícula em uma caixa, analisada pela mecânica newtoniana, conforme vemos na Equação 40.49. A diferença é que, como a partícula newtoniana salta para trás e para a frente entre as paredes da caixa, ela possui p_x positivo na metade do tempo e p_x negativo na outra metade do tempo. Apenas o valor médio do tempo de p_x é zero. Mas porque os dois termos para p_x positivo e p_x negativo estão presentes na Equação 40.53, a partícula quântica tem ambos os sinais do componente x de seu momento linear presentes em *todos* os instantes. Conforme estabelecemos anteriormente, esse estado estacionário para uma partícula quântica em uma caixa possui energia definida (ambos os termos na Equação 40.53 têm o mesmo valor para ω_n e, portanto, o mesmo valor de $E_n = \hbar\omega_n$), mas não tem um momento linear definido. Como os termos $e^{ik_n x}e^{-i\omega_n t}$ e $e^{-ik_n x}e^{-i\omega_n t}$ na Equação 40.53 têm coeficientes da mesma magnitude, $1/\sqrt{2L}$, o valor médio *instantâneo* de p_x da partícula quântica é zero (a média de $\hbar k_n$ e $-\hbar k_n$) em *todos* os tempos.

Qual o valor que obteremos ao *medir* o momento linear da partícula quântica em uma caixa? Assim como na partícula newtoniana, podemos medir o momento linear pondo um foco de luz sobre ela. Vamos disparar um único fóton movendo-se na direção $-y$ sobre a partícula e permitir que o fóton e a partícula colidam (**Figura 40.30**). Antes da colisão, o componente x total do momento linear do sistema fóton–partícula é zero. O momento linear está conservado na colisão, de modo que este é verdadeiro após a colisão. Após a colisão, qualquer que seja o sinal do p_x que o fóton possua, o componente x do momento linear da partícula terá o sinal oposto. Se o fóton é detectado no detector A, conclui-se que a partícula tem $p_x = \hbar k_n$; se, em vez disso, o fóton é detectado no detector B, podemos concluir que a partícula tem $p_x = -\hbar k_n$.

Figura 40.30 Usando espalhamento de fótons para medir o componente x do momento linear de uma partícula em uma caixa.

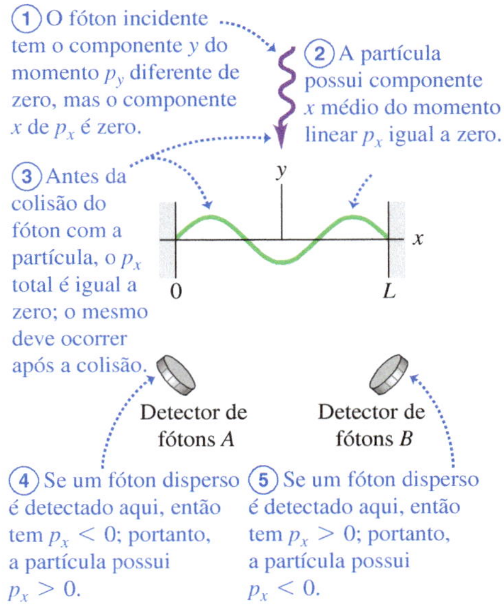

Nessa experiência, precisamos nos preocupar mais em como o fóton muda o momento linear da partícula do que no caso da partícula newtoniana. Para um elétron em uma caixa de largura $L = 1{,}00 \times 10^{-6}$ m $= 1{,}00\ \mu$m, o momento linear do elétron possui magnitude mínima de $p = 3{,}31\times 10^{-28}$ kg · m/s (correspondendo ao nível de energia $n = 1$), que é apenas cerca de um quarto de um fóton de luz visível de 500 nm de comprimento de onda. Para minimizar a mudança na magnitude do momento linear do elétron em decorrência da colisão, devemos usar um fóton com comprimento de onda bem maior (digamos, um fóton de onda de rádio) e, portanto, com momento linear bem menor.

Porém, mesmo quando usamos um fóton com o menor momento linear possível, descobrimos que o estado da partícula na caixa *deve* mudar como resultado da experiência. A seguir, um resumo dos resultados obtidos:

1. Se a medição mostrar que a partícula possui valor positivo de $p_x = \hbar k_n$, a função de onda *muda* a partir da que foi apresentada na Equação 40.53 para uma que tem *somente* o termo $e^{ik_n x}e^{-i\omega_n t}$. O outro termo, que corresponde a $p_x = -\hbar k_n$, desaparece. Dizemos que a função de onda, que era uma combinação de dois termos com diferentes valores de p_x, foi submetida a um *colapso de função de onda*, ou seja, sofreu um colapso, sendo reduzida a um termo com $p_x = \hbar k_n$ como

consequência de medir o valor de p_x. Para testar esse resultado, disparamos um segundo fóton imediatamente após o primeiro. O segundo fóton se dispersa a partir da partícula, como seria de esperar, se a partícula tiver o valor de $p_x = \hbar k_n$.

2. Se a medição mostra que a partícula possui um valor negativo de $p_x = -\hbar k_n$, a função de onda sofre um colapso na direção oposta: muda para uma função com somente o termo $e^{-ik_n x}e^{-i\omega_n t}$. O termo $p_x = \hbar k_n$ desaparece.
3. Se repetirmos a experiência várias vezes, cada vez começando com a partícula descrita pela função da Equação 40.53, 50% das vezes o resultado da medição será $p_x = \hbar k_n$ e 50% das vezes o resultado da medição será $p_x = -\hbar k_n$. Considerando especificamente apenas qualquer uma delas, não há como prever qual dos dois resultados ocorrerá. Podemos afirmar apenas que existe igual probabilidade de acontecer tanto um quanto o outro resultado.

Esses resultados revelam um fato da vida da mecânica quântica: *medir uma propriedade física de um sistema pode alterar a função de onda desse sistema.* Ao medir o valor de p_x para uma partícula em uma caixa, mudamos a função de onda de uma que é uma combinação de duas funções de onda — uma para $p_x = \hbar k_n$ e uma para $p_x = -\hbar k_n$, para uma com um valor definido de p_x. Essa mudança na função de onda não é descrita pela equação de Schrödinger dependente do tempo (Equação 40.20), mas é uma consequência do processo de medição. Também é independente de como a medição é realizada: o mesmo colapso da função de onda ocorre, não importa quanto o momento linear do fóton incidente mostrado na Figura 40.30 seja pequeno. Na verdade, *qualquer* experiência para medir p_x de uma partícula em uma caixa em um estado estável terá os resultados que descrevemos anteriormente, não importa como a experiência seja projetada.

(*Após* a medição, a função de onda vai sofrer nova alteração que *é* descrita pela equação de Schrödinger. Nem $e^{ik_n x}e^{-i\omega_n t}$ nem $e^{-ik_n x}e^{-i\omega_n t}$ por si só satisfaz as condições de contorno para uma partícula em uma caixa, ou seja, que a função de onda desaparece em $x = 0$ e $x = L$. A função de onda deve evoluir para satisfazer essas condições.)

Note que nem toda a medição de um sistema de mecânica quântica provoca uma alteração na função de onda. Se for realizada uma experiência que mede apenas a energia de uma partícula dada pela função de onda na Equação 40.53, a função de onda não muda. Isso porque a função de onda já corresponde a um estado de energia definida $E_n = \hbar\omega_n$, então há 100% de probabilidade de que mediremos esse valor de energia.

Você pode se perguntar: será que a função de onda realmente entra em colapso? A maioria dos físicos responderia que sim, mas alguns teóricos conceberam modelos alternativos do que acontece em uma medição da mecânica quântica. Um modelo, chamado de *interpretação de muitos mundos*, afirma que existe uma função de onda *universal* que descreve todas as partículas no universo. Sempre que uma medida de qualquer espécie ocorre, quer de origem humana (como a nossa experiência), quer de origem natural (por exemplo, um fóton de luz solar disperso de um elétron em um átomo na atmosfera), essa função de onda universal não entra em colapso. Em vez disso, cada medição faz que o universo se ramifique em linhas do tempo alternativas. Então, quando realizamos a experiência representada na Figura 40.30, o universo se divide em uma linha do tempo em que o fóton vai para o detector A e uma segunda linha em que o fóton vai para o detector B. Essas duas linhas do tempo, em seguida, deixam de se comunicar.

ATENÇÃO Equívocos na medição quântica Se medirmos a partícula e obtivermos $p_x = \hbar k_n$, isso significa que ela tinha $p_x = \hbar k_n$ antes da medição? Não; a partícula adquiriu esse valor como um resultado da medição. Se medirmos a partícula e obtivermos $p_x = \hbar k_n$ em vez de $p_x = -\hbar k_n$, isso significa que houve alguma variação na forma com que fizemos a medição? Mais uma vez, não; o resultado de um determinado experimento é aleatório. Tudo o que a mecânica quântica pode fazer é prever qual a probabilidade de a experiência apresentar um determinado resultado.

Por mais estranho que esses aspectos da mecânica quântica pareçam, outros ainda são muito mais estranhos. Iremos investigá-los no Capítulo 41, depois que aprendermos mais sobre a natureza do elétron.

TESTE SUA COMPREENSÃO DA SEÇÃO 40.6 Uma partícula dentro de uma caixa é descrita por uma função de onda que é uma combinação dos estados estacionários $n = 1$ e $n = 2$: $\Psi(x, t) = C\psi_1(x)e^{-iE_1t/\hbar} + D\psi_2(x)e^{-iE_2t/\hbar}$, onde $\psi_1(x)$ e $\psi_2(x)$ são dadas pela Equação 40.35, E_1 e E_2 são dadas pela Equação 40.31 e C e D são constantes diferentes de zero. Se você realizar uma experiência para medir a energia dessa partícula, é *garantido* que o resultado será (i) E_1; (ii) E_2; (iii) $(E_1 + E_2)/2$; (iv) um valor intermediário entre E_1 e E_2, com um valor que depende dos valores de C e D; (v) nenhum destes. ❙

CAPÍTULO 40 RESUMO

Funções de onda: a função de onda para uma partícula contém todas as informações sobre essa partícula. Se a partícula se move em uma dimensão, na presença de uma função de energia potencial $U(x)$, a função de onda $\Psi(x, t)$ obedece à equação de Schrödinger unidimensional. (Para uma partícula *livre* em que nenhuma força atua, $U(x) = 0$). A grandeza $|\Psi(x, t)|^2$, chamada função de distribuição de probabilidade, determina a probabilidade relativa de encontrar uma partícula perto de uma dada posição em um determinado instante. Se a partícula se encontra em um estado de energia definido, chamado de estado estacionário, $\Psi(x, t)$ é um produto de uma função $\psi(x)$ que depende apenas das coordenadas espaciais e de uma função de $e^{-iEt/\hbar}$ que depende apenas do tempo. Para um estado estacionário, a função de distribuição de probabilidade é independente do tempo. Uma função de onda espacial de um estado estacionário $\psi(x)$ para uma partícula, que se move em uma dimensão na presença de uma função de energia potencial $U(x)$, satisfaz à equação de Schrödinger independente do tempo. Mais funções de onda complexas podem ser construídas por sobreposição de funções de onda de estado estacionário, as quais podem representar partículas que estão localizadas em uma determinada região, representando, assim, ambos os aspectos, tanto de partícula quanto de onda. (Veja os exemplos 40.1 e 40.2.)

$$-\frac{\hbar^2}{2m}\frac{\partial^2\Psi(x,t)}{\partial x^2} + U(x)\Psi(x,t) = i\hbar\frac{\partial\Psi(x,t)}{\partial t} \qquad (40.20)$$

(equação de Schrödinger unidimensional geral)

$$\Psi(x,t) = \psi(x)e^{-iEt/\hbar} \qquad (40.21)$$

(função de onda dependente do tempo para um estado de energia definido)

$$-\frac{\hbar^2}{2m}\frac{d^2\psi(x)}{dx^2} + U(x)\psi(x) = E\psi(x) \qquad (40.23)$$

(equação de Schrödinger unidimensional independente do tempo)

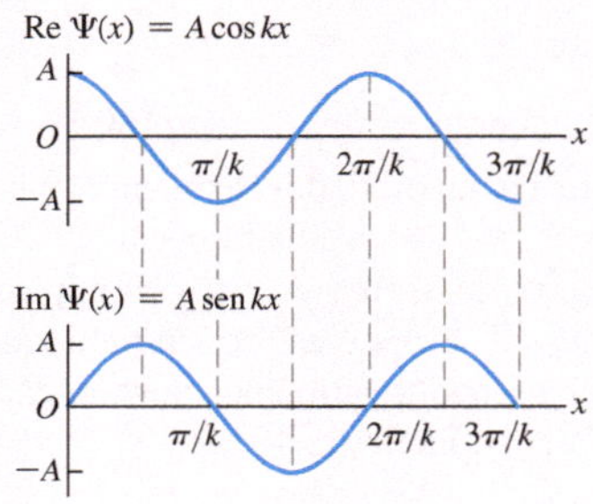

Partícula em uma caixa: os níveis de energia para uma partícula com massa m em uma caixa (poço de potencial quadrado com profundidade infinita) com largura L são dados pela Equação 40.31. As funções de onda normalizadas correspondentes de uma partícula são dadas pela Equação 40.35. (Veja os exemplos 40.3 e 40.4.)

$$E_n = \frac{p_n^2}{2m} = \frac{n^2h^2}{8mL^2} = \frac{n^2\pi^2\hbar^2}{2mL^2} \qquad (n = 1, 2, 3, \ldots) \qquad (40.31)$$

$$\psi_n(x) = \sqrt{\frac{2}{L}}\,\text{sen}\,\frac{n\pi x}{L} \qquad (n = 1, 2, 3, \ldots) \qquad (40.35)$$

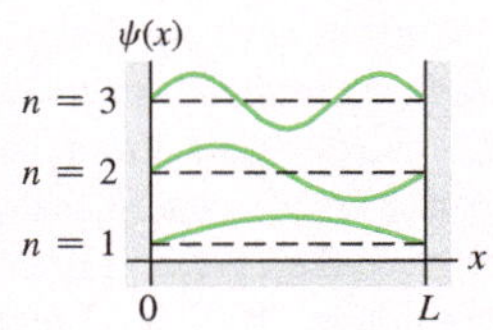

Funções de onda e normalização: para ser uma solução da equação de Schrödinger, a função de onda $\psi(x)$ e sua derivada $d\psi(x)/dx$ devem ser contínuas em todos os pontos, exceto quando a função energia potencial $U(x)$ apresenta uma descontinuidade infinita. Uma função de onda geralmente é normalizada, de modo que a probabilidade de encontrar a partícula em algum local do universo é 1.

$$\int_{-\infty}^{\infty} |\psi(x)|^2\,dx = 1 \qquad (40.33)$$

(condição de normalização)

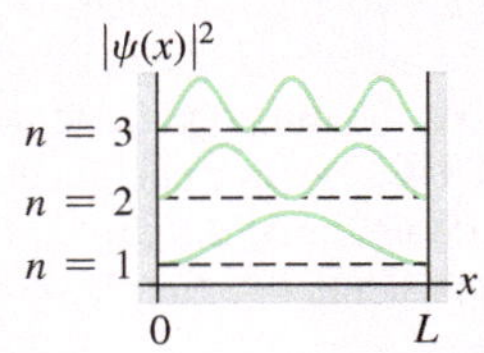

Poço de potencial finito: em um poço de potencial com profundidade finita U_0, os níveis de energia são mais baixos que os de um poço com profundidade infinita com a mesma largura, e é finito o número de níveis de energia correspondentes a estados ligados. Os níveis de energia são obtidos igualando as funções de onda nas paredes do poço de modo a satisfazer a continuidade de $\psi(x)$ e $d\psi(x)/dx$. (Veja os exemplos 40.5 e 40.6.)

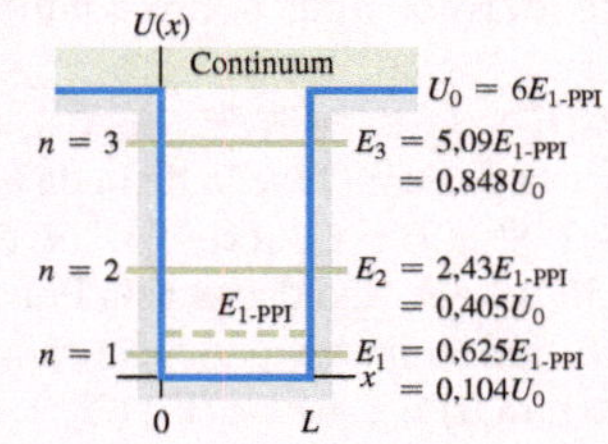

Barreiras de potencial e tunelamento: existe certa probabilidade de uma partícula penetrar uma barreira de energia potencial mesmo que sua energia cinética inicial seja menor que a altura da barreira. Esse processo é chamado de tunelamento. (Veja o Exemplo 40.7.)

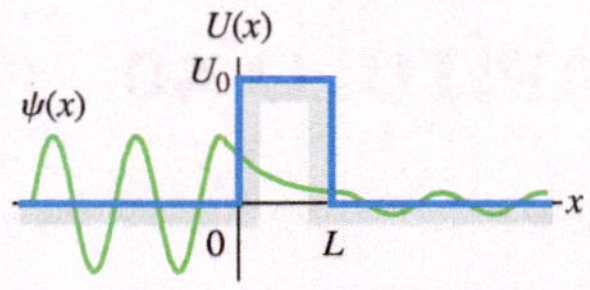

Oscilador harmônico quântico: os níveis de energia de um oscilador harmônico, para o qual $U(x) = \frac{1}{2}k'x^2$, são dados pela Equação 40.46. O espaçamento entre quaisquer dois níveis adjacentes é $\hbar\omega$, onde $\omega = \sqrt{k'/m}$ é a frequência angular de oscilação do oscilador harmônico newtoniano correspondente. (Veja o Exemplo 40.8.)

$$E_n = \left(n + \tfrac{1}{2}\right)\hbar\sqrt{\frac{k'}{m}} = \left(n + \tfrac{1}{2}\right)\hbar\omega$$
$$(n = 0, 1, 2, 3, \ldots) \qquad (40.46)$$

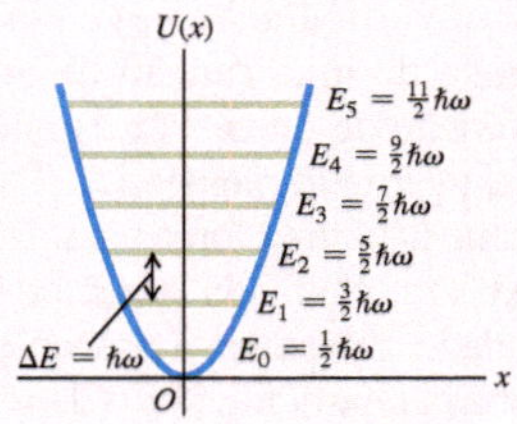

Medição com o uso da mecânica quântica: se a função de onda de uma partícula não corresponde a um valor definido de determinada propriedade física (como momento linear ou energia), a função de onda muda quando mensuramos essa propriedade. Esse fenômeno é chamado colapso da função de onda.

Problema em destaque Um pacote em uma caixa

Uma partícula de massa m em um poço de profundidade infinita (veja a Figura 40.9) possui a seguinte função de onda na região entre $x = 0$ e $x = L$:

$$\Psi(x, t) = \frac{1}{\sqrt{2}}\psi_1(x)e^{-iE_1t/\hbar} + \frac{1}{\sqrt{2}}\psi_2(x)e^{-iE_2t/\hbar}$$

Considere que $\psi_1(x)$ e $\psi_2(x)$ são as funções de onda em estado estacionário normalizadas para os primeiros dois níveis ($n = 1$ e $n = 2$), obtidos pela Equação 40.35. E_1 e E_2, dadas pela Equação 40.31, são as energias desses níveis. A função de onda é zero para $x < 0$ e $x > L$. (a) Encontre a função de distribuição de probabilidade. (b) $\Psi(x, t)$ representa um estado estacionário de energia definida? Por quê? (c) Mostre que a função de onda $\Psi(x, t)$ é normalizada. (d) Encontre a frequência angular da oscilação da função de distribuição de probabilidade. Qual a interpretação dessa oscilação? (e) Suponha que $\Psi(x, t)$ seja uma combinação das duas funções de onda dos dois níveis mais baixos de um poço finito de comprimento L, com altura U_0 igual a seis vezes a energia do estado ligado de mais baixa energia de um poço infinito de comprimento L. Qual seria a frequência angular da função de distribuição de probabilidade nesse caso?

GUIA DA SOLUÇÃO

IDENTIFICAR E PREPARAR

1. Na Seção 40.1, vimos como interpretar uma combinação de duas funções de onda de partículas livres de energias diferentes. Neste problema, precisamos aplicar essas mesmas ideias para uma combinação de funções de onda para o poço infinito (Seção 40.2) e o poço finito (Seção 40.3).

EXECUTAR

2. Determine a função de onda completa dependente do tempo $\Psi(x, t)$ e seu conjugado complexo $\Psi^*(x, t)$, usando as funções $\psi_1(x)$ e $\psi_2(x)$ da Equação 40.35. Use-as para calcular a função de distribuição de probabilidade e decida se essa função é ou não dependente do tempo.
3. Para constatar se há normalização, será preciso verificar que, quando você integrar a função de distribuição de probabilidade a partir do passo 2 sobre todos os valores de x, a integral é igual a 1. [*Dica*: as identidades trigonométricas $\text{sen}^2\theta = \frac{1}{2}(1 - \cos 2\theta)$ e $\text{sen}\,\theta\,\text{sen}\,\phi = \cos(\theta - \phi) - \cos(\theta + \phi)$ podem ser úteis].
4. Para encontrar a resposta à parte (d), será necessário identificar a frequência angular da oscilação ω_{OSC} em sua expressão, a partir do passo 2, para a função de distribuição

(*Continua*)

(Continuação)

de probabilidade. Para interpretar as oscilações, desenhe gráficos das funções de distribuição de probabilidade, nos tempos $t = 0$, $t = T/4$, $t = T/2$ e $t = 3T/4$, onde $T = 2\pi/\omega_{OSC}$ é o período de oscilação da função de distribuição de probabilidade.

5. Para o poço finito não existem expressões simples para as duas primeiras funções de onda de estado estacionário $\psi_1(x)$ e $\psi_2(x)$. No entanto, ainda é possível encontrar a frequência angular da oscilação ω_{OSC}, que está relacionada com as energias E_1 e E_2, da mesma forma que no caso do poço infinito. (Consegue ver o porquê?)

AVALIAR

6. Por que os fatores $1/\sqrt{2}$ são importantes na função de onda $\Psi(x, t)$?
7. Qual o motivo, na sua opinião, para a frequência angular da oscilação de um poço finito ser menor que a do poço infinito com o mesmo comprimento?

PROBLEMAS

•, ••, •••: níveis de dificuldade. **PC**: problemas cumulativos, incorporando material de capítulos anteriores. **CALC**: problemas exigindo cálculo. **DADOS**: problemas envolvendo dados reais, evidência científica, projeto experimental e/ou raciocínio científico. **BIO**: problemas envolvendo biociências.

QUESTÕES PARA DISCUSSÃO

Q40.1 Se a mecânica quântica substitui a linguagem da mecânica newtoniana, por que não temos de usar funções de onda para descrever o movimento dos corpos macroscópicos, como bolas de beisebol e carros?

Q40.2 Um estudante observa que a relação da ótica dos raios com o quadro mais geral de ondas é análoga à relação da mecânica newtoniana, com trajetórias de partículas bem definidas, com a mecânica quântica. Comente essa observação.

Q40.3 Como a Equação 40.21 indica, a função de onda dependente do tempo para um estado estacionário é um número complexo que tem uma parte real e uma parte imaginária. Como pode essa função ter qualquer significado físico, uma vez que parte dela é *imaginária*?

Q40.4 Por que uma função de onda de uma partícula tem de ser normalizada?

Q40.5 Se uma partícula está em um estado estacionário, isso significa que a partícula não está se movendo? Se uma partícula se move no espaço vazio com momento linear constante $\vec{p}$ e, portanto, energia constante $E = p^2/2m$, está em um estado estacionário? Explique suas respostas.

Q40.6 Para a partícula em uma caixa, escolhemos $k = n\pi/L$ com $n = 1, 2, 3,...$ para ajustar as condições de contorno de que $\psi = 0$ em $x = L$. No entanto, $n = 0, -1, -2, -3,...$ também satisfaz essas condições de contorno. Por que não escolhemos também os valores de n?

Q40.7 Se ψ for normalizada, qual é o significado físico da área sob um gráfico de $|\psi|^2$ *versus* x entre x_1 e x_2? Qual é a área total sob o gráfico de $|\psi|^2$ quando todos os x estão incluídos? Explique.

Q40.8 Para uma partícula em uma caixa, como se parece a função de distribuição de probabilidade $|\psi|^2$, se a partícula se comportar como uma partícula clássica (newtoniana)? Será que as distribuições reais de probabilidade abrangem essa forma clássica quando n é muito grande? Explique.

Q40.9 No Capítulo 15, representamos uma onda estacionária como uma superposição de duas ondas que se deslocam em direções opostas. As funções de onda para uma partícula em uma caixa também poderiam ser entendidas como uma combinação de duas ondas que se deslocam? Por quê? Que interpretação física essa representação tem? Explique.

Q40.10 Uma partícula em uma caixa está no nível do solo. Qual é a probabilidade de encontrarmos a partícula na metade direita da caixa? (Consulte a Figura 40.12, mas não calcule uma integral.) A resposta seria a mesma se a partícula estivesse em um nível excitado? Explique.

Q40.11 As funções de onda para uma partícula em uma caixa (veja a Figura 40.12a) são iguais a zero em certos pontos. Será que isso significa que a partícula não pode se mover após um desses pontos? Explique.

Q40.12 Para uma partícula confinada a um poço quadrado infinito, seria correto dizer que cada estado de energia definido também é um estado de comprimento de onda definido? Seria também um estado de momento linear definido? Explique. (*Dica*: lembre-se de que o momento linear é um vetor.)

Q40.13 Para uma partícula em um poço de potencial finito, seria correto dizer que cada estado ligado de energia definida também é um estado de comprimento de onda definido? Seria um estado de momento linear definido? Explique.

Q40.14 Na Figura 40.12b, a função de probabilidade é zero nos pontos $x = 0$ e $x = L$, as "paredes" da caixa. Será que isso significa que a partícula nunca atinge as paredes? Explique.

Q40.15 Uma partícula está confinada a um poço de potencial finito na região $0 < x < L$. Como a área sob o gráfico de $|\psi|^2$ na região $0 < x < L$ pode ser comparada com a área total sob o gráfico de $|\psi|^2$ quando se incluem todos os possíveis x?

Q40.16 Compare as funções de onda para os primeiros três níveis de energia de uma partícula em uma caixa de largura L (veja a Figura 40.12a) com as funções de onda correspondentes para um poço de potencial finito de mesma largura (veja a Figura 40.15a). Como o comprimento de onda no intervalo de $0 \leq x \leq L$ para o nível $n = 1$ das partículas em uma caixa pode ser comparado com o comprimento de onda correspondente no nível $n = 1$ do poço potencial finito? Utilize esse raciocínio para explicar por que E_1 é menor do que $E_{1\text{-PPI}}$ na situação representada na Figura 40.15b.

Q40.17 Na Seção 40.3, afirmou-se que um poço de potencial finito sempre tem pelo menos um nível ligado, por menor que seja a profundidade do poço. Isso significa que $U_0 \rightarrow 0$ quando $E_1 \rightarrow 0$? Isso viola o princípio da incerteza de Heisenberg? Explique.

Q40.18 Na Figura 40.15a vemos que, quanto maior a energia de um estado ligado em um poço de potencial finito, maior é a parte da função de onda que se estende para fora do poço (nos intervalos $x < 0$ e $x > L$). Explique por que isso ocorre.

Q40.19 Na mecânica clássica (newtoniana), a energia total E de uma partícula nunca pode ser menor que a energia potencial U porque a energia cinética K nunca pode ser negativa. Contudo, no tunelamento através de uma barreira (Seção 40.4), uma partícula passa através de regiões para as quais E é menor que U. Isso é uma contradição? Explique.

Q40.20 A Figura 40.17 mostra a imagem feita com um microscópio de tunelamento com varredura de 48 átomos de ferro sobre uma superfície de cobre; a configuração indica a densidade dos elétrons sobre a superfície de cobre. O que você pode inferir a respeito da função energia potencial dentro do círculo de átomos de ferro?

Q40.21 Qualitativamente, como você espera que a altura da barreira possa influir na probabilidade de tunelamento através dela? Explique.

Q40.22 A função de onda indicada na Figura 40.20 é diferente de zero para $x < 0$ e para $x > L$. Isso significa que a partícula se divide em duas partes quando colide com a barreira, com uma das partes tunelando através da barreira e a outra parte ricocheteando nela? Explique.

Q40.23 As distribuições de probabilidade das funções de onda do oscilador harmônico (figuras 40.27 e 40.28) começam a ficar parecidas com a distribuição de probabilidade clássica (newtoniana) quando o número quântico n torna-se grande. As distribuições quânticas tendem a se tornar exatamente iguais à distribuição clássica quando n tende ao infinito? Explique.

Q40.24 Na Figura 40.28, como a probabilidade de encontrar uma partícula na metade central da região $-A < x < A$ se compara com a probabilidade de encontrar a partícula na metade exterior da região? Isso está de acordo com a interpretação física da situação?

Q40.25 Compare os níveis de energia para o átomo de hidrogênio com os níveis de uma partícula em uma caixa e com os níveis do oscilador harmônico. Quais são os valores do número quântico n para o nível fundamental e para o segundo estado excitado de cada um desses sistemas?

Q40.26 Faça o gráfico da função de onda para o poço de energia potencial da **Figura Q40.26** quando E_1 é menor que U_0 e quando E_3 é maior que U_0.

Figura Q40.26

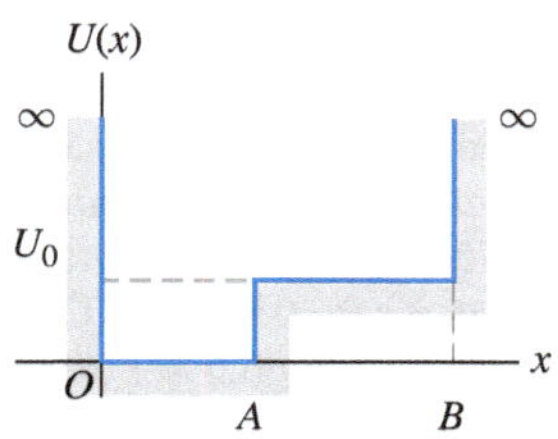

Q40.27 (a) Uma partícula em uma caixa possui a função de onda $\Psi(x, t) = \psi_2(x) e^{-iE_2t/\hbar}$, onde ψ_n e E_n são dados pelas equações 40.35 e 40.31, respectivamente. Se a energia da partícula for medida, qual será o resultado? (b) Se a função de onda for $\Psi(x, t) = (1/\sqrt{2})(\psi_1(x) e^{-iE_1t/\hbar} + \psi_2(x)e^{-iE_2t/\hbar})$ e a energia da partícula for medida, qual será o resultado? (c) Se tivéssemos muitas partículas idênticas com a função de onda da parte (b) e medíssemos a energia de cada uma delas, qual seria o valor médio de todas as medições? Podemos dizer que, antes de a medição ser feita, cada partícula possuía essa energia média? Explique.

EXERCÍCIOS

Seção 40.1 Funções de onda e a equação unidimensional de Schrödinger

40.1 • Um elétron está se movendo como uma partícula livre na direção $-x$ com momento que tem magnitude $4{,}50 \times 10^{-24}$ kg · m/s. Qual é a função de onda unidimensional dependente do tempo do elétron?

40.2 • Uma partícula livre movendo-se em uma dimensão possui a função de onda

$$\Psi(x, t) = A[e^{i(kx - \omega t)} - e^{i(2kx - 4\omega t)}]$$

onde k e ω são constantes reais positivas. (a) Em $t = 0$, quais são os dois menores valores positivos de x para os quais a função da probabilidade $|\Psi(x, t)|^2$ é um máximo? (b) Repita o item (a) para o tempo $t = 2\pi/\omega$. (c) Calcule $v_{méd}$ como a distância máxima com que a partícula se moveu dividida pelo tempo decorrido. Compare seu resultado com a expressão $v_{méd} = (\omega_2 - \omega_1)/(k_2 - k_1)$ do Exemplo 40.1.

40.3 • Considere a função de onda livre de partícula do Exemplo 40.1. Seja $k_2 = 3k_1 = 3k$. Em $t = 0$, a função de distribuição de probabilidade $|\Psi(x, t)|^2$ tem um máximo a $x = 0$. (a) Qual é o menor valor positivo de x para o qual a função de distribuição de probabilidade tem um máximo no tempo $t = 2\pi/\omega$, onde $\omega = \hbar k^2/2m$? (b) A partir do seu resultado no item (a), qual é a velocidade média com a qual a distribuição de probabilidade está se movendo na direção $+x$? Compare seu resultado com a expressão $v_{méd} = (\omega_2 - \omega_1)/(k_2 - k_1)$ do Exemplo 40.1.

40.4 • Uma partícula é descrita por uma função de onda $\psi(x) = Ae^{-\alpha x^2}$, onde A e α são constantes reais positivas. Se o valor de α aumenta, qual é o efeito que isso tem sobre (a) a incerteza da partícula na posição e (b) a incerteza da partícula no momento linear? Explique suas respostas.

40.5 • Considere uma função de onda dada por $\psi(x) = A$ sen kx, onde $k = 2\pi/\lambda$ e A é uma constante real. (a) Para que valores de x existe a maior probabilidade de encontrar a partícula descrita por essa função de onda? Explique. (b) Para que valores de x a probabilidade é *zero*? Explique.

40.6 •• Calcule $|\Psi|^2$ para $\Psi = \psi$ sen ωt, onde ψ é independente do tempo e ω é uma constante real. Trata-se de uma função de onda para um estado estacionário? Justifique sua resposta.

40.7 • **CALC** Sejam ψ_1 e ψ_2 duas soluções da Equação 40.23 com energias E_1 e E_2, respectivamente, onde $E_1 \neq E_2$. Uma solução para a Equação 40.23 poderia ser $\psi = A\psi_1 + B\psi_2$, onde A e B são constantes diferentes de zero? Explique sua resposta.

Seção 40.2 Partícula em uma caixa

40.8 •• **CALC** Uma partícula se movendo em uma dimensão (eixo x) é descrita pela função de onda

$$\psi(x) = \begin{cases} Ae^{-bx}, & \text{para } x \geq 0 \\ Ae^{bx}, & \text{para } x < 0 \end{cases}$$

onde $b = 2{,}00$ m^{-1}, $A > 0$, e os pontos no eixo x ficam à direita. (a) Determine A de modo que a função de onda seja normalizada. (b) Desenhe o gráfico da função de onda. (c) Determine a probabilidade de encontrar essa partícula em cada uma das seguintes regiões: (i) a 50 centímetros da origem; (ii) no lado esquerdo da origem (você pode prever a resposta primeiro apenas olhando para o gráfico da função de onda?), (iii) entre $x = 0{,}500$ m e $x = 1{,}00$ m.

40.9 • **Bolas de bilhar no nível fundamental.** (a) Determine o nível de energia mais baixo para a partícula em uma caixa, supondo que a partícula seja uma bola de bilhar ($m = 0{,}20$ kg) e que a largura da caixa seja 1,3 m, o tamanho de uma mesa de bilhar. (Suponha que a bola deslize sem atrito em vez de rolar. Ou seja, despreze a energia cinética da rotação.) (b) Como a energia do item (a) é totalmente dada pela energia cinética, a que velocidade isso corresponde? Com essa velocidade, quanto tempo a bola levaria para ir de uma extremidade da mesa até a outra? (c) Qual é a diferença de energia entre os níveis $n = 2$ e $n = 1$? (d) Os efeitos da mecânica quântica são importantes para o jogo de bilhar?

40.10 • Um próton está em uma caixa de largura L. Qual deve ser a largura da caixa para que a energia do nível fundamental seja igual a 5,0 MeV, valor típico para a energia de ligação de partículas no interior de um núcleo? Compare o resultado com o tamanho de um núcleo, que é da ordem de 10^{-14} m.

40.11 •• Encontre a largura L de uma caixa de uma dimensão para a qual a energia do estado fundamental de um elétron na caixa corresponderia ao valor absoluto do nível de energia fundamental de um átomo de hidrogênio.

40.12 •• Quando um átomo de hidrogênio passa por uma transição do nível $n = 2$ para $n = 1$, um fóton com $\lambda = 122$ nm é emitido. (a) Se imaginarmos o átomo como um elétron em uma caixa de uma dimensão, qual é a largura da caixa para que a transição de $n = 2$ a $n = 1$ corresponda à emissão de um fóton com essa energia? (b) Para uma caixa com a largura calculada no item (a), qual é o estado fundamental de energia? Como isso corresponde ao estado fundamental de energia de um átomo de hidrogênio? (c) Você acha que uma caixa de uma dimensão é um bom modelo para um átomo de hidrogênio? Explique. (*Dica*: compare o espaçamento entre níveis de energia adjacentes em função de n.)

40.13 •• É necessário fornecer 3,0 eV de energia a um átomo para excitar um elétron do nível fundamental até o primeiro nível excitado. Considere o átomo um elétron em uma caixa e calcule a largura L da caixa.

40.14 • Um elétron em uma caixa unidimensional possui a energia de seu nível fundamental igual a 2,0 eV. Qual é o comprimento de onda do fóton absorvido quando o elétron faz a transição até o segundo nível excitado?

40.15 •• CALC **Normalização da função de onda**. Considere uma partícula movendo-se em uma dimensão, que podemos chamar de eixo x. (a) O que significa, para a função de onda da partícula, ser *normalizada*? (b) A função de onda $\psi(x) = e^{ax}$, onde a é um número real positivo, é normalizada? Ela poderia ser uma função de onda válida? (c) Se a partícula descrita pela função de onda $\psi(x) = Ae^{-bx}$, onde A e b são números reais positivos, estiver confinada em um intervalo $x \geq 0$, determine A (incluindo sua unidade de medida), de modo que sua função de onda seja normalizada.

40.16 • Lembre-se de que $|\psi|^2 dx$ é a probabilidade de encontrar uma partícula com uma função de onda normalizada $\psi(x)$ no intervalo entre x e $x + dx$. Considere uma partícula no interior de uma caixa com paredes rígidas em $x = 0$ e $x = L$. Suponha que a partícula esteja no nível fundamental e use ψ_n conforme indicado na Equação 40.35. (a) Para quais valores de x, caso existam, no intervalo de 0 até L, a probabilidade de encontrar a partícula é igual a zero? (b) Para que valores de x a probabilidade atinge seu valor máximo? (c) Suas respostas aos itens (a) e (b) estão de acordo com a Figura 40.12? Explique.

40.17 • Repita o Exercício 40.16 para uma partícula no primeiro nível excitado.

40.18 • (a) Calcule a energia de excitação do nível fundamental até o terceiro nível excitado para um elétron confinado em uma caixa com 0,360 nm de largura. (b) O elétron faz uma transição do nível $n = 1$ até o nível $n = 4$ absorvendo um fóton. Calcule o comprimento de onda desse fóton.

40.19 • Um elétron está em uma caixa de largura igual a $3{,}0 \times 10^{-10}$ m. Qual é o comprimento de onda de De Broglie e qual é o módulo do momento linear do elétron quando ele está no: (a) nível $n = 1$? (b) Nível $n = 2$? (c) Nível $n = 3$? Em cada caso, como o comprimento de onda se compara com a largura da caixa?

40.20 •• Quando um elétron em uma caixa unidimensional faz uma transição do nível de energia $n = 1$ para $n = 2$, ele absorve um fóton com 426 nm de comprimento. Qual o comprimento de onda do fóton quando o elétron for: (a) do nível $n = 2$ para $n = 3$ e (b) do nível $n = 1$ para $n = 3$? (c) Qual é a largura L da caixa?

Seção 40.3 Poços de potencial

40.21 • Um elétron está confinado em um poço quadrado de profundidade $U_0 = 6E_{1-PPI}$. Qual é a largura do poço se o seu estado fundamental de energia é 2,00 eV?

40.22 •• Um elétron está passando pelo poço quadrado mostrado na Figura 40.13. O elétron possui energia $E = 3U_0$. Qual é a razão entre o comprimento de onda de De Broglie do elétron na região $x > L$ e o comprimento de onda para $0 < x < L$?

40.23 •• Um elétron está confinado em um poço quadrado de largura de 1,50 nm e profundidade $U_0 = 6E_{1-PPI}$. Se o elétron está inicialmente no nível fundamental e absorve um fóton, qual é o comprimento de onda máximo do fóton para que o elétron seja liberado do poço?

40.24 •• Um elétron está em seu estado fundamental de energia em um poço quadrado de largura $L = 4{,}00 \times 10^{-10}$ m. A profundidade do poço é seis vezes a energia no estado fundamental de um elétron em um poço infinito de mesma largura. Qual é a energia cinética desse elétron após ter absorvido um fóton de 72 nm de comprimento de onda e saído do poço?

40.25 •• Um próton está confinado em um poço quadrado de largura de 4,0 fm $= 4{,}0 \times 10^{-15}$ m. A profundidade do poço é igual a seis vezes o valor da energia do nível fundamental E_{1-PPI} do poço infinito correspondente. Se o próton faz uma transição do nível com energia E_1 para o nível com energia E_3, absorvendo um fóton, qual o comprimento de onda do fóton?

40.26 •• Um elétron está confinado em um poço quadrado com uma profundidade igual a seis vezes a energia E_{1-PPI} do nível fundamental de um poço infinito de mesma largura. O fóton de maior comprimento de onda que é absorvido pelo elétron tem 582 nm de comprimento de onda. Determine a largura do poço.

Seção 40.4 Barreira de potencial e tunelamento

40.27 •• (a) Um elétron com energia cinética inicial igual a 32 V colide com uma barreira quadrada com 41 eV de altura e 0,25 nm de largura. Qual é a probabilidade do tunelamento do elétron através dessa barreira? (b) Um próton com a mesma energia cinética colide com a mesma barreira. Qual é a probabilidade de tunelamento do próton através dessa barreira?

40.28 •• **Decaimento alfa**. Em um modelo simples de núcleo radioativo, uma partícula alfa ($m = 6{,}64 \times 10^{-27}$ kg) está presa em uma barreira quadrada com altura igual a 30,0 MeV e largura de 2,0 fm. (a) Qual é a probabilidade de tunelamento se a partícula alfa colide com a barreira com uma energia cinética 1,0 MeV abaixo do topo da barreira (**Figura E40.28**)? (b) Qual é a probabilidade de tunelamento se a energia cinética da partícula alfa está 10,0 MeV abaixo do topo da barreira?

Figura E40.28

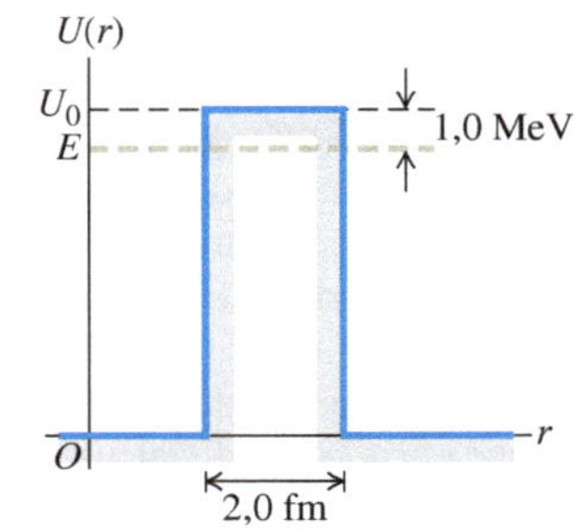

40.29 • Um elétron com energia cinética inicial igual a 6,0 eV colide com uma barreira de 11,0 eV de altura. Qual é a probabilidade de tunelamento quando a largura da barreira é de (a) 0,80 nm? (b) 0,40 nm?

40.30 • Um elétron com energia cinética inicial igual a 5,0 eV colide com uma barreira com altura U_0 e 0,60 nm de largura. Qual é o coeficiente de transmissão quando (a) $U_0 = 7{,}0$ eV; (b) $U_0 = 9{,}0$ eV; (c) $U_0 = 13{,}0$ eV?

40.31 •• Um elétron está passando pela barreira quadrada mostrada na Figura 40.19, mas a energia do elétron é *maior* que a altura da barreira. Se $E = 2U_0$, qual é a razão entre o comprimento de onda de De Broglie do elétron na região $x > L$ e o comprimento de onda para $0 < x < L$?

40.32 • Um próton com energia cinética inicial igual a 50,0 eV encontra uma barreira de 70,0 eV de altura. Qual é a largura da barreira se a probabilidade de tunelamento é $8{,}0 \times 10^{-3}$? Como isso se compara com a largura da barreira para um elétron com a mesma energia tunelando por uma barreira de mesma altura com a mesma probabilidade?

Seção 40.5 O oscilador harmônico

40.33 • Um bloco de madeira com massa igual a 0,250 kg oscila na extremidade de uma mola cuja constante é igual a 110 N/m. Calcule a energia do nível fundamental e a diferença de energia entre dois níveis adjacentes. Expresse sua resposta em joules e em elétrons-volt. Os efeitos quânticos são importantes?

40.34 • **CALC** Mostre que $\psi(x)$, dada pela Equação 40.47, é uma solução da Equação 40.44 com energia $E_0 = \hbar\omega/2$.

40.35 • Os químicos usam espectros de absorção no infravermelho para identificar os elementos químicos em uma amostra. Em certa amostra, um químico verifica que uma luz de 5,8 μm de comprimento de onda é absorvida. (a) Calcule a energia dessa transição. (b) Se a massa da molécula é $5{,}6 \times 10^{-26}$ kg, calcule a constante da mola.

40.36 • Um oscilador harmônico absorve um fóton de 6,35 μm de comprimento de onda quando passa por uma transição do estado fundamental para o primeiro nível excitado. Qual é a energia do estado fundamental, em elétrons-volt, do oscilador?

40.37 •• A energia do estado fundamental de um oscilador harmônico é 5,60 eV. Se o oscilador passa por uma transição do nível $n = 3$ para o nível $n = 2$ emitindo um fóton, qual é o comprimento de onda do fóton?

40.38 •• Quando passa do nível de energia $n = 1$ para $n = 2$, um oscilador harmônico absorve um fóton de 6,50 μm de comprimento de onda. Qual é o comprimento de onda do fóton absorvido quando o oscilador passa pela transição (a) do nível de energia $n = 2$ para $n = 3$ e (b) do nível de energia $n = 1$ para $n = 3$? (c) Qual é o valor de $\sqrt{k'/m}$, a frequência angular da oscilação do oscilador newtoniano correspondente?

40.39 • Na Seção 40.5, mostramos que, para o nível fundamental de um oscilador harmônico, $\Delta x\, \Delta p_x = \hbar/2$. Faça uma análise semelhante para um nível excitado com número quântico n. Como a incerteza do produto $\Delta x\, \Delta p_x$ depende de n?

40.40 •• Na função de onda $\psi(x)$ do nível fundamental do oscilador harmônico dada pela Equação 40.47, $|\psi|^2$ atinge seu valor máximo em $x = 0$. (a) Calcule a razão entre $|\psi|^2$ para $x = +A$ e $|\psi|^2$ para $x = 0$, onde A é dado pela Equação 40.48 com $n = 0$ para o nível fundamental. (b) Calcule a razão entre $|\psi|^2$ para $x = +2A$ e $|\psi|^2$ para $x = 0$. Em cada caso, seu resultado está de acordo com a informação indicada na Figura 40.27?

40.41 •• Para o átomo de sódio do Exemplo 40.8, calcule: (a) a energia do estado fundamental; (b) o comprimento de onda de um fóton emitido quando ocorre a transição de $n = 4$ para $n = 3$; (c) a diferença de energia para qualquer transição em que $\Delta n = 1$.

PROBLEMAS

40.42 •• **CALC** Considere o pacote de ondas definido por

$$\psi(x) = \int_0^\infty B(k) \cos kx \, dk$$

Seja $B(k) = e^{-\alpha^2 k^2}$. (a) A função $B(k)$ tem seu valor máximo em $k = 0$. Seja k_h o valor de k quando $B(k)$ diminuiu até a metade de seu valor máximo. Defina também a largura de $B(k)$ como $w_k = k_h$. Em termos de α, o que é w_k? (b) Utilize tabelas de integrais para calcular a integral que $\psi(x)$ nos dá. Para que valor de x, $\psi(x)$ é máxima? (c) Defina a largura de $\psi(x)$ como $w_x = x_h$, onde x_h é o valor positivo de x no qual $\psi(x)$ fica reduzida à metade de seu máximo. Calcule w_x em termos de α. (d) O momento linear p é igual a $hk/2\pi$, então a largura de B no momento linear é $w_p = hw_k/2\pi$. Calcule o produto $w_p w_x$ e compare com o princípio da incerteza de Heisenberg.

40.43 •• Uma partícula de massa m em uma caixa unidimensional possui a seguinte função de onda na região de $x = 0$ a $x = L$:

$$\Psi(x, t) = \frac{1}{\sqrt{2}}\psi_1(x)\, e^{-iE_1 t/\hbar} + \frac{1}{\sqrt{2}}\psi_3(x)\, e^{-iE_3 t/\hbar}$$

Aqui $\psi_1(x)$ e $\psi_3(x)$ são as funções de onda normalizadas em estado estacionário para os níveis $n = 1$ e $n = 3$ e E_1 e E_3 são as energias nesses níveis. A função de onda vale zero para $x < 0$ e para $x > L$. (a) Encontre o valor da função de distribuição de probabilidade em $x = L/2$ como uma função do tempo. (b) Encontre a frequência angular na qual a função de distribuição de probabilidade oscila.

40.44 •• **CALC** (a) Usando a integral do Problema 40.42, determine a função de onda $\psi(x)$ para a função $B(k)$ dada por

$$B(k) = \begin{cases} 0 & k < 0 \\ 1/k_0, & 0 \leq k \leq k_0 \\ 0, & k > k_0 \end{cases}$$

Isso representa uma combinação igual de todas as funções de onda entre 0 e k_0. Sendo assim, $\psi(x)$ representa uma partícula com número de onda médio de $k_0/2$, com amplitude ou incerteza total no número de onda de k_0. Chamaremos essa amplitude de *largura* w_k de $B(k)$ e, então, $w_k = k_0$. (b) Desenhe o gráfico de $B(k)$ em relação a k e $\psi(x)$ em relação a x para o caso de $k_0 = 2\pi/L$, onde L é um comprimento. Localize o ponto em que $\psi(x)$ alcança seu valor máximo e ponha um indicador nesse ponto em seu gráfico. Localize os dois pontos mais próximos de seu máximo (um de cada lado dele) onde $\psi(x) = 0$ e defina a distância ao longo do eixo x entre esses dois pontos como w_x, a largura de $\psi(x)$. Indique a distância w_x em seu gráfico. Qual é o valor de w_x se $k_0 = 2\pi/L$? (c) Repita o item (b) para o caso de $k_0 = \pi/L$. (d) O momento linear p é igual a $hk/2\pi$, então a largura de B no momento linear é $w_p = hw_k/2\pi$. Calcule o produto $w_p w_x$ para cada um dos casos $k_0 = 2\pi/L$ e $k_0 = \pi/L$. Discuta seus resultados considerando o princípio da incerteza de Heisenberg.

40.45 •• **CALC** Considere um feixe de partículas livres deslocando-se com velocidade $v = p/m$ na direção x o qual incide em um nível de energia potencial $U(x) = 0$, para $x < 0$, e $U(x) = U_0 < E$, para $x > 0$. A função de onda para $x < 0$ é $\psi(x) = Ae^{ik_1 x} + Be^{-ik_1 x}$, representando as partículas incidentes e refletidas, e para $x > 0$ é $\psi(x) = Ce^{ik_2 x}$, representando as partículas transmitidas. Use a condição de que tanto ψ quanto sua primeira derivada devem ser contínuas em $x = 0$ para encontrar as constantes B e C em termos de k_1, k_2 e A.

40.46 • **CALC** Uma partícula está no nível fundamental em uma caixa que se estende desde $x = 0$ até $x = L$. (a) Qual é a probabilidade de encontrar a partícula na região entre 0 e $L/4$? Calcule esse valor integrando $|\psi(x)|^2dx$, onde ψ é normalizada, desde $x = 0$ até $x = L/4$. (b) Qual é a probabilidade de encontrar a partícula na região entre $x = L/4$ e $x = L/2$? (c) Como se comparam os resultados dos itens (a) e (b)? Explique. (d) Some as probabilidades calculadas nos itens (a) e (b). (e) Os resultados encontrados nos itens (a), (b) e (d) estão de acordo com a Figura 40.12b? Explique.

40.47 • **Fóton em um laser de corante**. Um elétron em uma longa molécula orgânica usada em um laser de corante se comporta aproximadamente como uma partícula em uma caixa de 4,18 nm de largura. Qual é o comprimento de onda do fóton emitido quando o elétron sofre uma transição (a) do primeiro nível excitado para o nível fundamental? (b) Do segundo nível excitado para o primeiro nível?

40.48 •• Considere uma partícula em uma caixa com paredes rígidas entre $x = 0$ até $x = L$. A partícula está no nível fundamental. Calcule a probabilidade $|\psi|^2dx$ de a partícula ser encontrada no intervalo entre x e $x + dx$ para (a) $x = L/4$; (b) $x = L/2$; (c) $x = 3L/4$.

40.49 •• Repita o Problema 40.48 para a partícula no primeiro nível excitado.

40.50 •• **PC** Uma partícula está confinada em uma caixa com paredes rígidas entre $x = 0$ até $x = L$. Embora o módulo da força instantânea que a parede exerce sobre a partícula seja igual a infinito e o tempo da atuação dessa força seja nulo, o impulso (que envolve o produto da força pelo tempo) é finito e quantizado. Mostre que o impulso exercido pela parede em $x = 0$ é $(nh/L)\hat{\imath}$ e que o impulso exercido pela parede em $x = L$ é igual a $-(nh/L)\hat{\imath}$. (*Dica*: talvez seja útil uma revisão da Seção 8.1.)

40.51 •• **CALC** Qual é a probabilidade de encontrar uma partícula em uma caixa de comprimento L em uma região entre $x = L/4$ e $x = 3L/4$ quando a partícula está (a) no nível fundamental? (b) No primeiro nível excitado? (*Dica*: integre $|\psi(x)|^2dx$, onde ψ é normalizada, desde $L/4$ até $3L/4$.) (c) Os resultados encontrados nos itens (a) e (b) estão de acordo com a Figura 40.12b? Explique.

40.52 •• A *distância de penetração* η em um poço de potencial finito é a distância em que a função de onda diminuiu a $1/e$ da função de onda no ponto clássico de inversão:

$$\psi(x = L + \eta) = \frac{1}{e}\psi(L)$$

Pode-se demonstrar que a distância de penetração é

$$\eta = \frac{\hbar}{\sqrt{2m(U_0 - E)}}$$

A probabilidade de encontrar a partícula além da distância de penetração é praticamente zero. (a) Calcule η para um elétron com uma energia cinética de 13 eV em um poço de potencial com $U_0 = 20$ eV. (b) Calcule η para um próton de 20,0 MeV confinado em um poço de potencial com 30,0 MeV de profundidade.

40.53 •• **CALC** Um estudante universitário propôs a seguinte expressão para a função de onda de uma partícula livre de massa m (uma partícula para a qual a função energia potencial $U(x)$ é igual a zero):

$$\psi(x) = \begin{cases} e^{+\kappa x}, & x < 0 \\ e^{-\kappa x}, & x \geq 0 \end{cases}$$

onde κ é uma constante positiva. (a) Faça um gráfico da função de onda proposta. (b) Mostre que a função de onda proposta satisfaz a equação de Schrödinger para $x < 0$ se a energia for dada por $E = -\hbar^2\kappa^2/2m$ — ou seja, quando a energia da partícula for *negativa*. (c) Mostre que a função de onda proposta também satisfaz a equação de Schrödinger para $x \geq 0$ com a mesma energia do item (b). (d) Explique por que, embora essa função preencha essas condições, não é uma solução aceitável para a equação de Schrödinger de uma partícula livre. (*Dica*: qual é o comportamento da função no ponto $x = 0$?) Sabemos que é impossível uma partícula livre (aquela cuja energia potencial $U(x) = 0$) possuir energia negativa.

40.54 • Um elétron com energia cinética inicial igual a 5,5 eV colide com uma barreira de potencial quadrado com altura igual a 10,0 eV. Qual a largura da barreira quando a probabilidade de tunelamento do elétron através da barreira é igual a 0,50%?

40.55 • **CALC** (a) Para o poço de potencial finito indicado na Figura 40.13, quais são as relações entre as constantes A e B na Equação 40.38 e C e D na Equação 40.40 obtidas quando aplicamos as condições de contorno segundo as quais ψ deve ser contínua em $x = 0$ e $x = L$? (b) Quais são as relações entre A, B, C e D obtidas quando aplicamos as condições de contorno segundo as quais $d\psi/dx$ deve ser contínua em $x = 0$ e $x = L$?

40.56 • **PC** Um oscilador harmônico é constituído por um corpo de massa 0,020 kg ligado a uma mola. Sua frequência é 1,50 Hz, e a velocidade do corpo quando ele passa em sua posição de equilíbrio é 0,480 m/s. (a) Qual é o valor do número quântico n para seu nível de energia? (b) Qual é a diferença entre os níveis E_n e E_{n+1}? Essa diferença pode ser medida?

40.57 • Para pequenas amplitudes, as oscilações de um pêndulo constituem um movimento harmônico simples. Para um pêndulo com período igual a 0,500 s, determine a energia do nível fundamental e a diferença entre as energias de níveis adjacentes. Expresse seus resultados em joules e em elétrons-volt. Essas energias podem ser medidas?

40.58 •• **CALC** (a) Mostre, por substituição direta na equação de Schrödinger para o oscilador harmônico em uma dimensão, que a função de onda $\psi_1(x) = A_1xe^{-\alpha^2x^2/2}$, onde $\alpha^2 = m\omega/\hbar$, é uma solução com energia correspondente ao nível $n = 1$ na Equação 40.46. (b) Encontre a constante de normalização A_1. (c) Mostre que a densidade de probabilidade apresenta o mínimo em $x = 0$ e o máximo em $x = \pm 1/\alpha$, que correspondem aos pontos clássicos de inversão para o estado fundamental $n = 0$.

40.59 •• **PC** (a) A natureza de onda das partículas resulta na situação da mecânica quântica em que uma partícula confinada em uma caixa assume somente comprimentos de onda que resultam em ondas estacionárias na caixa, com nós em suas paredes. Use isso para mostrar que um elétron confinado em uma caixa unidimensional de comprimento L terá níveis de energia dados por

$$E_n = \frac{n^2h^2}{8mL^2}$$

(*Dica*: lembre-se de que uma relação entre o comprimento de onda de De Broglie e a velocidade de uma partícula não relativística é $mv = h/\lambda$. A energia da partícula é $\frac{1}{2}mv^2$.) (b) Se um átomo de hidrogênio é modelado como uma caixa unidimensional com comprimento igual ao raio de Bohr, qual é a energia (em elétrons-volt) do nível de energia mais baixo do elétron?

40.60 ••• Considere um poço de potencial definido do seguinte modo: $U(x) = \infty$ para $x < 0$, $U(x) = 0$ para $0 < x < L$ e $U(x) = U_0 > 0$ para $x > L$ (**Figura P40.60**). Considere uma partícula com massa m e energia cinética $E < U_0$ que está confinada no poço. (a) A condição de contorno sobre a parede infinita ($x = 0$) é $\psi(0) = 0$. Qual deve ser a forma da função de onda $\psi(x)$ para $0 < x < L$ a fim de que ela possa satisfazer simultaneamente à equação de Schrödinger e às condições de contorno? (b) A função de onda deve permanecer finita quando $x \rightarrow \infty$. Qual deve ser a forma da função de onda $\psi(x)$ para $x > L$ a fim de que ela possa satisfazer simultaneamente à equação de Schrödinger e à condição de contorno no infinito? (c) Imponha a condição de contorno de que ψ e $d\psi/dx$ são contínuas para $x = L$. Mostre que as energias permitidas são obtidas das soluções da equação $k \cot an\, kL = -\kappa$, onde $k = \sqrt{2mE}/\hbar$ e $\kappa = \sqrt{2m(U_0 - E)}/\hbar$.

Figura P40.60

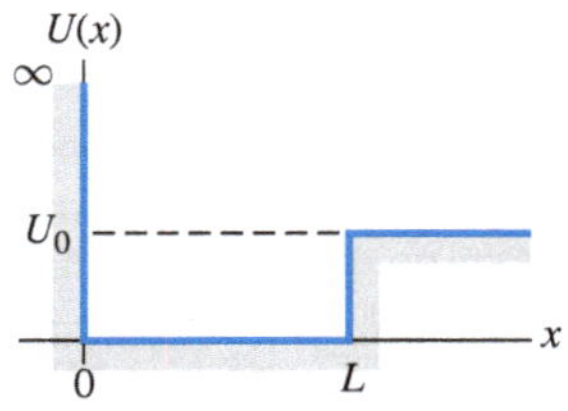

40.61 •• **DADOS** Em nossas pesquisas sobre dispositivos sólidos, estudamos uma estrutura sólida que pode ser modelada com precisão como um elétron em um poço potencial unidimensional infinito (caixa) de comprimento L. Em uma de nossas experiências, radiação eletromagnética é absorvida em transições onde o estado inicial é o estado fundamental $n = 1$. Medimos que a luz com frequência $f = 9{,}0 \times 10^{14}$ Hz é absorvida e que o próximo nível de frequência absorvida é $16{,}9 \times 10^{14}$ Hz. (a) Qual é o número quântico n para o estado final em cada uma das transições que levam à absorção de fótons dessas frequências? (b) Qual é a largura L do poço potencial? (c) Qual é o maior comprimento de onda no ar que a luz pode ser absorvida por um elétron se ele está inicialmente no estado $n = 1$?

40.62 •• **DADOS** Como estagiário em um laboratório de pesquisas, você estuda a transmissão de elétrons através de uma barreira de potencial. Você conhece a altura da barreira, 8,0 eV, mas tem de medir sua largura L. Quando você mede a probabilidade de tunelamento T como uma função da energia E do elétron, obtém os resultados mostrados na tabela

E (eV)	4,0	5,0	6,0	7,0	7,6
T	$2{,}4 \times 10^{-6}$	$1{,}5 \times 10^{-5}$	$1{,}2 \times 10^{-4}$	$1{,}3 \times 10^{-3}$	$8{,}1 \times 10^{-3}$

(a) Para cada valor de E, calcule as grandezas G e κ que aparecem na Equação 40.42. Desenhe o gráfico ln (T/G) *versus* κ. Explique por que seus dados apontam, quando desenhados dessa maneira, para uma queda próxima de uma linha reta. (b) Use a inclinação da linha reta que melhor representa os dados no item (a) para calcular L.

40.63 •• **DADOS** Quando elétrons de baixa energia passam por um gás ionizado, elétrons de certas energias passam através do gás como se os átomos do gás não estivessem lá e então possuem coeficientes de transmissão (probabilidades de tunelamento) T igual a 1. Os íons de gás podem ser modelados aproximadamente como uma barreira retangular. O valor de $T = 1$ ocorre quando um número inteiro ou semi-inteiro de comprimentos de onda de De Broglie do elétron, quando este passa pela barreira, é igual à largura L da barreira. Você está planejando uma experiência para medir esse efeito. Para auxiliá-lo ao projetar o aparato necessário, considere as energias E dos elétrons que resultarão em $T = 1$. Assuma uma barreira com altura de 10 eV com uma largura de $1{,}8 \times 10^{-10}$ m. Calcule os três valores mais baixos de E para os quais $T = 1$.

PROBLEMAS DESAFIADORES

40.64 ••• **CALC** **A aproximação WKB.** É um desafio resolver a equação de Schrödinger para os níveis de energia de estados ligados de um poço de potencial arbitrário. Um método alternativo que pode fornecer resultados aproximados para os níveis de energia é conhecido como *aproximação WKB* (sigla dada em homenagem aos físicos Gregor Wentzel, Hendrik Kramers e Léon Brillouin). A aproximação WKB começa com três afirmações físicas: (i) de acordo com De Broglie, o módulo do momento linear p de uma partícula é dado por $p = h/\lambda$. (ii) O módulo do momento linear é relacionado com a energia cinética K por $K = p^2/2m$. (iii) Quando não existe nenhuma força não conservativa, de acordo com a mecânica newtoniana, a energia E de uma partícula é constante e dada em cada ponto pela soma da energia cinética com a energia potencial: $E = K + U(x)$, onde x é a coordenada. (a) Combine as três relações anteriores para mostrar que o comprimento de onda de uma partícula para uma coordenada x é dado por

$$\lambda(x) = \frac{h}{\sqrt{2m[E - U(x)]}}$$

Portanto, na mecânica quântica, imaginamos uma partícula em um poço de potencial $U(x)$ como se fosse uma partícula livre, porém com um comprimento de onda $\lambda(x)$ que depende da posição. (b) Quando a partícula se desloca para uma região com uma energia potencial crescente, o que ocorre com seu comprimento de onda? (c) Em um ponto no qual $E = U(x)$, a mecânica newtoniana afirma que a partícula possui energia cinética zero e que ela está instantaneamente em repouso. Tal ponto é chamado de *ponto clássico de inversão*, visto que ele corresponde ao ponto onde a partícula para e retorna na mesma direção em sentido contrário. Como exemplo, um objeto que executa um movimento harmônico simples oscila para a frente e para trás entre os pontos $x = -A$ e $x = +A$; ambas as extremidades são um ponto clássico de inversão, visto que nesses pontos a energia potencial $\frac{1}{2}k'x^2$ é igual à energia total $\frac{1}{2}k'A^2$. Na expressão WKB para $\lambda(x)$, qual é o comprimento de onda no ponto clássico de inversão? (d) Para uma partícula em uma caixa de comprimento L, as paredes da caixa são pontos clássicos de inversão (veja a Figura 40.8). Além disso, o número de comprimentos de onda que completam o comprimento da caixa deve ser um número semi-inteiro (veja a Figura 40.10), de modo que $L = (n/2)\lambda$ e, portanto, $L/\lambda = n/2$, onde $n = 1, 2, 3,...$ (Note que essa é uma outra forma de expressar a Equação 40.29.) O método WKB para determinar os níveis de energia permitidos de estados ligados de um poço de potencial *arbitrário* é uma extensão das observações anteriores. Ele exige que para um nível de energia E permitido deve existir um número semi-inteiro de comprimentos de onda entre os dois pontos clássicos de inversão para a energia considerada. Visto que o comprimento de onda na aproximação WKB não é constante, porém depende de x, o número de comprimentos de onda entre os dois pontos clássicos de inversão a e b para a energia considerada é obtido pela integral de $1/\lambda(x)$ entre esses pontos:

$$\int_a^b \frac{dx}{\lambda(x)} = \frac{n}{2} \quad (n = 1, 2, 3, \ldots)$$

Usando a expressão de $\lambda(x)$ que você encontrou no item (a), mostre que a *condição WKB para as energias permitidas de estados ligados* pode ser escrita na forma

$$\int_a^b \sqrt{2m[E - U(x)]}\, dx = \frac{nh}{2} \quad (n = 1, 2, 3, \ldots)$$

(e) Para conferir essa solução, aplique a expressão obtida no item (d) para uma partícula em uma caixa com paredes em $x = 0$ e $x = L$. Calcule a integral e mostre que as energias permitidas obtidas pelo método WKB concordam com as energias fornecidas pela Equação 40.31. (*Dica*: visto que as paredes da caixa possuem altura infinita, os pontos $x = 0$ e $x = L$ são pontos clássicos de inversão para *qualquer* energia E. No interior da caixa, a energia potencial é igual a zero.) (f) Para o poço quadrado finito indicado na Figura 40.13, mostre que a aproximação WKB fornecida no item (d) faz *a mesma* previsão dos estados de energia feita para um poço finito com a mesma largura. (*Dica*: suponha $E < U_0$. Então, os pontos de inversão clássicos correspondem a $x = 0$ e $x = L$.) Isso mostra que a aproximação WKB não é eficiente quando a energia potencial varia descontinuamente, como no caso de um poço de potencial finito. Nos dois problemas apresentados a seguir, consideraremos situações em que a energia potencial varia gradualmente e a aproximação WKB é muito mais eficiente.

40.65 ••• **CALC** A aproximação WKB (Problema desafiador 40.64) pode ser usada para determinar os níveis de energia de um oscilador harmônico. Nessa aproximação, os níveis de energia são as soluções da equação

$$\int_a^b \sqrt{2m[E - U(x)]}\, dx = \frac{nh}{2} \quad n = 1, 2, 3, \ldots$$

onde E é a energia, $U(x)$ é a função energia potencial e $x = a$ e $x = b$ são os dois pontos clássicos de inversão (os pontos em que E é igual à energia potencial, de modo que a energia cinética newtoniana deve ser igual a zero). (a) Determine os pontos clássicos de inversão para um oscilador harmônico com energia E e constante de mola k'. (b) Faça a integral da aproximação WKB e mostre que os níveis de energia nessa aproximação são dados por $E_n = \hbar\omega$, onde $\omega = \sqrt{k'/m}$ e $n = 1, 2, 3,...$ (*Dica*: lembre-se de que $\hbar = h/2\pi$. Uma integral útil é dada por

$$\int \sqrt{A^2 - x^2}\, dx = \tfrac{1}{2}\left[x\sqrt{A^2 - x^2} + A^2 \operatorname{arcsen}\left(\frac{x}{|A|}\right)\right]$$

onde arcsen é a notação geralmente usada para a função inversa do seno. Note que a integral é par, de modo que a integral de $-x$ até x é igual ao dobro da integral de 0 até x.) (c) Como os níveis de energia aproximados encontrados no item (b) se comparam com os níveis de energia verdadeiros indicados na Equação 40.46? A aproximação WKB fornece uma estimativa maior ou menor para os valores dos níveis de energia?

40.66 ••• **CALC** Os prótons, os nêutrons e muitas outras partículas são constituídos por partículas fundamentais chamadas *quarks* e *antiquarks* (a antimatéria dos quarks). Os quarks e os antiquarks podem formar estados ligados com uma variedade de níveis de energia diferentes, cada um dos quais corresponde a uma partícula diferente que pode ser observada em laboratório. Como exemplo, a partícula ψ é uma partícula correspondente ao estado ligado de mais baixa energia do chamado quark charm e de seu antiquark, com uma energia de repouso igual a 3.097 MeV; a partícula $\psi(2S)$ é outro estado excitado dessa mesma combinação quark–antiquark, com uma energia de repouso igual a 3.686 MeV. Uma representação simplificada da energia potencial da interação entre um quark e um antiquark é dada por $U(x) = A|x|$, onde A é uma constante positiva e x representa a distância entre o quark e o antiquark. Você pode usar a aproximação WKB (Problema desafiador 40.64) para determinar as energias dos estados ligados para essa função energia potencial. Na aproximação WKB, os níveis de energia são obtidos pelas soluções da equação

$$\int_a^b \sqrt{2m[E - U(x)]}\, dx = \frac{nh}{2} \quad (n = 1, 2, 3, \ldots)$$

onde E é a energia, $U(x)$ é a função energia potencial e $x = a$ e $x = b$ são os dois pontos clássicos de inversão (os pontos em que E é igual à energia potencial, de modo que a energia cinética newtoniana deve ser igual a zero). (a) Determine os pontos de inversão clássicos para a energia E e para a energia potencial $U(x) = A|x|$. (b) Calcule a integral anterior e mostre que os níveis de energia na aproximação WKB são dados por

$$E_n = \frac{1}{2m}\left(\frac{3mAh}{4}\right)^{2/3} n^{2/3} \quad (n = 1, 2, 3, \ldots)$$

(*Dica*: a integral é par, de modo que a integral de $-x$ até x é igual ao dobro da integral de 0 até x.) (c) A diferença de energia entre dois níveis adjacentes aumenta, diminui ou permanece constante à medida que o número n aumenta? Como esse resultado se compara com os níveis de energia do oscilador harmônico? E com os níveis de energia de uma partícula em uma caixa? Você é capaz de sugerir alguma regra simples que relacione as diferenças de energia entre dois níveis adjacentes sucessivos com a forma da função energia potencial?

Problemas com contexto

PONTOS QUÂNTICOS Um *ponto quântico* é um tipo de cristal tão pequeno que seus efeitos quânticos são significativos. Uma aplicação de pontos quânticos está nas imagens com fluorescência, nas quais um ponto quântico está ao redor de uma molécula ou estrutura de interesse. Quando iluminamos um ponto quântico, ele absorve fótons e os reemite com um comprimento de onda diferente. Esse fenômeno é chamado de *fluorescência*. O comprimento de onda que um ponto quântico emite quando estimulado com luz depende do tamanho do ponto, então pode ser possível a síntese de pontos quânticos com diferentes propriedades de absorção e emissão de fótons. Podemos compreender muitas propriedades dos pontos quânticos por meio de um modelo em que uma partícula de massa M (aproximadamente a massa de um elétron) está confinada em uma caixa bidimensional quadrada com lados L. Nesse modelo, os níveis de energia dos pontos quânticos são obtidos por $E_{m,n} = (m^2 + n^2)(\pi^2\hbar^2)/2ML^2$, onde m e n são números inteiros 1, 2, 3,...

40.67 De acordo com esse modelo, quais afirmações são verdadeiras, a respeito do espaçamento dos níveis de energia dos pontos de tamanhos diferentes? (a) Pontos menores possuem níveis espaçados de forma igual, mas pontos maiores possuem níveis que se espaçam cada vez mais, na medida em que a energia aumenta. (b)

Pontos maiores possuem um espaçamento maior entre os níveis de energia que os pontos menores. (c) Pontos menores possuem um espaçamento maior entre os níveis de energia que os pontos maiores. (d) O espaçamento entre os níveis de energia independe do tamanho do ponto.

40.68 Quando um dado ponto com tamanho de seu lado L faz uma transição de seu primeiro estado excitado para seu estado fundamental, o ponto emite luz verde (550 nm). Por outro lado, se um ponto com tamanho $1{,}1L$ é usado, qual o comprimento de onda emitido na mesma transição, de acordo com esse modelo? (a) 600 nm (b) 670 nm (c) 500 nm (d) 460 nm.

40.69 Pontos que são do mesmo tamanho, mas feitos de materiais diferentes, são comparados. Na mesma transição, um ponto feito do material 1 emite um fóton com tamanho do comprimento de onda maior que o ponto feito do material 2. Com base nesse modelo, qual a possível explicação? (a) A massa da partícula confinada no material 1 é maior. (b) A massa da partícula confinada no material 2 é maior. (c) As partículas confinadas fazem mais transições por segundo no material 1. (d) As partículas confinadas fazem mais transições por segundo no material 2.

40.70 Uma vantagem dos pontos quânticos é que, comparados com quaisquer outros materiais fluorescentes, possuem estados excitados relativamente grandes (10 ns). O que isso significa para o espalhamento na energia dos fótons emitidos por pontos quânticos? (a) Pontos quânticos emitem fótons de energias mais bem definidas que outros materiais fluorescentes. (b) Pontos quânticos emitem fótons de energias menos bem definidas que outros materiais fluorescentes. (c) A amplitude na energia é afetada pelo tamanho do ponto, não pela sua linha do tempo. (d) Não existe nenhuma amplitude na energia dos fótons liberados, independentemente de sua linha do tempo.

RESPOSTAS

Resposta à pergunta inicial do capítulo

(i) Quando um elétron em uma dessas partículas — chamadas de pontos quânticos — faz uma transição de um nível excitado para um nível mais baixo, ele emite um fóton cuja energia é igual à diferença na energia entre os dois níveis. Quanto menor for o ponto quântico, maior será o espaçamento de energia entre níveis e, consequentemente, menor (mais azulado) será o comprimento de onda dos fótons emitidos. Veja o Exemplo 40.6 (Seção 40.3) para mais detalhes.

Respostas às perguntas dos testes de compreensão

40.1 Resposta: Não. A Equação 40.19 representa uma superposição de funções de onda com diferentes valores de número de onda k e, consequentemente, valores diferentes de energia $E = \hbar^2k^2/2m$. O estado que essa função de onda combinada representa não é um estado de energia definida e, portanto, não é um estado estacionário. Outra maneira de observar esse fato é notar que existe um fator $e^{-iEt/\hbar}$ dentro da integral da Equação 40.19, com um valor diferente de E para cada valor de k. Essa função de onda possui uma dependência do tempo bem complicada, e a função de distribuição de probabilidade $|\Psi(x, t)|^2$ não depende do tempo.

40.2 Resposta: (**v**). Nossas conclusões sobre funções de onda de estados estacionários para uma partícula em uma caixa mostram que são superposições de ondas propagando-se em direções opostas, como uma onda estacionária em uma mola. Uma onda possui momento linear na direção positiva do eixo x, enquanto a outra possui um momento linear de igual módulo e na direção negativa do eixo x. O componente x total do momento linear é igual a zero.

40.3 Resposta: (**i**). Os níveis de energia estão dispostos como mostra a Figura 40.15b se $U_0 = 6E_{1\text{-PPI}}$, onde $E_{1\text{-PPI}} = \pi^2\hbar^2/2mL^2$ é a energia do nível fundamental em um poço infinito. Se a largura L do poço for reduzida à metade de seu valor inicial, $E_{1\text{-PPI}}$ será quadruplicada e, por esse motivo, U_0 também aumenta, multiplicada por um fator de quatro. As energias E_1, E_2 e E_3 mostradas na Figura 40.15b são todas frações específicas de U_0, então elas também aumentarão pelo mesmo fator quatro.

40.4 Resposta: Sim. A Figura 40.20 mostra a possível função de onda $\psi(x)$ para tunelamento. Uma vez que $\psi(x)$ é diferente de zero dentro da barreira ($0 \leq x \leq L$), existe alguma probabilidade de que a partícula possa ser encontrada lá.

40.5 Resposta: (**ii**). Se o segundo fóton possuir um comprimento de onda maior e, consequentemente, uma energia menor que o primeiro fóton, a diferença em termos de energia entre o primeiro e o segundo níveis excitados tem de ser menor que a diferença entre o nível fundamental e o primeiro nível excitado. Este é o caso do átomo de hidrogênio, para o qual a diferença de energia entre os níveis diminui à medida que a energia aumenta (veja a Figura 39.24). Por outro lado, a diferença de energia entre níveis sucessivos aumenta para uma partícula em uma caixa (veja a Figura 40.11b) e é constante para um oscilador harmônico (veja a Figura 40.25).

40.6 Resposta: (**v**). O valor da energia de uma partícula em uma caixa tem de ser igual àquele que corresponde aos níveis de energia permitidos, de modo que o valor medido será E_1 ou E_2. *Nenhum* desses resultados é garantido. Se $|C| = |D|$, então E_1 e E_2 têm a mesma probabilidade de acontecer. Se $|C| > |D|$, E_1 é o resultado mais provável e, se $|C| < |D|$, E_2 é o resultado mais provável.

Problema em destaque

(a) $$|\Psi(x,t)|^2 = \frac{1}{L}\left[\operatorname{sen}^2\frac{\pi x}{L} + \operatorname{sen}^2\frac{2\pi x}{L} + 2\operatorname{sen}\frac{\pi x}{L}\operatorname{sen}\frac{2\pi x}{L}\cos\left(\frac{(E_2 - E_1)t}{\hbar}\right)\right]$$

(b) não **(d)** $\dfrac{3\pi^2\hbar}{2mL^2}$ **(e)** $\dfrac{0{,}903\pi^2\hbar}{mL^2}$

? O lítio (com três elétrons por átomo) é um metal que inflama espontaneamente em contato com a água, ao passo que o hélio (com dois elétrons por átomo) é um gás que dificilmente participa de uma reação química. O elétron adicional faz o lítio se comportar de modo muito diferente do hélio, principalmente porque (i) o terceiro elétron é fortemente repelido pelas forças elétricas dos outros dois elétrons; (ii) o terceiro elétron e o núcleo maior tornam o átomo do lítio mais pesado que o átomo do hélio; (iii) existe um limite no número de elétrons que podem ocupar um determinado estado quântico; (iv) o núcleo do lítio possui mais cargas positivas que o núcleo do hélio.

41 MECÂNICA QUÂNTICA II: ESTRUTURA ATÔMICA

OBJETIVOS DE APRENDIZAGEM

Ao estudar este capítulo, você aprenderá:

41.1 Como estender os cálculos da mecânica quântica para problemas tridimensionais.

41.2 Como resolver a equação de Schrödinger para uma partícula capturada em uma caixa cúbica.

41.3 Como descrever os estados de um átomo de hidrogênio em termos de números quânticos.

41.4 De que forma os campos magnéticos afetam o movimento orbital dos elétrons.

41.5 Como sabemos que os elétrons são dotados de momento angular intrínseco.

41.6 A maneira de analisar a estrutura de átomos com muitos elétrons.

41.7 Como raios X emitidos por átomos revelam sua estrutura interna.

41.8 O que acontece quando os estados mecânicos quânticos de duas partículas se tornam entrelaçados.

Revendo conceitos de:

22.3 Lei de Gauss.

27.7 Momento dipolo magnético.

32.5 Ondas eletromagnéticas estacionárias.

38.2 Produção de raios X.

39.2, 39.3 Átomos e o modelo de Bohr.

40.1, 40.2, 40.5, 40.6 Equação de Schrödinger unidimensional; partícula em uma caixa; funções de onda do oscilador harmônico; medição em um sistema de mecânica quântica.

Alguns físicos alegam que a química inteira está contida na equação de Schrödinger. Embora isso seja um exagero, essa equação pode nos ensinar muitas coisas sobre o comportamento químico dos elementos, a tabela periódica e a natureza das ligações químicas.

Para aprender sobre a estrutura mecânica quântica dos átomos, primeiro construiremos uma versão tridimensional da equação de Schrödinger. Experimentaremos essa equação analisando uma versão tridimensional de uma partícula em uma caixa: uma partícula confinada em um volume cúbico.

Veremos, então, que podemos aprender muitas coisas sobre a estrutura e as propriedades de *todos* os átomos partindo das soluções da equação de Schrödinger para o átomo de hidrogênio. Essas soluções mostram valores quantizados para o momento angular; não precisamos de postulados separados, como no caso do modelo de Bohr. Identificamos os estados mediante um conjunto de números quânticos, que mais tarde também usaremos ao estudar átomos com muitos elétrons. Veremos que o elétron também possui um momento angular intrínseco de *spin* com seu próprio conjunto de valores quantizados.

Vamos também estudar o princípio de exclusão, uma espécie de regra de organização microscópica por zonas, que constitui a chave para entender átomos com muitos elétrons. Esse princípio afirma que dois elétrons de um átomo não podem ter o mesmo estado quântico. Em seguida, usaremos os princípios desenvolvidos neste capítulo para explicar os espectros de raios X característicos dos átomos. Finalmente, terminaremos nosso estudo da mecânica quântica com uma análise do curioso conceito do entrelaçamento quântico ou emaranhamento quântico e sua aplicação na nova ciência da computação quântica.

41.1 A EQUAÇÃO DE SCHRÖDINGER EM TRÊS DIMENSÕES

Discutimos a equação de Schrödinger e suas aplicações apenas em problemas *unidimensionais*, o análogo a uma partícula newtoniana movendo-se por uma linha reta. Esse modelo linear é adequado para algumas aplicações, mas, para compreender a estrutura atômica, precisamos de uma generalização tridimensional.

Não é difícil imaginar como a equação de Schrödinger tridimensional se parece. Primeiro, a função de onda Ψ é uma função do tempo e todas as coordenadas de espaço (x, y, z). Em geral, a função de energia potencial também depende de todas as três coordenadas e pode ser escrita como $U(x, y, z)$. Em seguida, lembre-se, da Seção 40.1, de que o termo $-(\hbar^2/2m)\partial^2\Psi/\partial x^2$ na equação de Schrödinger unidimensional, Equação 40.20, está relacionado com a energia cinética da partícula no estado descrito pela função de onda Ψ. Por exemplo, se inserirmos nesse termo a função de onda $\Psi(x, t) = Ae^{ikx}e^{-i\omega t}$ para uma partícula livre com magnitude de momento $p = \hbar k$ e energia cinética $K = p^2/2m$, obtemos $-(\hbar^2/2m)(ik)^2Ae^{ikx}e^{-i\omega t} = (\hbar^2k^2/2m)Ae^{ikx}e^{-i\omega t} = (p^2/2m)\Psi(x, t) = K\Psi(x, t)$. Se a partícula puder se mover em três dimensões, então seu momento terá três componentes (p_x, p_y, p_z) e sua energia cinética será

$$K = \frac{p_x^2}{2m} + \frac{p_y^2}{2m} + \frac{p_z^2}{2m} \tag{41.1}$$

Essas observações, tomadas em conjunto, sugerem que a generalização correta da equação de Schrödinger para três dimensões é

$$-\frac{\hbar^2}{2m}\left(\frac{\partial^2\Psi(x, y, z, t)}{\partial x^2} + \frac{\partial^2\Psi(x, y, z, t)}{\partial y^2} + \frac{\partial^2\Psi(x, y, z, t)}{\partial z^2}\right) + U(x, y, z)\,\Psi(x, y, z, t) = i\hbar\frac{\partial\Psi(x, y, z, t)}{\partial t} \tag{41.2}$$

(equação de Schrödinger tridimensional geral)

A função de onda tridimensional $\Psi(x, y, z, t)$ possui uma interpretação semelhante da unidimensional. A função de onda propriamente dita é uma quantidade complexa com uma parte real e uma parte imaginária, mas $|\Psi(x, y, z, t)|^2$ — o quadrado de seu valor absoluto, igual ao produto de $\Psi(x, y, z, t)$ e seu conjugado complexo $\Psi^*(x, y, z, t)$ — é real e positivo ou zero em cada ponto no espaço. Interpretamos $|\Psi(x, y, z, t)|^2\,dV$ como a *probabilidade* de encontrar a partícula dentro de um pequeno volume dV centralizado no ponto (x, y, z) no tempo t; portanto, $|\Psi(x, y, z, t)|^2$ é a *função de distribuição de probabilidade* em três dimensões. A *condição de normalização* na função de onda é que a probabilidade de que a partícula esteja *em algum lugar* no espaço é exatamente 1. Logo, a integral de $|\Psi(x, y, z, t)|^2$ sobre todo o espaço é igual a 1:

$$\int |\Psi(x, y, z, t)|^2\,dV = 1 \quad \text{(condição de normalização em três dimensões)} \tag{41.3}$$

Se a função de onda $\Psi(x, y, z, t)$ representa um estado de uma energia definida E — ou seja, um estado estacionário —, podemos escrevê-la como o produto de uma função de onda espacial $\psi(x, y, z)$ e uma função de tempo $e^{-iEt/\hbar}$:

$$\Psi(x, y, z, t) = \psi(x, y, z)\,e^{-iEt/\hbar} \quad \text{(função de onda dependente do tempo para um estado de energia definida)} \tag{41.4}$$

(Compare isso com a Equação 40.21 para um estado unidimensional de energia definida.) Se substituirmos a Equação 41.4 na Equação 41.2, o lado direito da equação se torna $i\hbar\psi(x, y, z) - (iE/\hbar)\, e^{-Et/\hbar} = E\psi(x, y, z)e^{-Et/\hbar}$. Podemos, então, dividir os dois lados pelo fator $e^{-iEt/\hbar}$, deixando a equação de Schrödinger *independente do tempo* em três dimensões para um estado estacionário:

Equação de Schrödinger tridimensional independente do tempo:

Constante de Planck dividida por 2π — Função de onda independente do tempo

$$-\frac{\hbar^2}{2m}\left(\frac{\partial^2\psi(x, y, z)}{\partial x^2} + \frac{\partial^2\psi(x, y, z)}{\partial y^2} + \frac{\partial^2\psi(x, y, z)}{\partial z^2}\right) + U(x, y, z)\psi(x, y, z) = E\psi(x, y, z) \qquad (41.5)$$

Massa da partícula — Função de energia potencial — Energia do estado

A função de distribuição de probabilidade para um estado estacionário é exatamente o quadrado do valor absoluto da função de onda espacial: $|\psi(x, y, z)e^{-iEt/\hbar}|^2 = \psi^*(x, y, z)e^{+iEt/\hbar}\,\psi(x, y, z)e^{-iEt/\hbar} = |\,\psi(x, y, z)|^2$. Observe que isso não depende do tempo. (Como vimos na Seção 40.1, esse é o motivo pelo qual chamamos esses estados de *estacionários*.) Portanto, para um estado estacionário, a condição de normalização da função de onda, Equação 41.3, se torna

$$\int |\psi(x, y, z)|^2\, dV = 1 \qquad \text{(condição de normalização para um estado estacionário em três dimensões)} \qquad (41.6)$$

Não vamos fingir que *deduzimos* as equações 41.2 e 41.5. A exemplo de suas versões unidimensionais, essas equações precisam ser testadas pela comparação de suas predições com resultados experimentais. Felizmente, as equações 41.2 e 41.5 passam nesse teste com louvor; portanto, estamos confiantes de que elas *são* as equações corretas.

Um tema importante que abordaremos neste capítulo são as soluções para a Equação 41.5 para os estados estacionários do átomo de hidrogênio. A função de energia potencial para um elétron em um átomo de hidrogênio é *esfericamente simétrica*; ou seja, ela depende apenas da distância $r = (x^2 + y^2 + z^2)^{1/2}$ a partir da origem das coordenadas. Para tirar vantagem dessa simetria, é melhor usar *coordenadas esféricas* em vez das coordenadas cartesianas (x, y, z) para resolver a equação de Schrödinger para o átomo do hidrogênio. Antes de introduzir essas novas coordenadas e investigar o átomo de hidrogênio, é interessante analisar a versão tridimensional da partícula em uma caixa que consideramos na Seção 40.2. A resolução desse problema mais simples nos preparará para os estados estacionários mais complexos encontrados na física atômica.

TESTE SUA COMPREENSÃO DA SEÇÃO 41.1 Em uma determinada região do espaço, a função de energia potencial para uma partícula de mecânica quântica é zero. Nessa região, a função de onda $\psi(x, y, z)$ para um certo estado estacionário é real e satisfaz $\partial^2\psi/\partial x^2 > 0$, $\partial^2\psi/\partial y^2 > 0$ e $\partial^2\psi/\partial z^2 > 0$. A partícula possui uma energia definida E que é positiva. O que você pode concluir sobre a função $\psi(x, y, z)$ nessa região? (i) Ela precisa ser positiva; (ii) ela precisa ser negativa; (iii) ela precisa ser zero; (iv) não há informações suficientes para decidir. ❙

41.2 PARTÍCULA EM UMA CAIXA TRIDIMENSIONAL

Considere uma partícula aprisionada em uma caixa cúbica de lado L. Isso poderia representar um elétron que está livre para se mover para qualquer lugar dentro de um cubo metálico sólido, mas não pode escapar do cubo. Vamos determinar que

Figura 41.1 Uma partícula é confinada em uma caixa cúbica com paredes em $x = 0$, $x = L$, $y = 0$, $y = L$, $z = 0$ e $z = L$.

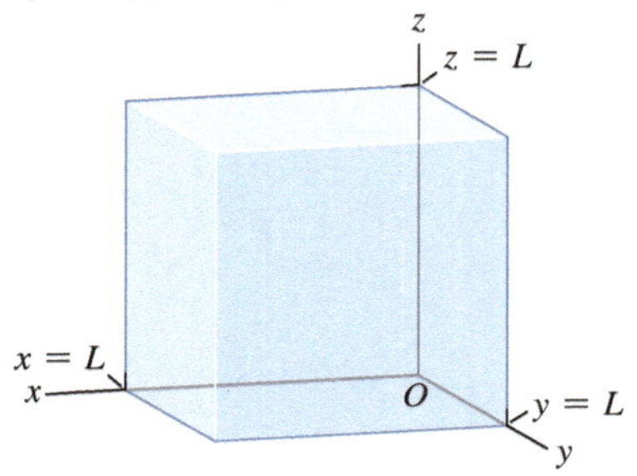

a origem será em um vértice da caixa, com os eixos x, y e z ao longo das arestas. Depois as partículas são confinadas na região $0 \le x \le L$, $0 \le y \le L$, $0 \le z \le L$ (**Figura 41.1**). Quais são os estados estacionários desse sistema?

Assim como no modelo de uma partícula em uma caixa unidimensional que consideramos na Seção 40.2, veremos que a energia potencial é zero no interior da caixa, mas infinita no lado de fora. Portanto, a função de onda espacial $\psi(x, y, z)$ precisa ser zero fora da caixa para que o termo $U(x, y, z)\psi(x, y, z)$ na equação de Schrödinger independente do tempo, Equação 41.5, não seja infinita. Consequentemente, a função de distribuição de probabilidade $|\psi(x, y, z)|^2$ é zero fora da caixa e a probabilidade de que a partícula seja encontrada ali é zero. Dentro da caixa, a função de onda espacial para um estado estacionário obedece à equação de Schrödinger independente do tempo, Equação 41.5, com $U(x, y, z) = 0$:

$$-\frac{\hbar^2}{2m}\left(\frac{\partial^2\psi(x, y, z)}{\partial x^2} + \frac{\partial^2\psi(x, y, z)}{\partial y^2} + \frac{\partial^2\psi(x, y, z)}{\partial z^2}\right) = E\psi(x, y, z) \quad (41.7)$$

(partícula em uma caixa tridimensional)

Para que a função de onda seja contínua desde o interior até o exterior da caixa, $\psi(x, y, z)$ precisa ser igual a zero nas paredes. Logo, nossas condições de contorno são tais que $\psi(x, y, z) = 0$ em $x = 0$, $x = L$, $y = 0$, $y = L$, $z = 0$ e $z = L$.

Descobrir uma solução para uma equação diferencial parcial complicada como a Equação 41.7 parece um grande desafio. Para fazer progresso, lembre-se de que escrevemos a função de onda *dependente* do tempo para um estado estacionário como o produto de uma função que depende apenas das coordenadas espaciais x, y e z e uma segunda função que depende apenas do tempo t: $\Psi(x, y, z, t) = \psi(x, y, z)\, e^{-iEt/\hbar}$. Da mesma maneira, vamos experimentar uma técnica chamada *separação de variáveis*: escreveremos a função de onda espacial $\psi(x, y, z)$ como um produto de uma função X que depende apenas de x, uma segunda função Y que depende apenas de y e uma terceira função Z que depende apenas de z:

$$\psi(x, y, z) = X(x)Y(y)Z(z) \quad (41.8)$$

Se substituirmos a Equação 41.8 na Equação 41.7, teremos

$$\begin{aligned}&-\frac{\hbar^2}{2m}\left(Y(y)Z(z)\frac{d^2X(x)}{dx^2} + X(x)Z(z)\frac{d^2Y(y)}{dy^2} + X(x)Y(y)\frac{d^2Z(z)}{dz^2}\right)\\ &= EX(x)Y(y)Z(z)\end{aligned} \quad (41.9)$$

As derivativas parciais na Equação 41.7 se tornaram derivativas ordinárias, já que atuam como funções de uma única variável. Agora, dividimos os dois lados da Equação 41.9 pelo produto $X(x)Y(y)Z(z)$:

$$\left(-\frac{\hbar^2}{2m}\frac{1}{X(x)}\frac{d^2X(x)}{dx^2}\right) + \left(-\frac{\hbar^2}{2m}\frac{1}{Y(y)}\frac{d^2Y(y)}{dy^2}\right) + \left(-\frac{\hbar^2}{2m}\frac{1}{Z(z)}\frac{d^2Z(z)}{dz^2}\right) = E \quad (41.10)$$

O lado direito da Equação 41.10 é a energia do estado estacionário. Como E é uma constante que não depende dos valores de x, y e z, o lado esquerdo da equação também precisa ser independente dos valores de x, y e z. Assim, o primeiro termo entre parênteses no lado esquerdo da Equação 41.10 precisa ser igual a uma constante que não dependa de x, o segundo termo precisa ser igual a outra constante que não dependa de y e o terceiro termo precisa ser igual a uma terceira constante que não dependa de z. Vamos chamar essas constantes de E_X, E_Y e E_Z, respectivamente. Então, temos uma equação separada para cada uma das três funções $X(x)$, $Y(y)$ e $Z(z)$:

$$-\frac{\hbar^2}{2m}\frac{d^2X(x)}{dx^2} = E_X X(x) \qquad (41.11a)$$

$$-\frac{\hbar^2}{2m}\frac{d^2Y(y)}{dy^2} = E_Y Y(y) \qquad (41.11b)$$

$$-\frac{\hbar^2}{2m}\frac{d^2Z(z)}{dz^2} = E_Z Z(z) \qquad (41.11c)$$

Para satisfazer as condições de contorno de que $\psi(x, y, z) = X(x)Y(y)Z(z)$ seja igual a zero nas paredes da caixa, precisamos que $X(x) = 0$ em $x = 0$ e $x = L$; $Y(y) = 0$ em $y = 0$ e $y = L$; e $Z(z) = 0$ em $z = 0$ e $z = L$.

Como podemos interpretar as três constantes E_X, E_Y e E_Z nas equações 41.11? Pela Equação 41.10, elas estão relacionadas à energia E por

$$E_X + E_Y + E_Z = E \qquad (41.12)$$

A Equação 41.12 deve lembrá-lo da Equação 41.1, na Seção 41.1, que afirma que a energia cinética de uma partícula é a soma das contribuições vindas de seus componentes x, y e z do momento. Consequentemente, as constantes E_X, E_Y e E_Z nos dizem o quanto da energia da partícula é devido ao movimento ao longo de cada um dos três eixos coordenados. (No interior da caixa, a energia potencial é zero e, portanto, a energia da partícula é unicamente cinética.)

As equações 41.11 representam uma enorme simplificação; nós reduzimos o problema de resolver uma equação diferencial *parcial* extremamente complexa com três variáveis independentes para o problema muito mais simples de resolver três equações diferenciais *ordinárias* separadas com uma variável independente cada. Melhor ainda, cada uma dessas equações diferenciais ordinárias é igual à equação de Schrödinger independente do tempo para uma partícula em uma caixa *unidimensional*, Equação 40.25, e com exatamente as mesmas condições de contorno em 0 e L. (A única diferença é que algumas das quantidades são identificadas por símbolos diferentes.) Comparando com nosso trabalho na Seção 40.2, você pode ver que as soluções para as equações 41.11 são

$$X_{n_X}(x) = C_X \operatorname{sen}\frac{n_X \pi x}{L} \quad (n_X = 1, 2, 3, \ldots) \qquad (41.13a)$$

$$Y_{n_Y}(y) = C_Y \operatorname{sen}\frac{n_Y \pi y}{L} \quad (n_Y = 1, 2, 3, \ldots) \qquad (41.13b)$$

$$Z_{n_Z}(z) = C_Z \operatorname{sen}\frac{n_Z \pi z}{L} \quad (n_Z = 1, 2, 3, \ldots) \qquad (41.13c)$$

onde C_X, C_Y e C_Z são constantes. Os valores correspondentes de E_X, E_Y e E_Z são

$$E_X = \frac{{n_X}^2\pi^2\hbar^2}{2mL^2} \quad (n_X = 1, 2, 3, \ldots) \qquad (41.14a)$$

$$E_Y = \frac{{n_Y}^2\pi^2\hbar^2}{2mL^2} \quad (n_Y = 1, 2, 3, \ldots) \qquad (41.14b)$$

$$E_Z = \frac{{n_Z}^2\pi^2\hbar^2}{2mL^2} \quad (n_Z = 1, 2, 3, \ldots) \qquad (41.14c)$$

Existe apenas um número quântico n para a partícula unidimensional em uma caixa, mas *três* números quânticos n_X, n_Y e n_Z para a caixa tridimensional. Se substituirmos as equações 41.13 novamente na Equação 41.8 para a função de onda espacial total, $\psi(x, y, z) = X(x)Y(y)Z(z)$, obteremos as seguintes funções de onda de estado estacionário para a partícula em uma caixa cúbica tridimensional:

$$\psi_{n_X,n_Y,n_Z}(x, y, z) = C\,\text{sen}\frac{n_X \pi x}{L}\text{sen}\frac{n_Y \pi y}{L}\text{sen}\frac{n_Z \pi z}{L}$$

$$(n_X = 1, 2, 3, \ldots;\ n_Y = 1, 2, 3, \ldots;\ n_Z = 1, 2, 3, \ldots) \qquad (41.15)$$

onde $C = C_X C_Y C_Z$. O valor da constante C é determinado pela condição de normalização, Equação 41.6.

Na Seção 40.2, vimos que as funções de onda de estado estacionário para uma partícula em uma caixa unidimensional eram análogas às ondas constantes em uma corda. De maneira semelhante, as funções de onda *tridimensionais* dadas pela Equação 41.15 são análogas às ondas eletromagnéticas constantes em uma cavidade cúbica como o interior de um forno de micro-ondas (veja a Seção 32.5). Em um forno de micro-ondas, existem "pontos mortos" nos quais a intensidade da onda é zero, correspondendo aos nós da onda constante. (A plataforma dinâmica em um forno de micro-ondas proporciona um cozimento uniforme, garantindo que nenhuma parte do alimento se situe em um "ponto morto".) De igual modo, a função de distribuição de probabilidade correspondente à Equação 41.15 pode ter "pontos mortos" nos quais não há probabilidade de encontrar uma partícula. Por exemplo, considere o caso $(n_X, n_Y, n_Z) = (2, 1, 1)$. Pela Equação 41.15, a função de distribuição de probabilidade para esse caso é

$$|\psi_{2,1,1}(x, y, z)|^2 = |C|^2\,\text{sen}^2\frac{2\pi x}{L}\text{sen}^2\frac{\pi y}{L}\text{sen}^2\frac{\pi z}{L}$$

Como mostra a **Figura 41.2a**, essa função de distribuição de probabilidade é zero no plano $x = L/2$, onde $\text{sen}^2(2\pi x/L) = \text{sen}^2\pi = 0$. A partícula muito provavelmente é encontrada próximo de onde todas as três funções de seno ao quadrado são maiores, em $(x, y, z) = (L/4, L/2, L/2)$ ou $(x, y, z) = (3L/4, L/2, L/2)$. As figuras 41.2b e 41.2c mostram os casos semelhantes $(n_X, n_Y, n_Z) = (1, 2, 1)$ e $(n_X, n_Y, n_Z) = (1, 1, 2)$. Para valores mais altos dos números quânticos n_X, n_Y e n_Z, existem planos adicionais nos quais a função de distribuição de probabilidade é igual a zero, exatamente como a função de distribuição de probabilidade $|\psi(x)|^2$ para uma caixa unidimensional possui mais zeros para valores mais altos de n (veja a Figura 40.12).

Figura 41.2 Função de distribuição de probabilidade $|\psi_{n_X,n_Y,n_Z}(x, y, z)|^2$ para (n_X, n_Y, n_Z) igual a (a) (2, 1, 1), (b) (1, 2, 1) e (c) (1, 1, 2). O valor de $|\psi|^2$ é proporcional à densidade dos pontos. Como a função de onda é zero nas paredes da caixa e em um plano médio da caixa, então $|\psi|^2 = 0$ nesses locais.

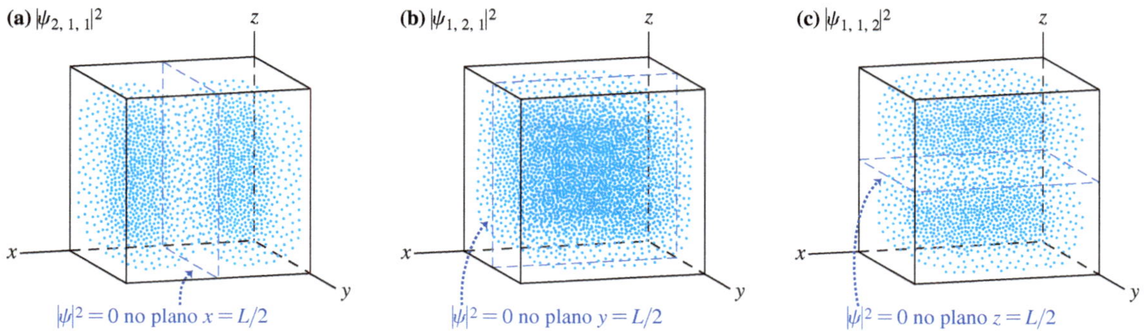

EXEMPLO 41.1 PROBABILIDADE EM UMA CAIXA TRIDIMENSIONAL

(a) Encontre o valor da constante C que normaliza a função de onda da Equação 41.15. (b) Determine a probabilidade de que a partícula seja encontrada em algum lugar na região $0 \le x \le L/4$ (**Figura 41.3**) para os casos (i) $(n_X, n_Y, n_Z) = (1, 2, 1)$, (ii) $(n_X, n_Y, n_Z) = (2, 1, 1)$ e (iii) $(n_X, n_Y, n_Z) = (3, 1, 1)$.

SOLUÇÃO

IDENTIFICAR E PREPARAR: a Equação 41.6 nos diz que, para normalizar a função de onda, precisamos escolher o valor de C de modo que a integral da função de distribuição de probabilidade $|\psi_{n_X,n_Y,n_Z}(x, y, z)|^2$ sobre o volume dentro da caixa seja igual a 1.

(Continua)

(Continuação)

Figura 41.3 Qual é a probabilidade de que a partícula esteja no quarto colorido da caixa?

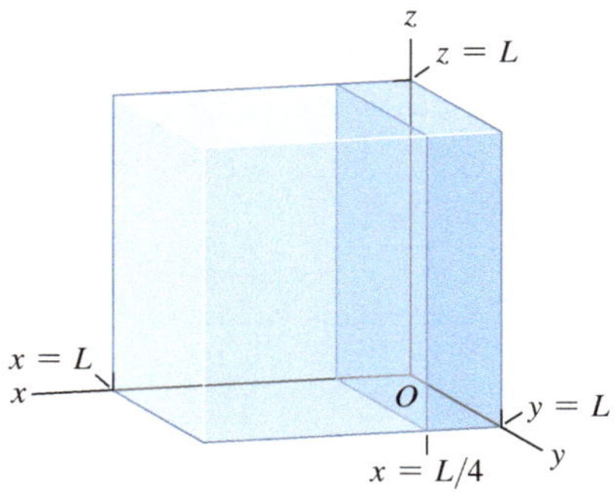

(A integral é, na verdade, sobre *todo* o espaço, mas as funções de onda da partícula em uma caixa são zero no lado externo da caixa.)

A probabilidade de encontrar a partícula dentro de um certo volume no interior da caixa é igual à integral da função de distribuição de probabilidade sobre esse volume. Assim, na parte (b) integraremos $|\psi_{n_X,n_Y,n_Z}(x, y, z)|^2$ para os valores dados de (n_X, n_Y, n_Z) sobre o volume $0 \le x \le L/4$, $0 \le y \le L$, $0 \le z \le L$.

EXECUTAR: (a) pela Equação 41.15,

$$|\psi_{n_X,n_Y,n_Z}(x, y, z)|^2 = |C|^2 \operatorname{sen}^2 \frac{n_X\pi x}{L} \operatorname{sen}^2 \frac{n_Y\pi y}{L} \operatorname{sen}^2 \frac{n_Z\pi z}{L}$$

Logo, a condição de normalização é

$$\begin{aligned}
&\int |\psi_{n_X,n_Y,n_Z}(x, y, z)|^2 \, dV \\
&= |C|^2 \int_{x=0}^{x=L} \int_{y=0}^{y=L} \int_{z=0}^{z=L} \operatorname{sen}^2 \frac{n_X\pi x}{L} \operatorname{sen}^2 \frac{n_Y\pi y}{L} \operatorname{sen}^2 \frac{n_Z\pi z}{L} \, dx\,dy\,dz \\
&= |C|^2 \left(\int_{x=0}^{x=L} \operatorname{sen}^2 \frac{n_X\pi x}{L} \, dx \right) \left(\int_{y=0}^{y=L} \operatorname{sen}^2 \frac{n_Y\pi y}{L} \, dy \right) \\
&\quad \times \left(\int_{z=0}^{z=L} \operatorname{sen}^2 \frac{n_Z\pi z}{L} \, dz \right) \\
&= 1
\end{aligned}$$

Podemos usar a identidade $\operatorname{sen}^2 \theta = \frac{1}{2}(1 - \cos 2\theta)$ e a substituição de variável $\theta = n_X\pi x/L$ para mostrar que

$$\begin{aligned}
\int \operatorname{sen}^2 \frac{n_X\pi x}{L} \, dx &= \frac{L}{2n_X\pi} \left[\frac{n_X\pi x}{L} - \tfrac{1}{2} \operatorname{sen}\left(\frac{2n_X\pi x}{L} \right) \right] \\
&= \frac{x}{2} - \frac{L}{4n_X\pi} \operatorname{sen}\left(\frac{2n_X\pi x}{L} \right)
\end{aligned}$$

Se avaliarmos essa integral entre $x = 0$ e $x = L$, o resultado é $L/2$ (lembre-se de que $\operatorname{sen} 0 = 0$ e $\operatorname{sen} 2n_X\pi = 0$ para qualquer inteiro n_X).

Cada uma das integrais y e z produz o mesmo resultado; portanto, a condição de normalização é

$$|C|^2 \left(\frac{L}{2} \right) \left(\frac{L}{2} \right) \left(\frac{L}{2} \right) = |C|^2 \left(\frac{L}{2} \right)^3 = 1$$

ou $|C|^2 = (2/L)^3$. Se determinarmos que C é real e positivo, então $C = (2/L)^{3/2}$.

(b) Aqui, temos as mesmas integrais y e z da parte (a), mas agora os limites de integração na integral x são $x = 0$ e $x = L/4$:

$$\begin{aligned}
P &= \int_{0 \le x \le L/4} |\psi_{n_X,n_Y,n_Z}|^2 \, dV \\
&= |C|^2 \left(\int_{x=0}^{x=L/4} \operatorname{sen}^2 \frac{n_X\pi x}{L} \, dx \right) \left(\int_{y=0}^{y=L} \operatorname{sen}^2 \frac{n_Y\pi y}{L} \, dy \right) \\
&\quad \times \left(\int_{z=0}^{z=L} \operatorname{sen}^2 \frac{n_Z\pi z}{L} \, dz \right)
\end{aligned}$$

A integral x é

$$\begin{aligned}
\int_{x=0}^{x=L/4} \operatorname{sen}^2 \frac{n_X\pi x}{L} \, dx &= \left[\frac{x}{2} - \frac{L}{4n_X\pi} \operatorname{sen}\left(\frac{2n_X\pi x}{L} \right) \right] \Bigg|_{x=0}^{x=L/4} \\
&= \frac{L}{8} - \frac{L}{4n_X\pi} \operatorname{sen}\left(\frac{n_X\pi}{2} \right)
\end{aligned}$$

Logo, a probabilidade de encontrar uma partícula em algum lugar na região $0 \le x \le L/4$ é

$$\begin{aligned}
P &= \left(\frac{2}{L} \right)^3 \left[\frac{L}{8} - \frac{L}{4n_X\pi} \operatorname{sen}\left(\frac{n_X\pi}{2} \right) \right] \left(\frac{L}{2} \right) \left(\frac{L}{2} \right) \\
&= \tfrac{1}{4} - \frac{1}{2n_X\pi} \operatorname{sen}\left(\frac{n_X\pi}{2} \right)
\end{aligned}$$

Isso depende apenas do valor de n_X, não de n_Y ou n_Z. Portanto, para os três casos, temos

$$\begin{aligned}
\text{(i) } n_X = 1\text{: } P &= \tfrac{1}{4} - \frac{1}{2(1)\pi} \operatorname{sen}\left(\frac{\pi}{2} \right) = \tfrac{1}{4} - \frac{1}{2\pi}(1) \\
&= \tfrac{1}{4} - \frac{1}{2\pi} = 0{,}091
\end{aligned}$$

$$\begin{aligned}
\text{(ii) } n_X = 2\text{: } P &= \tfrac{1}{4} - \frac{1}{2(2)\pi} \operatorname{sen}\left(\frac{2\pi}{2} \right) = \tfrac{1}{4} - \frac{1}{4\pi} \operatorname{sen} \pi \\
&= \tfrac{1}{4} - 0 = 0{,}250
\end{aligned}$$

$$\begin{aligned}
\text{(iii) } n_X = 3\text{: } P &= \tfrac{1}{4} - \frac{1}{2(3)\pi} \operatorname{sen}\left(\frac{3\pi}{2} \right) = \tfrac{1}{4} - \frac{1}{6\pi}(-1) \\
&= \tfrac{1}{4} + \frac{1}{6\pi} = 0{,}303
\end{aligned}$$

AVALIAR: você pode ver por que as probabilidades na parte (b) são diferentes olhando a parte (b) da Figura 40.12, que mostra $\operatorname{sen}^2 n_X\pi x/L$ para $n_X = 1$, 2 e 3. Para $n_X = 2$, a área sob a curva entre $x = 0$ e $x = L/4$ (igual à integral entre esses dois pontos) é exatamente ¼ da área total entre $x = 0$ e $x = L$. Para $n_X = 1$, a área entre $x = 0$ e $x = L/4$ é menos que ¼ da área total e, para $n_X = 3$, ela é maior que ¼ da área total.

Níveis de energia, degeneração e simetria

Através das equações 41.12 e 41.14, as energias permitidas para uma partícula de massa m em uma caixa cúbica de lado L são

Níveis de energia, partícula em uma caixa cúbica tridimensional

$$E_{n_X,n_Y,n_Z} = \frac{(n_X^2 + n_Y^2 + n_Z^2)\pi^2\hbar^2}{2mL^2} \quad (41.16)$$

Números quânticos n_X, n_Y, n_Z podem ser iguais a 1, 2, 3,...
Constante de Planck dividida por 2π
Massa da partícula
Comprimento de cada lado da caixa

A **Figura 41.4** mostra os seis níveis de energia mais baixos dados pela Equação 41.16. Observe que a maioria dos níveis de energia corresponde a mais de um conjunto de números quânticos (n_X, n_Y, n_Z) e, portanto, a mais de um estado quântico. Ter dois ou mais estados quânticos distintos com a mesma energia é chamado de **degeneração**, e os estados com a mesma energia são chamados **degenerados**. Por exemplo, a Figura 41.4 mostra que os estados (n_X, n_Y, n_Z) = (2, 1, 1), (1, 2, 1) e (1, 1, 2) são degenerados. Por comparação, no caso de uma partícula em uma caixa unidimensional, existe apenas um estado para cada nível de energia (veja a Figura 40.11a) e nenhuma degeneração.

A razão por que a caixa cúbica apresenta degeneração é que ela é *simétrica*: todos os lados da caixa possuem a mesma dimensão. A título de ilustração, a Figura 41.2 mostra as funções de distribuição de probabilidade para os três estados (n_X, n_Y, n_Z) = (2, 1, 1), (1, 2, 1) e (1, 1, 2). Você pode transformar qualquer um desses três estados em um estado diferente simplesmente girando a caixa cúbica em 90°. Essa rotação não altera a energia e, portanto, os três estados são degenerados.

Como a degeneração é uma consequência da simetria, podemos remover a degeneração tornando a caixa assimétrica. Isso é feito atribuindo aos três lados da caixa diferentes comprimentos L_X, L_Y e L_Z. Se repetirmos as etapas que seguimos para resolver a equação de Schrödinger independente do tempo, descobriremos que os níveis de energia são dados por

$$E_{n_X,n_Y,n_Z} = \left(\frac{n_X^2}{L_X^2} + \frac{n_Y^2}{L_Y^2} + \frac{n_Z^2}{L_Z^2}\right)\frac{\pi^2\hbar^2}{2m} \quad \begin{pmatrix} n_X = 1, 2, 3, \ldots; \\ n_Y = 1, 2, 3, \ldots; \\ n_Z = 1, 2, 3, \ldots \end{pmatrix} \quad (41.17)$$

(níveis de energia, partícula em uma caixa tridimensional com lados de comprimentos L_X, L_Y e L_Z).

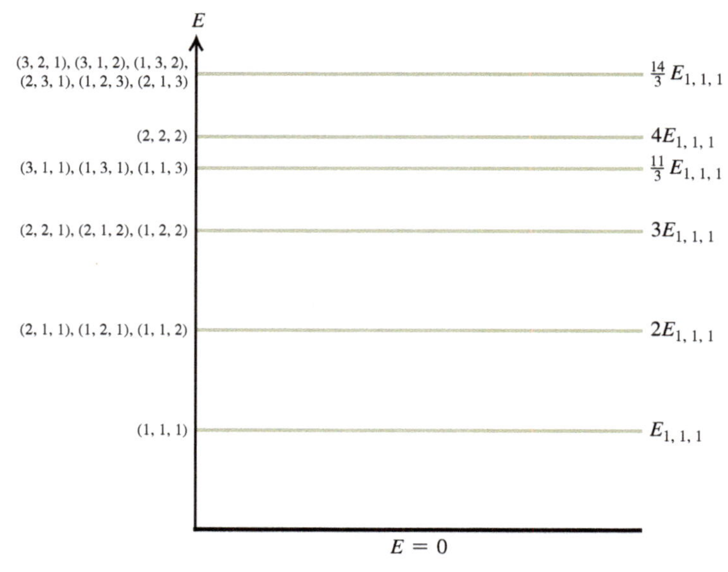

Figura 41.4 Diagrama de nível de energia para uma partícula em uma caixa cúbica tridimensional. Rotulamos cada nível com os números quânticos dos estados (n_X, n_Y, n_Z) com essa energia. Vários rótulos são degenerados (mais de um estado possui a mesma energia). O nível mais baixo (fundamental), (n_X, n_Y, n_Z) = (1, 1, 1), possui energia $E_{1,1,1} = (1^2 + 1^2 + 1^2)\pi^2\hbar^2/2mL^2 = 3\pi^2\hbar^2/2mL^2$; mostramos as energias dos outros níveis como múltiplos de $E_{1,1,1}$.

Se L_X, L_Y e L_Z forem todos diferentes, os estados $(n_X, n_Y, n_Z) = (2, 1, 1)$, $(1, 2, 1)$ e $(1, 1, 2)$ terão diferentes energias e, portanto, não serão mais degenerados. Note que a Equação 41.17 se reduz à Equação 41.16 se $L_X = L_Y = L_Z = L$.

Voltando à partícula em uma caixa cúbica tridimensional, vamos resumir as diferenças em relação ao caso unidimensional que examinamos na Seção 40.2:

- Podemos escrever a função de onda para um estado estacionário tridimensional como um produto das três funções, uma para cada coordenada espacial. Apenas uma única função da coordenada x é necessária em uma dimensão.
- No caso tridimensional, três números quânticos são necessários para descrever cada estado estacionário. Apenas um número quântico é necessário no caso unidimensional.
- A maioria dos níveis de energia no caso tridimensional é degenerada: mais de um estado estacionário possui essa energia. Não há qualquer degeneração no caso unidimensional.
- Para um estado estacionário no caso tridimensional, existem superfícies nas quais a função de distribuição de probabilidade $|\psi|^2$ é zero. No caso unidimensional, há posições no eixo x em que $|\psi|^2$ é zero.

Na próxima seção, veremos essas mesmas características para uma situação tridimensional que é mais realística que uma partícula confinada em uma caixa cúbica: um átomo de hidrogênio no qual um elétron carregado negativamente orbita um núcleo carregado positivamente.

TESTE SUA COMPREENSÃO DA SEÇÃO 41.2 Classifique os seguintes estados de uma partícula em uma caixa cúbica de lado L na ordem da energia mais alta para a energia mais baixa: (i) $(n_X, n_Y, n_Z) = (2, 3, 2)$; (ii) $(n_X, n_Y, n_Z) = (4, 1, 1)$; (iii) $(n_X, n_Y, n_Z) = (2, 2, 3)$; (iv) $(n_X, n_Y, n_Z) = (1, 3, 3)$. ❙

41.3 O ÁTOMO DE HIDROGÊNIO

Vamos continuar a discussão sobre o átomo de hidrogênio que havíamos iniciado no Capítulo 39. No modelo de Bohr, os elétrons descreviam órbitas circulares como partículas que obedeciam à mecânica newtoniana, porém com valores quantizados para o momento angular. Embora esse modelo tenha fornecido os níveis de energia corretos do átomo de hidrogênio, medidos pelo espectro, ele possui muitas dificuldades conceituais. O modelo de Bohr mistura conceitos clássicos com conceitos novos e aparentemente contraditórios; não proporciona nenhuma explicação sobre a questão da emissão e de absorção de fótons; não pode ser generalizado para átomos com muitos elétrons e fornece uma previsão errada para as propriedades magnéticas do átomo de hidrogênio. Além disso (talvez o mais importante), sua visão de que o elétron é uma partícula localizada em um ponto não é compatível com a visão que desenvolvemos nos capítulos 39 e 40. Para ir além do modelo de Bohr, vamos aplicar a equação de Schrödinger para encontrar as funções de onda para estados estacionários (estados de energia definida) do átomo de hidrogênio. Como na Seção 39.3, incluímos o movimento do núcleo simplesmente trocando a massa do elétron m pela massa reduzida m_r.

A equação de Schrödinger para o átomo de hidrogênio

Apresentamos a versão tridimensional da equação de Schrödinger na Seção 41.1. A função de energia potencial é *esfericamente simétrica*: ela depende apenas da distância $r = (x^2 + y^2 + z^2)^{1/2}$ a partir da origem das coordenadas:

$$U(r) = -\frac{1}{4\pi\epsilon_0}\frac{e^2}{r} \tag{41.18}$$

Figura 41.5 A equação de Schrödinger para o átomo de hidrogênio pode ser resolvida mais rapidamente usando coordenadas esféricas.

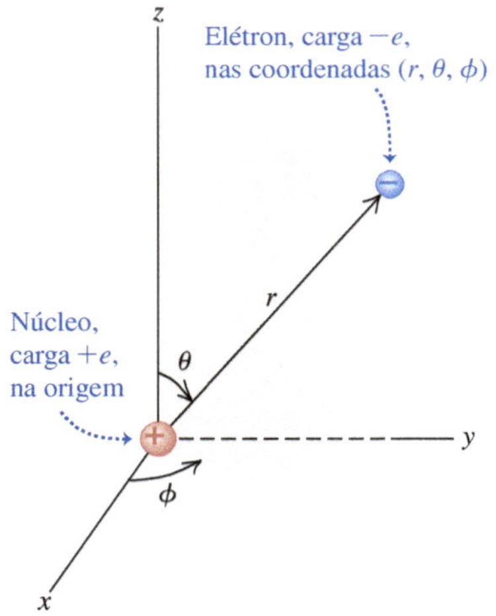

O problema do átomo de hidrogênio é mais bem formulado usando as coordenadas esféricas (r, θ, ϕ), mostradas na **Figura 41.5**; a função de energia potencial simétrica depende apenas de r, não de θ ou de ϕ. A equação de Schrödinger com essa função de energia potencial pode ser resolvida de modo exato; as soluções são combinações de funções familiares. Mesmo sem entrar em muitos detalhes, é possível descrever as características mais importantes do procedimento e dos resultados.

Inicialmente encontramos as soluções usando o mesmo método de separação das variáveis que empregamos para a partícula em uma caixa cúbica na Seção 41.2. Expressamos a função de onda $\psi(r, \theta, \phi)$ como o produto de três funções, cada uma delas dependente de apenas uma das coordenadas:

$$\psi(r, \theta, \phi) = R(r)\Theta(\theta)\Phi(\phi) \qquad (41.19)$$

Ou seja, a função $R(r)$ depende apenas de r, $\Theta(\theta)$ depende apenas de θ e $\Phi(\phi)$ depende apenas de ϕ. Assim como na partícula em uma caixa tridimensional, ao substituirmos a Equação 41.19 na equação de Schrödinger, obtemos três equações diferenciais ordinárias separadas. Uma equação envolve apenas r e $R(r)$, uma segunda envolve apenas θ e $\Theta(\theta)$, e uma terceira envolve apenas ϕ e $\Phi(\phi)$:

$$-\frac{\hbar^2}{2m_r r^2}\frac{d}{dr}\left(r^2\frac{dR(r)}{dr}\right) + \left(\frac{\hbar^2 l(l+1)}{2m_r r^2} + U(r)\right)R(r) = ER(r) \qquad (41.20a)$$

$$\frac{1}{\operatorname{sen}\theta}\frac{d}{d\theta}\left(\operatorname{sen}\theta\,\frac{d\Theta(\theta)}{d\theta}\right) + \left(l(l+1) - \frac{m_l^{\,2}}{\operatorname{sen}^2\theta}\right)\Theta(\theta) = 0 \qquad (41.20b)$$

$$\frac{d^2\Phi(\phi)}{d\phi^2} + m_l^{\,2}\Phi(\phi) = 0 \qquad (41.20c)$$

ATENÇÃO **Dois usos do símbolo *m*** Não confunda a constante m_l nas equações 41.20b e 41.20c com o símbolo semelhante m_r para a massa reduzida do elétron e núcleo (veja a Seção 39.3). A constante m_l é um número adimensional; a massa reduzida m_r possui unidades de quilogramas.

Nas equações 41.20, E é a energia do estado estacionário e l e m_l são constantes que discutiremos mais adiante.

Não tentaremos resolver esse conjunto de três equações, mas podemos descrever como isso é feito. Assim como na partícula em uma caixa cúbica, as soluções fisicamente aceitáveis dessas três equações são obtidas aplicando-se condições de contorno. A função radial $R(r)$ na Equação 41.20a deve tender a zero para valores elevados de r, visto que estamos considerando *estados ligados* dos elétrons que estão localizados nos arredores do núcleo. Essa condição é análoga à usada para a função de onda do oscilador harmônico (Seção 40.5) que devia tender a zero para valores elevados de x. As funções angulares $\Theta(\theta)$ e $\Phi(\phi)$ nas equações 41.20b e 41.20c devem ser *finitas* para todos os valores relevantes dos ângulos. Por exemplo, existem soluções da equação Θ que tendem ao infinito para $\theta = 0$ e para $\theta = \pi$; essas soluções são inaceitáveis, visto que $\psi(r, \theta, \phi)$ deve ser normalizável. Além disso, a função angular $\Phi(\phi)$ na Equação 41.20c deve ser *periódica*. Por exemplo, (r, θ, ϕ) e $(r, \theta, \phi + 2\pi)$ descrevem o mesmo ponto; logo, $\Phi(\phi + 2\pi)$ deve ser igual a $\Phi(\phi)$.

A função radial $R(r)$ permitida deve ser uma função exponencial do tipo $e^{-\alpha r}$ (onde α *é* positivo) multiplicada por um polinômio em r. As funções $\Theta(\theta)$ são polinômios contendo várias potências de sen θ e de cos θ, e as funções $\Phi(\phi)$ são simplesmente proporcionais a $e^{im_l\phi}$, onde $i = \sqrt{-1}$ e m_l é um inteiro que pode ser positivo, negativo ou igual a zero.

No processo de procurar soluções que satisfazem as condições de contorno, também determinamos os níveis de energia correspondentes. As energias desses níveis (E na Equação 41.20a) são designadas por E_n ($n = 1, 2, 3,...$). Verificou-se que essas energias são *idênticas* às obtidas pelo modelo de Bohr, como indicado na Equação 39.15, substituindo-se a massa do elétron m pela massa reduzida m_r. Reescrevendo aquela equação usando $\hbar = h/2\pi$, temos

Níveis de energia do hidrogênio

$$E_n = -\frac{1}{(4\pi\epsilon_0)^2}\frac{m_r e^4}{2n^2\hbar^2} = -\frac{13{,}60\ \text{eV}}{n^2} \tag{41.21}$$

Massa reduzida; Módulo da carga de elétron; Constante elétrica; Número quântico principal ($n = 1, 2, 3, \ldots$); Constante de Planck dividida por 2π

Assim como na Seção 39.3, vamos chamar de n o **número quântico principal**.

A Equação 41.21 é uma importante validação da nossa análise do átomo de hidrogênio pela equação de Schrödinger. A análise feita por Schrödinger é bastante diferente do modelo de Bohr, tanto conceitual quanto matematicamente, embora ambos os tratamentos forneçam o mesmo esquema de níveis de energia, o qual concorda com as energias obtidas experimentalmente por meio dos espectros. Como veremos, a análise de Schrödinger explica muito mais aspectos do átomo de hidrogênio que o modelo de Bohr.

Quantização do momento angular orbital

As soluções das equações 41.20 que satisfazem as condições de contorno mencionadas anteriormente também apresentam valores quantizados para o *momento angular orbital*. Ou seja, somente certos valores do módulo e dos componentes do momento angular orbital são permitidos. Ao discutir o modelo de Bohr na Seção 39.3, mostramos que a quantização do momento angular era um resultado quase sem nenhuma justificativa fundamental. Usando a equação de Schrödinger, ele surge de modo automático!

Os valores possíveis do módulo L do momento angular orbital $\vec{L}$ são determinados pela exigência de que a função de onda $\Theta(\theta)$ na Equação 41.20b deve ser finita para $\theta = 0$ e para $\theta = \pi$. Em um nível com energia E_n e número quântico principal n, os valores possíveis de L são

Módulo do momento angular orbital, átomo de hidrogênio

$$L = \sqrt{l(l+1)}\,\hbar \quad (l = 0, 1, 2, \ldots, n-1) \tag{41.22}$$

Número quântico orbital; Constante de Planck dividida por 2π; Número quântico principal ($n = 1, 2, 3, \ldots$)

O **número quântico orbital** l na Equação 41.22 é o mesmo l que aparece nas equações 41.20a e 41.20b. No modelo de Bohr, cada nível de energia corresponde a um único valor do momento angular. Contudo, a Equação 41.22 mostra que, na verdade, existem n diferentes valores possíveis para L referentes ao nível de energia de ordem n.

Uma característica interessante da Equação 41.22 é que o momento angular orbital é igual a *zero* para todo estado em que $l = 0$. Esse resultado não concorda com o previsto pelo modelo de Bohr, segundo o qual o elétron sempre se move em uma órbita fixa e L nunca pode ser igual a zero. A função de onda ψ para $l = 0$ depende apenas de r; as funções $\Theta(\theta)$ e $\Phi(\phi)$ são constantes para esses estados. Portanto, as funções de onda para os estados $l = 0$ são esfericamente simétricas; não existe nada na distribuição de probabilidade $|\psi|^2$ que possa favorecer uma direção em relação a qualquer outra; logo, não existe nenhum momento angular orbital.

Os valores permitidos para os *componentes* do vetor $\vec{L}$ em dadas direções, digamos o componente L_z ao longo do eixo z, são determinados impondo-se a seguinte

Figura 41.6 (a) Quando $l = 2$, o módulo do vetor de momento angular $\vec{L}$ é $\sqrt{6}\hbar = 2{,}45\hbar$, mas a direção de $\vec{L}$ não é definida. Nessa visão vetorial semiclássica, $\vec{L}$ forma um ângulo de 35,3° com o eixo z quando o componente z tem seu valor máximo de $2\hbar$. (b) Estes cones mostram as direções possíveis de $\vec{L}$ para diferentes valores de L_z.

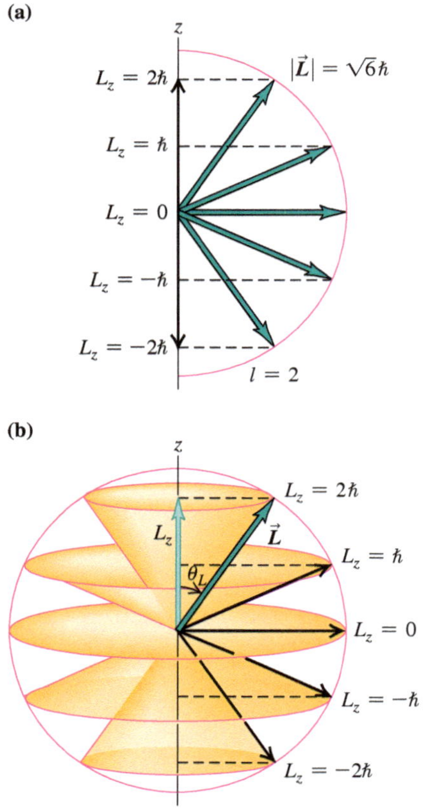

condição: a função de onda $\Phi(\phi)$ deve ser igual a $\Phi(\phi + 2\pi)$. Os valores permitidos para L_z são dados por

Componente z do momento angular orbital, átomo de hidrogênio

$$L_z = m_l\hbar \qquad (m_l = 0, \pm 1, \pm 2, \ldots, \pm l) \tag{41.23}$$

Número quântico magnético orbital (m_l); Constante de Planck dividida por 2π ($\hbar$); Número quântico orbital (l)

O número quântico m_l é o mesmo das equações 41.20b e 41.20c. Vemos que os valores do número inteiro m_l podem ser nulos, positivos ou negativos; porém, o módulo desse número é no máximo igual a l. Ou seja, $|m_l| \leq l$. Por exemplo, quando $l = 1$, m_l pode ser igual a -1, 0 ou 1. Por razões que mais tarde ficarão claras, vamos chamar m_l de *número quântico magnético orbital* ou simplesmente **número quântico magnético**.

O componente L_z nunca pode ser igual a L (a menos que ambos sejam nulos). Por exemplo, quando $l = 2$, o maior valor possível de m_l também é igual a 2; então as equações 41.22 e 41.23 fornecem

$$L = \sqrt{2(2+1)}\,\hbar = \sqrt{6}\hbar = 2{,}45\hbar$$
$$L_z = 2\hbar$$

A **Figura 41.6** ilustra essa situação. O valor mínimo do ângulo θ_L entre o vetor $\vec{L}$ e o eixo z é dado por

$$\theta_L = \arccos\frac{L_z}{L}$$
$$= \arccos\frac{2}{2{,}45} = 35{,}3°$$

O fato de $|L_z|$ ser sempre menor que L também é exigido pelo princípio da incerteza. Suponha que você possa determinar com precisão a *direção* do vetor momento angular orbital; então poderíamos escolher essa direção como a direção do eixo z e L_z poderia ser igual a L. Isso corresponderia a uma partícula se deslocando somente no plano xy, caso no qual o componente z do momento linear $\vec{p}$ seria igual a zero, sem qualquer incerteza Δp_z. Então, o princípio da incerteza $\Delta z \Delta p_z \geq \hbar$ exige uma incerteza infinita Δz na coordenada z. Isso é impossível no caso de um estado localizado; assim, concluímos que não podemos determinar a direção de $\vec{L}$ com precisão. Portanto, como já dissemos, o componente de $\vec{L}$ em uma dada direção nunca pode ser igual ao seu módulo L. Além disso, se não podemos determinar precisamente a direção de $\vec{L}$, também não podemos determinar precisamente os componentes L_x e L_y. Logo, na Figura 41.6b mostramos *cones* das direções possíveis de $\vec{L}$.

Você pode estar se perguntando por que isolamos o eixo z para exemplificar nosso caso especial. Como não podemos determinar com certeza os três componentes do momento angular orbital, escolhemos arbitrariamente um dos componentes que desejamos medir. Quando discutirmos a interação de um átomo com um campo magnético, orientaremos de modo consistente o campo magnético ao longo do eixo z no sentido de $\vec{B}$.

Notação dos números quânticos

As funções de onda para o átomo de hidrogênio são determinadas pelos valores dos três números quânticos n, l e m_l. (Compare isso com a partícula em uma caixa tridimensional que consideramos na Seção 41.2. Lá, também, três números quânticos foram necessários para descrever cada estado estacionário.) A energia E_n é determinada pelo número quântico principal n de acordo com a Equação 41.21. O módulo do momento angular orbital é determinado pelo número quântico orbital l de acordo com a Equação 41.22. O componente do momento angular orbital em uma direção específica (geralmente o eixo z) é determinado pelo número quântico magnético m_l, como na Equação 41.23. A energia não depende dos valores de l ou m_l (**Figura 41.7**), assim, para cada nível de energia E_n dado pela Equação 41.21, existe mais de um estado distinto com a mesma energia, mas números quânticos diferentes. Ou seja, esses estados são *degenerados*, exatamente como a maioria dos estados de uma partícula em uma caixa tridimensional. Assim como na caixa tridimensional, a degeneração ocorre porque o átomo de hidrogênio é simétrico: se você girar o átomo em qualquer ângulo, a função de energia potencial em uma distância r do núcleo possuirá o mesmo valor.

Figura 41.7 A energia de um satélite artificial em órbita, como o Telescópio Espacial Hubble, depende da distância média entre o satélite e o centro da Terra. Ela *não* depende do fato de a órbita ser circular (com um grande momento angular orbital L) ou elíptica (caso em que L é menor). Da mesma forma, a energia do átomo de hidrogênio não depende do momento angular orbital.

Estados com diferentes valores do número quântico l geralmente são designados por letras, de acordo com o seguinte esquema:

$$l = 0\text{: estados } s$$
$$l = 1\text{: estados } p$$
$$l = 2\text{: estados } d$$
$$l = 3\text{: estados } f$$
$$l = 4\text{: estados } g$$
$$l = 5\text{: estados } h$$

e assim por diante, alfabeticamente. Essa escolha aparentemente irracional das letras s, p, d e f tem sua origem no início dos estudos da espectroscopia e não tem nenhum significado fundamental. Em uma forma importante da *notação espectroscópica* que usaremos frequentemente, um estado com $n = 2$ e $l = 1$ denomina-se estado $2p$; um estado com $n = 4$ e $l = 0$ denomina-se estado $4s$ e assim por diante. Somente estados s ($l = 0$) são esfericamente simétricos.

Vejamos agora outras notações. A extensão radial da função de onda cresce com o número quântico principal n, e podemos chamar de **camada** uma região do espaço associada com um valor de n particular. Especialmente no estudo de átomos com muitos elétrons, é costume empregar as seguintes letras maiúsculas para essas camadas:

$$n = 1\text{: camada } K$$
$$n = 2\text{: camada } L$$
$$n = 3\text{: camada } M$$
$$n = 4\text{: camada } N$$

e assim por diante, seguindo a ordem alfabética. Para cada valor de n, diferentes valores de l correspondem a diferentes *subcamadas*. Por exemplo, a camada L ($n = 2$) contém as subcamadas $2s$ e $2p$.

A **Tabela 41.1** mostra algumas combinações possíveis dos números quânticos n, l e m_l para as funções de onda do átomo de hidrogênio. A notação espectroscópica e a notação usada para designar as camadas também são indicadas.

TABELA 41.1 Estados quânticos do átomo de hidrogênio.

n	l	m_l	Notação espectroscópica	Camada
1	0	0	$1s$	K
2	0	0	$2s$	L
2	1	−1, 0, 1	$2p$	
3	0	0	$3s$	
3	1	−1, 0, 1	$3p$	M
3	2	−2, −1, 0, 1, 2	$3d$	
4	0	0	$4s$	N

e assim por diante

ESTRATÉGIA PARA A SOLUÇÃO DE PROBLEMAS 41.1 ESTRUTURA ATÔMICA

IDENTIFICAR *os conceitos relevantes:* muitos problemas de estrutura atômica podem ser resolvidos apenas recorrendo-se aos números quânticos n, l e m_l, que descrevem a energia total E, o módulo do momento angular orbital $\vec{L}$, o componente z de $\vec{L}$ e outras propriedades de um átomo.

PREPARAR *o problema*: verifique qual é a variável-alvo e escolha a equação apropriada. As equações 41.21, 41.22 e 41.23 podem ser especialmente úteis.

EXECUTAR *a solução* da seguinte forma:

1. Certifique-se de que você conhece os valores possíveis dos números quânticos n, l e m_l para os estados do átomo de hidrogênio. Todos eles são números inteiros: n é sempre maior que zero, l pode ser zero ou positivo e vai até $n - 1$, e m_l varia segundo números inteiros de $-l$ até l. Assegure-se de poder contar o número de estados (n, l e m_l) em cada camada (K, L, M e assim por diante) e subcamada ($3s$, $3p$,

(*Continua*)

(Continuação)

3*d* e assim por diante). Você deve aprender a *deduzir* os valores da Tabela 41.1 e não simplesmente memorizá-los.
2. Resolva em função da variável-alvo.

AVALIAR *sua resposta:* é conveniente familiarizar-se com algumas ordens de grandeza da física atômica. Por exemplo, a energia potencial elétrica de um próton cuja distância a um elétron é de 0,10 nm (distância típica de uma dimensão atômica) é da ordem de −15 eV. Comprimentos de onda da luz visível são da ordem de 500 nm e as frequências correspondentes são da ordem de 5×10^{14} Hz. Você encontrará outros valores comuns na Estratégia para a solução de problemas 39.1 (Seção 39.1).

EXEMPLO 41.2 CONTAGEM DOS ESTADOS DO ÁTOMO DE HIDROGÊNIO

Quantos estados distintos (n, l e m_l) do átomo de hidrogênio existem para $n = 3$? Calcule as energias desses estados.

SOLUÇÃO

IDENTIFICAR E PREPARAR: este problema utiliza as relações entre o número quântico principal n, o número quântico orbital l, o número quântico magnético m_l e a energia de um estado no átomo de hidrogênio. Utilizamos a regra de que l pode ter n valores inteiros de 0 a $n - 1$ e de que m_l pode ter $2l + 1$ valores, de $-l$ a l. A energia de qualquer estado em particular é dada pela Equação 41.21.

EXECUTAR: quando $n = 3$, l pode ser 0, 1 ou 2. Quando $l = 0$, m_l pode ser apenas igual a 0 (1 estado). Quando $l = 1$, m_l pode ser −1, 0 ou 1 (3 estados). Quando $l = 2$, m_l pode ser −2, −1, 0, 1 ou 2 (5 estados). O número total de estados distintos (n, l e m_l) com $n = 3$ é, portanto, $1 + 3 + 5 = 9$ estados. (Na Seção 41.5, verificaremos que o número total de estados com $n = 3$ é, na verdade, o dobro desse valor, ou 18, por causa do *spin* do elétron.) As energias de todos esses nove estados são iguais porque a energia de um estado do átomo de hidrogênio só depende do número quântico n. De acordo com a Equação 41.21,

$$E_3 = \frac{-13{,}60 \text{ eV}}{3^2} = -1{,}51 \text{ eV}$$

AVALIAR: para um determinado valor de n, o número total de (n, l, m_l) estados será n^2. Nesse caso, $n = 3$ e há $3^2 = 9$ estados. É útil lembrar que a energia do nível fundamental do hidrogênio corresponde a $n = 1$ e $E_1 = -13{,}6$ eV; os $n = 3$ estados excitados têm uma energia maior (menos negativa), como era de se esperar.

EXEMPLO 41.3 MOMENTO ANGULAR EM UM NÍVEL EXCITADO DO ÁTOMO DE HIDROGÊNIO

Considere os estados $n = 4$ do hidrogênio. (a) Qual é o módulo máximo L do momento angular orbital? (b) Qual é o valor máximo de L_z? (c) Qual é o ângulo mínimo entre $\vec{L}$ e o eixo z? Dê a resposta dos itens (a) e (b) em termos de $\hbar$.

SOLUÇÃO

IDENTIFICAR E PREPARAR: mais uma vez, o problema pede para relacionarmos o número quântico principal n e o número quântico orbital l em um átomo de hidrogênio. Também precisamos encontrar a relação entre o valor de l e o módulo, bem como as possíveis direções e os sentidos do vetor momento angular orbital. Usaremos a Equação 41.22 na parte (a) para calcular o valor máximo de L; depois, usaremos a Equação 41.23 na parte (b) para determinar o valor máximo de L_z. O ângulo mínimo entre $\vec{L}$ e o eixo z ocorre quando L_z é máximo (de forma que $\vec{L}$ esteja quase alinhado com o eixo z positivo).

EXECUTAR: (a) quando $n = 4$, o valor máximo do número quântico do momento angular orbital l é igual a $(n - 1) = (4 - 1) = 3$; de acordo com a Equação 41.22,

$$L_{\text{máx}} = \sqrt{3(3+1)}\,\hbar = \sqrt{12}\,\hbar = 3{,}464\hbar$$

(b) Para $l = 3$, o valor máximo do número quântico magnético m_l é igual a 3; de acordo com a Equação 41.23,

$$(L_z)_{\text{máx}} = 3\hbar$$

(c) O ângulo *mínimo* permitido entre $\vec{L}$ e o eixo z corresponde aos valores *máximos* permitidos para L_z e m_l (a Figura 41.6b mostra um exemplo para $l = 2$). Para o estado com $l = 3$ e $m_l = 3$,

$$\theta_{\text{mín}} = \arccos\frac{(L_z)_{\text{máx}}}{L} = \arccos\frac{3\hbar}{3{,}464\hbar} = 30{,}0°$$

AVALIAR: convidamos você a verificar que os ângulos θ são maiores que 30,0° para todos os estados com valores menores de l.

Distribuições de probabilidade do elétron

Em vez de descrever o elétron como uma partícula puntiforme deslocando-se ao longo de uma circunferência perfeita, a equação de Schrödinger fornece uma *distribuição de probabilidade* de encontrar o elétron em torno do núcleo. Como as distribuições de probabilidade para o átomo de hidrogênio são tridimensionais, elas são mais difíceis de serem visualizadas que as órbitas circulares bidimensionais do modelo de Bohr. É útil considerar a *função de distribuição de probabilidade radial* $P(r)$, ou seja, a probabilidade por unidade de comprimento de encontrar o elétron a certa distância do próton. Conforme a Seção 41.1, a probabilidade de encontrar o elétron em um elemento de volume dV é dada por $|\psi|^2\,dV$. (Supomos que ψ seja normalizada de acordo com a Equação 41.6, ou seja, a integral de $|\psi|^2\,dV$ no espaço inteiro é igual a 1, de modo que existe 100% de probabilidade de encontrar o elétron em algum lugar do universo.) Vamos tomar como elemento de volume uma fina camada esférica com raio interno r e raio externo $r + dr$. O volume dV dessa camada é aproximadamente igual à área $4\pi r^2$ multiplicada pela espessura da camada dr:

$$dV = 4\pi r^2\,dr \tag{41.24}$$

Vamos designar por $P(r)\,dr$ a probabilidade de encontrar a partícula dentro da camada radial de espessura dr; portanto, usando a Equação 41.24, temos

$$P(r)\,dr = |\psi|^2\,dV = |\psi|^2 4\pi r^2\,dr \tag{41.25}$$

Probabilidade de que o elétron esteja entre r e $r + dr$ ($P(r)\,dr$); Função de distribuição de probabilidade radial ($P(r)$); Função de distribuição de probabilidade ($|\psi|^2$); Função de onda (ψ); Volume da camada esférica com raio interno r e raio externo $r + dr$ ($dV = 4\pi r^2\,dr$)

Para as funções de onda que, além de r, também dependem de θ e de ϕ, devemos tomar a média de $|\psi|^2$ sobre todos os ângulos na Equação 41.25.

A **Figura 41.8** mostra gráficos da função radial $P(r)$ para diversas funções de onda do átomo de hidrogênio. As escalas em r são indicadas em múltiplos de a, onde a é a menor distância entre o elétron e o núcleo no modelo de Bohr:

$$a = \frac{\epsilon_0 h^2}{\pi m_r e^2} = \frac{4\pi\epsilon_0 \hbar^2}{m_r e^2} = 5{,}29 \times 10^{-11}\ \text{m} \tag{41.26}$$

Raio da menor órbita no modelo de Bohr (a); Constante elétrica (ϵ_0); Constante de Planck (h); Constante de Planck dividida por 2π ($\hbar$); Massa reduzida (m_r); Módulo da carga do elétron (e)

Figura 41.8 Funções de distribuição de probabilidade radial $P(r)$ para diversas funções de onda do átomo de hidrogênio; cada curva é representada em função da razão r/a (veja a Equação 41.26). Para cada função, o número de máximos é igual a $(n - 1)$. As curvas para $l = n - 1$ (1s, 2p, 3d,...) apresentam apenas um máximo localizado no ponto $r = n^2a$.

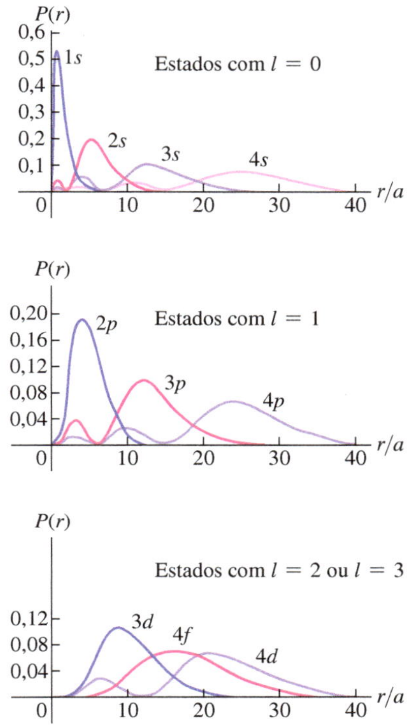

Assim como no caso de uma partícula em uma caixa cúbica (Seção 41.2), existem certas posições em que a probabilidade é igual a zero. Essas superfícies são planas para uma partícula em uma caixa, mas, em um átomo de hidrogênio, elas são esféricas (ou seja, superfícies de constante r). Note que, nos estados com maior valor de l para um dado n (como os estados 1s, 2p, 3d e 4f), $P(r)$ apresenta apenas um máximo localizado no ponto n^2a. Nesses estados, existe maior probabilidade de encontrar o elétron a uma distância $r = n^2a$, o que está de acordo com a previsão do modelo de Bohr.

A Figura 41.8 mostra as funções de distribuição de probabilidade *radial* $P(r) = 4\pi r^2|\psi|^2$, que indicam a probabilidade relativa de encontrar o elétron dentro de uma fina camada esférica de raio r. Por outro lado, as **figuras 41.9** e **41.10** ilustram as funções de distribuição de probabilidade *em três dimensões* $|\psi|^2$, que indicam a probabilidade relativa de encontrar o elétron dentro de uma pequena caixa em uma determinada posição. Quanto mais escura a "nuvem", maior o valor de $|\psi|^2$. A Figura 41.9 apresenta seções transversais das nuvens de probabilidade esfericamente simétricas das três subcamadas s mais inferiores, em que $|\psi|^2$ depende apenas da coordenada radial r. A Figura 41.10 mostra seções transversais das nuvens em outros estados eletrônicos em que $|\psi|^2$ depende tanto de r quanto de θ. Nesses estados, a função de distribuição de probabilidade é zero para certos valores de θ, bem como para certos valores de r. Em *qualquer* estado estacionário do átomo de hidrogênio, $|\psi|^2$ é independente de ϕ.

Figura 41.9 Funções de distribuição de probabilidade tridimensional $|\psi|^2$ para as funções de onda esfericamente simétricas 1*s*, 2*s* e 3*s* do átomo de hidrogênio.

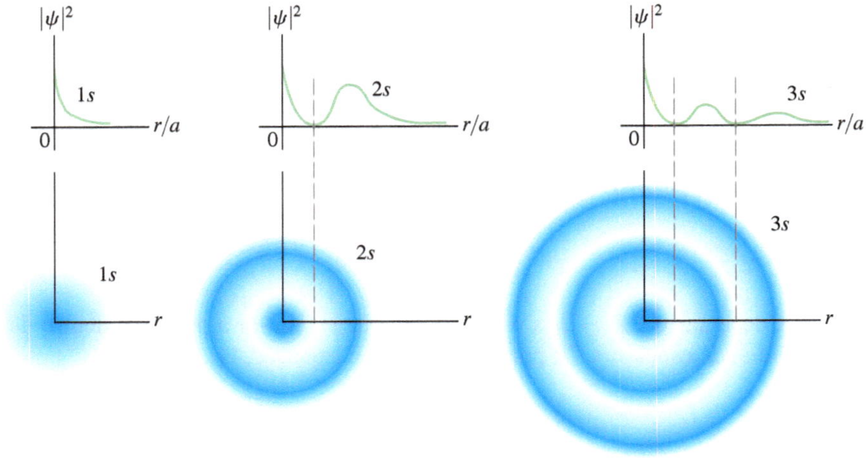

Figura 41.10 Seções transversais das distribuições de probabilidades tridimensionais de alguns estados quânticos do átomo de hidrogênio. Os desenhos não foram feitos na mesma escala. A linha vertical escura representa o eixo *z*; imagine uma rotação da figura em torno desse eixo para visualizar a representação tridimensional de $|\psi|^2$. Por exemplo, a distribuição de probabilidade do estado 2*p*, $m_l = \pm 1$, lembra vagamente uma rosquinha.

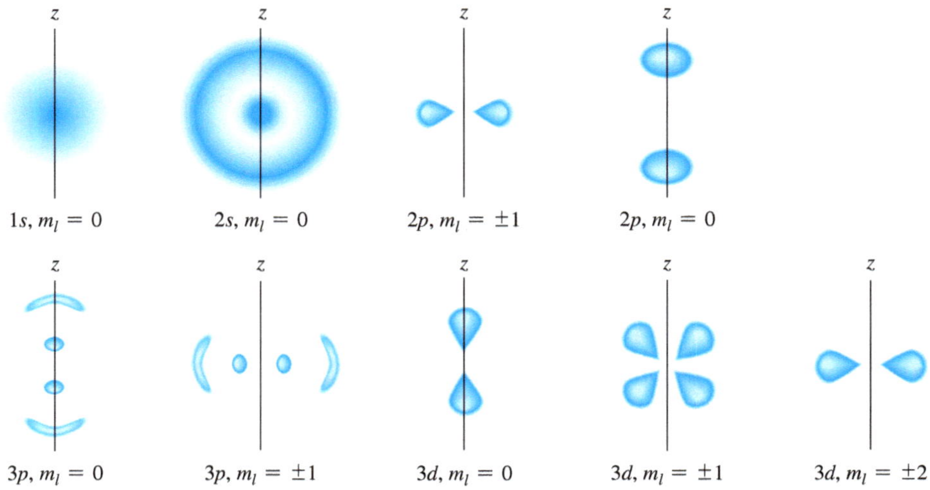

EXEMPLO 41.4 UMA FUNÇÃO DE ONDA PARA O HIDROGÊNIO

A função de onda para o estado fundamental do átomo de hidrogênio (o estado 1*s*) é

$$\psi_{1s}(r) = \frac{1}{\sqrt{\pi a^3}} e^{-r/a}$$

(a) Mostre que essa função de onda é normalizada. (b) Qual é a probabilidade de um elétron se encontrar a uma distância menor que *a* em relação ao núcleo?

SOLUÇÃO

IDENTIFICAR E PREPARAR: este exemplo é semelhante ao Exemplo 41.1 na Seção 41.2. Precisamos mostrar que essa função de onda satisfaz a condição de que a probabilidade de encontrar o elétron *em algum lugar* é 1. Precisamos, então, encontrar a probabilidade de que o elétron seja encontrado na região $r < a$. Na parte (a), calculamos a integral $\int |\psi|^2 \, dV$ sobre todo o espaço; se ela for igual a 1, a função de onda é normalizada. Na parte (b), calculamos a mesma integral sobre um volume esférico que se estende da origem (o núcleo) até uma distância *a* do núcleo.

EXECUTAR: (a) como a função de onda depende apenas da coordenada radial *r*, podemos supor que nossos elementos de volume são camadas esféricas de raio *r*, espessura *dr* e volume *dV* dados pela Equação 41.24. Obtemos, então,

(*Continua*)

(Continuação)

$$\int_{\text{todo o espaço}} |\psi_{1s}|^2\, dV = \int_0^\infty \frac{1}{\pi a^3} e^{-2r/a}(4\pi r^2\, dr)$$
$$= \frac{4}{a^3}\int_0^\infty r^2 e^{-2r/a}\, dr$$

A seguinte integral indefinida pode ser obtida fazendo a integral anterior por partes ou por meio de uma tabela de integrais:

$$\int r^2 e^{-2r/a}\, dr = \left(-\frac{ar^2}{2} - \frac{a^2 r}{2} - \frac{a^3}{4}\right)e^{-2r/a}$$

O cálculo entre os limites $r = 0$ e $r = \infty$ é simples; a expressão se anula para $r = \infty$ em razão do fator exponencial, e para $r = 0$, somente o último termo entre parênteses não se anula. Portanto, o valor da integral é igual a $a^3/4$. Substituindo todos esses valores, obtemos

$$\int_0^\infty |\psi_{1s}|^2\, dV = \frac{4}{a^3}\int_0^\infty r^2 e^{-2r/a}\, dr = \frac{4}{a^3}\frac{a^3}{4} = 1$$

Portanto, a função de onda *está* normalizada.

(b) Para determinar a probabilidade P de o elétron se encontrar na região em que $r < a$, calculamos a mesma integral anterior, porém os limites agora são 0 e a. Deixaremos o desenvolvimento a seu encargo. Usando o limite superior da integral, obtemos $-5e^{-2}a^3/4$; o resultado final é

$$P = \int_0^a |\psi_{1s}|^2\, 4\pi r^2\, dr = \frac{4}{a^3}\left(-\frac{5a^3 e^{-2}}{4} + \frac{a^3}{4}\right)$$
$$= (-5e^{-2} + 1) = 1 - 5e^{-2} = 0{,}323$$

AVALIAR: de acordo com os resultados obtidos, no estado fundamental esperamos encontrar o elétron a uma distância menor que a em relação ao núcleo cerca de $\frac{1}{3}$ do tempo e a uma distância maior que a cerca de $\frac{2}{3}$ do tempo. É difícil de visualizar, mas, na Figura 41.8, cerca de $\frac{2}{3}$ da área abaixo da curva $1s$ estão situados em distâncias maiores que a (ou seja, $r/a > 1$).

Átomos semelhantes ao átomo de hidrogênio

Duas generalizações vistas para o modelo de Bohr na Seção 39.3 são igualmente válidas na análise de Schrödinger. Em primeiro lugar, quando o "átomo" não for um único elétron e um único próton, a massa reduzida m_r do sistema produzirá alterações nas equações 41.21 e 41.26 que são substanciais em alguns sistemas exóticos. Um exemplo é o *positrônio*, um átomo para o qual um pósitron e um elétron descrevem uma órbita em torno de um centro comum; outro exemplo é um *átomo muônico*, em que um elétron é substituído por uma partícula instável chamada múon, que possui a mesma carga de um elétron, mas é 207 vezes mais pesado. Em segundo lugar, nossa análise pode ser aplicada a íons com um único elétron, como o He^+, o Li^{2+} e assim por diante. Para tais íons, devemos substituir e^2 por Ze^2 nas equações 41.21 e 41.26, onde Z é o número de prótons (o **número atômico**).

TESTE SUA COMPREENSÃO DA SEÇÃO 41.3 Coloque os seguintes estados do átomo de hidrogênio na ordem da maior à menor probabilidade de encontrar o elétron nas vizinhanças de $r = 5a$: (i) $n = 1, l = 0, m_l = 0$; (ii) $n = 2, l = 1, m_l = +1$; (iii) $n = 2, l = 1, m_l = 0$. ❙

41.4 O EFEITO ZEEMAN

O **efeito Zeeman** é o desdobramento dos níveis de energia e das correspondentes linhas espectrais quando os átomos são colocados na presença de um campo magnético (**Figura 41.11**). Esse efeito confirma experimentalmente a quantização do momento angular. A discussão desta seção, que supõe apenas a existência do

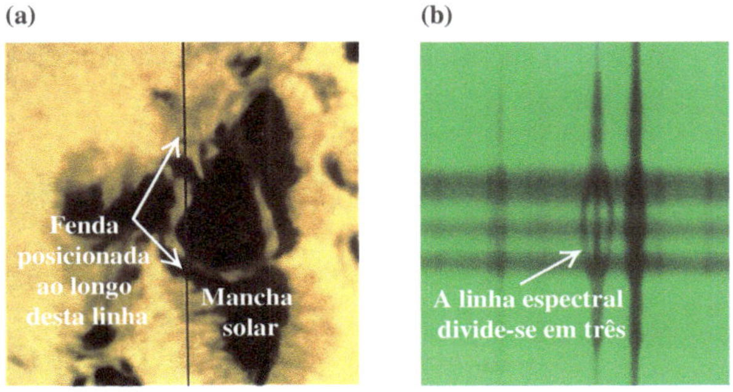

Figura 41.11 Efeitos magnéticos sobre o espectro da luz solar. (a) A fenda de um espectrógrafo é posicionada de modo que ela atravesse a região negra de uma mancha solar. (b) O campo magnético da mancha solar, da ordem de 0,4 T (mil vezes maior que o campo magnético da Terra), desdobra a única linha espectral central em três linhas.

Figura 41.12 O efeito Zeeman normal. Compare com o desdobramento magnético no espectro solar mostrado na Figura 41.11b.

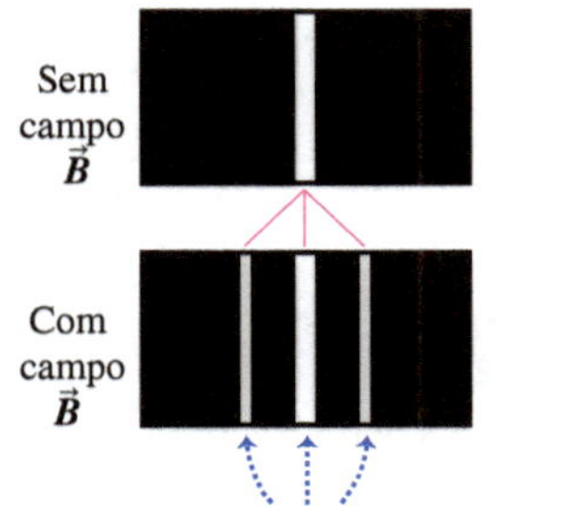

momento angular *orbital* de um único elétron, também mostra por que m_l é chamado de número quântico magnético.

Os átomos contêm cargas em movimento; portanto, não devemos nos surpreender com o fato de que um campo magnético provoque alterações no movimento dessas cargas modificando os níveis de energia. Em 1896, o físico holandês Pieter Zeeman foi o primeiro a mostrar que, na presença de um campo magnético, algumas linhas espectrais eram desdobradas em diversas linhas agrupadas (**Figura 41.12**). Em sua homenagem, esse efeito recebeu seu nome.

Momento magnético de um elétron em órbita

Vamos começar nossa análise do efeito Zeeman fazendo uma revisão do conceito de *momento de dipolo magnético* ou simplesmente *momento magnético*, introduzido na Seção 27.7. Uma espira plana de área $\vec{A}$ conduzindo uma corrente I possui um momento magnético $\vec{\mu}$ dado por

$$\vec{\mu} = I\vec{A} \qquad (41.27)$$

Quando um momento de dipolo magnético $\vec{\mu}$ é colocado na presença de um campo magnético $\vec{B}$, o campo exerce um torque $\vec{\tau} = \vec{\mu} \times \vec{B}$ sobre o dipolo. A energia potencial U associada com essa interação é dada pela Equação 27.27:

$$U = -\vec{\mu} \cdot \vec{B} \qquad (41.28)$$

Vamos agora usar as equações 41.27 e 41.28, com o modelo de Bohr para investigar a interação de um átomo de hidrogênio com um campo magnético. O elétron em órbita com velocidade v é equivalente a uma espira com raio r e área πr^2. A corrente média I é a carga média por unidade de tempo que passa em um determinado ponto da órbita. Isso é igual ao módulo da carga e, dividido pelo tempo T necessário para completar uma revolução, dado por $T = 2\pi r/v$. Logo, $I = ev/2\pi r$ e, de acordo com a Equação 41.27, o módulo do momento magnético é

$$\mu = IA = \frac{ev}{2\pi r}\pi r^2 = \frac{evr}{2} \qquad (41.29)$$

Também podemos expressar o resultado anterior com base no módulo L do momento angular orbital. De acordo com a Equação 10.28, o momento angular de uma partícula em uma órbita circular é $L = mvr$, de modo que a Equação 41.29 pode ser escrita na forma

$$\mu = \frac{e}{2m}L \qquad (41.30)$$

A razão entre o módulo de $\vec{\mu}$ e o módulo de $\vec{L}$ é chamada de *razão giromagnética*, dada por $\mu/L = e/2m$.

No modelo de Bohr, $L = nh/2\pi = n\hbar$, onde $n = 1, 2,...$ Para $n = 1$ (um estado fundamental), a Equação 41.30 fornece $\mu = (e/2m)\hbar$. Essa grandeza é uma unidade natural de momento magnético; ela é chamada de **magnéton de Bohr** e é designada por μ_B:

$$\mu_B = \frac{e\hbar}{2m} \quad \text{(definição do magnéton de Bohr)} \qquad (41.31)$$

(Definimos essa grandeza na Seção 28.8.) Resolvendo a Equação 41.31, temos

$$\mu_B = 5{,}788 \times 10^{-5}\ \text{eV/T} = 9{,}274 \times 10^{-24}\ \text{J/T ou A} \cdot \text{m}^2$$

Note que as unidades J/T e A · m^2 são equivalentes.

Embora o modelo de Bohr sugira que o movimento orbital de um elétron dê origem a um momento magnético, esse modelo *não* prevê corretamente as interações magnéticas. Por exemplo, o modelo de Bohr prevê que um elétron no estado fundamental em um átomo de hidrogênio teria um momento magnético orbital igual em módulo μ_B. Mas a formulação de Schrödinger nos diz que tal elétron em estado fundamental está em um estado *s* com momento angular zero, de modo que o momento magnético orbital deve ser *zero*! Para obtermos o resultado correto, devemos descrever os estados usando as funções de onda de Schrödinger.

Verifica-se que, na formulação de Schrödinger, os elétrons possuem a mesma razão entre μ e L (razão giromagnética) fornecida pelo modelo de Bohr — ou seja, $e/2m$. Suponha que o campo magnético $\vec{B}$ seja direcionado ao longo do eixo $+z$. De acordo com a Equação 41.28, a energia U associada com a interação entre o momento magnético do átomo e o campo magnético externo é

$$U = -\mu_z B \tag{41.32}$$

onde μ_z é o componente z do vetor $\vec{\mu}$

Agora podemos usar a Equação 41.30 para determinar μ_z, lembrando que e é o *módulo* da carga do elétron e que sua carga real é igual a $-e$. Como a carga do elétron é negativa, o vetor momento angular orbital possui sentido contrário ao do vetor momento magnético. Encontramos

$$\mu_z = -\frac{e}{2m}L_z \tag{41.33}$$

Para as funções de onda obtidas pela equação de Schrödinger, $L_z = m_l\hbar$, onde $m_l = 0, \pm 1, \pm 2, \dots \pm l$; logo, a Equação 41.33 se torna

$$\mu_z = -\frac{e}{2m}L_z = -m_l\frac{e\hbar}{2m} \tag{41.34}$$

ATENÇÃO Novamente, dois usos para o símbolo *m* Como na Seção 41.3, o símbolo m é usado de duas maneiras na Equação 41.34. Não confunda a massa do elétron m com o número quântico magnético m_l.

Finalmente, usando a Equação 41.31 para o magnéton de Bohr, podemos expressar a energia da interação da Equação 41.32 na forma

$$U = -\mu_z B = m_l\frac{e\hbar}{2m}B = m_l\mu_B B \tag{41.35}$$

Energia da interação magnética orbital → U
Componente dipolo magnético na direção de $\vec{B}$ → μ_z
Módulo do campo magnético → B
Módulo da carga do elétron → e
Constante de Planck dividida por 2π → $\hbar$
Massa do elétron → m
Magnéton de Bohr → μ_B
Número quântico magnético orbital $= 0, \pm 1, \pm 2, \dots, \pm l$ → m_l

O efeito do campo magnético consiste em deslocar a energia de cada estado orbital por um valor igual a U. A energia de interação U depende do valor de m_l porque m_l determina a orientação do momento magnético orbital em relação ao campo magnético. Em razão dessa dependência, m_l é chamado de número quântico magnético.

Como os valores de m_l são números inteiros que variam desde $-l$ até $+l$, um nível de energia com um dado valor de l apresenta $(2l + 1)$ diferentes estados orbitais. Na ausência de campo magnético, todos esses estados possuem a mesma energia; ou seja, eles são degenerados. Aplicando-se um campo magnético, essa degeneração é removida. Quando o átomo é colocado na presença de um campo magnético, esses níveis se desdobram em $2l + 1$ níveis de energia diferentes; a diferença de energia entre dois níveis adjacentes é igual a $(e\hbar/2m)B = \mu_B B$. Podemos entender isso em termos da conexão entre degeneração e simetria. Com um campo magnético aplicado ao longo do eixo z, o átomo não é mais completamente simétrico sob rotação: existe uma direção preferida no espaço. Ao remover a simetria, removemos a degeneração dos estados.

O efeito sobre os níveis de energia do átomo de hidrogênio é indicado na **Figura 41.13**. Cada linha espectral que corresponde a uma transição de um conjunto de níveis de energia para outro conjunto é desdobrada de modo correspondente e surgem três linhas espectrais igualmente espaçadas substituindo uma única linha espectral existente antes da aplicação do campo magnético. Como mostra o seguinte exemplo, o desdobramento de linhas espectrais é bastante pequeno, porque o valor de $\mu_B B$ é pequeno mesmo em campos magnéticos significativos.

Figura 41.13 Diagrama dos níveis de energia para o átomo de hidrogênio, mostrando o desdobramento dos níveis de energia resultante da interação entre um campo magnético externo e o momento magnético produzido pelo movimento orbital do elétron. Os valores de m_l são indicados ao lado de diferentes níveis. Os valores relativos dos desdobramentos estão exagerados para maior clareza. Os desdobramentos para $n = 4$ não são indicados; você seria capaz de desenhá-los?

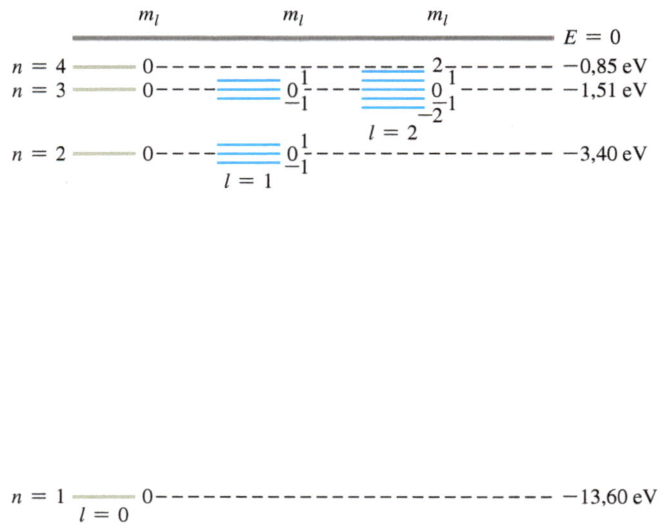

EXEMPLO 41.5 UM ÁTOMO EM UM CAMPO MAGNÉTICO

Um átomo no estado $l = 1$ emite um fóton de comprimento de onda igual a 600,000 nm quando decai para um estado com $l = 0$. Se o átomo está colocado em um campo magnético com módulo $B = 2{,}00$ T, quais são os deslocamentos dos níveis de energia e dos comprimentos de onda resultantes da interação entre o campo magnético externo e o momento magnético orbital do átomo?

SOLUÇÃO

IDENTIFICAR E PREPARAR: este problema trata do desdobramento de níveis de energia atômica causado por um campo magnético (o efeito Zeeman). Usaremos a Equação 41.35 para determinar os deslocamentos no nível de energia. A relação $E = hc/\lambda$ entre a energia e o comprimento de onda de um fóton nos possibilita calcular os comprimentos de onda emitidos durante as transições dos estados com $l = 1$ ao estado $l = 0$.

EXECUTAR: a energia de um fóton de 600 nm é

$$E = \frac{hc}{\lambda} = \frac{(4{,}14 \times 10^{-15}\ \text{eV} \cdot \text{s})(3{,}00 \times 10^8\ \text{m/s})}{600 \times 10^{-9}\ \text{m}}$$
$$= 2{,}07\ \text{eV}$$

Assim, se não houver campo magnético externo, essa é a diferença de energia entre o nível $l = 0$ e o nível $l = 1$.

Com um campo de 2,00 T presente, a Equação 41.35 mostra que não há deslocamento do estado $l = 0$ (onde $m_l = 0$). Nos estados com $l = 1$, o desdobramento de níveis é dado por

$$U = m_l \mu_B B = m_l\,(5{,}788 \times 10^{-5}\ \text{eV/T})\,(2{,}0\ \text{T})$$
$$= m_l\,(1{,}16 \times 10^{-4}\ \text{eV}) = m_l\,(1{,}85 \times 10^{-23}\ \text{J})$$

Quando $l = 1$, os valores possíveis de m_l são -1, 0 e $+1$; os três níveis de energia correspondentes são separados por intervalos

(Continua)

(Continuação)

equidistantes de $1{,}16 \times 10^{-4}$ eV. Essa energia representa uma fração muito pequena da energia de 2,07 eV do fóton:

$$\frac{\Delta E}{E} = \frac{1{,}16 \times 10^{-4}\,\text{eV}}{2{,}07\,\text{eV}} = 5{,}60 \times 10^{-5}$$

Os deslocamentos correspondentes para os *comprimentos de onda* são de aproximadamente $(5{,}60 \times 10^{-5}) \times (600\text{ nm}) = 0{,}034$ nm. A linha original de 600,000 nm é desdobrada em um tripleto cujos comprimentos de onda são 599,966 nm, 600,000 nm e 600,034 nm.

AVALIAR: embora um campo de 2,00 T seja considerado forte na maioria dos laboratórios, os desdobramentos de comprimento de onda são extremamente pequenos. Apesar disso, os espectrógrafos modernos dispõem de um poder de resolução cromático mais que suficiente para medir esses desdobramentos (veja a Seção 36.5).

Regras de seleção

A **Figura 41.14** mostra o que ocorre com um conjunto de estados do nível d ($l = 2$) à medida que o campo magnético cresce. Os cinco estados, $m_l = -2, -1, 0, 1$ e 2, são degenerados (possuem a mesma energia) na ausência de campo magnético, mas o campo magnético crescente desdobra o nível de energia removendo a degeneração. A **Figura 41.15** mostra o desdobramento dos estados $3d$ e $2p$. Os níveis de energia são equidistantes e a diferença de energia entre dois níveis adjacentes é igual a $(e\hbar/2m)B = \mu_B B$. Na ausência de campo magnético, a transição do nível $3d$ para o $2p$ produziria uma única linha espectral tal que a energia do fóton emitida é dada por $E_i - E_f$. Com o desdobramento dos níveis conforme indicado, poderia parecer que existem cinco possíveis energias para os fótons.

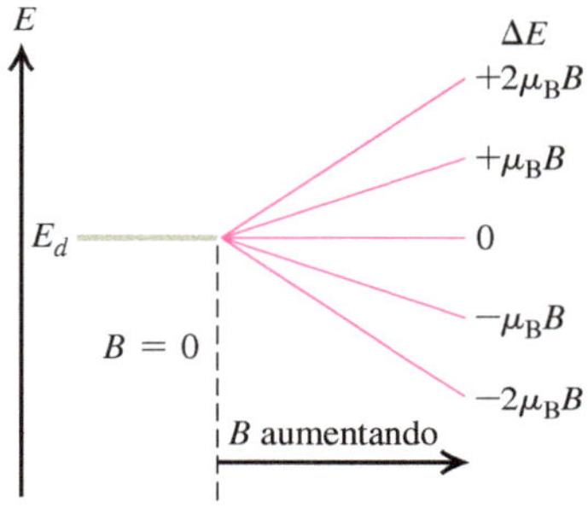

Figura 41.14 Esta figura mostra como o desdobramento dos níveis de energia de um estado d ($l = 2$) depende do módulo B de um campo magnético externo, considerando a existência de apenas um momento magnético orbital.

Na realidade, existem apenas três possibilidades. Nem todas as combinações de estados iniciais e finais são possíveis por causa da restrição associada à conservação do momento angular. O fóton geralmente transporta apenas uma unidade ($\hbar$) de momento angular, o que determina a exigência de que, em qualquer transição, l só pode variar de 1 e m_l só pode ser 0 ou ± 1. Essas exigências são as chamadas **regras de seleção**. As transições que obedecem a essas regras são denominadas *transições permitidas*; as chamadas *transições proibidas* são as que não as seguem. As transições permitidas são indicadas pelas retas contínuas na Figura 41.15. Convidamos você a verificar que as nove retas contínuas fornecem apenas três possíveis níveis de energia: a energia na ausência de campo magnético, com valor $E_i - E_f$, e os valores acima e abaixo desse nível, ou seja, essa energia mais ou menos $\Delta E = (e\hbar/2m)B = \mu_B B$. As linhas espectrais correspondentes são mostradas na Figura 41.12.

A descrição anterior refere-se ao efeito Zeeman *normal*. Ele é inteiramente pautado na existência do momento angular orbital do elétron. Entretanto, o efeito Zeeman não leva em consideração uma questão bastante importante: o *spin* do elétron, tema da próxima seção.

Figura 41.15 A causa do efeito Zeeman normal. O campo magnético produz desdobramento dos níveis de energia, mas as regras de seleção reduzem as possibilidades para somente três alterações de energia, fornecendo somente três frequências e três comprimentos de onda diferentes para os fótons.

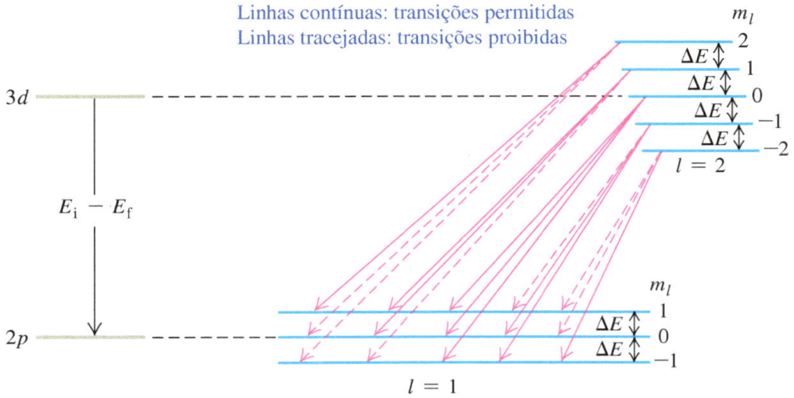

TESTE SUA COMPREENSÃO DA SEÇÃO 41.4 Nesta seção, consideramos que o campo magnético aponta no sentido z positivo. Os resultados seriam diferentes se o campo magnético apontasse no sentido x positivo? ❙

41.5 *SPIN* DO ELÉTRON

Apesar do sucesso da equação de Schrödinger nas previsões dos níveis de energia do átomo de hidrogênio, diversas observações experimentais indicam que ela não é suficiente para explicar todos os comportamentos dos elétrons nos átomos. Em primeiro lugar, porque os espectroscopistas encontraram outros desdobramentos de campo magnético além dos três níveis de energia que estudamos na Seção 41.4 (veja a Figura 41.12). Antes que se entendesse a razão desse comportamento, ele era chamado de efeito Zeeman *anômalo*, para distingui-lo do efeito Zeeman "normal", estudado na seção anterior. A **Figura 41.16** mostra os dois tipos de desdobramento.

Em segundo lugar, alguns níveis de energia exibem desdobramentos semelhantes aos do efeito Zeeman mesmo na *ausência* de campo magnético externo. Por exemplo, quando as linhas do espectro do átomo de hidrogênio são examinadas com um espectrômetro de elevada resolução, verifica-se que algumas delas são constituídas por linhas muito próximas, chamadas de *multipletos*. Da mesma forma, verifica-se que a linha amarelo-alaranjada do sódio que corresponde à transição $4p \rightarrow 3s$ do elétron externo forma um dupleto (com λ = 589,0 nm e 589,6 nm), sugerindo que o nível $4p$ seja de fato constituído por dois níveis separados por uma distância muito pequena. A equação de Schrödinger em sua forma original não previa nenhum desses efeitos.

Figura 41.16 Ilustrações do efeito Zeeman normal e do efeito Zeeman anômalo para dois elementos. As chaves embaixo de cada ilustração mostram o desdobramento "normal" previsto desprezando-se o efeito do *spin* do elétron.

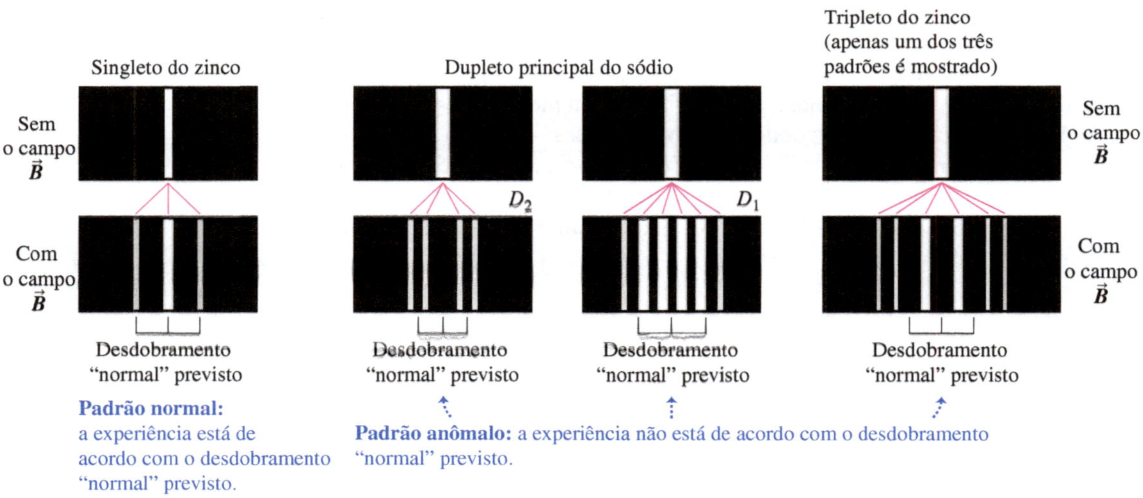

A experiência de Stern-Gerlach

Anomalias semelhantes surgiram em 1922 na experiência do feixe de átomos realizada na Alemanha pelos físicos Otto Stern e Walter Gerlach. Quando eles fizeram um feixe de átomos neutros passar através de um campo magnético não uniforme (**Figura 41.17**), os átomos desviaram de acordo com a orientação de seus momentos magnéticos em relação ao campo. Essas experiências demonstraram, de forma muito direta, a quantização do momento angular. Caso existisse apenas o momento angular orbital, a ação do campo magnético produziria um desdobramento do feixe em um número ímpar ($2l + 1$) de componentes diferentes. Contudo, alguns

Figura 41.17 A experiência de Stern-Gerlach.

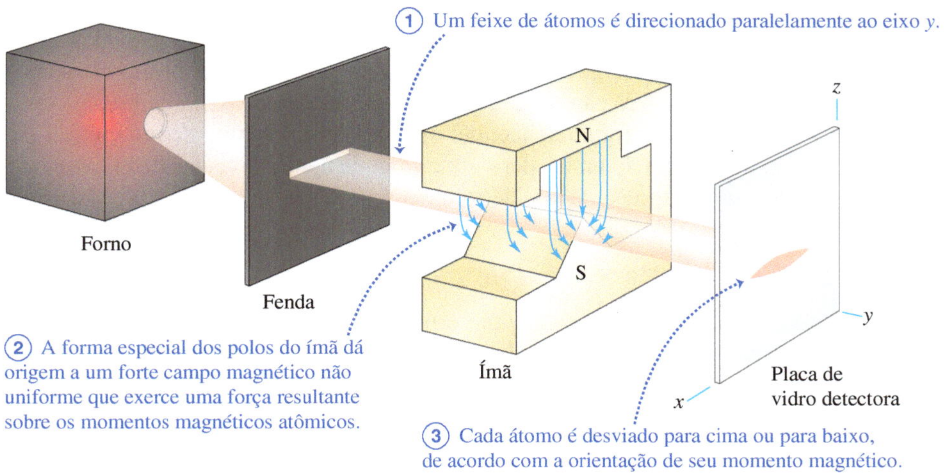

feixes se desdobraram em um número *par* de componentes. Se usássemos outro símbolo j para designar um número quântico para um momento angular, fazendo $2j + 1$ igual a um número par, obteríamos $j = \frac{1}{2}, \frac{3}{2}, \frac{5}{2}, \ldots$, sugerindo a existência de um número semi-inteiro para o momento angular. Esse comportamento não pode ser entendido com base no modelo de Bohr nem em descrições semelhantes da estrutura atômica.

Em 1925, dois estudantes de pós-graduação na Holanda, Samuel Goudsmidt e George Uhlenbeck, propuseram que o elétron deveria apresentar um movimento adicional. Usando um modelo semiclássico, eles sugeriram que o elétron pudesse se comportar como uma esfera carregada girando, em vez de se comportar como uma partícula puntiforme. Se isso fosse verdade, ele deveria possuir um momento angular de *spin* adicional e um momento magnético correspondente. Se essas grandezas fossem quantizadas de modo análogo ao do momento angular *orbital* e do momento magnético, elas poderiam ser úteis para explicar as anomalias observadas nos níveis de energia.

Uma analogia para o *spin* do elétron

Para introduzir o conceito de ***spin* do elétron**, vamos começar com uma analogia. A Terra descreve uma órbita circular em torno do Sol e, ao mesmo tempo, *gira* em torno de seu eixo. Cada um desses movimentos tem seu momento angular associado, que chamaremos, respectivamente, de momento angular *orbital* e momento angular de *spin*. O momento angular total da Terra é dado pela soma vetorial desses dois momentos angulares. Se imaginarmos um modelo no qual a Terra é um corpo puntiforme, ela não teria momento de inércia em torno de seu eixo de *spin* e, portanto, nenhum momento angular de *spin*. Porém, quando incluímos no modelo o tamanho finito da Terra, devemos considerar o momento angular de *spin*.

Suponha que, no modelo de Bohr, o elétron não seja uma carga puntiforme, mas sim uma pequena esfera girando em torno do próprio eixo ao longo de sua órbita. Então, além do momento angular orbital, ele também deve possuir um momento angular de *spin* associado a sua rotação em torno de um eixo próprio. Como a esfera é dotada de carga elétrica, seu movimento de rotação produz correntes e, portanto, surge um momento magnético associado, conforme discutimos na Seção 27.7. Em um campo magnético, o momento magnético de *spin* apresenta uma interação de energia além da produzida pelo momento magnético *orbital* (o efeito Zeeman normal discutido na Seção 41.4). Portanto, deveremos observar desdobramentos Zeeman adicionais produzidos pelo momento magnético de *spin*.

Como dissemos anteriormente, tais desdobramentos *são* efetivamente observados em precisas análises espectroscópicas. Essas e outras experiências mostraram de modo irrefutável que o elétron *possui* momento angular de *spin* e um correspondente momento magnético de *spin* que não depende do movimento orbital, mas que é intrinsecamente associado ao próprio elétron. A origem desse momento angular de *spin* é fundamentalmente mecânica quântica; portanto, não é correto modelar o elétron como uma esfera carregada em rotação. Entretanto, assim como o modelo de Bohr pode ser uma figura conceitual útil para o movimento de um elétron em um átomo, a analogia de uma esfera girando pode ajudar a visualizar o momento angular de *spin* intrínseco de um elétron.

Números quânticos de *spin*

Analogamente ao momento angular orbital, o momento angular de *spin* (designado pelo vetor $\vec{S}$) é quantizado. Imagine um dispositivo experimental capaz de medir um componente particular de $\vec{S}$, digamos o componente S_z. Verifica-se que os únicos valores possíveis são dados por

Componente z do momento angular do *spin* do elétron → Número quântico magnético do *spin* $= \pm\frac{1}{2}$; Constante de Planck dividida por 2π

$$S_z = m_s\hbar \qquad (41.36)$$

Essa relação é remanescente da equação $L_z = m_l\hbar$ para o componente z do momento angular orbital, exceto que $|S_z|$ é igual a *um meio* de $\hbar$ e não um múltiplo *inteiro*. Na analogia do número quântico magnético orbital m_l, chamamos o número quântico m_s de **número quântico magnético de *spin***. Como m_s possui apenas dois valores possíveis, $+\frac{1}{2}$ e $-\frac{1}{2}$, o vetor do momento angular de *spin* $\vec{S}$ pode ter apenas duas orientações no espaço em relação ao eixo z: "*spin para cima*", com o componente z de $+\frac{1}{2}\hbar$, e "*spin para baixo*", com o componente z de $-\frac{1}{2}\hbar$.

A Equação 41.36 também sugere que o módulo S do momento angular de *spin* deva ser dado por uma expressão semelhante à indicada na Equação 41.22 substituindo-se o número quântico orbital l pelo **número quântico de *spin*** $s = \frac{1}{2}$:

Módulo do momento angular de *spin* do elétron → Valor máximo do número quântico magnético do *spin* $= \frac{1}{2}$; Constante de Planck dividida por 2π

$$S = \sqrt{\tfrac{1}{2}\left(\tfrac{1}{2}+1\right)}\hbar = \sqrt{\tfrac{3}{4}}\hbar \qquad (41.37)$$

Geralmente o elétron é chamado de "partícula de meio *spin*" ou "partícula com *spin* $\frac{1}{2}$".

Observamos que, para identificar completamente o estado de um elétron no átomo de hidrogênio, precisamos de *quatro* números quânticos, n, l e m_l (descritos na Seção 41.3) para especificar o movimento do elétron relativo ao núcleo, mais o número quântico magnético de *spin* m_s para especificar a orientação do *spin* do elétron.

Para visualizar o *spin* quantizado de um elétron em um átomo de hidrogênio, imagine a função de distribuição de probabilidade do elétron $|\psi|^2$ como uma nuvem cercando o núcleo como a mostrada nas figuras 41.9 e 41.10. Imagine então muitas setas de *spin* minúsculas distribuídas através da nuvem, todas com componentes no sentido $+z$ ou com componentes no sentido $-z$. Mas não leve essa imagem tão a sério.

Assim como o momento magnético orbital do elétron é proporcional a seu momento angular orbital $\vec{L}$ (veja a Seção 41.4), o momento magnético do *spin* do elétron é proporcional a seu momento angular do *spin* $\vec{S}$. Verifica-se que o componente z do momento magnético de *spin* (μ_z) relaciona-se a S_z por

$$\mu_z = -(2{,}00232)\frac{e}{2m}S_z \qquad (41.38)$$

onde m e $-e$ são (como de costume) a massa e a carga do elétron. Quando o átomo é colocado na presença de um campo magnético, a energia de interação $-\vec{\mu}\cdot\vec{B}$ do momento de dipolo magnético de *spin* com o campo produz um desdobramento adicional dos níveis de energia com um correspondente desdobramento das linhas espectrais.

A Equação 41.38 mostra que a razão giromagnética para o *spin* do elétron é aproximadamente igual ao *dobro* do valor de $e/2m$ correspondente à razão entre o momento angular *orbital* e o momento de dipolo magnético. Esse resultado não possui qualquer analogia clássica. Contudo, em 1928 Paul Dirac desenvolveu uma generalização relativística da equação de Schrödinger para elétrons. Sua equação forneceu uma razão giromagnética exatamente igual a $2(e/2m)$. Foram necessárias outras duas décadas para o desenvolvimento de uma área da física chamada de *eletrodinâmica quântica*, abreviada por QED, que prevê o valor que escrevemos anteriormente com "apenas" seis algarismos significativos, como 2,00232. Na verdade, a QED prevê um valor que concorda com o valor experimental atualmente aceito, igual a 2,00231930436153(53), o que torna a QED a teoria mais precisa em toda a ciência.

BIO **Aplicação *Spins* do elétron e datação das origens humanas** Em muitos átomos, o *spin* resultante de todos os elétrons é zero (a quantidade de elétrons "*spin* para cima" é igual à de elétrons "*spin* para baixo"). Se esses átomos forem ionizados e perderem um elétron, no entanto, o *spin* resultante do íon que permanece será não nulo. Isso acontece naturalmente no esmalte do dente, onde a ionização é causada pela radioatividade no ambiente. Quanto mais tempo um dente for exposto, mais íons estarão presentes. Para determinar a idade dos dentes fósseis, como os encontrados neste crânio de *Homo neanderthalensis*, uma amostra do esmalte é colocada em um campo magnético forte. Os *spins* do íon se alinham em sentidos opostos a seu campo (tornando-se "*spin* para baixo"). A amostra, então, é iluminada com fótons de micro-ondas com a energia exata para inverter os *spins* para a configuração de energia mais alta alinhada com o campo ("*spin* para cima"). A quantidade de energia de micro-ondas absorvida nesse processo (chamada *ressonância de spin do elétron*) indica o número de íons presentes e, portanto, a idade do esmalte.

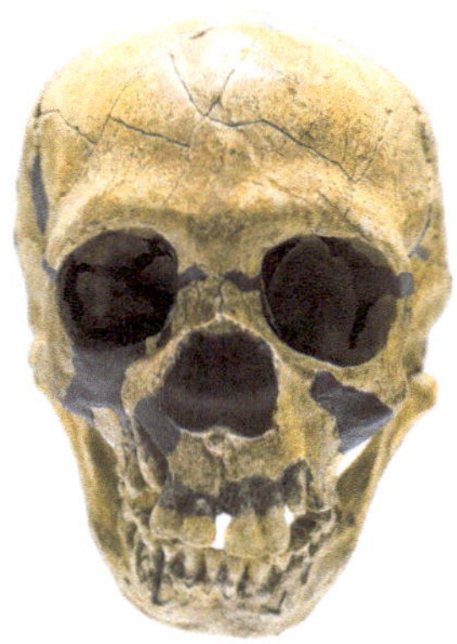

EXEMPLO 41.6 ENERGIA DO *SPIN* DO ELÉTRON EM UM CAMPO MAGNÉTICO

Calcule a energia de interação para um elétron no estado $l = 0$ (que não possui momento magnético orbital) em um campo magnético com módulo igual a 2,00 T.

SOLUÇÃO

IDENTIFICAR E PREPARAR: para $l = 0$, o elétron possui momento angular orbital zero e momento magnético orbital zero. Portanto, a única interação magnética é a que se observa entre o campo $\vec{B}$ e o momento magnético do *spin* $\vec{\mu}$. Pela Equação 41.28, a energia de interação é $U = -\vec{\mu}\cdot\vec{B}$. Como na Seção 41.4, fazemos que $\vec{B}$ seja o sentido z positivo, de modo que $U = -\mu_z B$ (Equação 41.32). A Equação 41.38 determina μ_z em função de S_z, e a Equação 41.36 fornece S_z.

EXECUTAR: combinando as equações 41.36 e 41.38, temos

$$\begin{aligned}\mu_z &= -(2{,}00232)\left(\frac{e}{2m}\right)(\pm\tfrac{1}{2}\hbar)\\ &= \mp\tfrac{1}{2}(2{,}00232)\left(\frac{e\hbar}{2m}\right) = \mp(1{,}00116)\mu_B\\ &= \mp(1{,}00116)(9{,}274\times10^{-24}\ \text{J/T})\\ &= \mp9{,}285\times10^{-24}\ \text{J/T} = \mp5{,}795\times10^{-5}\ \text{eV/T}\end{aligned}$$

Então, pela Equação 41.32,

$$\begin{aligned}U &= -\mu_z B = \pm(9{,}285\times10^{-24}\ \text{J/T})\,(2{,}00\ \text{T})\\ &= \pm1{,}86\times10^{-23}\ \text{J} = \pm1{,}16\times10^{-4}\ \text{eV}\end{aligned}$$

O valor positivo de U e o valor negativo de μ_z correspondem a $S_z = +\frac{1}{2}\hbar$ (*spin* para cima); o valor negativo de U e o valor positivo de μ_z correspondem a $S_z = -\frac{1}{2}\hbar$ (*spin* para baixo).

AVALIAR: vamos verificar os *sinais* dos nossos resultados. Se o *spin* do elétron for para baixo, o momento angular $\vec{S}$ do *spin* geralmente aponta para o sentido contrário ao de $\vec{B}$. Portanto, o momento magnético $\vec{\mu}$ (que tem o sentido contrário ao de $\vec{S}$ porque a carga do elétron é negativa) geralmente tem sentido paralelo ao de $\vec{B}$ e μ_z é positivo. Da Equação 41.28, $U = -\vec{\mu}\cdot\vec{B}$, a energia de interação é negativa se $\vec{\mu}$ e $\vec{B}$ forem paralelos. Nossos resultados mostram que U é realmente negativo nesse caso. Podemos, da mesma forma, confirmar que U precisa ser positivo e μ_z negativo para que o *spin* de um elétron seja para cima.

As linhas vermelhas na **Figura 41.18** mostram como as energias de interação para os dois estados de *spin* variam com o módulo do campo magnético B. Os gráficos são linhas retas porque, pela Equação 41.32, U é proporcional a B.

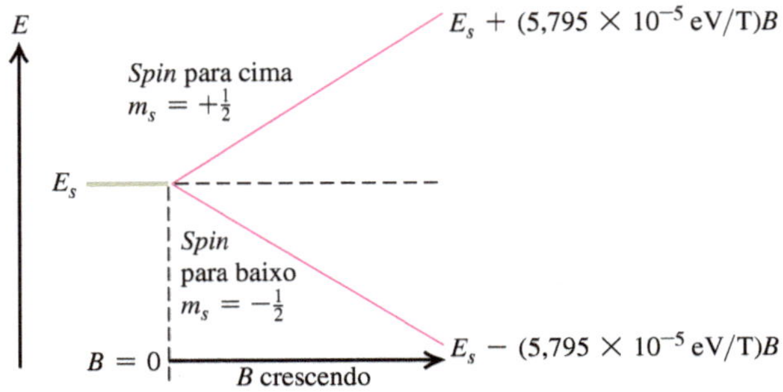

Figura 41.18 O nível $l = 0$ de um único elétron é desdobrado pela interação entre o momento magnético de *spin* e um campo magnético externo. Quanto maior for o módulo B do campo magnético, maior será o desdobramento. A grandeza $5{,}795 \times 10^{-5}$ eV/T é exatamente $(1{,}00116)\,\mu_B$.

Acoplamento *spin*–órbita

Dissemos anteriormente que o momento de dipolo magnético de *spin* pode produzir desdobramentos dos níveis de energia mesmo na *ausência* de campos magnéticos externos. Uma das causas envolve o movimento orbital do elétron. No modelo de Bohr, um observador que se deslocasse com o elétron veria o núcleo positivo girar em torno dele (do mesmo modo que um observador na Terra vê o Sol girar em torno dela). Esse movimento relativo produz um campo magnético no local onde se encontra o elétron, campo que é medido pelo observador solidário com o elétron. Ocorre uma interação entre esse campo magnético induzido e o momento magnético de *spin*, produzindo o desdobramento de cada nível em dois níveis correspondentes às duas possíveis orientações do *spin* do elétron.

A discussão baseada no modelo de Bohr não deve ser levada muito a sério, mas um resultado semelhante pode ser obtido por meio da equação de Schrödinger. A energia de interação U pode ser expressa em termos do produto escalar dos vetores $\vec{L}$ e $\vec{S}$ do momento angular. Esse efeito, chamado **acoplamento spin–órbita**, é responsável pela pequena diferença entre os níveis de energia excitados mais baixos do sódio indicados na Figura 39.19a e pelo correspondente dupleto (589,0 nm e 589,6 nm) no espectro do sódio.

EXEMPLO 41.7 UM CAMPO MAGNÉTICO EFETIVO

Para seis algarismos significativos, os comprimentos de onda das duas linhas espectrais que compõem o dupleto de sódio são $\lambda_1 = 588{,}995$ nm e $\lambda_2 = 589{,}592$ nm. Calcule o campo magnético efetivo que atua sobre o elétron nos níveis de energia $3p$ do átomo de sódio.

SOLUÇÃO

IDENTIFICAR E PREPARAR: as duas linhas do dupleto de sódio resultam da transição dos dois níveis $3p$, que são desdobrados pelo acoplamento *spin*–órbita, para o nível $3s$, que *não* sofre desdobramento porque $L = 0$. Imaginamos o acoplamento *spin*–órbita como uma interação entre o momento magnético do *spin* do elétron e um campo magnético efetivo gerado pelo núcleo. Este exemplo é como o inverso do Exemplo 41.6: lá, B era dado e precisávamos calcular a diferença de energia entre os dois estados do *spin*, enquanto aqui usamos a diferença de energia para encontrar a incógnita B. A diferença de energia entre os dois níveis $3p$ é igual à diferença de energia entre os dois fótons do dupleto de sódio. Usaremos essa relação e os resultados do Exemplo 41.6 para determinar B.

EXECUTAR: as energias dos dois fótons são $E_1 = hc/\lambda_1$ e $E_2 = hc/\lambda_2$. Aqui, $E_1 > E_2$ porque $\lambda_1 < \lambda_2$; então, a diferença em suas energias é

$$\Delta E = \frac{hc}{\lambda_1} - \frac{hc}{\lambda_2} = hc\left(\frac{\lambda_2 - \lambda_1}{\lambda_2\lambda_1}\right)$$

$$= (4{,}136 \times 10^{-15}\ \text{eV}\cdot\text{s})(2{,}998 \times 10^{8}\ \text{m/s})$$

$$\times \frac{(589{,}592 \times 10^{-9}\ \text{m}) - (588{,}995 \times 10^{-9}\ \text{m})}{(589{,}592 \times 10^{-9}\ \text{m})(588{,}995 \times 10^{-9}\ \text{m})}$$

$$= 0{,}00213\ \text{eV} = 3{,}41 \times 10^{-22}\ \text{J}$$

Isso iguala a diferença de energia entre os dois níveis $3p$. A interação *spin*–órbita eleva um nível em $1{,}7 \times 10^{-22}$ J (metade de $3{,}41 \times 10^{-22}$ J) e abaixa o outro em $1{,}7 \times 10^{-22}$ J. De acordo com o Exemplo 41.6, o valor em que cada estado é elevado ou abaixado é $|U| = (1{,}00116)\,\mu_B B$; logo,

$$B = \left|\frac{U}{(1{,}00116)\mu_B}\right| = \frac{1{,}70 \times 10^{-22}\ \text{J}}{9{,}28 \times 10^{-24}\ \text{J/T}} = 18{,}0\ \text{T}$$

AVALIAR: esse resultado revela que o campo magnético efetivo a que um elétron é submetido é *muito* forte. Para produzir um campo magnético contínuo com esse valor, seria necessário usar um eletroímã moderno muito sofisticado.

Combinando os momentos angulares orbital e de *spin*

O momento angular orbital e o momento angular de *spin* (respectivamente, $\vec{L}$ e $\vec{S}$) podem ser combinados de diversas maneiras. A soma vetorial de $\vec{L}$ e $\vec{S}$ é o momento angular *total* $\vec{J}$, definido por:

$$\vec{J} = \vec{L} + \vec{S} \tag{41.39}$$

Os valores possíveis para o módulo J são dados com base no número quântico j, chamado **número quântico do momento angular total**:

$$J = \sqrt{j(j+1)}\hbar \tag{41.40}$$

Então, é possível a existência de estados em que $j = l \pm \frac{1}{2}$. Os estados $l + \frac{1}{2}$ correspondem ao caso em que os componentes na direção z dos vetores $\vec{L}$ e $\vec{S}$ são paralelos; o valor $l - \frac{1}{2}$ corresponde ao caso em que os componentes na direção z de $\vec{L}$ e $\vec{S}$ são antiparalelos. Por exemplo, quando $l = 1$, j pode ser igual a $\frac{1}{2}$ ou $\frac{3}{2}$. Em outra notação espectroscópica, esses estados p são designados por $^2P_{1/2}$ e $^2P_{3/2}$, respectivamente. O índice superior indica o número possível de orientações de *spin*, a letra P (agora maiúscula) indica estados com $l = 1$ e o índice inferior indica o valor de j. Utilizamos essa notação na Figura 38.19a para indicar os níveis de energia do átomo de sódio.

Além dos deslocamentos nos níveis de energia decorrentes dos efeitos magnéticos dentro do átomo, existem deslocamentos da mesma magnitude decorrentes das correções relativísticas para a energia cinética do elétron. (No modelo de Bohr, um elétron na órbita $n = 1$ do hidrogênio se move a aproximadamente 1% da velocidade da luz.) O termo "estrutura fina" refere-se aos deslocamentos no nível de energia causados pelos efeitos magnéticos e relativísticos em conjunto, bem como aos desdobramentos de linha resultantes desses deslocamentos. Incluindo esses efeitos, os níveis de energia do átomo de hidrogênio são

Níveis de energia do hidrogênio, incluindo estrutura fina

$$E_{n,j} = -\frac{13{,}60\text{ eV}}{n^2}\left[1 + \frac{\alpha^2}{n^2}\left(\frac{n}{j + \frac{1}{2}} - \frac{3}{4}\right)\right] \tag{41.41}$$

Constante da estrutura fina (α)

Número quântico principal ($n = 1, 2, 3, \ldots$)

Número quântico do momento angular total (j)

A *constante da estrutura fina* α que aparece na Equação 41.41 é um número adimensional:

$$\alpha = \frac{1}{4\pi\epsilon_0}\frac{e^2}{\hbar c} = 7{,}2973525698(24) \times 10^{-3} \quad \text{(constante da estrutura fina)} \tag{41.42}$$

Para cinco algarismos significativos, $\alpha = 7{,}2974 \times 10^{-3} = 1/137{,}04$.

Na Seção 41.3, descobrimos que os níveis de energia do átomo de hidrogênio são degenerados: todos os estados que apresentam o mesmo número quântico principal n possuem a mesma energia. Nossa abordagem mais completa incluindo estrutura fina mostra que essa degeneração é removida: os estados com o mesmo valor n, mas diferentes valores do número quântico do momento angular total j, possuem energias diferentes. O Exemplo 41.8 ilustra isso para os níveis $n = 2$ do hidrogênio.

EXEMPLO 41.8 ESTRUTURA FINA E DESDOBRAMENTO DE LINHAS ESPECTRAIS

Para um elétron com número quântico orbital $l = 0$, o momento angular é decorrente do *spin* isolado e o único valor possível do número quântico do momento angular total é $j = \frac{1}{2}$. Se $l = 1$, dois valores são possíveis: $j = \frac{3}{2}$ (os vetores do *spin* e do momento angular orbital estão aproximadamente na mesma direção e, assim, se somam) e $j = \frac{1}{2}$ (os vetores do *spin* e do momento angular orbital estão aproximadamente em direções opostas e, assim, se cancelam parcialmente). (a) Determine as energias de um estado do elétron em um átomo de hidrogênio com $n = 2$, $l = 1, j = \frac{3}{2}$ (um estado $^2P_{3/2}$) e um estado com $n = 2, l = 1, j = \frac{1}{2}$ (um estado $^2P_{1/2}$) e calcule a diferença entre as duas energias. Qual estado tem a energia mais alta? (b) Encontre a diferença em comprimentos de onda entre (i) um fóton emitido em uma transição de um estado com $n = 2, l = 1, j = \frac{3}{2}$ para um estado com $n = 1, l = 0, j = \frac{1}{2}$ e (ii) um fóton emitido em uma transição de um estado com $n = 2, l = 1, j = \frac{1}{2}$ para um estado com $n = 1$, $l = 0, j = \frac{1}{2}$. Qual fóton possui o comprimento de onda maior?

SOLUÇÃO

IDENTIFICAR E PREPARAR: na parte (a), usamos a Equação 41.41 para determinar a diferença de energia entre esses dois estados, que possuem o mesmo valor de n, mas diferentes valores de j. Como a diferença entre as duas energias é decorrente da estrutura fina, esperamos que essa diferença seja pequena. Na parte (b), ambas as transições terminam no mesmo estado com $n = 1$; então reconhecemos, pela Seção 39.3, que ambos são membros da série de Lyman. Se não houvesse qualquer estrutura fina, os dois estados iniciais teriam as mesmas energias e ambos os fótons teriam a mesma energia E e, portanto, o mesmo comprimento de onda $\lambda = hc/E$. Mas como os dois estados iniciais diferem ligeiramente em energia, os fótons nas duas transições terão comprimentos de onda ligeiramente diferentes.

EXECUTAR: (a) conforme a Equação 41.41, as energias dos dois estados são

$$E_{n=2,j=3/2} = -\frac{13{,}60\text{ eV}}{2^2}\left[1 + \frac{\alpha^2}{2^2}\left(\frac{2}{\frac{3}{2}+\frac{1}{2}} - \frac{3}{4}\right)\right] = -3{,}40\text{ eV}\left(1 + \frac{\alpha^2}{16}\right)$$

$$E_{n=2,j=1/2} = -\frac{13{,}60\text{ eV}}{2^2}\left[1 + \frac{\alpha^2}{2^2}\left(\frac{2}{\frac{1}{2}+\frac{1}{2}} - \frac{3}{4}\right)\right] = -3{,}40\text{ eV}\left(1 + \frac{5\alpha^2}{16}\right)$$

Os termos de estrutura fina envolvendo α^2 fazem que os dois estados tenham energias mais baixas (mais negativas) que no modelo de Bohr, em que ambos os estados teriam energia $E_2 = -3{,}40$ eV. O termo de estrutura fina é cinco vezes maior para o estado $j = \frac{1}{2}$; logo, o estado $j = \frac{3}{2}$ apresenta a energia mais elevada (menos negativa). Usando o valor da constante da estrutura fina α da Equação 41.42, obtemos a diferença de energia entre os dois estados:

$$E_{n=2,j=3/2} - E_{n=2,j=1/2} = \left[-3{,}40\text{ eV}\left(1 + \frac{\alpha^2}{16}\right)\right] - \left[-3{,}40\text{ eV}\left(1 + \frac{5\alpha^2}{16}\right)\right]$$

$$= 3{,}40\text{ eV}\left(\frac{4\alpha^2}{16}\right) = (3{,}40\text{ eV})\left(\frac{4}{16}\right)\left(\frac{1}{137{,}04}\right)^2$$

$$= 4{,}53 \times 10^{-5}\text{ eV}$$

(b) A energia do fóton em cada caso é igual à diferença entre as energias dos estados inicial e final do elétron. O estado final do elétron para ambas as transições possui $n = 1$ e $j = \frac{1}{2}$, que, pela Equação 41.41, possui energia

$$E_{n=1,j=1/2} = -\frac{13{,}60\text{ eV}}{1^2}\left[1 + \frac{\alpha^2}{1^2}\left(\frac{1}{\frac{1}{2}+\frac{1}{2}} - \frac{3}{4}\right)\right] = -13{,}60\text{ eV}\left(1 + \frac{\alpha^2}{4}\right)$$

Observe que, para os dois estados $n = 2$ na parte (a), a correção da estrutura fina para o estado $n = 1$ torna a energia mais negativa. As energias de fóton para as duas transições são, então,

$$E_{\text{fóton}}\left(n = 2, l = 1, j = \tfrac{3}{2} \text{ para } n = 1, l = 0, j = \tfrac{1}{2}\right)$$
$$= E_{n=2,j=3/2} - E_{n=1,j=1/2}$$
$$= \left[-3{,}40\text{ eV}\left(1 + \frac{\alpha^2}{16}\right)\right] - \left[-13{,}60\text{ eV}\left(1 + \frac{\alpha^2}{4}\right)\right]$$
$$= 10{,}20\text{ eV} + (3{,}40\text{ eV})\left(\frac{15\alpha^2}{16}\right)$$
$$= 10{,}20\text{ eV} + 1{,}70 \times 10^{-4}\text{ eV}$$

$$E_{\text{fóton}}\left(n = 2, l = 1, j = \tfrac{1}{2} \text{ para } n = 1, l = 0, j = \tfrac{1}{2}\right)$$
$$= E_{n=2,j=1/2} - E_{n=1,j=1/2}$$
$$= \left[-3{,}40\text{ eV}\left(1 + \frac{5\alpha^2}{16}\right)\right] - \left[-13{,}60\text{ eV}\left(1 + \frac{\alpha^2}{4}\right)\right]$$
$$= 10{,}20\text{ eV} + (3{,}40\text{ eV})\left(\frac{11\alpha^2}{16}\right)$$
$$= 10{,}20\text{ eV} + 1{,}24 \times 10^{-4}\text{ eV}$$

O fóton emitido quando o estado inicial é $n = 2, l = 1, j = \frac{1}{2}$ possui uma energia $E_{\text{fóton}}$ mais baixa e, portanto, terá um comprimento de onda maior, como demonstrado pela equação $\lambda = hc/E_{\text{fóton}}$. Se substituirmos as duas energias de fóton nessa equação, veremos que $\lambda = 1{,}216 \times 10^{-7}$ m $= 121{,}6$ nm nos dois casos, já que a diferença de energia é muito pequena. Para descobrirmos a diferença de comprimento de onda $\Delta\lambda$, basta tomarmos o diferencial dos dois lados da equação $\lambda = hc/E_{\text{fóton}}$:

$$d\lambda = d\left(\frac{hc}{E_{\text{fóton}}}\right) = -\frac{hc}{(E_{\text{fóton}})^2}dE_{\text{fóton}}$$

$$= -\left(\frac{hc}{E_{\text{fóton}}}\right)\left(\frac{1}{E_{\text{fóton}}}\right)dE_{\text{fóton}} = -\frac{\lambda}{E_{\text{fóton}}}dE_{\text{fóton}}$$

O sinal negativo significa que um *decréscimo* na energia do fóton corresponde a um *acréscimo* em seu comprimento de onda. Substituindo $d\lambda$ por $\Delta\lambda$ (a diferença de comprimento de onda que

(Continua)

(Continuação)

procuramos) e $dE_{\text{fóton}}$ por $\Delta E_{\text{fóton}}$, obtemos a diferença entre os dois comprimentos de onda do fóton:

$$\Delta\lambda = -\frac{\lambda}{E_{\text{fóton}}}\Delta E_{\text{fóton}}$$

Para quatro algarismos significativos, temos $\lambda = 121{,}6$ nm e $E_{\text{fóton}} = 10{,}20$ eV. Encontramos a diferença de energia do fóton $E_{\text{fóton}}$ através das duas expressões anteriores, subtraindo a energia maior da energia menor, de modo que $\Delta\lambda$ seja positiva:

$$\Delta\lambda = -\frac{121{,}6\text{ nm}}{10{,}20\text{ eV}}\left\{\left[10{,}20\text{ eV} + (3{,}40\text{ eV})\left(\frac{11\alpha^2}{16}\right)\right] - \left[10{,}20\text{ eV} + (3{,}40\text{ eV})\left(\frac{15\alpha^2}{16}\right)\right]\right\}$$

$$= -\frac{121{,}6\text{ nm}}{10{,}20\text{ eV}}(3{,}40\text{ eV})\left(-\frac{4\alpha^2}{16}\right)$$

$$= \frac{121{,}6\text{ nm}}{10{,}20\text{ eV}}(3{,}40\text{ eV})\left(\frac{4}{16}\right)\left(\frac{1}{137{,}04}\right)^2$$

$$= 5{,}40 \times 10^{-4}\text{ nm}$$

AVALIAR: esse desdobramento de linha é muito pequeno, como previsto. Estrutura fina é realmente fina! No entanto, ele é observável em uma rede de difração que tenha um número suficiente de linhas (veja a Seção 36.5). Os comprimentos de onda medidos são 121,567364 nm para a transição que começa no estado $j = \frac{1}{2}$ e 121,566824 nm para a transição que começa no estado $j = \frac{3}{2}$. Esses são comprimentos de onda ultravioleta.

Também há estados do átomo de hidrogênio com $n = 2$, $l = 0$, $j = \frac{1}{2}$. (Pela Equação 41.41, esses estados possuem a mesma energia que aqueles com $n = 2$, $l = 1$, $j = \frac{1}{2}$; a energia $E_{n,j}$ depende de n e j, mas não de l.) Entretanto, um elétron de um estado $n = 2$, $l = 0$, $j = \frac{1}{2}$ *não pode* emitir um fóton e transição para um estado $n = 1$, $l = 0$, $j = \frac{1}{2}$. Esse tipo de transição é proibido pela regra de seleção de que l deve alterar em 1 quando um fóton é emitido (veja a Seção 41.4).

Outros desdobramentos muito menores estão associados com o fato de que o *núcleo* do átomo possui um momento dipolo magnético que interage com os momentos dipolos magnéticos orbitais e/ou do *spin* dos elétrons. Esses efeitos são chamados de *estrutura hiperfina*. Por exemplo, o nível fundamental do hidrogênio é desdobrado em dois estados, separados por apenas $5{,}9 \times 10^{-6}$ eV. O fóton emitido nas transições entre esses estados possui comprimento de onda de 21 cm. Os astrônomos de rádio usam esse comprimento de onda para mapear nuvens de gás de hidrogênio interestelares frias demais para emitir luz visível (**Figura 41.19**).

Figura 41.19 (a) Em uma imagem de luz visível, essas três galáxias distantes não parecem estar relacionadas. Mas, na verdade, elas estão conectadas por imensos aglomerados de gás hidrogênio. Isso é revelado pela (b) imagem de falsa cor produzida por um telescópio de rádio sintonizado para o comprimento de onda de 21 cm emitido por átomos de hidrogênio.

(a) Galáxias na luz visível (imagem negativa; as galáxias aparecem escuras)

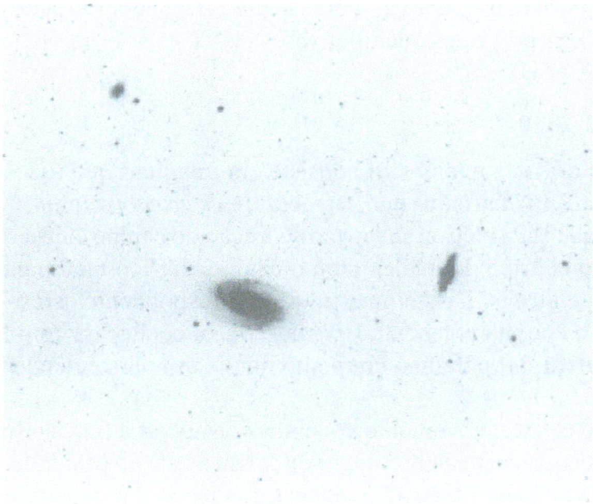

(b) Imagem de rádio das mesmas galáxias no comprimento de onda de 21 cm

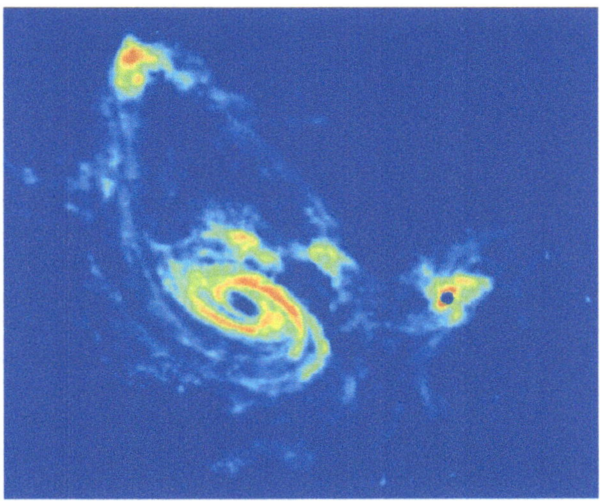

TESTE SUA COMPREENSÃO DA SEÇÃO 41.5 Em qual das seguintes situações o momento magnético de um elétron está perfeitamente alinhado com um campo magnético que aponta para o sentido z positivo? (i) $m_s = +\frac{1}{2}$; (ii) $m_s = -\frac{1}{2}$; (iii) tanto uma quanto a outra; (iv) nem uma nem outra. ❙

41.6 ÁTOMOS COM MUITOS ELÉTRONS E O PRINCÍPIO DE EXCLUSÃO

Até o momento, nossa análise da estrutura atômica centrou-se no átomo de hidrogênio. Isso é natural; o hidrogênio neutro, que possui apenas um elétron, é o átomo mais simples. Agora que aprendemos sobre o átomo de hidrogênio, vamos aplicar esse conhecimento no caso mais complexo dos átomos com muitos elétrons.

Geralmente, quando um átomo está em seu estado normal (eletricamente neutro), ele possui Z elétrons e Z prótons. Lembre-se de que, na Seção 41.3, chamamos Z de *número atômico*. A carga elétrica total desse átomo é igual a zero porque o nêutron é neutro e o número de prótons é igual ao número de elétrons — cargas de mesmo módulo, porém sinais contrários.

Para obtermos um completo entendimento de um átomo tão geral, é necessário conhecer a função de onda que descreve o comportamento de todos os Z de seus elétrons. Como essa função de onda depende das $3Z$ coordenadas (três para cada elétron), sua complexidade aumenta muito rapidamente com o aumento de Z. Além disso, cada um dos Z elétrons interage não só com o núcleo, mas também com os demais elétrons. A energia potencial, portanto, é uma função complexa de $3Z$ coordenadas e a equação de Schrödinger contém derivadas de segunda ordem em relação a todas essas variáveis. O problema matemático de obter uma solução para esse tipo de equação é tão complexo que ainda não foi resolvido completamente nem para o átomo de hélio neutro, que possui apenas dois elétrons.

Felizmente, existem diversos esquemas disponíveis. A aproximação mais simples consiste em desprezar todas as interações entre os elétrons e considerar cada elétron submetido à ação apenas do núcleo (tomado como uma carga puntiforme). Nessa aproximação, escrevemos uma função de onda separada para cada elétron *individual*. Cada função é como a usada para o átomo de hidrogênio, especificada por quatro números quânticos (n, l, m_l, m_s). A carga do núcleo é Ze em vez de e. Isso exige a substituição do fator e^2 na função de onda e nos níveis de energia por Ze^2. Em particular, os níveis de energia são obtidos substituindo o fator e^4 por Z^2e^4 na Equação 41.21:

$$E_n = -\frac{1}{(4\pi\epsilon_0)^2}\frac{m_r Z^2 e^4}{2n^2\hbar^2} = -\frac{Z^2}{n^2}(13{,}6\text{ eV}) \qquad (41.43)$$

A aproximação anterior é bastante drástica; quando existem muitos elétrons, suas interações mútuas são tão importantes quanto a interação com o núcleo. Portanto, esse modelo não é útil para fazer previsões quantitativas.

A aproximação de campo central

Uma aproximação menos drástica e mais útil consiste em imaginar que todos os elétrons constituem uma nuvem eletrônica que, na média, é *esfericamente simétrica*. A seguir, imaginamos que cada elétron se move sob a ação do campo elétrico resultante da soma do campo elétrico do núcleo com o campo elétrico médio da nuvem eletrônica dos outros elétrons. Existe uma função correspondente esfericamente simétrica $U(r)$ para a energia potencial. Essa descrição, conhecida como **aproximação de campo central**, proporciona um ponto inicial útil para entender a estrutura atômica.

Na aproximação de campo central, novamente podemos considerar a função de onda de apenas um elétron. A equação de Schrödinger difere da usada no problema do átomo de hidrogênio, que vimos na Seção 41.3, apenas no fato de que a energia potencial com fator $1/r$ é substituída por uma energia potencial $U(r)$ diferente. Contudo, as equações 41.20 mostram que $U(r)$ não entra na equação diferencial para $\Theta(\theta)$ nem para $\Phi(\phi)$, de modo que as funções angulares são exatamente as mesmas que usamos para o problema do átomo de hidrogênio, e os *estados* do momento angular orbital são idênticos aos anteriores. Portanto, os números quânticos l, m_l e m_s possuem os mesmos significados que os anteriores, e os módulos e componentes z dos momentos angulares orbitais são novamente dados pelas equações 41.22 e 41.23.

As funções de onda radiais e as probabilidades são diferentes do problema do átomo de hidrogênio porque $U(r)$ é diferente; logo, os níveis de energia não são mais dados pela Equação 41.21. Ainda podemos identificar os estados usando os quatro números quânticos (n, l, m_l, m_s). Em geral, a energia de um estado agora depende de n e de l, em vez de n, como no caso do átomo de hidrogênio. (Em razão dos efeitos de estrutura fina, a energia também pode depender do número quântico do momento angular total j. Entretanto, como esses efeitos normalmente são pequenos, nós os ignoramos para este estudo.) As restrições sobre os números quânticos são as mesmas usadas anteriormente:

Valores permitidos dos números quânticos para funções de onda de um elétron:

Número quântico principal; Número quântico orbital; Número quântico magnético orbital; Número quântico magnético do *spin*

$$n \geq 1 \quad 0 \leq l \leq n - 1 \quad |m_l| \leq l \quad m_s = \pm\tfrac{1}{2} \tag{41.44}$$

O princípio de exclusão

Para entender a estrutura de átomos com muitos elétrons, precisamos de uma regra adicional, conhecida como *princípio de exclusão*. Para saber por que esse princípio é necessário, vamos considerar o estado com energia mais baixa, ou *estado fundamental*, de um átomo com muitos elétrons. Nos estados de um único elétron no modelo da aproximação de campo central, existe um estado com energia mais baixa (correspondente ao estado $n = 1$ do átomo de hidrogênio). Poderíamos esperar que, no estado fundamental de um átomo complexo, *todos* os elétrons estivessem no estado com energia mais baixa. Nesse caso, deveríamos observar uma variação gradual das propriedades físicas e químicas quando examinássemos os átomos à medida que o número de elétrons (Z) fosse aumentando.

No entanto, essa variação gradual *não* é observada. Em vez disso, as propriedades dos elementos variam fortemente de um elemento para o seguinte, cada um deles distinguindo-se em suas características. Por exemplo, os elementos flúor, neônio e sódio possuem, respectivamente, 9, 10 e 11 elétrons por átomo. O flúor ($Z = 9$) é um *halogênio* e tende a formar compostos nos quais cada átomo de flúor ganha um elétron extra. O sódio ($Z = 11$) é um *metal alcalino* e tende a formar compostos nos quais cada átomo de sódio *perde* um elétron. O neônio ($Z = 10$) é um *gás nobre* e não forma absolutamente nenhum composto. Tais observações mostram que, no estado fundamental de um átomo complexo, os elétrons *não podem* ocupar simultaneamente todos os estados com energias mais baixas. Mas por que não?

A chave para a solução desse enigma, descoberta pelo físico austríaco Wolfgang Pauli (**Figura 41.20**) em 1925, denomina-se **princípio de exclusão**. Esse princípio afirma que **dois elétrons não podem ocupar o mesmo estado quântico** em um dado sistema. Ou seja, **dois elétrons não podem ter os mesmos valores para os quatro números quânticos (n, l, m_l, m_s)**. Cada estado quântico corresponde a uma determinada distribuição de elétrons em uma dada "nuvem" no espaço. Portanto, o princípio também afirma, efetivamente, que não mais que dois elétrons com valores opostos do número quântico m_s podem ocupar o mesmo estado quântico no espaço. Não devemos encarar a última afirmação com muita rigidez, pois a função de probabilidade espacial não possui fronteiras definidas. Contudo, o princípio de exclusão impõe um limite para a superposição das funções de onda dos elétrons. Imagine essa regra como uma analogia da mecânica quântica da regra de colocar apenas um aluno em cada cadeira nas escolas. Esse mesmo princípio de exclusão se aplica a todas as partículas de meio *spin*, não apenas aos elétrons. (Veremos, no Capítulo 43, que os prótons e nêutrons também são partículas de meio *spin*.

Figura 41.20 A chave para entender a tabela periódica dos elementos foi a descoberta do princípio de exclusão por Wolfgang Pauli (1900-1958), o que lhe rendeu o Prêmio Nobel de física em 1945. Esta foto mostra Pauli (à esquerda) e Niels Bohr observando a física de um pião de brinquedo girando no chão — uma analogia macroscópica de um elétron microscópico com *spin*.

Consequentemente, o princípio de exclusão desempenha um importante papel na estrutura dos núcleos atômicos.)

ATENÇÃO O significado do princípio de exclusão Não confunda o princípio de exclusão com a repulsão elétrica entre elétrons. Embora ambos tendam a manter dois elétrons separados, são efeitos de caráter completamente diferente. Dois elétrons sempre podem se aproximar quando fornecemos uma energia suficiente para superar a repulsão entre os elétrons; contudo, não existe *nenhuma* força capaz de fazer que dois elétrons ocupem um estado com os quatro números quânticos iguais.

A **Tabela 41.2** mostra uma listagem dos números quânticos para estados do elétron em átomos. Ela é semelhante à Tabela 41.1 (Seção 41.3), porém adicionamos o número de estados de cada camada e subcamada. Em virtude do princípio de exclusão, o "número de estados" corresponde ao número *máximo* de elétrons que podem existir naqueles estados. Para cada estado, m_s só pode ser igual a $+\frac{1}{2}$ ou $-\frac{1}{2}$.

Assim como no caso da função de onda do átomo de hidrogênio, diferentes estados correspondem a diferentes distribuições espaciais dos elétrons; os elétrons pertencentes a valores maiores de n estão concentrados em regiões situadas a distâncias mais elevadas do núcleo. A Figura 41.8 (Seção 41.3) mostra esse efeito. Quando um átomo possui mais de dois elétrons, eles não podem ficar agrupados no estado de mais baixa energia, $n = 1$, porque esse nível comporta no máximo dois elétrons; o princípio de exclusão proíbe a ocupação múltipla de um estado. Alguns elétrons são forçados a passar para regiões mais afastadas do núcleo com energias mais elevadas. Cada valor de n corresponde aproximadamente a uma região do espaço que forma uma *camada* esférica. Portanto, dizemos que a camada K corresponde a uma região ocupada pelos dois elétrons dos estados com $n = 1$, a camada L corresponde a $n = 2$ e assim por diante. Estados com o mesmo n, mas com valores de l diferentes, formam *subcamadas*, como a $3p$.

TABELA 41.2 Estados quânticos de elétrons nas quatro primeiras camadas.

<table>
<tr><th>n</th><th>L</th><th>m_l</th><th>Notação espectroscópica</th><th colspan="2">Número de estados</th><th>Camada</th></tr>
<tr><td>1</td><td>0</td><td>0</td><td>$1s$</td><td>2</td><td></td><td>K</td></tr>
<tr><td>2</td><td>0</td><td>0</td><td>$2s$</td><td>2</td><td rowspan="2">8</td><td rowspan="2">L</td></tr>
<tr><td>2</td><td>1</td><td>−1, 0, 1</td><td>$2p$</td><td>6</td></tr>
<tr><td>3</td><td>0</td><td>0</td><td>$3s$</td><td>2</td><td rowspan="3">18</td><td rowspan="3">M</td></tr>
<tr><td>3</td><td>1</td><td>−1, 0, 1</td><td>$3p$</td><td>6</td></tr>
<tr><td>3</td><td>2</td><td>−2, −1, 0, 1, 2</td><td>$3d$</td><td>10</td></tr>
<tr><td>4</td><td>0</td><td>0</td><td>$4s$</td><td>2</td><td rowspan="4">32</td><td rowspan="4">N</td></tr>
<tr><td>4</td><td>1</td><td>−1, 0, 1</td><td>$4p$</td><td>6</td></tr>
<tr><td>4</td><td>2</td><td>−2, −1, 0, 1, 2</td><td>$4d$</td><td>10</td></tr>
<tr><td>4</td><td>3</td><td>−3, −2, −1, 0, 1, 2, 3</td><td>$4f$</td><td>14</td></tr>
</table>

A tabela periódica

Podemos usar o princípio de exclusão para deduzir as características mais importantes da estrutura e das propriedades químicas dos átomos com muitos elétrons, inclusive a tabela periódica dos elementos. Vamos imaginar a construção de um átomo neutro, partindo de um núcleo puro com Z prótons sem nenhum elétron e, a seguir, adicionando Z elétrons, um de cada vez. Para obter o estado fundamental do átomo como um todo, começamos completando os níveis de energia mais baixos (os mais próximos do núcleo, com os menores valores de n e de l) e a seguir adicionamos estados com energias cada vez mais elevadas até colocar todos os elétrons no átomo. As propriedades químicas dos átomos são determinadas principalmente pelos elétrons da camada mais externa, chamados de elétrons de *valência*, de modo que é particularmente conveniente aprender como esses elétrons são distribuídos.

Vamos descrever a configuração eletrônica do estado fundamental dos primeiros átomos (em ordem crescente de Z). Para o hidrogênio, o estado fundamental é $1s$; o único elétron está no estado $n = 1$, $l = 0$, $m_l = 0$ e $m_s = \pm\frac{1}{2}$. No átomo de hélio ($Z = 2$), *ambos* os elétrons estão nos estados $1s$, com *spins* opostos; um com $m_s = -\frac{1}{2}$ e o outro com $m_s = +\frac{1}{2}$. O estado fundamental do hélio é designado por $1s^2$ (o índice superior 2 não é um expoente; a notação $1s^2$ indica que existem dois elétrons na subcamada $1s$. Além disso, quando o índice superior é 1, não é necessário escrevê-lo, como em $2s$.) No hélio, a camada K está completamente cheia e todas as outras estão vazias. O hélio é um gás nobre — não tem nenhuma tendência a perder ou ganhar elétrons e não forma nenhum composto.

O lítio ($Z = 3$) possui três elétrons. Em seu estado fundamental, existem dois elétrons na subcamada $1s$ e o terceiro está no estado $2s$, portanto o estado fundamental do lítio é designado por $1s^22s$. Na média, o elétron $2s$ está consideravelmente mais longe do núcleo que os elétrons $1s$ (**Figura 41.21**). De acordo com a lei de Gauss, a carga *líquida* no interior da esfera Q_{int} que atrai o elétron $2s$ está mais próxima de $+e$ que do valor $+3e$ que ela teria caso não existissem os dois elétrons $1s$. Por isso, o elétron $2s$ é fracamente ligado; para removê-lo, basta uma energia igual a 5,4 eV comparada à energia de 30,6 eV fornecida pela Equação 41.43 para $Z = 3$ e $n = 2$. Do ponto de vista químico, o lítio é um *metal alcalino*. Ele forma um composto iônico no qual cada átomo de lítio perde um elétron e possui valência +1.

A seguir vem o berílio ($Z = 4$); a configuração eletrônica de seu estado fundamental é dada por $1s^22s^2$, com seus dois elétrons de valência preenchendo a subcamada s da camada L. O berílio é o primeiro dos elementos *alcalino-terrosos* que formam compostos iônicos nos quais a valência dos átomos é +2.

A **Tabela 41.3** mostra a configuração eletrônica do estado fundamental dos 30 primeiros elementos da tabela periódica. A camada L comporta no máximo

Figura 41.21 Representação esquemática da distribuição de cargas de um átomo de lítio. A carga do núcleo é $+3e$.

Em média, o elétron em $2s$ está consideravelmente mais longe do núcleo que os elétrons em $1s$. Portanto, ele sofre a ação de uma carga nuclear total de aproximadamente $+3e - 2e = +e$ (em vez de $+3e$).

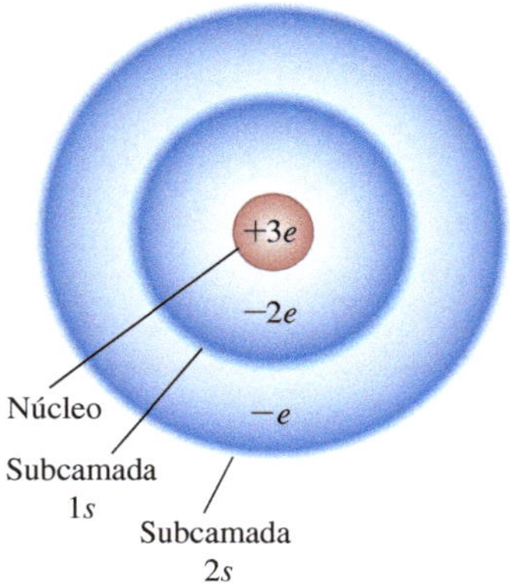

TABELA 41.3 Configuração eletrônica do estado fundamental dos elementos.

Elemento	Símbolo	Número atômico (Z)	Configuração eletrônica
Hidrogênio	H	1	$1s$
Hélio	He	2	$1s^2$
Lítio	Li	3	$1s^22s$
Berílio	Be	4	$1s^22s^2$
Boro	B	5	$1s^22s^22p$
Carbono	C	6	$1s^22s^22p^2$
Nitrogênio	N	7	$1s^22s^22p^3$
Oxigênio	O	8	$1s^22s^22p^4$
Flúor	F	9	$1s^22s^22p^5$
Neônio	Ne	10	$1s^22s^22p^6$
Sódio	Na	11	$1s^22s^22p^63s$
Magnésio	Mg	12	$1s^22s^22p^63s^2$
Alumínio	Al	13	$1s^22s^22p^63s^23p$
Silício	Si	14	$1s^22s^22p^63s^23p^2$
Fósforo	P	15	$1s^22s^22p^63s^23p^3$
Enxofre	S	16	$1s^22s^22p^63s^23p^4$
Cloro	Cl	17	$1s^22s^22p^63s^23p^5$
Argônio	Ar	18	$1s^22s^22p^63s^23p^6$
Potássio	K	19	$1s^22s^22p^63s^23p^64s$
Cálcio	Ca	20	$1s^22s^22p^63s^23p^64s^2$
Escândio	Sc	21	$1s^22s^22p^63s^23p^64s^23d$
Titânio	Ti	22	$1s^22s^22p^63s^23p^64s^23d^2$
Vanádio	V	23	$1s^22s^22p^63s^23p^64s^23d^3$
Cromo	Cr	24	$1s^22s^22p^63s^23p^64s3d^5$
Manganês	Mn	25	$1s^22s^22p^63s^23p^64s^23d^5$
Ferro	Fe	26	$1s^22s^22p^63s^23p^64s^23d^6$
Cobalto	Co	27	$1s^22s^22p^63s^23p^64s^23d^7$
Níquel	Ni	28	$1s^22s^22p^63s^23p^64s^23d^8$
Cobre	Cu	29	$1s^22s^22p^63s^23p^64s3d^{10}$
Zinco	Zn	30	$1s^22s^22p^63s^23p^64s^23d^{10}$

Figura 41.22 O sal (cloreto de sódio, NaCl) dissolve-se facilmente na água, tornando a água do mar salgada, graças às configurações eletrônicas do sódio e do cloro. O sódio tende a perder um elétron com facilidade para formar um íon Na^+, e o cloro tem propensão a ganhar um elétron para formar um íon Cl^-. Esses íons são mantidos em solução porque são atraídos pelas extremidades polares das moléculas de água (veja a Figura 21.30a).

oito elétrons. Para $Z = 10$, tanto a camada K quanto a L estão cheias e não existe nenhum elétron na M. Portanto, esperamos que o elemento com essa configuração eletrônica particularmente estável não mostre nenhuma tendência a perder nem a ganhar elétrons. Esse elemento é o neônio, um gás nobre que não possui nenhum composto. O elemento depois do neônio é o sódio ($Z = 11$), no qual tanto a camada K quanto a L estão cheias, e existe apenas um elétron na M. Sua estrutura "de gás nobre mais um elétron" é semelhante à estrutura do lítio; ambos são metais alcalinos. O elemento *antes* do neônio é o flúor, com $Z = 9$. Ele possui uma vacância na camada L e necessita de um elétron externo para completar essa camada. O flúor forma compostos iônicos com valência -1. Seu comportamento é característico dos *halogênios* (flúor, cloro, bromo, iodo e astatínio), todos com configuração eletrônica "de gás nobre menos um elétron" (**Figura 41.22**).

Prosseguindo na lista, podemos verificar, com base na configuração eletrônica, as regularidades do comportamento químico característico exibido pelos elementos indicados na **tabela periódica dos elementos** (Apêndice D). A semelhança entre os elementos de cada *grupo* (elementos da mesma coluna) da tabela periódica decorre da semelhança da configuração eletrônica de cada elemento da coluna. Todos os gases nobres (hélio, neônio, argônio, criptônio, xenônio e radônio) apresentam camadas cheias ou camadas cheias com subcamadas p cheias. Todos os metais alcalinos (lítio, sódio, potássio, rubídio, césio e frâncio) possuem configuração eletrônica "de gás nobre mais um elétron". Todos os metais alcalino-terrosos (berílio, magnésio, cálcio, estrôncio, bário e rádio) possuem configuração eletrônica "de gás nobre mais dois elétrons" e todos os halogênios (flúor, cloro, bromo, iodo e astatínio) têm configuração eletrônica "de gás nobre menos um elétron".

BIO Aplicação Configurações do elétron e radioterapia no câncer ósseo As áreas laranja nesta imagem de raio X colorido são tumores de câncer ósseo. Um método de tratamento do câncer ósseo é injetar um isótopo radioativo de estrôncio (^{89}Sr) na veia do paciente. O estrôncio é quimicamente semelhante ao cálcio, pois, nos átomos dos dois elementos, os dois elétrons mais externos estão em um estado s (as estruturas são $1s^22s^22p^63s^23p^64s^23d^{10}4p^65s^2$ para o estrôncio e $1s^22s^22p^63s^23p^64s^2$ para o cálcio). Então o estrôncio é rapidamente absorvido pelos tumores, onde a reposição de cálcio é mais rápida que no osso saudável. A radiação do estrôncio ajuda a destruir os tumores.

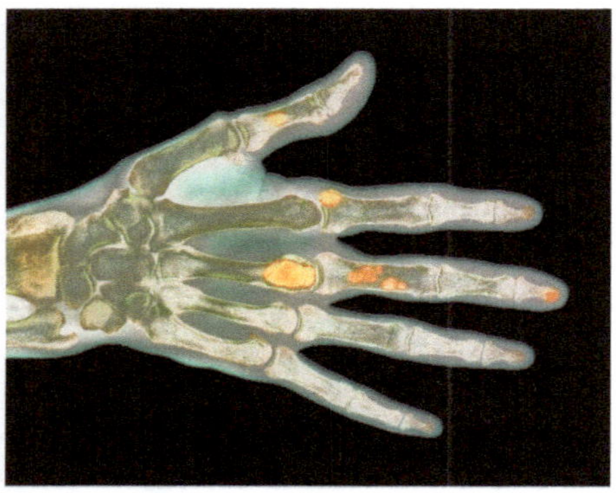

Uma leve complicação surge nas subcamadas M e N, porque os níveis das subcamadas $3d$ e $4s$ ($n = 3$, $l = 2$ e $n = 4$, $l = 0$, respectivamente) possuem energias semelhantes. (Na próxima subseção, vamos explicar a razão desse efeito.) O argônio ($Z = 18$) tem todas as subcamadas $1s$, $2s$, $2p$, $3s$ e $3p$ preenchidas; contudo, no potássio ($Z = 19$), o elétron adicional ocupa o estado $4s$ em vez do $3d$ (pois o estado $4s$ possui energia ligeiramente menor que a energia do estado $3d$).

Os vários elementos seguintes apresentam um ou dois elétrons na subcamada $4s$ e números crescentes na subcamada $3d$. Esses elementos são todos metálicos, com propriedades físicas e químicas bastante semelhantes; eles formam a primeira *série dos elementos de transição*, que começa com o escândio ($Z = 21$) e termina com o zinco ($Z = 30$), em que todas as subcamadas $4s$ e $3d$ estão preenchidas.

Algo semelhante ocorre para os elementos desde $Z = 57$ até $Z = 71$, que possuem um ou dois elétrons na subcamada $6s$, mas subcamadas $4f$ e $5d$ parcialmente preenchidas. Tais elementos são as *terras raras*, em que todos possuem propriedades físicas e químicas bastante semelhantes. Outra dessas séries, chamada série dos *actinídeos*, começa com $Z = 91$.

Blindagem

Já mencionamos que, no modelo do campo central, os níveis de energia dependem de n e de l. Vamos tomar como exemplo o sódio ($Z = 11$). Se dez dos seus elétrons preencherem as camadas K e L, verifica-se experimentalmente que algumas energias disponíveis para o elétron restante serão:

$$\begin{aligned} &\text{Estados } 3s: && -5{,}138 \text{ eV} \\ &\text{Estados } 3p: && -3{,}035 \text{ eV} \\ &\text{Estados } 3d: && -1{,}521 \text{ eV} \\ &\text{Estados } 4s: && -1{,}947 \text{ eV} \end{aligned}$$

Os estados $3s$ correspondem aos estados de mais baixa energia (os mais negativos); um deles será ocupado pelo décimo primeiro elétron do sódio. As energias dos estados $3d$ são bastante próximas das energias do estado $n = 3$ do átomo de hidrogênio. A surpresa é que a energia do estado 4*s* está 0,426 eV *abaixo* da energia do estado 3*d*, embora o estado 4*s* possua um valor de *n* maior.

Podemos explicar esses resultados com base na lei de Gauss (Seção 22.3). Para qualquer distribuição de cargas com simetria esférica, o módulo do campo elétrico a uma distância *r* do centro é dado por $Q_{int}/4\pi\epsilon_0 r^2$, onde Q_{int} é a carga total no interior da esfera de raio *r*. Imagine a remoção dos elétrons da camada externa (elétrons de valência) de um átomo de sódio. Os elétrons que sobram constituem um conjunto esfericamente simétrico de 10 elétrons (que preenchem as camadas *K* e *L*) com o núcleo contendo 11 prótons; portanto, $Q_{int} = -10e + 11e = +e$. Imaginando que o décimo primeiro elétron esteja completamente fora dessa coleção de cargas, ele será atraído por uma carga efetiva igual a $+e$, e não $+11e$. Esse é um exemplo mais extremo do efeito retratado na Figura 41.21.

Esse efeito denomina-se **blindagem**; os 10 elétrons *blindam* 10 dos 11 prótons no núcleo do sódio, deixando uma carga efetiva líquida igual a $+e$. Do ponto de vista do décimo primeiro elétron, isso é equivalente a reduzir o número de prótons no núcleo de $Z = 11$ para um *número atômico efetivo* menor Z_{ef}. Se o décimo primeiro elétron do átomo de sódio estiver *completamente* fora da distribuição de carga dos outros 10 elétrons, então $Z_{ef} = 1$. Como a distribuição de probabilidade do décimo primeiro elétron se estende um pouco para as dos outros elétrons, na verdade, Z_{ef} é maior que 1 (mas ainda muito menor que 11). Em geral, quando um elétron permanece todo o tempo completamente fora de uma distribuição positiva de carga $Z_{ef}e$, ele possui níveis de energia dados pela expressão dos níveis de energia do átomo de hidrogênio substituindo-se e^2 por $Z_{ef}e^2$. De acordo com a Equação 41.43, isso é

Níveis de energia de um elétron com blindagem → Número atômico efetivo (blindado) (Z_{ef}); Número quântico principal (n)

$$E_n = -\frac{Z_{ef}^2}{n^2}(13{,}6\ \text{eV}) \qquad (41.45)$$

ATENÇÃO Equações diferentes para átomos diferentes As equações 41.21, 41.43 e 41.45 fornecem valores de E_n em termos de $(13{,}6\ \text{eV})/n^2$, porém, em geral, elas não se aplicam aos mesmos tipos de átomo. A Equação 41.21 se aplica *somente* ao átomo de hidrogênio. A Equação 41.43 só se aplica quando não existe nenhuma interação com outros elétrons (e, portanto, só é precisa quando o átomo possui apenas um elétron), e a Equação 41.45 é válida quando um elétron é blindado do núcleo pelos outros elétrons.

Vamos agora usar as funções de probabilidade radial mostradas na Figura 41.8 para explicar por que a energia do estado 3*d* do sódio é aproximadamente igual à energia correspondente a $n = 3$ do átomo de hidrogênio, $-1{,}51$ eV. A distribuição para o estado 3*d* (em que *l* apresenta o valor máximo $n - 1$) apresenta um pico, e seu raio mais provável está *fora* das posições do elétron com $n = 1$ ou $n = 2$. (Esses elétrons também são mais atraídos para o núcleo que no hidrogênio porque são menos eficientemente blindados da carga positiva $11e$ do núcleo.) Portanto, no sódio, um elétron 3*d* permanece a maior parte do tempo bastante afastado dos estados $n = 1$ e $n = 2$ (correspondentes às camadas *K* e *L*). Os 10 elétrons dessas camadas blindam a atração de quase todos os 11 prótons, deixando uma carga líquida aproximadamente igual a $Z_{ef}e = (1)e$. Então, de acordo com a Equação 41.45, a energia correspondente é aproximadamente igual a $-(1)^2(13{,}6\ \text{eV})/3^2 = -1{,}51$ eV. Essa aproximação está muito próxima do valor experimental de $-1{,}521$ eV.

Examinando novamente a Figura 41.8, vemos que a densidade de probabilidade radial para o estado 3*p* (em que $l = n - 2$) apresenta dois picos e, para o estado 3*s* (em que $l = n - 3$), três picos. Para o sódio, o primeiro pico pequeno da distribuição 3*p* fornece ao elétron 3*p* uma probabilidade maior (em comparação com o estado 3*d*) de estar *dentro* da distribuição de cargas para elétrons nos estados $n = 2$. Ou seja, um elétron 3*p* é menos completamente blindado do núcleo que um elétron no

DADOS MOSTRAM

Átomos de muitos elétrons e os estados do elétron

Quando os alunos recebiam um problema sobre estados mecânicos quânticos em átomos de muitos elétrons, mais de 32% davam uma resposta incorreta.
Erros comuns:

- **Confusão sobre números quânticos.** Há limites nos valores dos quatro números quânticos n, l, m_l e m_s. Para um determinado valor de n, l pode não ser maior que $n - 1$; para um determinado valor de l, m_l pode não ser maior que l e não ser menor que $-l$; e m_s tem apenas dois valores possíveis: $+\frac{1}{2}$ e $-\frac{1}{2}$.
- **Confusão sobre subcamadas do elétron.** Uma *subcamada* corresponde a um determinado valor de n e l. O número total de elétrons que podem estar presentes em uma determinada subcamada é $2(2l + 1)$; ou seja, dois valores possíveis de m_s multiplicados por $2l + 1$ valores possíveis de m_l, de l a $-l$, passando por 0.

estado $3d$, já que ele passa parte de seu tempo no interior das camadas cheias K e L. Portanto, para os elétrons $3p$, Z_{ef} é maior que um. De acordo com a Equação 41.45, a energia $3p$ é mais baixa (mais negativa) que a energia $3d$ igual a $-1{,}521$ eV. Seu valor efetivo é $-3{,}035$ eV. Um elétron $3s$ permanece um tempo ainda maior dentro das camadas eletrônicas internas que um elétron $3p$, fornecendo um valor de Z_{ef} ainda maior e uma energia ainda mais negativa.

Essa análise mostra que os níveis de energia fornecidos pela Equação 41.45 dependem tanto do número quântico principal n quanto do número quântico orbital l. Isso ocorre porque o valor de Z_{ef} é diferente para o estado $3s$ ($n = 3$, $l = 0$), o estado $3p$ ($n = 3$, $l = 1$) e o estado $3d$ ($n = 3$, $l = 2$).

EXEMPLO 41.9 DETERMINAÇÃO EXPERIMENTAL DE Z_{ef}

O valor medido da energia do estado $3s$ do sódio é igual a $-5{,}138$ eV. Calcule o valor de Z_{ef}.

SOLUÇÃO

IDENTIFICAR E PREPARAR: o sódio possui um único elétron na camada M externa às camadas K e L já preenchidas. Os 10 elétrons das camadas K e L blindam parcialmente o único elétron da camada M contra a carga $+11e$ do núcleo; nosso objetivo é determinar a extensão dessa blindagem. Como temos $n = 3$ e $E_n = -5{,}138$ eV, podemos usar a Equação 41.45 para determinar Z_{ef}.

EXECUTAR: resolvendo a Equação 41.45 em função de Z_{ef}, obtemos

$$Z_{ef}{}^2 = -\frac{n^2 E_n}{13{,}6 \text{ eV}} = -\frac{3^2(-5{,}138 \text{ eV})}{13{,}6 \text{ eV}} = 3{,}40$$

$$Z_{ef} = 1{,}84$$

AVALIAR: a carga efetiva que atrai o elétron no estado $3s$ é igual a $1{,}84e$. Os 11 prótons do sódio são blindados por uma média de $11 - 1{,}84 = 9{,}16$ elétrons em vez de 10 elétrons, porque o elétron $3s$ passa mais tempo dentro das camadas internas (K e L). Cada metal alcalino (lítio, sódio, potássio, rubídio e césio) possui um elétron a mais que o gás nobre correspondente (hélio, neônio, argônio, criptônio e xenônio). Esse elétron extra permanece a maior parte do tempo fora das camadas e subcamadas internas cheias. Portanto, todos os metais alcalinos apresentam um comportamento semelhante ao do sódio.

EXEMPLO 41.10 ENERGIAS PARA UM ELÉTRON DE VALÊNCIA

O elétron de valência no potássio possui um estado fundamental $4s$. Calcule a energia aproximada do estado $n = 4$ com o menor valor de Z_{ef} e discuta as energias relativas dos estados $4s$, $4p$, $4d$ e $4f$.

SOLUÇÃO

IDENTIFICAR E PREPARAR: o estado com o menor Z_{ef} é aquele que passa a maior parte do tempo fora das camadas e subcamadas internas preenchidas, de modo a receber uma blindagem mais eficiente contra a carga do núcleo. Uma vez que determinarmos qual estado possui o menor Z_{ef}, poderemos usar a Equação 41.45 para calcular a energia desse estado.

EXECUTAR: um estado $4f$ possui $n = 4$ e $l = 3 = 4 - 1$. Logo, ele corresponde ao estado de maior momento angular orbital para $n = 4$ e, portanto, o estado no qual o elétron permanece a maior parte do tempo fora das camadas e subcamadas internas cheias. Isso faz que o valor de Z_{ef} para o estado $4f$ seja aproximadamente igual a 1. A Equação 41.45 então fornece

$$E_4 = -\frac{Z_{ef}^2}{n^2}(13{,}6 \text{ eV}) = -\frac{1}{4^2}(13{,}6 \text{ eV}) = -0{,}85 \text{ eV}$$

Essa aproximação está de acordo com a energia medida dentro dos limites da precisão fornecida.

Um elétron no estado $4d$ permanece um pouco mais de tempo dentro das camadas internas e, portanto, deve ter uma energia um pouco mais negativa (o valor medido é igual a $-0{,}94$ eV). Pela mesma razão, um elétron no estado $4p$ apresenta uma energia ainda menor (o valor medido é igual a $-2{,}73$ eV), e o estado com energia mínima corresponde ao estado $4s$ (o valor medido é igual a $-4{,}339$ eV).

AVALIAR: podemos estender nosso raciocínio aos *alcalino-terrosos que perderam um único elétron formando os íons*: Be^+, Mg^+, Ca^+, Sr^+ e Ba^+. Para qualquer valor permitido de n, o valor máximo do estado l ($l = n - 1$) do elétron externo restante sente o efeito de uma carga efetiva aproximadamente igual a $+2e$, de modo que, nesses estados, $Z_{ef} = 2$. Por exemplo, um estado $3d$ do Mg^+ possui energia aproximadamente igual a $-2^2(13{,}6 \text{ eV})/3^2 = -6{,}0$ eV.

TESTE SUA COMPREENSÃO DA SEÇÃO 41.6 Se os elétrons *não* obedecessem ao princípio de exclusão, seria mais fácil ou mais difícil remover o primeiro elétron do sódio? ❙

41.7 ESPECTRO DE RAIOS X

O espectro de raios X proporciona outro exemplo da riqueza e do poder do modelo de estrutura atômica deduzido na seção anterior. Na Seção 38.2, discutimos como os fótons de raios X são produzidos quando os elétrons atingem um alvo metálico (veja a Figura 38.7). Nesta seção, verificaremos como o espectro dos raios X produzidos dessa maneira depende do tipo de metal usado no alvo e como os conceitos de níveis de energia atômica e de blindagem nos ajudam a compreender essa dependência.

Espectro característico dos raios X e níveis de energia atômica

As técnicas de difração de raios X (veja a Seção 36.6) tornaram possível medir os comprimentos de onda dos raios X com bastante precisão (com erro inferior a 0,1%). A **Figura 41.23** mostra o espectro de raios X produzido quando elétrons em movimento rápido atingem um alvo do molibdênio. Esse espectro possui duas características:

1. Existe um espectro *contínuo* de comprimentos de onda (veja a Figura 38.8 na Seção 38.2), dentro de um comprimento de onda mínimo (correspondente a um fóton com energia e frequência máximas) determinado pela voltagem V_{AC} usada para acelerar os elétrons. Como vimos na Seção 38.2, esse espectro contínuo é decorrente do processo de *bremsstrahlung*, no qual os elétrons desaceleram à medida que interagem com os átomos do metal no alvo e convertem sua energia cinética em fótons. O comprimento de onda mínimo $\lambda_{\text{mín}}$ corresponde a toda a energia cinética eV_{AC} do elétron sendo convertido na energia de um único fóton de energia $hc/\lambda_{\text{mín}}$. Assim,

$$\lambda_{\text{mín}} = \frac{hc}{eV_{\text{AC}}} \qquad (41.46)$$

   Essa radiação com espectro contínuo é quase independente do material usado no alvo do tubo de raios X.

2. Dependendo da voltagem de aceleração, podemos observar picos muito agudos superpostos ao espectro bremsstrahlung contínuo, como mostra a Figura 41.23. Esses picos são causados quando os átomos do alvo são atingidos por elétrons de alta energia e emitem raios X de comprimentos de onda bastante definidos. Ao contrário do espectro contínuo, os comprimentos de onda dos picos são *diferentes* para diferentes elementos do alvo; eles formam o chamado *espectro característico dos raios X* para cada elemento do alvo.

Figura 41.23 Gráficos da intensidade dos raios X por unidade de comprimento de onda em função do comprimento de onda para raios X produzidos por uma aceleração de voltagem de 35 kV e um alvo de molibdênio. A curva é contínua como nos espectros bremsstrahlung da Figura 38.8 (Seção 38.2), mas com dois fortes picos correspondentes ao espectro característico dos raios X do molibdênio.

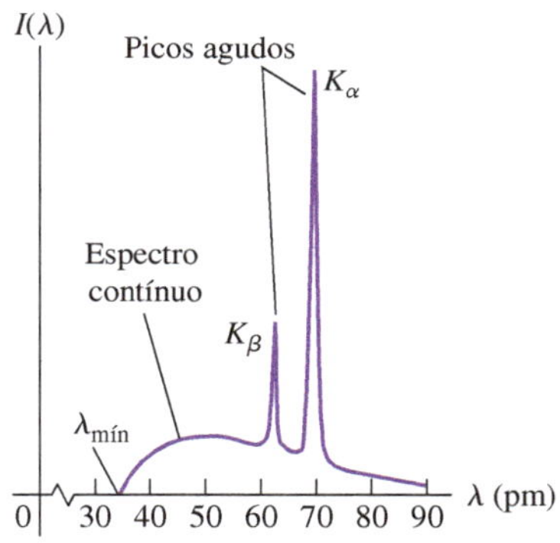

Em 1913, o cientista inglês Henry G. J. Moseley realizou um cuidadoso estudo experimental dos espectros característicos dos raios X. Ele verificou que o comprimento de onda correspondente ao pico mais intenso do espectro característico dos raios X de um determinado elemento do alvo, chamado de linha K_α, variava ligeiramente com o número atômico Z do elemento (**Figura 41.24**). Isso contrasta radicalmente com o comportamento dos espectros óticos, em que elementos com valores de Z adjacentes apresentam espectros completamente diferentes.

Moseley verificou que essa relação poderia ser expressa em termos das frequências f do raio X por meio de uma fórmula simples, hoje conhecida como *lei de Moseley*:

Lei de Moseley:

Frequência da linha K_α no espectro característico dos raios X de um elemento

$$f = (2{,}48 \times 10^{15}\ \text{Hz})\,(Z - 1)^2 \qquad (41.47)$$

Número atômico do elemento

Figura 41.24 A raiz quadrada das frequências medidas de Moseley da linha K_α para 14 elementos.

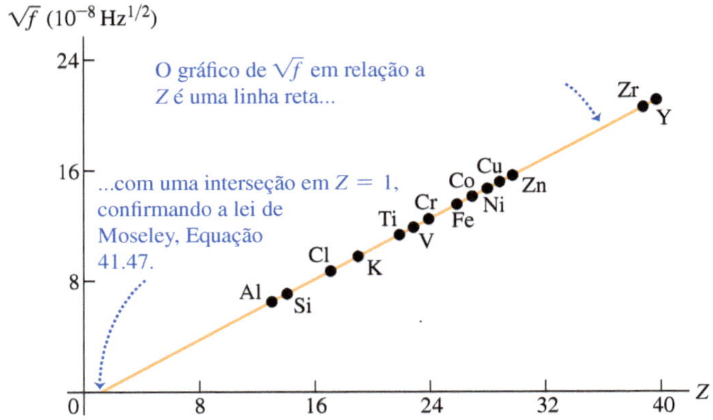

Moseley foi muito além de sua fórmula empírica; ele mostrou como os espectros característicos dos raios X poderiam ser entendidos com base nos níveis de energia existentes nos átomos do alvo. Sua análise se baseou no modelo de Bohr, que foi publicado no mesmo ano de 1913. Faremos um pequeno retoque nessa análise usando as ideias sobre estrutura atômica discutidas na Seção 41.6. Inicialmente, lembre-se de que os elétrons da camada *externa* de um átomo são responsáveis pelo espectro ótico. Seus estados excitados correspondem a apenas alguns elétrons-volt acima de seu estado fundamental. Nas transições dos estados excitados para o estado fundamental, eles geralmente emitem fótons na região visível do espectro.

O espectro característico dos raios X, ao contrário, corresponde a transições envolvendo camadas *internas* de um átomo complexo. Em um tubo de raios X, os elétrons podem colidir com o alvo com energia suficiente para excitar elétrons das camadas internas dos átomos do alvo. Esses elétrons internos estão muito mais próximos do núcleo que os elétrons das camadas externas; eles estão muito mais fortemente ligados e centenas ou milhares de elétrons-volt são necessários para removê-los.

Suponha que um elétron seja retirado da camada K. Esse processo produz uma vacância de energia geralmente chamada de *buraco*. (O outro elétron permanece na camada K.) O buraco pode, então, ser preenchido por um elétron proveniente de camadas externas, como as camadas L, M, N... Essa transição é acompanhada por uma diminuição da energia do átomo (pois *menos* energia seria necessária para remover um elétron de uma camada L, M, N...), e um fóton de raio X é emitido com uma energia igual a essa diminuição. Como cada estado possui uma energia definida, o raio X emitido possui um comprimento de onda definido; o espectro de emissão é, portanto, um *espectro em linha*.

Podemos estimar a energia e a frequência dos fótons de raio X K_α usando o conceito de blindagem da Seção 41.6. Um fóton de raio X K_α é emitido quando um elétron da camada L ($n = 2$) cai para preencher um buraco da camada K ($n = 1$). À medida que o elétron cai, ele é atraído pelos prótons Z no núcleo blindado pelo elétron que permaneceu na camada K. Portanto, podemos aproximar a energia usando a Equação 41.45 com $Z_{ef} = Z - 1$, $n_i = 2$ e n_f. A energia antes da transição é

$$E_i \approx -\frac{(Z-1)^2}{2^2}(13{,}6 \text{ eV}) = -(Z-1)^2(3{,}4 \text{ eV})$$

e a energia depois da transição é

$$E_f \approx -\frac{(Z-1)^2}{1^2}(13{,}6 \text{ eV}) = -(Z-1)^2(13{,}6 \text{ eV})$$

A energia do fóton de raio X K_α é dada por $E_{K\alpha} = E_i - E_f \approx (Z - 1)^2(-3{,}4\ \text{eV} + 13{,}6\ \text{eV})$. Ou seja,

$$E_{K\alpha} \approx (Z - 1)^2\,(10{,}2\ \text{eV}) \tag{41.48}$$

A frequência de qualquer fóton é dada por sua energia dividida pela constante de Planck, logo,

$$f = \frac{E}{h} \approx \frac{(Z - 1)^2(10{,}2\ \text{eV})}{4{,}136 \times 10^{-15}\ \text{eV} \cdot \text{s}} = (2{,}47 \times 10^{15}\ \text{Hz})\,(Z - 1)^2$$

Esse resultado concorda quase exatamente com a lei experimental de Moseley, dada pela Equação 41.47. Na verdade, levando em conta a aproximação que fizemos, a concordância é melhor do que se poderia esperar. De qualquer forma, nossos cálculos mostram que a lei de Moseley pode ser entendida com base no conceito de blindagem e de transição entre dois níveis de energia.

O buraco na camada *K* também pode ser preenchido por um elétron proveniente da camada *M* ou da *N*, supondo que estas estejam ocupadas. Nessas circunstâncias, o espectro característico dos raios X de um grande grupo de átomos de elementos puros pode exibir uma série de linhas espectrais, chamada de série *K*, constituída por três linhas, conhecidas como K_α, K_β e K_γ. Essas três linhas resultam de transições nas quais o buraco da camada *K* é preenchido por um elétron proveniente da camada *L*, da camada *M* ou da camada *N*, respectivamente. A **Figura 41.25** mostra a série *K* do tungstênio ($Z = 74$), do molibdênio ($Z = 42$) e do cobre ($Z = 29$).

Existem outras séries de linhas espectrais dos raios X, chamadas de séries *L*, *M* e *N*, produzidas após a emissão de elétrons das camadas *L*, *M* e *N*, em vez da camada *K*. Os elétrons dessas camadas externas estão mais afastados do núcleo e não ficam tão fortemente ligados quanto os elétrons da camada *K*. Portanto, a remoção desses elétrons exige uma energia menor e os fótons de raio X emitidos quando os buracos dessas camadas são preenchidos possuem energias menores que no caso da série *K*.

Aplicação Raios X na ciência forense Quando uma arma de fogo é disparada, uma nuvem de resíduos do tiro é ejetada do cano. O espectro da emissão de raios X dos resíduos inclui picos característicos do chumbo (Pb), do antimônio (Sb) e do bário (Ba). Se uma amostra tirada da camisa de um suspeito tiver um espectro de emissão de raios X com essas características, isso indica que o suspeito disparou recentemente uma arma de fogo.

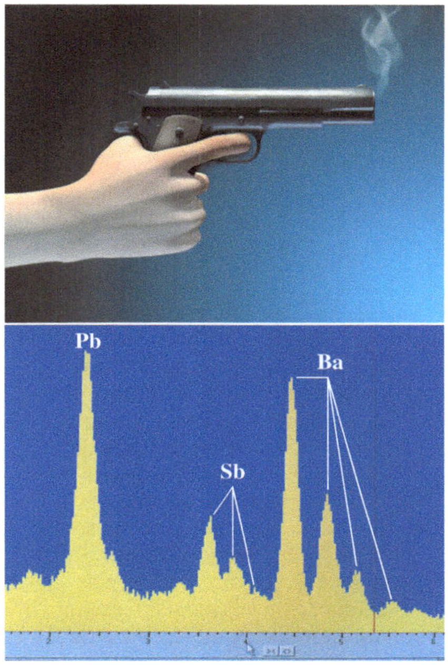

Figura 41.25 Comprimentos de onda das linhas K_α, K_β e K_γ do tungstênio (W), do molibdênio (Mo) e do cobre (Cu).

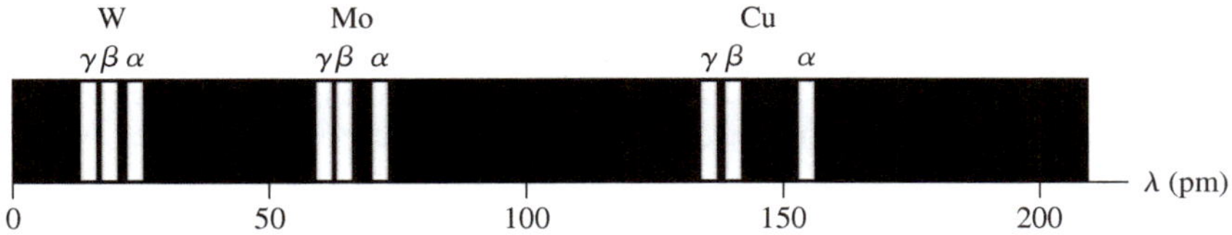

As três linhas em cada série são chamadas de linhas K_α, K_β e K_γ. A linha K_α é produzida pela transição de um elétron da camada *L* para a vaga aberta na camada *K*, a linha K_β por um elétron da camada *M* e a linha K_γ por um elétron da camada *N*.

EXEMPLO 41.11 ANÁLISE QUÍMICA PELA EMISSÃO DE RAIOS X

Você mede o comprimento de onda K_α de um elemento desconhecido e obtém o valor 0,0709 nm. Qual é esse elemento?

SOLUÇÃO

IDENTIFICAR E PREPARAR: para determinar qual é esse elemento, precisamos saber seu número atômico Z. Podemos descobrir isso por meio da lei de Moseley, que relaciona a frequência da linha de emissão de raios X, K_α, de um elemento com o número atômico Z desse elemento. Usaremos a relação $f = c/\lambda$ para calcular a frequência da linha K_α e, depois, a Equação 41.47 para encontrar o valor correspondente do número atômico Z. A seguir, consultaremos a tabela periódica (Apêndice D) para verificar qual elemento possui esse número atômico.

EXECUTAR: a frequência correspondente é

$$f = \frac{c}{\lambda} = \frac{3{,}00 \times 10^8\ \text{m/s}}{0{,}0709 \times 10^{-9}\ \text{m}} = 4{,}23 \times 10^{18}\ \text{Hz}$$

Resolvendo a lei de Moseley para Z, temos

$$Z = 1 + \sqrt{\frac{f}{2{,}48 \times 10^{15}\ \text{Hz}}} = 1 + \sqrt{\frac{4{,}23 \times 10^{18}\ \text{Hz}}{2{,}48 \times 10^{15}\ \text{Hz}}} = 42{,}3$$

(Continua)

(Continuação)

Sabemos que Z deve ser um número inteiro; logo, concluímos que $Z = 42$, o que corresponde ao molibdênio.

AVALIAR: se você está preocupado porque nossos cálculos não resultaram em um número inteiro para Z, lembre-se de que a lei de Moseley é uma relação empírica. Há pequenas variações de um átomo para outro em razão das diferenças na estrutura das camadas de elétrons. Apesar disso, este exemplo dá uma ideia da utilidade da lei de Moseley.

Niels Bohr comentou que foram as observações de Moseley, e não as experiências de espalhamento de partículas alfa de Rutherford, Geiger e Marsden (veja a Seção 39.2), que realmente convenceram os físicos de que o átomo consiste em um núcleo positivo cercado por elétrons em movimento. Diferentemente de Bohr ou Rutherford, Moseley não recebeu o Prêmio Nobel por seu importante trabalho; esses prêmios são dados apenas a cientistas vivos, e Moseley (aos 27 anos) foi morto em combate na Primeira Guerra Mundial.

Espectros de absorção de raios X

Também podemos observar *espectros de absorção* dos raios X. Diferentemente dos espectros da ótica, os comprimentos de onda na absorção em geral não são iguais aos da emissão, em especial quando os átomos apresentam muitos elétrons e, consequentemente, espectros em linha muito complexos. Por exemplo, a linha de emissão K_α resulta de uma transição de um elétron da camada L que passa a ocupar um buraco da camada K. A transição inversa não ocorre em átomos com $Z \geq 10$ porque, no estado fundamental do átomo, não existe nenhum buraco na camada L. Para ser absorvido, um fóton precisa ter energia suficiente para excitar um elétron até um estado vazio. Como um estado vazio está somente a alguns elétrons-volt abaixo da banda de energia contínua de elétrons livres, as energias de absorção em átomos com muitos elétrons têm a mesma ordem de grandeza da energia necessária para remover um elétron de sua camada. Experimentalmente, se aumentarmos de forma gradual a voltagem de aceleração e, portanto, a energia do fóton, observaremos aumentos repentinos na absorção quando essas energias mínimas forem atingidas. Esses saltos repentinos na absorção são chamados de *extremidades de absorção* (**Figura 41.26**).

Figura 41.26 Quando um feixe de raios X passa através de uma placa de molibdênio, a extensão em que o feixe é absorvido depende da energia E dos fótons dos raios X. Um forte aumento da absorção ocorre na extremidade de absorção K em 20 keV. Esse aumento ocorre porque os fótons com energias acima desse valor podem excitar um elétron da camada K até um estado vazio.

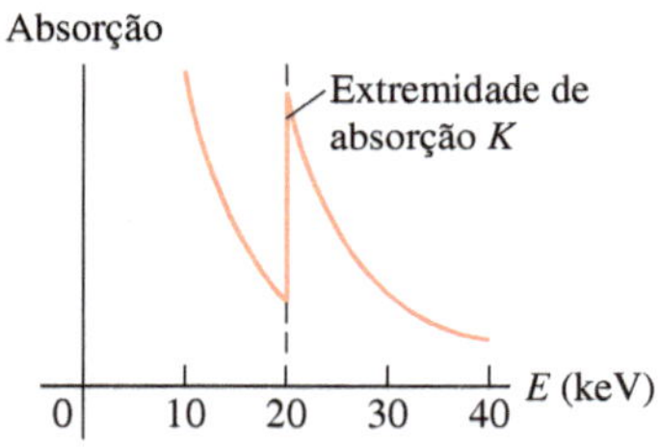

Os espectros dos raios X característicos fornecem uma ferramenta analítica muito útil. Espectrômetros de raios X instalados em satélites são usados para o estudo da emissão de raios X de átomos altamente excitados em fontes astronômicas distantes. Os espectros de raios X também auxiliam no monitoramento da poluição do ar e no estudo da abundância de diversos elementos nas rochas.

TESTE SUA COMPREENSÃO DA SEÇÃO 41.7 Um feixe de fótons passa através de uma amostra de hidrogênio atômico em alta temperatura. Em que energia do fóton você esperaria que houvesse uma extremidade de absorção como a da Figura 41.26? (i) 13,60 eV; (ii) 3,40 eV; (iii) 1,51 eV; (iv) todas as anteriores; (v) nenhuma das anteriores. ❙

41.8 ENTRELAÇAMENTO QUÂNTICO

Vimos que a mecânica quântica é muito bem-sucedida em prever corretamente os resultados dos experimentos. Como veremos nos próximos capítulos, a mecânica quântica é a base de todos os dispositivos eletrônicos e essencial para a nossa compreensão de núcleos atômicos e partículas subatômicas. Mas, ainda que as ideias centrais da mecânica quântica tenham sido estabelecidas por décadas, alguns aspectos da teoria continuam a confundir os físicos e permanecem objeto de constante investigação. Encerraremos este capítulo com uma discussão sobre um desses temas, o *entrelaçamento quântico* ou emaranhamento quântico.

A função de onda para duas partículas idênticas

Para entender o que significa "entrelaçamento quântico", vamos considerar como escrever a função de onda para duas partículas idênticas, como dois elétrons (os elétrons no átomo do hélio neutro, por exemplo). Usaremos os índices subscritos 1 e 2 para denotar essas partículas.

Como discutimos na Seção 41.6, uma função de onda que descreve as duas partículas é uma função das coordenadas da partícula 1 (x_1, y_1, z_1) e as coordenadas da partícula 2 (x_2, y_2, z_2). Como um atalho, usaremos os vetores de posição $\vec{r}_1 = x_1\hat{\imath} + y_1\hat{\jmath} + z_1\hat{k}$ e $\vec{r}_2 = x_2\hat{\imath} + y_2\hat{\jmath} + z_2\hat{k}$. Em termos desses vetores, podemos escrever a função de onda de duas partículas dependente do tempo como $\Psi(\vec{r}_1, \vec{r}_2, t)$. Exatamente como para uma única partícula, se o sistema de duas partículas possuir energia total E, podemos escrever essa função de onda dependente do tempo como o produto de uma função de onda de duas partículas *independente* do tempo $\psi(\vec{r}_1, \vec{r}_2)$ e um fator que depende apenas do tempo:

$$\Psi(\vec{r}_1, \vec{r}_2, t) = \psi(\vec{r}_1, \vec{r}_2)e^{-iEt/\hbar} \qquad (41.49)$$

Na Seção 41.2, vimos que uma técnica chamada *separação de variáveis* é útil para expressar uma função de onda que depende de diversas variáveis como um produto das funções das variáveis individuais. Vamos ver se podemos expressar a função de onda de duas partículas independente do tempo $\psi(\vec{r}_1, \vec{r}_2)$ na Equação 41.49 como um produto de uma função de $\vec{r}_1$ e uma função de $\vec{r}_2$. Interpretamos a função de $\vec{r}_1$ como a função de onda de partícula *única* para a partícula 1 e a função de $\vec{r}_2$ como a função de onda de partícula única para a partícula 2. Suponha que a partícula 1 está em um estado A, para o qual a função de onda de partícula única é ψ_A, e a partícula 2 está em um estado B, para o qual a função de onda de partícula única é ψ_B. [No átomo de hidrogênio, com dois elétrons, um elétron pode estar no estado de *spin* para cima ($n = 1$, $l = 0$, $m_l = 0$ e $m_s = +\frac{1}{2}$) e o outro pode estar no estado de *spin* para baixo ($n = 1$, $l = 0$, $m_l = 0$ e $m_s = -\frac{1}{2}$).] Usando a separação de variáveis, escreveríamos:

$$\psi(\vec{r}_1, \vec{r}_2) = \psi_A(\vec{r}_1)\,\psi_B(\vec{r}_2) \qquad (41.50)$$

(primeira dedução na função de onda de duas partículas)

No entanto, a Equação 41.50 *não pode* estar correta, porque as partículas 1 e 2 são *idênticas* e *indistinguíveis*. Podemos ser capazes de afirmar com segurança que uma partícula está no estado A e a outra está no estado B, mas é impossível especificar qual partícula está em qual estado. (Não há nenhuma maneira, mesmo em princípio, de "rotular" as partículas.)

Para explicar isso, vamos fazer uma dedução melhorada para a função de onda de duas partículas: uma combinação de dois termos como a Equação 41.50 — um termo para o qual a partícula 1 está no estado A e a partícula 2 está no estado B, e outro termo para o qual a partícula 1 está no estado B e a partícula 2 está no estado A. Nossa dedução melhorada então é:

$$\psi(\vec{r}_1, \vec{r}_2) = \frac{1}{\sqrt{2}}[\psi_A(\vec{r}_1)\psi_B(\vec{r}_2) \pm \psi_B(\vec{r}_1)\psi_A(\vec{r}_2)] \qquad (41.51)$$

(segunda dedução na função de onda de duas partículas)

O fator $1/\sqrt{2}$ na Equação 41.51 garante que, se ψ_A e ψ_B são normalizados, então $\psi(\vec{r}_1, \vec{r}_2)$ também será normalizado. Observe que os termos $\psi_A(\vec{r}_1)\,\psi_B(\vec{r}_2)$ e $\psi_B(\vec{r}_1)\,\psi_A(\vec{r}_2)$ aparecem com módulos iguais; logo, as duas possibilidades (partícula 1 em A e partícula 2 em B, ou partícula 1 em B e partícula 2 em A) são igualmente prováveis.

Como podemos determinar se o sinal $\pm$ na Equação 41.51 deve ser um mais ou um menos? Se as partículas forem dois elétrons ou dois de qualquer outro tipo de partícula de meio *spin*, o princípio de exclusão de Pauli (Seção 41.6) afirma que precisamos usar o sinal de menos:

$$\psi(\vec{r}_1, \vec{r}_2) = \frac{1}{\sqrt{2}}[\psi_A(\vec{r}_1)\psi_B(\vec{r}_2) - \psi_B(\vec{r}_1)\psi_A(\vec{r}_2)] \tag{41.52}$$

(função de onda de duas partículas, partículas de meio *spin*)

Para conferir isso, suponha que precisemos que *ambas* as partículas estejam no mesmo estado A. Então, substituímos ψ_B na Equação 41.52 por ψ_A:

$$\psi(\vec{r}_1, \vec{r}_2) = \frac{1}{\sqrt{2}}[\psi_A(\vec{r}_1)\psi_A(\vec{r}_2) - \psi_A(\vec{r}_1)\psi_A(\vec{r}_2)] = 0$$

O valor zero da função de onda diz que nossa necessidade não pode ser satisfeita. Isso está em conformidade com o princípio de exclusão de Pauli: nenhum par de elétrons, e mesmo nenhum par de partículas de meio *spin* idênticas de qualquer tipo, pode ocupar o mesmo estado mecânico quântico.

Medição e "ação fantasmagórica a distância"

A função de onda na Equação 41.52 compartilha características com a da partícula em uma caixa da mecânica quântica que discutimos na Seção 40.6. A função de onda daquela partícula também é uma combinação de dois termos de igual módulo representando diferentes situações: uma na qual o momento da partícula está na direção $+x$, e, portanto, $p_x > 0$, e outra na qual seu momento está na direção $-x$, e, portanto, $p_x < 0$. Vimos, na Seção 40.6, que se *medíssemos* o momento da partícula, teríamos $p_x > 0$ ou $p_x < 0$. Realizar tal medição faz com que a função de onda sofra uma redução e apenas o termo correspondente ao valor de p_x medido sobreviva. O outro termo desaparece da função de onda.

O mesmo tipo de contração de função de onda acontece em nosso sistema de duas partículas. Suponha que façamos uma medição de uma partícula — a chamaremos de partícula 1 — e determinemos que ela esteja no estado A. A medição faria que a função de onda na Equação 41.52 se contraísse para $\psi(\vec{r}_1, \vec{r}_2) = \psi_A(\vec{r}_1)\psi_B(\vec{r}_2)$. Essa equação de onda corresponde à partícula 1 estar no estado A, mas também corresponde à partícula 2 estar no estado B. Daí resulta que, após a medição, a partícula 2 *deve* estar no estado B, ainda que não tenhamos medido diretamente o estado da partícula 2. Em outras palavras, fazer uma medição em *uma* partícula afeta o estado da *outra*. Schrödinger descreveu essa situação dizendo que as duas partículas estão *entrelaçadas*.

Se as duas partículas com funções de onda entrelaçadas forem os dois elétrons dentro de um átomo de hélio, a ideia de que seus estados estão entrelaçados pode não parecer preocupante. Afinal, esses elétrons são muito próximos (um átomo de hélio tem apenas cerca de 0,1 nm de diâmetro) e exercem forças elétricas substanciais uns sobre os outros. Você pode imaginar que, quando medimos o elétron 1 e constatamos que ele está no estado A (digamos, com *spin* para cima e $m_s = +\frac{1}{2}$), ele exerce forças sobre o elétron 2 que requerem que ele esteja no estado B (digamos, com *spin* para baixo e $m_s = -\frac{1}{2}$).

Mas suponha que arranjemos duas partículas idênticas de modo que estejam em um estado entrelaçado em que as partículas *não* estejam próximas uma da outra, de modo que não podem exercer forças uma sobre a outra. Quando fazemos o mesmo tipo de experiência de medição em um par tão distante das partículas com funções de onda entrelaçadas, o resultado é o mesmo que se elas estivessem juntas: se medirmos a partícula 1 de modo que esteja no estado A e, subsequentemente, fizermos uma medição na partícula 2, sempre descobriremos que a partícula 2 está no estado B. Se, no entanto, medirmos a partícula 1 de modo que esteja no estado B e, em seguida, fizermos uma medição na partícula 2, sempre verificaremos que a partícula 2 está no estado A. Então, a medição do estado de uma partícula afeta o estado da outra, mesmo quando as duas partículas *não podem* exercer forças uma sobre a outra (**Figura 41.27**). Essa descoberta foi confirmada com partículas entrelaçadas que estão a *mais de 300 km de distância uma da outra!* (Esses expe-

Figura 41.27 Se duas partículas estão em um estado entrelaçado, fazer a medição de uma partícula determina o resultado de uma medição subsequente da outra.

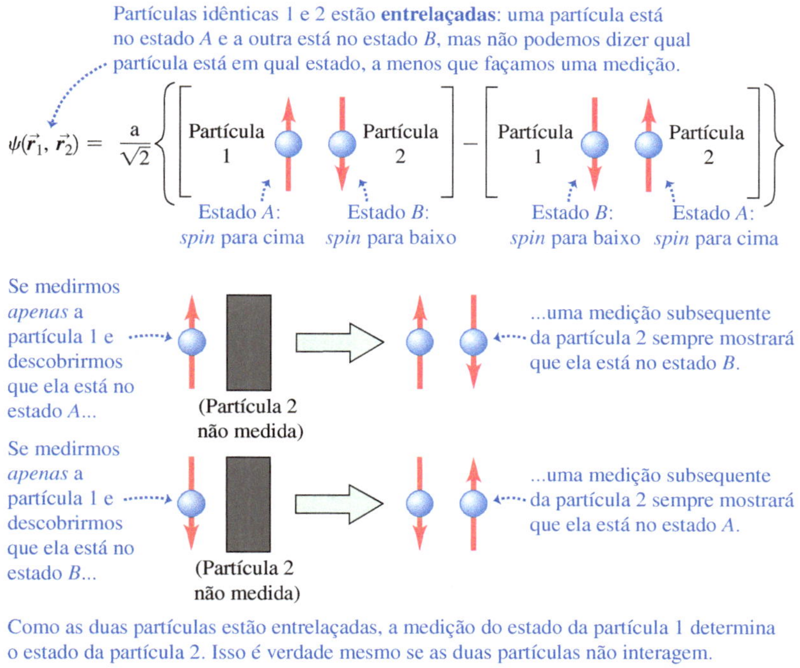

rimentos com distâncias muito grandes são feitos com fótons em vez de elétrons. Como os elétrons, os fótons apresentam *spin*, e os estados "*spin* para cima" e "*spin* para baixo" correspondem às polarizações circulares esquerda e direita. A única diferença é que os fótons são partículas de *spin* inteiro, e não de meio *spin*, e não obedecem ao princípio de exclusão de Pauli. Como resultado, precisamos usar o sinal de mais em vez do sinal de menos na Equação 41.51 para descrever dois fótons entrelaçados. No entanto, o resto da física é idêntico.)

Esses resultados contradizem o princípio da *localidade* — a ideia de que uma partícula responde às forças ou campos que agem apenas em sua posição, e não em algum outro ponto no espaço. Usamos a localidade nos capítulos 4 e 13 quando expressamos a força gravitacional sobre uma partícula de massa m como $\vec{F}_g = m\vec{g}$, onde $\vec{g}$ é a aceleração decorrente da gravidade no ponto do espaço onde a partícula está localizada. Usamos a localidade novamente nos capítulos 21 e 27, quando escrevemos a força elétrica $\vec{F}_E$ e a força magnética $\vec{F}_B$ sobre uma partícula de carga q se movendo com velocidade $\vec{v}$ como $\vec{F}_E = q\vec{E}$ e $\vec{F}_B = q\vec{v} \times \vec{B}$, onde $\vec{E}$ e $\vec{B}$ são, respectivamente, os campos elétricos e magnéticos na posição da partícula. Mas a interação entre duas partículas entrelaçadas e grandemente separadas parece *não* obedecer localmente. Por essa razão, Albert Einstein chamou os resultados de um experimento como o da Figura 41.27 de *spooky action at a distance*, ou "ação fantasmagórica a distância". Fantasmagórica ou não, a mecânica quântica parece ser intrinsecamente não local.

O que torna esses resultados ainda mais impressionantes é que, independentemente da distância entre as duas partículas entrelaçadas, parece haver *zero atraso* entre o momento em que fazemos uma medição em uma partícula e o momento em que o estado da outra partícula muda como resultado. À primeira vista, isso parece violar uma ideia-chave da teoria especial da relatividade de Einstein: a de que sinais de qualquer tipo — ondas de rádio, sinais luminosos ou feixes de partículas — não podem viajar mais rápido que a velocidade da luz no vácuo, c. Se a medição do estado da partícula 1 na Figura 41.27 faz que o estado da partícula 2 mude instantaneamente, não poderíamos criar um "rádio quântico" que envia sinais mais rápido que c, com a partícula 1 sendo o transmissor e a partícula 2 sendo o receptor?

A resposta é não. A "mensagem" em nosso rádio quântico seria o resultado de uma medição da partícula 1 por um físico (vamos chamá-lo de Primo) na posição dessa partícula. A medição de Primo contrai a função de onda das duas partículas e seu resultado seria que a partícula 1 está no estado *A* ou no estado *B*. Outro físico (vamos chamá-lo de Secondo) na posição da partícula 2 mediria essa partícula de modo a estar no estado *B*, se Primo medisse a partícula 1 de modo a estar no estado *A*, e de modo a estar no estado *A* se Primo medisse a partícula 1 de modo a estar no estado *B*. Mas Secondo não teria nenhuma maneira de saber se seu resultado foi em razão de Primo fazer uma medição primeiro ou pelo próprio *Secondo* fazer uma medição independente da partícula 2 *sem* Primo ter feito qualquer medição. (Secondo poderia determinar isso mais tarde, por exemplo, trocando mensagens de texto com Primo. Mas esse método de comunicação envolve sinais que viajam à velocidade da luz, não instantaneamente.) Portanto, nosso rádio quântico não transmitiria qualquer informação e não nos permitiria comunicar em velocidades superiores a *c*.

Uma aplicação prática notável do entrelaçamento quântico é a *computação quântica*. Em um computador convencional ("clássico"), a memória é composta de *bits*. Cada bit tem apenas dois valores possíveis (por exemplo, 0 ou 1), de modo que uma memória de computador com *N* bits pode ter qualquer uma entre 2^N configurações diferentes. (Isso é análogo a moedas que podem estar com a cara ou com a coroa para cima. A Figura 20.21 na Seção 20.8 mostra as possíveis configurações de quatro moedas; o número de possibilidades é $2^4 = 16$.) Em um computador quântico, os bits são substituídos por *qubits* (abreviação de "bits quânticos"). Um exemplo é um elétron de meio *spin*, que pode estar em um estado de *spin* para cima ($m_s = +\frac{1}{2}$) ou em um estado de *spin* para baixo ($m_s = -\frac{1}{2}$), como de costume, mas também pode estar em *qualquer combinação* desses estados. A função de onda de *N* qubits entrelaçados pode corresponder a qualquer uma de 2^N configurações (como bits ou moedas normais que podem estar com cara ou coroa para cima) ou pode corresponder a um estado entrelaçado em que os qubits estão em qualquer combinação dessas configurações. Assim, diferentemente de uma memória de computador clássica, que pode estar em apenas uma de suas 2^N configurações de cada vez, uma memória de computador quântico pode estar, essencialmente, em *todas* essas configurações ao mesmo tempo. Isso sustenta a promessa da capacidade de realizar certos tipos de cálculo, como aqueles envolvidos em quebrar códigos de criptografia, muito mais rapidamente do que um computador clássico poderia fazer. No momento da edição deste livro, a busca por construir um computador totalmente quântico ainda está em suas fases iniciais, mas intensivas pesquisas estão em curso e um rápido progresso está sendo feito.

TESTE SUA COMPREENSÃO DA SEÇÃO 41.8 A partícula 1 é um elétron que pode estar no estado *C* ou *D*. A partícula 2 é um próton que pode estar no estado *E* ou *F*. Sendo assim, a função $\psi(\vec{r}_1, \vec{r}_2) = (1/\sqrt{2})\,[\psi_C(\vec{r}_1)\psi_E(\vec{r}_2) \pm \psi_C(\vec{r}_1)\psi_F(\vec{r}_2)]$ é uma função de onda possível para esse sistema de duas partículas? Se sim, ela representa um estado entrelaçado? ❙

CAPÍTULO 41 RESUMO

Problemas tridimensionais: a equação de Schrödinger independente do tempo para problemas tridimensionais é dada pela Equação 41.5.

$$-\frac{\hbar^2}{2m}\left(\frac{\partial^2\psi(x,y,z)}{\partial x^2}+\frac{\partial^2\psi(x,y,z)}{\partial y^2}+\frac{\partial^2\psi(x,y,z)}{\partial z^2}\right)+U(x,y,z)\,\psi(x,y,z)$$
$$= E\psi(x,y,z)$$

(equação de Schrödinger tridimensional independente do tempo) (41.5)

Partícula em uma caixa tridimensional: a função de onda para uma partícula em uma caixa cúbica é o produto de uma função apenas de *x*, uma função apenas de *y* e uma função apenas de *z*. Cada estado estacionário é descrito por três números quânticos (n_X, n_Y, n_Z). A maioria dos níveis de energia fornecidos pela Equação 41.16 apresenta degeneração: mais de um estado quântico possui a mesma energia. (Veja o Exemplo 41.1.)

$$E_{n_X,n_Y,n_Z} = \frac{(n_X{}^2 + n_Y{}^2 + n_Z{}^2)\pi^2\hbar^2}{2mL^2}$$

($n_X = 1, 2, 3, \ldots;$
$n_Y = 1, 2, 3, \ldots;$
$n_Z = 1, 2, 3, \ldots$)

(níveis de energia, partícula em uma caixa cúbica tridimensional) (41.16)

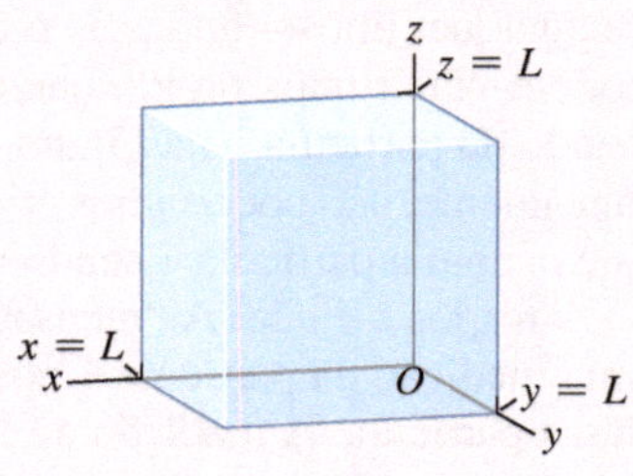

O átomo de hidrogênio: a equação de Schrödinger para o átomo de hidrogênio fornece os mesmos níveis de energia que o modelo de Bohr. Se o núcleo possui uma carga Ze, surge também um fator Z^2 no numerador da Equação 41.21. Os módulos L possíveis do momento angular orbital são dados pela Equação 41.22, e os valores possíveis para o componente z do momento angular orbital são dados pela Equação 41.23. (Veja os exemplos 41.2 e 41.3.)
A probabilidade de que um elétron atômico esteja entre r e $r + dr$ a partir do núcleo é $P(r)\,dr$, sendo dada pela Equação 41.25. As distâncias atômicas são geralmente expressas em unidades de a, a menor distância entre o elétron e o núcleo no modelo de Bohr. (Veja o Exemplo 41.4.)

$$E_n = -\frac{1}{(4\pi\epsilon_0)^2}\frac{m_r e^4}{2n^2\hbar^2} = -\frac{13{,}60\text{ eV}}{n^2}$$
(níveis de energia do hidrogênio) (41.21)

$$L = \sqrt{l(l+1)}\,\hbar \quad (l = 0, 1, 2, \ldots, n-1) \qquad (41.22)$$

$$L_z = m_l\hbar \quad (m_l = 0, \pm 1, \pm 2, \ldots, \pm l) \qquad (41.23)$$

$$P(r)\,dr = |\psi|^2\,dV = |\psi|^2\,4\pi r^2\,dr \qquad (41.25)$$

$$a = \frac{\epsilon_0 h^2}{\pi m_r e^2} = \frac{4\pi\epsilon_0\hbar^2}{m_r e^2} = 5{,}29 \times 10^{-11}\text{ m} \qquad (41.26)$$

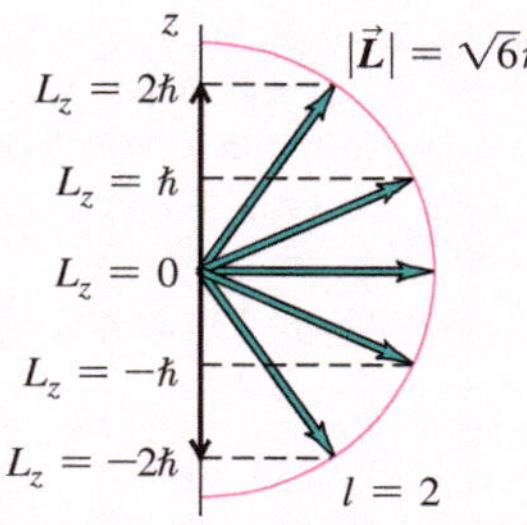

O efeito Zeeman: a energia de interação de um elétron (de massa m) com um número quântico magnético m_l em um campo magnético $\vec{B}$ ao longo da direção $+z$ é dada pela Equação 41.35, onde a grandeza $\mu_B = e\hbar/2m$ é chamada de magnéton de Bohr. (Veja o Exemplo 41.5.)

$$U = -\mu_z B = m_l\frac{e\hbar}{2m}B = m_l\mu_B B \quad (m_l = 0, \pm 1, \pm 2, \ldots, \pm l) \qquad (41.35)$$

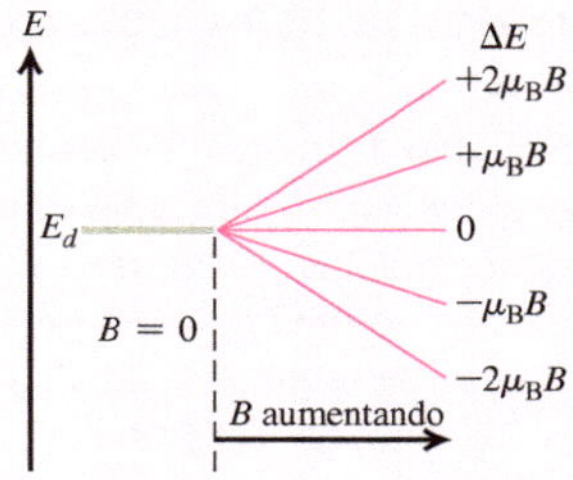

***Spin* do elétron:** um elétron possui um momento angular de *spin* intrínseco de módulo S, dado pela Equação 41.37. Os valores possíveis do componente z do momento angular de *spin* são $S_z = m_s\hbar$, onde $m_s = \pm\frac{1}{2}$. (Veja os exemplos 41.6 e 41.7.)
Um elétron orbitando experimenta uma interação entre seu *spin* e o campo magnético efetivo produzido pelos movimentos relativos do elétron e do núcleo. Esse acoplamento *spin*–órbita, com os efeitos relativísticos, desdobra os níveis de energia de acordo com seu número quântico do momento angular total, j. (Veja o Exemplo 41.8.)

$$S = \sqrt{\tfrac{1}{2}\left(\tfrac{1}{2}+1\right)}\,\hbar = \sqrt{\tfrac{3}{4}}\,\hbar \qquad (41.37)$$

$$S_z = m_s\hbar \quad \left(m_s = \pm\tfrac{1}{2}\right) \qquad (41.36)$$

$$E_{n,j} = -\frac{13{,}60\text{ eV}}{n^2}\left[1 + \frac{\alpha^2}{n^2}\left(\frac{n}{j+\frac{1}{2}} - \frac{3}{4}\right)\right] \qquad (41.41)$$

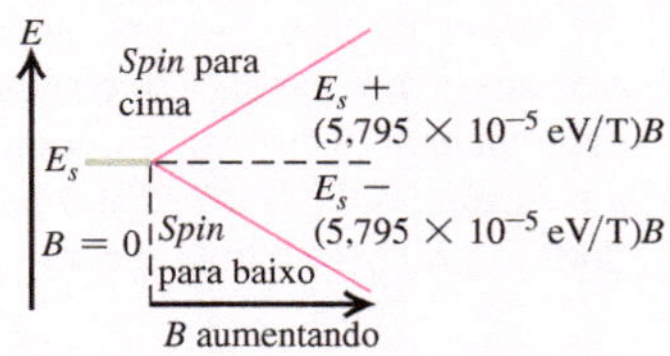

Átomos com muitos elétrons: em um átomo de hidrogênio, há apenas certos valores permitidos para os números quânticos n, l, m_l e m_s do elétron, dados pela Equação 41.44. Em átomos com muitos elétrons, os números quânticos permitidos para cada elétron são iguais aos do hidrogênio, mas o nível de energia depende tanto de n quanto de l, em virtude da blindagem, ou seja, do cancelamento parcial do campo do núcleo pelos elétrons das camadas interiores. Se a força efetiva (blindada) que atrai um elétron é $Z_{ef}e$, as energias dos diversos níveis são aproximadamente dadas pela Equação 41.45. (Veja os exemplos 41.9 e 41.10.)

$$n \geq 1 \quad 0 \leq l \leq n-1 \quad |m_l| \leq l \quad m_s = \pm\tfrac{1}{2} \qquad (41.44)$$

$$E_n = -\frac{Z_{ef}^{\,2}}{n^2}(13{,}6\text{ eV}) \qquad (41.45)$$

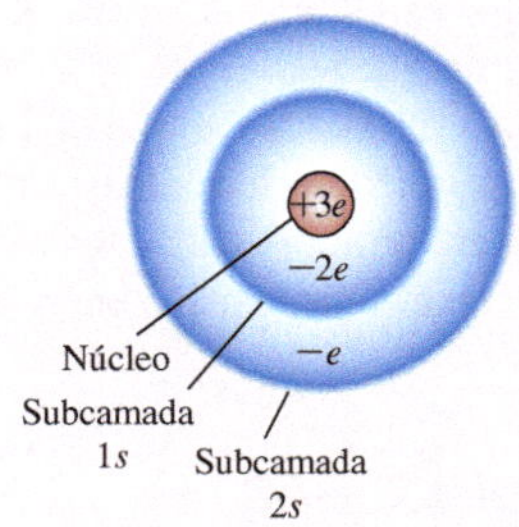

Espectros de raios X: a lei de Moseley afirma que a frequência de um raio X $K\alpha$ proveniente de um alvo com número atômico Z é dada pela Equação 41.47. Os espectros dos raios X característicos resultam de transições para buracos situados em níveis de energia internos. (Veja o Exemplo 41.11.)

$$f = (2{,}48 \times 10^{15}\ \text{Hz})(Z - 1)^2 \quad (41.47)$$

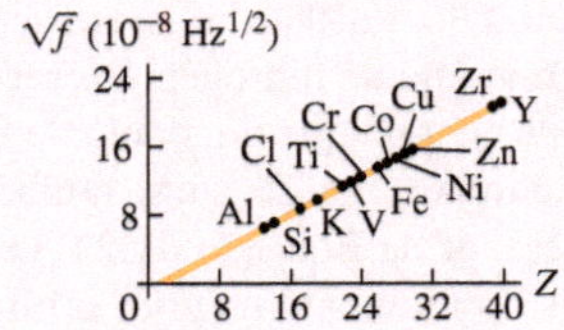

Entrelaçamento quântico: a função de onda de duas partículas idênticas pode ser tal que nenhuma partícula está, por si mesma, em um estado definido. Por exemplo, a função de onda pode ser uma combinação de um termo com a partícula 1 no estado A e a partícula 2 no estado B e outro termo com a partícula 1 no estado B e a partícula 2 no estado A. Neste caso, dizemos que as duas partículas estão entrelaçadas, uma vez que a medição do estado de uma partícula automaticamente determina os resultados das medições subsequentes da outra.

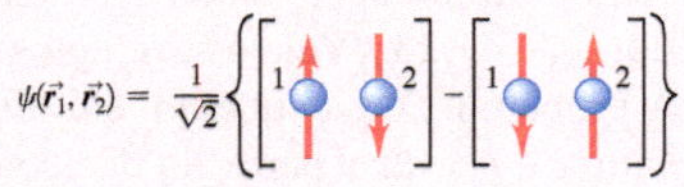

Problema em destaque Um átomo de muitos elétrons em uma caixa

Um átomo de titânio (Ti) contém 22 elétrons e possui um raio de $1{,}47 \times 10^{-10}$ m. Como um modelo simples desse átomo, imagine colocar 22 elétrons em uma caixa cúbica que tenha o mesmo volume de um átomo de titânio. (a) Qual é o comprimento de cada lado da caixa? (b) Qual será a configuração dos 22 elétrons? (c) Determine as energias de cada um dos níveis ocupados pelos elétrons. (Ignore as forças elétricas que os elétrons exercem uns sobre os outros.) (d) Você remove um dos elétrons do nível mais baixo. Como resultado, um dos elétrons do nível mais alto ocupado cai para o nível mais baixo para encher o espaço, emitindo um fóton no processo. Qual é a energia desse fóton? Como isso se compara com a energia do fóton K_α para o titânio como previsto pela lei de Moseley?

GUIA DA SOLUÇÃO

IDENTIFICAR E PREPARAR

1. Neste problema, você usará as noções da Seção 41.2 sobre uma partícula em uma caixa cúbica. Você também aplicará o princípio de exclusão da Seção 41.6 para encontrar a configuração eletrônica desse "átomo" cúbico. As ideias sobre os espectros do raio X da Seção 41.7 também são importantes.
2. As variáveis-alvo são (a) as dimensões da caixa, (b) as configurações eletrônicas (como as descritas na Tabela 41.3 para átomos reais), (c) os níveis de energia ocupados da caixa cúbica e (d) a energia do fóton emitido.

EXECUTAR

3. Use seus conhecimentos de geometria para encontrar o comprimento de cada lado da caixa.
4. O estado de cada elétron é representado por quatro números quânticos: n_X, n_Y e n_Z, como descrito na Seção 41.2, e número quântico magnético de *spin*, m_s, como descrito na Seção 41.5. Use o princípio de exclusão para determinar os números quânticos de cada um dos 22 elétrons no "átomo". (*Dica*: a Figura 41.4 na Seção 41.2 mostra os primeiros níveis de energia de uma caixa cúbica em relação ao nível fundamental $E_{1,1,1}$.)
5. Use seus resultados das etapas 3 e 4 para encontrar as energias de cada um dos níveis ocupados.
6. Use seu resultado da etapa 5 para encontrar a energia do fóton emitido quando um elétron faz uma transição do nível mais alto ocupado para o nível fundamental. Compare isso com a energia que calculamos para o titânio usando a lei de Moseley.

AVALIAR

7. Esse "átomo" cúbico é um modelo útil para o titânio? Por quê?
8. Neste problema, você ignorou as interações elétricas entre os elétrons. Para ter uma estimativa das proporções dessas forças, encontre a energia potencial eletrostática de dois elétrons separados pela metade do comprimento da caixa. Como isso se compara com os níveis de energia que você calculou na etapa 5? Ignorar essas interações é uma boa prática?

PROBLEMAS

•, ••, •••: níveis de dificuldade. **PC**: problemas cumulativos, incorporando material de capítulos anteriores. **CALC**: problemas exigindo cálculo. **DADOS**: problemas envolvendo dados reais, evidência científica, projeto experimental e/ou raciocínio científico. **BIO**: problemas envolvendo biociências.

QUESTÕES PARA DISCUSSÃO

Q41.1 Uma partícula A é descrita pela função de onda $\psi(x, y, z)$. Uma partícula B é descrita pela função de onda $\psi(x, y, z)e^{i\phi}$, onde ϕ é uma constante real. Qual é a relação entre a probabilidade de encontrar a partícula A dentro de um volume dV em torno de um certo ponto no espaço e a probabilidade de encontrar a partícula B dentro desse mesmo volume?

Q41.2 Quais são as diferenças mais significativas entre o modelo de Bohr do átomo de hidrogênio e a análise de Schrödinger? Quais são as semelhanças?

Q41.3 Para um corpo orbitando o Sol, como um planeta, cometa ou asteroide, existe alguma restrição no componente z de seu momento angular orbital como existe com o componente z do momento angular orbital do elétron no hidrogênio? Explique.

Q41.4 Por que a análise do átomo de hélio é muito mais complexa que a do átomo de hidrogênio, quer seja em um tipo de modelo de Bohr, quer seja usando a equação de Schrödinger?

Q41.5 A experiência de Stern-Gerlach sempre é realizada com feixes de átomos *neutros*. Não seria mais fácil formar feixes usando átomos *ionizados*? Por que isso não funcionaria?

Q41.6 (a) Se dois elétrons nos átomos de hidrogênio possuem o mesmo número quântico principal, eles podem ter diferentes momentos angulares orbitais? Como? (b) Se dois elétrons nos átomos de hidrogênio possuem o mesmo número quântico orbital, eles podem ter diferentes números quânticos principais? Como?

Q41.7 Na experiência de Stern-Gerlach, por que é essencial que o campo magnético seja *heterogêneo* (ou seja, não uniforme)?

Q41.8 No estado fundamental do átomo de hélio, um elétron precisa ter "*spin* para baixo" e o outro, "*spin* para cima". Por quê?

Q41.9 Um elétron em um átomo de hidrogênio está em um nível s e o átomo está em um campo magnético $\vec{B} = B\hat{k}$. Explique por que o estado "*spin* para cima" ($m_s = +\frac{1}{2}$) possui uma energia mais alta que o estado "*spin* para baixo" ($m_s = -\frac{1}{2}$).

Q41.10 A aproximação de campo central é mais precisa para metais alcalinos que para metais de transição, como ferro, níquel ou cobre. Por quê?

Q41.11 A Tabela 41.3 mostra que, para o estado fundamental do átomo de potássio, o elétron mais externo está em um estado $4s$. O que isso representa quanto às energias relativas dos níveis $3d$ e $4s$ para esse átomo? Explique.

Q41.12 As forças gravitacionais desempenham papel importante nas estruturas atômicas? Explique.

Q41.13 Por que os elementos de transição ($Z = 21$ até $Z = 30$) apresentam todos as mesmas propriedades químicas?

Q41.14 Com a ajuda da Tabela 41.3, determine a configuração eletrônica no estado fundamental do átomo de gálio (Ga) neutro, bem como dos íons Ga^+ e Ga^-. O número atômico do gálio é 31.

Q41.15 Com base no princípio de exclusão de Pauli, a estrutura da tabela periódica dos elementos indica que deve existir um quarto número quântico além de n, l e m_l. Explique.

Q41.16 Um leve desdobramento das linhas espectrais ocorre mesmo quando os átomos não estão em um campo magnético. Qual é a causa desse fenômeno?

Q41.17 A energia de ionização de um metal alcalino (ou seja, a menor energia necessária para remover um elétron externo quando o átomo está em seu estado fundamental) é da ordem de 4 a 5 eV, enquanto a energia de ionização de um gás nobre varia de 11 a 25 eV. Qual é a razão dessa diferença?

Q41.18 Para o magnésio, o primeiro potencial de ionização é 7,6 eV. O segundo potencial de ionização (a energia adicional necessária para remover um segundo elétron) é quase o dobro disso, 15 eV, e o terceiro potencial de ionização é muito maior, aproximadamente 80 eV. Como esses números podem ser interpretados?

Q41.19 O que é a "aproximação de campo central" e por que ela é apenas uma aproximação?

Q41.20 O núcleo de um átomo de ouro contém 79 prótons. Como se compara a energia necessária para remover completamente um elétron $1s$ de um átomo de ouro com a energia necessária para remover um elétron do nível fundamental em um átomo de hidrogênio? Em que região do espectro eletromagnético se encontraria um fóton que tivesse cada uma dessas energias?

Q41.21 (a) Você pode mostrar que o momento angular orbital de um elétron em qualquer direção (por exemplo, ao longo do eixo z) é *sempre* menor ou igual a seu momento angular orbital total? Em que circunstâncias os dois seriam iguais? (b) O resultado do item (a) é válido para um objeto clássico, como um pião ou um planeta?

Q41.22 Um átomo em seu nível fundamental absorve um fóton com energia igual à da extremidade de absorção K. A absorção desse fóton ioniza o átomo? Explique.

Q41.23 Um átomo de hidrogênio pode emitir raios X? Se pode, como é o processo? Se não, por quê?

Q41.24 Um sistema de dois elétrons possui uma função de onda $\psi(\vec{r}_1, \vec{r}_2) = (1/\sqrt{2})\,[\psi_\alpha(\vec{r}_1)\psi_\beta(\vec{r}_2) - \psi_\beta(\vec{r}_1)\psi_\alpha(\vec{r}_2)]$, onde ψ_α é uma função de onda normalizada para um estado com $S_z = +\frac{1}{2}\hbar$ e ψ_β é uma função de onda normalizada para um estado com $S_z = -\frac{1}{2}\hbar$. (a) Se S_z para o elétron 1 for medido, quais são os resultados possíveis? Qual é a probabilidade de cada resultado? (b) Se S_Z para o elétron 2 for medido, quais são os resultados possíveis? Qual é a probabilidade de cada resultado? (c) Se a medição de S_z para o elétron 1 resultar no valor $\frac{1}{2}\hbar$, quais são os possíveis resultados de uma medição subsequente de S_z para o elétron 2? Qual é a probabilidade de cada resultado ser obtido? Explique.

Q41.25 Refaça a Questão Q41.24 para a função de onda $\psi(\vec{r}_1, \vec{r}_2) = \psi_\alpha(\vec{r}_1)\psi_\alpha(\vec{r}_2)$.

EXERCÍCIOS

Seção 41.2 Partícula em uma caixa tridimensional

41.1 • Para uma partícula em uma caixa cúbica tridimensional, qual é a degeneração (número de estados quânticos diferentes com a mesma energia) dos níveis de energia (a) $3\pi^2\hbar^2/2mL^2$ e (b) $9\pi^2\hbar^2/2mL^2$?

41.2 • **PC** Modele um átomo de hidrogênio como um elétron em uma caixa cúbica de lado L. Defina o valor de L de modo que o volume da caixa seja igual ao volume de uma esfera de raio $a = 5{,}29 \times 10^{-11}$ m (o raio de Bohr). Calcule a separação de energia entre os níveis excitados fundamental e primeiro; depois, compare o resultado com essa separação de energia calculada pelo modelo de Bohr.

41.3 • **PC** Um fóton é emitido quando um elétron em uma caixa cúbica tridimensional de lado $8{,}00 \times 10^{-11}$ m faz uma transição do estado $n_X = 2$, $n_Y = 2$, $n_Z = 1$ para o estado $n_X = 1$, $n_Y = 1$, $n_Z = 1$. Qual é o comprimento de onda desse fóton?

41.4 • Para cada um dos seguintes estados de uma partícula em uma caixa cúbica tridimensional, em que pontos a função de distribuição de probabilidade é máxima? (a) $n_X = 1$, $n_Y = 1$, $n_Z = 1$ e (b) $n_X = 2$, $n_Y = 2$, $n_Z = 1$.

41.5 •• Uma partícula se encontra na caixa cúbica tridimensional da Seção 41.1. Quanto ao estado $n_X = 2$, $n_Y = 2$, $n_Z = 1$, para quais planos (além das paredes da caixa) a função de distribuição de probabilidade é zero? Compare esse número de planos com o número de planos correspondente onde $|\psi|^2$ é zero para o estado de energia mais baixa $n_X = 2$, $n_Y = 1$, $n_Z = 1$ e para o estado fundamental $n_X = 1$, $n_Y = 1$, $n_Z = 1$.

41.6 • Qual é a diferença de energia entre os dois níveis de energia mais baixos para um próton em uma caixa cúbica de comprimento de lado igual a $1{,}00 \times 10^{-14}$ m, o diâmetro aproximado de um núcleo?

Seção 41.3 O átomo de hidrogênio

41.7 •• Considere um elétron na camada N. (a) Qual é o menor momento angular orbital que esse elétron poderia ter? (b) Qual é o maior momento angular orbital que ele poderia ter? Expresse suas respostas em termos de $\hbar$ e em unidades do SI. (c) Qual é o maior momento angular orbital que esse elétron poderia ter em qualquer direção escolhida? Expresse suas respostas em termos de $\hbar$ e em unidades do SI. (d) Qual é o maior momento angular de *spin* que esse elétron poderia ter em qualquer direção escolhida? Expresse suas respostas em termos de $\hbar$ e em unidades do SI. (e) Para o elétron no item (c), qual é a relação entre seu momento angular de *spin* na direção z e seu momento angular orbital na direção z?

41.8 • Um elétron localiza-se no átomo de hidrogênio com $n = 5$. (a) Calcule os valores possíveis de L e L_z para esse elétron, em unidades de $\hbar$. (b) Para cada valor de L, encontre todos os ângulos possíveis entre $\vec{L}$ e o eixo z. (c) Quais são os valores máximos e mínimos do módulo do ângulo entre $\vec{L}$ e o eixo z?

41.9 • O momento angular orbital de um elétron possui módulo igual a $4{,}716 \times 10^{-34}$ kg · m²/s. Qual é o número quântico do momento angular l desse elétron?

41.10 • Considere estados com número quântico do momento angular $l = 2$. (a) Qual é o maior valor possível de L_z em unidades de $\hbar$? (b) Qual é o valor de L em unidades de $\hbar$? Qual dos dois possui valor maior, L ou o maior valor possível de L_z? (c) Para cada valor permitido de L_z qual é o ângulo entre o vetor $\vec{L}$ e o eixo $+z$? Como se compara o valor mínimo do ângulo para $l = 2$ com o valor mínimo do ângulo para $l = 3$, calculado no Exemplo 41.3?

41.11 •• Em um determinado estado do átomo de hidrogênio, o ângulo entre o vetor do momento angular $\vec{L}$ e o eixo z é $\theta = 26{,}6°$. Se este é o menor ângulo para esse valor específico do número quântico orbital l, qual é o valor de l?

41.12 •• Um átomo de hidrogênio está em um estado que possui $L_z = 2\hbar$. No modelo vetorial semiclássico, o vetor do momento angular $\vec{L}$ para esse estado forma um ângulo $\theta_L = 63{,}4°$ com o eixo $+z$. (a) Qual é o número quântico l para esse estado? (b) Qual é o menor valor possível do número quântico n para esse estado?

41.13 • Calcule, em unidades de $\hbar$, o módulo do momento angular orbital máximo para um elétron em um átomo de hidrogênio em estados com um número quântico principal igual a 2, 20 e 200. Compare cada resultado com o respectivo valor de $n\hbar$ postulado pelo modelo de Bohr. Que tendência você nota?

41.14 • (a) Faça uma tabela mostrando todos os conjuntos de números quânticos l e m_l possíveis para os estados do elétron no átomo de hidrogênio quando $n = 4$. Quantas combinações existem? (b) Quais são as energias desses estados?

41.15 •• (a) Quantos estados $5g$ diferentes o hidrogênio possui? (b) Qual desses estados possui o maior ângulo entre $\vec{L}$ e o eixo z, e qual é esse ângulo? (c) Qual desses estados possui o menor ângulo entre $\vec{L}$ e o eixo z, e qual é esse ângulo?

41.16 •• CALC (a) Qual é a probabilidade de que um elétron seja encontrado no estado $1s$ de um átomo de hidrogênio a uma distância menor que $a/2$ do núcleo? (b) Use o resultado do item (a) e do Exemplo 41.4 para calcular a probabilidade de o elétron ser encontrado a uma distância entre $a/2$ e a do núcleo.

41.17 • Mostre que $\Phi(\phi) = e^{im_l\phi} = \Phi(\phi + 2\pi)$ (ou seja, mostre que $\Phi(\phi)$ é periódica com período igual a 2π) se e somente se m_l possuir valores restritos a 0, ± 1, ± 2 ... (*Dica*: a fórmula de Euler diz que $e^{i\phi} = \cos\phi + i \operatorname{sen}\phi$.)

Seção 41.4 O efeito Zeeman

41.18 • Um átomo de hidrogênio está no estado d. Na ausência de campo magnético externo, os estados com valores diferentes de m_l possuem (aproximadamente) a mesma energia. Considere a interação do campo magnético com o momento de dipolo magnético orbital do átomo. (a) Calcule, em elétrons-volt, o desdobramento dos níveis m_l quando o átomo é colocado em um campo magnético de 0,800 T na direção $+z$. (b) Qual é o nível m_l que possui a energia mais baixa? (c) Faça um diagrama dos níveis de energia d com e sem o campo magnético externo.

41.19 • Um átomo de hidrogênio no estado $3p$ é colocado em um campo magnético externo uniforme $\vec{B}$. Considere a interação do campo magnético com o momento de dipolo magnético orbital do átomo. (a) Qual é o módulo do campo B necessário para desdobrar o estado $3p$ em diversos níveis com uma diferença de energia entre dois níveis adjacentes igual a $2{,}71 \times 10^{-5}$ eV? (b) Quantos níveis existiriam?

41.20 •• PC Um átomo de hidrogênio passa por uma transição de um estado $2p$ para o estado fundamental $1s$. Na ausência de um campo magnético, a energia do fóton emitida é 122 nm. O átomo é então colocado em um campo magnético forte na direção do eixo z. Despreze os efeitos de *spin*; considere apenas a interação do campo magnético com o momento magnético orbital do átomo. (a) Quantos comprimentos de onda de fóton diferentes são observados na transição $2p \longrightarrow 1s$? Quais são os valores de m_l para os estados inicial e final de uma transição que produz cada comprimento de onda do fóton? (b) Um comprimento de onda observado é exatamente o mesmo, com ou sem campo magnético. Quais são os valores inicial e final de m_l para uma transição que produz um fóton com esse comprimento de onda? (c) Um comprimento de onda observado com o campo é maior que o comprimento de onda sem o campo. Quais são os valores inicial e final de m_l para uma transição que produz um fóton com esse comprimento de onda? (d) Repita o item (c) para o comprimento de onda que é menor que o comprimento de onda na ausência do campo.

41.21 • Um átomo de hidrogênio no estado $5g$ é colocado em um campo magnético de 0,600 T situado na direção z. (a) Em quantos níveis o estado se desdobra por causa da interação do campo magnético com o momento de dipolo magnético orbital do átomo? (b) Qual é a diferença de energia entre dois níveis adjacentes? (c) Qual é a diferença de energia entre o nível mais elevado e o nível mais baixo?

Seção 41.5 *Spin* do elétron

41.22 •• Um átomo de hidrogênio no estado $n = 1$, $m_s = -\frac{1}{2}$ é colocado em um campo magnético com módulo igual a 1,60 T situado na direção $+z$. (a) Calcule a energia (em elétrons-volt) da interação magnética do elétron com o campo. (b) Existe alguma interação magnética entre o campo magnético e o momento de dipolo magnético orbital nesse estado? Explique. (c) Pode existir uma interação com o momento de dipolo magnético orbital para $n \neq 1$?

41.23 •• PC **Modelo clássico do *spin* do elétron.** (a) Se você imaginar o elétron como uma esfera clássica com raio igual a $1{,}0 \times 10^{-17}$ m, qual será a velocidade angular necessária para produzir um momento angular de *spin* de módulo igual a $\sqrt{\frac{3}{4}}\hbar$? (b) Use $v = r\omega$ e o resultado do item (a) para calcular o módulo da velocidade no equador do elétron. O que seu resultado informa sobre a validade desse modelo?

41.24 •• PC A interação hiperfina no átomo de hidrogênio entre o momento de dipolo magnético do próton e o momento de dipolo magnético de *spin* do elétron produz o desdobramento do nível fundamental em dois níveis separados por $5{,}9 \times 10^{-6}$ eV. (a) Calcule o comprimento de onda e a frequência do fóton emitido quando o átomo faz uma transição entre esses estados e compare sua resposta com o valor dado no final da Seção 41.5.

Em que parte do espectro eletromagnético o fóton se situa? Esses fótons são emitidos por nuvens de hidrogênio frias do espaço interestelar; ao detectar esses fótons, os astrônomos são capazes de calcular o número e a densidade de tais nuvens. (b) Calcule o campo magnético efetivo que atua sobre o elétron nesses estados (veja a Figura 41.18). Compare seu resultado com o campo magnético efetivo produzido pelo acoplamento *spin*−órbita calculado no Exemplo 41.7.

41.25 • Calcule a diferença de energia entre o nível $m_s = \frac{1}{2}$ ("*spin* para cima") e o nível $m_s = -\frac{1}{2}$ ("*spin* para baixo") de um átomo de hidrogênio no estado 1*s* quando este é colocado em um campo magnético com módulo igual a 1,45 T no sentido *negativo* do eixo *z*. Que nível, $m_s = \frac{1}{2}$ ou $m_s = -\frac{1}{2}$, possui a energia mais baixa?

41.26 • Verifica-se que um átomo de hidrogênio em um estado com um determinado momento angular orbital possui números quânticos *j* iguais a $\frac{7}{2}$ e $\frac{9}{2}$. (a) Qual é a letra correspondente ao valor de *l* para o estado? (b) Se $n = 5$, qual é a diferença de energia entre os níveis $j = \frac{7}{2}$ e $j = \frac{9}{2}$?

Seção 41.6 Átomos com muitos elétrons e o princípio de exclusão

41.27 • Faça uma lista dos quatro números quânticos n, l, m_l e m_s para cada um dos dez elétrons no estado fundamental do átomo de neônio. *Não* consulte as tabelas 41.2 ou 41.3.

41.28 • Para o germânio (Ge, $Z = 32$), faça uma lista do número de elétrons de cada subcamada (1*s*, 2*s*, 2*p*,...). Use os valores permitidos dos números quânticos e o princípio de exclusão; *não* consulte a Tabela 41.3.

41.29 •• (a) Escreva a configuração eletrônica do estado fundamental ($1s^2$, $2s^2$,...) para o átomo de berílio. (b) Qual é o próximo elemento de *Z* maior que possui propriedades químicas semelhantes às do berílio? Forneça a configuração eletrônica do estado fundamental desse elemento. (c) Use o procedimento do item (b) para prever qual é o próximo elemento de *Z* maior que em (b) que terá propriedades químicas semelhantes às do elemento que você encontrou no item (b); forneça sua configuração eletrônica do estado fundamental.

41.30 •• (a) Escreva a configuração eletrônica do estado fundamental ($1s^2$, $2s^2$,...) para o átomo de carbono. (b) Qual é o próximo elemento de *Z* em tamanho que possui propriedades químicas semelhantes às do carbono? Forneça a configuração eletrônica do estado fundamental desse elemento.

41.31 • O elétron 5*s* no rubídio (Rb) sofre a ação de uma carga efetiva igual a 2,771*e*. Calcule a energia de ionização desse elétron.

41.32 • As energias dos estados 4*s*, 4*p* e 4*d* do potássio são dadas no Exemplo 41.10. Calcule Z_{ef} para cada estado. Que tendência seus resultados mostram? Como você pode explicar essa tendência?

41.33 • (a) O íon com carga dupla N^{2+} é formado removendo-se dois elétrons de um átomo de nitrogênio. Qual é a configuração eletrônica do estado fundamental do íon N^{2+}? (b) Estime a energia do nível menos fortemente ligado da camada *L* do N^{2+}. (c) O íon com carga dupla P^{2+} é formado removendo-se dois elétrons de um átomo de fósforo. Qual é a configuração eletrônica do estado fundamental do íon P^{2+}? (d) Estime a energia do nível menos fortemente ligado da camada *M* do P^{2+}.

41.34 • (a) A energia do estado 2*s* do lítio é −5,391 eV. Calcule o valor de Z_{ef} para esse estado. (b) A energia do estado 4*s* do potássio é −4,339 eV. Calcule o valor de Z_{ef} para esse estado. (c) Compare Z_{ef} do estado 2*s* do lítio com o estado 3*s* do sódio (Exemplo 41.9) e com o estado 4*s* do potássio. Que tendência seus resultados mostram? Como explicar essa tendência?

41.35 • Estime a energia do estado *l* mais elevado para (a) a camada *L* do Be^+ e (b) a camada *N* do Ca^+.

Seção 41.7 Espectro de raios X

41.36 • Um raio X K_α emitido por uma amostra possui uma energia igual a 7,46 keV. De qual elemento a amostra é constituída?

41.37 • Calcule a frequência, a energia (em keV) e o comprimento de onda do raio X K_α emitido pelos elementos (a) cálcio (Ca, $Z = 20$); (b) cobalto (Co, $Z = 27$) e (c) cádmio (Cd, $Z = 48$).

41.38 •• As energias para um elétron nas camadas *K*, *L* e *M* do átomo de tungstênio são −69.500 eV, −12.000 eV e −2.200 eV, respectivamente. Calcule os comprimentos de onda dos raios X K_α e K_β do tungstênio.

PROBLEMAS

41.39 • Em termos da energia do estado fundamental $E_{1,1,1}$, qual é a energia do nível mais alto ocupado por um elétron quando dez elétrons são colocados em uma caixa cúbica?

41.40 •• Um elétron se encontra em uma caixa tridimensional com comprimentos de lado $L_X = 0{,}600$ nm e $L_Y = L_Z = 2L_X$. Quais são os números quânticos n_X, n_Y e n_Z e as energias, em eV, dos quatro menores níveis de energia? Qual é a degeneração de cada um (incluindo a degeneração decorrente do *spin*)?

41.41 •• **CALC** Uma partícula se encontra na caixa cúbica tridimensional da Seção 41.2. (a) Considere o volume cúbico definido por $0 \le x \le L/4$, $0 \le y \le L/4$ e $0 \le z \le L/4$. Que fração do volume total da caixa esse volume cúbico representa? (b) Se a partícula está no estado fundamental ($n_X = 1$, $n_Y = 1$, $n_Z = 1$), calcule a probabilidade de que ela seja encontrada no volume cúbico definido no item (a). (c) Repita o cálculo do item (b) para quando a partícula se encontra no estado $n_X = 2$, $n_Y = 1$, $n_Z = 1$.

41.42 ••• Um elétron está em uma caixa tridimensional. Os lados *x* e *z* da caixa possuem o mesmo comprimento, mas o lado *y* tem um comprimento diferente. Os dois níveis de energia mais baixos são 2,24 eV e 3,47 eV, e a degeneração de cada um desses níveis (incluindo a degeneração decorrente do *spin* do elétron) é 2. (a) Quais são os números quânticos n_X, n_Y e n_Z para cada um desses dois níveis? (b) Quais são os comprimentos L_X, L_Y e L_Z de cada lado da caixa? (c) Quais são a energia, os números quânticos e a degeneração (incluindo a degeneração do *spin*) do próximo estado de energia mais alta?

41.43 •• **CALC** Uma partícula na caixa cúbica tridimensional da Seção 41.2 se encontra no estado fundamental, onde $n_X = n_Y = n_Z = 1$. (a) Calcule a probabilidade de que essa partícula seja encontrada em algum lugar entre $x = 0$ e $x = L/2$. (b) Calcule a probabilidade de que a partícula seja encontrada em algum lugar entre $x = L/4$ e $x = L/2$. Compare seus resultados com o resultado do Exemplo 41.1 para a probabilidade de encontrar a partícula na região $x = 0$ a $x = L/4$.

41.44 •• **PC CALC** **Oscilador harmônico isotrópico tridimensional.** Um oscilador harmônico isotrópico tem a função de energia potencial $U(x, y, z) = \frac{1}{2}k'(x^2 + y^2 + z^2)$. (*Isotrópico* significa que a constante de força *k'* é a mesma nas três direções coordenadas.) (a) Mostre que, para esse potencial, uma solução para a Equação 41.5 é dada por $\psi = \psi_{n_x}(x)\psi_{n_y}(y)\psi_{n_z}(z)$. Nessa expressão, $\psi_{n_x}(x)$ é uma solução para a equação de Schrödinger do oscilador harmônico unidimensional, Equação 40.44, com energia $E_{n_x} = (n_x + \frac{1}{2})\hbar\omega$. As funções $\psi_{n_y}(y)$ e $\psi_{n_z}(z)$ são análogas das funções de onda unidimensional para as oscilações nas direções y e z. Determine a energia associada com essa ψ. (b) Com base nos seus resultados do item (a), quais são as energias de nível fundamental e de primeiro nível excitado do oscilador isotrópico tridimensional? (c) Mostre que existe apenas um estado (um conjunto de números quânticos n_x, n_y e n_z) para o nível fundamental, mas três estados para o primeiro nível excitado.

41.45 •• PC CALC **Oscilador harmônico anisotrópico tridimensional.** Um oscilador tem a função de energia potencial $U(x, y, z) = \frac{1}{2}k_1'(x^2 + y^2) + \frac{1}{2}k_2'z^2$, onde $k_1' > k_2'$. Esse oscilador é chamado de *anisotrópico* porque a constante de força não é a mesma nas três direções coordenadas. (a) Escreva uma expressão geral para os níveis de energia do oscilador (veja o Problema 41.44). (b) Com base nos seus resultados do item (a), quais são as energias de nível fundamental e de primeiro nível excitado desse oscilador? (c) Quantos estados (diferentes conjuntos de números quânticos n_x, n_y e n_z) existem para o nível fundamental e para o estado de primeiro nível excitado? Compare com o item (c) do Problema 41.44.

41.46 •• CALC Uma partícula é descrita pela função de onda normalizada $\psi(x, y, z) = Axe^{-\alpha x^2}e^{-\beta y^2}e^{-\gamma z^2}$, onde A, α, β e γ são todas constantes reais e positivas. A probabilidade de que a partícula seja encontrada no volume infinitesimal $dx\,dy\,dz$ centralizado no ponto (x_0, y_0, z_0) é $|\psi(x_0, y_0, z_0)|^2\,dx\,dy\,dz$. (a) Em qual valor de x_0 a partícula tem mais probabilidade de ser encontrada? (b) Existem valores de x_0 para os quais a probabilidade de a partícula ser encontrada é zero? Se sim, em qual x_0?

41.47 •• (a) Mostre que o número total de estados atômicos (incluindo os diferentes estados de *spin*) em uma camada do número quântico principal n é igual a $2n^2$. [*Dica*: a soma dos N primeiros números inteiros $1 + 2 + 3 ... + N$ é igual a $N(N + 1)/2$.] (b) Qual é a camada que possui 50 estados?

41.48 •• (a) Qual é a menor energia possível (em elétrons-volt) de um elétron no hidrogênio se seu momento angular orbital é $\sqrt{20}\hbar$? (b) Quais são os maiores e os menores valores do componente z do momento angular orbital (em termos de $\hbar$) do elétron no item (a)? (c) Quais são os maiores e os menores valores do momento angular de *spin* (em termos de $\hbar$) do elétron no item (a)? (d) Quais são os maiores e os menores valores do momento angular orbital (em termos de $\hbar$) de um elétron na camada M do hidrogênio?

41.49 •• CALC Considere um átomo de hidrogênio no estado 1s. (a) Em que valor de r a energia potencial $U(r)$ torna-se igual à energia total E? Expresse sua resposta em termos de a. Esse valor de r é chamado de *ponto de inversão clássico*, porque nesse ponto uma partícula newtoniana para momentaneamente e inverte seu sentido. (b) Para um valor de r maior que o valor do ponto de inversão clássico, $U(r) > E$. Da maneira clássica, a partícula não pode estar nessa região, uma vez que a energia cinética não pode ser negativa. Calcule a probabilidade de o elétron ser encontrado nessa região proibida pela física clássica.

41.50 • CALC Para um átomo de hidrogênio, a probabilidade $P(r)$ de encontrar o elétron no interior de uma camada esférica de raio interno r e raio externo $r + dr$ é dada pela Equação 41.25. Para um átomo de hidrogênio no estado fundamental 1s, em que valor de r a probabilidade $P(r)$ atinge seu valor máximo? Como seu resultado se compara à distância entre o elétron e o núcleo no estado $n = 1$ no modelo de Bohr indicado na Equação 41.26?

41.51 •• CALC A função de onda radial normalizada, para o estado 2p do átomo de hidrogênio, é R_{2p} $(1/\sqrt{24a^5})re^{-r/2a}$. Depois de fazermos a média das variáveis angulares, a função de probabilidade radial torna-se $P(r)\,dr = (R_{2p})^2r^2\,dr$. Em que valor de r a função $P(r)$ é um máximo para o estado 2p? Compare seus resultados com o raio do estado $n = 2$ no modelo de Bohr.

41.52 • PC **Átomos de Rydberg.** Um *átomo de Rydberg* é aquele cujos elétrons da camada mais externa estão em um estado excitado com número quântico principal *muito* grande. Os átomos de Rydberg foram produzidos em laboratório e também detectados no espaço interestelar. (a) Por que todos os átomos de Rydberg neutros com o mesmo valor de n possuem essencialmente a mesma energia de ionização, que é independente do número total de elétrons no átomo? (b) Qual é a energia de ionização de um átomo de Rydberg com número quântico principal igual a 300? Qual é o raio do modelo de Bohr de um elétron em órbita no átomo de Rydberg? (c) Refaça o item (b) para $n = 600$.

41.53 •• (a) Para um estado excitado do átomo de hidrogênio, mostre que o menor ângulo que o momento angular orbital $\boldsymbol{L}$ pode formar com o eixo z é dado por

$$(\theta_L)_{\text{mín}} = \arccos\left(\frac{n-1}{\sqrt{n(n-1)}}\right)$$

(b) Qual é a expressão correspondente para $(\theta_L)_{\text{máx}}$, o maior ângulo possível entre $\vec{L}$ e o eixo z?

41.54 •• Um átomo em um estado 3d emite um fóton de comprimento de onda de 475,082 nm quando sofre decaimento até um estado 2p. (a) Qual é a energia (em elétrons-volt) do fóton emitido nessa transição? (b) Use as regras de seleção descritas na Seção 41.4 para encontrar as transições permitidas se o átomo está agora em um campo magnético externo de 3,500 T. Ignore os efeitos de *spin* do elétron. (c) No caso do item (b), se a energia do estado 3d fosse originalmente −8,50000 eV sem campo magnético presente, quais seriam as energias dos estados em que ele se desdobraria no campo magnético? (d) Quais são os comprimentos de onda permitidos da luz emitida durante a transição do item (b)?

41.55 •• CALC **Análise espectral.** Ao estudar o espectro de uma nuvem de gás no espaço, uma astrônoma encontra uma linha espectral resultante de uma transição de um estado p para um estado s. Ela descobre que uma linha em 575,050 nm na verdade se desdobrou em três linhas, com uma distância entre as linhas adjacentes de 0,0462 nm, o que indica que o gás está no campo magnético externo. (Despreze os efeitos de *spin* do elétron.) Qual é a força do campo magnético externo?

41.56 •• PC **Experiência de Stern-Gerlach.** Em uma experiência de Stern-Gerlach, a força de desvio sobre o átomo é $F_z = -\mu_z(dB_z/dz)$, onde μ_z é dado pela Equação 41.38 e dB_z/dz é o gradiente do campo magnético. Em uma experiência na qual a região do campo magnético apresenta 50 cm de comprimento, suponha que o gradiente do campo magnético seja constante nessa região. Um feixe de átomos de prata entra no campo magnético com uma velocidade de 375 m/s. Que valor de dB_z/dz é necessário para resultar em uma separação de 1 mm entre os dois componentes do *spin* ao saírem do campo? (*Nota*: o momento dipolo magnético da prata é igual ao do hidrogênio, já que seu elétron de valência se encontra em um estado $l = 0$.)

41.57 • PC Colocamos na presença de um campo magnético orientado ao longo do eixo $+z$ um grande número de átomos de hidrogênio ocupando estados 1s. Suponha que os átomos estejam em equilíbrio térmico na temperatura ambiente $T = 300$ K. De acordo com a distribuição de Maxwell-Boltzmann (veja a Seção 39.4), qual é a razão entre o número de átomos no estado $m_s = \frac{1}{2}$ e o número de átomos no estado $m_s = -\frac{1}{2}$ quando o módulo do campo magnético é (a) igual a $5{,}00 \times 10^{-5}$ T (aproximadamente igual ao campo magnético da Terra); (b) 0,500 T; (c) 5,00 T?

41.58 •• **Campo magnético efetivo.** Um elétron em um átomo de hidrogênio está no estado $2p$. Em um modelo simples do átomo, suponha que o elétron gire ao redor do próton em uma órbita de raio r igual ao raio do modelo de Bohr para $n = 2$. Considere que a velocidade v do elétron em órbita possa ser calculada estabelecendo-se que $L = mvr$ e que L tenha o valor mecânico-quântico para um estado $2p$. Na estrutura do elétron, o próton apresenta um raio de órbita r e uma velocidade v. Modele o próton em órbita como uma espira circular de corrente e calcule o campo magnético que ele produz no local do elétron.

41.59 •• **Universo estranho.** Em outro universo, o elétron é uma partícula com *spin* igual a $\frac{3}{2}$ em vez de $\frac{1}{2}$, mas todas as outras leis e fenômenos físicos são iguais aos do nosso universo. Nesse universo, (a) quais são os números atômicos dos dois gases inertes mais leves? (b) Qual é a configuração do elétron do estado fundamental do sódio?

41.60 •• A configuração eletrônica do estado fundamental $^2S_{1/2}$ de um átomo de lítio com três elétrons é $1s^22s$. O estado excitado $1s^22p$ se desdobra em dois níveis muito próximos, $^2P_{3/2}$ e $^2P_{1/2}$, em virtude da interação *spin*−órbita (veja o Exemplo 41.7 na Seção 41.5). Um fóton de comprimento de onda igual a 67,09608 μm é emitido na transição $^2P_{3/2} \rightarrow {}^2S_{1/2}$, e um fóton de comprimento de onda igual a 67,09761 μm é emitido na transição $^2P_{1/2} \rightarrow {}^2S_{1/2}$. Calcule o campo magnético efetivo que atua sobre o elétron no estado $1s^22p$ do átomo de lítio. Como seu resultado se compara com o obtido no Exemplo 41.7 para o nível $3p$ do átomo de sódio?

41.61 •• Um átomo de hidrogênio no estado $n = 2$, $l = 1$, $m_l = -1$ emite um fóton quando decai para o estado fundamental $n = 1$, $l = 0$, $m_l = 0$. (a) Na ausência de um campo magnético, qual é o comprimento de onda desse fóton? (b) Quando o átomo está na presença de um campo magnético orientado ao longo do eixo $+z$ com módulo igual a 2,20 T, qual é o deslocamento do comprimento de onda em relação ao valor na ausência de campo magnético? O efeito do campo magnético faz o comprimento de onda aumentar ou diminuir? Suponha que os efeitos de *spin* possam ser desprezados. [*Dica*: use o resultado do Problema 39.76(c).]

41.62 •• **PC** **Ressonância de *spin*.** Os elétrons situados no mais baixo de dois estados de *spin* em um campo magnético podem absorver um fóton com uma frequência exatamente suficiente para efetuarem uma transição para o estado com *spin* mais elevado. (a) Calcule o módulo B do campo magnético necessário para essa transição induzida por micro-ondas de comprimento de onda λ em átomos de hidrogênio no estado $n = 1$ e $l = 0$. (b) Calcule o valor de B para um comprimento de onda igual a 4,20 cm.

41.63 • Estime os comprimentos de onda mínimo e máximo do raio X característico emitido por: (a) vanádio ($Z = 23$) e (b) rênio ($Z = 45$). Justifique qualquer aproximação que você fizer.

41.64 •• Um átomo de hidrogênio inicialmente em um estado $n = 3$, $l = 1$ faz uma transição para o estado $n = 2$, $l = 0$, $j = \frac{1}{2}$. Determine a diferença no comprimento de onda entre os dois seguintes fótons: um emitido em uma transição que se inicia no estado $n = 3$, $l = 1$, $j = \frac{3}{2}$ e um que se inicia no estado $n = 3$, $l = 1$, $j = \frac{1}{2}$. Qual fóton possui o comprimento de onda maior?

41.65 •• **DADOS** No estudo da blindagem de elétrons nos átomos com muitos elétrons, começamos com os metais alcalinos. Você pesquisa os dados experimentais e obtém os resultados descritos na tabela a seguir.

Elemento	Li	Na	K	Rb	Cs	Fr
Energia de ionização (kJ/mol)	520,2	495,8	418,8	403,0	357,7	380

A energia de ionização é a energia mínima necessária para remover o elétron menos ligado de um átomo de estado fundamental. (a) Sabendo que a unidade kJ/mol indicada na tabela é a energia mínima em kJ necessária para ionizar 1 mol de átomos, faça a conversão das energias de ionização fornecidas para a energia em eV necessária para ionizar um átomo. (b) Qual é o valor da carga nuclear Z para cada elemento na tabela? Qual é o número quântico n para o elétron menos ligado no estado fundamental? (c) Calcule Z_{ef} para esse elétron em cada átomo de metal alcalino. (d) As energias de ionização diminuem conforme Z aumenta; então, Z_{ef} aumenta ou diminui conforme Z aumenta? Por que Z_{ef} apresenta esse comportamento?

41.66 •• **DADOS** Você está estudando a absorção da radiação eletromagnética por elétrons em uma estrutura de cristal. A situação pode ser representada por um elétron em uma caixa cúbica de lado L. O elétron se encontra inicialmente no estado fundamental. (a) Você observa que o fóton de maior comprimento de onda absorvido possui um comprimento de onda no ar de $\lambda = 624$ nm. Qual é o valor de L? (b) Você descobre que $\lambda = 234$ nm também é absorvido quando o estado inicial ainda é o estado fundamental. Qual é o valor de n^2 para o estado final na transição para a qual esse comprimento de onda é absorvido, onde $n^2 = n_X^2 + n_Y^2 + n_Z^2$? Qual é a degeneração desse nível de energia (incluindo a degeneração decorrente do *spin* do elétron)?

41.67 •• **DADOS** Enquanto trabalha em um laboratório de magnetismo, você realiza uma experiência na qual um átomo de hidrogênio no estado $n = 1$ está em um campo magnético de módulo B. Um fóton de comprimento de onda λ (no ar) é absorvido em uma transição do estado $m_s = -\frac{1}{2}$ para o estado $m_s = +\frac{1}{2}$. Os comprimentos de onda λ como uma função de B são dados na tabela a seguir.

B (T)	0,51	0,74	1,03	1,52	2,02	2,48	2,97
λ (mm)	21,4	14,3	10,7	7,14	5,35	4,28	3,57

(a) Represente os dados na tabela como frequência de fótons f em função de B, onde $f = c/\lambda$. Encontre a inclinação da linha reta que fornece a melhor correspondência para os dados. (b) Use seus resultados do item (a) para calcular $|\mu_z|$, o módulo do momento magnético do *spin*. (c) Fazendo $\gamma = |\mu_z|/|S_z|$ representar a relação giromagnética para o *spin* do elétron, use seu resultado do item (b) para calcular γ. Qual é o valor de $\gamma/(e/2m)$ fornecido pelos seus dados experimentais?

PROBLEMAS DESAFIADORES

41.68 ••• Existem $2N$ elétrons (com massa m) que podem se mover ao longo do eixo x. A energia potencial de cada elétron é dada por $U(x) = \frac{1}{2}k'x^2$, onde k' é uma constante positiva. As interações elétricas e magnéticas entre os elétrons podem ser desprezadas. Use o princípio de exclusão para mostrar que a energia mínima desse sistema de $2N$ elétrons é dada por $\hbar N^2\sqrt{k'/m}$ (*Dica*: veja a Seção 40.5 e a dica fornecida no Problema 41.47.)

41.69 ••• **PC** Considere um modelo simples do átomo de hélio no qual dois elétrons, cada um com massa m, giram em torno do núcleo (carga $+2e$) na mesma órbita circular. Cada elétron possui momento angular orbital $\hbar$ (ou seja, o raio da órbita de menor valor no modelo de Bohr) e os dois elétrons estão sempre em lados opostos ao núcleo. Despreze os efeitos de *spin*. (a) Determine o raio da órbita e a velocidade orbital de cada elétron. [*Dica*: siga o procedimento usado na Seção 39.3 para deduzir as equações 39.8 e 39.9. Cada elétron sofre a ação de uma força de atração do núcleo e de uma força de repulsão do outro elétron.] (b) Qual é a energia cinética total dos elétrons? (c) Qual é a energia potencial do sistema (o núcleo e os dois elétrons)? Nesse modelo, qual é a energia necessária para remover ambos os elétrons os afastando até o infinito? Como isso se compara com o valor experimental de 79 eV?

Problemas com contexto

BIO **ÁTOMOS DE TAMANHO INCOMUM.** Na fotossíntese das plantas, a luz é absorvida em complexos de captação de luz que consistem em moléculas de proteína e de pigmento. A energia absorvida é então transportada para um complexo especializado, chamado *centro de reação*. Efeitos de mecânica quântica podem desempenhar um importante papel nessa transferência de energia. Em uma experiência recente, pesquisadores congelaram átomos de rubídio em uma temperatura muito baixa a fim de estudar um processo de transferência de energia semelhante em laboratório. A luz de laser foi usada para excitar um elétron em cada átomo para um estado com n grande. Esse elétron altamente excitado se comporta de maneira muito semelhante ao único elétron em um átomo de hidrogênio, com um número atômico (blindado) efetivo $Z_{ef} = 1$. Entretanto, como n é muito grande, o elétron excitado está longe demais do núcleo atômico, com um raio orbital de aproximadamente 1 μm, e está fracamente ligado. Usando esses chamados *átomos de Rydberg*, os pesquisadores foram capazes de estudar o modo como a energia é transportada de um átomo para o outro. Esse processo pode ser um modelo para compreendermos o transporte de energia na fotossíntese. (Fonte: "Observing the Dynamics of Dipole-Mediated Energy Transport by Interaction Enhanced Imaging," de G. Günter et al., *Science* 342(6161): 954–956, novembro de 2013.)

41.70 No modelo de Bohr, qual é o número quântico principal n no qual o elétron excitado está em um raio de 1 μm? (a) 140; (b) 400; (c) 20; (d) 81.

41.71 Considere que o tamanho de um átomo de Rydberg seja do diâmetro da órbita do elétron excitado. Se os pesquisadores quiserem realizar essa experiência com os átomos de rubídio em um gás, com os átomos separados por uma distância de dez vezes o seu tamanho, a densidade de átomos por centímetro cúbico deve ser de aproximadamente (a) 10^5 átomos/cm³; (b) 10^8 átomos/cm³; (c) 10^{11} átomos/cm³; (d) 10^{21} átomos/cm³

41.72 Suponha que os pesquisadores colocassem um átomo em um estado com $n = 100$, $l = 2$. Qual seria o módulo do momento angular orbital $\vec{L}$ associado com esse estado? (a) $\sqrt{2}\hbar$; (b) $\sqrt{6}\hbar$; (c) $\sqrt{200}\hbar$; (d) $\sqrt{10{,}100}\hbar$.

41.73 Quantos estados de elétron diferentes existem na subcamada $n = 100$, $l = 2$? (a) 2; (b) 100; (c) 10.000; (d) 10.

RESPOSTAS

Resposta à pergunta inicial do capítulo

Resposta: (iii) O princípio de exclusão de Pauli é o motivo. O hélio é inerte porque seus dois elétrons preenchem a camada K; o lítio é muito reativo porque seu terceiro elétron precisa entrar na camada L e é fracamente ligado. Veja a Seção 41.6 para obter mais detalhes.

Respostas às perguntas dos testes de compreensão

41.1 Resposta: (iv) Se $U(x, y, z) = 0$ em uma determinada região do espaço, podemos reescrever a equação de Schrödinger independente do tempo (Equação 41.5) para essa região como $\partial^2\psi/\partial x^2 + \partial^2\psi/\partial y^2 + \partial^2\psi/\partial z^2 = (-2mE/\hbar^2)\psi$. Como é informado que todas as segundas derivativas de $\psi(x, y, z)$ são positivas nessa região, então o lado esquerdo dessa equação é positivo. Portanto, o lado direito $(-2mE/\hbar^2)\psi$ também precisa ser positivo. Como $E > 0$, a grandeza $-2mE/\hbar^2$ é negativa e, portanto, $\psi(x, y, z)$ só pode ser negativa.

41.2 Resposta: (iv), (ii), (i) e (iii) (empate) A Equação 41.16 mostra que os níveis de energia para uma caixa cúbica são proporcionais à grandeza $n_X^2 + n_Y^2 + n_Z^2$. Portanto, classificar na ordem dessa grandeza é o mesmo que classificar na ordem de energia. Para os quatro casos fornecidos, temos (i) $n_X^2 + n_Y^2 + n_Z^2 = 2^2 + 3^2 + 2^2 = 17$; (ii) $n_X^2 + n_Y^2 + n_Z^2 = 4^2 + 1^2 + 1^2 = 18$; (iii) $n_X^2 + n_Y^2 + n_Z^2 = 2^2 + 2^2 + 3^2 = 17$; e (iv) $n_X^2 + n_Y^2 + n_Z^2 = 1^2 + 3^2 + 3^2 = 19$. Os estados $(n_X, n_Y, n_Z) = (2, 3, 2)$ e $(n_X, n_Y, n_Z) = (2, 2, 3)$ possuem a mesma energia (ou seja, são degenerados).

41.3 Resposta: (ii) e (iii) (empate), (i) Um elétron em um estado com número quântico principal n apresenta maior probabilidade de ser encontrado em $r = n^2a$. Esse resultado não depende dos valores dos números quânticos l e m_l. Logo, um elétron com $n = 2$ (com maior probabilidade de ser encontrado em $r = 4a$) apresenta maior probabilidade de ser encontrado próximo a $r = 5a$ que um elétron com $n = 1$ (encontrado provavelmente em $r = a$).

41.4 Resposta: não Só o que importa é o componente do momento magnético orbital do elétron no sentido de $\vec{B}$, que é chamado de μ_z na Equação 41.32 porque *definimos* o eixo $+z$ apontando no sentido de $\vec{B}$. Na realidade, os nomes dos eixos são completamente arbitrários.

41.5 Resposta: (iv) Para que o momento magnético esteja perfeitamente alinhado com a direção z, o componente z do vetor $\vec{S}$ precisaria possuir o mesmo valor absoluto que $\vec{S}$. Entretanto, os valores possíveis de S_z são $\pm\frac{1}{2}\hbar$ (Equação 41.36), enquanto o módulo do vetor de *spin* é $S = \sqrt{\frac{3}{4}}\hbar$ (Equação 41.37). Logo, $\vec{S}$ nunca pode estar perfeitamente alinhado com qualquer direção no espaço.

41.6 Resposta: mais difícil Se não existisse o princípio de exclusão, todos os 11 elétrons no átomo de sódio estariam no nível de menor energia (o nível 1s) e a configuração seria $1s^{11}$. Consequentemente, seria mais difícil remover o primeiro elétron. (Em um átomo de sódio verdadeiro, o elétron de valência está em um estado blindado 3s, contando com uma energia comparativamente elevada.)

41.7 Resposta: (iv) Uma extremidade de absorção aparece se a energia do fóton é alta o bastante apenas para remover um elétron em um dado nível de energia do átomo. Em uma amostra de hidrogênio em alta temperatura, esperamos encontrar átomos cujos elétrons estão no nível fundamental ($n = 1$), no primeiro nível excitado ($n = 2$) e no segundo nível excitado ($n = 3$). De acordo com a Equação 41.21, as energias desses níveis são $E_n = (-13,60 \text{ eV})/n^2 = -13,60$ eV, $-3,40$ eV e $-1,51$ eV (veja a Figura 39.24b).

41.8 Resposta: sim; não Esta função de onda diz que é igualmente possível que o elétron (partícula 1) esteja no estado *C* e o próton (partícula 2) esteja no estado *E* ou que a partícula 1 esteja no estado *C* e a partícula 2 esteja no estado *F*. Como as partículas 1 e 2 não são idênticas e são distinguíveis, não há razão para que não possamos afirmar que a partícula 1 esteja no estado *C*, independentemente de qual estado seja ocupado pela partícula 2. Portanto, esta é uma função de onda válida para o sistema e as duas partículas não estão entrelaçadas. Se medirmos o estado do elétron isoladamente, é garantido obtermos *C* como resultado; uma medição subsequente do estado do próton resultará *E* ou *F* com igual probabilidade, o mesmo que se não tivéssemos medido primeiro o estado do elétron. De igual modo, se medirmos primeiro o estado do próton, o resultado dessa medição não afetará uma medição subsequente do estado do elétron (para a qual o resultado com certeza será *C*).

Problema em destaque

(a) $2,37 \times 10^{-10}$ m

(b) Valores de (n_X, n_Y, n_Z, m_s) para os 22 elétrons: $(1, 1, 1, +\frac{1}{2})$, $(1, 1, 1, -\frac{1}{2})$, $(2, 1, 1, +\frac{1}{2})$, $(2, 1, 1, -\frac{1}{2})$, $(1, 2, 1, +\frac{1}{2})$, $(1, 2, 1, -\frac{1}{2})$, $(1, 1, 2, +\frac{1}{2})$, $(1, 1, 2, -\frac{1}{2})$, $(2, 2, 1, +\frac{1}{2})$, $(2, 2, 1, -\frac{1}{2})$, $(2, 1, 2, +\frac{1}{2})$, $(2, 1, 2, -\frac{1}{2})$, $(1, 2, 2, +\frac{1}{2})$, $(1, 2, 2, -\frac{1}{2})$, $(3, 1, 1, +\frac{1}{2})$, $(3, 1, 1, -\frac{1}{2})$, $(1, 3, 1, +\frac{1}{2})$, $(1, 3, 1, -\frac{1}{2})$, $(1, 1, 3, +\frac{1}{2})$, $(1, 1, 3, -\frac{1}{2})$, $(2, 2, 2, +\frac{1}{2})$, $(2, 2, 2, -\frac{1}{2})$

(c) 20,1 eV, 40,2 eV, 60,3 eV, 73,7 eV e 80,4 eV

(d) 60,3 eV *versus* $4,52 \times 10^3$ eV

?Embora Vênus esteja a quase o dobro da distância que Mercúrio está do Sol, ele possui uma temperatura mais alta na superfície: 735 K (462 °C ou 863 °F). O motivo é que Vênus possui uma atmosfera grossa, coberta de nuvens (mostrada aqui com falsa cor), 96,5% composta por dióxido de carbono (CO_2). As moléculas de CO_2 são um agente potente para elevar a temperatura de Vênus, pois: (i) elas absorvem a radiação infravermelha em transições vibratórias; (ii) elas absorvem a radiação infravermelha nas transições eletrônicas; (iii) elas absorvem a radiação ultravioleta nas transições vibratórias; (iv) elas absorvem a radiação ultravioleta nas transições eletrônicas; (v) mais de uma destas respostas.

42 MOLÉCULAS E MATÉRIA CONDENSADA

OBJETIVOS DE APRENDIZAGEM

Ao estudar este capítulo, você aprenderá:

42.1 Os diversos tipos de ligações que mantêm os átomos unidos.

42.2 Como as dinâmicas de rotação e vibração das moléculas são reveladas pelos espectros moleculares.

42.3 Como e por que os átomos formam estruturas cristalinas.

42.4 Como usar o conceito de banda de energia para explicar as propriedades elétricas dos sólidos.

42.5 Um modelo simples para metais que explica muitas de suas propriedades físicas.

42.6 Como o caráter de um semicondutor pode ser radicalmente transformado pela adição de pequenas quantidades de uma impureza.

42.7 Algumas aplicações tecnológicas de dispositivos semicondutores.

42.8 Por que certos materiais se tornam supercondutores a baixas temperaturas.

Revendo conceitos de:

10.5 Energia cinética de rotação.

17.7 Efeito estufa.

18.3-18.5 Gases ideais; equipartição de energia; distribuição de Maxwell-Boltzmann.

23.1 Energia de potencial elétrico.

24.4, 24.5 Dielétricos.

25.2 Resistividade.

39.3 Massa reduzida.

40.5 Osciladores harmônicos da mecânica quântica.

41.2-41.4, 41.6 Partícula em uma caixa tridimensional; níveis de energia de rotação; regras de seleção; princípio de exclusão.

No Capítulo 41, discutimos a estrutura e as propriedades dos átomos isolados. Entretanto, tais átomos são exceções; geralmente encontramos átomos agrupados que constituem moléculas ou que formam estruturas mais complexas, que chamamos de matéria condensada (líquida ou sólida). São as forças de atração entre os átomos, denominadas ligações moleculares, que determinam os agrupamentos desses átomos em moléculas. Veremos que, assim como os átomos possuem energias quantizadas determinadas pelo estado mecânico-quântico de seus elétrons, as moléculas apresentam energias quantizadas determinadas por seus estados rotacional e vibracional.

Os mesmos princípios físicos que se aplicam ao estudo das ligações moleculares se aplicam à matéria condensada, na qual ocorrem vários tipos de ligação. Vamos explorar o conceito de bandas de energia e mostrar como ele ajuda a entender as propriedades dos sólidos. A seguir, analisaremos em detalhe as propriedades de uma classe especial de sólidos, os semicondutores. Dispositivos contendo semicondutores existem em muitos aparelhos modernos, como telefones móveis, TV e computadores.

42.1 TIPOS DE LIGAÇÕES MOLECULARES

Podemos usar o que estudamos sobre estrutura atômica no Capítulo 41 como base para explorar a natureza das *ligações moleculares* — as interações que possibilitam aglutinação dos átomos para formar estruturas estáveis, como moléculas e sólidos.

Ligações iônicas

A **ligação iônica** é uma interação entre átomos *ionizados* que possuem cargas com sinais contrários. O exemplo mais familiar é o cloreto de sódio (NaCl), no qual o átomo de sódio (Na) fornece um elétron 3*s* para o átomo de cloro, completando a vacância na subcamada 3*p* do cloro (Cl).

Vamos examinar o equilíbrio de energia nessa ligação. Para remover um elétron 3*s* do átomo neutro de sódio, precisamos de uma energia igual a 5,138 eV; esse valor é chamado de *energia de ionização* ou *potencial de ionização* do sódio. O átomo neutro de cloro pode atrair um elétron extra para a vacância na subcamada 3*p*, que está blindado de modo incompleto pelos outros elétrons e, portanto, é atraído para o núcleo. Esse estado possui uma energia 3,613 eV mais baixa que a energia potencial do átomo neutro de cloro e de um elétron situado a uma distância muito grande do núcleo; dizemos que 3,613 eV é o módulo da *afinidade eletrônica* do cloro. Portanto, a criação de íons muito afastados, Na^+ e Cl^-, exige um investimento de energia de apenas 5,138 eV – 3,613 eV = 1,525 eV.

Quando os dois íons Na^+ e Cl^- se aproximam, o módulo de sua energia potencial negativa depende do valor de sua separação r (**Figura 42.1**). O princípio da exclusão (Seção 41.6), que declara que somente um elétron pode ocupar determinado estado mecânico-quântico, limita essa separação. À medida que a distância r diminui em virtude do princípio da exclusão, as nuvens eletrônicas dos íons sofrem uma distorção e eles deixam de interagir como cargas puntiformes e, por fim, começam a se repelir.

Verifica-se que a energia potencial mínima do NaCl é igual a −5,7 eV quando a distância entre os íons é igual a 0,24 nm. A energia líquida necessária para criar os íons e mantê-los na posição de equilíbrio na qual a distância entre eles é 0,24 nm é igual a 5,7 eV − 1,525 eV = 4,2 eV. Portanto, desprezando a energia cinética dos íons, 4,2 eV é a *energia de ligação* da molécula do NaCl — a energia que deve ser fornecida para separar a molécula nos dois átomos neutros constituintes.

As ligações iônicas podem envolver mais de um elétron por átomo. Por exemplo, os elementos alcalinos terrosos formam compostos iônicos nos quais um átomo perde *dois* elétrons; um exemplo é o cloreto de magnésio, ou $Mg^{2+}(Cl^-)_2$. As ligações iônicas que envolvem uma perda de mais de dois elétrons são relativamente raras. Em vez disso, um tipo diferente de ligação, a ligação *covalente*, entra em operação. Discutiremos esse tipo de ligação em seguida.

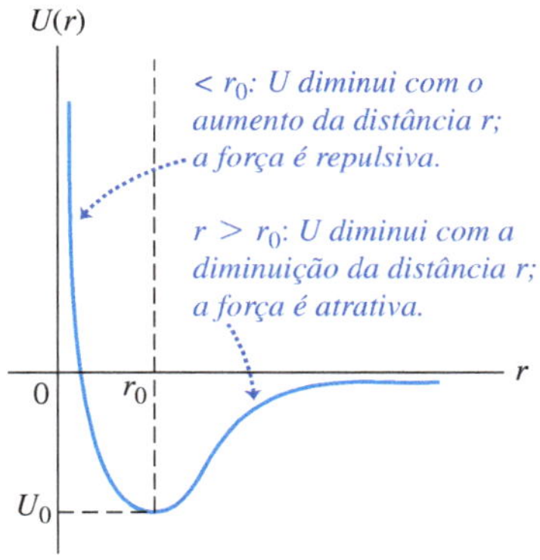

Figura 42.1 Quando a distância r entre dois íons com cargas de sinais contrários é muito grande, a energia potencial $U(r)$ é proporcional a $1/r$, como no caso de cargas puntiformes e quando a força é atrativa. À medida que a distância r diminui, começa a ocorrer uma superposição das nuvens eletrônicas dos dois íons e a força torna-se menos atrativa. A força passa a ser repulsiva quando r é menor que a distância entre os íons no equilíbrio r_0.

EXEMPLO 42.1 ENERGIA POTENCIAL ELÉTRICA DA MOLÉCULA NaCl

Calcule a energia potencial elétrica dos íons Na^+ e Cl^- quando a distância entre eles é 0,24 nm, considerando-os como cargas puntiformes.

SOLUÇÃO

IDENTIFICAR E PREPARAR: a Equação 23.9 na Seção 23.1 nos diz que a energia potencial elétrica de duas cargas puntiformes q e q_0 separadas por uma distância r é $U = qq_0/4\pi\epsilon_0 r$.

EXECUTAR: as duas cargas são $q = +e$ (para Na^+) e $q_0 = -e$ (para Cl^-), e a distância é $r = 0{,}24$ nm $= 0{,}24 \times 10^{-9}$ m. Pela Equação 23.9,

$$U = -\frac{1}{4\pi\epsilon_0}\frac{e^2}{r_0} = -(9{,}0 \times 10^9\ \text{N}\cdot\text{m}^2/\text{C}^2)\frac{(1{,}6 \times 10^{-19}\ \text{C})^2}{0{,}24 \times 10^{-9}\ \text{m}}$$

$$= -9{,}6 \times 10^{-19}\ \text{J} = -6{,}0\ \text{eV}$$

AVALIAR: o resultado obtido concorda satisfatoriamente com o valor observado de −5,7 eV. Para explicarmos a diferença entre esses dois valores, constatamos que, na distância de equilíbrio de 0,24 nm, ocorre uma superposição das nuvens eletrônicas dos dois íons. Logo, os dois íons não se comportam exatamente como cargas puntiformes.

Ligações covalentes

Diferentemente da transação que ocorre em uma ligação iônica, em uma **ligação covalente** não existe transferência de elétrons de um átomo para outro. A ligação covalente mais simples é exemplificada pela molécula do hidrogênio, uma estrutura que contém dois prótons e dois elétrons. Quando os átomos separados (**Figura 42.2a**) se juntam, as funções de onda se superpõem e se tornam mais concentradas

Figura 42.2 Ligação covalente em uma molécula de hidrogênio.

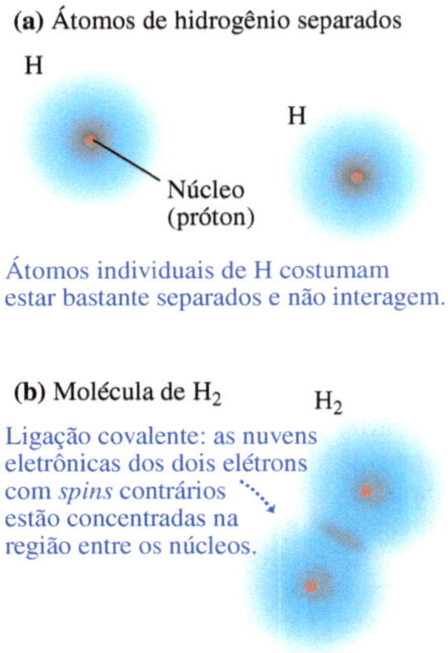

na região entre os dois prótons (Figura 42.2b). A atração resultante entre cada próton e os dois elétrons equilibra a repulsão entre os dois elétrons e os dois prótons.

A interação de atração é, por conseguinte, fornecida por um *par* de elétrons, de modo que cada átomo contribui com um elétron, e as nuvens das cargas ficam concentradas principalmente na região entre os dois átomos. A energia da ligação covalente em uma molécula de hidrogênio H_2 é $-4{,}48$ eV.

Como vimos na Seção 41.6, o princípio da exclusão só permite a ocupação de dois elétrons na mesma região do espaço (ou seja, que eles ocupem o mesmo estado quântico) quando eles possuem *spins* opostos. Logo, os dois elétrons na ligação covalente H_2 (Figura 42.2b) deverão ter *spins* opostos, pois ocupam a mesma região entre os dois núcleos. *Spins* opostos constituem a condição fundamental para a existência de uma ligação covalente, e não mais que dois elétrons podem participar de uma ligação desse tipo.

Entretanto, um átomo com diversos elétrons em sua camada externa pode formar diversas ligações covalentes. A ligação entre um átomo de hidrogênio e um átomo de carbono, de importância crucial na química orgânica, é um exemplo. Na molécula de *metano* (CH_4), o átomo de carbono está no centro de um tetraedro regular em cujos vértices se encontram átomos de hidrogênio. O átomo de carbono possui quatro elétrons na camada *L* e cada um desses elétrons forma uma ligação covalente com cada átomo de hidrogênio (**Figura 42.3**). Configurações semelhantes ocorrem em moléculas orgânicas mais complexas.

Figura 42.3 Esquema da molécula de metano (CH_4). O átomo de carbono está no centro de um tetraedro regular e forma quatro ligações covalentes com átomos de hidrogênio nos vértices. Cada ligação covalente é composta por dois elétrons com *spins* opostos formando nuvens eletrônicas concentradas entre o átomo de hidrogênio e o átomo de carbono.

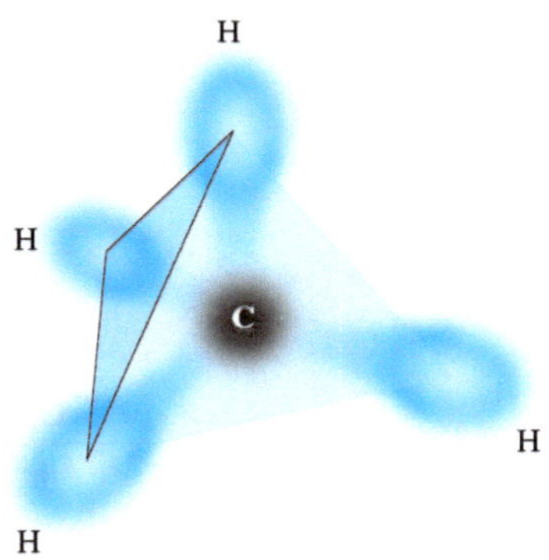

Uma ligação covalente revela um caráter altamente direcional. Na molécula de metano, a função de onda de cada um dos quatro elétrons de valência do carbono é uma combinação da função de onda 2*s* com a função de onda 2*p*, chamada de *função de onda híbrida*. A distribuição de probabilidade de cada uma dessas funções apresenta um lóbulo com uma protuberância ao longo de uma direção apontando para o vértice de um tetraedro. Essa distribuição simétrica minimiza a superposição das funções de onda dos pares de elétrons, minimizando a energia potencial repulsiva.

Embora as ligações iônicas e as covalentes representem duas categorias extremas das ligações moleculares, não existe uma divisão nítida entre esses dois tipos. Geralmente ocorre transferência *parcial* de um ou mais elétrons de um átomo para o outro. Por isso, muitas moléculas constituídas por átomos diferentes apresentam momento de dipolo elétrico — a preponderância de cargas negativas em uma de suas extremidades e de cargas positivas na outra. Tais moléculas são chamadas de moléculas *polares*. As moléculas da água têm momentos de dipolo elétrico muito elevados; esses dipolos são responsáveis pela grande constante dielétrica da água líquida (veja as seções 24.4 e 24.5).

Ligação de Van der Waals

As ligações iônicas e as ligações covalentes, com energias típicas da ordem de 1 a 5 eV, são chamadas de *ligações fortes*. Também existem outros tipos de ligações mais fracas. Uma delas, a **ligação de Van der Waals**, é uma interação entre o momento de dipolo elétrico dos átomos ou das moléculas, com energias típicas da ordem de 0,1 eV ou ainda menores. A ligação entre as moléculas de água no estado líquido e no estado sólido resulta parcialmente das interações dipolo−dipolo.

Nenhum átomo tem um momento de dipolo elétrico permanente, assim como muitas moléculas também não o têm. Contudo, flutuações na distribuição de cargas podem produzir momentos de dipolo elétrico flutuando localmente, os quais, por sua vez, podem induzir momentos de dipolo elétrico em estruturas vizinhas. Na média global, as interações dipolo−dipolo resultantes são de atração, fornecendo uma ligação fraca entre átomos ou moléculas. A energia potencial desse tipo de interação cai muito rapidamente com a distância *r* entre as moléculas, geralmente com $1/r^6$. A liquefação e a solidificação de gases inertes e de moléculas, como H_2, O_2 e N_2, são produzidas por interações de Van der Waals entre dipolos elétricos induzidos. Uma energia de agitação térmica muito pequena é suficiente para romper essas ligações; portanto, tais substâncias só existem no estado líquido e no estado sólido quando a temperatura é suficientemente baixa.

Ligações de hidrogênio

Em outro tipo de ligação fraca, a **ligação de hidrogênio**, um próton (íon H^+) permanece entre dois átomos, polarizando-os e atraindo-os por meio dos dipolos induzidos. Esse tipo de ligação só é possível em compostos de hidrogênio porque somente o hidrogênio apresenta um estado ionizado formando um íon positivo sem nenhuma nuvem eletrônica; o íon do hidrogênio é um único próton, sendo, portanto, muito menor que qualquer outro átomo que perdeu um único elétron. A energia de ligação geralmente é menor que 0,5 eV. A ligação de hidrogênio desempenha um papel essencial em muitas moléculas orgânicas, inclusive as ligações entre os monômeros que constituem os polímeros, como o polietileno (usado em sacolas plásticas). A ligação de hidrogênio também desempenha um papel relevante na estrutura do gelo.

Todos esses tipos de ligação mantêm os átomos unidos em *sólidos*, bem como em moléculas. Na verdade, um sólido pode ser considerado uma molécula gigantesca. Ainda outro tipo de ligação, a *ligação metálica*, surge na estrutura de um sólido metálico. Voltaremos a discutir esse tipo de ligação na Seção 42.3.

TESTE SUA COMPREENSÃO DA SEÇÃO 42.1 Se os elétrons obedecessem ao princípio da exclusão, mas *não* tivessem *spin*, quantos elétrons poderiam participar de uma ligação covalente? (i) Um; (ii) dois; (iii) três; (iv) mais que três. ❙

BIO Aplicação Zíper molecular Uma molécula de DNA funciona como um zíper dobrado. Cada uma dessas tiras do "zíper" consiste em uma espinha dorsal externa e "dentes" de nucleotídeos voltados para dentro; ligações de hidrogênio entre os dentes voltados para dentro se encaixam nas tiras. As ligações covalentes que unem os átomos de cada tira são fortes, enquanto as ligações do hidrogênio são relativamente fracas, de modo que o mecanismo bioquímico da célula pode facilmente separar as tiras para leitura ou cópia.

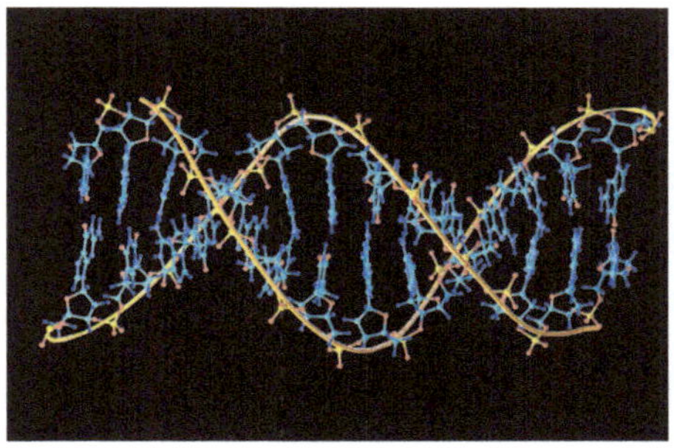

42.2 ESPECTRO MOLECULAR

Moléculas possuem níveis de energia que são associados ao movimento de rotação da molécula e ao movimento de vibração de um átomo em relação aos outros. Assim como as transições entre os níveis de energia dos átomos conduzem aos espectros atômicos, as transições entre os níveis de energia de rotação e de vibração das moléculas conduzem aos *espectros moleculares*.

Níveis de energia de rotação

No momento, vamos nos concentrar principalmente em moléculas *diatômicas*, para que nossa análise seja a mais simples possível. Na **Figura 42.4**, esquematizamos a molécula diatômica como se fosse um haltere rígido (duas massas puntiformes m_1 e m_2 separadas por uma distância constante r_0), que pode *girar* em torno de um eixo, passando pelo centro de massa perpendicularmente à linha reta que une essas massas. Quais são os níveis de energia associados a esse movimento?

Mostramos, na Seção 10.5, que quando um corpo rígido gira com velocidade angular ω em torno de um eixo, passando pelo seu centro de massa, o módulo L de seu momento angular é dado pela Equação 10.28, $L = I\omega$, onde I é o momento de inércia em torno do eixo de simetria. Sua energia cinética é dada pela Equação 9.17, $K = \frac{1}{2}I\omega^2$. Combinando as duas relações anteriores, obtemos $K = L^2/2I$. Não existe nenhuma energia potencial U; logo, a energia cinética K é igual à energia mecânica E:

$$E = \frac{L^2}{2I} \qquad (42.1)$$

Figura 42.4 Modelo da molécula diatômica como duas massas puntiformes m_1 e m_2 separadas por uma distância r_0. As distâncias das massas até o centro de massa são r_1 e r_2, sendo $r_1 + r_2 = r_0$.

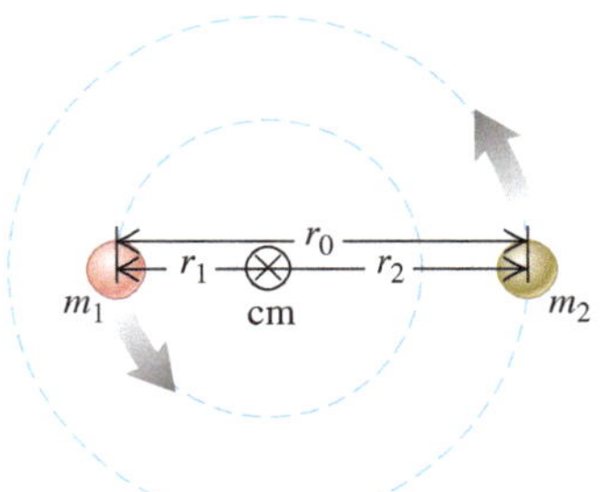

Uma energia potencial U igual a zero significa dizer que U não depende da coordenada angular da molécula. Entretanto, a função de energia potencial U do átomo de hidrogênio (veja na Seção 41.3) também não depende das coordenadas angulares. Como consequência, as soluções angulares da equação de Schrödinger para a rotação de um corpo rígido são idênticas às do átomo de hidrogênio, e o momento angular deve ser quantizado de acordo com as mesmas regras. Pela Equação 41.22,

$$L = \sqrt{l(l+1)}\,\hbar \qquad (l = 0, 1, 2, \ldots) \qquad (42.2)$$

Combinando as equações 42.1 e 42.2, obtemos os *níveis de energia rotacionais*:

Níveis de energia rotacionais de uma molécula diatômica

$$E_l = l(l+1)\frac{\hbar^2}{2I} \tag{42.3}$$

Número quântico rotacional ($l = 0, 1, 2, \dots$)

Constante de Planck dividida por 2π

Momento de inércia para o eixo atravessando o cm da molécula

Figura 42.5 O nível fundamental e os quatro primeiros níveis de energia dos estados excitados da rotação da molécula diatômica. Os níveis não são espaçados igualmente.

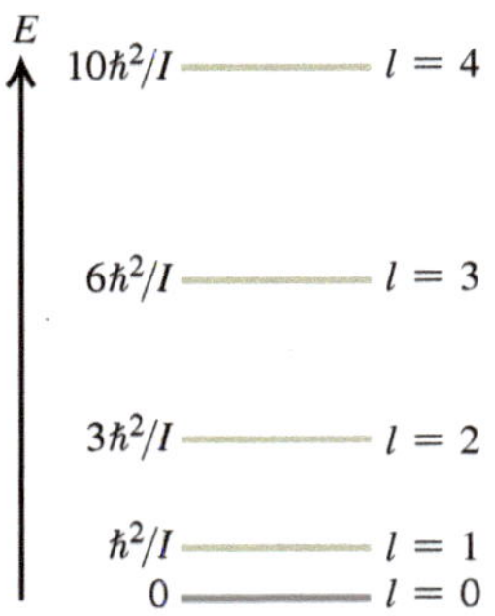

Um diagrama dos níveis de energia rotacionais é apresentado na **Figura 42.5**. O nível fundamental tem número quântico l igual a zero e energia E também zero, correspondente a um momento angular igual a zero (nenhuma rotação). O espaçamento entre níveis adjacentes aumenta com o aumento de l.

Podemos expressar o momento de inércia I nas equações 42.1 e 42.3 em termos da *massa reduzida* m_r da molécula:

Massa reduzida de uma molécula diatômica

$$m_r = \frac{m_1 m_2}{m_1 + m_2} \tag{42.4}$$

Massa do átomo 1 — Massa do átomo 2

Introduzimos a grandeza anterior na Seção 39.3 para levar em conta a massa do núcleo finita do átomo de hidrogênio. Na Figura 42.4, r_1 e r_2 são as distâncias dos núcleos dos átomos até o centro de massa. Pela definição de centro de massa, $m_1 r_1 = m_2 r_2$, e a figura também mostra que $r_0 = r_1 + r_2$. Explicitando r_1 e r_2 nas equações anteriores, obtemos

$$r_1 = \frac{m_2}{m_1 + m_2} r_0 \qquad r_2 = \frac{m_1}{m_1 + m_2} r_0 \tag{42.5}$$

O momento de inércia é $I = m_1 r_1^2 + m_2 r_2^2$; substituindo a Equação 42.5, encontramos

$$I = m_1 \frac{m_2^2}{(m_1 + m_2)^2} r_0^2 + m_2 \frac{m_1^2}{(m_1 + m_2)^2} r_0^2 = \frac{m_1 m_2}{m_1 + m_2} r_0^2 \quad \text{ou}$$

Momento de inércia da molécula diatômica, eixo passando pelo cm da molécula

$$I = m_r r_0^2 \tag{42.6}$$

Massa reduzida

Distância entre centros dos dois átomos da molécula

O momento de inércia é o mesmo que o de *apenas* um corpo com massa puntiforme m_r, que gira em torno de um círculo de raio r_0.

Para conservar o momento angular e considerar o momento angular do fóton emitido ou absorvido, as transições permitidas entre os estados de rotação precisam satisfazer a mesma regra de seleção que discutimos na Seção 41.4 para as transições permitidas entre os estados de um átomo: l deve variar exatamente por uma unidade, ou seja, $\Delta l = \pm 1$.

EXEMPLO 42.2 ESPECTRO DA ENERGIA DE ROTAÇÃO DO MONÓXIDO DE CARBONO

A distância entre os dois núcleos da molécula de monóxido de carbono (CO) é 0,1128 nm. A massa do átomo de carbono mais comum é $1{,}993 \times 10^{-26}$ kg; a do átomo de oxigênio mais comum é igual a $2{,}656 \times 10^{-26}$ kg. (a) Calcule as energias dos três níveis de energia de rotação do CO. Expresse o resultado em meV (1 meV $= 10^{-3}$ eV). (b) Determine o comprimento de onda do fóton emitido na transição do estado $l = 2$ até $l = 1$.

SOLUÇÃO

IDENTIFICAR E PREPARAR: este problema utiliza as ideias estudadas nesta seção a respeito dos níveis de energia de rotação das moléculas. O problema informa a distância r_0 entre os átomos e suas massas m_1 e m_2. Calculamos a massa reduzida m_r por meio da Equação 42.4, o momento de inércia I da molécula com a Equação 42.6, e as energias dos níveis com a Equação 42.3. A

(*Continua*)

(Continuação)

energia E do fóton emitido é igual à diferença de energia entre os níveis $l = 2$ e $l = 1$. (Essa transição obedece à regra de seleção $\Delta l = \pm 1$, pois $\Delta l = 1 - 2 = -1$.) Calculamos o comprimento de onda por meio da relação $E = hc/\lambda$ para um fóton.

EXECUTAR: (a) usando as equações 42.4 e 42.6, verificamos que a massa reduzida e o momento de inércia da molécula de CO são:

$$\begin{aligned} m_r &= \frac{m_1 m_2}{m_1 + m_2} \\ &= \frac{(1{,}993 \times 10^{-26}\,\text{kg})(2{,}656 \times 10^{-26}\,\text{kg})}{(1{,}993 \times 10^{-26}\,\text{kg}) + (2{,}656 \times 10^{-26}\,\text{kg})} \\ &= 1{,}139 \times 10^{-26}\,\text{kg} \\ I &= m_r r_0^2 \\ &= (1{,}139 \times 10^{-26}\,\text{kg})\,(0{,}1128 \times 10^{-9}\,\text{m})^2 \\ &= 1{,}449 \times 10^{-46}\,\text{kg}\cdot\text{m}^2 \end{aligned}$$

Os níveis rotacionais são dados pela Equação 42.3:

$$\begin{aligned} E_l &= l(l+1)\frac{\hbar^2}{2I} = l(l+1)\frac{(1{,}0546 \times 10^{-34}\,\text{J}\cdot\text{s})^2}{2(1{,}449 \times 10^{-46}\,\text{kg}\cdot\text{m}^2)} \\ &= l(l+1)\,(3{,}838 \times 10^{-23}\,\text{J}) = l(l+1)\,0{,}2395\,\text{meV} \end{aligned}$$

(1 meV $= 10^{-3}$ eV.) Substituindo $l = 0, 1, 2$, obtemos

$$E_0 = 0 \quad E_1 = 0{,}479\,\text{meV} \quad E_2 = 1{,}437\,\text{meV}$$

(b) A energia e o comprimento de onda do fóton são

$$\begin{aligned} E &= E_2 - E_1 = 0{,}958\,\text{meV} \\ \lambda &= \frac{hc}{E} = \frac{(4{,}136 \times 10^{-15}\,\text{eV}\cdot\text{s})\,(3{,}00 \times 10^8\,\text{m/s})}{0{,}958 \times 10^{-3}\,\text{eV}} \\ &= 1{,}29 \times 10^{-3}\,\text{m} = 1{,}29\,\text{mm} \end{aligned}$$

AVALIAR: a diferença entre os dois primeiros níveis de energia de rotação do CO é muito pequena (cerca de 1 meV $= 10^{-3}$ eV) comparada à diferença entre os níveis de energia atômicos (que costumam ser de poucos eV). Assim, um fóton emitido por uma molécula de CO em uma transição do nível $l = 2$ ao nível $l = 1$ possui uma energia muito baixa e um comprimento de onda muito grande em comparação com a luz visível emitida por átomos excitados. Os comprimentos de onda de fótons em transições de rotação nas moléculas normalmente encontram-se na região das micro-ondas e do infravermelho longínquo do espectro eletromagnético.

Neste exemplo, é dada a distância de equilíbrio entre os átomos, também chamada de *comprimento da ligação*, e nós a usamos para calcular um dos comprimentos de onda emitidos pelas moléculas excitadas de CO. Em experiências reais, os cientistas resolvem esse problema de trás para a frente: medindo as emissões de micro-ondas de uma amostra de moléculas diatômicas, eles calculam o momento de inércia da molécula e, portanto, o comprimento da ligação.

Níveis de energia de vibração

As moléculas nunca são completamente rígidas. Em um modelo mais realista de uma molécula diatômica, imaginamos que os dois átomos, em vez de serem ligados por uma barra rígida, são ligados por uma mola (**Figura 42.6**). Portanto, além da rotação, os átomos da molécula também podem *vibrar* em torno de suas posições de equilíbrio ao longo da linha reta que os une. Para pequenas oscilações, podemos considerar uma força restauradora proporcional à distância de equilíbrio r_0 (como a mola que segue a lei de Hooke, sendo k' a constante da mola) e o sistema é um oscilador harmônico. Estudamos o oscilador harmônico quântico na Seção 40.5. Os níveis de energia são dados pela Equação 40.46, substituindo-se a massa m pela massa reduzida m_r:

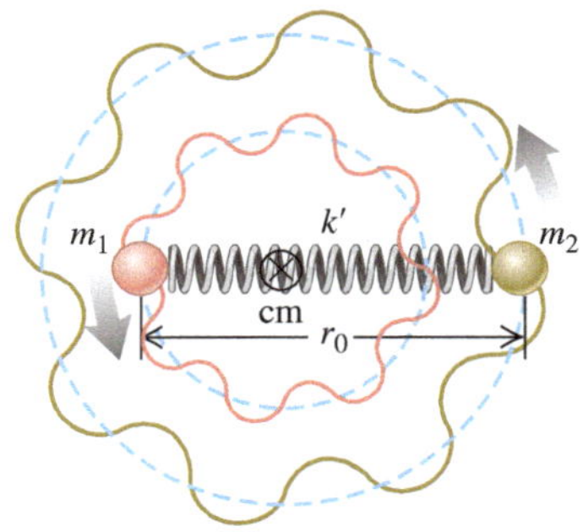

Figura 42.6 Modelo da molécula diatômica como duas massas puntiformes m_1 e m_2 ligadas por uma mola com uma constante k'.

Níveis de energia vibracionais de uma molécula diatômica

$$E_n = \left(n + \tfrac{1}{2}\right)\hbar\omega = \left(n + \tfrac{1}{2}\right)\hbar\sqrt{\frac{k'}{m_r}} \qquad (42.7)$$

Número quântico vibracional ($n = 0, 1, 2, \ldots$); Constante de Planck dividida por 2π; Frequência de oscilação angular; Massa reduzida; Constante de força

O espaçamento na energia entre dois níveis vibracionais adjacentes é dado por

$$\Delta E = \hbar\omega = \hbar\sqrt{\frac{k'}{m_r}} \qquad (42.8)$$

A **Figura 42.7** é um diagrama de níveis de energia das vibrações moleculares. Como um exemplo, para a molécula de CO do Exemplo 42.2, o espaçamento $\hbar\omega$ entre os níveis é igual a 0,2690 eV. Pela Equação 42.8, isso corresponde a uma constante de força de $1{,}90 \times 10^3$ N/m, que é uma mola bastante solta. (Para esticar uma mola macroscópica com esse valor de k' por 1,0 cm, seria necessária uma força de apenas 19 N, ou cerca de 4 lb.) As constantes de força para moléculas diatômicas normalmente são cerca de 100 a 2.000 N/m.

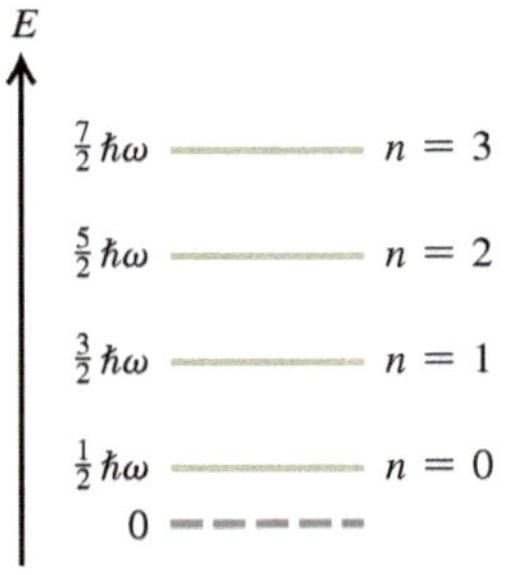

Figura 42.7 O nível fundamental e os três primeiros níveis vibracionais excitados para uma molécula dinâmica, considerando pequenos deslocamentos a partir do equilíbrio, de modo que podemos tratar as oscilações como harmônica simples. (Compare com a Figura 40.25.)

ATENÇÃO Não confunda k, k' e K Assim como na Seção 40.5, estamos usando k' novamente para representar a constante da mola, desta vez para minimizar a confusão com a constante de Boltzmann k, a constante dos gases por molécula (introduzida na Seção 18.3). Além das grandezas k e k', também usamos para a temperatura absoluta 1 K = 1 kelvin.

Rotação e vibração combinadas

Os fótons da luz visível possuem energias entre 1,65 eV e 3,26 eV. A diferença de energia de 0,2690 eV entre os níveis vibracionais para o monóxido de carbono (CO) corresponde a um fóton com comprimento de onda 4,613 μm, na região infravermelha do espectro. Isso está muito mais próximo da região visível que o fóton da transição rotacional do Exemplo 42.2. As diferenças de energia dos níveis de vibração, embora sejam em geral muito menores que as dos espectros atômicos, costumam ser muito maiores que as diferenças de energia rotacionais.

Levando em conta *simultaneamente* os níveis de vibração e de rotação, os níveis de energia de nossa molécula diatômica são

$$E_{nl} = l(l+1)\frac{\hbar^2}{2I} + \left(n + \tfrac{1}{2}\right)\hbar\sqrt{\frac{k'}{m_r}} \qquad (42.9)$$

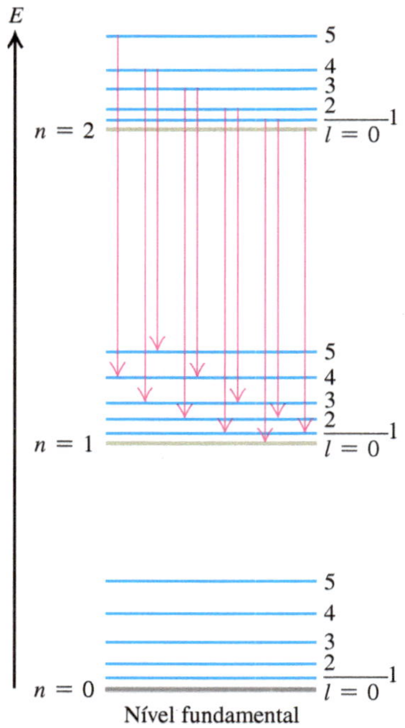

Figura 42.8 Diagrama de níveis de energia das vibrações e das rotações de uma molécula diatômica. Para cada nível vibracional (n), existe uma série de níveis de energia com espaçamentos menores (l). Indicamos diversas transições correspondentes a uma única banda em um espectro de bandas. Essas transições obedecem à regra de seleção $\Delta l = \pm 1$.

A **Figura 42.8** mostra um diagrama de níveis de energia. Para cada valor de n existem muitos valores de l, formando uma série de níveis com espaçamento muito pequeno.

As setas na Figura 42.8 mostram várias transições possíveis em que uma molécula passa de um nível com $n = 2$ para um nível com $n = 1$ emitindo um fóton. Como dissemos, essas transições precisam obedecer à regra de seleção $\Delta l = \pm 1$ para conservar o momento angular. Uma regra de seleção adicional afirma que, se ocorrerem variações de nível vibracional, o número quântico vibracional n na Equação 42.9 deve aumentar uma unidade ($\Delta n = 1$), se um fóton for absorvido, ou diminuir uma unidade ($\Delta n = -1$), se um fóton for emitido.

Como uma ilustração dessas regras de seleção, a Figura 42.8 mostra que uma molécula no nível $n = 2$, $l = 4$ pode emitir um fóton e cair para o nível $n = 1$, $l = 5$ ($\Delta n = -1$, $\Delta l = +1$) ou para o nível $n = 1$, $l = 3$ ($\Delta n = -1$, $\Delta l = -1$), mas é proibida de efetuar uma transição em que $\Delta n = -1$, $\Delta l = 0$, ou seja, uma transição para o nível $n = 1$, $l = 4$.

As transições entre estados com muitos pares de valores de n fornecem diversas séries de linhas espectrais, e o espectro resultante exibe várias séries de *bandas*. Cada banda corresponde a uma transição vibracional particular e cada linha individual em uma banda representa uma transição rotacional particular, obedecendo à regra de seleção $\Delta l = \pm 1$. Um *espectro de bandas* típico é indicado na **Figura 42.9**.

Todas as moléculas também podem ter estados excitados para os *elétrons* além dos estados vibracionais e rotacionais que acabamos de descrever. Em geral, eles estão situados em níveis mais elevados que os níveis vibracionais e rotacionais, e não existe nenhuma regra simples para relacioná-los. Quando há uma transição entre estados eletrônicos, a regra de seleção $\Delta n = \pm 1$ para os níveis vibracionais não é mais válida.

Figura 42.9 Espectro de bandas típico para transições entre níveis moleculares.

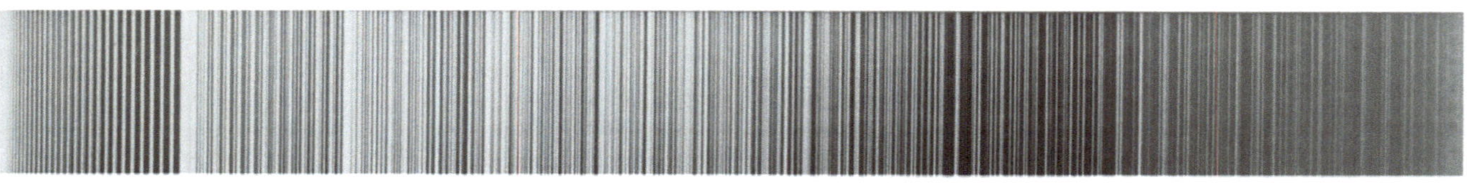

EXEMPLO 42.3 ESPECTRO DE VIBRAÇÕES E ROTAÇÕES DO MONÓXIDO DE CARBONO

Considere novamente a molécula do CO do Exemplo 42.2. Calcule os comprimentos de onda dos fótons emitidos quando ocorre uma variação da energia vibracional e sua energia rotacional é (a) igual a zero no estado inicial e (b) igual a zero no estado final.

SOLUÇÃO

IDENTIFICAR E PREPARAR: precisamos usar as regras de seleção para as transições vibracional e rotacional de uma molécula diatômica. Como um fóton é emitido quando ocorre uma variação da energia vibracional, a regra de seleção $\Delta n = -1$ nos diz que o número quântico vibracional n diminui 1 unidade nos itens (a) e (b). No caso da parte (a), o valor inicial de l é zero; a regra de seleção $\Delta l = \pm 1$ nos diz que o valor *final* de l é 1, de modo que a energia rotacional aumenta neste caso. No caso da parte (b), o valor *final* de l é zero, portanto $\Delta l = \pm 1$ nos diz então que o valor *inicial* de l é 1, e a energia rotacional diminui.

A energia do fóton E é igual à diferença entre as energias inicial e final da molécula, considerando a variação nas energias vibracional e rotacional. Na parte (a), E é igual à diferença $\hbar\omega$ entre os níveis de energia de vibração adjacentes *menos* a quantidade de energia de rotação que a molécula *ganha*, enquanto na parte (b) E é igual a $\hbar\omega$ *mais* a quantidade de energia de rotação que as moléculas *perdem*. O Exemplo 42.2 nos diz que a diferença entre os níveis de energia rotacional $l = 0$ e $l = 1$ é 0,479 meV = 0,000479 eV, e aprendemos que a separação do nível de energia vibracional para o CO é $\hbar\omega = 0{,}2690$ eV. Usamos $E = hc/\lambda$ para calcular os comprimentos de onda (nossas variáveis-alvo).

EXECUTAR: (a) a molécula de CO perde $\hbar\omega = 0{,}2690$ eV de energia vibracional e ganha 0,000479 eV de energia rotacional. Assim, a energia emitida por esse fóton é 0,2690 eV *menos* 0,000479 eV, ou 0,2685 eV, e o comprimento de onda do fóton é

$$\lambda = \frac{hc}{E} = \frac{(4{,}136 \times 10^{-15}\ \text{eV} \cdot \text{s})(2{,}998 \times 10^{8}\ \text{m/s})}{0{,}2685\ \text{eV}}$$
$$= 4{,}618 \times 10^{-6}\ \text{m} = 4{,}618\ \mu\text{m}$$

(b) Agora a molécula de CO perde $\hbar\omega = 0{,}2690$ eV de energia vibracional e também perde 0,000479 eV de energia rotacional, de modo que a energia que vai para o fóton é $E = 0{,}2690$ eV + 0,000479 eV = 0,2695 eV. O comprimento de onda é

$$\lambda = \frac{hc}{E} = \frac{(4{,}136 \times 10^{-15}\ \text{eV} \cdot \text{s})(2{,}998 \times 10^{8}\ \text{m/s})}{0{,}2695\ \text{eV}}$$
$$= 4{,}601 \times 10^{-6}\ \text{m} = 4{,}601\ \mu\text{m}$$

AVALIAR: na parte (b), a molécula perde mais energia que na parte (a); logo, o fóton emitido precisa ter mais energia e um comprimento de onda menor. É exatamente isso o que nossos resultados revelam.

Moléculas complexas

Podemos aplicar esses mesmos princípios a moléculas mais complexas. Uma molécula com três ou mais átomos possui diversos tipos ou *modos* de vibração. Cada modo tem seu próprio conjunto de níveis de energia relacionados pela Equação 42.7. Em quase todos os casos, a radiação associada está contida na região infravermelha do espectro eletromagnético.

Verifica-se que a espectroscopia na região infravermelha é um método analítico extremamente importante, pois fornece informações sobre a energia, a rigidez e o comprimento de uma ligação molecular e sobre a estrutura de moléculas complexas. Por outro lado, como cada molécula (e cada átomo) possui seu espectro característico, a espectroscopia na região infravermelha pode ser usada para a identificação de compostos desconhecidos.

Uma molécula que pode absorver e emitir radiação infravermelha facilmente é o dióxido de carbono (CO_2). A **Figura 42.10** mostra os três modos de vibração possíveis de uma molécula de CO_2. Diversas transições são possíveis entre os níveis excitados do mesmo modo vibracional, bem como entre os níveis de diferentes

Figura 42.10 A molécula de dióxido de carbono pode vibrar de três formas diferentes. Para facilitar a compreensão, os átomos não aparecem em escala: a separação entre os átomos, na verdade, é comparável aos seus diâmetros.

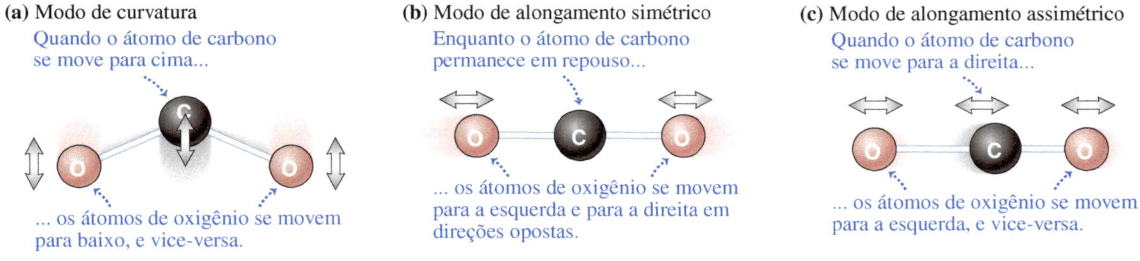

modos vibracionais. As diferenças de energia são menores que 1 eV em todas essas transições e, portanto, envolvem fótons infravermelhos com comprimento de onda maior que 1 μm. Logo, um gás de CO_2 pode absorver prontamente a luz de uma série de comprimentos de onda diferentes do infravermelho. Isso torna o CO_2 o principal responsável pelo efeito estufa (Seção 17.7) na Terra, embora o CO_2 seja apenas 0,04% de nossa atmosfera em volume. Entretanto, em Vênus, a atmosfera possui mais de 90 vezes a massa total da nossa atmosfera e é quase totalmente CO_2. O efeito estufa resultante é tremendo: a temperatura na superfície de Vênus é mais de 400 kelvins mais alta do que seria se o planeta não tivesse nenhuma atmosfera.

TESTE SUA COMPREENSÃO DA SEÇÃO 42.2 Uma molécula diatômica em rotação emite um fóton quando faz uma transição do nível (n, l) para o nível $(n - 1, l - 1)$. Se o valor de l aumenta, mas n não se altera, o comprimento de onda do fóton emitido (i) aumenta, (ii) diminui ou (iii) permanece inalterado? ❙

42.3 ESTRUTURA DE UM SÓLIDO

BIO Aplicação Uso de cristais para determinar a estrutura da proteína As moléculas de proteínas podem formar cristais, como estes de insulina (uma proteína composta de 51 aminoácidos). Todas as moléculas dentro de um único cristal de uma proteína possuem a mesma orientação; como o cristal difrata raios X ou nêutrons, isso depende da forma e do tamanho das moléculas. Analisando esses padrões de difração, os cientistas deduziram as estruturas moleculares de mais de 100.000 tipos de proteínas.

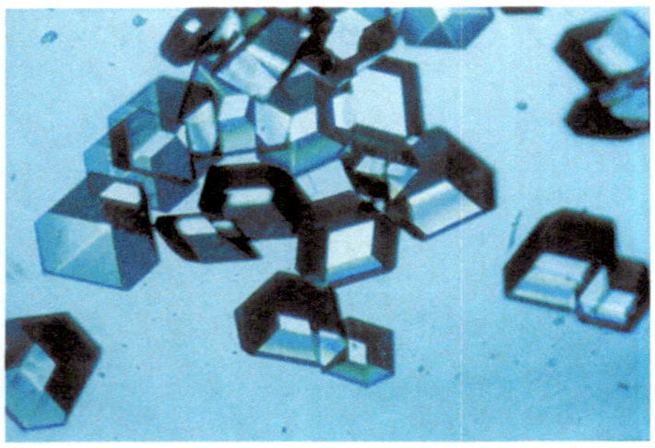

A expressão *matéria condensada* abrange materiais sólidos e líquidos. Em ambos os estados, as interações entre átomos ou moléculas são suficientemente fortes para que o material tenha um volume definido e que varia muito pouco com as tensões aplicadas. Na matéria condensada, os átomos adjacentes se atraem mutuamente até que suas nuvens eletrônicas externas começam a se superpor significativamente. Como resultado, a distância típica entre dois átomos adjacentes na matéria condensada é aproximadamente igual ao próprio diâmetro do átomo, cerca de 0,1 a 0,5 nm. Além disso, quando falamos da distância entre dois átomos, estamos nos referindo à distância entre seus centros, ou seja, a distância entre seus núcleos.

Geralmente, definimos um líquido como um material que pode fluir, e um sólido como um material com uma forma definida. Contudo, ao aquecer uma barra horizontal de vidro usando a chama de um queimador, você notará que a barra começa a se deformar (fluir) cada vez mais à medida que a temperatura aumenta. O vidro não apresenta nenhuma temperatura definida na transição da fase sólida para a fase líquida e nenhum ponto de fusão definido. Nessas circunstâncias, podemos classificar o vidro na temperatura ambiente como um líquido extremamente viscoso. A parafina e a manteiga exibem propriedades semelhantes.

Quais são as diferenças microscópicas entre materiais como a manteiga ou o vidro e sólidos como o gelo ou o cobre, os quais possuem um ponto de fusão bem definido? O gelo e o cobre são exemplos de *sólidos cristalinos*, sólidos cujos átomos têm uma *ordem de longo alcance* — uma configuração de posições atômicas que se repetem ao longo do sólido através de distâncias muito maiores que um átomo. Esse padrão é chamado de *estrutura cristalina.* Em contraste, o vidro na temperatura ambiente é um exemplo de sólido *amorfo*, sem ordem de longo alcance e com apenas uma *ordem de curto alcance* (correlações entre átomos e moléculas vizinhas). Os líquidos também dispõem apenas de uma ordem de curto alcance. As fronteiras entre um sólido cristalino, um sólido amorfo e um líquido algumas vezes não são muito nítidas. Alguns sólidos, que são cristalinos quando puros e perfeitos, podem conter uma quantidade tão grande de imperfeições na estrutura que quase não apresentam ordem de longo alcance. (Outro tipo de ordem é encontrado no *cristal líquido*, que é composto de moléculas de um composto orgânico, em forma de barra ou de disco. As posições das moléculas no líquido não são fixas, mas existe uma ordem *orientadora*; os eixos das moléculas tendem a se alinhar uns com os outros. Essa ordenação pode se estender por uma distância de muitas moléculas.)

Quase tudo o que sabemos acerca da estrutura cristalina foi decorrente de experiências de difração com raios X, elétrons e nêutrons. A distância típica entre dois átomos é da ordem de 0,1 nm. Deixamos para você demonstrar, como um exercício, que raios X de 12,4 keV, elétrons de 150 eV e nêutrons de 0,0818 eV possuem todos um comprimento de onda $\lambda = 0{,}1$ nm.

Redes e estruturas cristalinas

Uma *rede cristalina* é uma configuração geométrica de pontos que se repetem e se estendem através do espaço do cristal. Existem 14 tipos gerais de tais configurações; a **Figura 42.11** ilustra alguns exemplos mais comuns. Na *rede cúbica simples* (sc), os pontos da rede localizam-se nos vértices de uma rede de cubos (Figura 42.11a). A *rede cúbica de face centrada* (fcc) é semelhante à rede cúbica simples, mas contém pontos adicionais localizados nos centros de todas as faces dos cubos (Figura 42.11b). A *rede cúbica de corpo centrado* (bcc) é semelhante à rede cúbica simples, mas com um ponto adicional localizado no centro de cada cubo (Figura 42.11c). A *rede hexagonal com agrupamento compacto* possui os pontos da rede localizados nos vértices de hexágonos e cada hexágono apresenta seis triângulos equiláteros (figuras 42.11d e 42.11e).

ATENÇÃO **Uma rede cristalina perfeita é infinitamente grande** Você deve ter em mente que a Figura 42.11 mostra apenas a quantidade de pontos suficiente para que você possa visualizar a configuração; a rede, uma abstração matemática, se estende através do espaço do cristal. Portanto, os pontos das redes indicadas se repetem indefinidamente em todas as direções.

Em uma estrutura cristalina, um único átomo ou grupo de átomos está associado a *cada* ponto da rede. O grupo pode conter um mesmo tipo de átomo, ou então grupos de átomos diferentes. Esse átomo ou grupo de átomos constitui uma *base*. Portanto, uma descrição completa de uma estrutura cristalina inclui a rede e a base. Inicialmente, vamos considerar um *cristal perfeito* ou *monocristal ideal*, no qual a estrutura cristalina se repete ininterruptamente ao longo do espaço do cristal.

As duas estruturas cristalinas mais comuns dos monocristais são a bcc e a fcc. Os metais alcalinos possuem uma estrutura bcc, ou seja, uma rede bcc com a base de um átomo em cada ponto da rede. Cada átomo em uma estrutura bcc é cercado por oito vizinhos mais próximos (**Figura 42.12a**). Os elementos Al, Ca, Cu, Ag e Au têm uma estrutura fcc, ou seja, uma rede fcc com base de um átomo em cada ponto da rede. Cada átomo em uma estrutura fcc possui 12 vizinhos mais próximos (Figura 42.12b).

A **Figura 42.13** mostra a representação da estrutura cristalina do cloreto de sódio (NaCl, sal de cozinha). Ela pode parecer uma estrutura cúbica simples, porém não é. Cada íon de sódio e de cloro forma uma estrutura fcc; portanto, podemos imaginar que a estrutura cristalina do cloreto de sódio é constituída por duas estruturas fcc que se interpenetram. Mais corretamente, a estrutura cristalina do cloreto de sódio da Figura 42.13 possui uma rede fcc com um íon de cloro em cada ponto da rede e um íon de sódio situado acima dele a uma distância igual à metade da aresta do cubo. Ou seja, sua base é constituída por um íon de cloro e um íon de sódio.

Outro exemplo é a *estrutura do diamante*; ela recebe esse nome porque é a estrutura cristalina do carbono sob a forma de diamante. Ela também é a mesma estrutura cristalina do silício, do germânio e do estanho. A rede do diamante é fcc; a base é constituída de um átomo para cada ponto da rede e um segundo átomo *idêntico*

Figura 42.11 Partes de alguns tipos comuns de redes cristalinas.

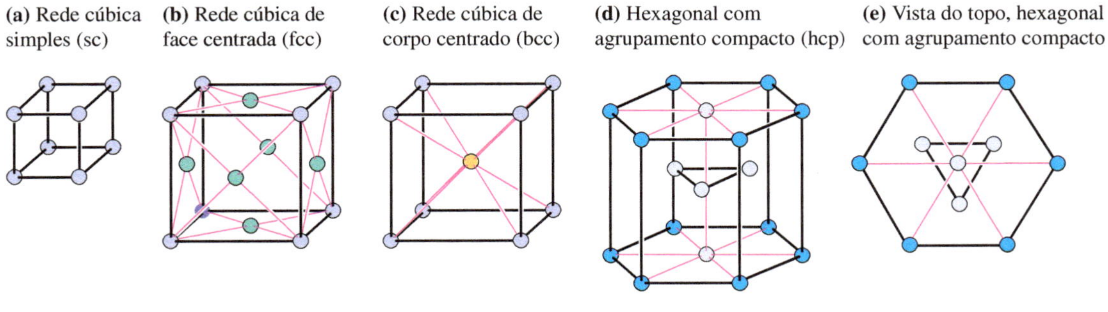

Figura 42.12 (a) A *estrutura* bcc é composta de uma *rede* bcc com a base de um átomo para cada ponto da rede. (b) A *estrutura* fcc é composta de uma *rede* fcc com a base de um átomo para cada ponto da rede. Essas estruturas se repetem indefinidamente para constituir cristais perfeitos.

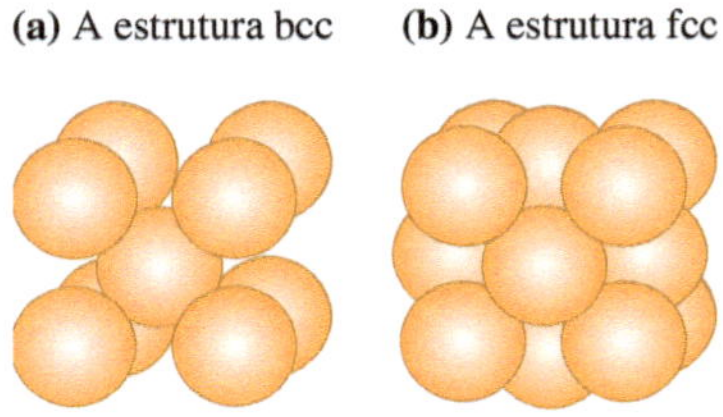

Figura 42.13 Representação de parte da estrutura cristalina do cloreto de sódio. As distâncias entre os íons estão exageradas.

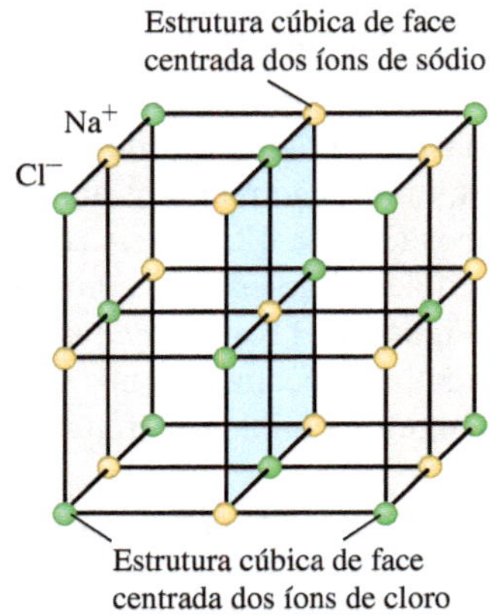

Figura 42.14 A estrutura do diamante, demonstrada como duas estruturas cúbicas de face centrada interpenetrantes, com as distâncias entre os íons exageradas. Em relação ao átomo vizinho mais próximo correspondente, cada átomo é deslocado uma distância $a/4$ para cima, para trás e para a esquerda.

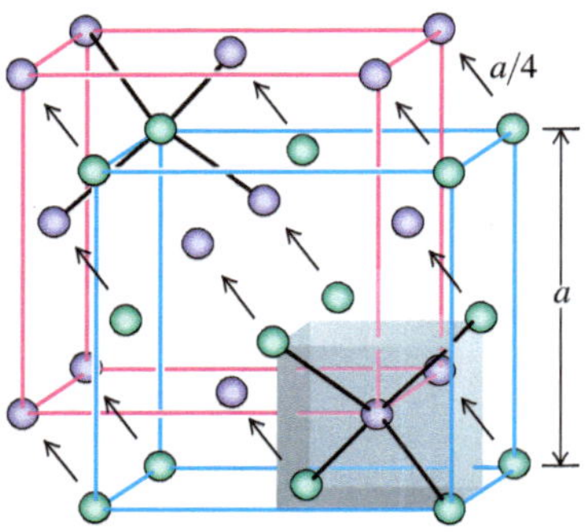

deslocado de uma distância igual a um quarto da aresta do cubo em cada uma das três direções das arestas do cubo. A **Figura 42.14** ajudará você a visualizar essa estrutura. Ela mostra a parte inferior da direita referente a um oitavo do cubo básico; os quatro átomos localizados em vértices alternados desse cubo estão sobre os vértices de um tetraedro regular, e existe um átomo adicional no centro. Portanto, cada átomo na estrutura do diamante está no centro de um tetraedro regular com quatro átomos vizinhos mais próximos nos vértices do tetraedro.

Na estrutura do diamante, as esferas claras e escuras na Figura 42.14 representam átomos *idênticos* — por exemplo, dois átomos de carbono ou dois átomos de silício. Na estrutura cúbica do sulfeto de zinco, as esferas escuras representam um tipo de átomo e as esferas claras representam um tipo *diferente*. Por exemplo, no sulfeto de zinco (ZnS), cada átomo de zinco (esferas escuras na Figura 42.14) está no centro de um tetraedro regular com quatro átomos de enxofre (esferas claras na Figura 42.14) em seus vértices, e vice-versa. O arsenieto de gálio (GaAs) e outros compostos semelhantes também apresentam essa mesma estrutura.

Ligação nos sólidos

As forças responsáveis pelo arranjo dos átomos em um cristal são as mesmas envolvidas nas ligações moleculares, acrescidas de um outro tipo. Não se surpreenda ao verificar que as ligações *iônicas* e *covalentes* das moléculas também são encontradas em cristais iônicos e covalentes, respectivamente. Os *cristais iônicos* mais conhecidos são os haletos alcalinos, como o sal de cozinha (NaCl). O íon de sódio positivo e o íon de cloro negativo ocupam posições alternadas ao longo da rede cristalina cúbica (Figura 42.13). As forças de atração são as forças familiares coulombianas entre partículas carregadas. Essas forças não possuem uma direção fixa, e o arranjo segundo o qual o material se cristaliza depende do tamanho relativo dos dois íons. Não é difícil demonstrar que essa estrutura é *estável* no sentido de que sua energia potencial total é menor que a energia dos íons quando eles estão separados (veja o exemplo a seguir). As energias potenciais negativas de pares de cargas opostas possuem um módulo maior que as energias potenciais positivas de pares de cargas de mesmo sinal porque, na média, os pares de cargas opostas estão mais próximos entre si que os pares de cargas de mesmo sinal.

EXEMPLO 42.4 ENERGIA POTENCIAL DE UM CRISTAL IÔNICO

Considere um cristal iônico unidimensional imaginário constituído por um número muito grande de íons positivos com carga $+e$ separados por uma distância a constante dos íons negativos com carga $-e$. Prove que a energia potencial total da interação é negativa, significando que esse "cristal" é estável.

SOLUÇÃO

IDENTIFICAR E PREPARAR: podemos considerar cada íon uma carga puntiforme e usar nosso resultado na Seção 23.1 para a energia potencial elétrica de uma coleção de cargas puntiformes.

(Continua)

(*Continuação*)

As equações 23.10 e 23.11 indicam que devemos considerar a energia potencial elétrica U de cada par de cargas. A energia potencial total do sistema é a soma dos valores de U para cada par possível; consideramos que o número de pares é infinito.

EXECUTAR: considere um íon em algum lugar no meio da linha reta e some todas as energias potenciais da interação com os outros íons de um dos lados da configuração. Pela Equação 23.11, obtemos a série

$$\Sigma U = -\frac{e^2}{4\pi\epsilon_0}\frac{1}{a} + \frac{e^2}{4\pi\epsilon_0}\frac{1}{2a} - \frac{e^2}{4\pi\epsilon_0}\frac{1}{3a} + \cdots$$

$$= -\frac{e^2}{4\pi\epsilon_0 a}\left(1 - \tfrac{1}{2} + \tfrac{1}{3} - \tfrac{1}{4} + \cdots\right)$$

Podemos notar que a série entre parênteses é semelhante à série de Taylor para $\ln(1 + x)$:

$$\ln(1 + x) = x - \frac{x^2}{2} + \frac{x^3}{3} - \frac{x^4}{4} + \cdots$$

Quando $x = 1$, a série fica idêntica à série entre parênteses, logo

$$\Sigma U = -\frac{e^2}{4\pi\epsilon_0 a}\ln 2$$

Esse resultado certamente é negativo. Os átomos do outro lado do íon que estamos considerando contribuem de forma igual para a energia potencial. Se incluirmos a energia potencial de todos os pares de átomos, a soma será, sem dúvida, negativa.

AVALIAR: concluímos que esse "cristal" iônico unidimensional é estável: sua energia é menor que a energia potencial elétrica igual a zero obtida quando todos os íons estão infinitamente distanciados uns dos outros.

Tipos de cristais

O carbono, o silício, o germânio e o estanho com estruturas semelhantes à do diamante são exemplos de *cristais covalentes*. Esses elementos fazem parte do grupo IV da tabela periódica, ou seja, cada átomo possui quatro elétrons na camada mais externa. Cada átomo forma uma ligação covalente com quatro átomos adjacentes nos vértices de um tetraedro (Figura 42.14). Essas ligações são fortemente direcionais porque, em obediência ao princípio da exclusão, ocorre uma distribuição assimétrica dos elétrons (veja a Figura 42.3), e o resultado é a estrutura tetraédrica do diamante.

O **cristal metálico** é um terceiro tipo de cristal, menos relacionado com as ligações químicas que um cristal iônico e um cristal covalente. Em sua estrutura, um ou mais elétrons mais externos se destacam de cada átomo (deixando um íon positivo) e podem se mover livremente ao longo da rede cristalina. Esses elétrons não estão localizados nas proximidades dos íons individuais. Podemos, então, descrever um cristal metálico como uma rede de íons positivos imersa em um mar de elétrons livres cujas atrações pelos íons positivos mantêm o cristal unido (**Figura 42.15**).

Figura 42.15 Em um sólido metálico, um ou mais elétrons se destacam de cada átomo e podem se mover livremente ao longo da rede cristalina formando um "gás de elétrons". As funções de onda desses elétrons se estendem por distâncias muito maiores que o diâmetro de um átomo. Os íons positivos vibram em torno de posições fixas na rede cristalina.

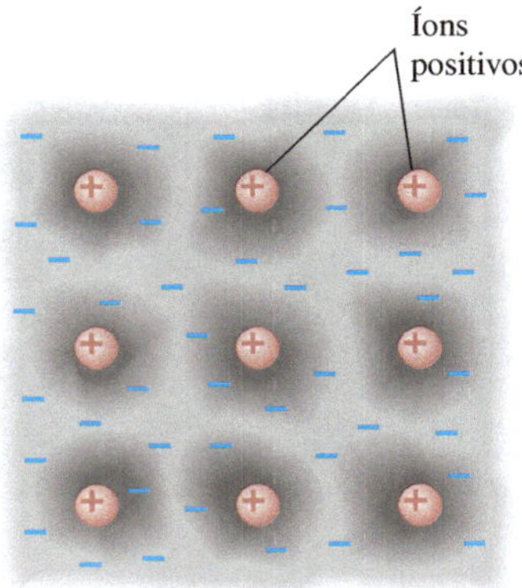

Esse mar de elétrons, que dá aos metais suas altas condutividades elétrica e térmica, possui muitas propriedades dos gases e, na verdade, dizemos que se trata do *modelo do gás de elétrons* para um sólido metálico. A versão mais simples desse modelo é o *modelo de elétrons livres*, que despreza completamente a interação com os íons da rede (exceto na superfície). Estudaremos esse modelo na Seção 42.5.

Em um cristal metálico, os elétrons livres não são localizados, e sim compartilhados por *muitos* átomos. Origina-se assim uma ligação que não é nem localizada nem direcional. A estrutura cristalina é determinada principalmente pelo *agrupamento compacto*, ou seja, um agrupamento contendo o número máximo de átomos em um dado volume. As duas redes cristalinas metálicas mais comuns são a cúbica de face centrada e a rede hexagonal com agrupamento compacto (veja as figuras 42.11b, 42.11d e 42.11e). Nas estruturas compostas por essas redes com base em apenas um átomo, cada átomo possui 12 vizinhos mais próximos.

As ligações do hidrogênio e as forças de Van der Waals também desempenham papéis na estrutura de alguns sólidos. No polietileno e em polímeros semelhantes, a ligação covalente dos átomos forma grandes cadeias de moléculas, e a ligação de hidrogênio forma uma ligação cruzada entre cadeias adjacentes. Na água sólida, tanto a interação de Van der Waals quanto a ligação de hidrogênio são relevantes, e ambas determinam as estruturas cristalinas do gelo.

Nossa discussão centrou-se em cristais perfeitos. Um cristal real apresenta diversos desvios em relação à estrutura ideal. Os materiais normalmente são *policristalinos*, compostos por vários monocristais ligados por meio dos *contornos de grão*. Pode haver *defeitos pontuais* dentro de um mesmo monocristal: podem surgir átomos *intersticiais* em locais que não pertencem a eles e também surgir *vacâncias*,

Figura 42.16 Um deslocamento de aresta em duas dimensões. Em três dimensões, um deslocamento de aresta tem a aparência de um plano extra de átomos que escorregou parcialmente para dentro do cristal.

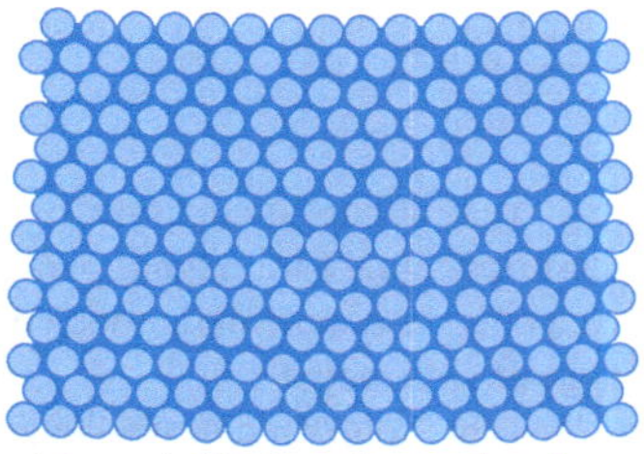

posições que deveriam ser ocupadas por um átomo, mas que estão vazias. Um defeito pontual de interesse particular para os semicondutores, que discutiremos na Seção 42.6, é a *impureza substitutiva*, um átomo estranho que substitui um átomo regular da rede (por exemplo, um átomo de arsênio substituindo um átomo do cristal de silício puro).

Existem diversos tipos básicos de defeitos que se estendem ao longo do cristal, chamados de *deslocamentos*. Um desses tipos é o *deslocamento de aresta*, ilustrado na **Figura 42.16**, no qual um dos planos do cristal desliza em relação a outro plano. As propriedades mecânicas dos cristais são fortemente influenciadas pela presença dos deslocamentos. A ductilidade e a maleabilidade de alguns metais dependem da presença de deslocamentos que podem se mover através do cristal durante as deformações plásticas. O maior defeito de uma rede cristalina, presente em *todos* os cristais, é a própria superfície do cristal com ligações interrompidas na superfície e com variações bruscas da energia potencial.

TESTE SUA COMPREENSÃO DA SEÇÃO 42.3 Se a é a distância em um cristal de NaCl de um íon Na^+ até um dos íons Cl^- que são seus vizinhos imediatos, qual é a distância de um íon Na^+ a um dos íons Cl^- que seriam os seus *segundos* vizinhos imediatos? (i) $a\sqrt{2}$; (ii) $a\sqrt{3}$; (iii) $2a$; (iv) nenhuma das anteriores. ❙

42.4 BANDAS DE ENERGIA

Figura 42.17 O conceito de bandas de energia foi inicialmente desenvolvido pelo físico suíço Felix Bloch (1905-1983) em sua tese de doutorado. Nosso entendimento moderno da condutividade resulta dessa importantíssima formulação. O trabalho de Bloch na física nuclear lhe rendeu (com Edward Purcell) o Prêmio Nobel de física de 1952.

O conceito de **bandas de energia**, desenvolvido em 1928 (**Figura 42.17**), ajuda muito a entender diversas propriedades dos sólidos. Para introduzir a ideia, suponha que exista um número N muito grande de átomos tão afastados que possamos desprezar a interação entre eles. Cada átomo possui o mesmo diagrama de níveis de energia. Podemos desenhar um diagrama de níveis de energia para o *sistema inteiro*. Ele se parece com o diagrama de níveis de energia de um único átomo, mas, para aplicar o princípio da exclusão ao sistema, agora devemos considerar N elétrons (um por átomo) e não apenas um.

Fazemos então os átomos se aproximarem uniformemente. Por causa das interações e do princípio da exclusão, as funções de onda começam a se modificar, especialmente para os elétrons externos ou elétrons de *valência*. À medida que as funções de onda ficam menos localizadas e começam a se superpor, estendendo-se a um número de átomos cada vez maior, as energias correspondentes também se deslocam e assumem diversos valores, uns para cima e outros para baixo. (Os elétrons mais internos em um átomo são afetados muito menos pelos átomos vizinhos que os elétrons de valência, e seus níveis de energia permanecem relativamente bem definidos.) Portanto, os estados de valência que antes da aproximação forneciam um diagrama com um número N de linhas bem nítidas e separadas agora fornecem uma *banda* na qual os N níveis estão compactamente distribuídos dentro da banda (**Figura 42.18**). Geralmente o número N é muito grande, da ordem de grandeza do número de Avogadro (10^{24}); logo, podemos considerar uma distribuição *contínua* de energias dentro da banda. Entre duas bandas de energia adjacentes existem faixas ou bandas proibidas nas quais não há *nenhum* nível de energia permitido.

Figura 42.18 Origem das bandas de energia em um sólido. (a) À medida que a distância r entre os átomos diminui, os níveis de energia se espalham, formando bandas de energia. A linha reta vertical r_0 mostra a distância efetiva entre os átomos do cristal. (b) Representação simbólica das bandas de energia.

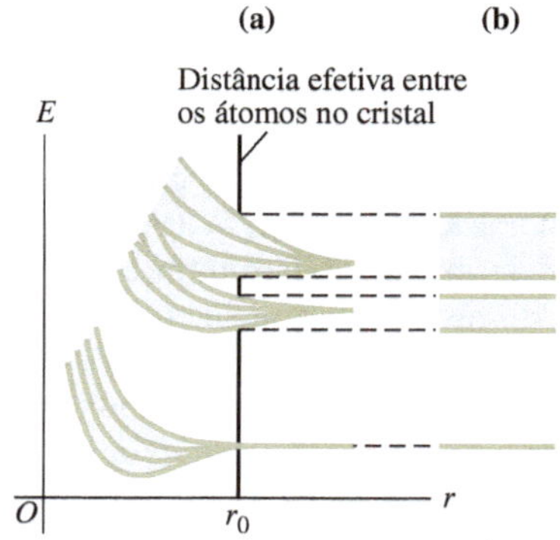

Isolantes, semicondutores e condutores

A natureza das bandas de energia determina se um material é um isolante, um semicondutor ou um condutor. O que importa, em particular, é a extensão em que os estados em cada banda são ocupados e o espaçamento, chamado *banda proibida* ou *lacuna de energia*, entre bandas adjacentes.

Nos *isolantes*, no zero absoluto, a banda de energia mais elevada que está completamente preenchida, chamada **banda de valência**, também é a banda de energia mais elevada onde existem elétrons. A banda mais elevada seguinte, chamada de **banda de condução**, é completamente vazia; não existem elétrons em seus estados (**Figura 42.19a**). Imagine o que acontece se um campo elétrico for aplicado a um material desse tipo. Para mover-se em reação ao campo, um elétron teria de passar para um estado quântico diferente com uma energia ligeiramente diferente. Entretanto, ele não pode fazer isso, porque todos os estados vizinhos já estão ocupados. A única forma de tal elétron se mover é saltar através da banda proibida até a banda de condução, onde existem muitos estados vizinhos desocupados. Em qualquer temperatura acima do zero absoluto, há alguma probabilidade de que esse salto possa ocorrer, porque um elétron pode ganhar energia por meio da agitação térmica. Em um isolante, contudo, a banda proibida entre as bandas de valência e condução pode atingir 5 eV ou mais, e essa quantidade de energia térmica normalmente não está disponível. Assim, pouca ou nenhuma corrente flui em reação a um campo elétrico aplicado, e a condutividade elétrica (Seção 25.2) é baixa. A condutividade térmica (Seção 17.7), que também depende dos elétrons móveis, é igualmente baixa.

Conforme vimos na Seção 24.4, quando aplicamos um campo elétrico suficientemente elevado a um material isolante, ele se torna condutor; esse efeito é chamado de *ruptura dielétrica*. Se o campo elétrico aplicado for suficientemente elevado, da ordem de 10^{10} V/m, surge uma diferença de potencial de alguns volts em uma escala comparável ao tamanho de um átomo. Nesse caso, o trabalho realizado pelo campo elétrico é suficiente para fazer o elétron pular sobre a banda de energia e atingir a banda de condução. (Na prática, a ruptura dielétrica ocorre em isolantes reais para campos menores que 10^{10} V/m por causa das imperfeições na estrutura de um isolante, que possibilitam a existência de estados de energia mais acessíveis *dentro* da banda de energia.)

Como no caso de um isolante, um material *semicondutor* no zero absoluto tem uma banda de condução vazia acima da banda de valência totalmente preenchida. A diferença é que, em um semicondutor, a banda proibida entre essas bandas é relativamente pequena, e os elétrons podem saltar com maior facilidade para a banda de condução (Figura 42.19b). À medida que a temperatura do semicondutor aumenta, a população na banda de condução aumenta muito rapidamente, assim como a condutividade elétrica. Por exemplo, em um semicondutor próximo da temperatura ambiente com uma banda de energia de 1 eV, o número de elétrons de condução dobra quando a temperatura sobe apenas 10 °C. Usaremos o conceito de bandas de energia para estudar os semicondutores mais profundamente na Seção 42.6.

Figura 42.19 Três tipos de estrutura de banda de energia.

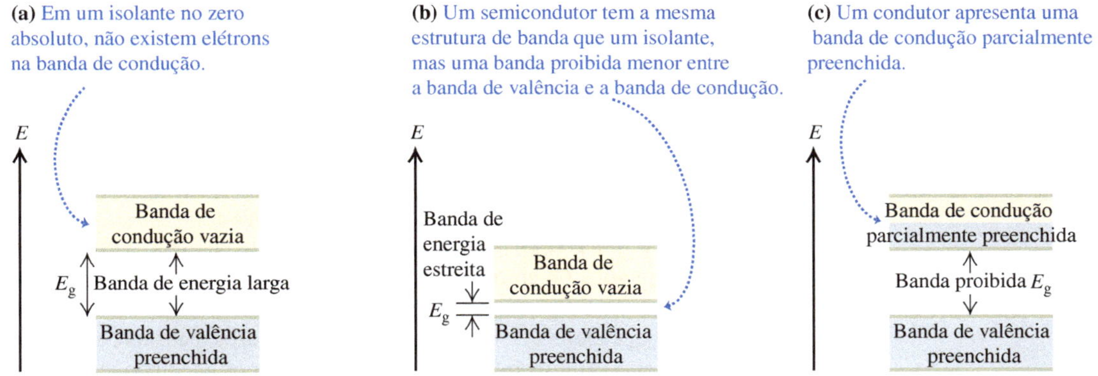

Em um material *condutor*, como um metal, existem elétrons na banda de condução até mesmo no zero absoluto (Figura 42.19c). O sódio metálico é um exemplo. Uma análise do diagrama dos níveis de energia atômica do sódio (veja a Figura 39.19a) mostra que, em um átomo de sódio isolado, os seis níveis de energia excitados mais baixos (todos os estados $3p$) estão 2,1 eV acima dos níveis de energia dos estados fundamentais $3s$. Porém, quando os átomos se aproximam para formar um cristal de sódio, as *bandas* $3s$ e $3p$ se espalham e se superpõem, formando uma única banda de energia. Cada átomo de sódio contribui com um elétron para a banda, deixando um íon Na^+ para trás. Cada átomo contribui também com oito *estados* para essa banda (dois $3s$, seis $3p$), de modo que apenas um oitavo da banda é ocupado. Chamamos essa estrutura de *banda de condução* porque ela é apenas parcialmente ocupada. Os elétrons que estão perto do topo da parte ocupada da banda têm muitos estados superiores desocupados disponíveis e podem facilmente ganhar ou perder pequenas quantidades de energia quando aplicamos um campo elétrico. Portanto, esses elétrons se movem com muita facilidade e contribuem para a condutividade elétrica e para a condutividade térmica do sódio. O mesmo acontece com outros materiais condutores.

EXEMPLO 42.5 FOTOCONDUTIVIDADE NO GERMÂNIO

Mesmo à temperatura ambiente, o germânio puro possui uma banda de valência completamente cheia separada por uma banda de 0,67 eV de uma banda de condução completamente vazia. Ele é quase isolante, porém sua condutividade aumenta substancialmente quando é irradiado com ondas eletromagnéticas com determinado comprimento de onda máximo. Por quê? Qual é o comprimento de onda máximo apropriado?

SOLUÇÃO

IDENTIFICAR E PREPARAR: a condutividade de um semicondutor aumenta muito quando os elétrons são excitados da banda de valência para a banda de condução. No germânio, a excitação ocorre quando um elétron absorve um fóton com uma energia de no mínimo $E_{\text{mín}} = 0{,}67$ eV. De acordo com a relação $E = hc/\lambda$, o comprimento de onda *máximo* $\lambda_{\text{máx}}$ (nossa variável-alvo) corresponde à energia *mínima* do fóton.

EXECUTAR: o comprimento de onda de um fóton com energia $E_{\text{mín}} = 0{,}67$ eV é dado por

$$\lambda_{\text{máx}} = \frac{hc}{E_{\text{mín}}} = \frac{(4{,}136 \times 10^{-15}\ \text{eV}\cdot\text{s})(3{,}00 \times 10^{8}\ \text{m/s})}{0{,}67\ \text{eV}}$$

$$= 1{,}9 \times 10^{-6}\ \text{m} = 1{,}9\ \mu\text{m} = 1.900\ \text{nm}$$

AVALIAR: esse componente está na região infravermelha do espectro eletromagnético, de modo que os fótons da luz visível (com um comprimento de onda menor e energia mais alta) também induzirão condutividade no germânio. Como veremos na Seção 42.7, cristais semicondutores são amplamente utilizados em diversos tipos de fotocélulas, além de muitas outras aplicações.

TESTE SUA COMPREENSÃO DA SEÇÃO 42.4 Um tipo de termômetro mede a resistividade elétrica em função da temperatura de uma amostra. Quais dos seguintes tipos de material mostram a maior variação na resistividade para uma dada variação de temperatura? (i) Isolante; (ii) semicondutor; (iii) condutor. ❙

42.5 MODELO DO ELÉTRON LIVRE PARA UM METAL

O estudo dos estados de energia dos elétrons nos metais pode nos ajudar a entender suas propriedades elétricas e magnéticas, as contribuições dos elétrons para o calor específico e muitos outros fenômenos. Conforme discutimos na Seção 42.3, uma das características peculiares dos metais é que um ou mais elétrons de valência se destacam de seus átomos de origem e podem mover-se livremente no metal, com funções de onda que se estendem ao longo de muitos átomos.

No **modelo de elétrons livres**, supomos que esses elétrons não interajam de nenhuma forma com os íons ou entre si, mas que exista uma barreira de potencial infinita na superfície do metal. A ideia é que um elétron típico se mova tão rapidamente dentro do metal que ele "veja" o efeito dos íons e de outros elétrons como uma função de energia potencial uniforme, cujo valor que podemos escolher seja zero.

Podemos representar as superfícies do metal por uma caixa cúbica que analisamos na Seção 41.2 (a versão tridimensional da partícula em uma caixa estudada na Seção 40.2). Se a caixa possui arestas de comprimento L (**Figura 42.20**), as energias dos estados estacionários (estados quânticos de energia definida) são

$$E_{n_X,n_Y,n_Z} = \frac{(n_X{}^2 + n_Y{}^2 + n_Z{}^2)\pi^2\hbar^2}{2mL^2} \quad \begin{pmatrix} n_X = 1, 2, 3, \ldots; \\ n_Y = 1, 2, 3, \ldots; \\ n_Z = 1, 2, 3, \ldots \end{pmatrix} \tag{42.10}$$

Cada estado é rotulado por três números quânticos inteiros positivos (n_X, n_Y, n_Z).

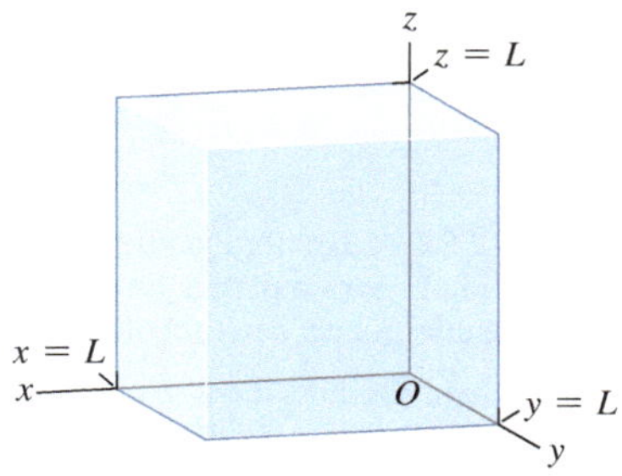

Figura 42.20 Uma caixa cúbica com aresta de comprimento L. Essa é a versão tridimensional do poço quadrado infinito discutido na Seção 41.2. Os níveis de energia de uma partícula nessa caixa são dados pela Equação 42.10.

Densidade de estados

Mais tarde, precisaremos saber o *número dn* de estados quânticos cujas energias se encontram dentro de um intervalo dE. O número de estados quânticos por unidade de intervalo de energia dn/dE denomina-se **densidade de estados**, designado por $g(E)$. Vamos começar deduzindo uma expressão para $g(E)$. Imagine um espaço tridimensional com as coordenadas (n_X, n_Y, n_Z) (**Figura 42.21**). O raio n_{rs} de uma esfera centralizada na origem nesse espaço é obtido por $n_{rs} = (n_X^2 + n_Y^2 + n_Z^2)^{1/2}$. Cada ponto com coordenada inteira nesse espaço representa um número quântico espacial. Portanto, cada ponto corresponde a uma unidade de volume nesse espaço, e o número total de pontos com coordenadas inteiras dentro da esfera é igual ao volume da esfera, $\frac{4}{3}\pi n_{rs}{}^3$. Como todos os valores de n são positivos, devemos considerar apenas a *oitava* parte da esfera, cujo volume é igual a $\frac{1}{8}$ de seu volume total, ou seja, $(\frac{1}{8})(\frac{4}{3}\pi n_{rs}{}^3) = \frac{1}{6}\pi n_{rs}{}^3$. As partículas são elétrons, de modo que cada ponto corresponde a *dois* estados com *spins* opostos ($m_s = \pm\frac{1}{2}$), e o número total n de estados eletrônicos correspondentes a pontos no interior de um oitavo do volume da esfera é o dobro de $\frac{1}{6}n_{rs}{}^3$, ou

$$n = \frac{\pi n_{rs}{}^3}{3} \tag{42.11}$$

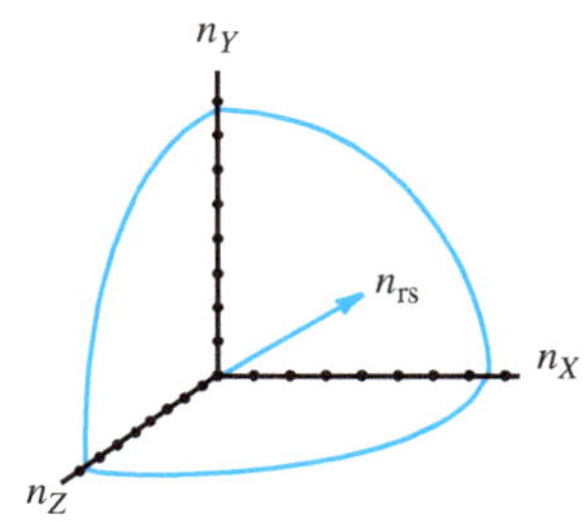

Figura 42.21 Os valores permitidos de n_X, n_Y e n_Z são números inteiros positivos para os estados do elétron no modelo do gás de elétrons livres. Incluindo o *spin*, existem dois estados para cada unidade de volume no espaço n.

A energia E dos estados na superfície da esfera pode ser expressa em termos de n_{rs}. A Equação 42.10 torna-se

$$E = \frac{n_{rs}{}^2\pi^2\hbar^2}{2mL^2} \tag{42.12}$$

Podemos combinar a Equação 42.11 e a Equação 42.12 para obter uma relação entre n e a energia E que não contenha n_{rs}. Deixaremos os detalhes como um exercício; o número total de estados com energias de E ou menos é

$$n = \frac{(2m)^{3/2}VE^{3/2}}{3\pi^2\hbar^3} \tag{42.13}$$

onde $V = L^3$ é o volume da caixa.

Para saber o número dn de estados dentro de um intervalo dE, tomamos n e E como variáveis contínuas e diferenciamos os dois membros da Equação 42.13. Obtemos:

$$dn = \frac{(2m)^{3/2}VE^{1/2}}{2\pi^2\hbar^3}\,dE \tag{42.14}$$

A densidade de estados $g(E)$ é igual a dn/dE; portanto, de acordo com a Equação 42.14, obtemos:

Densidade de estados, modelo de elétron livre:

$$g(E) = \frac{(2m)^{3/2}V}{2\pi^2\hbar^3}E^{1/2} \qquad (42.15)$$

Número de estados por intervalo de energia unitária perto de E — $g(E)$; Massa do elétron — m; Volume — V; Constante de Planck dividida por 2π — $\hbar$; Energia do elétron — E

Distribuição de Fermi-Dirac

Agora, precisamos saber como os elétrons estão distribuídos entre os diversos estados quânticos em uma dada temperatura. De acordo com a distribuição de Maxwell-Boltzmann, o número de partículas de um estado com energia E é proporcional a $e^{-E/kT}$ (veja as seções 18.5 e 39.4). Contudo, seria errado usar a distribuição de Maxwell-Boltzmann, por duas razões muito importantes. A primeira razão é o princípio da exclusão. No zero absoluto, a distribuição de Maxwell-Boltzmann prevê que *todos* os elétrons deveriam ocupar o estado fundamental do sistema, com $n_X = n_Y = n_Z = 1$ e $m_s = \pm\frac{1}{2}$. Porém, o princípio da exclusão afirma que só pode existir um elétron em cada estado. No zero absoluto, os elétrons podem preencher os estados *disponíveis* de mais baixa energia, mas não existe possibilidade de acomodar *todos* os elétrons nesses estados. Portanto, uma hipótese razoável para a forma correta da distribuição seria a indicada pela **Figura 42.22**. Todos os estados com energias E menores que algum valor E_{F0} são ocupados, de modo que a probabilidade de ocupação $f(E) = 1$; todos os demais estados com energias maiores que esse valor estão vazios, de modo que $f(E) = 0$.

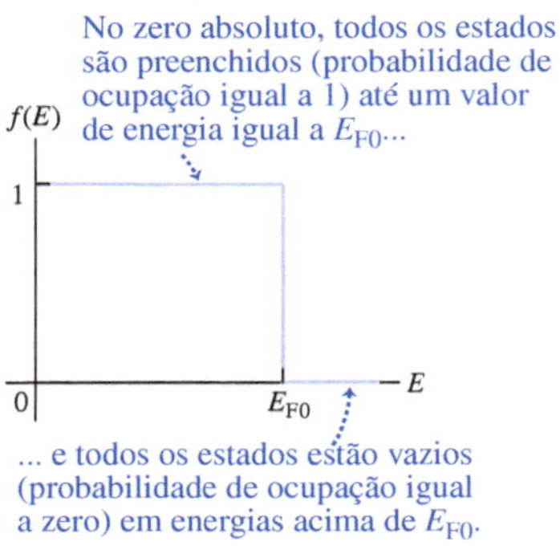

Figura 42.22 A distribuição de probabilidade para a ocupação dos níveis de energia no zero absoluto.

A segunda razão pela qual seria errado usar a distribuição de Maxwell-Boltzmann é mais sutil. A distribuição supõe que estejamos considerando partículas *distinguíveis*. Contudo, conforme discutimos na Seção 41.8, os elétrons são *indistinguíveis*; é impossível “marcar” os elétrons para saber quem é quem. Se um elétron está no estado A e outro está no estado B, não há como saber se o elétron 1 está no estado A e o elétron 2 está o estado B, ou se o elétron 1 está no estado B e o elétron 2 está no estado A.

A distribuição estatística que emerge do princípio da exclusão e do conceito de estados indistinguíveis é chamada de **distribuição de Fermi-Dirac** (em homenagem aos seus formuladores). Essa distribuição gera a probabilidade $f(E)$ de que, na temperatura T, determinado estado de energia E seja ocupado por um elétron:

Distribuição de Fermi-Dirac:

$$f(E) = \frac{1}{e^{(E - E_F)/kT} + 1} \qquad (42.16)$$

Probabilidade de que determinado estado seja ocupado por um elétron — $f(E)$; Temperatura absoluta — T; Constante de Boltzmann — k; Energia do estado — E; Energia de Fermi — E_F

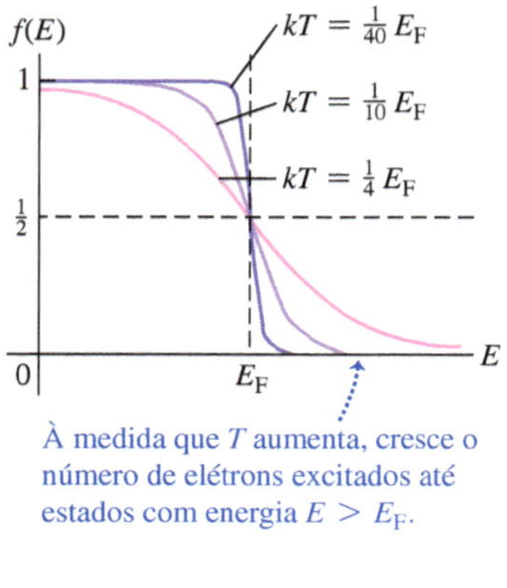

Figura 42.23 Gráficos da distribuição de Fermi-Dirac para diversos valores de kT, supondo que a energia de Fermi E_F seja independente da temperatura T.

A energia E_F denomina-se **energia de Fermi** ou *nível de Fermi*; discutiremos seu significado físico mais adiante. Designamos por E_{F0} seu valor no zero absoluto ($T = 0$) e por E_F seu valor em qualquer outra temperatura. Para metais, podemos escrever com boa aproximação $E_F = E_{F0}$, porque a energia de Fermi não varia muito com a temperatura nos condutores sólidos. Contudo, seria errado escrever $E_F = E_{F0}$ para semicondutores porque a energia de Fermi geralmente varia com a temperatura.

A **Figura 42.23** mostra gráficos da Equação 42.16 em diversas temperaturas. A curva $kT = \frac{1}{40}E_F$ mostra que, para $kT << E_F$, $f(E)$ aproxima-se da forma da função de distribuição do zero absoluto, mostrada na Figura 42.22.

Note que, quando $E = E_F$, o expoente $(E - E_F)/kT$ na Equação 42.16 é igual a zero e, portanto, $f(E) = f(E_F) = \frac{1}{2}$ para qualquer temperatura T. Ou seja, existe uma probabilidade igual a $\frac{1}{2}$ de que um estado com a energia de Fermi contenha um elétron. Isso significa que, quando $E = E_F$, metade dos estados está ocupada (e a outra metade está vazia). Para estados com $E < E_F$, o expoente é negativo e a probabilidade de ocupação $f(E)$ é maior que $\frac{1}{2}$; para estados com $E > E_F$, $f(E)$ é menor que $\frac{1}{2}$ e se aproxima de zero para E muito maior que kT.

EXEMPLO 42.6 PROBABILIDADES NO MODELO DO ELÉTRON LIVRE

Considerando elétrons livres em um sólido, em que energia a probabilidade de um estado estar ocupado é igual a (a) 0,01? (b) 0,99?

SOLUÇÃO

IDENTIFICAR E PREPARAR: este problema nos pede para verificar como a distribuição de Fermi-Dirac depende da temperatura. A Equação 42.16 nos fornece a probabilidade de ocupação $f(E)$ para uma dada energia E. Se explicitarmos E nessa equação, obteremos uma expressão para a energia que corresponde a uma dada probabilidade de ocupação — que é exatamente o que precisamos.

EXECUTAR: explicitando E na Equação 42.16, podemos mostrar que

$$E = E_F + kT \ln\left(\frac{1}{f(E)} - 1\right)$$

(a) Quando $f(E) = 0{,}01$, obtemos

$$E = E_F + kT \ln\left(\frac{1}{0{,}01} - 1\right) = E_F + 4{,}6kT$$

A probabilidade de que um estado com energia 4,6 kT acima do nível de Fermi esteja ocupado é de apenas 0,01, ou 1%.

(b) Quando $f(E) = 0{,}99$, obtemos

$$E = E_F + kT \ln\left(\frac{1}{0{,}99} - 1\right) = E_F - 4{,}6kT$$

A probabilidade de que um estado com energia 4,6 kT abaixo do nível de Fermi esteja ocupado é 0,99, ou 99%.

AVALIAR: em temperaturas muito baixas, $4{,}6kT$ é um valor muito pequeno. Então, os níveis de energia logo abaixo de E_F estão quase sempre iguais a 1 (100%), e os níveis logo acima de E_F, quase sempre perto de zero (veja a Figura 42.23). Em geral, se P é a probabilidade de que um estado com energia ΔE *acima* de E_F esteja ocupado, então existe uma probabilidade $1 - P$ de que um estado com energia ΔE *abaixo* de E_F esteja ocupado. Deixamos a demonstração como um problema para você resolver.

Concentração de elétrons e energia de Fermi

A Equação 42.16 fornece a probabilidade de que um estado específico com energia E esteja ocupado a uma temperatura T. Para obter o número efetivo de elétrons em qualquer intervalo de energia dE, devemos multiplicar essa probabilidade pelo número dn de estados no intervalo $g(E)\,dE$. Portanto, o número dN de elétrons com energias no intervalo dE é

$$dN = g(E)f(E)\,dE = \frac{(2m)^{3/2}VE^{1/2}}{2\pi^2\hbar^3}\frac{1}{e^{(E-E_F)/kT} + 1}\,dE \qquad (42.17)$$

A energia de Fermi E_F é determinada pelo número total N de elétrons; em qualquer temperatura, os estados eletrônicos estão ocupados até um ponto em que todos os elétrons estão acomodados. No zero absoluto existe uma relação simples entre E_{F0} e N. Sabemos que *todos* os estados abaixo de E_{F0} estão ocupados; na Equação 42.13, fazemos n igual ao número total de elétrons N e igualamos a energia E com a energia de Fermi no zero absoluto E_{F0}:

$$N = \frac{(2m)^{3/2}VE_{F0}{}^{3/2}}{3\pi^2\hbar^3} \qquad (42.18)$$

Explicitando E_{F0} na Equação 42.18, obtemos

$$E_{F0} = \frac{3^{2/3}\pi^{4/3}\hbar^2}{2m}\left(\frac{N}{V}\right)^{2/3} \qquad (42.19)$$

A grandeza N/V é o número de elétrons por unidade de volume. Ela é chamada de *concentração de elétrons* e geralmente é designada pela letra n.

Substituindo N/V por n, de acordo com a Equação 42.19, obtemos

$$E_{F0} = \frac{3^{2/3}\pi^{4/3}\hbar^2 n^{2/3}}{2m} \qquad (42.20)$$

ATENÇÃO Concentração de elétrons e número de elétrons Não confunda nenhum número quântico n com a concentração de elétrons n. Além disso, o número de estados n geralmente é diferente do número total de elétrons N.

EXEMPLO 42.7 A ENERGIA DE FERMI NO COBRE

Em baixas temperaturas, a concentração de elétrons livres no cobre é $n = 8{,}45 \times 10^{28}\ \text{m}^{-3}$. Usando o modelo do elétron livre, calcule a energia de Fermi para o cobre sólido e encontre a velocidade de um elétron com a energia cinética igual à energia de Fermi.

SOLUÇÃO

IDENTIFICAR E PREPARAR: este problema usa a relação entre a energia de Fermi e a concentração de elétrons livres. Como o cobre é um condutor sólido, sua energia de Fermi varia muito pouco com a temperatura, e podemos usar a expressão para a energia de Fermi no zero absoluto, Equação 42.20. Calculamos a *velocidade de Fermi*, v_F, que corresponde à energia cinética E_F, usando a conhecida fórmula não relativística $E_F = \frac{1}{2}mv_F^2$ para a energia cinética E_F.

EXECUTAR: substituindo o valor dado de n, explicitamos E_F e v_F:

$$E_F = \frac{3^{2/3}\pi^{4/3}(1{,}055 \times 10^{-34}\ \text{J}\cdot\text{s})^2(8{,}45 \times 10^{28}\ \text{m}^{-3})^{2/3}}{2(9{,}11 \times 10^{-31}\ \text{kg})}$$
$$= 1{,}126 \times 10^{-18}\ \text{J} = 7{,}03\ \text{eV}$$

$$v_F = \sqrt{\frac{2E_F}{m}} = \sqrt{\frac{2(1{,}126 \times 10^{-18}\ \text{J})}{9{,}11 \times 10^{-31}\ \text{kg}}} = 1{,}57 \times 10^6\ \text{m/s}$$

AVALIAR: os valores típicos nos metais para E_F e v_F estão dentro dos intervalos de 1,6 a 14 eV e de 0,8 a $2{,}2 \times 10^6$ m/s, respectivamente. Observe que o valor calculado de v_F é muito menor que a velocidade da luz, $c = 3{,}00 \times 10^8$ m/s, o que justifica nosso uso de fórmulas não relativísticas $\frac{1}{2}mv_F^2 = E_F$.

Nossa energia de Fermi calculada é muito *maior* que kT em temperaturas normais. [Em temperatura ambiente, $T = 20\ °\text{C} = 293$ K, a quantidade kT é igual a $(1{,}381 \times 10^{-23}\ \text{J/K})(293\ \text{K}) = 4{,}04 \times 10^{-21}\ \text{J} = 0{,}0254$ eV.] Logo, é uma boa aproximação considerar quase todos os níveis de energia abaixo de E_F completamente cheios e quase todos os níveis acima de E_F completamente vazios (veja a Figura 42.22).

Também podemos usar a Equação 42.15 para calcular $g(E)$ se E e V são conhecidos. Convidamos você a mostrar que, se $E = 7{,}03$ eV e $V = 1\ \text{cm}^3$, $g(E)$ é aproximadamente igual a 2×10^{22} estados/eV. Esse número muito grande justifica por que consideramos n e a energia E variáveis contínuas em nossa dedução da densidade de estados.

Energia média de um elétron livre

Podemos calcular a energia *média* de um elétron livre em um metal no zero absoluto usando as mesmas ideias que foram empregadas para determinar E_{F0}. Pela Equação 42.17, o número dN de elétrons com energias no intervalo dE é igual a $g(E)f(E)\,dE$. A energia desses elétrons é $E\,dN = Eg(E)f(E)\,dE$. Substituímos no zero absoluto $f(E) = 1$ desde $E = 0$ até $E = E_{F0}$ e $f(E) = 0$ para todas as outras energias. Portanto, a energia total E_{tot} de todos os N elétrons é

$$E_{tot} = \int_0^{E_{F0}} Eg(E)(1)\,dE + \int_{E_{F0}}^{\infty} Eg(E)(0)\,dE = \int_0^{E_{F0}} Eg(E)\,dE$$

O modo mais simples de calcular essa expressão consiste em comparar as equações 42.15 e 42.19. Você verá que

$$g(E) = \frac{3NE^{1/2}}{2E_{F0}^{3/2}}$$

Substituindo essa expressão na integral e usando a definição $E_{méd} = E_{tot}/N$, obtemos

$$E_{méd} = \frac{3}{2E_{F0}^{3/2}} \int_0^{E_{F0}} E^{3/2}\,dE = \frac{3}{5}E_{F0} \qquad (42.21)$$

Ou seja, no zero absoluto, a energia média de um elétron livre é igual a $\frac{3}{5}$ da energia de Fermi correspondente.

EXEMPLO 42.8 GÁS DE ELÉTRONS LIVRES X GÁS IDEAL

(a) Calcule a energia média dos elétrons livres do cobre no zero absoluto (veja o Exemplo 42.7). (b) Se os elétrons se comportassem como um gás ideal (veja a Seção 18.3) à temperatura ambiente, 20 °C, qual seria sua energia cinética média? Qual seria a velocidade de um elétron com essa energia cinética? Compare esses valores para um gás ideal com os valores (corretos) para elétrons livres.

SOLUÇÃO

IDENTIFICAR E PREPARAR: elétrons livres em um metal comportam-se como um tipo de gás. Na parte (a), usamos a Equação 42.21 para calcular a energia cinética média dos elétrons livres em termos da energia de Fermi a uma temperatura de zero absoluto, que conhecemos para o cobre, através do Exemplo 42.7. Na parte (b), tratamos os elétrons como um gás ideal na temperatura ambiente: a Equação 18.16 fornece a energia cinética média por elétron como $E_{méd} = \frac{3}{2}kT$, e $E_{méd} = \frac{1}{2}mv^2$ gera a velocidade v do elétron correspondente.

EXECUTAR: (a) conforme o Exemplo 42.7, a energia de Fermi no cobre em zero absoluto é $1{,}126 \times 10^{-18}$ J = 7,03 eV. Segundo a Equação 42.21, a energia média é $\frac{3}{5}$ desse valor, ou $6{,}76 \times 10^{-19}$ J = 4,22 eV.

(b) No Exemplo 42.7, descobrimos que $kT = 4{,}04 \times 10^{-21}$ J = 0,0254 eV em temperatura ambiente T = 20 °C = 293 K. Se os elétrons se comportassem como um gás ideal a essa temperatura ambiente, a energia cinética média por elétron seria $\frac{3}{2}$ disso, ou $6{,}07 \times 10^{-21}$ J = 0,0379 eV. A velocidade de um elétron com essa energia cinética seria

$$v = \sqrt{\frac{2E_{méd}}{m}} = \sqrt{\frac{2\,(6{,}07 \times 10^{-21}\ \text{J})}{9{,}11 \times 10^{-31}\ \text{kg}}}$$
$$= 1{,}15 \times 10^5\ \text{m/s}$$

AVALIAR: o modelo do gás ideal prevê uma energia média de menos de 1% do valor dado pelo modelo do elétron livre e uma velocidade com cerca de 7% da velocidade de Fermi $v_F = 1{,}57 \times 10^6$ m/s, que encontramos no Exemplo 42.7. Assim, a temperatura desempenha um papel *muito* pequeno na determinação das propriedades dos elétrons nos metais; em vez disso, suas energias médias são determinadas quase inteiramente pelo princípio da exclusão.

Uma análise similar nos permite determinar as contribuições dos elétrons para o calor específico de um metal sólido. Supondo que exista um elétron de condução por átomo, o princípio da equipartição de energia (veja a Seção 18.4) prevê uma contribuição da energia cinética dos elétrons igual a $3R/2$ para o calor específico molar a um volume constante C_V. Entretanto, quando kT é muito menor que E_F, o que geralmente acontece nos metais, somente alguns elétrons nas vizinhanças do nível de Fermi encontram estados vazios e trocam energia em quantidade apreciável quando a temperatura varia. O número desses elétrons é proporcional a kT/E_F, de modo que esperamos que a contribuição dos elétrons para o calor específico a um volume constante seja proporcional ao produto $(kT/E_F)\,(3R/2) = (3kT/2E_F)R$. Uma análise mais detalhada mostra que a contribuição dos elétrons para o calor específico a um volume constante de um metal é $(\pi^2kT/2E_F)R$, resultado próximo da nossa previsão. Convidamos você a mostrar que, se T = 293 K e E_F = 7,03 eV, a contribuição dos elétrons para C_V é $0{,}018R$, que é apenas 1,2% da previsão (incorreta) $3R/2$ baseada no princípio da equipartição. Como a contribuição eletrônica é tão pequena, o calor específico da maioria dos metais sólidos se deve principalmente à vibração dos átomos na estrutura cristalina (veja a Figura 18.18 na Seção 18.4).

TESTE SUA COMPREENSÃO DA SEÇÃO 42.5 Um gás ideal obedece à relação $pV = nRT$ (veja a Seção 18.1). Ou seja, para um dado volume V e um número de moles n, à medida que a temperatura T diminui, a pressão p diminui proporcionalmente e tende a zero à medida que T se aproxima do zero absoluto. Isso também é verdade para um gás de elétrons livres em um metal sólido? ❙

42.6 SEMICONDUTORES

Um **semicondutor** possui uma resistividade elétrica intermediária entre a de um bom condutor e a de um bom isolante. A extraordinária importância dos semicondutores na eletrônica moderna decorre do fato de que suas propriedades elétricas são muito sensíveis a pequenas variações de impurezas. Vamos discutir os conceitos básicos usando como exemplos os elementos silício (Si) e germânio (Ge).

O silício e o germânio fazem parte do grupo IV da tabela periódica. Ambos possuem quatro elétrons na subcamada mais externa ($3s^23p^2$, para o Si, e $4s^24p^2$, para o Ge). Ambos formam cristais com a estrutura do diamante ilustrada na Seção 42.3 (Figura 42.14), com ligações covalentes. Como todos os elétrons de valência estão envolvidos na ligação, no zero absoluto sua estrutura de bandas (Seção 42.4) indica uma banda de condução completamente vazia (veja a Figura 42.19b). Como vimos na Seção 42.4, em temperaturas muito baixas os elétrons não conseguem saltar da banda de valência preenchida para a banda de condução. Essa propriedade, em temperaturas muito baixas, torna esses materiais isolantes; não existem estados vizinhos disponíveis para os quais seus elétrons possam se mover em reação a um campo elétrico aplicado.

Entretanto, a largura E_g da banda proibida que separa a banda de valência da banda de condução é pequena em comparação à largura de 5 eV ou mais dos isolantes; os valores na temperatura ambiente são 1,12 eV para o silício e apenas 0,67 eV para o germânio. Portanto, mesmo na temperatura ambiente existe um número substancial de elétrons que podem ganhar energia suficiente para pular a banda proibida e atingir a banda de condução, onde eles se separam de seus átomos de origem e podem se mover livremente no cristal. O número de elétrons cresce rapidamente com a temperatura.

EXEMPLO 42.9 PULANDO A BANDA PROIBIDA

Considere um material semicondutor com a estrutura descrita anteriormente e com a energia de Fermi no centro da banda proibida (**Figura 42.24**). Calcule a probabilidade de que um estado na parte inferior da banda de condução esteja preenchido a uma temperatura igual a 300 K e compare os cálculos com uma temperatura de 310 K, considerando os seguintes valores para a largura da banda proibida: (a) 0,200 eV; (b) 1,00 eV; (c) 5,00 eV.

SOLUÇÃO

IDENTIFICAR E PREPARAR: a função de distribuição de Fermi-Dirac fornece a probabilidade de que um estado de energia E esteja ocupado na temperatura T. A Figura 42.24 mostra que o estado em questão, na parte inferior da banda de condução, apresenta uma energia $E = E_F + E_g/2$, que é maior que a energia de Fermi E_F, com $E - E_F = E_g/2$. A Figura 42.23 indica que, quanto maior a temperatura, maior a fração de elétrons com energias maiores que a energia de Fermi.

EXECUTAR: (a) quando $E_g = 0{,}200$ eV,

$$\frac{E - E_F}{kT} = \frac{E_g}{2kT} = \frac{0{,}100 \text{ eV}}{(8{,}617 \times 10^{-5} \text{ eV/K})(300 \text{ K})} = 3{,}87$$

$$f(E) = \frac{1}{e^{3{,}87} + 1} = 0{,}0205$$

Para $T = 310$ K, o expoente é igual a 3,74 e $f(E) = 0{,}0231$, um aumento de 13% quando a temperatura aumenta apenas 10 K.

(b) Para $E_g = 1{,}00$ eV, ambos os expoentes são cinco vezes maiores que os anteriores, passando para 19,3 e 18,7; os valores correspondentes de $f(E)$ são $4{,}0 \times 10^{-9}$ e $7{,}4 \times 10^{-9}$. Nesse caso, a probabilidade (baixa) quase dobra quando a temperatura aumenta 10 K.

(c) Para $E_g = 5{,}0$ eV, os expoentes são 96,7 e 93,6; os valores de $f(E)$ são $1{,}0 \times 10^{-42}$ e $2{,}3 \times 10^{-41}$. A probabilidade (extremamente baixa) cresce por um fator igual a 23 quando a temperatura aumenta 10 K.

AVALIAR: o presente exemplo ilustra dois pontos importantes. Primeiro, a probabilidade de encontrar um elétron na parte inferior da banda de condução depende fortemente da largura da banda proibida. Na temperatura ambiente, quando a largura é de 0,200 eV, a probabilidade é de 2%, porém, quando essa largura é igual a 1,00 eV, existe cerca de uma chance em um bilhão e, quando a largura é de 5,0 eV, a probabilidade é praticamente igual a zero. (O diamante puro, com uma largura de 5,47 eV na banda proibida, basicamente não possui elétrons na banda de condução, sendo um excelente isolante.) Segundo, para uma mesma largura da banda proibida, a probabilidade depende fortemente da temperatura, e quanto maior é a largura da banda proibida, maior é essa dependência.

Figura 42.24 Estrutura de banda de um semicondutor. No zero absoluto, uma banda de valência completamente cheia está separada da banda de condução vazia por uma banda proibida com uma largura E_g com valor pequeno, da ordem de 1 eV. Na temperatura ambiente, um número grande de elétrons é excitado e passa para a banda de condução.

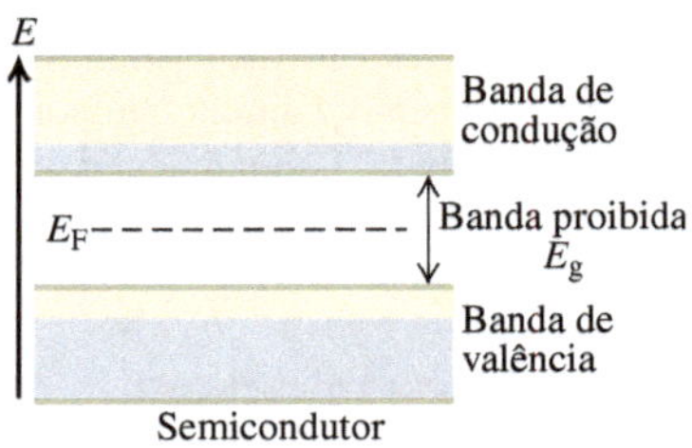

Em tese, poderíamos continuar os cálculos do Exemplo 42.9 para determinar a densidade efetiva dos elétrons $n = N/V$ na banda de condução em qualquer temperatura. Para isso, seria necessário fazer a integral $\int g(E)f(E)\,dE$ da parte inferior da banda de condução até seu topo. [Primeiro precisaríamos saber a densidade de estados $g(E)$. Essa função para um semicondutor é mais complicada que a expressão no modelo de elétron livre, dada pela Equação 42.15.] Depois de calcular n, podemos *começar* a determinar a resistividade do material (e sua dependência com a temperatura) usando a análise da Seção 25.2, a qual você deve rever. Porém, a seguir veremos que os elétrons da banda de condução não bastam para descrever todo o comportamento dos semicondutores.

Buracos

Ao ser removido de uma ligação covalente, um elétron deixa uma vacância em seu lugar. Um elétron de um átomo vizinho pode deslocar-se para essa vacância, deixando esse átomo vizinho com uma vacância. Desse modo, a vacância, chamada de **buraco**, pode se deslocar através do cristal comportando-se como outro portador de carga adicional da corrente elétrica. O processo é semelhante ao deslocamento de uma bolha no interior de um líquido. Em um semicondutor puro, chamado de *intrínseco*, o número de buracos na banda de valência é igual ao número de elétrons na banda de condução. Quando aplicamos um campo elétrico, esses portadores se movem em sentidos contrários (**Figura 42.25**). Portanto, um buraco na banda de valência se comporta como uma carga positiva, embora as cargas que se deslocam na banda sejam elétrons. O tipo de condutividade que acabamos de descrever para um semicondutor denomina-se *condutividade intrínseca*. Outro tipo de condutividade, que descreveremos na próxima subseção, é causado por impurezas.

Podemos fazer analogia com um edifício-garagem para ajudar a compreender a condução intrínseca em um semicondutor puro. A banda de valência no zero absoluto é semelhante a um andar completamente cheio de carros. Nenhum carro (elétron) pode se mover, porque não existe nenhuma vaga para a qual ele possa se deslocar. Mas, se um carro passar para o andar superior do edifício, ele poderá se mover livremente naquele andar. Também no andar inferior poderá ocorrer o movimento de um outro carro vizinho para ocupar a vaga deixada pelo carro que foi para o andar superior, como no caso do movimento de um elétron na banda de valência.

Figura 42.25 Movimento de elétrons na banda de condução e de buracos na banda de valência de um semicondutor na presença de um campo elétrico aplicado $\vec{E}$.

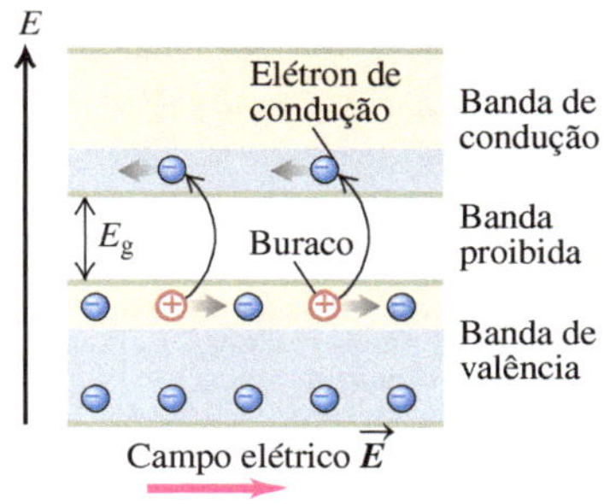

Impurezas

Suponha que você misture ao germânio fundido ($Z = 32$) uma pequena quantidade de arsênio ($Z = 33$), o elemento que aparece depois do germânio na tabela periódica. Essa adição de impurezas de outros elementos é chamada de *dopagem*. O arsênio faz parte do grupo V, ou seja, possui *cinco* elétrons de valência. Quando um desses elétrons é removido, a estrutura eletrônica restante é essencialmente igual à do germânio. A única diferença é que ele é menor — o núcleo do arsênio possui carga $+33e$ em vez de $+32e$, e ele puxa os elétrons com uma intensidade maior. Um átomo de arsênio pode confortavelmente ocupar o lugar de um átomo de germânio, formando uma impureza substitutiva. Quatro dos seus cinco elétrons de valência formarão as ligações covalentes necessárias com seus vizinhos mais próximos.

O quinto elétron de valência permanece fracamente ligado (**Figura 42.26a**); ele não participa das ligações covalentes e permanece blindado da carga do núcleo de $+33e$ pelos 32 elétrons restantes, deixando livre uma carga efetiva aproximadamente igual a $+e$. Podemos supor que a energia de ligação seja da mesma ordem de grandeza da energia do nível $n = 4$ do átomo de hidrogênio, ou seja, $(\frac{1}{4})^2$ (13,6 eV) = 0,85 eV. Na realidade, ela é bem menor que esse valor, aproximadamente igual a 0,01 eV, porque a distribuição de probabilidade do elétron se estende efetivamente através de uma distância igual a vários diâmetros atômicos, e a polarização dos átomos envolvidos fornece uma blindagem adicional.

O nível de energia desse quinto elétron na descrição das bandas de energia corresponde a um nível isolado no interior da banda proibida, situada 0,01 eV abaixo do limite inferior da banda de condução (Figura 42.26b). Esse nível é chamado de *nível doador* e o átomo de impureza responsável por ele é simplesmente chamado de *doador*. Todos os elementos do grupo V, inclusive os elementos N, P, As, Sb e Bi, podem servir como doadores. Na temperatura ambiente, kT é aproximadamente igual a 0,025 eV. Esse valor é bem maior que 0,01 eV, de modo que, na temperatura ambiente, um número substancial de elétrons pode ganhar energia suficiente para pular do nível doador para a banda de condução, na qual eles permanecem livres e podem se deslocar aleatoriamente através do material. O doador ionizado permanece fixo na estrutura cristalina e não participa da condução.

Figura 42.26 Um semicondutor de tipo n.

(a) Um átomo de impureza doadora (tipo n) possui um quinto elétron de valência que não participa das quatro ligações covalentes, permanecendo fracamente ligado.

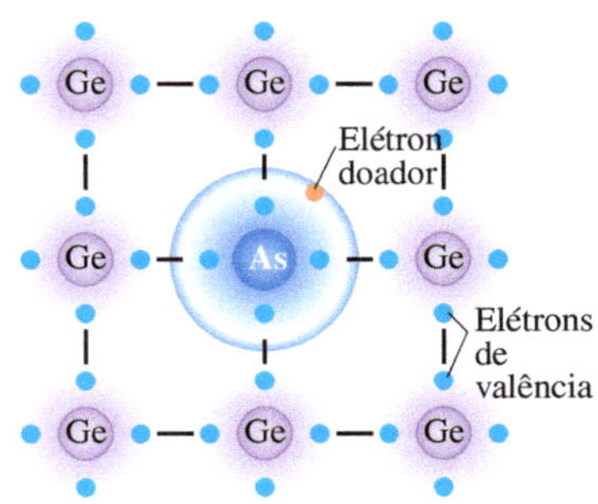

(b) Diagrama de bandas de energia de um semicondutor do tipo n em temperaturas baixas. Um elétron doador foi excitado e passou para a banda de condução.

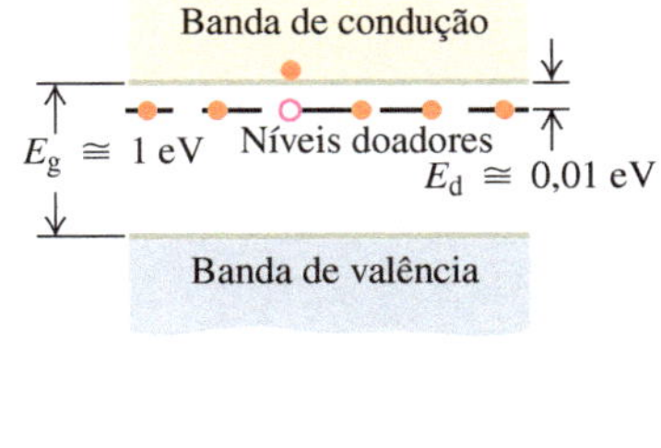

Figura 42.27 Um semicondutor de tipo *p*.

(a) Um átomo aceitador de impureza (tipo *p*) possui somente três elétrons de valência, de modo que pode tomar emprestado um elétron de um átomo vizinho. O buraco resultante pode, então, se deslocar livremente através do cristal.

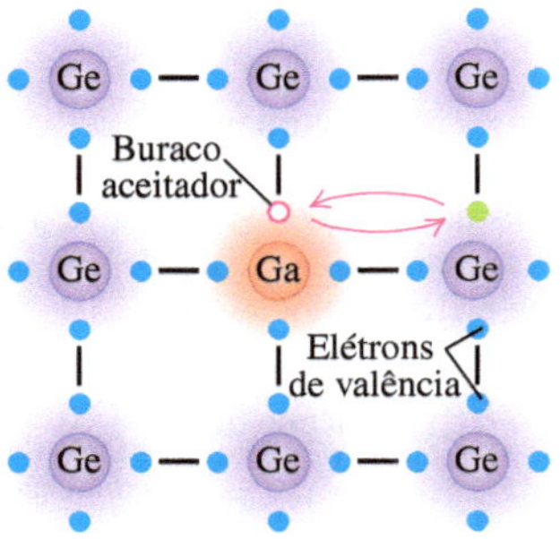

(b) Diagrama de bandas de energia para um semicondutor do tipo *p* em baixas temperaturas. Um nível aceitou um elétron da banda de valência e o elétron deixou um buraco nessa banda.

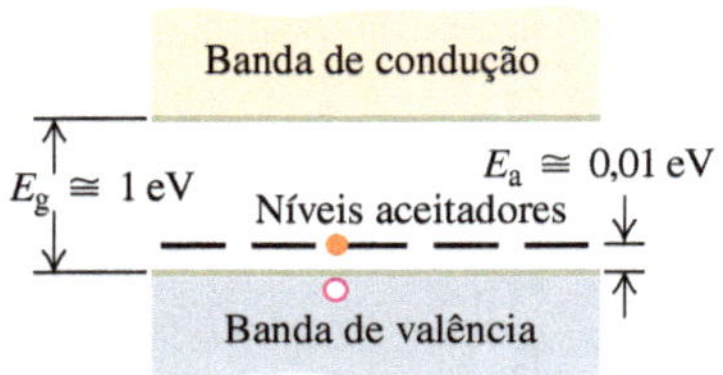

O Exemplo 42.9 mostra que, na temperatura ambiente e para uma largura da banda proibida igual a 1,0 eV, somente uma pequena fração (da ordem de 10^{-9}) dos estados na parte inferior da banda de condução contém elétrons para participar da condutividade intrínseca. Portanto, espera-se que a condutividade desse tipo de condutor seja cerca de 10^{-9} vezes menor que a condutividade de um bom condutor metálico, e as medidas confirmam essa previsão. Contudo, uma concentração de doadores muito pequena, da ordem de uma parte em 10^8, pode fazer a condutividade aumentar drasticamente, e a condução pelo mecanismo das impurezas torna-se extremamente mais importante que a condução intrínseca. Nesse caso, a condução é inteiramente produzida pelo movimento de cargas *negativas* (elétrons). Chamamos o material correspondente de **semicondutor do tipo *n***, com impurezas do tipo *n*.

Obtemos um efeito semelhante adicionando átomos de um elemento do grupo III (B, Al, Ga, In, Tl), que possui somente *três* elétrons de valência. Um exemplo é o gálio ($Z = 31$); como uma impureza substitutiva para o germânio, um átomo de gálio tende a formar quatro ligações covalentes, mas possui somente três elétrons na camada externa. Contudo, ele pode tomar emprestado um elétron de um átomo de germânio vizinho para completar as quatro ligações covalentes (**Figura 42.27a**). O átomo resultante possui a mesma configuração eletrônica do Ge, mas é ligeiramente maior porque a carga do núcleo de gálio é menor ($+31e$, em vez de $+32e$).

O empréstimo do elétron deixa o átomo vizinho com um *buraco*, ou a falta de elétron. O buraco funciona como uma carga positiva que pode se mover através do cristal, como no caso da condutividade intrínseca. O elétron emprestado ocupa um nível do átomo de gálio chamado de *nível aceitador*, situado 0,01 eV acima do limite superior da banda de valência (Figura 42.27b). O átomo de gálio, chamado de *aceitador*, recebe um elétron e completa as quatro ligações covalentes. Esse elétron extra fornece ao átomo de gálio, que inicialmente estava neutro, uma carga efetiva igual a $-e$. O íon de gálio resultante *não* pode se mover livremente. Em um semicondutor dopado com aceitadores, verificamos que a condutividade é quase inteiramente produzida pelo movimento de cargas *positivas* (buracos). Chamamos esse tipo de material de **semicondutor do tipo *p***, com impurezas do tipo *p*. Alguns semicondutores são dopados simultaneamente com impurezas dos tipos *p* e *n*. Tais materiais são denominados semicondutores *compensados*.

ATENÇÃO O significado de "tipo *p*" e "tipo *n*" Dizer que um material é um semicondutor do tipo *p não* significa que o material contém cargas positivas; geralmente ele é neutro. Em vez disso, queremos dizer que os *portadores majoritários* da corrente são buracos positivos (e, portanto, os *portadores minoritários* da corrente são elétrons negativos). A mesma observação vale para um semicondutor do tipo *n* que *não* contém cargas negativas, porém seus portadores majoritários são elétrons negativos.

Podemos verificar se a corrente no semicondutor do tipo *n* ou do tipo *p* é *efetivamente* produzida por elétrons e por buracos, respectivamente, usando o efeito Hall (veja a Seção 27.9). O sinal da fem Hall deve ser oposto para esses dois tipos de semicondutor. Dispositivos feitos com semicondutores e baseados no efeito Hall são usados como sondas para medir campos magnéticos e as correntes que produzem esses campos.

TESTE SUA COMPREENSÃO DA SEÇÃO 42.6 Haveria alguma vantagem em adicionar impurezas de tipo *n* ou *p* ao cobre? ❙

42.7 DISPOSITIVOS SEMICONDUTORES

Os dispositivos semicondutores desempenham um papel crucial na eletrônica contemporânea. Os primeiros rádios, aparelhos de TV e equipamentos de transmissão e recepção de um modo geral eram fabricados com válvulas eletrônicas a vácuo, porém tais válvulas foram substituídas nas últimas cinco décadas por dispositivos de estado sólido, como transistores, diodos, circuitos integrados e outros dispositivos semicondutores. Todos os dispositivos eletrônicos modernos utilizam dispositivos semicondutores de diversos tipos.

Um dispositivo semicondutor simples é a *fotocélula* (**Figura 42.28**). Quando incide sobre esse dispositivo um feixe de ondas eletromagnéticas cujos fótons possuem uma energia pelo menos igual à largura da banda proibida entre a banda de condução e a banda de valência, um elétron da banda de valência pode absorver um fóton e pular para a banda de condução, onde ele (e também o buraco que ele deixou) pode contribuir para a condutividade (veja o Exemplo 42.5 na Seção 42.4). Logo, a condutividade aumenta com a intensidade do feixe de ondas, aumentando a corrente I no circuito da fotocélula da Figura 42.28. Assim, a leitura no amperímetro indica a intensidade da luz.

Figura 42.28 Uma fotocélula semicondutora em um circuito. Quanto mais intensamente a luz incide sobre a fotocélula, maior a condutividade da fotocélula e maior a corrente medida pelo amperímetro (A).

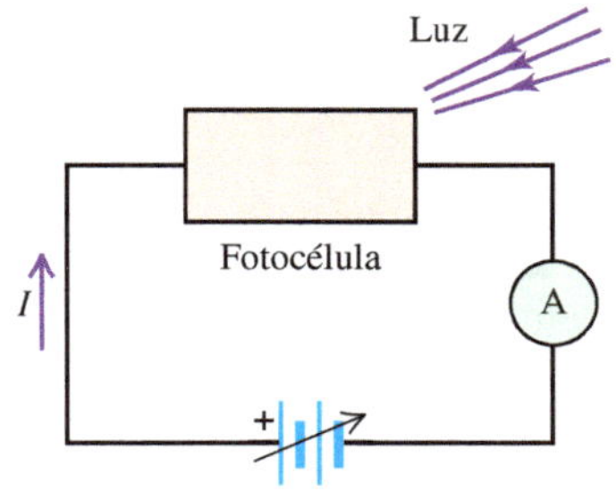

Detectores de partículas carregadas funcionam sob o mesmo princípio. Um circuito externo aplica uma voltagem através de um semicondutor. Uma partícula energética que penetra no semicondutor colide com um elétron da banda de valência excitando-o para a banda de condução e, em resultado, criando pares de elétrons e buracos. A condutividade cresce momentaneamente, produzindo um pulso de corrente no circuito externo. Detectores de estado sólido são largamente empregados em pesquisas de física nuclear e na física de altas energias.

A junção *p-n*

Em muitos dispositivos semicondutores, o princípio básico envolvido é o fato de que a condutividade do material é controlada pela concentração das impurezas, que pode variar em um grande intervalo de uma região para outra do dispositivo. Um exemplo é a **junção *p-n***, que se forma na fronteira entre um semicondutor do tipo n e outro do tipo p. Um modo de fabricar uma junção p-n consiste em depositar um material do tipo p sobre a superfície *extremamente* polida de um semicondutor do tipo n. (Não podemos simplesmente colar uma placa do tipo n a uma placa do tipo p e esperar que a junção funcione apropriadamente, uma vez que é impossível obter o casamento perfeito entre as duas superfícies no nível atômico.)

Quando uma junção p-n é conectada a um circuito, como na **Figura 42.29a**, e fazemos variar a diferença de potencial $V_p - V_n = V$ ao longo da junção, a corrente I varia como indicado na Figura 42.29b. Em enorme contraste com o comportamento de um resistor, que obedece à lei de Ohm e fornece uma linha reta no gráfico I-V, uma junção p-n conduz muito mais prontamente quando a tensão é aplicada diretamente de p para n do que quando ela é invertida. Um dispositivo como este, de sentido único (praticamente) para a corrente, denomina-se **diodo retificador**. Mais adiante, discutiremos um modelo simples de junção p-n que prevê uma relação corrente–voltagem com a seguinte forma:

$$I = I_S(e^{eV/kT} - 1) \tag{42.22}$$

Corrente ao longo de uma junção *p-n*; Corrente de saturação (I_S); Voltagem (V); Temperatura absoluta (T); Constante de Boltzmann (k); Módulo da carga do elétron (e no expoente); $e = 2{,}71828\ldots$ (base)

Figura 42.29 (a) Uma junção de semicondutor p-n conectada a um circuito. (b) Gráfico mostrando uma relação assimétrica de corrente–voltagem. A curva é descrita pela Equação 42.22.

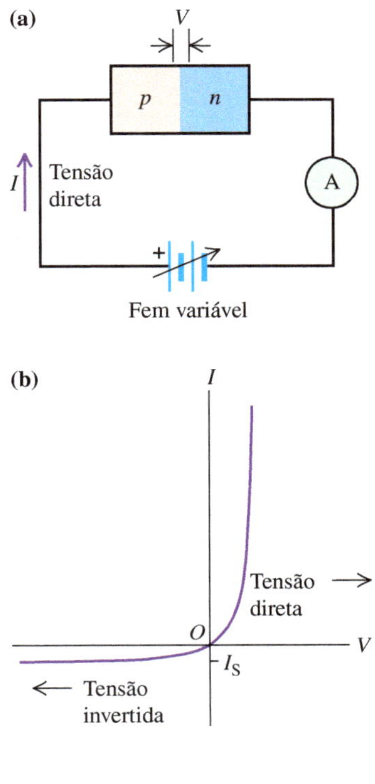

ATENÇÃO Dois usos diferentes de *e* Na exponencial $e^{eV/kT}$, a base do expoente também é representada pela letra e, que é a base do logaritmo natural ou neperiano, dada por $e = 2{,}71828...$ Esse valor de e é completamente diferente do valor $e = 1{,}602 \times 10^{-19}$ C existente no expoente.

A Equação 42.22 vale igualmente para valores positivos e negativos de V; note que V e I sempre possuem o mesmo sinal. Quando V se torna muito negativo, I tende ao valor $-I_S$. O módulo I_S (sempre positivo) é denominado *corrente de saturação*.

Correntes através de uma junção *p-n*

DADOS MOSTRAM

Semicondutores

Quando os alunos recebiam um problema envolvendo semicondutores, mais de 24% davam uma resposta incorreta. Erros comuns:

- Confusão sobre semicondutores tipo *p* e tipo *n*. As cargas móveis (buracos) em um semicondutor tipo *p* são positivas, mas o semicondutor como um todo não possui uma carga resultante positiva. De modo semelhante, as cargas móveis (elétrons) em um semicondutor tipo *n* são negativas, mas o semicondutor não tem uma carga resultante negativa.
- Confusão sobre bandas proibidas. Um elétron pode absorver um fóton e ser promovido da banda de valência para a banda de condução, mas somente se receber energia suficiente para transpor a lacuna entre essas bandas. Logo, um fóton com uma energia menor que a da banda proibida não poderá ser absorvido.

Podemos entender o comportamento do diodo com junção *p-n* qualitativamente com base no mecanismo da condutividade nas duas regiões. Suponha que você faça uma conexão com uma tensão direta como na Figura 42.29a, ou seja, conectando o polo positivo da bateria com o terminal *p* da junção e o polo negativo com o terminal *n* da junção. Então, o potencial da região *p* será mais elevado que o potencial da região *n*, correspondendo a um valor positivo *V* na Equação 42.22, e o campo elétrico apontará no sentido de *p* para *n*. Esse sentido do campo é chamado de sentido *direto* e essa conexão com a bateria fornece a chamada polarização com *tensão direta*. Os buracos, em grande número na região *p*, podem fluir facilmente e passar para a região *n*, e os elétrons livres, em grande número na região *n*, podem fluir facilmente e passar para a região *p*; esse movimento de portadores de carga constitui a *corrente direta*. Se você conectar a bateria com uma polaridade oposta à precedente, ocorrerá a polarização com a *tensão invertida*, e o campo tenderá a empurrar elétrons da região *p* para a região *n* e buracos da região *n* para a região *p*. Entretanto, existem pouquíssimos elétrons na região *p* e pouquíssimos buracos na região *n*. Em consequência, a corrente no sentido *invertido* é muito menor que a obtida quando a diferença de potencial é aplicada no sentido direto.

Suponha que você tenha uma caixa com dois compartimentos separados por uma parede. Você enche o lado esquerdo com gás oxigênio e o lado direito com gás nitrogênio. O que ocorrerá se houver um furo na parede? O oxigênio vai se difundir para o lado direito e o nitrogênio, para o lado esquerdo. Um processo de difusão semelhante ocorre no caso de uma junção *p-n*. Inicialmente, considere uma situação de equilíbrio sem nenhuma voltagem aplicada (**Figura 42.30**). Os muitos buracos na região *p* funcionam como um gás de buracos que se difunde para a região *n*. Ao atingir a região *n*, os buracos se recombinam com alguns dos muitos elétrons livres. Analogamente, quando os elétrons se difundem da região *n* para a região *p*, eles passam a ocupar um dos muitos buracos existentes ali. As correntes de difusão dos elétrons e dos buracos produzem uma carga líquida positiva na região *n* e uma carga líquida negativa na região *p*, criando um campo elétrico que aponta no sentido de *n* para *p* através da junção. A energia potencial correspondente a esse campo elétrico faz elevar os níveis de energia na região *p* em relação aos mesmos níveis de energia na região *n*.

Existem quatro correntes através da junção, como indicado. Os processos de difusão produzem *correntes de recombinação* de buracos e elétrons, designadas por i_{pr} e i_{nr} na Figura 42.30. Ao mesmo tempo, pares de elétrons e buracos são gerados por causa da agitação térmica. O campo elétrico mencionado anteriormente arrasta os elétrons e os buracos para fora da junção; os elétrons são impulsionados pelo

Figura 42.30 Uma junção *p-n* em equilíbrio, sem nenhum campo elétrico aplicado ou qualquer diferença de potencial. As correntes de geração (subscrito g) se equilibram exatamente com as correntes de recombinação (subscrito r). O nível de Fermi E_F é o mesmo dos dois lados da junção. Existe um excesso de cargas positivas do lado *n* e um excesso de cargas negativas do lado *p*, dando origem a um campo elétrico $\vec{E}$ no sentido indicado.

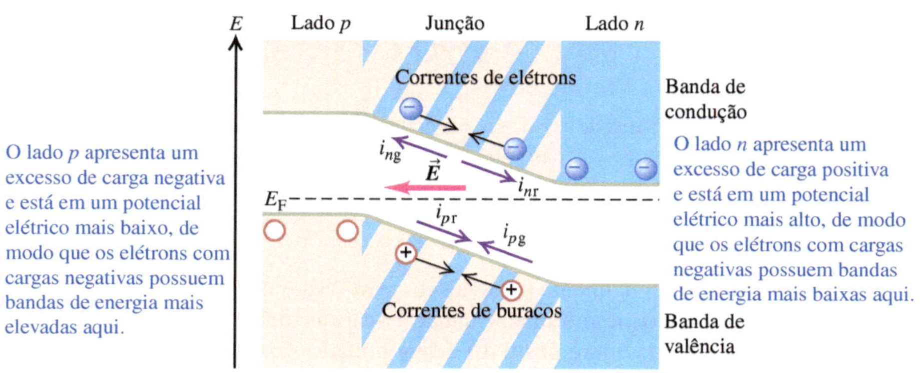

campo elétrico para o lado n e os buracos são impulsionados pelo campo elétrico para o lado p. As correntes correspondentes, chamadas de *correntes de geração*, são designadas por i_{pg} e i_{ng}. No equilíbrio, os módulos das correntes de geração são iguais aos módulos das correntes de recombinação:

$$|i_{pg}| = |i_{pr}| \quad \text{e} \quad |i_{ng}| = |i_{nr}| \tag{42.23}$$

No equilíbrio térmico, a energia de Fermi é a mesma em todos os pontos da junção.

Aplicamos então uma tensão direta, ou seja, uma diferença de potencial V positiva através da junção. Uma tensão direta faz *diminuir* o campo elétrico na região da junção e, assim, também faz diminuir por um valor $\Delta E = -eV$ a diferença entre os níveis de energia entre os lados p e n (**Figura 42.31**). Torna-se mais fácil para os elétrons na região n difundir-se para o lado p e para os buracos da região p difundir-se para o lado n. Esse efeito faz aumentar as correntes de recombinação pelo fator dado pela distribuição de Maxwell-Boltzmann $e^{-\Delta E/kT} = e^{eV/kT}$. (Não precisamos usar a distribuição de Fermi-Dirac porque muitos estados disponíveis para os elétrons e buracos estão vazios, de modo que o princípio da exclusão tem pouco efeito.) As correntes de geração permanecem aproximadamente constantes; portanto, a corrente total dos buracos é

$$\begin{aligned} i_{ptot} &= i_{pr} - |i_{pg}| \\ &= |i_{pg}|e^{eV/kT} - |i_{pg}| \\ &= |i_{pg}|(e^{eV/kT} - 1) \end{aligned} \tag{42.24}$$

A corrente total dos elétrons i_{ntot} é dada por uma expressão análoga; logo, a corrente efetiva através da junção $I = i_{ptot} + i_{ntot}$ é

$$I = I_S(e^{eV/kT} - 1) \tag{42.25}$$

que concorda com a Equação 42.22. O processo que acabamos de estudar pode ser repetido para uma tensão invertida (valores de V e de I negativos), obtendo-se o mesmo resultado. Logo, a Equação 42.22 vale tanto para valores positivos quanto para negativos.

Diversos efeitos fazem que o comportamento de um diodo com junção p-n seja mais complexo que o modelo simples apresentado. Um efeito chamado de *ruptura por avalanche* ocorre quando a tensão invertida é suficientemente elevada. O campo elétrico na junção é tão elevado que os portadores ganham uma energia suficiente nas colisões para criar pares de elétrons e buracos. Os elétrons e os buracos, então, ganham energia e colidem para formar novos pares, e assim por diante. (Um efeito semelhante ocorre na ruptura dielétrica de isolantes, conforme discutimos na Seção 42.4.)

Um segundo tipo de ruptura ocorre quando a diferença de potencial invertida é tão grande que a parte inferior da banda de condução do lado n pode ficar mais

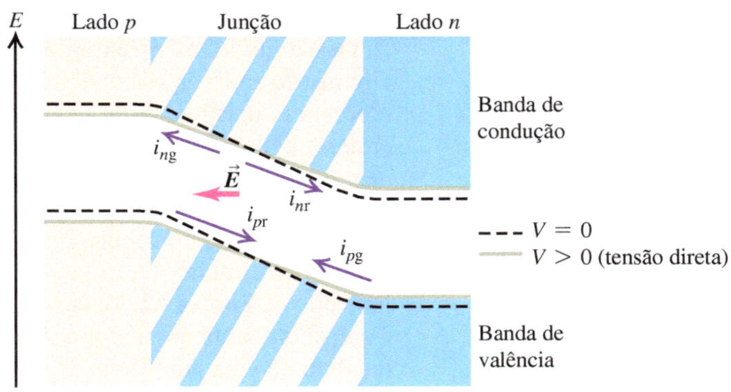

Figura 42.31 Uma junção p-n submetida a uma tensão direta. A diferença de potencial entre as regiões p e n diminui, assim como o campo elétrico na região da junção. As correntes de recombinação aumentam, porém as correntes de geração permanecem aproximadamente constantes e surge uma corrente efetiva da esquerda para a direita (compare com a Figura 42.30).

Figura 42.32 Quando existe uma tensão invertida, a diferença de energia potencial entre o lado *p* e o lado *n* é maior que a existente no equilíbrio. Se essa diferença é suficientemente grande, a parte inferior da banda de condução do lado *n* pode ficar mais baixa que o topo da banda de valência do lado *p*.

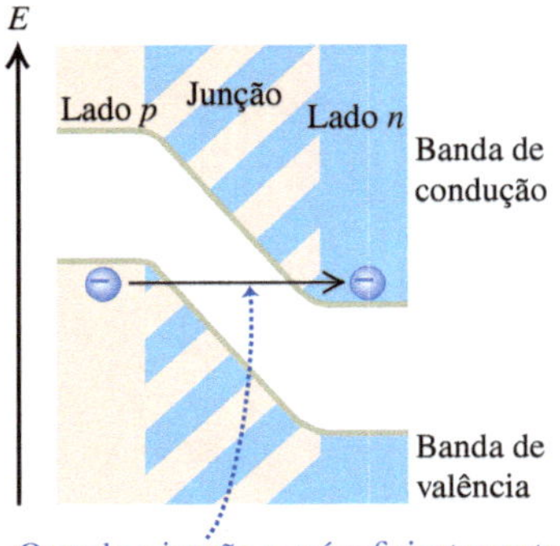

BIO Aplicação Engula este dispositivo semicondutor Esta minúscula cápsula — projetada para ser engolida por um paciente — contém uma câmera em miniatura com um detector de luz CCD, mais seis LEDs para iluminar. A cápsula emite imagens de alta resolução por rádio para uma unidade de gravação externa enquanto passa sem qualquer dor pelo estômago e pelos intestinos do paciente. Essa técnica possibilita examinar o intestino delgado, que não é prontamente acessível com a endoscopia convencional.

baixa que o topo da banda de valência do lado *p* (**Figura 42.32**). Quando a junção é suficientemente fina, os elétrons podem *tunelar* facilmente da banda de valência para a banda de condução; esse processo é chamado de *avalanche Zener*. Esse efeito é aplicado no *diodo Zener*, que é muito utilizado como regulador e protetor contra variações bruscas de voltagem.

Luz e dispositivos semicondutores

Um *diodo emissor de luz* (conhecido pela sigla *LED*) é, como o nome sugere, um diodo com junção *p-n* que emite luz. Quando o diodo é submetido a uma tensão direta, muitos buracos são arrastados da região *p* para a fronteira da junção e muitos elétrons são arrastados da região *n* para a fronteira da junção. Na região da junção, os elétrons ocupam buracos (se recombinam). No processo de recombinação, um elétron pode emitir uma energia aproximadamente igual à largura da banda proibida. Essa energia (e, portanto, o comprimento de onda do fóton e a cor da luz correspondentes) pode variar mediante o uso de materiais com diferentes valores da largura da banda proibida. Os diodos emissores de luz são amplamente empregados em lâmpadas de automóveis, semáforos e monitores de tela plana.

O efeito inverso denomina-se *efeito fotovoltaico*. O material absorve fótons e criam-se pares de elétrons e buracos. Os pares que se formam nas vizinhanças da junção *p-n* podem ser separados pelo campo elétrico da junção discutido anteriormente; esse campo arrasta elétrons para a região *n* e buracos para a região *p*. Podemos conectar esse dispositivo a um circuito externo, obtendo assim uma fonte de fem e de potência. Esse dispositivo é muitas vezes conhecido como *célula solar*, embora a luz solar não seja necessária. *Qualquer* fonte luminosa cujos fótons possuam energias maiores que a largura da banda proibida pode produzir esse efeito. Talvez você tenha uma calculadora alimentada por esse tipo de fonte. A produção de células fotovoltaicas com custos reduzidos para a conversão da energia solar em energia elétrica em grande escala é um campo de pesquisa bastante ativo atualmente. A mesma física básica é usada em dispositivos de acoplamento de carga (CCD) para detectores de imagens em câmeras fotográficas digitais e em câmeras de vídeo.

Transistores

Um *transistor com junção bipolar* é constituído por duas junções *p-n*, formando uma configuração semelhante a um "sanduíche", que pode ser do tipo *p-n-p* ou *n-p-n*. Um transistor do tipo *p-n-p* é ilustrado na **Figura 42.33**. As três regiões são chamadas de emissor, base e coletor, conforme indicado. Quando não existe nenhuma corrente na malha da esquerda, há somente uma corrente muito pequena através do resistor *R*, porque a voltagem através da junção entre a base e o coletor está polarizada em sentido inverso. Contudo, quando aplicamos uma voltagem entre a base e o coletor no sentido direto, como indicado, a maior parte dos buracos que se deslocam no sentido do emissor para a base passa *através* da base (que é estreita e apenas ligeiramente dopada) e atinge a segunda junção, onde eles sofrem a ação da diferença de potencial entre a base e o coletor e fluem através do coletor fornecendo uma corrente ampliada para o resistor.

Desse modo, a corrente do circuito do coletor é *controlada* pela corrente do circuito do emissor. Além disso, V_c deve ser consideravelmente maior que V_e; logo, a *potência* dissipada em *R* pode ser muito maior que a fornecida ao circuito do emissor pela bateria V_e. Portanto, esse dispositivo funciona como um *amplificador de potência*. Quando a queda de potencial através de *R* é maior que V_e, ele também pode funcionar como um amplificador de voltagem.

Nesse tipo de configuração, a *base* é o elemento comum entre a "entrada" e a "saída" do circuito. Outro arranjo muito usado é o circuito com *emissor comum*, indicado na **Figura 42.34**, em que a corrente no ramo do circuito do lado do coletor é consideravelmente maior que a corrente no ramo do circuito no lado da base, e o resultado é uma amplificação da corrente.

Figura 42.33 Diagrama esquemático de um transistor do tipo *p*-*n*-*p* e do circuito correspondente.

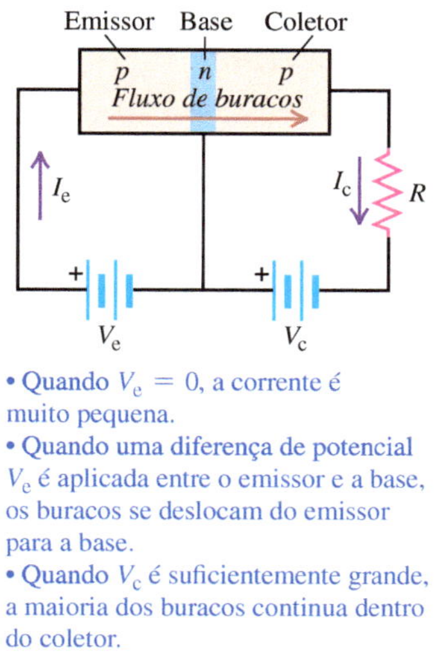

Figura 42.34 Um circuito com emissor comum.

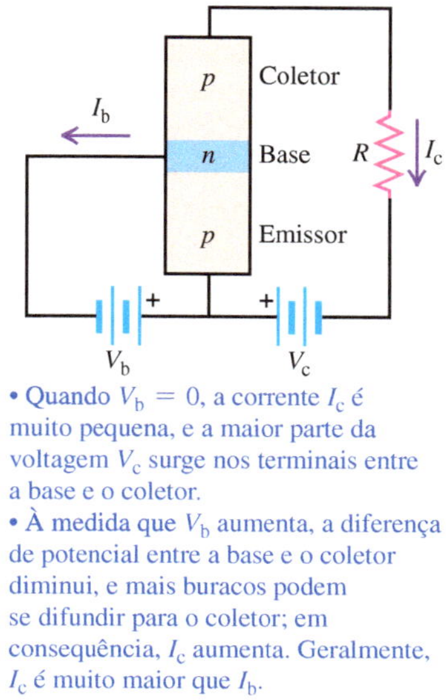

O *transistor de efeito de campo* (**Figura 42.35**) é um tipo importante de transistor. Em uma variante desse tipo, fabrica-se uma placa de silício do tipo *p* com duas regiões do tipo *n* em seu topo, chamadas de *fonte* e de *dreno*; um condutor é ligado a cada uma dessas regiões. Um terceiro eletrodo, chamado de *porta*, permanece separado da placa, da fonte e do dreno por uma camada isolante de SiO_2. Quando não existe nenhuma carga na porta e aplicamos uma diferença de potencial com qualquer polaridade entre a fonte e o dreno, surge uma corrente muito pequena porque uma das junções *p*-*n* ficará com uma polaridade invertida.

Colocamos agora uma carga positiva na porta. Como sua dimensão é da ordem de 10^{-6} m, uma carga muito pequena é suficiente para produzir um campo elétrico apreciável. Assim, há uma corrente muito pequena entrando ou saindo pela porta. Não há muitos elétrons livres no material do tipo *p*, porém existem alguns, e o efeito do campo é atraí-los para a carga positiva da porta. A concentração elevada de elétrons nas vizinhanças da porta (e entre as duas junções) possibilita o surgimento de uma corrente entre a fonte e o dreno. A corrente é muito sensível à carga da porta e ao potencial, e o dispositivo funciona como um amplificador. O dispositivo que acabamos de descrever é conhecido como *amplificador MOSFET* (sigla de *metal-oxide-semiconductor field-effect transistor* — "transistor de efeito de campo metal-óxido-semicondutor").

Figura 42.35 Um transistor de efeito de campo. A corrente que vai da fonte para o dreno é controlada pela diferença de potencial entre a fonte e o dreno e pela carga na porta; nenhuma corrente flui através da porta.

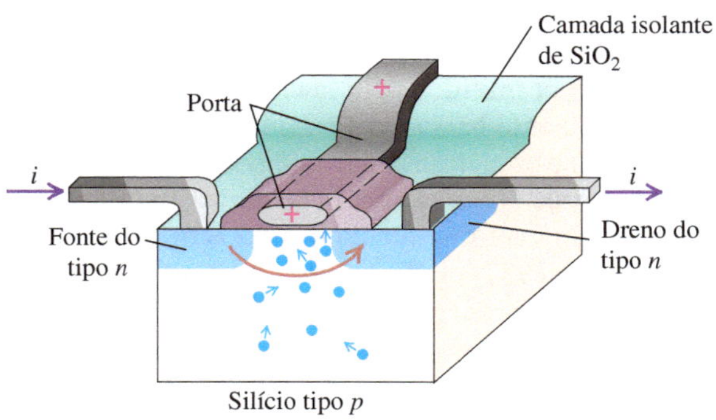

Circuitos integrados

O *circuito integrado* marcou um grande avanço da tecnologia de semicondutores. Ao depositarmos camadas sucessivas de materiais e gravarmos circuitos

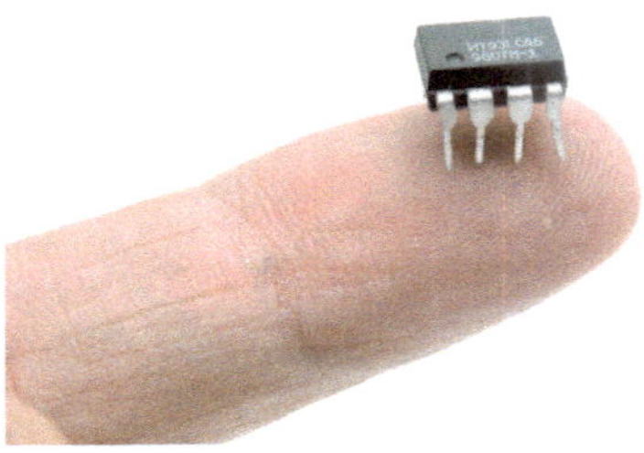

Figura 42.36 Um chip de circuito integrado menor que a ponta do seu dedo pode conter milhões de transistores.

conectores, podemos combinar as funções de vários MOSFETs, capacitores e resistores em uma única placa quadrada com alguns milímetros de lado. A extensão dessa ideia conduz aos *circuitos integrados em grande escala* (VLSI). Os chips com circuitos integrados obtidos constituem o núcleo de todas as calculadoras de bolso e computadores atuais, grandes e pequenos (**Figura 42.36**).

Os primeiros dispositivos semicondutores foram inventados em 1947. A partir de então, eles produziram uma completa revolução na indústria eletrônica com base na miniaturização, confiabilidade, velocidade, economia de energia e custos mais baixos. Eles são usados em sistemas de comunicação, de computação e de controle e em muitas outras áreas. Ao transformar essas áreas, eles modificaram, e continuam a modificar, a própria civilização humana.

TESTE SUA COMPREENSÃO DA SEÇÃO 42.7 Suponha que uma carga negativa seja colocada na porta do MOSFET mostrado na Figura 42.35. Uma corrente significativa fluirá entre a fonte e o dreno? ❙

42.8 SUPERCONDUTIVIDADE

Supercondutividade é o completo desaparecimento da resistência elétrica em baixas temperaturas. Já descrevemos essa propriedade no final da Seção 25.2, e as propriedades dos supercondutores de tipos I e II foram abordadas na Seção 29.8. Nesta seção, vamos relacionar a supercondutividade com as propriedades estruturais e com o modelo das bandas de energia de um sólido.

Embora a supercondutividade tenha sido descoberta em 1911, somente em 1957 surgiu uma teoria capaz de explicá-la de modo satisfatório. Nesse ano, os físicos norte-americanos John Bardeen, Leon Cooper e Robert Schrieffer publicaram uma teoria para explicar a supercondutividade, hoje conhecida como teoria BCS, que lhes rendeu o Prêmio Nobel de física em 1972. (Foi o segundo Prêmio Nobel recebido por Bardeen; o primeiro prêmio ele dividiu com outros autores pelo desenvolvimento do transistor.) A chave para compreender a teoria BCS é a interação entre *pares* de elétrons de condução, conhecidos como *pares de Cooper*, produzida pela interação com os íons positivos da rede cristalina. A seguir, apresentaremos um esquema aproximado do que ocorre. Um elétron livre exerce uma força de atração sobre um íon positivo situado em suas vizinhanças, obrigando-o a deslocar-se para mais perto do elétron. O pequeno aumento da concentração de íons positivos resultante exerce então outra força de atração sobre outro elétron com um momento linear igual e oposto ao primeiro. Na temperatura ambiente, a energia de interação entre esses pares de elétrons é muito menor que a energia da agitação térmica; contudo, em temperaturas suficientemente baixas, essa interação se torna significativa.

Ligados dessa maneira, os pares de elétrons não podem *individualmente* ganhar nem perder quantidades de energia muito pequenas, como geralmente ocorre quando estão ocupando bandas de energia parcialmente preenchidas. Os pares formados por essa ligação criam uma banda de energia proibida nos níveis eletrônicos permitidos pela mecânica quântica, e quando as temperaturas são suficientemente baixas, a energia de cada colisão é menor que a largura da banda proibida e os elétrons não podem saltar através dela. Portanto, apesar das colisões, os pares de elétrons podem se mover livremente através da rede, ou seja, eles se deslocam com resistência igual a zero.

Desde 1987, os físicos têm descoberto diversos compostos que permanecem supercondutores em temperaturas acima de 77 K (o ponto de ebulição do nitrogênio líquido). O mecanismo de formação de pares original proposto pela teoria BCS não pode explicar as propriedades desses *supercondutores de alta temperatura*. Em vez disso, parece que os elétrons nesses materiais formam pares em decorrência de interações magnéticas entre seus *spins*.

CAPÍTULO 42 RESUMO

Ligações moleculares e espectros moleculares: os principais tipos de ligações moleculares são a ligação iônica, a ligação covalente, a ligação de Van der Waals e a ligação de hidrogênio. Nas moléculas diatômicas, os níveis de energia rotacionais são dados pela Equação 42.3, onde I é o momento de inércia da molécula, m_r é sua massa reduzida e r_0 é a distância entre os dois átomos. Os níveis de energia de vibração são dados pela Equação 42.7, onde k' é a constante de mola efetiva da força interatômica. (Veja os exemplos 42.1- 42.3.)

$$E_l = l(l+1)\frac{\hbar^2}{2I} \quad (l = 0, 1, 2, \ldots) \qquad (42.3)$$

$$I = m_r r_0^{\,2} \qquad (42.6)$$

$$m_r = \frac{m_1 m_2}{m_1 + m_2} \qquad (42.4)$$

$$E_n = (n + \tfrac{1}{2})\hbar\omega = (n + \tfrac{1}{2})\hbar\sqrt{\frac{k'}{m_r}}$$

$$(n = 0, 1, 2, \ldots) \qquad (42.7)$$

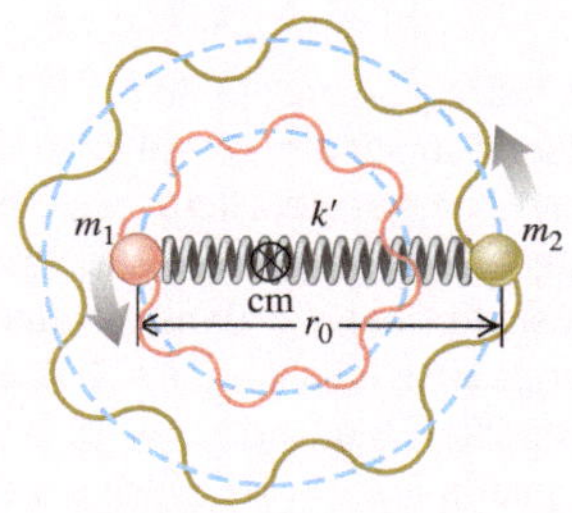

Sólidos e bandas de energia: as ligações interatômicas nos sólidos são do mesmo tipo que as existentes entre as moléculas, acrescidas de outro tipo, a ligação metálica. Associando a base com os pontos da rede cristalina, obtemos a estrutura cristalina. (Veja o Exemplo 42.4.)
Quando os átomos se ligam na matéria condensada, seus níveis de energia externos se superpõem e formam bandas. No zero absoluto, os isolantes e os condutores apresentam uma banda de valência completamente preenchida, separada de uma banda de condução vazia por meio de uma banda proibida. Os condutores, inclusive os metais, têm uma banda de condução parcialmente preenchida. (Veja o Exemplo 42.5.)

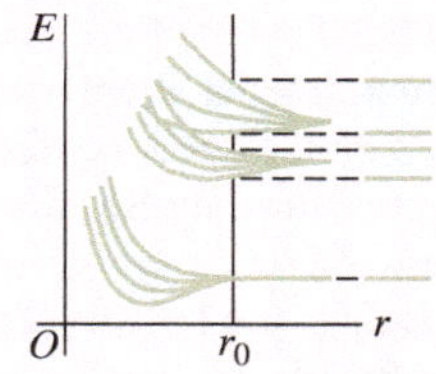

Modelo do elétron livre em metais: no modelo do elétron livre para o comportamento dos condutores, os elétrons são considerados partículas completamente livres dentro do condutor. Nesse modelo, a densidade dos estados é dada pela Equação 42.15. A probabilidade de que um estado de energia com energia E esteja ocupado é dada pela distribuição de Fermi-Dirac, Equação 42.16, que é uma consequência do princípio da exclusão. Nessa equação, E_F é a energia de Fermi. (Veja os exemplos 42.6- 42.8.)

$$g(E) = \frac{(2m)^{3/2}V}{2\pi^2\hbar^3}E^{1/2} \qquad (42.15)$$

$$f(E) = \frac{1}{e^{(E-E_F)/kT} + 1} \qquad (42.16)$$

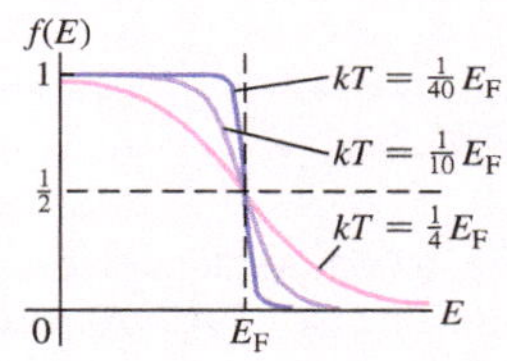

Semicondutores: em um semicondutor, a largura da banda de energia proibida entre a banda de valência e a banda de condução é aproximadamente igual a 1 eV. Suas propriedades elétricas podem ser drasticamente alteradas se adicionarmos pequenas concentrações de impurezas doadoras, obtendo um semicondutor do tipo n, ou então se adicionarmos impurezas receptoras, obtendo um semicondutor do tipo p. (Veja o Exemplo 42.9.)

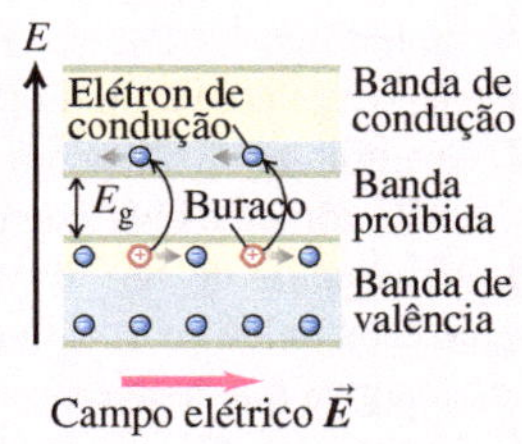

Dispositivos semicondutores: muitos dispositivos semicondutores, como diodos, transistores e circuitos integrados, usam uma ou mais junções p-n. A relação entre a corrente e a voltagem de um diodo ideal feito com uma junção p-n é dada pela Equação 42.22.

$$I = I_S(e^{eV/kT} - 1) \qquad (42.22)$$

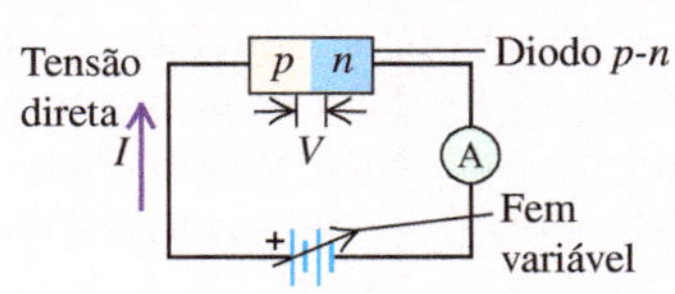

Problema em destaque Vibração molecular e banda proibida do semicondutor

A 80 K, a banda proibida no semicondutor antimônio de índio (InSb) é igual a 0,230 eV. Um fóton emitido por uma molécula de fluoreto de hidrogênio (HF) sofrendo uma transição de vibração-rotação de (n = 1, l = 0) para (n = 0, l = 1) é absorvido por um elétron no topo da banda de valência de InSb. (a) A que distância acima do topo da banda proibida (em eV) o estado final do elétron está? (b) Qual é a probabilidade de que o estado final já estivesse ocupado? A frequência de vibração para o HF é igual a $1{,}24 \times 10^{14}$ Hz, a massa de um átomo de hidrogênio é igual a $1{,}67 \times 10^{-27}$ kg, a massa do átomo de flúor é igual a $3{,}15 \times 10^{-26}$ kg e a distância de equilíbrio entre os dois núcleos é igual a 0,092 nm. Suponha que a energia de Fermi no InSb esteja no meio da banda proibida.

GUIA DA SOLUÇÃO

IDENTIFICAR E PREPARAR

1. Este problema envolve o que você aprendeu sobre transições moleculares na Seção 42.2, sobre a distribuição de Fermi-Dirac na Seção 42.5 e sobre semicondutores na Seção 42.6.
2. A Equação 42.9 fornece a energia vibratória-rotacional combinada nos estados moleculares inicial e final. A diferença entre as energias moleculares inicial e final é igual à energia E do fóton emitido, que, por sua vez, é igual à energia ganha pelo elétron de valência do InSb quando absorve esse fóton. A probabilidade de que o estado final seja ocupado é dada pela distribuição de Fermi-Dirac, Equação 42.16.

EXECUTAR

3. Antes que você possa usar a Equação 42.9, primeiro será preciso usar os dados fornecidos para calcular o momento de inércia I e a quantidade $\hbar\omega$ para a molécula de HF. (*Dica:* cuidado para não confundir a frequência f e a frequência angular ω.)
4. Use seus resultados do item 3 para calcular as energias inicial e final da molécula de HF. (*Dica:* a energia vibratória aumenta ou diminui? E a energia rotacional?)
5. Use seu resultado do item 4 para determinar a energia transmitida ao elétron do InSb. Determine a energia final desse elétron em relação à parte inferior da banda de condução.
6. Use seu resultado do item 5 para determinar a probabilidade de que o estado final do InSb já esteja ocupado.

AVALIAR

7. A transição molecular da molécula de HF é permitida? Qual é maior: a mudança na energia vibratória ou a mudança na energia rotacional?
8. É provável que o elétron de InSb excitado seja impedido de entrar em um estado na banda de condução?

PROBLEMAS

•, ••, •••: níveis de dificuldade. PC: problemas cumulativos, incorporando material de capítulos anteriores. CALC: problemas exigindo cálculo. DADOS: problemas envolvendo dados reais, evidência científica, projeto experimental e/ou raciocínio científico. BIO: problemas envolvendo biociências.

QUESTÕES PARA DISCUSSÃO

Q42.1 A ligação de Van der Waals ocorre em muitas moléculas, enquanto a ligação de hidrogênio ocorre somente em materiais que contêm hidrogênio. Por que esse tipo de ligação é específico para materiais que contêm hidrogênio?

Q42.2 Costuma-se dizer que a ligação do arsenieto de gálio (GaAs) é 31% iônica e 69% covalente. Explique.

Q42.3 A molécula de $H_2{}^+$ é constituída por dois núcleos de hidrogênio e um único elétron. Qual é o tipo de ligação molecular que você imagina que mantém essa molécula unida? Explique.

Q42.4 O momento de inércia em relação a um eixo passando pelo centro de massa de uma molécula diatômica calculado pelo comprimento de onda do fóton emitido em uma transição $l = 19 \rightarrow l = 18$ é diferente do momento de inércia calculado para o fóton emitido em uma transição $l = 1 \rightarrow l = 0$. Explique essa diferença. Qual é a transição que corresponde ao maior momento de inércia?

Q42.5 A análise do espectro de absorção do fóton de uma molécula diatômica mostra que os níveis de energia das vibrações para pequenos valores de n são quase igualmente espaçados, porém os níveis de energia para valores de n elevados não são igualmente espaçados. Discuta os motivos dessa observação. Você acha que a diferença entre dois níveis de energia adjacentes aumenta ou diminui à medida que o valor de n aumenta? Explique.

Q42.6 Discuta as diferenças entre os níveis de energia de rotação e os níveis de energia das vibrações da molécula D_2 de deutério ("hidrogênio pesado") e os níveis da molécula H_2 do hidrogênio comum. Um átomo de deutério possui massa igual a duas vezes a massa do átomo do hidrogênio comum.

Q42.7 Diversas moléculas orgânicas foram descobertas no espaço interestelar. Por que essas descobertas foram feitas com radiotelescópios em vez de telescópios óticos?

Q42.8 O ar que você respira contém basicamente nitrogênio (N_2) e oxigênio (O_2). Muitas dessas moléculas ocupam níveis rotacionais excitados (l = 1, 2, 3,...); contudo, quase todas as moléculas ocupam o nível vibracional fundamental (n = 0). Explique a diferença entre os comportamentos rotacionais e vibracionais dessas moléculas.

Q42.9 Em que aspectos os átomos de uma molécula diatômica se comportam como se estivessem presos a uma mola? Em que medida essa é uma descrição precária para a interação entre os átomos?

Q42.10 Átomos individuais têm níveis de energia distintos, mas certos sólidos (compostos somente por átomos individuais) contêm bandas de energia e bandas proibidas. O que faz que os sólidos se comportem de forma tão diferente dos átomos compostos?

Q42.11 Que fatores determinam se um dado material é um condutor de eletricidade ou é um isolante? Explique.

Q42.12 Um cristal iônico é geralmente transparente, enquanto um cristal metálico costuma ser opaco. Por quê?

Q42.13 As velocidades das moléculas de um gás variam com a temperatura, enquanto as velocidades dos elétrons na banda de condução de um metal são aproximadamente independentes da temperatura. Por que tais comportamentos são tão diferentes?

Q42.14 Use o modelo das bandas de energia para explicar como alguns materiais podem sofrer uma transição metal–semicondutor quando a temperatura ou a pressão variam.

Q42.15 Um átomo isolado de zinco possui a configuração eletrônica do estado fundamental com subcamadas $1s$, $2s$, $2p$, $3s$, $3p$ e $4s$, todas cheias. Como o zinco pode ser um condutor se sua subcamada de valência está cheia?

Q42.16 As hipóteses do *modelo do elétron livre* de metais podem parecer irracionais, pois os elétrons exercem poderosas forças elétricas uns sobre os outros. Forneça algumas razões pelas quais essas hipóteses fazem sentido em termos físicos.

Q42.17 Por que um material que é bom condutor de calor também é um bom condutor de eletricidade? Que tipos de problemas esse comportamento cria para aparelhos domésticos como um ferro de passar roupa e para um aquecedor elétrico? Existem materiais que não seguem essa regra?

Q42.18 Qual é a característica essencial para que um elemento sirva como doador de impureza para um semicondutor como o Si e o Ge? E para que ele sirva como aceitador de impureza? Explique.

Q42.19 Existem diversos métodos para remover um elétron da superfície de um semicondutor. Um buraco pode ser removido da superfície? Explique.

Q42.20 Um estudante afirma que o silício e o germânio tornam-se bons isolantes em temperaturas extremamente baixas e bons condutores em temperaturas extremamente elevadas. Você concorda? Explique.

Q42.21 As condutividades elétricas de quase todos os metais diminuem gradualmente à medida que a temperatura aumenta, porém a condutividade intrínseca de um semicondutor sempre *aumenta* rapidamente quando a temperatura aumenta. Qual é a causa dessa diferença?

Q42.22 Como você poderia fazer o silício compensado ter duas vezes mais aceitadores que doadores?

Q42.23 A corrente de saturação I_S de uma junção *p-n*, dada pela Equação 42.22, depende fortemente da temperatura. Explique o motivo.

Q42.24 Por que o tunelamento pode impor um limite mínimo para o tamanho de um MOSFET?

EXERCÍCIOS

Seção 42.1 Tipos de ligações moleculares

42.1 • Se a energia de ligação covalente no H_2 é –4,48 eV, que comprimento de onda da luz é necessário para quebrar essa molécula? Em que parte do espectro eletromagnético essa luz se encontra?

42.2 • **Ligações iônicas.** (a) Calcule a energia potencial elétrica para um íon K^+ e um íon Br^-, separados por uma distância igual a 0,29 nm, a distância correspondente ao equilíbrio da molécula de KBr. Considere os íons como cargas puntiformes. (b) A energia de ionização do átomo de potássio é igual a 4,3 eV. O átomo de bromo possui uma afinidade igual a 3,5 eV. Use esses dados e o resultado do item (a) para estimar a energia de ligação da molécula de KBr. Você espera que a energia de ligação real seja maior ou menor que a energia que você estimou? Explique seu raciocínio.

42.3 • Para a molécula de H_2, a distância de equilíbrio dos dois prótons é 0,074 nm. A massa de um átomo de hidrogênio é igual a $1{,}67 \times 10^{-27}$ kg. Calcule o comprimento de onda do fóton emitido na transição rotacional $l = 2$ para $l = 1$.

42.4 • Durante cada um desses processos, um fóton de luz é emitido. Em cada processo, que comprimento de onda de luz é emitido e em que parte do espectro eletromagnético esse comprimento de onda se encontra? (a) Uma molécula diminui sua energia vibracional em 0,198 eV; (b) um átomo diminui sua energia por 7,80 eV; (c) uma molécula diminui sua energia rotacional por $4{,}80 \times 10^{-3}$ eV.

Seção 42.2 Espectro molecular

42.5 • Uma molécula hipotética de NH faz uma transição de nível rotacional do nível $l = 3$ para $l = 1$ e emite um fóton de comprimento de onda 1,780 nm ao fazer isso. Qual é a distância entre os dois átomos nessa molécula, se os imaginarmos como massas puntiformes? A massa do hidrogênio é $1{,}67 \times 10^{-27}$ kg, e a massa do nitrogênio é $2{,}33 \times 10^{-26}$ kg.

42.6 •• A molécula de H_2 possui um momento de inércia de $4{,}6 \times 10^{-48}$ kg · m^2. Qual é o comprimento de onda λ do fóton absorvido quando o H_2 faz uma transição do nível rotacional $l = 3$ para $l = 4$?

42.7 • A molécula de água possui um nível rotacional $l = 1$ igual a $1{,}01 \times 10^{-5}$ eV acima do nível fundamental $l = 0$. Calcule o comprimento de onda e a frequência do fóton absorvido pela água quando ele sofre uma transição em nível rotacional de $l = 0$ para $l = 1$. O oscilador do magnetron em um forno de micro-ondas gera micro-ondas com uma frequência de 2.450 MHz. Isso faz sentido, com base na frequência que você calculou neste problema? Explique.

42.8 • Dois átomos de césio (Cs) podem formar uma molécula de Cs_2. A distância de equilíbrio entre os dois núcleos da molécula de Cs_2 é igual a 0,447 nm. Calcule o momento de inércia em relação a um eixo passando pelo centro de massa perpendicularmente à linha que une os dois núcleos. A massa do átomo de césio é $2{,}21 \times 10^{-25}$ kg.

42.9 •• **PC** Os níveis de energia rotacional do CO são calculados no Exemplo 42.2. Se a energia da molécula em rotação é descrita pela expressão clássica $K = \frac{1}{2}I\omega^2$, no nível $l = 1$, quais são: (a) a velocidade angular da molécula em rotação; (b) a velocidade linear de cada átomo; (c) o período rotacional (o tempo para uma rotação)?

42.10 •• A energia cinética média de um átomo ou molécula de gás ideal é $\frac{3}{2}kT$, onde T é a temperatura Kelvin (Capítulo 18). A inércia rotacional da molécula de H_2 é $4{,}6 \times 10^{-48}$ kg · m^2. Qual é o valor de T para o qual $\frac{3}{2}kT$ é igual à separação de energia entre os níveis de energia $l = 0$ e $l = 1$ do H_2? O que isso lhe informa sobre o número de moléculas de H_2 no nível $l = 1$ na temperatura ambiente?

42.11 • A massa de um átomo de lítio é $1{,}17 \times 10^{-26}$ kg, e a massa de um átomo de hidrogênio é $1{,}67 \times 10^{-27}$ kg. A distância de equilíbrio entre os dois núcleos da molécula de LiH é 0,159 nm. (a) Qual é a diferença de energia entre os níveis de energia de rotação $l = 3$ e $l = 4$? (b) Qual é o comprimento de onda do fóton emitido em uma transição entre os níveis de energia de rotação $l = 4$ e $l = 3$?

42.12 • Se a molécula de cloreto de sódio (NaCl) pudesse sofrer uma transição de vibração $n \rightarrow n - 1$ sem nenhuma variação do número quântico de rotação, um fóton com um comprimento de onda igual a 20 μm seria emitido. A massa do átomo de sódio é $3,82 \times 10^{-26}$ kg, e a massa do átomo de cloro é $5,81 \times 10^{-26}$ kg. Calcule a constante da mola k' para a força entre os átomos do NaCl.

42.13 •• Quando uma molécula diatômica hipotética com átomos a uma distância de 0,8860 nm entre si passa por uma transição rotacional do estado $l = 2$ até o próximo estado inferior, ela emite um fóton com $8,841 \times 10^{-4}$ eV de energia. Quando a molécula passa por uma transição vibracional de um estado de energia até o próximo estado de energia inferior, ela perde 0,2560 eV. Encontre a constante de força dessa molécula.

42.14 • As energias vibracional e rotacional da molécula de CO são dadas pela Equação 42.9. Calcule o comprimento de onda do fóton absorvido pelo CO em cada uma destas transições de vibração–rotação: (a) $n = 0, l = 2 \rightarrow n = 1, l = 3$; (b) $n = 0, l = 3 \rightarrow n = 1, l = 2$; (c) $n = 0, l = 4 \rightarrow n = 1, l = 3$.

Seção 42.3 Estrutura de um sólido

42.15 • **Densidade do NaCl.** A distância entre dois átomos adjacentes no cristal de cloreto de sódio é 0,282 nm. A massa do átomo de sódio é igual a $3,82 \times 10^{-26}$ kg e a massa do átomo de cloro é igual a $5,89 \times 10^{-26}$ kg. Calcule a densidade do cloreto de sódio.

42.16 • O brometo de potássio (KBr) possui densidade igual a $2,75 \times 10^3$ kg/m^3 e a mesma estrutura cristalina do NaCl. A massa do átomo de potássio é igual a $6,49 \times 10^{-26}$ kg, e a massa do átomo de bromo é igual a $1,33 \times 10^{-25}$ kg. (a) Calcule o espaçamento médio entre átomos adjacentes do cristal de KBr. (b) Como o valor calculado no item (a) se compara com o espaçamento no NaCl (veja o Exercício 42.15)? A relação entre os dois valores encontrados concorda qualitativamente com o que você esperava? Explique.

Seção 42.4 Bandas de energia

42.17 • O comprimento de onda máximo da luz que certa fotocélula de silício pode detectar é 1,11 μm. (a) Qual é a banda proibida (em elétrons-volt) entre a banda de valência e a banda de condução dessa fotocélula? (b) Explique por que o silício puro é opaco.

42.18 • A largura da banda de energia proibida entre a banda de valência e a banda de condução do diamante é igual a 5,47 eV. (a) Qual é o comprimento de onda máximo de um fóton capaz de excitar um elétron do topo da banda de valência até a banda de condução? Em que região do espectro eletromagnético esse fóton se situa? (b) Por que o diamante puro é transparente e não tem cor? (c) Muitas pedras de diamante exibem uma coloração amarela. Explique como as impurezas no diamante podem produzir essa cor.

42.19 • A largura da banda de energia proibida entre a banda de valência e a banda de condução do silício é igual a 1,12 eV. Um núcleo de níquel no estado excitado emite um fóton de raio gama com comprimento de onda de $9,31 \times 10^{-4}$ nm. Quantos elétrons poderão ser excitados desde o topo da banda de valência até o fundo da banda de condução quando esse raio gama for absorvido?

Seção 42.5 Modelo do elétron livre para um metal

42.20 • Calcule $v_{q\text{-méd}}$ para um elétron com energia cinética média $\frac{3}{2}kT$ a uma temperatura de 300 K. Como seu resultado se compara com a velocidade de um elétron com uma energia cinética igual à energia de Fermi calculada no Exemplo 42.7? Por que existe tal diferença entre essas velocidades?

42.21 • Calcule a densidade de estados $g(E)$ para o modelo de elétrons livres de um metal com $E = 7,0$ eV e $V = 1,0$ cm^3. Expresse sua resposta em unidades de estados por elétron-volt.

42.22 • A energia de Fermi do sódio é 3,23 eV. (a) Calcule a energia média $E_{méd}$ dos elétrons no zero absoluto. (b) Qual é a velocidade de um elétron que possui energia $E_{méd}$? (c) Em que temperatura Kelvin T o valor de kT é igual a E_F? (Essa temperatura é chamada de *temperatura de Fermi* do metal. Ela é aproximadamente igual à temperatura na qual as moléculas de um gás ideal clássico teriam a mesma energia cinética correspondente à do elétron mais veloz no metal.)

42.23 • **PC** A prata possui uma energia de Fermi igual a 5,48 eV. Calcule a contribuição eletrônica para o calor específico molar a um volume constante da prata, C_V, para 300 K. Expresse seu resultado (a) como um múltiplo de R e (b) como uma fração do valor real para a prata, $C_V = 25,3$ J/mol · K. (c) O valor de C_V é determinado principalmente pela contribuição eletrônica? Se não é, qual é a contribuição mais relevante? (*Dica*: veja a Seção 18.4.)

42.24 •• Na temperatura de Fermi T_F, $E_F = kT_F$ (veja o Exercício 42.22). Quando $T = T_F$, qual é a probabilidade de que um estado com energia $E = 2E_F$ esteja ocupado?

42.25 •• Em um sólido metálico com a energia de Fermi igual a 8,500 eV, qual é a probabilidade, à temperatura ambiente, de que um estado de energia igual a 8,520 eV esteja ocupado por um elétron?

Seção 42.6 Semicondutores

42.26 • A largura da banda proibida entre a banda de valência e a banda de condução do germânio puro é 0,67 eV. A energia de Fermi está no meio da banda proibida. (a) Para temperaturas de 250 K, 300 K e 350 K, calcule a probabilidade $f(E)$ de ocupação de um estado na parte inferior da banda de condução. (b) Para cada temperatura indicada no item (a), calcule a probabilidade de um estado no topo da banda de valência estar vazio.

42.27 • A largura da banda proibida entre a banda de valência e a banda de condução do germânio é 0,67 eV. A dopagem com o arsênio fornece níveis doadores no interior dessa banda a 0,01 eV abaixo da parte inferior da banda de condução. Para uma temperatura de 300 K, existe uma probabilidade de $4,4 \times 10^{-4}$ de que um elétron ocupe um estado na parte inferior da banda de condução. Nesse caso, onde se encontra o nível da energia de Fermi em relação à banda de condução?

Seção 42.7 Dispositivos semicondutores

42.28 •• Suponha que um pedaço de germânio muito puro deva ser usado como um detector de luz observando, por meio da absorção de fótons, o aumento na condutividade resultante da geração dos pares elétron–buraco. Se cada par requer 0,67 eV de energia, qual é o comprimento de onda máximo que pode ser detectado? Em que parte do espectro ele se encontra? (b) Quais seriam as respostas do item (a) se o material fosse silício, com um requisito de energia de 1,12 eV por par, correspondente à banda proibida entre as bandas de valência e condução nesse elemento?

42.29 • **PC** A uma temperatura de 290 K, uma certa junção *p-n* possui uma corrente de saturação $I_S = 0,500$ mA. (a) Determine a corrente nessa temperatura quando a voltagem for (i) 1,00 mV, (ii) $-1,00$ mV, (iii) 100 mV e (iv) -100 mV. (b) Existe alguma região de voltagem aplicada onde o diodo obedece à lei de Ohm?

42.30 • Em certa junção *p-n*, a corrente de saturação à temperatura ambiente (20 °C) é 0,950 mA. Qual é a resistência desse diodo quando a voltagem que passa por ele é (a) 85,0 mV; (b) $-50,0$ mV?

42.31 •• (a) Uma voltagem de 15,0 mV com polaridade direta produz uma corrente positiva de 9,25 mA através de uma junção *p-n* a 300 K. Qual seria o novo valor da corrente positiva se a voltagem com polaridade direta fosse reduzida para 10,0 mV?

(b) Para voltagens com polaridade invertida de $-15{,}0$ mV e $-10{,}0$ mV, qual é a corrente negativa invertida?

42.32 •• Uma junção *p-n* possui uma corrente de saturação igual a 6,40 mA. (a) Para uma temperatura de 300 K, qual é a voltagem necessária para produzir uma corrente positiva de 40,0 mA? (b) Para uma voltagem igual ao valor negativo do valor calculado no item (a), qual é a corrente negativa?

PROBLEMAS

42.33 •• Uma molécula diatômica hipotética de oxigênio (massa = $2{,}656 \times 10^{-26}$ kg) e hidrogênio (massa = $1{,}67 \times 10^{-27}$ kg) emite um fóton de comprimento de onda 2,39 μm quando efetua a transição de um estado vibracional até o próximo estado inferior. Se modelarmos essa molécula como duas massas puntiformes em extremidades opostas de uma mola sem massa, (a) qual é a constante dessa mola e (b) quantas vibrações por segundo a molécula efetua?

42.34 • Quando uma molécula diatômica sofre uma transição de $l = 2$ até o estado rotacional $l = 1$, um fóton de comprimento de onda igual a 54,3 μm é emitido. Qual é o momento de inércia em relação a um eixo que passa pelo centro de massa e é perpendicular à linha que une os dois núcleos?

42.35 •• PC (a) A distância entre os dois núcleos no equilíbrio da molécula de NaCl é 0,24 nm. Se a molécula é modelada como cargas $+e$ e $-e$, separadas por 0,24 nm, qual é o momento de dipolo elétrico da molécula (veja a Seção 21.7)? (b) O valor experimental do momento de dipolo elétrico da molécula de NaCl é igual a $3{,}0 \times 10^{-29}$ C · m. Se esse momento de dipolo é produzido por cargas $+q$ e $-q$, separadas por 0,24 nm, qual é o valor de q? (c) A chamada *fração do caráter iônico* de uma ligação é definida por q/e. Se o átomo de sódio tivesse carga $+e$ e o átomo de cloro tivesse carga $-e$, a fração do caráter iônico seria igual a 1. Qual é a fração efetiva do caráter iônico da ligação do NaCl? (d) A distância entre os dois núcleos no equilíbrio da molécula de iodeto de hidrogênio (HI) é igual a 0,16 nm e o valor experimental do momento de dipolo elétrico dessa molécula é igual a $1{,}5 \times 10^{-30}$ C · m. Qual é o valor da fração do caráter iônico da ligação do HI? Como esse valor se compara com o do NaCl calculado no item (c)? Discuta possíveis razões para a diferença entre os resultados.

42.36 • A energia de ligação da molécula de cloreto de potássio (KCl) é igual a 4,43 eV. A energia de ionização de um átomo de potássio é igual a 4,3 eV e a afinidade eletrônica do cloro é de 3,6 eV. Use esses dados para estimar a distância entre os dois átomos da molécula de KCl no equilíbrio. Explique por que seu resultado é apenas uma estimativa e não um valor preciso.

42.37 • (a) Para a molécula do cloreto de sódio (NaCl) discutida no início da Seção 42.1, qual é a distância máxima entre os íons para que haja estabilidade se eles forem considerados partículas puntiformes? Ou seja, qual é a distância máxima para que a energia de um íon Na^+ e de um íon Cl^-, calculada com esse modelo, passe a ser mais baixa que a energia dos átomos separados de Na e Cl? (b) Calcule essa distância para a molécula de brometo de potássio descrita no Exemplo 42.2.

42.38 • Quando a molécula de NaF faz uma transição de $l = 3$ até o nível rotacional $l = 2$, sem nenhuma variação no número quântico vibracional nem no estado eletrônico, um fóton de comprimento de onda igual a 3,83 mm é emitido. A massa de um átomo de sódio é igual a $3{,}82 \times 10^{-26}$ kg, e a massa de um átomo de flúor é igual a $3{,}15 \times 10^{-26}$ kg. Calcule a distância entre os núcleos no equilíbrio para a molécula de NaF. Como seu resultado se compara com o valor para o NaCl fornecido na Seção 42.1? Seu resultado é razoável? Explique.

42.39 •• PC Considere um gás de moléculas diatômicas (momento de inércia I) a uma temperatura absoluta T. Seja E_g a energia do estado fundamental e E_{ex} a energia do estado excitado; então, de acordo com a distribuição de Maxwell-Boltzmann (veja a Seção 39.4), a razão entre os números de moléculas nos dois estados é $n_{ex}/n_g = e^{-(E_{ex}-E_g)kT}$. (a) Explique por que a razão entre o número de moléculas no *nível* rotacional de ordem l e o número de moléculas no estado fundamental rotacional ($l = 0$) é

$$\frac{n_l}{n_0} = (2l + 1)e^{-[l(l+1)\hbar^2]/2IkT}$$

(*Dica*: para cada valor de l, quantos estados existem com valores diferentes de m_l?) (b) Determine a razão n_l/n_0 para o gás de moléculas de CO a 300 K para os seguintes casos: (i) $l = 1$; (ii) $l = 2$; (iii) $l = 10$; (iv) $l = 20$; (v) $l = 50$. O momento de inércia da molécula de CO é dado no Exemplo 42.2 (Seção 42.2). (c) Seus resultados do item (b) mostram que, quando l cresce, a razão n_l/n_0 inicialmente cresce e depois decresce. Por quê?

42.40 ••• CALC O item (a) do Problema 42.39 oferece uma equação para o número de moléculas diatômicas no nível rotacional de ordem l ao número no nível rotacional no estado fundamental. (a) Derive uma expressão para o valor de l para o qual essa razão seja a maior. (b) Para a molécula de CO a $T = 300$ K, para que valor de l essa razão é máxima? (O momento de inércia da molécula de CO é dado no Exemplo 42.2.)

42.41 • **Linhas espectrais dos isótopos**. A distância correspondente ao equilíbrio da molécula de NaCl é igual a 0,2361 nm. A massa do átomo de sódio é $3{,}8176 \times 10^{-26}$ kg. O cloro possui dois isótopos estáveis, o ^{35}Cl e o ^{37}Cl, de massas diferentes, mas com propriedades químicas idênticas. A massa atômica do ^{35}Cl é $5{,}8068 \times 10^{-26}$ kg e a massa atômica do ^{37}Cl é igual a $6{,}1384 \times 10^{-26}$ kg. (a) Calcule o comprimento de onda do fóton emitido na transição $l = 2 \rightarrow l = 1$ e na transição $l = 1 \rightarrow l = 0$ para o $Na^{35}Cl$. (b) Repita o item (a) para o $Na^{37}Cl$. Quais são as diferenças nos comprimentos de onda para esses dois isótopos?

42.42 •• Nossa galáxia contém muitas *nuvens moleculares*, regiões com extensão de muitos anos-luz em que a densidade é suficientemente elevada e a temperatura é suficientemente baixa para que os átomos formem moléculas. Quase todas essas moléculas são de H_2, porém algumas delas são de monóxido de carbono (CO). Tal nuvem molecular na constelação de Órion pode ser vista na **Figura P42.42**. A imagem superior foi obtida com um telescópio comum com luz visível; a imagem inferior mostra uma nuvem molecular na constelação de Órion revelada com o uso de um radiotelescópio sintonizado para o comprimento de onda correspondente a uma emissão do espectro de rotação do CO. As diferentes cores na imagem do radiotelescópio indicam regiões da nuvem que estão se movendo ou em nossa direção ou para longe de nós em relação ao movimento da nuvem como um todo, conforme determinado pelo deslocamento de Doppler da radiação. (Uma vez que uma nuvem molecular possui 10.000 moléculas de hidrogênio para cada molécula de CO, poderia parecer mais razoável sintonizar o radiotelescópio para detectar as emissões das moléculas de H_2 em vez de tentar detectar as emissões das moléculas de CO. Infelizmente, verificou-se que as moléculas de H_2 em uma nuvem molecular não irradiam nem na região visível, nem na região de rádio do espectro eletromagnético.) (a) Usando os dados do Exemplo 42.2 (Seção 42.2), calcule a energia e o comprimento de onda do fóton emitido pela molécula de CO na transição rotacional $l = 1 \rightarrow l = 0$. (b) Como regra, as moléculas de um gás a uma temperatura T encontram-se em um certo estado excitado de energia rotacional quando a energia desse nível não é maior que kT (veja o Problema 42.39). Use essa regra para explicar como os astrônomos podem detectar a radiação do CO em uma nuvem molecular, embora a temperatura típica de uma nuvem molecular seja da ordem de 20 K.

Figura P42.42

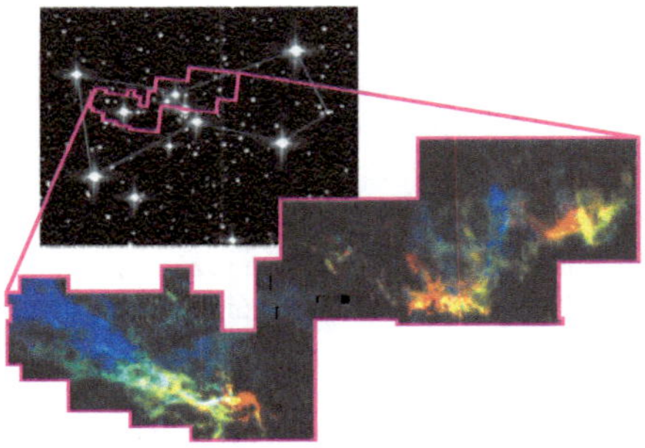

42.43 • A constante de força para a força internuclear na molécula de hidrogênio (H_2) é $k' = 576$ N/m. O átomo de hidrogênio possui massa igual a $1{,}67 \times 10^{-27}$ kg. Calcule a energia vibracional do ponto zero para o H_2 (ou seja, a energia vibracional que a molécula possui no nível fundamental $n = 0$ da energia vibracional). Como o módulo dessa energia se compara com a energia de ligação da molécula de H_2 igual a –4,48 eV?

42.44 • Quando a molécula de OH sofre uma transição do nível vibracional $n = 0$ até $n = 1$, sua energia interna vibracional cresce 0,463 eV. Calcule a frequência da vibração e a constante de força para a força interatômica. (A massa do átomo de oxigênio é de $2{,}66 \times 10^{-26}$ kg e o átomo de hidrogênio possui massa igual a $1{,}67 \times 10^{-27}$ kg.)

42.45 • A distância entre os átomos no equilíbrio para a molécula de iodeto de hidrogênio (HI) é 0,160 nm, e a frequência vibracional é $6{,}93 \times 10^{13}$ Hz. O átomo de hidrogênio possui massa igual a $1{,}67 \times 10^{-27}$ kg, e o átomo de iodo possui massa igual a $2{,}11 \times 10^{-25}$ kg. (a) Calcule o momento de inércia da molécula de HI em relação a um eixo passando pelo centro de massa perpendicularmente ao eixo que liga os dois átomos. (b) Calcule o comprimento de onda do fóton emitido em cada uma das seguintes transições de rotação–vibração: (i) $n = 1, l = 1 \rightarrow n = 0, l = 0$; (ii) $n = 1, l = 2 \rightarrow n = 0, l = 1$; (iii) $n = 2, l = 2 \rightarrow n = 1, l = 3$.

42.46 • Suponha que o átomo de hidrogênio no HF (veja o Problema em destaque deste capítulo) seja substituído por um átomo de deutério, um isótopo do hidrogênio com massa igual a $3{,}34 \times 10^{-27}$ kg. A constante de força é determinada pela configuração eletrônica, de modo que ela é a mesma que a da molécula de HF. (a) Qual é a frequência vibracional dessa molécula? (b) Qual é o comprimento de onda da luz correspondente à diferença de energia entre os níveis $n = 0$ e $n = 1$? Em qual região do espectro eletromagnético esse comprimento de onda se situa?

42.47 •• Calcule a energia de Fermi do potássio fazendo a aproximação simples de que cada átomo contribui com um elétron livre. A densidade do potássio é de 851 kg/m^3, e a massa de um átomo de potássio é $6{,}49 \times 10^{-26}$ kg.

42.48 •• CALC O cálculo unidimensional do Exemplo 42.4 (Seção 42.3) pode ser estendido para três dimensões. Para a rede fcc tridimensional do NaCl, o resultado para a energia potencial de um par de íons Na^+ e Cl^- devida à interação eletrostática com todos os íons no cristal é $U = -\alpha e^2/4\pi\epsilon_0 r$, onde $\alpha = 1{,}75$ é a *constante de Madelung*. Outra contribuição para a energia potencial é uma interação repulsiva na pequena separação iônica r devida à superposição das nuvens de elétrons. Essa contribuição pode ser representada por A/r^8, onde A é uma constante positiva, de modo que a expressão para a energia potencial total é

$$U_{tot} = -\frac{\alpha e^2}{4\pi\epsilon_0 r} + \frac{A}{r^8}$$

(a) Considere que r_0 seja o valor da separação iônica r para a qual U_{tot} é um mínimo. Use essa definição para determinar uma equação que relacione r_0 e A, e use isso para escrever U_{tot} em termos de r_0. Para o NaCl, $r_0 = 0{,}281$ nm. Obtenha um valor numérico (em elétrons-volt) de U_{tot} para o NaCl. (b) A quantidade $-U_{tot}$ é a energia exigida para remover um íon Na^+ e um íon Cl^- do cristal. A formação de um par de átomos neutros a partir desse par de íons envolve a liberação de 5,14 eV (a energia de ionização do Na) e o gasto de 3,61 eV (a afinidade eletrônica do Cl). Use o resultado do item (a) para calcular a energia exigida para remover um par de átomos Na e Cl neutros a partir do cristal. O valor experimental para essa quantidade é 6,39 eV; seu cálculo combina com esse valor?

42.49 ••• O lítio metálico tem uma estrutura cristalina bcc. Cada unidade é um cubo de comprimento $a = 0{,}35$ nm. (a) Em uma rede bcc, qual é o número de átomos por unidade de volume? Forneça a resposta em termos de a. (*Dica*: quantos átomos existem por unidade?) (b) Use o resultado do item (a) para calcular a energia de Fermi E_{F0} do lítio metálico à temperatura zero. Suponha que haja um elétron livre por átomo.

42.50 •• DADOS Para determinar a separação de equilíbrio dos átomos na molécula HCl, você mede o espectro rotacional do HCl. Você descobre que o espectro contém estes comprimentos de onda (entre outros): 60,4 μm, 69,0 μm, 80,4 μm, 96,4 μm e 120,4 μm. (a) Use seus comprimentos de onda medidos para determinar o momento de inércia da molécula de HCl em torno de um eixo que passa pelo centro de massa e é perpendicular à linha que junta os dois núcleos. (b) O valor de l muda em ± 1 nas transições rotacionais. Que valor de l para o nível superior da transição faz surgir cada um desses componentes? (c) Use seu resultado do item (a) para calcular a separação de equilíbrio dos átomos na molécula de HCl. A massa de um átomo de cloro é $5{,}81 \times 10^{-26}$ kg, e a massa de um átomo de hidrogênio é $1{,}67 \times 10^{-27}$ kg. (d) Qual é a linha de maior comprimento de onda no espectro rotacional do HCl?

42.51 •• DADOS A tabela a seguir fornece as probabilidades de ocupação $f(E)$ em função da energia E para um condutor sólido em uma temperatura fixa T.

$f(E)$	0,064	0,173	0,390	0,661	0,856	0,950
E (eV)	3,0	2,5	2,0	1,5	1,0	0,5

Para determinar a energia de Fermi do material sólido, você deverá analisar essa informação em termos da distribuição de Fermi-Dirac. (a) Represente graficamente os valores da tabela como E em função de $\ln\{[1/f(E)] - 1\}$. Determine a inclinação e a interceptação y da linha reta pelo melhor ajuste para os pontos de dados quando eles forem desenhados dessa forma. (b) Use seus resultados do item (a) para calcular a temperatura T e a energia de Fermi do material.

42.52 •• **DADOS** Uma junção *p-n* faz parte do mecanismo de controle para uma turbina eólica usada para gerar eletricidade. A turbina tem apresentado um defeito, de modo que você está executando testes de diagnóstico. Você pode alterar remotamente a voltagem de polarização *V* aplicada à junção e medir a corrente através da junção. Com uma voltagem de polarização direta de +5,00 mV, a corrente é $I_f = 0{,}407$ mA. Com a voltagem de polarização inversa de −5,00 mV, a corrente é $I_r = -0{,}338$ mA. Suponha que a Equação 42.22 represente com precisão a relação corrente−voltagem para a junção e use esses dois resultados para calcular a temperatura *T* e a corrente de saturação I_S para a junção. (*Dica:* em sua análise, considere que $x = e^{eV/kT}$. Aplique a Equação 42.22 a cada medição e obtenha uma equação quadrática para *x*.)

PROBLEMAS DESAFIADORES

42.53 •• **CALC** Considere um sistema de *N* elétrons livres no interior de um volume *V*. Mesmo no zero absoluto, tal sistema exerce uma pressão sobre suas vizinhanças por causa do movimento dos elétrons. Para calcular essa pressão, imagine que o volume cresça uma pequena quantidade *dV*. O trabalho realizado pelo elétron sobre suas vizinhanças é igual a *p dV*, o que significa que a energia total dos elétrons E_{tot} deverá variar uma quantidade $dE_{tot} = -p\,dV$. Logo, $p = -dE_{tot}/dV$. (a) Mostre que a pressão do elétron no zero absoluto é

$$p = \frac{3^{2/3}\pi^{4/3}\hbar^2}{5m}\left(\frac{N}{V}\right)^{5/3}$$

(b) Calcule essa pressão para o cobre, que possui uma concentração de elétrons livres igual a $8{,}45 \times 10^{28}$ m^{-3}. Expresse seu resultado em pascals e em atmosferas. (c) A pressão que você encontrou no item (b) é extremamente elevada. Por que, então, os elétrons em uma placa de cobre simplesmente não explodem e saem do metal?

42.54 •• **CALC** Quando a pressão *p* sobre um material cresce por Δp, o volume do material varia de *V* para $V + \Delta V$, onde ΔV é negativo. O *módulo de compressão B* do material é definido como a razão entre a variação da pressão Δp e o módulo da variação relativa de volume $|\Delta V/V|$. Quanto maior for o módulo de compressão, maior será o aumento da pressão necessária para obter uma dada variação relativa de volume e mais incompressível é o material (veja a Seção 11.4). Como $\Delta V < 0$, o módulo de compressão pode ser escrito como $B = -\Delta p/(\Delta V/V_0)$. No limite, para variações muito pequenas de volume e de pressão, a relação anterior é escrita na forma

$$B = -V\frac{dc}{dV}$$

(a) Use o resultado do Problema 42.53 para mostrar que o módulo de compressão para um sistema de *N* elétrons em um volume *V* a baixas temperaturas é dado por $B = \frac{5}{3}p$. (*Dica*: a grandeza *p* na expressão $B = -V(dp/dV)$ é a pressão *externa* ao sistema. Você é capaz de explicar por que ela é igual à pressão *interna* do sistema, como encontrado no Problema 42.53?) (b) Calcule o módulo de compressão para os elétrons no cobre, que possui uma concentração de elétrons livres igual a $8{,}45 \times 10^{28}$ m^{-3}. Expresse seu resultado em pascals. (c) O módulo de compressão real do cobre é igual a $1{,}4 \times 10^{11}$ Pa. Com base em seu resultado do item (b), a contribuição dos elétrons livres do cobre corresponde a que fração desse módulo de compressão? (O resultado mostra que os elétrons livres do metal desempenham papel fundamental na resistência do material a uma compressão.) Que grandeza você imagina ser responsável pela fração restante do módulo de compressão?

42.55 •• Na discussão sobre os elétrons livres feita na Seção 42.5, imaginamos que seria possível desprezar os efeitos da relatividade. Contudo, essa hipótese não é correta quando a energia de Fermi é maior que $\frac{1}{100}mc^2$ (ou seja, quando ela é maior que 1% da energia de repouso do elétron). (a) Suponha que a energia de Fermi no zero absoluto, como indicado na Equação 42.19, seja igual a $\frac{1}{100}mc^2$. Mostre que a concentração de elétrons é

$$\frac{N}{V} = \frac{2^{3/2}m^3c^3}{3.000\pi^2\hbar^3}$$

e determine o valor numérico de *N/V*. (b) É uma boa aproximação desprezar os efeitos da relatividade em um metal como o cobre, cuja concentração de elétrons é igual a $8{,}45 \times 10^{28}$ m^{-3}? Explique. (c) Uma *anã branca* é oriunda dos restos de uma estrela como o Sol depois que esta cessou completamente a produção de energia pelas reações nucleares. (O Sol se transformará em uma anã branca depois de brilhar por mais 6×10^9 anos, aproximadamente.) Uma anã branca típica possui massa igual a 2×10^{30} kg (comparável com a massa solar) e um raio igual a 6.000 km (comparável com o raio da Terra). A atração gravitacional entre as camadas da anã branca tende a comprimir a estrela. O que impede a compressão é a pressão dos elétrons livres do interior da estrela (veja o Problema 42.53.) Estime a concentração de elétrons no interior de uma anã branca típica usando as seguintes hipóteses: (i) a estrela toda é feita de carbono, que possui massa por átomo igual a $1{,}99 \times 10^{-26}$ kg; (ii) todos os seis elétrons de cada átomo de carbono podem se mover livremente através da estrela. (d) É uma boa aproximação desprezar os efeitos da relatividade na estrutura de uma anã branca? Explique.

Problemas com contexto

DIODO SENSOR DE TEMPERATURA. As características de corrente-voltagem de um diodo de junção *p-n* com polarização direta dependem bastante da temperatura, como mostra a figura. Como resultado, os diodos podem ser usados como sensores de temperatura. Na operação real, a voltagem é ajustada para manter a corrente pelo diodo constante em um determinado valor, como 100 mA, e a temperatura é determinada a partir de uma medição da voltagem nessa corrente.

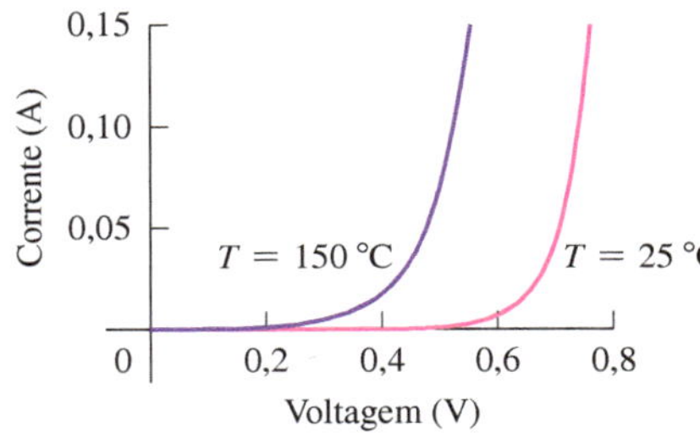

42.56 A sensibilidade de um termômetro de diodo depende do quanto a voltagem varia para determinada mudança de temperatura, com a corrente permanecendo constante. Qual é a sensibilidade para esse termômetro de diodo, operado a 100 mA, para uma mudança de temperatura de 25 °C para 150 °C? (a) +0,2 mV/°C; (b) +2,0 mV/°C; (c) −0,2 mV/°C; (d) −2,0 mV/°C.

42.57 Qual afirmação explica melhor a dependência da temperatura das características de corrente-voltagem que o gráfico mostra? Em temperaturas mais altas: (a) a banda proibida é maior, de modo que os pares de elétron-buraco possuem mais energia, o que faz que a corrente em determinada voltagem seja maior. (b) Mais elétrons podem se mover para a banda de condução, o que faz que a corrente em determinada voltagem seja maior. (c) Todos os elétrons na banda de valência se movem para a banda de condução, e o diodo se comporta como um metal e segue a lei de Ohm. (d) Os átomos de impureza aceitadores e doadores são livres para se mover através do material, o que faz que a corrente em determinada voltagem seja maior.

42.58 Se a voltagem em vez da corrente for mantida constante, o que acontece quando a temperatura aumenta de 25 °C para 150 °C? (a) Inicialmente a corrente aumenta, depois diminui. (b) A corrente aumenta. (c) A corrente diminui, por fim aproximando-se de zero. (d) A corrente não muda, a menos que a voltagem também mude.

RESPOSTAS

Resposta à pergunta inicial do capítulo

(**i**) Vênus precisa irradiar energia para o espaço na mesma taxa em que recebe energia na forma de luz solar. Entretanto, moléculas de dióxido de carbono (CO_2) na atmosfera absorvem radiação infravermelha emitida pela superfície de Vênus e a emitem de volta ao solo. Isso envolve uma transição entre os estados vibracionais da molécula de CO_2 (veja a Seção 42.2). Para compensar esse efeito e manter o equilíbrio entre energias emitida e recebida, a temperatura da superfície de Vênus e, portanto, a taxa de radiação de corpo negro da sua superfície aumentam.

Respostas às perguntas dos testes de compreensão

42.1 Resposta: (**i**) O princípio da exclusão afirma que apenas um elétron pode estar em um dado estado. Elétrons reais têm *spin*, de modo que dois elétrons (um com *spin* para cima, outro com *spin* para baixo) podem se localizar em um dado estado *espacial* e, portanto, dois podem participar em uma dada ligação covalente entre dois átomos. Se os elétrons obedecem ao princípio da exclusão, mas não possuem *spin*, esse estado de um elétron seria completamente descrito por sua distribuição espacial, e apenas *um elétron* poderia participar de uma ligação covalente. (Veremos, no Capítulo 44, que essa situação é totalmente imaginária: existem partículas subatômicas sem *spin*, mas elas *não* obedecem ao princípio da exclusão.)

42.2 Resposta: (**ii**) A Figura 42.5 mostra que a diferença de energia entre níveis rotacionais adjacentes aumenta com o aumento de l. Portanto, à medida que l aumenta, a energia E do fóton emitido aumenta, e o comprimento de onda $\lambda = hc/E$ diminui.

42.3 Resposta: (**ii**) Na Figura 42.13, suponha que a seja a distância entre íons Na^+ e Cl^- adjacentes. Essa figura mostra que o íon Cl^- que é o vizinho imediato de um íon Na^+ está no vértice oposto de um cubo de lado a. A distância entre esses dois íons é $\sqrt{a^2 + a^2 + a^2} = \sqrt{3a^2} = a\sqrt{3}$.

42.4 Resposta: (**ii**) Uma pequena variação de temperatura provoca um aumento significativo na população de elétrons na banda de condução de um semicondutor e um aumento comparativamente significativo na condutividade. A condutividade de condutores e isolantes varia de modo mais gradual com a temperatura.

42.5 Resposta: não O modelo cinético-molecular de um gás ideal (veja a Seção 18.3) mostra que a pressão do gás é proporcional à energia cinética translacional média $E_{méd}$ das partículas que compõem o gás. Em um gás ideal clássico, $E_{méd}$ é diretamente proporcional à temperatura média T, de modo que a pressão diminui à medida que T diminui. Em um gás de elétrons livres, a energia cinética média por elétron *não* se relaciona de modo simples com T; como ilustra o Exemplo 42.8, em um gás de elétrons livres em um metal, $E_{méd}$ é, quase em sua totalidade, uma consequência do princípio da exclusão à temperatura ambiente e a temperaturas menores. Assim, a pressão de um gás de elétrons livres em um sólido metálico *não* varia de modo significativo entre a temperatura ambiente e o zero absoluto.

42.6 Resposta: não O cobre puro, por ter uma banda de condução parcialmente preenchida, já é um excelente condutor (Figura 42.19c). Além disso, o cobre forma um cristal metálico (Figura 42.15), diferentemente dos cristais covalentes do silício ou do germânio; em decorrência, o plano de usar uma impureza como doadora ou aceitadora de um elétron não funciona para o cobre. Na verdade, acrescentar impurezas ao cobre *diminui* a condutividade, porque uma impureza tende a espalhar os elétrons, obstruindo o fluxo de corrente.

42.7 Resposta: não A carga negativa sobre a porta repelirá, em vez de atrair, elétrons no silício de tipo p. Dessa forma, a concentração de elétrons na região entre as duas junções p-n diminuirá ainda mais. Com tão poucos portadores de carga presentes nessa região, muito pouca corrente fluirá entre a fonte e o dreno.

Problema em destaque

(**a**) 0,278 eV
(**b**) $1{,}74 \times 10^{-25}$

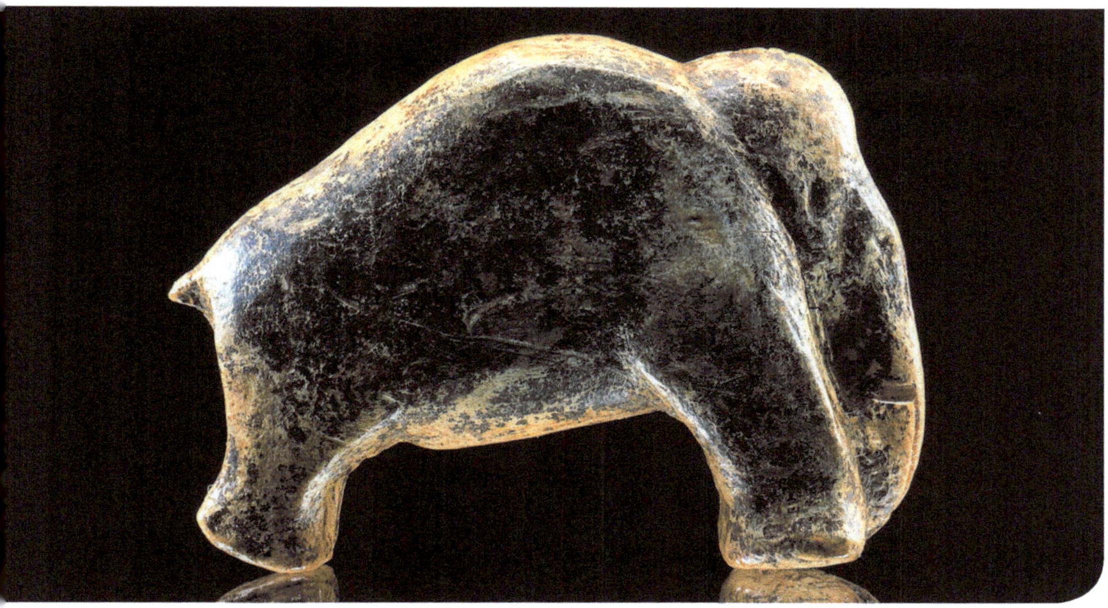

? Esta escultura de um mamute de madeira, com apenas 3,7 cm de comprimento, foi lapidada a partir da presa de marfim de um mamute por um artista que viveu no sudoeste da Alemanha há 35.000 anos. É possível determinar a data de espécimes biológicas como esta porque (i) os materiais antigos eram mais radioativos que os modernos; (ii) os materiais antigos eram menos radioativos que os modernos; (iii) os espécimes biológicos continuam a ter substâncias radioativas depois que eles morrem; (iv) as amostras biológicas não continuam a ter substâncias radioativas depois que morrem; (v) mais de uma destas respostas.

43 FÍSICA NUCLEAR

OBJETIVOS DE APRENDIZAGEM

Ao estudar este capítulo, você aprenderá:

43.1 Algumas das propriedades fundamentais dos núcleos atômicos, incluindo raios, densidades, *spins* e momentos magnéticos.

43.2 Como a energia de ligação de um núcleo depende do número de prótons e nêutrons que ele contém.

43.3 As formas mais importantes pelas quais os núcleos instáveis sofrem decaimento radioativo.

43.4 Como a taxa de decaimento de uma substância radioativa depende do tempo.

43.5 Alguns dos riscos biológicos e usos médicos da radiação.

43.6 Como analisar alguns tipos importantes de reações nucleares.

43.7 O que acontece em uma reação em cadeia de uma fissão nuclear e como ela pode ser controlada.

43.8 As reações nucleares que possibilitam o brilho do Sol.

Revendo conceitos de:

5.5 A interação forte.

18.3 Energia cinética das moléculas de gás.

21.1 Próton e nêutron.

26.4 Descarga de capacitor.

37.8 Massa de repouso e energia de repouso.

39.2 Descoberta do núcleo.

40.3, 40.4 Poços de potencial quadrados; tunelamento.

41.4-41.6 Momentos magnéticos; partículas de $\frac{1}{2}$ *spin*; aproximação de campo central.

Todo átomo contém em seu centro um *núcleo* com carga positiva, extremamente denso. Esse núcleo é muito menor que o átomo como um todo, mas contém a maior parte da massa total do átomo. Neste capítulo, analisaremos diversas propriedades importantes dos núcleos e das forças nucleares que os mantêm ligados. A estabilidade ou instabilidade de um núcleo é determinada pela competição da força de atração nuclear entre os prótons e os nêutrons com a força de repulsão elétrica entre os prótons. Os núcleos instáveis *decaem*, ou seja, transformam-se espontaneamente em outras estruturas por meio de diversos tipos de decaimento. Reações nucleares envolvendo alterações de estruturas também podem ser induzidas quando o núcleo colide com uma partícula ou com outro núcleo. A *fusão* e a *fissão* são dois tipos de reação nuclear de interesse especial. Fissão é o processo que ocorre dentro de um reator nuclear usado para gerar energia. Não poderíamos sobreviver sem a energia liberada por nosso reator de fusão mais próximo, nosso sol.

43.1 PROPRIEDADES DO NÚCLEO

Conforme discutimos na Seção 39.2, Rutherford verificou que o raio de um núcleo é dezenas de milhares de vezes menor que o raio de um átomo. Desde as experiências iniciais de Rutherford, foram realizadas muitas outras envolvendo o espalhamento de prótons, elétrons, nêutrons e partículas alfa. Essas experiências mostraram que podemos modelar um núcleo como uma esfera cujo raio R depende do número total de *núcleons* (nêutrons e prótons) existentes no núcleo. Esse número é chamado de **número de núcleons**, designado por A. Os raios de quase todos os núcleos podem ser representados razoavelmente bem pela equação

$$\underset{\text{Raio de um núcleo atômico}}{R} = R_0 A^{1/3} \quad (43.1)$$

Constante determinada experimentalmente $= 1{,}2 \times 10^{-15}$ m $= 1{,}2$ fm (R_0)

Número de núcleons = número total de prótons e nêutrons (A)

O número de núcleons A na Equação 43.1 também recebe o nome de **número de massa**, por ser o número inteiro mais próximo da massa do núcleo medida em unidades de massa atômica (u). (A massa do próton, bem como a massa de um nêutron, possui um valor aproximadamente igual a 1 u.) O melhor fator de conversão atualmente aceito é

$$1 \text{ u} = 1{,}660538921(73) \times 10^{-27} \text{ kg}$$

Na Seção 43.2, discutiremos as massas do núcleo com mais detalhes. Note que, quando nos referimos às massas de um núcleo ou de uma partícula, estamos falando da respectiva massa de *repouso*.

Densidade nuclear

O volume V de uma esfera é $4\pi R^3/3$; portanto, a Equação 43.1 mostra que o *volume* de um núcleo é proporcional ao valor de A. Dividindo A (a massa aproximada em u) pelo volume, obtemos a densidade aproximada e o valor de A é cancelado. Disso se conclui que *todos os núcleos têm aproximadamente a mesma densidade*. Esse resultado é de importância crucial na descrição da estrutura nuclear.

EXEMPLO 43.1 CALCULANDO PROPRIEDADES NUCLEARES

O tipo mais comum de núcleo de ferro tem número de massa $A = 56$. Calcule o raio, a massa aproximada e a densidade aproximada desse núcleo.

SOLUÇÃO

IDENTIFICAR E PREPARAR: a Equação 43.1 nos diz como o raio nuclear R depende do número de massa A. A massa do núcleo em unidades de massa atômica é aproximadamente igual ao valor de A, e a densidade ρ é a massa dividida pelo volume.

EXECUTAR: o raio e a massa aproximada são

$$R = R_0 A^{1/3} = (1{,}2 \times 10^{-15} \text{ m})(56)^{1/3}$$
$$= 4{,}6 \times 10^{-15} \text{ m} = 4{,}6 \text{ fm}$$
$$m \approx (56 \text{ u})(1{,}66 \times 10^{-27} \text{ kg/u}) = 9{,}3 \times 10^{-26} \text{ kg}$$

O volume V do núcleo (que tratamos como uma esfera de raio R) e sua densidade ρ são

$$V = \tfrac{4}{3}\pi R^3 = \tfrac{4}{3}\pi R_0^3 A = \tfrac{4}{3}\pi(4{,}6 \times 10^{-15} \text{ m})^3$$
$$= 4{,}1 \times 10^{-43} \text{ m}^3$$
$$\rho = \frac{m}{V} \approx \frac{9{,}3 \times 10^{-26} \text{ kg}}{4{,}1 \times 10^{-43} \text{ m}^3} = 2{,}3 \times 10^{17} \text{ kg/m}^3$$

AVALIAR: como já dissemos, *todos* os núcleos têm aproximadamente essa mesma densidade. A densidade do ferro sólido é aproximadamente igual a 7.000 kg/m^3; logo, verificamos que a densidade do núcleo é mais de 10^{13} vezes maior que a densidade da matéria comum. Densidades dessa ordem de grandeza ocorrem no interior de uma *estrela de nêutrons*, que é semelhante a um núcleo gigantesco constituído quase inteiramente de nêutrons. Um cubo de aresta igual a 1 cm com essa densidade teria massa de $2{,}3 \times 10^{11}$ kg, aproximadamente 230 milhões de toneladas!

Nuclídeos e isótopos

Os blocos constituintes básicos de um núcleo são o próton e o nêutron. Em um átomo neutro, para cada próton existe um elétron circundando o núcleo. Essas partículas foram introduzidas na Seção 21.1; a história da descoberta do nêutron e do próton será contada no Capítulo 44. As massas dessas partículas são

$$\text{Próton:} \quad m_p = 1{,}007276 \text{ u} = 1{,}672622 \times 10^{-27} \text{ kg}$$
$$\text{Nêutron:} \quad m_n = 1{,}008665 \text{ u} = 1{,}674927 \times 10^{-27} \text{ kg}$$
$$\text{Elétron:} \quad m_e = 0{,}000548580 \text{ u} = 9{,}10938 \times 10^{-31} \text{ kg}$$

O número de prótons do núcleo é chamado de **número atômico** Z. O número de nêutrons do núcleo é chamado de **número de nêutrons** N. O número de núcleons A é a soma do número de prótons Z com o número de nêutrons N:

$$A = Z + N \tag{43.2}$$

Um **nuclídeo** é um determinado núcleo com valores definidos para Z e N. Na **Tabela 43.1**, apresentamos uma lista contendo os valores de A, Z e N de alguns nuclídeos. A estrutura eletrônica de um átomo, responsável pelas suas propriedades químicas, é determinada pela carga Ze do núcleo. A tabela também mostra alguns nuclídeos que possuem o mesmo valor de Z, porém diferentes valores de N. Tais nuclídeos são chamados de **isótopos** do elemento considerado; eles apresentam massas diferentes porque contam com diferentes números de nêutrons em seus respectivos núcleos. Um exemplo é o cloro (Cl, $Z = 17$). Em cerca de 76% dos núcleos de cloro, $N = 18$; nos outros 24%, $N = 20$. Os diferentes isótopos de um elemento em geral demonstram propriedades físicas diferentes, como temperaturas de fusão e de vaporização e taxas de difusão. Os dois isótopos comuns do urânio, com $A = 235$ e 238, em geral são separados industrialmente aproveitando-se a diferença das taxas de difusão do hexafluoreto de urânio (UF_6), que contém os dois isótopos.

A Tabela 43.1 também mostra a notação usual para nuclídeos individuais: o símbolo do elemento com um subscrito do lado esquerdo indicando Z e um sobrescrito do lado direito indicando o número de massa A. A notação geral para um dado elemento El é $^{A}_{Z}\text{El}$. Os exemplos do cloro citados anteriormente, com $A = 35$ e 37, são designados por $^{35}_{17}\text{Cl}$ e $^{37}_{17}\text{Cl}$ e pronunciados como "cloro 35" e "cloro 37", respectivamente. Esse nome do elemento determina o número atômico Z, de modo que o subscrito do lado esquerdo, indicando Z, geralmente é omitido, como no ^{35}Cl.

As massas de alguns átomos comuns, incluindo os respectivos elétrons, são indicadas na **Tabela 43.2**. Essa tabela fornece massas de átomos *neutros* (com Z elétrons), e não as massas dos nuclídeos *puros*, sem os elétrons, pois é muito mais difícil medir massas dos nuclídeos puros com alta precisão. A massa de um átomo de carbono 12 neutro é exatamente igual a 12 u; é precisamente desse modo que a unidade de massa atômica é definida. As massas dos outros átomos são *aproximadamente* iguais ao número A de unidades de massa atômica, conforme dissemos anteriormente. Você deve ter notado que as massas atômicas são *menores* que a soma das massas de suas partes (os Z prótons, os Z elétrons e N nêutrons). Na próxima seção, explicaremos a razão dessa importante diferença de massa.

TABELA 43.1 Composição de alguns nuclídeos comuns.
Z = número atômico (número de prótons)
N = número de nêutrons
$A = Z + N$ = número de massa (número total de núcleons)

Núcleo	Z	N	$A = Z + N$
$^{1}_{1}\text{H}$	1	0	1
$^{2}_{1}\text{H}$	1	1	2
$^{4}_{2}\text{He}$	2	2	4
$^{6}_{3}\text{Li}$	3	3	6
$^{7}_{3}\text{Li}$	3	4	7
$^{9}_{4}\text{Be}$	4	5	9
$^{10}_{5}\text{B}$	5	5	10
$^{11}_{5}\text{B}$	5	6	11
$^{12}_{6}\text{C}$	6	6	12
$^{13}_{6}\text{C}$	6	7	13
$^{14}_{7}\text{N}$	7	7	14
$^{16}_{8}\text{O}$	8	8	16
$^{23}_{11}\text{Na}$	11	12	23
$^{65}_{29}\text{Cu}$	29	36	65
$^{200}_{80}\text{Hg}$	80	120	200
$^{235}_{92}\text{U}$	92	143	235
$^{238}_{92}\text{U}$	92	146	238

Aplicação Usando isótopos para medir o clima na Antiguidade Esta amostra de gelo da Antártida foi depositada há dezenas de milhares de anos. Quanto mais profunda a amostra, há mais tempo o gelo foi depositado. A maior parte das moléculas de água (H_2O) no gelo contém isótopo de oxigênio $^{16}_{8}\text{O}$, mas uma pequena porcentagem contém o isótopo mais pesado $^{18}_{8}\text{O}$. As moléculas de água que contêm o isótopo mais leve se evaporam mais rapidamente, mas se condensam menos prontamente que as moléculas de água que incluem o isótopo mais pesado, e esses processos variam com a temperatura. Medindo a razão entre $^{18}_{8}\text{O}$ e $^{16}_{8}\text{O}$ em uma amostra de gelo antiga, os cientistas podem determinar a temperatura média do oceano na época em que a amostra foi depositada. Os cientistas também medem a quantidade do dióxido de carbono (CO_2) na atmosfera que estava preso ao gelo quando este foi depositado. Essas observações têm ajudado a confirmar a ideia de que altas concentrações de CO_2 na atmosfera andam lado a lado com altas temperaturas, um princípio fundamental para entender as mudanças do clima no século XXI (veja a Seção 17.7).

TABELA 43.2 Massas atômicas dos átomos neutros de alguns nuclídeos comuns.

Elemento e isótopo	Número atômico, Z	Número de nêutrons, N	Massa atômica (u)	Número de massa, A
Hidrogênio ($^1_1$H)	1	0	1,007825	1
Deutério ($^2_1$H)	1	1	2,014102	2
Trício ($^3_1$H)	1	2	3,016049	3
Hélio ($^1_1$He)	2	1	3,016029	3
Hélio ($^4_2$He)	2	2	4,002603	4
Lítio ($^6_3$Li)	3	3	6,015123	6
Lítio ($^7_3$Li)	3	4	7,016005	7
Berílio ($^9_4$Be)	4	5	9,012182	9
Boro ($^{10}_5$B)	5	5	10,012937	10
Boro ($^{11}_5$B)	5	6	11,009305	11
Carbono ($^{12}_6$C)	6	6	12,000000	12
Carbono ($^{13}_6$C)	6	7	13,003355	13
Nitrogênio ($^{14}_7$N)	7	7	14,003074	14
Nitrogênio ($^{15}_7$N)	7	8	15,000109	15
Oxigênio ($^{16}_8$O)	8	8	15,994915	16
Oxigênio ($^{17}_8$O)	8	9	16,999132	17
Oxigênio ($^{18}_8$O)	8	10	17,999161	18

Fonte: G. Audi, A. H. Wapstra e C. Thibault, *Nuclear Physics* **A729,** 337 (2003).

Spins nucleares e momentos magnéticos

Tal como no caso dos elétrons, os núcleons (prótons e nêutrons) também são partículas com *spin* $\frac{1}{2}$ e momento angular de *spin* dado pela mesma equação deduzida na Seção 41.5. O módulo do momento angular de *spin* $\vec{S}$ é

$$S = \sqrt{\tfrac{1}{2}(\tfrac{1}{2} + 1)}\,\hbar = \sqrt{\tfrac{3}{4}}\,\hbar \qquad (43.3)$$

e o componente z é

$$S_z = \pm\tfrac{1}{2}\hbar \qquad (43.4)$$

Além do momento angular de *spin* dos núcleons, eles também apresentam um momento angular *orbital* $\vec{L}$ associado ao movimento das partículas no interior do núcleo. Os valores de $\vec{L}$ e de seu componente z L_z para um núcleon são quantizados da mesma forma que para um elétron em um átomo.

O momento angular *total* $\vec{J}$ do núcleo é o vetor soma do *spin* individual e dos momentos angulares orbitais de todos os núcleons. Seu módulo é

$$J = \sqrt{j(j + 1)}\,\hbar \qquad (43.5)$$

e o componente z

$$J_z = m_j\hbar \quad (m_j = -j, -j + 1, ..., j - 1, j) \qquad (43.6)$$

O número quântico j que caracteriza a quantização do momento angular total do núcleo é geralmente chamado de *spin nuclear*, muito embora ele se refira a uma combinação do momento angular de *spin* com o momento angular orbital de todos os núcleons que compõem o núcleo. Quando o número total de núcleons A é *par*, j é um número inteiro; quando ele é *ímpar*, j é um número semi-inteiro. Todos os nuclídeos em que ambos os valores Z e N são pares têm $J = 0$. Como veremos, isso acontece porque os núcleons tendem a formar pares com componentes de *spins* opostos.

Associado ao momento angular nuclear existe um *momento magnético*. Quando discutimos os momentos magnéticos dos *elétrons* na Seção 41.4, introduzimos o magneton de Bohr, dado por $\mu_B = e\hbar/2m_e$, como uma unidade natural de momento magnético. Verificamos que o módulo do componente z do momento magnético de *spin* do elétron é quase exatamente igual a μ_B. Ou seja, $|\mu_{sz}|_{\text{elétron}} \approx \mu_B$. Na discussão dos momentos magnéticos *nucleares*, podemos definir uma quantidade semelhante, o **magneton nuclear** μ_n:

$$\mu_n = \frac{e\hbar}{2m_p} = 5{,}05078 \times 10^{-27}\ \text{J/T} = 3{,}15245 \times 10^{-8}\ \text{eV/T} \qquad (43.7)$$

(magneton nuclear)

Como a massa do próton m_p é 1.836 vezes maior que a massa do elétron m_e, o magneton nuclear μ_n é 1.836 vezes menor que o magneton de Bohr μ_B.

Poderíamos esperar que o módulo do componente z do momento magnético de *spin* do próton fosse aproximadamente igual a μ_n. Em vez disso, verificou-se que ele é dado por

$$|\mu_{sz}|_{\text{próton}} = 2{,}7928\mu_n \qquad (43.8)$$

Ainda mais surpreendente é que o nêutron, que não tem carga elétrica, possui um momento magnético de *spin*; seu componente z possui módulo

$$|\mu_{sz}|_{\text{nêutron}} = 1{,}9130\mu_n \qquad (43.9)$$

O próton tem carga positiva; como era de esperar, seu momento angular $\vec{S}$ é paralelo e de mesmo sentido em relação ao momento magnético de *spin* $\vec{\mu}$. Contudo, para um nêutron, $\vec{\mu}$ e $\vec{S}$ possuem sentidos contrários ao de um nêutron, como deveríamos esperar no caso de uma distribuição de cargas *negativas*. Esses momentos magnéticos *anômalos* surgem porque os prótons e os nêutrons não são verdadeiramente partículas elementares, mas são constituídos por outras partículas menores, chamadas de *quarks*. Faremos uma discussão detalhada dos quarks no Capítulo 44.

O momento magnético de um dado núcleo é, em geral, da ordem de alguns magnetons nucleares. Quando um núcleo é colocado na presença de um campo magnético externo $\vec{B}$, existe uma energia de interação dada por $U = -\vec{\mu} \cdot \vec{B} = -\mu_z B$, tal como no caso do momento magnético atômico. Os componentes do momento magnético na direção do campo μ_z são quantizados, de modo que muitos níveis de energia resultam dessa interação.

EXEMPLO 43.2 INVERSÃO DE *SPINS* DOS PRÓTONS

Os prótons estão submetidos a um campo magnético orientado ao longo do eixo Oz com módulo igual a 2,30 T. (a) Qual é a diferença de energia entre um estado no qual o momento magnético de *spin* é orientado no mesmo sentido do campo magnético e outro estado no qual o momento magnético de *spin* é orientado em sentido contrário ao do campo magnético? (b) Um próton pode sofrer uma transição entre um desses estados para o outro emitindo ou absorvendo um fóton com a energia apropriada. Calcule a frequência e o comprimento de onda de tal fóton.

SOLUÇÃO

IDENTIFICAR E PREPARAR: o próton é uma partícula de *spin* $\frac{1}{2}$ com um momento magnético $\vec{\mu}$ na mesma direção de seu *spin* $\vec{S}$, de forma que sua energia depende da orientação de seu *spin* em relação a um campo magnético aplicado $\vec{B}$. Se o componente z de $\vec{S}$ estiver alinhado com $\vec{B}$, então μ_z é igual ao valor positivo dado pela Equação 43.8. Se o componente z de $\vec{S}$ for oposto a $\vec{B}$, então μ_z é esse valor com sinal negativo. A energia de interação em

(Continua)

(Continuação)

ambos os casos é $U = -\mu_z B$, e a diferença entre essas energias é nossa incógnita na parte (a). Encontraremos a frequência e o comprimento de onda do fóton por meio das relações $E = hf = hc/\lambda$.

EXECUTAR: (a) quando os componentes z de $\vec{S}$ e $\vec{\mu}$ estão paralelos a $\vec{B}$, a energia de interação é

$$U = -|\mu_z|\,B = -(2{,}7928)\,(3{,}152 \times 10^{-8}\ \text{eV/T})\,(2{,}30\ \text{T}) = -2{,}025 \times 10^{-7}\ \text{eV}$$

Quando os componentes z de $\vec{S}$ e $\vec{\mu}$ são antiparalelos ao campo, a energia é $+2{,}025 \times 10^{-7}$ eV e a *diferença* de energia entre os dois estados é

$$\Delta E = 2(2{,}025 \times 10^{-7}\ \text{eV}) = 4{,}05 \times 10^{-7}\ \text{eV}$$

(b) A frequência e o comprimento de onda do fóton com energia correspondente são

$$f = \frac{\Delta E}{h} = \frac{4{,}05 \times 10^{-7}\ \text{eV}}{4{,}136 \times 10^{-15}\ \text{eV} \cdot \text{s}} = 9{,}79 \times 10^{7}\ \text{Hz} = 97{,}9\ \text{MHz}$$

$$\lambda = \frac{c}{f} = \frac{3{,}00 \times 10^{8}\ \text{m/s}}{9{,}79 \times 10^{7}\ \text{s}^{-1}} = 3{,}06\ \text{m}$$

AVALIAR: essa frequência está no meio da banda de FM do rádio. Quando uma amostra de hidrogênio é colocada na presença de um campo magnético de 2,30 T e a seguir irradiada com ondas eletromagnéticas com essa frequência, as *inversões de spin* dos prótons podem ser detectadas pela absorção da energia da radiação.

Ressonância magnética nuclear e MRI

Experiências de inversão de *spins* — como as do Exemplo 43.2 — decorrem de um fenômeno chamado *ressonância magnética nuclear* (do inglês *Nuclear Magnetic Resonance* — NMR). Essas experiências vêm sendo realizadas com muitos nuclídeos diferentes. Frequências e campos magnéticos podem ser medidos com grande precisão, o que permite a realização de medidas precisas do momento magnético nuclear. Uma aplicação dessa ideia básica leva à obtenção de uma *imagem por ressonância magnética* (do inglês *Magnetic Resonance Imaging* — MRI), uma técnica não invasiva que possibilita a distinção entre diversos tecidos do corpo com base nos diferentes ambientes dos prótons de cada tecido (**Figura 43.1**).

O momento magnético de um núcleo também é uma *fonte* de campo magnético. Em um átomo, a interação entre o momento magnético do elétron e o campo magnético produzido pelo núcleo produz desdobramentos adicionais nos níveis de

Figura 43.1 Imagem por ressonância magnética (MRI).

(a)

Prótons, os núcleos de átomos de hidrogênio nos tecidos que estão sendo estudados, geralmente têm *spins* orientados aleatoriamente.

Na presença de um forte campo magnético, os *spins* se alinham a um componente paralelo a $\vec{B}$.

Breves sinais de ondas de rádio produzem a inversão dos sentidos dos *spins*.

Quando os prótons se realinham ao campo $\vec{B}$, eles emitem ondas de rádio que são captadas por detectores sensíveis.

(b) Como $\vec{B}$ tem um valor diferente em diferentes partes do tecido, as ondas de rádio de localizações diferentes apresentam frequências diferentes. Isso possibilita a construção de uma imagem

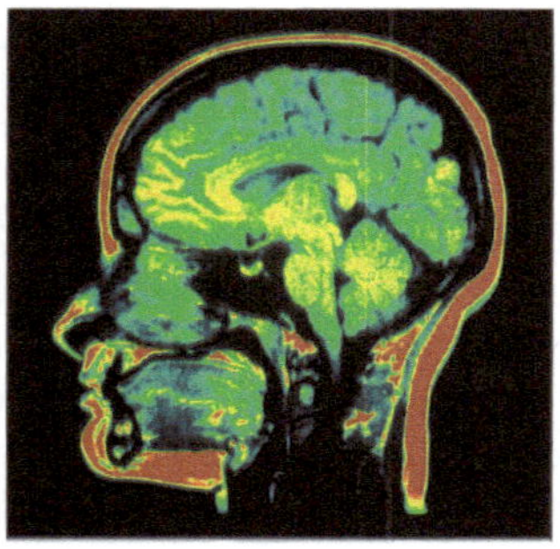

(c) Um eletroímã para obter imagens com a técnica MRI.

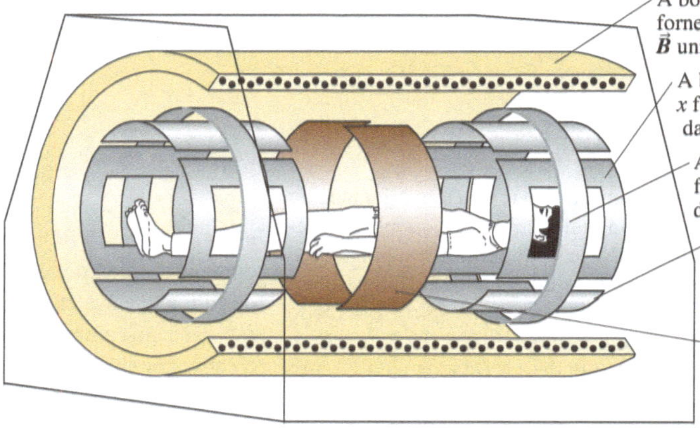

energia dos átomos e nos espectros atômicos. Conforme dissemos na Seção 41.3, esses desdobramentos constituem a *estrutura hiperfina*. As medidas da estrutura hiperfina podem ser usadas para uma determinação direta do *spin* do núcleo.

TESTE SUA COMPREENSÃO DA SEÇÃO 43.1 (a) Por que fator o número de massa de um núcleo deve aumentar para que seu volume dobre? (i) $\sqrt[3]{2}$; (ii) $\sqrt{2}$; (iii) 2; (iv) 4; (v) 8. (b) Por que fator o número de massa deve aumentar para o raio do núcleo dobrar? (i) $\sqrt[3]{2}$; (ii) $\sqrt{2}$; (iii) 2; (iv) 4; (v) 8. ❙

43.2 LIGAÇÃO NUCLEAR E ESTRUTURA NUCLEAR

Como é necessário fornecer energia para separar os prótons e os nêutrons do núcleo, a energia E_0 de repouso total desses núcleons separados é maior que a energia de repouso do núcleo. A energia que devemos fornecer para separar os núcleons denomina-se **energia de ligação** E_B; seu módulo fornece a energia que mantém os núcleons unidos no interior do núcleo. Portanto, a energia de repouso do núcleo é igual a $E_0 - E_B$. A energia de ligação é definida como

$$E_B = (ZM_H + Nm_n - {}^A_Z M)c^2 \tag{43.10}$$

Energia de ligação de um núcleo com Z prótons e N nêutrons; Número atômico (Z); Número de nêutrons (N); (Velocidade da luz no vácuo)^2 = 931,5 MeV/u; Massa do átomo de hidrogênio (M_H); Massa do nêutron (m_n); Massa do átomo neutro contendo o núcleo (${}^A_Z M$)

Note que a Equação 43.10 não inclui Zm_p, a massa de Z prótons. Em vez disso, ela contém ZM_H, a massa de Z prótons combinada com a massa de Z elétrons formando Z átomos neutros de ${}^1_1H$ para equilibrar os Z elétrons incluídos em ${}^A_Z M$, a massa do átomo neutro.

O núcleo mais simples é o do hidrogênio, constituído por um único próton. A seguir, surge o núcleo do ${}^2_1H$, um isótopo do hidrogênio com número de massa igual a 2, chamado de *deutério*. Seu núcleo é constituído por um próton e um nêutron que se unem formando uma partícula chamada de *dêuteron*. Usando valores da Tabela 43.2 na Equação 43.10, verificamos que a energia de ligação do deutério é

$$\begin{aligned} E_B &= (1{,}007825 \text{ u} + 1{,}008665 \text{ u} - 2{,}014102 \text{ u})(931{,}5 \text{ MeV/u}) \\ &= 2{,}224 \text{ MeV} \end{aligned}$$

Essa grande quantidade de energia é necessária para cindir o dêuteron, obtendo-se um próton e um nêutron separados. Uma medida importante da intensidade da energia de ligação nuclear é a *energia de ligação por núcleon*, E_B/A. No exemplo dado, temos (2,224 MeV)/(2 núcleons) = 1,112 MeV por núcleon — o ${}^2_1H$ possui a menor energia de ligação por núcleon de todos os nuclídeos.

Usando a relação que fornece a equivalência entre a massa de repouso e a energia de repouso (Seção 37.8), concluímos que a massa de repouso total dos núcleons é sempre maior que a do núcleo por uma diferença $\Delta M = E_B/c^2$, chamada de *perda de massa*. Por exemplo, a perda de massa de ${}^2_1H$ é $\Delta M = E_B/c^2 = (2{,}224 \text{ MeV})/(931{,}5 \text{ MeV/u}) = 0{,}002388$ u.

BIO Aplicação Deutério e toxicidade da água pesada Uma etapa fundamental na divisão celular de plantas e animais é a formação de um eixo, que separa os dois conjuntos de cromossomos-filhos. Se uma planta receber apenas água pesada — na qual um ou ambos os átomos de hidrogênio em uma molécula de H_2O são substituídos por um átomo de deutério —, a divisão celular termina e a planta para de crescer. O motivo é que o deutério tem mais massa que o hidrogênio normal, de modo que a ligação O-H na água pesada tem uma energia de ligação ligeiramente diferente, e a água pesada tem propriedades ligeiramente diferentes de um solvente. As reações bioquímicas que ocorrem durante a divisão celular são muito sensíveis a essas propriedades do solvente, de modo que um eixo nunca é formado e a célula não consegue se reproduzir.

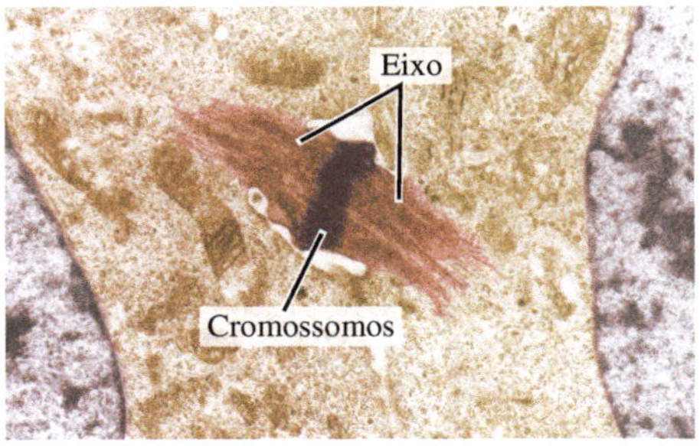

ESTRATÉGIA PARA A SOLUÇÃO DE PROBLEMAS 43.1 PROPRIEDADES NUCLEARES

IDENTIFICAR *os conceitos relevantes:* as propriedades fundamentais de qualquer núcleo incluem a massa, o raio, a energia de ligação, a perda de massa, a energia de ligação por núcleon e o momento angular.

PREPARAR *o problema:* uma vez que você tenha identificado as incógnitas, selecione as equações necessárias para resolver o problema. Um número relativamente pequeno de equações desta seção e da Seção 43.1 será suficiente.

(*Continua*)

(*Continuação*)

EXECUTAR *a solução:* isole as variáveis-alvo em cada equação. Os cálculos de energia de ligação que usam a Equação 43.10 normalmente envolvem subtrair duas quantidades quase idênticas. Para obter precisão suficiente em uma diferença, muitas vezes você precisa chegar a nove algarismos significativos, caso isso seja possível.

AVALIAR *sua resposta:* a familiaridade com os valores numéricos das grandezas é útil. Os prótons e os nêutrons têm massas aproximadamente 1.840 vezes maiores que a massa do elétron. O raio de um núcleo é da ordem de 10^{-15} m. A energia potencial da interação elétrica repulsiva entre dois prótons separados por essa distância é da ordem de 10^{-13} J, ou cerca de 1 MeV. Portanto, as energias de interação envolvidas no núcleo são da ordem de alguns MeV, em vez de alguns eV no caso de átomos. Um valor típico da energia de ligação por núcleon é aproximadamente igual a 1% da energia de repouso de um núcleon. (A energia de ionização do átomo de hidrogênio corresponde a apenas 0,003% da energia de repouso de um elétron. Os momentos angulares são determinados somente pelo valor de $\hbar$, de modo que têm a mesma ordem de grandeza nos núcleos e nos átomos. Entretanto, os momentos magnéticos nucleares possuem um fator aproximadamente 1.000 vezes *menor* que os dos elétrons nos átomos, pois os núcleos possuem muito mais massa que os elétrons.

EXEMPLO 43.3 O NUCLÍDEO MAIS FORTEMENTE LIGADO

Determine a perda, a energia de ligação total e a energia de ligação por núcleon do $^{62}_{28}$Ni, que tem a energia de ligação mais alta por núcleon de todos os nuclídeos (**Figura 43.2**). A massa atômica do nêutron de $^{62}_{28}$Ni é 61,928345 u.

SOLUÇÃO

IDENTIFICAR E PREPARAR: a perda de massa ΔM é a diferença entre a massa do núcleo e a massa combinada de seus núcleos constituintes. A energia de ligação E_B é a quantidade multiplicada por c^2, e a energia de ligação por núcleo é E_B dividido pelo número de massa A. Usamos a Equação 43.10, $\Delta M = ZM_H + Nm_n - {}^A_ZM$, para determinar tanto a perda da massa quanto a energia de ligação.

EXECUTAR: com $Z = 28$, $M_H = 1{,}007825$ u, $N = A - Z = 62 - 28 = 34$, $m_n = 1{,}008665$ u e ${}^A_ZM = 61{,}928345$ u, a Equação 43.10 nos dá $\Delta M = 0{,}585365$ u. Portanto, a energia de ligação é

$$E_B = (0{,}585365 \text{ u})\,(931{,}5 \text{ MeV/u}) = 545{,}3 \text{ MeV}$$

A energia de ligação *por núcleon* é igual a $E_B/A = (545{,}3 \text{ MeV})/62$, ou 8,795 MeV por núcleon.

AVALIAR: nosso resultado significa que levaria um mínimo de 545,3 MeV para separar um $^{62}_{28}$Ni completamente em 28 prótons e 34 nêutrons. A perda de massa do $^{62}_{28}$Ni é cerca de 1% da massa atômica (ou nuclear). A energia de vínculo, portanto, é cerca de 1% da energia de repouso de um núcleon, e a energia de vínculo por núcleon é cerca de 1% da energia de repouso de um núcleon. Note que a perda de massa é mais que a metade da massa de um núcleon, o que indica quão fortemente ligados são os núcleos.

Figura 43.2 Valor aproximado da energia de ligação por núcleon em função do número de massa *A* (o número total de núcleons) para nuclídeos estáveis.

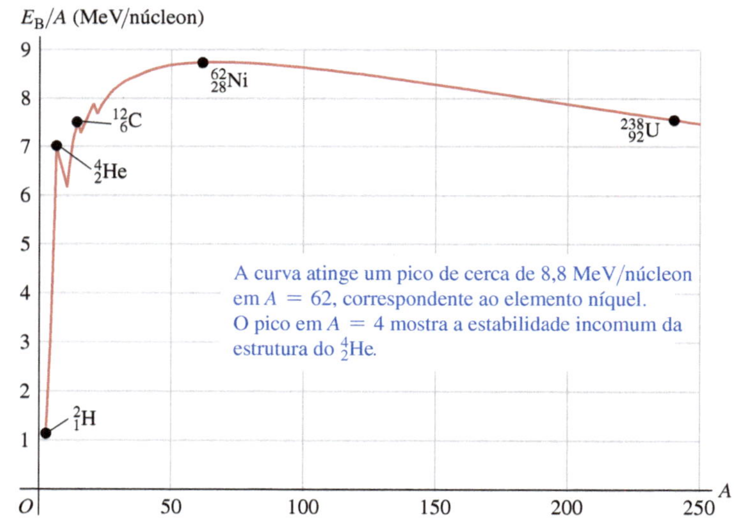

Quase todos os nuclídeos, desde o mais leve até o mais pesado, têm energias de ligação no intervalo entre 7 e 9 MeV por núcleon. A Figura 43.2 mostra um gráfico da energia de ligação por núcleon em função do número de massa *A*. Note o pico acentuado em $A = 4$, indicando, em comparação com seus vizinhos, uma excepcionalmente elevada energia de ligação por núcleon do núcleo $^{4}_{2}$He (partícula alfa). Para explicar essa curva, devemos considerar as interações entre os núcleons.

Força nuclear

A força que mantém os prótons e os nêutrons unidos no interior do núcleo, apesar da repulsão elétrica entre os prótons, é um exemplo da *interação forte* que mencionamos na Seção 5.5. No contexto da estrutura nuclear, essa interação dá origem à chamada *força nuclear*. Vejamos algumas de suas características. Em primeiro lugar, ela não depende da carga; ela atua indistintamente tanto em prótons quanto em nêutrons e a força da ligação é a mesma em ambas as partículas. Em segundo lugar, ela possui curto alcance, atuando até distâncias da ordem de grandeza do diâmetro do núcleo, ou seja, cerca de 10^{-15} m. (Se assim não fosse, o núcleo poderia crescer atraindo mais prótons e nêutrons.) Contudo, dentro desse intervalo, a força nuclear é muito mais forte que a força elétrica; de outra forma, o núcleo jamais poderia ser estável. Seria bom se pudéssemos escrever para essa força uma equação simples, como a lei de Newton da gravitação universal ou a lei de Coulomb, porém os físicos ainda não encontraram uma expressão completa para sua dependência em relação à distância r. Em terceiro lugar, a densidade aproximadamente constante da matéria nuclear e a energia de ligação por núcleon aproximadamente constante dos nuclídeos grandes mostram que um núcleon individual não pode interagir simultaneamente com *todos* os outros núcleons no núcleo, somente com os poucos que estão em suas vizinhanças imediatas. Esse comportamento é diferente do de uma força elétrica; *todo* próton no interior do núcleo repele qualquer outro próton. O número limitado das interações denomina-se *saturação*; podemos fazer uma analogia entre esse comportamento e a ligação covalente em moléculas e sólidos. Finalmente, a força nuclear favorece a ligação de *pares* de prótons ou de nêutrons com *spins* opostos e a formação de *pares de pares*, ou seja, um par de prótons com um par de nêutrons, cada par com *spins* opostos. Portanto, a partícula alfa (dois prótons e dois nêutrons) é um núcleo com estabilidade excepcional para esse número de massa. Na próxima subseção, veremos outros efeitos para o emparelhamento em núcleos. (Na Seção 42.8, descrevemos um efeito de emparelhamento análogo que liga elétrons com *spins* opostos formando os pares de Cooper da teoria BCS da supercondutividade.)

A análise da estrutura nuclear é mais complexa que a análise da estrutura atômica. Estão implicados dois tipos diferentes de interações (a elétrica e a nuclear), e a força nuclear ainda não está completamente esclarecida. Podemos, contudo, explicar a estrutura nuclear a partir de modelos simples. Vamos descrever sucintamente dois modelos bastante diferentes, porém usados com êxito: o *modelo da gota* e o *modelo de camadas*.

Modelo da gota

O **modelo da gota**, proposto pela primeira vez pelo físico russo George Gamow em 1928 e mais tarde expandido por Niels Bohr, é sugerido pela observação de que todos os núcleos têm densidade aproximadamente constante. Os núcleons individuais são análogos a moléculas de um líquido, que são mantidas unidas pelas interações de curto alcance e por efeitos de tensão superficial. Podemos usar essa descrição e deduzir uma fórmula para estimar a energia de ligação de um núcleo. Incluiremos cinco contribuições:

1. Dissemos que uma força nuclear apresenta o efeito de *saturação*; um núcleon individual interage somente com os poucos que estão em suas vizinhanças imediatas. Esse efeito fornece um termo para a energia de ligação que é proporcional ao número de núcleons. Vamos escrever esse termo como C_1A, onde C_1 é uma constante determinada experimentalmente.

2. Os núcleons nas vizinhanças da superfície do núcleo são menos fortemente ligados que aqueles de seu interior por não possuírem vizinhos fora da superfície. Essa diminuição da energia de ligação fornece um termo *negativo* proporcional à área da superfície $4\pi R^2$. Como R é proporcional a $A^{1/3}$, esse termo é proporcional a $A^{2/3}$; vamos escrever esse termo como $-C_2A^{2/3}$, onde C_2 é outra constante.

3. Cada um dos Z prótons repele cada um dos $(Z - 1)$ prótons restantes. A energia potencial elétrica repulsiva total é proporcional a $Z(Z - 1)$ e inversamente proporcional ao raio R e, portanto, proporcional a $A^{1/3}$. Esse termo da energia de ligação é negativo porque, caso não existisse a repulsão elétrica, os núcleons seriam mais fortemente ligados. Vamos escrever esse termo como $-C_3Z(Z - 1)/A^{1/3}$.
4. As observações mostram que os núcleos estão ligados mais fortemente se N estiver próximo de Z quando A é pequeno, e N deve ser maior que Z (porém não muito maior) quando A é grande. Precisamos de um termo negativo de energia correspondente à diferença $|N - Z|$. A melhor concordância com as energias de ligação observadas ocorre quando esse termo é proporcional a $(N - Z)^2/A$. Se usarmos $N = A - Z$ para expressar essa energia a partir de A e de Z, essa correção é dada por $-C_4(A - 2Z)^2/A$.
5. Finalmente, a força nuclear favorece a formação de *pares* de prótons e de nêutrons. Quando N e Z forem ambos pares, esse termo da energia de ligação será positivo (mais ligação); quando N e Z forem ambos ímpares, esse termo da energia de ligação será negativo (menos ligação) e, nos outros casos, esse termo é igual a zero. O melhor ajuste dos dados experimentais ocorre quando escrevemos uma forma $\pm C_5A^{-4/3}$ para esse termo.

A energia de ligação E_B total estimada é dada pela soma dos cinco termos anteriores:

$$E_B = C_1A - C_2A^{2/3} - C_3\frac{Z(Z-1)}{A^{1/3}} - C_4\frac{(A-2Z)^2}{A} \pm C_5A^{-4/3} \qquad (43.11)$$

(energia de ligação do núcleo)

As constantes C_1, C_2, C_3, C_4 e C_5, escolhidas para fornecer o melhor ajuste dos dados experimentais, são

$$\begin{aligned} C_1 &= 15{,}75 \text{ MeV} \\ C_2 &= 17{,}80 \text{ MeV} \\ C_3 &= 0{,}7100 \text{ MeV} \\ C_4 &= 23{,}69 \text{ MeV} \\ C_5 &= 39 \text{ MeV} \end{aligned}$$

A constante C_1 é a energia de ligação por núcleon produzida pela força nuclear saturada. Essa energia é aproximadamente igual a 16 MeV por núcleon, cerca do dobro da energia de ligação *total* por núcleon de muitos nuclídeos.

Se calcularmos a energia de ligação E_B usando a Equação 43.11, poderemos estimar a massa de qualquer átomo neutro usando a energia de ligação obtida na Equação 43.10:

$${}^{A}_{Z}M = ZM_H + Nm_n - \frac{E_B}{c^2} \qquad \text{(fórmula semiempírica para a massa)} \qquad (43.12)$$

A Equação 43.12 é chamada de *fórmula semiempírica para a massa*. O nome é apropriado: ela é *empírica* porque cada constante C é determinada empiricamente (experimentalmente), embora ela seja pautada sobre uma base teórica bastante sólida.

EXEMPLO 43.4 ESTIMATIVA DA ENERGIA DE LIGAÇÃO E DA MASSA

Considere o nuclídeo ${}^{62}_{28}\text{Ni}$ do Exemplo 43.3. (a) Calcule os cinco termos da energia de ligação e estime a energia de ligação total. (b) Determine a massa do átomo neutro usando a fórmula semiempírica para a massa.

SOLUÇÃO

IDENTIFICAR E PREPARAR: usaremos o modelo da gota do núcleo e suas cinco contribuições para a energia de ligação. Usaremos a Equação 43.11 para calcular os termos individuais

(Continua)

(Continuação)

na energia de ligação, assim como a energia de ligação E_B, e a Equação 43.12 para encontrar a massa atômica neutra ${}^{62}_{28}M$.

EXECUTAR: (a) com $Z = 28$, $A = 62$ e $N = 34$, estes são os cinco termos na Equação 43.11:

1. $C_1A = (15{,}75 \text{ MeV})\,(62) = 976{,}5 \text{ MeV}$

2. $-C_2A^{2/3} = -(17{,}80 \text{ MeV})\,(62)^{2/3} = -278{,}8 \text{ MeV}$

3. $$-C_3\frac{Z(Z-1)}{A^{1/3}} = -(0{,}7100 \text{ MeV})\frac{(28)\,(27)}{(62)^{1/3}} = -135{,}6 \text{ MeV}$$

4. $$-C_4\frac{(A-2Z)^2}{A} = -(23{,}69 \text{ MeV})\frac{(62-56)^2}{62} = -13{,}8 \text{ MeV}$$

5. $+C_5A^{-4/3} = (39 \text{ MeV})\,(62)^{-4/3} = 0{,}2 \text{ MeV}$

A correção para a energia de formação de pares (termo 5) é, de longe, o menor de todos os termos; ela é positiva porque tanto Z quanto N são pares. A soma de todos os cinco termos é a energia de ligação estimada total, $E_B = 548{,}5$ MeV.

(b) Usamos $E_B = 548{,}5$ MeV na Equação 43.12:

$${}^{62}_{28}M = 28\,(1{,}007825 \text{ u}) + 34\,(1{,}008665 \text{ u}) - \frac{548{,}5 \text{ MeV}}{931{,}5 \text{ MeV/u}} = 61{,}925 \text{ u}$$

AVALIAR: a energia de ligação do ${}^{62}_{28}\text{Ni}$ calculada na parte (a) é apenas cerca de 0,6% maior que o valor verdadeiro de 545,3 MeV obtido no Exemplo 43.3, e a massa calculada na parte (b) é apenas cerca de 0,005% menor que o valor medido de 61,928345 u. Esses resultados mostram o quão precisa pode ser a fórmula semiempírica para a massa!

O modelo da gota e a fórmula da massa deduzida a partir dele obtiveram grande êxito em estimativas de massas nucleares, e mais adiante mostraremos que se trata de um valioso instrumento para explicar processos de decaimento de nuclídeos instáveis. Outros aspectos do núcleo, como o momento angular e os estados excitados, são mais bem descritos com outro modelo.

Modelo de camadas

O **modelo de camadas** da estrutura nuclear é semelhante à aproximação de campo central usada na física atômica (Seção 41.6). Consideramos que cada núcleon se move em um potencial que representa o efeito médio de todos os outros núcleons. Embora este seja um modelo bastante simplificado, em alguns aspectos verifica-se que tal modelo funciona muito bem.

A função energia potencial nuclear é a mesma tanto para prótons quanto para nêutrons. Uma hipótese razoável para a forma dessa função é ilustrada na **Figura 43.3a**: uma versão esférica do poço de potencial quadrado que discutimos na Seção 40.3. Os cantos são ligeiramente arredondados porque o núcleo não possui uma superfície definida com nitidez. Nos prótons existe uma energia potencial adicional associada à repulsão elétrica. Consideramos cada próton interagindo com uma esfera de densidade de carga uniforme, com raio R e carga total $(Z-1)e$. Indicamos, na Figura 43.3b, a energia nuclear, a energia potencial elétrica e a energia total para um próton em função da distância r a partir do centro do núcleo.

Em princípio, podemos resolver a equação de Schrödinger para um próton e um nêutron movendo-se em tal potencial. Para qualquer energia potencial esfericamente simétrica, os estados de momento angular são os mesmos que os estados dos elétrons no modelo da aproximação de campo central da física atômica. Em particular, podemos usar os conceitos de *camadas e subcamadas cheias* e suas relações com a estabilidade. Como vimos na Seção 41.6, o princípio da exclusão proíbe que mais de um elétron ocupe qualquer estado quântico-mecânico em um átomo com múltiplos elétrons. Isso explica por que os valores $Z = 2$, 10, 18, 36, 54 e 86 (os números atômicos dos gases nobres) correspondem a átomos com configurações eletrônicas particularmente estáveis.

Um efeito semelhante ocorre com a estrutura nuclear. Assim como os elétrons, prótons e nêutrons são partículas de *spin* $\frac{1}{2}$. Assim, mais de um próton pode estar em qualquer estado quântico-mecânico em um núcleo, e o mesmo ocorre para os nêutrons. Assim como para elétrons nos átomos, existem certos números de prótons *ou* de nêutrons, chamados *números mágicos*, que correspondem a núcleos particularmente estáveis — ou seja, núcleos com energias de ligação particularmente altas. Os números mágicos são 2, 8, 20, 28, 50, 82 e 126. Esses números

Figura 43.3 Funções indicando a energia potencial aproximada de um núcleon no interior do núcleo. O raio do núcleo é aproximadamente igual a R.

(a) A energia potencial U_{nuc} decorrente da força nuclear é a mesma tanto para prótons quanto para nêutrons e fornece a energia potencial *total* para os nêutrons.

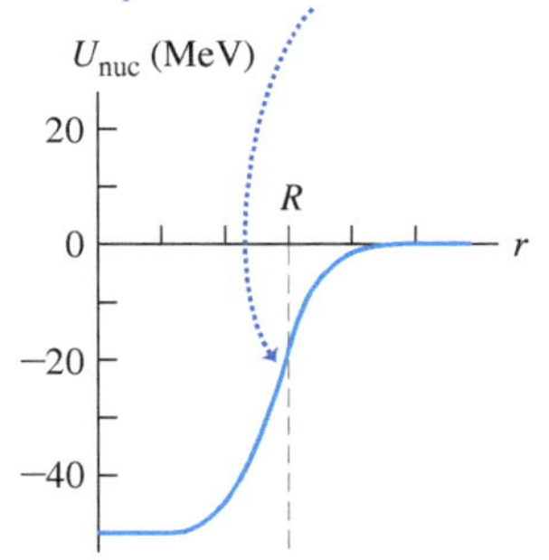

(b) A energia potencial total U_{tot} para os prótons é a soma da energia potencial nuclear (U_{nuc}) com a energia potencial elétrica (U_{el}).

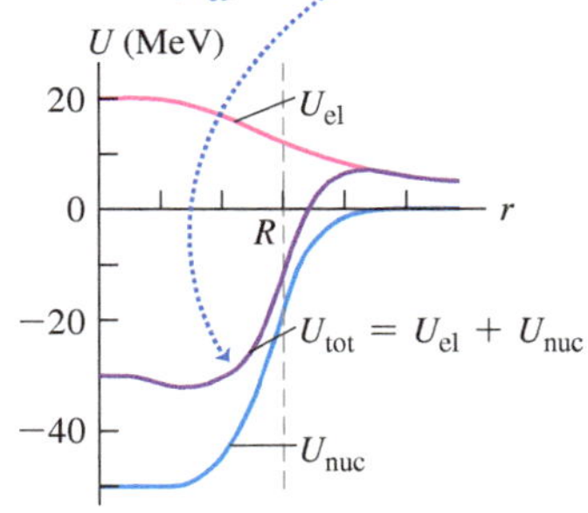

são diferentes daqueles para os elétrons nos átomos, pois a função de energia potencial é diferente e a interação *spin*-órbita é muito mais forte e com o sinal oposto ao dos átomos. Assim, as subcamadas nucleares são preenchidas em uma ordem diferente daquela para os elétrons em um átomo. Nuclídeos nos quais Z é um número mágico tendem a apresentar isótopos estáveis acima de um número médio. (Nuclídeos com $Z = 126$ não foram observados na natureza.) Existem diversos nuclídeos *duplamente mágicos*, para os quais tanto Z quanto N são números mágicos, inclusive os seguintes:

$$^{4}_{2}\mathrm{He} \quad ^{16}_{8}\mathrm{O} \quad ^{40}_{20}\mathrm{Ca} \quad ^{48}_{20}\mathrm{Ca} \quad ^{208}_{82}\mathrm{Pb}$$

Todos esses nuclídeos possuem uma energia de ligação substancialmente maior que os nuclídeos com valores de Z próximos dos valores de N. Todos eles também possuem *spin* nuclear igual a zero. Os números mágicos correspondem a camadas ou subcamadas da configuração dos níveis de energia nucleares com um salto relativamente grande de energia até o próximo nível permitido.

TESTE SUA COMPREENSÃO DA SEÇÃO 43.2 Coloque os seguintes núcleos em ordem do maior ao menor valor de sua energia de ligação por núcleon. (i) $^{4}_{2}\mathrm{He}$; (ii) $^{52}_{24}\mathrm{Cr}$; (iii) $^{152}_{62}\mathrm{Sm}$; (iv) $^{200}_{80}\mathrm{Hg}$; (v) $^{252}_{92}\mathrm{Cf}$. ❙

43.3 ESTABILIDADE NUCLEAR E RADIOATIVIDADE

De um total de 2.500 nuclídeos conhecidos, pouco menos de 300 são estáveis. Os outros constituem estruturas instáveis que sofrem decaimento ao emitir partículas e ondas eletromagnéticas mediante um processo chamado **radioatividade**. A escala de tempo desses processos de decaimento varia desde uma pequena fração de microssegundo até bilhões de anos. Os nuclídeos *estáveis* são assinalados por pontos no gráfico da **Figura 43.4**, no qual os eixos das coordenadas indicam o número de nêutrons N e o número de prótons (ou número atômico) Z de cada nuclídeo. Esse tipo de gráfico é chamado de *gráfico de Segrè*, em homenagem ao seu inventor, o físico ítalo-americano Emilio Segrè (1905-1989).

Cada linha perpendicular à linha $N = Z$ na Figura 43.4 representa um valor específico do número de massa $A = Z + N$. Quase todas as linhas com A constante passam através de um ou dois nuclídeos estáveis; ou seja, geralmente existe uma faixa muito estreita de estabilidade para um dado número de massa. Alguns exemplos são fornecidos pelas linhas $A = 20, 40, 60$ e 80. Em quatro casos excepcionais ($A = 94$, 124, 130 e 136), essas linhas passam através de *três* nuclídeos estáveis.

Existem quatro casos de nuclídeos estáveis que possuem simultaneamente valores de Z e de N ímpares:

$$^{2}_{1}\mathrm{H} \quad ^{6}_{3}\mathrm{Li} \quad ^{10}_{5}\mathrm{B} \quad ^{14}_{7}\mathrm{N}$$

Eles são chamados de *nuclídeos ímpar-ímpar*. A ausência de outros nuclídeos ímpar-ímpar indica a influência da formação de pares. Notamos também que não existe *nenhum* nuclídeo estável com $A = 5$ ou com $A = 8$. O núcleo com número mágico duplo $^{4}_{2}\mathrm{He}$, que possui um par de prótons e um par de nêutrons, não tem nenhum interesse em receber uma quinta partícula em sua estrutura nuclear. As coleções contendo oito nuclídeos decaem e formam nuclídeos menores, com um núcleo de $^{8}_{4}\mathrm{Be}$ imediatamente se dividindo em dois núcleos de $^{4}_{2}\mathrm{He}$.

Os pontos do gráfico de Segrè que representam nuclídeos estáveis definem uma região muito estreita. Para números de massa pequenos, o número de prótons é igual ao número de nêutrons, $N \approx Z$. A razão N/Z cresce gradualmente com A, até cerca de 1,6 para números de massa elevados, por causa do crescente aumento da influência da interação elétrica repulsiva entre os prótons. Os pontos do lado

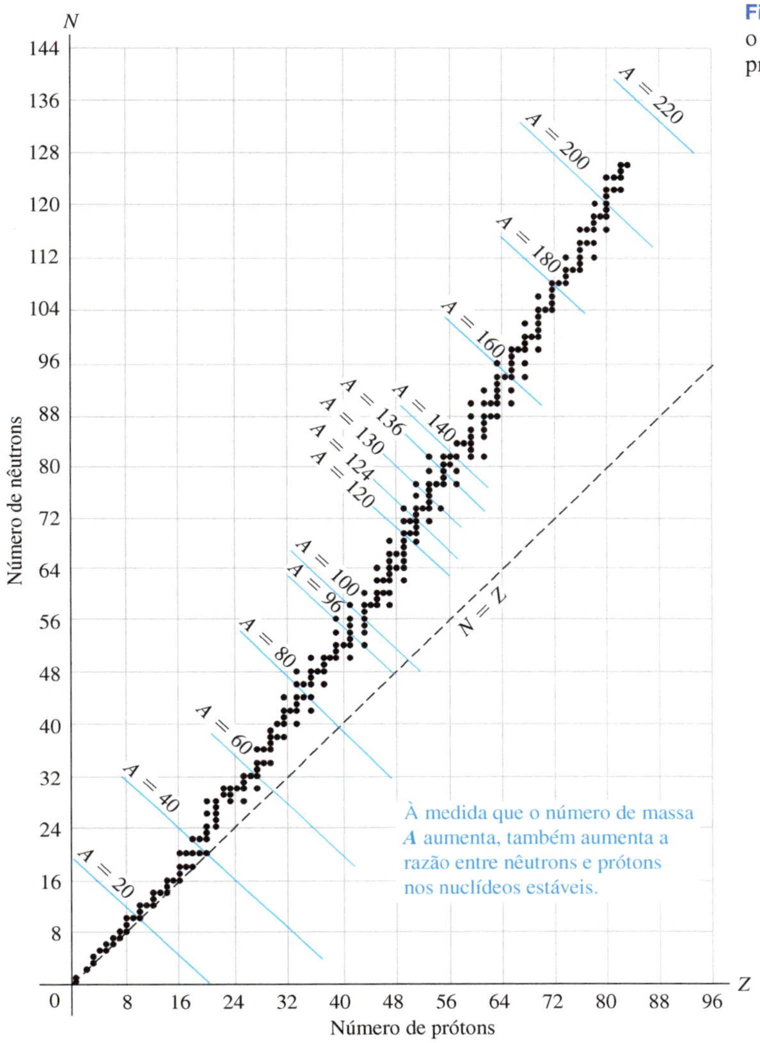

Figura 43.4 Gráfico de Segrè mostrando o número de nêutrons e o número de prótons em nuclídeos estáveis.

direito da região de estabilidade representam nuclídeos com um número muito grande de prótons em relação ao número de nêutrons. Nesses casos, a repulsão vence e o núcleo se divide. Do lado esquerdo existem nuclídeos que possuem um número muito grande de nêutrons em relação ao número de prótons. Para esses casos, a energia de ligação associada com os nêutrons não é equilibrada com a associada aos prótons, e os nuclídeos decaem em um processo que converte nêutrons em prótons. O gráfico também mostra que nenhum nuclídeo é estável quando $A > 209$ ou quando $Z > 83$. Um núcleo é instável quando é grande demais. Notamos também que nenhum nuclídeo é estável para $Z = 43$ (tecnécio) ou para $Z = 61$ (promécio).

Cerca de 90% dos 2.500 nuclídeos conhecidos são *radioativos* — eles não são estáveis e decaem, transformando-se em outros nuclídeos. Muitos desses nuclídeos ocorrem na natureza. Por exemplo, você é ligeiramente radioativo em virtude de nuclídeos instáveis como o carbono-14 ($^{14}_{6}C$) e o potássio-40 ($^{40}_{19}K$), que estão presentes por todo o seu corpo. O estudo da radioatividade começou em 1896, um ano depois que Wilhelm Röntgen descobriu os raios X (Seção 36.6). Henry Becquerel descobriu uma radiação proveniente de sais de urânio que era parecida com os raios X. Intensas investigações feitas durante duas décadas por Marie e Pierre Curie, Ernest Rutherford e muitos outros revelaram que essa radiação era constituída por partículas com cargas positivas e negativas e por raios neutros; eles chamaram essas partículas de *alfa*, *beta* e *gama*, porque elas possuíam características de penetração diferentes.

Decaimento alfa

Quando nuclídeos instáveis decaem dando origem a diferentes nuclídeos, eles geralmente emitem partículas alfa (α) e beta (β). Uma **partícula alfa** é um núcleo do ^{4}He, com dois prótons e dois nêutrons unidos, de *spin* total igual a zero. A emissão alfa geralmente ocorre para núcleos pesados demais para serem estáveis. Quando um núcleo emite uma partícula alfa, seus valores de Z e de N diminuem duas unidades e A diminui quatro, fazendo o núcleo se deslocar para mais perto da região de estabilidade do gráfico de Segrè.

A **Figura 43.5a** mostra o decaimento alfa do rádio-226 ($^{226}_{88}$Ra). O decaimento alfa espontâneo desse tipo só pode ocorrer se for liberada energia no processo; essa energia liberada entra na energia cinética da partícula α emitida e do núcleo que permanece, denominado *núcleo filho*. (Para o decaimento mostrado na Figura 43.5a, o núcleo filho é o radônio-222, $^{222}_{86}$Rn.) O núcleo original (neste caso, $^{226}_{88}$Ra) é chamado de *núcleo pai*. Você pode usar a conservação da massa-energia para mostrar que

o decaimento alfa é possível quando a massa do átomo neutro original é maior que a soma das massas do átomo neutro final e do átomo neutro de $^4_2$He.

No decaimento alfa, a partícula α tunela através de uma barreira de energia potencial, como indicado na Figura 43.5b. Pode ser útil uma revisão sobre o tunelamento explicado na Seção 40.4.

As partículas alfa são sempre emitidas com energias cinéticas definidas, determinadas pela conservação do momento e da energia no processo de decaimento alfa. Como mostra a Figura 43.5c, uma partícula α emitida no decaimento do $^{226}_{88}$Ra pode ter qualquer uma de *duas* energias possíveis, dependendo do nível de energia do núcleo filho $^{222}_{86}$Rn logo após o decaimento. (Mais adiante nesta seção, vamos discutir o processo de emissão de fóton mostrado na Figura 43.5c.)

As partículas alfa são emitidas a velocidades elevadas, tipicamente uma pequena porcentagem da velocidade da luz (ver exemplo a seguir). No entanto, em razão de sua carga e massa, elas podem viajar apenas alguns centímetros no ar, ou alguns décimos ou centésimos de milímetro através de sólidos, antes de serem levadas ao repouso por colisões.

Figura 43.5 Decaimento alfa do nuclídeo instável do rádio $^{226}_{88}$Ra. As partículas alfa usadas na experiência de espalhamento de Rutherford (Seção 39.2) foram emitidas por esse nuclídeo.

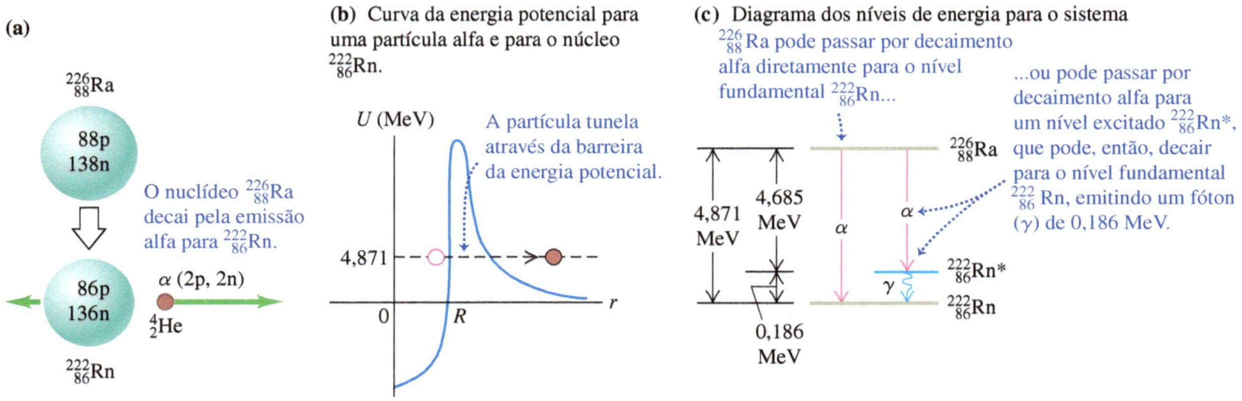

EXEMPLO 43.5 DECAIMENTO ALFA DO RÁDIO

Mostre que o processo de emissão α ${}^{226}_{88}\text{Ra} \rightarrow {}^{222}_{86}\text{Rn} + {}^{4}_{2}\text{He}$ (Figura 43.5a) é energeticamente possível e calcule a energia cinética da partícula α emitida. As massas atômicas neutras são 226,025410 u para o ${}^{226}_{88}\text{Ra}$, 222,017578 u para o ${}^{222}_{86}\text{Rn}$ e 4,002603 u para o ${}^{4}_{2}\text{He}$.

SOLUÇÃO

IDENTIFICAR E PREPARAR: uma emissão alfa é possível quando a massa do ${}^{226}_{86}\text{Ra}$ é maior que a soma das massas do ${}^{222}_{88}\text{Rn}$ e do ${}^{4}_{2}\text{He}$. A diferença de massa entre o átomo de rádio inicial e o radônio final e os átomos de hélio corresponde (por $E = mc^2$) à energia E liberada no decaimento. Como o momento linear se conserva da mesma forma que a energia, *tanto* a partícula *quanto* o átomo ${}^{222}_{86}\text{Rn}$ estão em movimento após o decaimento; teremos de levar em conta esse fato para calcular a energia cinética da partícula α.

EXECUTAR: a diferença de massa entre o núcleo original e os núcleos oriundos do decaimento é

$$226{,}025410\ \text{u} - (222{,}017578\ \text{u} + 4{,}002603\ \text{u}) = +0{,}005229\ \text{u}$$

Como o resultado obtido é positivo, concluímos que o decaimento α é energeticamente possível. A energia equivalente dessa diferença de massa é dada por

$$E = (0{,}005229\ \text{u})\,(931{,}5\ \text{MeV/u}) = 4{,}871\ \text{MeV}$$

Nesse processo, o núcleo do ${}^{222}_{86}\text{Rn}$ é produzido em seu nível fundamental (Figura 43.5c). Portanto, esperamos que os produtos do decaimento sejam emitidos com uma energia cinética igual a 4,871 MeV. O momento linear também é conservado; se o núcleo-pai do ${}^{226}_{88}\text{Ra}$ estava em repouso, o núcleo-filho do ${}^{222}_{86}\text{Rn}$ e a partícula α têm momentos lineares iguais ao módulo p, porém com sentidos contrários. A energia cinética é $K = \frac{1}{2}mv^2 = p^2/2m$; logo, uma vez que p é o mesmo para as duas partículas, as energias cinéticas se distribuem de modo inverso às respectivas massas. A partícula α terá energia cinética igual a 222/(222 + 4) da energia cinética total, ou 4,78 MeV.

AVALIAR: a experiência mostra que o ${}^{226}_{88}\text{Ra}$ emite partículas α com uma energia cinética de 4,78 MeV. Uma excelente maneira de conferir seus resultados é verificar se a partícula alfa e o núcleo do ${}^{222}_{86}\text{Rn}$ produzidos no decaimento têm o mesmo módulo que o momento linear $p = mv$. Você pode calcular a velocidade v de cada um dos produtos do decaimento a partir de sua energia cinética respectiva [note que o núcleo do ${}^{222}_{86}\text{Rn}$ recebe 4/(222 + 4) dos 4,871 MeV emitidos]. Você descobrirá que a partícula alfa se desloca a $0{,}0506c = 1{,}52 \times 10^7$ m/s; se o momento linear se conserva, seu resultado deve mostrar que o núcleo do ${}^{222}_{86}\text{Rn}$ se move com uma velocidade que é 4/222 da velocidade da partícula. Isso se confirma?

Decaimento beta

Existem três tipos diferentes de *decaimento beta*: *beta negativo*, *beta positivo* e *captura de elétrons*. Uma **partícula beta negativa** (β^-) é um elétron. Não existem elétrons no núcleo aguardando para serem emitidos; em vez disso, a emissão de uma partícula β^- envolve a *transformação* de um nêutron em um próton com um elétron e uma partícula chamada de *antineutrino*. De fato, ao libertar um nêutron do núcleo, ele decai em um intervalo aproximadamente igual a 15 minutos, dando origem a um próton, um elétron e um antineutrino.

As partículas beta podem ser identificadas e suas velocidades podem ser medidas por meio de técnicas semelhantes às usadas na experiência e/m de Thomson, que descrevemos na Seção 27.5. As velocidades das partículas beta podem chegar a 0,9995 da velocidade da luz, de modo que seu movimento é extremamente relativístico. Elas são emitidas com um espectro contínuo de energias. Isso não seria possível se somente existisse a partícula β^- e o núcleo recuando, uma vez que a lei da conservação da energia e a lei da conservação do momento linear exigiriam uma velocidade definida para a partícula β^-. Portanto, deve existir uma *terceira* partícula envolvida. Pela lei da conservação da carga, ela deve ser neutra, e pela lei da conservação do momento angular, ela deve ser uma partícula com *spin* $\frac{1}{2}$.

A terceira partícula é um antineutrino, a *antipartícula* do **neutrino**. O símbolo do neutrino é ν_e (a letra grega nu). Tanto o neutrino quanto o antineutrino possuem carga igual a zero e massa zero (ou muito pequena) e, portanto, não produzem quase nenhum efeito observável quando passam através da matéria. Essas duas partículas não haviam sido detectadas até 1953, quando Frederick Reines e Clyde Cowan conseguiram detectar diretamente os antineutrinos. Sabemos agora que existem pelo menos três tipos de neutrino, cada um deles com seu antineutrino correspondente; um é associado ao decaimento beta e os outros dois são associados ao decaimento de duas partículas instáveis, o múon e a partícula tau. Discutiremos essa questão com mais detalhes no Capítulo 44. O antineutrino, que é emitido no decaimento β^-, é designado por $\overline{\nu}_e$. O processo básico do decaimento β^- é

$$n \rightarrow p + \beta^- + \overline{\nu}_e \quad (43.13)$$

O decaimento da partícula beta geralmente ocorre com nuclídeos em que a razão entre o número de nêutrons e o número de prótons (N/Z) é grande demais para que haja estabilidade. No decaimento β^-, N diminui 1, Z cresce 1 e A não varia. Podemos usar a lei da conservação da massa-energia para mostrar que

o decaimento beta negativo pode ocorrer quando a massa atômica do átomo neutro original é maior que a massa correspondente do átomo final.

EXEMPLO 43.6 POR QUE O COBALTO 60 É UM EMISSOR DE PARTÍCULA BETA NEGATIVA

O nuclídeo $^{60}_{27}$Co, um núcleo instável ímpar-ímpar, é usado em aplicações da radiação para fins médicos e industriais. Mostre que ele é instável em relação ao decaimento β^-. As massas atômicas de que você precisa são 59,933817 u para o $^{60}_{27}$Co e 59,930786 u para o $^{60}_{28}$Ni.

SOLUÇÃO

IDENTIFICAR E PREPARAR: o decaimento beta negativo é possível se a massa do átomo neutro original for maior que a do átomo final. Inicialmente, precisamos identificar o nuclídeo que resultará se $^{60}_{27}$Co sofrer um decaimento β^-. Depois, precisamos comparar sua massa atômica neutra com a do $^{60}_{27}$Co.

EXECUTAR: no decaimento β^- presumido de $^{60}_{27}$Co, Z aumenta de 27 para 28 e A permanece igual a 60, de modo que o nuclídeo final é $^{60}_{28}$Ni. A massa atômica neutra do $^{60}_{27}$Co é maior que a do $^{60}_{28}$Ni por 0,003031 u; portanto, o decaimento β^- *pode* ocorrer.

AVALIAR: com três produtos do decaimento em decaimento β^- — o núcleo do $^{60}_{28}$Ni, o elétron e o antineutrino —, a energia pode ser compartilhada de muitas formas diferentes que sejam compatíveis com as leis de conservação da energia e momento linear. É impossível prever exatamente como a energia será compartilhada no decaimento de um núcleo de $^{60}_{27}$Co em particular. Em contraste, no decaimento alfa há apenas dois produtos do decaimento e suas energias e momentos lineares são determinados de maneira específica (ver Exemplo 43.5).

Notamos que o decaimento β^- ocorre com nuclídeos que possuem uma razão N/Z grande. Os nuclídeos com uma razão N/Z *pequena* demais para que haja estabilidade podem emitir um *pósitron*, a antipartícula do elétron, idêntica ao elétron, porém com carga positiva. (Discutiremos sobre o pósitron com mais detalhes no Capítulo 44.) O processo básico, chamado de *decaimento beta positivo* (β^+), é

$$p \rightarrow n + \beta^+ + \nu_e \quad (43.14)$$

onde β^+ é um pósitron e ν_e é o neutrino do elétron.

O decaimento beta positivo pode ocorrer quando a diferença entre a massa atômica do átomo original e a massa atômica do átomo final for maior que duas vezes a massa do elétron.

Você pode demonstrar isso usando a lei da conservação da massa-energia.

O terceiro tipo de decaimento beta é a *captura de elétron*. Existem alguns nuclídeos para os quais a emissão β^+ não é energeticamente possível, mas um elétron orbital (geralmente na camada K) pode se combinar com um próton do núcleo, dando origem a um nêutron e a um neutrino. O nêutron permanece no núcleo e o neutrino é emitido. O processo básico é descrito do seguinte modo:

$$p + \beta^- \rightarrow n + \nu_e \quad (43.15)$$

Podemos usar a lei da conservação da massa-energia para mostrar que

a captura de elétron pode ocorrer quando a massa atômica do átomo neutro original é maior que a massa do átomo final.

Em todos os tipos de decaimento beta, A permanece constante. Entretanto, no decaimento beta positivo e na captura de elétron, N cresce 1 unidade e Z diminui 1, à medida que a razão nêutron-próton cresce até atingir um valor mais estável. A reação indicada na Equação 43.15 também auxilia a explicação da formação da estrela de nêutrons, conforme mencionamos no Exemplo 43.1.

ATENÇÃO **Decaimento beta no interior e no exterior do núcleo** As reações de decaimento beta indicadas nas equações 43.13, 43.14 e 43.15 ocorrem no *interior* do núcleo. Embora o decaimento de um nêutron fora do núcleo possa ocorrer de acordo com a Equação 43.13, a reação indicada na Equação 43.14 é proibida pela lei da conservação da massa-energia para um próton fora do núcleo. A reação indicada na Equação 43.15 pode ocorrer desde que se forneça uma energia extra, por exemplo, quando ocorre uma colisão.

EXEMPLO 43.7 POR QUE O COBALTO 57 NÃO É UM EMISSOR DE PARTÍCULA BETA POSITIVA

O nuclídeo ${}^{57}_{27}Co$ é um núcleo instável ímpar-par. Mostre que ele não pode sofrer decaimento β^+, porém *pode* sofrer decaimento por captura de elétron. As massas atômicas de que você precisa são 56,936291 u para o ${}^{57}_{27}Co$ e 56,935394 u para o ${}^{57}_{26}Fe$.

SOLUÇÃO

IDENTIFICAR E PREPARAR: o decaimento beta positivo é possível se a massa do átomo neutro original for maior que a do átomo final mais as massas de dois elétrons (0,001097 u). A captura de elétrons é possível se a massa do átomo original for maior que a do átomo final. Inicialmente precisamos decidir que nuclídeo resultará se o ${}^{57}_{27}Co$ sofrer um decaimento β^+ ou captura de elétron e, depois, precisamos determinar a diferença de massa correspondente.

EXECUTAR: o nuclídeo original é ${}^{57}_{27}Co$. No decaimento β^+ pressuposto e na captura de elétron, Z diminui 1 unidade, passando de 27 para 26, e A permanece igual a 57. Portanto, o nuclídeo final é ${}^{57}_{26}Fe$. Sua massa é menor que a massa do ${}^{57}_{27}Co$, de 0,000897 u, um valor menor que 0,001097 u (duas massas do elétron), de modo que o decaimento β^+ *não pode* ocorrer. Contudo, a massa do átomo original é maior que a massa do átomo final, de modo que a captura de elétron *pode* ocorrer.

AVALIAR: na captura do elétron há apenas dois produtos do decaimento: o núcleo final e o neutrino emitido. Diferentemente do decaimento β^- (Exemplo 43.6), mas de forma similar ao decaimento alfa (Exemplo 43.5), os produtos de decaimento da captura do elétron têm energias e momentos lineares únicos. Na Seção 43.4, mostraremos como a probabilidade da captura de elétron se relaciona com a *meia-vida* do nuclídeo.

Decaimento gama

A energia do movimento interno do núcleo é quantizada. Um núcleo típico apresenta um conjunto de níveis de energia, inclusive um *estado fundamental* (estado de mais baixa energia) e diversos *estados excitados*. Em razão da grande intensidade da interação nuclear, as energias de excitação nucleares são em geral da ordem de 1 MeV, em comparação com alguns eV para as energias dos níveis de energia atômicos. Nas transformações químicas e físicas comuns, em geral os núcleos permanecem em seus respectivos estados fundamentais. Quando um núcleo atinge um estado excitado, em decorrência de colisões com partículas com energias elevadas ou de uma transformação radioativa, ele pode decair para o estado fundamental por meio da emissão de fótons chamados de *fótons de raios gama* ou simplesmente **raios gama**, que possuem energias da ordem de 10 keV até 5 MeV. Esse processo é chamado de *decaimento gama* (γ). Por exemplo, as partículas alfa emitidas pelo ${}^{226}Ra$ têm duas energias cinéticas possíveis, uma de 4,784 MeV e outra de 4,602 MeV. Incluindo a energia de ligação de recuo do núcleo de ${}^{222}Rn$ resultante, as energias de ligação correspondentes são de 4,871 MeV e 4,685 MeV, respectivamente (veja a Figura 43.5c). Quando ocorre a emissão da partícula alfa com a menor energia, o núcleo de ${}^{222}Rn$ passa para um estado excitado. A seguir, ele decai para o estado fundamental emitindo um raio gama com energia

$$(4{,}871 - 4{,}685)\ \text{MeV} = 0{,}186\ \text{MeV}$$

ATENÇÃO **Decaimento γ *versus* decaimentos α e β** Tanto no decaimento α quanto no decaimento β, o valor de Z varia e o núcleo de um elemento se transforma no núcleo de um elemento diferente. No decaimento γ, o elemento *não* se transforma; o núcleo simplesmente passa de um estado mais excitado para um estado menos excitado.

Série de decaimento radioativo

Quando um núcleo radioativo decai, o núcleo resultante (*núcleo-filho*) também pode ser instável. Nesse caso, forma-se uma *série* de decaimentos sucessivos até que uma configuração estável seja atingida. Na natureza existem diversas séries de elementos radioativos. O nuclídeo radioativo mais abundante na Terra é o ^{238}U, que sofre uma série de 14 decaimentos, inclusive oito emissões α e seis emissões β^-, terminando a série com o isótopo estável do chumbo ^{206}Pb (**Figura 43.6**).

Figura 43.6 Terremotos podem ser causados em parte pelo decaimento de ^{238}U no interior da Terra. Esses decaimentos liberam energia que ajuda a produzir correntes de convecção no interior da Terra. Essas correntes impulsionam os movimentos da crosta terrestre, inclusive os movimentos bruscos fortes que chamamos de terremotos (como o que causou estes estragos).

As séries de elementos radioativos podem ser representadas em um gráfico de Segrè, como indica a **Figura 43.7**. O número de nêutrons N é indicado em escala vertical e o número atômico Z encontra-se na escala horizontal. Na emissão α, N e Z variam por 2. Na emissão β^-, N diminui 1 e Z aumenta 1. Os decaimentos também podem ser descritos em forma de equação; por exemplo, os dois primeiros decaimentos da série mencionada são escritos como

$$^{238}U \rightarrow {}^{234}Th + \alpha \qquad \text{e} \qquad ^{234}Th \rightarrow {}^{234}Pa + \beta^- + \overline{\nu}_e$$

Figura 43.7 Gráfico de Segrè mostrando a série de decaimentos do urânio ^{238}U, terminando com o nuclídeo estável ^{206}Pb. Os tempos são meias-vidas (discutidas na próxima seção) fornecidas em anos (a), dias (d), horas (h), minutos (m) ou segundos (s).

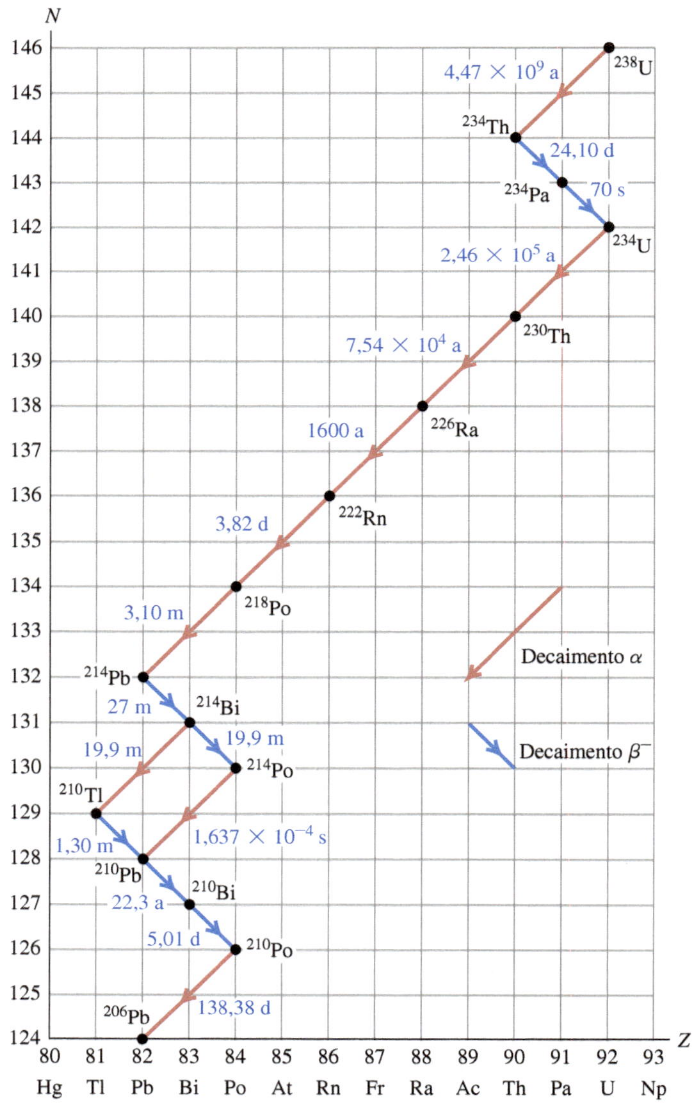

ou, de forma mais abreviada,

$$^{238}\text{U} \xrightarrow{\alpha} {}^{234}\text{Th} \qquad \text{e} \qquad {}^{234}\text{Th} \xrightarrow{\beta^-} {}^{234}\text{Pa}$$

No segundo processo, o decaimento beta deixa o núcleo-filho ^{234}Pa em um estado excitado, a partir do qual ele sofre um decaimento para o estado fundamental emitindo um fóton de raio gama. Um estado excitado é indicado por um asterisco, de modo que podemos representar a emissão γ do raio pela equação

$$^{234}\text{Pa}^* \rightarrow {}^{234}\text{Pa} + \gamma \qquad \text{ou} \qquad {}^{234}\text{Pa}^* \xrightarrow{\gamma} {}^{234}\text{Pa}$$

Uma característica interessante da série de decaimentos do ^{238}U é a ramificação que ocorre no ^{214}Bi. Esse nuclídeo decai para o ^{210}Pb emitindo uma partícula α e uma partícula β^-, e o processo pode ocorrer em qualquer ordem. Notamos também que essa série inclui isótopos instáveis de diversos elementos que também possuem isótopos estáveis, como o tálio (Tl), o chumbo (Pb) e o bismuto (Bi). Todos os isótopos instáveis oriundos da série do ^{238}U têm nêutrons demais para serem estáveis.

Muitas outras séries de decaimento são conhecidas. Duas delas ocorrem na natureza, uma começando com o isótopo incomum do ^{235}U e terminando com o ^{207}Pb, e outra começando com o tório (^{232}Th) e terminando com o ^{208}Pb.

TESTE SUA COMPREENSÃO DA SEÇÃO 43.3 Um núcleo com número atômico Z e número de nêutrons N passa por dois processos de decaimento. O resultado é um núcleo com número atômico $Z - 3$ e número de nêutrons $N - 1$. Que processos de decaimento ocorreram? (i) Dois decaimentos β^-; (ii) dois decaimentos β^+; (iii) dois decaimentos α; (iv) um decaimento α e um decaimento β^-; (v) um decaimento α e um decaimento β^+. ❚

DADOS MOSTRAM

Decaimentos nucleares

Quando os alunos recebiam um problema envolvendo decaimento radioativo, mais de 24% davam uma resposta incorreta. Erros comuns:

- Confundir decaimentos alfa, beta e gama. No decaimento alfa, o número atômico Z diminui por 2 e o número de massa A diminui por 4. No decaimento beta, Z aumenta por 1 e A não se altera; no decaimento beta positivo, ou captura de elétron, Z diminui por 1 e A não se altera. No decaimento gama, tanto Z quanto A permanecem inalterados; o núcleo final é simplesmente um estado menos excitado do núcleo inicial.
- Confundir sobre o destino dos átomos radioativos. Nos decaimentos alfa, beta e gama, os átomos não desaparecem; eles se transformam em outros átomos.

43.4 ATIVIDADE E MEIA-VIDA

Suponha que você pretenda armazenar resíduos radioativos que contenham um certo número de um dado nuclídeo radioativo. Caso nenhum outro seja produzido, o número de nuclídeos diminui de modo simples durante o decaimento. Essa diminuição é um processo estatístico; não existe nenhum modo de descobrir quando algum núcleo individual decairá. Nenhum processo químico ou físico no ambiente, como a variação de temperatura ou uma reação química, pode influir significativamente na taxa de decaimento. A taxa varia em um intervalo extremamente grande para diferentes nuclídeos.

Taxas de decaimento radioativo

Seja $N(t)$ o número (muito grande) de núcleos radioativos de uma amostra em um dado instante t e seja $dN(t)$ a variação (negativa) desse número durante um intervalo de tempo dt muito pequeno. (Usaremos $N(t)$ para minimizar a confusão com o número de nêutrons N.) O número de decaimentos no intervalo de tempo dt é igual a $-dN(t)$. A taxa de variação de $N(t)$ é dada pelo valor negativo da derivada $dN(t)/dt$; portanto, $-dN(t)/dt$ fornece a *taxa de decaimento* ou **atividade** da amostra. Quanto maior o número de núcleos da amostra, maior é o número de núcleos que decaem em qualquer intervalo de tempo. Ou seja, a atividade é diretamente proporcional a $N(t)$; ela é igual a uma constante λ multiplicada por $N(t)$:

$$-\frac{dN(t)}{dt} = \lambda N(t) \qquad (43.16)$$

A constante λ denomina-se **constante de decaimento** e apresenta valores diferentes para nuclídeos diferentes. Um valor de λ grande corresponde a um decaimento rápido; um valor pequeno corresponde a um decaimento lento. Explicitando

λ da Equação 43.16, vemos que λ é a razão entre o número de decaimentos por tempo e o número de núcleos radioativos restantes; portanto, λ pode ser interpretado como a *probabilidade por unidade de tempo* de que qualquer núcleo individual sofra decaimento.

Essa situação é semelhante ao processo de descarga de um capacitor, que estudamos na Seção 26.4. A Equação 43.16 possui a mesma forma da Equação 26.15, trocando-se o sinal positivo pelo negativo e substituindo-se q por $N(t)$ e $1/RC$ por λ. Assim, podemos fazer as mesmas substituições na Equação 26.16, designando o número de núcleos iniciais por $N(0) = N_0$ para calcular a função exponencial:

Número de núcleos radioativos restantes no instante t na amostra do elemento radioativo; Número de núcleos em $t = 0$; Tempo; Constante de decaimento

$$N(t) = N_0 e^{-\lambda t} \qquad (43.17)$$

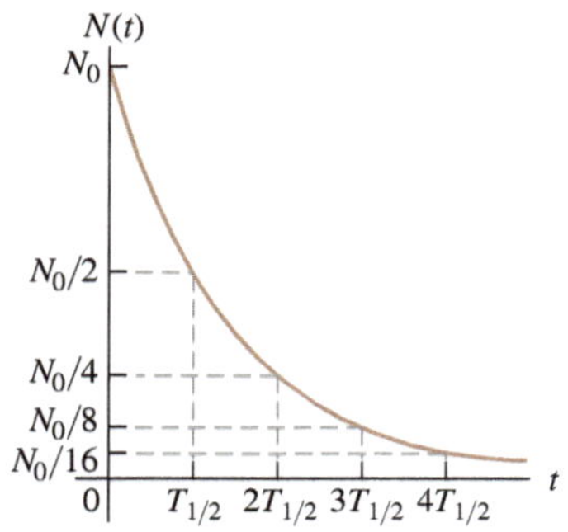

Figura 43.8 O número de núcleos na amostra de um elemento radioativo em função do tempo. A atividade da amostra possui uma curva com decaimento exponencial com a mesma forma dessa função.

A **Figura 43.8** ilustra um gráfico dessa função.

A **meia-vida** $T_{1/2}$ é o tempo necessário para que o número de núcleos radioativos se reduza à metade do número original N_0. A seguir, metade dos núcleos radioativos restantes decai durante um segundo intervalo de tempo $T_{1/2}$ e assim por diante. Os números de núcleos radioativos restantes depois de sucessivas meias-vidas são $N_0/2$, $N_0/4$, $N_0/8$,...

Para obter a relação entre a meia-vida $T_{1/2}$ e a constante de decaimento λ, substituímos $N(t)/N_0 = \frac{1}{2}$ e $t = T_{1/2}$ na Equação 43.17 e obtemos

$$\frac{1}{2} = e^{-\lambda T_{1/2}}$$

Tomando o logaritmo de ambos os membros e explicitando $T_{1/2}$:

$$T_{1/2} = \frac{\ln 2}{\lambda} = \frac{0{,}693}{\lambda} \qquad (43.18)$$

O tempo de vida médio $T_{\text{méd}}$ de um núcleo ou uma partícula instável, geralmente chamado de *vida média*, é proporcional à meia-vida $T_{1/2}$:

Vida média do núcleo ou partícula instável; **Meia-vida** do núcleo ou partícula; **Constante de decaimento** do núcleo ou partícula

$$T_{\text{méd}} = \frac{1}{\lambda} = \frac{T_{1/2}}{\ln 2} = \frac{T_{1/2}}{0{,}693} \qquad (43.19)$$

Na física das partículas, o tempo de vida de uma partícula instável em geral é descrito pela vida média e não pela meia-vida.

Como a atividade $-dN(t)/dt$ em qualquer intervalo de tempo é igual a $\lambda N(t)$, a Equação 43.17 nos informa que a atividade também depende exponencialmente do tempo de acordo com $e^{-\lambda t}$. Logo, o gráfico da atividade em função do tempo mostra a mesma forma da curva indicada na Figura 43.8. Analogamente, depois de sucessivas meias-vidas, a atividade se reduz à metade, a um quarto, a um oitavo, e assim por diante, da atividade inicial.

ATENÇÃO **Uma meia-vida pode não ser suficiente** Pode parecer que uma amostra radioativa se torna segura depois de um intervalo de tempo igual a sua meia-vida. Esse raciocínio está errado. Se o rejeito radioativo tiver uma atividade dez vezes maior que a atividade sem riscos, ele não é seguro depois de um intervalo igual à meia-vida, porque nesse instante ele ainda apresenta uma atividade cinco vezes maior que a atividade segura. Mesmo depois de três meias-vidas ele ainda tem 25% mais de atividade que a atividade segura. O número de núcleos radioativos e a atividade tendem a zero somente quando t tende ao infinito.

Uma unidade comum de atividade é o **curie**, abreviado por Ci, definido como igual a $3,70 \times 10^{10}$ decaimentos por segundo. Isso é aproximadamente igual à atividade de um grama de rádio-226. A unidade SI de atividade é o *becquerel*, abreviado por Bq. Um becquerel corresponde a um decaimento por segundo, logo

$$1 \text{ Ci} = 3,70 \times 10^{10} \text{ Bq} = 3,70 \times 10^{10} \text{ decaimentos/s}$$

EXEMPLO 43.8 ATIVIDADE DO ^{57}Co

O isótopo radioativo ^{57}Co decai por captura de elétron para ^{57}Fe com uma meia-vida igual a 272 dias. O núcleo do ^{57}Fe é produzido em um estado excitado e quase instantaneamente emite raios gama que podemos detectar. (a) Calcule a vida média e a constante de decaimento para o ^{57}Co. (b) Caso você disponha de uma fonte de radiação contendo ^{57}Co com atividade igual a 2,00 μCi, quantos núcleos radioativos ela contém? (c) Qual deve ser a atividade da sua fonte depois de um ano?

SOLUÇÃO

IDENTIFICAR E PREPARAR: este problema utiliza as relações entre constante de decaimento λ, vida média $T_{méd}$ e atividade $-dN(t)/dt$. Na parte (a), usamos a Equação 43.19 para determinar λ e $T_{méd}$ a partir de $T_{1/2}$. Na parte (b), usamos a Equação 43.16 para calcular o número de núcleos $N(t)$ a partir da atividade. Por fim, na parte (c) usamos as equações 43.16 e 43.17 para determinar a atividade após um ano.

EXECUTAR: (a) para simplificar as unidades, convertemos o tempo da meia-vida de dias para segundos:

$$\begin{aligned} T_{1/2} &= (272 \text{ d})(86.400 \text{ s/d}) \\ &= 2,35 \times 10^7 \text{ s} \end{aligned}$$

De acordo com a Equação 43.19, a vida média e a constante de decaimento são

$$\begin{aligned} T_{méd} &= \frac{T_{1/2}}{\ln 2} = \frac{2,35 \times 10^7 \text{ s}}{0,693} \\ &= 3,39 \times 10^7 \text{ s} = 392 \text{ dias} \\ \lambda &= \frac{1}{T_{méd}} = 2,95 \times 10^{-8} \text{ s}^{-1} \end{aligned}$$

(b) A atividade $-dN(t)/dt$ é dada por 2,00 μCi, logo

$$\begin{aligned} -\frac{dN(t)}{dt} &= 2,00 \ \mu\text{Ci} = (2,00 \times 10^{-6})(3,70 \times 10^{10} \text{ s}^{-1}) \\ &= 7,40 \times 10^4 \text{ decaimentos/s} \end{aligned}$$

De acordo com a Equação 43.16, isso corresponde a $\lambda N(t)$, então obtemos

$$\begin{aligned} N(t) &= -\frac{dN(t)/dt}{\lambda} = \frac{7,40 \times 10^4 \text{ s}^{-1}}{2,95 \times 10^{-8} \text{ s}^{-1}} \\ &= 2,51 \times 10^{12} \text{ núcleos} \end{aligned}$$

Se você acha que estamos sendo muito desleixados quanto às "unidades" de decaimento e núcleos, você pode usar decaimentos/(núcleo · s) como unidade para λ.

(c) De acordo com a Equação 43.17, o número $N(t)$ de núcleos radioativos restantes depois de um ano ($3,156 \times 10^7$ s) é

$$\begin{aligned} N(t) &= N_0 e^{-\lambda t} = N_0 e^{-(2,95 \times 10^{-8} \text{ s}^{-1})(3,156 \times 10^7 \text{ s})} \\ &= 0,394 N_0 \end{aligned}$$

O número de núcleos diminuiu para 0,394 do número original. A Equação 43.16 diz que a atividade é proporcional ao número de núcleos; logo, a atividade diminuiu pelo mesmo fator para $(0,394)(2,00 \ \mu\text{Ci}) = 0,788 \ \mu\text{Ci}$.

AVALIAR: o número de núcleos encontrado na parte (b) é equivalente a $4,17 \times 10^{-12}$ mols, com massa de $2,38 \times 10^{-10}$ g. Nem a balança mais sensível consegue medir uma massa tão pequena. Depois de uma meia-vida de 272 dias, o número de núcleos de ^{57}Co diminuiu para $N_0/2$; após $2(272 \text{ d}) = 544$ d, diminuiu para $N_0/2^2 = N_0/4$. Esse resultado concorda com nossa resposta à parte (c), o que indica que, após 365 d, o número de núcleos está entre $N_0/2$ e $N_0/4$.

Datação radioativa

Uma das aplicações interessantes da radioatividade consiste na datação de amostras arqueológicas e geológicas com base na concentração de isótopos radioativos. O exemplo mais familiar é a *datação com carbono*. O isótopo instável ^{14}C, produzido por reações nucleares que ocorrem na atmosfera em virtude de colisões com raios cósmicos, origina uma pequena proporção de ^{14}C no CO_2 da atmosfera. As plantas que obtêm carbono dessa fonte contêm a mesma proporção de ^{14}C que a existente na atmosfera. Quando uma planta morre, ela deixa de absorver carbono e seu teor de ^{14}C sofre decaimento β^- e se transforma em ^{14}N com meia-vida igual a 5.730 anos. Medindo a proporção de ^{14}C dos núcleos restantes, podemos determinar em que ano o organismo morreu.

Uma dificuldade com a datação radioativa é que a concentração de ^{14}C na atmosfera varia em um intervalo de tempo muito grande. Correções podem ser feitas com base em outras técnicas de datação, como medidas dos anéis das árvores, os quais mostram ciclos de crescimento anual. Empregando outros isótopos, técnicas radioativas semelhantes também são usadas para a datação de amostras geológicas. Por exemplo, algumas rochas contêm o isótopo ^{40}K, um emissor beta que decai produzindo o nuclídeo estável ^{40}Ar com meia-vida igual a $2{,}4 \times 10^8$ anos. A idade da rocha pode ser determinada comparando-se as concentrações de ^{40}K e de ^{40}Ar.

EXEMPLO 43.9 DATAÇÃO COM CARBONO

Antes de 1900, a atividade por massa de carbono na atmosfera decorrente da presença do ^{14}C era igual a um valor médio de cerca de 0,255 Bq por grama de carbono. (a) Qual era a fração de átomos de ^{14}C? (b) Ao analisar uma amostra arqueológica contendo 500 mg de carbono, foram observados 174 decaimentos em uma hora. Qual é a idade da amostra, supondo que, quando ela morreu, sua atividade por massa de carbono possuísse o mesmo valor médio existente no ar?

SOLUÇÃO

IDENTIFICAR E PREPARAR: a ideia-chave é que a atividade atual de uma amostra biológica contendo ^{14}C está relacionada tanto ao tempo decorrido desde que ela parou de absorver o carbono atmosférico quanto à sua atividade naquela época. Usamos as equações 43.16 e 43.17 para encontrar a idade t da amostra. Na parte (a), calculamos o número de átomos $N(t)$ de ^{14}C a partir da atividade $-dN(t)/dt$ usando a Equação 43.16. Encontramos o número total de átomos de carbono em 500 mg usando a massa molar do carbono (12,011 g/mol, conforme o Apêndice D) e usamos o resultado para calcular a fração de átomos de carbono que são ^{14}C. A atividade decai à mesma taxa que o número de núcleos de ^{14}C; usamos esse fato, com a Equação 43.17, para encontrar a idade t da amostra.

EXECUTAR: (a) para empregar a Equação 43.16, primeiro precisamos encontrar a constante de decaimento λ com a Equação 43.18:

$$T_{1/2} = 5.730 \text{ a} = (5.730 \text{ a})(3{,}156 \times 10^7 \text{ s/a}) = 1{,}808 \times 10^{11} \text{ s}$$

$$\lambda = \frac{\ln 2}{T_{1/2}} = \frac{0{,}693}{1{,}808 \times 10^{11} \text{ s}} = 3{,}83 \times 10^{-12} \text{ s}^{-1}$$

Então, de acordo com a Equação 43.16,

$$N(t) = \frac{-dN/dt}{\lambda} = \frac{0{,}255 \text{ s}^{-1}}{3{,}83 \times 10^{-12} \text{ s}^{-1}} = 6{,}65 \times 10^{10} \text{ átomos}$$

O número *total* de átomos de C em um grama (1/12,011 mol) é dado por (1/12,011) $(6{,}022 \times 10^{23}) = 5{,}01 \times 10^{22}$. A razão entre os átomos de ^{14}C e os átomos de C é

$$\frac{6{,}65 \times 10^{10}}{5{,}01 \times 10^{22}} = 1{,}33 \times 10^{-12}$$

Existem somente quatro átomos de carbono em cada 3×10^{12} átomos de C^{14}.

(b) Supondo que, quando a amostra morreu ($t = 0$), a atividade da amostra por grama de carbono fosse igual a 0,255 Bq/g = $(0{,}255 \text{ s}^{-1} \cdot \text{g}^{-1}) \times (3.600 \text{ s/h}) = 918 \text{ h}^{-1} \cdot \text{g}^{-1}$, então, a atividade de 500 mg de carbono era igual a $(0{,}500 \text{ g})(918 \text{ h}^{-1} \cdot \text{g}^{-1}) = 459 \text{ h}^{-1}$. A atividade observada agora, em um instante t posterior, é de 174 h^{-1}. Como a atividade é proporcional ao número de núcleos radioativos, a razão $174/459 = 0{,}379$ é igual à razão entre os números $N(t)/N_0$.

Explicitando t na Equação 43.17 e substituindo os valores numéricos para $N(t)/N_0$ e λ, obtemos:

$$t = \frac{\ln(N(t)/N_0)}{-\lambda} = \frac{\ln 0{,}379}{-3{,}83 \times 10^{-12} \text{ s}^{-1}} = 2{,}53 \times 10^{11} \text{ s}$$
$$= 8.020 \text{ anos}$$

AVALIAR: depois de 8.020 anos, a atividade do ^{14}C diminuiu de 459 para 174 decaimentos por hora. A amostra analisada morreu e deixou de assimilar o CO_2 do ar há cerca de 8 mil anos.

Radiação no lar

Um risco muito grande em algumas áreas é o acúmulo de ^{222}Rn, um gás radioativo inerte, incolor e inodoro, em residências. Examinando a série de decaimentos do ^{238}U (Figura 43.7), vemos que a meia-vida do ^{222}Rn é igual a 3,82 dias. Assim, por que não basta ficar simplesmente fora de casa durante alguns dias e esperar que ele decaia? A resposta é que o ^{222}Rn é *produzido* continuamente pelo decaimento do ^{226}Ra, que se encontra em quantidades muito pequenas nas rochas e no solo sobre o qual a casa é construída. Trata-se de uma situação de equilíbrio dinâmico, na qual a taxa de produção é igual à taxa do decaimento. A razão pela qual o ^{222}Rn apresenta um risco maior que o dos outros elementos da série de decaimentos do ^{238}U é que ele é um gás. Durante sua curta meia-vida de 3,82 dias, ele pode migrar do solo para o interior de sua casa. Quando um núcleo de ^{222}Rn decai no interior de seus pulmões, ele emite uma perigosa partícula e produz o núcleo-filho ^{218}Po, que *não* é quimicamente inerte e tende a permanecer no interior de seus pulmões até sofrer decaimento, emitindo outra perigosa partícula , e assim por diante até o final da série do ^{238}U.

Qual é a ordem de grandeza do risco do radônio? Embora alguns estudos indiquem uma atividade de até 3.500 pCi/L, a atividade média do ^{222}Rn por volume de ar no interior de uma casa nos Estados Unidos é aproximadamente igual a 1,5 pCi/L (um pouco mais que mil decaimentos por segundo em uma sala com volume médio). *Caso* você vivesse em um ambiente com esse nível de exposição, sua expectativa de vida se reduziria em cerca de 40 dias. Para comparar, se você fumasse um maço de cigarros por dia, sua expectativa de vida se reduziria em cerca de 6 anos e, no caso da emissão média de todas as usinas nucleares existentes no mundo, sua expectativa de vida se reduziria em cerca de 0,01 até 5 dias. Essas estimativas incluem catástrofes como o desastre em Chernobyl, na Ucrânia (1986), e Fukushima, no Japão (2011), para os quais o efeito *local* da redução da expectativa de vida é muito maior.

TESTE SUA COMPREENSÃO DA SEÇÃO 43.4 Qual amostra contém maior número de núcleos: uma amostra de 5,00 μCi de ^{240}Pu (meia-vida igual a 6.560 anos) ou uma amostra de 4,45 μCi de ^{243}Am (meia-vida igual a 7.370 anos)? (i) A amostra de ^{240}Pu; (ii) a amostra de ^{243}Am; (iii) as duas contêm o mesmo número de núcleos. ❙

43.5 EFEITOS BIOLÓGICOS DA RADIAÇÃO

A discussão anterior sobre o radônio introduziu a interação da radiação com os organismos vivos, um tópico de importância vital. Sob a designação geral de *radiação* incluímos a radioatividade (alfa, beta, gama e nêutrons) e ondas eletromagnéticas como os raios X. Quando essas partículas passam através da matéria, elas perdem energia, quebrando ligações moleculares e produzindo íons — daí a origem da expressão *radiação ionizante*. Partículas carregadas interagem diretamente com os elétrons do material. Os raios X e os raios γ interagem mediante o efeito fotoelétrico, no qual um elétron absorve um fóton e pode se deslocar de sua posição ou pelo efeito Compton (Seção 38.3). Os nêutrons produzem ionização indiretamente por meio das colisões com os núcleos ou quando eles são absorvidos pelos núcleos com o subsequente decaimento radioativo do núcleo resultante.

Essas interações são extremamente complexas. Sabemos que qualquer exposição excessiva, inclusive a luz solar, os raios X e todas as radiações nucleares, pode destruir os tecidos. Nos casos mais leves, ela pode produzir pequenas queimaduras, como no caso comum da exposição à luz solar. Uma exposição muito prolongada pode produzir doenças graves e até levar à morte em decorrência de diversos mecanismos, inclusive a destruição em massa dos tecidos, alterações do material genético e a destruição dos componentes da medula óssea que produzem os glóbulos vermelhos do sangue.

Dosimetria das radiações

A *dosimetria das radiações* fornece uma descrição quantitativa dos efeitos da radiação sobre tecidos vivos. A *dose absorvida* da radiação é definida como a energia fornecida para o tecido por unidade de massa. A unidade SI da dose absorvida, o joule por quilograma, é chamada de *gray* (Gy); 1 Gy = 1 J/kg. Outra unidade é o *rad*, definida como

$$1 \text{ rad} = 0{,}01 \text{ J/kg} = 0{,}01 \text{ Gy}$$

A dose absorvida não é por si só uma medida adequada para estudar os efeitos biológicos, porque energias iguais de fontes radioativas diferentes produzem tipos de efeitos biológicos diferentes. Essas variações são descritas por um fator numérico chamado de **eficácia biológica relativa** (**RBE**), também chamado de *fator de qualidade* (QF) de cada radiação específica. Um raio X com energia de 200 keV, por definição, possui RBE igual a 1, e o efeito de outras radiações pode ser comparado experimentalmente. A **Tabela 43.3** contém valores aproximados da RBE para diversas radiações. Todos esses valores também dependem ligeiramente do tipo de tecido no qual a radiação é absorvida e da energia da radiação.

TABELA 43.3 Eficácia biológica relativa (RBE) para diversos tipos de radiação.

Radiação	RBE (Sv/Gy ou rem/rad)
Raios X e raios γ	1
Elétrons	1,0-1,5
Nêutrons lentos	3-5
Prótons	10
Partículas α	20
Íons pesados	20

O efeito biológico da radiação é descrito pelo produto da dose absorvida pela RBE da radiação; essa grandeza é chamada de *dose biológica equivalente*, ou simplesmente dose equivalente. A unidade SI de dose equivalente para seres humanos é o sievert (Sv):

$$\text{Dose equivalente (Sv)} = \text{RBE} \times \text{dose absorvida (Gy)} \tag{43.20}$$

Uma unidade mais comum, correspondente ao rad, é o rem (*röntgen equivalente para seres humanos*):

$$\text{Dose equivalente (rem)} = \text{RBE} \times \text{dose absorvida (rad)} \tag{43.21}$$

Logo, a unidade de RBE é 1 Sv/Gy ou 1 rem/rad e 1 rem = 0,01 Sv.

EXEMPLO 43.10 UM EXAME MÉDICO COM RAIOS X

Durante um diagnóstico com raios X, uma parte de 1,2 kg de uma perna quebrada recebe uma dose equivalente de 0,40 mSv. (a) Qual é a dose equivalente em mrem? (b) Qual é a dose absorvida em mrad e em mGy? (c) Se a energia dos raios X é igual a 50 keV, quantos fótons de raios X são absorvidos?

SOLUÇÃO

IDENTIFICAR E PREPARAR: o problema nos pede que relacionemos a dose equivalente (o efeito biológico da radiação, medido em sieverts ou rems) com a dose absorvida (a energia absorvida por massa, medida em grays ou rads). Na parte (a), usaremos o fator de conversão 1 rem = 0,01 Sv para a dose equivalente. A Tabela 43.3 fornece a RBE para raios X; usaremos esse valor na parte (b) para determinar a dose absorvida com as equações 43.20 e 43.21. Finalmente, na parte (c), utilizaremos a massa e a definição de dose absorvida para calcular a energia absorvida total e o número de fótons absorvidos total.

EXECUTAR: (a) a dose equivalente em mrem é

$$\frac{0{,}40 \text{ mSv}}{0{,}01 \text{ Sv/rem}} = 40 \text{ mrem}$$

(b) Para raios X, RBE = 1 rem/rad ou 1 Sv/Gy, de modo que a dose absorvida é

$$\frac{40 \text{ mrem}}{1 \text{ rem/rad}} = 40 \text{ mrad}$$

$$\frac{0{,}40 \text{ mSv}}{1 \text{ Sv/Gy}} = 0{,}40 \text{ mGy} = 4{,}0 \times 10^{-4} \text{J/kg}$$

(c) A energia total absorvida é

$$(4{,}0 \times 10^{-4} \text{ J/kg})(1{,}2 \text{ kg}) = 4{,}8 \times 10^{-4} \text{ J} = 3{,}0 \times 10^{15} \text{ eV}$$

O número de fótons de raios X é

$$\frac{3{,}0 \times 10^{15} \text{ eV}}{5{,}0 \times 10^{4} \text{eV/fótons}} = 6{,}0 \times 10^{10} \text{ fótons}$$

AVALIAR: a dose absorvida é relativamente grande porque raios X têm baixa RBE. Se a radiação ionizante fosse um feixe de partículas α, em que RBE = 20, a dose absorvida necessária para uma dose equivalente de 0,40 mSv seria igual a 0,020 mGy, que corresponde a uma energia absorvida total de $2{,}40 \times 10^{-5}$ J.

Riscos da radiação

Apresentaremos agora alguns números para comparação. Para converter de Sv para rem, basta multiplicar por 100. Um exame de raios X do tórax geralmente irradia de 0,20 a 0,40 mSv para cerca de 5 kg de tecido. A exposição a raios cósmicos e à radioatividade natural de solos, materiais de edifícios, e assim por diante, é da ordem de 2 a 3 mSv por ano no nível do mar e duas vezes maior a uma altitude de 1.500 m. Se o corpo todo receber uma dose de até cerca de 0,20 Sv, não ocorrerá nenhum efeito imediato. Se o corpo receber uma dose de cerca de 5 Sv ou mais em um período curto, provavelmente a pessoa morrerá dentro de alguns dias ou semanas. Uma dose localizada de 100 Sv produz destruição completa dos tecidos expostos.

Os riscos da exposição a radiações prolongadas para a geração de diversos tipos de câncer e defeitos genéticos têm sido largamente comentados na imprensa, e a questão da existência de uma dose "segura" é um assunto bastante debatido. As leis vigentes nos Estados Unidos dizem respeito a uma exposição *anual* máxima da ordem de 2 a 5 mSv, de todas as fontes, exceto as naturais. Para os que trabalham com fontes de radiação, a exposição máxima permitida é de 20 mSv por ano. Estudos recentes mostram que esses limites são muito elevados e que até mesmo pequenas exposições envolvem riscos. Entretanto, é muito difícil obter uma estatística confiável para os efeitos de pequenas dosagens. Fica cada vez mais claro que o uso de raios X para diagnóstico médico deve ser precedido de uma avaliação de riscos em comparação com os eventuais benefícios.

Outra questão calorosamente debatida é o risco das radiações provenientes de usinas nucleares. O nível da radiação de uma usina nuclear *não* é desprezível. Contudo, para fazer uma avaliação útil seria necessário comparar esses riscos com os de usinas convencionais alimentadas pela queima de carvão. Os riscos para a saúde produzidos pela fumaça proveniente da combustão do carvão são bastante documentados e a radioatividade natural decorrente de uma usina alimentada pela queima de carvão é cerca de 100 vezes maior que a de uma usina nuclear de mesma capacidade funcionando apropriadamente. Entretanto, a comparação não é tão simples; a possibilidade de acidentes em usinas nucleares e o problema de que destino dar aos resíduos radioativos oriundos delas são também questões que devem ser consideradas. A **Figura 43.9** mostra uma estimativa recente das diversas fontes de radiação às quais os habitantes dos Estados Unidos ficam expostos. A radiação ionizante é uma "faca de dois gumes": cria sérios riscos para a saúde, embora também possa trazer diversos benefícios para a humanidade, inclusive o diagnóstico e o tratamento de doenças, além de uma grande variedade de técnicas analíticas.

Figura 43.9 Contribuição de diversas fontes para a exposição total média de um habitante dos Estados Unidos, expressas como uma porcentagem do total.

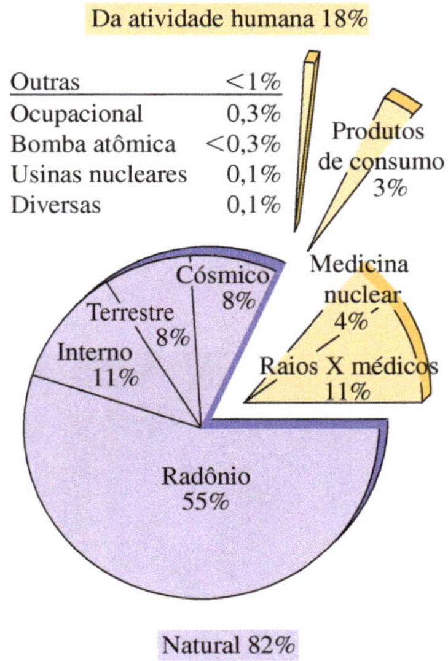

Usos benéficos da radiação

A radiação é muito empregada na medicina na destruição seletiva de tecidos de tumores. Os riscos são consideráveis, mas quando a doença seria fatal sem tratamento, qualquer risco se torna justificável. Isótopos produzidos artificialmente são usados como fontes de radiação. Tais isótopos apresentam diversas vantagens em relação aos isótopos radioativos naturais, pois podem ter meia-vida mais curta e uma atividade correspondente mais elevada. Os isótopos podem ser escolhidos para emitir a energia e o tipo de radiação desejada. Alguns isótopos artificiais foram substituídos por feixes de fótons, prótons e elétrons provenientes de aceleradores lineares.

A *medicina nuclear* é um campo em expansão. Os isótopos radioativos têm virtualmente a mesma configuração eletrônica e o mesmo comportamento químico dos isótopos estáveis do mesmo elemento. Contudo, a localização e a concentração dos isótopos radioativos podem ser facilmente detectadas por meio de medidas da radiação que eles emitem. Um exemplo comum é o uso do iodo radioativo em estudos da tireoide. Quase todo iodo ingerido ou é eliminado ou armazenado na tireoide, e as reações químicas do corpo não distinguem entre o isótopo instável ^{131}I e o isótopo estável ^{127}I. Uma pequena quantidade de ^{131}I é injetada no paciente, e a velocidade com a qual ela fica concentrada na tireoide fornece uma medida da função da glândula. A meia-vida é de 8,02 dias, de modo que não existe o risco de uma radiação de longa duração. Com o uso de detectores com varreduras mais sofisticados, também podemos obter uma "imagem" da tireoide, capaz de mostrar inflamações e outras anormalidades. Esse procedimento, uma espécie de *autorradiografia*, é semelhante a fotografar o filamento de uma lâmpada incandescente usando a luz emitida pelo próprio filamento. Caso esse processo descubra um nódulo cancerígeno na tireoide, este pode ser destruído injetando-se quantidades maiores de ^{131}I.

BIO Aplicação Um prédio radioativo O prédio do Capitólio em Washington, DC, nos Estados Unidos, é feito de granito que contém uma pequena quantidade de urânio naturalmente radioativo. Como resultado, a exposição à radiação para alguém trabalhando no Capitólio é de 0,85 mSv por ano. Os efeitos disso para a saúde são insignificantes; estima-se que uma pessoa que tenha passado 20 anos dentro do Capitólio teria uma chance extra de 0,1% de contrair câncer, acima dos 10% de chance decorrentes de todas as outras causas durante o mesmo período de 20 anos.

Outro nuclídeo útil para a medicina nuclear é o tecnécio-99 (^{99}Tc), formado em um estado excitado pelo decaimento β^- do molibdênio (^{99}Mo). O tecnécio decai para o estado fundamental emitindo um fóton de raio γ com energia de 143 keV. A meia-vida é de 6,01 horas, excessivamente longa para uma emissão γ. (O estado fundamental do ^{99}Tc também é instável, e sua meia-vida é $2{,}11 \times 10^5$ a; ele sofre decaimento β^-, dando origem ao nuclídeo de rutênio estável ^{99}Ru.) A química do tecnécio permite que ele se acople facilmente a moléculas orgânicas absorvidas por vários órgãos do corpo. Uma pequena quantidade dessas moléculas portadoras de tecnécio é injetada em um paciente e detectores com varredura, ou *câmaras gama*, são usados para produzir uma imagem, ou *cintigramas*, que revelam quais partes

Figura 43.10 Este cintigrama colorido mostra as regiões de absorção de um produto químico contendo ^{99}Tc radioativo nos pulmões de um paciente. A mancha no pulmão esquerdo indica forte emissão de raios γ pelo ^{99}Tc, o que revela que o produto químico conseguiu entrar no pulmão pela corrente sanguínea. O pulmão direito mostra uma emissão mais fraca, indicando a presença de um embolismo (um coágulo ou outra obstrução arterial) que está bloqueando o fluxo de sangue para esse pulmão.

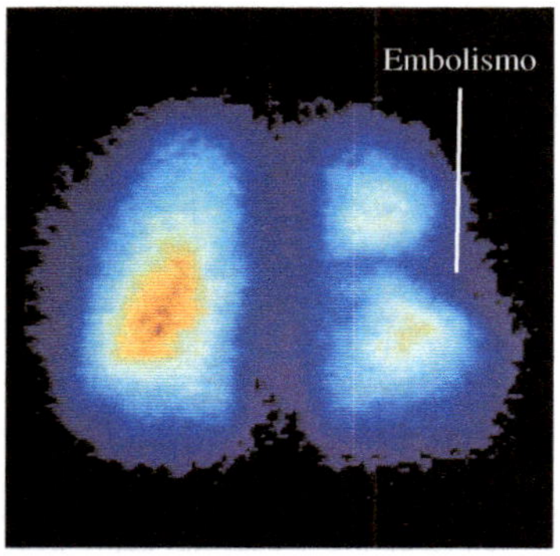

do corpo absorvem essas moléculas emissoras de γ. Essa técnica, em que o ^{99}Tc age como um *traçador* radioativo, desempenha um papel importante na localização de cânceres, embolismos e outras doenças (**Figura 43.10**).

Os traçadores são empregados em diversas outras aplicações. O trício, um isótopo do hidrogênio, ^{3}H, é usado para mapear moléculas em reações orgânicas complexas; traçadores radioativos em moléculas de pesticidas são usados para mapear suas passagens através de cadeias de alimentos. No mundo das máquinas, podemos usar o ferro radioativo para estudar desgastes em anéis de pistões. Fabricantes de sabão em pó testam a eficiência de seus produtos usando sujeira radioativa.

Muitos efeitos diretos da radiação também são úteis. Entre eles, o fortalecimento de polímeros com ligação cruzada, a esterilização de instrumentos cirúrgicos, a dispersão no ar da eletricidade estática não desejada e a ionização intencional do ar em detectores de fumaça. Os raios gama também são usados para esterilizar e preservar alguns produtos alimentícios.

TESTE SUA COMPREENSÃO DA SEÇÃO 43.5 As partículas alfa têm uma eficácia biológica relativa 20 vezes maior que os raios X de 200 keV. Qual das seguintes radiações seria mais eficiente para tecidos localizados em uma grande profundidade dentro do corpo humano? (i) Um feixe de partículas alfa; (ii) um feixe de raios X de 200 keV; (iii) ambos são igualmente eficientes. ❙

43.6 REAÇÕES NUCLEARES

Nas seções anteriores estudamos o decaimento de núcleos instáveis, especialmente a emissão espontânea de uma partícula α ou β, algumas vezes seguida por uma emissão γ. Nada foi feito para iniciar esse decaimento e nada poderia ser feito para controlá-lo. Nesta seção examinaremos algumas *reações nucleares*, reagrupamentos dos constituintes dos núcleos produzidos por colisões forçadas por bombardeio de partículas em vez de processos naturais espontâneos. Em 1919, Rutherford sugeriu que uma partícula de massa elevada e com energia cinética suficiente seria capaz de penetrar em um núcleo. O resultado seria um núcleo com número de massa mais elevado ou, então, um decaimento do núcleo original. Rutherford bombardeou nitrogênio (^{14}N) com partículas α e obteve um núcleo de oxigênio (^{17}O) e um próton:

$$^{4}_{2}\text{He} + {}^{14}_{7}\text{N} \rightarrow {}^{17}_{8}\text{O} + {}^{1}_{1}\text{H} \tag{43.22}$$

Rutherford usou partículas alfa provenientes de fontes radioativas naturais. No Capítulo 44, descreveremos alguns aceleradores de partículas usados modernamente para iniciar uma reação nuclear.

Uma reação nuclear deve obedecer a diversas *leis de conservação*. As leis de conservação da carga, do momento linear, do momento angular e da energia (inclusive a energia de repouso) são seguidas em qualquer reação nuclear. Uma lei de conservação, não prevista pela física clássica, é a conservação do número total de núcleons. Os números de nêutrons e de prótons não precisam ser conservados separadamente; vimos que, em virtude do decaimento β, um nêutron pode se transformar em um próton. A base da lei da conservação do número de núcleons será discutida no Capítulo 44.

Quando dois núcleos interagem, a conservação da carga exige que a soma dos números atômicos antes da interação deve ser igual à soma dos números atômicos depois da interação. Por causa da lei da conservação do número de núcleons, a soma dos números de massa antes da reação é igual à soma dos números de massa depois dela. Em geral, como a colisão envolvida *não* é elástica, a massa total inicial *não* é igual à massa total final.

Energia da reação

A **energia da reação** é dada pela diferença de massa antes e depois da reação, obtida de acordo com a relação massa–energia $E = mc^2$. Quando partículas iniciais A e B interagem e formam as partículas finais C e D, a *energia da reação Q* é definida pela relação

$$Q = (M_A + M_B - M_C - M_D)c^2 \quad \text{(energia da reação)} \tag{43.23}$$

Para levar em conta a contribuição dos elétrons, devemos usar as massas dos átomos neutros na Equação 43.23. Ou seja, aplicamos a massa do ^1_1H para um próton, a massa do ^2_1H para um dêuteron, a massa do ^4_2He para uma partícula α, e assim por diante. Quando Q é positivo, a massa total diminui e a energia cinética aumenta. Tal reação é chamada de reação exotérmica ou *reação exoenergética*. Quando Q é negativo, a massa total aumenta e a energia cinética diminui. Tal reação é chamada de reação endotérmica ou *endoenergética*. Os termos *endotérmico* e *exotérmico*, empregados na termoquímica, são mais usados quando a reação considerada não é uma reação nuclear. No caso de uma reação endoenergética, a reação só pode ocorrer quando a energia cinética inicial no sistema de referência do centro de massa é maior que $|Q|$. Ou seja, nesse caso existe uma **energia-limite** — uma energia cinética mínima necessária para que uma reação endoenergética se desencadeie.

EXEMPLO 43.11 REAÇÕES EXOENERGÉTICA E ENDOENERGÉTICA

(a) Quando o lítio-7 é bombardeado com um próton, duas partículas alfa (^4He) são produzidas. Calcule a energia da reação. (b) Calcule a energia da reação para a reação $^4_2\text{He} + {}^{14}_7\text{N} \rightarrow {}^{17}_8\text{O} + {}^1_1\text{H}$.

SOLUÇÃO

IDENTIFICAR E PREPARAR: a energia da reação Q em qualquer reação nuclear é igual a c^2 multiplicado pela diferença entre a massa total inicial e a massa total final, como na Equação 43.23. As massas requeridas são dadas na Tabela 43.2.

EXECUTAR: (a) a reação pode ser escrita na forma $^1_1\text{H} + {}^7_3\text{Li} \rightarrow {}^4_2\text{He} + {}^4_2\text{He}$. As massas iniciais e finais, com suas respectivas somas, são:

A: ^1_1H	1,007825 u	C: ^4_2He	4,002603 u
B: ^7_3Li	7,016005 u	D: ^4_2He	4,002603 u
	8,023830 u		8,005206 u

A massa diminui 0,018624 u. Pela Equação 43.23, a energia de reação é

$$Q = (0{,}018624\ \text{u})\ (931{,}5\ \text{MeV/u}) = +17{,}35\ \text{MeV}$$

(b) As massas das diversas partículas são

A: ^4_2He	4,002603 u	C: $^{17}_8\text{O}$	16,999132 u
B: $^{14}_7\text{N}$	14,003074 u	D: ^1_1H	1,007825 u
	18,005677 u		18,006957 u

Vemos que ocorreu um aumento de massa igual a 0,001280 u, e a energia da reação correspondente é:

$$Q = (-0{,}001280\ \text{u})\ (931{,}5\ \text{MeV/u}) = -1{,}192\ \text{MeV}$$

AVALIAR: a reação em (a) é *exoenergética:* a energia cinética total final das duas partículas alfa individuais é 17,35 MeV maior que a energia cinética total do próton e do núcleo de lítio. Em contraste, a reação em (b) é *endoenergética*: no sistema do centro de massa — ou seja, em uma colisão central com momento linear total zero — a energia cinética inicial total mínima para essa reação ocorrer é 1,192 MeV.

Geralmente, uma reação endoenergética como a da parte (b) do Exemplo 43.11 seria produzida bombardeando-se núcleos em repouso de ^{14}N com partículas alfa provenientes de um acelerador. Nesse caso, a energia cinética das partículas alfa deve ser *maior que* cerca de 1,192 MeV. Se toda a energia cinética da partícula alfa fosse usada somente para fazer aumentar a energia de repouso, a energia cinética final seria igual a zero e, portanto, a lei da conservação do momento linear não seria respeitada. Quando uma partícula com massa m e energia cinética K colide com uma partícula em repouso com massa M, a energia cinética total K_{cm} no sistema de referência do centro de massa (a energia disponível para produzir a reação) é dada por

$$K_{\text{cm}} = \frac{M}{M + m}K \tag{43.24}$$

Essa expressão supõe que as energias cinéticas das partículas e dos núcleos sejam muito menores que suas energias de repouso. Deixamos a dedução da Equação 43.24 para você. Na parte (b) do Exemplo 43.11, M = 14,003074 u e m =

4,002603 u, de modo que $M/(M + m) = (14{,}003074\ u)/(18{,}005677\ u) = 0{,}7777$ e $K_{cm} = 0{,}7777K$. Como K_{cm} deve ser pelo menos 1,192 MeV, a energia cinética K da partícula α deve ser pelo menos igual a (1,192 MeV)/0,7777 = 1,533 MeV.

Para uma partícula carregada — como um próton ou uma partícula α — poder penetrar no núcleo de outro átomo e produzir uma reação, ela geralmente deve ter uma energia cinética suficiente para vencer a barreira de energia potencial produzida pelas forças eletrostáticas. Na reação indicada na parte (a) do Exemplo 43.11, devemos considerar o próton e o núcleo de lítio ^{7}Li como cargas esfericamente simétricas com raios fornecidos pela Equação 43.1, a distância entre seus centros quando elas se tocam é igual a $3{,}5 \times 10^{-15}$ m. A energia potencial repulsiva entre o próton (carga $+e$) e o núcleo de lítio ^{7}Li (carga $+3e$) para essa distância r é

$$U = \frac{1}{4\pi\epsilon_0}\frac{(e)(3e)}{r} = (9{,}0 \times 10^{9}\ \text{N} \cdot \text{m}^2/\text{C}^2)\ \frac{(3)\,(1{,}6 \times 10^{-19}\ \text{C})^2}{3{,}5 \times 10^{-15}\ \text{m}}$$
$$= 2{,}0 \times 10^{-13}\ \text{J} = 1{,}2\ \text{MeV}$$

Embora se trate de uma reação exoenergética, o próton deve ter uma energia cinética mínima aproximadamente igual a 1,2 MeV para que a reação ocorra; caso contrário, o próton *tunela* através da barreira (veja a Seção 40.4).

Absorção de nêutrons

A absorção de *nêutrons* pelos núcleos constitui uma classe importante entre as reações nucleares. Núcleos pesados bombardeados por nêutrons em uma reação nuclear podem sofrer diversas absorções de nêutrons alternadas com decaimentos beta, nas quais o número de massa A pode aumentar até cerca de 25. Alguns dos *elementos transurânicos* — aqueles que possuem valores de Z maiores que 92 — são produzidos desse modo. Esses elementos ainda não foram encontrados na natureza. Muitos elementos transurânicos, possivelmente com valores de Z até 118, já foram identificados em laboratório.

A técnica analítica chamada de *análise de ativação de nêutrons* usa reações similares. Quando bombardeados por nêutrons, muitos nuclídeos estáveis absorvem um nêutron, tornando-se instáveis, e a seguir sofrem um decaimento β^-. As energias das emissões β^- e γ dependem do nuclídeo instável e fornecem um meio para identificá-lo, bem como para saber qual é o nuclídeo estável original. Substâncias em quantidades tão pequenas que não podem ser estudadas pela análise química convencional podem ser identificadas por meio dessa técnica.

TESTE SUA COMPREENSÃO DA SEÇÃO 43.6 A reação descrita na parte (a) do Exemplo 43.11 é exoenergética. Ela pode acontecer naturalmente quando uma amostra de lítio sólido é colocada em um frasco de gás hidrogênio? ❙

43.7 FISSÃO NUCLEAR

A **fissão nuclear** é um processo de decaimento no qual um núcleo instável se divide em dois fragmentos de massas comparáveis. A fissão foi descoberta em 1938, a partir das experiências de Otto Hahn e Fritz Strassmann na Alemanha. Seguindo um experimento anterior feito por Enrico Fermi, eles bombardearam o urânio ($Z = 92$) com nêutrons. A radiação resultante não coincidia com nenhuma outra radiação proveniente de nuclídeos conhecidos. Com a colaboração de Lise Meitner, eles fizeram uma análise química meticulosa e chegaram à conclusão inesperada de que haviam encontrado um isótopo radioativo do bário ($Z = 56$). Mais tarde, o criptônio radioativo ($Z = 36$) também foi encontrado. Meitner e Otto Frisch interpretaram esses resultados corretamente afirmando que os núcleos de urânio eram divididos em dois fragmentos com massas elevadas, chamados de *fragmentos da fissão*. Dois ou três nêutrons livres geralmente aparecem com os fragmentos da fissão e, muito ocasionalmente, um nuclídeo leve como o ^3H.

Tanto o isótopo comum (99,3%) ^{238}U quanto o isótopo incomum (0,7%) ^{235}U (assim como diversos outros nuclídeos) podem ser facilmente divididos mediante bombardeio com nêutrons: o ^{235}U por meio de nêutrons lentos (energia cinética menor que 1 eV), e o ^{238}U por meio de nêutrons com energia mínima aproximadamente igual a 1 MeV. A fissão produzida pela absorção de nêutrons é chamada de *fissão induzida*. Alguns nuclídeos também podem sofrer uma *fissão espontânea*, sem absorção inicial de nêutrons, mas isso é bastante raro. Quando o ^{235}U absorve um nêutron, o nuclídeo $^{236}U^*$ resultante está em um estado altamente excitado e divide-se quase instantaneamente em dois fragmentos. Estritamente falando, é o $^{236}U^*$, e não o ^{235}U, que sofre a fissão, porém costuma-se falar da fissão do ^{235}U.

Aproximadamente cem nuclídeos diferentes, representando cerca de 20 elementos diferentes, foram encontrados entre os produtos da fissão. A **Figura 43.11** mostra a distribuição dos números de massa dos fragmentos oriundos da fissão do ^{235}U.

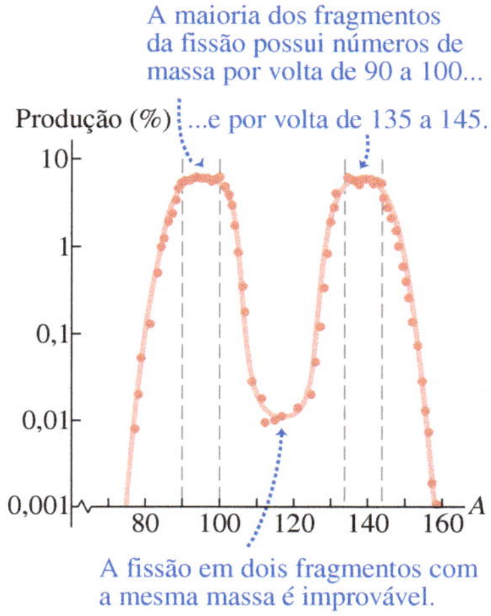

Figura 43.11 Distribuição dos números de massa dos fragmentos da fissão do $^{236}U^*$ (um estado excitado do ^{236}U), que é produzido quando o ^{235}U absorve um nêutron. A escala vertical é dada em logaritmos da porcentagem.

Reações de fissão

Convidamos você a verificar a lei da conservação da carga e a lei da conservação do número de núcleons nas duas reações de fissão a seguir, ambas bastante comuns:

$$^{235}_{92}U + ^1_0n \rightarrow ^{236}_{92}U^* \rightarrow ^{144}_{56}Ba + ^{89}_{36}Kr + 3^1_0n$$
$$^{235}_{92}U + ^1_0n \rightarrow ^{236}_{92}U^* \rightarrow ^{140}_{54}Xe + ^{94}_{38}Sr + 2^1_0n$$

A energia cinética total dos fragmentos da fissão é enorme, cerca de 200 MeV (comparada com a energia normal de uma partícula α ou uma partícula β da ordem de alguns MeV). A explicação é que os nuclídeos no final do espectro de massa (próximos de $A = 240$) são menos fortemente ligados que os do meio do espectro ($A = 90$ até 145). Observando a Figura 43.2, vemos que a energia de ligação média por núcleon é aproximadamente igual a 7,6 MeV com $A = 240$, porém cerca de 8,5 MeV com $A = 120$. Assim, uma estimativa grosseira para o *aumento* da energia de ligação durante a fissão é cerca de 8,5 MeV – 7,6 MeV = 0,9 MeV por núcleon, ou um total de (235) (0,9 MeV) ≈ 200 MeV.

ATENÇÃO Energia de ligação e energia de repouso A ocorrência de um aumento simultâneo da energia de ligação e da energia cinética durante uma reação de fissão pode parecer uma violação da lei de conservação da energia. Entretanto, em relação à energia de repouso total E_0 dos núcleons separados, a energia de repouso do núcleo é igual a E_0 *menos* E_B. Portanto, um *aumento* da energia de ligação corresponde a uma *diminuição* da energia de repouso à medida que a energia de repouso é convertida na energia cinética dos fragmentos da fissão.

Os fragmentos da fissão sempre possuem nêutrons demais para permanecer estáveis. Notamos, na Seção 43.3, que a razão nêutrons/prótons (N/Z) em nuclídeos estáveis é cerca de 1 para nuclídeos leves, porém cerca de 1,6 para os nuclídeos mais pesados, por causa da crescente influência da repulsão elétrica dos prótons. O valor de N/Z em nuclídeos estáveis é cerca de 1,3 para $A = 100$ e 1,4 para $A = 150$. Os fragmentos têm aproximadamente o mesmo valor (N/Z) que o do ^{235}U, cerca de 1,55. Eles em geral respondem a esse excesso de nêutrons sofrendo uma série de decaimentos β^- (cada qual fazendo Z aumentar 1 e N diminuir 1) até atingir um valor estável para N/Z. Um exemplo típico é

$$^{140}_{54}Xe \xrightarrow{\beta^-} {}^{140}_{55}Cs \xrightarrow{\beta^-} {}^{140}_{56}Ba \xrightarrow{\beta^-} {}^{140}_{57}La \xrightarrow{\beta^-} {}^{140}_{58}Ce$$

O nuclídeo ^{140}Ce é estável. Essa série de decaimentos β^- produz, em média, 15 MeV de energia cinética adicional. O excesso de nêutrons dos fragmentos da fissão também explica por que dois ou mais nêutrons livres são liberados durante a fissão.

A fissão impõe um limite superior para a produção de núcleos transurânicos, mencionados na Seção 43.6, que sejam relativamente estáveis. Existem razões teóricas para esperar que núcleos com valores próximos de $Z = 114$, $N = 184$ ou 196 devam ser estáveis em relação à fissão espontânea. No modelo de camadas (Seção 43.2), esses números correspondem a camadas e subcamadas cheias dos níveis de energia da estrutura nuclear. Tais *núcleos superpesados* deveriam ser instáveis em relação à emissão de partículas alfa. Em 2009, confirmou-se que existem pelo menos quatro isótopos com $Z = 114$, com o de duração mais longa apresentando meia-vida de cerca de 2,6 s em decorrência do decaimento alfa.

Modelo da gota

Podemos entender qualitativamente a fissão com base no modelo da gota (Seção 43.2). O processo é indicado na **Figura 43.12** com base em uma gota com carga elétrica. Os desenhos não podem ser considerados muito precisamente, mas podem ajudar a dar uma ideia do processo de fissão. Um núcleo ^{235}U absorve um nêutron (Figura 43.12a), formando-se um núcleo $^{236}U^*$ com excesso de energia (Figura 43.12b). Esse excesso produz uma violenta oscilação, durante a qual se forma um estrangulamento ligando dois glóbulos (Figura 43.12c). A repulsão elétrica entre esses dois glóbulos faz o estrangulamento se estreitar cada vez mais (Figura 43.12d) e, finalmente, formam-se dois fragmentos menores (Figura 43.12e), que se separam rapidamente.

Essa visão qualitativa levou ao desenvolvimento de uma teoria quantitativa para explicar por que alguns núcleos sofrem fissão e outros não. A **Figura 43.13** mostra uma função energia potencial hipotética para dois possíveis fragmentos da fissão. Se a absorção de nêutrons produz uma energia de excitação maior que a energia da altura da barreira U_B, a fissão ocorre imediatamente. Mesmo quando a energia não é suficiente para superar a barreira, a fissão pode ocorrer pelo *tunelamento* previsto pela mecânica quântica, como discutimos na Seção 40.4. Em princípio, muitos núcleos pesados estáveis podem sofrer fissão por tunelamento. Entretanto, a probabilidade depende criticamente da altura e da largura da barreira. Para a maior parte dos núcleos, a probabilidade desse processo é tão pequena que ele jamais foi observado.

Figura 43.12 Modelo da gota no processo de fissão.

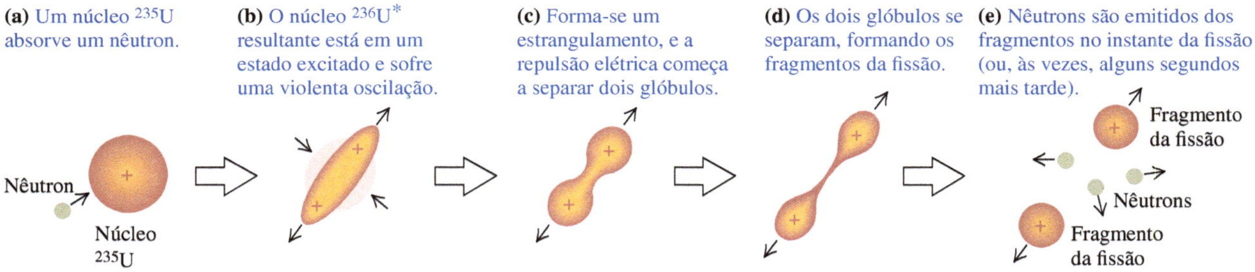

Figura 43.13 Função energia potencial hipotética para dois fragmentos da fissão de um núcleo passível de fissão. Para uma distância r maior que o alcance da força nuclear, a energia potencial varia aproximadamente com $1/r$. A fissão ocorre quando a energia da excitação é maior que a energia da altura da barreira U_B ou quando a probabilidade de tunelamento através da barreira de energia potencial é grande.

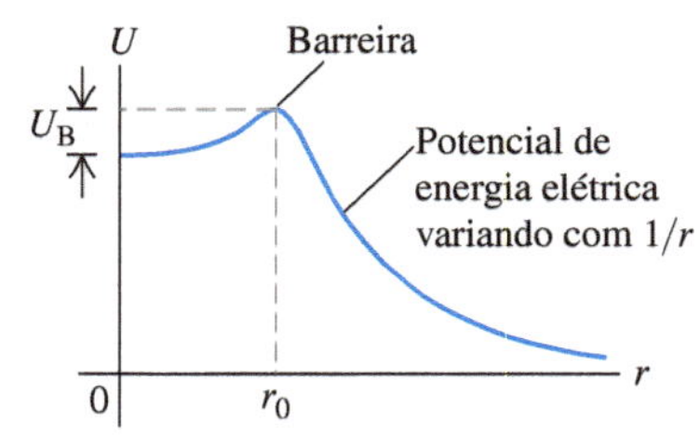

Reação em cadeia

A fissão de um núcleo de urânio, desencadeada pelo bombardeio com nêutrons, libera outros nêutrons que podem desencadear outras fissões, sugerindo a possibilidade de uma **reação em cadeia** (**Figura 43.14**). A reação em cadeia pode se processar de maneira lenta e controlada em um reator nuclear ou de modo explosivo

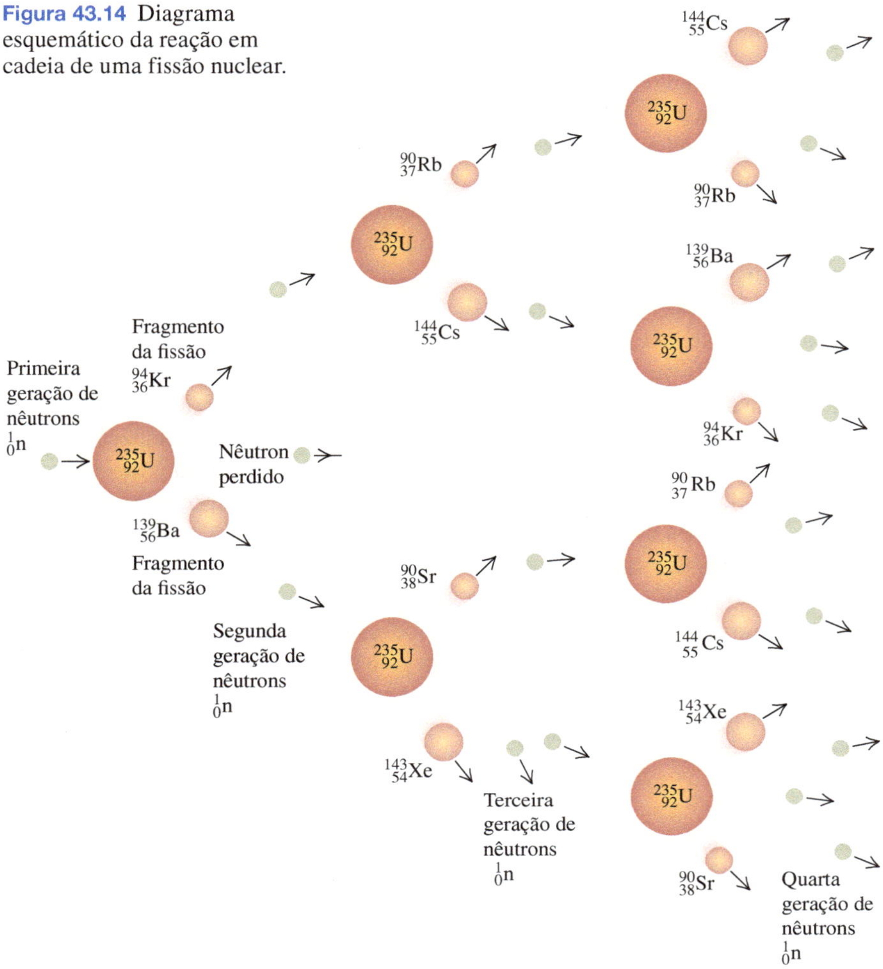

Figura 43.14 Diagrama esquemático da reação em cadeia de uma fissão nuclear.

em uma bomba atômica. A energia liberada na reação em cadeia de uma fissão nuclear é enorme, muito maior que em qualquer tipo de reação química. (Em certo sentido, o *fogo* é um tipo de reação em cadeia.) Por exemplo, quando o urânio é "queimado" para formar o dióxido de urânio de acordo com a reação

$$U + O_2 \rightarrow UO_2$$

o calor de combustão é de aproximadamente 4.500 J/g. Expressa em energia por átomo, essa energia é igual a 11 eV por átomo. Em contraste, a fissão libera cerca de 200 MeV por átomo, uma energia quase 20 milhões de vezes maior.

Reatores nucleares

Um *reator nuclear* é um sistema no qual uma reação nuclear em cadeia mantida sob controle é usada para liberar energia. Em uma usina nuclear, essa energia gera vapor, que aciona uma turbina e faz girar um gerador elétrico.

Em média, cada fissão de um núcleo ^{235}U produz cerca de 2,5 nêutrons livres. Logo, 40% dos nêutrons são necessários para sustentar uma reação em cadeia. A probabilidade de um núcleo ^{235}U absorver nêutrons com energias pequenas (menores que 1 eV) é muito maior que a probabilidade de ele absorver nêutrons com energias grandes (energias da ordem de 1 MeV), os quais são liberados durante a fissão. Em um reator nuclear, os nêutrons com energias mais elevadas são freados mediante colisões com núcleos do material circundante, chamado de *moderador*, de modo que eles apresentam maior probabilidade de produzir novas fissões. Em reatores nucleares, o material do moderador geralmente é a água e, ocasionalmente,

BIO Aplicação Criando isótopos radioativos para a medicina Os fragmentos resultantes da fissão nuclear normalmente são isótopos instáveis, ricos em nêutrons. Vários deles são úteis para diagnóstico médico e radioterapia contra câncer (veja a Seção 43.5). Esta fotografia mostra um reator com fissão nuclear usado para produzir tais isótopos. O combustível de urânio é mantido em um grande tanque de água para resfriamento. Parte dos fragmentos da fissão, ricos em nêutrons, passa por decaimento beta e emite elétrons que se movem mais rapidamente que a velocidade da luz na água (cerca de 0,75*c*). Assim como um avião que produz um estrondo sônico intenso quando voa mais rápido que o som (veja na Seção 16.9), esses elétrons ultrarrápidos produzem um "estrondo de luz" chamado *radiação de Čerenkov*, que produz uma cor azul característica.

o grafite. A *taxa* da reação é controlada inserindo-se ou retirando-se *barras de controle* feitas com elementos (como o boro ou o cádmio) que absorvem nêutrons sem sofrer nenhuma reação adicional. O isótopo ^{238}U também pode absorver um nêutron, produzindo $^{239}U^*$, porém sem probabilidade suficiente para manter uma reação em cadeia autossustentável. Por isso o urânio usado em reatores geralmente é "enriquecido", por um processo de separação de isótopos, fazendo-se aumentar a proporção de ^{235}U, do valor de 0,7% encontrado na natureza, para 3%.

A aplicação mais comum de um reator nuclear é a geração de energia elétrica. Conforme dissemos, a energia da fissão é transformada em energia cinética dos fragmentos da fissão, e o resultado imediato é o aumento da energia interna dos materiais do combustível e do moderador. Esse aumento de energia é transferido como calor para gerar o vapor que alimenta as turbinas que fazem girar os geradores elétricos. Um diagrama esquemático de uma usina nuclear que gera energia elétrica é indicado na **Figura 43.15**. A energia dos fragmentos da fissão faz aquecer a água que circunda o núcleo do gerador. O gerador de vapor é um trocador de calor que recebe calor dessa água altamente radioativa e produz um vapor não radioativo que faz girar as turbinas.

Uma usina nuclear típica possui capacidade de geração de energia elétrica da ordem de 1.000 MW (ou 10^9 W). As turbinas são máquinas térmicas, e sua eficiência é limitada pela segunda lei da termodinâmica, discutida no Capítulo 20. Nas usinas nucleares modernas, a eficiência global é aproximadamente igual a um terço; logo, são necessários 3.000 MW de potência térmica da reação de fissão para gerar 1.000 MW de potência elétrica.

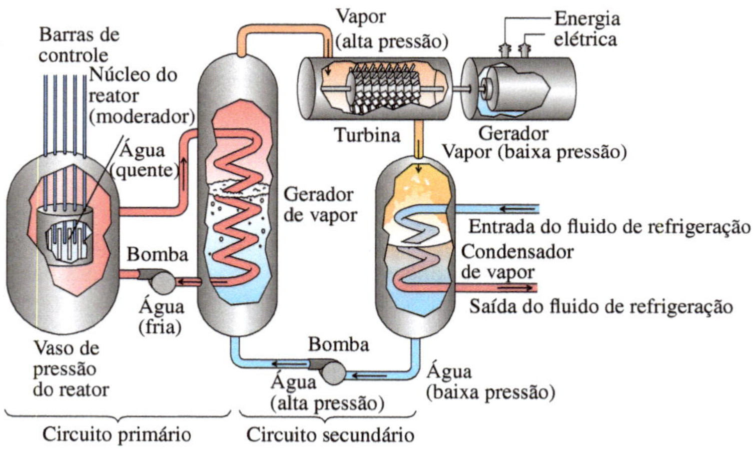

Figura 43.15 Diagrama esquemático de uma usina nuclear que gera energia elétrica.

EXEMPLO 43.12 CONSUMO DE URÂNIO EM UM REATOR NUCLEAR

Qual é a massa diária de ^{235}U que deve sofrer fissão para que se obtenha uma potência térmica de 3.000 MW?

SOLUÇÃO

IDENTIFICAR E PREPARAR: a fissão do ^{235}U libera cerca de 200 MeV por átomo. Usaremos isso com a massa do átomo de ^{235}U para calcular a quantidade necessária de urânio.

EXECUTAR: em cada segundo, precisamos de 3.000 MJ ou 3.000×10^6 J. Cada fissão fornece 200 MeV, ou

$$(200 \text{ MeV/fissão})\,(1{,}6 \times 10^{-13} \text{ J/MeV}) = 3{,}2 \times 10^{-11} \text{ J/fissão}$$

O número de fissões necessárias a cada segundo é

$$\frac{3.000 \times 10^6 \text{ J}}{3{,}2 \times 10^{-11} \text{ J/fissão}} = 9{,}4 \times 10^{19} \text{ fissões}$$

Cada átomo de ^{235}U possui massa de $(235 \text{ u})\,(1{,}66 \times 10^{-27} \text{ kg/u}) = 3{,}9 \times 10^{-25}$ kg. Logo, a massa do ^{235}U necessária a cada segundo é

$$(9{,}4 \times 10^{19})\,(3{,}9 \times 10^{-25} \text{ kg}) = 3{,}7 \times 10^{-5} \text{ kg} = 37\ \mu\text{g}$$

Durante um dia (86.400 s), o consumo total de ^{235}U é

$$(3{,}7 \times 10^{-5} \text{ kg/s})\,(86.400 \text{ s}) = 3{,}2 \text{ kg}$$

AVALIAR: em comparação, note que uma usina elétrica de 1.000 MW, alimentada pela queima de carvão, queima 10.600 toneladas de carvão (cerca de 10 milhões de kg) por dia!

Dissemos anteriormente que cerca de 15 MeV da energia liberada na fissão de um núcleo de ^{235}U resultam dos decaimentos β^- dos fragmentos da fissão. Esse fato cria um problema sério em relação ao controle e à segurança dos reatores. Mesmo depois que a reação em cadeia termina pela introdução das barras de controle no núcleo do reator, a geração de calor continua, por causa dos decaimentos β^-, que não podem ser detidos. No caso de um reator de 3.000 MW, essa potência térmica inicialmente é muito grande, cerca de 200 MW. Supondo que haja uma perda total da água de refrigeração, essa potência é mais que suficiente para fazer o núcleo do reator fundir e causar a penetração do vaso de contenção. A dificuldade de obter um "desligamento a frio" depois do acidente na usina nuclear de Three Mile Island, na Pensilvânia, em março de 1979, foi o resultado de um aumento contínuo do calor produzido pelos decaimentos β^-.

A catástrofe ocorrida no dia 26 de abril de 1986 no reator número 4 de Chernobyl, na Ucrânia, foi uma combinação de um projeto inerentemente instável com diversos erros humanos cometidos durante testes do sistema de refrigeração de emergência. Muitas barras de controle foram retiradas para compensar uma diminuição de potência causada pelo acúmulo de absorvedores de nêutrons como o ^{135}Xe. A potência cresceu de 1% para 100 vezes o valor normal em 4 segundos; uma explosão de vapor fez romper os tubos do sistema de refrigeração e destruiu a cobertura pesada de concreto do reator. O moderador de grafite pegou fogo e ficou queimando durante diversos dias, e ocorreu fusão do núcleo do reator. A atividade total do material radioativo liberado para a atmosfera foi estimada em 10^8 Ci.

TESTE SUA COMPREENSÃO DA SEÇÃO 43.7 A fissão do ^{235}U pode ser desencadeada pela absorção de um nêutron lento por um núcleo. Um *próton* lento pode ser usado para desencadear a fissão do ^{235}U? ❙

43.8 FUSÃO NUCLEAR

Em uma **fusão nuclear**, dois ou mais pequenos núcleos leves se aglutinam, ou se *fundem*, formando um núcleo maior. As reações de fusão liberam energia pela mesma razão das reações de fissão: a energia de ligação por núcleon depois da reação é maior que antes. Observando a Figura 43.2, vemos que a energia de ligação por núcleon cresce com A até cerca de $A = 60$, de modo que a fusão de dois núcleos leves produzindo um núcleo com A menor que 60 provavelmente é uma reação exoenergética. Em comparação com a fissão, estamos nos movendo para pontos próximos do pico da curva pelo lado oposto. Outro modo de expressar as relações de energia é afirmar que a massa total dos produtos é menor que a massa total das partículas iniciais.

Apresentamos três exemplos de reações de fusão que liberam energia, escritas em função dos átomos neutros:

$$^1_1\text{H} + {}^1_1\text{H} \rightarrow {}^2_1\text{H} + \beta^+ + \nu_e$$

$$^2_1\text{H} + {}^1_1\text{H} \rightarrow {}^3_2\text{He} + \gamma$$

$$^3_2\text{He} + {}^3_2\text{He} \rightarrow {}^4_2\text{He} + {}^1_1\text{H} + {}^1_1\text{H}$$

Na primeira reação, dois prótons se combinam e formam um dêuteron (^{2}H), com emissão de um próton, de um pósitron (β^+) e de um neutrino do elétron. Na segunda, um próton e um dêuteron se combinam e formam um núcleo do isótopo leve do hélio, ^{3}He, com a emissão de um raio gama. Agora dobre as duas primeiras reações para obter os dois núcleos de hélio ^{3}He que se fundem na terceira reação

Figura 43.16 A cadeia próton-próton.

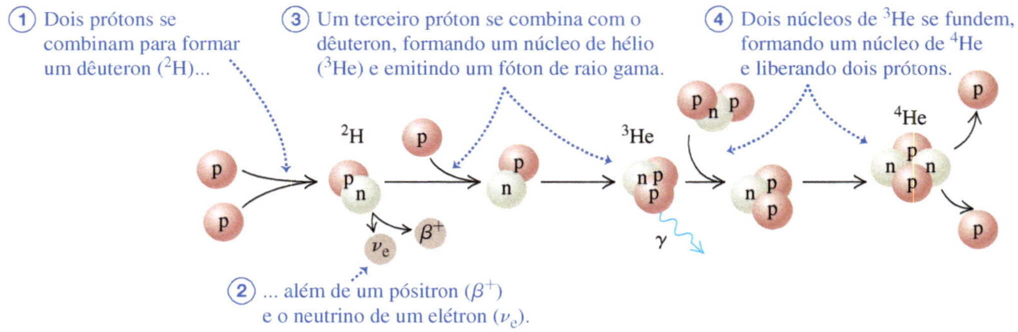

e formam uma partícula alfa (^{4}He) e dois prótons. O conjunto dessas reações de fusão constitui um processo chamado de *cadeia próton-próton* (**Figura 43.16**).

O efeito resultante dessa cadeia é a conversão de quatro prótons em α uma partícula α, dois pósitrons, dois neutrinos do elétron e dois raios γ. Podemos calcular a energia liberada nessa parte do processo: a massa de uma partícula α mais dois pósitrons é a massa do átomo neutro ^{4}He; a massa dos neutrinos é igual a zero (ou massa desprezível), assim como a massa dos raios gama. Logo,

Massa de quatro prótons	4,029106 u
Massa do ^{4}He	4,002603 u
Diferença de massa e energia liberada	0,026503 u e 24,69 MeV

Figura 43.17 A energia liberada por uma estrela é proveniente de reações de fusão que ocorrem em seu interior. Desde o momento em que a estrela se forma e durante a maior parte de sua vida, ela converte o hidrogênio de seu interior em hélio. À medida que a estrela envelhece, a temperatura de seu interior pode se tornar tão elevada que ocorrem reações de fusão adicionais que convertem o hélio em carbono, oxigênio e outros elementos.

Os dois pósitrons produzidos durante a primeira etapa da cadeia próton-próton colidem com dois elétrons; ocorre aniquilamento mútuo dessas quatro partículas e suas energias de repouso são convertidas em 4(0,511 MeV) = 2,044 MeV da radiação gama. Portanto, a energia total liberada é (24,69 + 2,044) MeV= 26,73 MeV. A cadeia próton-próton se desenvolve no interior do Sol e de outras estrelas (**Figura 43.17**). Cada grama da massa do Sol contém cerca de $4{,}5 \times 10^{23}$ prótons. Se todos esses prótons se fundissem produzindo hélio, a energia total liberada seria aproximadamente igual a 130.000 kWh. Se o Sol continuasse a irradiar com a taxa atual, ele levaria cerca de 75×10^9 anos para esgotar suas reservas de prótons. Como veremos a seguir, reações de fusão só ocorrem em temperaturas extremamente elevadas; no Sol, essas temperaturas só são encontradas no interior mais profundo. Assim, o Sol não pode fundir *todos* os seus prótons e conseguirá fazer isso apenas durante um total de cerca de 10×10^9 anos. A idade atual do sistema solar (inclusive o Sol) é de $4{,}54 \times 10^9$ anos, o que significa que o Sol já fundiu aproximadamente a metade do seu estoque disponível de prótons.

EXEMPLO 43.13 UMA REAÇÃO DE FUSÃO

Dois dêuterons se fundem e formam um *tríton* (um núcleo do trício, ou ^{3}H) e um próton. Qual é a quantidade de energia liberada?

SOLUÇÃO

IDENTIFICAR E PREPARAR: trata-se de uma reação nuclear do tipo discutido na Seção 43.6. Encontramos a energia liberada usando a Equação 43.23.

EXECUTAR: somando um elétron a cada núcleo, obtemos átomos neutros; verificamos suas massas na Tabela 43.2 e, substituindo os valores numéricos na Equação 43.23, temos

$$Q = [2(2{,}014102\ \text{u}) - 3{,}016049\ \text{u} - 1{,}007825\ \text{u}] \times (931{,}5\ \text{MeV/u}) = 4{,}03\ \text{MeV}$$

AVALIAR: concluímos que a energia liberada na reação é igual a 4,03 MeV; o tríton e o próton, juntos, possuem uma energia cinética 4,03 MeV maior que a energia cinética do conjunto dos dois dêuterons.

Obtenção da fusão

Para que dois núcleos sofram fusão, eles devem se aproximar até distâncias que estejam dentro do alcance das forças nucleares, em geral da ordem de 2×10^{-15} m. Para isso, eles devem superar a repulsão elétrica entre suas cargas positivas. Para dois prótons com essa distância, o intervalo de energia potencial correspondente é cerca de $1{,}2 \times 10^{-13}$ J ou 0,7 MeV; isso representa a energia *cinética* total que cada núcleo que se funde deve ter em uma colisão frontal, ou cerca de $0{,}6 \times 10^{-13}$ J.

Os átomos só têm essa energia em temperaturas extremamente elevadas. A discussão na Seção 18.3 mostrou que a energia cinética de translação da molécula de um gás a uma temperatura T é dada por $\frac{3}{2}kT$, onde k é a constante de Boltzmann. A temperatura na qual $E = 0{,}6 \times 10^{-13}$ J é obtida pela relação

$$E = \tfrac{3}{2}kT$$

$$T = \frac{2E}{3k} = \frac{2(0{,}6 \times 10^{-13}\ \text{J})}{3(1{,}38 \times 10^{-23}\ \text{J/K})} = 3 \times 10^{9}\ \text{K}$$

As reações de fusão podem ocorrer em temperaturas menores porque a distribuição de Maxwell-Boltzmann (Seção 18.5) fornece uma menor fração de prótons com energias muito maiores que a energia média. A reação próton-próton ocorre no centro do Sol a uma temperatura de "apenas" $1{,}5 \times 10^{7}$ K, fazendo que a probabilidade de ocorrência desse processo seja extremamente pequena; é justamente por isso, contudo, que se espera que o Sol dure bastante tempo. Nessas temperaturas, as reações de fusão são chamadas de *reações termonucleares.*

Intensos esforços vêm se desenvolvendo em muitos laboratórios para obter reações de fusão controladas, que poderiam representar uma enorme fonte nova de energia (veja a Figura 24.11). Nas temperaturas mencionadas, os átomos leves ficam completamente ionizados, e o estado da matéria resultante é chamado de *plasma*. Em uma experiência de *confinamento magnético*, um plasma é aquecido até temperaturas extremamente elevadas mediante uma descarga elétrica, enquanto é mantido em um campo magnético apropriado. Em outro tipo de experiência, que usa *confinamento inercial*, pequenas esferas do material que deve sofrer fusão são aquecidas por um feixe de laser com intensidade extremamente elevada (veja a **Figura 43.18**). Algumas das reações que estão sendo testadas são

$$^{2}_{1}\text{H} + {}^{2}_{1}\text{H} \rightarrow {}^{3}_{1}\text{H} + {}^{1}_{1}\text{H} + 4{,}0\ \text{MeV} \qquad (1)$$

$$^{3}_{1}\text{H} + {}^{2}_{1}\text{H} \rightarrow {}^{4}_{2}\text{He} + {}^{1}_{0}\text{n} + 17{,}6\ \text{MeV} \qquad (2)$$

$$^{2}_{1}\text{H} + {}^{2}_{1}\text{H} \rightarrow {}^{3}_{2}\text{He} + {}^{1}_{0}\text{n} + 3{,}3\ \text{MeV} \qquad (3)$$

$$^{3}_{2}\text{He} + {}^{2}_{1}\text{H} \rightarrow {}^{4}_{2}\text{He} + {}^{1}_{1}\text{H} + 18{,}3\ \text{MeV} \qquad (4)$$

Consideramos a reação (1) no Exemplo 43.13; dois dêuterons se fundem e formam um tríton e um próton. Na reação (2), um tríton se combina com dois dêuterons para formar uma partícula alfa e um nêutron. O resultado dessas duas reações combinadas é a conversão de dois dêuterons em uma partícula alfa, um próton e um nêutron, liberando 21,6 MeV de energia. As reações (3) e (4) combinadas produzem a mesma conversão. Em um plasma que contém dêuterons, os dois pares de reações ocorrem com a mesma probabilidade. Até a presente data, ninguém conseguiu produzir essas reações de modo controlado para obter um excesso de energia utilizável.

Métodos para obter fusão que não necessitam de temperaturas elevadas também estão sendo estudados; eles são chamados de *fusão fria*. Um processo que funciona é o que usa um íon incomum de molécula de hidrogênio. O íon H_2^+ comum consiste em dois prótons ligados por um elétron compartilhado; a distância entre os núcleos é cerca de 0,1 nm. Se os prótons forem substituídos por um dêuteron (^{2}H) e um tríton (^{3}H) e o elétron por um *múon*, cuja massa é 208 vezes maior que a do

Figura 43.18 Esta câmara de alvos na National Ignition Facility, na Califórnia, contém aberturas para 192 poderosos feixes de laser. Os lasers transmitem 5×10^{14} W de potência durante alguns poucos nanossegundos para uma esfera de deutério e trítio de tamanho milimétrico no centro da câmara, desencadeando, assim, a fusão termonuclear.

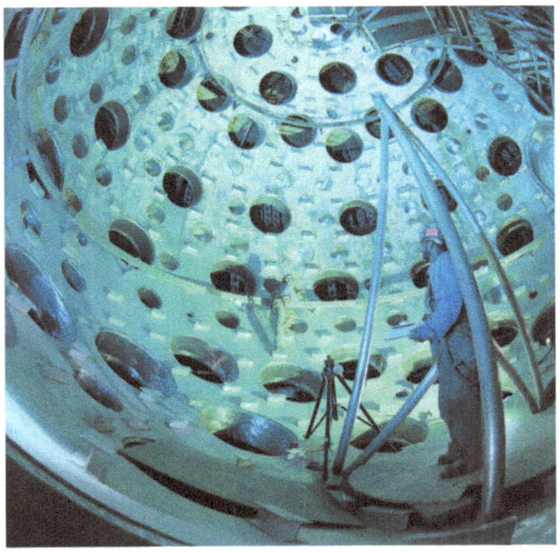

elétron, a distância é reduzida por um fator de 208. A probabilidade de que os dois núcleos tunelem pela estreita barreira de energia potencial repulsiva e se fundam na reação (2), anteriormente citada, se torna, assim, apreciável. A perspectiva de usar esse processo, chamado *fusão com catálise de múons*, como fonte prática de energia, ainda é remota.

TESTE SUA COMPREENSÃO DA SEÇÃO 43.8 *Todas* as reações de fusão são exoenergéticas? ❙

CAPÍTULO 43 RESUMO

Propriedades do núcleo: um núcleo é composto de A núcleons (Z prótons e N nêutrons). Todos os núcleos têm aproximadamente a mesma densidade. O raio de um núcleo com número de massa A é dado aproximadamente pela Equação 43.1. Uma espécie nuclear pura de um dado Z e N é chamada de nuclídeo. Os isótopos são nuclídeos de um mesmo elemento (mesmo Z) que possuem números de nêutrons diferentes. As massas nucleares são medidas em unidades de massa atômica. Os núcleons apresentam um momento angular e um momento magnético. (Ver exemplos 43.1 e 43.2.)

$$R = R_0 A^{1/3} \quad (43.1)$$
$$(R_0 = 1{,}2 \times 10^{-15}\ \text{m})$$

Ligação nuclear e estrutura do núcleo: a massa de um núcleo é sempre menor que a massa dos prótons e dos nêutrons em seu interior. A diferença de massa multiplicada por c^2 fornece a energia de ligação E_B. A energia de ligação de um dado nuclídeo é determinada pela força nuclear, que é de curto alcance e favorece a formação de pares de partículas, e pela repulsão elétrica entre prótons. Um núcleo é instável se A ou Z são muito grandes ou se a razão N/Z não é adequada. Dois modelos de núcleos bastante usados são o da gota e o de camadas; o último é análogo ao modelo da aproximação de campo central usado no estudo das estruturas atômicas. (Veja os exemplos 43.3 e 43.4.)

$$E_B = (ZM_H + Nm_n - {}^A_Z M)c^2 \quad (43.10)$$

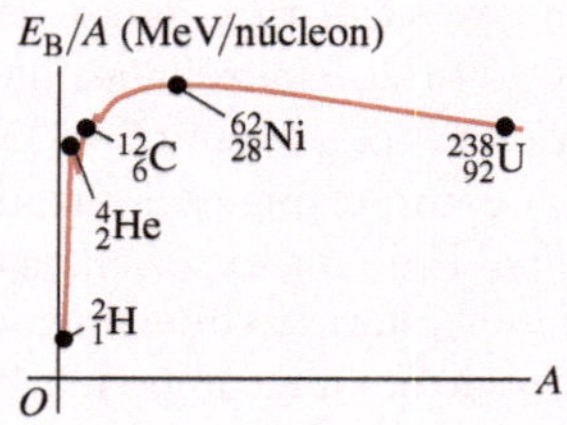

Decaimento radioativo: os nuclídeos instáveis costumam emitir uma partícula alfa (um núcleo de ${}^4_2$He) ou uma partícula beta (um elétron) quando se transformam em outro nuclídeo, e algumas vezes seguido de um fóton de raio gama. A taxa de decaimento de um núcleo instável é descrita pela constante de decaimento λ, pela meia-vida $T_{1/2}$ ou pela vida média $T_{méd}$. Se o número de núcleos no instante $t = 0$ é igual a N_0 e nenhum outro núcleo é produzido, o número de núcleos no instante t é dado pela Equação 43.17. (Veja os exemplos 43.5–43.9.)

$$N(t) = N_0 e^{-\lambda t} \quad (43.17)$$

$$T_{méd} = \frac{1}{\lambda} = \frac{T_{1/2}}{\ln 2} = \frac{T_{1/2}}{0{,}693} \quad (43.19)$$

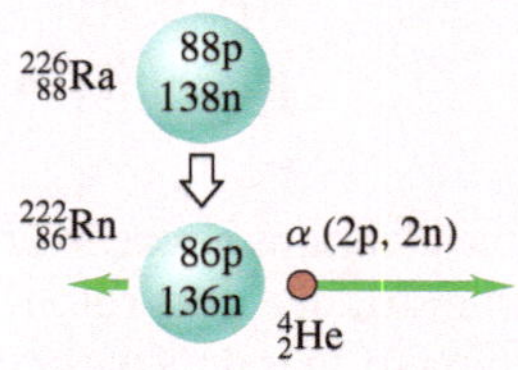

Efeitos biológicos da radiação: o efeito biológico de qualquer radiação depende do produto da energia absorvida por unidade de massa e da eficácia biológica relativa (RBE), que apresenta valores diferentes para cada tipo de radiação. (Veja o Exemplo 43.10.)

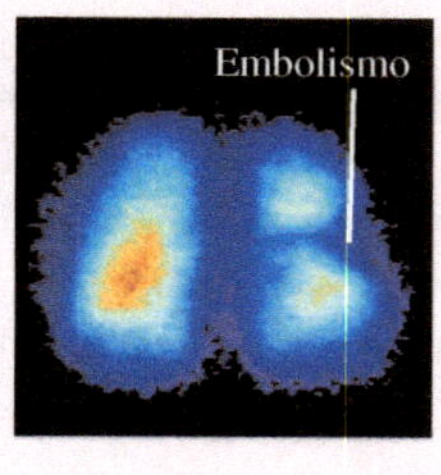

Reações nucleares: em uma reação nuclear, dois núcleos ou partículas colidem e produzem novos núcleos e partículas. As reações podem ser endoenergéticas ou exoenergéticas. Diversas leis de conservação são obedecidas, inclusive as da carga, da energia, do momento linear, do momento angular e do número de núcleons. A fissão nuclear é a divisão de um núcleo pesado em dois núcleos mais leves, sempre instáveis, com liberação de energia. A fusão nuclear é a combinação de dois ou mais núcleos leves formando um núcleo mais pesado, com liberação de energia. (Veja os exemplos 43.11–43.13.)

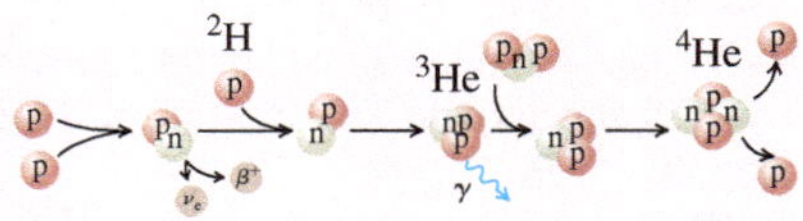

Problema em destaque Saturação na produção de ^{128}I

Em uma experiência, o isótopo ^{128}I do iodo é criado irradiando uma amostra de ^{127}I com um raio de nêutrons, resultando em $1{,}50 \times 10^6$ núcleos de ^{128}I por segundo. Inicialmente, nenhum núcleo de ^{128}I está presente. Um núcleo de ^{128}I decai por emissão de β^- com uma meia-vida de 25,0 min. (a) Para qual nuclídeo o ^{128}I decai? (b) Esse nuclídeo poderia decair de volta para o ^{128}I pela emissão de β^+? Por quê? (c) Depois que a amostra tiver sido irradiada por um longo tempo, qual é o número máximo de átomos de ^{128}I que podem estar presentes na amostra? Qual é a atividade máxima que pode ser produzida? (Esta situação de estado fundamental é chamada de *saturação*.) (d) Determine uma expressão para o número de átomos de ^{128}I presentes na amostra em função do tempo.

GUIA DA SOLUÇÃO

IDENTIFICAR E PREPARAR

1. O que acontece com os valores de Z, N e A no decaimento β^-? O que deverá ser verdadeiro para que o decaimento β^- seja possível? E para que o decaimento β^+ seja possível?
2. Você precisará escrever uma equação para a taxa de variação dN/dt do número N de átomos de ^{128}I presentes na amostra, levando em consideração tanto a criação de ^{128}I pela irradiação de nêutrons quanto o decaimento de qualquer ^{128}I presente. No estado fundamental, qual é a relação entre as taxas desses dois processos?
3. Liste as quantidades desconhecidas para cada parte do problema e identifique suas variáveis-alvo.

EXECUTAR

4. Determine os valores de Z e N do nuclídeo produzido pelo decaimento de ^{128}I. Que elemento é esse?
5. Decida se esse nuclídeo pode decair de volta para o ^{128}I.
6. Inspecione sua equação para dN/dt. Qual é o valor de dN/dt no estado fundamental? Use isso para explicitar os valores de estado fundamental de N e a atividade.
7. Resolva sua equação dN/dt para a função $N(t)$. (*Dica:* veja a Seção 26.4.)

AVALIAR

8. Seu resultado do item 6 lhe informa o valor de N após um longo tempo (ou seja, para valores grandes de t). Isso é coerente com seu resultado do item 7? O que constituiria um "longo tempo" sob essas condições?

PROBLEMAS

•, ••, •••: níveis de dificuldade. **PC**: problemas cumulativos, incorporando material de capítulos anteriores. **CALC**: problemas exigindo cálculo. **DADOS**: problemas envolvendo dados reais, evidência científica, projeto experimental e/ou raciocínio científico. **BIO**: problemas envolvendo biociências.

QUESTÕES PARA DISCUSSÃO

Q43.1 BIO Os nêutrons possuem dipolo de momento magnético e podem sofrer uma inversão de *spins* mediante absorção de ondas eletromagnéticas. Por que, então, os prótons e não os nêutrons são usados para a obtenção de imagens MRI de tecidos do corpo humano? (Veja a Figura 43.1.)

Q43.2 Na Equação 43.11, à medida que o número de núcleons total aumenta, a importância do segundo termo na equação em relação ao primeiro diminui. Isso faz sentido, em termos físicos? Explique.

Q43.3 Por que as massas de todos os núcleos não são múltiplos inteiros das massas de um único núcleon elementar?

Q43.4 Os dois únicos nuclídeos estáveis com mais prótons que nêutrons são o $^1_1$H e o $^3_2$He. Por que $Z > N$ é tão incomum?

Q43.5 Quais são os seis elementos conhecidos para os quais Z é um número mágico? Discuta quais devem ser as propriedades desses elementos em consequência desses valores especiais de Z.

Q43.6 A energia de ligação por núcleon não varia muito em muitos nuclídeos (veja a Figura 43.2). Existe uma consistência semelhante para as energias *atômicas* com base na "energia por elétron"? Caso exista, por quê? Caso contrário, por que não?

Q43.7 Um núcleo pesado instável geralmente decai emitindo uma partícula α ou uma partícula β. Por que ele geralmente não emite um único próton ou um nêutron?

Q43.8 À medida que as estrelas envelhecem, elas esgotam seu suprimento de hidrogênio e começam a produzir energia por uma reação que envolve a fusão de três núcleos de hélio para formar um núcleo de carbono. Você esperaria que o interior das estrelas mais velhas fosse mais quente ou mais frio que o interior das estrelas mais novas? Explique.

Q43.9 Considerando o chumbo um elemento estável, por que a série de decaimentos do ^{238}U indicada na Figura 43.7 não termina no chumbo, ^{214}Pb?

Q43.10 Na cadeia de decaimentos do ^{238}U mostrada na Figura 43.7, alguns nuclídeos da série são mais abundantes na natureza que outros, embora cada núcleo do ^{238}U deva originar todas as etapas da série antes de finalmente se transformar no ^{206}Pb. Por que nem todos os nuclídeos intermediários apresentam a mesma abundância?

Q43.11 Uma partícula β tem um poder de penetração na matéria muito maior que uma partícula α com a mesma energia. Por quê?

Q43.12 Se $^{A}_{Z}El_i$ representa um nuclídeo inicial, que processo ou processos de decaimento ocorrem quando o nuclídeo final é (a) $_{Z+1}^{\;\;A}El_f$; (b) $^{A-4}_{Z-2}El_f$; (c) $_{Z-1}^{\;\;A}El_f$?

Q43.13 Em uma equação para descrever um decaimento nuclear, por que podemos representar o elétron como $_{-1}^{\;\;0}\beta^-$? Quais são as representações correspondentes para um pósitron, um neutrino e um antineutrino?

Q43.14 Por que o decaimento de partículas alfa, beta e gama de um núcleo instável não é influenciado pela situação *química* do átomo, tal como a natureza da molécula ou do sólido ao qual ele está ligado? Apesar disso, a situação química do átomo pode influenciar a meia-vida na captura do elétron. Por quê?

Q43.15 No processo da *conversão interna*, um núcleo decai de um estado excitado para o estado fundamental ao fornecer a energia de excitação para um elétron do átomo, em vez de emitir um fóton de raio gama. Por que esse processo também pode produzir um fóton de raio X?

Q43.16 No Exemplo 43.9 (Seção 43.4), a atividade do carbono na atmosfera *antes* de 1900 foi fornecida. Discuta por que essa atividade pode ter variado desde 1900.

Q43.17 BIO Um problema na datação de amostras biológicas por radiocarbono, principalmente com amostras muito antigas, é que elas podem ser facilmente contaminadas com material biológico moderno durante o processo de medição. Que efeito tal contaminação teria sobre a idade estimada? Por que essa contaminação é um problema mais grave em amostras de material mais antigo que em amostras de material mais novo?

Q43.18 O isótopo do rádio mais comumente encontrado na Terra, o ^{226}Ra, possui meia-vida de 1.600 anos. Sabemos que a Terra se formou há cerca de 10^9 anos. Como explicar então que ainda exista rádio?

Q43.19 As reações de fissão ocorrem somente em núcleos com número de núcleons elevado, enquanto as reações de fusão exoenergéticas ocorrem somente em núcleos com número de núcleons pequeno. Por quê?

Q43.20 Quando um núcleo grande se divide durante a fissão nuclear, os núcleos-filhos da fissão se separam com uma enorme energia cinética. Por que isso acontece?

EXERCÍCIOS

Seção 43.1 Propriedades do núcleo

43.1 • Quantos prótons e nêutrons existem no núcleo do isótopo mais comum do (a) silício, $^{28}_{14}Si$? (b) rubídio, $^{85}_{37}Rb$? (c) tálio, $^{205}_{81}Tl$?

43.2 •• Nêutrons são colocados em um campo magnético com módulo igual a 2,30 T. (a) Qual é a diferença de energia com estados em que os *spins* ficam paralelos ou antiparalelos ao campo magnético? Qual é o estado que possui energia mais baixa: aquele com *spin* paralelo ou o que possui *spin* antiparalelo ao campo magnético? Como seu resultado se compara com os estados de energia em prótons no mesmo campo (veja o Exemplo 43.2)? (b) Os nêutrons podem fazer transições de um desses estados para o outro absorvendo ou emitindo um fóton com energia igual à diferença de energia entre esses dois estados. Calcule a frequência e o comprimento de onda desse fóton.

43.3 • Átomos de hidrogênio são colocados em um campo magnético externo. Os prótons podem fazer transições entre estados em que os *spins* ficam paralelos ou antiparalelos ao campo magnético absorvendo ou emitindo fótons. Qual é o módulo do campo magnético exigido para que essa transição seja induzida por fótons com frequência de 22,7 MHz?

Seção 43.2 Ligação nuclear e estrutura nuclear

43.4 •• Os núcleos $^{11}_{5}B$ e $^{11}_{6}C$ são denominados *núcleos espelho*, pois o número de prótons no $^{11}_{5}B$ é igual ao número de nêutrons no $^{11}_{6}C$ e o número de nêutrons no $^{11}_{5}B$ é igual ao número de prótons no $^{11}_{6}C$. A massa atômica do $^{11}_{6}C$ é 11,011434 u, e a massa atômica do $^{11}_{5}B$ é dada na Tabela 43.2. (a) Calcule as energias de ligação do $^{11}_{5}B$ e do $^{11}_{6}C$. (b) Qual dos dois núcleos tem a maior energia de ligação? Por que isso acontece?

43.5 • O isótopo mais comum do boro é o $^{11}_{5}B$. (a) Calcule a energia de ligação total do $^{11}_{5}B$ pela Tabela 43.2 da Seção 43.1. (b) Calcule essa energia de ligação pela Equação 43.11. (Por que o quinto termo é igual a zero?) Compare com o resultado obtido no item (a). Qual é a diferença percentual entre os dois resultados? Compare a precisão da Equação 43.11 para o $^{11}_{5}B$ com sua precisão para o $^{62}_{28}Ni$ (veja o Exemplo 43.4).

43.6 • O isótopo mais comum do urânio, $^{238}_{92}U$, possui massa atômica igual a 238,050788 u. Calcule (a) a perda de massa; (b) a energia de ligação (em MeV); (c) a energia de ligação por núcleon.

43.7 • Calcule (a) a energia de ligação total e (b) a energia de ligação por núcleo do ^{12}C. (c) Que porcentagem da massa de repouso desse núcleo é sua energia de ligação total?

43.8 •• Uma partícula alfa está fortemente ligada. O núcleo do $^{12}_{6}C$ poderia ser modelado como um composto de três partículas alfa. Compare a energia de ligação do $^{12}_{6}C$ com três vezes a energia de ligação de uma partícula alfa. Qual dessas quantidades é maior, e por que isso acontece?

43.9 • PC Um fóton com comprimento de onda de $3{,}50 \times 10^{-13}$ m atinge um dêuteron, dividindo-o em um próton e um nêutron. (a) Calcule a energia cinética liberada nessa interação. (b) Supondo que duas partículas compartilhem igualmente uma energia e que suas massas sejam iguais a 1,00 u, calcule suas velocidades após a fotodesintegração.

43.10 • Calcule a perda de massa, a energia de ligação (em MeV) e a energia de ligação por núcleon de (a) um núcleo de nitrogênio, $^{14}_{7}N$, e (b) de um núcleo de hélio, $^{4}_{2}He$. (c) Como se comparam os resultados dos itens (a) e (b)?

43.11 • Use a Equação 43.11 para calcular a energia de ligação por núcleon para os núcleos do $^{86}_{36}Kr$ e do $^{180}_{73}Ta$. Seus resultados confirmam o que aparece na Figura 43.2 — que, para A maior que 62, a energia de ligação por núcleon diminui à medida que A aumenta?

Seção 43.3 Estabilidade nuclear e radioatividade

43.12 • (a) O decaimento $n \rightarrow p + \beta^- + \overline{\nu}_e$ é energeticamente possível? Caso não seja, por que não? Do contrário, calcule a energia total liberada. (b) O decaimento $p \rightarrow n + \beta^+ + \nu_e$ é energeticamente possível? Caso não seja, por que não? Caso seja, calcule a energia total liberada.

43.13 • Determine o nuclídeo produzido nos seguintes decaimentos radioativos: (a) decaimento α do $^{239}_{94}Pu$; (b) decaimento β^- do $^{24}_{11}Na$; (c) decaimento β^+ do $^{15}_{8}O$.

43.14 •• PC O ^{238}U sofre decaimento espontâneo por emissão α para o ^{234}Th. Calcule (a) a energia total liberada nesse processo e (b) a velocidade de recuo do núcleo de ^{234}Th. As massas atômicas são 238,050788 u para o ^{238}U e 234,043601 u para o ^{234}Th.

43.15 •• A massa atômica do ^{14}C é igual a 14,003242 u. Mostre que o decaimento β^- do ^{14}C é energeticamente possível e calcule a energia liberada nesse decaimento.

43.16 • Qual é a partícula emitida (partícula α, elétron ou pósitron) nos seguintes decaimentos radioativos? (a) $^{27}_{14}Si \rightarrow ^{27}_{13}Al$; (b) $^{238}_{92}U \rightarrow ^{234}_{90}Th$; (c) $^{74}_{33}As \rightarrow ^{74}_{34}Se$.

43.17 •• (a) Calcule a energia liberada por captura de elétron no decaimento do $^{57}_{27}Co$ (veja o Exemplo 43.7). (b) Uma quantidade desprezível de energia é transferida como energia cinética para o átomo resultante $^{57}_{26}Fe$. Cerca de 90% do tempo, o núcleo $^{57}_{26}Fe$ emite sucessivamente dois fótons de raios gama depois do processo de captura do elétron, com energias de 0,122 MeV e de 0,014 MeV, respectivamente, quando eles decaem para o estado fundamental. Qual é a energia do neutrino emitido nesse caso?

43.18 • O trício (^3_1H) é um isótopo instável do hidrogênio; sua massa, incluindo um elétron, é igual a 3,016049 u. (a) Mostre que o trício precisa ser instável com relação ao decaimento beta, pois os produtos do decaimento (^3_2He mais um elétron emitido) têm menos massa total que o trício. (b) Determine a energia cinética total (em MeV) dos produtos de decaimento, tendo o cuidado de levar em consideração corretamente as massas do elétron.

Seção 43.4 Atividade e meia-vida

43.19 • Se uma amostra de 6,13 g de um isótopo com número de massa de 124 decai a uma taxa de 0,350 Ci, qual é sua meia-vida?

43.20 • BIO Isótopos radioativos usados na terapia do câncer têm um "tempo de prateleira", como produtos farmacêuticos usados na quimioterapia. A atividade de uma amostra de ^{60}Co que acaba de ser fabricada em um reator nuclear é 5.000 Ci. Quando sua atividade cai abaixo de 3.500 Ci, a amostra é considerada fraca demais para ser usada em um tratamento. Você trabalha no departamento de radiologia de um grande hospital. Uma dessas fontes de ^{60}Co em seu estoque foi fabricada em 6 de outubro de 2013. Hoje é 6 de abril de 2016. A fonte ainda é utilizável? A meia-vida do ^{60}Co é 5,271 anos.

43.21 •• O isótopo comum do urânio, ^{238}U, possui meia-vida de $4{,}47 \times 10^9$ anos, decaindo para ^{234}Th pela emissão alfa. (a) Qual é a constante de decaimento? (b) Que massa de urânio é exigida para uma atividade de 1,00 curie? (c) Quantas partículas alfa são emitidas por segundo por 10,0 g de urânio?

43.22 •• BIO **Tratamento de câncer da próstata por radiação.** Em muitos casos, o câncer da próstata é tratado implantando-se 60 a 100 pequenas sementes de material radioativo no tumor. A energia liberada pelos decaimentos mata o tumor. Um isótopo usado (existem outros) é o paládio (^{103}Pd), com uma meia-vida de 17 dias. Se um grão típico contém 0,250 g de ^{103}Pd, (a) qual é a taxa de atividade inicial em Bq, e (b) qual é a taxa 68 dias depois?

43.23 •• Uma amostra de 12,0 g de carbono de matéria viva decai a uma taxa de 184 decaimentos/min em virtude do ^{14}C radioativo que contém. Qual será a taxa de decaimento dessa amostra em (a) 1.000 anos e (b) 50.000 anos?

43.24 •• BIO **Traçadores radioativos.** Isótopos radioativos muitas vezes entram no corpo através da corrente sanguínea. Sua disseminação pelo corpo pode ser monitorada pela detecção do surgimento da radiação em diversos órgãos. O ^{131}I, um emissor β^- com uma meia-vida de 8,0 d, é um desses traçadores. Suponha que um cientista introduza uma amostra com atividade de 325 Bq e observe-a espalhando-se pelos órgãos. (a) Supondo que a amostra toda tenha ido para a tireoide, qual será a taxa de decaimento dessa glândula 24 d (cerca de $3\frac{1}{2}$ semanas) depois? (b) Se a taxa de decaimento na tireoide for medida 24 d depois e se obtenha o valor de 17,0 Bq, que porcentagem do traçador foi para essa glândula? (c) Que isótopo permanece depois que o I-131 decai?

43.25 •• O isótopo instável ^{40}K é usado para fazer datação de amostras de rocha. Sua meia-vida é igual a $1{,}28 \times 10^9$ a. (a) Quantos decaimentos ocorrem por segundo em uma amostra contendo $1{,}63 \times 10^{-6}$ g de ^{40}K? (b) Qual é a atividade da amostra em curies?

43.26 • Como físico credenciado na área da saúde, você é consultado a respeito de um vazamento em um laboratório de radioquímica. Vazaram 400 μCi de ^{131}Ba, que tem uma meia-vida de 12 dias. (a) Que massa de ^{131}Ba vazou? (b) Sua recomendação é que se abandone o laboratório até que o nível de radiação tenha caído a 1,00 μCi. Por quanto tempo o laboratório terá de permanecer fechado?

43.27 • Ao medir certo isótopo, verifica-se que a taxa de decaimento diminui de 8.318 decaimentos/min para 3.091 decaimentos/min em 4,00 dias. Qual é a meia-vida desse isótopo?

43.28 • Um isótopo radioativo tem meia-vida de 43,0 min. Em $t = 0$, sua atividade é igual a 0,376 Ci. Qual é a sua atividade em $t = 2{,}00$ h?

43.29 • O nuclídeo radioativo ^{199}Pt tem meia-vida de 30,8 minutos. Uma amostra é preparada com uma atividade inicial igual a $7{,}56 \times 10^{11}$ Bq. (a) Quantos núcleos de ^{199}Pt estão inicialmente presentes na amostra? (b) Quantos estão presentes depois de 30,8 minutos? Qual é a atividade nesse instante? (c) Repita o item (b) para um tempo de 92,4 minutos depois de a amostra ter sido inicialmente preparada.

43.30 •• **Datação com carbono radioativo.** Uma amostra de madeira de um sítio arqueológico contendo 500 g de carbono fornece 2.690 decaimentos/min. Qual é a idade da amostra?

Seção 43.5 Efeitos biológicos da radiação

43.31 •• BIO (a) Se um raio X do tórax fornece 0,25 mSv a 5,0 kg de tecido, quantos joules de energia esse tecido recebe *no total*? (b) A radiação natural e os raios cósmicos fornecem cerca de 0,10 mSv por ano no nível do mar. Considerando um RBE de 1, quantos rem e rads essa dose representa e quantos joules de energia uma pessoa de 75 kg recebe em um ano? (c) Quantos raios X do tórax como o do item (a) seriam necessários para fornecer a mesma quantidade *total* de energia a uma pessoa de 75 kg que ela recebe da radiação natural em um ano no nível do mar, conforme descrito no item (b)?

43.32 • BIO **Overdose de radiação.** Se o corpo inteiro de uma pessoa for exposto a 5,0 J/kg de raios X, normalmente ela morre dentro de alguns dias. (a) Expresse essa dose de radiação letal em Gy, rad, Sv e rem. (b) Quanta energia total uma pessoa de 70,0 kg absorve dessa dose? (c) Se os 5,0 J/kg viessem de um feixe de prótons em vez de raios X, quais seriam as respostas dos itens (a) e (b)?

43.33 •• BIO Uma química nuclear recebe uma dose de radiação acidental de 5,0 Gy oriunda de nêutrons lentos (RBE = 4,0). O que ela recebe em rad, rem e J/kg?

43.34 •• BIO Uma pessoa exposta a nêutrons rápidos recebe uma dose de radiação de 300 rem em parte de sua mão, o que afeta 25 g de tecido. A RBE desses nêutrons é 10. (a) Quantos rad essa pessoa recebeu? (b) Quantos joules de energia essa pessoa recebeu? (c) Suponha que a pessoa tenha recebido a mesma dose de rad, mas de raios beta com uma RBE de 1,0 em vez de nêutrons. Quantos rem essa pessoa teria recebido?

43.35 • BIO **Irradiação de alimentos.** Os alimentos muitas vezes são irradiados com raios X ou com feixes de elétrons para prevenir a deterioração. Uma dose baixa de 5-75 quilorads (krad) ajuda a reduzir e a matar parasitas inativos, uma dose média de 100-400 krad mata microrganismos e elementos patogênicos como a salmonela, e uma dose alta de 2.300-5.700 krad esteriliza o alimento de modo a poder ser armazenado sem refrigeração. (a) Uma dose de 175 krad mata microrganismos deteriorantes em peixes. Se raios X fossem usados, qual seria a dose em Gy, Sv e rem, e quanta energia uma porção de peixe de 220 g absorveria? (Veja a Tabela 43.3.) (b) Repita o item (a) se forem usados elétrons de 1,50 RBE em vez de raios X.

43.36 • BIO **Varrer ou não varrer?** Tornou-se uma prática popular a realização de varreduras anuais de corpo inteiro (varreduras de CT, antigamente conhecidas como varreduras de CAT) por meio de raios X, só para verificar se elas detectam algo suspeito. Diversos médicos têm questionado o uso dessas varreduras, em parte pela radiação que elas transmitem. Cada uma dessas varreduras, em geral, fornece uma dose de 12 mSv, aplicada ao *corpo inteiro.* Para efeitos de comparação, um raio X torácico costuma fornecer 0,20 mSv a apenas 5,0 kg de tecido. Quantos raios X torácicos transmitiriam a mesma quantidade de energia *total* ao corpo de uma pessoa de 75 kg que uma única varredura de corpo inteiro?

43.37 •• BIO Uma pessoa com 67 kg ingere acidentalmente 0,35 Ci de trício. (a) Suponha que o trício se espalhe uniformemente pelo corpo e que cada decaimento produza na média a absorção de 5,0 keV de energia dos elétrons emitidos no decaimento. A meia-vida do trício é de 12,3 anos e a RBE dos elétrons é igual a 1,0. Calcule a dose absorvida e a dose equivalente em rem durante uma semana. (b) O decaimento β^- do trício libera mais de 5,0 keV de energia. Por que a energia média absorvida é menor que a energia total liberada no decaimento?

43.38 • BIO Em um acidente industrial, uma pessoa de 65 kg recebe em todo o seu corpo uma dose equivalente letal de 5,4 Sv de raios X. (a) Qual é a dose equivalente em rem? (b) Qual é a dose absorvida em rad? (c) Qual é a energia total absorvida pelo corpo da pessoa? Como essa energia se compara com a energia necessária para elevar 0,010 °C a temperatura de 65 kg de água?

43.39 •• PC BIO Em um procedimento diagnóstico de raios X, $5{,}00 \times 10^{10}$ fótons são absorvidos pelo tecido com uma massa de 0,600 kg. O comprimento de onda dos raios X é igual a 0,0200 nm. (a) Qual é a energia total absorvida pelo tecido? (b) Qual é a dose equivalente em rem?

Seção 43.6 Reações nucleares
Seção 43.7 Fissão nuclear
Seção 43.8 Fusão nuclear

43.40 •• Calcule a energia de reação Q para a reação $\text{p} + {}^3_1\text{H} \rightarrow {}^2_1\text{H} + {}^2_1\text{H}$. Essa reação é exoenergética ou endoenergética?

43.41 • Considere a reação nuclear

$${}^2_1\text{H} + {}^9_4\text{Be} \rightarrow \text{X} + {}^4_2\text{He}$$

onde X é um nuclídeo. (a) Qual é o valor de Z e de A para o nuclídeo X? (b) Qual é a energia liberada? (c) Calcule a energia-limite para essa reação.

43.42 • **Energia de uma fusão nuclear.** Calcule a energia liberada na reação de fusão

$${}^3_2\text{He} + {}^2_1\text{H} \rightarrow {}^4_2\text{He} + {}^1_1\text{H}$$

43.43 •• No início da Seção 43.7, é dada uma equação de um processo de fissão em que o ^{235}U é fixado por um nêutron e passa por fissão para produzir ^{144}Ba, ^{89}Kr e três nêutrons. As massas medidas desses isótopos são 235,043930 u (^{235}U), 143,922953 u (^{144}Ba), 88,917631 u (^{89}Kr) e 1,0086649 u (nêutron). (a) Calcule a energia (em MeV) liberada em cada reação de fissão. (b) Calcule a energia liberada por grama de ^{235}U, em MeV/g.

43.44 • Os Estados Unidos usam cerca de $1{,}4 \times 10^{19}$ J de energia elétrica por ano. Se toda essa energia viesse de uma fissão de ^{235}U, que libera 200 MeV por evento de fissão, (a) quantos quilogramas de ^{235}U seriam usados por ano e (b) quantos quilogramas de urânio teriam de ser extraídos por ano para fornecer essa quantidade de ^{235}U? (Lembre-se de que apenas 0,70% do urânio que ocorre naturalmente é ^{235}U.)

43.45 • Considere a reação nuclear

$${}^4_2\text{He} + {}^7_3\text{Li} \rightarrow \text{X} + {}^1_0\text{n}$$

onde X é um nuclídeo. (a) Qual é o valor de Z e de A para o nuclídeo X? (b) A energia é absorvida ou liberada? Em que quantidade?

43.46 •• Considere a reação nuclear

$${}^{28}_{14}\text{Si} + \gamma \rightarrow {}^{24}_{12}\text{Mg} + \text{X}$$

onde X é um nuclídeo. (a) Quais são os valores de Z e de A para o nuclídeo X? (b) Desprezando o efeito de recuo, que energia mínima o fóton deve possuir para que essa reação ocorra? A massa de um átomo de ${}^{28}_{14}\text{Si}$ é igual a 27,976927 u e a massa de um átomo de ${}^{24}_{12}\text{Mg}$ é igual a 23,985042 u.

PROBLEMAS

43.47 • **Comparação da energia liberada por grama de combustível.** (a) Quando se queima gasolina, ocorre a liberação de $1{,}3 \times 10^8$ J de energia por galão (3,788 L). Considerando que a densidade da gasolina é 737 kg/m^3, expresse a quantidade de energia liberada em J/g de combustível. (b) Durante a fissão, quando um nêutron é absorvido por um núcleo de ^{235}U, cerca de 200 MeV de energia são liberados por cada núcleo que sofre fissão. Expresse esse valor em J/g de combustível. (c) Em uma cadeia próton-próton que ocorre em estrelas como o nosso Sol, a reação de fusão geral pode ser resumida como seis prótons se fundindo para formar um núcleo de ^4He com dois prótons restantes e a liberação de 26,7 MeV de energia. O combustível são os seis prótons. Expresse a energia produzida aqui em unidades de J/g de combustível. Note a grande diferença entre as duas formas de energia nuclear, por um lado, e a energia química da gasolina, por outro. (d) Nosso Sol produz energia a uma taxa de $3{,}86 \times 10^{26}$ W. Se a sua massa de $1{,}99 \times 10^{30}$ kg fosse toda composta por gasolina, quanto tempo ele levaria para consumir todo o seu combustível? (*Observação histórica*: antes da descoberta da fusão nuclear e das vastas quantidades de energia que ela libera, os cientistas estavam confusos. Sabiam que a Terra tinha pelo menos vários milhões de anos de idade, mas não conseguiam explicar como o Sol podia ter sobrevivido todo esse tempo se a sua energia era proveniente de queima química.)

43.48 •• (a) Calcule a energia mínima necessária para remover um próton do núcleo ${}^{12}_{6}C$. Esta é a chamada energia de remoção de próton. (*Dica:* ache a diferença entre a massa de um núcleo ${}^{12}_{6}C$ e a massa de um próton mais a massa do núcleo formado quando um próton é removido do ${}^{12}_{6}C$.) (b) Como a energia de remoção de próton para o ${}^{12}_{6}C$ se compara com a energia de ligação por núcleon para o ${}^{12}_{6}O$, calculada usando a Equação 43.10?

43.49 •• Calcule a energia mínima necessária para remover um nêutron do núcleo ${}^{17}_{8}O$. Esta é a chamada energia de remoção de nêutron. (Veja o Problema 43.48.) (b) Como a energia de remoção de nêutron para o ${}^{17}_{8}O$ se compara com a energia de ligação por núcleon para o ${}^{17}_{8}O$, calculada usando a Equação 43.10?

43.50 •• O isótopo ${}^{110}_{47}Ag$ é criado pela irradiação de uma amostra de núcleos ${}^{109}_{47}Ag$ com nêutrons. O núcleo ${}^{109}_{47}Ag$ é estável e o número de núcleos ${}^{109}_{47}Ag$ na amostra é grande, de modo que consideramos que o número de núcleos ${}^{109}_{47}Ag$ é constante. Portanto, com um fluxo constante de nêutrons, os núcleos ${}^{110}_{47}Ag$ são produzidos a uma taxa constante de $8{,}40 \times 10^3$ núcleos por segundo. O isótopo ${}^{110}_{47}Ag$ decai por emissão β^- para o núcleo estável ${}^{110}_{48}Cd$, com uma meia-vida de 24,6 s. Inicialmente, em $t = 0$, somente núcleos ${}^{109}_{47}Ag$ estão presentes. (a) Depois que o estado fundamental tiver sido alcançado e o número de núcleos ${}^{110}_{47}Ag$ na amostra estiver constante, quantos núcleos ${}^{110}_{47}Ag$ existem? (b) Quantos ${}^{110}_{47}Ag$ existem na amostra em $t = 24{,}6$ s? (*Dica:* consulte o Problema em destaque deste capítulo.)

43.51 • BIO **Precipitação radioativa.** Um dos problemas do teste no ar das armas nucleares (ou, pior ainda, o *uso* dessas armas!) é o perigo da precipitação radioativa. Um dos nuclídeos mais problemáticos nessa precipitação é o estrôncio-90 (${}^{90}Sr$), que se quebra pelo decaimento β^- com uma meia-vida de 28 anos. Ele é quimicamente semelhante ao cálcio e, portanto, pode ser incorporado nos ossos e dentes, onde, em razão de sua meia--vida um tanto longa, permanece por anos como uma fonte de radiação interna. (a) Qual é o núcleo-filho do decaimento do ${}^{90}Sr$? (b) Que porcentagem do nível original de ${}^{90}Sr$ ainda resta após 56 anos? (c) Quanto tempo você teria de esperar até que o nível original fosse reduzido para 6,25% do seu valor original?

43.52 •• PC O tório ${}^{230}_{90}Th$ decai para o rádio ${}^{226}_{88}Ra$ pela emissão α. As massas dos átomos neutros são 230,033134 u para o ${}^{230}_{90}Th$ e 226,025410 u para o ${}^{226}_{88}Ra$. Se o núcleo-pai do tório está em repouso, qual é a energia cinética da partícula α emitida? (Certifique-se de que você levou em consideração o recuo do núcleo-filho.)

43.53 •• A massa atômica do ${}^{25}_{12}Mg$ é igual a 24,985837 u, e a massa atômica do ${}^{25}_{13}Al$ é igual a 24,990428 u. (a) Qual é o núcleo que dá origem ao outro pelo decaimento? (b) Que tipo de decaimento ocorrerá? Explique como você determinou isso. (c) Qual é a quantidade de energia (em MeV) liberada no decaimento?

43.54 •• O isótopo do polônio ${}^{210}_{84}Po$ tem massa atômica 209,982874 u. Outras massas atômicas são ${}^{206}_{82}Pb$, 205,974465 u; ${}^{209}_{83}Bi$, 208,980399 u; ${}^{210}{}_{83}Bi$, 209,984120 u; ${}^{209}_{84}Po$, 208,982430 u; e ${}^{210}_{85}At$, 209,987148 u. (a) Mostre que o decaimento alfa do ${}^{210}_{84}Po$ é energeticamente possível e calcule a energia da partícula α emitida. (b) O ${}^{210}_{84}Po$ é energeticamente estável em relação à emissão de um próton? Por quê? (c) E em relação à emissão de um nêutron? Por quê? (d) E em relação ao decaimento β^-? Por quê? (e) E em relação ao decaimento β^+? Por quê?

43.55 •• BIO **Irradiando a nós mesmos!** O radiocarbono em nossos corpos é uma das fontes de radiação naturais. Vamos ver qual é o tamanho da dose que recebemos. O ${}^{14}C$ decai por meio de emissão β^-, e 18% da massa de nosso corpo é constituída por carbono. (a) Faça um esquema do decaimento do carbono-14 e indique o produto final. (Um neutrino também é produzido.) (b) Desprezando os efeitos do neutrino, quanta energia cinética (em MeV) é liberada por decaimento? A massa atômica do ${}^{14}C$ é 14,003242 u. (c) Quantos gramas de carbono existem em uma pessoa de 75 kg? Quantos decaimentos por segundo esse carbono produz? (*Dica:* use os dados do Exemplo 43.9.) (d) Supondo que toda a energia liberada nesses decaimentos seja absorvida pelo corpo, quantos MeV/s e J/s o ${}^{14}C$ libera no corpo dessa pessoa? (e) Consulte a Tabela 43.3 e use a maior RBE apropriada para as partículas envolvidas. Que dose de radiação a pessoa fornece a si própria em um ano, em Gy, rad, Sv e rem?

43.56 •• BIO **Radioterapia por meio de píons.** Um píon neutro (π^0) tem uma massa 264 vezes maior que a massa do elétron e decaimentos com uma vida média de $8{,}4 \times 10^{-17}$ s para dois fótons. Tais píons são usados no tratamento por radiação de alguns cânceres. (a) Calcule a energia e o comprimento de onda desses fótons. Em que parte do espectro eletromagnético eles se localizam? Qual é a RBE desses fótons? (b) Se você quiser transmitir uma dose de 200 rem (que é a dose mais comum) em um único tratamento a 25 g de tecido de tumor, quantos mésons π^0 são necessários?

43.57 •• Calcule a perda de massa no decaimento β^+ do ${}^{11}_{6}C$. Esse decaimento é energeticamente possível? Por quê? A massa atômica do ${}^{11}_{6}C$ é 11,011434 u.

43.58 •• BIO Uma pessoa ingere uma quantidade de uma fonte radioativa com vida média muito longa e atividade igual a 0,52 μCi. O material radioativo se aloja nos pulmões, onde todas as partículas α de 4,0 MeV emitidas são absorvidas em uma massa de 0,50 kg de tecido. Calcule a dose absorvida e a dose equivalente durante um ano.

43.59 • **Somos poeira de estrelas.** Em 1952, linhas espectrais do elemento tecnécio-99 (${}^{99}Tc$) foram descobertas em uma estrela gigante vermelha. Gigantes vermelhas são estrelas antigas, muitas vezes com cerca de 10 bilhões de anos e perto do fim de suas vidas. O tecnécio *não* tem isótopos estáveis, e a meia-vida do ${}^{99}Tc$ é 200.000 anos. (a) Durante quantas meias-vidas o ${}^{99}Tc$ esteve na estrela gigante vermelha, se sua idade é 10 bilhões de anos? (b) Que fração do ${}^{99}Tc$ original restaria ao final desse tempo? Essa descoberta foi extremamente importante, pois forneceu provas convincentes da teoria (agora considerada verdadeira) de que a maioria dos átomos mais pesados que o hidrogênio e o hélio foi criada dentro de estrelas por meio da termofusão nuclear e outros processos nucleares. Se o ${}^{99}Tc$ fizesse parte da estrela desde que ela nasceu, a quantidade remanescente após 10 bilhões de anos seria tão pequena que não seria detectável. Essa informação levou o falecido astrônomo Carl Sagan a declarar que "somos poeira de estrelas".

43.60 • BIO Uma pessoa de 70 kg sofre exposição a uma radiação α com energia de 4,77 MeV. Um total de $7{,}75 \times 10^{12}$ partículas α são absorvidas. (a) Qual é a dose absorvida em rad? (b) Qual é a dose equivalente em rem? (c) Se a fonte é de 0,0320 g de ${}^{226}Ra$ (meia-vida de 1.600 anos) em alguma parte do corpo, qual é a atividade da fonte? (d) Se todas as partículas alfa produzidas são absorvidas, qual é o tempo necessário para que essa dose seja emitida?

43.61 •• Medições indicam que 27,83% de todos os átomos de rubídio existentes na Terra atualmente são do isótopo radioativo ${}^{87}Rb$. Os átomos restantes são do isótopo estável ${}^{85}Rb$. A meia--vida do ${}^{87}Rb$ é igual a $4{,}75 \times 10^{10}$ anos. Supondo que nenhum outro átomo tenha se formado desde então, qual era a porcentagem de átomos de ^{87}Rb quando nosso sistema solar foi formado, há $4{,}6 \times 10^9$ anos?

43.62 • A meia-vida do núcleo $^{15}_{8}$O é 122,2 s; a meia-vida do $^{19}_{8}$O é 26,9 s. Se em um dado instante uma amostra possui quantidades iguais de $^{15}_{8}$O e de $^{19}_{8}$O, qual é a razão entre o $^{15}_{8}$O e o $^{19}_{8}$O depois de (a) 3,0 minutos? (b) 12,0 minutos?

43.63 •• BIO Uma fonte de ^{60}Co com atividade igual a $2{,}6 \times 10^{-4}$ Ci é introduzida em um tumor com massa de 0,200 kg. A fonte emite fótons γ com energia média de 1,25 MeV. Metade dos fótons é absorvida pelo tumor e a outra metade escapa. (a) Qual é a energia emitida por segundo para o tumor? (b) Qual é a dose absorvida (em rad) por segundo? (c) Qual é a dose equivalente (em rem) por segundo, se a RBE desses raios γ for igual a 0,70? (d) Qual é o tempo de exposição necessário para uma dose equivalente de 200 rem?

43.64 •• **Um traçador oceanográfico.** Testes com armas nucleares nas décadas de 1950 e 1960 liberaram quantidades significativas de trício radioativo ($^3_1$H, meia-vida de 12,3 anos) na atmosfera. Os átomos de trício ligaram-se rapidamente em moléculas de água e caíram em forma de chuva, a maior parte no oceano. Em qualquer porção dessa água contendo trício que afunda abaixo da superfície, a quantidade de tempo durante a qual ela foi isolada da superfície pode ser calculada medindo-se a razão entre o produto do decaimento, $^3_2$He, e o trício remanescente na água. Por exemplo, se a razão entre o $^3_2$He e o $^3_1$H em uma amostra de água é 1:1, a água permaneceu abaixo da superfície por uma meia-vida, ou aproximadamente 12 anos. Esse método forneceu aos oceanógrafos um modo conveniente de mapear os movimentos de correntes submarinas em partes do oceano. Suponha que, em uma determinada amostra de água, a razão entre o $^3_2$He e o $^3_1$H seja de 4,3 para 1,0. Quantos anos atrás essa água afundou abaixo da superfície?

43.65 • O fragmento de um osso encontrado em uma caverna que provavelmente era habitada por seres humanos primitivos contém 0,29 vez mais ^{14}C que o carbono existente na atmosfera no momento em que o organismo ao qual o osso pertencia morreu. (Veja o Exemplo 43.9 na Seção 43.4.) Calcule a idade aproximada do fragmento.

43.66 •• BIO Em 1986, no desastre do reator de Chernobyl no leste europeu, cerca de $\frac{1}{8}$ do ^{137}Cs presente no reator foi liberado. O isótopo ^{137}Cs possui uma meia-vida de 30,07 anos para o decaimento β e decai com emissão de 1,17 MeV de energia por decaimento. Desse total, 0,51 MeV vai para o elétron emitido e a energia restante de 0,66 MeV vai para o raio γ. O ^{137}Cs radioativo é absorvido pelas plantas ingeridas por animais domésticos e pelos seres humanos. Quantos átomos de ^{137}Cs devem estar presentes em cada quilograma de tecido humano para que a dose equivalente em uma semana seja igual a 3,5 Sv? Suponha que toda a energia proveniente do decaimento seja depositada naquele 1 kg de tecido e que a RBE do elétron seja igual a 1,5.

43.67 •• Considere a reação de fusão $^2_1\text{H} + ^2_1\text{H} \rightarrow ^3_2\text{He} + ^1_0\text{n}$ (a) Estime a barreira de energia calculando a energia potencial eletrostática da repulsão entre os dois núcleos de $^2{}_1$H quando eles se tocam. (b) Calcule a energia liberada nessa reação em MeV e em joules. (c) Calcule a energia liberada *por mol* de deutério, lembrando que o gás é diatômico, e compare o resultado com o calor de combustão do hidrogênio, aproximadamente igual a $2{,}9 \times 10^5$ J/mol.

43.68 •• DADOS Como um cientista em um laboratório de pesquisa de física nuclear, você está realizando uma experiência de fotodesintegração para verificar a energia de ligação de um dêuteron. Um fóton com comprimento de onda λ no ar é absorvido por um dêuteron, que se separa em um nêutron e em um próton. Os dois fragmentos compartilham igualmente a energia cinética liberada, e o dêuteron pode ser considerado inicialmente em repouso. Você mede a velocidade do próton depois da desintegração em função do comprimento de onda λ do fóton. Seus resultados experimentais aparecem na tabela a seguir.

λ (10^{-13} m)	3,50	3,75	4,00	4,25	4,50	4,75	5,00
v (10^6 m/s)	11,3	10,2	9,1	8,1	7,2	6,1	4,9

(a) Represente graficamente os dados como v^2 em função de $1/\lambda$. Explique por que os pontos de dados, quando representados dessa forma, devem seguir próximos de uma linha reta. Encontre a inclinação e a interceptação y da linha reta que oferece o melhor ajuste aos dados. (b) Suponha que h e c tenham seus valores aceitos. Use seus resultados do item (a) para calcular a massa do próton e a energia de ligação (em MeV) do dêuteron.

43.69 •• DADOS Sua empresa desenvolve isótopos radioativos para aplicações médicas. Em seu trabalho, você mede a atividade de uma amostra radioativa. Seus resultados são indicados na tabela a seguir.

Tempo (h)	Decaimentos/s
0	20.000
0,5	14.800
1,0	11.000
1,5	8.130
2,0	6.020
2,5	4.460
3,0	3.300
4,0	1.810
5,0	1.000
6,0	550
7,0	300

(a) Calcule a meia-vida da amostra. (b) Quantos núcleos radioativos estavam presentes na amostra no instante $t = 0$? (c) Quantos estavam presentes depois de 7,0 h?

43.70 ••• DADOS No seu trabalho como físico na área de saúde, você mede a atividade de uma amostra misturada de elementos radioativos. Seus resultados aparecem na tabela a seguir.

Tempo (h)	Decaimentos/s
0	7.500
0,5	4.120
1,0	2.570
1,5	1.790
2,0	1.350
2,5	1.070
3,0	872
4,0	596
5,0	404
6,0	288
7,0	201
8,0	140
9,0	98
10,0	68
12,0	33

(a) Qual é o número mínimo de nuclídeos diferentes presentes na mistura? (b) Quais são suas meias-vidas? (c) Quantos núcleos de cada tipo estão presentes inicialmente na amostra? (d) Quantos núcleos de cada tipo estão presentes para $t = 5{,}0$ h?

PROBLEMAS DESAFIADORES

43.71 ••• **Radioatividade industrial.** Os radioisótopos são usados em diversas técnicas industriais de fabricação e de testes. Medidas de desgaste podem ser feitas aplicando-se o método explicado a seguir. O motor de um automóvel é produzido usando-se anéis de pistões com massa total igual a 100 g, incluindo uma radiação de 9,4 μCi de ^{59}Fe cuja meia-vida é igual a 45 dias. O motor é testado girando durante 1.000 horas, e depois o óleo é drenado e sua atividade é medida. Se a atividade do óleo do motor é 84 decaimentos/s, qual foi a massa desgastada dos anéis dos pistões por hora de operação?

43.72 ••• Muitos decaimentos radioativos ocorrem dentro de uma sequência de decaimentos — por exemplo, $^{234}_{92}\text{U} \rightarrow {}^{230}_{88}\text{Th} \rightarrow {}^{226}_{84}\text{Ra}$. A meia-vida para o decaimento $^{234}_{92}\text{U} \rightarrow {}^{230}_{88}\text{Th}$ é de $2{,}46 \times 10^5$ anos, e a meia-vida para o $^{230}_{88}\text{Th} \rightarrow {}^{226}_{84}\text{Ra}$ é de $7{,}54 \times 10^4$ anos. Considere que 1 se refira a $^{234}_{92}$U, 2 a $^{230}_{88}$Th e 3 a $^{226}_{84}$Ra; considere que λ_1 seja a constante de decaimento para o decaimento $^{234}_{92}\text{U} \rightarrow {}^{230}_{88}\text{Th}$ e λ_2 seja a constante de decaimento para o decaimento $^{230}_{88}\text{Th} \rightarrow {}^{226}_{84}\text{Ra}$. A quantidade de $^{230}_{88}$Th presente em qualquer momento depende da taxa em que ele é produzido pelo decaimento de $^{234}_{92}$U e a taxa pela qual ele é diminuído pelo seu decaimento para $^{226}_{84}$Ra. Portanto, $dN_2(t)/dt = \lambda_1 N_1(t) - \lambda_2 N_2(t)$. Se começarmos com uma amostra que contém N_{10} núcleos de $^{234}_{92}$U e nada mais, então $N(t) = N_{01}e^{-\lambda_1 t}$. Assim, $dN_2(t)/dt = \lambda_1 N_{10} e^{-\lambda_1 t} - \lambda_2 N_2(t)$. Essa equação diferencial para $N_2(t)$ pode ser resolvida como mostrado a seguir. Considere uma solução de teste na forma $N_2(t) = N_{10}[h_1 e^{-\lambda_1 t} + h_2 e^{-\lambda_2 t}]$, onde h_1 e h_2 são constantes. (a) Visto que $N_2(0) = 0$, qual deverá ser a relação entre h_1 e h_2? (b) Use a solução de teste para calcular $dN_2(t)/dt$ e substitua isso na equação diferencial para $N_2(t)$. Reúna os coeficientes de $e^{-\lambda_1 t}$ e $e^{-\lambda_2 t}$. Como a equação deverá ser mantida verdadeira para todo t, cada um desses coeficientes deverá ser zero. Use esse requisito para explicitar h_1 e, com isso, complete a determinação de $N_2(t)$. (c) No instante $t = 0$, você possui uma amostra pura contendo 30,0 g de $^{234}_{92}$U e nada mais. Que massa de $^{230}_{88}$Th está presente no instante $t = 2{,}46 \times 10^5$ anos, a meia-vida para o decaimento do $^{234}_{92}$U?

Problemas com contexto

BIO **IODO RADIOATIVO NA MEDICINA.** O iodo no corpo é preferencialmente ocupado pela glândula tireoide. Portanto, o iodo radioativo em pequenas doses é usado para mostrar uma imagem da tireoide e em grandes doses é usado para matar células da tireoide no tratamento de alguns tipos de câncer ou doença na tireoide. Os isótopos de iodo utilizados possuem meias-vidas relativamente curtas, de modo que deverão ser produzidos em um reator nuclear ou acelerador. Um isótopo usado com frequência para imagens é o ^{123}I; ele possui meia-vida de 13,2 h e emite um fóton de raio gama de 0,16 MeV. Um método de produção do ^{123}I é na reação nuclear $^{123}\text{Te} + \text{p} \rightarrow {}^{123}\text{I} + \text{n}$. As massas atômicas relevantes a essa reação são ^{123}Te, 122,904270 u; ^{123}I, 122,905589 u; n, 1,008665 u; e ^{1}H, 1,007825 u.

O isótopo do iodo normalmente utilizado para o tratamento de doenças é o ^{131}I, que é produzido pela irradiação de ^{130}Te em um reator nuclear para formar o ^{131}Te. O ^{131}Te então decai para ^{131}I. O ^{131}I sofre decaimento β^- com meia-vida de 8,04 d, emitindo elétrons com energias de até 0,61 MeV e fótons de raios gama com energia de 0,36 MeV. Um tratamento típico de câncer de tireoide poderia envolver a administração de 3,7 GBq de ^{131}I.

43.73 Que reação produz ^{131}Te no reator nuclear? (a) $^{130}\text{Te} + \text{n} \rightarrow {}^{131}\text{Te}$; (b) $^{130}\text{I} + \text{n} \rightarrow {}^{131}\text{Te}$; (c) $^{132}\text{Te} + \text{n} \rightarrow {}^{131}\text{Te}$; (d) $^{132}\text{I} + \text{n} \rightarrow {}^{131}\text{Te}$.

43.74 Que tipo de decaimento radioativo produz ^{131}I a partir de ^{131}Te? (a) Decaimento alfa; (b) decaimento β^-; (c) decaimento β^+; (d) decaimento gama.

43.75 Quantos átomos de ^{131}I são administrados em um tratamento típico contra câncer de tireoide? (a) $4{,}2 \times 10^{10}$; (b) $1{,}0 \times 10^{12}$; (c) $2{,}5 \times 10^{14}$; (d) $3{,}7 \times 10^{15}$.

43.76 Na reação que produz ^{131}I, existe uma energia cinética mínima de que os prótons precisam para que a reação prossiga? (a) Não, pois o próton tem uma massa menor que a do nêutron. (b) Não, porque a massa inicial total é menor que a massa final total. (c) Sim, porque o próton tem uma massa menor que a do nêutron. (d) Sim, porque a massa inicial total é menor que a massa final total.

43.77 Por que o ^{123}I poderia ser preferível para a criação de imagens ao ^{131}I? (a) A massa atômica do ^{123}I é menor, de modo que as partículas de ^{123}I trafegam mais pelo tecido. (b) Como o ^{123}I emite somente fótons de raios gama, a dose de radiação para o corpo é menor com esse isótopo. (c) As partículas beta emitidas pelo ^{131}I podem sair do corpo, enquanto os fótons de raios gama emitidos pelo ^{123}I não o fazem. (d) O ^{123}I é radioativo, enquanto o ^{131}I não o é.

RESPOSTAS

Resposta à pergunta inicial do capítulo

Resposta: (**iv**) Quando um organismo morre, ele para de absorver carbono do CO_2 atmosférico. Parte desse carbono é ^{14}C radioativo, que sofre decaimento com uma meia-vida de 5.730 anos. Medindo a proporção de ^{14}C que se conserva na amostra, os cientistas podem determinar há quanto tempo o organismo morreu. (Veja a Seção 43.4.)

Respostas às perguntas dos testes de compreensão

43.1 Respostas: (**a**) (**iii**), (**b**) (**v**) O raio R é proporcional à raiz cúbica do número de massa A, enquanto o volume é proporcional a R^3 e, portanto, a $(A^{1/3})^3 = A$. Em consequência, para dobrar o volume, é preciso aumentar o número de massa por um fator de 2; dobrar o raio implica aumentar tanto o volume quanto o número de massa por um fator de $2^3 = 8$.

43.2 Resposta: (**ii**), (**iii**), (**iv**), (**v**), (**i**) Você pode encontrar as respostas examinando a Figura 43.2. A energia de ligação por núcleo é a mais baixa em núcleos muito leves, como o do $^{4}_{2}$He, é a maior ao redor de $A = 60$ e depois diminui com o aumento de A.

43.3 Resposta: (**v**) Dois prótons e dois nêutrons se perdem em um decaimento α, portanto Z e N diminuem por um fator 2. Um decaimento β^+ provoca a transformação de um próton em um nêutron, portanto Z diminui 1 e N aumenta 1. O resultado final é que Z diminui 3 e N diminui 1.

43.4 Resposta: (**iii**) A atividade $-dN(t)/dt$ de uma amostra é o produto do número de núcleos na amostra $N(t)$ e a constante de decaimento $\lambda = (\ln 2)/T_{1/2}$. Em consequência, $N(t) = [-dN(t)/dt]\, T_{1/2}/(\ln 2)$. Tomando a razão entre essa expressão para ^{240}Pu a essa mesma expressão para ^{243}Am, os fatores de ln 2 se cancelam e obtemos

$$\frac{N_{Pu}}{N_{Am}} = \frac{(-dN_{Pu}/dt)\,T_{1/2\text{-Pu}}}{(-dN_{Am}/dt)\,T_{1/2\text{-Am}}} = \frac{(5{,}00\ \mu\text{Ci})\,(6.560\ \text{a})}{(4{,}45\ \mu\text{Ci})\,(7.370\ \text{a})} = 1{,}00$$

As duas amostras contêm números *iguais* de núcleos. A amostra de ^{243}Am tem uma meia-vida mais longa e, portanto, uma taxa de decaimento mais lenta. Logo, apresenta uma atividade mais lenta que a amostra de ^{240}Pu.

43.5 Resposta: (**ii**) Vimos na Seção 43.3 que partículas alfa só conseguem percorrer uma distância muito pequena antes de parar. Em contraste, fótons de raio X têm grande penetração, podendo penetrar no corpo com facilidade.

43.6 Resposta: **não** A reação $^1_1\text{H} + {}^7_3\text{Li} \rightarrow {}^4_2\text{He} + {}^4_2\text{He}$ é uma reação *nuclear*, que só pode ocorrer se um próton (um núcleo de hidrogênio) entrar em contato com um núcleo de lítio. Se o hidrogênio estiver na forma atômica, a interação entre sua nuvem eletrônica e a nuvem eletrônica de um átomo de lítio impede os dois núcleos de se aproximarem um do outro. Mesmo que prótons isolados sejam utilizados, eles devem ser lançados contra os átomos de lítio com uma energia cinética suficiente para superar a repulsão elétrica entre os prótons e os núcleos de lítio. A afirmação de que uma reação é exoenergética significa que a energia liberada pela reação é maior que a energia fornecida para que a reação ocorresse.

43.7 Resposta: **não** Como o nêutron não possui carga elétrica, ele não sofre repulsão elétrica em decorrência do núcleo de ^{235}U. Em consequência, um nêutron que se desloca lentamente pode se aproximar e penetrar em um núcleo de ^{235}U, fornecendo assim a excitação necessária para desencadear a fissão. Em contraste, um *próton* que se desloca lentamente (carga $+e$) está sujeito a uma forte repulsão elétrica em decorrência de um núcleo de ^{235}U (carga $+92e$). Ele nunca se aproxima do núcleo, por isso não pode desencadear a fissão.

43.8 Resposta: **não** Reações de fusão entre núcleos suficientemente leves são exoenergéticas porque a energia de ligação por núcleo E_B/A aumenta. Se a massa dos núcleos é muito grande, contudo, E_B/A diminui e a fusão é *endoenergética* (isto é, absorve mais energia do que libera). Como exemplo, imagine fundir dois núcleos de $A = 100$ para formar um único núcleo com $A = 200$. Conforme a Figura 43.2, E_B/A é maior que 8,5 MeV para os núcleos com $A = 100$, mas menor que 8 MeV para os núcleos com $A = 200$. Tal reação de fusão é possível, mas requer um fornecimento de energia significativo.

Problema em destaque

(**a**) ^{128}Xe
(**b**) não; a emissão β^+ seria endoenergética
(**c**) $3{,}25 \times 10^9$ átomos, $1{,}50 \times 10^6$ Bq
(**d**) $N(t) = (3{,}25 \times 10^9\ \text{átomos})\,(1 - e^{-(4{,}62 \times 10^{-4}\ \text{s}^{-1})t})$

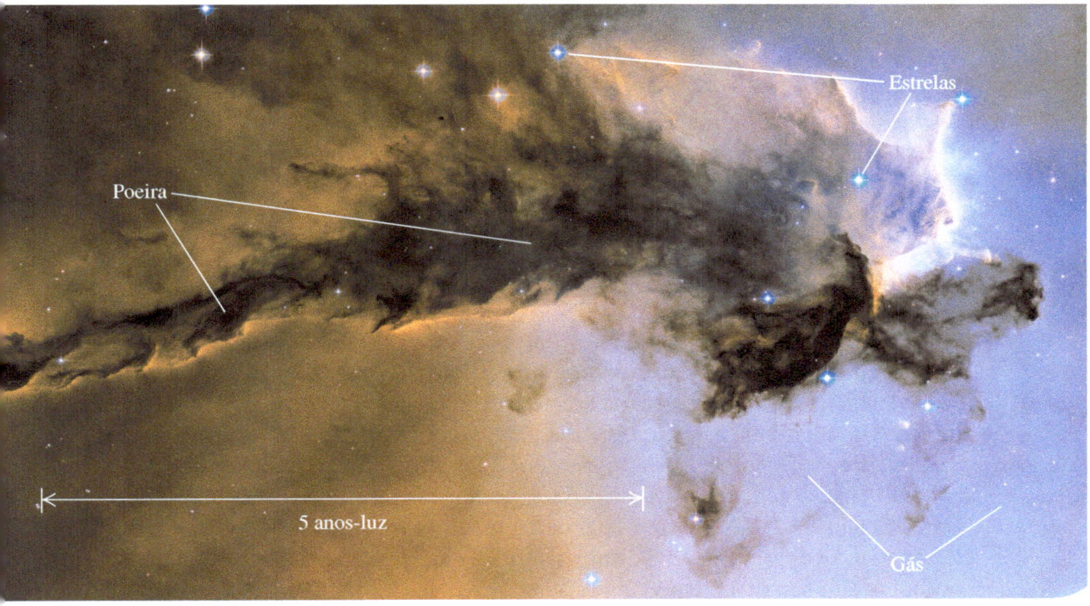

? Esta imagem mostra uma parte da Nebulosa da Águia, uma região a aproximadamente 6.500 anos-luz de distância, onde novas estrelas estão se formando. As estrelas luminosas, o gás brilhante e as nuvens de poeira opacas são todos feitos de matéria "normal" — ou seja, átomos e seus constituintes. Que porcentagem da massa e energia no universo é composta de matéria "normal"? (i) 75% a 100%; (ii) 50% a 75%; (iii) 25% a 50%; (iv) 5% a 25%; (v) menos de 5%.

44 FÍSICA DAS PARTÍCULAS E COSMOLOGIA

OBJETIVOS DE APRENDIZAGEM

Ao estudar este capítulo, você aprenderá:

44.1 As principais variedades de partículas subatômicas fundamentais e como elas foram descobertas.

44.2 Como os físicos usam aceleradores e detectores para sondar as propriedades de partículas subatômicas.

44.3 As quatro maneiras pelas quais as partículas subatômicas interagem entre si.

44.4 Como a estrutura de prótons, nêutrons e outras partículas pode ser explicada em função dos quarks.

44.5 O modelo-padrão de partículas e interações.

44.6 A evidência de que o universo está se expandindo e que a expansão está se acelerando.

44.7 A história dos primeiros 380.000 anos após o Big Bang.

Revendo conceitos de:

12.3 Velocidade de escape.

27.4 Movimento de partículas carregadas em um campo magnético.

32.1 Radiação de cargas aceleradas.

38.1, 38.3, 38.4 Fótons; aniquilamento de um par de elétron-pósitron; princípio da incerteza.

39.1, 39.2 Ondas de elétrons; descoberta do núcleo.

41.5, 41.6 *Spin* eletrônico; princípio da exclusão.

42.6 Bandas de valência e buracos.

43.1, 43.3 Nêutrons e prótons; decaimento β^+.

Quais são os constituintes fundamentais da matéria? Como o universo começou? E qual é o destino do nosso universo? Neste capítulo, exploraremos o que os físicos e os astrônomos descobriram em sua busca para responder a essas perguntas.

O título deste capítulo, "Física das partículas e cosmologia", pode parecer estranho. As partículas fundamentais são os *menores* corpúsculos do universo, e a cosmologia estuda o *maior* conjunto de matéria existente — o próprio universo. Não obstante, neste capítulo veremos que a física de escala mais microscópica desempenha um papel essencial na determinação da natureza do universo em maior escala.

O desenvolvimento de aceleradores de partículas com energias elevadas e detectores associados tem desempenhado um papel crucial para que as partículas sejam cada vez mais bem compreendidas. Podemos classificar as partículas de diversos modos com base em suas simetrias e leis de conservação, algumas das quais são sempre válidas, enquanto outras valem somente para determinados tipos de interações. Concluiremos discutindo nossa compreensão atual da natureza e da evolução do universo como um todo.

44.1 PARTÍCULAS FUNDAMENTAIS — UMA HISTÓRIA

A ideia de que o mundo é constituído por partículas fundamentais tem uma longa história. Por volta de 400 a.C., os filósofos gregos Demócrito e Leucipo sugeriram que a matéria devia ser constituída por partículas indivisíveis que eles chamaram de *átomos*, palavra derivada do prefixo *a* (não) e *tomos* (cortado ou dividido). Essa ideia permaneceu em estado de "hibernação" até cerca de 1804, quando o cientista inglês John Dalton (1766-1844), considerado o pai da química moderna, descobriu que muitos fenômenos químicos podiam ser explicados supondo-se que qualquer elemento é constituído por átomos, encarados como blocos básicos e indivisíveis de matéria.

O elétron e o próton

No final do século XIX tornou-se claro que os átomos *não* são indivisíveis. A existência do espectro atômico característico de cada elemento sugeriu que os átomos possuíam uma estrutura interna, e a descoberta do *elétron* carregado negativamente, feita por J. J. Thomson em 1897, mostrou que o átomo podia ser separado em partículas carregadas. As experiências de Rutherford em 1910-11 (veja a Seção 39.2) revelaram que a carga positiva do átomo reside em um núcleo pequeno e denso. Em 1919, Rutherford fez uma descoberta adicional: quando partículas alfa são disparadas no nitrogênio, um produto é o gás de hidrogênio. Ele raciocinou que o núcleo do hidrogênio é um constituinte dos núcleos de átomos mais pesados, como o nitrogênio, e que uma colisão com uma partícula alfa movendo-se rapidamente pode expulsar um desses núcleos de hidrogênio. Assim, o núcleo do hidrogênio é uma partícula elementar que Rutherford chamou de *próton*. A mecânica quântica, inclusive a equação de Schrödinger, floresceu durante a década seguinte. Os físicos estavam começando a entender os princípios básicos da estrutura atômica.

O fóton

Em 1905, Einstein explicou o efeito fotoelétrico afirmando que a energia da onda eletromagnética é quantizada; ou seja, ela se propaga através de pequenos pacotes chamados *fótons* com energia $E = hf$. Os átomos e os núcleos podem emitir (criar) ou absorver (destruir) fótons (veja a Seção 38.1). Considerados como partículas, os fótons possuem carga e massa de repouso nula. (Note que qualquer discussão sobre massa de partícula neste capítulo deverá considerar sua massa de repouso.) Na física das partículas, um fóton geralmente é designado pelo símbolo γ (a letra grega gama).

O nêutron

Em 1930, dois físicos alemães, Walther Bothe e Herbert Becker, observaram que, quando o berílio, o boro ou o lítio eram bombardeados com partículas alfa, o material do alvo emitia uma radiação muito mais penetrante que as partículas originais. Experiências realizadas pelo físico inglês James Chadwick em 1932 mostraram que as partículas emitidas eram eletricamente neutras, com massa aproximadamente igual à do próton. Chadwick chamou essas partículas de *nêutrons* (símbolo n ou ${}^{1}_{0}\mathrm{n}$). Um exemplo de reação como a que Bothe e Becker estudaram, usando um alvo de berílio, é

$$ {}^{4}_{2}\mathrm{He} + {}^{9}_{4}\mathrm{Be} \rightarrow {}^{12}_{6}\mathrm{C} + {}^{1}_{0}\mathrm{n} \qquad (44.1)$$

As partículas elementares normalmente são detectadas por seus efeitos eletromagnéticos — por exemplo, pela ionização que causam quando passam através da matéria. (Esse é o princípio da câmara de nuvens, descrito mais adiante.) Era difícil detectar nêutrons porque eles não possuem carga elétrica; eles interagem pouco com os elétrons e produzem pouca ionização quando passam através da matéria. No entanto, os nêutrons podem ser freados durante o espalhamento e são capazes de penetrar nos núcleos. Os nêutrons lentos podem ser detectados por meio de uma reação nuclear na qual um nêutron é absorvido e uma partícula alfa é emitida. Um exemplo desse comportamento é

$$^{1}_{0}\text{n} + {}^{10}_{5}\text{B} \rightarrow {}^{7}_{3}\text{Li} + {}^{4}_{2}\text{He} \tag{44.2}$$

A partícula alfa emitida pode ser facilmente detectada porque possui carga elétrica. Experiências posteriores revelaram que os nêutrons, como os prótons e elétrons, são partículas com *spin* $\frac{1}{2}$ (veja a Seção 43.1).

O nêutron foi uma descoberta notável, porque esclareceu um mistério acerca da composição do núcleo. Antes de 1930, acreditava-se que a massa do núcleo existia somente em razão dos prótons; porém, ninguém sabia explicar por que a razão entre a carga e a massa não era a mesma para todos os nuclídeos. Logo ficou claro que todos os nuclídeos (exceto o $^{1}_{1}$H) devem conter simultaneamente prótons e nêutrons. De fato, os prótons, os nêutrons e os elétrons são os blocos elementares constituintes dos átomos. No entanto, este não é o final da história; essas não eram as únicas partículas, e elas podem realizar outras tarefas, além de serem blocos constituintes dos átomos.

O pósitron

O elétron positivo, ou *pósitron*, foi descoberto pelo físico norte-americano Carl D. Anderson em 1932, durante uma investigação do bombardeio da Terra por partículas cósmicas. A **Figura 44.1** mostra uma fotografia histórica, feita com uma *câmara de nuvens*, um dispositivo usado para tornar visíveis os traços deixados por partículas carregadas. A câmara continha um vapor super-resfriado; os íons criados pela passagem de partículas carregadas serviam como centros de nucleação, e as gotas do líquido condensado em torno dos íons formavam um traço visível.

A câmara de nuvens ilustrada na Figura 44.1 está imersa em um campo magnético perpendicular ao plano da fotografia. A partícula passou através de uma fina placa de chumbo (que se estende da esquerda para a direita na figura) que está no interior da câmara. A curvatura do traço é maior acima da placa que abaixo, mostrando que a velocidade acima da placa é menor que a velocidade abaixo dela. Portanto, a partícula deve se mover de baixo para cima, e ela não teria energia suficiente para passar através da placa de chumbo. A espessura e a curvatura do traço sugerem que sua massa e o módulo de sua carga são iguais aos respectivos valores do elétron. Porém, as direções no sentido do campo magnético e da velocidade na equação da força magnética $\vec{F} = q\vec{v} \times \vec{B}$ mostraram que a partícula possui carga *positiva*. Anderson chamou essa partícula de *pósitron*.

Para os físicos teóricos, a descoberta do pósitron foi algo marcante. Em 1928, o físico inglês Paul Dirac desenvolveu uma generalização relativística da equação de Schrödinger para o elétron. Na Seção 41.5 discutimos como a generalização de Dirac auxiliou na explicação do momento magnético de *spin* do elétron.

Uma das características intrigantes da equação de Dirac era que, para um elétron *livre*, ela previa não somente um contínuo de estados de energia maiores que sua energia de repouso m_ec^2, como era de se esperar, mas também um contínuo de estados de energia *menores* que sua energia de repouso $-m_ec^2$ (**Figura 44.2a**). Isso

Figura 44.1 Fotografia do traço do primeiro pósitron identificado por meio de uma câmara de nuvens. Esta fotografia foi feita por Carl D. Anderson em 1932.

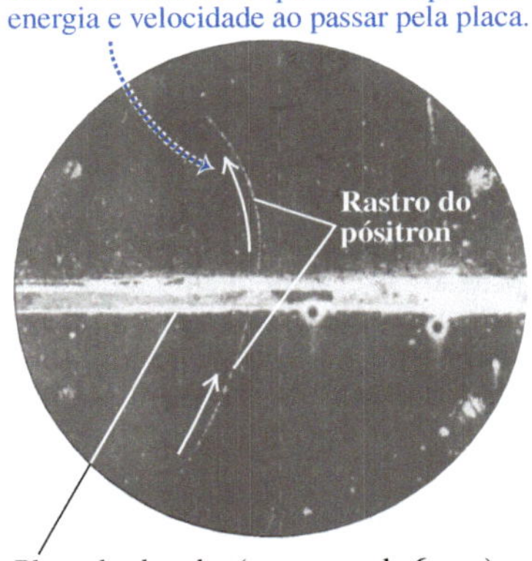

Figura 44.2 (a) Estados de energia para um elétron livre de acordo com a equação de Dirac. (b) Excitar um elétron de um estado $E < 0$ até um $E > 0$ corresponde a produzir um par elétron-pósitron. (c) A migração de um elétron de um estado $E > 0$ para uma vacância no estado $E < 0$ corresponde a aniquilar um par elétron-pósitron.

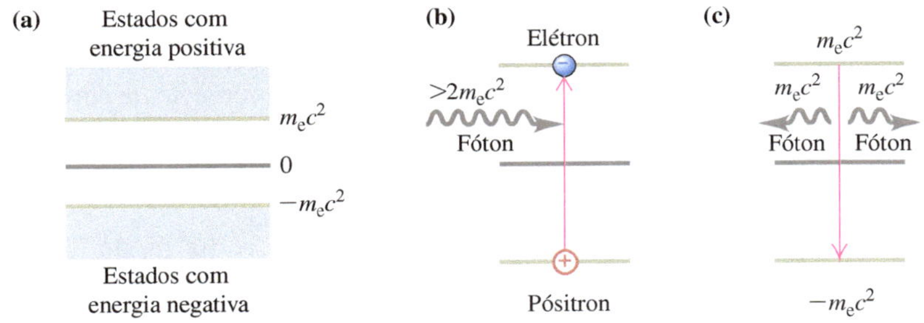

criou um problema. O que impediria um elétron de emitir um fóton com energia $2m_ec^2$ ou maior e pular de um estado positivo para um negativo? Não estava claro qual o significado desses estados com energias negativas, e não existia nenhuma maneira óbvia de livrar-se deles. A interpretação engenhosa de Dirac era que todos os estados com energias negativas estavam preenchidos com elétrons que, por alguma razão, não seriam observáveis. Então, o princípio de exclusão (Seção 41.6) proibiria a transição para um estado que já estava ocupado.

Uma vacância em um estado com energias negativas atuaria como uma carga positiva, do mesmo modo que um buraco na banda de valência de um semicondutor (Seção 42.6) atua como uma carga positiva. Inicialmente, Dirac imaginou que tais vacâncias fossem prótons. Todavia, depois da descoberta de Anderson, ficou claro que as vacâncias eram observadas fisicamente como *pósitrons.* Além disso, a descrição dos estados de energia de Dirac forneceu um mecanismo para a *criação* de pósitrons. Quando um elétron em um dos estados com energia negativa absorve um fóton com energia maior que $2m_ec^2$, ele passa para um estado positivo (Figura 44.2b), no qual se torna observável. A vacância deixada por ele é observada como um pósitron; o resultado é a criação de um par elétron-pósitron. Analogamente, quando um elétron em um dos estados com energia positiva pula para uma vacância, o elétron e a vacância (ou seja, o pósitron) desaparecem e ocorre a emissão de fótons (Figura 44.2c). Assim, a teoria de Dirac conduz naturalmente à conclusão de que, tal como os fótons, *os elétrons podem ser criados e destruídos*. Embora os fótons possam ser criados e destruídos individualmente, os elétrons só podem ser produzidos ou destruídos em pares de elétron-pósitron ou em associação com outras partículas. (A criação ou a destruição de um elétron isoladamente significaria criar ou destruir uma quantidade de carga $-e$, o que violaria a conservação da carga elétrica.)

Figura 44.3 (a) Fotografia de traços na câmara de bolhas de pares elétron-pósitron produzidos quando fótons de 300 MeV colidem com uma placa de chumbo. Um campo magnético orientado para fora da fotografia faz os elétrons e os pósitrons se curvarem em sentidos opostos. (b) Diagrama mostrando o processo de produção de pares para dois dos fótons.

(a) Par elétron-pósitron

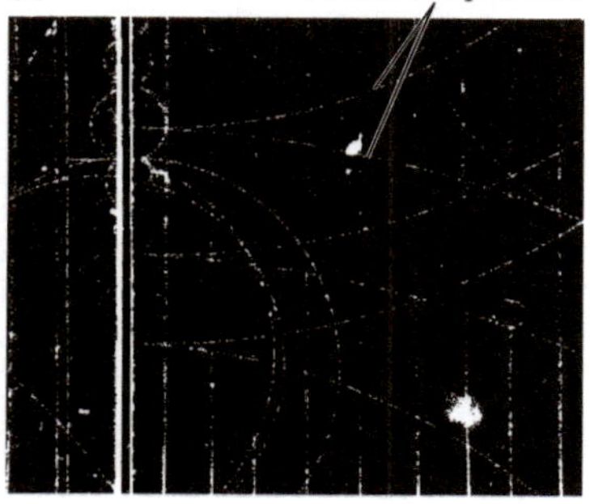

(b)

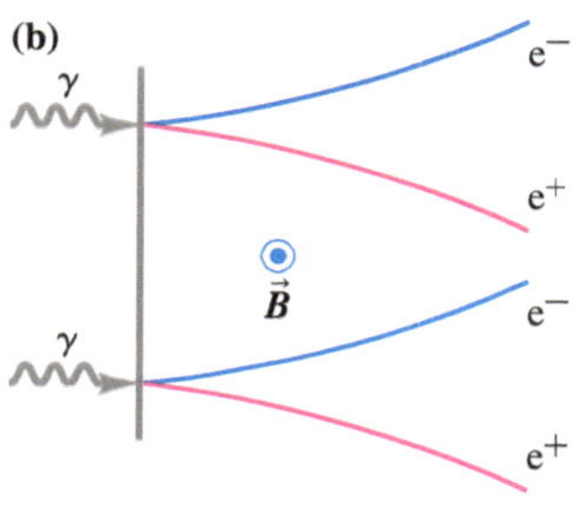

Em 1949, o físico norte-americano Richard Feynman mostrou que um pósitron pode ser descrito matematicamente como um elétron que se desloca no sentido inverso do tempo. Sua reformulação da teoria de Dirac eliminou dificuldades de cálculo envolvendo o mar infinito de estados com energias negativas e colocou os elétrons e os pósitrons no mesmo plano. No entanto, o conceito de criação e destruição de pares de elétron-pósitron foi mantido. A teoria de Dirac forneceu as bases para uma teoria de criação e destruição de todas as partículas fundamentais.

As experiências e as teorias afirmam que a massa do pósitron é igual à do elétron e que suas cargas possuem o mesmo módulo, porém sinais contrários. O momento angular de *spin* $\vec{S}$ e o momento magnético $\vec{\mu}$ são paralelos; eles possuem sentidos contrários para o elétron. Entretanto, os módulos de $\vec{S}$ e $\vec{\mu}$ são os mesmos tanto para os elétrons quanto para os pósitrons, porque possuem o mesmo *spin*. Usamos o termo **antipartícula** para uma partícula relacionada com outra da mesma maneira que um pósitron é relacionado com um elétron. Cada tipo de partícula possui uma antipartícula correspondente. Para alguns tipos de partícula (necessariamente todas neutras), as partículas e antipartículas são idênticas, e podemos dizer que cada partícula é sua própria antipartícula. O fóton é um exemplo; não existe nenhum modo de distinguir um fóton de um antifóton. Usaremos os símbolos padronizados de e^- para um elétron e e^+ para um pósitron, e o termo genérico elétron poderá incluir tanto um elétron quanto um pósitron. Outras antipartículas geralmente são designadas por uma barra sobre o símbolo da partícula; por exemplo, um antipróton é designado por $\overline{p}$. Adiante veremos diversos outros exemplos de antipartícula.

Os pósitrons não ocorrem em matéria comum. Os pares elétron-pósitron são produzidos durante colisões de raios ou de partículas carregadas de energias elevadas ou raios γ com a matéria. Esse processo é chamado *produção de pares* e^+e^- (**Figura 44.3**). A energia mínima necessária para a produção de um par elétron-pósitron é igual à energia de repouso $2m_ec^2$ das duas partículas:

$$\begin{aligned} E_{\text{mín}} &= 2m_ec^2 = 2(9{,}109 \times 10^{-31}\ \text{kg})(2{,}998 \times 10^8\ \text{m/s})^2 \\ &= 1{,}637 \times 10^{-13}\ \text{J} = 1{,}022\ \text{MeV} \end{aligned}$$

O processo inverso, o *aniquilamento de pares* e^+e^-, ocorre quando existe uma colisão entre um pósitron e um elétron (veja o Exemplo 38.6, na Seção 38.3). Ambas as partículas desaparecem e dois (ou ocasionalmente três) fótons podem surgir, com uma energia total de pelo menos $2m_ec^2 = 1{,}022$ MeV. O decaimento de um *único* fóton é impossível porque tal processo violaria as leis da conservação do momento linear e da conservação da energia.

Os pósitrons também ocorrem no decaimento de alguns núcleos instáveis. Nesses casos, eles são chamados de partículas beta positivas (β^+). Discutimos o decaimento β^+ na Seção 43.3.

Em geral, convém representar as massas das partículas em termos da massa de repouso equivalente usando a relação $m = E/c^2$. Dessa forma, as unidades de massa típicas são dadas em MeV/c^2 — como, por exemplo, $m = 0{,}511$ MeV/c^2 para um elétron ou pósitron.

BIO Aplicação Aniquilamento de pares no diagnóstico médico Uma técnica chamada de tomografia por emissão de pósitrons (PET) pode ser usada para identificar os estágios iniciais do mal de Alzheimer. Um paciente recebe um composto semelhante à glicose, chamado FDG, no qual um átomo de oxigênio é substituído pelo ^{18}F radioativo. O FDG acumula-se nas áreas ativas do cérebro, onde o metabolismo da glicose é alto. O ^{18}F sofre decaimento β^+ (emissão de pósitrons) com uma meia-vida de 110 minutos, e o pósitron emitido é imediatamente aniquilado com um elétron atômico para produzir dois fótons de raios gama. Um scanner detecta os dois fótons, depois calcula onde ocorreu a destruição — o local do acúmulo de FDG. Essas imagens de PET — que mostram áreas de emissão mais fortes, e daí maior metabolismo de glicose, nas áreas da periferia — revelam mudanças nos cérebros dos pacientes.

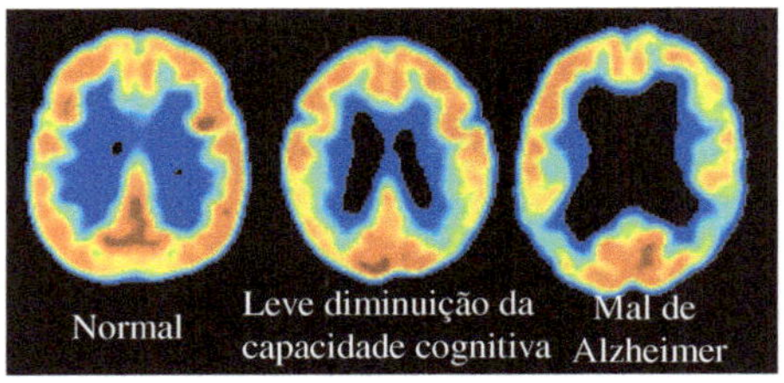

Partículas como forças mediadoras

Na física clássica, descrevemos a interação entre partículas carregadas em termos de forças elétricas e magnéticas. Na mecânica quântica, podemos descrever essa interação a partir da emissão e da absorção de fótons. Dois elétrons se repelem no momento em que um emite um fóton enquanto o outro o absorve, do mesmo modo que dois patinadores podem se afastar quando um joga uma bola grande para o outro (**Figura 44.4a**). No caso de um elétron e um próton, para os quais as cargas são iguais e opostas e a força é de atração, imaginamos que os patinadores se atraem quando um patinador tenta puxar a bola para arrancá-la da mão do outro (Figura 44.4b). A interação eletromagnética entre duas partículas carregadas é *mediada* ou transmitida pelos fótons.

Se as interações entre partículas carregadas são intermediadas por fótons, de onde vem a energia necessária para criá-los? Da nossa discussão sobre o princípio da incerteza (seções 38.4 e 39.6), lembramos que um estado que existe durante um curto intervalo de tempo Δt apresenta uma incerteza na energia ΔE, de modo que

$$\Delta E\,\Delta t \geqq \frac{\hbar}{2} \tag{44.3}$$

Essa incerteza permite a criação de um fóton com energia ΔE, desde que a duração Δt de sua vida não seja maior que a indicada na Equação 44.3. Denomina-se *fóton virtual* o fóton que pode existir durante um curto intervalo de tempo obedecendo ao princípio da incerteza. Imagine que exista um banco de energia; você pode pedir emprestada uma quantidade de energia, desde que a restitua dentro de um breve intervalo. De acordo com a Equação 44.3, quanto mais energia você pede emprestada, menor é o intervalo de que você dispõe para restituí-la.

Figura 44.4 Uma analogia sobre como as partículas agem como forças mediadoras.

(a) Dois patinadores se repelem quando um joga uma bola grande para o outro.

(b) Dois patinadores se atraem quando um tenta puxar a bola para arrancá-la da mão do outro.

Mésons

Existem partículas mediadoras para a força *nuclear*? Em meados da década de 1930, verificou-se que a força nuclear entre dois núcleons (prótons ou nêutrons) podia ser descrita por uma energia potencial $U(r)$ com a forma geral

$$U(r) = -f^2\left(\frac{e^{-r/r_0}}{r}\right) \quad \text{(energia potencial nuclear)} \tag{44.4}$$

A constante f caracteriza a intensidade da interação e r_0 descreve seu alcance. A **Figura 44.5** mostra um gráfico do valor absoluto dessa função e a compara com a função f^2/r, que seria análoga à interação *elétrica* de dois prótons:

$$U(r) = \frac{1}{4\pi\epsilon_0}\frac{e^2}{r} \quad \text{(energia potencial elétrica)} \tag{44.5}$$

Figura 44.5 Gráfico do valor absoluto da função energia potencial de Yukawa para as forças nucleares, $|U(r)| = f^2 e^{-r/r_0}/r$. A função $U(r) = f^2/r$, proporcional à energia potencial obtida pela lei de Coulomb, também é mostrada. As duas funções são semelhantes quando r é pequeno, porém a energia potencial de Yukawa tende a zero muito mais rapidamente para valores grandes de r.

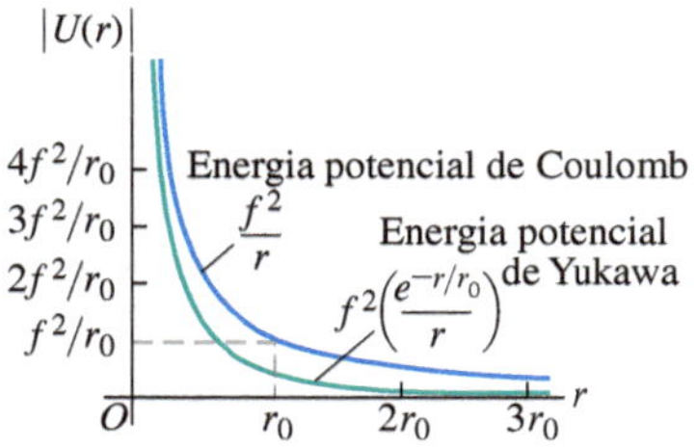

Em 1935, o físico japonês Hideki Yukawa sugeriu que uma partícula hipotética, chamada **méson**, poderia atuar como mediadora da força nuclear. Ele mostrou que o alcance dessa força está relacionado à massa da partícula. Yukawa argumentou que a partícula deve viver durante um intervalo de tempo Δt para que se desloque uma distância comparável ao alcance da força nuclear. Com base nos tamanhos dos núcleos e em outras informações, sabia-se que esse alcance era aproximadamente $1{,}5 \times 10^{-15}$ m $= 1{,}5$ fm. Supondo que a velocidade da partícula seja comparável com c e que trafega por cerca de metade da distância, sua vida média Δt tem de ser da ordem de

$$\Delta t = \frac{r_0}{2c} = \frac{1{,}5 \times 10^{-15}\ \text{m}}{2(3{,}0 \times 10^8\ \text{m/s})} = 2{,}5 \times 10^{-24}\ \text{s}$$

De acordo com a Equação 44.3, a incerteza mínima necessária para a energia ΔE é

$$\Delta E = \frac{\hbar}{2\Delta t} = \frac{1{,}05 \times 10^{-34}\ \text{J}\cdot\text{s}}{2(2{,}5 \times 10^{-24}\ \text{s})} = 2{,}1 \times 10^{-11}\ \text{J} = 130\ \text{MeV}$$

A massa equivalente Δm dessa energia é cerca de 250 vezes a massa do elétron:

$$\Delta m = \frac{\Delta E}{c^2} = \frac{2{,}1 \times 10^{-11}\ \text{J}}{(3{,}00 \times 10^8\ \text{m/s})^2} = 2{,}3 \times 10^{-28}\ \text{kg} = 130\ \text{MeV}/c^2$$

Yukawa postulou que uma partícula ainda não descoberta com essa massa serviria como mensageira para a força nuclear.

Um ano depois, Carl Anderson e seu colega Seth Neddermeyer descobriram na radiação cósmica duas novas partículas, agora chamadas de **múons**. O μ^- tem carga igual à do elétron, e sua antipartícula, o μ^+, possui carga positiva com mesmo módulo. Essas duas partículas possuem massas iguais, cerca de 207 vezes a massa do elétron. Contudo, logo ficou claro que os múons *não* eram as partículas de Yukawa, pois elas só interagiam com os núcleos de modo muito fraco.

Em 1947 foi descoberta uma família de três partículas, chamadas de *mésons* π ou **píons**. Suas cargas eram $+e$, $-e$ e zero, e suas massas eram cerca de 270 vezes a massa do elétron. Os píons interagem fortemente com os núcleos e *são* as partículas previstas por Yukawa. Outros, mésons mais pesados, como o ω e o ρ, também atuam como mensageiros de curto alcance da força nuclear. A complexidade dessa explicação sugere que ela deve ter outras bases, que envolvem os quarks e os glúons que descreveremos na Seção 44.4. Antes de prosseguir na discussão dos mésons, apresentaremos alguns aceleradores e detectores de partículas para ver como os mésons e outras partículas são criados de modo controlado e observados.

TESTE SUA COMPREENSÃO DA SEÇÃO 44.1 Cada uma das seguintes partículas pode ser trocada entre dois prótons, dois nêutrons ou um nêutron e um próton como parte da força nuclear. Coloque as partículas em ordem do intervalo da interação que elas intermedeiam, do menor ao maior intervalo. (i) O méson π^+ (pi-mais) de massa 140 MeV/c^2; (ii) o méson ρ^+ (rô-mais) de massa 776 MeV/c^2; (iii) o méson η^0 (eta-zero) de massa 548 MeV/c^2; (iv) o méson ω^0 (ômega-zero) de massa 783 MeV/c^2. ❙

44.2 ACELERADORES E DETECTORES DE PARTÍCULAS

Os primeiros físicos nucleares usavam partículas alfa e beta provenientes da emissão de elementos radioativos naturais em seus experimentos; porém, as energias empregadas ficavam restritas a alguns MeV disponíveis em tais decaimentos aleatórios. Os atuais aceleradores de partículas são capazes de produzir feixes controlados com precisão usando partículas, desde elétrons e pósitrons até íons pesados, com um grande intervalo de energias. Esses feixes possuem três usos principais. Primeiro, partículas com energias elevadas podem colidir e produzir novas partículas, do mesmo modo que a colisão de um elétron com um pósitron pode produzir fótons. Segundo, partículas com energias elevadas têm comprimento de onda de De Broglie muito pequeno e, portanto, podem servir como sondas para explorar as estruturas de outras partículas, assim como um microscópio eletrônico (veja a Seção 39.1) pode fornecer uma resolução maior que um microscópio ótico. Terceiro, esses feixes servem para produzir reações nucleares para usos médicos ou pesquisa científica.

Aceleradores lineares

Os aceleradores de partículas usam campos elétricos e magnéticos para acelerar e guiar feixes de partículas carregadas. Um *acelerador linear* (linac) acelera partículas em reta. Os primeiros exemplos de linacs foram os tubos de raios catódicos usados por J. J. Thomson. Aceleradores lineares modernos empregam uma série de eletrodos com séries vazias para fornecer uma série de fortes impulsos às partículas. Muitos aceleradores lineares modernos com energias elevadas usam uma onda eletromagnética progressiva; as partículas carregadas "surfam" na onda de modo mais ou menos semelhante ao movimento de um surfista arrastado pelas ondas do oceano. No maior acelerador linear do mundo, no SLAC National Accelerator Laboratory, os elétrons e os pósitrons são acelerados até 50 GeV em um tubo com 3 km de comprimento. Com essa energia, o comprimento de onda de De Broglie da partícula é igual a 0,025 fm, muito menor que o diâmetro de um próton ou de um nêutron.

BIO **Aplicação Aceleradores lineares na medicina** Os aceleradores lineares eletrônicos que oferecem energia cinética de 4 a 20 MeV são ferramentas importantes no tratamento de muitos cânceres. Os próprios elétrons são usados para irradiar tumores superficiais. Como alternativa, os elétrons podem ser direcionados para um alvo de metal; então, o processo de *bremsstrahlung* (veja a Seção 38.2) produz raios X que são usados para irradiar tumores que se encontram com mais profundidade no paciente.

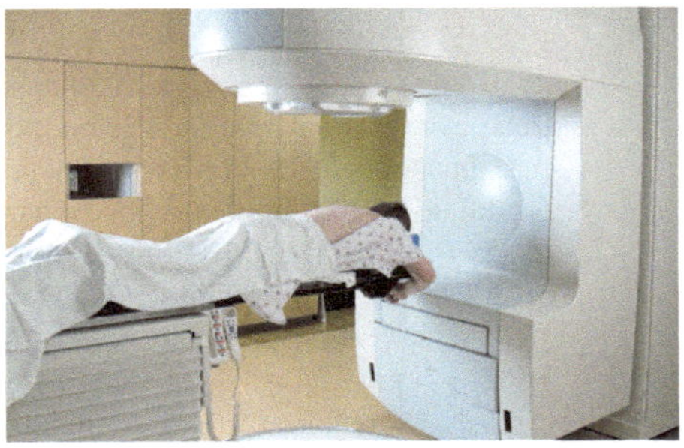

O cíclotron

Muitos aceleradores empregam eletroímãs para fazer as partículas descreverem órbitas circulares. O primeiro acelerador desse tipo foi o *cíclotron*, inventado em 1931 por E. O. Lawrence e M. Stanley Livingston na Universidade da Califórnia (**Figura 44.6a**). Partículas com massa m e carga q se deslocam em uma câmara sob vácuo onde existe um campo magnético uniforme $\vec{B}$ perpendicular ao plano de sua órbita. Na Seção 27.4 mostramos que, em tal campo, uma partícula com velocidade v descreve uma órbita circular com raio r dado por

$$r = \frac{mv}{|q|B} \tag{44.6}$$

Figura 44.6 Esquema e funcionamento de um cíclotron.

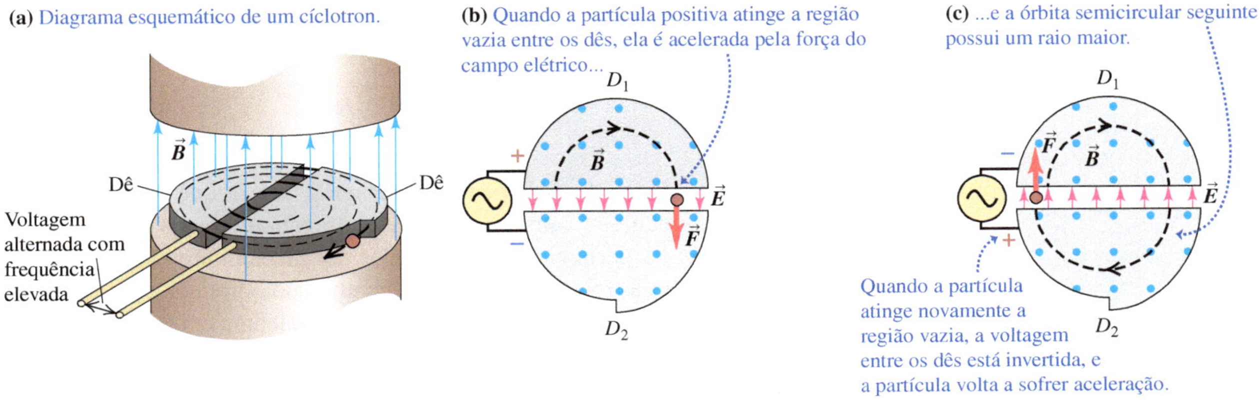

e com uma velocidade angular (frequência angular) ω dada por

$$\omega = \frac{v}{r} = \frac{|q|B}{m} \qquad (44.7)$$

Uma voltagem alternada é aplicada entre os dois eletrodos cilíndricos ocos D_1 e D_2 (chamados de *dês*), criando um campo elétrico na região vazia entre eles. A polaridade da diferença de potencial e do campo elétrico varia precisamente duas vezes em cada revolução (figuras 44.6b e 44.6c), de modo que a partícula recebe um novo impulso toda vez que passa pela região vazia entre os dês. Cada impulso faz aumentar sua velocidade e sua energia cinética, projetando-a para uma órbita com raio cada vez maior. A velocidade máxima $v_{\text{máx}}$ e a energia cinética máxima $K_{\text{máx}}$ são determinadas pelo raio R da maior órbita possível. Explicitando v da Equação 44.6, obtemos: $v = |q|Br/m$, logo $v_{\text{máx}} = |q|BR/m$. Supondo velocidades não relativísticas, obtemos:

$$K_{\text{máx}} = \tfrac{1}{2} m v_{\text{máx}}{}^2 = \frac{q^2B^2R^2}{2m} \qquad (44.8)$$

EXEMPLO 44.1 FREQUÊNCIA E ENERGIA EM UM CÍCLOTRON COM PRÓTONS

Um cíclotron construído na década de 1930 possui uma órbita com raio máximo igual a 0,500 m, e o módulo do campo magnético é 1,50 T. Caso ele seja usado para acelerar prótons, (a) calcule a frequência da voltagem alternada aplicada entre os dês; (b) determine a energia máxima das partículas.

SOLUÇÃO

IDENTIFICAR E PREPARAR: a frequência f da voltagem do cíclotron deve ser igual à frequência do movimento orbital do próton. A Equação 44.7 fornece a frequência *angular* ω do movimento orbital do próton. Encontramos f a partir de $f = \omega/2\pi$. A energia cinética máxima dos prótons $K_{\text{máx}}$ é dada pela Equação 44.8, quando o raio de sua órbita é igual ao raio dos dês.

EXECUTAR: (a) para prótons, $q = 1{,}60 \times 10^{-19}$ C e $m = 1{,}67 \times 10^{-27}$ kg. Pela Equação 44.7, obtemos

$$f = \frac{\omega}{2\pi} = \frac{|q|B}{2\pi m} = \frac{(1{,}60 \times 10^{-19}\ \text{C})(1{,}50\ \text{T})}{2\pi(1{,}67 \times 10^{-27}\ \text{kg})}$$
$$= 2{,}3 \times 10^7\ \text{Hz} = 23\ \text{MHz}$$

(b) De acordo com a Equação 44.8, a energia cinética máxima é

$$K_{\text{máx}} = \frac{(1{,}60 \times 10^{-19}\ \text{C})^2(1{,}50\ \text{T})^2(0{,}50\ \text{m})^2}{2(1{,}67 \times 10^{-27}\ \text{kg})}$$
$$= 4{,}3 \times 10^{-12}\ \text{J} = 2{,}7 \times 10^7\ \text{eV} = 27\ \text{MeV}$$

Essa energia cinética do próton é muito maior que as energias disponíveis na radioatividade natural.

AVALIAR: pelas equações 44.6 ou 44.7, a velocidade do próton é dada por $v = 7{,}2 \times 10^7$ m/s, que é cerca de 25% da velocidade da luz. Para tais velocidades, os efeitos relativísticos começam a se tornar importantes. Como desprezamos esses efeitos em nossos cálculos, os resultados anteriores para f e para $K_{\text{máx}}$ apresentam erro da ordem de um por cento ou um pouco mais; por essa razão, deixamos a resposta com apenas dois algarismos significativos.

A energia máxima que pode ser atingida com um cíclotron é limitada por efeitos relativísticos. A versão relativística da Equação 44.7 é

$$\omega = \frac{|q|B}{m}\sqrt{1 - v^2/c^2}$$

À medida que a velocidade da partícula aumenta, sua frequência angular ω *diminui*, e os movimentos ficam defasados da voltagem alternada entre os dês. No *sincrocíclotron*, as partículas são aceleradas por picos intermitentes de voltagem. Em cada pico, a frequência da voltagem alternada diminui à medida que a velocidade da partícula aumenta, mantendo os movimentos com a fase correta da voltagem.

Outra limitação do cíclotron é a dificuldade de se construírem eletroímãs muito grandes. O maior sincrocíclotron construído até hoje possui uma câmara sob vácuo com diâmetro igual a 8 m e acelera prótons até energias da ordem de 600 MeV.

O síncrotron

Para atingir energias mais elevadas, outro tipo de máquina, o *síncrotron*, é mais prático. As partículas se movem no interior de uma câmara sob vácuo em forma de rosca, chamada de *anel acelerador*. O feixe de partículas é curvado de modo a seguir uma trajetória dentro do anel por meio da ação de uma série de eletroímãs dispostos ao longo do anel. À medida que a velocidade da partícula aumenta, o campo magnético aumenta de maneira a fazer a partícula traçar sempre a mesma trajetória. O Grande Colisor de Hadrons (Large Hadron Collider — LHC), perto de Genebra, na Suíça, atualmente é o acelerador com mais alta energia do mundo (**Figura 44.7**). Ele foi projetado para acelerar prótons com energias de até 7 TeV (7×10^{12} eV). (Como veremos na Seção 44.3, *hádrons* são uma classe de partículas elementares que inclui prótons e nêutrons.)

Conforme dissemos na Seção 32.1, cargas aceleradas irradiam energia eletromagnética. Em um acelerador no qual as partículas descrevem trajetórias circulares, essa radiação geralmente é chamada de *radiação sincrotrônica*. Os aceleradores com energias elevadas normalmente são construídos sob o solo, para oferecer proteção contra essa radiação. Do ponto de vista do acelerador, a radiação sincrotrônica não é desejável, visto que parte da energia fornecida para a partícula é irradiada de volta para fora. Isso pode ser minimizado fazendo-se o raio r do acelerador muito grande, de modo que a aceleração centrípeta v^2/r seja pequena. O efeito positivo é que a radiação sincrotrônica pode ser usada como uma fonte bem controlada de ondas eletromagnéticas com frequências elevadas.

Figura 44.7 O Grande Colisor de Hádrons, Large Hadron Collider, na European Organization for Nuclear Research (Cern). O anel de aceleração subterrâneo (mostrado pelo círculo desenhado) está 100 m abaixo do solo e tem 8,5 km de diâmetro, tão grande que se estende pela fronteira entre a Suíça e a França. (Observe os Alpes ao fundo.) Quando acelerado até 7 TeV, os prótons trafegam pelo anel mais de 11.000 vezes por segundo. (b) Uma engenheira trabalhando em um dos 9.593 eletroímãs supercondutores ao redor do anel do Grande Colisor de Hádrons.

(a)

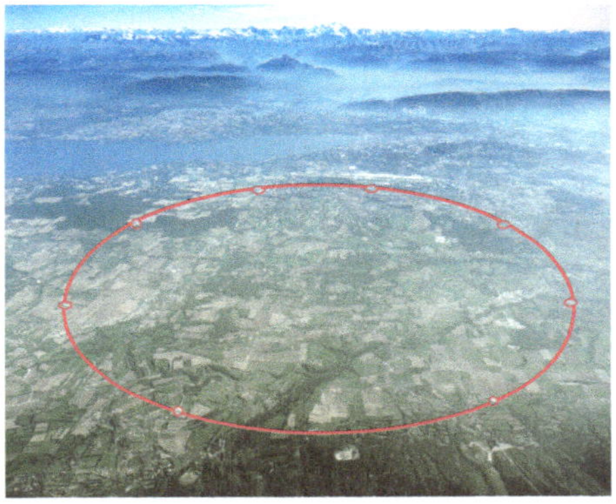

(b)

Energia disponível

Quando um feixe de partículas com energia elevada colide com um alvo em repouso, nem toda energia cinética da partícula incidente está *disponível* para formar novas partículas. Como o momento linear deve ser conservado, as partículas resultantes da colisão devem ter algum movimento resultante e, portanto, alguma energia cinética. A discussão feita logo após o Exemplo 43.11 (Seção 43.6) apresentou um exemplo não relativístico desse princípio. A energia máxima disponível é a energia cinética no sistema de referência no qual o momento linear total é igual a zero. Chamamos esse referencial de *sistema do centro de momento linear*; ele é a generalização relativística do sistema do centro de massa que discutimos na Seção 8.5. Nesse sistema a energia cinética total após a colisão pode ser igual a zero, de modo que uma quantidade máxima da energia cinética inicial se torna disponível para produzir a reação que estamos estudando.

Considere o *sistema de laboratório*, no qual a partícula de massa M está inicialmente em repouso e é bombardeada por uma partícula de massa m e energia total (incluindo sua energia de repouso) igual a E_m. Podemos mostrar que a energia disponível E_a no sistema do centro de momento linear (incluindo as energias de repouso de todas as partículas) é dada por

$$E_a^2 = 2Mc^2E_m + (Mc^2)^2 + (mc^2)^2 \quad \text{(energia disponível)} \qquad (44.9)$$

Quando a partícula do alvo possui a mesma massa do projétil, a equação anterior reduz-se a

$$E_a^2 = 2mc^2(E_m + mc^2) \quad \text{(energia disponível, massas iguais)} \qquad (44.10)$$

Se, além disso, E_m for muito maior que mc^2, podemos desprezar o segundo termo da soma entre parênteses na Equação 44.10. Então, E_a é

$$E_a = \sqrt{2mc^2E_m} \quad \text{(energia disponível, massas iguais, } E_m >> mc^2\text{)} \quad (44.11)$$

A raiz quadrada na Equação 44.11 é um resultado desapontador para um projetista de acelerador: dobrar a energia E_m da partícula incidente aumenta a energia disponível E_a por um fator apenas igual a $\sqrt{2} = 1{,}414$. Os exemplos 44.2 e 44.3 exploram as limitações de se ter uma partícula-alvo estacionária.

EXEMPLO 44.2 ENERGIA-LIMITE PARA A PRODUÇÃO DE PÍONS

Um próton (energia de repouso igual a 938 MeV) com energia cinética K colide com outro próton em repouso. Ambos os prótons sobrevivem à colisão, porém um píon neutro (π^0, energia de repouso igual a 135 MeV) é produzido. Qual é a energia-limite (valor mínimo de K) para que esse processo ocorra?

SOLUÇÃO

IDENTIFICAR E PREPARAR: o estado final inclui os dois prótons originais (massa m) e o píon (massa m_π). A energia-limite corresponde à energia mínima no caso em que todas as três partículas estão em repouso no sistema do centro de momento linear. A energia total disponível no sistema E_a deve ser pelo menos igual à energia de repouso, $2mc^2 + m_\pi c^2$. Substituindo essa expressão na Equação 44.10, encontramos a energia total E_m do próton incidente; a energia cinética K (nossa variável-alvo) é, então, E_m menos a energia de repouso do próton mc^2.

EXECUTAR: substituindo $E_a = 2mc^2 + m_\pi c^2$ na Equação 44.10, simplificando e explicitando E_m, obtemos:

$$4m^2c^4 + 4mm_\pi c^4 + m_\pi^2 c^4 = 2mc^2E_m + 2(mc^2)^2$$

$$E_m = mc^2 + m_\pi c^2\left(2 + \frac{m_\pi}{2m}\right) = mc^2 + K$$

$$K = m_\pi c^2\left(2 + \frac{m_\pi}{2m}\right)$$

Vemos que a energia cinética K do próton incidente deve ser ligeiramente maior que duas vezes a energia de repouso $m_\pi c^2$ do píon que desejamos criar. Usando $mc^2 = 938$ MeV e $m_\pi c^2 = 135$ MeV, obtemos $m_\pi/2m = 0{,}072$ e

$$K = (135 \text{ MeV})(2 + 0{,}072) = 280 \text{ MeV}$$

AVALIAR: sugerimos que você compare o resultado anterior com o resultado do Exemplo 37.11 (Seção 37.8), onde descobrimos que um píon pode ser produzido em uma colisão frontal de dois prótons, cada um com apenas 67,5 MeV de energia cinética. Discutiremos as vantagens de tal colisão na próxima subseção.

EXEMPLO 44.3 AUMENTO DA ENERGIA DISPONÍVEL

O acelerador do Fermilab em Illinois foi originalmente projetado para produzir um feixe de prótons de 800 GeV. (a) Calcule a energia disponível E_a em uma colisão próton-próton. (b) Se a energia do feixe de prótons for aumentada para 980 GeV, qual é o valor de E_a?

SOLUÇÃO

IDENTIFICAR E PREPARAR: nossa incógnita é a energia disponível E_a em uma colisão entre partículas idênticas com um alvo em repouso. Em ambas as partes, (a) e (b), a energia do feixe E_m é muito maior que a energia de repouso do próton $mc^2 = 938 \text{ MeV} = 0{,}938$ GeV, de modo que podemos usar com segurança a aproximação da Equação 44.11.

EXECUTAR: (a) quando $E_m = 800$ GeV, a Equação 44.11 nos dá

$$E_a = \sqrt{2(0{,}938 \text{ GeV})(800 \text{ GeV})} = 38{,}7 \text{ GeV}$$

(b) Quando $E_m = 980$ GeV,

$$E_a = \sqrt{2(0{,}938 \text{ GeV})(980 \text{ GeV})} = 42{,}9 \text{ GeV}$$

AVALIAR: usando-se um próton em repouso como alvo, o aumento de 180 GeV na energia do feixe de prótons faz a energia disponível aumentar apenas 4,2 GeV! Isso revela uma grande limitação para as experiências em que uma das partículas envolvidas na colisão está inicialmente em repouso. A seguir, descreveremos como os físicos podem superar essas limitações.

Colisão entre feixes

A limitação ilustrada no Exemplo 44.3 é superada em experimentos envolvendo a *colisão entre feixes*. Nessas experiências não existe nenhum alvo em repouso; em vez disso, dois feixes de partículas que se deslocam na mesma direção e em sentidos contrários são focalizados com precisão um contra o outro, de modo que ocorram colisões frontais entre as partículas. Em geral, cada partícula colide com outra com um momento linear de mesmo módulo, mas sentido contrário, de modo que o momento linear total é igual a zero. Assim, o sistema de laboratório coincide com o sistema do centro de massa-momento linear, e a energia disponível é ampliada.

As colisões com feixes de energias mais elevadas disponíveis são aquelas com o Grande Colisor de Hádrons (Large Hadron Collider — LHC), no Cern (veja a Figura 44.7). Em operação, 2.808 feixes de prótons de 7 TeV cada circulam ao redor do anel, metade em um sentido e metade no sentido contrário. Cada feixe contém cerca de 10^{11} prótons. Ímãs direcionam os feixes em movimentos contrários para que colidam em pontos de interação. A energia disponível E_a nas colisões frontais resultantes é a energia *total* das duas partículas colidindo: $E_a = 2 \times 7$ TeV $=$ 14 TeV. (Estritamente falando, E_a é 14 TeV menos a energia de repouso dos dois prótons em colisão. Mas essa energia de repouso é apenas $2mc^2 = 2(938$ MeV$) =$ $1{,}876 \times 10^{-3}$ TeV, que é tão pequena em comparação com os 14 TeV que pode ser ignorada.) A energia disponível bastante elevada no Grande Colisor de Hádrons possibilita a produção de partículas que nunca foram vistas antes (veja a Seção 44.5).

Detectores

Uma grande variedade de dispositivos tem sido criada para medir as propriedades das partículas subatômicas. Muitos detectores usam a ionização produzida por partículas carregadas quando elas se deslocam em sólidos, líquidos ou gases. Os íons que se formam ao longo da trajetória da partícula atuam como centros de nucleação para a formação de minúsculas gotas de líquido em um vapor supersaturado em uma câmara de nuvens (Figura 44.1) ou geram minúsculas bolhas de vapor em um líquido superaquecido em uma câmara de bolhas (Figura 44.3a). Em um sólido semicondutor, a ionização pode formar pares elétrons-buracos. Discutimos como detectar esses pares na Seção 42.7. Uma *câmara com rede de fios* contém redes de fios muito pouco espaçados, que detectam os íons. A carga coletada e a informação de tempo de cada fio são processadas com o uso de computadores para reconstruir as trajetórias das partículas. Os detectores no Grande Colisor de Hádrons utilizam uma rede de dispositivos para seguir os rastros das partículas produzidas pelas colisões entre os prótons (**Figura 44.8**). O solenoide gigante na fotografia do início do Capítulo 28 está no centro de uma dessas redes detectoras. O intenso campo magnético do solenoide ajuda a identificar partículas produzidas recentemente, que se curvam em direções diferentes e por trajetórias de diferentes raios, dependendo de sua carga e energia.

Figura 44.8 Esta imagem gerada por um computador mostra o resultado típico de uma colisão frontal entre dois prótons (não mostrados) em uma das regiões de interação no Grande Colisor de Hádrons. A visão é através do tubo de feixes. Os rastros com tonalidades diferentes mostram diferentes tipos de partículas surgindo da colisão. Diversos detectores diferentes cercam a região da colisão. (Observe a mulher no lado direito da figura, desenhada para escala.)

DADOS MOSTRAM

Colisões de partículas

Quando os alunos recebiam um problema envolvendo colisões entre partículas elementares, mais de 46% davam uma resposta incorreta. Erros comuns:

- Confusão sobre a energia liberada no aniquilamento de um par partícula-antipartícula. Se uma partícula de massa m colide com (e aniquila) sua antipartícula, a energia liberada é maior ou igual à energia de repouso *combinada* $2mc^2$ da partícula e antipartícula.
- Confusão a respeito da energia disponível. Para produzir uma nova partícula com massa m em uma colisão, a energia *disponível* precisa ser pelo menos mc^2. Se a partícula tangente estiver em repouso, a energia disponível pode ser muito menor que a energia cinética da partícula incidente.

Experiências com raios cósmicos

Os *raios cósmicos* são partículas provenientes de dentro e de fora da nossa galáxia que bombardeiam a Terra continuamente. Muitas dessas partículas são neutrinos, prótons e núcleos mais pesados, com energias que variam desde menos de 1 MeV até mais de 10^{20} eV. O campo magnético da Terra e a atmosfera nos protegem dessas radiações. Contudo, em decorrência disso, as experiências sobre raios cósmicos geralmente devem ser realizadas acima da atmosfera usando-se foguetes ou balões que atingem altitudes elevadas.

Em contraste, os detectores de neutrinos devem ser colocados abaixo da superfície terrestre, em túneis e minas, ou em locais profundos do oceano. Esse procedimento é usado para blindar a ação de outras partículas, de modo que somente neutrinos, que interagem fracamente com a matéria, possam ser detectados. Como as interações do neutrino com a matéria são muito fracas, os detectores de neutrino são formados por grandes quantidades de matéria: o detector Super-Kamiokande procura por clarões de luz produzidos quando um neutrino interage em um tanque contendo 5×10^7 kg de água (veja a Seção 44.5).

Os raios cósmicos foram relevantes nas primeiras experiências da física das partículas e fornecem informações importantes para o estudo do universo. Embora os raios cósmicos sejam uma fonte de partículas com energias elevadas que não dependem da construção de aceleradores muito caros, a maioria dos físicos usa aceleradores porque as partículas de raios cósmicos com alta energia são escassas e distribuídas de modo aleatório.

TESTE SUA COMPREENSÃO DA SEÇÃO 44.2 Em uma experiência de colisão de feixes, um elétron de 90 GeV sofre uma colisão frontal com um pósitron de 90 GeV. O elétron e o pósitron se aniquilam um ao outro, formando um único fóton virtual, que então se transforma em outras partículas. O fóton virtual obedece à mesma relação $E = pc$ a que os fótons reais obedecem? ▌

44.3 INTERAÇÕES ENTRE PARTÍCULAS

Mencionamos o conjunto de partículas subatômicas que eram conhecidas desde 1947: fótons, elétrons, pósitrons, prótons, nêutrons, múons e píons. Desde então, centenas de outras partículas foram descobertas em experiências com aceleradores. A grande maioria das partículas conhecidas é *instável* e decai, transformando-se espontaneamente em outras partículas. Partículas de todos os tipos, estáveis ou instáveis, podem ser criadas ou destruídas em interações entre partículas. Cada uma dessas interações envolve a troca de partículas virtuais, que existem à custa de energia emprestada conforme o princípio da incerteza.

Embora o mundo das partículas subatômicas e suas interações seja complexo, alguns resultados importantes trazem ordem e simplicidade ao caos aparente. Uma simplificação importante é que existem apenas quatro tipos fundamentais de interações, cada uma mediada ou transmitida pela troca de certas partículas virtuais características. Além disso, nem todas as partículas respondem a todos os tipos de interação. Nesta seção, examinaremos as interações fundamentais mais de perto e veremos como os físicos classificam as partículas em função das formas como elas interagem.

As quatro forças e suas partículas mediadoras

Na Seção 5.5, descrevemos os quatro tipos fundamentais de forças ou interações (**Figura 44.9**). Em ordem decrescente de intensidade, são elas:

1. A interação forte
2. A interação eletromagnética
3. A interação fraca
4. A interação gravitacional

As interações *eletromagnética* e *gravitacional* são familiares na física clássica. Ambas são caracterizadas pela dependência com $1/r^2$ da distância. Nos dois casos, as partículas mediadoras têm massa zero e são partículas comuns estáveis. A partícula mediadora da interação eletromagnética é o conhecido fóton, que possui *spin* igual a 1. (Isso significa que o seu número quântico de *spin* é $s = 1$, então o módulo de seu momento angular de *spin* é $S = \sqrt{s(s+1)}\,\hbar = \sqrt{2}\,\hbar$.) A partícula mediadora da interação gravitacional é o *gráviton*, com *spin* igual a 2 ($s = 2$, $S = \sqrt{s(s+1)}\hbar = \sqrt{6}\hbar$), o qual ainda não foi observado experimentalmente porque a força gravitacional é muito mais fraca que a força eletromagnética. Por exemplo, a força de atração gravitacional entre dois prótons é cerca de 10^{36} vezes menor que a força de repulsão elétrica entre eles. A interação gravitacional é importante na estrutura das estrelas e para o estudo da estrutura do universo em grande escala, mas seu papel não é relevante nas interações entre as partículas nas energias em que elas geralmente são obtidas.

As outras duas forças são menos familiares. A chamada *interação forte* é responsável pelas forças nucleares e também pela produção de píons e de diversas outras partículas em colisões com energias elevadas. No nível mais fundamental, a partícula mediadora da interação forte é o *glúon*. Contudo, a força entre dois núcleons é mais facilmente entendida considerando-se o méson como uma partícula mediadora. Na Seção 44.4 discutiremos o glúon, uma partícula sem massa com *spin* 1.

A Equação 44.4 é uma possível função energia potencial para a força nuclear. A intensidade da interação é descrita pela constante f^2, que possui dimensão de energia vezes distância. Uma base melhor para comparação com outras forças é dada por $f^2/\hbar c$, chamada de *constante de acoplamento* da interação considerada. (Convidamos você a verificar que essa razão é um número puro e, portanto, tem sempre o mesmo valor em qualquer sistema de unidades.) O comportamento experimental das forças nucleares sugere que $f^2/\hbar c \approx 1$. A constante de acoplamento adimensional da interação *eletromagnética* é a constante de estrutura fina, que apresentamos na Seção 41.5:

$$\frac{1}{4\pi\epsilon_0}\frac{e^2}{\hbar c} = 7{,}2974 \times 10^{-3} = \frac{1}{137{,}04} \tag{44.12}$$

Assim, a interação forte é aproximadamente 100 vezes mais forte que a interação eletromagnética; contudo, ela cai mais fortemente com a distância que com $1/r^2$.

A quarta interação denomina-se interação *fraca*. Ela é responsável pelo decaimento beta, tal como a conversão de um nêutron em um próton, um elétron e um antineutrino. Ela também é responsável pelo decaimento de muitas partículas instáveis (píons se transformando em múons, múons em elétrons, e assim por diante). Suas partículas mediadoras são as partículas de vida muito curta W^+, W^- e Z^0. A existência dessas partículas foi confirmada em experiências realizadas no Cern em 1983, que renderam a Carlo Rubbia e Simon van der Meer o Prêmio Nobel em 1984. As partículas $W^\pm$ e Z^0 possuem *spin* igual a 1, tal como o fóton e o glúon, porém elas *não* são partículas sem massa. Na verdade, elas têm massas muito elevadas, da ordem de 80,4 GeV/c^2, para as partículas W, e de 91,2 GeV/c^2 para a Z^0. Como essas partículas mediadoras possuem massas enormes, a interação fraca apresenta um alcance muito mais curto que o da interação forte. O nome dessa interação se justifica porque ela é cerca de 10^9 mais fraca que a interação forte.

A **Tabela 44.1** compara as características principais dessas quatro interações fundamentais.

Figura 44.9 As ligações que mantêm nosso corpo unido decorrem das interações fundamentais que existem na natureza. Os núcleos existentes em nosso corpo são mantidos por interações fortes. As interações eletromagnéticas fazem que os elétrons e os núcleos se liguem formando átomos, que os átomos se liguem formando moléculas e que as moléculas se liguem formando nosso corpo.

TABELA 44.1 As quatro interações fundamentais.

Interação	Força relativa	Alcance	Partícula mediadora			
			Nome	Massa	Carga	*Spin*
Forte	1	Curto (~1 fm)	Glúon	0	0	1
Eletromagnética	$\frac{1}{137{,}04}$	Longo ($1/r^2$)	Fóton	0	0	1
Fraca	10^{-9}	Curto (~0,001 fm)	$W^\pm$, Z^0	80,4; 91,2 GeV/c^2	$\pm e$, 0	1
Gravitacional	10^{-38}	Longo ($1/r^2$)	Gráviton	0	0	2

Mais partículas

Na Seção 44.1 mencionamos as descobertas dos múons em 1937 e dos píons em 1947. As cargas elétricas dos múons e dos píons carregados têm o mesmo módulo da carga e do elétron. O múon positivo μ^+ é a antipartícula do múon negativo μ^-. Cada uma dessas partículas possui *spin* $\frac{1}{2}$, como o elétron, e massa aproximadamente igual a $207m_e = 106$ MeV/c^2. Os múons são instáveis e decaem com uma vida média de $2{,}2 \times 10^{-6}$ s, dando origem a um elétron com o mesmo sinal, um neutrino e um antineutrino.

Existem três tipos de píons, todos com *spin* 0; eles *não* apresentam momento angular de *spin*. O π^+ e o π^- possuem massas de $273m_e = 140$ MeV/c^2. Os múons são instáveis; cada $\pi^\pm$ decai com uma vida média de $2{,}6 \times 10^{-8}$ s, dando origem a um múon com o mesmo sinal e a um neutrino para o π^+ e um antineutrino para o π^-. O π^0 tem massa ligeiramente menor, $264m_e = 135$ MeV/c^2, e decai com uma vida média de $8{,}4 \times 10^{-17}$ s, dando origem a dois fótons. A antipartícula do π^+ é π^- e vice-versa, ao passo que o π^0 é sua própria antipartícula. (Ou seja, não existe nenhuma distinção entre a partícula e a antipartícula do π^0.)

Suspeitava-se da existência do *antipróton* $\overline{\text{p}}$ desde a descoberta do pósitron. O $\overline{\text{p}}$ foi encontrado em 1955, quando pares de prótons e antiprótons ($\text{p}\overline{\text{p}}$) foram criados pelo feixe de prótons de 6 GeV no laboratório Bevatron na Universidade da Califórnia, em Berkeley. Logo a seguir, foi descoberto o *antinêutron* $\overline{\text{n}}$. Depois de 1960, com o desenvolvimento de detectores sofisticados e de aceleradores que produziam partículas com energias elevadas, houve uma verdadeira avalanche de novas partículas instáveis. Para descrevê-las e classificá-las, precisamos de uma pequena avalanche de novos termos.

Inicialmente, as partículas foram classificadas segundo a massa em três categorias: (1) léptons ("partículas leves", como os elétrons); (2) mésons ("partículas intermediárias", como os píons) e (3) bárions ("partículas pesadas", como os núcleons e partículas com massas mais elevadas). Contudo, esse esquema foi superado por outro mais útil, no qual as partículas são classificadas com base em suas *interações*. Por exemplo, os *hádrons* (que incluem mésons e bárions) possuem interações fortes, e os *léptons*, não.

Nas próximas discussões, também distinguiremos entre os **férmions**, partículas com *spins* semi-inteiros, e os **bósons**, de *spins* inteiros ou iguais a zero. Os férmions obedecem ao princípio da exclusão, no qual se baseia a distribuição de Fermi-Dirac (Seção 42.5). Os bósons não obedecem ao princípio da exclusão e possuem outro tipo de função de distribuição, a chamada distribuição de Bose-Einstein.

Léptons

A família do **lépton**, que não possui interação forte, abrange seis partículas: o elétron (e^-) e seu neutrino (ν_e), o múon (μ^-) e seu neutrino (ν_μ) e a partícula tau (τ^-) e seu neutrino (ν_τ). Cada uma dessas seis partículas apresenta uma antipartícula distinta. Todos os léptons têm *spin* $\frac{1}{2}$ e, portanto, são férmions. A família dos léptons é mostrada na **Tabela 44.2**. Cada partícula tau possui massa igual a $3.478m_e = 1.777$ MeV/c^2. A partícula tau e os múons são instáveis; um τ^- geralmente decai dando origem a um μ^- mais um neutrino tau e um antineutrino do múon, ou um elétron mais um neutrino tau e um antineutrino do elétron. Um μ^- decai transformando-se em um elétron mais um neutrino do múon e um antineutrino do elétron. Essas partículas possuem uma vida média relativamente longa, porque seus decaimentos são intermediados pela interação fraca. Apesar de ambos possuírem carga nula, o neutrino é diferente do antineutrino; o momento angular de *spin* de um neutrino tem um componente de sentido contrário ao de seu momento linear, enquanto em um antineutrino esse componente é paralelo ao seu momento linear. Como os neutrinos são difíceis de serem observados, os físicos só conseguiram

TABELA 44.2 Os seis léptons.

Nome da partícula	Símbolo	Antipartícula	Massa (MeV/c^2)	L_e	L_μ	L_τ	Tempo de vida (s)	Decaimento principal
Elétron	e^-	e^+	0,511	+1	0	0	Estável	
Neutrino elétron	υ_e	$\overline{\upsilon}_e$	$< 2 \times 10^{-6}$	+1	0	0	Estável	
Múon	μ^-	μ^+	105,7	0	+1	0	$2{,}20 \times 10^{-6}$	$e^-\overline{\upsilon}_e\upsilon_\mu$
Neutrino múon	υ_μ	$\overline{\upsilon}_\mu$	< 0,19	0	+1	0	Estável	
Tau	τ^-	τ^+	1.777	0	0	+1	$2{,}9 \times 10^{-13}$	$\mu^-\overline{\upsilon}_\mu\upsilon_\tau$ ou $e^-\overline{\upsilon}_e\upsilon_\tau$
Neutrino tau	υ_τ	$\overline{\upsilon}_\tau$	< 18,2	0	0	+1	Estável	

Nota: além dos limites sobre as massas individuais do neutrino, existe um limite muito mais rigoroso sobre a *soma* das massas dos três tipos de neutrinos. A evidência sugere que essa soma é menor que cerca de 3×10^{-7} MeV/c^2 = 0,3 eV/c^2.

fixar limites superiores às massas de repouso do υ_e, do υ_μ e do υ_τ. Acreditava-se que todos os neutrinos possuíam massa de repouso igual a zero; evidências recentes indicam que sua massa de repouso é muito pequena, mas não é nula. Voltaremos a esse assunto e suas implicações posteriormente.

Os léptons obedecem a um *princípio de conservação*. Correspondendo aos três pares de léptons, existem três números de léptons L_e, L_μ e L_τ. Ao elétron e^- e seu neutrino υ_e atribuímos o valor $L_e = 1$, e às suas antipartículas e^+ e $\overline{\upsilon}_e$ atribuímos o valor $L_e = -1$. Atribuímos valores correspondentes de L_μ e L_τ às partículas μ e τ, e seus respectivos neutrinos. **Em todas as interações, cada número de léptons é conservado separadamente.** Por exemplo, no decaimento do μ^-, os números de léptons são

$$\begin{array}{ccccccc} \mu^- & \rightarrow & e^- & + & \overline{\nu}_e & + & \nu_\mu \\ L_\mu = 1 & & L_e = 1 & & L_e = -1 & & L_\mu = 1 \end{array}$$

Os princípios de conservação anteriores não apresentam nenhuma contrapartida na física clássica.

EXEMPLO 44.4 CONSERVAÇÃO DO NÚMERO DE LÉPTONS

Verifique a conservação do número de léptons nos seguintes decaimentos:

(a) $\mu^+ \rightarrow e^+ + \upsilon_e + \overline{\upsilon}_\mu$
(b) $\pi^- \rightarrow \mu^- + \overline{\upsilon}_\mu$
(c) $\pi^0 \rightarrow \mu^- + e^+ + \upsilon_e$

SOLUÇÃO

IDENTIFICAR E PREPARAR: para que o número de léptons se conserve, cada uma das grandezas L_e, L_μ e L_τ (dadas na Tabela 44.2) deve ter o mesmo valor antes e depois do decaimento.

EXECUTAR: tabulamos L_e e L_μ para cada esquema de decaimento. Uma antipartícula tem o número de léptons oposto de sua partícula correspondente, listado na Tabela 44.2. Nenhuma partícula τ ou neutrinos τ aparecem em qualquer um dos esquemas, de modo que $L_\tau = 0$, tanto antes quanto depois de cada decaimento, e L_τ é conservado.

(a) $\mu^+ \rightarrow e^+ + \upsilon_e + \overline{\upsilon}_\mu$
L_e: $0 = -1 + 1 + 0$
L_μ: $-1 = 0 + 0 + (-1)$

(b) $\pi^- \rightarrow \mu^- + \overline{\upsilon}_\mu$
L_e: $0 = 0 + 0$
L_μ: $0 = 1 + (-1)$

(c) $\pi^0 \rightarrow \mu^- + e^+ + \upsilon_e$
L_e: $0 = 0 + (-1) + 1$
L_μ: $0 \neq 1 + 0 + 0$

AVALIAR: os decaimentos (a) e (b), que obedecem à conservação do número de léptons, são observados na natureza. O decaimento (c), que viola a conservação de L_μ, *nunca* foi observado. Os físicos usaram esses e muitos outros resultados experimentais para deduzir o princípio de que todos os três números de léptons devem ser conservados.

Hádrons

O **hádron**, que possui interação forte, constitui uma família mais complexa que a do lépton. Cada hádron possui uma antipartícula, geralmente designada com uma barra superior, como o antipróton $\overline{\mathrm{p}}$. Existem duas subclasses de hádrons: os *mésons* e os *bárions*. A **Tabela 44.3** mostra alguns tipos de hádrons atualmente conhecidos. (Discutiremos o significado da *estranheza* e do *teor de quark* no final desta seção e na próxima.)

Os mésons incluem os píons — que já foram mencionados —, os mésons K ou *káons*, os mésons η e outros que discutiremos adiante. Os mésons possuem *spin* igual a 0 ou 1 e, portanto, são bósons. Não existe nenhum méson estável; todos decaem formando partículas com massas menores, e os decaimentos devem obedecer às leis de conservação.

O **bárion** constitui uma família formada pelos núcleons e diversas partículas chamadas de *híperons*, que incluem as partículas Λ, Σ, Ξ e Ω. Essas partículas se parecem com núcleons, porém têm massas mais elevadas. Os bárions possuem *spin* semi-inteiro e, portanto, são férmions. O único bárion estável é o próton; um nêutron livre decai formando um próton e os híperons decaem formando outros híperons ou núcleons por meio de diversos processos. Os bárions obedecem ao princípio de *conservação do número de bárions*, análogo ao princípio de conservação do número de léptons e que também não encontra nenhuma contrapartida na física clássica. Atribuímos um número de bárion $B = 1$ a cada bárion (p, n, Λ, Σ e assim por diante) e um número de bárion $B = -1$ a cada antibárion ($\overline{\mathrm{p}}$,$\overline{\mathrm{n}}$, $\overline{\Lambda}$, $\overline{\Sigma}$ e assim por diante).

Em todas as interações existe conservação do número de bárions.

Esse princípio explica a razão pela qual o número de massa A permaneceu constante em todas as reações nucleares estudadas no Capítulo 43.

TABELA 44.3 Alguns hádrons e suas propriedades.

Partícula	Massa (MeV/c^2)	Razão de cargas, Q/e	*Spin*	Número de bárions, B	Estranheza, S	Vida média (s)	Modos de decaimento típicos	Teor de quark
Mésons								
π^0	135,0	0	0	0	0	$8{,}4 \times 10^{-17}$	$\gamma\gamma$	$u\overline{u}$, $d\overline{d}$
π^+	139,6	+1	0	0	0	$2{,}60 \times 10^{-8}$	$\mu^+ \upsilon_\mu$	$u\overline{d}$
π^-	139,6	−1	0	0	0	$2{,}60 \times 10^{-8}$	$\mu^- \overline{\upsilon}_\mu$	$\overline{u}d$
K^+	493,7	+1	0	0	+1	$1{,}24 \times 10^{-8}$	$\mu^+ \upsilon_\mu$	$u\overline{s}$
K^-	493,7	−1	0	0	−1	$1{,}24 \times 10^{-8}$	$\mu^- \overline{\upsilon}_\mu$	$\overline{u}s$
η^0	547,3	0	0	0	0	$\approx 10^{-18}$	$\gamma\gamma$	$u\overline{u}$, $d\overline{d}$, $s\overline{s}$
Bárions								
p	938,3	+1	$\frac{1}{2}$	1	0	Estável	—	uud
n	939,6	0	$\frac{1}{2}$	1	0	886	$\mathrm{pe}^- \overline{\upsilon}_e$	udd
Λ^0	1.116	0	$\frac{1}{2}$	1	−1	$2{,}63 \times 10^{-10}$	$\mathrm{p}\pi^-$ ou $\mathrm{n}\pi^0$	uds
Σ^+	1.189	+1	$\frac{1}{2}$	1	−1	$8{,}02 \times 10^{-11}$	$\mathrm{p}\pi 0^-$ ou $\mathrm{n}\pi^+$	uus
Σ^0	1.193	0	$\frac{1}{2}$	1	−1	$7{,}4 \times 10^{-20}$	$\Lambda^0\gamma$	uds
Σ^-	1.197	−1	$\frac{1}{2}$	1	−1	$1{,}48 \times 10^{-10}$	$\mathrm{n}\pi^-$	dds
Ξ^0	1.315	0	$\frac{1}{2}$	1	−2	$2{,}90 \times 10^{-10}$	$\Lambda^0\pi^0$	uss
Ξ^-	1.321	−1	$\frac{1}{2}$	1	−2	$1{,}64 \times 10^{-10}$	$\Lambda^0\pi^-$	dss
Δ^{++}	1.232	+2	$\frac{3}{2}$	1	0	$\approx 10^{-23}$	$\mathrm{p}\pi^+$	uuu
Ω^-	1.672	−1	$\frac{3}{2}$	1	−3	$8{,}2 \times 10^{-11}$	$\Lambda^0 K^-$	sss
$\Lambda_c{}^+$	2.285	+1	$\frac{1}{2}$	1	0	$2{,}0 \times 10^{-13}$	$\mathrm{p}K^- \pi^+$	udc

EXEMPLO 44.5 CONSERVAÇÃO DO NÚMERO DE BÁRIONS

Verifique a conservação do número de bárions para estas reações:

(a) $n + p \rightarrow n + p + p + \overline{p}$

(b) $n + p \rightarrow n + p + \overline{n}$

SOLUÇÃO

IDENTIFICAR E PREPARAR: este exemplo é semelhante ao Exemplo 44.4: basta comparar o número total de bárions antes e depois de cada reação, usando os dados da Tabela 44.3.

EXECUTAR: tabulamos os números de bárions, observando que um bárion tem $B = -1$ e um antibárion tem $B = -1$:

(a) $n + p \rightarrow n + p + p + \overline{p}$: $1 + 1 = 1 + 1 + 1 + (-1)$

(b) $n + p \rightarrow n + p + \overline{n}$: $1 + 1 \neq 1 + 1 + (-1)$

AVALIAR: a reação (a) é coerente com a conservação do número de bárions. Ela pode ocorrer se houver energia suficiente disponível na colisão $n + p$. A reação (b), que viola o princípio da conservação do número de bárions, nunca foi observada.

EXEMPLO 44.6 CRIAÇÃO DE UM ANTIPRÓTON

Qual é a energia mínima do próton necessária para que seja produzido um antipróton em uma colisão com um próton em repouso?

SOLUÇÃO

IDENTIFICAR E PREPARAR: a reação deve satisfazer as conservações do número de bárions, da carga e da energia. Como o alvo e os prótons incidentes são de massa igual e o alvo está em repouso, calculamos a energia mínima E_m do próton incidente com a Equação 44.10.

EXECUTAR: a conservação da carga e a conservação do número de bárions proíbem a criação de um antipróton por si só; este deve ser criado por meio da formação de um par próton-antipróton. A reação apropriada é

$$p + p \rightarrow p + p + p + \overline{p}$$

Para que essa reação ocorra, a energia disponível mínima E_a dada pela Equação 44.10 é a energia final de repouso $4mc^2$ dos três prótons e um antipróton. Substituindo na Equação 44.10, obtemos

$$(4mc^2)^2 = 2mc^2(E_m + mc^2)$$
$$E_m = 7mc^2$$

AVALIAR: a energia E_m do próton incidente inclui sua energia de repouso mc^2, de modo que a energia *cinética* mínima deve ser igual a $6mc^2 = 6(938 \text{ MeV}) = 5{,}63 \text{ GeV}$.

A busca do antipróton foi uma das principais razões para a construção do Bevatron na Universidade da Califórnia, em Berkeley, que produz um feixe com energia igual a 6 GeV. A pesquisa teve êxito e, em 1959, Emilio Segrè e Owen Chamberlain receberam o Prêmio Nobel pela descoberta.

Estranheza

Os mésons K e os híperons Λ e Σ foram descobertos no final da década de 1950. Por causa de seu comportamento incomum, eles são chamados de *partículas estranhas*. Elas foram produzidas em colisões de partículas com energias elevadas, como $\pi^- + p$, e um méson K e um híperon sempre foram produzidos *juntos*. A taxa relativamente elevada da produção dessas partículas sugeriu que elas fossem decorrentes de uma interação *forte*; contudo, suas vidas médias relativamente curtas sugeriam um processo semelhante ao decaimento com interação *fraca*. Verificou-se que o K^0 possuía *duas* vidas médias, uma aproximadamente igual a 9×10^{-11} s e outra com uma duração aproximadamente 600 vezes maior. Os mésons K seriam hádrons com uma interação forte ou não?

A busca de respostas para essa pergunta levou os físicos a introduzirem uma nova grandeza, chamada **estranheza**. O número quântico de estranheza $S = -1$ foi atribuído aos híperons Λ^0 e $\Sigma^{\pm,0}$, e para os mésons associados K^0 e K^+ foi atribuído o número quântico de estranheza $S = +1$. As antipartículas correspondentes possuem estranhezas opostas, $S = +1$ para os híperons $\overline{\Lambda}^0$ e $\overline{\Sigma}^{\pm,0}$ e $S = -1$ para $\overline{K}^0$ e K^-. A estranheza é *conservada* em processos de produção, como

$$p + \pi^- \rightarrow \Sigma^- + K^+$$

$$p + \pi^- \rightarrow \Lambda^0 + K^0$$

O processo

$$p + \pi^- \rightarrow p + K^-$$

não conserva a estranheza e não ocorre.

Quando partículas estranhas decaem individualmente, em geral a estranheza *não é* conservada. Processos típicos incluem

$$\Sigma^+ \rightarrow n + \pi^+$$
$$\Lambda^0 \rightarrow p + \pi^-$$
$$K^- \rightarrow \pi^+ + \pi^- + \pi^-$$

Em cada um desses decaimentos, a estranheza inicial é 1 ou -1, e o valor final é igual a zero. As observações feitas com todas essas partículas mostraram que *a estranheza é conservada em processos envolvendo interações fortes, porém ela pode variar por uma ou duas unidades nas interações fracas*. O número quântico de estranheza não possui nenhuma contrapartida na física clássica.

ATENÇÃO **Estranheza *versus spin*** Cuidado para não confundir o símbolo S da estranheza com o símbolo idêntico do módulo do momento angular de *spin*.

Leis de conservação

O decaimento de partículas estranhas fornece um primeiro exemplo de uma *lei de conservação condicional*, ou seja, uma lei que é obedecida em algumas interações, mas não em outras. Em contrapartida, diversas leis da conservação são respeitadas em *todas* as interações. Estas incluem as leis familiares da conservação da energia, do momento linear, do momento angular e da carga elétrica. Elas são chamadas de *leis de conservação absolutas*. O número de bárions e os três números de léptons também são conservados em todas as interações. A estranheza é conservada em interações eletromagnéticas, mas *não* em todas as interações fracas.

Duas outras grandezas, que são conservadas apenas em algumas interações, são úteis para a classificação de partículas e de suas interações. Uma delas é o *isospin*, uma grandeza usada para descrever a independência da carga nas interações fortes. A outra é a *paridade*, que compara o comportamento de um sistema com sua imagem especular. O isospin é conservado nas interações fortes, que são independentes da carga elétrica, porém não é conservado nas interações eletromagnéticas nem nas interações fracas. (A interação eletromagnética certamente *não* é independente da carga.) A paridade é conservada em interações eletromagnéticas e nas interações fortes, mas não nas interações fracas. Os físicos sino-americanos T. D. Lee e C. N. Yang receberam o Prêmio Nobel em 1957 por terem desenvolvido as bases teóricas da não conservação da paridade nas interações fracas.

A discussão anterior mostra que as leis de conservação fornecem outra ferramenta para classificar as partículas e suas interações. Cada lei de conservação também é associada a uma propriedade de *simetria* do sistema. Um exemplo familiar é o momento angular. Quando um sistema está em um ambiente com simetria esférica, não pode haver nenhum torque atuando sobre ele, porque a direção do torque violaria a simetria. Nesse tipo de sistema o momento angular é *conservado*. Quando uma lei de conservação é violada, dizemos que o processo envolveu *uma interação com quebra de simetria.*

TESTE SUA COMPREENSÃO DA SEÇÃO 44.3 Pela conservação da energia, uma partícula de massa m e energia de repouso mc^2 só pode decair se os produtos do decaimento tiverem uma massa total menor que m. (A energia restante vai para a energia cinética dos produtos do decaimento.) Um próton pode decair e transformar-se em mésons de massa menor? ❙

44.4 QUARKS E GLÚONS

Os léptons formam um conjunto bastante curioso: três partículas e três neutrinos, cada um com sua respectiva antipartícula e uma lei de conservação que relaciona seus números. Os físicos acreditam que os léptons sejam genuinamente partículas fundamentais. Contudo, a família do hádron exibe um comportamento diferente da família do lépton. A Tabela 44.3 (na Seção 44.3) contém apenas alguns exemplos de um conjunto com mais de cem hádrons que já foram descobertos desde 1960, e tornou-se claro que essas partículas *não* representam o nível mais fundamental da estrutura da matéria.

Nosso conhecimento presente da estrutura dos hádrons se baseia em uma hipótese feita em 1964 pelo físico norte-americano Murray Gell-Mann e colaboradores. Por essa hipótese, os hádrons não são partículas fundamentais, mas estruturas compostas cujos constituintes são férmions com *spin* $\frac{1}{2}$ chamados de **quarks**. (O nome veio da fala "*Three quarks for Muster Mark!*", presente no livro *Finnegans Wake*, de James Joyce.) Cada bárion é constituído por três quarks (qqq), cada antibárion é constituído por três antiquarks ($\overline{qqq}$) e cada méson é constituído por um par quark-antiquark ($q\overline{q}$). A Tabela 44.3 da seção anterior fornece o teor de quarks de diversos hádrons. A introdução de outros tipos de composições não parece ser necessária. Esse esquema impõe para os quarks cargas com módulo de $\frac{1}{3}$ e $\frac{2}{3}$ do valor da carga do elétron e, a qual se imaginava que fosse a menor unidade de carga. Cada quark também tem um valor fracionário de $\frac{1}{3}$ para seu número de bárions B e cada antiquark possui o valor $-\frac{1}{3}$ para seu número de bárions. Nos mésons, um quark e um antiquark se combinam fornecendo um número de bárions igual a zero e podem ter momentos angulares de *spins* paralelos formando um méson com *spin* 1 ou antiparalelos formando um méson com *spin* 0. Analogamente, três quarks e um bárion se combinam com número de bárions igual a 1 e podem formar um bárion com *spin* $\frac{1}{2}$ ou um bárion com *spin* $\frac{3}{2}$.

Três quarks originais

A primeira teoria sobre quarks (1964) incluía três tipos (chamados de *sabores*) de quarks, designados pelos símbolos u (*up*), d (*down*) e s (*strange*). Suas principais propriedades são resumidas na **Tabela 44.4**. Os antiquarks correspondentes $\overline{u}$, $\overline{d}$ e $\overline{s}$ possuem valores opostos para Q, B e S. Os prótons, os nêutrons, os mésons π e K e diversos híperons podem ser formados a partir desses três quarks. Por exemplo, o teor de quark do próton é uud. Examinando a Tabela 44.4, vemos que a soma dos valores de Q/e é igual a 1 e a soma dos valores do número de bárions B também é igual a 1, como era esperado. O teor para o nêutron é udd, sendo $Q = 0$ e $B = 1$. O méson π^+ é $u\overline{d}$, sendo $Q/e = 1$ e $B = 0$, e o méson K^+ é $u\overline{s}$. Conferindo os valores de S para o teor de quark, verificamos que o próton, o nêutron e o méson π^+ possuem estranheza igual a 0 e o méson K^+ possui estranheza igual a 1, concordando com os valores da Tabela 44.3. O antipróton é $\overline{p} = \overline{u}\overline{u}\overline{d}$, o píon negativo é $\pi^- = \overline{u}d$ e assim por diante. O teor de quarks também pode ser usado para explicar as propriedades dinâmicas dos hádrons, como seus estados excitados e seus momentos magnéticos. A **Figura 44.10** mostra o teor de quarks de dois bárions e de dois mésons.

Figura 44.10 Teor de quarks para quatro hádrons. As diversas combinações de cores necessárias para a neutralidade do colorido não são indicadas.

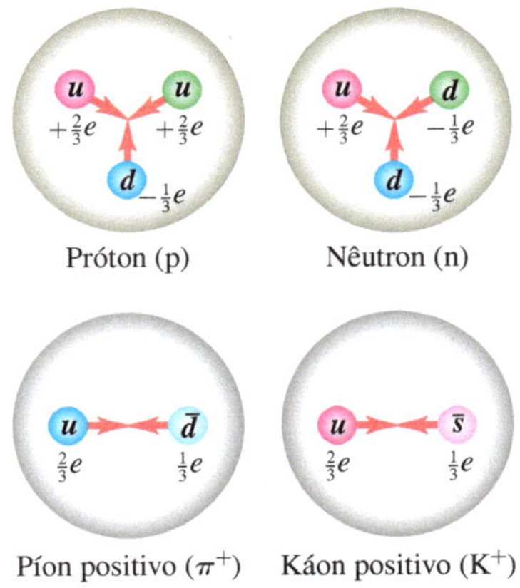

TABELA 44.4 Propriedades dos três quarks originais.

Símbolo	Q/e	*Spin*	Número de bárions, B	Estranheza, S	Charme, C	Inferioridade, B'	Superioridade, T
u	$\frac{2}{3}$	$\frac{1}{2}$	$\frac{1}{3}$	0	0	0	0
d	$-\frac{1}{3}$	$\frac{1}{2}$	$\frac{1}{3}$	0	0	0	0
s	$-\frac{1}{3}$	$\frac{1}{2}$	$\frac{1}{3}$	-1	0	0	0

EXEMPLO 44.7 DETERMINANDO O TEOR DE QUARKS DE BÁRIONS

Sabendo que elas contêm somente $\boldsymbol{u}$, $\boldsymbol{d}$, $\boldsymbol{s}$, $\overline{\boldsymbol{u}}$, $\overline{\boldsymbol{d}}$ e/ou $\overline{\boldsymbol{s}}$, determine o teor de quarks das partículas (a) Σ^+ e (b) $\overline{\Lambda}^0$. As partículas Σ^+ e Λ^0 (a antipartícula do $\overline{\Lambda}^0$) são bárions com estranheza $S = -1$.

SOLUÇÃO

IDENTIFICAR E PREPARAR: utilizamos a ideia de que a carga total de cada bárion é a soma das cargas individuais dos quarks. O mesmo acontece com o número de bárions e a estranheza. Usamos as propriedades dos quarks dadas na Tabela 44.4.

EXECUTAR: os bárions são compostos por três quarks. Quando $S = -1$, um e somente *um* dos três deve ser um quark s, que tem $S = -1$ e $Q/e = -\frac{1}{3}$.

(a) A partícula Σ^+ possui $Q/e = +1$; logo, os outros dois quarks devem ser $\boldsymbol{u}$ (cada um com $Q/e = +\frac{2}{3}$). Portanto, o teor de quarks da partícula Σ^+ é $\boldsymbol{uus}$.

(b) Inicialmente calculamos o teor de quarks da partícula Λ^0. Para que a carga total seja nula, os outros dois quarks devem ser $\boldsymbol{u}$ ($Q/e = +\frac{2}{3}$) e $\boldsymbol{d}$ ($Q/e = -\frac{1}{3}$). Assim, o teor de quarks da partícula Λ^0 é $\boldsymbol{uds}$. O teor de quarks da partícula $\overline{\Lambda}^0$ é $\overline{\boldsymbol{u}}\overline{\boldsymbol{d}}\overline{\boldsymbol{s}}$.

AVALIAR: note que, embora Λ^0 e $\overline{\Lambda}^0$ sejam ambas eletricamente neutras e tenham a mesma massa, essas partículas são diferentes: em Λ^0, $B = 1$ e $S = -1$, enquanto em $\overline{\Lambda}^0$, $B = -1$ e $S = 1$.

Razões para o modelo do quark

O que levou os físicos a acreditar que os hádrons deveriam apresentar uma estrutura composta por partículas menores? O momento magnético do nêutron (Seção 43.1) foi uma das primeiras razões. Na Seção 27.7, aprendemos que o momento magnético era produzido por uma corrente circulando (movimento de uma carga elétrica). Contudo, o nêutron não possui *nenhuma* carga ou, mais precisamente, nenhuma carga *total*. Ele poderia ser constituído por partículas menores com carga total igual a zero. O movimento dessas partículas no interior do nêutron poderia fornecer o seu surpreendente momento magnético diferente de zero. Para verificar essa hipótese "observando" o interior de um nêutron, precisamos de uma sonda cujo comprimento de onda seja muito menor que o diâmetro de um nêutron, que é da ordem de um fentômetro. Tal sonda não deveria ser influenciada pela interação forte, para não interagir com o nêutron, de modo que ela penetrasse no nêutron e pudesse interagir eletromagneticamente com as supostas partículas menores. Uma sonda com essas propriedades poderia ser um elétron com energia acima de 10 GeV. Em experiências realizadas no SLAC, tais elétrons foram espalhados por nêutrons e por prótons, o que ajudou a provar que os núcleons são efetivamente compostos por partículas elementares com cargas fracionárias e *spin* $\frac{1}{2}$.

Simetria de oito modos

As considerações de simetria desempenham um papel crucial na teoria das partículas. Vejamos dois exemplos. Considere os oito bárions com *spin* $\frac{1}{2}$ que mencionamos: os familiares p e n, os estranhos Λ^0, Σ^+, Σ^0 e Σ^- e a dupla de estranhos Ξ^0 e Ξ^-. Na **Figura 44.11** mostramos para cada um deles um gráfico da estranheza S em função do valor da carga Q. O resultado é uma configuração hexagonal. Na **Figura 44.12** mostramos um gráfico semelhante obtido com os nove mésons com *spin* 0 (seis deles indicados na Tabela 44.3 mais três outros não incluídos na tabela); as partículas se distribuem ao longo da mesma configuração hexagonal! Em cada configuração, a massa de cada partícula está dentro de um intervalo de $\pm$ 200 MeV/c^2

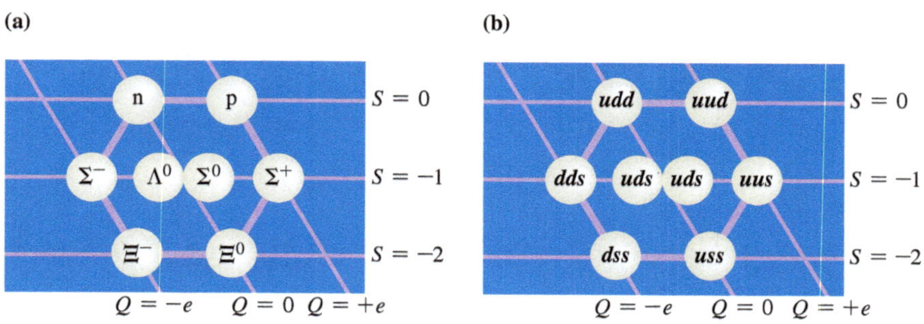

Figura 44.11 (a) Gráfico dos valores de S e Q para os bárions com *spin* $\frac{1}{2}$ mostrando a configuração com a simetria de oito modos. (b) Teor de quarks de cada bárion com *spin* $\frac{1}{2}$. Os teores de quarks das partículas Σ^0 e Λ^0 são os mesmos; Σ^0 corresponde a um estado excitado da partícula Λ^0 e pode nela ser convertida por meio de um decaimento, emitindo um fóton.

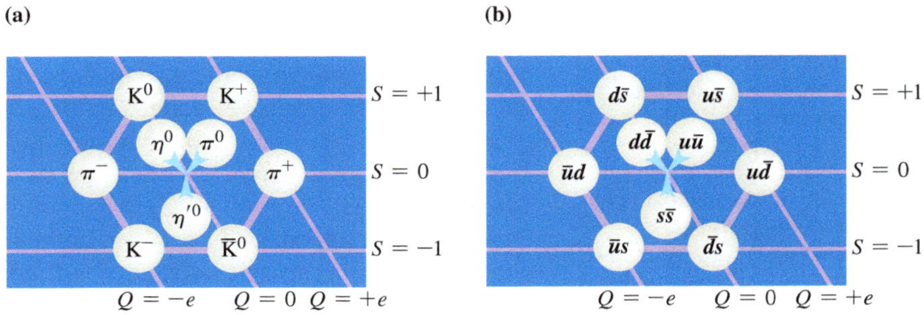

Figura 44.12 (a) Gráfico dos valores de S e Q de nove mésons com *spin* 0, mostrando a configuração com a simetria de oito modos. Cada partícula possui uma antipartícula no vértice oposto do hexágono; cada partícula no centro da configuração é sua própria antipartícula. (b) Teor de quarks de cada méson com *spin* 0. As partículas do centro são misturas diferentes dos três pares de quarks-antiquarks indicados.

em torno do valor da massa média do gráfico, com variações produzidas pelas diferenças de massas dos quarks e das energias potenciais internas.

As simetrias evidenciadas por essas e outras configurações simétricas foram chamadas coletivamente de **simetria de oito modos**. Ela foi descoberta em 1961 por Murray Gell-Mann e independentemente por Yu'val Ne'eman. (O nome é uma referência aos *Oito Caminhos Nobres*, um conjunto de princípios do budismo para uma vida saudável.) Uma configuração semelhante para os bárions com *spin* $\frac{3}{2}$ contém *dez* partículas, distribuídas ao longo de uma figura triangular semelhante à figura formada pelos pinos do jogo de boliche. Quando essa configuração foi inicialmente verificada, ainda não se conhecia uma das partículas. Mesmo assim, Gell-Mann batizou-a (como Ω^-), previu as propriedades que ela deveria ter e orientou os pesquisadores a respeito de como encontrá-la. Três anos mais tarde essa partícula foi encontrada em uma experiência realizada no laboratório de Brookhaven, nos Estados Unidos, uma confirmação espetacular da teoria de Gell-Mann. O conjunto desses eventos faz lembrar a história de como Mendeleev usou as vacâncias da tabela periódica para prever os elementos ainda não descobertos e guiar os químicos em sua busca.

O que liga um quark a outro? A interação atrativa entre os quarks é mediada por um bóson sem massa com *spin* 1 chamado de **glúon**, de modo semelhante àquele pelo qual os fótons medeiam a interação eletromagnética ou os píons mediavam a interação núcleon-núcleon na antiga teoria de Yukawa.

A cor

Os quarks, que possuem *spin* $\frac{1}{2}$, são férmions e, portanto, obedecem ao princípio de exclusão. Aparentemente, isso proibiria um bárion de possuir dois ou três quarks com o mesmo sabor e o mesmo componente de *spin*. Para contornar essa dificuldade, supomos que cada quark apresente três variedades, chamadas curiosamente de *cor*. Vermelho, verde e azul geralmente são as cores escolhidas. O princípio de exclusão se aplica separadamente para cada cor. Um bárion sempre contém um quark vermelho, um verde e um azul, de modo que o bárion em si não possui nenhuma cor efetiva. Cada glúon exibe uma combinação de cor-anticor (por exemplo, azul-antivermelho) que permite que ele transmita uma cor quando é trocado, e a cor é conservada durante a emissão e absorção de um glúon por um quark. No processo de troca de glúons, as cores dos quarks variam, de modo que existe sempre um quark de cada cor em qualquer bárion. A cor de um quark individual varia continuamente à medida que o quark troca glúons.

Processos semelhantes ocorrem em mésons como os píons. Os pares de quarks-antiquarks dos mésons possuem cores que se cancelam (por exemplo, o azul e o antiazul), de modo que nenhum méson apresenta nenhuma cor efetiva. Suponha que um píon inicialmente seja constituído por um quark azul e por um antiquark antiazul. O quark azul pode se transformar em um quark vermelho emitindo um glúon virtual azul-antivermelho. A seguir, o glúon é absorvido pelo antiquark antiazul, convertendo-o em um antiquark antivermelho (**Figura 44.13**). A cor é conservada em cada emissão e absorção, porém um par azul-antiazul deu origem a

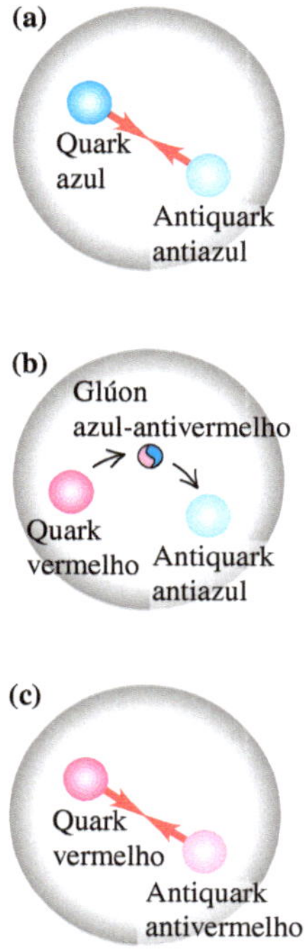

Figura 44.13 (a) Um píon contendo um quark azul e um antiquark antiazul. (b) O quark azul emite um glúon azul-antivermelho, dando origem a um quark vermelho. (c) O glúon é absorvido pelo antiquark antiazul, dando origem a um antiquark antivermelho. O píon agora contém um par quark-antiquark vermelho-antivermelho. O estado quântico efetivo do píon é uma superposição de pares vermelho-antivermelho, verde-antiverde e azul-antiazul.

um par vermelho-antivermelho. Essas variações ocorrem continuamente, de modo que devemos imaginar um píon como uma superposição de três estados quânticos, azul-antiazul, verde-antiverde e vermelho-antivermelho. Na Seção 44.3 dissemos que, em uma escala mais elevada, a interação forte entre dois núcleons pode ser produzida pela troca de mésons virtuais. Em termos de quarks e glúons, esses mésons mediadores virtuais são sistemas de quarks-antiquarks ligados mediante a troca de glúons.

A teoria das interações fortes é chamada de *cromodinâmica quântica* (QCD). Ninguém ainda foi capaz de isolar um quark individual e, na realidade, a QCD prevê que os quarks são ligados de tal forma que é impossível obter um quark livre. Um grande número de evidências experimentais comprova a exatidão do modelo de quark e a ideia de que a cromodinâmica quântica é a chave para que se entendam as interações fortes.

Mais três quarks

Antes da descoberta das partículas tau, existiam quatro léptons conhecidos. Esse fato, com as enigmáticas taxas de decaimento, sugeriu a possibilidade da existência de um quarto sabor de quark. Esse quark foi designado pela letra $\boldsymbol{c}$ (o quark com *charme*); ele possui o valor $Q/e = \frac{2}{3}$, $B = \frac{1}{3}$, $S = 0$ e um novo número quântico **charme** $C = +1$. Em 1974, essa hipótese foi confirmada em experiências feitas no SLAC e no laboratório nacional de Brookhaven, que revelaram um méson, chamado ψ, com massa igual a 3.097 MeV/c^2. Verificou-se que esse méson apresentava diversos modos de decaimento, dando origem a pares e^+e^-, $\mu^+\mu^-$ ou hádrons. Verificou-se também que a vida média era da ordem de 10^{-20} s. Esses resultados eram consistentes com a hipótese de que a partícula era um sistema com ψ sendo um sistema $\boldsymbol{c\bar{c}}$ com *spin* 1. Imediatamente depois dessa descoberta, mésons semelhantes com massas mais elevadas foram observados e identificados como estados excitados do sistema $\boldsymbol{c\bar{c}}$. Alguns anos mais tarde, também foram observados mésons individuais com número quântico de charme diferente de zero, D^0 ($\boldsymbol{c\bar{u}}$) e D^+ ($\boldsymbol{c\bar{d}}$), bem como um bárion com charme, Λ_c^+ ($\boldsymbol{udc}$).

Em 1977, um méson com massa igual a 9.460 MeV/c^2, chamado de ípsilon (Υ), foi descoberto em Brookhaven. Como ele possui propriedades semelhantes ao ψ, imaginou-se que na realidade esse méson seria o sistema ligado de um novo quark, $\boldsymbol{b}$ (o quark inferior, ou *bottom*), juntamente com seu antiquark, $\boldsymbol{\bar{b}}$. O quark inferior apresenta o valor -1 para um novo número quântico B', chamado de *inferioridade* ou *bottomness*. Os estados excitados da partícula Υ logo foram observados e agora os mésons B^+ ($\boldsymbol{\bar{b}u}$) e B^0 ($\boldsymbol{\bar{b}d}$) já estão bem estabelecidos.

ATENÇÃO Inferioridade *versus* número de bárions Não confunda o número quântico de inferioridade B' com o número de bárions B. Por exemplo, o próton (que possui inferioridade zero e é um bárion) possui $B' = 0$ e $B = +1$; o méson B^+ (que inclui um antiquark inferior, mas não é um bárion) possui $B' = +1$ e $B = 0$.

Como existem cinco sabores de quarks ($\boldsymbol{u}$, $\boldsymbol{d}$, $\boldsymbol{s}$, $\boldsymbol{c}$ e $\boldsymbol{b}$) e seis sabores de léptons (e, μ, τ, ν_e, ν_μ e ν_τ), pela simetria da natureza seria uma hipótese razoável supor que deveria existir um *sexto*. Esse quark, designado pela letra $\boldsymbol{t}$ (*top*, ou seja, superior), deveria possuir $Q/e = \frac{2}{3}$, $B = \frac{1}{3}$ e um novo número quântico, $T = 1$. Em 1995, grupos usando dois diferentes detectores no Tevatron do Fermilab anunciaram a descoberta do quark superior, ou *top*. Os grupos produziram colisões de feixes de prótons de 0,9 TeV com antiprótons de 0,9 TeV, porém, mesmo com uma energia disponível de 1,8 TeV, um par top/antitop ($t\bar{t}$) era detectado em cerca de apenas duas em cada 10^{11} colisões! Na **Tabela 44.5** indicamos algumas propriedades dos seis quarks. Cada quark possui um antiquark correspondente com valores opostos dos números quânticos Q, B, S, C, B' e T.

TABELA 44.5 Propriedades dos seis quarks.

Símbolo	Q/e	*Spin*	Número de bárions, B	Estranheza, S	Charme, C	Inferioridade, B'	Superioridade, T
u	$\frac{2}{3}$	$\frac{1}{2}$	$\frac{1}{3}$	0	0	0	0
d	$-\frac{1}{3}$	$\frac{1}{2}$	$\frac{1}{3}$	0	0	0	0
s	$-\frac{1}{3}$	$\frac{1}{2}$	$\frac{1}{3}$	-1	0	0	0
c	$\frac{2}{3}$	$\frac{1}{2}$	$\frac{1}{3}$	0	$+1$	0	0
b	$-\frac{1}{3}$	$\frac{1}{2}$	$\frac{1}{3}$	0	0	-1	0
t	$\frac{2}{3}$	$\frac{1}{2}$	$\frac{1}{3}$	0	0	0	$+1$

TESTE SUA COMPREENSÃO DA SEÇÃO 44.4 É possível existir um bárion com carga $Q = +e$ e estranheza $S = -2$? ❙

44.5 O MODELO-PADRÃO E MODELOS FUTUROS

As partículas e as interações que discutimos neste capítulo fornecem uma visão razoável dos blocos constituintes fundamentais da natureza. Existe bastante confiança na precisão da visão da física contida no chamado **modelo-padrão**.

O modelo-padrão inclui três famílias de partículas: (1) os seis léptons, que não apresentam interações fortes; (2) os seis quarks, que são os blocos constituintes de todos os hádrons, e (3) as partículas mediadoras das diversas interações. As partículas mediadoras são os glúons para as interações fortes entre os quarks, os fótons para as interações eletromagnéticas, as partículas $W^{\pm}$ e Z^0 para as interações fracas e os grávitons para as interações gravitacionais.

Unificação eletrofraca

Os físicos teóricos há muito tempo sonham em combinar todas as interações da natureza em uma única teoria unificada. Como primeira etapa, Einstein passou grande parte de seus últimos anos de vida tentando elaborar uma teoria de campo capaz de unificar a gravitação com o eletromagnetismo. Ele obteve êxito apenas parcial.

Entre 1961 e 1967, Sheldon Glashow, Abdus Salam e Steven Weinberg desenvolveram uma teoria que unifica a interação fraca com a interação eletromagnética. Um dos resultados da **teoria eletrofraca** que eles elaboraram foi a previsão de que os bósons $W^{\pm}$ e Z^0 seriam as partículas mediadoras para as interações fracas, incluindo a previsão dos valores das massas dessas partículas. A ideia básica é que a diferença de massa entre os fótons (massa zero) e os bósons fracos (massa ≈ 100 GeV/c^2) faz que as interações eletromagnéticas e fracas se comportem de modo diferente em energias baixas. Contudo, com energias suficientemente elevadas (acima de 100 GeV), a distinção desaparece e as duas se fundem em uma única interação. As previsões foram confirmadas em experiências realizadas em 1983 por dois grupos experimentais que trabalhavam com o acelerador para colisões de próton-antipróton no Cern. Os bósons fracos foram descobertos, novamente com a ajuda da descrição teórica, e suas massas medidas concordaram com as previsões feitas pela teoria eletrofraca — uma bela convergência entre a teoria e a experiência. A teoria eletrofraca e a cromodinâmica quântica formam a espinha dorsal do modelo-padrão. Glashow, Salam e Weinberg receberam o Prêmio Nobel em 1979.

Na teoria eletrofraca, os fótons não possuem massa, porém os bósons fracos possuem massas elevadas. Para levar em conta a quebra da simetria entre esses dois mediadores das interações, foi proposta uma partícula chamada de *campo de Higgs* pelos físicos da década de 1960. Usamos o símbolo $\phi(\vec{r}, t)$ para indicar o

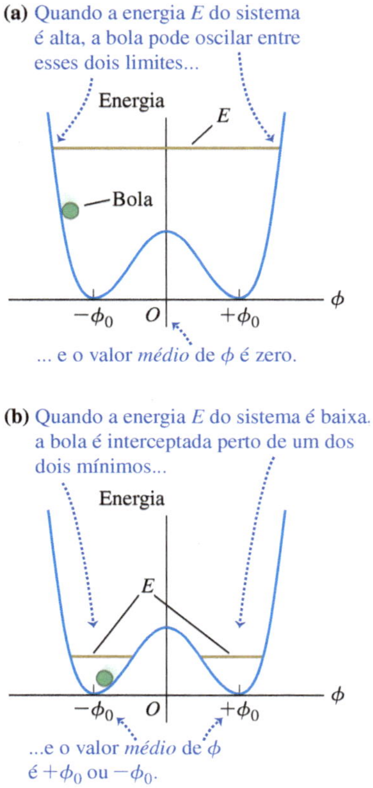

Figura 44.14 O valor do campo de Higgs ϕ pode oscilar, semelhante ao valor da coordenada de uma bola rolando dentro de um vale com dois pontos mínimos. O valor médio de ϕ determina as massas dos bósons fracos $W^{\pm}$ e Z^0. (a) Em altas energias, o valor médio de ϕ é zero e $W^{\pm}$ e Z^0 não têm massa (como o fóton). (b) Em baixas energias, a simetria é quebrada. O valor médio de ϕ é diferente de zero, e $W^{\pm}$ e Z^0 adquirem massas diferentes de zero.

valor desse campo na posição $\vec{r}$ e instante t. (Diferentemente dos campos elétrico e magnético, que são vetores, o campo de Higgs é uma quantidade escalar.) De acordo com a teoria, a massa dos bósons fracos é proporcional ao valor absoluto de $\phi_{\text{méd}}$, onde $\phi_{\text{méd}}$ é o valor médio de $\phi(\vec{r}, t)$ no espaço. A **Figura 44.14** mostra um modelo simplificado de como $\phi_{\text{méd}}$ depende da energia. Em energias muito altas, o valor do campo de Higgs $\phi(\vec{r}, t)$ oscila entre valores positivos e negativos, de modo que seu valor médio é $\phi_{\text{méd}} = 0$ (Figura 44.14a). Porém, em baixas energias, $\phi(\vec{r}, t)$ oscila em torno de um valor médio positivo $\phi_{\text{méd}} = +\phi_0$ ou um valor médio negativo $\phi_{\text{méd}} = -\phi_0$ (Figura 44.14b). A oscilação não é mais simétrica em torno de $\phi = 0$, de modo que a simetria foi quebrada. Logo, em baixas energias, os bósons fracos adquirem uma massa diferente de zero proporcional a $|\phi_{\text{méd}}|$, que é igual a ϕ_0 para qualquer um dos casos mostrados na Figura 44.14b.

Essa teoria também prevê que deve haver uma partícula chamada *bóson de Higgs* associada ao próprio campo de Higgs. (De um modo semelhante, o fóton é a partícula associada ao campo eletromagnético.) Previu-se que o bóson de Higgs seria instável, com carga zero e *spin* 0, e teria uma massa grande. Uma missão importante do Grande Colisor de Hádrons no Cern foi produzir o bóson de Higgs a partir da energia disponível em colisões próton-próton e assim verificar a existência do campo de Higgs. Em 2012, os primeiros bósons de Higgs foram detectados em tais colisões, com as propriedades previstas. Isso sugere que o conceito do campo de Higgs — de que todo o espaço é preenchido com um campo que dá massa aos bósons fracos — está realmente correto. Em 2013, o Prêmio Nobel foi concedido a François Englert e Peter Higgs, dois dos teóricos que inicialmente propuseram a ideia do campo de Higgs em 1964. As experiências atuais mostram que a massa do bóson de Higgs é cerca de 125 GeV/c^2, ainda maior que as massas dos bósons fracos $W^{\pm}$ e Z^0.

Teorias da grande unificação

Talvez em energias suficientemente elevadas haja uma convergência entre a interação eletrofraca e a interação forte, do mesmo modo que existe convergência entre as interações fraca e eletromagnética. Caso isso seja verdade, é possível comprovar uma unificação entre as interações forte, fraca e eletromagnética. Esse esquema, chamado de **teoria da grande unificação** (GUT), ainda é especulativo.

Algumas teorias da grande unificação preveem o decaimento do próton (violando a conservação do número de bárions) com uma vida média estimada em mais de 10^{28} anos. (Para comparar, sabemos que a idade do universo é da ordem de $1{,}38 \times 10^{10}$ anos.) Com uma vida média de 10^{28} anos, seis toneladas de prótons teriam a probabilidade de um decaimento por dia, portanto uma quantidade muito grande de matéria teria de ser examinada. Alguns detectores de neutrinos mencionados na Seção 44.2 originalmente tentaram, sem sucesso, obter evidência do decaimento do próton. Contudo, os trabalhos experimentais continuam e as estimativas recentes fornecem uma vida média de 10^{33} anos para o decaimento do próton. Outras teorias do tipo GUT preveem a existência dos monopolos magnéticos que mencionamos no Capítulo 27. Até o momento, ainda não há experiências confiáveis que revelem a existência de monopolos magnéticos livres.

No modelo-padrão, o neutrino possui massa de repouso igual a zero. Um valor diferente de zero para essa massa é um assunto controverso, porque as experiências destinadas a medir a massa do neutrino são difíceis de realizar e de analisar. Em algumas teorias do tipo GUT, o neutrino *deve* ter massa diferente de zero. Caso os neutrinos tenham massa, podem ocorrer transições chamadas de *oscilações do neutrino*, em que um tipo de neutrino (υ_e, υ_μ ou υ_τ) se transforma em outro tipo. Em 1998, usando o detector de neutrino Super-Kamiokande no Japão (**Figura 44.15**), cientistas anunciaram uma oscilação entre o neutrino múon e o neutrino tau. Medições subsequentes no Sudbury Neutrino Observatory, no Canadá, confirmaram a existência de oscilações de neutrinos. Essa descoberta é a primeira evidência sólida de uma nova e excitante física que vai além do conteúdo do modelo-padrão.

A descoberta das oscilações do neutrino talvez possa esclarecer um mistério existente há muito tempo. Desde a década de 1960 os físicos têm usado detectores sensíveis para pesquisar os neutrinos de elétrons produzidos pelas reações de fusão nuclear que ocorrem na camada central do Sol (veja a Seção 43.8). Porém, o fluxo observado de neutrinos de elétrons solares é apenas um terço do valor previsto. A explicação foi dada em 2002 pelos físicos utilizando o Sudbury Neutrino Observatory, que pode detectar neutrinos de todos os três sabores. Os resultados revelaram que o fluxo combinado de neutrinos solares de *todos* os sabores é igual à previsão teórica do fluxo de neutrinos de *elétrons*. A explicação para isso é que o Sol está, na verdade, produzindo neutrinos de elétrons à taxa prevista pela teoria, mas dois terços desses neutrinos de elétrons são transformados em neutrinos múon ou tau durante sua viagem do núcleo do Sol até um detector na Terra.

Figura 44.15 Esta foto mostra o interior do detector de neutrino Super-Kamiokande, no Japão. Quando em operação, ele é enchido com 5×10^7 kg de água. Um neutrino entrando no detector pode produzir uma fraca cintilação luminosa, que pode ser ampliada pelos 13 mil tubos fotomultiplicadores distribuídos ao longo das paredes do detector. Dados obtidos nesse detector foram os primeiros indícios de que os neutrinos possuem massa.

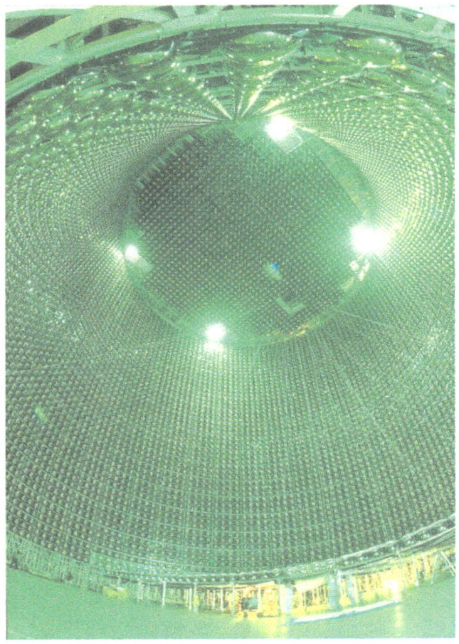

A supersimetria e a TOE (teoria de todas as coisas)

O sonho mais ambicioso dos teóricos é a unificação das quatro interações fundamentais, acrescentando a gravitação às interações forte e eletrofraca que estão incluídas na GUT. Essa teoria unificada foi pitorescamente chamada de Teoria de Todas as Coisas (conhecida pela sigla TOE — *Theory of Everything*). Um ingrediente essencial dessas teorias é um espaço-tempo contínuo com mais de quatro dimensões. As dimensões adicionais são "enroladas" em estruturas minúsculas que normalmente não notamos. Dependendo da escala dessas estruturas, talvez seja possível que a próxima geração de aceleradores de partículas revele a presença de dimensões adicionais.

Outro ingrediente de muitas teorias é a *supersimetria*, que fornece para cada bóson e férmion um "superparceiro" com outro tipo de *spin*. Por exemplo, o parceiro supersimétrico proposto para o elétron de *spin* $\frac{1}{2}$ é uma partícula com *spin* 0 chamada *seletron*, e o do fóton de *spin* 1 é um *fotino* de *spin* $\frac{1}{2}$. Até o momento da escrita desta edição, nenhuma partícula de superparceiro havia sido descoberta, talvez porque elas tenham massa grande demais para serem produzidas pela geração atual de aceleradores. Dentro de alguns anos, os novos dados provenientes do Grande Colisor de Hádrons nos ajudarão a discernir se essas fascinantes teorias têm mérito.

TESTE SUA COMPREENSÃO DA SEÇÃO 44.5 Um aspecto do modelo-padrão é que um quark $\boldsymbol{d}$ pode se transformar em um quark $\boldsymbol{u}$, um elétron e um antineutrino por meio da interação fraca. Se isso acontecer com um quark $\boldsymbol{d}$ dentro de um nêutron, que tipo de partícula resulta, além do elétron e do antineutrino? (i) Um próton; (ii) um Σ^-; (iii) um Σ^+; (iv) um Λ^0 ou um Σ^0; (v) qualquer uma das anteriores. ❙

44.6 O UNIVERSO EM EXPANSÃO

Nas últimas duas seções deste capítulo, vamos explorar brevemente a conexão entre a história do universo primordial e as interações entre as partículas fundamentais. É impressionante a existência de uma relação tão íntima entre a física em escala extremamente pequena revelada experimentalmente (o alcance da interação fraca, da ordem de 10^{-18} m) e a física em escala extremamente grande (o próprio universo, da ordem de 10^{26} m).

A interação gravitacional desempenha um papel crucial no comportamento do universo. Vimos, no Capítulo 13, como a lei da gravitação explica os movimentos dos planetas no sistema solar. A evidência astronômica mostra que as forças gravitacionais também operam em sistemas astronômicos com dimensões muito maiores, como galáxias e conjuntos de galáxias (**Figura 44.16**).

Até as primeiras décadas do século XX, costumava-se supor que o universo fosse *estático*; sabia-se que havia um movimento relativo entre as estrelas, porém não se pensava em qualquer expansão ou contração do universo. Medições iniciadas

Figura 44.16 (a) A galáxia M101 é uma versão maior da Via Láctea, da qual nosso sistema solar faz parte. Como em todas as galáxias, a M101 é mantida unida pela atração gravitacional mútua de suas estrelas, gás, poeira e outros tipos de matéria, todos girando em torno do centro de massa da galáxia. M101 está a 25 milhões de anos-luz de distância. (b) Esta imagem mostra parte do aglomerado Coma, um imenso grupo de mais de 1.000 galáxias que se encontram a 300 milhões de anos-luz de nós. As galáxias dentro do aglomerado estão todas em movimento. As forças gravitacionais entre as galáxias impedem que elas escapem do aglomerado.

(a) (b)

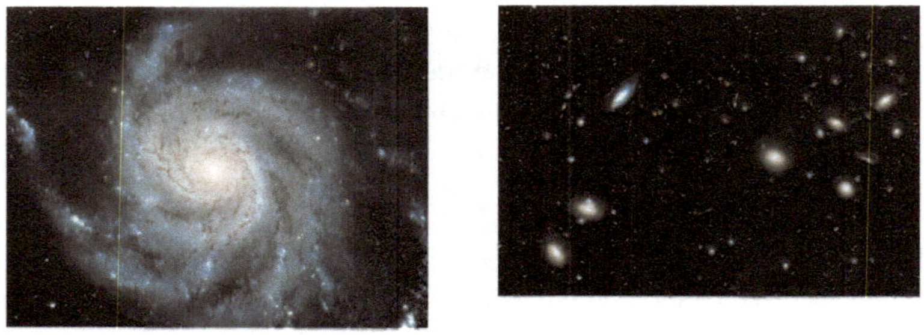

em 1912 por Vesto Slipher no Lowell Observatory, no Arizona, e continuadas na década de 1920 por Edwin Hubble com a ajuda de Milton Humason em Mount Wilson, na Califórnia, indicaram que o universo *não* é estático. O movimento de uma galáxia em relação à Terra pode ser medido observando-se os deslocamentos dos comprimentos de onda de seus espectros. Nas galáxias distantes, esses deslocamentos ocorrem sempre no sentido de comprimentos de onda mais longos, ou seja, elas parecem estar se afastando de nós e umas das outras. Os astrônomos inicialmente imaginaram que esse afastamento fosse produzido pelo efeito Doppler e usaram a relação entre o comprimento de onda λ_0 da luz medido agora para uma fonte que se afasta com uma velocidade v e o comprimento de onda λ_S da luz medido no sistema de referência solidário com a fonte no momento em que a luz foi emitida. Podemos deduzir essa relação invertendo a Equação 37.25, que descreve o efeito Doppler; trocando os índices inferiores e usando $\lambda = c/f$, obtemos

$$\lambda_0 = \lambda_S \sqrt{\frac{c + v}{c - v}} \qquad (44.13)$$

Os comprimentos de onda das fontes que se afastam da Terra são sempre deslocados para comprimentos de onda mais elevados; esse aumento de λ é chamado de **deslocamento para o vermelho**. Podemos explicitar v da Equação 44.13:

$$v = \frac{(\lambda_0/\lambda_S)^2 - 1}{(\lambda_0/\lambda_S)^2 + 1} c \qquad (44.14)$$

ATENÇÃO **Deslocamento para o vermelho, não deslocamento Doppler** Convém enfatizar que as equações 44.13 e 44.14 foram obtidas pela teoria da relatividade *especial* e referem-se ao efeito Doppler. Como veremos, o deslocamento para o vermelho das galáxias *distantes* é produzido por um efeito da teoria da relatividade *geral* e *não* é um efeito Doppler. Contudo, quando a razão v/c e a variação fracionária do comprimento de onda $(\lambda_0 - \lambda_S)/\lambda_S$ tornam-se pequenas, a equação da teoria geral tende para as equações 44.13 e 44.14, e essas relações podem ser usadas.

EXEMPLO 44.8 VELOCIDADE DE AFASTAMENTO DE UMA GALÁXIA

As retas espectrais de diversos elementos são detectadas na luz vinda de uma galáxia na constelação Ursa Maior. Um feixe de luz ultravioleta de cálcio simplesmente ionizado ($\lambda_S = 393$ nm) é observado com um comprimento de onda $\lambda_0 = 414$ nm, sofrendo um deslocamento para o vermelho entrando na região visível do espectro. Qual é a velocidade de afastamento da galáxia em relação à Terra?

(*Continua*)

(Continuação)

SOLUÇÃO

IDENTIFICAR E PREPARAR: este exemplo utiliza a relação entre o deslocamento para o vermelho e a velocidade de afastamento para uma galáxia distante. Podemos usar o comprimento de onda λ_S em que a luz é emitida e o comprimento de onda λ_0 que detectamos na Terra na Equação 44.14 para encontrar a velocidade v de afastamento da galáxia, desde que a variação fracionária do comprimento de onda não seja muito grande.

EXECUTAR: o deslocamento para o vermelho do comprimento de onda fracionário para essa galáxia é $\lambda_0/\lambda_s = (414 \text{ nm})/(393 \text{ nm}) = 1{,}053$. Isso representa um aumento de apenas 5,3%. Portanto, podemos usar a Equação 44.14 com precisão razoável:

$$v = \frac{(1{,}053)^2 - 1}{(1{,}053)^2 + 1}c = 0{,}0516c = 1{,}55 \times 10^7 \text{ m/s}$$

AVALIAR: a galáxia está se afastando da Terra a 5,16% da velocidade da luz. Note que, em vez de fazer esse cálculo, muitas vezes os astrônomos apenas fornecem a velocidade de afastamento em termos do *deslocamento para o vermelho,* definido como $z = (\lambda_0 - \lambda_S)/\lambda_S = (\lambda_0/\lambda_S) - 1$. Assim, essa galáxia apresenta um deslocamento para o vermelho $z = 0{,}053$.

Lei de Hubble

Analisando o deslocamento para o vermelho de galáxias distantes, Edwin Hubble chegou a uma conclusão impressionante: a velocidade de afastamento v de uma galáxia é proporcional à distância r entre a Terra e a galáxia (**Figura 44.17**). Essa relação atualmente é conhecida como **lei de Hubble**; ela é simbolicamente enunciada do seguinte modo:

$$v = H_0 r \tag{44.15}$$

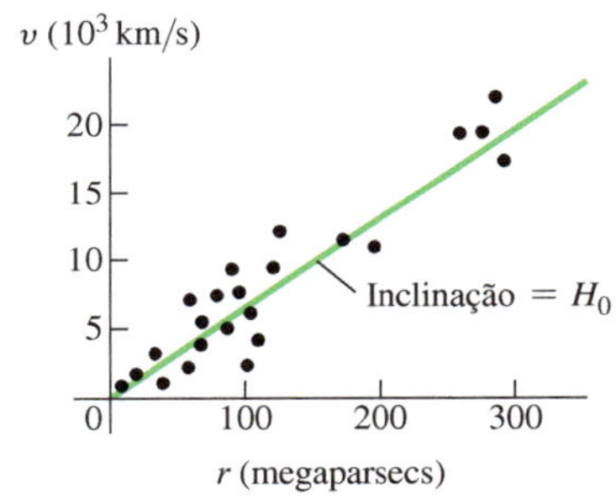

Figura 44.17 Gráfico da velocidade de afastamento em função da distância para diversas galáxias. A linha reta que melhor se ajusta aos dados ilustra a lei de Hubble. A inclinação dessa reta fornece a constante de Hubble, H_0.

onde H_0 é uma grandeza experimental chamada de *constante de Hubble*, visto que, para qualquer instante de tempo, ela é constante no espaço. A determinação de H_0 tem sido uma das principais tarefas do Telescópio Espacial Hubble, que pode medir as distâncias das galáxias com uma precisão extraordinária. O melhor valor atual é igual a $2{,}18 \times 10^{-18} \text{ s}^{-1}$, com uma incerteza de 2%.

Distâncias astronômicas costumam ser medidas em *parsecs* (pc); um parsec é a distância em que há uma separação angular de um arco de segundo (1/3.600°) entre dois objetos a uma distância de $1{,}50 \times 10^{11}$ m entre si (a distância média entre a Terra e o Sol). Uma distância de 1 pc é igual a 3,26 *anos-luz* (al), onde 1 al = $9{,}46 \times 10^{12}$ km é a distância que a luz percorre em um ano. A constante de Hubble pode ser comumente expressa em uma mistura de unidades: (km/s)/Mpc (quilômetros por segundo por megaparsec), onde 1 Mpc = 10^6 pc:

$$H_0 = (2{,}18 \times 10^{-18} \text{ s}^{-1})\left(\frac{9{,}46 \times 10^{12} \text{ km}}{1 \text{ al}}\right)\left(\frac{3{,}26 \text{ al}}{1 \text{ pc}}\right)\left(\frac{10^6 \text{ pc}}{1 \text{ Mpc}}\right) = 67{,}3\frac{\text{km/s}}{\text{Mpc}}$$

EXEMPLO 44.9 CALCULANDO A DISTÂNCIA COM A LEI DE HUBBLE

Calcule a distância entre a Terra e a galáxia na Ursa Maior, descrita no Exemplo 44.8, de acordo com a lei de Hubble.

SOLUÇÃO

IDENTIFICAR E PREPARAR: a lei de Hubble relaciona o deslocamento para o vermelho de uma galáxia distante com sua distância r da Terra. Resolvemos a Equação 44.15 para a distância r e então substituímos o valor da velocidade de afastamento v conforme o Exemplo 44.8.

EXECUTAR: substituindo $H_0 = 67{,}3$ (km/s)/Mpc $= 6{,}73 \times 10^4$ (m/s)/Mpc,

$$r = \frac{v}{H_0} = \frac{1{,}55 \times 10^7 \text{ m/s}}{6{,}73 \times 10^4 (\text{m/s})/\text{Mpc}} = 230 \text{ Mpc}$$
$$= 2{,}3 \times 10^8 \text{ pc} = 7{,}5 \times 10^8 \text{ al} = 7{,}1 \times 10^{24} \text{ m}$$

AVALIAR: uma distância de 220 milhões de parsecs (750 milhões de anos-luz) é realmente impressionante; no entanto, muitas galáxias estão situadas a distâncias ainda maiores. Para ter uma ideia de como até mesmo uma galáxia próxima é distante, compare com o valor 0,002 al, a maior distância atingida por uma espaçonave não tripulada enviada da Terra.

Outro aspecto das observações feitas por Hubble é que, olhando *em qualquer direção*, sempre vemos galáxias distantes se afastando de nós. Não existe nenhuma razão particular para pensar que nossa galáxia esteja no centro do universo; caso você vivesse em outra galáxia, certamente também veria todas as galáxias distantes se afastando de você. Ou seja, em qualquer instante de tempo, *o universo parece sempre ser aproximadamente o mesmo em todas as direções, independentemente do local do universo onde você se encontre*. Essa ideia importante denomina-se **princípio cosmológico**. Existem flutuações locais de densidade, porém, na média, o universo parece sempre ser o mesmo em qualquer local onde ele é observado. Portanto, a constante de Hubble é uma constante espacial, embora não seja necessariamente constante no tempo, e as leis da física são as mesmas em todas as partes do universo.

O Big Bang

Uma hipótese interessante sugerida pela lei de Hubble é que, em algum momento no passado, toda matéria existente no universo deveria estar mais concentrada do que hoje. Em dado instante ocorreu uma violenta explosão, chamada de ***Big Bang***, fornecendo para toda a matéria as velocidades que observamos hoje. Quando isso ocorreu? De acordo com a lei de Hubble, a matéria a uma distância r da Terra se afasta com uma velocidade $v = H_0 r$. O tempo t necessário para ela se deslocar uma distância r é

$$t = \frac{r}{v} = \frac{r}{H_0 r} = \frac{1}{H_0} = 4{,}59 \times 10^{17}\ \text{s} = 1{,}45 \times 10^{10}\ \text{a}$$

Por essa hipótese, o *Big Bang* ocorreu há cerca de 14 bilhões de anos. Ela supõe que todas as velocidades são *constantes* depois do *Big Bang*, ou seja, ela despreza qualquer diminuição de velocidade produzida pela atração gravitacional ou por outros efeitos. Voltaremos a esse ponto mais adiante. Por enquanto, contudo, note que a idade da Terra calculada pela datação radioativa (veja a Seção 43.4) é 4,54 bilhões ($4{,}54 \times 10^9$) de anos. É encorajador que nossa hipótese nos diga que o universo é mais velho que a Terra!

Expansão do espaço

A teoria da relatividade geral analisa a expansão descrita anteriormente de um ponto de vista radicalmente diferente. De acordo com essa teoria, o deslocamento do comprimento de onda *não* é produzido pelo efeito Doppler quando o universo se expande ocupando um espaço vazio anterior. Em vez disso, o aumento ocorre pela *expansão do próprio espaço*, com todos os corpos do espaço intergaláctico, inclusive o comprimento de onda da luz que se desloca até nós partindo de uma fonte distante. Esse conceito não é fácil de assimilar e, se você nunca ouvir falar dele antes, poderá parecer ambíguo.

Vejamos uma analogia que poderá ajudar a compreender esse conceito. Imagine que você seja uma formiga que se desloca ao longo de uma superfície horizontal. Você não pode abandonar a superfície e pode ver em todas as direções, exceto verticalmente para cima ou para baixo. Você estará vivendo em um mundo bidimensional; alguns autores chamam esse mundo de *Terra chata*. Se a superfície for um plano, você poderá localizar sua posição por meio das coordenadas cartesianas (x, y). Se o plano se estende até o infinito nas direções x e y, seu espaço é *infinito ilimitado*. Por mais longe que você vá, nunca atingirá a borda ou o contorno.

Outro *habitat* para a formiga seria a superfície de uma esfera de raio R. O espaço continua sendo infinito no sentido de que você nunca encontra qualquer borda ou contorno, embora nesse caso o espaço seja *finito* ou *limitado*. Você poderá localizar sua posição nesse espaço a partir de duas coordenadas: a latitude e a longitude ou as coordenadas esféricas θ e ϕ na Figura 41.5.

Suponha agora que a superfície esférica seja um balão (**Figura 44.18**). À medida que enchemos o balão, fazendo seu raio R aumentar, as coordenadas de um ponto não se alteram; contudo, a distância entre quaisquer dois pontos aumenta cada vez mais. Além disso, à medida que R aumenta, a *taxa de variação* da distância entre dois pontos (a velocidade de afastamento) é proporcional à distância que os separa. *A velocidade de afastamento é proporcional à distância*, como no caso da lei de Hubble. Por exemplo, a distância entre Brasília e Curitiba é aproximadamente o dobro da distância entre Brasília e Belo Horizonte. Se a Terra começasse a aumentar, Curitiba se afastaria de Brasília cerca de duas vezes mais rápido que Belo Horizonte.

Vemos, portanto, que a grandeza R, embora não seja nenhuma das duas coordenadas que identificam o local de um ponto sobre a superfície do balão, desempenha um papel essencial em qualquer discussão sobre as distâncias. Ela indica o raio de curvatura do espaço bidimensional e também um *fator de escala* que varia à medida que o universo bidimensional se expande.

Generalizar a descrição anterior para três dimensões não é fácil. Precisamos imaginar que nosso espaço tridimensional esteja imerso em um espaço de quatro ou mais dimensões, do mesmo modo que imaginamos a superfície esférica bidimensional imersa em um espaço cartesiano de três dimensões. Nosso espaço real de três dimensões *não é cartesiano*; para descrever suas características, é necessário usar pelo menos um parâmetro adicional, o raio de curvatura do espaço, que é semelhante ao raio da esfera. Em certo sentido, esse fator de escala, que continuaremos a chamar de R, indica o *tamanho* do universo, do mesmo modo que o raio do balão descrevia o tamanho do universo esférico bidimensional. Se o universo real é *finito* ou não, é uma questão que veremos posteriormente.

Qualquer comprimento medido no espaço intergaláctico é proporcional a R; logo, o comprimento de onda da luz que chega até nós partindo de uma galáxia distante aumenta com qualquer outra dimensão à medida que o universo se expande. Portanto,

$$\frac{\lambda_0}{\lambda} = \frac{R_0}{R} \tag{44.16}$$

O subscrito zero é usado para designar o comprimento de onda e o fator de escala *agora*, do mesmo modo que H_0 é o valor presente da constante de Hubble. As grandezas λ e R sem índices indicam as respectivas grandezas em *qualquer* instante, no passado, no presente ou no futuro. Na situação descrita nos exemplos 44.8 e 44.9, temos $\lambda_0 = 414$ nm e $\lambda = \lambda_S = 393$ nm, de modo que a Equação 44.16 fornece $R_0/R = 1{,}053$. Ou seja, o fator de escala (R_0) *agora* é 5,3% maior que seu valor quando a luz foi emitida da Ursa Maior em um instante 750 milhões de anos anterior ao instante presente. Esse aumento do comprimento de onda com o tempo à medida que o universo se expande denomina-se *deslocamento para o vermelho cosmológico*. Quanto maior for a distância entre um objeto e a Terra, mais tempo a luz levará para chegar até nós e maiores serão as variações de R e λ. O maior valor da razão dos comprimentos de onda medidos atualmente para as galáxias é aproximadamente igual a 8,6, significando que o volume atual do próprio espaço é $(8{,}6)^3 \approx 640$ vezes maior que no instante em que a luz foi emitida. *Não* tente substituir $\lambda_0/\lambda_S = 8{,}6$ na Equação 44.14 para calcular a velocidade de afastamento: aquela equação só vale para valores pequenos do deslocamento para o vermelho cosmológico e para $v << c$. Geralmente, o valor verdadeiro de v só pode ser estimado, porque ele depende da densidade do universo, do valor de H_0 e do histórico de expansão do universo.

Agora, uma surpresa: quando a distância na lei de Hubble é suficientemente elevada, a velocidade de afastamento torna-se maior que a velocidade da luz! Isso *não* viola a teoria da relatividade especial porque a velocidade de afastamento *não* é produzida pelo movimento do objeto astronômico em relação a coordenadas em sua região do espaço. Em vez disso, é possível obter $v > c$ quando dois sistemas de

Figura 44.18 Um balão inflável como analogia para a expansão do universo.

(a) Os pontos (simbolizando as galáxias) sobre a superfície de um balão são representados por suas coordenadas de latitude e longitude.

(b) O raio R do balão aumentou. As coordenadas dos pontos continuam as mesmas, porém a distância entre os dois pontos aumentou.

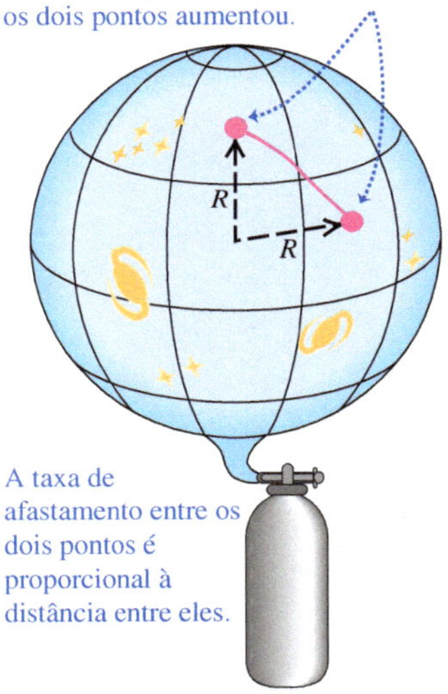

coordenadas se afastam com uma velocidade suficientemente elevada, à medida que o próprio espaço se expande. Em outras palavras, existem alguns objetos cujas coordenadas possuem velocidade de afastamento tão elevada que a luz ainda não teve tempo, desde a formação do universo, para chegar até nós. O que vemos hoje é apenas o universo *observável*; não temos nenhuma evidência experimental sobre aquilo que existe fora do seu horizonte.

ATENÇÃO **O universo não está se expandindo no vácuo** O balão mostrado na Figura 44.18 está se expandindo no espaço vazio ao seu redor. É um erro comum imaginar o universo como um conjunto de galáxias grande, mas finito, que, ao se expandir, passa a ocupar um espaço antes desocupado. A realidade é bem diferente! Todas as evidências acumuladas mostram que nosso universo é *infinito:* ele não tem limites, portanto não há nada "fora" dele, e ele não está se expandindo "para dentro" de nada. A expansão do universo significa apenas que o fator de escala do universo está aumentando. Uma boa analogia em duas dimensões é pensar no universo como uma folha de borracha chata e infinitamente grande que está se distendendo e expandindo de forma semelhante à superfície do balão na Figura 44.18. Em certo sentido, o universo infinito está simplesmente se tornando mais infinito!

Densidade crítica

Em um universo em expansão, a atração gravitacional deve frear a expansão inicial, porém até que ponto? Caso essa atração seja suficientemente elevada, a expansão do universo deverá ficar cada vez mais lenta, finalmente parar e, a seguir, se contrair a partir de um evento chamado de *Big Crunch*. Por outro lado, se a atração gravitacional é muito mais fraca, a expansão é freada apenas suavemente, e o universo continua a se expandir eternamente.

A situação é análoga ao problema do cálculo da velocidade de escape de um projétil lançado a partir da superfície terrestre; estudamos esse problema no Exemplo 13.5 da Seção 13.3. A energia total $E = K + U$ quando um projétil de massa m e velocidade v está a uma distância r do centro da Terra (massa m_T) é

$$E = \tfrac{1}{2}mv^2 - \frac{Gmm_T}{r}$$

Para um valor de E positivo, o projétil tem energia cinética suficiente para se deslocar até uma distância muito grande da Terra ($r \rightarrow \infty$) e ainda sobra uma energia cinética. Para um valor de E negativo, a energia cinética $K = \tfrac{1}{2}mv^2$ é igual a zero e o projétil para momentaneamente quando $r = -\,Gmm_T/E$. Nesse caso, não é possível existir nenhum valor de r maior que esse e o projétil não pode escapar da gravitação da Terra.

Podemos fazer uma análise semelhante para o universo. Se o universo se expandirá eternamente ou não, isso dependerá da *densidade* média de sua matéria. Se a matéria for relativamente densa, existirá atração suficiente para diminuir a velocidade de expansão e fazer o universo se contrair novamente. Caso contrário, a expansão continuará para sempre. Podemos deduzir uma expressão para a *densidade crítica* ρ_c suficiente para interromper a expansão.

Figura 44.19 Uma esfera imaginária de galáxias. A força gravitacional total sobre nossa galáxia (na superfície da esfera) por outras galáxias é a mesma que se toda a sua massa estivesse concentrada no centro da esfera. (Como o universo é infinito, existe também uma infinidade de galáxias fora dessa esfera.)

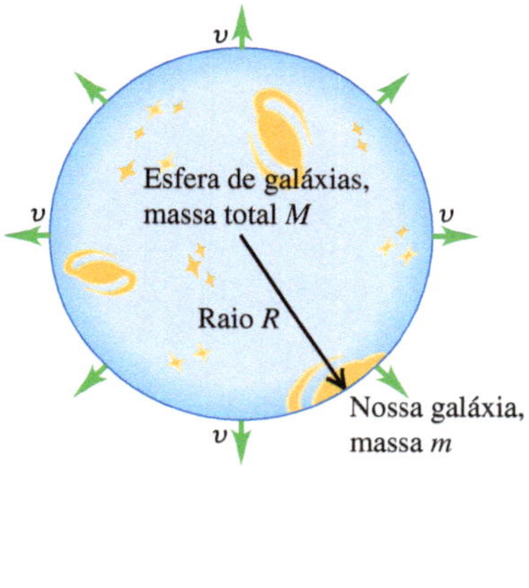

Agora apresentamos um cálculo baseado na mecânica newtoniana; ele não é exato porque não é relativístico, porém ilustra a ideia. Considere uma esfera grande de raio R, contendo muitas galáxias (**Figura 44.19**), com massa total M. Suponha que nossa própria galáxia possua massa total m e que esteja situada na superfície dessa esfera. De acordo com o princípio cosmológico, a distribuição média da massa no interior dessa esfera deve ser uniforme. A força gravitacional total sobre nossa galáxia é dada apenas pela massa M no interior da esfera. A força gravitacional sobre nossa galáxia e a energia potencial U decorrente dessa distribuição esfericamente simétrica são correspondentes aos valores obtidos considerando-se duas massas puntiformes m e M. Logo, a energia potencial é $U = -GmM/R$, como na Seção 13.3. A força resultante produzida por distribuições de massa *fora* da esfera é igual a zero, então podemos desprezá-la.

A energia total E (energia cinética mais energia potencial) é

$$E = \tfrac{1}{2}mv^2 - \frac{GmM}{R} \qquad (44.17)$$

Para um valor de E *positivo*, nossa galáxia possui uma energia cinética suficiente para escapar da atração gravitacional da massa M do interior da esfera; nesse caso, o universo se expande para sempre. Para um valor de E negativo, nossa galáxia não pode escapar e, por fim, ela é puxada para dentro da esfera. O valor-limite entre esses dois casos é obtido para $E = 0$, portanto

$$\tfrac{1}{2}mv^2 = \frac{GmM}{R} \qquad (44.18)$$

A massa total M no interior da esfera é dada pelo volume $4\pi R^3/3$ multiplicado pela densidade ρ_c:

$$M = \tfrac{4}{3}\pi R^3 \rho_c$$

Vamos supor que a velocidade de nossa galáxia em relação ao centro da esfera seja dada pela lei de Hubble: $v = H_0R$. Substituindo essas relações de m e de v na Equação 44.18, obtemos

$$\tfrac{1}{2}m(H_0R)^2 = \frac{Gm}{R}\left(\tfrac{4}{3}\pi R^3 \rho_c\right) \quad \text{ou}$$

$$\rho_c = \frac{3H_0^2}{8\pi G} \quad \text{(densidade crítica do universo)} \qquad (44.19)$$

Essa é a *densidade crítica*. Se a densidade média do universo for menor que ρ_c, o universo continuará a se expandir eternamente; caso ela seja maior, por fim ele deverá parar de se expandir e em seguida se contrair.

Substituindo valores numéricos na Equação 44.19, obtemos

$$\rho_c = \frac{3(2{,}18 \times 10^{-18}\ \text{s}^{-1})^2}{8\pi(6{,}67 \times 10^{-11}\ \text{N}\cdot\text{m}^2/\text{kg}^2)} = 8{,}50 \times 10^{-27}\ \text{kg/m}^3$$

A massa do átomo de hidrogênio é igual a $1{,}67 \times 10^{-27}$ kg; logo, essa densidade é equivalente a cerca de cinco átomos de hidrogênio por metro cúbico.

Matéria escura, energia escura e universo em aceleração

Os astrônomos vêm realizando vastos estudos sobre a densidade média da matéria efetivamente existente no universo. Uma forma de fazer isso é contar o número de galáxias em uma região do céu. Com base na massa de uma estrela média e no número de estrelas em uma galáxia média, chega-se a uma estimativa da densidade média da *matéria luminosa* no universo — ou seja, a matéria que emite radiação eletromagnética. (Você é feito de matéria luminosa, porque emite radiação infravermelha em consequência de sua temperatura; veja as seções 17.7 e 39.5.) Além disso, é necessário levar em conta outros materiais luminosos dentro de uma galáxia, inclusive o gás e a poeira tênue entre as estrelas.

Outra técnica é estudar os movimentos das galáxias dentro de aglomerados de galáxias (Figura 44.16b). Os movimentos são tão lentos que não podemos realmente ver as galáxias mudando de posição dentro de um aglomerado. Apesar disso, as observações mostram que diferentes galáxias dentro de um aglomerado apresentam deslocamentos para o vermelho ligeiramente diferentes, o que indica que as galáxias estão se movendo em relação ao centro de massa do aglomerado. As velocidades desses movimentos relacionam-se com a força gravitacional exercida sobre cada galáxia pelos outros componentes do aglomerado, que, por sua vez, depende da massa total do aglomerado. Medindo essas velocidades, os astrônomos podem determinar a densidade média de *todos* os tipos de matéria dentro do aglomerado, quer a matéria transmita radiação eletromagnética, quer não.

Observações usando essas e outras técnicas mostram que a densidade média de *toda* a matéria no universo é 31,5% da densidade crítica, mas a densidade média da matéria *luminosa* é apenas 4,9% da densidade crítica. Em outras palavras, a maior parte da matéria no universo não é luminosa: ela não emite radiação eletromagnética de *nenhum* tipo. Atualmente, a natureza dessa **matéria escura** continua sendo um mistério. Entre os candidatos sugeridos como componentes dessa matéria escura estão os WIMPs (do inglês *weakly interacting massive particles*, ou seja, partículas de grande massa com interação fraca), partículas subatômicas hipotéticas de massa muito maior que as produzidas em experiências com aceleradores, e MACHOs (do inglês *massive compact halo objects*, objetos massivos compactos com halos), que incluem buracos negros que podem formar "halos" em torno de galáxias. Qualquer que seja a verdadeira natureza da matéria escura, ela é, de longe, a forma dominante de matéria no universo. Para cada quilograma da matéria comum que foi o alvo de nossos estudos durante a maior parte deste livro — inclusive elétrons, prótons, átomos, moléculas, blocos em planos inclinados, planetas e estrelas — existem *cinco quilogramas e meio* de matéria escura.

Como a densidade média da matéria no universo é menor que a densidade crítica, pareceria lógico concluir que o universo continuará a se expandir indefinidamente e que a atração gravitacional entre a matéria em diferentes partes do universo deveria desacelerar a expansão (embora não o bastante para interrompê-la). Uma forma de testar essa previsão é examinar os deslocamentos para o vermelho de objetos extremamente distantes. Quanto mais distante for uma galáxia, mais tempo é necessário para que a luz nos alcance a partir dessa galáxia e, portanto, estamos vendo esse mesmo tempo para trás quando observamos essa galáxia. Se a expansão do universo estivesse desacelerando, a expansão deveria ter sido mais rápida no passado distante. Em consequência, esperaríamos que galáxias muito distantes apresentassem deslocamentos para o vermelho *maiores* que os previstos pela lei de Hubble, Equação 44.15.

Figura 44.20 As manchas brilhantes nesta imagem não são estrelas, e sim galáxias inteiras. Vemos a mais distante delas, ampliada no detalhe, conforme existia há 13,1 bilhões de anos, quando o universo tinha apenas 700 milhões de anos. Nessa época, o fator de escala do universo era apenas 12% do tamanho que é agora. (A cor vermelha dessa galáxia é decorrente de seu deslocamento para o vermelho muito grande.) Em comparação, vemos a relatividade próxima do aglomerado Coma (veja a Figura 44.16b) como era há 300 milhões de anos, quando o fator de escala era 98% do valor dos dias atuais.

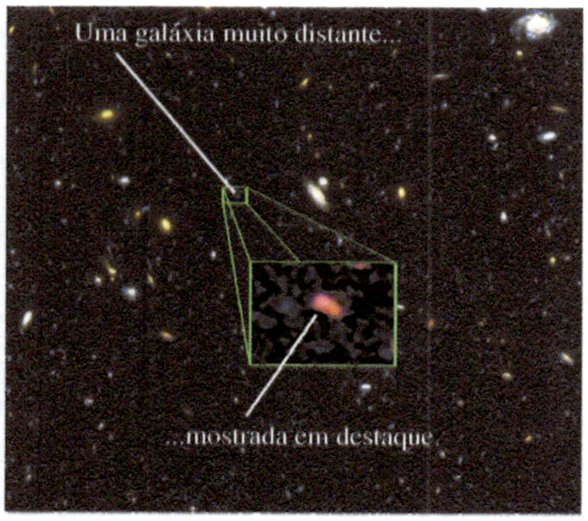

Somente a partir da década de 1990 tornou-se possível medir precisamente tanto as distâncias quanto os deslocamentos para o vermelho de galáxias extremamente distantes. Os resultados têm sido absolutamente surpreendentes: as galáxias muito distantes, vistas conforme existiam quando o universo era uma pequena fração de sua idade atual (**Figura 44.20**), possuem deslocamentos para o vermelho *menores* que os previstos pela lei de Hubble! Isso nos leva a deduzir que a expansão do universo foi mais lenta no passado do que é agora, de modo que a expansão está *se acelerando* em vez de desacelerando.

Se a atração gravitacional deveria fazer a expansão desacelerar, por que ela está se acelerando? Nossa explicação mais aceita é que o espaço está permeado com um tipo de energia que não exerce nenhum efeito gravitacional e não emite radiação eletromagnética, mas age como uma "antigravidade" que produz uma *repulsão* universal. Essa energia invisível, imaterial, é chamada de **energia escura**. Como o nome sugere, a natureza da energia escura ainda não foi bem entendida, mas é tema de muitas pesquisas.

As observações mostram que a densidade de *energia* da energia escura (medida em, digamos, joules por metros cúbicos) é 68,5% da densidade crítica vezes c^2; ou seja, é igual a $0{,}685\rho_c c^2$. Como descrevemos anteriormente, a densidade média da matéria de todos os tipos é 31,5% da densidade crítica. Pela relação de Einstein, $E = mc^2$, a densidade da *energia* média da matéria no universo é, portanto,

$0{,}315\rho_c c^2$. Visto que a densidade de energia da energia escura é quase três vezes maior que a da matéria, a expansão do universo continuará a se acelerar. Essa expansão nunca cessará, e o universo nunca se contrairá.

Se levarmos em conta a energia de *todos* os tipos, a densidade de energia média do universo é igual a $0{,}685\rho_c c^2 + 0{,}315\rho_c c^2 = 1{,}00\rho_c c^2$. Desse total, 68,5% é formado pela misteriosa energia escura, 26,6% pela não menos misteriosa matéria escura e apenas 4,9% pela matéria comum que conhecemos. Como sabemos pouco sobre os componentes de nosso universo (**Figura 44.21**)! Quando levamos em conta a densidade da matéria no universo (que tende a retardar a expansão do espaço) e a densidade da energia escura (que tende a acelerar a expansão), a idade do universo passa a ser considerada como 13,8 bilhões ($1{,}38 \times 10^{10}$) de anos.

Qual é a importância do resultado de que, dentro das margens de erro das observações, a densidade de energia média do universo é igual a $\rho_c c^2$? Isso nos diz que o universo é infinito e ilimitado, mas por uma pequena margem. Se a densidade de energia média fosse só um pouco maior que $\rho_c c^2$, o universo seria finito como a superfície do balão ilustrado na Figura 44.18. Até o momento da escrita deste livro, o erro de observação na densidade da energia média é menor que 1%, mas não podemos estar totalmente certos de que o universo *é* ilimitado. O aperfeiçoamento dessas medições será uma importante tarefa para os físicos e astrônomos nos próximos anos.

Figura 44.21 A composição do nosso universo. A matéria comum inclui todos os tipos conhecidos de matéria que você vê ao seu redor, incluindo seu corpo, nosso planeta, o Sol e as estrelas.

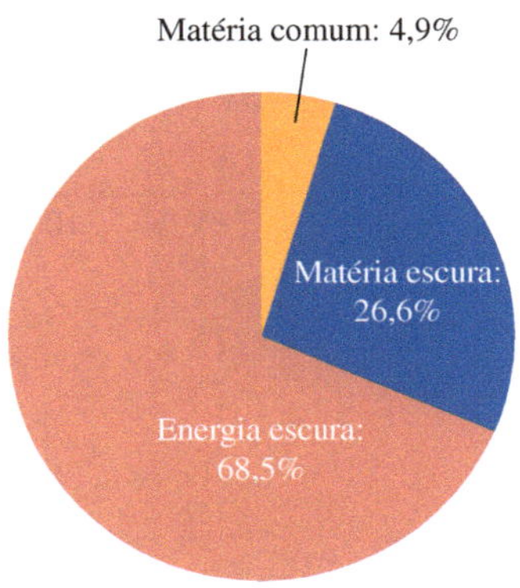

TESTE SUA COMPREENSÃO DA SEÇÃO 44.6 É correto dizer que nosso corpo é feito de matéria “comum”? ❙

44.7 O COMEÇO DO TEMPO

Que título estranho para a última seção de um livro! Descreveremos genericamente as teorias atuais sobre a história do início do universo e suas relações com as interações fundamentais entre as partículas. Verificaremos que uma quantidade extremamente grande de eventos ocorreu apenas no primeiro segundo.

BIO Aplicação Um fóssil antigo e recente Este fóssil de trilobite é um exemplo de um grupo de artrópodes marinhos que se espalharam pelos oceanos da Terra de 540 a 250 milhões de anos atrás. (Em comparação, os primeiros dinossauros não apareceram antes de 230 milhões de anos atrás.) Pelo nosso ponto de vista, isso torna o trilobite um espécime quase incomensuravelmente antigo. Mas, em comparação com o tempo que se passou desde o *Big Bang*, 13,8 bilhões de anos, até mesmo os trilobites são um fenômeno bastante recente: eles apareceram inicialmente quando o universo já tinha quase 96% de sua idade atual.

Temperaturas

O universo primordial era extremamente quente e denso e a energia média de cada partícula era extremamente grande, muitas ordens de grandeza maior que qualquer energia de sistemas do universo presente. Podemos comparar a energia E de uma partícula e a temperatura absoluta T usando o princípio da equipartição (veja a Seção 18.4):

$$E = \tfrac{3}{2}kT \tag{44.20}$$

onde k é a constante de Boltzmann, que geralmente é expressa em eV/K:

$$k = 8{,}617 \times 10^{-5}\ \text{eV/K}$$

Logo, podemos substituir a Equação 44.20 por $E \approx (10^{-4}\ \text{eV/K})T = (10^{-13}\ \text{GeV/K})T$ quando discutirmos ordens de grandeza.

EXEMPLO 44.10 TEMPERATURA E ENERGIA

(a) Qual é a energia cinética média E (em eV) de partículas na temperatura ambiente ($T = 290$ K) e na superfície do Sol ($T = 5.800$ K)? (b) Qual é a temperatura aproximada correspondente à energia de ionização do átomo de hidrogênio, à energia de repouso do elétron e à energia de repouso do próton?

SOLUÇÃO

IDENTIFICAR E PREPARAR: neste exemplo, pede-se que apliquemos o princípio da equipartição. Usaremos a Equação 44.20 em cada parte para encontrar as variáveis-alvo E e T.

EXECUTAR: (a) de acordo com a Equação 44.20,

(*Continua*)

(*Continuação*)

$$E = \tfrac{3}{2}kT = \tfrac{3}{2}(8{,}617 \times 10^{-5}\ \text{eV/K})\ (290\ \text{K}) = 0{,}0375\ \text{eV}$$

A temperatura na superfície do Sol é mais elevada que a temperatura ambiente por um fator igual a (5.800 K)/(290 K) = 20; logo, a energia cinética média é 20(0,0375 eV) = 0,75 eV.

(b) A energia de ionização do hidrogênio é igual a 13,6 eV. Usando a aproximação $E \approx (10^{-4}\ \text{eV/K})T$, obtemos

$$T \approx \frac{E}{10^{-4}\text{eV/K}} = \frac{13{,}6\ \text{eV}}{10^{-4}\text{eV/K}} \approx 10^5\ \text{K}$$

Repetindo esse cálculo para as energias de repouso do elétron (E = 0,511 MeV) e do próton (E = 938 MeV), obtemos as temperaturas de 10^{10} K e 10^{13} K, respectivamente.

AVALIAR: no interior do Sol, encontramos temperaturas de mais de 10^5 K; portanto, o hidrogênio lá é predominantemente ionizado. Temperaturas de 10^{10} K ou 10^{13} K não são encontradas em nenhum lugar do sistema solar; como veremos, as temperaturas eram altas assim nos primórdios do universo.

Desacoplamento das interações

O desenvolvimento do universo foi caracterizado por um aumento contínuo do fator de escala R, o qual podemos interpretar aproximadamente como o *tamanho* do universo, e por uma diminuição correspondente de sua densidade média. À medida que a energia potencial gravitacional aumentava durante a expansão, ocorria uma *diminuição* correspondente de temperatura e do número médio de partículas. Conforme isso ocorria, as interações básicas passaram a se desacoplar progressivamente.

Para entender o desacoplamento, lembre-se de que a unificação da interação eletromagnética com a interação fraca ocorria em energias suficientemente elevadas para que se tornasse desprezível a diferença de massa entre os bósons com *spin* 1 que participam como mediadores dessas interações. O fóton sem massa é a partícula mediadora da interação eletromagnética, e a interação fraca é mediada pelos bósons fracos $W^{\pm}$ e Z^0, que possuem massas da ordem de 100 GeV/c^2. Para energias muito *menores* que 100 GeV, as duas interações parecem ser bastante diferentes; contudo, para energias muito *maiores* que 100 GeV, elas constituem uma única interação, pois os bósons fracos $W^{\pm}$ e Z^0 perdem sua massa, como o fóton. (Isso ocorre porque o valor médio $\phi_{\text{méd}}$ do campo de Higgs é zero em alta energia, como na Figura 44.14a.)

A teoria da grande unificação (GUT) fornece um comportamento semelhante para a interação forte. Ela se unifica com a interação eletrofraca para energias da ordem de 10^{14} GeV; porém, para energias muito menores que essa, as interações parecem ser bastante diferentes. Uma das razões que impedem a verificação experimental da GUT é que não existe nenhuma forma controlada de se dispor de uma energia com esse valor, que é um fator 10^{11} vezes mais elevado que as energias disponíveis nos aceleradores modernos.

Finalmente, para energias suficientemente elevadas e distâncias muito pequenas, supomos que a gravitação pode ser unificada com as outras três interações. Imagina-se que a distância em que isso pode ocorrer seja menor que cerca de 10^{-35} m. Essa distância, chamada de *comprimento de Planck* l_{P}, é determinada pela velocidade da luz c e pelas constantes fundamentais da mecânica quântica e da gravitação, h e G, respectivamente:

$$l_{\text{P}} = \sqrt{\frac{\hbar G}{c^3}} = 1{,}616 \times 10^{-35}\,\text{m} \qquad (44.21)$$

Convidamos você a verificar que essa combinação de constantes realmente possui unidades de comprimento. O *tempo de Planck* $t_{\text{P}} = l_{\text{P}}/c$ é igual ao tempo necessário para a luz se deslocar a uma distância igual a l_{P}:

$$t_{\text{P}} = \frac{l_{\text{P}}}{c} = \sqrt{\frac{\hbar G}{c^5}} = 0{,}539 \times 10^{-43}\ \text{s} \qquad (44.22)$$

Se imaginarmos uma volta no tempo até o início do universo, devemos parar no instante $t = 10^{-43}$ s porque, para tempos anteriores que esse, não possuímos nenhuma teoria que unifique as quatro interações. Portanto, ainda não temos nenhuma forma de saber o que ocorreu ou como o universo se comportou antes do tempo de Planck ou quando seu tamanho era menor que o comprimento de Planck.

O modelo-padrão da história do universo

A descrição feita a seguir é conhecida como *modelo-padrão* da história do universo. Esse título pode parecer um tanto otimista, porém ele indica que existe uma teoria apoiada em fundamentos experimentais bastante sólidos e que é geralmente aceita. A figura apresentada nas duas páginas a seguir indica uma breve história do universo, com a temperatura característica, as energias das partículas e o fator de escala das diversas fases. Essa figura poderá ajudar você a entender a discussão que faremos a seguir.

De acordo com o modelo-padrão, a temperatura do universo no instante $t = 10^{-43}$ s (o tempo de Planck) era aproximadamente igual a 10^{32} K, e a energia média por partícula era aproximadamente

$$E \approx (10^{-13}\ \text{GeV/K})\,(10^{32}\ \text{K}) = 10^{19}\ \text{GeV}$$

Em uma teoria totalmente unificada, essa é a energia abaixo da qual a gravidade começa a se separar das outras interações. Esse tempo marca, portanto, a transição de qualquer TOE para o período da GUT.

Durante o período previsto pela GUT, no intervalo aproximado desde $t = 10^{-43}$ s até $t = 10^{-35}$ s, as interações forte e eletrofraca ainda estavam unidas e o universo era uma sopa de quarks e de léptons que se transformavam mutuamente tão livremente que não existia distinção entre essas duas famílias de partículas. Outras partículas com massas mais elevadas também podem ter sido criadas e destruídas livremente. Uma característica importante de toda teoria do tipo GUT é que, para energias suficientemente elevadas, o número de bárions não se conserva. (Mencionamos anteriormente a hipótese do decaimento do próton, que ainda não foi observada.) Portanto, no final do período previsto pela GUT, o número de quarks poderia ter sido diferente do número de antiquarks. Esse ponto tem implicações importantes e retornaremos a ele no final desta seção.

No instante $t = 10^{-35}$ s, a temperatura diminuiu para 10^{27} K e a energia média se reduziu para 10^{14} GeV. Nessa energia, a interação forte se separou da eletrofraca (**Figura 44.22**) e o número de bárions passou a ser conservado separadamente da

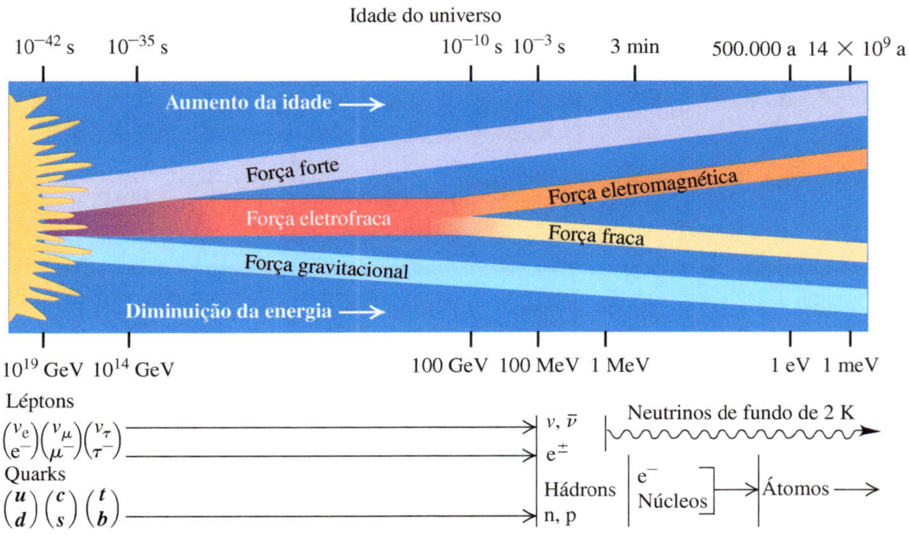

Figura 44.22 Diagrama esquemático mostrando os tempos e as energias em que as interações começaram a se desacoplar. A escala de energia é decrescente porque a densidade média de energia diminui à medida que o universo se expande.

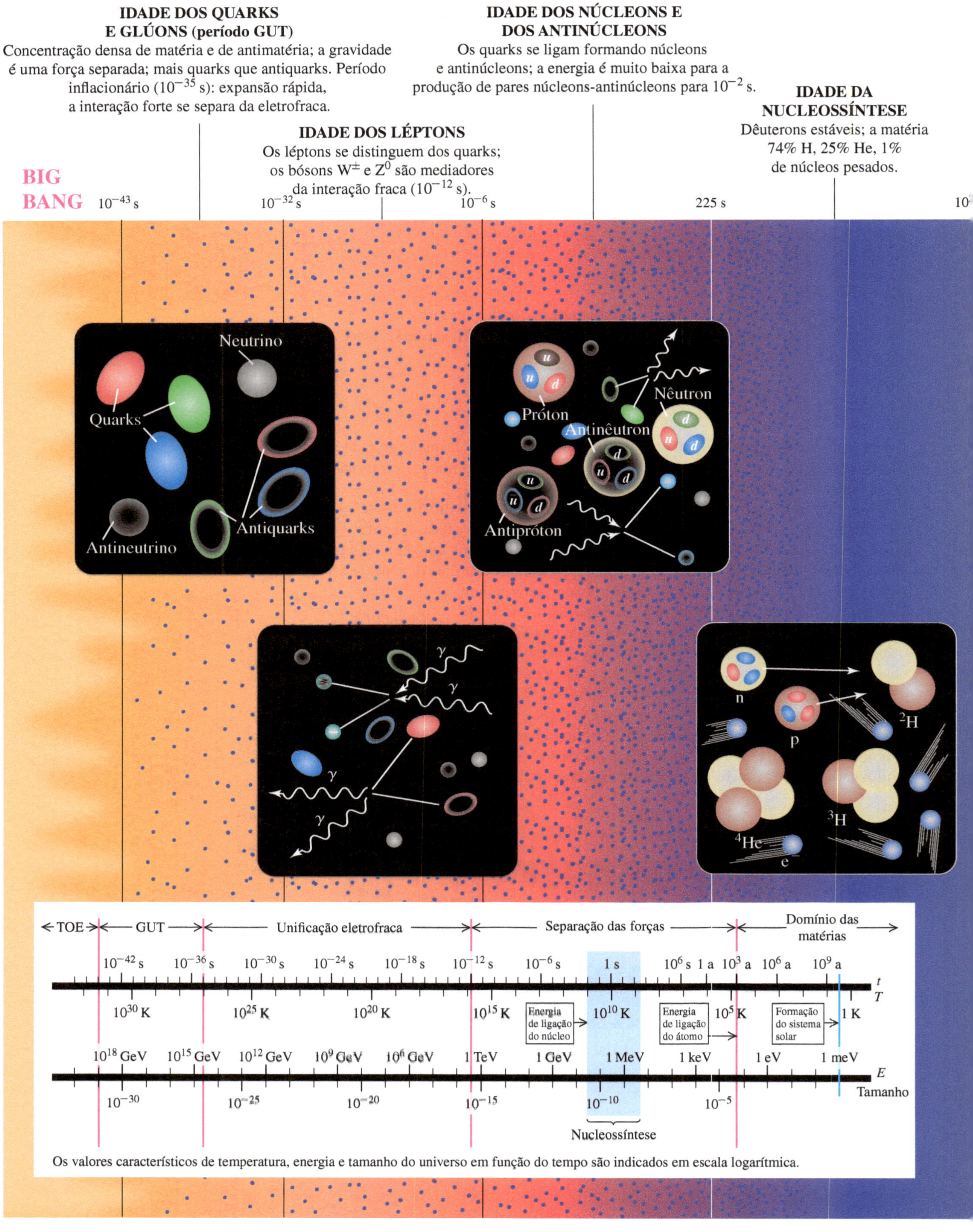

Os valores característicos de temperatura, energia e tamanho do universo em função do tempo são indicados em escala logarítmica.

Uma breve história do universo

IDADE DOS ÍONS
Expansão e resfriamento dos gases ionizados H e He.

IDADE DOS ÁTOMOS
Formam-se átomos neutros; o universo torna-se transparente para a luz.

IDADE DAS ESTRELAS E DAS GALÁXIAS
A fusão termonuclear começa nas estrelas, produzindo núcleos mais pesados.

10^{13} s

10^{15} s

HOJE

conservação do número de léptons. Essa separação da força forte foi semelhante à transição de fase, como a ebulição de um líquido, com um correspondente calor de vaporização. Pense nesse processo como algo semelhante a fazer um núcleo pesado entrar em ebulição, fazendo que as partículas se afastem e fiquem fora do alcance das forças nucleares. Em consequência disso, o universo sofreu uma expansão drástica (muito mais rápida que a taxa de expansão dos dias atuais), chamada *inflação cósmica*. Em um desses modelos, o fator de escala R aumentou 10^{50} em 10^{-32} s.

No instante $t = 10^{-32}$ s, o universo era uma mistura de quarks, léptons e bósons mediadores (glúons, fótons e os bósons fracos $W\pm$ e Z^0). Ele continuou a se expandir e a esfriar desde o período inflacionário até o instante $t = 10^{-6}$ s, quando a temperatura era da ordem de 10^{13} K e as energias típicas eram da ordem de 1 GeV (comparável com a energia de repouso de um núcleon; veja o Exemplo 44.11). Nesse instante, os quarks começaram a se ligar formando núcleons e antinúcleons. Existiam ainda fótons com energias suficientes para produzir pares de núcleons-antinúcleons para equilibrar o processo de aniquilamento de pares de núcleons-antinúcleons. Contudo, próximo ao instante $t = 10^{-2}$ s, quase todos os fótons possuíam energias menores que a energia-limite necessária para tal produção de pares. Havia um ligeiro excesso de núcleons em relação aos antinúcleons; em virtude disso, quase todos os antinúcleons e muitos núcleons se aniquilaram mutuamente. Um equilíbrio semelhante ocorreu mais tarde com a produção de pares elétrons-pósitrons a partir de fótons e o aniquilamento posterior desses pares. No instante aproximadamente dado por $t = 14$ s, a energia média se reduziu para cerca de 1 MeV, abaixo da energia-limite necessária para a produção de pares e^+e^-. Depois que a produção de pares cessou, virtualmente todos os pósitrons restantes se aniquilaram, deixando o universo com muito mais prótons e elétrons que as respectivas antipartículas.

Até cerca de $t = 1$ s, os nêutrons e os neutrinos podiam se formar mediante a seguinte reação endoenergética:

$$e^- + p \rightarrow n + \upsilon_e$$

Depois desse instante, os elétrons não possuíam mais energia suficiente para essa reação. A energia média dos neutrinos também diminuiu; à medida que o universo se expandia, as reações de equilíbrio que envolviam a *absorção* de neutrinos (que passou a ocorrer com probabilidade decrescente) tornaram-se inoperantes. Nesse instante, de fato, o fluxo de neutrinos e de antineutrinos através do universo se desacoplou do restante do universo. Por causa da probabilidade extremamente pequena de absorção, muitos desses fluxos ainda existem até hoje, embora fortemente esfriados pela expansão. O modelo-padrão do universo prevê para hoje a presença de neutrinos com temperatura aproximadamente igual a 2 K, porém ninguém ainda conseguiu comprovar essa previsão experimentalmente.

Nucleossíntese

Em cerca de $t = 1$ s, a razão entre prótons e nêutrons era determinada pelo fator da distribuição de Boltzmann $e^{-\Delta E/kT}$, onde ΔE é a diferença entre a energia de repouso do nêutron e a energia de repouso do próton: $\Delta E = 1{,}294$ MeV. Para uma temperatura aproximadamente igual a 10^{10} K, esse fator de distribuição fornece um número de prótons 4,5 vezes maior que o número de nêutrons. Contudo, conforme dissemos, os nêutrons livres (com vida média de 887 s) decaem espontaneamente formando prótons. Esse decaimento fez a razão entre prótons-nêutrons aumentar até cerca de $t = 225$ s. Nesse instante, a temperatura era aproximadamente igual a 10^9 K, e a energia média estava bem abaixo de 2 MeV.

A distribuição de energia era crítica porque a energia de ligação do *dêuteron* (um nêutron e um próton ligados entre si) é igual a 2,22 MeV (veja a Seção 43.2). Um nêutron ligado em um dêuteron não decai espontaneamente. À medida que a energia média diminuía, um próton podia se combinar com um nêutron formando um dêuteron, e havia um número cada vez menor de fótons com energia de 2,22 MeV ou maior capazes de dissociar os dêuterons novamente. Portanto, a formação de dêuterons pela combinação de nêutrons e de prótons fez interromper o decaimento de nêutrons livres.

A formação de dêuterons começando em cerca de $t = 225$ s marcou o começo do período da formação dos núcleos, ou *nucleossíntese*. Nesse instante existiam cerca de sete prótons para cada nêutron. O dêuteron (^{2}H) também pode absorver um nêutron e formar um tríton (^{3}H) ou então absorver um próton e formar o hélio (^{3}He). Então, o ^{3}H pode absorver um próton, e o ^{3}He pode absorver um nêutron formando ^{4}He (a partícula alfa). Alguns núcleos de ^{7}Li também podem ser produzidos pela fusão dos núcleos ^{3}H e ^{4}He. De acordo com a teoria, essencialmente todos os núcleos ^{1}H e ^{4}He existentes no universo hoje foram formados naquela época. A seguir, contudo, a formação dos núcleos chegou quase a parar momentaneamente. Isso ocorreu porque não existe *nenhum* nuclídeo com número de massa $A = 5$ que possua meia-vida maior que 10^{-21} s. Logo, a partícula alfa não absorve permanentemente nêutrons ou prótons. O nuclídeo ^{8}Be, que é formado pela fusão de dois núcleos de ^{4}He, é instável e possui meia-vida extremamente pequena, da ordem de 7×10^{-17} s. Note também que, naquele instante, a energia média ainda era muito elevada para permitir que os elétrons ficassem ligados com os núcleos; logo, naquela época ainda não existia nenhum átomo.

EXEMPLO 44.11 A ABUNDÂNCIA RELATIVA DO HIDROGÊNIO E DO HÉLIO NO UNIVERSO

Quase todos os núcleons da relação de sete prótons para cada nêutron existente no instante $t = 225$ s ou formaram o ^{4}He ou permaneceram como ^{1}H. Depois desse tempo, qual era a abundância relativa do ^{1}H e do ^{4}He por massa?

SOLUÇÃO

O núcleo ^{4}He contém dois prótons e dois nêutrons. Para cada dois nêutrons presentes em $t = 225$ s, existiam 14 prótons. Os dois nêutrons e dois dos 14 prótons constituem um átomo do núcleo ^{4}He, sobrando 12 prótons (núcleos de ^{1}H). Assim, naquela época existiam 12 núcleos de ^{1}H para cada núcleo de ^{4}He. As massas aproximadas do ^{1}H e do ^{4}He são de 1 u e de 4 u, respectivamente; logo, existiam 12 u de ^{1}H para cada 4 u de ^{4}He. Portanto, por massa, a mistura era constituída de 75% de ^{1}H e de 25% de ^{4}He. Esse resultado concorda com a razão presente de H-He existente no universo, constituindo uma importante confirmação dessa parte da teoria.

A nucleossíntese de outros elementos só começou a ocorrer muito tempo depois, após o instante $t = 10^{13}$ s (cerca de 380.000 anos). Naquela época, a temperatura era de 3.000 K e a energia média era aproximadamente igual a alguns décimos de elétrons-volt. Como as energias de ionização dos *átomos* de hidrogênio e de hélio são 13,6 eV e 24,5 eV, respectivamente, quase todos os átomos de hidrogênio e de hélio eram neutros (não ionizados). Como a repulsão entre os núcleos se cancelava, a atração gravitacional podia aglutinar lentamente os átomos neutros formando nuvens de gás e, por fim, estrelas. Acredita-se que as reações termonucleares ocorridas nas estrelas tenham produzido os elementos com massas mais elevadas. Na Seção 43.8 discutimos um ciclo de reações termonucleares no qual ^{1}H torna-se ^{4}He.

Para as estrelas cuja massa é igual a 40% da massa do Sol ou mais, conforme as estrelas usam seu hidrogênio, a pressão gravitacional interna supera a radiação e a pressão externas do gás, e as camadas internas da estrela começam a se contrair. À medida que isso ocorre, a energia potencial gravitacional diminui e as energias cinéticas dos núcleos aumentam. Por fim, a temperatura do núcleo torna-se tão elevada que inicia outro processo, a *fusão do hélio*. Inicialmente, dois núcleos de ^{4}He se fundem formando um núcleo de ^{8}Be, que é altamente instável. Porém, como o núcleo de uma estrela é tão denso e as colisões entre os núcleos são tão frequentes, existe uma probabilidade diferente de zero de que um terceiro núcleo de ^{4}He se funda com ^{8}Be antes que possa decair. O resultado é um nuclídeo estável ^{12}C, o chamado *processo alfa triplo*, pois três núcleos ^{4}He (ou seja, partículas alfa) se fundem para formar um núcleo de carbono. Então, as fusões sucessivas com o ^{4}He

Figura 44.23 A Nebulosa do Véu, na constelação de Cisne, é um resto de explosão de supernova ocorrida mais de 20.000 anos atrás. O gás ejetado da supernova ainda está se movendo com muita rapidez. Colisões entre esse gás que se move rapidamente e o tênue material do espaço interestelar excitam o gás e o fazem brilhar. A porção da nebulosa mostrada aqui é de cerca de 40 al (12 pc) de extensão.

fornecem ^{16}O, ^{20}Ne e ^{24}Mg. Todas essas reações são exoenergéticas. Elas liberam energia, que esquenta a estrela, e o ^{12}C pode se fundir com o ^{16}O, formando novos elementos com números atômicos cada vez mais elevados.

Para os nuclídeos que podem ser produzidos dessa maneira, a energia de ligação por núcleon tem um pico em $A = 56$ com o nuclídeo ^{56}Fe, portanto as reações de fusão exoenergéticas terminam no Fe. Entretanto, sucessivas capturas de nêutrons e decaimentos beta podem continuar a produção de núcleos com massas mais elevadas. Quando a estrela possui massa suficientemente grande, ela pode finalmente explodir, formando uma *supernova* (**Figura 44.23**; veja também a Figura 37.7). No espaço, os restos da supernova e outros materiais interestelares podem sofrer atração gravitacional mútua dando origem a planetas e novas estrelas. Nosso próprio Sol é uma estrela de "segunda geração". Isso significa que os planetas e tudo o que existe no sistema solar contêm matéria que foi lançada há muito tempo no espaço pela explosão de uma supernova.

Radiação de fundo

Em 1965, Arno Penzias e Robert Wilson, trabalhando nos laboratórios de comunicação por satélites da Bell Telephone na cidade de Nova Jersey, apontaram uma antena de micro-ondas para o céu e encontraram um sinal de fundo que, aparentemente, não possuía nenhuma direção privilegiada. (Esse sinal fornece cerca de 1% dos "pontinhos luminosos" que você vê na tela da TV em um canal que não é usado por nenhuma transmissora.) Uma pesquisa posterior revelou que a radiação recebida apresenta um espectro de frequências que obedece à lei da radiação de Planck, Equação 39.24 (veja a Seção 39.5). O comprimento de onda do pico de intensidade é igual a 1,063 nm (na região de micro-ondas do espectro), com uma temperatura absoluta correspondente $T = 2{,}725$ K. Penzias e Wilson entraram em contato com físicos da Universidade de Princeton que haviam começado a projetar uma antena destinada a pesquisar a radiação remanescente do início da formação do universo. Dissemos que os átomos neutros começaram a se formar no instante $t = 380.000$ anos quando a temperatura era igual a 3.000 K. Com muito menos partículas carregadas do que existia anteriormente, naquela época o universo ficou transparente à radiação eletromagnética com comprimento de onda mais elevado. A radiação do corpo negro a 3.000 K sobreviveu e, com a expansão do universo, esfriou até o valor atual de 2,725 K. A *radiação de fundo cósmica* é uma das mais evidentes confirmações experimentais da teoria do Big Bang. A **Figura 44.24** mostra um mapa moderno da radiação cósmica de fundo.

Figura 44.24 Este mapa em falsa cor mostra a radiação de micro-ondas de todo o céu mapeada em uma elipse. Quando essa radiação foi emitida, 380.000 anos após o *Big Bang*, as regiões em preto eram levemente mais frias e densas que a média. Dentro dessas regiões frias e densas se formaram galáxias, inclusive a Via Láctea, a galáxia que inclui nosso sistema solar, nossa Terra e nós mesmos.

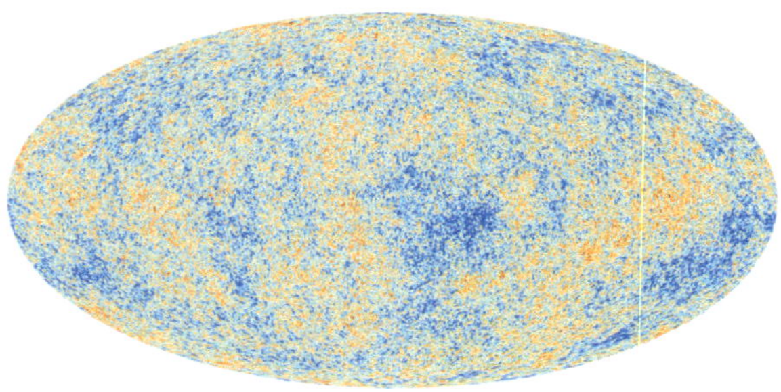

EXEMPLO 44.12 EXPANSÃO DO UNIVERSO

Desde o instante $t = 380.000$ anos, qual foi aproximadamente o fator de expansão do universo?

SOLUÇÃO

IDENTIFICAR E PREPARAR: utilizaremos a ideia de que o universo está se expandindo e de que todos os comprimentos de onda intergalácticos estão se expandindo com ele. A lei do deslocamento de Wien, Equação 39.21, relaciona o comprimento de onda do pico λ_m na radiação do corpo negro com a temperatura T. Dadas as temperaturas da radiação cósmica de fundo atual (2,725 K) e em $t = 380.000$ a, podemos encontrar o fator pelo qual os comprimentos de onda variaram e, assim, calcular o fator pelo qual o universo se expandiu.

(*Continua*)

(Continuação)

EXECUTAR: podemos reescrever a Equação 39.21 como

$$\lambda_m = \frac{2{,}90 \times 10^{-3}\ \text{m} \cdot \text{K}}{T}$$

Logo, o comprimento de onda do pico λ_m é inversamente proporcional a T. À medida que o universo se expandia, todos os comprimentos de onda intergalácticos (inclusive λ_m) cresceram proporcionalmente ao fator de escala R. A temperatura diminuiu por um fator (3.000 K)/(2,725 K) ≈ 1.100; logo, λ_m e o fator de escala devem ter *aumentado* por esse mesmo fator. Portanto, entre t = 380.000 anos e o presente, o universo se expandiu por um fator de cerca de 1.100.

AVALIAR: nossos resultados mostram que, desde t = 380.000 a, qualquer *volume* intergaláctico em particular aumentou por um fator de $(1.100)^3 = 1{,}3 \times 10^9$. Mostram também que, quando a radiação de fundo foi emitida, seu comprimento de onda do pico era $\frac{1}{1100}$ do valor de 1,063 mm, ou 967 nm, dos dias atuais. Isso ocorre na região infravermelha do espectro.

Matéria e antimatéria

Uma das características mais marcantes do universo é a assimetria entre matéria e antimatéria. Poderíamos pensar que, no universo, o número de prótons fosse igual ao número de antiprótons e que o número de elétrons fosse igual ao número de antielétrons. Contudo, esse não parece ser o caso. As teorias que estudam a origem do universo devem explicar esse desequilíbrio.

Mencionamos que quase todas as teorias do tipo GUT incluem a violação da lei da conservação do número de bárions para energias nas quais a interação forte se unifica com a interação eletrofraca. Se a simetria partícula-antipartícula também é violada, dispomos de um mecanismo para obter mais quarks que antiquarks, mais léptons que antiléptons e, por fim, mais matéria que antimatéria. O problema mais sério é que qualquer assimetria criada desse modo durante a era em que prevaleceu a GUT deveria ser compensada pela interação eletrofraca depois do término da era da GUT. Assim, deve ter existido outro mecanismo para a criação da assimetria partícula-antipartícula em algum instante muito *posterior*. O problema da assimetria matéria-antimatéria ainda é uma questão completamente em aberto.

Ainda existem muitas questões sem resposta na interseção entre a física de partículas e a cosmologia. A densidade de energia do universo é exatamente igual a $\rho_c c^2$ ou existem diferenças pequenas, mas importantes? O que é energia escura? A densidade da energia escura permaneceu constante ao longo da história do universo ou variou? O que é matéria escura? O que aconteceu durante os primeiros 10^{-43} s depois do *Big Bang*? Podemos encontrar evidências de que as interações fortes e eletrofracas passaram por uma grande unificação em energias elevadas? A busca por respostas para essas e muitas outras questões sobre o nosso mundo físico é uma das mais excitantes aventuras para a mente humana.

TESTE SUA COMPREENSÃO DA SEÇÃO 44.7 Poderíamos, com um telescópio suficientemente poderoso, detectar fótons emitidos antes de t = 380.000 anos? ❙

CAPÍTULO 44 RESUMO

Partículas fundamentais: cada partícula apresenta uma antipartícula; em alguns casos, uma partícula pode ser sua própria antipartícula. As partículas podem ser criadas ou destruídas; algumas delas (inclusive os elétrons e os pósitrons) só podem ser criadas e destruídas aos pares ou então em conjunto com outras partículas e antipartículas.
Algumas partículas podem servir como mediadoras das interações fundamentais. O fóton é o mediador da interação eletromagnética. Yukawa sugeriu que os mésons são as partículas mediadoras das interações nucleares. As partículas mediadoras que existem em virtude do princípio da incerteza para a energia são chamadas de partículas virtuais.

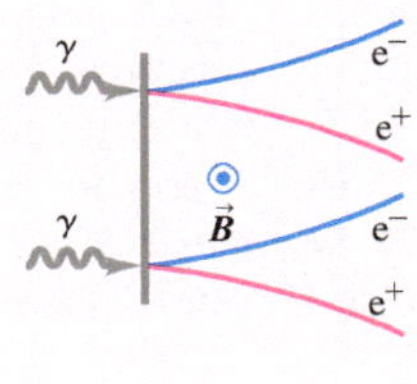

Aceleradores e detectores de partículas: os cíclotrons, sincrotrons e aceleradores lineares são usados para acelerar partículas carregadas para altas energias, em experiências de interações entre partículas. Somente uma parte da energia do feixe torna-se disponível quando o alvo está em repouso. Esse problema é evitado quando a colisão ocorre entre dois feixes se deslocando em sentidos contrários. (Veja os exemplos 44.1-44.3.)

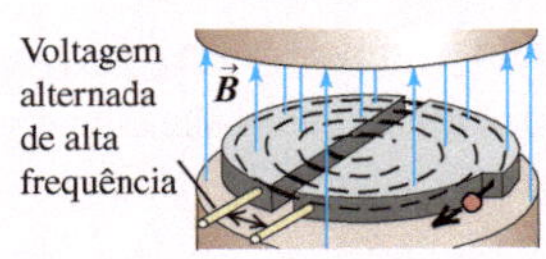

Partículas e interações: existem quatro interações fundamentais na natureza: a forte, a eletromagnética, a fraca e a gravitacional. As partículas podem ser descritas com base nas interações entre elas e nas grandezas que são conservadas em todas ou em algumas das interações. Os férmions possuem *spins* semi-inteiros; os bósons têm *spins* inteiros. Os léptons, que são férmions, não sofrem interação forte. As partículas que sofrem interação forte são chamadas de hádrons. Elas incluem os mésons, que são sempre bósons, e os bárions, que são sempre férmions. Existem leis de conservação para o número de bárions e para três diferentes números de léptons. Números quânticos adicionais, inclusive a estranheza e o charme, são conservados em algumas interações. (Veja os exemplos 44.4-44.6.)

Quarks: hádrons são compostos de quarks. Acredita-se que existam seis tipos de quarks. As interações entre quarks são mediadas por glúons. Os quarks e os glúons apresentam uma propriedade adicional chamada cor. (Veja o Exemplo 44.7.)

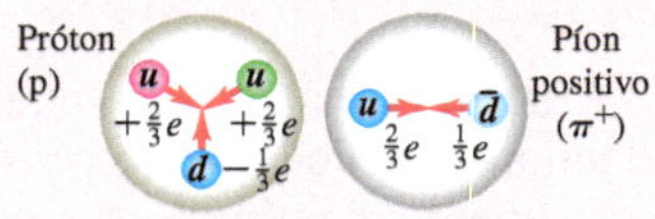

A simetria e a unificação de interações: as considerações de simetria desempenham um papel crucial no estudo das partículas fundamentais. As interações eletromagnéticas e as fracas se unificam em energias elevadas, dando origem à interação eletrofraca. Nas teorias da grande unificação, a interação forte também se unifica com as duas interações anteriores, porém em energias muito mais elevadas.

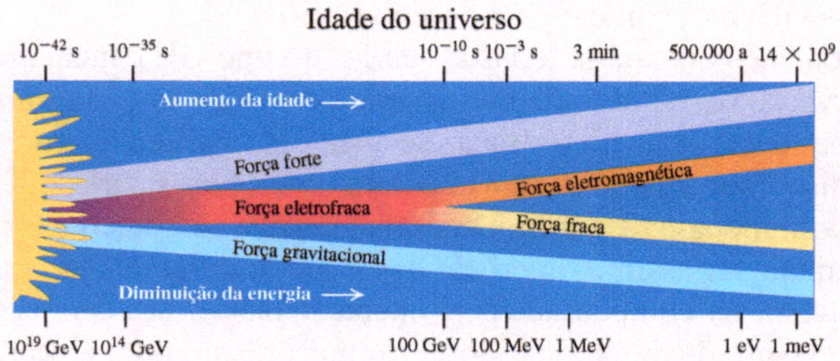

O universo em expansão e a sua composição: a lei de Hubble mostra que as galáxias estão se afastando uma da outra e que o universo está se expandindo. Observações mostram que a taxa de expansão está se acelerando pela presença da energia escura, que constitui até 68,5% da energia no universo. Apenas 4,9% da energia no universo está na forma de matéria comum; os 26,6% restantes são matéria escura, cuja natureza os físicos ainda não conseguiram compreender. (Veja os exemplos 44.8 e 44.9.)

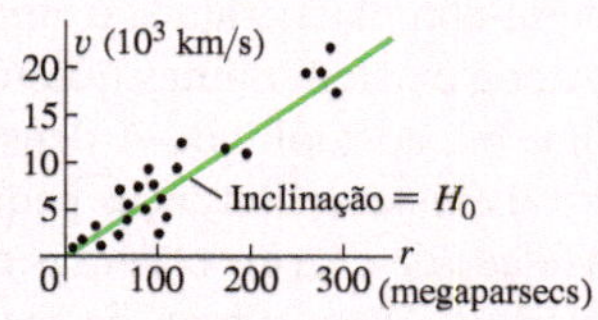

A história do universo: no modelo-padrão do universo, um *Big Bang* deu origem às primeiras partículas fundamentais. Estas acabaram formando os átomos mais leves à medida que o universo se expandia e esfriava. A radiação de fundo cósmica é remanescente do tempo em que esses átomos se formaram. Os elementos mais pesados foram constituídos muito mais tarde por reações de fusão dentro das estrelas. (Veja os exemplos 44.10−44.12.)

Problema em destaque Híperons, píons e o universo em expansão

(a) Um híperon Λ^0 decai para um nêutron e um píon neutro (π^0). Determine as energias cinéticas dos produtos de decaimento e a fração da energia cinética que sobressai em cada partícula. (b) Um π^0 está em repouso na galáxia mostrada na Figura 44.20. Se um físico na Terra detecta um dos dois fótons emitidos no decaimento desse π^0, qual é a energia desse fóton detectado?

GUIA DA SOLUÇÃO

IDENTIFICAR E PREPARAR

1. Que quantidades são conservadas no decaimento Λ^0? E no decaimento π^0?
2. O universo se expandiu durante a época em que o fóton viajava do aglomerado para a Terra. Como isso afeta o comprimento de onda e a energia do fóton que os físicos detectam?
3. Liste as quantidades desconhecidas para cada parte do problema e identifique as variáveis-alvo.
4. Selecione as equações que lhe permitirão determinar as variáveis-alvo.

EXECUTAR

5. Escreva as equações de conservação para o decaimento do Λ^0. [*Dica:* é útil escrever a energia E de uma partícula em termos de seu momento p e massa m com $E = (p^2c^2 + m^2c^4)^{1/2}$.]

(*Continua*)

(Continuação)

6. Resolva as equações de conservação para a energia de um dos produtos de decaimento. [*Dica:* reformule a equação de conservação de energia de modo que um dos termos $(p^2c^2 + m^2c^4)^{1/2}$ esteja em um lado da equação. Depois eleve os dois termos ao quadrado.] Depois use $K = E - mc^2$.
7. Determine a fração da energia cinética total que entra no nêutron e no píon.
8. Escreva as equações de conservação para o decaimento do π^0 em repouso e encontre a energia de cada fóton emitido. Por que fator o comprimento de onda desse fóton muda enquanto trafega da galáxia para a Terra? Por que fator a *energia* do fóton muda? (*Dica:* veja a Figura 44.20.)

AVALIAR

9. Quais dos produtos de decaimento Λ^0 deverão ter a maior energia cinética? O fóton de decaimento π^0 detectado deverá ter mais ou menos energia do que quando ele foi emitido?

PROBLEMAS

•, ••, •••: níveis de dificuldade. **PC**: problemas cumulativos, incorporando material de capítulos anteriores. **CALC**: problemas exigindo cálculo. **DADOS**: problemas envolvendo dados reais, evidência científica, projeto experimental e/ou raciocínio científico. **BIO**: problemas envolvendo biociências.

QUESTÕES PARA DISCUSSÃO

Q44.1 Será possível algum local do universo conter antimatéria composta por antiprótons e antinêutrons circundados por pósitrons? Como detectar tal sistema sem precisar ir realmente a esse local? Você poderia detectar esses antiátomos identificando a luz que eles emitem como antifótons? Explique. Que tipo de problema surgiria se você *fosse* realmente a esse local?

Q44.2 Dado o princípio da incerteza de Heisenberg, é possível criar pares partícula-antipartícula que existam por períodos extremamente curtos antes de se aniquilarem? Isso significa que o espaço vazio é realmente vazio?

Q44.3 Quando os píons e os múons foram descobertos, durante as décadas de 1930 e 1940, havia uma certa confusão a respeito de sua identificação. Quais são as semelhanças e as diferenças mais significativas?

Q44.4 A força gravitacional entre dois elétrons é cerca de 10^{-40} vezes o valor da força elétrica. Entretanto, a interação gravitacional da matéria foi observada e analisada muito antes que as interações elétricas fossem compreendidas. Por quê?

Q44.5 Quando um π^0 decai produzindo dois fótons, o que ocorre com os quarks dos quais ele é constituído?

Q44.6 Por que um elétron não pode decair em dois fótons? E em dois neutrinos?

Q44.7 De acordo com o modelo-padrão das partículas fundamentais, quais são as semelhanças entre bárions e léptons? Quais são as diferenças mais significativas?

Q44.8 De acordo com o modelo-padrão das partículas fundamentais, quais são as semelhanças entre quarks e léptons? Quais são as diferenças mais significativas?

Q44.9 O teor de quark do nêutron é ***udd***. (a) Qual é o teor de quark do antinêutron? Explique seu raciocínio. (b) O nêutron é sua própria antipartícula? Por quê? (c) O teor de quark do ψ é $c\bar{c}$. O ψ é sua própria antipartícula? Explique seu raciocínio.

Q44.10 O universo possui um centro? Explique.

Q44.11 Faz sentido perguntar: "Se o universo está se expandindo, para dentro de onde ele está se expandindo?".

Q44.12 Suponha que o universo possua uma borda. Faça uma experiência imaginária e se coloque nessa borda; explique como essa hipótese viola o princípio cosmológico.

Q44.13 Explique por que o princípio cosmológico impõe que H_0 tenha o mesmo valor em todas as partes do universo, porém não obriga que seu valor seja constante no tempo.

EXERCÍCIOS

Seção 44.1 Partículas fundamentais — uma história

44.1 • Um píon neutro em repouso decai formando dois fótons. Calcule os valores aproximados da energia, da frequência e do comprimento de onda de cada fóton. Em que parte do espectro eletromagnético cada fóton se encontra? (Use a massa do píon em termos da massa do elétron indicada na Seção 44.1.)

44.2 •• **PC** Dois fótons com energias iguais colidem frontalmente e se aniquilam produzindo um par $\mu^+\mu^-$. A massa do múon é dada em termos da massa do elétron indicada na Seção 44.1. (a) Calcule o comprimento de onda máximo do fóton para que isso ocorra. Se os fótons possuem esse comprimento de onda, descreva o movimento do μ^+ e do μ^- imediatamente depois de eles serem produzidos. (b) Se o comprimento de onda de cada fóton for a metade do valor calculado no item (a), qual é a velocidade de cada múon depois que eles tiverem se afastado um do outro? Use expressões relativísticas corretas para o momento linear e a energia.

44.3 •• Um píon positivo em repouso decai formando um múon positivo e um neutrino. (a) Qual é a energia aproximada liberada nesse decaimento? (Suponha que o neutrino tenha massa de repouso igual a zero. Use a massa do múon e do píon em termos da massa do elétron dada na Seção 44.1.) (b) Por que um múon positivo não pode decair e formar um píon positivo?

44.4 • Um próton e um antipróton se aniquilam, produzindo dois fótons. Calcule a energia, a frequência e o comprimento de onda de cada fóton (a) se o p e o $\overline{\text{p}}$ estiverem inicialmente em repouso e (b) se o p e o $\overline{\text{p}}$ colidirem de frente, cada um com uma energia cinética inicial igual a 620 MeV.

44.5 •• **PC** Para a reação nuclear dada na Equação 44.2, suponha que a energia cinética inicial e o momento linear das partículas reagindo sejam insignificantes. Calcule a velocidade da partícula α imediatamente após ela sair da região de reação.

44.6 •• Estime o intervalo da força mediada por um méson ω^0 que possui massa de 783 MeV/c^2.

44.7 • A espaçonave *Enterprise*, popularizada em filmes e na televisão, é alimentada por um motor que controla a recombinação entre a matéria e a antimatéria. Supondo que todo o combustível de 400 kg de antimatéria da *Enterprise* se combine com a matéria, qual é a quantidade de energia liberada? Como isso se compara ao consumo anual de energia nos Estados Unidos, que é de aproximadamente $1{,}0 \times 10^{20}$ J?

Seção 44.2 Aceleradores e detectores de partículas

44.8 • Um elétron com energia total de 30,0 GeV colide com um pósitron em repouso. (a) Qual é a energia disponível? (b) Se o elétron e o pósitron são acelerados em um colisor, que energia total corresponde à mesma energia disponível no item (a)?

44.9 • Os dêuterons em um cíclotron percorrem uma circunferência com raio igual a 32,0 cm no momento em que ele emerge de um "D". A frequência da voltagem alternada aplicada é 9,0 MHz. Calcule: (a) o campo magnético; (b) a energia cinética e a velocidade do dêuteron no momento em que ele emerge.

44.10 • O campo magnético em um cíclotron que acelera prótons é igual a 1,70 T. (a) Quantas vezes por segundo o potencial entre os dois dês deve ser invertido? (Esse valor é igual ao dobro da frequência dos prótons circulantes.) (b) O raio máximo do cíclotron é igual a 0,250 m. Qual é a velocidade máxima do próton? (c) Por qual diferença de potencial o próton deveria ser acelerado a partir do repouso para atingir a mesma velocidade calculada no item (b)?

44.11 • (a) Um feixe de partículas alfa com energias elevadas colide com um alvo de gás hélio em repouso. Qual é a energia total de uma partícula do feixe, sabendo que a energia disponível na colisão é igual a 16,0 GeV? (b) Se, em vez disso, as partículas alfa interagem em uma experiência de feixe em colisão, qual deve ser a energia de cada feixe para produzir a mesma energia disponível em uma experiência de colisão frontal entre os dois feixes?

44.12 •• Considere que ω_{nr} seja a frequência angular do cíclotron dada pela Equação 44.7 e considere que ω_r seja o valor relativístico correspondente, $\omega_r = (|q|B/m)\sqrt{1 - v^2/c^2}$. (a) Qual é a velocidade v de um próton para o qual $\omega_r = 0{,}90\omega_{nr}$, de modo que as duas expressões difiram em 10%? (b) Qual é a energia cinética (em MeV) de um próton com a velocidade calculada no item (a)? Use a expressão não relativística para a energia cinética.

44.13 •• (a) Qual é a velocidade de um próton cuja energia total é 1.000 GeV? (b) Qual é a frequência angular ω de um próton com a velocidade calculada no item (a) em um campo magnético de 4,00 T? Use tanto a Equação não relativística 44.7 como a expressão relativística correta e compare os resultados.

44.14 •• Calcule a energia de feixe mínimo em uma colisão próton-próton para iniciar a reação $p + p \rightarrow p + p + \eta^0$. A energia de repouso de η^0 é igual a 547,3 MeV (veja a Tabela 44.3).

44.15 • No Exemplo 44.3, mostramos que um feixe de prótons com energia igual a 800 GeV fornece uma energia disponível de 38,7 GeV em uma colisão com um alvo de próton em repouso. (a) Você foi contratado para fazer um projeto de atualização do acelerador para que ele possa dobrar o valor da energia disponível para uma colisão com um alvo em repouso. Qual é a energia necessária do feixe? (b) Em uma experiência de colisão frontal entre dois feixes, qual é a energia de cada feixe necessária para fornecer uma energia disponível de 2(38,7 GeV) = 77,4 GeV?

44.16 •• Você trabalha para uma empresa *start-up* que está planejando usar a aniquilação de antipróton para produzir isótopos radioativos para aplicações médicas. Um modo de produzir antiprótons é pela reação $p + p \rightarrow p + p + p + \overline{p}$ nas colisões próton-próton. (a) Primeiro você considera uma experiência de feixe de colisão em que os dois feixes de prótons possuem energias cinéticas iguais. Para produzir um antipróton por meio dessa reação, qual é a energia cinética mínima necessária dos prótons em cada feixe? (b) Depois você considera a colisão de um feixe de prótons com um alvo de próton estacionário. Para essa experiência, qual é a energia cinética mínima necessária dos prótons no feixe?

Seção 44.3 Interações entre partículas

44.17 • Um méson K^+ em repouso decai formando dois mésons π. (a) Quais são as combinações possíveis de π^0, π^+ e π^- $\overline{p}$ dos produtos do decaimento? (b) Calcule a energia cinética total dos mésons π.

44.18 • Quanta energia é liberada quando um múon μ^- em repouso decai para formar um elétron e dois neutrinos? Desconsidere as pequenas massas dos neutrinos.

44.19 • Qual é a massa (em kg) do Z^0? Qual é a razão entre a massa do Z^0 e a massa do próton?

44.20 • A Tabela 44.3 mostra que um Σ^0 decai e se transforma em um Λ^0 e um fóton. (a) Calcule a energia do fóton emitido nesse decaimento, se o Λ^0 está em repouso. (b) Qual é o módulo do momento linear do fóton? É razoável desprezar o momento linear e a energia cinética finais do Λ^0? Explique.

44.21 • Se uma partícula Σ^+ em repouso decai formando um próton e um π^0, qual é a energia cinética total dos produtos do decaimento?

44.22 • A descoberta da partícula Ω^- ajudou a confirmar a simetria de oito modos de Gell-Mann. Se um Ω^- decai transformando-se em um Λ^0 e um K^-, qual é a energia cinética total dos produtos do decaimento?

44.23 • Em quais dos seguintes decaimentos os três números de léptons se conservam? Em cada caso, explique seu raciocínio. (a) $\mu^- \rightarrow e^- + \nu_e + \overline{\nu}_\mu$; (b) $\tau^- \rightarrow e^- + \overline{\nu}_e + \nu_\tau$; (c) $\pi^+ \rightarrow e^+ + \gamma$; (d) $n \rightarrow p + e^- + \overline{\nu}_e$.

44.24 • Qual das seguintes reações obedece à conservação do número de bárions? (a) $p + p \rightarrow p + e^+$; (b) $p + n \rightarrow 2e^+ + e^-$; (c) $p \rightarrow n + e^- + \overline{\nu}_e$; (d) $p + \overline{p} \rightarrow 2\gamma$.

44.25 • Em quais das seguintes reações ou decaimentos a estranheza se conserva? Em cada caso, explique seu raciocínio. (a) $K^+ \rightarrow \mu^+ + \nu_\mu$; (b) $n + K^+ \rightarrow p + \pi^0$; (c) $K^+ + K^- \rightarrow \pi^0 + \pi^0$; (d) $p + K^- \rightarrow \Lambda^0 + \pi^0$.

Seção 44.4 Quarks e glúons

44.26 •• Determine a carga elétrica, o número de bárions, a estranheza e o número quântico do charme para as seguintes combinações de quarks: (a) uus; (b) $c\overline{s}$; (c) $\overline{d}\overline{d}\overline{u}$; e (d) $\overline{c}b$.

44.27 • Determine a carga elétrica, o número de bárions, a estranheza e o número quântico do charme para as seguintes combinações de quarks: (a) uds; (b) $c\overline{u}$; (c) ddd; (d) $d\overline{c}$. Explique seu raciocínio.

44.28 • Qual é a energia cinética total dos produtos do decaimento quando uma partícula ípsilon em repouso decai para $\tau^+ + \tau^-$?

44.29 • Sabendo que cada partícula contém somente uma combinação de u, d, s, $\overline{u}$, $\overline{d}$ e $\overline{s}$, use o método do Exemplo 44.7 para deduzir o teor de quark (a) de uma partícula com carga $+e$, número de bárion 0 e estranheza +1; (b) de uma partícula com carga $+e$, número de bárion -1 e estranheza $+1$; (c) de uma partícula com carga 0, número de bárion $+1$ e estranheza -2.

Seção 44.5 O modelo-padrão e modelos futuros

44.30 • A Seção 44.5 declara que os experimentos atuais mostram que a massa do bóson de Higgs é igual a cerca de 125 GeV/c^2. Qual é a razão entre a massa do bóson de Higgs e a massa de um próton?

Seção 44.6 O universo em expansão

44.31 • O espectro do átomo de sódio é detectado na luz emitida por uma galáxia distante. (a) Se a linha de 590,0 nm é deslocada para 658,5 nm, com que velocidade essa galáxia se afasta da Terra? (b) Use a lei de Hubble para calcular a distância entre a Terra e essa galáxia.

44.32 •• Em uma experiência realizada em um laboratório na Terra, o comprimento de onda da luz emitida por um átomo de hidrogênio na transição de $n = 4$ para $n = 2$ é 486,1 nm. Na luz emitida pelo quásar 3C273 (veja o Problema 36.60), essa linha espectral é deslocada para o vermelho para 563,9 nm. Suponha que o deslocamento para o vermelho seja descrito pela Equação 44.14 e use a lei de Hubble para calcular a distância em anos-luz desse quásar a partir da Terra.

44.33 • A distância entre a Terra e uma galáxia na constelação de Peixes é 5.210 Mal. (a) Use a lei de Hubble para calcular a velocidade com a qual essa galáxia se afasta da Terra. (b) Qual é a razão do deslocamento para o vermelho λ_0/λ_S que você espera para essa galáxia?

44.34 • **Deslocamento para o vermelho.** A definição do parâmetro de deslocamento para o vermelho z é dada no Exemplo 44.8. (a) Mostre que a Equação 44.13 pode ser escrita como $1 + z = ([1 + \beta]/[1 - \beta])^{1/2}$, onde $\beta = v/c$. (b) O parâmetro de deslocamento para o vermelho observado para certa galáxia é $z = 0{,}700$. Calcule a velocidade da galáxia em relação à Terra, se o deslocamento para o vermelho é descrito pela Equação 44.14. (c) Use a lei de Hubble para encontrar a distância dessa galáxia à Terra.

Seção 44.7 O começo do tempo

44.35 • Calcule a energia da reação Q (em MeV) para a reação $e^- + p \rightarrow n + \upsilon_e$. Essa reação é endoenergética ou exoenergética?

44.36 • Calcule a energia liberada (em MeV) no processo alfa triplo $3\,{}^4He \rightarrow {}^{12}C$.

44.37 • PC O pico da radiação do corpo negro de 2,728 K possui comprimento de onda igual a 1,062 mm. Qual era o comprimento de onda do pico da radiação existente no instante $t = 700.000$ anos quando a temperatura era igual a 3.000 K?

44.38 • Calcule a energia da reação Q (em MeV) para a reação de nucleossíntese

$${}^{12}_{6}C + {}^{4}_{2}He \rightarrow {}^{16}_{8}O$$

Essa reação é endoenergética ou exoenergética?

PROBLEMAS

44.39 •• PC BIO **Terapia por radiação com mésons π^-.** Feixes de mésons π^- são usados na terapia por radiação para certos tipos de câncer. A energia vem do decaimento completo do π^- para partículas *estáveis*. (a) Escreva o decaimento completo de um méson π^- para partículas estáveis. Quais são essas partículas? (b) Quanta energia é liberada do decaimento completo de um único méson π^- para partículas estáveis? (Ignore as massas muito pequenas dos neutrinos.) (c) Quantos mésons π^- precisam decair para que se dê uma dose de 50,0 Gy para 10,0 g de tecido? (d) Qual seria a dose equivalente no item (c) em Sv e em rem? Consulte a Tabela 43.3 e use o maior RBE apropriado para as partículas envolvidas nesse decaimento.

44.40 •• Um próton colide frontalmente com um antipróton que tem a mesma energia cinética. São produzidos dois raios γ com um comprimento de onda igual a 0,720 fm. Calcule a energia cinética do próton incidente.

44.41 •• Calcule a energia cinética limite da reação $p + p \rightarrow p + p + K^+ + K^-$ se um feixe de prótons incidir em um próton em repouso.

44.42 •• Calcule a energia cinética limite necessária para a reação $\pi^- + p \rightarrow \Sigma^0 + K^0$ se um feixe de π^- incide sobre um próton em repouso. A partícula K^0 possui massa igual a 497,7 MeV/c^2.

44.43 • Em cada uma das relações escritas a seguir, falta uma única partícula. Calcule o número de bárions, a carga, a estranheza e os três números de léptons (onde for o caso) da partícula que falta e, a partir disso, identifique a partícula. (a) $p + p \rightarrow p + \Lambda^0 + ?$; (b) $K^- + n \rightarrow \Lambda^0 + ?$; (c) $p + \overline{p} \rightarrow n + ?$; (d) $\overline{\upsilon}_\mu + p \rightarrow n + ?$

44.44 •• Um méson η^0 em repouso decai para três mésons π. (a) Quais são as combinações permitidas de π^0, π^+ e π^- como produtos de decaimento? (b) Determine a energia cinética total dos mésons π.

44.45 • O méson ϕ possui massa igual a 1.019,4 MeV/c^2 e a incerteza na medida da largura de sua energia é igual a 4,4 MeV/c^2. Usando o princípio da incerteza, estime a vida média do méson ϕ.

44.46 • Estime a largura da energia (a incerteza na medida da energia) da partícula ψ sabendo que sua vida média é $7{,}6 \times 10^{-21}$ s. A que fração de sua energia de repouso essa largura corresponde?

44.47 •• PC BIO Um possível decaimento seria dado por $p^+ \rightarrow e^+ + \pi^0$, que viola a lei da conservação do número de bárions e a conservação do número de léptons, de modo que a vida média dos prótons deve ser muito longa. Suponha que a meia-vida do próton seja $1{,}0 \times 10^{18}$ anos. (a) Calcule a energia depositada por quilograma do tecido do corpo (em rad) produzida em um ano pelo decaimento dos prótons no interior de seu corpo. Modele seu corpo supondo que a água seja a única substância existente nele. Somente os dois prótons dos dois átomos de hidrogênio de cada molécula de H_2O poderiam decair do modo indicado. Você sabe por quê? Suponha que o π^0 produzido decaia formando dois raios γ, que o pósitron se aniquile com um elétron de seu corpo e que toda energia produzida no decaimento primário e no decaimento secundário permaneça em seu corpo. (b) Calcule a dose equivalente (em rem) supondo que a RBE seja igual a 1,0 para todos os produtos da radiação e compare com o valor 0,1 rem da radioatividade de fundo e com o valor de 5,0 rem que serve de referência para os trabalhadores da indústria. Com base em seus cálculos, a vida média do próton pode ser de apenas $1{,}0 \times 10^{18}$ anos?

44.48 •• Um méson ϕ (Problema 44.45) em repouso decai do seguinte modo: $\phi \rightarrow K^+ + K^-$. A estranheza desse méson é igual a 0. (a) Calcule a energia cinética do méson K^+. (Suponha que os dois produtos do decaimento tenham a mesma energia cinética, visto que suas massas são iguais.) (b) Explique por que o decaimento $\phi \rightarrow K^+ + K^- + \pi^0$ não foi observado. (c) Cite motivos pelos quais os decaimentos $\phi \rightarrow K^+ + \pi^-$ e $\phi \rightarrow K^+ + \mu^-$ não foram observados.

44.49 •• **Empurrão cósmico.** As densidades da matéria comum e da matéria escura diminuíram à medida que o universo se expandia, pois a mesma quantidade de massa ocupa um volume cada vez maior. Mesmo assim, as observações sugerem que a densidade de energia escura permaneceu constante durante toda a história do universo. (a) Explique por que a expansão do universo na realidade foi atrasada em sua história inicial, mas está se acelerando hoje. "Empurrão" é o termo para a mudança na aceleração, de modo que a mudança na expansão cósmica, passando de retardo para aceleração, é chamada de *empurrão cósmico*. (b) Os cálculos mostram que a mudança na aceleração ocorreu quando a densidade combinada da matéria de todos os tipos foi igual ao dobro da densidade da energia escura. Em comparação com o valor do fator de escala atual, qual foi o fator de escala nessa época? (c) Vemos as galáxias nas figuras 44.16b e 44.20 conforme existiam há 300 milhões de anos e há 13,1 bilhões de anos. A expansão do universo estava retardando ou acelerando nessas ocasiões? (*Dica:* veja a legenda da Figura 44.20.)

44.50 ••• **PC** Uma partícula Ξ^- em repouso decai formando um Λ^0 e um π^-. (a) Calcule a energia cinética total dos produtos do decaimento. (b) A que fração da energia cinética total corresponde a energia de cada partícula produzida no decaimento? (Para simplificar, use as expressões não relativísticas para a energia cinética e para o momento linear.)

44.51 ••• **PC** Uma partícula Σ^- em movimento na direção $+x$, com energia cinética de 180 MeV, decai formando um π^- e um nêutron. O π^- move-se na direção $+y$. Qual é a energia cinética do nêutron e qual é a direção da sua velocidade? Use expressões relativísticas para a energia e o momento linear.

44.52 ••• **PC** O méson K^0 possui energia de repouso igual a 497,7 MeV. Um méson K^0 movendo-se na direção $+x$ com energia cinética de 225 MeV decai para formar um π^+ e um π^-, que se movem em ângulos iguais acima e abaixo do eixo $+x$. Calcule a energia cinética do π^+ e o ângulo formado com o eixo $+x$. Use expressões relativísticas para a energia e o momento linear.

44.53 •• **DADOS** Ao ajustar um cíclotron médico para uso na produção de um isótopo, você obtém os dados contidos na tabela a seguir.

B (T)	0,10	0,20	0,30	0,40
$K_{\text{máx}}$ (MeV)	0,068	0,270	0,608	1,080

B é um campo magnético uniforme no cíclotron, e $K_{\text{máx}}$ é a energia cinética máxima da partícula sendo acelerada, que é um próton. O raio R do trajeto do próton na energia cinética máxima tem o mesmo valor para cada valor do campo magnético. (a) Compare os valores de energia cinética na tabela com a energia de repouso mc^2 de um próton. É necessário usar expressões relativísticas na sua análise? Explique o motivo. (b) Represente seus dados como $K_{\text{máx}}$ em função de B^2. Use a inclinação da linha reta do melhor ajuste aos seus dados para determinar R. (c) Qual é a energia cinética máxima para um campo magnético de 0,25 T? (d) Qual é a frequência angular ω do próton quando $B = 0{,}40$ T?

44.54 •• **DADOS** Os produtos de decaimento de partículas instáveis de vida curta podem fornecer evidências de que essas partículas foram produzidas em uma experiência de colisão. Como um passo inicial no projeto de uma experiência para detectar hádrons de vida curta, você realiza um estudo na literatura sobre seus decaimentos. A Tabela 44.3 contém os dados experimentais para a massa e os modos de decaimento típicos das partículas Σ^-, Ξ^0, Δ^{++} e Ω^-. (a) Qual dessas quatro partículas tem a maior massa? E a menor? (b) Pelos modos de decaimento mostrados na tabela, para qual dessas partículas os produtos de decaimento têm a maior energia cinética total? E a menor?

44.55 •• **DADOS** Você ingressou em um programa de graduação em física de partículas e está aprendendo sobre o uso da simetria. Para começar, você repete a análise que levou à previsão da partícula Ω^-. Nove dos bárions de *spin* $\frac{3}{2}$ são quatro partículas Δ, cada uma com massa de 1.232 MeV/c^2, estranheza 0 e cargas $+2e$, $+e$, 0 e $-e$; três partículas Σ^*, cada uma com massa de 1.385 MeV/c^2, estranheza -1 e cargas $+e$, 0 e $-e$; e duas partículas Ξ^*, cada uma com massa de 1.530 MeV/c^2, estranheza -2 e cargas 0 e $-e$. (a) Coloque essas partículas em um gráfico de S em função de Q. Deduza os valores de Q e S do décimo bárion de *spin* $\frac{3}{2}$, a partícula Ω^-, e coloque-a no seu diagrama. Rotule também as partículas com suas massas. A massa do Ω^- é 1.672 MeV/c^2; esse valor é coerente com seu diagrama? (b) Deduza as combinações de três quarks (de $\boldsymbol{u}$, $\boldsymbol{d}$ e $\boldsymbol{s}$) que constituem cada uma dessas dez partículas. Redesenhe o gráfico de S em função de Q do item (a) com cada partícula rotulada por seu teor de quark. Que regularidades você consegue observar?

PROBLEMA DESAFIADOR

44.56 ••• **PC** Considere uma colisão na qual uma partícula de massa M em repouso é bombardeada por uma partícula de massa m, velocidade v_0 e energia total E_m (inclusive a energia de repouso). (a) Use as transformações de Lorentz para escrever as velocidades v_m e v_M das partículas m e M em termos da velocidade v_{cm} no sistema de referência do centro de massa-momento linear. (b) Use o fato de que o momento linear total é igual a zero no sistema de referência do centro de massa-momento linear para obter uma expressão para v_{cm} em termos de m, M e v_0. (c) Combine os resultados dos itens (a) e (b) para obter a Equação 44.9 para a energia total no sistema de referência do centro de massa-momento linear.

Problemas com contexto

BIO EXAMINANDO O INTERIOR DA TOMOGRAFIA. No método de imagens chamado tomografia por emissão de pósitrons (PET), injeta-se em um paciente moléculas com átomos contendo núcleos com excesso de prótons. À medida que eles decaem para nêutrons, esses prótons emitem pósitrons. Um pósitron emitido trafega por uma curta distância e cai para uma velocidade próxima de zero; quando encontram um elétron, eles podem se aniquilar e emitir dois fótons em direções opostas. O paciente é colocado em um conjunto circular de detectores, com o tecido a ser analisado estando no centro desse conjunto. Se dois fótons com energia apropriada atingirem dois detectores simultaneamente (dentro de 10 ns), podemos concluir que os fótons foram produzidos pelo pósitron – aniquilamento de elétrons em algum lugar ao longo da linha que conecta os detectores. Observando muitos desses eventos simultâneos, podemos criar um mapa da distribuição de átomos emissores de pósitrons no tecido. Porém, os fótons podem ser absorvidos ou espalhados à medida que passam pelo tecido. O número de fótons restantes depois que trafegam por uma distância x no tecido é dado por $N = N_0 e^{-\mu x}$, onde N_0 é o número inicial de fótons e μ é o coeficiente de atenuação, que é aproximadamente 0,1 cm^{-1} para os fótons dessa energia. O índice de refração do tecido biológico para os raios X é 1.

44.57 Qual é a energia de cada fóton produzido pelo aniquilamento pósitron-elétron? (a) $\frac{1}{2} m_e v^2$, onde v é a velocidade do pósitron emitido; (b) $m_e v^2$; (c) $\frac{1}{2} m_e c^2$; (d) $m_e c^2$.

44.58 Suponha que os aniquilamentos pósitron-elétron ocorram na linha 3 cm a partir do centro da linha que conecta dois detectores. Os fótons resultantes serão contados como tendo chegado simultaneamente nesses detectores? (a) Não, porque a diferença de tempo entre suas chegadas é de 100 ms; (b) não, porque a diferença de tempo é de 200 ms; (c) sim, porque a diferença de tempo é de 0,1 ns; (d) sim, porque a diferença de tempo é de 0,2 ns.

44.59 Se os fótons do aniquilamento vêm de uma parte do corpo que está separada do detector por 20 cm de tecido, que porcentagem dos fótons que trafegaram originalmente até o detector permanece depois que tiverem passado por esse tecido? (a) 1,4%; (b) 8,6%; (c) 14%; (d) 86%.

RESPOSTAS

Resposta à pergunta inicial do capítulo

(**v**) Apenas 4,9% da massa e energia do universo estão na forma de matéria "normal". Do restante, 26,6% são compostos por uma matéria de natureza ainda não inteiramente compreendida, chamada matéria escura, e 68,5% pela ainda mais misteriosa energia escura.

Respostas às perguntas dos testes de compreensão

44.1 Resposta: (**i**), (**iii**), (**ii**), (**iv**) Quanto maior é a massa da partícula virtual, menor é sua vida média e menor a distância que ela pode percorrer durante sua vida média.

44.2 Resposta: **não** Em uma colisão frontal entre um elétron e um pósitron de mesma energia, o momento linear total é zero. Como tanto o momento linear quanto a energia são conservados na colisão, o fóton virtual também tem momento linear $p = 0$, mas energia $E = 90\text{ GeV} + 90\text{ GeV} = 180\text{ GeV}$. Assim, a relação $E = pc$ *não* é, definitivamente, verdadeira para esse fóton virtual.

44.3 Resposta: **não** Todos os mésons têm número de bárion $B = 0$, enquanto um próton tem $B = 1$. O decaimento de um próton em um ou mais mésons exigiria que o número de bárion *não* se conservasse. Nenhuma violação a esse princípio de conservação foi observada, portanto o decaimento proposto é impossível.

44.4 Resposta: **não** Apenas o quark s, com $S = -1$, possui estranheza não nula. Para um bárion ter $S = -2$, ele precisa ter dois quarks **s** e um quark de um sabor diferente. Como cada quark **s** tem carga $-\frac{1}{3}e$, o quark não estranho precisa ter carga $+\frac{5}{3}e$ para que a carga total seja igual a $+e$. Mas *nenhum* quark tem uma carga $+\frac{5}{3}e$, então o bárion proposto é impossível.

44.5 Resposta: (**i**) Se um quark ***d*** em um nêutron (teor de quark ***udd***) passa pelo processo $\boldsymbol{d} \rightarrow \boldsymbol{u} + e^- + \overline{\nu}_e$, o bárion restante apresenta um teor de quark ***uud*** e, portanto, é um próton (veja a Figura 44.11). Um elétron é o mesmo que uma partícula β^-, portanto o resultado final é um decaimento beta negativo: $n \rightarrow p + \beta^- + \overline{\nu}_e$.

44.6 Resposta: **sim... e não** O material de que seu corpo é feito é comum para nós, na Terra. Mas, da perspectiva do universo como um todo, o material de que você é feito é bastante *incomum*: apenas 4,9% da massa e energia no universo estão na forma de átomos.

44.7 Resposta: **não** Antes de $t = 380.000$ anos, a temperatura era tão alta que os átomos não podiam se formar, então havia muitos elétrons e prótons livres. Como essas partículas carregadas eram muito eficazes no espalhamento de fótons, a luz não podia se propagar em distâncias muito grandes e o universo era opaco. Os fótons mais antigos que podemos detectar datam do tempo $t = 380.000$ anos, quando os átomos se formaram e o universo se tornou transparente.

Problema em destaque

(**a**) Nêutron: 5,78 MeV (0,140 do total); píon: 35,62 MeV (0,860 do total)

(**b**) 8,1 MeV

APÊNDICE A

O SISTEMA INTERNACIONAL DE UNIDADES

O Sistema Internacional de Unidades, abreviado por SI, é o sistema desenvolvido pela Conferência Geral sobre Pesos e Medidas, um congresso internacional, e adotado por quase todos os países industrializados do mundo. O material apresentado a seguir foi adaptado do *National Institute of Standards and Technology* (**<http://physics.nist.gov/cuu>**).

Grandeza	Nome da unidade	Símbolo	
	Unidades básicas do SI		
comprimento	metro	m	
massa	quilograma	kg	
tempo	segundo	s	
corrente elétrica	ampère	A	
temperatura termodinâmica	kelvin	K	
quantidade de substância	mol	mol	
intensidade luminosa	candela	cd	
	Unidades derivadas do SI		**Unidades equivalentes**
área	metro quadrado	m^2	
volume	metro cúbico	m^3	
frequência	hertz	Hz	s^{-1}
massa específica (densidade)	quilograma por metro cúbico	kg/m^3	
velocidade	metro por segundo	m/s	
velocidade angular	radiano por segundo	rad/s	
aceleração	metro por segundo ao quadrado	m/s^2	
aceleração angular	radiano por segundo ao quadrado	rad/s^2	
força	newton	N	$kg \cdot m/s^2$
pressão (tensão mecânica)	pascal	Pa	N/m^2
viscosidade cinemática	metro quadrado por segundo	m^2/s	
viscosidade dinâmica	newton-segundo por metro quadrado	$N \cdot s/m^2$	
trabalho, energia, calor	joule	J	$N \cdot m$
potência	watt	W	J/s
carga elétrica	coulomb	C	$A \cdot s$
diferença de potencial, força eletromotriz	volt	V	J/C, W/A
intensidade do campo elétrico	volt por metro	V/m	N/C
resistência elétrica	ohm	Ω	V/A
capacitância	farad	F	$A \cdot s/V$
fluxo magnético	weber	Wb	$V \cdot s$
indutância	henry	H	$V \cdot s/A$
densidade de fluxo magnético	tesla	T	Wb/m^2
intensidade do campo magnético	ampère por metro	A/m	
força magnetomotriz	ampère	A	
fluxo luminoso	lúmen	lm	$cd \cdot sr$
luminância	candela por metro quadrado	cd/m^2	
iluminamento	lux	lx	lm/m^2
número de onda	um por metro	m^{-1}	
entropia	joule por kelvin	J/K	
calor específico	joule por quilograma-kelvin	$J/kg \cdot K$	
condutividade térmica	watt por metro-kelvin	$W/m \cdot K$	
intensidade da radiação	watt por estereorradiano	W/sr	
atividade (de uma fonte radioativa)	becquerel	Bq	s^{-1}

dose de radiação	gray	Gy	J/kg
equivalente da dose de radiação	sievert	Sv	J/kg
	Unidades suplementares do SI		
ângulo plano	radiano	rad	
ângulo sólido	estereorradiano	sr	

DEFINIÇÕES DAS UNIDADES DO SI

metro (m) O *metro* é um comprimento igual à distância percorrida pela luz no vácuo em um intervalo de tempo igual à fração 1/299.792.458 do segundo.

quilograma (kg) O *quilograma* é uma unidade de massa igual à massa de um protótipo internacional do quilograma. (O protótipo internacional do quilograma é um cilindro de uma liga de platina-irídio preservado em uma galeria da Agência Internacional de Pesos e Medidas em Sèvres, na França.)

segundo (s) O *segundo* é o intervalo de tempo correspondente a 9.192.631.770 ciclos da radiação emitida durante a transição entre dois níveis hiperfinos do estado fundamental do átomo de césio 133.

ampère (A) O *ampère* é uma corrente constante que, ao ser mantida em dois fios retilíneos e paralelos de comprimentos infinitos de seções retas desprezíveis e separados por uma distância de 1 m no vácuo, produz entre os fios uma força igual a 2×10^{-7} N para cada metro de comprimento dos fios.

kelvin (K) O *kelvin*, unidade de temperatura termodinâmica, é a fração igual a 1/273,16 da temperatura termodinâmica correspondente ao ponto triplo da água.

ohm (Ω) O *ohm* é a resistência elétrica entre dois pontos de um condutor que transporta uma corrente de 1 A quando uma diferença de potencial constante de 1 volt é aplicada entre esses dois pontos, esse trecho do condutor não pode ser fonte de nenhuma força eletromotriz.

coulomb (C) O *coulomb* é a carga elétrica transportada em um segundo por uma corrente de 1 A.

candela (cd) A *candela* é a intensidade luminosa, em dada direção, de uma fonte que emite uma radiação monocromática com frequência igual a 540×10^{12} hertz e cuja intensidade da radiação nessa direção equivale a 1/683 watt por estereorradiano.

molécula-grama (mol) O *mol* é a quantidade de uma substância que contém um número de unidades elementares equivalente ao número de átomos existentes em 0,012 kg de carbono 12. Essas unidades elementares devem ser especificadas e podem ser átomos, moléculas, íons, elétrons, outras partículas ou grupos de tais partículas especificadas.

newton (N) O *newton* é a força que fornece para uma massa de 1 quilograma uma aceleração de um metro por segundo por segundo.

joule (J) O *joule* é o trabalho realizado quando o ponto de aplicação de uma força constante de 1 N é deslocado até uma distância de 1 metro na direção da força.

watt (W) O *watt* é a potência que dá origem a uma produção de energia com uma taxa igual a 1 joule por segundo.

volt (V) O *volt* é a diferença de potencial elétrico entre dois pontos de um condutor que transporta uma corrente constante igual a 1 ampère, quando a potência entre esses dois pontos é igual a 1 W.

weber (Wb) O *weber* é o fluxo magnético que, ao atravessar um circuito com uma espira, produz nela uma força eletromotriz igual a 1 V quando o fluxo é reduzido a zero com uma taxa uniforme em um segundo.

lúmen (lm) O *lúmen* é o fluxo luminoso emitido em um ângulo sólido igual a 1 estereorradiano por uma fonte pontual uniforme cuja intensidade é igual a 1 candela.

farad (F) O *farad* é a capacitância de um capacitor que possui uma diferença de potencial de 1 V entre suas placas quando ele é carregado por uma carga elétrica igual a 1 coulomb.

henry (H) O *henry* é a indutância de um circuito fechado no qual uma força eletromotriz de 1 V é produzida quando a corrente elétrica no circuito varia com uma taxa uniforme de 1 A por segundo.

radiano (rad) O *radiano* é o ângulo plano entre dois raios do círculo que cortam a circunferência formando um arco de comprimento igual ao raio.

estereorradiano (sr) O *estereorradiano* é um ângulo sólido que, possuindo seu vértice no centro de uma esfera, corta a superfície da esfera formando uma calota cuja área superficial é equivalente à área de um quadrado de lado igual ao raio da esfera.

prefixos do SI Os nomes dos múltiplos e submúltiplos das unidades do SI podem ser formados usando-se a lista dos prefixos apresentados no Apêndice F.

APÊNDICE B

RELAÇÕES MATEMÁTICAS ÚTEIS

Álgebra

$$a^{-x} = \frac{1}{a^x} \qquad a^{(x+y)} = a^x a^y \qquad a^{(x-y)} = \frac{a^x}{a^y}$$

Logaritmos: Se $\log a = x$, então $a = 10^x$. $\log a + \log b = \log(ab)$ $\log a - \log b = \log(a/b)$ $\log(a^n) = n\log a$
Se $\ln a = x$, então $a = e^x$. $\ln a + \ln b = \ln(ab)$ $\ln a - \ln b = \ln(a/b)$ $\ln(a^n) = n\ln a$

Equação do segundo grau: Se $ax^2 + bx + c = 0$, $x = \dfrac{-b \pm \sqrt{b^2 - 4ac}}{2a}$.

Série binomial

$$(a + b)^n = a^n + na^{n-1}b + \frac{n(n-1)a^{n-2}b^2}{2!} + \frac{n(n-1)(n-2)a^{n-3}b^3}{3!} + \cdots$$

Trigonometria

No triângulo retângulo ABC, $x^2 + y^2 = r^2$.

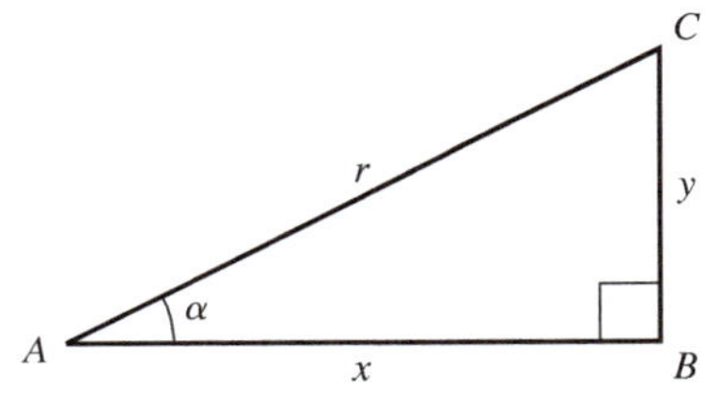

Definições das funções trigonométricas:

$\text{sen}\,\alpha = y/r \qquad \cos\alpha = x/r \qquad \tan\alpha = y/x$

Identidades:

$\text{sen}^2\alpha + \cos^2\alpha = 1 \qquad \tan\alpha = \dfrac{\text{sen}\,\alpha}{\cos\alpha}$

$\text{sen}\,2\alpha = 2\,\text{sen}\,\alpha\cos\alpha \qquad \cos 2\alpha = \cos^2\alpha - \text{sen}^2\alpha = 2\cos^2\alpha - 1 = 1 - 2\,\text{sen}^2\alpha$

$\text{sen}\tfrac{1}{2}\alpha = \sqrt{\dfrac{1 - \cos\alpha}{2}} \qquad \cos\tfrac{1}{2}\alpha = \sqrt{\dfrac{1 + \cos\alpha}{2}}$

$\text{sen}(-\alpha) = -\text{sen}\,\alpha \qquad \text{sen}(\alpha \pm \beta) = \text{sen}\,\alpha\cos\beta \pm \cos\alpha\,\text{sen}\,\beta$

$\cos(-\alpha) = \cos\alpha \qquad \cos(\alpha \pm \beta) = \cos\alpha\cos\beta \mp \text{sen}\,\alpha\,\text{sen}\,\beta$

$\text{sen}(\alpha \pm \pi/2) = \pm\cos\alpha \qquad \text{sen}\,\alpha + \text{sen}\,\beta = 2\text{sen}\,\tfrac{1}{2}(\alpha + \beta)\cos\tfrac{1}{2}(\alpha - \beta)$

$\cos(\alpha \pm \pi/2) = \mp\,\text{sen}\,\alpha \qquad \cos\alpha + \cos\beta = 2\cos\tfrac{1}{2}(\alpha + \beta)\cos\tfrac{1}{2}(\alpha - \beta)$

Para *qualquer* triângulo $A'\,B'\,C'$ (não necessariamente um triângulo retângulo) com lados a, b e c e ângulos α, β e γ:

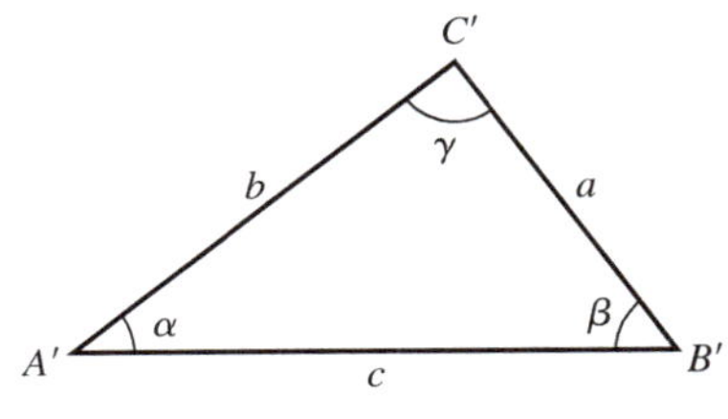

Lei dos senos: $\dfrac{\text{sen}\,\alpha}{a} = \dfrac{\text{sen}\,\beta}{b} = \dfrac{\text{sen}\,\gamma}{c}$

Lei dos cossenos: $c^2 = a^2 + b^2 - 2ab\cos\gamma$

Geometria

Comprimento de uma circunferência de raio r: $C = 2\pi r$

Área de um círculo de raio r: $A = \pi r^2$

Volume de uma esfera de raio r: $V = 4\pi r^3/3$

Área da superfície de uma esfera de raio r: $A = 4\pi r^2$

Volume de um cilindro de raio r e altura h: $V = \pi r^2 h$

Cálculo diferencial e integral

Derivadas:

$$\frac{d}{dx}x^n = nx^{n-1} \qquad \frac{d}{dx}\ln ax = \frac{1}{x} \qquad \frac{d}{dx}e^{ax} = ae^{ax}$$

$$\frac{d}{dx}\operatorname{sen} ax = a\cos ax \qquad \frac{d}{dx}\cos ax = -a\operatorname{sen} ax$$

Integrais:

$$\int x^n\,dx = \frac{x^{n+1}}{n+1} \quad (n \neq -1) \qquad \int \frac{dx}{x} = \ln x \qquad \int e^{ax}\,dx = \frac{1}{a}e^{ax}$$

$$\int \operatorname{sen} ax\,dx = -\frac{1}{a}\cos ax \qquad \int \cos ax\,dx = \frac{1}{a}\operatorname{sen} ax \qquad \int \frac{dx}{\sqrt{a^2 - x^2}} = \operatorname{arcsen}\frac{x}{a}$$

$$\int \frac{dx}{\sqrt{x^2 + a^2}} = \ln\left(x + \sqrt{x^2 + a^2}\right) \qquad \int \frac{dx}{x^2 + a^2} = \frac{1}{a}\arctan\frac{x}{a} \qquad \int \frac{dx}{(x^2 + a^2)^{3/2}} = \frac{1}{a^2}\frac{x}{\sqrt{x^2 + a^2}}$$

$$\int \frac{x\,dx}{(x^2 + a^2)^{3/2}} = -\frac{1}{\sqrt{x^2 + a^2}}$$

Séries de potências (convergentes para os valores de x indicados):

$$(1 + x)^n = 1 + nx + \frac{n(n-1)x^2}{2!} + \frac{n(n-1)(n-2)}{3!}x^3 + \cdots (|x| < 1)$$

$$\tan x = x + \frac{x^3}{3} + \frac{2x^5}{15} + \frac{17x^7}{315} + \cdots (|x| < \pi/2)$$

$$e^x = 1 + x + \frac{x^2}{2!} + \frac{x^3}{3!} + \cdots \text{ (todo } x\text{)}$$

$$\operatorname{sen} x = x - \frac{x^3}{3!} + \frac{x^5}{5!} - \frac{x^7}{7!} + \cdots \text{ (todo } x\text{)}$$

$$\ln(1 + x) = x - \frac{x^2}{2} + \frac{x^3}{3} - \frac{x^4}{4} + \cdots (|x| < 1)$$

$$\cos x = 1 - \frac{x^2}{2!} + \frac{x^4}{4!} - \frac{x^6}{6!} + \cdots \text{ (todo } x\text{)}$$

APÊNDICE C

ALFABETO GREGO

Nome	Maiúscula	Minúscula
Alfa	A	α
Beta	B	β
Gama	Γ	γ
Delta	Δ	δ
Épsilon	E	ϵ
Zeta	Z	ζ
Eta	H	η
Teta	Θ	θ
Iota	I	ι
Capa	K	κ
Lambda	Λ	λ
Mu	M	μ
Nu	N	ν
Xi	Ξ	ξ
Ômicron	O	o
Pi	Π	π
Rô	P	ρ
Sigma	Σ	σ
Tau	T	τ
Úpsilon	Υ	υ
Fi	Φ	ϕ
Qui	X	χ
Psi	Ψ	ψ
Ômega	Ω	ω

APÊNDICE D

TABELA PERIÓDICA DOS ELEMENTOS

Grupo / período	1	2	3	4	5	6	7	8	9	10	11	12	13	14	15	16	17	18
1	1 **H** 1.008																	2 **He** 4.003
2	3 **Li** 6.941	4 **Be** 9.012											5 **B** 10.811	6 **C** 12.011	7 **N** 14.007	8 **O** 15.999	9 **F** 18.998	10 **Ne** 20.180
3	11 **Na** 22.990	12 **Mg** 24.305											13 **Al** 26.982	14 **Si** 28.086	15 **P** 30.974	16 **S** 32.065	17 **Cl** 35.453	18 **Ar** 39.948
4	19 **K** 39.098	20 **Ca** 40.078	21 **Sc** 44.956	22 **Ti** 47.867	23 **V** 50.942	24 **Cr** 51.996	25 **Mn** 54.938	26 **Fe** 55.845	27 **Co** 58.933	28 **Ni** 58.693	29 **Cu** 63.546	30 **Zn** 65.409	31 **Ga** 69.723	32 **Ge** 72.64	33 **As** 74.922	34 **Se** 78.96	35 **Br** 79.904	36 **Kr** 83.798
5	37 **Rb** 85.468	38 **Sr** 87.62	39 **Y** 88.906	40 **Zr** 91.224	41 **Nb** 92.906	42 **Mo** 95.94	43 **Tc** (98)	44 **Ru** 101.07	45 **Rh** 102.906	46 **Pd** 106.42	47 **Ag** 107.868	48 **Cd** 112.411	49 **In** 114.818	50 **Sn** 118.710	51 **Sb** 121.760	52 **Te** 127.60	53 **I** 126.904	54 **Xe** 131.293
6	55 **Cs** 132.905	56 **Ba** 137.327	71 **Lu** 174.967	72 **Hf** 178.49	73 **Ta** 180.948	74 **W** 183.84	75 **Re** 186.207	76 **Os** 190.23	77 **Ir** 192.217	78 **Pt** 195.078	79 **Au** 196.967	80 **Hg** 200.59	81 **Tl** 204.383	82 **Pb** 207.2	83 **Bi** 208.980	84 **Po** (209)	85 **At** (210)	86 **Rn** (222)
7	87 **Fr** (223)	88 **Ra** (226)	103 **Lr** (262)	104 **Rf** (261)	105 **Db** (262)	106 **Sg** (266)	107 **Bh** (264)	108 **Hs** (269)	109 **Mt** (268)	110 **Ds** (271)	111 **Rg** (272)	112 **Uub** (285)	113 **Uut** (284)	114 **Uuq** (289)	115 **Uup** (288)	116 **Uuh** (292)	117 **Uus**	118 **Uuo**

Lantanídeos	57 **La** 138.905	58 **Ce** 140.116	59 **Pr** 140.908	60 **Nd** 144.24	61 **Pm** (145)	62 **Sm** 150.36	63 **Eu** 151.964	64 **Gd** 157.25	65 **Tb** 158.925	66 **Dy** 162.500	67 **Ho** 164.930	68 **Er** 167.259	69 **Tm** 168.934	70 **Yb** 173.04
Actinídeos	89 **Ac** (227)	90 **Th** (232)	91 **Pa** (231)	92 **U** (238)	93 **Np** (237)	94 **Pu** (244)	95 **Am** (243)	96 **Cm** (247)	97 **Bk** (247)	98 **Cf** (251)	99 **Es** (252)	100 **Fm** (257)	101 **Md** (258)	102 **No** (259)

Para cada elemento indica-se a massa atômica média da mistura dos isótopos do elemento que se encontram na natureza. Para os elementos que não possuem isótopos estáveis, indica-se entre parênteses a massa atômica média aproximada do elemento de maior duração. Todas as massas atômicas são expressas usando-se unidades de massa atômica (1 u $= 1{,}660538921(73) \times 10^{-27}$ kg), que equivale a grama por mol (g/mol).

APÊNDICE E

FATORES DE CONVERSÃO DAS UNIDADES

COMPRIMENTO
1 m = 100 cm = 1.000 mm = 10^6 μm = 10^9 nm
1 km = 1.000 m = 0,6214 mi
1 m = 3,281 pés = 39,37 pol
1 cm = 0,3937 pol
1 pol = 2,540 cm
1 pé = 30,48 cm
1 yd = 91,44 cm
1 mi = 5.280 pés = 1,609 km
1 Å = 10^{-10} m = 10^{-8} cm = 10^{-1} nm
1 milha náutica = 6.080 pés
1 ano-luz = $9{,}461 \times 10^{15}$ m

ÁREA
1 cm^2 = 0,155 pol^2
1 m^2 = 10^4 cm^2 = 10,76 $pés^2$
1 pol^2 = 6,452 cm^2
1 $pé^2$ = 144 pol^2 = 0,0929 m^2

VOLUME
1 litro = 1.000 cm^3 = 10^{-3} m^3 = 0,03531 $pé^3$ = 61,02 pol^3
1 $pé^3$ = 0,02832 m^3 = 28,32 litros = 7,477 galões
1 galão = 3,788 litros

TEMPO
1 min = 60 s
1 h = 3.600 s
1 d = 86.400 s
1 a = 365,24 d = $3{,}156 \times 10^7$ s

ÂNGULO
1 rad = 57,30° = 180°/π
1° = 0,01745 rad = π/180 rad
1 rotação = 360° = 2π rad
1 rot/min (rpm) = 0,1047 rad/s

VELOCIDADE
1 m/s = 3,281 pés/s
1 pé/s = 0,3048 m/s
1 mi/min = 60 mi/h = 88 pés/s
1 km/h = 0,2778 m/s = 0,6214 mi/h
1 mi/h = 1,466 pés/s = 0,4470 m/s = 1,609 km/h
1 furlong/fortnight = $1{,}662 \times 10^{-4}$ m/s

ACELERAÇÃO
1 m/s^2 = 100 cm/s^2 = 3,281 pés/s^2
1 cm/s^2 = 0,01 m/s^2 = 0,03281 pé/s^2
1 pé/s^2 = 0,3048 m/s^2 = 30,48 cm/s^2
1 mi/h · s = 1,467 pé/s^2

MASSA
1 kg = 10^3 g = 0,0685 slug
1 g = $6{,}85 \times 10^{-5}$ slug
1 slug = 14,59 kg
1 u = $1{,}661 \times 10^{-27}$ kg
1 kg possui uma massa de 2,205 lb quando g = 9,80 m/s^2

FORÇA
1 N = 10^5 dina = 0,2248 lb
1 lb = 4,448 N = $4{,}448 \times 10^5$ dina

PRESSÃO
1 Pa = 1 N/m^2 = $1{,}450 \times 10^{-4}$ lb/pol^2 = 0,209 lb/$pé^2$
1 bar = 10^5 Pa
1 lb/pol^2 = 6.895 Pa
1 lb/$pé^2$ = 47,88 Pa
1 atm = $1{,}013 \times 10^5$ Pa = 1,013 bar
= 14,7 lb/pol^2 = 2.117 lb/$pé^2$
1 mm Hg = 1 torr = 133,3 Pa

ENERGIA
1 J = 10^7ergs = 0,239 cal
1 cal = 4,186 J (com base em temperatura de 15°)
1 pé · lb = 1,356 J
1 Btu = 1055 J = 252 cal = 778 pés · lb
1 eV = $1{,}602 \times 10^{-19}$ J
1 kWh = $3{,}600 \times 10^6$ J

EQUIVALÊNCIA ENTRE MASSA E ENERGIA
1 kg ↔ $8{,}988 \times 10^{16}$ J
1 u ↔ 931,5 MeV
1 eV ↔ $1{,}074 \times 10^{-9}$ u

POTÊNCIA
1 W = 1 J/s
1 hp = 746 W = 550 pés · lb/s
1 Btu/h = 0,293 W

APÊNDICE F

CONSTANTES NUMÉRICAS

Constantes físicas fundamentais*

Nome	Símbolo	Valor
Velocidade da luz no vácuo	c	$2{,}99792458 \times 10^{8}$ m/s
Módulo da carga do elétron	e	$1{,}60217653(35) \times 10^{-19}$ C
Constante gravitacional	G	$6{,}67384(80) \times 10^{-11}\ \mathrm{N \cdot m^2/kg^2}$
Constante de Planck	h	$6{,}62606957(29) \times 10^{-34}\ \mathrm{J \cdot s}$
Constante de Boltzmann	k	$1{,}3806488(13) \times 10^{-23}$ J/K
Número de Avogadro	N_A	$6{,}02214129(27) \times 10^{23}$ moléculas/mol
Constante dos gases	R	$8{,}3144621(75)\ \mathrm{J/mol \cdot K}$
Massa do elétron	m_e	$9{,}10938291(40) \times 10^{-31}$ kg
Massa do próton	m_p	$1{,}672621777(74) \times 10^{-27}$ kg
Massa do nêutron	m_n	$1{,}674927351(74) \times 10^{-27}$ kg
Constante magnética	μ_0	$4\pi \times 10^{-7}\ \mathrm{Wb/A \cdot m}$
Constante elétrica	$\epsilon_0 = 1/\mu_0 c^2$	$8{,}854187817 \ldots \times 10^{-12}\ \mathrm{C^2/N \cdot m^2}$
	$1/4\pi\epsilon_0$	$8{,}987551787 \ldots \times 10^{9}\ \mathrm{N \cdot m^2/C^2}$

Outras constantes úteis*

Equivalente mecânico do calor		4,186 J/cal (15° calorias)
Pressão da atmosfera padrão	1 atm	$1{,}01325 \times 10^{5}$ Pa
Zero absoluto	0 K	−273,15 °C
Elétron-volt	1 eV	$1{,}602176565(35) \times 10^{-19}$ J
Unidade de massa atômica	1 u	$1{,}660538921(73) \times 10^{-27}$ kg
Energia de repouso do elétron	$m_e c^2$	0,510998928(11) MeV
Volume de um gás ideal (0 °C e 1 atm)		22,413968(20) litro/mol
Aceleração da gravidade (padrão)	g	$9{,}80665\ \mathrm{m/s^2}$

Fonte: National Institute of Standards and Technology* (<http://physics.nist.gov/cuu>**). Os números entre parênteses indicam as incertezas dos dígitos finais dos números principais; por exemplo, o número 1,6454(21) significa 1,6454 ± 0,0021. Os valores que não possuem incertezas são exatos.

Dados astronômicos†

Corpo	Massa (kg)	Raio (m)	Raio orbital (m)	Período orbital
Sol	$1{,}99 \times 10^{30}$	$6{,}96 \times 10^{8}$	—	—
Lua	$7{,}35 \times 10^{22}$	$1{,}74 \times 10^{6}$	$3{,}84 \times 10^{8}$	27,3 d
Mercúrio	$3{,}30 \times 10^{23}$	$2{,}44 \times 10^{6}$	$5{,}79 \times 10^{10}$	88,0 d
Vênus	$4{,}87 \times 10^{24}$	$6{,}05 \times 10^{6}$	$1{,}08 \times 10^{11}$	224,7 d
Terra	$5{,}97 \times 10^{24}$	$6{,}37 \times 10^{6}$	$1{,}50 \times 10^{11}$	365,3 d
Marte	$6{,}42 \times 10^{23}$	$3{,}39 \times 10^{6}$	$2{,}28 \times 10^{11}$	687,0 d
Júpiter	$1{,}90 \times 10^{27}$	$6{,}99 \times 10^{7}$	$7{,}78 \times 10^{11}$	11,86 a
Saturno	$5{,}68 \times 10^{26}$	$5{,}82 \times 10^{7}$	$1{,}43 \times 10^{12}$	29,45 a
Urano	$8{,}68 \times 10^{25}$	$2{,}54 \times 10^{7}$	$2{,}87 \times 10^{12}$	84,02 a
Netuno	$1{,}02 \times 10^{26}$	$2{,}46 \times 10^{7}$	$4{,}50 \times 10^{12}$	164,8 a
Plutão‡	$1{,}31 \times 10^{22}$	$1{,}15 \times 10^{6}$	$5{,}91 \times 10^{12}$	247,9 a

†*Fonte:* NASA (<**http://solarsystem.nasa.gov.planets/**>). Para cada corpo, o "raio" é o seu raio médio e o "raio orbital" é a distância média entre o corpo e o Sol (para os planetas) ou medida a partir da Terra (no caso da Lua).

‡ Em agosto de 2006, o International Astronomical Union reclassificou Plutão e outros pequenos corpos na órbita do Sol como "planetas anões".

Prefixos para as potências de dez

Potência de dez	Prefixos	Abreviaturas
10^{-24}	iocto-	y
10^{-21}	zepto-	z
10^{-18}	atto-	a
10^{-15}	femto-	f
10^{-12}	pico-	p
10^{-9}	nano-	n
10^{-6}	micro-	μ
10^{-3}	mili-	m
10^{-2}	centi-	c
10^{3}	quilo-	k
10^{6}	mega-	M
10^{9}	giga-	G
10^{12}	tera-	T
10^{15}	peta-	P
10^{18}	exa-	E
10^{21}	zeta-	Z
10^{24}	iota-	Y

Exemplos:

1 femtômetro = 1 fm = 10^{-15} m
1 picossegundo = 1 ps = 10^{-12} s
1 nanocoulomb = 1 nC = 10^{-9} C
1 microkelvin = 1 μK = 10^{-6} K

1 milivolt = 1 mV = 10^{-3} V
1 quilopascal = 1 kPa = 10^{3} Pa
1 megawatt = 1 MW = 10^{6} W
1 gigahertz = 1 GHz = 10^{9} Hz

RESPOSTAS DOS PROBLEMAS ÍMPARES

CAPÍTULO 33

33.1 39,4°
33.3 (a) $2,04 \times 10^8$ m/s (b) 442 nm
33.5 (a) 1,55 (b) 550 nm
33.7 (a) 47,5° (b) 66,0°
33.9 $2,51 \times 10^8$ m/s
33.11 (a) 2,34 (b) 82°
33.13 71,8°
33.15 (a) 51,3° (b) 33,6°
33.17 (a) 58,1° (b) 22,8°
33.19 1,77
33.21 (a) 48,9° (b) 28,7°
33.23 0,6°
33.25 $0,375I_0$
33.27 (a) A: $I_0/2$, B: $0,125I_0$, C: $0,0938I_0$ (b) 0
33.29 (a) 1,40 (b) 35,5°
33.31 $\arccos\left(\frac{\cos\theta}{\sqrt{2}}\right)$
33.33 6,38 W cm^2
33.35 (a) $0,364I$ (b) $2,70I$
33.37 (a) 46,7° (b) 13,4°
33.39 72,1°
33.41 1,28
33.43 $3,52 \times 10^4$
33.45 1,84
33.47 (a) 48,6° (b) 48,6°
33.49 39,1°
33.51 (b) 0,23°; é praticamente o mesmo
33.53 (b) 38,9° (c) 5,0°
33.55 23,3°
33.57 (a) A: 1,46, tetracloreto de carbono; B: 1,33, água; C: 1,63, dissulfeto de carbono; D: 1,50, benzeno
(b) A: 2,13, B: 1,77, C: 2,66, D: 2,25
(c) para todos: $5,09 \times 10^{14}$ Hz
33.59 (a) 35° (b) $I_0 = 10$ W/m^2, $I_p = 20$ W/m^2
33.61 (a) $\Delta = 2\theta_a{}^A - 6 \operatorname{arcsen}\left(\frac{\operatorname{sen}\theta_a{}^A}{n}\right) + 2\pi$
(b) $\theta_2 = \arccos\sqrt{\frac{n^2-1}{8}}$
(c) violeta: $\theta_2 = 71,55°$, $\Delta = 233,2°$
vermelha: $\theta_2 = 71,94°$, $\Delta = 230,1°$; violeta
33.63 opção (d)

CAPÍTULO 34

34.1 39,2 cm à direita do espelho, 4,85 cm
34.3 9,0 cm; o lado da ponta
34.5 (b) 33,0 cm à esquerda do vértice, 1,20 cm, invertida, real
34.7 0,213 mm
34.9 18,0 cm do vértice; 0,50 cm, direita, virtual
34.11 (a) +4,00
(b) 48,0 cm à direita do espelho; virtual
34.13 (a) côncavo (b) $f = 2,50$ cm, $R = 5,00$ cm
34.15 (a) 10,0 cm à esquerda do vértice da concha, 2,20 mm
(b) 4,29 cm à direita do vértice da concha, 0,944 mm
34.17 2,67 cm
34.19 3,30 m
34.21 (a) no centro do aquário, 1,33 (b) não
34.23 39,5 cm
34.25 8,35 cm à esquerda do vértice, 0,326 mm; direita
34.27 (a) 107 cm à direita da lente, 17,8 mm; real; invertida (b) a mesma
34.29 71,2 cm à direita da lente; −2,97
34.31 3,69 cm; 2,82 cm à esquerda da lente
34.33 1,67
34.35 (a) 18,6 mm (b) 19 mm da córnea
(c) 0,61 mm; real; invertida
34.37 (a) 36,0 cm à direita da lente
(b) 180 cm à esquerda da lente
(c) 7,20 cm à esquerda da lente
(d) 13,8 cm à esquerda da lente
34.39 26,3 cm da lente, 12,4 mm; direita; mesmo lado
34.41 (a) 200 cm à direita da primeira lente, 4,80 cm
(b) 150 cm à direita da segunda lente, 7,20 cm
34.43 (a) 53,0 cm (b) real (c) 2,50 mm; invertida
34.45 10,2 m
34.47 8,69 cm; não
34.49 (a) $f/11$ (b) 1/480 s = 2,1 ms
34.51 (a) 80,0 cm (b) 76,9 cm
34.53 49,4 cm, 2,02 dioptrias
34.55 −1,37 dioptria
34.57 (a) 6,06 cm (b) 4,12 mm
34.59 (a) 8,37 mm (b) 21,4 (c) −297
34.61 (a) −6,33 (b) 1,90 cm (c) 0,127 rad
34.63 (a) 0,661 m (b) 59,1
34.65 7,20 m/s
34.67 (a) 20,0 cm (b) 39,0 cm
34.69 51 m/s
34.71 (a) 1,49 cm
34.73 (b) 2,4 cm; −0,133
34.75 2,00
34.77 (a) convergente, 52,5 cm da lente
(b) convergente, 17,5 cm da lente
34.79 convergente, +50,2 cm
34.81 (a) 58,7 cm, convergente
(b) 4,48 mm; virtual
34.83 (a) 6,48 mm (b) não, atrás da retina
(c) 19,3 mm da córnea; na frente da retina
34.85 10,6 cm
34.87 (a) 0,24 m (b) 0,24 m
34.89 (b) primeira imagem: (i) 51,3 cm à direita da lente (ii) real (iii) invertida
segunda imagem: (i) 51,3 cm à direita da lente (ii) real (iii) direita
34.91 −26,7 cm
34.93 7,06 cm à esquerda do vértice esférico do espelho, 0,177 cm de altura; 13,3 cm à esquerda do vértice esférico do espelho, 0,111 cm de altura
34.95 134 cm à esquerda do objeto
34.97 4,17 dioptrias
34.99 (a) 30,9 cm (b) 29,2 cm
34.101 (d) 36,0 cm, 21,6 cm; $d = 1,2$ cm
34.103 (a) −16,6 cm (b) 20,0 cm à direita
34.105 (a) $4f$
34.107 (b) 1,74 cm
34.109 opção (d)
34.111 opção (b)

CAPÍTULO 35

35.1 (a) 14 cm, 48 cm, 82 cm, 116 cm, 150 cm
(b) 31 cm, 65 cm, 99 cm, 133 cm
35.3 0,75 m, 2,00 m, 3,25 m, 4,50 m, 5,75 m, 7,00 m, 8,25 m
35.5 (a) 2,0 m (b) construtivamente
(c) 1,0 m, destrutivamente
35.7 1,14 mm
35.9 0,83 mm
35.11 (a) 39 (b) ±73,3°
35.13 12,6 cm
35.15 1.200 nm
35.17 (a) $0,750I_0$ (b) 80 nm
35.19 1.670 rad
35.21 (a) 4,52 rad (b) $0,404I_0$
35.23 114 nm
35.25 0,0234°
35.27 (a) 55,6 nm
(b) (i) 2.180 nm (ii) 11,0 comprimentos de onda
35.29 (a) 514 nm; verde (b) 603 nm; laranja
35.31 0,11 μm
35.33 0,570 mm
35.35 1,57
35.37 (a) 96,0 nm (b) não, não
35.39 (a) 1,58 mm (verde), 1,72 mm (laranja)
(b) 3,45 mm (violeta), 4,74 mm (verde), 5,16 mm (laranja) (c) 9,57 μm
35.41 1,730
35.43 761 m, 219 m, 90,1 m, 20,0 m
35.45 $6,8 \times 10^{-5}$ $(C°)^{-1}$
35.47 1,33 μm
35.49 600 nm, 467 nm; não
35.51 (a) 1,54 (b) ±15,0°
35.53 (a) 50 MHz (b) 237,0 m
35.55 14,0
35.57 opção (d)
35.59 opção (c)

CAPÍTULO 36

36.1 506 nm
36.3 (a) 226 (b) ±83,0°
36.5 9,07 m

36.7 (a) 63,8 cm (b) ±22,1°, ±34,3°, ±48,8°, ±70,1°
36.9 ±16,0°, ±33,4°, ±55,6°
36.11 (a) 10,9 mm (b) 5,4 mm
36.13 (a) 580 nm (b) 0,128
36.15 (a) 6,75 mm (b) 2,43 μW/m^2
36.17 (a) 668 nm (b) $(9{,}36 \times 10^{-5})I_0$
36.19 (a) 3 (b) 2
36.21 (a) 0,0627°, 0,125° (b) $0{,}249I_0$, $0{,}0256I_0$
36.23 (a) 4.830 linhas/cm (b) 4; ±37,7°, ±66,5°
36.25 (a) 4.790 fendas/cm (b) 19,1°, 40,8° (c) não
36.27 (a) sim (b) 13,3 nm
36.29 (a) 467 nm (b) 27,8°
36.31 (a) 17.500 (b) sim (c) (i) 587,8170 nm (ii) 587,7834 nm (iii) 587,7834 nm $< \lambda <$ 587,8170 nm
36.33 2.752 fendas/cm
36.35 0,232 nm
36.37 92 cm
36.39 1,88 m
36.41 220 m
36.43 (a) 73 m (Hubble), 1.100 km (Arecibo) (b) 1.600 km
36.45 1,45 m
36.47 30,2 μm
36.49 (a) 78 (b) ±80,8° (c) 555 μW/m^2
36.51 1,68
36.53 (b) 4,49 rad, 7,73 rad (c) 3,14 rad, 6,28 rad, 9,42 rad; não (d) 4,78°, 6,84°, 9,59°
36.55 −0,033 mm; diminui
36.57 360 nm
36.59 segundo
36.61 1,40
36.63 (a) 1,03 mm (b) 0,148 mm
36.65 (a) 12,1 μm (b) 10,4 cm, 15,2 cm
36.69 opção (d)
36.71 opção (a)

CAPÍTULO 37

37.1 raio A
37.3 $0{,}867c$; não
37.5 (a) $0{,}998c$ (b) 126 m
37.7 1,12 h, na espaçonave
37.9 92,5 m
37.11 (a) 0,66 km (b) 49 μs; 15 km (c) 0,45 km
37.13 (a) 3.570 m (b) 90,0 μs (c) 89,2 μs
37.15 (a) $0{,}806c$ (b) $0{,}974c$ (c) $0{,}997c$
37.17 (a) ao seu encontro (b) $0{,}385c$
37.19 $0{,}784c$
37.21 $0{,}611c$
37.23 (a) $0{,}159c$ (b) R$ 172 milhões
37.25 $0{,}220c$; aproximando-se
37.27 $3{,}06p_0$
37.29 (a) $0{,}866c$ (b) $0{,}608c$
37,31 (a) $0{,}866c$ (b) $0{,}986c$
37.33 (a) 0,450 nJ (b) $1{,}94 \times 10^{-18}$ kg · m/s (c) $0{,}968c$
37.35 (a) 1.110 kg (b) 52,1 cm
37.37 (a) 0,867 nJ (b) 0,270 nJ (c) 0,452
37.39 (a) 5,34 pJ (não−rel.), 5,65 pJ (rel.), 1,06 (b) 67,8 pJ (não−rel.), 331 pJ (rel.), 4,88
37.41 (a) 2,06 MV (b) 0,330 pJ = 2,06 MeV
37.43 (a) $\Delta = 8{,}42 \times 10^{-6}$ (b) 34,0 GeV
37.45 $0{,}700c$
37.47 42,5 anos
37.49 (a) $\Delta = 9 \times 10^{-9}$ (b) $7.000m$
37.51 5,01 ns, relógio no solo
37.53 0,168 MeV
37.55 (a) $1{,}08 \times 10^{14}$ J (b) $2{,}70 \times 10^{19}$ W (c) $1{,}10 \times 10^{10}$ kg
37.57 (a) $0{,}999929c$ (b)$-0{,}9965c$ (c) (i) 42,4 MeV (a) 5,60 MeV (b) (ii) 15,7 MeV (a) e (b)
37.59 $0{,}357c$; afastando
37.61 154 km/h
37.63 $2{,}04 \times 10^{-13}$ N
37.65 (a) $2{,}6 \times 10^{-8}$ s (b) 0,97
37.67 (a) $2{,}0 \times 10^{-18}$ kg (b) $4{,}0 \times 10^4$ m/s^2
37.69 (a) 2.494 MeV (b) 2,526 vezes (c) 987,4 MeV, o dobro
37.71 opção (c)
37.73 opção (b)

CAPÍTULO 38

38.1 $5{,}77 \times 10^{14}$ Hz, $1{,}28 \times 10^{-27}$ kg · m/s, $3{,}84 \times 10^{-19}$ J = 2,40 eV
38.3 (a) $5{,}00 \times 10^{14}$ Hz (b) $1{,}13 \times 10^{19}$ fótons/s (c) não
38.5 (a) $2{,}47 \times 10^{-19}$ J = 1,54 eV 804 nm; infravermelho
38.7 249 km/s
38.9 2,14 eV
38.11 (a) 264 nm (b) 4,70 eV, igual
38.13 0,311 nm; igual
38.15 1,13 keV
38.17 0,0714 nm; 180°
38.19 (a) $4{,}39 \times 10^{-4}$ nm (b) 0,04294 nm (c) 300 eV, perda (d) 300 eV
38.21 51,0°
38.23 $1{,}19 \times 10^{-27}$ kg · m/s, $1{,}96 \times 10^{-29}$ kg · m/s
38.25 16,6 fs
38.27 (a) 5,07 mJ (b) 11,3 W (c) $1{,}49 \times 10^{16}$ fótons/s
38.29 (a) $6{,}99 \times 10^{-24}$ kg · m/s (b) 705 eV
38.31 $6{,}28 \times 10^{-24}$ kg · m/s, 59,4°
38.33 (a) 5×10^{-33} m (b) $(4 \times 10^{-9})°$ (c) 0,1 mm
38.35 (a) 319 eV; $1{,}06 \times 10^7$ m/s (b) 3,89 nm
38.37 (a) V_0 versus $1/\lambda$; $1{,}23 \times 10^{-6}$ V · m (inclinação), −4,76 V (interceptação y) (b) $6{,}58 \times 10^{-34}$ J · s, 4,76 eV (c) 260 nm (d) 84,0 nm
38.39 (a) 2,40 pm (inclinação), 5,21 pm (interceptação y) (b) 2,40 pm (c) 5,21 pm
38.41 opção (c)
38.43 opção (a)
38.45 opção (b)

CAPÍTULO 39

39.1 (a) 0,155 nm (b) $8{,}46 \times 10^{-14}$ m
39.3 (a) $2{,}37 \times 10^{-24}$ kg · m/s (b) $3{,}08 \times 10^{-18}$ J = 19,3 eV
39.5 4,36 km/s
39.7 (a) 62,0 nm (fóton), 0,274 nm (elétron) (b) 4,96 eV (fóton), $2{,}41 \times 10^{-5}$ eV (elétron) (c) ≈250 nm, elétron
39.9 $3{,}90 \times 10^{-34}$ m, não
39.11 (a) 0,0607 V (b) 248 eV (c) 20,5 μm
39.13 0,432 eV
39.15 (a) 2,07°, 4,14° (b) 1,81 cm
39.17 (a) $5{,}82 \times 10^{-13}$ J = 3,63 MeV (b) $5{,}82 \times 10^{-13}$ J = 3,63 MeV (c) $1{,}32 \times 10^7$ m/s
39.19 $3{,}16 \times 10^{-34}$ kg · m^2/s
39.21 (a) −218 eV; 16 vezes (b) 218 eV; 16 vezes (c) 7,60 nm (d) ¼ do raio do hidrogênio
39.23 (a) $2{,}18 \times 10^6$ m/s, $1{,}09 \times 10^6$ m/s, $7{,}27 \times 10^5$ m/s (b) $1{,}53 \times 10^{-16}$ s, $1{,}22 \times 10^{-15}$ s, $4{,}13 \times 10^{-15}$ s (c) $8{,}2 \times 10^6$
39.25 (a) 20 eV (b) 3 eV, 5 eV, 8 eV, 10 eV, 15 eV, 18 eV (c) o fóton não será absorvido (d) 3 eV $< \phi <$ 5 eV
39.27 (a) −17,50 eV, −4,38 eV, −1,95 eV, −1,10 eV, −0,71 eV (b) 378 nm
39.29 (a) −5,08 eV (b) −5,64 eV
39.31 $5{,}32 \times 10^{21}$ fótons/s
39.33 $4{,}00 \times 10^{17}$ fótons/s
39.35 (a) $1{,}2 \times 10^{-33}$ (b) $3{,}5 \times 10^{-17}$ (c) $5{,}9 \times 10^{-9}$
39.37 (a) 2.060 K (b) 1.410 nm
39.39 1,06 mm; micro-ondas
39.41 (a) $1{,}7T$ (b) 0,58
39.43 (a) $1{,}9 \times 10^{10}$ W/m^2 (b) 20 nm; não (c) 6.510 km = $0{,}0093R_{sol}$ (d) Sol; 39
39.45 (a) $1{,}6 \times 10^4$ m/s (b) $2{,}3 \times 10^{-4}$ m
39.47 não é válido
39.49 $6{,}34 \times 10^{-14}$ eV
39.51 (a) $1{,}69 \times 10^{-28}$ kg (b) −2,53 keV (c) 0,655 nm
39.53 (a) 12,1 eV (b) 3; 103 nm, 122 nm, 657 nm
39.55 (a) 0,90 eV
39.57 (a) 5×10^{49} fótons/s (b) 30.000
39.59 29.800 K
39.61 (a) $I(f) = \dfrac{2\pi h f^5}{c^3(e^{hf/kT} - 1)}$
39.63 (a) 12 eV (b) 0,15 mV; 7,3 km/s (c) 0,082 μV; 4,0 m/s
39.65 (a) não (b) 2,52 V
39.67 (a) $E = c\sqrt{2mK}$ (b) fóton
39.69 (b) $\Delta = \dfrac{m^2c^2\lambda^2}{2h^2}$ (c) $v = (1 - 8{,}50 \times 10^{-8})c$, $\Delta = 8{,}50 \times 10^{-8}$
39.71 (a) $\dfrac{h}{mc\sqrt{15}}$ (b) (i) 1,53 MeV, $6{,}26 \times 10^{-13}$ m (ii) 2.810 MeV, $3{,}41 \times 10^{-16}$ m
39.73 (a) $1{,}1 \times 10^{-20}$ kg · m/s (b) 19 MeV (c) $|U_{Coul}| = 0{,}015\,K$; não
39.75 (a) $1{,}1 \times 10^{-35}$ m/s (b) $2{,}3 \times 10^{27}$ anos; não
39.77 20,9°
39.79 (a) 248 eV (b) 0,0603 eV
39.81 (a) $F = -\dfrac{A|x|}{x}$, onde $x \neq 0$ (b) $E = \dfrac{3}{2}\left(\dfrac{h^2A^2}{m}\right)^{1/3}$
39.83 (a) 3 (b) 11,44 nm (c) 60,5 eV
39.85 (a) Antares (b) Polaris e α Centauro B (c) α Centauro B
39.89 opção (a)
39.91 opção (a)

CAPÍTULO 40

40.1 $\Psi(x, t) = Ae^{-i(4{,}27\times10^{10}\,\text{m}^{-1})x}e^{-i(1{,}05\times10^{17}\,\text{s}^{-1})t}$
40.3 (a) $8\pi/k$ (b) $4\omega/k$; igual
40.5 (a) $\lambda/4$, $3\lambda/4$, $5\lambda/4$, ... (b) 0, $\lambda/2$, $3\lambda/2$, ...
40.7 não
40.9 (a) $1{,}6 \times 10^{-67}$ J (b) $1{,}3 \times 10^{-33}$ m/s; $1{,}0 \times 10^{33}$ s (c) $4{,}9 \times 10^{-67}$ J (d) não
40.11 0,166 nm
40.13 0,61 nm
40.15 (b) não; não (c) $\sqrt{2b}$
40.17 (a) 0, $L/2$, L (b) $L/4$, $3L/4$ (c) sim
40.19 (a) $6{,}0 \times 10^{-10}$ m (o dobro da largura da caixa), $1{,}1 \times 10^{-24}$ kg · m/s (b) $3{,}0 \times 10^{-10}$ m (a mesma largura da caixa), $2{,}2 \times 10^{-24}$ kg · m/s (c) $2{,}0 \times 10^{-10}$ m (2/3 da largura da caixa), $3{,}3 \times 10^{-24}$ kg · m/s
40.21 $3{,}43 \times 10^{-10}$ m
40.23 1,38 μm
40.25 22 fm
40.27 (a) 0,0013 (b) 10^{-143}

40.29 (a) $4{,}4 \times 10^{-8}$ (b) $4{,}2 \times 10^{-4}$

40.31 $1/\sqrt{2}$

40.33 $1{,}11 \times 10^{-33}$ J = $6{,}93 \times 10^{-15}$ eV, $2{,}22 \times 10^{-33}$ J = $1{,}39 \times 10^{-14}$ eV; não

40.35 (a) 0,21 eV (b) 5.900 N/m

40.37 111 nm

40.39 $(2n + 1)\dfrac{\hbar}{2}$, aumenta com n

40.41 (a) $5{,}89 \times 10^{-3}$ eV (b) 106 μm (c) 0,0118 eV

40.43 (a) $|\Psi(x, t)|^2 = \dfrac{2}{L}\left[1 - \cos\left(\dfrac{4\pi^2\hbar t}{mL^2}\right)\right]$ (b) $\dfrac{4\pi^2\hbar}{mL^2}$

40.45 $B = \left(\dfrac{k_1 - k_2}{k_1 + k_2}\right)A$, $C = \left(\dfrac{2k_2}{k_1 + k_2}\right)A$

40.47 (a) 19,2 μm (b) 11,5 μm

40.49 (a) $(2/L)dx$ (b) 0 (c) $(2/L)dx$

40.51 (a) 0,818 (b) 0,500 (c) sim

40.55 (a) $A = C$, $B \operatorname{sen} kL + A\cos kL = De^{-\kappa L}$, onde $k = \dfrac{\sqrt{2mE}}{\hbar}$ (b) $kB = \kappa C$, $kB\cos kL - kA \operatorname{sen} kL = -\kappa De^{-\kappa L}$

40.57 $6{,}63 \times 10^{-34}$ J = $4{,}14 \times 10^{-15}$ eV, $1{,}33 \times 10^{-33}$ J = $8{,}30 \times 10^{-15}$ eV, não

40.59 (b) 134 eV

40.61 (a) 3,4 (b) 0,90 nm (c) 890 nm

40.63 22 eV, 56 eV, 110 eV

40.65 (a) $x = \pm\sqrt{2E/k'}$ (c) estimativa menor

40.67 opção (c)

40.69 opção (a)

CAPÍTULO 41

41.1 (a) 1 (b) 3

41.3 3,51 nm

41.5 (2, 2, 1): $x = L/2$, $y = L/2$; (2, 1, 1): $x = L/2$; (1, 1, 1): nenhum

41.7 (a) 0 (b) $\sqrt{12}\,\hbar$, $3{,}65 \times 10^{-34}$ kg · m²/s (c) $3\hbar$, $3{,}16 \times 10^{-34}$ kg · m²/s (d) $\frac{1}{2}\hbar$, $5{,}27 \times 10^{-35}$ kg · m²/s (e) $\frac{1}{6}$

41.9 4

41.11 4

41.13 $1{,}414\hbar$, $19{,}49\hbar$, $199{,}5\hbar$; quando n aumenta, L máximo se aproxima de $n\hbar$.

41.15 (a) 18 (b) $m_l = -4$, 153,4° (c) $m_l = +4$, 26,6°

41.19 (a) 0,468 T (b) 3

41.21 (a) 9 (b) $3{,}47 \times 10^{-5}$eV (c) $2{,}78 \times 10^{-4}$ eV

41.23 (a) $2{,}5 \times 10^{30}$ rad/s (b) $2{,}5 \times 10^{13}$ m/s; não válido porque $v > c$

41.25 $1{,}68 \times 10^{-4}$ eV; $m_s = +\frac{1}{2}$

41.27 $n = 1$, $l = 0$, $m_l = 0$, $m_s = \pm\frac{1}{2}$: 2 estados; $n = 2$, $l = 0$, $m_l = 0$, $m_s = \pm\frac{1}{2}$: 2 estados; $n = 2$, $l = 1$, $m_l = 0, \pm1$, $m_s = \pm\frac{1}{2}$: 6 estados

41.29 (a) $1s^22s^2$ (b) magnésio; $1s^22s^22p^63s^2$ (c) cálcio, $1s^22s^22p^63s^23p^64s^2$

41.31 4,18 eV

41.33 (a) $1s^22s^22p$ (b) −30,6 eV (c) $1s^22s^22p^63s^23p$ (d) −13,6 eV

41.35 (a) −13,6 eV (b) −3,4 eV

41.37 (a) $8{,}95 \times 10^{17}$ Hz, 3,71 keV, $3{,}35 \times 10^{-10}$ m (b) $1{,}68 \times 10^{18}$ Hz, 6,96 keV, $1{,}79 \times 10^{-10}$ m (c) $5{,}48 \times 10^{18}$ Hz, 22,7 keV, $5{,}47 \times 10^{-11}$ m

41.39 $3E_{1,1,1}$

41.41 (a) $\frac{1}{64} = 0{,}0156$ (b) $7{,}50 \times 10^{-4}$ (c) $2{,}06 \times 10^{-3}$

41.43 (a) 0,500 (b) 0,409

41.45 (a) $E = \hbar[(n_x + n_y + 1)\omega_1{}^2 + (n_z + \frac{1}{2})\omega_2{}^2]$, com n_x, n_y, n_z inteiros não negativos (b) $\hbar(\omega_1{}^2 + \frac{1}{2}\omega_2{}^2)$, $\hbar(\omega_1{}^2 + \frac{3}{2}\omega_2{}^2)$ (c) 1

41.47 (b) camada $n = 5$

41.49 (a) $2a$ (b) 0,238

41.51 $4a$; igual

41.53 (b) $(\theta_L)_{\text{máx}} = \arccos\left(-\sqrt{1 - 1/n}\right)$

41.55 3,00 T

41.57 (a) $0{,}99999978 = 1 - 2{,}2 \times 10^{-7}$ (b) 0,9978 (c) 0,978

41.59 (a) 4, 20 (b) $1s^42s^42p^3$

41.61 (a) 122 nm (b) 1,52 pm; aumentar

41.63 (a) 0,188 nm, 0,250 nm (b) 0,0471 nm, 0,0624 nm

41.65 (a) Li: 5,391 eV; Na: 5,139 eV; K: 4,341 eV; Rb: 4,177 eV; Cs: 3,894 eV; Fr: 3,9 eV (b) Li: 3; 2; Na: 11; 3; K: 19; 4; Rb: 37; 5; Cs: 55; 6; Fr: 87; 7 (c) Li: 1,26; Na: 1,84; K: 2,26; Rb: 2,77; Cs: 3,21; Fr: 3,8 (d) aumenta

41.67 (a) $2{,}84 \times 10^{10}$ Hz/T (b) $9{,}41 \times 10^{-24}$ J/T (c) $1{,}78 \times 10^{11}$ Hz T; 2,03

41.69 (a) $3{,}02 \times 10^{-11}$ m, $3{,}83 \times 10^{6}$ m/s (b) 83,5 eV (c) −166,9 eV (d) 83,4 eV

41.71 opção (b)

41.73 opção (d)

CAPÍTULO 42

42.1 277 nm; ultravioleta

42.3 40,8 μm

42.5 $5{,}65 \times 10^{-13}$ m

42.7 2.440 MHz, 0,123 m; sim

42.9 (a) $1{,}03 \times 10^{12}$ rad/s (b) 66,3 m/s (C), 49,8 m/s (O) (c) 6,10 ps

42.11 (a) $7{,}49 \times 10^{-3}$ eV (b) 166 μm

42.13 30,27 N/m

42.15 2.170 kg/m³

42.17 (a) 1,12 eV

42.19 $1{,}20 \times 10^{6}$

42.21 $1{,}5 \times 10^{22}$ estados por elétron-volt

42.23 (a) $0{,}0233R$ (b) 0,00767 = 0,767% (c) não, movimento dos íons

42.25 0,312 = 31,2%

42.27 0,20 eV abaixo da parte inferior da banda de condução

42.29 (a) (i) 0,0204 mA (ii) −0,0196 mA (iii) 26,8 mA (iv) −0,491 mA (b) sim, onde $-1{,}0$ mV $< V < +1{,}0$ mV

42.31 (a) 5,56 mA (b) −5,18 mA, −3,77 mA

42.33 (a) 977 N/m (b) $1{,}25 \times 10^{14}$ Hz

42.35 (a) $3{,}8 \times 10^{-29}$ C · m (b) $1{,}3 \times 10^{-19}$ C (c) 0,81 (d) 0,058, muito menos

42.37 (a) 0,96 nm (b) 1,8 nm

42.39 (b) (i) 2,95 (ii) 4,73 (iii) 7,57 (iv) 0,838 (v) $5{,}69 \times 10^{-9}$

42.41 (a) 1,146 cm, 2,291 cm (b) 1,171 cm, 2,341 cm; 0,025 cm (2 → 1), 0,050 cm (1 → 0)

42.43 0,274 eV; muito menos

42.45 (a) $4{,}24 \times 10^{-47}$ kg · m² (b) (i) 4,30 μm (ii) 4,28 μm (iii) 4,40 μm

42.47 2,03 eV

42.49 (a) $2/a^3$ (b) 4,7 eV

42.51 (a) 0,445 eV (inclinação), 1,80 eV (interceptação y) (b) 5.170 K, 1,80 eV

42.53 (b) $3{,}81 \times 10^{10}$ Pa = $3{,}76 \times 10^{5}$ atm

42.55 (a) $1{,}67 \times 10^{33}$ m⁻³ (b) sim (c) $6{,}66 \times 10^{35}$ m⁻³ (d) não

42.57 opção (b)

CAPÍTULO 43

43.1 (a) 14 p, 14 n (b) 37 p, 48 n (c) 81 p, 124 n

43.3 0,533 T

43.5 (a) 76,21 MeV (b) 76,68 MeV; 0,6%; maior precisão para $^{62}_{28}$Ni

43.7 (a) 92,16 MeV (b) 7,680 MeV/núcleon (c) 0,8245%

43.9 (a) 1,32 MeV (b) $1{,}13 \times 10^{7}$ m/s

43.11 $^{86}_{36}$K: 8,73 MeV/núcleon; $^{180}_{73}$Ta: 8,08 MeV/núcleon; sim

43.13 (a) $^{235}_{92}$U (b) $^{24}_{12}$Mg (c) $^{15}_{7}$N

43.15 156 keV

43.17 (a) 0,836 MeV (b) 0,700 MeV

43.19 $5{,}01 \times 10^{4}$ anos

43.21 (a) $4{,}92 \times 10^{-18}$ s⁻¹ (b) 2.990 kg (c) $1{,}24 \times 10^{5}$ decaimentos/s

43.23 (a) 163 decaimentos/min (b) 0,435 decaimento/min

43.25 (a) 0,421 decaimento/s (b) 11,4 pCi

43.27 2,80 dias

43.29 (a) $2{,}02 \times 10^{15}$ (b) $1{,}01 \times 10^{15}$; $3{,}78 \times 10^{11}$ decaimentos/s (c) $2{,}53 \times 10^{14}$; $9{,}45 \times 10^{10}$ decaimentos/s

43.31 (a) 1,2 mJ (b) 10 mrem, 10 mrad, 7,5 mJ (c) 6,2

43.33 500 rad, 2.000 rem, 5,0 J/kg

43.35 (a) 1,75 kGy, 1,75 kSv, 175 krem, 385 J (b) 1,75 kGy, 2,625 kSv, 262,5 krem, 385 J

43.37 (a) 9,32 rad, 9,32 rem

43.39 (a) 0,497 mJ (b) 0,0828 rem

43.41 (a) $Z = 3$, $A = 7$ (b) 7,152 MeV (c) 1,4 MeV

43.43 (a) 173,3 MeV (b) $4{,}42 \times 10^{23}$ MeV/g

43.45 (a) $Z = 5$, $A = 10$ (b) absorvida; 2,79 MeV

43.47 (a) $4{,}7 \times 10^{4}$ J/g (b) $8{,}2 \times 10^{10}$ J/g (c) $4{,}3 \times 10^{11}$ J/g (d) 7.600 anos

43.49 (a) 4,14 MeV (b) 7,75 MeV núcleon, cerca de metade da energia de ligação por núcleon

43.51 (a) $^{90}_{39}$Y (b) 25% (c) 112 anos

43.53 (a) $^{25}_{13}$Al decairá para $^{25}_{12}$Mg. (b) β^+ ou captura de elétron (c) 3,255 MeV (β^+), 4,277 MeV (captura de elétron)

43.55 (a) $^{14}_{6}\text{C} \rightarrow e^- + {}^{14}_{7}\text{N} + \bar{\nu}_e$ (b) 0,156 MeV (c) 13,5 kg; 3.400 decaimentos/s (d) 530 MeV/s = $8{,}5 \times 10^{-11}$ J/s (e) 36 μGy, 3,6 mrad, 36 μSv, 3,6 mrem

43.57 $1{,}03 \times 10^{-3}$ u; sim

43.59 (a) $5{,}0 \times 10^{4}$ (b) $10^{-15.000}$

43.61 29,2%

43.63 (a) 0,96 μJ/s (b) 0,48 mrad/s (c) 0,34 mrem (d) 6,9 dias

43.65 $1{,}0 \times 10^{4}$ anos

43.67 (a) 0,48 MeV (b) 3,270 MeV = $5{,}239 \times 10^{-13}$ J (c) $3{,}155 \times 10^{-11}$ J/mol, mais de um milhão de vezes maior

43.69 (a) 1,16 h (b) $1{,}20 \times 10^{8}$ (c) $1{,}81 \times 10^{6}$

43.71 $4{,}59 \times 10^{-5}$ g/h

43.73 opção (a)

43.75 opção (d)

43.77 opção (b)

CAPÍTULO 44

44.1 (a) 69 MeV, $1{,}7 \times 10^{22}$ Hz, 18 fm; raio gama

44.3 (a) 32 MeV

44.5 $9{,}26 \times 10^{6}$ m/s

44.7 $7{,}2 \times 10^{19}$ J; 70%

44.9 (a) 1,18 T (b) 3,42 MeV, $1{,}81 \times 10^{7}$ m/s

44.11 (a) 30,6 GeV (b) 8,0 GeV

44.13 (a) $0{,}999999559c$ (b) $3{,}83 \times 10^8$ rad/s (não relativ.), $3{,}59 \times 10^5$ rad/s (relativ.)
44.15 (a) 3.200 GeV (b) 38,7 GeV
44.17 (a) π^0, π^+ (b) 219,1 MeV
44.19 $1{,}63 \times 10^{-25}$ kg; 97,2
44.21 116 MeV
44.23 (b) e (d)
44.25 (c) e (d)
44.27 (a) 0, 1, −1, 0 (b) 0, 0, 0, 1 (c) $-e$, 1, 0 0 (d) $-e$, 0, 0, −1
44.29 (a) $u\bar{s}$ (b) $\bar{d}\,\bar{d}\,\bar{s}$ (c) uss
44.31 (a) $3{,}28 \times 10^7$ m/s (b) 1.590 Mly
44.33 (a) $1{,}08 \times 10^5$ km/s (b) 1,46
44.35 −0,783 MeV; endoenergética
44.37 966 nm
44.39 (a) $\pi^- \rightarrow \mu^- + \upsilon \rightarrow e^- + 3\upsilon$; um elétron e neutrinos (b) 139 MeV (c) $2{,}24 \times 10^{10}$ (d) 50 Sv, 5,0 krem
44.41 2,494 GeV
44.43 (a) 0, $+e$, 1, $L_e = L_\mu = L_\tau = 0$, K^+ (b) 0, $-e$, 0, $L_e = L_\mu = L_\tau = 0$, π^- (c) −1, 0, 0, $L_e = L_\mu = L_\tau = 0$, antinêutron ($\bar{n}$) (d) 0, $+e$, 0, $L_\mu = -1$, $L_e = L_\tau = 0$, μ^+
44.45 $7{,}5 \times 10^{-23}$ s
44.47 (a) 0,70 rad (b) 0,70 rem, 7 vezes, 2%; não
44.49 (b) $R/R_0 = 0{,}574$ (c) acelerando em até 300 milhões de anos, retardando em 13,1 bilhões de anos
44.51 230 MeV, 12,5° abaixo do eixo $+x$
44.53 (a) todos são muito menores; não (b) 37,5 cm (c) 0,42 MeV (d) $3{,}8 \times 10^7$ rad/s
44.55 (a) $Q = -1$, $S = -3$; sim (b) Δ: ddd, udd, uud, uuu, Σ^*: dds, uds, uus, Ξ^*: dss, uss, Ω^-: sss
44.57 opção (d)
44.59 opção (c)

CRÉDITOS

Sobre a capa do livro O projeto arquitetônico exibido na capa deste livro foi baseado em um desenho feito por Leonardo da Vinci em 1502 para ser uma ponte de pedra na Turquia. As anotações de Leonardo da Vinci permaneceram cerca de 500 anos na obscuridade. Finalmente, em 2001, o artista norueguês Vebjörn Sand, em colaboração com a Administração de Estradas da Noruega, transformou em realidade aquele desenho de Leonardo da Vinci e projetou esta elegante ponte que foi construída nas proximidades de Oslo. O caminho para pedestres na parte superior da ponte é sustentado por três arcos parabólicos.

Capítulo 33 Abertura: Rozaliya/Getty Images; 33.1: bradleym/E+/Getty Images; 33.2: National Institute of Health/Science Source; 33.9a: Roger A. Freedman; Appl. p. 1083: Image Quest Marine; 33.10a: NASA; 33.10b: Stephen Meese/Getty Images; 33.13b: Ken Kay/Fundamental Photographs; 33.16: VEM/Science Source; 33.19a: mtilghma/Fotolia; 33.21a: Dougal Waters/Photographer's Choice/Getty Images; 33.21b: Pixtal/AGE Fotostock; 33.25: Diane Hirsch/Fundamental Photographs; Appl. p. 1097: Kzenon/Shutterstock; Appl. p. 1098 (superior): Linda Hirst; Appl. p. 1098 (inferior): Cefo design/Shutterstock; 33.30: Peter Aprahamian/Sharples Stress Engineers Ltd./Science Source; Appl. p. 1099: Laurie Knight/Getty Images; 33.32: Roger A. Freedman; 33.36 (esquerda): K.Nomachi/Science Source

Capítulo 34 Abertura: Cardinal/Corbis; 34.8: Pearson Education; 34.12abc: NASA; Appl. p. 1118: OlegD/Shutterstock; 34.23: Vaclav Volrab/Shutter-stock; 34.27: Richard Megna/Fundamental Photographs; 34.34: Hoby Finn/Photodisc/Getty Images; 34.41abcd: John Hedgecoe/The Image Works; Appl. p. 1138: kak2s/Shutterstock; 34.43c: THK Photo Products; 34.44b: Science Source; Appl. p. 1140: ethylalkohol/Shutterstock; Appl. p. 1143: Jan Zoetekouw/Shutterstock; 34.52c: Jan Hinsch/Science Source; 34.54d: National Optical Astronomy Observatories

Capítulo 35 Abertura: Ilya Andriyanov/Shutterstock; Appl. p. 1163: Peter Dazeley/The Image Bank/Getty Images; 35.4: Roger A. Freedman; 35.6: Pearson; 35.11b: Rob Friedman/E+/Getty Images; 35.16b: Bausch & Lomb Incorporated; 35.17: Bausch & Lomb Incorporated; Appl. p. 1176 (superior esquerdo): Laurie Knight/Getty Images; Appl. p. 1176 (superior, inferior direito): Peter Vukusic; Appl. p. 1177: Jason Reed

Capítulo 36 Abertura: Tomatito/Shutterstock; 36.2ab: Pearson; 36.6: Pearson; 36.9b: Richard Megna/Fundamental Photographs; 36.11: Roger A. Freedman; 36.12d: Pearson; 36.17: Dr.OGA/Shutterstock; 36.18a: National Solar Observatory; 36.18b: Science Source; Appl. p. 1200: Tek Image/Science Source; 36.20b: Estate of Bertram Eugene Warren; 36.24: SPL/Science Source; 36.26: Pearson; 36.27abc: Pearson; Appl. p. 1206: National Radio Astronomy Observatory; Appl. p. 1207: Michal Ninger/Shutterstock; 36.3: Paul Silverman/Fundamental Photographs; Summ. p. 1210: Pearson; P36.90: NASA

Capítulo 37 Abertura: Brookhaven National Laboratory; 37.4: Adimas/Fotolia; 37.7: John F. Kennedy Space Center/NASA; Appl. p. 1228: Getty Images; 37.11: Science Source; Appl. p. 1234: bikeriderlondon/Shutterstock; 37.18: Science Source; 37.19: John F. Kennedy Space Center/NASA; Appl. p. 1242: Imaginechina/AP Images; 37.25: Matt Cooper/Shutterstock

Capítulo 38 Abertura: Photolibrary/Getty Images; 38.2a: U.S. Air Force; 38.2b: Bill Corwin; Appl. p. 1260: National Cancer Institute; 38.9: Jupiterimages/Getty Images; Appl. p. 1263: Gianluca Padovani/E+/Getty Images; 38.14a: Lawrence Berkeley National Laboratory; 38.16: Pearson; Appl. p. 1270: glenda/Shutterstock; P38.44 (tabela): Fonte: http://physics.nist.gov/PhysRef-Data/Xcom/html/xcom1.html

Capítulo 39 Abertura: Eye of Science/Science Source; 39.1: American Institute of Physics/Emilio Segre Visual Archives; 39.4: Education Development Center; 39.6: Scimat/Science Source; 39.8: Ted Kinsman/Science Source; Appl. p. 1286: NASA; 39.9: Kitt Peak National Observatory; 39.10: American Institute of Physics/Emilio Segre Visual Archives; p. 1288 (quote): Fonte: Ernest Rutherford quoted in Ratcliffe, J. A. (1938). "Forty Years of Physics", Em Needham, J., Pagel, W. *Background to Modern Science*. Cambridge University Press, p. 61; 39.15: Boyer/Roger Viollet/Getty Images; 39.19b: Andrew Lambert Photography/Science Source; Appl. p. 1293: Louise Murray/Science Source; 39.31: Ambio-Royal Swedish Academy of Sciences; Appl. p. 1305 (a): Piotr Krzeslak/Shutterstock; Appl. p. 1305 (b): Africa Studio/Shutterstock; Appl. p. 1305 (c): Kletr/Shutterstock; Appl. p. 1306 (superior): NASA Images; 39.34b: From Huggins, *Physics I,* © 1968 by W.A. Benjamin, Inc. Reprinted by permission of Addison Wesley Longman; 39.36: NASA; PP39.88–91: Fonte: "Whole-Cell Imaging at Nanometer Resolutions Using Fast and Slow Focused Helium Ions", Xiao Chen et al., *Biophysical Journal*, Oct. 5, 2011; 101(7): 1788–1793

Capítulo 40 Abertura: Dmitri Talapin; 40.1: JGI/Blend Images/Age Fotostock; 40.2: Bettmann/Corbis; 40.4: Churchill Archives Centre; 40.17: Media Services/NASA; Appl. p. 1342: Dr. Mark J. Winter/Science Source; 40.21b: Hewlett-Packard Laboratories/Science Source

Capítulo 41 Opener (esquerda): Fundamental Photographs; Opener (direita): Syda Productions/Fotolia; 41.7: NASA; 41.11ab: National Optical Astronomy Observatories; Appl. p. 1381: Creativemarc/Fotolia; 41.19a: National Radio Astronomy Observatory; 41.20: Cortesia AIP Emilio Segre Visual Archives; 41.22: Felipe Oliveira/Brazil/Fotolia; Appl. p. 1389: SPL/Science Source; Appl. p. 1393 (superior): Andrea Danti/Getty Images; Appl. p. 1393 (inferior): Science Source; PP41.70–73: Fonte: G. Günter et al., "Observing the Dynamics of Dipole-Mediated Energy Transport by Interaction Enhanced Imaging", *Science*, Novembro de 2013, 342(6161): 954–956. http://www.physi.uniheidelberg.de/Forschung/QD/datafiles/publications/2013_Guenter.pdf

Capítulo 42 Abertura: JPL/NASA; Appl. p. 1410: Alfred Pasieka/Science Source; 42.9: Roger A. Freedman; Appl. p. 1414: Marshall Space Flight Center/NASA; 42.17: Mondadori/Contributor/Getty Images; Appl. p. 1430: Andy Crump/Science Source; 42.36: full image/Fotolia; P42.42: NASA

Capítulo 43 Abertura: Newscom; Appl. p. 1442: National Science Foundation; T43.2 Fonte: G. Audi, A. H. Wapstra e C. Thibault, *Nuclear Physics* A729, 337 (2003); 43.1b: Science Source; Appl. p. 1446: Steve Gschmeissner & Carol Upton/Science Source; 43.6: Lloyd Cluff/Encyclopedia/Corbis; Appl. p. 1463: f11photo/Fotolia; 43.10: Science Source; Appl. p. 1468: Argonne National Laboratory; 43.17: National Optical Astronomy Observatory; 43.18: LLNL/Science Source; Summ. p. 1473: Science Source

Capítulo 44 Abertura: ESA and The Hubble Heritage Team (STScl/AURA)/NASA; 44.1: Ernest Orlando Lawrence Berkeley National Laboratory; 44.3a: Ernest Orlando Lawrence Berkeley National Laboratory; Appl. p. 1484: Susan Landau; Appl. p. 1486: Mark Kostich/E+/Getty Images; 44.7ab: CERN/European Organization for Nuclear Research; 44.8: CERN/European Organization for Nuclear Research; 44.9: Roger A. Freedman via Mark R. Lowenstine; p. 1497 (citação): De *Finnegans Wake* por James Joyce citado em J. Joyce (1982) [1939]. *Finnegans Wake*. Penguin Books. p. 383. ISBN 0-14-006286-6; 44.15: ICRR Institute for Cosmic Ray Research; 44.16ab: NASA; 44.20: NASA; Appl. p. 1509: Natursports/Shutterstock; 44.23: National Optical Astronomy Observatories; 44.24: European Space; Summ. p. 1518: National Optical Astronomy Observatories

ÍNDICE REMISSIVO

Para usuários da edição de 4 volumes: páginas 1–368 estão no Volume 1; páginas 369–682 estão no Volume 2; páginas 683–1077 estão no Volume 3; páginas 1078–1522 estão no Volume 4.
Nota: Os números de página seguidos de f indicam figuras; aqueles seguidos de t indicam tabelas.

A

B

C

D

E

F

G

H

I

J

K

L

M

N

O

P

Q

R

S

T

U

V

SOBRE OS AUTORES

Roger A. Freedman é conferencista de física na Universidade da Califórnia em Santa Bárbara (UCSB). Ele fez a graduação no *campus* da Universidade da Califórnia em San Diego e Los Angeles, e as pesquisas para sua tese de doutorado versaram sobre teoria nuclear, na Universidade de Stanford, sob a orientação do professor J. Dirk Walecka. O dr. Freedman ingressou na UCSB em 1981, depois de ter trabalhado por três anos em pesquisa e ensino de física na Universidade de Washington.

Na UCSB, lecionou no Departamento de Física, bem como no College of Creative Studies, um setor da universidade destinado a alunos de graduação altamente motivados e competentes. Ele publicou trabalhos de pesquisa em física nuclear, física das partículas elementares e física do laser. Ultimamente, tem lutado para tornar as aulas de física uma experiência mais interativa, com o uso de sistemas de resposta em sala de aula e vídeos pré-aula.

Nos anos 1970, o dr. Freedman trabalhou como letrista de revistas de quadrinhos e ajudou a organizar a San Diego Comic-Con (atualmente, a maior convenção de cultura popular do mundo) durante seus primeiros anos. Hoje, quando não está lecionando ou debruçado sobre um computador, dr. Freedman está voando (ele tem licença de piloto comercial) ou com sua esposa, Caroline, animando os remadores da equipe masculina e feminina da UCSB.

À MEMÓRIA DE HUGH YOUNG (1930-2013)

Hugh D. Young foi professor emérito de física na Universidade Carnegie Mellon em Pittsburgh, Pennsylvania. Ele estudou na Carnegie-Mellon tanto na graduação quanto na pós-graduação, obtendo o título de Ph.D. na teoria de partículas fundamentais, sob a orientação do professor Richard Cutkosky. Young começou a trabalhar na Carnegie Mellon em 1956 e aposentou-se em 2004. Ele também atuou duas vezes como professor visitante na Universidade da Califórnia, em Berkeley.

A carreira do professor Young girou inteiramente em torno do ensino de graduação. Ele escreveu diversos livros de física em nível de graduação e, em 1973, foi coautor, com Francis Sears e Mark Zemansky, dos famosos livros de introdução à física. Além de sua participação no livro *University Physics,* de Sears e Zemansky, ele foi autor de *College Physics*, dos mesmos autores.

O professor Young obteve o título de bacharel em performance de órgão pela Carnegie Mellon em 1972 e foi organista associado por vários anos na Catedral de St. Paul, em Pittsburgh. Ele frequentemente se aventurava no deserto para caminhar, escalar ou explorar cavernas com os alunos do Explorers Club da Carnegie Mellon, que fundou como aluno de graduação e depois assessorou. O professor Young e sua esposa, Alice, hospedavam até 50 alunos a cada ano para jantares de Ação de Graças em sua casa.

Sempre generoso, dr. Young expressava sua admiração de forma ardente: "Estendo meus cordiais agradecimentos aos meus colegas da Carnegie Mellon, em especial aos professores Robert Kraemer, Bruce Sherwood, Ruth Chabay, Helmut Vogel e Brian Quinn, por discussões estimulantes sobre pedagogia da Física e por seu apoio e incentivo durante a elaboração das sucessivas edições deste livro. Agradeço também às muitas gerações de estudantes da Carnegie Mellon, por me ajudarem a entender o que é ser um bom professor e um bom escritor e por me mostrarem o que funciona ou não. É sempre um prazer e um privilégio expressar minha gratidão à minha esposa, Alice, e minhas filhas, Gretchen e Rebecca, pelo amor, apoio e amparo emocional durante a elaboração das sucessivas edições deste livro. Quem dera todos os homens e mulheres fossem abençoados com o amor que elas me dedicam." Nós, da Pearson, apreciamos seu profissionalismo, boa índole e cooperação. Sentiremos falta dele.

A. Lewis Ford é professor de física na Universidade A&M do Texas. Ele recebeu o grau de *Bachelor of Arts* (B.A.) na Universidade Rice em 1968 e o título de Ph.D. em físico-química na Universidade do Texas, em Austin, em 1972. Depois de um pós-doutorado de um ano na Universidade de Harvard, ele começou a trabalhar na faculdade de física da Universidade A&M do Texas, em 1973, e ali permanece até hoje. Suas pesquisas versam sobre física atômica teórica, particularmente em colisões atômicas. Na Universidade A&M do Texas, lecionou em diversos cursos de graduação e de pós-graduação, porém se dedicou mais à física básica.